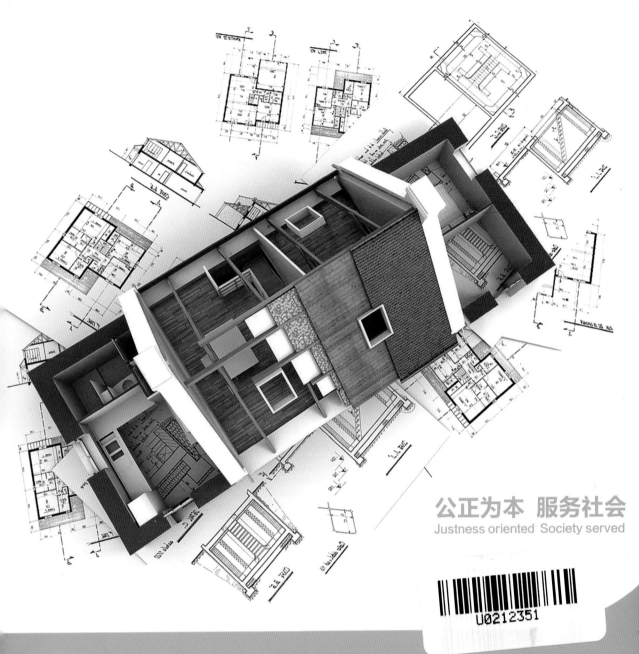

公正为本 服务社会
Justness oriented Society served

ctc 中国建材检验认证集团股份有限公司
China Building Material Test & Certification Group Co., Ltd.

核心成员

检验检查 认证评价 安全服务 科技研发 延伸服务

国家建筑材料检测中心
国家玻璃质量监督检验中心
国家水泥质量监督检验中心
国家建筑材料质量监督检验中心
国家建筑卫生陶瓷质量监督检验中心
国家安全玻璃及石英玻璃质量监督检验中心

地址：北京市朝阳区管庄东里1号 南楼（100024） 电话：010-51167983/7984/7681 网址：www.ctc.ac.cn

新编建筑材料检验手册

冯文元　张友民　冯志华　编著

中国建材工业出版社

图书在版编目（CIP）数据

新编建筑材料检验手册／张友民，张友民，冯志华
编著．—北京：中国建材工业出版社，2013.2
ISBN 978-7-5160-0360-2

Ⅰ．①新… Ⅱ．①张… ②冯… Ⅲ．①建筑材料－检
验－手册 Ⅳ．①TU502-62

中国版本图书馆 CIP 数据核字（2012）第 315853 号

内 容 简 介

本书是建筑材料检验方面的工具书，在编排和内容上具如下特点：
（1）入编标准齐全，并采用近年发布的新标准。如钢筋标准共有 10 几类
之多，很多标准更新为 2007 年以后发布的新标准；还编入了作者多年积
累的常用检测数据、换算关系、误差计算和统计法应用等资料，便于检测
人员计算、分析，避免到处查找数据；（2）按照抽样、品质标准、试验
方法等单项编排，采用表格、流程图表示，有利于快速查阅；（3）编入
检测人员所需要的抽样基础知识、误差理论、房屋检测鉴定等方面的知
识，便于检测人员学习。

本书可供建筑材料检测实验室、混凝土预拌厂实验室、建材生产厂实
验室，以及监理、科研、设计、施工单位的技术人员或质检人员使用，也
可供大专院校师生参考。

新编建筑材料检验手册

冯文元　张友民　冯志华　编著

出版发行：中国建材工业出版社
地　　址：北京市西城区车公庄大街 6 号
邮　　编：100044
经　　销：全国各地新华书店
印　　刷：北京雁林吉兆印刷有限公司
开　　本：787mm×1092mm　1/16
印　　张：55
字　　数：1368 千字
版　　次：2013 年 3 月第 1 版
印　　次：2013 年 3 月第 2 次
定　　价：178.00 元

前　言

　　建筑材料检测项目众多，有关检测标准繁杂，检测人员有时需用大量的精力去查找相应标准，即使标准齐全，也不乏费时费力，如标准不全则往往影响工作。本书试图为建筑材料检测人员提供一个全面、易查、兼具学习基本知识的"数据库"，使广大检测人员省时省力，达到事半功倍的目的。

　　本书是《建筑材料检验手册》的修订本，故名《新编建筑材料检验手册》。与原书相比主要根据通用硅酸盐水泥、热轧带肋钢筋、光圆钢筋、轻集料、混凝土强度评定、预拌砂浆、卷材、混凝土和砂浆配合比、水泥凝结时间及安定性、混凝土回弹、金属拉伸和弯曲、沥青及其混合料试验方法等2007年~2012年颁布的新标准内容进行了修订，还增加了聚羧酸系高效减水剂、阻锈剂、钢纤维、合成纤维、建筑保温砂浆及预应力混凝土用钢棒等新内容，使本《手册》更加全面实用。

　　本书具有以下四个方面的特点：

　　1. 资料全面　本书列出了较多的建筑材料标准，如钢筋标准共有13类之多；还汇总了常用检测数据、关系换算、误差计算和统计法应用等内容，可避免在检测工作中到处查找数据或换算公式，力争做到凡与建筑材料检测有关的数据均可查到。

　　2. 速查易懂　依抽样方法、品质标准、试验方法等项安排章节。同时，采用表格、流程图等形式表示，易于查找省时省力。

　　3. 方便学习　本书提供了抽样的基础知识、误差理论、房屋检测鉴定和计量认证等基本知识，这些知识都是检测人学习所需要的。同时提供了很多检测方面的经验，如试验方法中列出注意事项，介绍提高检测准确度的操作要点。

　　4. 标准更新　采用近年发布的新标准。

　　本书共分为九章：第一章在叙述了抽样的基本知识后，列出了建筑材料的批量、抽样数量及抽样方法的速查表；第二章是各种建筑材料的质量标准速查表；第三章列出混凝土及砂浆配合比的资料；第四章、第五章是各检验项目的试验方法；第六章、第七章提供了常用检测数据、关系换算、误差计算及统计法应用；因很多实验室都开展了房屋检测与鉴定项目，故将其单列为第八章；第九章叙述实验室的管理，包括计量认证及国家实验室认可。

　　全书的编写工作任务分配如下：第四章、第五章由张友民编写，第六章、第九章及第七章的测量不确定度一节由冯志华编写，其他各章由冯文元编写并统稿。

　　深圳大学副校长、博士生导师邢锋教授对本书进行了审阅，提出了很多宝贵意见，在此谨致谢意。

　　由于编者水平有限，书中不妥之处请读者批评指正。

编著者

2012年8月于深圳

发展出版传媒　服务经济建设

传播科技进步　满足社会需求

中国建材工业出版社
China Building Materials Press

目 录

第1章 建筑材料的批量、抽样数量及抽样方法

1.1 抽样基础知识

1.1.1 抽样的意义

建筑材料经生产过程成为产品之后，要对其进行检测以确定其质量是否合格，并评定质量等级；运到工地后，还需进行复检，合格后方可使用。这种检测从形式上来说分为两种：全检和抽检。全检是对被检材料中的各单位产品逐个进行检测；抽检则是从批量产品中抽出一小部分单位产品作为样本进行检测。全检检测结果准确可靠，但只适用于非破损检测，而且费时费力，只适用于检测简单而且可以在生产线上检测的产品（如在生产线上检测钢珠的直径，不合格的即被剔除），而建筑材料这种较为笨重的产品，检测项目较多，其中有些项目必须采用破损检测，难以在生产线上逐个检测，故只能进行抽检。

抽样检验按检验和判定形式的不同可以分为两类：计量抽样检验和计数抽样检验。计量抽样检验是通过测定样本中某个特征值（如混凝土的抗压强度）来衡量总体产品的质量，计数抽样检验是通过测定样本中不合格品的个数来衡量总体产品的质量。计量抽样检验可以利用测试得到的数据，为产品质量提供更多的信息，易于找出提高产品质量的方向，但需进行复杂的计算；而计数抽样检验方法简单易行，不需复杂的计算，适合于生产线上的连续抽样检验，故应用更为广泛。目前，我国已颁布了几十项统计抽样检验标准，其中，GB/T 6378 系列是计量统计抽样检验的基础标准，生产控制和供需双方验收产品时，使用 GB/T 6378.1—2008《计量抽样检验程序 第1部分：按接收质量限（AQL）检索的对单一质量特性和单个 AQL 的逐批检验的一次抽样方案》；GB/T 2828 系列是计数统计抽样检验的基础标准，生产控制和供需双方验收产品时，使用 GB/T 2828.1—2003《计数抽样检验程序 第1部分：按接收质量限（AQL）检索的逐批检验抽样计划》。也有将两种方法结合使用的抽样方案。本书中一些检验规程中规定的计数抽样检验抽样方案及判定规则，使用的是 GB/T 2828.1—2003 标准。

抽检虽然只用少量样品构成样本并对其进行检验即可得出该产品合格与否（或等级高低）的结论，与全检相比省时省力，检测成本较低，但从如此大量的产品中抽出极少量的样品，要使样品的检测结果能代表整批产品的质量，必须采取必要的措施，确定合适的抽样数量，并提高样本代表性。

1.1.2 提高样本代表性的措施

在统计学中，将整批产品称为总体，从其中抽出的样品的总和称为样本，例如将 60t 进

场的钢筋作为一批产品，从中抽取 4 根作为样品进行力学试验，则此批 60t 钢筋称为总体，抽取的 4 根钢筋样品组成样本。由于样本是总体的一部分，应该具有总体的性质，故当抽样数量适当多时，它在一定程度上可代表总体的质量；但它毕竟只是总体的一部分，带有一定的个性，其检测结果与总体总会有一定的差异。要使样本的检测结果最大限度地表示总体的质量状况，样本至少应具备两种性能：独立性及代表性。所谓独立性，即样本中各个样品的检测结果彼此独立、互不影响；所谓代表性，即样本的检测结果能代表总体的质量。一般说来其独立性较易满足，而其代表性往往不易做到，所以，提高样本的代表性是至关重要的。

提高样本代表性的措施主要有以下几点：

（1）提高总体的匀质性。样本的分散度与总体的分散度（用标准差表示）有直接的关系，也就是说，总体的分散度较小是减小样本分散度的重要条件。为此，应尽量提高总体的匀质性，即整个一批产品的质量应尽量均匀，这是提高样本代表性的基础。

（2）有足够的抽样数量。当总体的标准差业已固定，可用增加抽样数量的办法来降低样本的标准差。但抽样数量也不能过多地增加，否则将使检测工作量过大而不经济。抽样数量应以样本具有一定的代表性而又不至于使检测工作量过大为宜。表 1-2-1 ~ 表 1-2-17 所列抽样数量即是各种检测规范考虑了样本的代表性，根据多年的经验确定的，基本上属于按比例抽样。更为科学的方法是按照上述的国家颁布的统计抽样检验标准确定抽样数量。

（3）随机抽样。随机抽样要求各个单位产品从总体中被抽到的机会均等，也就是说，不管总体的质量如何，总体中的各个单位产品均有相同的被抽取的机会；这样随机抽取的样本才能客观地反映总体的质量状况。但是，在抽样过程中，往往很难做到随机抽样，因为一方面建材数量很大而抽样数量很少，另一方面人们有时在抽样过程中带有一定的主观意识，例如，施工人员希望抽到质量较好的样本，使检测得以通过；而监理人员则往往想抽到质量较差的样本，以发现其中的质量问题。这种带有主观意识的抽样大大降低了样本的代表性，是不可取的。

（4）减小检测误差。各种材料的质量指标都是通过检测得到的，毫无疑问，检测精密度越高，则样本的代表性越好。

上述各点中，总体的匀质性好固然很重要，但抽样时往往总体已经存在（已是成品），故检测方无法这样要求总体；而当检测精密度较高时，其对代表性的影响也不大，因而，抽样数量和抽样方法是保证样本具有良好代表性的关键，为此应有足够的抽样数量和科学的抽样方法。

1.1.3　抽样过程中的两种风险

当总体中单位产品数量较大时，各单位产品的某一特性值（例如混凝土的抗压强度）的分布大体服从正态分布（正态分布的性质详见第 7 章），其中各单位产品的该特性值总是有高有低，参差不齐，大部分单位产品的该特性值会落在平均值附近，离平均值越远的值越少。即合格总体中大部分单位产品是合格的，少数单位产品是不合格的；不合格的总体中大部分单位产品是不合格的，少数单位产品是合格的。而抽样的数量总是有限的。如果在抽样时，在合格的总体中将少数不合格的单位产品抽到样本中，会将本来合格的总体误判为不合格，这种误判的风险称为第一种风险，又称作生产方风险，用 α 表示；相反，如果在抽样时，在不合格的总体中将少数合格的单位产品抽到样本中，会将本来不合格的总体错判为合格，这种漏判风险称为第二种风险，又称作使用方风险，用 β 表示。在国家颁布的统计抽样检验标准中，通常将 α 控制在 5% 左右，将 β 控制在 10% 左右，使供需双方同时得到保护。

1.1.4　抽样方法

第 1.1.2 节已经提到，提高子样代表性的措施之一就是随机抽样，随机抽样是一种科学的抽样方法，要求所有子样被抽到的机会均等，但是在检测工作中真正做到随机抽样是不容易的，一方面建筑材料往往体积或质量很大，难以在任意部位抽样，另一方面由于受各种因素的影响，其不同部位的子样品质不同，例如石子在堆高的情况下，大颗粒石子易滚落堆脚处，造成各部位颗粒比率不同；此外，在抽样时自觉或不自觉地加入了人为的因素也是一个原因。所以必须采取一些措施保证随机抽样。

随机抽样可分为三种，各抽样方法分述如下。

（1）简单随机抽样。即对一批产品中的 n 个子样用相同的概率进行抽检，由于在批量很大而子样很小时，很难保证随机抽取，故简单随机抽样适用于质量比较均匀的材料。

（2）系统随机抽样。将材料按顺序排列，以 $\dfrac{N}{n}$ 为抽样间隔（N 为批量，n 为抽样数量），每隔一个间隔抽 1 个试样。例如，灰砂砖的抽样，相关规范规定以 10 万块砖为一批，应抽取 50 块对其尺寸偏差和外观质量进行检测，抽样间隔为 2000 块，如 10 万块砖共有 50垛，每垛 2000 块，则每垛应抽 1 块。这是分垛抽样，也可分段抽样，如公路或市政道路，以一定长度为一段；也可分量抽样，如混凝土每 100 立方米抽 1 组；或者分时抽样，如每隔 1 小时抽 1 个样等。

系统抽样的特点是：将试样平均分布于不同部位，可从平均分布的试样中近似地做到随机抽样。应当注意的是，在产品质量出现系统变化时，系统抽样将会抽到相同类型的试样，如烧结普通砖每次系统抽样时正赶上是过烧砖，但这种情况比较少见。

（3）分层随机抽样。即按某一特征将整批产品分为若干小批，称为层，其特点是：同一层内产品均匀一致，而各层间差别较大界限明显；分层随机抽样是在各层内抽取试样，合在一起组成一个子样。分层随机抽样适用于批内有明显分层特点的产品，例如混批或炉号不同的钢筋，或同一结构同一强度等级但不同配合比的混凝土等，遇到这种情况，如不采用分层，则层间差别将被掩盖起来。

采用何种抽样方法应视具体情况确定。为保证最大限度地做到随机抽样，可利用随机数表，交通部标准中规定的公路路基路面现场测试随机选点方法就是一种系统随机抽样方法，它先用上述 $\dfrac{N}{n}$ 式算出抽样间隔，然后按其"一般取样的随机数表"分段确定具体抽样位置，包括纵向位置和横向位置。利用随机数表的抽样方法虽然稍嫌麻烦，但却能基本保证抽样的随机性和试样的代表性。

1.2 主要建筑材料的批量、抽样数量及抽样方法

抽样时应遵循上节所列的基本原则，如有必要应留置一定数量的试样，供复检或仲裁检测之用。各种主要建筑材料的批量、抽样数量及抽样方法可由表1-2-1～表1-2-17中速查。

表中所列抽样数量为相应规范规定的数量，如有必要，抽样时还可增加备用试件。

表 1-2-1 水泥的批量、抽样数量及抽样方法

分类	建筑材料或试验项目	批量	抽样数量	抽样方法
水泥	水泥	袋装水泥以同品种、同强度等级、同出厂编号的水泥至少200t为一批，不足200t仍作一批（按水泥厂年生产能力确定每批吨数）。当散装水泥运输工具的容量超过该厂规定出厂编号吨数时，允许该编号的数量超过取样规定吨数	样品总量至少12kg	随机在20个以上不同部位抽取等量样品并拌匀。取样应有代表性，可连续取

表 1-2-2 骨料的批量、抽样数量及抽样方法

分类	建筑材料或试验项目	批量	抽样数量	抽样方法
骨料	砂子	采用火车、货船、汽车方式运输时，以400m³或600t为一验收批。使用小型运输工具运输时，以200m³或300t为一验收批	样品总量不小于25kg	1. 在料堆取样时，先将取样部位表面铲除，然后由各部位均匀抽取大致相等的砂共8份，石子共16份组成一组样品； 2. 从皮带运输机上取样时，应在皮带运输机机尾的出料处用接料器定时抽取砂子4份、石子8份，组成一组样品； 3. 从火车、汽车、货船上取样时，应从不同部位深度抽取大致相等的砂子8份、石子16份，组成一组样品
	石子	使用火车、货船、汽车方式运输时，以400m³或600t为一验收批。使用小型运输工具运输时，以200m³或300t为一验收批 注：每批砂石至少应进行颗粒级配、含泥量、泥块含量的检测，石子还需检测针片状含量；对海砂或氯离子污染的砂还需检测其氯离子含量；对于海砂还需检验其贝壳含量；对于人工砂或混合砂还需检测石粉含量。对重要或特殊工程应根据工程要求增加检测项目。对其他指标的合格性有怀疑时，应予检验	样品总量不小于80kg	
轻骨料		对均匀料堆进行取样时，以400m³为一批，不足一批亦按一批论。试样可从料堆锥体从上到下的不同部位、不同方向任选10个点抽取。但要注意避免抽取离析的及面层的材料	初次抽取的试样不少于10份，其总量应多于试验用料量的1倍，总量不少于40kg	1. 生产企业中进行常规检验时，应在通往料仓或料堆的运输机的整个宽度上，在一定的时间间隔内抽取； 2. 从袋装料和散装料（车、船）抽取试样时，应从10个不同位置和高度（或料袋）中抽取

表 1-2-3　矿物掺料的批量、抽样数量及抽样方法

分类	建筑材料或试验项目	批量	抽样数量	抽样方法
矿物掺料	粉煤灰	以连续供应的相同等级的粉煤灰 200t 为一批，不足 200t 者按一批计	试样不少于 20kg	1. 散装灰取样：从运输工具、贮灰库或堆场中的不同部位取 15 份试样，每份试样 1～2kg，混合均匀，按四分法，缩分取出比试验所需量大一倍的试样； 2. 袋装灰取样：从每批中任抽 10 袋，从每袋中分别抽取试样不少于 1kg，按四分法，缩分取出比试验所需量大一倍的试样
	硅灰（包括磨细矿渣粉、磨细粉煤灰、磨细天然沸石粉）	硅灰及其复合矿物掺料以 30t 为一批，磨细矿渣粉等以 120t 为一批；不足一批者以一批计	抽样至少 12kg，硅灰抽样数量可酌减，但不少于 4kg	从 20 个以上不同部位抽取等量样品，并搅拌均匀
	矿渣粉	以 200t 为一批，不足 200t 应算作一批	试样总量不少于 20kg	可连续抽样，也可在 20 个以上部位取等量试样。试样应混合均匀，按四分法缩分取出比试验需量大一倍的试样
	沸石粉	以相同等级的沸石粉 120t 为一批，5d 的产量不足 120t 者以一批计	从每批中随机抽取 10 袋，从每袋中取 1 份试样，每份不少于 1kg，混合均匀，按四分法缩分取样（散装料应从不同部位抽取 10 份试样）	

表 1-2-4　外加剂和混凝土拌合用水的批量、抽样数量及抽样方法

分类	建筑材料或试验项目	批量	抽样数量	抽样方法
外加剂	外加剂	掺量大于 1%（含 1%）同品种的外加剂以 100t 为一批，掺量小于 1% 的外加剂以 50t 为一批，不足 100t 或 50t 的也应按一个批量计	每一批号取样量不少于 0.2t 水泥所需的外加剂量，一般不少于 5kg（膨胀剂从 20 个以上部位取等量样品，总量不少于 10kg）	在至少 3 处等量抽取试样，混合均匀

续表

分类	建筑材料或试验项目	批量	抽样数量	抽样方法
混凝土用水	混凝土用水	地表水每 6 个月检验一数次；地下水每年检验一数次；再生水每 3 个月检验一次	水质检验用水样不应少于 5L；测定水泥凝结时间和胶砂强度的水样不应少于 3L	1. 地下水应放水冲洗管道后接取，或直接用容器采集；不得将地下水积存于地表后再从中采集； 2. 地表水宜在水域中心部位距水面 100mm 以下采集；并记载季节、气候、雨量和周边环境的情况； 3. 再生水应在取水管道终端接取；混凝土企业设备洗刷水应沉淀后，在池中距水面 100mm 以下采集

表 1-2-5　混凝土的批量、抽样数量及抽样方法

分类	建筑材料或试验项目	批量	抽样数量	抽样方法
混凝土	混凝土力学（抗压、抗折强度）检测	1. 每拌制 100 盘不超过 100m³ 的同配合比的混凝土，其取样不应少于一次； 2. 每工作班拌制的同配合比的混凝土不足 100 盘和 100m³ 时，其取样不应少于一次； 3. 连续浇筑超过 1000m³ 时，同一配合比的混凝土，每 200 立方米取样不应少于一次； 4. 对房屋建筑，每一楼层、同一配合比的混凝土，其取样不应少于一次	每次取样至少制作一组标准养护试件；还应留置为检验结构或构件施工阶段混凝土强度所必需的试件	从混凝土浇筑地点随机抽取，即从混凝土料堆上至少随机抽取 3 处，并搅拌均匀后入模
	混凝土抗渗（逐级加压法、渗水高度法）	同一工程、同一配合比的混凝土，取样不应少于一次，留置组数可根据实际需要确定	试件应在浇筑地点制作，每次制作 1 组，每组试件为 6 块	从混凝土浇筑地点随机抽取；即从混凝土料堆上至少随机抽取 3 处，并搅拌均匀后入模
	混凝土收缩	根据混凝土工程量及质量控制要求确定批量	每次成型 1 组共 3 个试件	
	混凝土抗氯离子渗透（电通量法）	根据混凝土工程量及质量控制要求确定批量	1. 从试板或大直径圆柱体中取芯样，或浇筑成直径 100mm ± 1mm，高度 50mm ± 2mm 的圆柱体试件； 2. 每组 3 块	将芯样或现场养护的圆柱体用塑料袋密封送检，应防止在运输或贮藏过程中受到损坏。送检的同时应注明试样是否经过表面处理（如结构曾使用过养护剂、密封剂或其他表面处理）
	混凝土配合比设计		普通混凝土配合比设计应提供以下材料：水泥 50kg、砂 80kg、石 130kg、掺料 15kg、外加剂 5kg	

表 1-2-6　砂浆的批量、抽样数量及抽样方法

分类	建筑材料或试验项目	批量	抽样数量	抽样方法
砂浆	现场砌筑砂浆	按每一楼层或 250m³ 砌体的各种强度等级的砂浆，每台搅拌机至少检查一次，每次至少应制作一组试件（每组 3 个试件），当砂浆强度等级或配合比变更时，应另制作试件	一般不少于试验所需量的 4 倍，或 15L	从砂浆使用地点随机抽取，即从砂浆料堆上至少随机抽取 3 处，并搅拌均匀后入模
	预拌砂浆（湿拌砂浆）	以同一生产厂家每 50 立方米相同配合比的砂浆为一批，不足 50m³ 以一批计	取样量应大于检验项目所需用量的 2 倍，且不宜少于 0.01m³	砂浆试样应在卸料过程中卸料量的 1/4 到 3/4 之间采取
	预拌砂浆（干混砂浆）	年生产能力为 10×10⁴t 以上时以不超过 800t 为一批；4×10⁴ ~ 10×10⁴t 时以不超过 600t 为一批；年生产能力为 4×10⁴t 以下时以不超过 400t 或 4d 产量为一批；特种干混砂浆以不超过 400t 或 4d 产量为一批	在出料口连续取样，或从 20 个以上不同部位取等量样品。普通干混砂浆试样总量不少于 40kg，特种干混砂浆不少于 30kg	取样应随机进行
	建筑保温砂浆	以相同原料、相同生产工艺、同一类型、稳定连续生产的产品 300m³ 为一批，连续生产 3d 不足 300m³ 亦为一批	从 20 个以上不同部位的包装袋中取等量样品并混匀，总量不少于 40L	随机抽样

表 1-2-7　钢材的批量、抽样数量及抽样方法

分类	建筑材料或试验项目	批量	抽样数量	抽样方法
钢材	热轧带肋钢筋、光圆钢筋、低碳钢热轧圆盘条、碳素结构钢及预应力用钢丝的拉伸、弯曲	按同一牌号、同规格、同炉罐、同交货状态的每 60 吨钢筋为一验收批，不足 60t 按一批计。超过 60t 的部分，每增加 40t（或不足 40t 的余数）增加一个拉伸试样和一个弯曲试样	热轧带肋钢筋、光圆钢筋拉伸试件抽取 2 条，弯曲试件 2 条。碳素结构钢抽取拉伸试件 1 条，冷弯试件 1 条；低碳钢热轧圆盘条及冷轧带肋钢筋抽取拉伸试件 1 条，冷弯试件 2 条；预应力用钢丝抽取 3 条；可增加 1~2 条试件作为检测备用试件	1. 每批任选 2 钢筋切取拉伸试件，长度约 400 ~ 500mm，冷弯试件长度约 400mm。圆盘条需矫直；2. 钢板和钢带取横向试样，型钢取纵向试样；25mm 宽，500 ~ 600mm 长试样 1 个，或 400mm 长，宽度为厚度的两倍但不得小于 10mm 的试样 1 个

续表

分类	建筑材料或试验项目	批量	抽样数量	抽样方法
钢材	钢绞线拉伸	每批由同一牌号、同一规格、同一生产工艺制度的钢绞线组成，每批质量不大于60t	400～500mm 长试件3条	从每批中任取3盘，每盘各取1根
	钢材平面反向弯曲	按同牌号、同规格、同炉罐、同交货状态的每60吨钢筋为一验收批，不足60t按60t计	1条试件	每批任选1条钢筋（不得和弯曲试验试样在同一钢筋切取）切取长度约500mm，保留轧制状态原表面，并应平直，在预定弯曲部位内，不允许有机械（或手工）加工的任何伤痕
	钢板、型钢（碳素结构钢）	每批由同一牌号、同一炉罐、同一等级、同一品种、同一尺寸和同一交货状态组成，每批质量不大于60t	拉伸和冷弯各1根	详见本章抽样部位一节确定取样部位
	闪光对焊	在同一台班内，由同一焊工完成的300个同牌号、同直径钢筋焊接接头作为一批。不足300个接头时，可在一周内累计计算	从每批接头中切取6个试件，其中3条拉伸，3条弯曲（弯曲点应打磨至与母材齐平），长度为450mm	随机抽取；并检查接头外观，外观合格后方可进行力学试验
	电弧焊	以300个同牌号钢筋、同型式接头为一批（对房屋结构不超过二层楼中的300个接头）。不足300个时，仍作为一批	每批随机切取3个接头进行拉伸试验，长度为450mm	随机抽取；在同一批中若有几种不同直径的接头，应在最大直径钢筋接头中切取
	电渣焊	在现浇钢筋混凝土结构中，应以每一楼层或施工区段中300个同钢筋级别的接头为一批，不足300个时，仍作为一批	每批随机切取3个接头进行拉伸试验，长度为450mm	随机抽取；在同一批中若有几种不同直径的接头，应在最大直径钢筋接头中切取
	机械连接	同一施工条件下采用同一批材料的同等级、同型式、同规格接头以500个为一验收批，不足500个也作为一个验收批	每批随机截取3个接头试件作抗拉强度试验。如有1个试件的抗拉强度不符合要求，应再取6个试件进行复检；对于工艺检验，另取3条钢筋作母材抗拉试验，且应取自接头试件的同一钢筋，长度为450mm	随机抽取；现场检测连续10个验收批抽样试件抗拉强度试验1次合格率为100%时，批量可扩大1倍

续表

分类	建筑材料或试验项目	批量	抽样数量	抽样方法
钢材	镀锌钢管	每批由同一牌号、同一规格和同一镀锌层（如经镀锌）的钢管组成。每批钢管的根数不得超过如下规定：$D \leqslant 25mm$，1000 根；$D > 25 \sim 50mm$，750 根；$D > 50mm$，500 根	镀锌层均匀性和镀锌层质量试验取样部位及数量：每批取 2 根钢管，从中各取 1 个长 150mm 的纵向试样；压扁试验每批取 2 根钢管，截取长度约为 40mm 的管段	随机抽取
	连续热镀锌钢板和钢带	由同一钢号、同一镀层质量、同一加工性能、同一尺寸、同一表面结构、同一表面质量的 1 块钢板或钢带为一批	取 1 个板状试件做弯曲试验；取 3 个圆状试件做镀锌层质量	弯曲试件取样方向与钢板轧制方向垂直
	无缝或焊接钢管	每批由同一牌号、同一炉号、同一规格、同一热处理制度的钢管组成，其根数不超过：外径不大于 76mm，且壁厚不大于 3mm 时为 400 根；外径大于 351mm 时为 50 根；其他为 200 根	拉伸、压扁、弯曲试验均为 1~2 个试样（根据具体钢管类型而定）	随机抽取
	钢材化学分析	按同牌号、同规格、同炉罐、同交货状态的每 60 吨钢筋为一验收批，不足 60t 按一批计	屑样 10g（低合金钢屑样每克约 100 粒，每粒约 10mg）	在钢材上钻取或刨取屑样；钻取前应脱去表面层，不得使用水或油等润滑剂。钻孔应均匀分布；屑样混合均匀

注：如有必要可增加备用试件。

表 1-2-8　砌体材料的批量、抽样数量及抽样方法

分类	建筑材料或试验项目	批量	抽样数量	抽样方法
砌体材料	烧结普通砖（包括烧结多孔砖、烧结空心砖和空心砌块）	每 3.5 万~15 万块为一批，不足 3.5 万块按一批计	外观质量检测 50 块；尺寸偏差检测 20 块；强度等级检测从外观质量检测合格的试样中抽取 10 块进行试验	随机抽取
	蒸压灰砂砖（包括蒸压灰砂多孔砖、混凝土实心砖）	每 10 万块为一批，不足 10 万块亦为一批	抽取 20 块试样进行尺寸偏差检测，抽取 50 块试样进行外观质量检测；从尺寸偏差和外观质量检测合格的试样中各抽取 5 块试样，进行抗压和抗折试验	从砖垛上随机抽取

续表

分类	建筑材料或试验项目	批量	抽样数量	抽样方法
砌体材料	粉煤灰砖	每 10 万块为一批，不足 10 万块亦为一批	抽取 100 块砖进行尺寸偏差和外观检测；从外观质量合格的砖样中抽取 1 组共 10 块砖样进行抗压和抗折试验	从砖垛上随机抽取
	蒸压加气混凝土砌块	同品种、同规格、同等级的砌块，以 10000 块为一批，不足 10000 块亦为一批	抽取 50 块砌块进行尺寸偏差和外观检验；从尺寸和外观试样中随机抽取 6 块砌块制作试件，分别进行强度级别、干密度试验（各 3 组 9 块）	沿制品膨胀方向分上、中、下顺序锯取 1 组，"上"块上表面距制品顶面 30mm，"中"块在制品正中，"下"块下表面距制品下表面 30mm。具体部位详见本章抽样部位一节
	混凝土小型空心砌块（包括轻集料混凝土小型空心砌块）	砌块按外观质量等级和强度等级分批验收。以同一原材料配制成的相同外观质量等级、强度等级和同一工艺生产的 10000 块为一批，不足 10000 块亦为一批	抽取数量为：尺寸偏差和外观质量检验为 32 块；强度等级检验为 5 块；相对含水率为 3 块；空心率为 3 块	随机抽取
	混凝土路面砖	每批路面砖应为同一类别、同一规格、同一等级，每 20000 块为一批，不足 20000 块，亦按一批计，超过 20000 块，批量由供需双方商定	1. 从每批产品中抽取 50 块路面砖作为外观检验的试件； 2. 从外观检验合格的试件中抽取 10 块路面砖作为规格尺寸检验的试件； 3. 从外观质量及尺寸检验合格的试件中抽取 30 块路面砖作为力学性能检验的试件（其中 5 块备用）	随机抽取

表 1-2-9 土、稳定土的批量、抽样数量及抽样方法

分类	建筑材料或试验项目	批量	抽样数量	抽样方法
土工	含水量		砂类土、细粒土取扰动土 30 ~ 50g（环刀法）或 100 ~ 2000g（灌砂法）	灌砂法检测含水量：对细粒土不少于 100g，中粒土不少于 500g（小灌砂筒）。细粒土不少于 200g，中粒土不少于 1000g（大灌砂筒），对稳定材料宜全部烘干，且不少于 2000g

分类	建筑材料或试验项目	批量	抽样数量	抽样方法
土工	道路各层干密度	1. 以1~3km为检验评定单元； 2. 土方路基：每2000平方米每压实层测4处； 3. 水泥土、石灰土基层和底基层，水泥稳定粒料和石灰稳定粒料（碎石、砂砾或矿渣等）基层和底基层，石灰、粉煤灰稳定土基层和底基层，级配碎（砾）石基层和底基层，路肩：每一作业段或不大于2000m²抽检6次； 4. 沥青混凝土面层和沥青碎（砾）石面层，石灰、粉煤灰稳定粒料（碎石、砂砾或矿渣等）基层和底基层：每200米每车道2处		按道路各段面积或长度抽样
	界限含水量	有要求时做	砂类土、细粒土取扰动土500g	
	砂的相对密度	有要求时做	砂类土取原状土10cm × 10cm × 10cm；砂类土（最大颗粒直径 >5mm）取扰动土2kg	
	土工击实		砂类土、细粒土取扰动土3kg	
	土工固结	有要求时做	黏质土取原状土10cm × 10cm × 10cm或扰动土1kg	
	土工直接剪切	有要求时做	黏质土取原状土10cm × 10cm × 10cm或扰动土1.5~3kg；砂类土取扰动土3kg	
	稳定土击实		取稳定土试样3kg	
	稳定土无侧限抗压	稳定细粒土，每一作业段或每2000平方米6个试件；稳定中粒土和粗粒土，每一作业段或每2000平方米6个或9个试件		
	颗粒分析（筛分法）		砂砾（最大颗粒直径 >2mm）取扰动土0.5~7kg；砂类土（最大颗粒直径 <2mm）取扰动土200~500g；细粒土取扰动土100~400g	

续表

分类	建筑材料或试验项目	批量	抽样数量	抽样方法
土工	承载板测土基回弹模量	每3000平方米1次，异常时随时增加试验次数		
	回弹弯沉	每一双车道评定路段（不超过1km），每车道检查40~50个点，多车道公路必须按车道数与双车道之比，相应增加测点		

表 1-2-10　沥青材料的批量、抽样数量及抽样方法

分类	建筑材料或试验项目	批量	抽样数量	抽样方法
沥青	沥青	以同一料源、同一规格、同一次进场的沥青100t为一批	4kg	
	沥青混合料	压实度：每1公里取5点；马歇尔稳定度、流值：每台拌合机取1~2次/日；沥青用量：每1公里取1点	用抽芯法检测压实度；马歇尔稳定度抽20kg（不少于12kg）；沥青用量试验与马歇尔稳定度试验一起抽样	随机从拌合机卸料斗下方抽样，并分数次抽样，拌合均匀

表 1-2-11　管材的批量、抽样数量及抽样方法

分类	建筑材料或试验项目	批量	抽样数量	抽样方法
管材	给水、排水管材及管件	1. 排水管材：同一原料、配方、同一工艺和同一规格连续生产的管材为一批，每批数量不超过50t，如生产7d尚不足50t，则以7d产量为一批； 2. 排水管件：同一原料、配方和工艺生产的同一规格管件为一批。当 $d_n < 75mm$ 时每批数量不超过10000件；当 $d_n \geqslant 75mm$ 时，每批数量不超过5000件。如生产7d尚不足一批，则以7d产量为一批； 3. 给水管材：用相同原料、配方和工艺生产的同一规格管材为一批。当 $d_n \leqslant 63mm$ 时，每批数量不超过50t。当 $d_n > 63mm$ 时，每批数量不超过100t。如生产7d仍不足批量，则以7d产量为一批；	1. 管材：同一批号抽 $4 \times 1m$（即4根1m长的试件）； 2. 管件：同一批号抽9个； 3. 衬塑管管材：抽取4条长20mm，2条长50mm试件（$\phi 50mm$ 以上管）；抽取4条长20mm，2条长40mm试件（$\phi 50$ 以下管）	1. 管材：从同一批中随机抽取管材，并在每一管材上截取1根试件； 2. 管件：从同一批管件中随机抽取

续表

分类	建筑材料或 试验项目	批量	抽样数量	抽样方法
		4. 给水管件：用相同原料、配方和工艺生产的同一规格的管件为一批。当 $d_n \leqslant 32mm$ 时，每批数量不超过 20000 个；当 $d_n > 32mm$ 时，每批数量不超过 5000 个；如果生产 7d 仍不足批量，以 7d 产量为一批； 5. 给水衬塑复合钢管：$d_n < 50mm$ 时，每 2000 根为一批；$d_n \geqslant 50mm$ 时，每 1000 根为一批		

注：d_n 为管材或管件的公称外径。

表 1-2-12 无损检测的批量、抽样数量及抽样方法

分类	建筑材料或 试验项目	批量	抽样数量	抽样方法
无损 检测	混凝土回弹	1. 批量检测：适用于混凝土生产工艺、强度等级相同，原材料、配合比、养护条件基本一致且龄期相近的一批同类构件。按批进行检测的构件，抽检数量不得少于同批构件总数的 30%，且不宜少于 10 件； 2. 单个检测：测区数不宜少于 10 个。当受检构件数量大于 30 个且不需提供单个构件推定强度或受检构件某一方向尺寸不大于 4.5m 且另一方向尺寸不大于 0.3m 时，每个构件的测区数量可适当减少，但不应少于 5 个	对于一般构件，测区数不宜少于 10 个，每一测区读取 16 个回弹值。 测区面积不宜大于 0.04m²	1. 抽检构件时，应随机抽取并使所选构件具有代表性； 2. 测区均匀分布于构件两个对称的可测面上，在构件的重要部位及薄弱部位必须布置测区，并应避开预埋件； 3. 测区应选在使回弹仪处于水平方向并检测混凝土浇筑侧面，当不能满足这一要求时，可使回弹仪处于非水平方向检测混凝土浇筑侧面、表面或底面； 4. 相邻两测区的间距应控制在 2m 以内，测区离构件端部或施工缝边缘的距离不宜大于 0.5m，且不宜小于 0.2m； 5. 测区表面应为混凝土原浆面；混凝土表面应清洁、平整，不应有疏松层、浮浆、油垢、涂层及蜂窝、麻面；必要时用砂轮打平

分类	建筑材料或试验项目	批量	抽样数量	抽样方法
无损检测	超声回弹法	1. 单个构件检测：每个构件的测区数不应少于 10 个； 2. 按批抽样检测：适用于混凝土强度等级相同，原材料、配合比、成型工艺、养护条件及龄期基本相同，在施工阶段所处状态相同的结构或构件。抽检数量不得少于同批构件总数的 30%，且构件数量不得少于 10 件；对一般施工质量或结构性能检测可按照 GB/T 50344《建筑结构检测技术标准》的规定抽样； 3. 对某一方向尺寸不大于 4.5m 且另一方向尺寸不大于 0.3m 的构件，其测区数量可以减少，但不应少于 5 个	测区应避开钢筋密集区和预埋件；测区尺寸为 20cm×20cm	1. 抽检构件时，应随机抽取并使所选构件具有代表性； 2. 测区布置在构件混凝土浇灌方向的侧面； 3. 测区应均匀分布，相邻两测区的间距不宜大于 2m； 4. 混凝土表面应清洁、平整，不应有疏松层、浮浆、油垢、涂层及蜂窝麻面；必要时用砂轮打平
	钻芯法		芯样试件的数量应根据检测批的容量确定；标准芯样试件的最小样本量不宜少于 15 个；小直径芯样试件的最小样本量应适当增加； 确定单个构件混凝土强度推定值时，有效芯样试件的数量不应少于 3 个；对于较小构件不得少于 2 个	芯样宜在结构或构件下列部位钻取： 1. 结构或构件受力较小的部位； 2. 混凝土强度具有代表性的部位； 3. 便于钻芯机安放和操作的部位； 4. 避开主筋、预埋件和管线的位置（必要时用钢筋位置测定仪确定其位置）
	回弹法检测砂浆强度	每一检测单元内，应随机选择 6 个构件（单片墙体）作为 6 个测区。当一个检测单元不足 6 个构件时，应将每个构件作为一个测区。每个测区测位数不少于 5 个		测位宜选在承重墙的可测面上，并避开门窗洞口及预埋件等附近的墙体。墙面上每个测位的面积宜大于 0.3m²
	拉拔检测	相同类型、相同规格型号尺寸和用于相同构件设计强度等级的锚栓构件均应不少于 3 个		1. 构件应达到规定的设计强度等级； 2. 所测构件的表面应平整，对饰面层、浮浆等应予清除，必要时进行磨平处理； 3. 采用化学粘接的锚栓，试验时其粘结材料应达到固化要求

续表

分类	建筑材料或试验项目	批量	抽样数量	抽样方法
无损检测	钢筋保护层厚度	1. 钢筋保护层厚度检验的结构部位，应由监理单位、建设单位、施工单位各方根据结构构件的重要性共同选定； 2. 对梁类、板类构件，应各抽取构件数量的 2% 且不少于 5 个构件进行检验；当有悬挑构件时，抽取的构件中悬挑梁类、板类构件所占的比率均不宜少于 50%	对每根钢筋，应在有代表性的部位测量 1 点	1. 对选定的梁类构件，应对全部纵向受力钢筋的保护层厚度进行检验； 2. 对选定的板类构件，应抽取不少于 6 根纵向钢筋的保护层进行检验
	饰面砖粘结强度	1. 现场粘贴的饰面砖：每 1000 平方米同类墙体饰面砖为一个检验批，不足 1000m² 按 1000m² 计； 2. 带饰面砖的预制板在现场复验应以每 1000 平方米同类饰面砖为一个检验批，不足 1000m² 按 1000m² 计	1. 现场粘贴抽样：每批取一组共 3 个试样，每相邻的三个楼层应至少取一组试样； 2. 带饰面砖的预制板，在每种类型的基层上应各粘贴至少 1m² 的饰面砖样板件，每种类型的样板件应各制取一组 3 个试样	1. 每组的 3 块饰面砖彼此相邻间隔应不得小于 500mm； 2. 饰面砖用水泥基胶粘剂粘贴时，应在说明书规定的时间或在粘贴 14d 以后检验，粘贴 28d 以内达不到标准或有争议时，应以 28～60d 内约定时间检验的粘结强度为准

表 1-2-13 建筑用玻璃的批量、抽样数量及抽样方法

分类	建筑材料或试验项目	批量	抽样数量	抽样方法
玻璃	浮法玻璃	以 500 块为一批，不足 500 块以一批计	根据批量大小确定抽样数量（由批量大小确定抽样数量，详见本书第 2 章建筑玻璃一节有关玻璃合格判定中的抽样表）	随机抽样
	中空玻璃			
	夹层玻璃			
	夹丝玻璃			
	半钢化玻璃			
	普通平板玻璃			

表 1-2-14 室内环境检测的批量、抽样数量及抽样方法

分类	建筑材料或试验项目	批量	抽样数量	抽样方法
室内环境检测	室内空气抽样	房间使用面积 <50m² 房间使用面积 50～100m² 房间使用面积 >100m²	1 个检测点 2 个检测点 3～5 个检测点	离地面高度 0.8～1.5m，距墙面不小于 0.5m，避开通风道口，测点应均匀分布
	甲醛			每点以 0.5L/min 流量采气 10L

分类	建筑材料或 试验项目	批量	抽样数量	抽样方法
室内 环境 检测	氨			每点以 0.5L/min 流量 采气 5L
	苯			每点以 0.5L/min 流量 采气 10L
	TVOC			每点以 0.3L/min 流量 采气 3～6L
	氡			将活性炭盒放在距地面 50cm 的架子上，布放时间 不少于 30d。采样条件应 符合标准规定

注：由于抽样点的布置（包括位置、高度）及抽样环境对检测结果影响较大，故抽样时应记录抽样点的分布、具体位置和抽样环境，必要时采用图示。

表 1-2-15　建筑涂料及防水材料的批量、抽样数量及抽样方法

分类	建筑材料或 试验项目	批量	抽样数量	抽样方法
建筑 涂料	建筑涂料	以 2t 同类产品为一批	每批抽样桶数为 总桶数的 20%，并 不少于 3 桶	从抽样桶中抽取不少于 1kg 的试样
防水 涂料	聚氨酯防水涂料	以同类型产品 15t 为一批，不 足 15t 按一批计	总量 3kg	
	聚氯乙烯弹性防 水涂料	以同一类型、同一型号 20t 产 品为一批，不足 20t 按一批计	总量 2kg	
	聚合物乳液建筑 防水涂料	以同类型产品 5t 为一批，不足 5t 按一批计	总量 2kg	
	聚合物水泥防水 涂料	以同一类型、同一型号 10t 产 品为一批，不足 10t 按一批计	总量 5kg	
防水 卷材	石油沥青纸胎 油毡	以同一类型的 1500 卷卷材为一 批，不足 1000 卷按一批计	抽 5 卷进行卷重、 面积和外观检查， 在检测合格的卷材 中取一卷进行物 理性能试验	如卷重、面积和外观有 一项不符合要求则另抽 5 卷重新对不合格项进行复 检。如物理性能仅有 1 项 不符合要求，允许再随机 抽取 1 卷对不合格项进行 单项复检； 按本章抽样位置一节的 图示位置及表所示数量切 取试样

续表

分类	建筑材料或试验项目	批量	抽样数量	抽样方法
防水卷材	聚氯乙烯防水卷材	以 $10000m^2$ 同类同型的卷材为一批，不足 $10000m^2$ 按一批计	任取 3 卷进行尺寸偏差和外观检查，合格后取 1 卷在距外层端部 500mm 处截取 3m（出厂检验为 1.5m）进行理化性能检测	按本章抽样部位一节的图示位置及表所示数量切取试样
	塑性体改性沥青防水卷材、弹性体改性沥青防水卷材及改性沥青聚乙烯胎防水卷材	以同一类型、同一规格的产品 $10000m^2$ 为一批，不足 $10000m^2$ 可作为一批计	取 5 卷进行单位面积质量、面积、厚度及外观检查，再由其中检测合格的卷中抽取 1 卷做材料性能检测	如单位面积质量、面积、厚度及外观其中一项不合格，允许另取 5 卷样品对不合格项进行复查，若仍不符合标准，则该批产品不合格。如材料性能其中有一项不符合规定，允许在该批产品中再随机抽取 5 卷，从中任取 1 卷对不合格项进行单项复检，达到标准规定时则判定该批产品材料性能合格

表 1-2-16　陶瓷砖的批量、抽样数量及抽样方法

分类	建筑材料或试验项目	批量	抽样数量	抽样方法
陶瓷砖	干压陶瓷砖挤压陶瓷砖	以同种产品、同一级别、同一规格的实际交货量大于 $5000m^2$ 为一批，不足 $5000m^2$ 以一批计	长度、宽度、厚度、边直度、直角度、平整度检测每批抽 10 块（指单块面积 $\geq 4cm^2$ 的砖）；表面质量检测每批抽 10～100 块（不小于 $1m^2$）；吸水率检测每批抽 10 块；断裂模数和破坏强度检测抽 10 块；有釉砖耐磨性检测抽 11 块；有釉砖抗釉裂性检测抽 5 块	随机抽样

表 1-2-17　纤维的批量、抽样数量及抽样方法

分类	建筑材料或试验项目	批量	抽样数量	抽样方法
水泥混凝土和砂浆用纤维	合成纤维	根据材料用途、规格组批。每批为 50t，不足 50t 以一批计	每批抽取试样 5kg	随机抽样
	钢纤维	每批为 5t，不足 5t 以一批计	每批抽取试样 5kg	随机抽样

1.3 抽样部位

1.3.1 异型钢材的取样部位

在型钢、圆钢、钢板、钢管等异型钢材上截取拉伸及弯曲试样的取样部位参见图1-3-1~图1-3-5。取样时应保留不小于钢产品的厚度或直径的加工余量，最小不少于20mm。

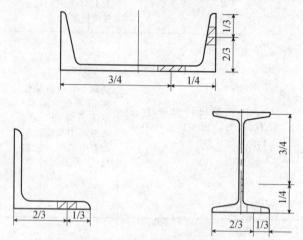

图1-3-1 拉伸和弯曲试样在槽钢、角钢及工字钢上的取样位置
（其他型钢的取样位置参见本图）

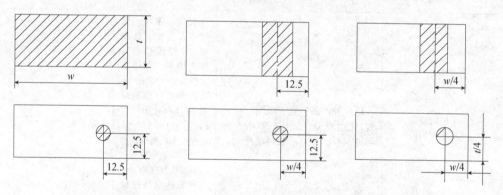

图1-3-2 拉伸和弯曲试样在矩形截面条钢上的取样位置（mm）

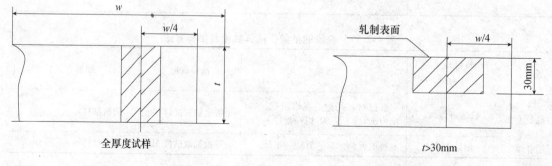

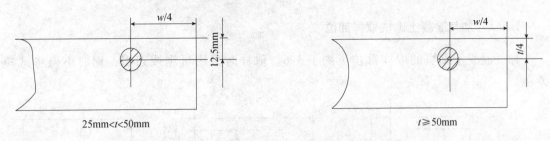

图 1-3-3 拉伸和弯曲试样在钢板上的取样位置

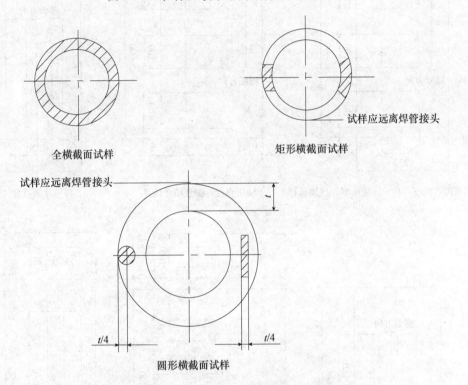

图 1-3-4 拉伸和弯曲试样在钢管上的取样位置

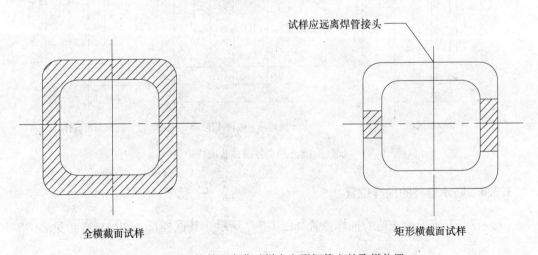

图 1-3-5 拉伸和弯曲试样在方形钢管上的取样位置

1.3.2 加气混凝土砌块取样部位

加气混凝土砌块的取样部位见图 1-3-6。取样时采用机锯或刀锯，锯时不得将试样弄湿。

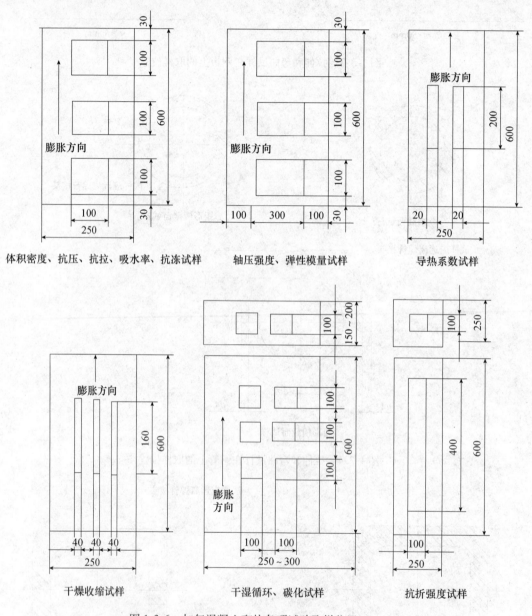

图 1-3-6 加气混凝土砌块各项试验取样位置 (mm)

1.3.3 防水卷材的抽样位置

（1）石油沥青纸胎油毡的抽样位置如图 1-3-7 所示，其试样尺寸和抽样数量见表 1-3-1。

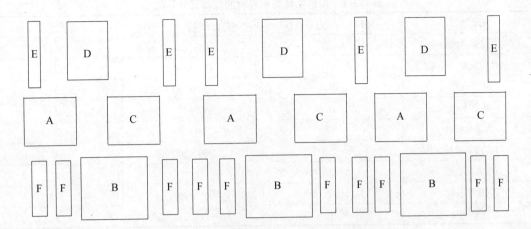

图 1-3-7　石油沥青纸胎油毡的抽样位置（左右为卷材的横向）

表 1-3-1　石油沥青纸胎油毡的试样尺寸和抽样数量

试验项目	部位（见图 1-3-7）	试样尺寸/mm	数量
浸涂材料总量	A	100×100	3
不透水性	B	150×150	3
吸水率	C	100×100	3
耐热度	D	100×50	3
拉力	E	250×50	5
柔度	F	150×25	10

（2）聚氯乙烯防水卷材的抽样位置如图 1-3-8 所示，其试样尺寸和抽样数量见表 1-3-2。

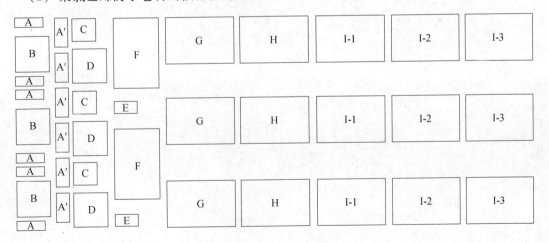

图 1-3-8　聚氯乙烯防水卷材的抽样位置

表 1-3-2　聚氯乙烯防水卷材的试样尺寸和数量

试验项目	部位（见图 1-3-8）	尺寸（纵向×横向）/mm	数量
拉伸性能	A、A′	120×25	各 6
热处理尺寸变化率	C	100×100	3
抗穿孔性	B	150×150	3
不透水性	D	150×150	3
低温弯折性	E	100×50	2
剪切状态下的粘合性	F	200×300	2
热老化处理	G	300×200	3
耐化学侵蚀	I-1、I-2、I-3		各 3
人工气候加速老化	H		3

第2章 建筑材料的质量标准及合格判定

2.1 水 泥

2.1.1 定义与分类

（1）通用硅酸盐水泥：以硅酸盐水泥熟料和适量的石膏，及规定的混合材料制成的水硬性胶凝材料。

通用硅酸盐水泥按混合材料的品种和掺量分为硅酸盐水泥、普通硅酸盐水泥、矿渣硅酸盐水泥、粉煤灰硅酸盐水泥和复合硅酸盐水泥，各品种的组分和代号应符合表 2-1-1 的规定。其中，硅酸盐水泥又分为 P·I 型及 P·II 型，矿渣硅酸盐水泥又分为 P·S·A 型及 P·S·B 型。

表 2-1-1 通用硅酸盐水泥的组分和代号

品种	代号	组分（质量分数）				
		熟料＋石膏	粒化高炉矿渣	火山灰质混合材料	粉煤灰	石灰石
硅酸盐水泥	P·I	100				
	P·II	≥95	≤5			
		≥95				≤5
普通硅酸盐水泥	P·O	≥80 且＜95	>5 且≤20ᵃ			
矿渣硅酸盐水泥	P·S·A	≥50 且＜80	>20 且≤50ᵇ			
	P·S·B	≥30 且＜50	>50 且≤70ᵇ			
火山灰质硅酸盐水泥	P·P	≥60 且＜80		>20 且≤40ᶜ		
粉煤灰硅酸盐水泥	P·F	≥60 且＜80			>20 且≤40ᵈ	
复合硅酸盐水泥	P·C	≥50 且＜80	>20 且≤50ᵉ			

a. 本组分材料为符合本标准（即《通用硅酸盐水泥》）5.2.3 条的活性混合材料，其中允许用不超过水泥质量 8% 且符合本标准 5.2.4 条的非活性混合材料或不超过水泥质量 5% 且符合本标准 5.2.5 条的窑灰代替。
b. 本组分材料为符合 GB/T 203 或 GB/T 18046 的活性混合材料，其中允许用不超过水泥质量 8% 且符合本标准 5.2.3 条的活性混合材料或符合本标准 5.2.4 条的非活性混合材料代替或符合本标准 5.2.5 条的窑灰中的任一种材料代替。
c. 本组分材料为符合 GB/T 2847 的活性混合材料。
d. 本组分材料为符合 GB/T 1596 的活性混合材料。
e. 本组分材料为由两种（含）以上符合本标准 5.2.3 条的活性混合材料或/和符合本标准 5.2.4 条的非活性混合材料组成，其中允许用不超过水泥质量 8% 且符合本标准 5.2.5 条的窑灰代替。掺矿渣时混合材料掺量不得与矿渣硅酸盐水泥重复。

（2）白色硅酸盐水泥：由氧化铁含量少的硅酸盐水泥熟料、适量石膏及本标准规定的混合材料，磨细制成的水硬性胶凝材料称为白色硅酸盐水泥（简称白水泥）。代号 P·W。

2.1.2 质量标准

（1）通用硅酸盐水泥的质量标准应符合表 2-1-2、表 2-1-3 的要求。在 40d 内买方检验认为产品质量不符合本标准要求，而卖方又有异议时，则双方应将卖方保存的另一份试样送省级或省级以上国家认可的水泥质量监督检验机构进行仲裁检验。水泥安定性仲裁检验时，应在取样之日起 10d 以内完成。

表 2-1-2　通用硅酸盐水泥质量标准

水泥品种	强度等级	抗压强度/MPa		抗折强度/MPa		其他指标
		3d	28d	3d	28d	
硅酸盐水泥	42.5	≥17.0	≥42.5	≥3.5	≥6.5	凝结时间和安定性按GB/T 1346 进行试验　硅酸盐水泥和普通硅酸盐水泥的细度以比表面积表示，其比表面积不小于 300m²/kg；矿渣硅酸盐水泥、火山灰质硅酸盐水泥、粉煤灰硅酸盐水泥和复合硅酸盐水泥的细度的筛余表示，其80μm 方孔筛筛余不大于 10% 或 45μm 方孔筛筛余不大于30%
	42.5R	≥22.0		≥4.0		
	52.5	≥23.0	≥52.5	≥4.0	≥7.0	
	52.5R	≥27.0		≥5.0		
	62.5	≥28.0	≥62.5	≥5.0	≥8.0	
	62.5R	≥32.0		≥5.5		
普通硅酸盐水泥	42.5	≥17.0	≥42.5	≥3.5	≥6.5	
	42.5R	≥22.0		≥4.0		
	52.5	≥23.0	≥52.5	≥4.0	≥7.0	
	52.5R	≥27.0		≥5.0		
矿渣硅酸盐水泥 火山灰质硅酸盐水泥 粉煤灰硅酸盐水泥 复合硅酸盐水泥	32.5	≥10.0	≥32.5	≥2.5	≥5.5	
	32.5R	≥15.0		≥3.5		
	42.5	≥15.0	≥42.5	≥3.5	≥6.5	
	42.5R	≥19.0		≥4.0		
	52.5	≥21.0	≥52.5	≥4.0	≥7.0	
	52.5R	≥23.0		≥4.5		
不合格品	化学指标、凝结时间、安定性、强度中任一项不合格					

表 2-1-3　通用硅酸盐水泥的化学成分指标

品种	代号	组分（质量分数）				
		不溶物	烧失量	三氧化硫	氧化镁	氯离子
硅酸盐水泥	P·Ⅰ	≤0.75	≤3.0	≤3.5	≤5.0ᵃ	≤0.06ᶜ
	P·Ⅱ	≤1.50	≤3.5			
普通硅酸盐水泥	P·O	—	≤5.0			
矿渣硅酸盐水泥	P·S·A	—	—	≤4.0	≤6.0ᵇ	
	P·S·B	—	—		—	
火山灰质硅酸盐水泥	P·P	—	—	≤3.5	≤6.0ᵇ	
粉煤灰硅酸盐水泥	P·F	—	—			
复合硅酸盐水泥	P·C	—	—			

a. 如果水泥压蒸试验合格，则水泥中的氧化镁含量（质量分数）允许放宽至 6.0%。
b. 如果水泥中氧化镁的含量（质量分数）大于 6.0% 时，需进行水泥压蒸安定性试验并合格。
c. 当有更低要求时，该指标由买卖双方确定。
d. 碱含量以 NaO + 0.658K₂O 计，如使用活性骨料，用户要求提供低碱水泥时，水泥中碱的含量应不大于 0.60% 或由买卖双方商定。

（2）白色硅酸水泥的质量标准见表2-1-4。

表 2-1-4　白色硅酸盐水泥质量标准

水泥品种	强度等级	抗压强度/MPa		抗折强度/MPa		其他指标
		3d	28d	3d	28d	
白色硅酸盐水泥	32.5	≥12.0	≥32.5	≥3.0	≥6.0	1. 安定性：用沸煮法检验必须合格；
	42.5	≥17.0	≥42.5	≥3.5	≥6.5	2. 细度：80μm 方孔筛筛余应不超过10%；
	52.5	≥22.0	≥52.5	≥4.0	≥7.0	3. 凝结时间：初凝应不早于45min，终凝应不迟于10h；
废品	三氧化硫、初凝时间、安定性中任一项不合格或强度低于最低等级的指标					4. 三氧化硫：水泥中的三氧化硫的含量应不超过3.5%；
不合格品	细度、终凝时间、强度或白度中任一项不合格，水泥包装标志中水泥品种、生产者名称和出厂编号不全者					5. 水泥白度值应不低于87

2.2　骨　料

2.2.1　砂子

2.2.1.1　定义

（1）天然砂：由自然条件作用而形成的，公称粒径小于5.00mm 的岩石颗粒；按其产源不同，可分为河砂、海砂、山砂。

（2）人工砂：岩石经除土开采、机械破碎、筛分而成的，公称粒径小于5.00mm 的岩石颗粒。

（3）混合砂：由天然砂和人工砂按一定比例组合而成的砂。

2.2.1.2　质量标准

普通混凝土用砂的质量标准见表2-2-1 及表2-2-2。

表 2-2-1　普通混凝土用砂质量标准

项目		质量标准			
		混凝土强度等级≥C60	混凝土强度等级 C55~C30	混凝土强度等级≤C25	1. 砂子按细度模量分类：
含泥量（按质量计）/%		≤2.0	≤3.0	≤5.0	粗 砂：3.1~3.7
泥块含量（按质量计）/%		≤0.5	≤1.0	≤2.0	中 砂：2.3~3.0
石粉含量/%	MB<1.4（合格）	≤5	≤7	≤10	细 砂：1.6~2.2
	MB≥1.4（不合格）	≤2.0	≤3.0	≤5.0	特细砂：0.7~1.5
海砂中贝壳含量（按质量计）/%		≤3（≥C40）	≤5（C35~C30）	≤8（C25~C15）	2. 长期处于潮湿环境的重要混凝土结构用砂应进行骨料的碱活性检验；如判断为有潜在危害时，应控制混凝土中碱含量不超过 3.0kg/m³；或采取能抑制碱-骨料反应的有效措施；
坚固性（5 次循环后的质量损失）/%		在严寒及寒冷地区室外使用并经常处于潮湿或干湿交替状态下的混凝土			3. 人工砂的压碎指标应小于30%
		对于有抗疲劳、耐磨、抗冲击要求的混凝土			
		有腐蚀介质作用或经常处于水位变化区的地下结构混凝土		≤8	
		其他条件下使用的混凝土		≤10	

项目	质量标准			
	混凝土强度 等级≥C60	混凝土强度 等级 C55～C30	混凝土强度 等级≤C25	
云母含量（按质量计)/%	≤2.0（对抗渗、抗冻混凝土用砂≤1.0)			
轻物质含量（按质量计)/%	≤1.0			
SO₃/%	≤1.0			
氯离子含量 （以干砂的质量%计)/%	≤0.06（钢筋混凝土用砂） ≤0.02（预应力混凝土用砂）			
有机物	合格			
颗粒级配	符合表2-2-2，处于Ⅰ、Ⅱ、Ⅲ级配区			

注：1. 含泥量和泥块含量：有抗冻、抗渗和有其他特殊要求的小于C25混凝土用砂，其含泥量不应大于3.0%，泥块含量不应大于1.0%。
    2. 当砂中含有颗粒状的硫酸盐或硫化物杂质时，应进行专门检验，确认能满足混凝土耐久性要求后，方可采用。
    3. 砂中贝壳含量：有抗渗、抗冻或其他特殊要求的小于C25混凝土用砂，其贝壳含量应不大于5%。
    4. 根据JGJ 52—2006《普通混凝土用砂、石质量及检验方法标准》。另有国家标准GB/T 14684—2011《建设用砂》，主要用于建设用砂的生产和验收。

表 2-2-2　砂颗粒级配区

公称粒径	级配区 （累计筛余%)		
	Ⅰ 区	Ⅱ 区	Ⅲ 区
5.00mm	10～0	10～0	10～0
2.50mm	35～5	25～0	15～0
1.25mm	65～35	50～10	25～0
630μm	85～71	70～41	40～16
315μm	95～80	92～70	85～55
160μm	100～90	100～90	100～90

注：1. 除特细砂外，砂的颗粒级配可按公称直径630μm筛孔的累计筛余量（以质量分数计，下同）分成三个级配区，且砂的颗粒级配应处于表2-2-2的某一区内。砂的实际颗粒级配除5.00mm及630μm的累计筛余外其余公称粒径的累计筛余可稍有超出分界线，但总超出量百分率不应大于5%；配制混凝土时应优先选用Ⅱ区砂，采用Ⅰ区砂时应提高砂率，并保持足够的水泥用量，满足混凝土的和易性；采用Ⅲ区砂时宜适当降低砂率；当采用特细砂时，应符合相应的规定。
    2. 当天然砂的实际颗粒级配不符合要求时，宜采用相应的技术措施，并经试验证明能确保混凝土质量后，方允许使用。

2.2.1.3　出厂检验项目

天然砂的出厂检验项目为：颗粒级配、细度模数、含泥量、泥块含量、云母含量；机制砂的出厂检验项目为：颗粒级配、细度模数、石粉含量、泥块含量、坚固性。

2.2.2　石子

2.2.2.1　定义

（1）碎石：由天然岩石或卵石经破碎、筛分而得的，公称粒径大于5.00mm的岩石颗粒。

（2）卵石：由自然条件形成的，公称粒径大于 5.00mm 的岩石颗粒。

2.2.2.2　质量标准

普通混凝土用碎石或卵石的质量标准见表 2-2-3，其筛孔尺寸见表 2-2-4，其颗粒级配范围见表 2-2-5。

表 2-2-3　普通混凝土用碎石或卵石质量标准

项目		质量标准			1. 对于长期处于潮湿环境的重要结构混凝土，其所使用的碎石或卵石应进行碱活性检验。当判定骨料存在碱-碳酸盐反应危害时，不宜用作混凝土骨料；否则，应通过专门的混凝土试验，作最后评定；当判定存在潜在碱-硅反应危害时，应控制混凝土中的碱含量不超过 $3kg/m^3$； 2. 当混凝土强度等级大于或等于 C60 时，应进行岩石抗压强度检验，岩石的抗压强度应比所配制的混凝土强度至少高 20%； 3. 当碎石或卵石中含有颗粒状硫酸盐或硫化物杂质时，应进行专门检验，确认能满足混凝土耐久性要求后，方可采用
		混凝土强度等级 ≥C60	混凝土强度等级 C55～C30	混凝土强度等级 ≤C25	
颗粒级配		符合表 2-2-5 的要求			
含泥量/%		≤0.5	≤1.0	≤2.0	
泥块含量/%		≤0.2	≤0.5	≤0.7	
针片状颗粒/%		≤8	≤15	≤25	
压碎指标值/%	碎石	沉积岩	变质岩或深成的火成岩	喷出的火成岩	
		≤10（C60～C40） ≤16（≤C35）	≤12（C60～C40） ≤20（≤C35）	≤13（C60～C40） ≤30（≤C35）	
	卵石	≤12（C60～C40）		≤16（≤C35）	
坚固性指标/%		≤8 在严寒及寒冷地区室外使用，并经常处于潮湿或干湿交替状态下的混凝土；有腐蚀性介质作用或经常处于水位变化区的地下结构或有抗疲劳、耐磨、抗冲击要求的混凝土			
		≤12（在其他条件下使用的混凝土）			
SO_3/%		≤1.0			
有机物		合格			

注：1. 含泥量：有抗渗、抗冻或有其他特殊要求的混凝土，所用石子的含泥量不应大于 1.0%；如含泥基本是非黏土质的石粉时，含泥量可由表 2-2-3 的 0.5%，1.0%，2.0% 分别提高到 1.0%，1.5%，3.0%；
　　2. 泥块含量：有抗渗、抗冻或有其他特殊要求的强度等级小于 C30 混凝土，其所用石子的泥块含量不应大于 0.5%；
　　3. 根据 JGJ 52—2006《普通混凝土用砂、石质量及检验方法标准》；另有国家标准 GB/T 14685—2011《建设用卵石、碎石》，主要用于建设用卵石、碎石的生产和验收。

表 2-2-4　石筛筛孔的公称直径与方孔筛尺寸（mm）

石的公称粒径	石筛筛孔的公称直径	方孔筛筛孔边长
2.50	2.50	2.36
5.00	5.00	4.75
10.0	10.0	9.50
16.0	16.0	16.0
20.0	20.0	19.0
25.0	25.0	26.5
31.5	31.5	31.5
40.0	40.0	37.5

石的公称粒径	石筛筛孔的公称直径	方孔筛筛孔边长
50.0	50.0	53.0
63.0	63.0	63.0
80.0	80.0	75.0
100.0	100.0	90.0

表 2-2-5 普通混凝土用碎石或卵石的颗粒级配范围

级配情况	公称粒级/mm	累计筛余（质量/%）											
		方孔筛筛孔边长尺寸/mm											
		2.36	4.75	9.5	16.0	19.0	26.5	31.5	37.5	53	63	75	90
连续级配	5~10	95~100	80~100	0~15	0	—	—	—	—	—	—	—	—
	5~16	95~100	85~100	30~60	0~10	0	—	—	—	—	—	—	—
	5~20	95~100	90~100	40~80	—	0~10	0	—	—	—	—	—	—
	5~25	95~100	90~100	—	30~70	—	0~5	0	—	—	—	—	—
	5~31.5	95~100	90~100	70~90	—	15~45	—	0~5	0	—	—	—	—
	5~40	—	95~100	70~90	—	30~65	—	—	0~5	0	—	—	—
单粒级	10~20	—	95~100	85~100	—	0~15	0	—	—	—	—	—	—
	16~31.5	—	95~100	—	85~100	—	—	0~10	—	0	—	—	—
	20~40	—	—	95~100	—	80~100	—	—	0~10	0	—	—	—
	31.5~63	—	—	—	95~100	—	—	75~100	45~75	—	0~10	0	—
	40~80	—	—	—	—	95~100	—	—	70~100	—	30~60	0~10	0

2.2.2.3 出厂检验项目

颗粒级配、含泥量、泥块含量、针片状颗粒含量。

2.2.3 轻集料

2.2.3.1 定义及分类

轻集料是堆积密度不大于 1200kg/m³ 的粗、细集料的总称。

1）按形成方式分为：

（1）人造轻集料：轻粗集料（陶粒等）和轻细集料（陶砂）等；

（2）天然轻集料：浮石、火山渣等；

（3）工业废渣轻集料：自燃煤矸石、煤渣等。

2）按性能分为：超轻集料（堆积密度不大于 500kg/m³ 的保温用或结构保温用的轻集料称为超轻集料）、高强轻集料（结构用轻粗集料）。

2.2.3.2 质量标准

（1）颗粒级配：各种轻粗集料和轻细集料的颗粒级配应符合表 2-2-6 的要求。

表 2-2-6　轻集料的颗粒级配

轻集料	级配类别	公称粒级/mm	37.5mm	31.5mm	26.5mm	19.0mm	16.0mm	9.50mm	4.75mm	2.36mm	1.18mm	600μm	300μm	150μm
细集料	—	0~5	—			—		0	0~10	0~35	20~60	30~80	65~90	75~100
粗集料	连续级配	5~40	0~10	—		—		50~85	90~100	95~100	—	—	—	—
		5~31.5	0~5	0~10		—	40~75	—	90~100	95~100	—	—	—	—
		5~25	0	0~5	0~10		30~70		90~100	95~100				
		5~20	0	0~5		0~10		40~80	90~100	95~100				
		5~16	—	—	0	0~5	0~10	20~60	85~100	95~100				
		5~10					0	0~15	90~100	95~100				
	单粒级	0~16				0	0~15	85~100	90~100					

注：1. 各种粗细混合轻集料宜满足下列要求：2.36mm 筛上累计筛余为（60±2)%；筛除 2.36mm 以下颗粒后，2.36mm 筛上的颗粒级配满足表 2-2-6 中公称粒级 5~10mm 的颗粒级配要求。

2. 根据 BG/T 17431.1—2010《轻集料及其试验方法　第一部分：轻集料》。

（2）密度等级：轻集料密度等级按堆积密度划分，并应符合表 2-2-7 的要求。

表 2-2-7　密度等级

轻集料种类	密度等级		堆积密度范围 /（kg/m³）
	轻粗集料	轻细集料	
人造轻集料 天然轻集料 工业废渣轻集料	200	—	>100，≤200
	300	—	>200，≤300
	400	—	>300，≤400
	500	500	>400，≤500
	600	600	>500，≤600
	700	700	>600，≤700
	800	800	>700，≤800
	900	900	>800，≤900
	1000	1000	>900，≤1000
	1100	1100	>1000，≤1100
	1200	1200	>1110，≤1200

（3）轻粗集料的筒压强度与强度标号：不同密度等级的轻粗集料的筒压强度应不低于表 2-2-8 的要求。

表 2-2-8　轻粗集料的筒压强度

轻粗集料种类	密度等级	筒压强度/MPa
人造轻集料	200	0.2
	300	0.5
	400	1.0
	500	1.5
	600	2.0
	700	3.0
	800	4.0
	900	5.0
天然轻集料 工业废渣轻集料	600	0.8
	700	1.0
	800	1.2
	900	1.5
	1000	1.5
工业废渣轻集料中的自然煤矸石	900	3.0
	1000	3.5
	1100 ~ 1200	4.0

不同密度等级的高强轻粗集料的筒压强度和强度标号应不低于表 2-2-9 的规定。

表 2-2-9　高强轻粗集料筒压强度与强度标号

轻粗集料种类	密度等级	筒压强度/MPa	强度标号
人造轻集料	600	4.0	25
	700	5.0	30
	800	6.0	35
	900	6.5	40

（4）吸水率与软化系数：不同密度等级的粗集料的吸水率应不大于表 2-2-10 的规定。

表 2-2-10　轻粗集料的吸水率及软化系数

轻粗集料种类	密度等级	1h 吸水率/%
人造轻集料 人造废渣轻集料	200	30
	300	25
	400	20
	500	15
	600 ~ 1200	10
人造轻集料中的粉煤灰陶粒*	600 ~ 900	20
天然轻集料	600 ~ 1200	—
软化系数	人造轻粗集料和工业废料轻粗集料的软化系数应不小于 0.8；天然轻粗集料的软系数应不小于 0.7	

注：* 系指采用烧结工艺生产的粉煤灰陶粒。

（5）轻粗集料的粒形系数：不同粒形轻粗集料的粒形系数应符合表 2-2-11 的规定。

表 2-2-11　轻粗集料的粒型系数

轻粗集料种类	平均粒形系数
人造轻集料	≤2.0
天然轻集料 工业废渣轻集料	不作规定

（6）轻集料中有害物质应符合表 2-2-12 的规定。

表 2-2-12　轻集料有害物质规定

项目名称	技术指标
含泥量/%	≤3.0
	结构混凝土用轻集料≤2.0
泥块含量/%	≤1.0
	结构混凝土用轻集料≤0.5
沸煮重量损失/%	≤5.0
烧失量/%	≤5.0
	天然轻集料不作规定，用于无筋混凝土的煤渣 允许≤18
硫化物和硫酸盐含量（按 SO_3 计）/%	≤1.0
	用于无筋混凝土的自然煤矸石允许含量≤1.5
有机物含量	不深于标准色。如深于标准色，按 GB/T 17431.2—2010 中 18.6.3 的规定操作，且试验结果不低于95%
氯化物（以氯离子含量计）/%	≤0.02
放射性	符合 GB 6566 的规定

2.2.3.3　出厂检验项目

轻粗集料的检测项目为：颗粒级配、堆积密度、粒型系数、筒压强度和吸水率；高强轻集料应检测强度标号。

轻细集料的检测项目为：细度模数、堆积密度。

2.3　矿物掺料

2.3.1　粉煤灰

2.3.1.1　定义

从煤粉炉烟道气体中收集的粉末称为粉煤灰。干燥的粉煤灰经粉磨达到规定细度（比表面积大于 $400\text{m}^2/\text{kg}$）的产品称为磨细粉煤灰。

2.3.1.2　分类和等级

按煤种分为 F 类和 C 类。

F 类粉煤灰：由无烟煤或烟煤煅烧收集的粉煤灰；

C 类粉煤灰：由褐煤或次烟煤煅烧收集的粉煤灰，其氧化钙含量一般大于10%。

等级：分为三个等级（Ⅰ级、Ⅱ级、Ⅲ级）。

2.3.1.3 质量标准

粉煤灰和磨细粉煤灰的质量标准列于表2-3-1。

表 2-3-1 粉煤灰和磨细粉煤灰的质量标准

项目	种类	粉煤灰			磨细粉煤灰	
		Ⅰ级	Ⅱ级	Ⅲ级	Ⅰ级	Ⅱ级
细度（0.045mm 方孔筛筛余）/% ≤	F 类	12.0	25.0	45.0	—	—
	C 类					
需水量比/% ≤	F 类	95	105	115	95	105
	C 类					
烧失量/% ≤	F 类	5.0	8.0	15.0	5	8
	C 类					
含水量/% ≤	F 类	1.0			1.0	1.0
	C 类					
SO_3/% ≤	F 类	3.0			3	3
	C 类					
游离氧化钙/% ≤	F 类	1.0			—	—
	C 类	4.0				
安定性(雷氏夹沸煮后增加距离/mm) ≤	C 类	5.0				
Cl^-/%		—	—	—	0.02	0.02
比表面积/（m^2/kg） ≥					600	400
活性指数/% ≥	7d				80	75
	28d				90	85
放射性		合格			—	—
碱含量		当用于活性骨料要限制碱含量时，由买卖双方协商确定			由供需双方确定指标	
均匀性		以细度为考核依据，单一样品的细度不应超过前10个样品细度平均值的最大偏差，最大偏差由买卖双方协商确定			—	—

注：1. 根据 GB 1596—2005《用于水泥和混凝土中的粉煤灰》。
    2. 根据 GB/T 18736—2002《高强度高性能混凝土用矿物外加剂》。

2.3.1.4 出厂检验项目

细度、需水量比、烧失量、含水量、三氧化硫、游离氧化化钙及安定性。

2.3.2 硅灰

2.3.2.1 定义

在冶炼硅铁合金或工业硅时，通过烟道排出的粉尘，经收集得到的以无定形二氧化硅为主要成分的粉体材料称为硅灰。以水为载体的含有一定数量硅灰的均质性浆料称为硅灰浆。

2.3.2.2　分类

按其使用时的状态可分为硅灰（代号 SF）和硅灰浆（代号 SF-S）。

2.3.2.3　质量标准

硅灰的质量标准应符合表 2-3-2 的规定。

表 2-3-2　硅灰的质量标准

项　目	指　标
固含量（液料）	按生产厂控制值的 ±2%
总碱量	≤1.5%
SiO_2 含量	≥85.0%
氯含量	≤0.1%
含水率（粉料）	≤3.0%
烧失量	≤4.0%
需水量比	≤125%
比表面积（BET 法）	≥15 m^2/g
活性指数（7d 快速法）	≥105%
放射性	$I_{ra} \leq 1.0$ 和 $I_r \leq 1.0$
抑制碱-骨料反应性	14d 膨胀率降低值 ≥35%
抗氯离子渗透性	28d 电通量之比 ≤40%

注：1. 硅灰浆折算为固体含量按此表进行检验。
　　2. 抑制碱-骨料反应性和抗氯离子渗透性为选择性试验项目，由供需双方协商决定。
　　3. 根据：GB/T 27690—2011《砂浆和混凝土用硅灰》。

2.3.3　矿渣粉

2.3.3.1　定义

以粒化高炉矿渣为主要原料，可掺加少量石膏磨制成一定细度的粉体，称作粒化高炉矿渣粉，简称矿渣粉。粒状高炉矿渣经干燥、粉磨等工艺达到规定细度（比表面积大于 350 m^2/kg）的产品称为磨细矿渣粉。

2.3.3.2　质量标准

矿渣粉和磨细矿渣粉的质量标准详见表 2-3-3。

表 2-3-3　矿渣粉和磨细矿渣粉的质量标准

项　目		矿渣粉			磨细矿渣粉		
		S105	S95	S75	Ⅰ级	Ⅱ级	Ⅲ级
密度/(g/cm³)　≥		2.8			—		
比表面积/(m²/kg)　≥		500	400	300	750	550	350
活性指数/%　≥	3d				85	70	55
	7d	95	75	55	100	85	75
	28d	105	95	75	115	105	100
流动度比/%　≥		95			—	—	—

续表

项　　目		矿渣粉			磨细矿渣粉		
		S105	S95	S75	Ⅰ级	Ⅱ级	Ⅲ级
含水率（质量分数）/%	≤	1.0			1.0		
SO_3（质量分数）/%	≤	4.0			4.0		
氯离子（质量分数）/%	≤	0.06			0.02		
烧失量（质量分数）/%	≤	3.0			3.0		
玻璃体含量（质量分数）/%	≥	85			—		
放射性		合格			—		
MgO（质量分数）/%	≤	14					
需水量比/%	≤	—			100		
总碱量		—			应测定总碱量，其指标由供需双方确定		

注：根据 GB/T 18046—2008《用于水泥和混凝土中的粒化高炉矿渣粉》及 GB/T 18736—2002《高强度高性能混凝土用矿物外加剂》。

2.3.3.3　出厂检验项目

密度、比表面积、活性指数、流动度比、含水量、三氧化硫含量。

2.3.4　天然沸石粉

2.3.4.1　定义

以天然沸石为原料，经磨细制成的粉状物料称为天然沸石粉。以一定品位纯度的天然沸石为原料，经粉磨至规定细度（比表面积大于 $500m^2/kg$）的产品称为磨细天然沸石粉。

2.3.4.2　质量标准

天然沸石粉和磨细天然沸石粉的质量标准应符合表 2-3-4 的规定。

表 2-3-4　天然沸石粉及磨细天然沸石粉的质量标准

类别		天然沸石粉			磨细天然沸石粉	
级别		Ⅰ级	Ⅱ级	Ⅲ级	Ⅰ级	Ⅱ级
比表面积/（m^2/kg）	≥				700	500
需水量比/%	≤				110	115
28d 活性指数/%	≥				90	85
Cl^-/%	≤				0.02	0.02
吸铵值/（mmol/100g）	≥	130	100	90	130	110
细度（0.080mm 方孔水筛筛余）/%	≤	4	10	15		
沸石粉水泥胶砂需水量比/%	≤	125	120	120		
沸石粉水泥胶砂 28d 抗压强度比/%	≥	75	70	62		
总碱量		—	—	—	应测定总碱量，其指标由供需双方确定	

注：1. 在沸石粉生产过程中不得混入杂质和有害物质。
　　2. 根据 JG/T 3048—1998《混凝土和砂浆用天然沸石粉》及 GB/T 18736—2002《高强高性能混凝土用矿物外加剂》。

2.3.4.3　出厂检验项目

细度、吸铵值。

2.4 外加剂

2.4.1 减水剂

2.4.1.1 定义及代号

（1）高性能减水剂：比高效减水剂具有更高减水率、更好坍落度保持性能、较小干燥收缩，且具有一定引气性能的减水剂。分为早强型、标准型和缓凝型。目前主要为聚羧酸盐类产品。

（2）高效减水剂：在混凝土坍落度基本相同的条件下，能大幅度减少拌合用水量的外加剂。分为早强型、标准型和缓凝型。目前市场上的高效减水剂有：萘系减水剂、氨基磺酸盐系减水剂、脂肪族（醛酮缩合物）减水剂、密胺系及改性密胺系减水剂、蒽系减水剂等。

（3）普通减水剂：在混凝土坍落度基本相同的条件下，能减少混凝土拌合用水量的外加剂。分为早强型、标准型和缓凝型。常用的有木钙、木钠、木镁等木质素磺酸盐类减水剂。

（4）引气减水剂：兼有引气和减水功能的外加剂。

采用以下代号表示各种减水剂的类型：

早强型高性能减水剂：HPWR-A；

标准型高性能减水剂：HPWR-S；

缓凝型高性能减水剂：HPWR-R；

标准型高效减水剂：HWR-S；

缓凝型高效减水剂：HWR-R；

早强型普通减水剂：WR-A；

标准型普通减水剂：WR-S；

缓凝型普通减水剂：WR-R；

引气减水剂：AEWR。

2.4.1.2 质量标准

减水剂的性能指标见表 2-4-1；减水剂的匀质性指标见表 2-4-2。

表 2-4-1 受检混凝土的性能指标

性能指标		高性能减水剂 HPWR			高效减水剂 HWR		普通减水剂 WR			引气减水剂 AEWR
		早强型 HPWR-A	标准型 HPWR-S	缓凝型 HPWR-R	标准型 HWR-S	缓凝型 HWR-R	早强型 WR-A	标准型 WR-S	缓凝型 WR-R	
减水率/%	不小于	25	25	25	14	14	8	8	8	10
泌水率比/%	不大于	50	60	70	90	100	95	100	100	70
含气量/%		≤6.0	≤6.0	≤6.0	≤3.0	≤4.5	≤4.0	≤4.0	≤5.5	≥3.0
凝结时间之差/min	初凝	−90~+90	−90~+90	>+90	−90~+90	>+90	−90~+90	−90~+90	>+90	−90~+90
	终凝		+120	—	+120		+90	+120	—	+120

续表

性能指标		高性能减水剂 HPWR			高效减水剂 HWR		普通减水剂 WR			引气减水剂 AEWR
		早强型 HPWR-A	标准型 HPWR-S	缓凝型 HPWR-R	标准型 HWR-S	缓凝型 HWR-R	早强型 WR-A	标准型 WR-S	缓凝型 WR-R	
1h 经时变化量	坍落度/mm	—	≤80	≤60						—
	含气量/%	—	—	—						−1.5 ~ +1.5
抗压强度比/% 不小于	1d	180	170	—	140	—	135	—	—	—
	3d	170	160	—	130	—	130	115	—	115
	7d	145	150	140	125	125	110	115	110	110
	28d	130	140	130	120	120	100	110	110	100
28d 收缩率比/%	不大于	110	110	110	135	135	135	135	135	135
相对耐久性/%(200 次)	不小于	—	—	—	—	—	—	—	—	80

注：1. 表中抗压强度比、收缩率比、相对耐久性为强制性指标，其余为推荐性指标。

2. 除含气量和相对耐久性外，表中所列数据为掺减水剂混凝土与基准混凝土的差值或比值。

3. 凝结时间之差性能指标中"−"号表示提前，"+"号表示延缓；

4. 相对耐久性（200 次）性能指标中≥80% 表示将 28d 龄期的受检混凝土试件快速冻融循环 200 次后，动弹性模量保留值≥80%。

5. 1h 含气量经时变化量指标中的"−"号表示含气量减少，"+"号表示含气量增加。

6. 其他品种的外加剂是否需要测定相对耐久性指标，由供需双方协商确定。

7. 本节各表根据 GB 8076—2008《混凝土外加剂》。

表 2-4-2　减水剂的匀质性指标

项 目	指 标
氯离子含量/%	不超过生产厂控制值
总碱量/%	不超过生产厂控制值
含固量/%	$S > 25\%$ 时，应控制在 $0.95S \sim 1.05S$ $S \leqslant 25\%$ 时，应控制在 $0.90S \sim 1.10S$
含水率/%	$W > 5\%$ 时，应控制在 $0.90W \sim 1.10W$ $W \leqslant 5\%$ 时，应控制在 $0.80W \sim 1.20W$
密度/(g/cm^3)	$D > 1.1$ 时，应控制在 $D \pm 0.03$ $D \leqslant 1.1$ 时，应控制在 $D \pm 0.02$
细度	应在生产厂控制范围内
pH 值	应在生产厂控制范围内
硫酸钠含量/%	不超过生产厂控制值

注：1. 生产厂应在相关的技术资料中明示产品匀质指标的控制值。

2. 对相同和不同批次之间的匀质性和等效性的其他要求，可由供需双方商定。

3. 表中的 S、W 和 D 分别为含固量、含水率和密度的生产厂控制值。

2.4.1.3　进入工地的检验项目

pH 值、密度（或细度）、减水率。

2.4.2　引气剂、早强剂、缓凝剂

2.4.2.1　定义

（1）引气剂：在混凝土搅拌过程中，能引入大量均匀分布、稳定而封闭的微小气泡且能保留在硬化混凝土中的外加剂。引气剂主要有：可溶性树脂酸盐（松香酸）、文沙尔树脂、皂化的吐尔油、十二烷基磺酸钠、十二烷基苯磺酸钠及磺化石油羟类的可溶性盐等。

（2）早强剂：能加速混凝土早期强度发展的外加剂。早强剂主要是无机盐类和有机物，但现在越来越多地使用各种复合类型早强剂。

（3）缓凝剂：能延长混凝土凝结时间的外加剂。缓凝剂分为有机和无机两大类，主要有：糖类及碳水化合物（如淀粉、纤维素的衍生物等）、羟基羧酸（如柠檬酸、酒石酸、葡萄糖酸及其盐类）、可溶硼酸盐和磷酸盐等。

2.4.2.2　质量标准

引气剂、早强剂和缓凝剂的质量标准见表 2-4-3。

表 2-4-3　引气剂、早强剂和缓凝剂的质量标准

性能指标		引气剂 AE	早强剂 Ac	缓凝剂 Re
减水率/%	不小于	6	—	—
泌水率比/%	不大于	70	100	100
含气量/%		>3.0	—	—
凝结时间之差/min	初凝	−90 ~ +120	−90 ~ +90	> +90
	终凝			
1h 经时变化量	坍落度/mm	—	—	—
	含气量/%	−1.5 ~ +1.5		
抗压强度比/%　不小于	1d	—	135	—
	3d	95	130	—
	7d	95	110	100
	28d	90	100	100
28d 收缩率比/%	不大于	135	135	135
相对耐久性/%（200 次）	不小于	80	—	—

注：1. 表中抗压强度比、收缩率比、相对耐久性为强制性指标，其余为推荐性指标。
2. 除含气量和相对耐久性外，表中所列数据为掺水剂混凝土与基准混凝土的差值或比值。
3. 凝结时间之差性能指标中"−"号表示提前，"+"号表示延缓。
4. 相对耐久性（200 次）性能指标中≥80%表示将 28d 龄期的受检混凝土试件快速冻融循环 200 次后，动弹性模量保留值≥80%。
5. 1h 含气量经时变化量指标中的"−"号表示含气量减少，"+"号表示含气量增加。
6. 其他品种的外加剂是否需要测定相对耐久性指标，由供需双方协商确定。
7. 本节各表根据 GB 8076—2008《混凝土外加剂》。

2.4.2.3　进入工地的检验项目

引气剂（或引气型减水剂）应检测 pH 值、密度（或细度）、含气量。早强剂应检测密度（或细度）、1d 与 3d 的抗压强度及对钢筋的锈蚀。缓凝剂（或缓凝型减水剂）应检测 pH 值、密度（或细度）、混凝土凝结时间。

2.4.3 膨胀剂

2.4.3.1 定义与分类

与水泥、水拌合后经水化反应生成钙矾石、氢氧化钙或钙矾石和氢氧化钙，使混凝土产生体积膨胀的外加剂。分为硫铝酸钙类混凝土膨胀剂（代号 A）、氧化钙类混凝土膨胀剂（代号 C）、硫铝酸钙-氧化钙类混凝土膨胀剂（代号 AC）三类。并按其限制膨胀率分为Ⅰ型和Ⅱ型。

（1）硫铝酸钙类混凝土膨胀剂：与水泥、水拌合后经水化反应生成钙矾石的混凝土膨胀剂。

（2）氧化钙类混凝土膨胀剂：与水泥、水拌合后经水化反应生成氢氧化钙的混凝土膨胀剂。

（3）硫铝酸钙-氧化钙类混凝土膨胀剂：与水泥、水拌合后经水化反应生成钙矾石和氢氧化钙的混凝土膨胀剂。

2.4.3.2 质量标准

膨胀剂的质量标准列于表2-4-4。

表 2-4-4　膨胀剂的质量标准

项　　目			指　　标	
			Ⅰ型	Ⅱ型
细度	比表面积/（m²/kg）	≥	200	
	1.18mm 筛筛余/%	≤	0.5	
氧化镁/%		≤	5	
碱含量（按 $Na_2O + 0.658K_2O$ 计）/%	若使用活性骨料，用户要求提供低碱混凝土膨胀剂时	≤	0.75	
凝结时间	初凝/min	≥	45	
	终凝/min	≤	600	
限制膨胀率/%	水中 7d	≥	0.025	0.050
	空气中 21d	≥	−0.020	−0.010
抗压强度/MPa	7d	≥	20.0	
	28d	≥	40.0	

注：1. 表中限制膨胀率为强制性的，其余为推荐性的。
　　2. 根据 GB 23439—2009《混凝土膨胀剂》。

2.4.3.3 进入工地的检验项目

进入工地的膨胀剂应进行限制膨胀率检测，合格后方可入库、使用。

2.4.4 泵送剂

2.4.4.1 定义

能改善混凝土拌合物泵送性能的外加剂。它由减水剂、调凝剂、引气剂、润滑剂复合而成，根据工程要求，其产品性能会有所差异。

2.4.4.2 质量标准

掺泵送剂混凝土的性能指标见表2-4-5；泵送剂的匀质性应符合表2-4-6的规定。

表 2-4-5　掺泵送剂混凝土的性能指标

项　目		一等品	合格品
坍落度增加值/mm	≥	100	80
常压泌水率比/%	≤	90	100
压力泌水率比/%	≤	90	95
含气量/%	≤	4.5	5.5
坍落度保留值/mm ≥	30min	150	120
	60min	120	100
抗压强度比/% ≥	3d	90	85
	7d	90	85
	28d	90	85
收缩率比/% ≤	28d	135	135
对钢筋的锈蚀作用		应说明对钢筋有无锈蚀作用	

注：1. 根据 JC 473—2001（2009）《混凝土泵送剂》。

　　2. GB 8076—2008《混凝土外加剂》中也有泵送剂（代号为 PA），其有些指标与 JC 473—2001《混凝土泵送剂》有所不同。

表 2-4-6　泵送剂的匀质性要求

项　目	指　标
含固量	液体泵送剂：应在生产厂控制值相对量的 6% 之内
密度	液体泵送剂：应在生产厂控制值的 ±0.02g/cm³
氯离子含量	应在生产厂控制值相对量的 5% 之内
细度	固体泵送剂：0.315mm 筛筛余应小于 15%
水泥净浆流动度	应不小于生产厂控制值的 95%
含水量	固体泵送剂：应在生产厂控制值相对量的 10% 之内
总碱量（$Na_2O + 0.658K_2O$）	应在生产厂控制值相对量的 5% 之内

2.4.5　防水剂

2.4.5.1　定义

能提高水泥砂浆、混凝土抗渗性能的外加剂。

2.4.5.2　质量标准

受检砂浆的性能指标、受检混凝土的性能指标和匀质性指标分别见表 2-4-7、表 2-4-8 及表 2-4-9。

表 2-4-7　掺防水剂的受检砂浆的性能指标

项　目			性能指标	
			一等品	合格品
安定性			合格	合格
凝结时间	初凝/min	≥	45	45
	终凝/h	≤	10	10
抗压强度比/% ≥	7d		100	85
	28d		90	80

续表

项　　目		性能指标	
		一等品	合格品
透水压力比/%	≥	300	200
48h 吸水量比/%	≤	65	75
28d 收缩率比/%	≤	125	135

注：1. 安定性和凝结时间为受检净浆的试验结果，其他项目数据均为受检砂浆与基准砂浆的比值。
　　2. 本节各表根据 JC 474—2008《砂浆、混凝土防水剂》。

表 2-4-8　掺防水剂的受检混凝土的性能指标

项　　目			性能指标	
			一等品	合格品
安定性			合格	合格
泌水率比/%		≤	50	70
凝结时间差	≥	初凝/min	−90	
抗压强度比/%	≥	3d	100	90
		7d	110	100
		28d	100	90
渗透高度比/%		≤	30	40
48h 吸水量比/%		≤	65	75
28d 收缩率比/%		≤	125	135

注：安定性为受检净浆的试验结果，凝结时间差为受检混凝土与基准混凝土的差值，表中其他数据为受检混凝土与基准混凝土的比值。表中"−"表示提前。

表 2-4-9　防水剂的匀质性指标

试验项目	指标	
	液体	粉状
密度/(g/cm³)	$D > 1.1$ 时，要求为 $D \pm 0.03$ $D \leq 1.1$ 时，要求为 $D \pm 0.02$ D 是生产厂提供的密度值	—
氯离子含量/%	应小于生产厂最大控制值	应小于生产厂最大控制值
总碱量/%	应小于生产厂最大控制值	应小于生产厂最大控制值
细度/%	—	0.315mm 筛筛余应小于 15%
含水率/%	—	$W \geq 5\%$ 时，$0.90W \leq X < 1.10W$ $W < 5\%$ 时，$0.80W \leq X < 1.20W$ W 是生产厂提供的含水率（质量%），X 是测试的含水率（质量%）
固体含量/%	$S \geq 20\%$ 时，$0.95S \leq X < 1.05S$ $S < 20\%$ 时，$0.9S \leq X < 1.10S$ S 是生产厂提供的固体含量（质量%），X 是测试的固体含量（质量%）	—

注：生产厂应在产品说明书中明示产品匀质性指标的控制值。

2.4.6 防冻剂

2.4.6.1 定义

能使混凝土在负温下硬化，并在规定养护条件下达到预期性能的外加剂。

2.4.6.2 质量标准

掺防冻剂混凝土的性能指标应符合表 2-4-10 的要求；防冻剂的匀质性指标应符合表 2-4-11的要求。

表 2-4-10 掺防冻剂混凝土的性能指标

项　目		性能指标					
		一等品			合格品		
减水率/% ≥		10			—		
泌水率/% ≤		80			100		
含气量/% ≥		2.5			2.0		
凝结时间差/min	初凝 终凝	$-150 \sim +150$			$-210 \sim +210$		
抗压强度比/%　不小于	规定温度/℃	-5	-10	-15	-5	-10	-15
	R_{-7}	20	12	10	20	10	8
	R_{28}	100		95	95		90
	R_{-7+28}	95	90	85	90	85	80
	R_{-7+56}	100			100		
28d 收缩率比/% ≤		135					
渗透高度比/% ≤		100					
50 次冻融强度损失率比/% ≤		100					
对钢筋的锈蚀作用		应说明对钢筋有无锈蚀作用					

注：根据 JC 475—2004《混凝土防冻剂》。

表 2-4-11 防冻剂的匀质性指标

项　目	指　标
固体含量/%	液体防冻剂： $S \geq 20\%$ 时，$0.95S \leq X < 1.05S$ $S < 20\%$ 时，$0.90S \leq X < 1.10S$ S 是生产厂提供的固体含量（质量%），X 是测试的固体含量（质量%）
含水率/%	粉状防冻剂： $W \geq 5\%$ 时，$0.90W \leq X < 1.10W$ $W < 5\%$ 时，$0.80W \leq X < 1.20W$ W 是生产厂提供的含水率（质量%），X 是测试的含水率（质量%）
密度/(g/cm³)	液体防冻剂： $D > 1.1$ 时，要求为 $D \pm 0.03$ $D \leq 1.1$ 时，要求为 $D \pm 0.02$ D 是生产厂提供的密度值
水泥净浆流动度	应不小于生产厂控制值的95%
氯离子含量	无氯盐防冻剂：≤0.1%（质量分数） 其他防冻剂：不超过生产厂控制值
细度/%	粉状防冻剂细度应不超过生产厂提供的最大值

2.4.6.3　进入工地的检验项目

密度（或细度）、R_{-7+28} 抗压强度比、钢筋锈蚀试验。

2.4.7　速凝剂

2.4.7.1　定义与等级

用于喷射混凝土中，能使混凝土迅速凝结硬化的外加剂。按产品等级分为一等品与合格品。

2.4.7.2　质量标准

（1）性能要求：速凝剂净浆及硬化砂浆的性能应符合表 2-4-12 的要求。

表 2-4-12　速凝剂净浆及硬化砂浆的性能要求

产品等级	试　验　项　目			
	净浆凝结时间 min：s		1d 抗压强度/MPa ≥	28d 抗压强度比/% ≥
	初凝 ≤	终凝 ≤		
一等品	3：00	8：00	7.0	75
合格品	5：00	12：00	6.0	70

注：1. 28d 抗压强度比是掺速凝剂砂浆与基准砂浆抗压强度之比。
　　2. 根据 JC 477—2005《喷射混凝土用速凝剂》。

（2）速凝剂匀质性指标：速凝剂的匀质性指标应符合表 2-4-13 的规定。

表 2-4-13　速凝剂的匀质性指标

试验项目	指标	
	液体	粉状
密度	应在生产厂所控制的 ±0.02g/cm³ 之内	—
氯离子含量	应小于生产厂最大控制值	应小于生产厂最大控制值
总碱量	应小于生产厂最大控制值	应小于生产厂最大控制值
pH 值	应在生产厂控制值 ±1%	—
细度	—	80μm 筛余应小于 15%
含水率	—	≤2.0%
含固量	应大于生产厂的最小控制值	—

2.4.7.3　进入工地的检验项目

密度（或细度）、凝结时间及 1d 抗压强度。

2.4.8　砌筑砂浆增塑剂

2.4.8.1　定义

砌筑砂浆拌制过程中掺入的用以改善砂浆和易性的非石灰类外加剂。

2.4.8.2　质量标准

（1）受检砂浆性能指标：砌筑砂浆增塑剂受检砂浆性能指标应符合表 2-4-14 的要求。

表 2-4-14　砌筑砂浆增塑剂受检砂浆性能指标

试验项目		单位	性能指标
分层度		mm	10 ~ 30
含气量	标准搅拌	%	≤20
	1h 静置		≥（标准搅拌时的含气量-4）
凝结时间差		min	+60 ~ -60
抗压强度比	7d	%	≥75
	28d		
抗冻性（25 次冻融循环）	抗压强度损失率	%	≤25
	质量损失率		≤5

注：根据 JG/T 164—2004《砌筑砂浆增塑剂》。

（2）受检砂浆砌体强度指标：砌筑砂浆增塑剂受检砂浆砌体强度指标应符合表 2-4-15 的要求。

表 2-4-15　受检砂浆砌体强度指标

试验项目	性能指标
砌体抗压强度比	≥95%
砌体抗剪强度比	≥95%

注：1. 试验报告中应说明试验结果仅适用于所试验的块体材料砌成的砌体。当塑剂用于其他块体材料砌成的砌体时应另行检测，检测结果应满足本表的要求。块体材料的种类按烧结普通砖、烧结多孔砖；蒸压灰砂砖、蒸压粉煤灰砖；混凝土砌块；毛料石和毛石分为四类。
2. 用于砌筑非承重墙的增塑剂可不要求砌体强度性能指标。

（3）增塑剂的匀质性指标：砌筑砂浆增塑剂的匀质性应符合表 2-4-16 的要求。

表 2-4-16　增塑剂的匀质性指标

试验项目	性能指标
固体含量	对液体增塑剂，不应小于生产厂最低控制值
含水量	对固体增塑剂，不应大于生产厂最大控制值
密度	对液体增塑剂，应在生产厂所控制值的 ±0.02g/cm³
细度	0.315mm 筛的筛余量应不大于15%

2.4.9　聚羧酸系高性能减水剂

2.4.9.1　定义、分类及标记

（1）定义：由含有羧基的不饱和单体共聚而成，使混凝土在减水、保坍、增强、收缩及环保等方面具有优良性能的系列减水剂。

（2）分类：其类型分为非缓凝型（FHN）及缓凝型（HN）；形态分为液体（Y）及固体（G）；级别分为一等品（Ⅰ）及合格品（Ⅱ）。

（3）标记方法：PCA-类型-形态-级别。

2.4.9.2　质量标准

（1）混凝土性能指标：掺聚羧酸系高性能减水剂混凝土的性能指标详见表 2-4-17。

表 2-4-17　掺聚羧酸系高性能减水剂混凝土性能指标

序号	试验项目		性能指标			
			FHN		HN	
			I	II	I	II
1	减水率/%	不小于	25	18	25	18
2	泌水率比/%	不大于	60	70	60	70
3	含气量/%	不大于	6.0			
4	1h 坍落度保留值/mm	不小于	—		150	
5	凝结时间差/min		−90 ~ +120		> +120	
6	抗压强度比/% 　不小于	1d	170	150	—	
		3d	160	140	155	135
		7d	150	130	145	125
		28d	130	120	130	120
7	28d 收缩率比/%	不大于	100	120	100	120
8	对钢筋锈蚀作用		对钢筋无锈蚀作用			

注：根据 JC/T 223—2007《聚羧酸系高性能减水剂》。

（2）匀质性指标见表 2-4-18。

表 2-4-18　聚羧酸系高性能减水剂匀质性指标

序号	试验项目	指　　标
1	固体含量[1]	对液体聚羧酸系高性能减水剂： $S \geqslant 20\%$ 时，$0.95S \leqslant X < 1.05S$ $S < 20\%$ 时，$0.90S \leqslant X < 1.10S$
2	含水率[2]	对固体聚羧酸系高性能减水剂： $W \geqslant 5\%$ 时，$0.90W \leqslant X < 1.10W$ $W < 5\%$ 时，$0.80W < X < 1.20W$
3	细度	对固体聚羧酸系高性能减水剂，其 0.3mm 筛筛余应小于 15%
4	pH 值	应在生产厂控制值的 ±1.0
5	密度	对液体聚羧酸系高性能减水剂，密度测试值波动范围应控制在 ±0.01g/cm³
6	水泥净浆流动度[3]	不应小于生产厂控制值的 95%
7	砂浆减水率[3]	不应小于生产厂控制值的 95%

注：1. S 是生产厂提供的固体含量（质量分数），X 是测试的固体含量（质量分数）。
　　2. W 是生产厂提供的含水率（质量分数），X 是测试的含水率（质量分数）。
　　3. 水泥净浆流动度和砂浆减水率选其中的一项做。

（3）化学性能指标：甲醛含量（按折固含量计）不大于 0.05%。氯离子含量（按折固含量计）不大于 0.6%。总碱量（$Na_2O + 0.658K_2O$，按折固含量计）不大于 15%。

2.4.10　钢筋阻锈剂

2.4.10.1　定义、分类

加入混凝土或砂浆中，或涂刷在混凝土或砂浆表面，能阻止或减缓钢筋腐蚀的化学物质称为钢筋阻锈剂。钢筋阻锈剂分为内掺型（在拌制混凝土或砂浆时加入的钢筋阻锈剂）和外涂型（涂于混凝土或砂浆表面，能渗透到钢筋周围对钢筋进行防护的钢筋阻锈剂）两类。

2.4.10.2　质量要求

其质量应符合表 2-4-19 及 2-4-20 的规定。

表 2-4-19　内掺型钢筋阻锈剂的技术指标

环境类别	检验项目		技术指标
Ⅰ（一般环境） Ⅲ（海洋氯化物环境） Ⅳ（除冰盐等其他氯化物环境）	盐水浸烘环境中钢筋腐蚀面积百分率		减少 95% 以上
	凝结时间差	初凝时间	−60min～+120min
		终凝时间	
	抗压强度比		≥0.9
	坍落度经时损失		满足施工要求
	抗渗性		不降低
Ⅲ（海洋氯化物环境） Ⅳ（除冰盐等其他氯化物环境）	盐水溶液中的防锈性能		无腐蚀发生
	电化学综合防锈性能		无腐蚀发生

注：本节内容根据 JGJ/T 192—2009《钢筋阻锈剂应用技术规程》。

表 2-4-20　外涂型钢筋阻锈剂的技术指标

环境类别	检验项目	技术指标
Ⅰ（一般环境） Ⅲ（海洋氯化物环境） Ⅳ（除冰盐等其他氯化物环境）	盐水溶液中的防锈性能	无腐蚀发生
	渗透深度	≥50mm
Ⅲ（海洋氯化物环境） Ⅳ（除冰盐等其他氯化物环境）	电化学综合防锈性能	无腐蚀发生

2.5　混凝土用水、生活饮用水及试验室分析用水

2.5.1　混凝土用水

2.5.1.1　定义与分类

混凝土用水是混凝土拌合用水和养护用水的总称。分为饮用水、地表水、地下水、再生水及混凝土企业设备洗刷水和海水等。地表水、地下水或再生水的放射性应符合现行国家标准 GB 5749《生活饮用水卫生标准》的规定。

符合现行国家标准 GB 5749《生活饮用水卫生标准》要求的饮用水，可不经检验作为混

凝土用水。

2.5.1.2 混凝土拌合用水的技术要求

（1）混凝土拌合用水的水质要求应符合表2-5-1的规定；对于设计使用年限为一百年的结构混凝土，氯离子含量不得超过500mg/L；对使用钢丝或经热处理钢筋的预应力混凝土，氯离子含量不得超过350mg/L。

（2）被检水样应与饮用水样进行水泥凝结时间对比试验。其水泥初、终凝时间差均不得大于30min；其初凝和终凝时间尚应符合水泥国家标准GB 175《通用硅酸盐水泥》的规定。

（3）被检水样应与饮用水样进行水泥胶砂强度对比试验，被检验水样配制的水泥胶砂3d和28d强度不应低于饮用水配制的水泥胶砂3d和28d强度的90%。

（4）混凝土拌合水不应有漂浮明显的油脂和泡沫，不应有明显的颜色和异味。

（5）混凝土企业设备洗刷水不宜用于预应力混凝土、装饰混凝土、加气混凝土和暴露于腐蚀环境的混凝土；不得用于使用碱活性或潜在碱活性骨料的混凝土。

（6）未经处理的海水严禁用于钢筋混凝土或预应力混凝土；在无法获得水源的情况下，海水可用于素混凝土，但不得用于装饰混凝土。

表 2-5-1　拌合用水中物质含量限值

项　目		预应力混凝土	钢筋混凝土	素混凝土
pH 值	≥	5	4.5	4.5
不溶物/（mg/L）	≤	2000	2000	5000
可溶物/（mg/L）	≤	2000	5000	10000
氯化物（以 Cl^- 计）/（mg/L）	≤	500	1000	3500
硫酸盐（以 SO_4^{2-} 计）/（mg/L）	≤	600	2000	2700
碱含量/（mg/L）	≤	1500	1500	1500

碱含量按 $Na_2O + 0.658K_2O$ 计算值表示。采用非碱活性骨料时，可不检验碱含量。

注：根据 JGJ 63—2006《混凝土用水标准》。

2.5.1.3 混凝土养护用水的技术要求

混凝土养护用水可不检验不溶物和可溶物，其他检验项目应符合混凝土拌合用水的要求。混凝土养护用水可不检验水泥凝结时间和水泥胶砂强度。

2.5.2 生活饮用水

生活饮用水必须符合表2-5-2的要求。

表 2-5-2　生活饮用水水质常规指标及限值

类　别	项　目	指　标
微生物指标[a]	总大肠菌群/（MPN/100mL 或 CFU/100mL）	不得检出
	耐热大肠菌群/（MPN/100mL 或 CFU/100mL）	不得检出
	大肠埃希氏菌/（MPN/100mL 或 CFU/100mL）	不得检出
	菌落总数/（CFU/mL）	100

续表

类　别	项　目	指　标
毒理指标	砷/（mg/L）	0.01
	镉/（mg/L）	0.005
	铬（六价）/（mg/L）	0.05
	铅/（mg/L）	0.01
	汞/（mg/L）	0.001
	硒/（mg/L）	0.01
	氰化物/（mg/L）	0.05
	氟化物/（mg/L）	1.0
	硝酸盐（以N计）/（mg/L）	10，地下水源限制时为20
	三氯甲烷/（mg/L）	0.06
	四氯化碳/（mg/L）	0.002
	溴酸盐（使用溴氧时）/（mg/L）	0.01
	甲醛（使用溴氧时）/（mg/L）	0.9
	亚氯酸盐（使用二氧化氯消毒时）/（mg/L）	0.7
	氯酸盐（使用复合二氧化氯消毒时）/（mg/L）	0.7
感官性状和一般化学指标	色度	15
	浑浊度（散射浑浊度单位）NTU	1 水源与净水技术条件限制时为3.0
	臭和味	无异臭、异味
	肉眼可见物	无
	pH值	不小于6.5且不大于8.5
	铝/（mg/L）	0.2
	铁/（mg/L）	0.3
	锰/（mg/L）	0.1
	铜/（mg/L）	1.0
	锌/（mg/L）	1.0
	氯化物/（mg/L）	250
	硫酸盐/（mg/L）	250
	溶解性总固体/（mg/L）	1000
	总硬度（以$CaCO_3$计）/（mg/L）	450
	耗氧量（COD_{Mn}法，以O_2计）/（mg/L）	3 水源限制，原水耗氧量>6mg/L时为5
	挥发酚类（以苯酚计）/（mg/L）	0.002
	阴离子合成洗涤剂/（mg/L）	0.3

类　别	项　目	指　标
放射性指标[b]	总 α 放射性/（Bq/L）	0.5
	总 β 放射性/（Bq/L）	1

注：a. MPN 表示最可能数；CFU 表示菌落形成单位。当水样检出总大肠菌群时，应进一步检验大肠埃希氏菌或耐热大肠菌群；水样未检出大肠菌群，不必检验大肠埃希氏菌或耐热大肠菌群。

b. 放射性指标超过指导值，应进行核素分析和评价，判定能否饮用。

c. 根据 GB 5749—2006《生活饮用水卫生标准》。

2.5.3　试验室分析用水

试验室分析用水分为一级水、二级水和三级水。一级水用于严格要求的分析试验，包括对颗粒有要求的试验，如高压液相色谱分析用水；一级水可用二级水经过石英设备蒸馏或离子交换混合床处理后，再经 0.2μm 微孔滤膜过滤来处理。二级水用于无机痕量分析等试验，如原子吸收光谱分析用水；二级水可用多次蒸馏或离子交换等方法制取。三级水用于一般化学分析试验；三级水可用蒸馏或离子交换等方法制取。分析试验室用水应符合表 2-5-3 的要求。

表 2-5-3　试验室分析用水质量标准

名　　称	一级	二级	三级
pH 值范围（25℃）	—	—	5.0～7.5
电导率（25℃）/（mS/m）	≤0.01	≤0.10	≤0.50
可氧化物质含量（以 O 计)/（mg/L）	—	≤0.08	≤0.4
吸光度（254nm，1cm 光程）	≤0.001	≤0.01	—
蒸发残渣（105±2）℃/（mg/L）	—	≤1.0	≤2.0
可溶性硅（以 SiO₂ 计)/（mg/L）	≤0.01	≤0.02	—

注：1. 由于在一级水、二级水的纯度下，难于测定真实的 pH 值，因此对一级水、二级水的 pH 值范围不做规定。

2. 由于在一级水的纯度下，难于测定可氧化物质和蒸发残渣的含量，因此对其限量不做规定，可用其他条件和制备方法来保证一级水的质量。

3. 根据 GB/T 6682—2008《分析试验室用水规格和试验方法》。

2.6　混凝土强度及耐久性的合格判定

2.6.1　混凝土抗压强度的合格判定

混凝土抗压强度的合格判定分为统计法和非统计法，其中统计法又分为两种情况。各种判定方法见表 2-6-1 和表 2-6-2。

表 2-6-1　混凝土抗压强度的合格判定

判定方法	合格要求	适用条件
统计法 1 （用于连续生产的混凝土，生产条件较长时间内保持一致，且同一品种、同一强度等级混凝土的强度变异性保持稳定时）	$m_{f_{cu}} \geq f_{cu,k} + 0.7\sigma_0$ $f_{cu,min} \geq f_{cu,k} - 0.7\sigma_0$ 当混凝土强度等级不高于 C20 时，其强度最小值尚应满足下式要求： $f_{cu,min} \geq 0.85 f_{cu,k}$ 当强度等级高于 C20 时，其强度最小值尚应满足下式要求： $f_{cu,min} \geq 0.90 f_{cu,k}$	1. 连续生产的混凝土，生产条件较长时间内保持一致，且同一品种、同一强度等级混凝土的强度变异性保持稳定； 2. 由连续的 3 组试件组成一个验收批

判定方法	合格要求	适用条件
统计法 2 （其他情况）	$m_{\text{fu}} \geqslant f_{\text{cu,k}} + \lambda_1 S_{f_{\text{cu}}}$ $f_{\text{cu,min}} \geqslant \lambda_2 f_{\text{cu,k}}$	1. 统计法 1 以外其他情况的混凝土； 2. 用不少于 10 组试件组成一个验收批； 3. 验收批的标准差 $S_{f_{\text{cu}}}$ 不应小于 2.5MPa
非统计法	$m_{f_{\text{cu}}} \geqslant \lambda_3 f_{\text{cu,k}}$ $f_{\text{cu,min}} \geqslant \lambda_4 f_{\text{cu,k}}$	用于评定的样本容量小于 10 组
公式中符号的意义	$m_{f_{\text{cu}}}$——同一验收批混凝土立方体抗压强度的平均值，MPa； $f_{\text{cu,k}}$——混凝土立方体抗压强度标准值，MPa； σ_0——验收批混凝土立方体抗压强度的标准差，MPa；当检验批混凝土强度标准差计算 　　　值小于 2.5MPa 时，应取 2.5MPa； $f_{\text{cu,min}}$——同一检验批混凝土立方体抗压强度的最小值，MPa； λ_1、λ_2、λ_3、λ_4——合格判定系数，由表 2-6-2 查。	

注：1. 统计法 1 的标准差 σ_0 由前一检验期（不应少于 60d，也不宜大于 90d）样本容量不少于 45 的强度数据计算：

$$\sigma_0 = \sqrt{\frac{\sum_{i=1}^{n} f_{\text{cu},i}^2 - n m_{f_{\text{cu}}}^2}{n-1}} \tag{2-6-1}$$

式中　$f_{\text{cu},i}$——前一检验期内同一品种、同一强度等级的第 i 组混凝土试件的立方体抗压强度代表值（MPa）；

　　　　$m_{f_{\text{cu}}}$——同一检验批混凝土立方体抗压强度的平均值（MPa）；

　　　　n——前一检验期内的样本容量（不应少于 45）。

2. 统计法 2 的标准差 $S_{f_{\text{cu}}}$ 由下式计算：

$$S_{f_{\text{cu}}} = \sqrt{\frac{\sum_{i=1}^{n} f_{\text{cu},i}^2 - n m_{f_{\text{cu}}}^2}{n-1}} \tag{2-6-2}$$

式中　$S_{f_{\text{cu}}}$——同一检验批混凝土立方体抗压强度标准差（MPa），当其计算值小于 2.5 时，应取 2.5；

　　　　n——本检验期内的样本容量。

表 2-6-2　混凝土强度的合格判定系数

试件组数	10～14	15～19	≥20
λ_1	1.15	1.05	0.95
λ_2	0.90	0.85	
混凝土强度等级	< C60	≥C60	
λ_3	1.15	1.10	
λ_4	0.95		

注：根据 GB/T 50107—2010《混凝土强度检验评定标准》。

2.6.2　混凝土弯拉强度的合格判定

公路水泥混凝土路面的弯拉强度按表 2-6-3 进行合格判定。

表 2-6-3　公路水泥混凝土路面弯拉强度的合格判定

项目	试件组数	合格要求		备注
平均弯拉强度	试件组数大于 10 组	$f_{cs} \geq f_r + k\sigma$		f_{cs}——平均弯拉强度，MPa； f_r——设计弯拉强度标准值，MPa； σ——标准差，MPa； k——合格判定系数
	试件组数为 11～19 组	$f_{cs} \geq f_r + k\sigma$，允许有 1 组最小弯拉强度小于 $0.85f_r$，但不小于 $0.75f_r$		
	试件组数大于 20 组	$f_{cs} \geq f_r + k\sigma$，最小弯拉强度不得小于 $0.85f_r$（高速公路和一级公路）。允许有 1 组最小弯拉强度小于 $0.85f_r$，但不小于 $0.75f_r$（其他公路）		
实测弯拉强度的变异系数		实测弯拉强度的变异系数值 C_v 应符合设计要求		
合格判定系数	试件组数	11～14	15～19	≥20
	k	0.75	0.70	0.65

注：根据 JTG F30—2003《公路水泥混凝土路面施工技术规范》。

2.6.3　混凝土耐久性的等级划分和评定

混凝土耐久性能的等级按以下规定划分。当需要进行混凝土结构耐久性设计时，应符合 GB/T 50476—2008《混凝土结构耐久性设计规范》的有关规定；当需要进行耐久性检验评定时，检验评定的项目及其等级或限值应根据设计要求确定。混凝土耐久性检验项目的试验方法应符合现行国家标准 GB/T 50082—2009《普通混凝土长期性能和耐久性能试验方法标准》的规定。

混凝土耐久性等级划分如下：

（1）抗冻性能、抗水渗透性能和抗硫酸盐侵蚀性能的等级划分见表 2-6-4。

表 2-6-4　抗冻性能、抗水渗透性能和抗硫酸盐侵蚀性能的等级划分

抗冻等级（快冻法）		抗冻标号（慢冻法）	抗渗等级	抗硫酸盐等级
F50	F250	D50	P4	KS30
F100	F300	D100	P6	KS60
F150	F350	D150	P8	KS90
F200	F400	D200	P10	KS120
> F400		> D200	P12	KS150
			> P12	> KS150

（2）抗氯离子渗透性能的等级划分：分为氯离子迁移系数法（RCM 法）和电通量法两种。当采用氯离子迁移系数法时，其抗氯离子渗透性能等级应按表 2-6-5 划分（混凝土测试龄期为 84d）。

表 2-6-5　抗氯离子渗透性能等级划分（RCM 法）

等级	RCM-Ⅰ	RCM-Ⅱ	RCM-Ⅲ	RCM-Ⅳ	RCM-Ⅴ
氯离子迁移系数 $D_{RCM}/(\times 10^{-12} m^2/s)$	$D_{RCM} \geq 4.5$	$3.5 \leq D_{RCM} < 4.5$	$2.5 \leq D_{RCM} < 3.5$	$1.5 \leq D_{RCM} < 2.5$	$D_{RCM} < 1.5$

当采用电通量法时，其抗氯离子渗透性能等级应按表 2-6-6 划分（混凝土测试龄期为 28d，当混凝土中水泥混合材与矿物掺合料之和超过胶凝材料用量的 50% 时，其测试龄期可为 56d）。

表 2-6-6　抗氯离子渗透性能等级划分（电通量法）

等级	Q-Ⅰ	Q-Ⅱ	Q-Ⅲ	Q-Ⅳ	Q-Ⅴ
电通量 Q^s/C	$Q^s \geqslant 4000$	$2000 \leqslant Q^s < 4000$	$1000 \leqslant Q^s < 2000$	$500 \leqslant Q^s < 1000$	$Q^s < 500$

（3）混凝土抗碳化性能的等级划分应符合表 2-6-7 的规定。

表 2-6-7　混凝土抗碳化性能的等级划分

等级	T-Ⅰ	T-Ⅱ	T-Ⅲ	T-Ⅳ	T-Ⅴ
碳化深度 d/mm	$d \geqslant 30$	$20 \leqslant d < 30$	$10 \leqslant d < 20$	$0.1 \leqslant d < 10$	$d < 0.1$

（4）混凝土早期抗裂性能的等级划分应符合表 2-6-8 的规定。

表 2-6-8　混凝土早期抗裂性能的等级划分

等级	L-Ⅰ	L-Ⅱ	L-Ⅲ	L-Ⅳ	L-Ⅴ
单位面积上的总开裂面积 c/（mm²/m²）	$c \geqslant 1000$	$700 \leqslant c < 1000$	$400 \leqslant c < 700$	$100 \leqslant c < 400$	$c < 100$

2.7　建筑用钢材

2.7.1　钢筋混凝土用热轧带肋钢筋

2.7.1.1　定义与牌号

横截面通常为圆形，且表面带肋的按热轧状态交货的钢筋；或横肋纵截面呈月牙形且与纵肋不相交的月牙肋钢筋。其牌号由（HRB + 屈服强度特征值）组成。在热轧过程中，通过控轧和控冷工艺形成的细晶粒钢筋称为细晶粒热轧钢筋，其牌号由（HRBF + 屈服强度特征值）组成。

2.7.1.2　适用范围

不适用于由成品钢材再次轧制成的再生钢筋及余热处理钢筋。其公称直径范围为 6~50mm。

2.7.1.3　力学性能

热轧带肋钢筋的力学性能应符合表 2-7-1 的规定。

表 2-7-1　热轧带肋钢筋的力学性能

牌号	屈服强度（R_{el}）/MPa	抗拉强度（R_m）/MPa	伸长率（A）/%	最大力总伸长率（A_{gt}）/%
	不小于			
HRB335 HRBF335	335	455	17	
HRB400 HRBF400	400	540	16	7.5
HRB500 HRBF500	500	630	15	

注：本节各表根据 GB 1499.2—2007《钢筋混凝土用钢　第二部分：热轧带肋钢筋》。

2.7.1.4　工艺性能

热轧带肋钢筋的工艺性能应符合表 2-7-2 的规定。

表 2-7-2　热轧带肋钢筋的工艺性能

项目	牌号	公称直径/mm	弯芯直径
弯曲性能	HRB335 HRBF335	6～25 28～40 >40～50	3d 4d 5d
	HRB400 HRBF400	6～25 28～40 >40～50	4d 5d 6d
	HRB500 HRBF500	6～25 28～40 >40～50	6d 7d 8d
反向弯曲性能	根据需方要求可进行反向弯曲试验，其弯芯直径比弯曲试验增加一个弯芯直径。先正向弯曲90°后反向弯曲20°。弯曲角度应在去载之前测量。反向弯曲试验后，受弯曲部位表面不得产生裂纹		

2.7.1.5　化学成分

热轧带肋钢筋的化学成分应不大于表 2-7-3 规定的值。

表 2-7-3　热轧带肋钢筋的化学成分

牌号	化学成分（质量分数)/%，不大于				
	C	Si	Mn	P	S
HRB335 HRBF335					
HRB400 HRBF400	0.25	0.80	1.60	0.045	0.045
HRB500 HRBF500					

2.7.1.6　表面质量

钢筋应无有害的表面缺陷。只要经钢丝刷过试样的质量、尺寸、横截面积和拉伸性能不低于本部分的要求，锈皮、表面不平整或氧化铁皮不作为拒收的理由。当带有上述规定的缺陷以外的表面缺陷的试样不符合拉伸性能或弯曲性能要求时，则认为这些缺陷是有害的。

2.7.2　钢筋混凝土用热轧光圆钢筋及低碳钢热轧圆盘条

2.7.2.1　钢筋混凝土用热轧光圆钢筋

1）定义：经热轧成型，横截面为圆形，表面光滑的成品钢筋。

2）适用范围：适用于钢筋混凝土用热轧直条、盘卷光圆钢筋。不适用于由成品钢材再次轧制成的再生钢筋。其公称直径范围为 6（6.5）～22mm。

3）力学和工艺性能：钢筋混凝土用热轧光圆钢筋的力学性能和工艺性能应符合表2-7-4的规定。

表 2-7-4 钢筋混凝土用热轧光圆钢筋的力学性能及工艺性能

牌号	屈服强度（R_{el})/MPa	抗拉强度（R_m)/MPa	伸长率（A)/%	最大力总伸长率（A_{gt})/%	冷弯试验180° d—弯芯直径 a—钢筋公称直径
	不小于				
HPB235	235	370	25.0	10.0	$d = a$
HPB300	300	420			

注：1. 根据供需双方协议，伸长率类型可从断后伸长率和最大力总伸长率中选定。如伸长率类型未经协议确定，则伸长率采用断后伸长率，仲裁检验时采用最大力总伸长率。
2. 本节内容根据 GB 1499.1—2008《钢筋混凝土用钢第 1 部分：热轧光圆钢筋》。

4）化学成分：热轧光圆钢筋的化学成分应符合表2-7-5的规定。

表 2-7-5 热轧光圆钢筋的化学成分

牌号	质量分数/% 不大于				
	C	Si	Mn	P	S
HPB235	0.22	0.30	0.65	0.045	0.050
HPB300	0.25	0.55	1.50		

5）表面质量

（1）钢筋应无有害的表面缺陷，按盘卷交货的钢筋应将头尾有害缺陷部分切除。

（2）试样可使用钢丝刷清理，清理后的质量、尺寸、横截面积和拉伸性能满足本部分的要求，锈皮、表面不平整或氧化铁皮不作为拒收的理由。

（3）当带有（2）条规定的缺陷以外的表面缺陷的试样不符合拉伸性能或弯曲性能要求时，则认为这些缺陷是有害的。

2.7.2.2 低碳钢热轧圆盘条

（1）适用范围：供拉丝等深加工及其他一般用途的低碳钢热轧圆盘条。

（2）技术要求：牌号及化学成分，详见表2-4-6。

表 2-7-6 牌号及化学成分

牌号	质量分数/%				
	C	Mn	Si	S	P
				不大于	
Q195	≤0.12	0.25~0.50	0.30	0.040	0.035
Q215	0.09~0.15	0.25~0.60	0.30	0.045	0.045
Q235	0.12~0.30	0.30~0.70			
Q275	0.14~0.22	0.40~1.00			

注：根据 GB/T 701—2008《低碳钢热轧圆盘条》。

（3）力学性能和工艺性能，详见表 2-7-7。

表 2-7-7　力学性能和工艺性能

牌号	力学性能		冷弯试验 180° d—弯芯直径 a—试样直径
	抗拉强度/(N/mm²) 不小于	断后伸长率/% 不小于	
Q195	410	30	$d = 0$
Q215	435	28	$d = 0$
Q235	500	23	$d = 0.5a$
Q275	540	21	$d = 1.5a$

（4）表面质量：应将头尾有害缺陷切除。盘条的截面不应有缩孔、分层及夹杂。盘条表面应光滑，不应有裂纹、折叠、耳子、结疤，允许有压痕及局部的凸块、划痕、麻面，其深度或高度（以实际尺寸算起）B 级和 C 级精度不应大于 0.10mm，A 级精度不得大于 0.20mm。

2.7.3　碳素结构钢

2.7.3.1　适用范围
适用于焊接、铆接、拴接工程结构用热轧钢板、钢带、型钢、棒钢。

2.7.3.2　分类及牌号
其牌号由代表屈服强度的字母、屈服强度数值、质量等级符号、脱氧方法符号四部分按顺序组成。其中：

　　　　　Q——屈服强度；

　A、B、C、D——质量等级；

　　　　　F——沸腾钢；

　　　　　Z——镇静钢（Z 可省略）；

　　　　TZ——特殊镇静钢（TZ 可省略）。

2.7.3.3　力学性能
碳素结构钢的力学性能应符合表 2-7-8 与 2-7-9 的规定。

表 2-7-8　碳素结构钢的力学性能

牌号	等级	屈服强度[1]/(N/mm²) 不小于						抗拉强度[2] /(N/mm²)	断后伸长率/% 不小于				
		厚度或直径/mm							厚度或直径/mm				
		≤16	>16~40	>40~60	>60~100	>100~150	>150~200		≤40	>40~60	>60~100	>100~150	>150~200
Q195	—	195	185	—	—	—	—	315~430	33	—	—	—	—
Q215	A B	215	205	195	185	175	165	335~450	31	30	29	27	26
Q235	A B C D	235	225	215	215	195	185	370~500	26	25	24	22	21

牌号	等级	屈服强度[1]/(N/mm²) 不小于						抗拉强度[2]/(N/mm²)	断后伸长率/% 不小于				
		厚度或直径/mm							厚度或直径/mm				
		≤16	>16~40	>40~60	>60~100	>100~150	>150~200		≤40	>40~60	>60~100	>100~150	>150~200
Q275	A B C D	275	265	255	245	225	215	410~540	22	21	20	18	17

注: 1. Q195 屈服强度值仅供参考,不作交货条件。
　　2. 厚度大于 100mm 的钢材,抗拉强度下限允许降低 20N/mm²。宽带钢（包括剪切钢板）抗拉强度上限不作交货条件。
　　3. 本节各表根据 GB/T 700—2006《碳素结构钢》。

表 2-7-9　弯曲试验要求

牌号	试样方向	冷弯试验 180°, $B = 2a$[1]	
		钢材厚度（或直径）[2]/mm	
		≤60	>60~100
		弯芯直径 d	
Q195	纵	0	—
	横	0.5a	
Q215	纵	0.5a	1.5a
	横	a	2a
Q235	纵	a	2a
	横	1.5a	2.5a
Q275	纵	1.5a	2.5a
	横	2a	3a

注: 1. B 为试样宽度,a 为试样厚度（或直径）。
　　2. 钢材厚度（或直径）大于 100mm 时,弯曲试验由双方协商确定。

2.7.3.4　化学成分

碳素结构钢的化学成分应符合表 2-7-10 的规定。

表 2-7-10　碳素结构钢的化学成分

牌号	等级	质量分数/%		Si	S	P	脱氧方法
		C	Mn				
				不大于			
Q195	—	0.06~0.12	0.25~0.50	0.30	0.050	0.045	F、b、Z
Q215	A	0.09~0.15	0.25~0.55	0.30	0.050	0.045	F、b、Z
	B				0.045		
Q235	A	0.14~0.22	0.30~0.65[1]	0.30	0.050	0.045	F、b、Z
	B	0.12~0.20	0.30~0.70[1]		0.045		
	C	≤0.18	0.35~0.80		0.040	0.040	Z
	D	≤0.17			0.035	0.035	TZ

牌号	等级	质量分数/%					脱氧方法
		C	Mn	Si	S	P	
					不大于		
Q255	A	0.18 ~ 0.28	0.40 ~ 0.70	0.30	0.050	0.045	F、b、Z
	B				0.045		F、b、Z
Q275	—	0.28 ~ 0.38	0.50 ~ 0.80	0.35	0.050	0.045	b、Z

注：1. Q235A、B 级沸腾钢 Mn 含量上限为 0.60%。

2.7.4 钢筋混凝土用余热处理钢筋

2.7.4.1 定义

热轧后立即穿水，进行表面控制冷却，然后利用芯部余热自身完成回火处理所得的成品钢筋。

2.7.4.2 适用范围

适用于建筑用余热处理钢筋，不适用于由成品钢材再次轧制成的再生钢筋。其公称直径范围是 8 ~ 40mm。

2.7.4.3 力学和工艺性能

余热处理钢筋的力学性能及工艺性能应符合表 2-7-11 的规定。

表 2-7-11　余热处理钢筋的力学性能及工艺性能

表面形状	级别	牌号	公称直径 /mm	屈服强度	抗拉强度	伸长率/%	冷弯 180°
				/MPa，不小于			
月牙肋	Ⅲ	20MnSi（强度等级代号 KL400）	8 ~ 25	440	600	14（δ_5）	$d = 3a$
			28 ~ 40				$d = 4a$

注：根据 GB 13014—1991《钢筋混凝土用余热处理钢筋》。

2.7.4.4 化学成分

余热处理钢筋的化学成分应符合表 2-7-12 的规定。

表 2-7-12　余热处理钢筋的化学成分

表面形状	级别	牌号	化学成分/%				
			C	Si	Mn	P	S
						不大于	
月牙肋	Ⅲ	KL400	0.17 ~ 0.25	0.40 ~ 0.80	1.20 ~ 1.60	0.045	0.045

2.7.4.5 表面质量

表面不得有裂纹、结疤和折叠。钢筋表面允许有凸块，但不得超过横肋的高度；表面其他缺陷的深度和高度不得大于所在部位尺寸的允许偏差。

2.7.5 冷轧带肋钢筋

2.7.5.1 定义

热轧圆盘条经冷轧后，在其表面带有沿长度方向均匀分布的三面或二面横肋的钢筋。

2.7.5.2 适用范围

适用于预应力混凝土和普通钢筋混凝土，也适用于制造焊接网用冷轧带肋钢筋。其公称直径范围为 4 ~ 12mm。

2.7.5.3　力学和工艺性能

冷轧带肋钢筋的力学性能和工艺性能应符合表 2-7-13 的规定。其强屈比的比值应不小于 1.03。

表 2-7-13　冷轧带肋钢筋的力学性能和工艺性能

牌号	屈服强度 $R_{p0.2}$/MPa 不小于	抗拉强度 R_m/MPa 不小于	伸长率/% 不小于		弯曲180°	反复弯曲	应力松弛初始应力相当于公称抗拉强度的70%，1000h 松弛率/% 不大于
			A	A_{100}			
CRB550	500	550	8.0	—	$d = 3a$	—	—
CRB650	585	650	—				8
CRB800	720	800	—	4.0		3 次	8
CRB970	875	970	—				8
反复弯曲试验的弯曲半径							
钢筋公称直径/mm	4		5			6	
反复弯曲半径/mm	10		15			15	

注：根据 GB 13788—2008《冷轧带肋钢筋》。

2.7.5.4　化学成分

冷轧带肋钢筋的化学成分应符合表 2-7-14 的规定。60 钢的 Ni、Cr、Cu 含量各不大于 0.25%。

表 2-7-14　冷轧带肋钢筋的化学成分

钢筋牌号	盘条牌号	质量分数/%					
		C	Si	Mn	V、Ti	P	S
						不大于	
CRB550 CRB650	Q215	0.09 ~ 0.15	≤0.30	0.25 ~ 0.55	—	0.050	0.045
	Q235	0.14 ~ 0.22	≤0.30	0.30 ~ 0.65	—	0.050	0.045
CRB800	24MnTi	0.19 ~ 0.27	0.17 ~ 0.37	1.20 ~ 1.60	Ti: 0.01 ~ 0.05	0.045	0.045
	20MnSi	0.17 ~ 0.25	0.40 ~ 0.80	1.20 ~ 1.60		0.045	0.045
CRB970	41MnSiV	0.37 ~ 0.45	0.60 ~ 1.10	1.00 ~ 1.40	V: 0.05 ~ 0.12	0.045	0.045
	60	0.57 ~ 0.65	0.17 ~ 0.37	0.50 ~ 0.80		0.035	0.035

2.7.5.5　表面质量

表面不得有裂纹、结疤、折叠、油污及其他影响使用的缺陷。表面可有浮锈，但不得有锈皮及目视可见的麻坑等腐蚀现象。

2.7.6　预应力混凝土用钢棒

2.7.6.1　定义

预应力混凝土用的光圆钢棒、螺旋槽钢棒、螺旋肋钢棒及带肋钢棒的统称。

2.7.6.2　适用范围及分类

适用于预应力混凝土。其公称直径为 6 ~ 16mm。

按其表面形状分为光圆钢棒、螺旋槽钢棒、螺旋肋钢棒及带肋钢棒四种。

2.7.6.3　力学性能

预应力混凝土用钢棒公称直径、横截面积、重量及其性能应符合表2-7-15的规定。

表2-7-15　钢棒的公称直径、横截面积、重量及性能

表面形状	公称直径 D_n/mm	公称横截面积 S_n/mm²	横截面积 S/mm²		每米参考重量 /(g/m)	抗拉强度 R_m/MPa 不小于	规定非比例延伸强度 $R_{p0.2}$/MPa 不小于	弯曲性能	
			最小	最大				性能要求	弯曲半径 /mm
光圆	6	28.3	26.8	29.0	222	对所有规格钢棒 1080 1230 1420 1570	对所有规格钢棒 930 1080 1280 1420	反复弯曲不小于4次/180°	15
	7	38.5	36.3	39.5	302				20
	8	50.3	47.5	51.5	394				20
	10	78.5	74.1	80.4	616				25
	11	95.0	93.1	97.4	746			弯曲160°~180°后弯曲处无裂纹	弯芯直径为钢棒公称直径的10倍
	12	113	106.8	115.8	887				
	13	133	130.3	136.3	1044				
	14	154	145.6	157.8	1209				
	16	201	190.2	206.0	1578				
螺旋槽	7.1	40	39.0	41.7	314			—	
	9	64	62.4	66.5	502				
	10.7	90	87.5	93.6	707				
	12.6	125	121.5	129.9	981				
螺旋肋	6	28.3	26.8	29.0	222			反复弯曲不小于4次/180°	15
	7	38.5	36.3	39.5	302				20
	8	50.3	47.5	51.5	394				20
	10	78.5	74.1	80.4	616				25
	12	113	106.8	115.8	888			弯曲160°~180°后弯曲处无裂纹	弯芯直径为钢棒公称直径的10倍
	14	154	145.6	157.8	1209				
带肋	6	28.3	26.8	29.0	222			—	
	8	50.3	47.5	51.5	394				
	10	78.5	74.1	80.4	616				
	12	113	106.8	115.8	887				
	14	154	145.6	157.8	1209				
	16	201	190.2	206.0	1578				

注：本节各表根据GB 5223.3—2005《预应力混凝土用钢棒》。

2.7.6.4　伸长率及最大松弛值

预应力混凝土用钢棒的伸长率及最大松弛值应符合表2-7-16的规定。

表 2-7-16　预应力混凝土用钢棒的伸长率及最大松弛值要求

伸长特性要求		
延性级别	最大力总伸长率/%	断后伸长率/% 不小于
延性 35	3.5	7.0
延性 25	2.5	5.0

注: 1. 日常检验可用断后伸长率, 仲裁试验以最大力总伸长率为准。
　　2. 最大力伸长率标距为 200mm。
　　3. 断后伸长率标距为钢棒公称直径的 8 倍。

最大松弛值		
初始应力为公称抗拉强度的百分数/%	1000h 松弛值/%	
	普通松弛 (N)	低松弛 (L)
70	4.0	2.0
60	2.0	1.0
80	9.0	4.5

2.7.6.5　表面质量

表面不得有影响使用的有害损伤和缺陷, 允许有浮锈。

2.7.7　预应力混凝土用钢丝

2.7.7.1　定义

预应力混凝土用冷拉钢丝及消除应力钢丝。

2.7.7.2　适用范围

适用于预应力混凝土用光面、刻痕和螺旋肋的冷拉或消除应力的高强度钢丝。其公称直径为 3~12mm。

2.7.7.3　力学性能

预应力混凝土用钢丝的力学性能应符合表 2-7-17-1、表 2-7-17-2 和表 2-7-17-3 的规定。

表 2-7-17-1　冷拉钢丝的力学性能

公称直径/mm	抗拉强度/MPa 不小于	规定非比例伸长应力/MPa 不小于	总伸长率/% 不小于	弯曲次数 不小于	弯曲半径/mm	断面收缩率/% 不小于	每 210mm 扭矩的扭转达次数 不小于	1000h 后应力松弛率/% 不大于
3.00	1470	1100	1.5	4	7.5	—	—	8
4.00	1570	1180		4	10	35	8	
5.00	1670	1250		4	15		8	
	1770	1330						
6.00	1470	1100		5	15		7	
7.00	1570	1180		5	20	30	6	
8.00	1670	1250		5	20		5	
	1770	1330						

注: 本节各表根据 GB/T 5223—2002/XG 2—2008《预应力混凝土用钢丝》。

表 2-7-17-2　消除应力光圆及螺旋肋钢丝的力学性能

公称直径/mm	抗拉强度/MPa 不小于	规定非比例伸长应力/MPa 不小于		总伸长率/% 不小于	弯曲次数 不小于	弯曲半径/mm	初始应力相当于抗拉强度的百分数/%	1000h 后应力松弛率/% 不大于	
		WLR	WNR					WLR	WNR
4.00	1470	1200	1250		3	10	（对所	有	规格）
4.80	1570	1380	1330						
	1670	1470	1410		4	15			
5.00	1770	1560	1500				60	1.0	4.5
	1860	1640	1580						
6.00	1470	1290	1250		4	15	70	2.0	8
6.25	1570	1380	1330	3.5	4	20			
7.00	1670	1470	1410		4	20			
	1770	1560	1500				80	4.5	12
8.00	1470	1290	1250		4	20			
9.00	1570	1380	1330		4	25			
10.00	1470	1290	1250		4	25			
12.00					4	30			

表 2-7-17-3　消除应力的刻痕钢丝的力学性能

公称直径/mm	抗拉强度/MPa 不小于	规定非比例伸长应力/MPa 不小于		总伸长率/% 不小于	弯曲次数 不小于	弯曲半径/mm	初始应力相当于抗拉强度的百分数/%	1000h 后应力松弛率/% 不大于	
		WLR	WNR					WLR	WNR
≤5.0	1470	1290					（对所	有	规格）
	1570	1380							
	1670	1470				15	60	1.5	4.5
	1770	1560		3.5	3				
	1860	1640					70	2.5	8
>5.0	1470	1290							
	1570	1380				20	80	4.5	12
	1670	1470							
	1770	1560							

注：1. WLR 表示低松弛钢丝，WNR 表示普通松弛钢丝。

　　2. 规定非比例伸长应力值（应变为 0.2 时）对低松弛钢丝应不小于公称抗拉强度的 88%，对普通松弛钢丝应不小于公称抗拉强度的 85%。

2.7.7.4　化学成分

其化学成分应符合优质碳素结构钢的规定。

2.7.7.5　表面质量

除非需方有特殊要求，表面不得有油、润滑质等物质。表面允许有轻微的浮锈，但不得有目视可见的锈蚀麻坑。

2.7.8 预应力混凝土用低合金钢丝

2.7.8.1 定义

用专用的低合金钢盘条拔制的强度为 800 ~ 1200MPa 的用于中、小预应力混凝土构件主筋的钢丝。经轧辊冷加工使钢丝表面呈有规律凹痕的低合金钢丝称为轧痕低合金钢丝。

2.7.8.2 分类及代号

按表面形状分为光面钢丝（代号 YD）和轧痕钢丝（代号 YZD）两种。其中光面钢丝按抗拉强度分为三级：YD800、YD1000 及 YD1200。其公称直径为：5.0 ~ 7.0mm。

2.7.8.3 力学和工艺性能

预应力混凝土用低合金钢丝的力学性能及工艺性能必须符合表 2-7-18 的规定。

表 2-7-18 预应力混凝土用低合金钢丝的力学及工艺性能

公称直径/mm	级别	抗拉强度/MPa 不小于	伸长率/% （标距100mm） 不小于	反复弯曲		应力松弛	
				弯曲半径/mm	次数	张拉应力与公称强度比	应力松弛率最大值
5.0	YD800	800	4	15	4	0.70	8%（1000h）或 5%（10h）
7.0	YD1000	1000	3.5	20	4		
7.0	YD1200	1200		20	4		

注：本节各表根据 YB/T 038—1993《预应力混凝土用低合金钢丝》。

2.7.8.4 化学成分

预应力混凝土用低合金钢丝的化学成分应符合表 2-7-19 的规定。

表 2-7-19 预应力混凝土用低合金钢丝的化学成分

级别代号	牌号	质量分数/%					
		C	Mn	Si	V、Ti	P	S
						不大于	
YD800	21MnSi	0.17 ~ 0.24	1.20 ~ 1.65	0.30 ~ 0.70	—	0.045	0.045
	24MnTi	0.19 ~ 0.27	1.20 ~ 1.60	0.17 ~ 0.37	Ti：0.01 ~ 0.05	0.045	0.045
YD1000	41MnSiV	0.37 ~ 0.45	1.00 ~ 1.40	0.60 ~ 1.10	V：0.05 ~ 0.12	0.045	0.045
YD1200	70Ti	0.66 ~ 0.70	0.60 ~ 1.00	0.17 ~ 0.37	Ti：0.01 ~ 0.05	0.045	0.045

2.7.8.5 表面质量

表面不得有裂纹、结疤、折叠、油污及其他影响力学性能的机械损伤缺陷。表面可有浮锈，但不得有锈皮及目视可见的麻坑等腐蚀现象。

2.7.9 中强度预应力混凝土用钢丝

2.7.9.1 定义

中等强度级别的冷加工或冷加工后热处理钢丝。

2.7.9.2 适用范围

适用于预应力混凝土的中强度钢丝。

2.7.9.3 分类及代号

按表面形状分为光面钢丝和变形钢丝两类。按规定非比例伸长应力分为620/800、780/970、980/1270、1080/1370 四类。其中光面钢丝代号为 PW；变形钢丝代号为 DW。

2.7.9.4 力学性能

中强度预应力混凝土用钢丝的力学性能应符合表2-7-20 的规定。

表 2-7-20 中强度预应力混凝土用钢丝的力学性能

种类	公称直径/mm	规定非比例伸长应力/MPa 不小于	抗拉强度/MPa 不小于	伸长率/% ($L=100mm$) 不小于	反复弯曲		1000h 松弛率/% 不大于
					次数 不小于	弯曲半径/mm	
620/800	4.0 5.0 6.0 7.0 8.0 9.0	620	800	4	4	10 15 20 20 20 25	
780/970	4.0 5.0 6.0 7.0 8.0 9.0	780	970	4	4	10 15 20 20 20 25	8
980/1270	4.0 5.0 6.0 7.0 8.0 9.0	980	1270	4	4	10 15 20 20 20 25	
1080/1370	4.0 5.0 6.0 7.0 8.0 9.0	1080	1370	4	4	10 15 20 20 20 25	

注：根据 YB/T 156—1999《中强度预应力混凝土用钢丝》。

2.7.9.5 化学成分

其化学成分应符合优质碳素结构钢的规定。

2.7.9.6 表面质量

表面不得有裂纹、结疤、折叠、油污及其他影响使用的有害缺陷。表面允许有浮锈。

2.7.10 预应力混凝土用钢绞线

2.7.10.1 定义

由圆形断面钢丝捻成的成品。

2.7.10.2 适用范围

适用于预应力混凝土结构和岩土锚固等。

2.7.10.3 分类

按其捻制结构分为5类。其代号为：用两根钢丝捻制的钢绞线 1×2；用三根钢丝捻制的钢绞线 1×3；用三根刻痕钢丝捻制的钢绞线 1×3I；用七根钢丝捻制的标准型钢绞线 1×7；用七根钢丝捻制又经模拔的钢绞线（1×7）C。

2.7.10.4 力学性能

预应力混凝土用钢绞线的力学性能应符合表2-7-21-1、表2-7-21-2和表2-7-21-3的规定。

表2-7-21-1 预应力混凝土用钢绞线的力学性能（1×2结构钢绞线）

钢绞线结构	公称直径 D_n/mm	抗拉强度 R_m/MPa 不小于	整根钢绞线最大力 F_m/kN 不小于	规定非比例延伸力 $F_{p0.2}$/kN 不小于	最大力总伸长率 A_{gt}/%（$L_0 \geqslant 400mm$）不小于	应力松弛性能	
						初始负荷相当于公称最大力的百分数/%	1000h后应力松弛率 r/% 不大于
1×2	5.00	1570	15.4	13.9	对所有规格 3.5	对所有规格	对所有规格
		1720	16.9	15.2		60	1.0
		1860	18.3	16.5		70	2.5
		1960	19.2	17.3		80	4.5
	5.80	1570	20.7	18.6			
		1720	22.7	20.4			
		1860	24.6	22.1			
		1960	25.9	23.3			
	8.00	1470	36.9	33.2			
		1570	39.4	35.5			
		1720	43.2	38.9			
		1860	46.7	42.0			
		1960	49.2	44.3			
	10.00	1470	57.8	52.0			
		1570	61.7	55.5			
		1720	67.6	60.8			
		1860	73.1	65.8			
		1960	77.0	69.3			
	12.00	1470	83.1	74.8			
		1570	88.7	79.8			
		1720	97.2	87.5			
		1860	105	94.5			

注：1. 规定非比例延伸力 $F_{p0.2}$ 值不小于整根钢绞线公称最大力 F_m 的90%。
2. 本节各表根据GB/T 5224—2003《预应力混凝土用钢绞线》及国家标准第一号修改单（2008年）。

表 2-7-21-2　预应力混凝土用钢绞线的力学性能（1×3 结构钢绞线）

钢绞线结构	公称直径 D_n/mm	抗拉强度 R_m/MPa 不小于	整根钢绞线最大力 F_m/kN 不小于	规定非比例延伸力 $F_{p0.2}$/kN 不小于	最大力总伸长率 A_{gt}/% （$L_0 \geqslant 400$mm） 不小于	应力松弛性能	
						初始负荷相当于公称最大力的百分数/%	1000h 后应力松弛率 r/% 不大于
1×3	6.20	1570	31.1	28.0	对所有规格 3.5	对所有规格	对所有规格
		1720	34.1	30.7		60	1.0
		1860	36.8	33.1		70	2.5
		1960	38.8	34.9		80	4.5
	6.50	1570	33.3	30.0			
		1720	36.5	32.9			
		1860	39.4	35.5			
		1960	41.6	37.4			
	8.60	1470	55.4	49.9			
		1570	59.2	53.3			
		1720	64.8	58.3			
		1860	70.1	63.1			
		1960	73.9	66.5			
	8.74	1570	60.6	54.5			
		1670	64.5	58.1			
		1860	71.8	64.6			
	10.80	1470	86.6	77.9			
		1570	92.5	83.3			
		1720	101	90.9			
		1860	110	99.0			
		1960	115	104			
	12.90	1470	125	113			
		1570	133	120			
		1720	146	131			
		1860	158	142			
		1960	166	149			
1×3I	8.74	1570	60.6	54.5			
		1670	64.5	58.1			
		1860	71.8	64.6			

注：规定非比例延伸力值不小于整根钢绞线公称最大力的 90%。

表 2-7-21-3　预应力混凝土用钢绞线的力学性能（1×7 结构钢绞线）

钢绞线结构	公称直径 D_n/mm	抗拉强度 R_m/MPa 不小于	整根钢绞线最大力 F_m/kN 不小于	规定非比例延伸力 $F_{p0.2}$/kN 不小于	最大力总伸长率 A_{gt}/% （$L_0 \geqslant 400mm$）不小于	应力松弛性能	
						初始负荷相当于公称最大力的百分数/%	1000h 后应力松弛率 r/% 不大于
1×7	9.5	1720	94.3	84.9	对所有规格 3.5	对所有规格 60 70 80	对所有规格 1.0 2.5 4.5
		1860	102	91.8			
		1960	107	96.3			
	11.10	1720	128	115			
		1860	138	124			
		1960	145	131			
	12.70	1720	170	153			
		1860	184	166			
		1960	193	174			
	15.20	1470	206	185			
		1570	220	198			
		1670	234	211			
		1720	241	217			
		1860	260	234			
		1960	274	247			
	15.70	1770	266	239			
		1860	279	251			
	17.80	1720	327	294			
		1860	353	318			
(1×7) C	12.70	1860	208	187			
	15.20	1820	300	270			
	18.00	1720	384	346			

注：规定非比例延伸力值不小于整根钢绞线公称最大力的 90%。

2.7.10.5　表面质量

除非需方有特殊要求，表面不得有油、润滑质等物质。表面允许有轻微的浮锈，但不得有目视可见的锈蚀麻坑。

2.7.11　预应力混凝土用螺纹钢筋

2.7.11.1　定义

预应力混凝土用螺纹钢筋是一种热轧或带有不连续的外螺纹的直条钢筋，该钢筋在任一截面处，均可用带有匹配形状的内螺纹的连接器或锚具进行连接或锚固。

2.7.11.2　力学性能

预应力混凝土用螺纹钢筋的力学性能应符合表 2-7-22 的规定。

表 2-7-22　预应力混凝土用螺纹钢筋的力学性能

级别	屈服强度 (R_{el})/MPa	抗拉强度 R_m/MPa	断后伸长率 A /%	最大力总伸长率 A_{gt}/%	应力松弛性能	
	不小于				初始应力	1000h 后应力松弛率/%
PSB785	785	980	7			
PSB830	830	1030	6	3.5	$0.8R_{el}$	≤3
PSB930	930	1080	6			
PSB1080	1080	1230	6			

注：1. 无明显屈服时，用规定非比例延伸强度 $(R_{p0.2})$ 代替。
　　2. 供方在保证钢筋1000h松弛性能合格的基础上，可进行10h松弛试验，初始应力为公称屈服强度的80%，松弛率不大于 1.5%。
　　3. 伸长率类型通常选用 A，经供需双方协商，也可选用 A_{gt}。
　　4. 根据 GB/T 20065—2006《预应力混凝土用螺纹钢筋》。

2.7.11.3　表面质量

钢筋表面不得有横向裂纹、结疤和折叠。允许有不影响钢筋性能和连接的其他缺陷。

2.7.12　混凝土制品用冷拔低碳钢丝

2.7.12.1　定义

将低碳钢热轧圆盘条经一次或多次冷拔制成的以盘卷供货的混凝土制品用钢丝。

2.7.12.2　力学性能

混凝土制品用冷拔低碳钢丝的力学性能应符合表 2-7-23 的规定。

表 2-7-23　混凝土制品用冷拔低碳钢丝的力学性能

级别	公称直径/mm 不小于	抗拉强度/MPa 不小于	断后伸长率/% 不小于	反复弯曲次数（180°） 不小于
甲级	5.0	650	3.0	4
		600		
	4.0	700	2.5	
		650		
乙级	3.0、4.0、5.0、6.0	550	2.0	

注：1. 甲级冷拔低碳钢丝作预应力筋时，如经机械调直则抗拉强度标准值应降低 50MPa。
　　2. 根据 JC/T 540—2006《混凝土制品用冷拔低碳钢丝》。

2.7.12.3　表面质量

冷拔低碳钢丝表面不应有裂纹、小刺、油污及其他机械损伤。表面允许有浮锈，但不得出现锈皮及肉眼可见的锈蚀麻坑。

2.7.13　钢筋焊接接头和机械连接接头

2.7.13.1　钢筋焊接接头

钢筋接头焊接方法有：闪光对焊、电弧焊（包括单面搭接焊、双面搭接焊、帮条焊等）、电渣压力焊、气压焊和非纵向受力箍筋闪光对焊、预埋件钢筋 T 形接头。在对钢筋接头正式焊接之前，应进行现场条件下的焊接工艺检验，经试验合格后，方可正式生产。在生产过程中，应根据抽检数量的要求，在每一验收批中抽取一定数量的试件进行现场检验，作为焊接接头的质量检验与验收。

2.7.13.2 机械连接接头

钢筋机械连接接头形式有 6 种：套筒挤压连接接头、锥螺纹连接接头、镦粗直螺纹连接接头、滚轧直螺纹连接接头、熔融金属充填接头、水泥灌浆充填接头。根据抗拉强度和高应力大变形条件下反复拉压性能的差异分为Ⅰ级、Ⅱ级和Ⅲ级三个等级。在钢筋连接工程施工前应做工艺检验，施工过程中应分批进行接头的现场检验。

2.7.13.3 钢筋焊接接头和机械连接接头的合格判定（包括预埋件 T 形接头）

由表2-7-24 ~ 表 2-7-26 所列合格判定标准进行判定。

表 2-7-24 钢筋焊接接头和机械连接接头的合格判定标准

	钢筋焊接接头拉伸试验	
焊接接头	判为合格	（1）3 个试件均断于钢筋母材，呈延性断裂，其抗拉强度大于或等于钢筋母材抗拉强度标准值。 （2）2 个试件断于钢筋母材，呈延性断裂，其抗拉强度大于或等于钢筋母材抗拉强度标准值；另一试件断于焊缝，呈脆性断裂，其抗拉强度大于或等于钢筋母材抗拉强度标准值的 1.0 倍 注：试件断于热影响区，呈延性断裂，应视作与断于钢筋母材等同；试材断于热影响区，呈脆性断裂，应视作与断于焊缝等同。
	判为不合格	3 个试件中有 1 个试件抗拉强度小于钢筋母材抗拉强度标准值的 1.0 倍
	判为复验	（1）2 个试件断于钢筋母材，呈延性断裂，其抗拉强度大于或等于钢筋母材抗拉强度标准值；另一试件断于焊缝或热影响区，呈脆性断裂，其抗拉强度小于钢筋母材抗拉强度标准值的 1.0 倍。 （2）1 个试件断于钢筋母材，呈延性断裂，其抗拉强度大于或等于钢筋母材抗拉强度标准值；另 2 个试件断于焊缝或热影响区，呈脆性断裂。 （3）3 个试件均断于焊缝，呈脆性断裂，其抗拉强度均大于或等于钢筋母材抗拉强度标准值的 1.0 倍
	判为复验合格	6 个试件试验结果，若 4 个或 4 个以上试件断于钢筋母材，呈延性断裂，其抗拉强度大于或等于钢筋母材抗拉强度标准值，另 2 个或 2 个以下试件断于焊缝，呈脆性断裂，其抗拉强度大于或等于钢筋母材抗拉强度标准值的 1.0 倍
	钢筋焊接接头弯曲试验	
	判为合格	弯至 90°时，有 2 个或 3 个试件外侧（含焊缝和热影响区）未发生宽度达到 0.5mm 的裂纹
	判为不合格	弯至 90°时，有 3 个试件发生宽度达到 0.5mm 的裂纹
	判为复验	弯至 90°时，有 2 个试件发生宽度达到 0.5mm 的裂纹
	判为复验合格	6 个试件试验结果，不超过 2 个试件发生宽度达到 0.5mm 的裂纹

续表

机械连接接头的拉伸试验		

<table>
<tr><td rowspan="13">机械连接接头</td><td rowspan="6">判为合格</td><td colspan="2">3 个接头的抗拉强度均符合下式规定：</td></tr>
<tr><td>Ⅰ级接头：</td><td>$f_{mst}^0 \geq f_{stk}$ （断于钢筋）</td></tr>
</table>

机械连接接头

机械连接接头的拉伸试验

判为合格

3 个接头的抗拉强度均符合下式规定：

Ⅰ级接头： $\qquad f_{mst}^0 \geq f_{stk}$ （断于钢筋）

或 $\qquad f_{mst}^0 \geq 1.10 f_{stk}$ （断于接头）

Ⅱ级接头： $\qquad f_{mst}^0 \geq f_{stk}$

Ⅲ级接头： $\qquad f_{mst}^0 \geq 1.25 f_{yk}$

式中 f_{mst}^0 ——试件接头实测抗拉强度，MPa；

f_{stk} ——钢筋抗拉强度标准值，MPa；

f_{yk} ——屈服强度标准值，MPa。

第一次工艺检验中 1 根试件抗拉强度或 3 根试件的残余变形平均值不合格时，允许再抽 3 根试件进行复检，复检不合格时判为工艺检验不合格。

现场检验时随机截取 3 个试件作抗拉强度试验，如符合本表规定则判为合格，如有 1 个试件不符合要求，应再取 6 个试件进行复检，复检中仍有 1 个试件的抗拉强度不符合要求，则该验收批应评为不合格

机械连接接头的变形性能

接头等级		Ⅰ级	Ⅱ级	Ⅲ级
单向拉伸	残余变形/mm	$u_0 \leq 0.10 (d \leq 32)$ $u_0 \leq 0.14 (d > 32)$	$u_0 \leq 0.14 (d \leq 32)$ $u_0 \leq 0.16 (d > 32)$	$u_0 \leq 0.14 (d \leq 32)$ $u_0 \leq 0.16 (d > 32)$
	最大力总伸长率/%	$A_{sgt} \geq 6.0$	$A_{sgt} \geq 6.0$	$A_{sgt} \geq 6.0$
高应力反复拉压	残余变形/mm	$u_{20} \leq 0.3$	$u_{20} \leq 0.3$	$u_{20} \leq 0.3$
大变形反复拉压	残余变形/mm	$u_4 \leq 0.3$ 且 $u_8 \leq 0.6$	$u_4 \leq 0.3$ 且 $u_8 \leq 0.6$	$u_4 \leq 0.6$

u_0 ——接头试件加载至 $0.6 f_{yk}$ 并卸载后在规定标距内的残余变形；

A_{sgt} ——接头试件的最大力总伸长力；

u_{20} ——接头试件按本规程附录 A 加载制度经高应力反复拉压 20 次后的残余变形；

u_4 ——接头试件按本规程附录 A 加载制度经高应力反复拉压 4 次后的残余变形；

u_8 ——接头试件按本规程附录 A 加载制度经高应力反复拉压 8 次后的残余变形

注：根据 JGJ 107—2010《钢筋焊接及验收规程》和 JGJ 18—2012 及《钢筋机械连接技术规程》。

钢筋焊接接头弯曲试验应从每一检验批接头中随机截取 3 个接头，焊缝应处于弯曲中心点，弯芯直径和弯曲角度应符合表 2-7-25 的规定。

表 2-7-25　焊接钢筋弯曲试验的弯芯直径和弯曲角度

钢筋牌号	弯芯直径	弯芯角度/°
HPB300	$2d$	90
HRB335、HRBF335	$4d$	90
HRB400、HRBF400、HRB400W	$5d$	90
HRB500、HRBF500	$7d$	90

注：1. d 为钢筋直径。

2. 直径大于 25mm 的钢筋焊接接头，弯芯直径应增加 1 倍钢筋直径。

预埋件 T 形接头拉伸试验的合格判定：3 个试件的抗拉强度均大于或等于表 2-7-26 的规定值时，应评定该检验批接头拉伸试验合格。若有一个接头试件抗拉强度小于表 2-7-26 的规定值时，应进行复验。

复验时，应切取 6 个试件进行试验。复验结果，其抗拉强度均大于或等于表 2-7-26 的规定值时，应评定该检验批接头拉伸试验复验合格。

表 2-7-26　预埋件钢筋 T 形接头抗拉强度规定值

钢筋牌号	抗拉强度规定值/MPa
HPB300	400
HRB335、HRBF335	435
HRB400、HRBF400	520
HRB500、HRBF500	610
HRB400W	520

2.7.13.4　钢筋焊接网

应符合表 2-7-27 的规定。

表 2-7-27　钢筋焊接网的技术要求

项目	技 术 要 求
所用钢筋	采用 GB 13788 规定的牌号 CRB550 冷轧带肋钢筋和符合 GB 1499.2 规定的热轧带肋钢筋，宜采用无纵肋的热轧钢筋
制造要求	应采用机械制造，两个方向钢筋的交叉点以电阻焊焊接。开焊数量不应超过整张网片交叉点总数的 1%，并且任一根钢筋上开焊点不应超过该支钢筋上交叉点总数的一半
表面质量	表面不应有影响使用的缺陷。当性能符合要求时，钢筋表面浮锈和因矫直造成的钢筋表面轻微损伤不作为拒收的理由。允许有因取样产生的局部空缺
尺寸偏差	1. 纵向钢筋间距宜为 50mm 的整倍数，横向钢筋间距宜为 25mm 的整倍数，最小间距采用 100mm，间距允许偏差取 ±10mm 和规定间距 ±5% 的较大值； 2. 钢筋伸出长度不小于 25mm； 3. 网片长度和宽度的允许偏差取 ±25mm 和规定长度的 ±0.5% 的较大值
质量偏差	钢筋焊接网宜按实际质量交货，也可按理论质量交货，其理论质量按组成钢筋公称直径和规定尺寸计算，钢的密度采用 $7.85g/cm^3$。钢筋焊接网实际质量与理论质量的允许偏差为 ±4%
力学性能	1. 所用钢筋的力学和工艺性能必须符合相应标准中相应牌号钢筋的规定；对于公称直径不小于 6mm 的焊接网用冷轧带肋钢筋，冷轧带肋钢筋的最大力总伸长率应不小于 2.5%，钢筋的强屈比应不小于 1.05； 2. 焊接网焊点的抗剪力应不小于试样受拉钢筋规定屈服力值的 0.3 倍

注：根据 GB/T 1499.3—2010《钢筋混凝土用钢筋焊接网》。

2.7.14　建筑钢结构的焊接

2.7.14.1　外观检查

外观质量应符合以下规定：

（1）一级焊缝不得存在未焊满、根部收缩、咬边和接头不良等缺陷；一级和二级焊缝不得存在表面气孔、夹渣、裂纹和电弧擦伤等缺陷；

（2）二级焊缝质量除应符合（1）的要求之外，尚应满足表 2-7-24 的有关规定；三级焊缝也应符合表 2-7-26 的规定。

表 2-7-26　焊缝外观质量允许偏差（mm）

检验项目	焊缝质量等级	
	二级	三级
未焊满	$\leq 0.2 + 0.02t$，且 ≤ 1.0mm，每 100mm 长度焊缝内未焊满累计长度 ≤ 25mm	$\leq 0.2 + 0.04t$，且 ≤ 2.0mm，每 100mm 长度焊缝内未焊满累计长度 ≤ 25mm
根部收缩	$\leq 0.2 + 0.02t$，且 ≤ 1.0mm，长度不限	$\leq 0.2 + 0.04t$，且 ≤ 2.0mm，长度不限
咬边	$\leq 0.05t$ 且 ≤ 0.5mm，连续长度 ≤ 100mm，且焊缝两侧咬边总长 $\leq 10\%$ 焊缝全长	$\leq 0.1t$，且 ≤ 1.0mm，长度不限
裂纹	不允许	允许存在长度 ≤ 5.0mm 的弧坑裂纹
电弧擦伤	不允许	允许存在个别电弧擦伤
接头不良	缺口深度 $\leq 0.05t$，且 ≤ 0.5mm，每 1000mm 长度焊缝内不得超过 1 处	缺口深度 $\leq 0.1t$，且 ≤ 1.0mm，每 1000mm 长度焊缝内不得超过 1 处
表面气孔	不允许	每 50mm 长度焊缝内允许存在直径 $< 0.4t$ 且 ≤ 3.0mm 的气孔 2 个；孔距应 ≥ 6 倍孔径
表面夹渣	不允许	深 $\leq 0.2t$，长 $\leq 0.5t$ 且 ≤ 20.0mm

注：1. t 为接缝部位的板厚。
　　2. 根据 JGJ 81—2002《建筑钢结构焊接技术规程》。

2.7.14.2　焊缝抽检

抽样检查焊缝质量应符合表 2-7-27 的要求。

表 2-7-27　焊缝质量的合格判定

抽检焊缝数的不合格率	
项　　目	合　格　判　定　标　准
判为合格	抽检焊缝数的不合格率小于 2%
判为不合格	抽检焊缝数的不合格率大于 5%
判为复验	抽检焊缝数的不合格率为 2%～5% 时应加倍抽检，且必须在原不合格部位两侧的焊缝延长线各增加一处
判为复验不合格	在所有复验焊缝中不合格率不大于 3% 时判为复验合格。复验不合格率大于 3% 时判为复验不合格。当批量验收不合格时，应对该批余下的焊缝全部进行检查，当检查出 1 处裂纹缺陷时，应加倍抽查，如在加倍抽查的焊缝中未检查出其他裂纹缺陷时，该批验收应定为合格；当检查出多处裂纹缺陷或加倍抽查又发现裂纹缺陷时，应对余下焊缝的全数进行检查

2.7.14.3　无损检测

在外观检查合格后进行无损检测，其合格判定要求为：

（1）一级焊缝应进行 100% 的检验，其合格等级应为 GB 11345《钢焊缝手工超声波探伤方法及质量分级法》的 B 级检验的 Ⅱ 级及其以上；

（2）二级焊缝应进行抽检，其比率不小于 20%，其合格等级应为 GB 11345《钢焊缝手工超声波探伤方法及质量分级法》的 B 级检验的 Ⅲ 级及其以上；

（3）全焊透的三级焊缝可不进行无损检测。

2.8　砌体材料

2.8.1　烧结普通砖

2.8.1.1　定义和分类

以黏土、页岩、煤矸石、粉煤灰为主要原料经焙烧而成的建筑用普通砖。按主要原料分为黏土砖（N）、页岩砖（Y）、煤矸石砖（M）及粉煤灰砖（F）。

2.8.1.2　适用范围

主要供建筑砌墙之用。

2.8.1.3　质量等级

根据抗压强度分为 MU30、MU25、MU20、MU15、MU10 五个强度等级。强度、抗风化性能、放射性物质合格的砖，根据尺寸偏差、外观质量、泛霜和石灰爆裂分为优等品、一等品及合格品三个质量等级。

2.8.1.4　质量标准

（1）尺寸允许偏差：应符合表 2-8-1 的规定。

表 2-8-1　烧结普通砖的尺寸允许偏差（mm）

公称尺寸	优等品		一等品		合格品	
	样本平均偏差	样本极差≤	样本平均偏差	样本极差≤	样本平均偏差	样本极差≤
240	±2.0	6	±2.5	7	±3.0	8
115	±1.5	5	±2.0	6	±2.5	7
53	±1.5	4	±1.6	5	±2.0	6

注：本节各表根据 GB/T 5101—2003《烧结普通砖》。

（2）外观质量：应符合表 2-8-2 的规定。

表 2-8-2　烧结普通砖的外观质量（mm）

项目		优等品	一等品	合格品
两条面高度差 ≤		2	3	4
弯曲 ≤		2	3	4
杂质凸出高度 ≤		2	3	4
缺棱掉角的三个破坏尺寸	不得同时大于	5	20	30
裂纹长度 ≤	大面上宽度方向及其延伸至条面的长度	30	60	80
	大面上长度方向及其延伸至顶面的长度，或条顶面上水平裂纹的长度	50	80	100
完整面	不得少于	二条面和二顶面	一条面和一顶面	—
颜色		基本一致	—	—

注：1. 为装饰面施加的色差、凹凸纹、拉毛、压花等不算作缺陷。
　　2. 凡有下列缺陷之一者不得称为完整面：
　　　（1）缺损在条面或顶面上造成的破坏面尺寸同时大于 10mm×10mm；
　　　（2）条面或顶面上裂纹宽度大于 1mm，其长度超过 30mm；
　　　（3）压陷、粘底、焦花在条面或顶面上的凹陷或凸出超过 2mm，区域尺寸同时大于 10mm×10mm。

（3）力学性能：应符合表 2-8-3 的规定。

表 2-8-3　烧结普通砖的力学性能（MPa）

强度等级	抗压强度平均值 ≥	变异系数≤0.21	变异系数>0.21
		强度标准值≥	单块最小抗压强度值≥
MU30	30.0	22.0	25.0
MU25	25.0	18.0	22.0
MU20	20.0	14.0	16.0
MU15	15.0	10.0	12.0
MU10	10.0	6.5	7.5

（4）抗风化性能：烧结普通砖的抗风化性能必须符合表 2-8-4 的规定；严重风化区的 1、2、3、4、5 地区的砖必须进行冻融试验；其他地区砖的抗风化性能符合表 2-8-4 时可不做冻融试验。

表 2-8-4　烧结普通砖的抗风化性能

砖种类	严重风化区				非严重风化区			
	5h 沸煮吸水率/% ≤		饱和系数 ≤		5h 沸煮吸水率/% ≤		饱和系数 ≤	
	平均值	单块最大值	平均值	单块最大值	平均值	单块最大值	平均值	单块最大值
黏土砖	18	20	0.85	0.87	19	20	0.88	0.90
粉煤灰砖	21	23			23	25		
页岩砖	16	18	0.74	0.77	18	20	0.78	0.80
煤矸石砖								

注：粉煤灰掺入量（体积比）小于 30% 时，按黏土砖规定判定。

（5）其他性能：烧结普通砖的泛霜等其他性能见表 2-8-5。

表 2-8-5　烧结普通砖的其他性能

项目	性能要求		
	优等品	一等品	合格品
泛霜	无泛霜	不允许出现中等泛霜	不允许出现严重泛霜
石灰爆裂	不允许出现最大破坏尺寸大于 2mm 的爆裂区域	最大破坏尺寸 >2mm 且≤10mm 的爆裂区域每组砖样不得多于 15 处；不允许出现最大破坏尺寸大于 10mm 的爆裂区域	最大破坏尺寸 >2mm 且≤15mm 的爆裂区域每组砖样不得多于 15 处；其中大于 10mm 的爆裂区域不得多于 7 处；不允许出现最大破坏尺寸大于 15mm 的爆裂区域
欠火砖、酥砖、螺旋纹砖	不允许有		
放射性物质	应符合 GB 6566 的规定		

2.8.2　烧结多孔砖

2.8.2.1　定义和分类

经焙烧而成，孔洞率等于或大于 15%，孔的尺寸小而数量多的砖称为烧结多孔砖。按主要原料分为黏土砖（N）、页岩砖（Y）、煤矸石砖（M）及粉煤灰砖（F）。

2.8.2.2　适用范围

主要用于建筑承重部位。

2.8.2.3　质量等级

根据抗压强度分为 MU30、MU25、MU20、MU15、MU10 五个强度等级。强度和抗风化性能合格的砖，根据尺寸偏差、外观质量、孔形、孔洞排列、泛霜和石灰爆裂分为优等品（A）、一等品（B）及合格品（C）三个质量等级。

2.8.2.4　质量标准

（1）尺寸偏差：应符合表 2-8-6 的规定。

表 2-8-6　烧结多孔砖的尺寸允许偏差（mm）

公称尺寸	优等品		一等品		合格品	
	样本平均偏差	样本极差 ≤	样本平均偏差	样本极差 ≤	样本平均偏差	样本极差 ≤
290、240	±2.0	6	±2.5	7	±3.0	8
190、180、175、140、115	±1.5	5	±2.0	6	±2.5	7
90	±1.5	4	±1.7	5	±2.0	6

注：本节各表根据 GB 13544—2000《烧结多孔砖》。

（2）外观质量：应符合表 2-8-7 的规定。

表 2-8-7　烧结多孔砖的外观质量（mm）

项目		优等品	一等品	合格品
杂质在砖面上造成的凸出高度	≤	3	4	5
缺棱掉角的三个破坏尺寸	不得同时大于	15	20	30
裂纹长度 ≤	大面上深入孔壁 15mm 以上宽度方向及其延伸至条面的长度	60	80	100
	大面上深入孔壁 15mm 以上宽度方向及其延伸至顶面的长度	60	100	120
	条顶面上的水平裂纹	80	100	120
完整面	不得少于	一条面和一顶面	一条面和一顶面	—
颜色（一条面和一顶面）		一致	基本一致	—

注：1. 为装饰面施加的色差、凹凸纹、拉毛、压花等不算作缺陷。
　　2. 凡有下列缺陷之一者不得称为完整面：
　　（1）缺损在条面或顶面上造成的破坏面尺寸同时大于 20mm×30mm；
　　（2）条面或顶面上裂纹宽度大于 1mm，其长度超过 70mm；
　　（3）压陷、粘底、焦花在条面或顶面上的凹陷或凸出超过 2mm，区域尺寸同时大于 20mm×30mm。

（3）力学性能：应符合表 2-8-8 的规定。

表 2-8-8　烧结多孔砖的力学性能（MPa）

强度等级	抗压强度平均 ≥	变异系数≤0.21	变异系数＞0.21
		强度标准值≥	单块最小抗压强度值≥
MU30	30.0	22.0	25.0
MU25	25.0	18.0	22.0
MU20	20.0	14.0	16.0
MU15	15.0	10.0	12.0
MU10	10.0	6.5	7.5

（4）孔型、孔洞率及孔洞排列：应符合表 2-8-9 的规定。

表 2-8-9　烧结多孔砖的孔型、孔洞率及孔洞排列

产品等级	孔型	孔洞率/% ≥	孔洞排列
优等品	矩形条孔或矩形孔	25	交错排列，有序
一等品			
合格品	矩形孔或其他孔型		—

注：1. 所有孔宽应相等，孔长≤50mm。
　　2. 孔洞排列上下、左右应对称，分布均匀，手抓孔的长度方向尺寸必须平行于砖的条面。
　　3. 矩形孔的孔长 L、孔宽 b 满足式 $L≥3b$ 时为矩形条孔。

（5）抗风化性能：抗风化性能必须符合表 2-8-10 的规定；严重风化区的 1、2、3、4、5 地区的砖必须进行冻融试验，其他地区砖的抗风化性能符合表 2-8-10 时可不做冻融试验。冻融试验后，每块砖样不允许出现裂纹、分层、掉皮、缺棱掉角等冻坏现象。

表 2-8-10　烧结多孔砖的抗风化性能

砖种类	严重风化区				非严重风化区			
	5h煮沸吸水率/% ≤		饱和系数 ≤		5h煮沸吸水率/% ≤		饱和系数 ≤	
	平均值	单块最大值	平均值	单块最大值	平均值	单块最大值	平均值	单块最大值
黏土砖	21	23	0.85	0.87	23	25	0.88	0.90
粉煤灰砖	23	25			30	32		
页岩砖	16	18	0.74	0.77	18	20	0.78	0.80
煤矸石砖	19	21			21	23		

注：粉煤灰掺入量（体积比）小于30%时，按黏土砖规定判定。

（6）其他性能：泛霜等其他性能见表 2-8-11。

表 2-8-11　烧结多孔砖的其他性能

项目	性能要求		
	优等品	一等品	合格品
泛霜	无泛霜	不允许出现中等泛霜	不允许出现严重泛霜
石灰爆裂	不允许出现最大破坏尺寸大于 2mm 的爆裂区域	最大破坏尺寸 >2mm 且 ≤ 10mm 的爆裂区域，每组砖样不得多于 15 处；不允许出现最大破坏尺寸大于 10mm 的爆裂区域	最大破坏尺寸 >2mm 且 ≤ 15mm 的爆裂区域每组砖样不得多于 15 处；其中大于 10mm 的爆裂区域不得多于 7 处；不允许出现最大破坏尺寸大于 15mm 的爆裂区域
欠火砖、酥砖、螺旋纹砖	不允许		

2.8.3　烧结空心砖和空心砌块

2.8.3.1　定义和分类

经焙烧而成，孔洞率等于或大于 15%，孔的尺寸大而数量少的砖称为烧结空心砖。按主要原料分为黏土砖（N）、页岩砖（Y）、煤矸石砖（M）及粉煤灰砖（F）。经焙烧而成，空心率等于或大于 25% 的砌块称为烧结空心砌块。

2.8.3.2　适用范围

主要用于建筑物非承重砌体结构。

2.8.3.3　质量等级

根据抗压强度分为 MU10.0、MU7.5、MU5.0、MU3.5、MU2.5 五个强度等级。

体积密度分为 800 级、900 级、1000 级、1100 级。

强度、密度、抗风化性能和放射性物质合格的砖和砌块，根据尺寸偏差、外观质量、孔洞排列及其结构、泛霜、石灰爆裂和吸水率分为优等品（A）、一等品（B）及合格品（C）三个质量等级。

2.8.3.4　质量标准

（1）尺寸偏差：应符合表 2-8-12 的规定。

表 2-8-12　烧结空心砖和空心砌块的尺寸允许偏差（mm）

尺寸	优等品		一等品		合格品	
	样本平均偏差	样本极差 ≤	样本平均偏差	样本极差 ≤	样本平均偏差	样本极差 ≤
>300	±2.5	6.0	±3.0	7.0	±3.5	8.0
>200 ~ 300	±2.0	5.0	±2.5	6.0	±3.0	7.0
100 ~ 200	±1.5	4.0	±2.0	5.0	±2.5	6.0
<100	±1.5	3.0	±1.7	4.0	±2.0	5.0

注：本节各表根据 GB 13545—2003《烧结空心砖和空心砌块》。

（2）外观质量：砖和砌块的外观质量应符合表 2-8-13 的规定。

表 2-8-13　烧结空心砖和空心砌块的外观质量（mm）

项目		优等品	一等品	合格品
弯曲	≤	3	4	5
缺棱掉角的三个破坏尺寸	不得同时大于	15	30	40
垂直度差	≤	3	4	5
未贯穿裂纹长度 ≤	大面上宽度方向及其延伸至条面的长度	不允许	100	120
	大面上长度方向或条面上水平面方向的长度	不允许	120	140
贯穿裂纹长度 ≤	大面上宽度方向及其延伸至条面的长度	不允许	40	60
	壁、肋沿长度方向、宽度方向及其水平方向的长度	不允许	40	60
完整面	不得少于	一条面和一大面	一条面或一大面	—
肋、壁内残缺长度	≤	不允许	40	60

注：凡有下列缺陷之一者不得称为完整面：
（1）缺损在大面或条面上造成的破坏面尺寸同时大于20mm×30mm；
（2）大面或条面上裂纹宽度大于1mm，其长度超过70mm；
（3）压陷、粘底、焦花在大面或条面上的凹陷或凸出超过2mm，区域尺寸同时大于20mm×30mm。

（3）力学性能：烧结空心砖和空心砌块的强度等级和密度等级按表 2-8-14 和表 2-8-15 评定。

表 2-8-14　烧结空心砖和空心砌块的强度等级（MPa）

强度等级	抗压强度平均值 ≥	变异系数≤0.21 强度标准值 ≥	变异系数>0.21 单块最小抗压强度值 ≥	密度等级范围/(kg/m³)
MU10	10.0	7.0	8.0	≤1100
MU7.5	7.5	5.0	5.8	
MU5.0	5.0	3.5	4.0	
MU3.5	3.5	2.5	2.8	
MU2.5	2.5	1.6	1.8	≤800

表 2-8-15　烧结空心砖和空心砌块的密度等级（kg/m³）

密度等级	5 块密度平均值
800	≤800
900	801～900
1000	901～1000
1100	1001～1100

（4）孔洞排列及其结构：其孔洞率及其排数应符合表 2-8-16 的规定。

表 2-8-16　烧结空心砖和空心砌块的孔洞排列及其结构

产品等级	孔洞排列	孔洞排数/排		孔洞率/%
		宽度方向	高度方向	
优等品	有序交错排列	$b \geqslant 200mm \geqslant 7$	$\geqslant 2$	
		$b \geqslant 200mm \geqslant 5$		
一等品	有序排列	$b \geqslant 200mm \geqslant 5$	$\geqslant 2$	$\geqslant 40$
		$b \geqslant 200mm \geqslant 4$		
合格品	有序排列	$\geqslant 3$	—	

注：b 为宽度尺寸。

（5）抗风化性能：应符合表 2-8-17 的规定。

表 2-8-17　烧结空心砖和空心砌块的抗风化性能

砖种类	饱和系数 ≤			
	严重风化区		非严重风化区	
	平均值	单块最大值	平均值	单块最大值
黏土砖和砌块	0.85	0.87	0.88	0.90
粉煤灰砖和砌块				
页岩砖和砌块	0.74	0.77	0.78	0.80
煤矸石砖和砌块				

注：冻融试验后，每块砖样不允许出现裂纹、分层、掉皮、缺棱掉角等冻坏现象。冻后裂纹长度不大于表 2-8-13 中合格品有关裂纹的规定。

（6）吸水率：每组砖和砌块的吸水率平均值应符合表 2-8-18 的规定。

表 2-8-18　烧结空心砖和空心砌块的吸水率

等级	吸水率/% ≤	
	黏土砖、页岩砖、煤矸石砖及其砌块	粉煤灰砖及砌块
优等品	16.0	20.0
一等品	18.0	22.0
合格品	20.0	24.0

注：粉煤灰掺入量（体积比）小于 30% 时，按黏土砖和砌块规定判定。

（7）其他性能：应符合表 2-8-19 的规定。

表 2-8-19　烧结空心砖和空心砌块的其他性能

项目	性能要求		
	优等品	一等品	合格品
泛霜	无泛霜	不允许出现中等泛霜	不允许出现严重泛霜
石灰爆裂	不允许出现最大破坏尺寸大于 2mm 的爆裂区域	最大破坏尺寸 > 2mm 且 ≤ 10mm 的爆裂区域每组砖和砌块不得多于 15 处；不允许出现最大破坏尺寸大于 10mm 的爆裂区域	最大破坏尺寸 > 2mm 且 ≤ 15mm 的爆裂区域每组砖和砌块不得多于 15 处；其中大于 10mm 的爆裂区域不得多于 7 处；不允许出现最大破坏尺寸大于 15mm 的爆裂区域

续表

项目	性能要求		
	优等品	一等品	合格品
欠火砖、酥砖	不允许		
放射性物质	应符合 GB 6566 的规定		

2.8.4 蒸压灰砂砖

2.8.4.1 定义和分类

以石灰和砂为主要原料，允许掺入颜料和外加剂，经坯料制备、压制成型、蒸压养护而成的实心砖。根据灰砂砖的颜色分为彩色（Co）本色（N）两种。

2.8.4.2 适用范围

主要用于建筑承重或非承重墙体。MU15、MU20、MU25 的砖可用于基础及其他建筑；MU10 的砖仅可用于防潮层以上的建筑；灰砂砖不得用于长期受热 200℃ 以上、受急冷急热和有酸性介质侵蚀的建筑部位。

2.8.4.3 质量等级

根据抗压强度和抗折强度分为 MU25、MU20、MU15、MU10 四个强度等级。根据尺寸偏差和外观质量、强度及抗冻性分为：优等品（A）、一等品（B）及合格品（C）三个质量等级。

2.8.4.4 质量标准

（1）尺寸偏差和外观：应符合表 2-8-20 的规定。

表 2-8-20　蒸压灰砂砖的尺寸偏差和外观质量

项　　目			优等品	一等品	合格品
尺寸允许偏差/mm	长度 L		±2	±2	±3
	宽度 B		±2		
	高度 H		±1		
缺棱掉角	个数	不多于　个	1	1	2
	最大尺寸/mm	不得大于	10	15	20
	最小尺寸/mm	不得大于	5	10	10
对应高度差/mm		不得大于	1	2	3
裂纹	条数	不多于　条	1	1	2
	大面上宽度方向及其延伸至条面的长度/mm	不得大于	20	50	70
	大面上长度方向及其延伸至顶面的长度或条、顶面水平裂纹长度/mm	不得大于	30	70	100
颜色			基本一致，无明显色差（本色砖不作规定）		

注：根据 GB 11945—1999《蒸压灰砂砖》。

（2）力学性能：应符合表 2-8-21 的规定。

表 2-8-21　蒸压灰砂砖的力学性能

强度级别	抗压强度/MPa		抗折强度/MPa	
	平均值不小于	单块值不小于	平均值不小于	单块值不小于
MU25	25.0	20.0	5.0	4.0
MU20	20.0	16.0	4.0	3.2
MU15	15.0	12.0	3.3	2.6
MU10	10.0	8.0	2.5	2.0

注：优等品的强度级别不得小于 MU15。

（3）抗冻性：应符合表 2-8-22 的规定。

表 2-8-22　蒸压灰砂砖的抗冻性能

强度级别	冻后抗压强度/MPa 平均值不小于	单块砖的干质量损失/% 不大于
MU25	20.0	2.0
MU20	16.0	2.0
MU15	12.0	2.0
MU10	8.0	2.0

注：优等品的强度级别不得小于 MU15。

2.8.5　蒸压灰砂空心砖

2.8.5.1　定义

以石灰和砂为主要原料，允许掺入颜料和外加剂，经坯料制备、压制成型、蒸压养护而成的孔洞率等于或大于15%，孔的尺寸大而数量少的砖称为蒸压灰砂空心砖。

2.8.5.2　适用范围

主要用于防潮层以上的建筑部位；不得用于长期受热200℃以上、受急冷急热和有酸性介质侵蚀的建筑部位。

2.8.5.3　质量等级

根据抗压强度分为25、20、15、10 和 7.5 五个强度等级。根据尺寸偏差、外观质量和强度级别分为：优等品（A）、一等品（B）及合格品（C）三个质量等级。

2.8.5.4　质量标准

（1）尺寸偏差和外观：应符合表 2-8-23 的规定。

表 2-8-23　蒸压灰砂空心砖的尺寸偏差和外观质量

项　目		优等品	一等品	合格品
尺寸允许偏差	长度/mm	±2	±2	±3
	宽度/mm	±1		
	高度/mm	±1		
尺寸缺棱掉角最小尺寸/mm	≤	15	20	25
对应高度差/mm	≤	1	2	3
孔洞率/%	≥	15		

续表

项　目		优等品	一等品	合格品
外壁厚度/mm　　　　　　　　　　　　　≥		10		
肋厚度　　　　　　　　　　　　　　　　≥		7		
完整面　　　　　　　　　　　　　不少于		1条面和1顶面	1条面或1顶面	1条面或1顶面
裂纹长度/mm	条面上高度方向及其延伸至大面的长度　≤	30	50	70
	条面上长度方向及其延伸至顶面上的水平裂纹长度　　　　　　　　　　　　　　≤	50	70	100

注：根据 JC/T 637—1996《蒸压灰砂空心砖》。

（2）力学性能：应符合表2-8-24的规定。

表 2-8-24　蒸压灰砂空心砖的力学性能

强度级别	抗压强度/MPa	
	5 块平均值　≥	单块值　≥
25	25.0	20.0
20	20.0	16.0
15	15.0	12.0
10	10.0	8.0
7.5	7.5	6.0

注：优等品的强度级别不得小于15级，一等品的强度级别应不低于10级。

（3）抗冻性：应符合表2-8-25的规定。

表 2-8-25　蒸压灰砂空心砖的抗冻性能

强度级别	冻后抗压强度/MPa 平均值≥	单块砖的干质量损失/% ≤
25	20.0	2.0
20	16.0	2.0
15	12.0	2.0
10	8.0	2.0
7.5	6.0	2.0

2.8.6　粉煤灰砖

2.8.6.1　定义

以粉煤灰和石灰为主要原料，掺加适量石膏和骨料，经坯料制备、压制成型、高压或常压蒸气养护而成的实心砖称为粉煤灰砖。

2.8.6.2　适用范围

可用于工业与民用建筑的墙体和基础，但用于基础或用于易受冻融和干湿交替作用的建筑部位必须使用 Mu15 及以上强度等级的砖。

2.8.6.3　质量等级

根据抗压强度和抗折强度分为 Mu30、Mu25、Mu20、Mu15、Mu10 五个强度等级。根据尺寸偏差、外观质量、强度等级及干燥收缩分为：优等品（A）、一等品（B）及合格品（C）三个质量等级。

2.8.6.4　质量标准

（1）尺寸偏差和外观：应符合表 2-8-26 的规定。

表 2-8-26　粉煤灰砖的尺寸偏差和外观质量（mm）

项　目		优等品	一等品	合格品
尺寸允许偏差	长度	±2	±3	±4
	宽度	±2	±3	±4
	高度	±1	±2	±3
每一缺棱掉角最小破坏尺寸　≤		10	15	25
对应高度差　≤		1	2	3
层裂		不允许		
完整面　不少于		2 条面和 1 顶面或 2 顶面和 1 条面	1 条面和 1 顶面	1 条面和 1 顶面
裂纹长度	大面上宽度方向的裂纹（包括延伸至条面上的长度）　≤	30	50	70
	其他裂纹　≤	50	70	100

注：1. 在条面或顶面上破坏面的两个尺寸同时大于 10mm 和 20mm 者为非完整面。
　　2. 根据 JC 239—2001《粉煤灰砖》。

（2）力学性能：应符合表 2-8-27 的规定。

表 2-8-27　粉煤灰砖的力学性能

强度等级	抗压强度/MPa		抗折强度/MPa	
	平均值≥	单块值≥	平均值≥	单块值≥
Mu30	30.0	24.0	6.2	5.0
Mu25	25.0	20.0	5.0	4.0
Mu20	20.0	16.0	4.0	3.2
Mu15	15.0	12.0	3.3	2.6
Mu10	10.0	8.0	2.5	2.0

（3）抗冻性：应符合表 2-8-28 的规定。

表 2-8-28　粉煤灰砖的抗冻性能

强度级别	冻后抗压强度/MPa 平均值≥	砖的干质量损失/% 单块值≤
Mu30	24.0	
Mu25	20.0	
Mu20	16.0	2.0
Mu15	12.0	
Mu10	8.0	

2.8.7 混凝土路面砖

2.8.7.1 定义及代号

以水泥和骨料为主要原材料，经加压、振动加压或其他成型工艺制成的块、板称为混凝土路面砖。普通型路面砖代号为 N，连锁型路面砖代号为 S。

2.8.7.2 适用范围

用于铺设人行道、车行道、广场、仓库等的混凝土路面及地面。

2.8.7.3 质量等级

抗压强度等级分为：Cc30、Cc35、Cc40、Cc50、Cc60；抗折强度等级分为：$C_f3.5$、$C_f4.0$、$C_f5.0$、$C_f6.0$。符合规定强度等级的路面砖，根据外观质量、尺寸偏差和物理性能分为优等品（A）、一等品（B）及合格品（C）三个质量等级。

2.8.7.4 质量标准

（1）外观质量和尺寸偏差：应符合表2-8-32的规定。

表2-8-32　混凝土路面砖的尺寸偏差和外观质量

项　目		优等品	一等品	合格品
尺寸允许偏差/mm	长度、宽度	±2.0	±2.0	±2.0
	厚度	±2.0	±3.0	±4.0
	厚度差	≤2.0	≤3.0	±3.0
	平整度	≤1.0	≤2.0	≤2.0
	垂直度	≤1.0	≤2.0	≤2.0
正面粘皮及缺损的最大投影尺寸/mm ≤		0	5	10
缺棱掉角的最大投影尺寸/mm ≤		0	10	20
分层		不允许		
色差、杂色		不明显		

注：本节各表根据 JC/T 446—2000《混凝土路面砖》。

（2）力学性能：应符合表2-8-33的规定。

表2-8-33　混凝土路面砖的力学性能（MPa）

边长/厚度	<5		边长/厚度	≥5	
抗压强度等级	平均值 ≥	单块最小值 ≥	抗折强度等级	平均值 ≥	单块最小值 ≥
Cc30	30.0	25.0	$C_f3.5$	3.50	3.00
Cc35	35.0	30.0	$C_f4.0$	4.00	3.20
Cc40	40.0	35.0	$C_f5.0$	5.00	4.20
Cc50	50.0	42.0	$C_f6.0$	6.00	5.00
Cc60	60.0	50.0			

（3）物理性能：应符合表2-8-34的规定。

表 2-8-34　混凝土路面砖的物理性能

质量等级	耐磨性		吸水率/% ≤	抗冻性
	磨坑长度/mm ≤	耐磨度 ≥		
优等品	28.0	1.9	5.0	冻融循环试验后，外观质量须符合表 2-8-32 的规定，强度损失不得大于 20.0%
一等品	32.0	1.5	6.5	
合格品	35.0	1.2	8.0	

注：磨坑长度和耐磨度两项只做一项即可。

2.8.8　蒸压加气混凝土砌块

2.8.8.1　适用范围

适用于民用与工业建筑物承重或非承重墙体及保温隔热使用的蒸压加气混凝土砌块。

2.8.8.2　质量等级

强度级别有：A1.0，A2.0，A2.5，A3.5，A5.0，A7.5，A10 七个级别；干密度级别有：B03，B04，B05，B06，B07，B08 六个级别。

根据砌块尺寸偏差与外观质量、干密度、抗压强度和抗冻性分为：优等品（A）、合格品（B）两个等级。

2.8.8.3　质量标准

（1）尺寸偏差和外观：应符合表 2-8-35 的规定。

表 2-8-35　加气混凝土砌块的尺寸偏差和外观质量

项　　目		优等品（A）	一等品（B）
尺寸允许偏差/mm	长度 L	±3	±4
	宽度 B	±1	±2
	高度 H	±1	±2
缺棱掉角	最小尺寸不得大于/mm	0	30
	最大尺寸不得大于/mm	0	70
	大于以上尺寸的缺棱掉角个数，不多于/个	0	2
裂纹长度	贯穿一棱二面的裂纹长度不得大于裂纹所在面的裂纹方向尺寸总和的	0	1/3
	任一面上的裂纹长度不得大于裂纹方向尺寸的	0	1/2
	大于以上尺寸的裂纹条数，不多于/条	0	2
爆裂、粘模和损坏深度不得大于/mm		10	30
平面弯曲		不允许	
表面疏松、层裂		不允许	
表面油污		不允许	

注：本节内容根据 GB/T 11968—2006《蒸压加气混凝土砌块》。

（2）抗压强度：应符合表 2-8-36 的规定。

表 2-8-36　加气混凝土砌块的立方体抗压强度

强度级别	立方体抗压强度/MPa	
	平均值不小于	单块最小于值不小于
A1.0	1.0	0.8
A2.0	2.0	1.6
A2.5	2.5	2.0
A3.5	3.5	2.8
A5.0	5.0	4.0
A7.5	7.5	6.0
A10.0	10.0	8.0

（3）砌块的干密度和强度级别：应符合表2-8-37的规定。

表 2-8-37　加气混凝土砌块的干密度和强度级别

干密度级别		B03	B04	B05	B06	B07	B08
强度级别	优等品（A）	A1.0	A2.0	A3.5	A5.0	A7.5	A10.0
	合格品（B）			A2.5	A3.5	A5.0	A7.5
干密度 /（kg/m³）	优等品（A） ≤	300	400	500	600	700	800
	合格品（B） ≤	325	425	525	625	725	825

（4）干燥收缩、抗冻性和导热系数（干态）：砌块的干燥收缩、抗冻性和导热系数应符合表2-8-38的规定。

表 2-8-38　加气混凝土砌块的干燥收缩、抗冻性和导热系数

干密度级别			B03	B04	B05	B06	B07	B08
干燥收缩值[a]	标准法	≤	0.50mm/m					
	快速法	≤	0.80mm/m					
抗冻性	质量损失/%	≤	5.0					
	冻后强度/MPa ≥	优等品（A）	0.8	1.6	2.8	4.0	6.0	8.0
		合格品（B）			2.0	2.8	4.0	6.0
导热系数（干态）/（W/m·K）		≤	0.10	0.12	0.14	0.16	0.18	0.20

注：a. 规定采用标准法、快速法测定砌块干燥收缩值，若测定结果发生矛盾不能判定时，则以标准法测定的结果为准。

2.8.9　普通混凝土小型空心砌块

2.8.9.1　定义

以普通混凝土为原料，经压制成型的，孔洞率等于或大于15%，孔的尺寸大而数量少的块材称为普通混凝土小型空心砌块。

2.8.9.2　适用范围

用于工业与民用建筑的承重或非承重砌体。

2.8.9.3　质量等级

根据抗压强度分为 MU3.5、MU5.0、MU7.5、MU10.0、MU15.0、MU20.0 六个强度等级。根据尺寸偏差和外观质量分为：优等品（A）、一等品（B）及合格品（C）三个质量等级。

2.8.9.4　质量标准

（1）尺寸偏差和外观：应符合表 2-8-39 的规定。

表 2-8-39　小型空心砌块的尺寸偏差和外观质量

项　目		优等品（A）	一等品（B）	合格品（C）
尺寸允许偏差/mm	长度 L	±2	±3	±3
	宽度 B	±2	±3	±3
	高度 H	±2	±3	+3　−4
缺棱掉角	个数　　　　　不多于	0	2	2
	三个方向投影尺寸的最小值/mm　不大于	0	20	30
弯曲/mm	不大于	2	2	3
裂纹延伸的投影尺寸累计/mm	不大于	0	20	30

注：本节各表根据 GB 8239—1997《普通混凝土小型空心砌块》。

（2）力学性能：应符合表 2-8-40 的规定。

表 2-8-40　小型空心砌块的力学性能

强度等级	砌块抗压强度/MPa	
	平均值　≥	单块最小值　≥
MU3.5	3.5	2.8
MU5.0	5.0	4.0
MU7.5	7.5	6.0
MU10.0	10.0	8.0
MU15.0	15.0	12.0
MU20.0	20.0	16.0

（3）其他性能：相对含水率、抗渗性和抗冻性应符合表 2-8-41 的规定。

表 2-8-41　小型空心砌块的相对含水率、抗渗性和抗冻性

相对含水率/%　≤	潮湿地区	中等地区	干燥地区
	45	40	35
	潮湿地区——指年平均相对湿度大于 75% 的地区 中等地区——指年平均相对湿度 50%～75% 的地区 干燥地区——指年平均相对湿度小于 50% 的地区		
抗渗性 （用于清水墙）	项目名称	指　标	
	水面下降高度	三块中任一块不大于 10mm	

抗冻性	使用环境条件		抗冻标号	指标
	非采暖地区		不规定	—
	采暖地区	一般环境	D15	强度损失≤25% 质量损失≤5%
		干湿交替环境	D25	
	非采暖地区指最冷月份平均气温高于-5℃的地区 采暖地区指最冷月份平均气温低于或等于-5℃地区			

2.8.10 煤渣砖

2.8.10.1 定义

以煤渣为主要原料，掺入适量石灰、石膏，经混合、压制成型、蒸养或蒸压而成的实心砖称为煤渣砖。

2.8.10.2 适用范围

可用于工业与民用建筑的墙体和基础，但用于基础或用于易受冻融和干湿交替作用的建筑部位必须使用15级与15级以上的砖。不得用于长期受热200℃以上、受急冷急热和有酸性介质侵蚀的建筑部位。

2.8.10.3 质量等级

根据抗压强度和抗折强度分为20、15、10、7.5四个强度等级。根据尺寸偏差、外观质量和强度级别分为：优等品（A）、一等品（B）及合格品（C）三个质量等级。

2.8.10.4 质量标准

（1）尺寸偏差和外观质量：应符合表2-8-42的规定。

表 2-8-42 煤渣砖的尺寸偏差和外观质量（mm）

项　　目			优等品	一等品	合格品
尺寸允许偏差	长度		±2	±3	±4
	宽度				
	高度				
对应高度差		不大于	1	2	3
每一块缺棱掉角的最小破坏尺寸		不大于	10	20	30
完整面		不少于	2条面和1顶面或 2顶面和1条面	1条面和1顶面	1条面和1顶面
裂纹长度	大面上宽度方向及其延伸至条面的长度 ≤		30	50	70
	大面上长度方向及其延伸至顶面上的长度或条、顶面水平裂纹长度 ≤		50	70	100
层裂			不允许		
在条面或顶面上破坏面的两个尺寸同时大于10mm和20mm者为非完整面					

注：根据 JC 525—1993《煤渣砖》。

（2）力学性能：应符合表2-8-43的规定。

表 2-8-43　煤渣砖的力学性能

强度级别	抗压强度/MPa		抗折强度/MPa	
	平均值不小于	单块值不小于	平均值不小于	单块值不小于
20	20.0	15.0	4.0	3.0
15	15.0	11.2	3.2	2.4
10	10.0	7.5	2.5	1.9
7.5	7.5	5.6	2.0	1.5

注：强度级别以蒸汽养护后 24～36h 内的强度为准。

（3）抗冻性：应符合表 2-8-44 的规定。

表 2-8-44　煤渣砖的抗冻性能

强度级别	冻后抗压强度/MPa 平均值不小于	单块砖的干质量损失/% 不大于
20	16.0	2.0
15	12.0	2.0
10	8.0	2.0
7.5	6.0	2.0

（4）其他性能：煤渣砖的碳化性能和放射性指标应符合表 2-8-45 的要求。

表 2-8-45　煤渣砖的碳化性能和放射性指标

	强度级别	碳化后强度平均值/MPa　不小于
碳化性能	20	14.0
	15	10.5
	10	7.0
	7.5	5.2
放射性		应符合 GB 9196 的规定

2.8.11　混凝土普通砖和装饰砖

2.8.11.1　定义和分类

以水泥和砂、碎石或卵石为主要原料，或以水泥和陶粒、陶砂或膨胀珍珠岩等轻骨料为主要原料，经原料制备、加压或振动加压、养护而制成的实心砖称为混凝土普通砖和装饰砖。其规格为 240mm×115mm×53mm。分为普通砖（P）、装饰砖（Z）两种。

2.8.11.2　适用范围

用于工业与民用建筑基础和墙体，或用于清水墙及墙体装饰。强度等级小于 MU10 的砖只能用于非承重部位。

2.8.11.3　质量等级

抗压强度分为 MU30、MU25、MU20、MU15、MU10、MU7.5 及 MU3.5 七个等级。密度等级分为：500、600、700、800、900、1000、1200 七个等级。强度、抗冻性能和颜色合格的砖，根据尺寸偏差、外观质量、吸水率分为优等品（A）、一等品（B）及合格品（C）三个质量等级。

2.8.11.4 质量标准

（1）尺寸偏差和外观质量：应符合表 2-8-46 的规定。

表 2-8-46 尺寸偏差和外观质量（mm）

公称尺寸	优等品		一等品		合格品	
	样本平均偏差	样本极差≤	样本平均偏差	样本极差≤	样本平均偏差	样本极差≤
240	±2.0	7	±2.5	7	±3.0	8
115	±1.5	5	±2.0	6	±2.5	7
53	±1.5	4	±1.6	5	±2.0	6
外观质量/mm						
两条面高度差　　　　不大于	2		3		4	
缺棱掉角的三个破坏尺寸　不同时大于	10		20		30	
裂纹长度　　　　　　不大于	20		30		40	
完整面　　　　　　不得少于	一条面和一顶面		一条面和一顶面		一条面或一顶面	

注：1. 凡有下列缺陷之一者，不得称为完整面：

　　a. 缺损在条面或顶面上造成的破坏面尺寸同时大于 10mm×10mm；

　　b. 条面或顶面上裂纹宽度大于 1mm，其长度超过 30mm。

　　2. 本节根据 NY/T 671—2003《混凝土普通砖和装饰砖》。

（2）非承重砖的密度级：应符合表 2-8-47 的要求。

表 2-8-47 非承重砖的密度级

密度级	砖干燥表观密度/（kg/m³）
500	≤500
600	501～600
700	601～700
800	701～800
900	801～900
1000	901～1000
1200	1001～1200

（3）强度等级：应符合表 2-8-48 的规定。

表 2-8-48 混凝土普通砖和装饰砖的强度等级（MPa）

用途	强度等级	抗压强度平均值≥	变异系数≤0.21	变异系数＞0.21
			强度标准值≥	单块最小抗压强度值≥
承重	MU30	30.0	22.0	25.0
	MU25	25.0	18.0	22.0
	MU20	20.0	14.0	16.0
	MU15	15.0	10.0	12.0
	MU10	10.0	6.5	7.5

用途	强度等级	抗压强度平均值 ≥	变异系数≤0.21 强度标准值≥	变异系数>0.21 单块最小抗压强度值≥
非承重	MU7.5	7.5	5.0	5.8
	MU5.0	5.0	3.5	4.0
	MU3.5	3.5	2.5	2.8

（4）吸水率：应符合表 2-8-49 的规定。

表 2-8-49　混凝土普通砖和装饰砖的吸水率

等级	用于承重部位/%	用于非承重部位/%
优等品	6.0	10.0
一等品	8.0	15.0
合格品	10.0	18.0

（5）抗冻性：应符合表 2-8-50 的规定。

表 2-8-50　混凝土普通砖和装饰砖的抗冻性指标

强度等级	冻后抗压强度平均值/MPa 不小于	单块砖的干质量损失/% 不大于
MU30	25.0	2.0
MU25	20.0	2.0
MU20	16.0	2.0
MU15	12.0	2.0
MU10	8.0	2.0
MU7.5	6.0	2.0
MU5.0	4.0	2.0
MU3.5	2.8	2.0

（6）颜色：同一颜色的砖应基本一致，无明显色差。装饰砖装饰面层厚度应≥5mm。

2.8.12　混凝土实心砖

2.8.12.1　定义和规格等级

以水泥、骨料以及根据需要加入的掺合料、外加剂等，经加水搅拌、成型、养护制成的制品称为混凝土实心砖。

混凝土实心砖的主规格尺寸为：240mm × 115mm × 53mm。其密度等级分为 A 级（≥2100kg/m³）、B 级（1681～2099kg/m³）和 C 级（≤1680kg/m³）三个密度等级。其强度等级分为 MU40、MU35、MU30、MU25、MU20、MU15 六个等级。

2.8.12.2　适用范围

适用于建筑物和构筑物。

2.8.12.3　质量标准

（1）尺寸偏差和外观质量：应符合表 2-8-51 的规定。

表 2-8-51　混凝土实心砖的尺寸允许偏差和外观质量

项目名称			标准值
尺寸允许偏差/mm	长度		-1 ~ +2
	宽度		-2 ~ +2
	高度		-1 ~ +2
外观质量	成型面高度差/mm	不大于	2
	弯曲/mm	不大于	2
	缺棱掉角的三个方向投影尺寸/mm	不得同时大于	10
	裂纹长度的投影尺寸/mm	不大于	20
	完整面[1]	不少于	1 条面和 1 顶面

注：1. 凡有下列缺陷之一者，不得称为完整面：
　　（1）缺损在条面或顶面上造成的破坏尺寸同时大于 10mm×10mm；
　　（2）条面或顶面上裂纹宽度大于 1mm，其长度超过 30mm。
　　2. 本节内容根据 GB/T 21144—2007《混凝土实心砖》。

（2）密度等级和抗压强度：应符合表 2-8-52 的规定。

表 2-8-52　混凝土实心砖的密度等级和抗压强度

密度等级/（kg/m³）	等级	3 块平均值	
	A 级	≥2100	
	B 级	1681 ~ 2099	
	C 级	≤1680	
强度等级/MPa	等级	抗压强度平均值≥	抗压强度单块最小值≥
	MU40	40.0	35.0
	MU35	35.0	30.0
	MU30	30.0	26.0
	MU25	25.0	21.0
	MU20	20.0	16.0
	MU15	15.0	12.0

（3）最大吸水率：根据混凝土砖密度等级，吸水率应符合表 2-8-53 的规定。

表 2-8-53　混凝土实心砖的最大吸水率

不同密度混凝土砖的最大吸水率（3 块平均值）/%		
≥2100kg/m³（A 级）	（1681 ~ 2099）kg/m³（B 级）	≤1680kg/m³（C 级）
≤11	≤13	≤17

（4）干燥收缩率和相对含水率：应符合表 2-8-54 的规定。

表 2-8-54　混凝土实心砖的干燥收缩和相对含水率

干燥收缩率	相对含水率平均值/%		
	潮湿	中等	干燥
≤0.050	≤40	≤35	≤30

注：1. 相对含水率即混凝土实心砖的含水率与吸水率之比：$w = 100 \times w_1/w_2$
　　　式中　w——混凝土实心砖的相对含水率,%；
　　　　　　w_1——混凝土实心砖的含水率,%；
　　　　　　w_2——混凝土实心砖的吸水率,%。
　　2. 使用地区的湿度条件：
　　　潮湿——系指年平均相对湿度大于75%的地区；
　　　干燥——系指年平均相对湿度50%～75%的地区；
　　　中等——系指年平均相对湿度小于50%的地区。

（5）抗冻性：应符合表 2-8-55 的规定。

表 2-8-55　混凝土实心砖的抗冻性

使用条件	抗冻指标	质量损失/%	强度损失/%
夏热冬暖地区	F15		
夏热冬冷地区	F25	≤5	≤25
寒冷地区	F35		
严寒地区	F50		

（6）碳化系数和软化系数：碳化系数应不小于 0.80；软化系数应不小于 0.80。

2.9　建筑砂浆

2.9.1　砂浆

2.9.1.1　定义及分类

砂浆是由胶凝材料、细骨料、掺合料、外加剂和水按适当比例配制而成的材料。按用途分为砌筑砂浆、抹灰砂浆、灌浆砂浆及特种砂浆。按所用胶凝材料的不同分为水泥砂浆、石灰砂浆和水泥混合砂浆。按其供应方式不同分为砂浆及预拌砂浆。

2.9.1.2　砂浆抗压强度的合格判定

砂浆抗压强度必须符合表 2-9-1 的要求方能判为合格。

表 2-9-1　砂浆抗压强度的合格判定

合格判定	适用条件
1. 同一验收批砂浆试块抗压强度平均值必须大于或等于设计强度等级所对应的立方体抗压强度； 2. 同一验收批砂浆试块抗压强度的最小一组平均值必须大于或等于设计强度等级所对应的立方体抗压强度的 0.75 倍	砌筑砂浆的验收批，同一类型、强度等级的砂浆试块应不少于 3 组。当同一验收批只有 1 组试块时，该组试块的抗压强度平均值必须大于或等于设计强度等级所对应的立方体抗压强度。 砂浆强度以标准养护，龄期为 28d 的试块抗压强度为准

注：1. 当砂浆试块缺乏代表性或试块数量不足；或对试验结果有怀疑、有争议；或试验结果不能满足设计要求时，可采用现场检验方法对砂浆或对砌体进行原位检验或取样检验，并判定其强度。
　　2. 根据 GB 50203—2002《砌体工程施工质量验收规范》。

2.9.2　建筑生石灰

2.9.2.1　定义及分类

以碳酸钙为主要原料，在低于烧结温度下煅烧而成的材料称为建筑生石灰。MgO≤5%

的生石灰称为钙质生石灰，MgO >5% 的生石灰称为镁质生石灰。

2.9.2.2 适用范围

主要用于建筑砌筑用砌体砂浆、抹灰砂浆；同时用于道路基层或底基层的稳定土中。

2.9.2.3 质量等级

分为优等品、一等品及合格品。

2.9.2.4 质量标准

建筑生石灰的质量标准见表2-9-2。

表 2-9-2　建筑生石灰的质量标准

项目		钙质生石灰			镁质生石灰		
		优等品	一等品	合格品	优等品	一等品	合格品
CaO + MgO 含量/%	不小于	90	85	80	85	80	75
未消化残渣含量（5mm 圆孔筛)/%	不大于	5	10	15	5	10	15
CO_2 含量/%	不大于	5	7	9	6	8	10
产浆量/（L/kg）	不小于	2.8	2.3	2.0	2.8	2.3	2.0

注：根据 JC/T 479—92 《建筑生石灰》。

2.9.3　建筑生石灰粉

2.9.3.1　定义及分类

以建筑生石灰为原料，经研磨所制得的石灰粉。其中 MgO ≤5% 的持石灰粉称为钙质生石灰粉，MgO >5% 称为镁质生石灰粉。

2.9.3.2　适用范围

用于建筑砌筑砂浆、抹灰砂浆，或道路稳定层。

2.9.3.3　质量等级

分为优等品、一等品及合格品。

2.9.3.4　质量标准

建筑生石灰粉的质量标准见表2-9-3。

表 2-9-3　建筑生石灰粉的质量标准

项目			钙质生石灰粉			镁质生石灰粉		
			优等品	一等品	合格品	优等品	一等品	合格品
CaO + MgO 含量/%		不小于	85	80	75	80	75	70
CO_2 含量/%		不大于	7	9	11	8	10	12
细度	0.9mm 筛的筛余/%	不大于	0.2	0.5	1.5	0.2	0.5	1.5
	0.125mm 筛的筛余/%	不大于	7.0	12.0	18.0	7.0	12.0	18.0

注：根据 JC/T 480—92 《建筑生石灰粉》。

2.9.4　预拌砂浆

2.9.4.1　定义及分类

由专业生产厂生产的湿拌砂浆或干混砂浆称为预拌砂浆。预拌砂浆分为湿拌砂浆和干混砂浆两大类。湿拌砂浆是水泥、细骨料、外加剂及水，以及根据性能确定的各种组分，按一定比例，在搅拌站经计量、拌制后，采用搅拌运输车运至使用地点，放入专用容器储存，并在规定时间内使用完毕的湿拌拌合物。干混砂浆是经干燥筛分处理的骨料与水泥以及根据性能确定的各种组分，按一定比例在专业生产厂混合而成，在使用地点按规定比例加水或配套液体拌合使用的干混拌合物。干混砂浆也称为干拌砂浆。

湿拌砂浆按用途分为湿拌砌筑砂浆、湿拌抹灰砂浆、湿拌地面砂浆和湿拌防水砂浆四种，其符号及按性能分类见表 2-9-4。

表 2-9-4　湿拌砂浆符号及其分类

品种	湿拌砌筑砂浆	湿拌抹灰砂浆	湿拌地面砂浆	湿拌防水砂浆
符号	WM	WP	WS	WW
强度等级	M5、M7.5、M10、M15、M20、M25、M30	M5、M10、M15、M20	M15、M20、M25	M10、M15、M20
稠度/mm	50、70、90	70、90、110	50	50、70、90
凝结时间/h	8、12、24	8、12、24	4、8	8、12、24
抗渗等级	—	—	—	P6、P8、P10

注：本节各表根据 JG/T 230—2007《预拌砂浆》。客户如有要求，还可采用 GB/T 25181—2010《预拌砂浆》进行试验或评定。

干混砂浆按用途分为普通干混砂浆和特种干混砂浆两种，其符号及按性能分类见表 2-9-5和表 2-9-6。

表 2-9-5　普通干混砂浆符号及其分类

品种	干混砌筑砂浆	干混抹灰砂浆	干混地面砂浆	干混普通防水砂浆
符号	DM	DP	DS	DW
强度等级	M5、M7.5、M10、M15、M20、M25、M30	M5、M10、M15、M20	M15、M20、M25	M10、M15、M20
抗渗等级	—	—	—	P6、P8、P10

表 2-9-6　特种干混砂浆符号及其分类

品种	干混瓷砖粘结砂浆	干混耐磨地坪砂浆	干混界面处理砂浆	干混特种防水砂浆	干混自流平砂浆
符号	DTA	DFH	DIT	DWS	DSL
品种	干混灌浆砂浆	干混外保温粘结砂浆	干混外保温抹面砂浆	干混聚苯颗粒保温砂浆	干混无机骨料保温砂浆
符号	DGR	DEA	DBI	DPG	DTI

2.9.4.2　性能指标

（1）湿拌砂浆的性能指标见表 2-9-7。其拌合物的密度不应小于 $1800kg/m^3$。

表 2-9-7　湿拌砂浆性能指标

项目	湿拌砌筑砂浆	湿拌抹灰砂浆		湿拌地面砂浆	湿拌防水砂浆
强度等级	M5、M7.5、M10、M15、M20、M25、M30	M5	M10、M15、M20	M15、M20、M25	M10、M15、M20
稠度/mm	50、70、90	70、90、110		50	50、70、90
凝结时间/h	≥8、≥12、≥24	≥8、≥12、≥24		≥4、≥8	≥8、≥12、≥24

项目	湿拌砌筑砂浆	湿拌抹灰砂浆		湿拌地面砂浆	湿拌防水砂浆
保水性/%	≥88	≥88		≥88	≥88
14d 拉伸粘结强度/MPa	—	≥0.15	≥0.20	—	≥0.20
抗渗等级	—			—	P6、P8、P10
稠度允许偏差	实测值与规定值之差为 ±10（稠度等于 50、70、90mm 时） 实测值与规定值之差为 −10 ~ +5（稠度等于 110mm 时）				

（2）普通干混砂浆的性能指标见表 2-9-8。其拌合物的密度不应小于 1800kg/m³。

表 2-9-8　普通干混砂浆性能指标

项目	湿拌砌筑砂浆	湿拌抹灰砂浆		湿拌地面砂浆	湿拌防水砂浆
强度等级	M5、M7.5、M10、M15、M20、M25、M30	M5	M10、M15、M20	M15、M20、M25	M10、M15、M20
凝结时间/h	≥8、≥12、≥24	≥8、≥12、≥24		≥4、≥8	≥8、≥12、≥24
保水性/%	≥88	≥88		≥88	≥88
14d 拉伸粘结强度/MPa	—	≥0.15	≥0.20		≥0.20
抗渗等级	—				P6、P8、P10

（3）特种干混砂浆的性能指标见表 2-9-9 ~ 表 2-9-18。

表 2-9-9　干混瓷砖粘结砂浆性能指标

项　目			性能指标
基本性能	普通型	拉伸粘结强度/MPa	未处理	≥0.5
			浸水处理	
			热处理	
			冻融循环处理	
			晾置 20min	
	快硬型	拉伸粘结强度/MPa	24h	≥0.5
			晾置 10min	
		其他要求同普通型		
可选性能	滑移/mm			≤0.5
	拉伸粘结强度/MPa		未处理	≥1.0
			浸水处理	
			热处理	
			冻融循环处理	
			晾置 30min	≥0.5

表 2-9-10　干混耐磨地坪砂浆性能指标

项　目	性能指标	
	Ⅰ 型	Ⅱ 型
骨料含量偏差	生产商控制指标的 ±5%	
28d 抗压强度/MPa	≥80	≥90
28d 抗折强度/MPa	≥10.5	≥13.5
耐磨度比/%	≥300	≥350
表面强度（压痕直径）/mm	≤3.30	≤3.10
颜色（与标准样比）	近似~微	

注：1. "近似"表示用肉眼基本看不出色差，"微"表示用肉眼看似乎有点色差。
　　2. Ⅰ 型为非金属氧化物骨料干混耐磨地坪砂浆，Ⅱ 型为金属氧化物骨料或金属骨料干混耐磨地坪砂浆。

表 2-9-11　干混界面处理砂浆性能指标

项　目			性能指标	
			Ⅰ 型	Ⅱ 型
剪切粘结强度/MPa		7d	≥1.0	≥0.7
		14d	≥1.5	≥1.0
拉伸粘结强度/MPa	未处理	7d	≥0.4	≥0.3
		14d	≥0.6	≥0.5
	浸水处理		≥0.5	≥0.3
	热处理			
	冻融循环处理			
	碱处理			
晾置时间/min			—	≥10

注：Ⅰ 型适用于水泥混凝土的界面处理；Ⅱ 型适用于加气混凝土的界面处理。

表 2-9-12　干混特种防水砂浆性能指标

项　目		性能指标	
		Ⅰ 型（干粉类）	Ⅱ 型（乳液类）
凝结时间	初凝时间/min	≥45	≥45
	终凝时间/h	≤12	≤24
抗掺压力/MPa	7d	≥1.0	
	28d	≥1.5	
28d 抗压强度/MPa		≥24.0	
28d 抗折强度/MPa		≥8.0	
压折比		≤3.0	
拉伸粘结强度/MPa	7d	≥1.0	
	28d	≥1.2	
耐碱性：饱和 $Ca(OH)_2$ 溶液，168h		无开裂、剥落	
耐热性：100℃水，5h		无开裂、剥落	
抗冻性：-15℃~+20℃，25 次		无开裂、剥落	
28d 收缩率/%		≤0.15	

表 2-9-13　干混自流平砂浆性能指标

项　目		性能指标			
流动度/mm	初始流动度	≥130			
	20min 流动度	≥130			
拉伸粘结强度/MPa		≥1.0			
耐磨性能/g		≤0.50			
尺寸变化率/%		−0.15 ~ +0.15			
抗冲击性		无开裂或脱离底板			
24h 抗压强度/MPa		≥6.0			
24h 抗折强度/MPa		≥2.0			
抗压强度等级					
强度等级	C16	C20	C25	C30	C35	C40
28d 抗压强度/MPa	≥16	≥20	≥25	≥30	≥35	≥40
抗折强度等级					
强度等级	F4		F6	F7	F10
28d 抗折强度/MPa	≥4		≥6	≥7	≥10

表 2-9-14　干混灌浆砂浆性能指标

项　目		性能指标
粒径	4.75mm 方孔筛筛余/%	≤2.0
凝结时间	初凝/min	≥120
泌水率/%		≤1.0
流动度/mm	初始流动度	≥260
	30min 流动度保留值	≥230
抗压强度/MPa	1d	≥22.0
	3d	≥40.0
	28d	≥70.0
竖向膨胀率/%	1d	≥0.020
钢筋握裹强度（圆钢）/MPa	28d	≥4.0
对钢筋锈蚀作用		应说明对钢筋有无锈蚀作用

表 2-9-15　干混外保温粘结砂浆性能指标

项　目		性能指标
		粘结砂浆
拉伸粘结强度（与水泥砂浆）/MPa	未处理	≥0.60
	浸水处理	≥0.40
拉伸粘结强度（与膨胀聚苯板）/MPa	未处理	≥0.10，破坏界面在膨胀聚苯板上
	浸水处理	≥0.10，破坏界面在膨胀聚苯板上
可操作时间/h		1.5 ~ 4.0

表 2-9-16　干混外保温抹面砂浆性能指标

项　目		性能指标
		粘结砂浆
拉伸粘结强度（与膨胀聚苯板）/MPa	未处理	≥0.10，破坏界面在膨胀聚苯板上
	浸水处理	≥0.10，破坏界面在膨胀聚苯板上
	冻融循环处理	≥0.10，破坏界面在膨胀聚苯板上
抗压强度/抗折强度		≤3.0
可操作时间/h		1.5～4.0

表 2-9-17　干混聚苯颗粒保温砂浆性能指标

项　目	性能指标
湿表观密度/（kg/m³）	≤420
干表观密度/（kg/m³）	180～250
导热系数/[W/(m·K)]	≤0.060
蓄热系数/[W/(m²·K)]	≥0.95
抗压强度/kPa	≥200
压剪粘结强度/kPa	≥50
线性收缩率/%	≤0.3
软化系数	≥0.5
难燃性	B_1 级

表 2-9-18　干混无机骨料保温砂浆性能指标

项　目	性能指标	
	Ⅰ 型	Ⅱ 型
分层度/mm	≤20	≤20
堆积密度/（kg/m³）	≤250	≤350
干密度/（kg/m³）	240～300	301～400
抗压强度/MPa	≥0.20	≥0.40
导热系数（平均温度25℃）/[W/(m·K)]	≤0.070	≤0.085
线收缩率/%	≤0.30	
压剪粘结强度/kPa	≥50	
燃烧性能级别	应符合 GB 8624《建筑材料及制品燃烧性能分级》规定的 A 级要求	

注：Ⅰ型和Ⅱ型根据干密度划分。

2.9.5　建筑保温砂浆

2.9.5.1　定义及分类

建筑保温砂浆是以膨胀珍珠岩或膨胀蛭石、胶凝材料为主要成分，掺加其他功能组分制成的用于建筑物墙体绝热的干拌混合物。使用时需加适当面层。产品按其干密度分为Ⅰ型和Ⅱ型。

2.9.5.2 性能指标

建筑保温砂浆的性能指标详见表 2-9-19。

表 2-9-19 建筑保温砂浆的性能指标

项 目	硬化后物理力学性能指标	
	Ⅰ 型	Ⅱ 型
干密度/（kg/m³）	240 ~ 300	301 ~ 400
抗压强度/MPa	≥0.20	≥0.40
导热系数（平均温度25℃)/[W/(m·K)]	≤0.070	≤0.085
线收缩率/%	≤0.30	≤0.30
压剪粘结强度/kPa	≥50	≥50
燃烧性能级别	应符合 GB 8624《建筑材料及制品燃烧性能分级》规定的 A 级要求	
外观质量	应为均匀、干燥无结块的颗粒状混合物	
堆积密度/（kg/m³）	≤250	≤350
分层度	加水后拌合物的分层度应不大于 20mm	
石棉含量	应不含石棉纤维	
放射性	天然放射性核素镭-266、钍-232、钾-40 的放射性比活度 应同时满足 $I_{Ra} \leq 1.0$ 和 $I_r \leq 1.0$	
抗冻性	15 次冻融循环后质量损失率应不大于 5%，抗压强度损失率应不大于 25%	
软化系数	有耐水性要求时，软化系数应不小于 0.50	

注：根据 GB/T 20473—2006《建筑保温砂浆》。

2.9.6 预应力混凝土灌浆用水泥净浆

预应力混凝土灌浆用水泥净浆的水灰比不应大于 0.45，搅拌后 3h 泌水率不宜大于 2%，且不应大于 3%。泌水应能在 24h 内全部重新被水泥浆吸收。水泥净浆的抗压强度不应小于 30MPa。

2.10 道路土方

2.10.1 路基土方压实度

路基土方的压实度必须符合表 2-10-1 的要求。

表 2-10-1 路基压实度

项 目		压实度/%		
		高速、一级公路	二级公路	三、四级公路
零填及挖方/m	0 ~ 0.30	—	—	≥94
	0 ~ 0.80	≥96	≥95	—
填方/m	0 ~ 0.80	≥96	≥95	≥94
	0.80 ~ 1.50	≥94	≥94	≥93
	>1.50	≥93	≥92	≥90

注：本节内容根据 JTG F80/1—2004《公路工程质量检验评定标准》。

2.10.2　基层和底基层的压实度

基层和底基层的压实度必须符合表 2-10-2 的要求。

表 2-10-2　基层和底基层压实度

项目		基层压实度/%		底基层压实度/%		备注
		高速、一级公路	其他公路	高速、一级公路	其他公路	
水泥土、石灰土、石灰粉煤灰土	代表值	—	95	95	93	应采用统计法评定压实度
	极值	—	91	91	89	
水泥稳定粒料、石灰粉煤灰粒料	代表值	98	97	96	95	
	极值	94	93	92	91	
石灰稳定粒料	代表值	—	97	96	95	
	极值	—	93	92	91	
级配碎石	代表值	98	98	96	96	
	极值	94	94	92	92	
填隙碎石	代表值	—	85	85	83	
	极值	—	82	82	80	

2.10.3　公路基层或底基层压实度的合格判定

（1）评定段的压实度代表值式如下：

$$K = k - \frac{ts}{\sqrt{n}} \geqslant K_0$$

式中　K——评定段的压实度代表值；

　　　k——各测点压实度平均值；

　　　K_0——压实度标准值；

　　　t——保证率。高速公路、一级公路的基层底基层为 99%，其他公路基层与底基层为 95%，路基路面面层为 90%；

　　　s——标准差；

　　　n——抽样数量。

（2）当 $K \geqslant K_0$ 且单点压实度全部大于等于规定值减 2 个百分点时，评定压实度合格率为 100%；当 $K \geqslant K_0$ 且单点压实度全部大于等于规定极值时，按测定值不低于规定值减 2 个百分点的测点数计算合格率（极值为规定最小值）。

（3）当 $K < K_0$，或某一单点压实度小于规定极值时，该路段的压实度评为不合格。

（4）当施工段较短时，分层压实度应点点符合要求，且抽样数量不少于 6 个。

2.11　装饰材料

2.11.1　陶瓷砖

由黏土或其他无机非金属原料制造的用于覆盖墙面和地面的薄板制品，陶瓷砖是在室温下通过挤压或干压或其他方法成型，干燥后，在满足性能要求的温度下烧制而成。陶瓷砖是有釉（GL）或无釉（UGL）的，而且是不可燃、不怕光的。

2.11.1.1　干压陶瓷砖——瓷质砖

将混合好的粉料置于模具中于一定压力下压制成型的吸水率（E）不超过 0.5% 的陶瓷砖称为瓷质砖（$E \leqslant 0.5\%$，BⅠa 类）。

（1）尺寸和表面质量：应符合表 2-11-1 的要求。

表 2-11-1　瓷质砖的尺寸和表面质量

尺寸和表面质量		产品表面积 S/cm^2				
		$S \leqslant 90$	$90 < S \leqslant 190$	$190 < S \leqslant 410$	$410 < S \leqslant 1600$	$S > 1600$
长度和宽度	每块块砖（2 条或 4 条边）的平均尺寸相对于工作尺寸（W）的允许偏差/%	±1.2	±1.0	±0.75	±0.6	±0.5
		每块抛光砖（2 条或 4 条边）的平均尺寸相对于工作尺寸的允许偏差为 ±1.0mm				
	每块块砖（2 条或 4 条边）的平均尺寸相对于 10 块砖（20 条或 40 条边）平均尺寸的允许偏差/%	±0.75	±0.5	±0.5	±0.5	±0.4
	制造商应选用以下尺寸： 1. 模数砖名义尺寸连接宽度允许在 2～5mm 之间[a]； 2. 非模数砖工作尺寸与名义尺寸之间的偏差不大于 ±2%，最大 5mm					
厚度：厚度由制造商确定；每块砖厚度的平均值相对于工作尺寸厚度的允许偏差/%		±10	±10	±5	±5	±5
边直度[b]（正面）：相对于工作尺寸的最大允许偏差/%		±0.75	±0.5	±0.5	±0.5	±0.3
		抛光砖的边直度允许偏差为 ±0.2%，且最大偏差 ≤2.0mm				
直角度[b]：相对于工作尺寸的最大允许偏差/%		±1.0	±0.6	±0.6	±0.6	±0.5
		抛光砖的边直度允许偏差为 ±0.2%，且最大偏差 ≤2.0mm。 边长 >600mm 的砖，直角度用对边长度差和对角线长度差表示，最大偏差 ≤2.0mm				
表面平整度最大允许偏差/%	1. 相对于由工作尺寸计算的对角线的中心弯曲度	±1.0	±0.5	±0.5	±0.5	±0.4
	2. 相对于工作尺寸的边弯曲度	±1.0	±0.5	±0.5	±0.5	±0.4
	3. 相对于由工作尺寸计算的对角线的翘曲度	±1.0	±0.5	±0.5	±0.5	±0.4
	抛光砖的边直度允许偏差为 ±0.2%，且最大偏差 ≤2.0mm。 边长 >600mm 的砖，表面平整度用上凸和下凹表示，其最大偏差 ≤2.0mm					
表面质量[c]	至少 95% 的砖其主要区域无明显缺陷					

注：a. 以非公制尺寸为基础的习惯用法也可用在同类型砖的连接宽度上。
　　b. 不适用于有弯曲形状的砖。
　　c. 在烧成过程中，产品与标准板之间的微小色差是难免的。本条款不适用于在砖的表面有意制造的色差（表面可能是有釉的、无釉的或部分有釉的）或在砖的部分区域内为了突出产品的特点而希望的色差。用于装饰目的的斑点或色斑不能看作为缺陷。

本节各表根据 GB/T 4100—2006《陶瓷砖》。

（2）物理性能：应符合表 2-11-2 的有关规定。

表 2-11-2　瓷质砖的物理性能

物理性能		技术要求
吸水率[h]（质量分数）		平均值≤0.5%，单值≤0.6%
破坏强度/N	厚度≥7.5mm	≥1300
	厚度<7.5mm	≥700
断裂模数/MPa 不适用于破坏强度≥3000N 的砖		平均值≥35，单值≥32
耐磨性	无釉地砖耐磨损体积/mm³	≤175
	有釉地砖表面耐磨性[d]	报告陶瓷砖耐磨性级别和转数
线性热膨胀系数[e] 从环境温度到100℃		GB/T 3810《陶瓷砖试验方法》试验合格
热抗震性		GB/T 3810《陶瓷砖试验方法》试验合格
有釉砖抗釉裂性[f]		经试验应无釉裂
抗冻性		经试验应无裂纹或剥落
地砖摩擦系数		制造商应报告陶瓷地砖的摩擦系数和试验方法
湿膨胀[e]/（mm/m）		GB/T 3810《陶瓷砖试验方法》试验合格
小色差[e]		GB/T 3810《陶瓷砖试验方法》试验合格
抗冲击性[e]		GB/T 3810《陶瓷砖试验方法》试验合格
抛光砖光泽度[i]		≥55

注：d. 有釉砖耐磨性分级参照 GB/T 4100—2006《陶瓷砖》附录 P。
　　e. 表中所列"《陶瓷砖试验方法》GB/T 3810 试验合格"不是所有产品都必检的，是否有必要对这些项目进行
　　　检验应按 GB/T 4100—2006《陶瓷砖》附录 Q 确定。
　　f. 制造商对于为装饰效果而产生的裂纹应加以说明，这些情况下，GB/T 3810《陶瓷砖试验方法》规定的釉裂
　　　试验不适用。
　　h. 吸水率最大单个值为 0.5%的砖是全玻化砖（常被认为是不吸水的）。
　　i. 适用于镜面效果的抛光砖，不包括半抛光和局部抛光的砖。

（3）化学性能：应符合表 2-11-3 的有关要求。

表 2-11-3　瓷质砖的化学性能

化学性能		技术要求
耐污染性	有釉砖	最低 3 级
	无釉砖[e]	GB/T 3810《陶瓷砖试验方法》试验合格
抗化学腐蚀性	耐低浓度酸和碱： 有釉砖 无釉砖[e]	制造商应报告耐化学腐蚀性等级
	耐高浓度酸和碱[g]	GB/T 3810《陶瓷砖试验方法》试验合格
	耐家庭化学试剂和游泳池盐类	有釉砖：不低于 GB 级 无釉砖[g]：不低于 UB 级
铅和镉的溶出量[e]		GB/T 3810《陶瓷砖试验方法》试验合格

注：e. 表中所列"GB/T 3810《陶瓷砖试验方法》试验合格"不是所有产品都必检的，是否有必要对这些项目进行
　　　检验应按 GB/T 4100—2006《陶瓷砖》附录 Q 确定。
　　g. 如果色泽有微小变化，不应算是化学腐蚀。

2.11.1.2　干压陶瓷砖——炻瓷砖

将混合好的粉料置于模具中于一定压下压制成型的吸水率大于 0.5%，不超过 3% 的陶瓷砖称为炻瓷砖（ $0.5\% < E \leqslant 3\%$ ，B I b 类）。

（1）尺寸和表面质量：应符合表 2-11-4 要求。

表 2-11-4　炻瓷砖的尺寸和表面质量

尺寸和表面质量		产品表面积 S/cm^2			
		$S \leqslant 90$	$90 < S \leqslant 190$	$190 < S \leqslant 410$	$S > 410$
长度和宽度	每块砖（2 条或 4 条边）的平均尺寸相对于工作尺寸（W）的允许偏差/%	±1.2	±1.0	±0.75	±0.6
	每块砖（2 条或 4 条边）的平均尺寸相对于 10 块砖（20 条或 40 条边）平均尺寸的允许偏差/%	±0.75	±0.5	±0.5	±0.5
	制造商应选用以下尺寸： 1. 模数砖名义尺寸连接宽度允许在 2~5mm 之间[a]； 2. 非模数砖工作尺寸与名义尺寸之间的偏差不大于 ±2%，最大 5mm				
厚度：厚度由制造商确定。每块砖厚度的平均值相对于工作尺寸厚度的允许偏差/%		±10	±10	±5	±5
边直度[b]（正面）：相对于工作尺寸的最大允许偏差/%		±0.75	±0.5	±0.5	±0.5
直角度[b]：相对于工作尺寸的最大允许偏差/%		±1.0	±0.6	±0.6	±0.6
表面平整度最大允许偏差/%	1. 相对于由工作尺寸计算的对角线的中心弯曲度	±1.0	±0.5	±0.5	±0.5
	2. 相对于工作尺寸的边弯曲度	±1.0	±0.5	±0.5	±0.5
	3. 相对于由工作尺寸计算的对角线的翘曲度	±1.0	±0.5	±0.5	±0.5
表面质量[c]	至少 95% 的砖其主要区域无明显缺陷				

注：a. 以非公制尺寸为基础的习惯用法也可用在同类型砖的连接宽度上。
　　b. 不适用于有弯曲形状的砖。
　　c. 在烧成过程中，产品与标准板之间的微小色差是难免的。本条款不适用于在砖的表面有意制造的色差（表面可能是有釉的、无釉的或部分有釉的）或在砖的部分区域内为了突出产品的特点而希望的色差。用于装饰目的的斑点或色斑不能看作为缺陷。

（2）物理性能：应符合表 2-11-5 的有关要求。

表 2-11-5　炻瓷砖的物理性能

物理性能		技术要求
吸水率[h]（质量分数）		$0.5\% < E \leqslant 3\%$ ，单个最大值 ≤3.3%
破坏强度/N	厚度 ≥7.5mm	≥1100
	厚度 <7.5mm	≥700
断裂模数/MPa 不适用于破坏强度 ≥3000N 的砖		平均值 ≥30，单个最小值 ≥27

物理性能		技术要求
耐磨性	无釉地砖耐磨损体积/mm³	≤175
	有釉地砖表面耐磨性[d]	报告陶瓷砖耐磨性级别和转数
线性热膨胀系数[e] 从环境温度到100℃		GB/T 3810《陶瓷砖试验方法》试验合格
热抗震性		GB/T 3810《陶瓷砖试验方法》试验合格
有釉砖抗釉裂性[f]		经试验应无釉裂
抗冻性		经试验应无裂纹或剥落
地砖摩擦系数		制造商应报告陶瓷地砖的摩擦系数和试验方法
湿膨胀[e]/(mm/m)		GB/T 3810《陶瓷砖试验方法》试验合格
小色差[e]		GB/T 3810《陶瓷砖试验方法》试验合格
抗冲击性[e]		GB/T 3810《陶瓷砖试验方法》试验合格

注：d. 有釉砖耐磨性分级参照 GB/T 4100—2006《陶瓷砖》附录 P。

    e. 表中所列"GB/T 3810《陶瓷砖试验方法》试验合格"不是所有产品都必检的，是否有必要对这些项目进行检验应按 GB/T 4100—2006《陶瓷砖》附录 Q 确定。

    f. 制造商对于为装饰效果而产生的裂纹应加以说明，这些情况下，GB/T 3810《陶瓷砖试验方法》规定的釉裂试验不适用。

    h. 吸水率最大单个值为 0.5% 的砖是全玻化砖（常被认为是不吸水的）。

（3）化学性能：应符合表 2-11-6 的有关要求。

表 2-11-6　炻瓷砖的化学性能

化学性能		技术要求
耐污染性	有釉砖	最低 3 级
	无釉砖[e]	GB/T 3810《陶瓷砖试验方法》试验合格
抗化学腐蚀性	耐低浓度酸和碱： 有釉砖 无釉砖[g]	制造商应报告耐化学腐蚀性等级
	耐高浓度酸和碱[e]	GB/T 3810《陶瓷砖试验方法》试验合格
	耐家庭化学试剂和游泳池盐类	有釉砖：不低于 GB 级 无釉砖[g]：不低于 UB 级
铅和镉的溶出量[e]		GB/T 3810《陶瓷砖试验方法》试验合格

注：e. 表中所列"GB/T 3810《陶瓷砖试验方法》试验合格"不是所有产品都必检的，是否有必要对这些项目进行检验应按 GB/T 4100—2006《陶瓷砖》附录 Q 确定。

    g. 如果色泽有微小变化，不应算是化学腐蚀。

2.11.1.3　干压陶瓷砖——细炻砖

将混合好的粉料置于模具中于一定压下压制成型的吸水率大于3%，不超过6%的陶瓷砖称为细炻砖（3% < E ≤ 6%，BⅡa 类）。

（1）尺寸和表面质量：应符合表 2-11-7 的要求。

表 2-11-7 细炻砖的尺寸和表面质量

尺寸和表面质量		产品表面积 S/cm²			
		$S \leqslant 90$	$90 < S \leqslant 190$	$190 < S \leqslant 410$	$S > 410$
长度和宽度	每块砖（2 条或 4 条边）的平均尺寸相对于工作尺寸（W）的允许偏差/%	±1.2	±1.0	±0.75	±0.6
	每块砖（2 条或 4 条边）的平均尺寸相对于 10 块砖（20 条或 40 条边）平均尺寸的允许偏差/%	±0.75	±0.5	±0.5	±0.5
	制造商应选用以下尺寸： 1. 模数砖名义尺寸连接宽度允许在 2~5mm 之间[a]； 2. 非模数砖工作尺寸与名义尺寸之间的偏差不大于 ±2%，最大 5mm				
厚度：厚度由制造商确定；每块砖厚度的平均值相对于工作尺寸厚度的允许偏差/%		±10	±10	±5	±5
边直度[b]（正面）：相对于工作尺寸的最大允许偏差/%		±0.75	±0.5	±0.5	±0.5
直角度[b]：相对于工作尺寸的最大允许偏差/%		±1.0	±0.6	±0.6	±0.6
表面平整度最大允许偏差/%	1. 相对于由工作尺寸计算的对角线的中心弯曲度	±1.0	±0.5	±0.5	±0.5
	2. 相对于工作尺寸的边弯曲度	±1.0	±0.5	±0.5	±0.5
	3. 相对于由工作尺寸计算的对角线的翘曲度	±1.0	±0.5	±0.5	±0.5
表面质量[c]	至少 95% 的砖其主要区域无明显缺陷				

注：a. 以非公制尺寸为基础的习惯用法也可用在同类型砖的连接宽度上。
　　b. 不适用于有弯曲形状的砖。
　　c. 在烧成过程中，产品与标准板之间的微小色差是难免的。本条款不适用于在砖的表面有意制造的色差（表面可能是有釉的、无釉的或部分有釉的）或在砖的部分区域内为了突出产品的特点而希望的色差。用于装饰目的的斑点或色斑不能看作为缺陷。

（2）物理性能：应符合表 2-11-8 的有关要求。

表 2-11-8 细炻砖的物理性能

物理性能		技术要求
吸水率（质量分数）		3% < E ≤6%，单个最大值≤6.5%
破坏强度/N	厚度≥7.5mm	≥1000
	厚度<7.5mm	≥600
断裂模数/MPa 不适用于破坏强度≥3000N 的砖		平均值≥22，单个最小值≥20
耐磨性	无釉地砖耐磨损体积/mm³	≤345
	有釉地砖表面耐磨性[d]	报告陶瓷砖耐磨性级别和转数

物理性能	技术要求
线性热膨胀系数^e 从环境温度到 100℃	GB/T 3810《陶瓷砖试验方法》试验合格
热抗震性	GB/T 3810《陶瓷砖试验方法》试验合格
有釉砖抗釉裂性^f	经试验应无釉裂
抗冻性	经试验应无裂纹或剥落
地砖摩擦系数	制造商应报告陶瓷地砖的摩擦系数和试验方法
湿膨胀^e/（mm/m）	GB/T 3810《陶瓷砖试验方法》试验合格
小色差^e	GB/T 3810《陶瓷砖试验方法》试验合格
抗冲击性^e	GB/T 3810《陶瓷砖试验方法》试验合格

注：d. 有釉砖耐磨性分级参照 GB/T 4100—2006《陶瓷砖》附录 P。

　　e. 表中所列"GB/T 3810《陶瓷砖试验方法》试验合格"不是所有产品都必检的，是否有必要对这些项目进行检验应按 GB/T 4100—2006《陶瓷砖》附录 Q 确定。

　　f. 制造商对于为装饰效果而产生的裂纹应加以说明，这些情况下，GB/T 3810《陶瓷砖试验方法》规定的釉裂试验不适用。

（3）化学性能：应符合表 2-11-9 的有关要求。

表 2-11-9　细炻砖的化学性能

化学性能		技术要求
耐污染性	有釉砖	最低 3 级
	无釉砖^e	GB/T 3810《陶瓷砖试验方法》试验合格
抗化学腐蚀性	耐低浓度酸和碱： 有釉砖 无釉砖^g	制造商应报告耐化学腐蚀性等级
	耐高浓度酸和碱^e	GB/T 3810《陶瓷砖试验方法》试验合格
	耐家庭化学试剂和游泳池盐类	有釉砖：不低于 GB 级 无釉砖^g：不低于 UB 级
铅和镉的溶出量^e		GB/T 3810《陶瓷砖试验方法》试验合格

注：e. 表中所列"GB/T 3810《陶瓷砖试验方法》试验合格"不是所有产品都必检的，是否有必要对这些项目进行检验应按 GB/T 4100—2006《陶瓷砖》附录 Q 确定。

　　g. 如果色泽有微小变化，不应算是化学腐蚀。

2.11.1.4　干压陶瓷砖——炻质砖

将混合好的粉料置于模具中于一定压下压制成型的吸水率大于 6%，不超过 10% 的陶瓷砖称为炻质砖（$6\% < E \leqslant 10\%$，BⅡb 类）。

（1）尺寸和表面质量：应符合表 2-11-10 的要求。

表 2-11-10 炻质砖的尺寸和表面质量

尺寸和表面质量		产品表面积 S/cm^2			
		$S \leqslant 90$	$90 < S \leqslant 190$	$190 < S \leqslant 410$	$S > 410$
长度和宽度	每块砖（2 条或 4 条边）的平均尺寸相对于工作尺寸（W）的允许偏差/%	±1.2	±1.0	±0.75	±0.6
	每块砖（2 条或 4 条边）的平均尺寸相对于 10 块砖（20 条或 40 条边）平均尺寸的允许偏差/%	±0.75	±0.5	±0.5	±0.5
	制造商应选用以下尺寸： 1. 模数砖名义尺寸连接宽度允许在 2~5mm 之间[a]； 2. 非模数砖工作尺寸与名义尺寸之间的偏差不大于 ±2%，最大 5mm				
厚度：厚度由制造商确定；每块砖厚度的平均值相对于工作尺寸厚度的允许偏差/%		±10	±10	±5	±5
边直度[b]（正面）：相对于工作尺寸的最大允许偏差/%		±0.75	±0.5	±0.5	±0.5
直角度[b]：相对于工作尺寸的最大允许偏差/%		±1.0	±0.6	±0.6	±0.6
表面平整度最大允许偏差/%	1. 相对于由工作尺寸计算的对角线的中心弯曲度	±1.0	±0.5	±0.5	±0.5
	2. 相对于工作尺寸的边弯曲度	±1.0	±0.5	±0.5	±0.5
	3. 相对于由工作尺寸计算的对角线的翘曲度	±1.0	±0.5	±0.5	±0.5
表面质量[c]	至少95%的砖其主要区域无明显缺陷				

注：a. 以非公制尺寸为基础的习惯用法也可用在同类型砖的连接宽度上。
　　b. 不适用于有弯曲形状的砖。
　　c. 在烧成过程中，产品与标准板之间的微小色差是难免的。本条款不适用于在砖的表面有意制造的色差（表面可能是有釉的、无釉的或部分有釉的）或在砖的部分区域内为了突出产品的特点而希望的色差。用于装饰目的的斑点或色斑不能看作为缺陷。

（2）物理性能：应符合表 2-11-11 的有关要求。

表 2-11-11 炻质砖的物理性能

物理性能		技术要求
吸水率（质量分数）		$6\% < E \leqslant 10\%$，单个最大值 $\leqslant 11\%$
破坏强度/N	厚度 ≥7.5mm	≥800
	厚度 <7.5mm	≥600
断裂模数/MPa 不适用于破坏强度 ≥3000N 的砖		平均值 ≥18，单个最小值 ≥16
耐磨性	无釉地砖耐磨损体积/mm^3	≤540
	有釉地砖表面耐磨性[d]	报告陶瓷砖耐磨性级别和转数
线性热膨胀系数[e] 从环境温度到 100℃		GB/T 3810《陶瓷砖试验方法》试验合格
热抗震性		GB/T 3810《陶瓷砖试验方法》试验合格

续表

物理性能	技术要求
有釉砖抗釉裂性[f]	经试验应无釉裂
抗冻性	经试验应无裂纹或剥落
地砖摩擦系数	制造商应报告陶瓷地砖的摩擦系数和试验方法
湿膨胀[e]/(mm/m)	GB/T 3810《陶瓷砖试验方法》试验合格
小色差[e]	GB/T 3810《陶瓷砖试验方法》试验合格
抗冲击性[e]	GB/T 3810《陶瓷砖试验方法》试验合格

注：d. 有釉砖耐磨性分级参照 GB/T 4100—2006《陶瓷砖》附录 P。
　　e. 表中所列"GB/T 3810《陶瓷砖试验方法》试验合格"不是所有产品都必检的，是否有必要对这些项目进行检验应按 GB/T 4100—2006《陶瓷砖》附录 Q 确定。
　　f. 制造商对于为装饰效果而产生的裂纹应加以说明，这些情况下，GB/T 3810《陶瓷砖试验方法》规定的釉裂试验不适用。

（3）化学性能：应符合表 2-11-12 的有关要求。

表 2-11-12　炻质砖的化学性能

化学性能		技术要求
耐污染性	有釉砖	最低 3 级
	无釉砖[e]	GB/T 3810《陶瓷砖试验方法》试验合格
抗化学腐蚀性	耐低浓度酸和碱： 有釉砖 无釉砖[g]	制造商应报告耐化学腐蚀性等级
	耐高浓度酸和碱[e]	GB/T 3810《陶瓷砖试验方法》试验合格
	耐家庭化学试剂和游泳池盐类	有釉砖：不低于 GB 级 无釉砖[g]：不低于 UB 级
铅和镉的溶出量[e]		GB/T 3810《陶瓷砖试验方法》试验合格

注：e. 表中所列"GB/T 3810《陶瓷砖试验方法》试验合格"不是所有产品都必检的，是否有必要对这些项目进行检验应按 GB/T 4100—2006《陶瓷砖》附录 Q 确定。
　　g. 如果色泽有微小变化，不应算是化学腐蚀。

2.11.1.5　干压陶瓷砖——陶质砖

将混合好的粉料置于模具中于一定压下压制成型的吸水率大于 10% 的陶瓷砖称为陶质砖（$E>10\%$，BⅢ类）。

（1）尺寸和表面质量：应符合表 2-11-13 的要求。

表 2-11-13　陶质砖的尺寸和表面质量

尺寸和表面质量		无间隔凸缘	有间隔凸缘
长度（l）和宽度（w）	每块砖（2 条或 4 条边）的平均尺寸相对于工作尺寸（W）的允许偏差/%	$l\leqslant12$cm，±0.75% $l>12$cm，±0.50%	+0.6% -0.3%
	每块砖（2 条或 4 条边）的平均尺寸相对于 10 块砖（20 条或 40 条边）平均尺寸的允许偏差/%	$l\leqslant12$cm，±0.5% $l>12$cm，±0.3%	±0.25%
	制造商应选用以下尺寸： 1. 模数砖名义尺寸连接宽度允许在 1.5~5mm 之间[a]； 2. 非模数砖工作尺寸与名义尺寸之间的偏差不大于 2mm		

尺寸和表面质量		无间隔凸缘	有间隔凸缘
厚度：厚度由制造商确定；每块砖厚度的平均值相对于工作尺寸厚度的允许偏差/%		±10	±10
边直度[b]（正面）：相对于工作尺寸的最大允许偏差/%		±0.3	±0.3
直角度[b]：相对于工作尺寸的最大允许偏差/%		±0.5	±0.3
表面平整度最大允许偏差/%	1. 相对于由工作尺寸计算的对角线的中心弯曲度	+0.5 −0.3	+0.5 −0.3
	2. 相对于工作尺寸的边弯曲度	+0.5 −0.3	+0.5 −0.3
	3. 相对于由工作尺寸计算的对角线的翘曲度	±0.5	±0.5
表面质量[c]	至少95%的砖其主要区域无明显缺陷		

注：a. 以非公制尺寸为基础的习惯用法也可用在同类型砖的连接宽度上。

　　b. 不适用于有弯曲形状的砖。

　　c. 在烧成过程中，产品与标准板之间的微小色差是难免的。本条款不适用于在砖的表面有意制造的色差（表面可能是有釉的、无釉的或部分有釉的）或在砖的部分区域内为了突出产品的特点而希望的色差。用于装饰目的的斑点或色斑不能看作为缺陷。

（2）物理性能：应符合表 2-11-14 的有关要求。

表 2-11-14　陶质砖的物理性能

物理性能		技术要求
吸水率（质量分数）		平均值＞10%，单个最小值＞9% 当平均值＞20%时，制造商应说明
破坏强度[h]/N	厚度≥7.5mm	≥600
	厚度＜7.5mm	≥350
断裂模数/MPa 不适用于破坏强度≥3000N 的砖		平均值≥15，单个最小值≥12
耐磨性 有釉地砖表面耐磨性[d]		报告陶瓷砖耐磨性级别和转数
线性热膨胀系数[e] 从环境温度到100℃		GB/T 3810《陶瓷砖试验方法》试验合格
热抗震性		GB/T 3810《陶瓷砖试验方法》试验合格
有釉砖抗釉裂性[f]		经试验应无釉裂
抗冻性		经试验应无裂纹或剥落
地砖摩擦系数		制造商应报告陶瓷地砖的摩擦系数和试验方法
湿膨胀[e]/（mm/m）		GB/T 3810《陶瓷砖试验方法》试验合格
小色差[e]		GB/T 3810《陶瓷砖试验方法》试验合格
抗冲击性[e]		GB/T 3810《陶瓷砖试验方法》试验合格

注：d. 有釉砖耐磨性分级参照 GB/T 4100—2006《陶瓷砖》附录 P。

　　e. 表中所列"GB/T 3810《陶瓷砖试验方法》试验合格"不是所有产品都必检的，是否有必要对这些项目进行检验应按 GB/T 4100—2006《陶瓷砖》附录 Q 确定。

　　f. 制造商对于为装饰效果而产生的裂纹应加以说明，这些情况下，GB/T 3810《陶瓷砖试验方法》规定的釉裂试验不适用。

　　h. 吸水率最大单个值为 0.5% 的砖是全玻化砖（常被认为是不吸水的）。

（3）化学性能：陶质砖的化学性能应符合表 2-11-15 的有关要求。

表 2-11-15　陶质砖的化学性能

化学性能		技术要求
耐污染性	有釉砖[g]	最低 3 级
	无釉砖[e]	GB/T 3810《陶瓷砖试验方法》试验合格
抗化学腐蚀性	耐低浓度酸和碱	制造商应报告耐化学腐蚀性等级
	耐高浓度酸和碱[e]	GB/T 3810《陶瓷砖试验方法》试验合格
	耐家庭化学试剂和游泳池盐类	不低于 GB 级
铅和镉的溶出量[e]		GB/T 3810《陶瓷砖试验方法》试验合格

注：e. 表中所列"GB/T 3810《陶瓷砖试验方法》试验合格"不是所有产品都必检的，是否有必要对这些项目进行检验应按 GB/T 4100—2006《陶瓷砖》附录 Q 确定。
　　g. 如果色泽有微小变化，不应算是化学腐蚀。

2.11.1.6　挤压陶瓷砖——A I 类（$E \leq 3\%$）

将可塑性坯料经挤压机挤出成型，再将所成型的泥条按砖的预定尺寸进行切割，成为吸水率不超过 3% 的陶瓷砖。

（1）尺寸偏差：应符合表 2-11-16 的规定。

表 2-11-16　挤压陶瓷砖 A I 类（$E \leq 3\%$）的尺寸偏差和表面质量

尺寸和表面质量		精细	普通
长度和宽度	每块砖（2 条或 4 条边）的平均尺寸相对于工作尺寸（W）的允许偏差/%	±1.0% 最大 ±2mm	±2.0% 最大 ±4mm
	每块砖（2 条或 4 条边）的平均尺寸相对于 10 块砖（20 条或 40 条边）平均尺寸的允许偏差/%	±1.0	±1.5
	制造商应选用以下尺寸： 1. 模数砖名义尺寸连接宽度允许在 3~11mm 之间[a]； 2. 非模数砖工作尺寸与名义尺寸之间的偏差不大于 ±3mm		
厚度：厚度由制造商确定。每块砖厚度的平均值相对于工作尺寸厚度的允许偏差/%		±10	±10
边直度[b]（正面）：相对于工作尺寸的最大允许偏差/%		±0.5	±0.6
直角度[b]：相对于工作尺寸的最大允许偏差/%		±1.0	±1.0
表面平整度最大允许偏差/%	1. 相对于由工作尺寸计算的对角线的中心弯曲度	±0.5	±1.5
	2. 相对于工作尺寸的边弯曲度	±0.5	±1.5
	3. 相对于由工作尺寸计算的对角线的翘曲度	±0.8	±1.5
表面质量[c]	至少 95% 的砖其主要区域无明显缺陷		

注：a. 以非公制尺寸为基础的习惯用法也可用在同类型砖的连接宽度上。
　　b. 不适用于有弯曲形状的砖。
　　c. 在烧成过程中，产品与标准板之间的微小色差是难免的。本条款不适用于在砖的表面有意制造的色差（表面可能是有釉的、无釉的或部分有釉的）或在砖的部分区域内为了突出产品的特点而希望的色差。用于装饰目的的斑点或色斑不能看作为缺陷。
本节内容根据 JC/T 457—2002《挤压陶瓷砖》。

（2）物理性能：应符合表 2-11-17 的有关要求。

表 2-11-17　挤压陶瓷砖 A I 类（$E \leqslant 3\%$）的物理性能

物理性能		技术要求	
		精细	普通
吸水率[h]（质量分数）		平均值≤3% 单值≤3.3%	平均值≤3% 单值≤3.3%
破坏强度/N	厚度≥7.5mm	≥1100	≥1100
	厚度<7.5mm	≥600	≥600
断裂模数/MPa 不适用于破坏强度≥3000N 的砖		平均值≥23 单值≥18	平均值≥23 单值≥18
耐磨性	无釉地砖耐磨抽体积/mm³	≤275	≤275
	有釉地砖表面耐磨性[d]	报告陶瓷砖耐磨性级别和转数	
线性热膨胀系数[e] 从环境温度到 100℃		GB/T 3810《陶瓷砖试验方法》试验合格	
热抗震性		GB/T 3810《陶瓷砖试验方法》试验合格	
有釉砖抗釉裂性[f]		经试验应无釉裂	
抗冻性		GB/T 3810《陶瓷砖试验方法》试验合格	
地砖摩擦系数		制造商应报告陶瓷地砖的摩擦系数和试验方法	
湿膨胀[e]/（mm/m）		GB/T 3810《陶瓷砖试验方法》试验合格	
小色差[e]		GB/T 3810《陶瓷砖试验方法》试验合格	
抗冲击性[e]		GB/T 3810《陶瓷砖试验方法》试验合格	

注：d. 有釉砖耐磨性分级参照 GB/T 4100—2006《陶瓷砖》附录 P。

　　e. 表中所列 "GB/T 3810《陶瓷砖试验方法》试验合格" 不是所有产品都必检的，是否有必要对这些项目进行检验应按 GB/T 4100—2006《陶瓷砖》附录 Q 确定。

　　f. 制造商对于为装饰效果而产生的裂纹应加以说明，这些情况下，GB/T 3810《陶瓷砖试验方法》规定的釉裂试验不适用。

　　h. 吸水率最大单个值为 0.5% 的砖是全玻化砖（常被认为是不吸水的）。

（3）化学性能：应符合表 2-11-18 的有关要求。

表 2-11-18　挤压陶瓷砖 A I 类（$E \leqslant 3\%$）的化学性能

化学性能		技术要求	
		精细	普通
耐污染性	有釉砖	最低 3 级	最低 3 级
	无釉砖[e]	GB/T 3810《陶瓷砖试验方法》试验合格	

化学性能		技术要求	
		精细	普通
抗化学腐蚀性	耐低浓度酸和碱 有釉砖 无釉砖[g]	制造商应报告耐化学腐蚀性等级	制造商应报告耐化学腐蚀性等级
	耐高浓度酸和碱[e]	GB/T 3810《陶瓷砖试验方法》试验合格	
	耐家庭化学试剂和游泳池盐类 有釉砖 无釉砖[g]	不低于 GB 级 不低于 UB 级	不低于 GB 级 不低于 UB 级
铅和镉的溶出量[e]		GB/T 3810《陶瓷砖试验方法》试验合格	

注: e. 表中所列 "GB/T 3810《陶瓷砖试验方法》试验合格" 不是所有产品都必检的, 是否有必要对这些项目进行检验应按 GB/T 4100—2006《陶瓷砖》附录 Q 确定。

  g. 如果色泽有微小变化, 不应算是化学腐蚀。

2.11.1.7 挤压陶瓷砖——AⅡa1 类（3% < E ≤ 6%）

将可塑性坯料经挤压机挤出成型, 再将所成型的泥条按砖的预定尺寸进行切割, 成为吸水率大于 3% 、不超过 6% 的陶瓷砖。

（1）尺寸偏差: 应符合表 2-11-19 的规定。

表 2-11-19　挤压陶瓷砖 AⅡa1 类（3% < E ≤ 6%）的尺寸偏差和表面质量

尺寸和表面质量		精细	普通
长度和宽度	每块砖（2 条或 4 条边）的平均尺寸相对于工作尺寸（W）的允许偏差/%	±1.25% 最大 ±2mm	±2.0% 最大 ±4mm
	每块砖（2 条或 4 条边）的平均尺寸相对于 10 块砖（20 条或 40 条边）平均尺寸的允许偏差/%	±1.0	±1.5
	制造商应选用以下尺寸: 1. 模数砖名义尺寸连接宽度允许在 3 ~ 11mm 之间[a]; 2. 非模数砖工作尺寸与名义尺寸之间的偏差不大于 ±3mm		
厚度: 厚度由制造商确定; 每块砖厚度的平均值相对于工作尺寸厚度的允许偏差/%		±10	±10
边直度[b]（正面）: 相对于工作尺寸的最大允许偏差/%		±0.5	±0.6
直角度[b]: 相对于工作尺寸的最大允许偏差/%		±1.0	±1.0
表面平整度最大允许偏差/%	1. 相对于由工作尺寸计算的对角线的中心弯曲度	±0.5	±1.5
	2. 相对于工作尺寸的边弯曲度	±0.5	±1.5
	3. 相对于由工作尺寸计算的对角线的翘曲度	±0.8	±1.5
表面质量[c]	至少 95% 的砖其主要区域无明显缺陷		

注: a. 以非公制尺寸为基础的习惯用法也可用在同类型砖的连接宽度上。

  b. 不适用于有弯曲形状的砖。

  c. 在烧成过程中, 产品与标准板之间的微小色差是难免的。本条款不适用于在砖的表面有意制造的色差（表面可能是有釉的、无釉的或部分有釉的）或在砖的部分区域内为了突出产品的特点而希望的色差。用于装饰目的的斑点或色斑不能看作为缺陷。

（2）物理性能：应符合表 2-11-20 的有关要求。

表 2-11-20　挤压陶瓷砖 A Ⅱ a1 类（3%＜E≤6%）的物理性能

物理性能		技术要求	
		精细	普通
吸水率（质量分数）		3.0%＜平均值≤6.0%，单值≤6.5%	3.0%＜平均值≤6.0%，单值≤6.5%
破坏强度/N	厚度≥7.5mm	≥950	≥950
	厚度＜7.5mm	≥600	≥600
断裂模数/MPa 不适用于破坏强度≥3000N 的砖		平均值≥20，单值≥18	平均值≥20，单值≥18
耐磨性	无釉地砖耐磨抽体积/mm³	≤393	≤393
	有釉地砖表面耐磨性d	报告陶瓷砖耐磨性级别和转数	
线性热膨胀系数e 从环境温度到 100℃		GB/T 3810《陶瓷砖试验方法》试验合格	
热抗震性		GB/T 3810《陶瓷砖试验方法》试验合格	
有釉砖抗釉裂性f		经试验应无釉裂	
抗冻性		GB/T 3810《陶瓷砖试验方法》试验合格	
地砖摩擦系数		制造商应报告陶瓷地砖的摩擦系数和试验方法	
湿膨胀e/（mm/m）		GB/T 3810《陶瓷砖试验方法》试验合格	
小色差e		GB/T 3810《陶瓷砖试验方法》试验合格	
抗冲击性e		GB/T 3810《陶瓷砖试验方法》试验合格	

注：d. 有釉砖耐磨性分级参照 GB/T 4100—2006《陶瓷砖》附录 P。

　　e. 表中所列"GB/T 3810《陶瓷砖试验方法》试验合格"不是所有产品都必检的，是否有必要对这些项目进行检验应按 GB/T 4100—2006《陶瓷砖》附录 Q 确定。

　　f. 制造商对于为装饰效果而产生的裂纹应加以说明，这些情况下，GB/T 3810《陶瓷砖试验方法》规定的釉裂试验不适用。

（3）化学性能：应符合表 2-11-21 的有关要求。

表 2-11-21　挤压陶瓷砖 A Ⅱ a1 类（3%＜E≤6%）的化学性能

化学性能		技术要求	
		精细	普通
耐污染性	有釉砖	最低 3 级	最低 3 级
	无釉砖e	GB/T 3810《陶瓷砖试验方法》试验合格	

化学性能		技术要求	
		精细	普通
抗化学腐蚀性	耐低浓度酸和碱 有釉砖 无釉砖[g]	制造商应报告耐化学腐蚀性等级	制造商应报告耐化学腐蚀性等级
	耐高浓度酸和碱[e]	GB/T 3810《陶瓷砖试验方法》试验合格	
	耐家庭化学试剂和游泳池盐类 有釉砖 无釉砖[g]	不低于 GB 级 不低于 UB 级	不低于 GB 级 不低于 UB 级
铅和镉的溶出量[e]		GB/T 3810《陶瓷砖试验方法》试验合格	

注：e. 表中所列"GB/T 3810《陶瓷砖试验方法》试验合格"不是所有产品都必检的，是否有必要对这些项目进行检验应按 GB/T 4100—2006《陶瓷砖》附录 Q 确定。
　　g. 如果色泽有微小变化，不应算是化学腐蚀。

2.11.1.8　挤压陶瓷砖——AⅡa2 类（3%＜E≤6%）

将可塑性坯料经挤压机挤出成型，再将所成型的泥条按砖的预定尺寸进行切割，成为吸水率大于 3%不超过 6%的陶瓷砖。

（1）尺寸和表面质量：应符合表 2-11-22 的规定。

表 2-11-22　挤压陶瓷砖 AⅡa2 类（3%＜E≤6%）的尺寸和表面质量

尺寸和表面质量		精细	普通
长度和宽度	每块砖（2 条或 4 条边）的平均尺寸相对于工作尺寸（W）的允许偏差/%	±1.5% 最大 ±2mm	±2.0% 最大 ±4mm
	每块砖（2 条或 4 条边）的平均尺寸相对于 10 块砖（20 条或 40 条边）平均尺寸的允许偏差/%	±1.5	±1.5
	制造商应选用工作尺寸应满足以下要求： 1. 模数砖名义尺寸连接宽度允许在 3～11mm 之间[a]； 2. 非模数砖工作尺寸与名义尺寸之间的偏差不大于 ±3mm		
厚度：厚度由制造商确定；每块砖厚度的平均值相对于工作尺寸厚度的允许偏差/%		±10	±10
边直度[b]（正面）：相对于工作尺寸的最大允许偏差/%		±1.0	±1.0
直角度[b]：相对于工作尺寸的最大允许偏差/%		±1.0	±1.0
表面平整度最大允许偏差/%	1. 相对于由工作尺寸计算的对角线的中心弯曲度	±1.0	±1.5
	2. 相对于工作尺寸的边弯曲度	±1.0	±1.5
	3. 相对于由工作尺寸计算的对角线的翘曲度	±1.5	±1.5
表面质量[c]	至少 95%的砖其主要区域无明显缺陷		

注：a. 以非公制尺寸为基础的习惯用法也可用在同类型砖的连接宽度上。
　　b. 不适用于有弯曲形状的砖。
　　c. 在烧成过程中，产品与标准板之间的微小色差是难免的。本条款不适用于在砖的表面有意制造的色差（表面可能是有釉的、无釉的或部分有釉的）或在砖的部分区域内为了突出产品的特点而希望的色差。用于装饰目的的斑点或色斑不能看作为缺陷。

（2）物理性能：应符合表 2-11-23 的有关要求。

表 2-11-23　挤压陶瓷砖 A Ⅱ a2 类（3% < E ≤ 6%）的物理性能

物理性能		技术要求	
		精细	普通
吸水率（质量分数）		3.0% < 平均值 ≤ 6.0%，单值 ≤ 6.5%	3.0% < 平均值 ≤ 6.0%，单值 ≤ 6.5%
破坏强度/N	厚度 ≥ 7.5mm	≥ 800	≥ 800
	厚度 < 7.5mm	≥ 600	≥ 600
断裂模数/MPa 不适用于破坏强度 ≥ 3000N 的砖		平均值 ≥ 13，单值 ≥ 11	平均值 ≥ 13，单值 ≥ 11
耐磨性	无釉地砖耐磨抽体积/mm^3	≤ 541	≤ 541
	有釉地砖表面耐磨性[d]	报告陶瓷砖耐磨性级别和转数	
线性热膨胀系数[e] 从环境温度到 100℃		GB/T 3810《陶瓷砖试验方法》试验合格	
热抗震性		GB/T 3810《陶瓷砖试验方法》试验合格	
有釉砖抗釉裂性[f]		经试验应无釉裂	
抗冻性		GB/T 3810《陶瓷砖试验方法》试验合格	
地砖摩擦系数		制造商应报告陶瓷地砖的摩擦系数和试验方法	
湿膨胀[e]/（mm/m）		GB/T 3810《陶瓷砖试验方法》试验合格	
小色差[e]		GB/T 3810《陶瓷砖试验方法》试验合格	
抗冲击性[e]		GB/T 3810《陶瓷砖试验方法》试验合格	

注：d. 有釉砖耐磨性分级参照 GB/T 4100—2006《陶瓷砖》附录 P。
　　e. 表中所列"GB/T 3810《陶瓷砖试验方法》试验合格"不是所有产品都必检的，是否有必要对这些项目进行检验应按 GB/T 4100—2006《陶瓷砖》附录 Q 确定。
　　f. 制造商对于为装饰效果而产生的裂纹应加以说明，这些情况下，GB/T 3810《陶瓷砖试验方法》规定的釉裂试验不适用。

（3）化学性能：应符合表 2-11-24 的有关要求。

表 2-11-24　挤压陶瓷砖 A Ⅱ a2 类（3% < E ≤ 6%）的化学性能

化学性能		技术要求	
		精细	普通
耐污染性	有釉砖	最低 3 级	最低 3 级
	无釉砖[e]	GB/T 3810《陶瓷砖试验方法》试验合格	

化学性能		技术要求	
		精细	普通
抗化学腐蚀性	耐低浓度酸和碱 有釉砖 无釉砖[g]	制造商应报告耐化学腐蚀性等级	制造商应报告耐化学腐蚀性等级
	耐高浓度酸和碱[e]	GB/T 3810《陶瓷砖试验方法》试验合格	
	耐家庭化学试剂和游泳池盐类 有釉砖 无釉砖[g]	不低于 GB 级 不低于 UB 级	不低于 GB 级 不低于 UB 级
铅和镉的溶出量[e]		GB/T 3810《陶瓷砖试验方法》试验合格	

注：e. 表中所列"GB/T 3810《陶瓷砖试验方法》试验合格"不是所有产品都必检的，是否有必要对这些项目进行检验应按 GB/T 4100—2006《陶瓷砖》附录 Q 确定。
　　g. 如果色泽有微小变化，不应算是化学腐蚀。

2.11.1.9　挤压陶瓷砖——A Ⅱ b1 类（6% < E ≤ 10%）

将可塑性坯料经挤压机挤出成型，再将所成型的泥条按砖的预定尺寸进行切割，成为吸水率大于 6%、不超过 10% 的陶瓷砖。

（1）尺寸和表面质量：应符合表 2-11-25 的规定。

表 2-11-25　挤压陶瓷砖 A Ⅱ b1 类（6% < E ≤ 10%）的尺寸和表面质量

尺寸和表面质量		精细	普通
长度和宽度	每块砖（2 条或 4 条边）的平均尺寸相对于工作尺寸（W）的允许偏差/%	±2.0% 最大 ±2mm	±2.0% 最大 ±4mm
	每块砖（2 条或 4 条边）的平均尺寸相对于 10 块砖（20 条或 40 条边）平均尺寸的允许偏差/%	±1.5	±1.5
	制造商应选用以下尺寸： 1. 模数砖名义尺寸连接宽度允许在 3～11mm 之间[a]； 2. 非模数砖工作尺寸与名义尺寸之间的偏差不大于 ±3mm		
厚度：厚度由制造商确定；每块砖厚度的平均值相对于工作尺寸厚度的允许偏差/%		±10	±10
边直度[b]（正面）：相对于工作尺寸的最大允许偏差/%		±1.0	±1.0
直角度[b]：相对于工作尺寸的最大允许偏差/%		±1.0	±1.0
表面平整度最大允许偏差/%	1. 相对于由工作尺寸计算的对角线的中心弯曲度	±1.0	±1.5
	2. 相对于工作尺寸的边弯曲度	±1.0	±1.5
	3. 相对于由工作尺寸计算的对角线的翘曲度	±1.5	±1.5
表面质量[c]	至少 95% 的砖其主要区域无明显缺陷		

注：a. 以非公制尺寸为基础的习惯用法也可用在同类型砖的连接宽度上。
　　b. 不适用于有弯曲形状的砖。
　　c. 在烧成过程中，产品与标准板之间的微小色差是难免的。本条款不适用于在砖的表面有意制造的色差（表面可能是有釉的、无釉的或部分有釉的）或在砖的部分区域内为了突出产品的特点而希望的色差。用于装饰目的的斑点或色斑不能看作为缺陷。

（2）物理性能：应符合表 2-11-26 的有关要求。

表 2-11-26 挤压陶瓷砖 A Ⅱ b1 类（6%＜E≤10%）的物理性能

物理性能		技术要求	
		精细	普通
吸水率（质量分数）		6%＜平均值≤10%，单值≤11%	6%＜平均值≤10%，单值≤11%
破坏强度/N		≥900	≥900
断裂模数/MPa 不适用于破坏强度≥3000N 的砖		平均值≥17.5，单值≥15	平均值≥17.5，单值≥15
耐磨性	无釉地砖耐磨抽体积/mm³	≤649	≤649
	有釉地砖表面耐磨性[d]	报告陶瓷砖耐磨性级别和转数	
线性热膨胀系数[e] 从环境温度到 100℃		GB/T 3810《陶瓷砖试验方法》试验合格	
热抗震性		GB/T 3810《陶瓷砖试验方法》试验合格	
有釉砖抗釉裂性[f]		经试验应无釉裂	
抗冻性		GB/T 3810《陶瓷砖试验方法》试验合格	
地砖摩擦系数		制造商应报告陶瓷地砖的摩擦系数和试验方法	
湿膨胀[e]/（mm/m）		GB/T 3810《陶瓷砖试验方法》试验合格	
小色差[e]		GB/T 3810《陶瓷砖试验方法》试验合格	
抗冲击性[e]		GB/T 3810《陶瓷砖试验方法》试验合格	

注：d. 有釉砖耐磨性分级参照 GB/T 4100—2006《陶瓷砖》附录 P。

　　e. 表中所列"GB/T 3810《陶瓷砖试验方法》试验合格"不是所有产品都必检的，是否有必要对这些项目进行检验应按 GB/T 4100—2006《陶瓷砖》附录 Q 确定。

　　f. 制造商对于为装饰效果而产生的裂纹应加以说明，这些情况下，GB/T 3810《陶瓷砖试验方法》规定的釉裂试验不适用。

（3）化学性能：应符合表 2-11-27 的有关要求。

表 2-11-27 挤压陶瓷砖 A Ⅱ b1 类（6%＜E≤10%）的化学性能

化学性能		技术要求	
		精细	普通
耐污染性	有釉砖	最低 3 级	最低 3 级
	无釉砖[e]	GB/T 3810《陶瓷砖试验方法》试验合格	

化学性能		技术要求	
		精细	普通
抗化学腐蚀性	耐低浓度酸和碱 有釉砖 无釉砖^g	制造商应报告耐化学腐蚀性等级	制造商应报告耐化学腐蚀性等级
	耐高浓度酸和碱^e	GB/T 3810《陶瓷砖试验方法》试验合格	
	耐家庭化学试剂和游泳池盐类 有釉砖 无釉砖^g	不低于 GB 级 不低于 UB 级	不低于 GB 级 不低于 UB 级
铅和镉的溶出量^e		GB/T 3810《陶瓷砖试验方法》试验合格	

注：e. 表中所列"GB/T 3810《陶瓷砖试验方法》试验合格"不是所有产品都必检的，是否有必要对这些项目进行
　　　检验应按 GB/T 4100—2006《陶瓷砖》附录 Q 确定。

　　g. 如果色泽有微小变化，不应算是化学腐蚀。

2.11.1.10　挤压陶瓷砖——A Ⅱ b2 类（6% < E ≤ 10%）

将可塑性坯料经挤压机挤出成型，再将所成型的泥条按砖的预定尺寸进行切割，成为吸水率大于 6% 不超过 10% 的陶瓷砖。

（1）尺寸和表面质量：应符合表 2-11-28 的规定。

表 2-11-28　挤压陶瓷砖 A Ⅱ b2 类（6% < E ≤ 10%）的尺寸和表面质量

尺寸和表面质量		精细	普通
长度和宽度	每块砖（2 条或 4 条边）的平均尺寸相对于工作尺寸（W）的允许偏差/%	±2.0% 最大 ±2mm	±2.0% 最大 ±4mm
	每块砖（2 条或 4 条边）的平均尺寸相对于 10 块砖（20 块或 40 条边）平均尺寸的允许偏差/%	±1.5	±1.5
	制造商选用工作尺寸应满足以下要求： 1. 模数砖名义尺寸连接宽度允许在 3 ~ 11mm 之间^a； 2. 非模数砖工作尺寸与名义尺寸之间的偏差不大于 ±3mm		
厚度：厚度由制造商确定；每块砖厚度的平均值相对于工作尺寸厚度的允许偏差/%		±10	±10
边直度^b（正面）：相对于工作尺寸的最大允许偏差/%		±1.0	±1.0
直角度^b：相对于工作尺寸的最大允许偏差/%		±1.0	±1.0
表面平整度最大允许偏差/%	1. 相对于由工作尺寸计算的对角线的中心弯曲度	±1.0	±1.5
	2. 相对于工作尺寸的边弯曲度	±1.0	±1.5
	3. 相对于由工作尺寸计算的对角线的翘曲度	±1.5	±1.5
表面质量^c	至少 95% 的砖其主要区域无明显缺陷		

注：a. 以非公制尺寸为基础的习惯用法也可用在同类型砖的连接宽度上。

　　b. 不适用于有弯曲形状的砖。

　　c. 在烧成过程中，产品与标准板之间的微小色差是难免的。本条款不适用于在砖的表面有意制造的色差（表面
　　　可能是有釉的、无釉的或部分有釉的）或在砖的部分区域内为了突出产品的特点而希望的色差。用于装饰目
　　　的的斑点或色斑不能看作为缺陷。

（2）物理性能：应符合表2-11-29的有关要求。

表 2-11-29　挤压陶瓷砖 A Ⅱ b2 类（6%＜E≤10%）的物理性能

物理性能		技术要求	
		精细	普通
吸水率（质量分数）		6%＜平均值≤10%， 单值≤11%	6%＜平均值≤10%， 单值≤11%
破坏强度/N		≥750	≥750
断裂模数/MPa 不适用于破坏强度≥3000N 的砖		平均值≥9， 单值≥8	平均值≥9， 单值≥8
耐磨性	无釉地砖耐磨抽体积/mm³	≤1062	≤1062
	有釉地砖表面耐磨性[d]	报告陶瓷砖耐磨性级别和转数	
线性热膨胀系数[e] 从环境温度到100℃		GB/T 3810《陶瓷砖试验方法》试验合格	
热抗震性		GB/T 3810《陶瓷砖试验方法》试验合格	
有釉砖抗釉裂性[f]		经试验应无釉裂	
抗冻性		GB/T 3810《陶瓷砖试验方法》试验合格	
地砖摩擦系数		制造商应报告陶瓷地砖的摩擦系数和试验方法	
湿膨胀[e]/（mm/m）		GB/T 3810《陶瓷砖试验方法》试验合格	
小色差[e]		GB/T 3810《陶瓷砖试验方法》试验合格	
抗冲击性[e]		GB/T 3810《陶瓷砖试验方法》试验合格	

注：d. 有釉砖耐磨性分级参照 GB/T 4100—2006《陶瓷砖》附录 P。

　　e. 表中所列"GB/T 3810《陶瓷砖试验方法》试验合格"不是所有产品都必检的，是否有必要对这些项目进行检验应按 GB/T 4100—2006《陶瓷砖》附录 Q 确定。

　　f. 制造商对于为装饰效果而产生的裂纹应加以说明，这些情况下，GB/T 3810《陶瓷砖试验方法》规定的釉裂试验不适用。

（3）化学性能：应符合表2-11-30的有关要求。

表 2-11-30　挤压陶瓷砖 A Ⅱ b2 类（6%＜E≤10%）的化学性能

化学性能		技术要求	
		精细	普通
耐污染性	有釉砖	最低 3 级	最低 3 级
	无釉砖[e]	GB/T 3810《陶瓷砖试验方法》试验合格	

续表

化学性能		技术要求	
		精细	普通
抗化学腐蚀性	耐低浓度酸和碱 有釉砖 无釉砖 [g]	制造商应报告耐化学腐 蚀性等级	制造商应报告耐化学 腐蚀性等级
	耐高浓度酸和碱 [e]	GB/T 3810《陶瓷砖试验方法》试验合格	
	耐家庭化学试剂和游泳池盐类 有釉砖 无釉砖 [g]	不低于 GB 级 不低于 UB 级	不低于 GB 级 不低于 UB 级
铅和镉的溶出量 [e]		GB/T 3810《陶瓷砖试验方法》试验合格	

注：e. 表中所列"GB/T 3810《陶瓷砖试验方法》试验合格"不是所有产品都必检的，是否有必要对这些项目进行
　　　检验应按 GB/T 4100—2006《陶瓷砖》附录 Q 确定。
　　g. 如果色泽有微小变化，不应算是化学腐蚀。

2.11.1.11　挤压陶瓷砖——A Ⅲ 类（$E > 10\%$）

将可塑性坯料经挤压机挤出成型，再将所成型的泥条按砖的预定尺寸进行切割，成为吸水率大于 10% 的陶瓷砖。

（1）尺寸和表面质量：应符合表2-11-31的规定。

表 2-11-31　挤压陶瓷砖 A Ⅲ 类（$E > 10\%$）的尺寸和表面质量

尺寸和表面质量		精细	普通
长度和宽度	每块砖（2 条或 4 条边）的平均尺寸相对于工作尺寸（W）的允许偏差/%	±2.0% 最大 ±2mm	±2.0% 最大 ±4mm
	每块砖（2 条或 4 条边）的平均尺寸相对于 10 块砖（20 条或 40 条边）平均尺寸的允许偏差/%	±1.5	±1.5
	制造商应选用以下尺寸： 1. 模数砖名义尺寸连接宽度允许在 3～11mm 之间 [a]； 2. 非模数砖工作尺寸与名义尺寸之间的偏差不大于 ±3mm		
厚度：厚度由制造商确定；每块砖厚度的平均值相对于工作尺寸厚度的允许偏差/%		±10	±10
边直度 [b]（正面）：相对于工作尺寸的最大允许偏差/%		±1.0	±1.0
直角度 [b]：相对于工作尺寸的最大允许偏差/%		±1.0	±1.0
表面平整度最大允许偏差/%	1. 相对于由工作尺寸计算的对角线的中心弯曲度	±1.0	±1.5
	2. 相对于工作尺寸的边弯曲度	±1.0	±1.5
	3. 相对于由工作尺寸计算的对角线的翘曲度	±1.5	±1.5
表面质量 [c]	至少 95% 的砖其主要区域无明显缺陷		

注：a. 以非公制尺寸为基础的习惯用法也可用在同类型砖的连接宽度上。
　　b. 不适用于有弯曲形状的砖。
　　c. 在烧成过程中，产品与标准板之间的微小色差是难免的。本条款不适用于在砖的表面有意制造的色差（表面
　　　可能是有釉的、无釉的或部分有釉的）或在砖的部分区域内为了突出产品的特点而希望的色差。用于装饰目
　　　的的斑点或色斑不能看作为缺陷。

（2）物理性能：应符合表 2-11-32 的有关要求。

表 2-11-32　挤压陶瓷砖 A III 类（$E > 10\%$）的物理性能

物理性能		技术要求	
		精细	普通
吸水率（质量分数）		平均值 $> 10\%$，	平均值 $> 10\%$，
破坏强度/N		$\geqslant 600$	$\geqslant 600$
断裂模数/MPa 不适用于破坏强度 $\geqslant 3000\text{N}$ 的砖		平均值 $\geqslant 8$， 单值 $\geqslant 7$	平均值 $\geqslant 8$， 单值 $\geqslant 7$
耐磨性	无釉地砖耐磨抽体积/mm^3	$\leqslant 2365$	$\leqslant 2365$
	有釉地砖表面耐磨性[d]	报告陶瓷砖耐磨性级别和转数	
线性热膨胀系数[e] 从环境温度到 100℃		GB/T 3810《陶瓷砖试验方法》试验合格	
热抗震性		GB/T 3810《陶瓷砖试验方法》试验合格	
有釉砖抗釉裂性[f]		经试验应无釉裂	
抗冻性		GB/T 3810《陶瓷砖试验方法》试验合格	
地砖摩擦系数		制造商应报告陶瓷地砖的摩擦系数和试验方法	
湿膨胀[e]/（mm/m）		GB/T 3810《陶瓷砖试验方法》试验合格	
小色差[e]		GB/T 3810《陶瓷砖试验方法》试验合格	
抗冲击性[e]		GB/T 3810《陶瓷砖试验方法》试验合格	

注：d. 有釉砖耐磨性分级参照 GB/T 4100—2006《陶瓷砖》附录 P。

　　e. 表中所列"GB/T 3810《陶瓷砖试验方法》试验合格"不是所有产品都必检的，是否有必要对这些项目进行检验应按 GB/T 4100—2006《陶瓷砖》附录 Q 确定。

　　f. 制造商对于为装饰效果而产生的裂纹应加以说明，这些情况下，GB/T 3810《陶瓷砖试验方法》规定的釉裂试验不适用。

（3）化学性能：应符合表 2-11-33 的有关要求。

表 2-11-33　挤压陶瓷砖 A III 类（$E > 10\%$）的化学性能

化学性能		技术要求	
		精细	普通
耐污染性	有釉砖	最低 3 级	最低 3 级
	无釉砖[e]	GB/T 3810《陶瓷砖试验方法》试验合格	

续表

化学性能		技术要求	
		精细	普通
抗化学腐蚀性	耐低浓度酸和碱 有釉砖 无釉砖^g	制造商应报告耐化学腐蚀性等级	制造商应报告耐化学腐蚀性等级
	耐高浓度酸和碱^e	GB/T 3810《陶瓷砖试验方法》试验合格	
	耐家庭化学试剂和游泳池盐类 有釉砖 无釉砖^g	不低于 GB 级 不低于 UB 级	不低于 GB 级 不低于 UB 级
铅和镉的溶出量^e		GB/T 3810《陶瓷砖试验方法》试验合格	

注：e. 表中所列 "GB/T 3810《陶瓷砖试验方法》试验合格" 不是所有产品都必检的，是否有必要对这些项目进行检验应按 GB/T 4100—2006《陶瓷砖》附录 Q 确定。
　　g. 如果色泽有微小变化，不应算是化学腐蚀。

2.11.2　饰面砖粘结强度的合格判定

1）现场粘贴的同类饰面砖，当一组试样均符合下列两项指标要求时，其粘结强度应定为合格；当一组试样均不符合下列两项指标要求时，其粘结强度应定为不合格；当一组试样只符合下列两项指标的一项要求时，应在该试样原取样区域内重新抽取两组试样检验，若检验结果仍有一项不符合下列指标要求时，则该组饰面砖粘结强度应定为不合格：

（1）每组试样平均粘结强度不应小于 0.4MPa；

（2）每组可有一个试样的粘结强度小于 0.4MPa，但不应小于 0.3MPa。

2）带饰面砖的预制墙板，当一组试样均符合下列两项指标要求时，其粘结强度应定为合格；当一组试样均不符合下列两项指标要求时，其粘结强度应定为不合格；当一组试样只符合下列两项指标的一项要求时，应在该试样原取样区域内重新抽取两组试样检验，若检验结果仍有一项不符合下列指标要求时，则该组饰面砖粘结强度应定为不合格：

（1）每组试样平均粘结强度不应小于 0.6MPa；

（2）每组可有一个试样的粘结强度小于 0.6MPa，但不应小于 0.4MPa。

2.11.3　建筑涂料

2.11.3.1　合成树脂乳液内墙涂料

以合成树脂乳液为基料，与颜料、体质颜料及各种助剂配制而成的、施涂后能形成表面平整之薄质涂层的用于内墙的涂料，包括底漆和面漆。

该涂料分为合格品、一等品及优等品三个等级。技术指标应符合表 2-11-34 的要求。出厂检验项目：内墙底漆包括容器中状态、施工性、涂膜外观、干燥时间；内墙面漆包括容器中状态、施工性、干燥时间、涂膜外观、对比率。

表 2-11-34　合成树脂乳液内墙底漆和面漆的要求

合成树脂乳液内墙底漆的要求

项　目		指　标
容器中状态		无硬块，搅拌后呈均匀状态
施工性		涂刷无障碍
低温稳定性（3 次循环）		不变质
涂膜外观		正常
干燥时间（表干）/h	≤	2
耐碱性（24h）		无异常
抗泛碱性（48h）		无异常

合成树脂乳液内墙面漆的要求

项　目		指　标		
		合格品	一等品	优等品
容器中状态		无硬块，搅拌后呈均匀状态		
施工性		涂刷二道无障碍		
低温稳定性（3 次循环）		不变质		
涂膜外观		正常		
干燥时间（表干）/h	≤	2		
对比率（白色和浅色[*]）	≥	0.90	0.93	0.95
耐碱性（24h）		无异常		
耐洗刷性（次）	≥	300	1000	5000

[*] 浅色是指以白色涂料为主要成分，添加适量色浆后配制成的浅色涂料形成的涂膜所呈现的浅颜色，按 GB/T 15608 中规定明度值为 6 ~ 9 之间（三刺激值中的 $Y_{D65} \geqslant 31.26$）

注：根据 GB/T 9756—2009《合成树脂乳液内墙涂料》。

2.11.3.2　合成树脂乳液外墙涂料

以合成树脂乳液为基料，与颜料、体质颜料及各种助剂配制而成的，施涂后能形成表面平整之薄质涂层的用于外墙的涂料。

该涂料分为优等品、一等品及合格品三个等级。技术指标应符合表 2-11-35 的要求。出厂检验项目：容器中状态、施工性、干燥时间、涂膜外观、对比率。

表 2-11-35　合成树脂乳液外墙涂料的技术要求

项　目		指　标		
		优等品	一等品	合格品
容器中状态		无硬块，搅拌后呈均匀状态		
施工性		涂刷二道无障碍		
低温稳定性		不变质		
干燥时间（表干）/h	≤	2		
涂膜外观		正常		
对比率（白色和浅色）	≥	0.93	0.90	0.87
耐水性		96h 无异常		
耐碱性		48h 无异常		

项　　目		指　　标		
		优等品	一等品	合格品
耐洗刷性（次）	≥	2000	1000	500
耐人工气候老化性：白色和浅色		600h 不起泡 不剥落，无裂纹	400h 不起泡 不剥落，无裂纹	250h 不起泡 不剥落，无裂纹
粉化（级）	≤	1		
变色（级）	≤	2		
其他色		商定		
耐沾污性（白色和浅色）/%	≤	15	15	20
涂层耐温变性（5 次循环）		无异常		

对比率中的浅色是指以白色涂料为主要成分，添加适量色浆后配制成的浅色涂料形成的涂膜所呈现的浅颜色，按 GB/T 15608—1995 中规定明度值为 6 ~ 9（三刺激值中的 $Y_{D65} \geq 31.26$）

注：根据 GB/T 9755—2001《合成树脂乳液外墙涂料》。

2.11.3.3　溶剂型外墙涂料

以合成树脂为基料，与颜料、体质颜料及各种助剂配制而成的，施涂后能形成表面平整之薄质涂层的用于外墙的涂料。

该涂料分为优等品、一等品及合格品三个等级。技术要求见表 2-11-36。出厂检验项目：容器中状态、施工性、干燥时间、涂膜外观、对比率。

表 2-11-36　溶剂型外墙涂料的技术要求

项　　目		指　　标		
		优等品	一等品	合格品
容器中状态		无硬块，搅拌后呈均匀状态		
施工性		涂刷二道无障碍		
干燥时间（表干）/h	≤	2		
涂膜外观		正常		
对比率（白色和浅色[1]）	≥	0.93	0.90	0.87
耐水性		168h 无异常		
耐碱性		48h 无异常		
耐洗刷性（次）	≥	5000	3000	2000
耐人工气候老化性：白色和浅色		1000h 不起泡 不剥落，无裂纹	500h 不起泡 不剥落，无裂纹	300h 不起泡 不剥落，无裂纹
粉化（级）	≤	1		
变色（级）	≤	2		
其他色		商定		
耐沾污性（白色和浅色[1]）/%	≤	10	10	15
涂层耐温变性（5 次循环）		无异常		

[1] 浅色是指以白色涂料为主要成分，添加适量色浆后配制成的浅色涂料形成的涂膜所呈现的浅颜色，按 GB/T 15608—1995 中规定明度值为 6 ~ 9

注：根据 GB/T 9757—2001《溶剂型外墙涂料》。

2.11.3.4 外墙无机建筑涂料

以碱金属硅酸盐或硅溶胶为主要粘结剂，采用涂刷、喷涂或滚涂的施工方法，在建筑物外墙形成薄质装饰涂层的建筑涂料。其技术要求见表2-11-37。出厂检验项目：容器中状态、施工性、干燥时间、涂膜外观、对比率。

表 2-11-37 外墙无机建筑涂料的技术要求

项　目		指　标
容器中状态		无硬块，搅拌后呈均匀状态
施工性		涂刷二道无障碍
干燥时间（表干）/h	≤	2
涂膜外观		正常
对比率（白色和浅色[1]）	≥	0.95
热贮存稳定性（30d）		无结块、凝聚、霉变现象
低温贮存稳定性（3次）		无结块、凝聚现象
耐水性（168h）		无起泡、裂纹、剥落，允许轻微掉粉
耐碱性（168h）		无起泡、裂纹、剥落，允许轻微掉粉
耐温变性（10次）		无起泡、裂纹、剥落，允许轻微掉粉
耐洗刷性（次）	≥	1000
耐人工老化性（白色和浅色[1]）		
（Ⅰ800h）		无起泡、剥落，裂纹、粉化≤1级，变色≤2级
（Ⅱ500h）		无起泡、剥落，裂纹、粉化≤1级，变色≤2级
耐沾污性（白色和浅色[1]）/% Ⅰ		≤20
Ⅱ		≤15

[1] 浅色是指以白色涂料为主要成分，添加适量色浆后配制成的浅色涂料形成的涂膜所呈现的灰色、粉红色、奶黄色、浅绿色等浅颜色，按 GB/T 15608—1995 中规定明度值为 6～9

注：根据 JG/T 26—2002《外墙无机建筑涂料》。

2.11.4　建筑玻璃

2.11.4.1　浮法玻璃

用于建筑、制镜、汽车等。并按用途分为制镜级、汽车级和建筑级。

（1）尺寸和厚度：浮法玻璃的尺寸和厚度允许偏差应符合表2-11-38规定，建筑级外观质量符合表2-11-39的规定。出厂检验应包括规定的所有项目。

表 2-11-38　浮法玻璃的尺寸和厚度允许偏差（mm）

允许偏差类型	厚度	尺寸小于3000	尺寸3000～5000
尺寸允许偏差	2，3，4	±2	—
	5，6		±3
	8，10	+2，−3	+3，−4
	12，15	±3	±4
	19	±5	±5

续表

允许偏差类型	厚度	尺寸小于 3000	尺寸 3000～5000
厚度允许偏差	2, 3, 4, 5, 6	±0.2	
	8, 10	±0.3	
	12	±0.4	
	15	±0.6	
	19	±1.0	
对角线差		不大于对角线平均长度的 0.2%	
弯曲度		不应超过 0.2%	

表 2-11-39　建筑级浮法玻璃外观质量

缺陷种类	质量要求			
气泡	长度及个数允许范围			
	长度 L/mm $0.5 \leq L \leq 1.5$	长度 L/mm $1.5 < L \leq 3.0$	长度 L/mm $3.0 < L \leq 5.0$	长度 L/mm $L > 5.0$
	$5.5 \times S$ 个	$1.1 \times S$ 个	$0.44 \times S$ 个	0 个
夹杂物	长度及个数允许范围			
	长度 L/mm $0.5 \leq L \leq 1.0$	长度 L/mm $1.0 < L \leq 2.0$	长度 L/mm $2.0 < L \leq 3.0$	长度 L/mm $L > 3.0$
	$2.2 \times S$ 个	$0.44 \times S$ 个	$0.22 \times S$ 个	0 个
点状缺陷密集度	长度大于 1.5mm 的气泡和长度大于 1.0mm 的夹杂物：气泡与气泡、夹杂物与夹杂物或气泡与夹杂物的间距应大于 300mm			
线道	按本标准试验方法肉眼不应看见			
划伤	长度和宽度允许范围及条数			
	宽 0.5mm，长 60mm，$3 \times S$ 条			
光学变形	入射角：2mm，40°；3mm，45°；4mm 以上，50°			
表面裂纹	按本标准试验方法肉眼不应看见			
断面缺陷	爆边、凹凸、缺角等不应超过玻璃板的厚度			

S 为以平方米为单位的玻璃板面积，保留小数点后两位。气泡、夹杂物的个数及划伤条数允许范围为各系数与 S 相乘所得的数值，应修约至整数

注：根据 GB 11614—1999《浮法玻璃》。

（2）抽检数量和判定规则：其抽检数量和判定规则按表 2-11-40 的规定进行。

表 2-11-40　抽检数量和判定规则

批量范围	抽检数（样本大小）	合格判定数	不合格判定数
≤50	8	1	2
51～90	13	2	3
91～150	20	3	4
151～280	32	5	6

批量范围	抽检数（样本大小）	合格判定数	不合格判定数
281~500	50	7	8
501~1000	80	10	11
判定规则	一片玻璃检验结果，各项指标均达到该等级的要求为合格；一批玻璃的检验结果，若不合格片数大于或等于本表的不合格判定数，则认为该批产品不合格		

2.11.4.2 中空玻璃

将两片或多片玻璃以有效支撑均匀隔开并周边粘结密封，使玻璃层间形成有干燥气体空间的制品。中空玻璃所用材料可采用浮法玻璃、夹层玻璃、钢化玻璃、幕墙用钢化玻璃和半钢化玻璃、着色玻璃、镀膜玻璃和压花玻璃等。

（1）尺寸允许偏差及性能要求：中空玻璃的长（宽）度、厚度允许偏差及性能要求应符合表 2-11-41 的规定。出厂检验项目为：尺寸偏差、外观，若要求增加其他检验项目由供需双方商定。

表 2-11-41　中空玻璃的长（宽）度、厚度允许偏差及性能要求

允许偏差类型	长（宽）度或厚度	
长（宽）度 L 允许偏差/mm	$L < 1000$	±2
	$1000 \leqslant L < 2000$	+2，-3
	$L \geqslant 2000$	±3
公称厚度 t 允许偏差 mm	$t < 17$	±1.0
	$17 \leqslant t < 22$	±1.5
	$t \geqslant 22$	±2.0
对角线差	正方形和矩形中空玻璃对角线差不大于对角线平均长度的 0.2%	
弯曲度	不应超过 0.2%	
胶层厚度/mm	单道密封胶厚度为 10±2，双道密封外层密封胶层厚度为 5~7mm，胶条密封胶层厚度为 8±2	
外观	不得有妨碍透视的污迹、夹杂物及密封胶飞溅现象	
密封性能	20 块 4+12+4mm 试样全部满足以下两条规定为合格：1. 在试验压力低于环境气压 10kPa±0.5kPa 下，初始偏差必须 ≥0.8mm；2. 在该气压下保持 2.5h 后，厚度偏差的减少应不超过初始偏差的 15%；20 块 5+9+5mm 试样全部满足以下两条规定为合格：1. 在试验压力低于环境气压 10kPa±0.5kPa 下，初始偏差必须 ≥0.5mm；2. 在该气压下保持 2.5h 后，厚度偏差的减少应不超过初始偏差的 15%	
露点	20 块试样露点均 ≤ -40℃ 为合格	
耐紫外线辐照性能	2 块试样紫外线照射 168h，试样内表面上均无结雾或污染的痕迹、玻璃原片无明显错位和产生胶条蠕变为合格。如有 1 块或 2 块试样不合格，可另取 2 块备用试样重新试验，2 块试样均满足要求为合格。	
气候循环耐久性能	试样经循环试验后进行露点测试。4 块试样露点 ≤ -40℃ 为合格	
高温高湿耐久性能	试样经循环试验后进行露点测试。8 块试样露点 ≤ -40℃ 为合格	

注：1. 表中公称厚度为玻璃原片的公称厚度与间隔层厚度之和。
　　2. 根据 GB/T 11944—2002《中空玻璃》。

（2）抽检数量和判定规则：其抽检数量和判定规则见表 2-11-42。

表 2-11-42　抽检数量和判定规则

批量范围	抽检数	合格判定数	不合格判定数
1～8	2	1	2
9～15	3	1	2
16～25	5	1	2
26～50	8	2	3
51～90	13	3	4
91～150	20	5	6
151～280	32	7	8
281～500	50	10	11
判定规则	若不合格品数等于或大于本表的不合格判定数，则认为该批产品外观质量和尺寸偏差不合格；其他性能也应符合相应条款的规定，否则认为该项不合格；若上述各项中有一项不合格，则认为该批产品不合格		

2.11.4.3　夹层玻璃

是玻璃与玻璃和/或塑料等材料，用中间层分隔并通过处理使其粘结为一体的复合材料的统称。大多数使用的是玻璃与玻璃，用中间层分隔并通过处理使其粘结为一体的玻璃构件。

1）夹层玻璃按形状分为：

（1）平面夹层玻璃；

（2）曲面夹层玻璃。

2）按霰弹袋冲击性能分为：

（1）Ⅰ类夹层玻璃（Ⅰ类夹层玻璃对霰弹袋冲击不作要求）；

（2）Ⅱ-1类夹层玻璃；

（3）Ⅱ-2类夹层玻璃；

（4）Ⅲ类夹层玻璃。

3）尺寸允许偏差：应符合表 2-11-43 的规定。

表 2-11-43　夹层玻璃的尺寸允许偏差

长度和宽度允许偏差/mm			
公称尺寸（边长 L）	公称厚度≤8	公称厚度 >8	
		每块玻璃公称厚度 <10	至少一块玻璃公称厚度≥10
$L \leqslant 1100$	+2.0 -2.0	+2.5 -2.0	+3.5 -2.5
$1100 < L \leqslant 1500$	+3.0 -2.0	+3.5 -2.0	+4.5 -3.0
$1500 < L \leqslant 2000$	+3.0 -2.0	+3.5 -2.0	+5.0 -3.5
$2000 < L \leqslant 2500$	+4.5 -2.5	+5.0 -3.0	+6.0 -4.0
$L > 2500$	+5.0 -3.0	+5.5 -3.5	+6.5 -4.5

最大允许叠差/mm	
长度或宽度 L	最大允许叠差
L < 1000	2.0
1000 ≤ L < 2000	3.0
2000 ≤ L < 4000	4.0
L ≥ 4000	6.0

厚度、对角线、弯曲度偏差/mm	
厚度	对于三层原片以上（含三层）制品、原片材料总厚度超过24mm及使用钢化玻璃作为原片时，其厚度允许偏差由供需双方商定
干法夹层玻璃的厚度偏差	不超过构成夹层玻璃的原片允许偏差和中间层允许偏差总和；中间层厚度小于2mm时，不考虑中间层的允许偏差，中间层总厚度大于2mm时，其厚度允许偏差为±0.2mm
湿法夹层玻璃的厚度偏差	不超过构成夹层玻璃原片厚度允许偏差与中间层材料厚度允许偏差总和；其中中间层厚度 d 的允许偏差：当 d < 1 时，为±0.4mm；当 1 ≤ d < 2 时为±0.5mm；当 2 ≤ d < 3 时为±0.6mm；当 d ≥ 3 时为±0.7mm
对角线偏差	对矩形制品，长边长度不大于2400mm时，其对角线偏差不得大于4mm，长边长度大于2400mm时，其对角线偏差由供需双方商定
弯曲度	弓形时应不超过0.3%，波形时应不超过0.2%

注：本节各表根据 GB 15763.3—2009《建筑用安全玻璃第3部分：夹层玻璃》。

4）外观质量：夹层玻璃的外观质量必须符合表 2-11-44 的要求。

表 2-11-44　夹层玻璃的外观质量

气泡、中间层杂质及其他可观察到的不透明物等缺陷允许个数							
缺陷尺寸：λ/mm			0.5 < λ ≤ 1.0	1.0 < λ ≤ 3.0			
玻璃面积：S/m²			S 不限	S ≤ 1	1 < S ≤ 2	2 < S ≤ 8	8 < S
允许的缺陷个数/个	玻璃层数	2 层	不得密集存在	1	2	1m²	1.2m²
		3 层		2	3	1.5m²	1.8m²
		4 层		3	4	2m²	2.4m²
		≥5 层		4	5	2.5m²	3m²

注：不大于0.5mm的缺陷不考虑，不允许出现大于3mm的缺陷。当出现以下情况时视为密集存在：
  a. 两层玻璃时，出现4个或4个以上的缺陷，且彼此相距 <200mm；
  b. 三层玻璃时，出现4个或4个以上的缺陷，且彼此相距 <180mm；
  c. 四层玻璃时，出现4个或4个以上的缺陷，且彼此相距 <150mm；
  d. 五层以上玻璃时，出现4个或4个以上的缺陷，且彼此相距 <100mm。

裂口	不允许存在
爆边	长度或宽度不得超过玻璃的厚度
皱痕和条纹	不允许存在
脱胶	不允许存在

5）性能要求：夹层玻璃的性能要求应符合表 2-11-45 的规定。出厂检验项目为：尺寸偏差、外观质量和弯曲度，若要求增加其他检验项目由供需双方商定。

表 2-11-45 夹层玻璃的技术要求

指 标	技 术 要 求
耐热性	试验后允许试样存在裂口，但超出边部或裂口 13mm 部分不能产生气泡或其他缺陷
耐湿性	试验后超出原始边 15mm、切割边 25mm、裂口 10mm 部分不能产生气泡或其他缺陷
耐辐照性	试验后试样不可产生显著变色、气泡及浑浊现象，且试验前后试样的可见光透射比相对变化率 ΔT 应不大于 3%
落球冲击剥离性能	试验后中间层不得断裂、不得因碎片的剥离而暴露

霰弹袋冲击性能		
种类	冲击高度/mm	结果判定
Ⅱ-1 类	300、750、1200	3 组试样在冲击高度分别为 300mm、750mm、1200mm 冲击后，全部试样未破坏和/或安全破坏
Ⅱ-2 类	300、750	2 组试样在冲击高度分别为 300mm、750mm 冲击后，全部试样未破坏和/或安全破坏，但另 1 组试样冲击高度为 1200mm 时任何试样非安全破坏
Ⅲ类	300、750	1 组试样在冲击高度为 300mm 冲击后，试样未破坏和/或安全破坏，但另 1 组试样冲击高度为 750mm 时，任何试样非安全破坏
破坏时试样同时符合 a、b 要求为安全破坏	a. 破坏时允许出现裂缝和开口，但不允许出现直径为 76mm 的球在 25N 力作用下通过的裂缝或开口； b. 冲击后出现碎片或剥离时，称量冲击后 3min 内从试样上剥离下的碎片，其总质量不得超过相当于 100cm² 试样的质量，最大剥离碎片质量应小于 44cm² 面积试样的质量	

6）组批与抽样规则：产品的尺寸允许偏差、外观质量、弯曲度试验按表 2-11-4 进行随机抽样；其他试验项目的抽样数按其试验方法所要求的抽样数进行抽样。

表 2-11-46 抽样规则

批量范围	抽检数	合格判定数	不合格判定数
2～8	2	0	1
9～15	3	0	1
16～25	5	1	2
26～50	8	2	3
51～90	13	3	4
91～150	20	5	6
151～280	32	7	8
281～500	50	10	11
判定规则	若尺寸允许偏差、外观质量、弯曲度三项的不合格品数等于或大于本表的不合格判定数，则认为该批产品外观质量、尺寸偏差和弯曲度不合格；其他性能也应符合相应条款的规定，否则认为该项不合格；若上述各项中有一项不合格，则认为该批产品不合格		

2.11.4.4 半钢化玻璃

通过控制加热和冷却过程，在玻璃表面引入永久压应力层，使玻璃的机械强度和耐热冲击性能提高，并具有特定的碎片状态的玻璃制品称为半钢化玻璃。下述技术要求适用于经热处理工艺制成的建筑用半钢化玻璃。

1）尺寸偏差：应符合表 2-11-47 的要求。

表 2-11-47　厚度偏差、边长偏差、对角线差和圆孔偏差（mm）

厚度偏差：应符合所使用的原片玻璃对应标准的规定				
边长允许偏差				
厚度	边长（L）			
	$L \leq 1000$	$1000 < L \leq 2000$	$2000 < L \leq 3000$	$L > 3000$
3、4、5、6	+1.0 −2.0	±3.0		±4.0
8、10、12	+2.0 −3.0	—		—
对角线差允许值				
玻璃公称厚度	边长（L）			
	$L \leq 1000$	$1000 < L \leq 2000$	$2000 < L \leq 3000$	$L > 3000$
3、4、5、6	2.0	3.0	4.0	5.0
8、10、12	3.0	4.0	5.0	6.0
圆孔孔径及位置偏差				
圆孔公称孔径（D）		允许偏差		
$4 \leq D \leq 50$		±1.0		
$50 < D \leq 100$		±2.0		
$D > 100$		供需双方商定		
圆孔位置		孔的边部距玻璃边部应不小于玻璃公称厚度的 2 倍；两孔孔边间距离应不小于玻璃公称厚度的 2 倍；孔的边部距玻璃角部的距离应不小于玻璃公称厚度的 6 倍		

注：本节各表根据 GB 17841—2008《半钢化玻璃》。

2）外观质量及弯曲度：应符合表 2-11-48 的要求。

表 2-11-48　外观质量及弯曲度

外观质量		
缺陷名称	说明	允许缺陷数
爆边	每米边长上允许有长度不超过 10mm，自玻璃边部向玻璃板表面延伸深度不超过 2mm，自板面向玻璃厚度延伸深度不超过厚度 1/3 的爆边个数	1 处
划伤	宽≤0.1mm，长≤100mm，每平方米面积内允许存在条数	4 条
	0.1mm＜宽度≤0.5mm，长度≤100mm，每平方米面积内允许存在条数	3 条
夹钳印	夹钳印与玻璃边缘的距离≤20mm，边部变形量≤2mm	
裂纹、缺角	不允许存在	

弯曲度		
缺陷种类	弯曲度	
	浮法玻璃	其他
弓形/（mm/mm）	0.3%	0.4%
波形/（mm/300mm）	0.3	0.5

3）性能要求：其各项性能要求应符合表 2-11-49 的规定。

表 2-11-49 性能要求

性能	原片玻璃种类	要求值/MPa
弯曲强度	浮法玻璃、镀膜玻璃	≥70
	压花玻璃	≥55
表面应力值	浮法玻璃、镀膜玻璃	24MPa≤表面应力值≤60MPa
	压花玻璃	—

碎片状态要求：碎片至少有一边延伸到非检查区域。当有碎片的任何一边不能延伸到非检查区域时，此类碎片归类为"小岛"碎片和"颗粒"碎片，上述碎片应满足如下要求：

（1）不应有两个或两个以上小岛碎片；

（2）不应有面积大于 $10cm^2$ 的小岛碎片；

（3）所有"颗粒"碎片的面积之和不应超过 $50cm^2$。

4）抽检数量和判定规则：外观质量、尺寸及偏差、弯曲度抽检数量和判定规则按表 2-11-50 进行。

表 2-11-50 抽检数量和判定规则（片）

批量范围	抽检数	合格判定数	不合格判定数
1~8	2	0	1
9~15	3	0	1
16~25	5	1	2
26~50	8	1	2
51~90	13	2	3
91~150	20	3	4
151~280	32	5	6
281~500	50	7	8
判定规则	如不合格品数小于或等于本表的合格判定数，则该项目合格；若不合格品数等于或大于本表的不合格判定数，则认为该批产品外观质量、尺寸及偏差和弯曲度不合格；进行弯曲强度、表面应力、耐热冲击检验时，样品全部满足要求为合格，否则认为该项不合格；进行碎片检验时，样品全部满足要求，则该项目合格，如有一块样品不能满足碎片状态要求，但能满足碎片状态放宽条款，该项目也视为合格，否则该项目不合格。若上述各项中有一项不合格，则认为该批产品不合格		

2.11.4.5 普通平板玻璃

用各种工艺生产的钠钙硅平板玻璃称为普通平板玻璃。

（1）分类：按颜色属性分为无色透明平板玻璃和本体着色平板玻璃。按外观质量分为合格品、一等品和优等品。按公称厚度分为 2mm、3mm、4mm、5mm、6mm、8mm、10mm、12mm、15mm、19mm、22mm、25mm。

（2）尺寸偏差：平板玻璃应切割成矩形，其长度和宽度的尺寸偏差应不超过表 2-11-51 的规定。

表 2-11-51　普通平板玻璃的尺寸偏差、厚度偏差和厚薄差（mm）

公称厚度	尺寸偏差	
	尺寸≤3000	尺寸>3000
2～6	±2	±3
8～10	+2　−3	+3　−4
12～15	±3	±4
19～25	±5	±5
公称厚度	厚度偏差	厚薄差
2～6	±0.2	0.2
8～12	±0.3	0.3
15	±0.5	0.5
19	±0.7	0.7
22～25	±1.0	1.0

注：本节各表根据 GB 11614—2009《普通平板玻璃》。

（3）外观质量：平板玻璃合格品外观质量应符合表 2-11-52 的要求；一等品外观质量应符合表 2-11-53 的要求；优等品外观质量应符合表 2-11-54 的要求。

表 2-11-52　平板玻璃合格品外观质量

缺陷种类	质量要求	
点状缺陷[2]	尺寸，L/mm	允许个数限度
	$0.5 \leqslant L \leqslant 1.0$	$2 \times S$
	$1.0 < L \leqslant 2.0$	$1 \times S$
	$2.0 < L \leqslant 3.0$	$0.5 \times S$
	$L > 3.0$	0
点状缺陷密集度	尺寸≥0.5 的点状缺陷最小间距不小于 300mm，直径 100mm 圆内尺寸≥0.3mm的点状缺陷不超过 3 个	
线道	不允许	
裂纹	不允许	
划伤	允许范围	允许条数限度
	宽≤0.5mm，长≤60mm	$3 \times S$
光学变形	公称厚度	无色透明平板玻璃 / 本体着色平板玻璃
	2mm	≥40° / ≥40°
	3mm	≥45° / ≥40°
	≥4mm	≥50° / ≥45°
断面缺陷	公称厚度不超过 8mm 时，不超过玻璃板的厚度；8mm 以上时，不超过 8mm	

注：1. S 是以 m² 为单位的玻璃板面积数值，按 GB/T 8170 修约，保留小数点后两位。点状缺陷的允许个数限度及划伤的允许条数限度为各系数与 S 相乘所得的数值，按 GB/T 8170 修约至整数。

　　2. 光畸变点视为 0.5～1.0mm 的点状缺陷。

表 2-11-53　平板玻璃一等品外观质量

缺陷种类	质量要求		
点状缺陷[2]	尺寸，L/mm	允许个数限度	
	$0.3 \leqslant L \leqslant 0.5$	$2 \times S$	
	$0.5 < L \leqslant 1.0$	$0.5 \times S$	
	$1.0 < L \leqslant 1.5$	$0.2 \times S$	
	$L > 1.5$	0	
点状缺陷密集度	尺寸≥0.3 的点状缺陷最小间距不小于 300mm，直径 100mm 圆内尺寸≥0.2mm 的点状缺陷不超过 3 个		
线道	不允许		
裂纹	不允许		
划伤	允许范围	允许条数限度	
	宽≤0.2mm，长≤40mm	$2 \times S$	
光学变形	公称厚度	无色透明平板玻璃	本体着色平板玻璃
	2mm	≥50°	≥45°
	3mm	≥55°	≥50°
	4～12mm	≥60°	≥55°
	≥15mm	≥55°	≥50°
断面缺陷	公称厚度不超过 8mm 时，不超过玻璃板的厚度；8mm 以上时，不超过 8mm		

注：1. S 是以 m² 为单位的玻璃板面积数值，按 GB/T 8170 修约，保留小数点后两位。点状缺陷的允许个数限度及划伤的允许条数限度为各系数与 S 相乘所得的数值，按 GB/T 8170 修约至整数。

2. 点状缺陷中不允许有光畸变点。

表 2-11-54　平板玻璃优等品外观质量

缺陷种类	质量要求		
点状缺陷[2]	尺寸，L/mm	允许个数限度	
	$0.3 \leqslant L \leqslant 0.5$	$1 \times S$	
	$0.5 < L \leqslant 1.0$	$0.2 \times S$	
	$L > 1.0$	0	
点状缺陷密集度	尺寸≥0.3 的点状缺陷最小间距不小于 300mm，直径 100mm 圆内尺寸≥0.1mm 的点状缺陷不超过 3 个		
线道	不允许		
裂纹	不允许		
划伤	允许范围	允许条数限度	
	宽≤0.1mm，长≤30mm	$2 \times S$	
光学变形	公称厚度	无色透明平板玻璃	本体着色平板玻璃
	2mm	≥50°	≥50°
	3mm	≥55°	≥50°
	4～12mm	≥60°	≥55°
	≥15mm	≥55°	≥50°
断面缺陷	公称厚度不超过 8mm 时，不超过玻璃板的厚度；8mm 以上时，不超过 8mm		

注：1. S 是以 m² 为单位的玻璃板面积数值，按 GB/T 8170 修约，保留小数点后两位。点状缺陷的允许个数限度及划伤的允许条数限度为各系数与 S 相乘所得的数值，按 GB/T 8170 修约至整数

2. 点状缺陷中不允许有光畸变点

（4）弯曲度：平板玻璃弯曲度应不超过0.2%。

（5）光学特性：无色透明平板玻璃可见光透射比应不小于表2-11-55的规定。本体着色平板玻璃可见光透射比、太阳光直接透射比、太阳能总透射比偏差应不超过表2-11-56的规定。

表2-11-55　无色透明平板玻璃可见光透射比最小值

公称厚度/mm	可见光透射比最小值/%
2	89
3	88
4	87
5	86
6	85
8	83
10	81
12	79
15	76
19	72
22	69
25	67

表2-11-56　本体着色平板玻璃透射比偏差

种　类	偏　差/%
可见光（380~780nm）透射比	2.0
太阳光（300~2500nm）直接透射比	3.0
太阳能（300~2500nm）总透射比	4.0

2.12　沥青材料

2.12.1　道路石油沥青

2.12.1.1　道路石油沥青的等级和适用范围

应符合表2-12-1的规定。

表2-12-1　道路石油沥青的等级和适用范围

沥青等级	适用范围
A级沥青	各个等级的公路，适用于任何场合和层次
B级沥青	1. 高速公路、一级公路沥青下面层及以下的层次，二级及二级以下公路的各个层次； 2. 用做改性沥青、乳化沥青、改性乳化沥青、稀释沥青的基质沥青
C级沥青	三级及三级以下公路的各个层次

注：本节各表除注明者外均根据JTG F40—2004《公路沥青路面施工技术规范》。

2.12.1.2　技术要求

道路石油沥青的质量应符合表2-12-2的技术要求。

表 2-12-2　道路石油沥青的技术要求

指标	等级	沥青标号						
		160号[4]	130号[4]	110号	90号	70号³	50号	30号
针入度(25℃,5s,100g)/0.1mm		140~200	120~140	100~120	80~100	60~80	40~60	20~40
适用的气候分区⁶		注⁴	注⁴	2-1　2-2　3-2	1-1　1-2　1-3　2-2　2-3	1-3　1-4　2-2　2-3　2-4	1-4	注⁴
针入度指数 PI²	A	-1.5 ~ +1.0						
	B	-1.8 ~ +1.0						
软化点(R&B)/℃ 不小于	A	38	40	43	45　44	46　45	49	55
	B	36	39	42	43　42	44　43	46	53
	C	35	37	41	42	43	45	50
60℃动力黏度²/Pa·s 不小于	A	—	60	120	160　140	180　160	200	260
10℃延度/cm 不小于	A	50	50	40	30　20	20　25　15　20	15	10
	B	30	30	30	20　15	15　20　10　15	10	8
15℃延度/cm 不小于	AB	100						
	C	80	80	60	50	40	30	20
蜡含量(蒸馏法)/% 不大于	A	2.2						
	B	3.0						
	C	4.5						
闪点/℃ 不小于		230		245		260		

续表

指标	等级	沥青标号						
		160号[4]	130号[4]	110号	90号	70号[3]	50号	30号[4]
溶解度/% 不小于		99.5						
密度(15℃)/[kg/m³]		实测记录						
TFOT(或RTFOT)后[5]								
质量变化/% 不大于		±0.8						
残留针入度比(25℃)/% 不小于	A	48	54	55	57	61	63	65
	B	45	50	52	54	58	60	62
	C	40	45	48	50	54	58	60
残留延度(10℃)/cm 不小于	A	12	12	10	8	6	4	—
	B	10	10	8	6	4	2	—
残留延度(15℃)/cm 不小于	C	40	35	30	20	15	10	—

注：1. 试验方法按照现行 JTJ 052—2000《公路沥青及沥青混合料试验规程》规定的方法执行。用于仲裁试验求取 PI 时的 5 个温度的针入度关系的相关系数不得小于 0.997。

2. 经建设单位同意，表中 PI 值、60℃动力黏度、10℃延度可作为选择性指标，也可不作为施工质量检验指标。

3. 70 号沥青可根据需要求供应商提供针入度范围为 60～70 或 70～80 的沥青，50 号沥青可要求提供针入度范围为 40～50 或 50～60 的沥青。

4. 30 号沥青仅适用于沥青稳定基层。130 号和 160 号沥青除寒冷地区可直接应用在中、低级公路上直接应用外，通常用作乳化沥青、稀释沥青，改性沥青的基质沥青。

5. 老化试验以 TFOT 为主，也可以 RTFOT 代替。

6. 气候分区见本标准附录 A。

2.12.2　道路用乳化沥青

2.12.2.1　道路用乳化沥青的品种及适用范围

应符合表 2-12-3 的规定。

表 2-12-3　道路用乳化沥青的品种及适用范围

分类	品种及代号	适用范围
阳离子乳化沥青	PC-1	表处、贯入式路面及下封层用
	PC-2	透层油及基层养生用
	PC-3	黏层油用
	BC-1	稀浆封层或冷拌沥青混合料用
阴离子乳化沥青	PA-1	表处、贯入式路面及下封层用
	PA-2	透层油及基层养生用
	PA-3	黏层油用
	BA-1	稀浆封层或冷拌沥青混合料用
非离子乳化沥青	PN-2	透层油用
	BN-1	与水泥稳定基料同时使用（基层路拌或再生）

2.12.2.2　技术要求

道路用乳化沥青的各项指标应符合表 2-12-4 的规定。

表 2-12-4　道路用乳化沥青技术要求

项目	品种及代号									
	阳离子				阴离子				非离子	
	喷洒用			拌合用	喷洒用			拌合用	喷洒用	拌合用
	PC-1	PC-2	PC-3	BC-1	PA-1	PA-2	PA-3	BA-1	PN-2	BN-1
破乳速度	快裂	慢裂	快裂或中裂	慢裂或中裂	快裂	慢裂	快裂或中裂	慢裂或中裂	慢裂	慢裂
粒子电荷	阳离子（＋）				阴离子（－）				非离子	
1.18mm 筛上残留物/% 不大于	0.1				0.1				0.1	
恩格拉黏度	2～10	1～6	1～6	2～30	2～10	1～6	1～6	2～30	1～6	2～30
道路标准黏度/s	10～25	8～20	8～20	10～60	10～25	8～20	8～20	10～60	8～20	10～60
蒸发残留物 残留分含量/% 不小于	50	50	50	55	50	50	50	55	50	55
蒸发残留物 溶解度/% 不小于	97.5				97.5				97.5	
蒸发残留物 针入度（25℃）/0.1mm	50～200	50～300	45～150		50～200	50～300	45～150		50～300	60～300
蒸发残留物 延度(15℃)/cm 不小于	40				40				40	
与粗骨料的粘聚性，裹附面积 不小于	2/3			—	2/3			—	2/3	—
与粗细粒骨料拌合				均匀				均匀		
与水泥拌合的筛余/% 不大于										3

注：1. P 为喷洒型，B 为拌合型，C、A、N 分别表示阳离子、阴离子及非离子乳化沥青。

2. 黏度可选用恩格拉粘度计或沥青标准粘度计之一测定。

3. 表中的破乳速度与骨料的粘附性、拌合试验的要求、所使用的石料品种有关，质量检验时应采用工程上实际的石料进行试验，仅进行乳化沥青产品质量评定时可不要求此三项指标。

4. 贮存稳定性根据施工实际情况选用试验时间，通常采用 5d，乳液生产后能在当天使用时也可用 1d 的稳定性。

5. 当乳化沥青需要在低温冰冻条件下贮存或使用时，尚需进行 -5℃ 低温贮存稳定性试验，要求没有粗颗粒，不结块。

6. 如果乳化沥青是将高浓度产品运到现场经稀释后使用时，表中的蒸发残留物等各项指标指稀释前乳化沥青的要求。

2.12.3 聚合物改性沥青

聚合物改性沥青的各项指标应符合表2-12-5的技术要求。

表2-12-5 聚合物改性沥青的技术要求

指标	SBS类（Ⅰ类）				SBR类（Ⅱ类）			VEA、PE类（Ⅲ类）			
	Ⅰ-A	Ⅰ-B	Ⅰ-C	Ⅰ-D	Ⅱ-A	Ⅱ-B	Ⅱ-C	Ⅲ-A	Ⅲ-B	Ⅲ-C	Ⅲ-D
针入度（25℃，100g，5s)/0.1mm	>100	80～100	60～80	40～60	>100	80～100	60～80	>80	60～80	40～60	30～40
针入度指数 PI，不小于	−1.2	−0.8	−0.4	0	−1.0	−0.8	−0.6	−1.0	−0.8	−0.6	−0.4
延度(5℃，5cm/min)/cm 不小于	50	40	30	20	60	50	40	—			
软化点/℃ 不小于	45	50	55	60	45	48	50	48	52	56	60
运动粘度（135℃)/（Pa·s）不大于	3										
闪点/℃ 不小于	230				230			230			
溶解度/% 不小于	99				99			—			
弹性恢复（25℃）不小于	55	60	65	75	—						
粘韧性/（N·m）不小于	—				5						
韧性/（N·m）不小于	—				2.5						
贮存稳定性离析，48h 软化点差/℃ 不大于	2.5				—			无改性剂明显析出、凝聚			
TFOT（或RTFOT）后残留物											
质量变化/% 不大于	±1.0										
针入度比(25℃)/% 不小于	50	55	60	65	50	55	60	50	55	58	60
延度（5℃)，/cm 不小于	30	25	20	15	30	20	10				

注：1. 表中135℃运动黏度若在不改变改性沥青物理力学性能并符合安全条件的温度下易于泵送和拌合，或经证明适当提高泵送和拌合温度时能保证改性沥青的质量，容易施工，可不要求测定。
　　2. 贮存稳定性指标适用于工厂生产的成品改性沥青。现场制作的改性沥青对贮存稳定性指标可不作要求，但必须在制作后，保持不间断地搅拌或泵送循环，保证使用前没有明显的离析。

2.12.4 建筑石油沥青

建筑石油沥青适用于建筑屋面和地下防水的胶结料、制造涂料、油毡和防腐材料等产品。建筑石油沥青按针入度不同分为10号、30号和40号三个牌号。建筑石油沥青技术要求见表 2-12-6。

表 2-12-6　建筑石油沥青技术要求

项目		技术要求		
		10 号	30 号	40 号
针入度（25℃，100g，5s）/（1/10mm）		10～25	26～35	36～50
针入度（46℃，100g，5s）/（1/10mm）		报告	报告	报告
针入度（0℃，200g，5s）/（1/10mm）	不小于	3	6	6
延度（25℃，5cm/min）/cm	不小于	1.5	2.5	3.5
软化点（环球法）/℃	不低于	95	75	60
溶解度（三氯乙烯）/%	不小于	99.0		
蒸发后质量变化（163℃，5h）/%	不大于	1		
蒸发后 25℃针入度比/%	不小于	65		
闪点（开口杯法）/℃	不低于	260		

a. 表中报告应为实测值。
b. 测定蒸发损失后样品的 25℃针入度与原 25℃针入度之比乘以 100 后，所得的百分比，称为蒸发后针入度比。

注：根据 GB/T 494—2010《建筑石油沥青》。

2.13　管材和管件

2.13.1　塑料管材和管件

2.13.1.1　给水用硬聚氯乙烯（PVC-U）管材

（1）给水用硬聚氯乙烯管材的公称压力等级和规格尺寸：应符合表 2-13-1 的规定。

表 2-13-1　管材公称压力等级和规格尺寸（mm）

公称外径 d_n	管材 S 系列 SDR 系列和公称压力						
	S16 SDR33 PN0.63	S13.5 SDR26 PN0.8	S10 SDR21 PN1.0	S8 SDR17 PN1.25	S6.3 SDR13.6 PN1.6	S5 SDR11 PN2.0	S4 SDR9 PN2.5
	公称壁厚 e_n						
20	—	—	—	—	—	2.0	2.3
25	—	—	—	—	2.0	2.3	2.8
32	—	—	—	2.0	2.4	2.9	3.6
40	—	—	2.0	2.4	3.0	3.7	4.5
50	—	2.0	2.4	3.0	3.7	4.6	5.6
63	2.0	2.5	3.0	3.8	4.7	5.8	7.1
75	2.3	2.9	3.6	4.5	5.6	6.9	8.4
90	2.8	3.5	4.3	5.4	6.7	8.2	10.1
公称壁厚（e_n）根据设计应力（σ_s）10MPa 确定，最小壁厚不小于 2.0mm							

公称外径 d_n	管材 S 系列 SDR 系列和公称压力						
	S20 SDR41 PN0. 63	S16 SDR33 PN0. 8	S12. 5 SDR26 PN1. 0	S10 SDR21 PN1. 25	S8 SDR17 PN1. 6	S6. 3 SDR13. 6 PN2. 0	S5 SDR11 PN2. 5
	公称壁厚 e_n						
110	2. 7	3. 4	4. 2	5. 3	6. 6	8. 1	10. 0
125	3. 1	3. 9	4. 8	6. 0	7. 4	9. 2	11. 4
140	3. 5	4. 3	5. 4	6. 7	8. 3	10. 3	12. 7
160	4. 0	4. 9	6. 2	7. 7	9. 5	11. 8	14. 6
180	4. 4	5. 5	6. 9	8. 6	10. 7	13. 3	16. 4
200	4. 9	6. 2	7. 7	9. 6	11. 9	14. 7	18. 2
225	5. 5	6. 9	8. 6	10. 8	13. 4	16. 6	—
250	6. 2	7. 7	9. 6	11. 9	14. 8	18. 4	—
280	6. 9	8. 6	10. 7	13. 4	16. 6	20. 6	—
315	7. 7	9. 7	12. 1	15. 0	18. 7	23. 2	—
355	8. 7	10. 9	13. 6	16. 9	21. 1	26. 1	—
400	9. 8	12. 3	15. 3	19. 1	23. 7	29. 4	—
450	11. 0	13. 8	17. 2	21. 5	26. 7	33. 1	—
500	12. 3	15. 3	19. 1	23. 9	29. 7	36. 8	—
560	13. 7	17. 2	21. 4	26. 7	—	—	—
630	15. 4	19. 3	24. 1	30. 0	—	—	—
710	17. 4	21. 8	27. 2	—	—	—	—
800	19. 6	24. 5	30. 6	—	—	—	—
900	22. 0	27. 6	—	—	—	—	—
1000	24. 5	30. 6	—	—	—	—	—
公称壁厚（e_n）根据设计应力（σ_s）12. 5MPa 确定。							

注：本节各表根据 GB/T 10002. 1—2006《给水用硬聚氯乙烯（PVC-U）管材》。

（2）平均外径、偏差和不圆度：应符合表 2-13-2 的规定

表 2-13-2　平均外径及偏差、不圆度（mm）

平均外径 d_{em}		不圆度	平均外径 d_{em}		不圆度
公称外径 d_n	允许偏差		公称外径 d_n	允许偏差	
20	+0. 3 0	1. 2	125	+0. 4 0	2. 5
25	+0. 3 0	1. 2	140	+0. 5 0	2. 8
32	+0. 3 0	1. 3	160	+0. 5 0	3. 2
40	+0. 3 0	1. 4	180	+0. 6 0	3. 6
50	+0. 3 0	1. 4	200	+0. 6 0	4. 0
63	+0. 3 0	1. 5	225	+0. 7 0	4. 5
75	+0. 3 0	1. 6	250	+0. 8 0	5. 0
90	+0. 3 0	1. 8	280	+0. 9 0	6. 8
110	+0. 4 0	2. 2	315	+1. 0 0	7. 6

平均外径 d_{em}		不圆度	平均外径 d_{em}		不圆度
公称外径 d_n	允许偏差		公称外径 d_n	允许偏差	
355	+1.1 0	8.6	630	+1.9 0	15.2
400	+1.2 0	9.6	710	+2.0 0	17.1
450	+1.4 0	10.8	800	+2.0 0	19.2
500	+1.5 0	12.0	900	+2.0 0	21.6
560	+1.7 0	13.5	1000	+2.0 0	24.0

注：PN0.63、PN0.8 的管材不要求不圆度。

（3）壁厚：管材任一点壁厚及偏差应符合表 2-13-3 的规定。

表 2-13-3　任一点壁厚及偏差（mm）

壁厚 e_y	允许偏差	壁厚 e_y	允许偏差
$e \leqslant 2.0$	+0.4 0	$15.3 < e \leqslant 16.0$	+2.4 0
$2.0 < e \leqslant 3.0$	+0.5 0	$16.0 < e \leqslant 16.6$	+2.5 0
$3.0 < e \leqslant 4.0$	+0.6 0	$16.6 < e \leqslant 17.3$	+2.6 0
$4.0 < e \leqslant 4.6$	+0.7 0	$17.3 < e \leqslant 18.0$	+2.7 0
$4.6 < e \leqslant 5.3$	+0.8 0	$18.0 < e \leqslant 18.6$	+2.8 0
$5.3 < e \leqslant 6.0$	+0.9 0	$18.6 < e \leqslant 19.3$	+2.9 0
$6.0 < e \leqslant 6.6$	+1.0 0	$19.3 < e \leqslant 20.0$	+3.0 0
$6.6 < e \leqslant 7.3$	+1.1 0	$20.0 < e \leqslant 20.6$	+3.1 0
$7.3 < e \leqslant 8.0$	+1.2 0	$20.6 < e \leqslant 21.3$	+3.2 0
$8.0 < e \leqslant 8.6$	+1.3 0	$21.3 < e \leqslant 22.0$	+3.3 0
$8.6 < e \leqslant 9.3$	+1.4 0	$22.0 < e \leqslant 22.6$	+3.4 0
$9.3 < e \leqslant 10.0$	+1.5 0	$22.6 < e \leqslant 23.3$	+3.5 0
$10.0 < e \leqslant 10.6$	+1.6 0	$23.3 < e \leqslant 24.0$	+3.6 0
$10.6 < e \leqslant 11.3$	+1.7 0	$24.0 < e \leqslant 24.6$	+3.7 0
$11.3 < e \leqslant 12.0$	+1.8 0	$24.6 < e \leqslant 25.3$	+3.8 0
$12.0 < e \leqslant 12.6$	+1.9 0	$25.3 < e \leqslant 26.0$	+3.9 0
$12.6 < e \leqslant 13.3$	+2.0 0	$26.0 < e \leqslant 26.6$	+4.0 0
$13.3 < e \leqslant 14.0$	+2.1 0	$26.6 < e \leqslant 27.3$	+4.1 0
$14.0 < e \leqslant 14.6$	+2.2 0	$27.3 < e \leqslant 28.0$	+4.2 0
$14.6 < e \leqslant 15.3$	+2.3 0	$28.0 < e \leqslant 28.6$	+4.3 0

续表

壁厚 e_y	允许偏差	壁厚 e_y	允许偏差
28.6 $<e≤$ 29.3	+4.4 / 0	34.0 $<e≤$ 34.6	+5.2 / 0
29.3 $<e≤$ 30.0	+4.5 / 0	34.6 $<e≤$ 35.3	+5.3 / 0
30.0 $<e≤$ 30.6	+4.6 / 0	35.3 $<e≤$ 36.0	+5.4 / 0
30.6 $<e≤$ 31.3	+4.7 / 0	36.0 $<e≤$ 36.6	+5.5 / 0
31.3 $<e≤$ 32.0	+4.8 / 0	36.6 $<e≤$ 37.3	+5.6 / 0
32.0 $<e≤$ 23.6	+4.9 / 0	37.3 $<e≤$ 38.0	+5.7 / 0
32.6 $<e≤$ 33.3	+5.0 / 0	38.0 $<e≤$ 38.6	+5.8 / 0
33.3 $<e≤$ 34.0	+5.1 / 0	—	—

（4）管材平均壁厚及允许偏差：应符合表2-13-4 的规定。

表 2-13-4　平均壁厚及允许偏差（mm）

平均壁厚 e_m	允许偏差	平均壁厚 e_m	允许偏差
≤2.0	+0.4 / 0	20.0 $<e≤$21.0	+2.3 / 0
2.0 $<e≤$3.0	+0.5 / 0	21.0 $<e≤$22.0	+2.4 / 0
3.0 $<e≤$4.0	+0.6 / 0	22.0 $<e≤$23.0	+2.5 / 0
4.0 $<e≤$5.0	+0.7 / 0	23.0 $<e≤$24.0	+2.6 / 0
5.0 $<e≤$6.0	+0.8 / 0	24.0 $<e≤$25.0	+2.7 / 0
6.0 $<e≤$7.0	+0.9 / 0	25.0 $<e≤$26.0	+2.8 / 0
7.0 $<e≤$8.0	+1.0 / 0	26.0 $<e≤$27.0	+2.9 / 0
8.0 $<e≤$9.0	+1.1 / 0	27.0 $<e≤$28.0	+3.0 / 0
9.0 $<e≤$10.0	+1.2 / 0	28.0 $<e≤$29.0	+3.1 / 0
10.0 $<e≤$11.0	+1.3 / 0	29.0 $<e≤$30.0	+3.2 / 0
11.0 $<e≤$12.0	+1.4 / 0	30.0 $<e≤$31.0	+3.3 / 0
12.0 $<e≤$13.0	+1.5 / 0	31.0 $<e≤$32.0	+3.4 / 0
13.0 $<e≤$14.0	+1.6 / 0	32.0 $<e≤$33.0	+3.5 / 0
14.0 $<e≤$15.0	+1.7 / 0	33.0 $<e≤$34.0	+3.6 / 0
15.0 $<e≤$16.0	+1.8 / 0	34.0 $<e≤$35.0	+3.7 / 0
16.0 $<e≤$17.0	+1.9 / 0	35.0 $<e≤$36.0	+3.8 / 0
17.0 $<e≤$18.0	+2.0 / 0	36.0 $<e≤$37.0	+3.9 / 0
18.0 $<e≤$19.0	+2.1 / 0	37.0 $<e≤$38.0	+4.0 / 0
19.0 $<e≤$20.0	+2.2 / 0	38.0 $<e≤$39.0	+4.1 / 0

（5）外观、弯曲度、物理性能及力学性能：应符合表 2-13-5 的规定。

表 2-13-5　给水用硬聚氯乙烯管材的外观、弯曲度、物理及力学性能

试验项目		技术指标		
外观与颜色		管材内外壁应光滑，无明显划痕、凹陷、可见杂质和其他影响达到本部分要求的表面缺陷。管材端面应切割平整并与轴线垂直。管材颜色由供需双方协商确定，色泽应均匀一致		
不透光性		不透光		
弯曲度				
公称外径 d_n/mm		≤32	40～200	≥225
弯曲度/%		不规定	≤1.0	≤0.5
物理性能	密度/(kg/m³)	1350～1460		
	维卡软化温度/℃	≥80		
	纵向回缩率/%	≤5%		
	二氯甲烷浸渍试验（15℃，15min）	表面变化不劣于4N		
力学性能	落锤冲击试验（0℃）TIR/%	≤5		
	液压试验	无破裂、无渗漏		
系统适用性	连接密封试验	无破裂、无渗漏		
	偏角试验	无破裂、无渗漏（仅适用于弹性密封圈连接方式）		
	负压试验	无破裂、无渗漏（仅适用于弹性密封圈连接方式）		

2.13.1.2　给水用硬聚氯乙烯（PVC-U）管件

（1）外观：管件内外表面应光滑，不允许有脱层、明显气泡、痕纹、冷斑及色泽不匀等缺陷。

（2）物理力学性能：物理力学性能应符合表 2-13-6 的规定。

表 2-13-6　给水用硬聚氯乙烯管件的物理力学性能

项目		要求			
维卡软化温度		≥74℃			
烘箱试验		符合 GB/T 8803《热烘箱试验方法》			
坠落试验		无破裂			
液压试验	公称外径 d_n/mm	试验温度/℃	试验压力/MPa	试验时间/h	试验要求
	$d_n ≤ 90$	20	5.2×PN 3.2×PN	1 1000	无破裂 无渗漏
	$d_n > 90$	20	3.36×PN 2.56×PN	1 1000	

1. d_n 指与管件相连的管材的公称外径；
2. 用管材弯制成型管件只做 1h 试验；
3. 弯制管件所用的管材应符合 GB/T 10002.1《给水用硬聚氯乙烯（PVC-U）管材》。

本表根据 GB/T 10002.2—2003《给水用硬聚氯乙烯（PVC-U）管件》。

2.13.1.3　给水用聚乙烯（PE）管材

给水用聚乙烯管材按最小要求强度的 10 倍进行分级，即 PE63、PE80、PE100。按标准尺寸比 SDR（管材公称外径与公称壁厚的比值）划分管材的规格尺寸。

（1）PE63 级、PE80 级和 PE100 级管材的公称压力和规格尺寸见表 2-13-7、表 2-13-8 及表 2-13-9。

表 2-13-7　PE63 级给水用聚乙烯管材的公称压力和规格尺寸

公称外径/mm	公称壁厚 e_n/mm				
	标准尺寸比				
	SDR33	SDR26	SDR17.6	SDR13.6	SDR11
	公称压力/MPa				
	0.32	0.4	0.6	0.8	1.0
16	—	—	—	—	2.3
20	—	—	—	2.3	2.3
25	—	—	2.3	2.3	2.3
32	—	—	2.3	2.4	2.9
40	—	2.3	2.3	3.0	3.7
50	—	2.3	2.9	3.7	4.6
63	2.3	2.5	3.6	4.7	5.8
75	2.3	2.9	4.3	5.6	6.8
90	2.8	3.5	5.1	6.7	8.2
110	3.4	4.2	6.3	8.1	10.0
125	3.9	4.8	7.1	9.2	11.4
140	4.3	5.4	8.0	10.3	12.7
160	4.9	6.2	9.1	11.8	14.6
180	5.5	6.9	10.2	13.3	16.4
200	6.2	7.7	11.4	14.7	18.2
225	6.9	8.6	12.8	16.6	20.5
250	7.7	9.6	14.2	18.4	22.7
280	8.6	10.7	15.9	20.6	25.4
315	9.7	12.1	17.9	23.2	28.6
355	10.9	13.6	20.1	26.1	32.2
400	12.3	15.3	22.7	29.4	36.3
450	13.8	17.2	25.5	33.1	40.9
500	15.3	19.1	28.3	36.8	45.4
560	17.2	21.4	31.7	41.2	50.8
630	19.3	24.1	35.7	46.3	57.2
710	21.8	27.2	40.2	52.2	
800	24.5	30.6	45.3	58.8	
900	27.6	34.4	51.0		
1000	30.6	38.2	56.6		

注：本节各表根据 GB/T 13663—2000《给水用聚乙烯（PE）管材》。

表 2-13-8　PE80 级管材的公称压力和规格尺寸

公称外径/mm	公称壁厚 e_n/mm				
	标准尺寸比				
	SDR33	SDR21	SDR17	SDR13.6	SDR11
	公称压力/MPa				
	0.4	0.6	0.8	1.0	1.25
32	—	—	—	—	3.0
40	—	—	—	—	3.7
50	—	—	—	—	4.6
63	—	—	—	4.7	5.8
75	—	—	4.5	5.6	6.8
90	—	4.3	5.4	6.7	8.2
110	—	5.3	6.6	8.1	10.0
125	—	6.0	7.4	9.2	11.4
140	4.3	6.7	8.3	10.3	12.7
160	4.9	7.7	9.5	11.8	14.6
180	5.5	8.6	10.7	13.3	16.4
200	6.2	9.6	11.9	14.7	18.2
225	6.9	10.8	13.4	16.6	20.5
250	7.7	11.9	14.8	18.4	22.7
280	8.6	13.4	16.6	20.6	25.4
315	9.7	15.0	18.7	23.2	28.6
355	10.9	16.9	21.1	26.1	32.2
400	12.3	19.1	23.7	29.4	36.3
450	13.8	21.5	26.7	33.1	40.9
500	15.3	23.9	29.7	36.8	45.4
560	17.2	26.7	33.2	41.2	50.8
630	19.3	30.0	37.4	46.3	57.2
710	21.8	33.9	42.1	52.2	—
800	24.5	38.1	47.4	58.8	—
900	27.6	42.9	53.3	—	—
1000	30.6	47.7	59.3	—	—

表 2-13-9　PE100 级给水用聚乙烯管材的公称压力和规格尺寸

公称外径/mm	公称壁厚 e_n/mm				
	标准尺寸比				
	SDR26	SDR21	SDR17	SDR13.6	SDR11
	公称压力/MPa				
	0.6	0.8	1.0	1.25	1.6
32	—	—	—	—	3.0
40	—	—	—	—	3.7
50	—	—	—	—	4.6
63	—	—	—	4.7	5.8

公称外径/mm	公称壁厚 e_n/mm				
	标准尺寸比				
	SDR26	SDR21	SDR17	SDR13.6	SDR11
	公称压力/MPa				
	0.6	0.8	1.0	1.25	1.6
75	—	—	4.5	5.6	6.8
90	—	4.3	5.4	6.7	8.2
110	4.2	5.3	6.6	8.1	10.0
125	4.8	6.0	7.4	9.2	11.4
140	5.4	6.7	8.3	10.3	12.7
160	6.2	7.7	9.5	11.8	14.6
180	6.9	8.6	10.7	13.3	16.4
200	7.7	9.6	11.9	14.7	18.2
225	8.6	10.8	13.4	16.6	20.5
250	9.6	11.9	14.8	18.4	22.7
280	10.7	13.4	16.6	20.6	25.4
315	12.1	15.0	18.7	23.2	28.6
355	13.6	16.9	21.1	26.1	32.2
400	15.3	19.1	23.7	29.4	36.3
450	17.2	21.5	26.7	33.1	40.9
500	19.1	23.9	29.7	36.8	45.4
560	21.4	26.7	33.2	41.2	50.8
630	24.1	30.0	37.4	46.3	57.2
710	27.2	33.9	42.1	52.2	—
800	30.6	38.1	47.4	58.8	—
900	34.4	42.9	53.3	—	—
1000	38.2	47.7	59.3	—	—

（2）给水用聚乙烯管材的平均外径应符合表2-13-10的规定。

表2-13-10　给水用聚乙烯管材的平均外径（mm）

公称外径/d_n	最小平均外径/$d_{em,min}$	最大平均外径/$d_{em,max}$	
		等级 A	等级 B
16	16.0	16.3	16.3
20	20.0	20.3	20.3
25	25.0	25.3	25.3
32	32.0	32.3	32.3
40	40.0	40.4	40.3
50	50.0	50.5	50.3
63	63.0	63.6	63.4
75	75.0	75.7	75.5
90	90.0	90.9	90.6
110	110.0	111.0	110.7

公称外径/d_n	最小平均外径/$d_{em,min}$	最大平均外径/$d_{em,max}$	
		等级 A	等级 B
125	125.0	126.2	125.8
140	140.0	141.3	140.9
160	160.0	161.5	161.0
180	180.0	181.7	181.1
200	200.0	201.8	201.2
225	225.0	227.1	226.4
250	250.0	252.3	251.5
280	280.0	282.6	281.7
315	315.0	317.9	316.9
355	355.0	358.2	357.2
400	400.0	403.6	402.4
450	450.0	454.1	452.7
500	500.0	504.5	503.0
560	560.0	565.0	563.4
630	630.0	635.7	633.8
710	710.0	716.4	714.0
800	800.0	807.2	804.2
900	900.0	908.1	904.0
1000	1000.0	1009.0	1004.0

（3）任一点的壁厚公差应符合表 2-13-11 的规定。

表 2-13-11 任一点的壁厚公差（mm）

最小壁厚		公差	最小壁厚		公差	最小壁厚		公差
>	≤		>	≤		>	≤	
			25.0	25.5	5.0	45.0	45.5	9.0
			25.5	26.0	5.1	45.5	46.0	9.1
2.0	3.0	0.5	26.0	26.5	5.2	46.0	46.5	9.2
3.0	4.0	0.6	26.5	27.0	5.3	46.5	47.0	9.3
4.0	4.6	0.7	27.0	27.5	5.4	47.0	47.5	9.4
4.6	5.3	0.8	27.5	28.0	5.5	47.5	48.0	9.5
5.3	6.0	0.9	28.0	28.5	5.6	48.0	48.5	9.6
6.0	6.6	1.0	28.5	29.0	5.7	48.5	49.0	9.7
6.6	7.3	1.1	29.0	29.5	5.8	49.0	49.5	9.8
7.3	8.0	1.2	29.5	30.0	5.9	49.5	50.0	9.9
8.0	8.6	1.3	30.0	30.5	6.0	50.0	50.5	10.0
8.6	9.3	1.4	30.5	31.0	6.1	50.5	51.0	10.1
9.3	10.0	1.5	31.0	31.5	6.2	51.0	51.5	10.2
10.0	10.6	1.6	31.5	32.0	6.3	51.5	52.0	10.3
10.6	11.3	1.7	32.0	32.5	6.4	52.0	52.5	10.4
11.3	12.0	1.8	32.5	33.0	6.5	52.5	53.0	10.5
12.0	12.6	1.9	33.0	33.5	6.6	53.0	53.5	10.6
12.6	13.3	2.0	33.5	34.0	6.7	53.5	54.0	10.7
13.3	14.0	2.1	34.0	34.5	6.8	54.0	54.5	10.8

续表

最小壁厚		公差	最小壁厚		公差	最小壁厚		公差
>	≤		>	≤		>	≤	
14.0	14.6	2.2	34.5	35.0	6.9	54.5	55.0	10.9
14.6	15.3	2.3	35.0	35.5	7.0	55.0	55.5	11.0
15.3	16.0	2.4	35.5	36.0	7.1	55.5	56.0	11.1
16.0	16.5	3.2	36.0	36.5	7.2	56.0	56.5	11.2
16.5	17.0	3.3	36.5	37.0	7.3	56.5	57.0	11.3
17.0	17.5	3.4	37.0	37.5	7.4	57.0	57.5	11.4
17.5	18.0	3.5	37.5	38.0	7.5	57.5	58.0	11.5
18.0	18.5	3.6	38.0	38.5	7.6	58.0	58.5	11.6
18.5	19.0	3.7	38.5	39.0	7.7	58.5	59.0	11.7
19.0	19.5	3.8	39.0	39.5	7.8	59.0	59.5	11.8
19.5	20.0	3.9	39.5	40.0	7.9	59.5	60.0	11.9
20.0	20.5	4.0	40.0	40.5	8.0	60.0	60.5	12.0
20.5	21.0	4.1	40.5	41.0	8.1	60.5	61.0	12.1
21.0	21.5	4.2	41.0	41.5	8.2	61.0	61.5	12.2
21.5	22.0	4.3	41.5	42.0	8.3	—	—	—
22.0	22.5	4.4	42.0	42.5	8.4	—	—	—
22.5	23.0	4.5	42.5	43.0	8.5	—	—	—
23.0	23.5	4.6	43.0	43.5	8.6	—	—	—
23.5	24.0	4.7	43.5	44.0	8.7	—	—	—
24.0	24.5	4.8	44.0	44.5	8.8	—	—	—
24.5	25.0	4.9	44.5	45.0	8.9	—	—	—

（4）给水用聚乙烯管材的物理性能应符合表 2-13-12 的要求。

表 2-13-12　给水用聚乙烯管材的物理性能要求

项目	性能要求			
外观及颜色	管材内外表面应清洁、光滑，不允许有气泡、明显的划伤、凹陷、杂质、颜色不均等缺陷，管端头应切割平整，并与管轴线垂直。 市政饮用水管材的颜色为蓝色或黑色，黑色管上应有共挤出蓝色色条，并沿管材纵向至少有三条；其他用途水管可以为蓝色或黑色；暴露在阳光下的敷设管道（如地上管道）必须是黑色			
断裂伸长率/%	≥350			
纵向回缩率（110℃）/%	≤3			
氧化诱导时间（200℃）/min	≥20			
静液压强度				
项目	环向应力/MPa			要求
	PE63	PE80	PE100	
20℃静液压强度（100h）	8.0	9.0	12.4	不破裂，不渗漏
80℃静液压强度（165h）	3.5	4.6	5.5	不破裂，不渗漏
80℃静液压强度（1000h）	3.2	4.0	5.0	不破裂，不渗漏
耐候性（仅适用于蓝色管材）：管材累计接收 ≥3.5GJ/m² 老化能量后	80℃静液压强度（165h）			不破裂，不渗漏
	断裂伸长率/%			≥350
	氧化诱导时间（200℃）/min			≥10

注：80℃静液压强度（165h）试验只考虑脆性破坏，如发生韧性破坏，则选择较低的破坏应力和相应的最小破坏时间重新试验。

2.13.1.4　建筑排水用硬聚氯乙烯管材

（1）建筑排水用硬聚氯乙烯管材的公称外径与壁厚：应符合表 2-13-13 的规定。

表 2-13-13　公称外径与壁厚（mm）

公称外径/d_n	平均外径		壁厚	
	最小平均外径 $d_{dm,min}$	最大平均外径 $d_{em,max}$	最小壁厚 e_{min}	最大壁厚 e_{max}
32	32.0	32.2	2.0	2.4
40	40.0	40.2	2.0	2.4
50	50.0	50.2	2.0	2.4
75	75.0	75.3	2.3	2.7
90	90.0	90.3	3.0	3.5
110	110.0	110.3	3.2	3.8
125	125.0	125.3	3.2	3.8
160	160.0	160.4	4.0	4.6
200	200.0	200.5	4.9	5.6
250	250.0	250.5	6.2	7.0
315	315.0	315.6	7.8	8.6

注：本节各表根据 GB/T 5836.1—2006《建筑排水用硬聚氯乙烯管材》。

（2）建筑排水用硬聚氯乙烯管材的物理力学性能：应符合表 2-13-14 的规定。

表 2-13-14　建筑排水用硬聚氯乙烯管材的物理力学性能

项　目	指标
外观与颜色	管材内外壁应光滑、不允许有气泡、裂口和明显的痕纹、凹陷、色泽不均及分解变色线。管材两端面应切割平整并与轴线垂直。管材一般为灰色或白色，其他颜色可由供需双方协商确定
拉伸屈服强度/MPa	≥40
密度/（kg/m³）	1350～1550
维卡软化温度 VST/℃	≥79
二氯甲烷浸渍试验	表面变化不劣于 4L
落锤冲击试验 TIR	TIR≤10%
纵向回缩率/%	≤5

2.13.1.5　建筑排水用硬聚氯乙烯管件

（1）建筑排水用硬聚氯乙烯管件的承口和插口的直径和长度应符合规范规定。

（2）建筑排水用硬聚氯乙烯管件的外观与力学性能：应符合表 2-13-15 的规定。

表 2-13-15　建筑排水用硬聚氯乙烯管件的外观与力学性能

项　目	技术指标
外观与颜色	管材内外壁应光滑，不允许有气泡、裂口和明显的痕纹、凹陷、色泽不均及分解变色线。管件应完整无缺损，浇口及溢边应修除平整。管件一般为灰色或白色，其他颜色可由供需双方商定
烘箱试验	符合 GB/T 8803《热烘箱试验方法》的规定
坠落试验	无破裂
维卡软化温度/℃	≥74
密度/（kg/m³）	1350～1550

注：根据 GB/T 5836.2—2006《建筑排水用硬聚氯乙烯管件》。

（3）建筑排水用硬聚氯乙烯管件的抽样方案：批量范围、样本容量及接收或拒收数量见表 2-13-16。

表 2-13-16　建筑排水用硬聚氯乙烯管件的抽样方案

批量范围	样本容量	接收数	拒收数
≤150	8	1	2
151～280	13	2	3
281～500	20	3	4
501～1200	32	5	6
1201～3200	50	7	8
3201～10000	80	10	11

2.13.2　钢管

2.13.2.1　低压输送流体用焊接钢管

（1）尺寸偏差：钢管外径、壁厚的允许偏差应符合表 2-13-17 的规定。

表 2-13-17　钢管外径、壁厚的允许偏差

外径 D/mm	管体外径允许偏差	管端外径允许偏差/mm（距管端100mm 范围内）	壁厚 t 允许偏差
$D \leqslant 48.3$	±0.5mm	—	±10%t
$48.3 < D \leqslant 273.1$	±1.0%D	—	
$273.1 < D \leqslant 508$	±0.75%D	+2.4 −0.8	
$D > 508$	±1.0%D 或 ±10.0，两者取较小值	+3.2 −0.8	

注：本节各表根据 GB/T 3092—2008《低压流体输送用焊接钢管》。

（2）弯曲度及不圆度：外径小于 114.3mm 的钢管，应具有不影响使用的弯曲度。外径不小于 114.3mm 的钢管，全长弯曲度应不大于钢管长度的 0.2%。根据需方要求，经供需双方协商，并在合同中注明，可规定其他弯曲度指标。外径不大于 508mm 的钢管，不圆度（同一截面最大外径与最小外径之差）应在外径公差范围内。外径大于 508mm 的钢管，不圆度应不超过管体外径公差的 80%。

（3）力学性能：钢管的力学性能应符合表 2-13-18 的要求。

表 2-13-18　钢管的力学性能

牌号	下屈服强度/MPa 不小于		抗拉强度/MPa 不小于	断后伸长率/% 不小于	
	$t \leqslant 16$mm	$t > 16$mm		$D \leqslant 168.3$	$D > 168.3$
Q195	195	185	315	15	20
Q215A、Q215B	215	205	335		
Q235A、Q235B	235	225	370		
Q295A、Q295B	295	275	390	13	18
Q345A、Q345B	345	325	470		

（4）压扁性能：外径大于 60.3mm 的电阻焊钢管应进行压扁试验。压扁试样的长度应不小于 64mm，两个试样的焊缝应分别位于与施力方向成 90° 和 0° 位置。试验时，当两平板间距离为钢管外径的 2/3 时，焊缝处不允许出现裂缝或裂口；当两平板间距离为钢管外径的 1/3 时，焊缝以外的其他部位不允许出现裂缝或裂口；继续压扁直至相对管壁贴合为止，在整个压扁过程中，不允许出现分层或金属过烧现象。

（5）弯曲性能：外径不大于 60.3mm 的电阻焊钢管应进行弯曲试验。试验时，试样应不带填充物，弯曲半径为钢管外径的 6 倍，弯曲角度为 90°，焊缝位于弯曲方向的外侧面。试验后，试样上不允许出现裂缝。

（6）镀锌层均匀性：钢管试样在硫酸铜溶液中连续浸渍 5 次不应变红（镀铜色）。

（7）镀锌层质量：钢管外表面镀锌层总质量应不小于 $500g/m^2$，允许其中一个试样的镀锌层总质量小于 $500g/m^2$，但应不小于 $480g/m^2$。

（8）表面质量：钢管焊缝的外毛刺应清除，剩余高度应不大于 0.5mm。内外表面应光滑，不允许有折叠、裂缝、分层、搭焊、断弧、烧穿及其他深度超过壁厚下偏差的缺陷存在。钢管内外表面镀锌层应完整，不允许有未镀上锌的黑斑和气泡存在，允许有不大的粗糙面和局部的锌瘤存在。

2.13.2.2　输送流体用无缝钢管

（1）尺寸偏差：外径和壁厚的允许偏差应符合表 2-13-19 的规定。

表 2-13-19　钢管外径和壁厚的允许偏差（mm）

钢管种类	钢管外径 D	S/D	允许偏差
热轧（挤压、扩）钢管			$\pm 1\% D$ 或 ± 0.50，取其中较大者
冷拔（轧）钢管			$\pm 1\% D$ 或 ± 0.30，取其中较大者
热轧（挤压）钢管	≤ 102	—	$\pm 12.5\% S$ 或 ± 0.40，取其中较大者
	> 102	≤ 0.05	$\pm 15\% S$ 或 ± 0.40，取其中较大者
		$> 0.05 \sim 0.10$	$\pm 12.5\% S$ 或 ± 0.40，取其中较大者
		> 0.10	$\pm 12.5\% S$ $-10\% S$
热扩钢管	—		$\pm 15\% S$
冷拔（轧）钢管	壁厚 $s \leq 3$		$+15\% S$ 或 ± 0.15，取其中较大者 $-10\% S$
	壁厚 $s > 3$		$+12.5\% S$ $-10\% S$

注：本节各表根据 GB/T 8163—2008《输送流体用无缝钢管》。

（2）弯曲度应符合如下规定：

壁厚 ≤15mm　　　　　　　≤1.5mm/m（每 m 弯曲度）；

壁厚 >15~30mm　　　　　 ≤2.0mm/m；

>30mm 或外径 ≥351mm　 ≤3.0mm/m。

（3）钢管的纵向力学性能（每批 2 根管各取 1 个试样）必须符合表 2-13-20 的规定。

表 2-13-20　钢管的纵向力学性能

牌号	质量等级	抗拉强度/MPa	下屈服强度 MPa			断后伸长率/%
			$s \leqslant 16$	$s > 16 \sim 30$	$s > 30$	
			不小于			
10	—	335 ~ 475	205	195	185	24
20	—	410 ~ 530	245	235	225	20
Q295	A	390 ~ 570	295	275	255	22
	B					
Q345	A	470 ~ 630	345	325	295	20
	B					
	C					
	D					21
	E					
Q390	A	490 ~ 650	390	370	350	18
	B					
	C					
	D					19
	E					
Q420	A	520 ~ 680	420	400	380	18
	B					
	C					
	D					19
	E					
Q460	C	550 ~ 720	460	440	420	17
	D					
	E					

注：拉伸试验时，如不能测定屈服强度，可测定规定非比例延伸强度代替屈服强度。

（4）压扁性能：对于外径 > 22 ~ 400mm 并且壁厚与外径比值不大于 10% 的 10、20、Q295、Q345 牌号的钢管应进行压扁试验，其平板间距 H 值按式（2-13-1）计算：

$$H = \frac{(1 + a)s}{a + s/D}　　　　(2-13-1)$$

式中　s——公称壁厚，mm；

　　　D——公称外径，mm；

　　　a——单位长度变形系数（10 号钢为 0.09，20 号钢为 0.07，Q295 钢、Q345 钢为 0.06）。压扁试验后，试样应无裂缝或裂口。

（5）液压性能：钢管应逐根进行液压试验，试验压力按式（2-13-2）计算。

$$P = \frac{2sR}{D}　　　　(2-13-2)$$

式中　P——试验压力，MPa；

s——钢管的公称壁厚，mm；

R——允许应力，取规定下屈服强度的 60%，MPa；

D——钢管的公称外径，mm。

在试验压力下，稳压时间应不少于 5s，钢管不允许出现渗漏现象。

（6）表面质量：钢管的内外表面不允许有目视可见的裂纹、结疤、折叠、轧折和离层。这些缺陷应完全清除，清除深度应不超过公称壁厚的负偏差，清理处的实际壁厚应不小于壁厚偏差所允许的最小值。不超过壁厚负偏差的其他局部缺欠允许存在。

2.13.2.3　输送流体用不锈钢焊接钢管

（1）力学性能：钢管的力学性能应符合表 2-13-21 的规定。

表 2-13-21　钢管的力学性能

序号	新牌号	旧牌号	规定非比例延伸强度/MPa	抗拉强度/MPa	断后伸长率/%	
					热处理状态	非热处理状态
			不小于			
1	12Cr18Ni9	1Cr18Ni9	210	520	35	25
2	06Cr19Ni10	0Cr18Ni9	210	520		
3	022Cr19Ni10	00Cr19Ni10	180	480		
4	06Cr25Ni20	0Cr25Ni20	210	520		
5	06Cr17Ni12Mo2	0Cr17Ni12Mo2	210	520		
6	022Cr17Ni12Mo2	00Cr17Ni14Mo2	180	480		
7	06Cr18Ni11Ti	0Cr18Ni10Ti	210	520		
8	06Cr18Ni11Nb	0Cr18Ni11 Nb	210	520		
9	022Cr18Ti	00Cr17	180	360	20	—
10	019Cr19 Mo2NbTi	00Cr18Mo2	240	410		
11	06Cr13Al	0Cr13A1	177	410		
12	022Cr11Ti	—	275	400	18	
13	022Cr12Ti	—	275	400	18	
14	06Cr13	0Cr13	210	410	20	

注：根据 GB/T 12771—2008《输送流体用不锈钢焊接钢管》。

（2）液压性能：应逐根进行液压试验，试验压力按式（2-13-2）计算；但最高压力不大于 10MPa，稳压时间不少于 5s，管壁不得出现渗漏现象。

（3）压扁性能：钢管应进行压扁试验，外径不大于 50mm 的钢管取环状试样，外径大于 50mm 小于 200mm 的钢管取 C 型试样。试验时焊缝应处于受力方向的 90° 位置，压至钢管外径的 1/3；对未经热处理的钢管应压至钢管外径的 2/3，压扁后不得出现裂缝和裂口。

（4）表面质量：钢管的内外表面应光滑，不得有裂纹、裂缝、折叠、重皮、扭曲、过酸洗、残留氧化铁皮及其他妨碍使用的缺陷。缺陷应完全清除掉，其清除后的实际壁厚不得小于壁厚所允许的负偏差。深度不超过壁厚负偏差的轻微划伤、压坑、麻点等允许存在。钢管不得有分层。

错边、咬边、凸起、凹陷等缺陷不得大于壁厚允许偏差。焊缝缺陷允许修补，但修补后应进行液压试验。焊缝最大余高应符合表 2-13-22 的规定；最小不得低于母材，焊缝峰谷值差不大于 1.5mm。

表 2-13-22　焊缝的最大余高（mm）

外径 D	壁厚 S		
	≤5	>5～10	>10
≤108	—	—	—
>108～168	≤25%S	≤20%S	—
>168	≤20%S	≤15%S	≤10%S

2.13.2.4　结构用无缝钢管

用于机械结构、一般工程结构的无缝钢管。采用热轧（挤压、扩）和冷拔（轧）无缝方法制造。其中用优质碳素结构钢和低合金结构钢制造的无缝钢管力学性能应符合表 2-13-23 的规定。

表 2-13-23　优质碳素结构钢和低合金高强度结构钢管的力学性能

牌号	抗拉强度/MPa	屈服强度/MPa			断后伸长率 δ_5/%	压扁试验平板间距/mm
		钢管壁厚/mm				
		≤16	>16～30	>30		
		不小于				
10	335	205	195	185	24	
15	375	225	215	205	22	
20	410	245	235	225	20	2/3D
25	450	275	265	255	18	
35	510	305	295	285	17	—
45	590	335	325	315	14	
20Mn	450	275	265	255	20	7/8D
25Mn	490	295	285	275	18	7/8D
Q235	475～500	235	225	215	25	2/3D

注：根据 GB/T 8162—2008《结构用无缝钢管》合金钢管的力学性能（略）。
　　1. D 为钢管外径；
　　2. 压扁试验的平板间距最小值应是钢管壁厚的 5 倍。

2.13.3　复合钢管

2.13.3.1　给水衬塑复合钢管

（1）基管要求：基管为直缝焊接钢管的应符合 GB/T 3091《低压流体输送用焊接钢管》对基管的要求；基管为螺旋缝埋弧焊钢管的应符合 SY/T 5037《低压流体输送管道用螺旋缝埋弧焊钢管》对基管的要求；基管为无缝钢管的应符合 GB/T 8163《输送流体用无缝钢管》对基管的要求；基管为石油天然气工业输送钢管的应符合 GB/T 9711《石油工业天然气工业输送钢管交货技术条件》对基管的要求。

（2）尺寸要求：衬塑钢管的塑层厚度应符合表 2-13-24 的要求。

表 2-13-24　塑层厚度和允许偏差（mm）

公称通径 DN	内衬塑料层		法兰面衬塑层		外覆塑层最小厚度
	厚度	允许偏差	厚度	允许偏差	
15	1.5	+0.2 -0.2	1.0	-0.5	0.5
20					0.6
25					0.7
32					0.8
40					1.0
50					1.1
65					1.1
80	2.0		1.5		1.2
100					1.3
125					1.4
150	2.5	-0.5	2.0		1.5
200					2.0
250	3.0		2.5		2.0
300					
350	3.5		3.0		2.2
400					
450					
500					2.5

注：1. 公称通径公制与英制对照见本规范附录 A
　　2. 本节各表根据 CJ/T 136—2007《给水衬塑复合钢管》。

（3）外观和性能要求：外观和性能要求见表 2-13-25。

表 2-13-25　给水衬塑复合钢管的外观和性能要求

试验项目	技术指标
外观	衬塑钢管内外表面应光滑，不允许有气泡、裂纹、脱皮、伤痕、凹陷、色泽不均及分解变色线。衬塑钢管形状应是直管，两端截面与管轴线成垂直
结合强度	冷水用衬塑钢管的钢与内衬塑之间结合强度不应小于 0.3MPa；热水用衬塑钢管的钢与内衬塑之间结合强度不应小于 1.0MPa
弯曲性能	公称通径不大于 50mm 的衬塑钢管经弯曲后不发生裂痕、钢与内外衬塑层之间不发生离层现象
压扁性能	公称通径大于 50mm 的衬塑钢管经压扁后不发生裂痕，钢与内外塑层之间不发生离层现象
卫生性能	输送饮用水的衬塑钢管的内衬塑料管卫生性能应符合 GB/T17219《生活饮用水输配水设备及防护材料的安全性评价标准》的要求
耐冷热循环性能	用于输送热水的衬塑钢管试件经 3 个周期冷热循环试验，衬塑层无变形裂纹等缺陷。其结合强度符合要求
液压试验	按钢管液压试验的要求

2.14　防水材料

2.14.1　防水涂料

2.14.1.1　聚氯乙烯弹性防水涂料（PVC防水涂料）

以聚氯乙烯为基料，加入改性材料和其他助剂配制而成的热塑型和热熔型防水涂料。

按施工方式分为热塑型（J型）和热熔型（G型）两种类型；按耐热和低温性能分为801和802两种型号（其中，80表示耐热温度为80℃，1和2表示低温柔性温度分别为 −10℃和 −20℃）。其各项性能应符合表2-14-1的规定。

表2-14-1　聚氯乙烯弹性防水涂料的性能要求

项　目		技术指标	
		801	802
密度/(g/cm³)		规定值 ±0.1	
耐热性（80℃，5h）		无流淌、起泡和滑动	
低温柔性/℃（φ20mm）		−10	−20
		无裂纹	
断裂延伸率/%	不小于	无处理	350
		加热处理	280
		紫外线处理	280
		碱处理	280
恢复率/%	不小于	70	
不透水性（0.1MPa，30min）		不渗水	
粘结强度/MPa	不小于	0.20	
密度规定值是指企业标准或产品说明所规定的密度值。			

注：根据JC/T 674—1997《聚氯乙烯弹性防水涂料》。

2.14.1.2　聚氨酯防水涂料

聚氨酯防水涂料适用于建筑防水工程。按组分分为单组分（S）、多组分（M）两种；按拉伸性能分为Ⅰ、Ⅱ两类。其技术要求见表2-14-2及2-14-3。

表2-14-2　单组分聚氨酯防水涂料物理力学性能

序号	项目		Ⅰ	Ⅱ
1	拉伸强度/MPa	≥	1.90	2.45
2	断裂伸长率/%	≥	550	450
3	撕裂强度/(N/mm)	≥	12	14
4	低温弯折性/℃	≤	−40	
5	不透水性（0.3MPa，30min）		不透水	
6	固体含量/%	≥	80	
7	表干时间/h	≤	12	
8	实干时间/h	≤	24	
9	加热伸缩率/%	≤	1.0	
		≥	−4.0	

续表

序号	项目			I	Ⅱ
10	潮湿基面粘结强度^a/MPa		≥	0.50	
11	定伸时老化	加热老化		无裂纹及变形	
		人工气候老化^b		无裂纹及变形	
12	热处理	拉伸强度保持率/%		80~150	
		断裂伸长率/%	≥	500	400
		低温弯折性/℃	≤	-35	
13	碱处理	拉伸强度保持率/%		60~150	
		断裂伸长率/%	≥	500	400
		低温弯折性/℃	≤	-35	
14	酸处理	拉伸强度保持率/%		80~150	
		断裂伸长率/%	≥	500	400
		低温弯折性/℃	≤	-35	
15	人工气候老化^b	拉伸强度保持率/%		80~150	
		断裂伸长率/%	≥	500	400
		低温弯折性/℃	≤	-35	

注：a. 仅用于地面工程潮湿基面时要求。
　　b. 仅用于外露使用的产品。
　　c. 本节根据 GB/T 19250—2003《聚氨酯防水涂料》。

表 2-14-3　多组分聚氨酯防水涂料物理力学性能

序号	项目			I	Ⅱ
1	拉伸强度/MPa		≥	1.90	2.45
2	断裂伸长率/%		≥	450	450
3	撕裂强度/(N/mm)		≥	12	14
4	低温弯折性/℃		≤	-35	
5	不透水性（0.3 MPa，30min）			不透水	
6	固体含量/%		≥	92	
7	表干时间/h		≤	8	
8	实干时间/h		≤	24	
9	加热伸缩率/%		≤	1.0	
			≥	-4.0	
10	潮湿基面粘结强度^a/MPa		≥	0.50	
11	定伸时老化	加热老化		无裂纹及变形	
		人工气候老化^b		无裂纹及变形	
12	热处理	拉伸强度保持率/%		80~150	
		断裂伸长率/%	≥	400	
		低温弯折性/℃	≤	-30	

续表

序号	项目			Ⅰ	Ⅱ
13	碱处理	拉伸强度保持率/%		60～150	
		断裂伸长率/%	≥	400	
		低温弯折性/℃	≤	−30	
14	酸处理	拉伸强度保持率/%		80～150	
		断裂伸长率/%	≥	400	
		低温弯折性/℃	≤	−30	
15	人工气候老化[b]	拉伸强度保持率/%		80～150	
		断裂伸长率/%	≥	400	
		低温弯折性/℃	≤	−30	

注：a. 仅用于地面工程潮湿基面时要求。
　　b. 仅用于外露使用的产品。

2.14.1.3　聚合物乳液建筑防水涂料

以聚合物乳液为主要原料，加入其他外加剂制得的单组分水乳型防水涂料。可用于非长期浸水环境下的防水工程；若用于地下及其他建筑防水工程，其技术性能还应符合相关技术规程的规定。

该涂料按物理性能分为Ⅰ型和Ⅱ型。其物理力学性能应符合表2-14-4的要求。

表2-14-4　聚合物乳液建筑防水涂料的物理力学性能

序号	试验项目			技术指标	
				Ⅰ型	Ⅱ型
1	固体含量/%			65	
2	干燥时间/h	表干时间	≤	4	
		实干时间	≤	8	
3	拉伸强度/MP		≥	1.0	1.5
4	处理后的拉伸强度保持率/%	加热处理	≥	80	
		碱处理	≥	60	
		酸处理	≥	40	
		人工气候老化处理[1]	≥	—	80～150
5	断裂伸长率/%		≥	300	
6	处理后的断裂伸长率/%	加热处理	≥	200	
		碱处理	≥		
		酸处理	≥		
		人工气候老化处理[2]	≥	—	200
7	低温柔性（绕φ10mm棒）			−10℃无裂纹	−20℃无裂纹
8	不透水性（0.3MPa，30min）			不透水	
9	加热伸缩率/%	伸长	≤	1.0	
		缩短	≤	1.0	

注：1. 仅用于外露使用产品。
　　2. 根据JC/T 864—2008《聚合物乳液建筑防水涂料》。

2.14.1.4　聚合物水泥防水涂料

以丙烯酸酯、乙烯－乙酸乙烯酯等聚合物乳液和水泥为主要原料，加入填料及其他助剂配制而成，经水分挥发和水泥水化反应固化成膜的双组分水性防水涂料。

该涂料按物理力学性能分为Ⅰ型、Ⅱ型和Ⅲ型，Ⅰ型适用于活动量较大的基层；Ⅱ型和Ⅲ型适用于活动量较小的基层。其物理力学性能指标应符合表 2-14-5 的规定。

表 2-14-5　聚合物水泥防水涂料的物理力学性能

项目			指标		
			Ⅰ型	Ⅱ型	Ⅲ型
固体含量/%		≥	70	70	70
拉伸强度	无处理/MPa	≥	1.2	1.8	1.8
	加热处理后保持率/%	≥	80	80	80
	碱处理后保持率/%	≥	60	70	70
	紫外线处理后保持率/%	≥	80	—	—
断裂伸长率	无处理/%	≥	200	80	30
	加热处理/%	≥	150	65	20
	碱处理/%	≥	150	65	20
	浸水处理/%	≥	150	65	20
	紫外线处理/%	≥	150	—	—
低温柔性（绕ϕ10mm棒）			−10℃无裂纹	—	—
粘结强度	无处理/MPa	≥	0.5	0.7	1.0
	潮湿基层/MPa	≥	0.5	0.7	1.0
	碱处理/MPa	≥	0.5	0.7	1.0
	浸水处理/MPa	≥	0.5	0.7	1.0
不透水性（0.3MPa，30min）			不透水	不透水	不透水
抗渗性（砂浆背水面）/MPa		≥	—	0.6	0.8

注：根据 GB/T 23445—2009《聚合物水泥防水涂料》。

2.14.2　防水卷材

2.14.2.1　石油沥青纸胎油毡

1）定义：以石油沥青浸渍原纸，再涂盖其两面，表面涂或撒隔离材料所制成的卷材称为石油沥青纸胎油毡。

2）分类：油毡按卷重和物理性能分为Ⅰ型、Ⅱ型和Ⅲ型。

3）规格：油毡幅宽为 1000mm，其他规格由供需双方商定。

4）用途：Ⅰ型、Ⅱ型油毡适用于辅助防水、保护隔离层、临时性建筑防水、防潮及包装等；Ⅲ型油毡适用于屋面工程的多层防水。

5）技术要求

（1）油毡的卷重、面积和外观

①油毡的卷重应符合表 2-14-6 的规定。

表 2-14-6　卷重

类型	Ⅰ型	Ⅱ型	Ⅲ型
卷重/（kg/卷）　≥	17.5	22.5	28.5

②每卷油毡的面积为（20±0.3）m²。

③外观：

a　成卷油毡宜卷紧卷齐，端面里进外出不得超过 10mm；

b　成卷油毡在 10℃～45℃任一产品温度下展开，在距卷芯 1000mm 长度外不应有 10mm 以上的裂纹或粘结；

c　纸胎必须浸透，不应有未被浸透的浅色斑点，不应有胎基外露或涂油不均；

d　毡面不应有孔洞、硌伤、长度 20mm 以上的疙瘩、浆糊状粉浆、水迹，不应有距卷芯 1000mm 以外长度 100mm 以上的褶纹、褶皱；20mm 以内的边缘裂口或长 20mm、深 20mm 以内的缺边不应超过 4 处；

e　每卷油毡中允许有一处接头，其中较短的一段长度不应少于 2500mm，接头处应剪切整齐，并加长 150mm，每批卷材中接头不应超过 5%。

（2）油毡的物理性能：油毡的物理性能应符合表 2-14-7 的要求。

表 2-14-7　油毡的物理性能

项目			指标		
			Ⅰ型	Ⅱ型	Ⅲ型
单位面积浸涂材料总量/（g/m²）　≥			600	750	1000
不透水性	压力/MPa　≥		0.02	0.02	0.10
	保持时间/min　≥		20	30	30
吸水率/%　≤			3.0	2.0	1.0
耐热度			（85±2）℃涂盖层无滑动、流淌和集中性气泡		
拉力（纵向）/（N/50mm）　≥			240	270	340
柔度			（18±2）℃，绕φ20mm 棒或弯板无裂纹		

注：1. 本标准Ⅲ型产品物理性能要求为强制性的，其余为推荐性的。
　　2. 根据 GB 326—2007《石油沥青纸胎油毡》。

2.14.2.2　塑性体改性沥青防水卷材

1）定义及用途：以聚酯毡、玻纤毡、玻纤增强聚酯毡为胎基，以无规聚丙烯（APP）或聚烯烃类聚合物（APAO、APO 等）作石油沥青改性剂，两面覆以隔离材料所制成的防水卷材称为塑性体改性沥青防水卷材（统称为 APP 卷材）。

塑性体改性沥青防水卷材适用于工业与民用建筑的屋面和地下防水工程；玻纤增强聚酯毡卷材可用于结构固定单层防水，但需通过抗风荷载试验；玻纤毡卷材适用于多层防水中的底层防水；外露使用应采用上表面隔离材料为不透明的矿物粒料防水卷材；地下工程的防水应采用隔离材料为细砂的防水卷材。

2）分类：按胎基分为聚酯毡（PY）、玻纤毡（G）、玻纤增强聚酯毡；按上表面隔离材料分为聚乙烯膜（PE）、细砂（S）与矿物粒料（M）。按下表面隔离材料分为细砂（S）、聚乙烯膜（PE）。按材料性能分为：Ⅰ型和Ⅱ型。

3）规格：卷材公称宽度为 1000mm；聚酯毡卷材公称厚度为 3mm、4mm、5mm；玻纤毡卷材公称厚度为 3mm、4mm；玻纤增强聚酯毡卷材公称厚度为 5mm。

4）公称面积：每卷卷材公称面积分为 7.5m²、10m²、15m²。

5）技术要求

（1）面积、厚度和外观：塑性体改性沥青防水卷材的面积、面积质量、厚度和外观应符合表 2-14-8 的规定。

表 2-14-8　塑性体改性沥青防水卷材的面积、面积质量、厚度和外观

	公称厚度/mm	3			4			5		
	上表面材料	PE	S	M	PE	S	M	PE	S	M
	下表面材料	PE	PE、S		PE	PE、S		PE	PE、S	
面积	公称面积/（m²/卷）	10、15			10、7.5			7.5		
	偏差	±0.10			±0.10			±0.10		
单位面积质量/（kg/m²）　≥		3.3	3.5	4.0	4.3	4.5	5.0	5.3	5.5	6.0
厚度/mm	平均值　≥	3.0			4.0			5.0		
	最小单值	2.7			3.7			4.7		
	外观	1. 成卷卷材应卷紧卷齐，端面里进外出不得超过 10mm； 2. 成卷卷材在 4℃～60℃任意产品温度下展开，在距卷芯 1000mm 长度外不应有 10mm 以上的裂纹和粘结。 3. 胎基应浸透，不应有未被浸渍处。 4. 卷材表面应平整，不允许有孔洞、缺边和裂口、疙瘩；矿物粒料粒度应均匀一致并紧密地粘附于卷材表面。 5. 每卷卷材接头处不应超过 1 个，较短的一段长度不应少于 1000mm，接头应剪切整齐，并加长 150mm。									

注：本节各表根据 GB 18243—2008《塑性体改性沥青防水卷材》。

（2）材料性能：塑性体改性沥青防水卷材的材料性能应符合表 2-14-9 的规定。

表 2-14-9　塑性体改性沥青防水卷材的材料性能

项目		指标				
		Ⅰ型		Ⅱ型		
		PY	G	PY	G	PYG
可溶物含量/（g/m²）　≥	3mm	2100				—
	4mm	2900				—
	5mm	3500				
	试验现象	—	胎基不燃	—	胎基不燃	—
耐热性	℃	110		130		
	≤mm	2				
	试验现象	无流淌、滴落				
低温性能/℃		−7		−15		
		无裂缝				

续表

项目			指标				
			Ⅰ型		Ⅱ型		
			PY	G	PY	G	PYG
不透水性（30mm）			0.3MPa	0.2MPa	0.3MPa		
拉力	最大峰拉力/（N/50mm）	≥	500	350	800	500	900
	次高峰拉力/（N/50mm）	≥	—	—	—	—	800
	试验现象		拉伸过程中，试件中部无沥青涂盖层开裂或与胎基分离现象				
延伸率/%	最大峰时延伸率	≥	25	—	40	—	
	第二峰时延伸率	≥	—		—		15
浸水后质量增加/%	≤	PE、SM	1.0				
			2.0				
热老化	拉力保持率/%	≥	90				
	延伸率保持率/%	≥	80				
	低温柔性/℃		−2		−10		
	尺寸变化率/%	≤	0.7	—	0.7		0.3
	质量损失/%	≤	1.0				
接缝剥离强度/（N/mm）		≥	1.0				
钉杆撕裂强度[1]/N		≥	—				300
矿物粒料粘附性[2]/g		≤	2.0				
卷材下表面沥青涂盖层厚度[3]/mm		≥	1.0				
人工气候加速老化	外观		无滑动、流淌、滴落				
	拉力保持率/%	≥	80				
	低温柔性/℃		−2		−10		
			无裂缝				

注：1. 仅适用于单层机械固定施工方式卷材。
　　2. 仅适用于矿物粒料表面的卷材。
　　3. 仅适用于热熔施工的卷材。

2.14.2.3　弹性体改性沥青防水卷材

1）定义及用途：以聚酯毡、玻纤毡、玻纤增强聚酯毡为胎基，以苯乙烯－丁二烯－苯乙烯（SBS）热塑性弹性体作石油沥青改性剂，两面覆以隔离材料所制成的防水卷材称为弹性体改性沥青防水卷材（简称SBS卷材）。

弹性体改性沥青防水卷材主要适用于工业与民用建筑的屋面和地下防水工程；玻纤增强聚酯毡卷材可用于机构固定单层防水，但需通过抗风荷载试验；玻纤毡卷材适用于多层防水中的底层防水；外露使用应采用上表面隔离材料为不透明的矿物粒料防水卷材；地下工程的防水应采用隔离材料为细砂的防水卷材。

2）分类：按胎基分为聚酯毡（PY）和玻纤毡（G）、玻纤增强聚酯毡（PYG）；下表面隔离材料为细砂（S）、聚乙烯膜（PE）。按上表面隔离材料分为聚乙烯膜（PE）、细砂

（S）、矿物粒料（M）。按材料性能分为Ⅰ型和Ⅱ型。

3）规格：卷材公称宽度为 1000mm；聚酯毡卷材公称厚度为 3mm、4mm、5mm；玻纤毡卷材公称厚度为 3mm、4mm；玻纤增强聚酯毡卷材公称厚度为 5mm。

4）面积：每卷卷材公称面积为 7.5m²、10m²、15m²。

5）技术要求

（1）单位面积质量、面积、厚度和外观：弹性体改性沥青防水卷材的单位面积质量、面积、厚度和外观应符合表 2-14-10 的规定。

表 2-14-10　弹性体改性沥青防水卷材的单位面积质量、面积、厚度和外观

公称厚度/mm			3			4			5		
上表面材料			PE	S	M	PE	S	M	PE	S	M
下表面材料			PE	PE、S		PE	PE、S		PE	PE、S	
面积 /（m²/卷）	公称面积		10、15			10、7.5			7.5		
	偏差		±0.10			±0.10			±0.10		
单位面积质量/（kg/m²）		≥	3.3	3.5	4.0	4.3	4.5	5.0	5.3	5.5	6.0
厚度/mm	平均值	≥	3.0			4.0			5.0		
	最小单值		2.7			3.7			4.7		
外观			1. 成卷卷材应卷紧卷齐，端面里进外出不得超过 10mm； 2. 成卷卷材在 4℃～50℃任意产品温度下展开，在距卷芯 1000mm 长度外不应有 10mm 以上的裂纹和粘结； 3. 胎基应浸透，不应有未被浸渍处； 4. 卷材表面应平整，不允许有孔洞、缺边和裂口、疙瘩；矿物粒料粒度应均匀一致并紧密地粘附于卷材表面； 5. 每卷卷材接头处不应超过 1 个，较短的一段长度不应少于 1000mm，接头应剪切整齐，并加长 150mm。									

注：本节各表根据 GB 18242—2008《弹性体改性沥青防水卷材》。

（2）材料性能：弹性体改性沥青防水卷材的材料性能应符合表 2-14-11 的规定。

表 2-14-11　弹性体改性沥青防水卷材的材料性能

项目			指标				
			Ⅰ型		Ⅱ型		
			PY	G	PY	G	PYG
可溶物含量/（g/m²）	≥	3mm	2100				—
		4mm	2900				—
		5mm	3500				
		试验现象	—	胎基不燃	—	胎基不燃	—
耐热性		℃	90		105		
		≤mm	2				
		试验现象	无流淌、滴落				
低温性能/℃			−20		−25		
			无裂缝				

续表

项目			指标				
			Ⅰ型		Ⅱ型		
			PY	G	PY	G	PYG
	不透水性（30mm）		0.3MPa	0.2MPa		0.3MPa	
拉力	最大峰拉力/(N/50mm)	≥	500	350	800	500	900
	次高峰拉力/(N/50mm)	≥	—	—	—	—	800
	试验现象		拉伸过程中，试件中部无沥青涂盖层开裂或与胎基分离现象				
延伸率/%	最大峰时延伸率	≥	30	—	40	—	—
	第二峰时延伸率	≥	—	—	—	—	15
浸水后质量增加/%	≤ PE、SM		1.0				
			2.0				
热老化	拉力保持率/%	≥	90				
	延伸率保持率/%	≥	80				
	低温柔性/℃		−15		−20		
	尺寸变化率/%	≤	0.7	—	0.7	—	0.3
	质量损失/%	≤	1.0				
渗油性	张数	≥	2				
接缝剥离强度/(N/mm)		≥	1.5				
钉杆撕裂强度[1]/N		≥	—				300
矿物粒料粘附性[2]/g		≥	2.0				
卷材下表面沥青涂盖层厚度[3]/mm		≥	1.0				
人工气候加速老化	外观		无滑动、流淌、滴落				
	拉力保持率/%	≥	80				
	低温柔性/℃		−2		−10		
			无裂缝				

注：1. 仅适用于单层机械固定施工方式卷材。
　　2. 仅适用于矿物粒料表面的卷材。
　　3. 仅适用于热熔施工的卷材。

2.14.2.4　改性沥青聚乙烯胎防水卷材

1）定义及用途：以高密度聚乙烯膜为胎基，上下两面为改性沥青或自粘沥青，表面覆面隔离材料制成的防水卷材称为改性沥青聚乙烯胎防水卷材。

适用于非外露的建筑与基础设施的防水工程。

2）类型及规格：按产品的施工工艺分为热熔型和自粘型两种。热熔型产品按改性剂的成分分为改性氧化沥青防水卷材、丁苯橡胶改性氧化沥青防水卷材、高聚物改性沥青防水卷材、高聚物改性沥青耐根穿刺防水卷材四类。其规格：

（1）厚度：热熔型为3mm、4mm；其中耐根穿刺卷材为4.0mm。自粘型为2mm、3mm。

（2）公称宽度：1000mm、1100mm；

（3）公称面积：每卷面积为 $10m^2$、$11m^2$。

3）代号

热熔型	T
自粘型	S
改性氧化沥青防水卷材	O
丁苯橡胶改性氧化沥青防水卷材	M
高聚物改性沥青防水卷材	P
高聚物改性沥青耐根穿刺防水卷材	R
高密度聚乙烯膜胎体	E
聚乙烯膜覆面材料	E

4）技术要求

（1）单位面积质量、规格尺寸和外观：改性沥青聚乙烯胎防水卷材的单位面积质量、规格尺寸和外观应符合表 2-14-12 的规定。

表 2-14-12　改性沥青聚乙烯胎防水卷材的单位面积质量、规格尺寸和外观

公称厚度/mm			2	3	4
单位面积质量/（kg/m²）			2.1	3.1	4.2
每卷面积偏差/m²			±0.2		
厚度/mm	平均值	≥	2.0	3.0	4.0
	最小单值	≥	1.8	2.7	3.7
外观			1. 成卷卷材应卷紧卷齐，端面里进外出不超过 20mm； 2. 成卷卷材在 4℃～45℃任意产品温度下展开，在距卷芯 1000mm 长度外不应有裂或长度 10mm 以上的粘结； 3. 卷材表面应平整，不允许有孔洞、缺边和裂口、疙瘩或任何其他能观察到的缺陷存在； 4. 每卷接头处不应超过 1 个，较短的一段长度不应少于 1000mm，接头应剪切整齐，并加长 150mm		

（2）物理力学性能：物理力学性能应符合表 2-14-13 的规定。

表 2-14-13　改性沥青聚乙烯胎防水卷材的物理力学性能

项目			技术指标				
			T				S
			O	M	P	R	M
不透水性			0.4MPa，30min 不透水				
耐热性/℃			90				70
			无流淌，无起泡				无流淌，无起泡
低温柔性/℃			−5	−10	−20	−20	−20
			无裂纹				
拉伸性能	拉力/（N/50mm）　≥	纵向	200			400	200
		横向					
	断裂延伸率/%　≥	纵向	120				
		横向					

续表

项目		技术指标				
		T				S
		O	M	P	R	M
尺寸稳定性	℃	90				70
	% ≤	2.5				
卷材下表面沥青涂盖层厚度/mm	≥	1.0				—
剥离强度/（N/mm） ≥	卷材与卷材	—				1.0
	卷材与铝板	—				1.5
钉杆水密性		—				通过
持粘性/min	≥	—				15
自粘沥青再剥离强度（与铝板）/（N/mm）	≥	—				1.5
热空气老化	纵向拉力/（N/50mm） ≥	200			400	200
	纵向断裂延伸率/% ≥	120				
	低温柔性/℃	5	0	−10	−10	−10
		无裂纹				

注：本节各表根据 GB 18967—2009《改性沥青聚乙烯胎防水卷材》。

2.14.2.5　聚氯乙烯防水卷材

1）定义：建筑防水工程用的以聚氯乙烯为主要原料制成的防水卷材称为聚氯乙烯防水卷材。

2）分类：按产品组成分为下列类型：

（1）均质的聚氯乙烯防水卷材（代号 H）：不采用内增强材料或背衬材料的聚氯乙烯防水卷材。

（2）带纤维背衬的聚氯乙烯防水卷材（代号 L）：用织物如聚酯无纺布等复合在卷材下表面的聚氯乙烯防水卷材。

（3）织物内增强聚氯乙烯防水卷材（代号 P）：用聚酯或玻璃网格布在卷材中间增强的聚氯乙烯防水卷材。

（4）玻璃纤维内增强的聚氯乙烯防水卷材（代号 G）：在卷材中加入短切玻璃纤维或玻璃纤维无纺布，对拉伸性能等机械力学性能无明显影响，仅提高产品尺寸稳定性的聚氯乙烯防水卷材。

（5）玻璃纤维内增强带纤维背衬的聚氯乙烯防水卷材（代号 GL）：在卷材中加入短切玻璃纤维或玻璃纤维无纺布，并用织物如聚酯无纺布等复合在卷材下表面的聚氯乙烯防水卷材。

3）规格：公称长度规格为：15m、20m、25m；

　　　　　公称宽度规格为：1.00m、2.00m。

　　　　　厚度规格为：1.20mm、1.50mm、1.80mm、2.00mm。

4）性能指标

（1）聚氯乙烯防水卷材的尺寸偏差及外观要求见表 2-14-14。

表 2-14-14　聚氯乙烯防水卷材的尺寸偏差及外观要求

项目	尺寸偏差及外观要求	
尺寸偏差	长度、宽度应不小于规格值的99.5% 厚度不应小于1.2mm	
厚度/mm	允许偏差/%	最小单值/mm
1.20		1.05
1.50	−5，+10	1.35
1.80		1.65
2.00		1.85
外观	卷材的接头不应多于一处，其中较短的一段长度不应小于1.5m，接头应剪切整齐，并应加长150mm。卷材表面应平整、边缘整齐，无裂纹、孔洞、粘结、气泡和疤痕	

（2）卷材的材料性能：聚氯乙烯防水卷材的材料性能指标应符合表 2-14-15 的要求。

表 2-14-15　聚氯乙烯防水卷材的材料性能指标

序号	项　目			指　标				
				H	L	P	G	GL
1	中间胎基上面树脂层厚度/mm		≥	—			0.40	
2	拉伸性能	最大拉力/(N/cm)	≥	—	120	250	—	120
		拉伸强度/MPa	≥	10.0	—	—	10.0	—
		最大拉力时伸长率/%	≥			15		
		断裂伸长率/%	≥	200	150	—	200	100
3	热处理尺寸变化率/%		≤	2.0	1.0	0.5	0.1	0.1
4	低温弯折性			−25℃无裂纹				
5	不透水性			0.3MPa，2h 不透水				
6	抗冲击性			0.5kg·m，不渗水				
7	抗静态荷载[1]			20kg 不渗水				
8	接缝剥离强度/(N/mm)		≥	4.0 或卷材破坏			3.0	
9	直角撕裂强度/(N/mm)		≥	50	—	—	50	—
10	梯形撕裂强度/N		≥	—	150	250	—	220
11	吸水率（70℃，168h）/%	浸水后	≤	4.0				
		晾置后	≥	−0.40				
12 热老化（80℃）	时间			672h				
	外观			无起泡、裂纹、分层、粘结和孔洞				
	最大拉力保持率/%		≥	—	85	85	—	85
	拉伸强度保持率/%		≥	85	—	—	85	—
	最大拉力时伸长率保持率/%		≥			80		
	断裂伸长率保持率/%		≥	80	80		80	80
	低温弯折性/%		≥	−20℃无裂纹				

续表

序号	项目		指标				
			H	L	P	G	GL
13 耐化学性	外观		无起泡、裂纹、分层、粘结和孔洞				
	最大拉力保持率/%	≥	—85	85	—	85	
	拉伸强度保持率/%	≥	85			85	
	最大拉力时伸长率保持率/%	≥			80		
	断裂伸长率保持率/%	≥	80	80		80	80
	低温弯折性/%	≥	−20℃无裂纹				
14 人工气候加速老化[3]	时间/h		1500^2				
	外观		无起泡、裂纹、分层、粘结和孔洞				
	最大拉力保持率/%	≥		85	85		85
	拉伸强度保持率/%	≥	85			85	
	最大拉力时伸长率保持率/%	≥			80		
	断裂伸长率保持率/%	≥	80	80		80	80
	低温弯折性/%	≥	−20℃无裂纹				

注：1. 抗静态荷载仅适用于压铺屋面的卷材要求。
   2. 单层卷材屋面使用产品的人工气候加速老化时间为2500h。
   3. 非外露使用的卷材不要求测定人工气候加速老化。
   4. 本节内容根据GB 12952—2011《聚氯乙烯（PVC）防水卷材》。

（3）抗风揭能力：采用机械固定方法施工的单层屋面卷材，其抗风揭能力的模拟风压等级应不低于4.3kPa（90psf）。

注：psf为英制单位，即1磅每平方英尺，其与SI制的换算关系式为：

$$1psf = 0.0479kPa$$

2.15　室内环境检测

以下所列室内环境检测的技术指标适用于新建、扩建和改建的民用建筑工程室内环境污染控制，不适用于工业生产建筑工程、仓储性建筑工程、构筑物和有特殊净化卫生要求的室内环境污染控制。也不适用于民用建筑工程交付使用后，非建筑装修产生的室内环境污染控制。

2.15.1　建筑工程所用材料的污染物浓度限量标准

无机非金属建筑主体材料包括：砂、石、砖、砌块、水泥、混凝土、混凝土预制构件等。其放射性限量应符合表2-15-1的规定。

无机非金属装修材料包括：石材、建筑卫生陶瓷、石膏板、吊顶材料、无机瓷质砖粘结材料等。其放射性限量应符合表2-15-1的规定。

围护结构建筑主体材料包括：加气混凝土、空心率大于25%的空心砖、空心砌块等。其放射性限量应符合表2-15-1的规定。

1）无机非金属建筑主体材料、装修材料和围护结构建筑主体材料的放射性指标限量应符合表 2-15-1 的规定。

表 2-15-1　无机非金属建筑材料、装修材料和围护结构建筑主体材料放射性指标限量

材料类型	测定项目	限量	
		A	B
无机非金属建筑主体材料	内照射指数 I_{Ra}	≤1.0	
	外照射指数 I_r	≤1.0	
无机非金属装修材料	内照射指数 I_{Ra}	≤1.0	≤1.3
	外照射指数 I_r	≤1.3	≤1.9
加气混凝土、空心率大于25%的建筑主体材料	表面氡析出率 [Bq/($m^2 \cdot s$)]	≤0.015	
	内照射指数 I_{Ra}	≤1.0	
	外照射指数 I_r	≤1.3	

注：本节各表根据 GB 50325—2010《民用建筑工程室内环境污染控制规范》。

2）人造木板及饰面人造木板：其游离甲醛的释放量或含量限量应符合表 2-15-2 的规定。

表 2-15-2　人造木板及饰面人造木板游离甲醛的释放量或含量限量

测定方法	级别	限量
环境测试舱法/(mg/m^3)	E1	≤0.12
穿孔法/(mg/100g，干料)	E1	≤9.0
	E2	>9.0，≤30.0
干燥器法/(mg/L)	E1	≤1.5
	E2	>1.5，≤5.0

3）涂料

（1）室内用水性涂料和水性腻子，其甲醛含量应符合表 2-15-3 的规定。

表 2-15-3　室内用水性涂料和水性腻子中游离甲醛限量

测定项目	限量	
	水性涂料	水性腻子
游离甲醛/(mg/kg)	≤100	

（2）涂料的总挥发性有机化合物（VOC）、游离甲醛及苯含量限量应符合表 2-15-4 的规定。

表 2-15-4　室内用溶剂型涂料和木器用溶剂型腻子中 VOC、苯、甲苯＋二甲苯＋乙苯限量

涂料类别	涂料名称	限量		
		VOC/(g/L)	苯/%	（甲苯＋二甲苯＋乙苯）/%
室内用溶剂型涂料和木器用溶剂型腻子	醇酸类涂料	≤500	≤0.3	≤5
	硝基类涂料	≤720	≤0.3	≤30
	聚氨酯类涂料	≤670	≤0.3	≤30
	酚醛防锈漆	≤270	≤0.3	—
	其他溶剂型涂料	≤600	≤0.3	≤30
	木器用溶剂型腻子	≤550	≤0.3	≤30

4）胶粘剂：民用建筑工程室内用水性胶粘剂，其挥发性有机化合物（VOC）和游离甲醛的含量限量应符合表 2-15-5 的规定。室内用溶剂性胶粘剂，其有机化合物 VOC、苯、甲

苯＋二甲苯的含量应符合表2-15-6的规定。

表2-15-5　室内用水性胶粘剂中VOC和游离甲醛限量

测定项目	限量			
	聚乙酸乙烯酯胶粘剂	橡胶类胶粘剂	聚氨酯类胶粘剂	其他胶粘剂
VOC/（g/L）	≤110	≤250	≤100	≤350
游离甲醛/（g/kg）	≤1.0	≤1.0	—	≤1.0

表2-15-6　室内用溶剂型胶粘剂中VOC、苯、甲苯＋二甲苯限量

测定项目	限量			
	氯丁橡胶胶粘剂	SBS胶粘剂	聚氨酯类胶粘剂	其他胶粘剂
苯/（g/kg）	≤5.0			
甲苯＋二甲苯/（g/kg）	≤200	≤150	≤150	≤150
挥发性有机物/（g/L）	≤700	≤650	≤700	≤700

5）水性处理剂：民用建筑工程室内用水性阻燃剂（包括防火涂料）、防水剂、防腐剂等水性处理剂，其游离甲醛含量限量应符合表2-15-7的规定。

表2-15-7　室内用水性处理剂中游离甲醛限量

测定项目	限量
游离甲醛/（mg/kg）	≤100

6）民用建筑工程中所使用的其他材料的有害物质限量应符合表2-15-8的规定。

表2-15-8　民用建筑工程中所使用的其他材料的有害物质限量

名称	有害物质项目	限量	
能释放氨的阻燃剂、混凝土外加剂	氨的释放量	≤0.10%	
混凝土外加剂	游离甲醛	≤500mg/kg	
粘合木结构材料	游离甲醛	≤0.12mg/m³	
室内装修用壁布、帷幕	游离甲醛	≤0.12mg/m³	
室内装修用壁纸	甲醛含量	≤120mg/kg	
室内用聚氯乙烯卷材发泡类卷材地板	玻璃纤维基材	≤75g/m²	
	其他基材	≤35g/m²	
室内用聚氯乙烯卷材非发泡类卷材地板	玻璃纤维基材	≤40g/m²	
	其他基材	≤10g/m²	
级别		A级［mg/（m²·h）］	B级［mg/（m²·h）］
地毯	总挥发性有机化合物	≤0.500	≤0.600
	游离甲醛	≤0.050	≤0.050
地毯衬垫	总挥发性有机化合物	≤1.000	≤1.200
	游离甲醛	≤0.050	≤0.050

2.15.2　民用建筑工程室内环境污染物浓度限量标准

民用建筑验收时，必须进行室内环境污染物浓度检测。检测结果应符合表2-15-9的规定。

表 2-15-9 民用建筑工程室内环境污染物浓度限量

污染物	Ⅰ类民用建筑工程	Ⅱ类民用建筑工程
氡/（Bq/m³）	≤200	≤400
甲醛/（mg/m³）	≤0.08	≤0.1
苯/（mg/m³）	≤0.09	≤0.09
氨/（mg/m³）	≤0.2	≤0.2
TVOC/（mg/m³）	≤0.5	≤0.6

注：Ⅰ类民用建筑工程：住宅、医院、老年建筑、幼儿园、学校教室等。
　　Ⅱ类民用建筑工程：办公楼、商店、旅馆、文化娱乐场所、书店、图书馆、展览馆、体育馆、公共交通等候室、
　　餐厅、理发店等。
　　Bq——放射性活度（贝克）。

2.16　水泥混凝土和砂浆用纤维

2.16.1　钢纤维

2.16.1.1　定义
用钢质材料经加工制成的短纤维称为钢纤维。

2.16.1.2　分类
（1）按原材料可分为：碳素结构钢（C）、合金结构钢（A）、不锈钢（S）。

（2）按钢纤维的生产工艺可分为：切断型钢纤维（W）、剪切型钢纤维（S）、熔抽型钢纤维（Me）和铣削型钢纤维（Mi）。

（3）按截面形状可分为：圆形、矩形、月牙形及不规则形。

（4）按钢纤维的外形可分为：平直型和异形。异形可分为波浪形、压痕形、扭曲形、端钩形及大头形等。

2.16.1.3　性能要求
钢纤维性能应符合表 2-16-1 的要求。

表 2-16-1　钢纤维的性能要求

分类	性能指标	要求
尺寸、形状及表面状况	长度	15～60mm，±10%
	直径或等效直径	0.3～1.2mm，±10%
	长径比	30～100，±15%
	形状合格率	不宜小于90%
	表面状况	表面清洁干燥，不得粘混有油污和其他妨碍与水泥砂浆粘结的杂质
力学性能及杂质	抗拉强度：380～600MPa　600～1000MPa　1000MPa	≥380MPa　≥600MPa　>1000MPa
	弯折性能（沿直径 3mm 钢棒弯折90°）	不断裂
	杂质（含有的因加工不良和严重锈蚀造成的粘连片、铁屑及杂质的总质量）	不得超过钢纤维质量的1%

注：本表根据 YB/T 151—1999《混凝土用钢纤维》及 JG/T 3064—1999《钢纤维混凝土》。

2.16.2 合成纤维

2.16.2.1 定义

以合成高分子化合物为原料制成的化学纤维称为合成纤维。

2.16.2.2 分类和规格

合成纤维按其材料组成可分为聚丙烯纤维（代号 PPF）、聚丙烯腈纤维（代号 PANF）、聚酰胺纤维（即尼龙 6 和尼龙 66，代号 PAF）、聚乙烯醇纤维（代号 PVAF）。

按其外形粗细可分为单丝纤维（代号 M）、膜裂网状纤维（代号 S）和粗纤维（代号 T）。

按其用途可分为用于混凝土的防裂抗裂纤维（代号 HF）和增韧纤维（代号 HZ），用于砂浆的防裂抗裂纤维（代号 SF）。

合成纤维的规格根据需要确定，表 2-16-2 为其规格范围。

表 2-16-2　合成纤维的规格

外形分类	公称长度/mm		当量直径/μm
	用于水泥砂浆	用于水泥混凝土	
单丝纤维	3 ~ 20	6 ~ 40	5 ~ 100
膜裂网状纤维	5 ~ 20	15 ~ 40	—
粗纤维	—	15 ~ 60	>100
经供需双方协商，可生产其他规格的合成纤维。			

注：本节内容根据 GB/T 21120—2007《水泥混凝土和砂浆用合成纤维》。

2.16.2.3 性能要求

（1）一般要求：合成纤维不应对人体、生物和环境造成危害，涉及与生产、使用有关的安全与环保问题，应符合我国相关标准和规范的规定。其外观色泽应均匀、表面无污染。

（2）尺寸：合成纤维的公称长度和当量直径偏差应在其相对量的 10% 之内。

（3）合成纤维的性能指标：应符合表 2-16-3 的要求。

表 2-16-3　合成纤维的性能要求

试验项目		用于混凝土的合成纤维		用于砂浆的合成纤维
		防裂抗裂纤维（HF）	增韧纤维（HZ）	防裂抗裂纤维（SF）
断裂强度/MPa	≥	270	450	270
初始模量/MPa	≥	3.0×10^3	5.0×10^3	3.0×10^3
断裂伸长率/%	≤	40	30	50
耐碱性能（极限拉力保持率）/%	≥	95.0		

（4）掺合成纤维水泥混凝土和砂浆性能指标：应符合表 2-16-4 的要求。

表 2-16-4　掺合成纤维水泥混凝土和砂浆性能指标

试验项目		用于混凝土的合成纤维		用于砂浆的合成纤维
		防裂抗裂纤维（HF）	增韧纤维（HZ）	防裂抗裂纤维（SF）
分散性相对误差/%		−10 ~ +10		
混凝土和砂浆裂缝降低系数/%	≥	55		
混凝土抗压强度比/%	≥	90		—
砂浆抗压强度比/%	≥	—	—	90
混凝土渗透高度比/%	≤	30		—
砂浆渗透压力比/%	≥			120
韧性指数 I_5	≥		3	
抗冲击次数比	≥	1.5	3.0	

第3章　混凝土配合比和砂浆配合比

3.1　普通混凝土配合比

混凝土配合比设计应满足混凝土配制强度及其他力学性能、拌合物性能、长期和耐久性能以及经济合理的设计要求。

混凝土配合比设计原则：

（1）胶水比原则：混凝土强度与胶水比成正比，可用直线回归方程或绘制关系直线表示，这是设计混凝土强度的基本原则。

（2）最小加水量原则：在满足混凝土工作性的基础上，采用最小加水量，以便使混凝土强度及其稳定性符合要求。

（3）最小胶凝材料用量原则：在满足强度及工作性的基础上采用最小胶凝材料用量，使混凝土经济适用、体积稳定。

（4）最大密实原则：正确选择粗、细骨料，使其有合理的级配，并能密实填充空隙，使混凝土既有要求的工作性，又达到体积的最大密实。

3.1.1　混凝土原材料的选择

在做配合比之前，应根据混凝土的性能要求和原材料的实际情况选择好工程应用的原材料，如果原材料不合格或不符合混凝土性能要求，将给配合比设计造成很大困难，甚至使配合比设计失败。可根据以下原材料的性能特点进行选择。

3.1.1.1　水泥的选择

通用硅酸盐水泥因矿物组成及混合材料含量不同而具有以下各表（表 3-1-1 ~ 表 3-1-6）所列性能特点，可据此选择合适的水泥。

表 3-1-1　硅酸盐水泥的性能特点及适用范围

序号	性能	特点
1	早期、后期强度	快硬，早强，3d 抗压强度可达到 28d 的 60% ~70%；后期强度发展较慢
2	水化热	水化热较高
3	耐蚀性	由于含有较多的 C_3A 和 C_3S，耐蚀性较差
4	耐磨性	因强度较高，耐磨性较好
5	保水性	一般

续表

序号	性能	特点
6	抗裂性	因水化速度快，早期水化热较高，易产生温度裂缝；同时细度较细，用水量稍大，使混凝土有产生收缩裂缝的危险
7	抗冻性	由于早强，水化热高，故抗冻性较好
适用范围		多用于要求早强、抗冻的混凝土或重要工程，不适用于有侵蚀环境、有耐蚀性要求或耐热的混凝土工程

表 3-1-2　普通硅酸盐水泥的性能特点及适用范围

序号	性能	特点
1	早期、后期强度	与硅酸盐水泥相比，早期强度稍低，但与矿渣水泥等其他通用硅酸盐水泥相比早期强度较高
2	水化热	比硅酸盐水泥稍低，但比矿渣水泥等其他通用硅酸盐水泥较高
3	耐蚀性	耐蚀性较差
4	耐磨性	耐磨性较好
5	保水性	一般
6	抗裂性	与硅酸盐水泥的抗裂性相比有一定改善
7	抗冻性	较好
适用范围		与硅酸盐水泥相比，掺了少量矿物掺料，但掺量又没有其他通用硅酸盐水泥那么多，故普通硅酸盐水泥有广泛的适用性，可用于各种混凝土工程，不用于有硫酸盐等侵蚀的工程

表 3-1-3　矿渣硅酸盐水泥的性能特点及适用范围

序号	性能	特点
1	各期强度	早期强度发展缓慢，后期强度发展较快
2	水化热	较低
3	耐蚀性	因水化矿物中的 $Ca(OH)_2$ 及 C_3A 含量较低，故有较好的耐蚀性，而且能抑制碱-骨料反应
4	耐磨性	能保证耐磨要求
5	保水性	易于泌水，保水性较差，故在混凝土配合比中用水量不宜过大，在混凝土施工中应采用吸水或二次抹面等措施去除表面泌水
6	抗裂性	因水化热较低，能有效地降低混凝土内部升温，可避免出现温度裂缝；但因其泌水量较大，如处理不好则易产生表面收缩裂缝
7	抗冻性	由于泌水，使内部不密实，又加早期强度较低，故抗冻性较差
适用范围		适用于地下、海港等有侵蚀性介质、有耐蚀性要求或防止产生碱-骨料反应的工程，同时可用于蒸汽养护的混凝土预制构件；不适用于有早强或抗冻要求的工程

表 3-1-4　火山灰质硅酸盐水泥的性能特点及适用范围

序号	性能	特点
1	早期、后期强度	早期强度发展缓慢，后期强度发展较快
2	水化热	较低
3	耐蚀性	较好，特别是耐硫酸盐侵蚀
4	耐磨性	一般可保证耐磨要求，但必须有充分的湿养护
5	保水性	保水性优良，混凝土不易泌水
6	抗裂性	因火山灰质硅酸盐水泥需水量大，使混凝土的干燥收缩增加，故易产生收缩裂缝，使用此种水泥应加强养护
7	抗冻性	较差
	适用范围	适用于有硫酸盐侵蚀或其他盐类侵蚀的工程，如地下工程、大体积混凝土，或用于潮湿环境；不适用于有冻融循环或干湿交替的工程

表 3-1-5　粉煤灰硅酸盐水泥的性能特点及适用范围

序号	性能	特点
1	早期、后期强度	早期强度发展缓慢，后期强度发展较快
2	水化热	较低
3	耐蚀性	由于粉煤灰可与水泥中的 $Ca(OH)_2$ 生成水化硅酸钙，同时可填充水泥颗粒空间，使混凝土密实，所以其耐蚀性较好
4	耐磨性	一般可保证耐磨要求，但必须有充分的湿养护
5	保水性	因泌水相对较少，保水性较好
6	抗裂性	水化热较低，可避免温度裂缝的产生，又因用水量不高，可防止产生收缩裂缝
7	抗冻性	较差
	适用范围	适用于地下等有侵蚀性介质的环境，不适于冬期施工的工程

表 3-1-6　复合硅酸盐水泥的性能特点及适用范围

序号	性能	特点
1	早期、后期强度	早期强度发展缓慢，后期强度发展较快
2	水化热	较低
3	耐蚀性	因掺有两种以上的矿物掺料，其耐蚀性能比单掺更优越
4	耐磨性	一般可保证耐磨要求，但必须有充分的湿养护
5	保水性	因泌水相对较少，保水性较好
6	抗裂性	抗裂性优于单掺矿物掺料的其他通用硅酸盐水泥
7	抗冻性	较差
	适用范围	适用于地下等有侵蚀性介质的环境，不适于冬期施工的工程

3.1.1.2 骨料的选择

1) 选择砂子应注意的事项：

(1) 在各品种的砂子（河砂、山砂、海砂、人工砂）中应优先选择河砂，因为河砂含泥量及泥块含量小，天然级配较好，很少污染；山砂往往含有较多的黏土及草根等有机物，需经加工后方可使用；人工砂虽经加工，但仍含有较多的石粉，而海砂则含有氯盐及其他有害盐类，未经处理不能用于钢筋混凝土中。

(2) 根据混凝土的性能要求选择砂子。对于普通混凝土选择级配和有害物质含量合格的砂子即可，而对于高强混凝土或高性能混凝土则应采用更高要求的砂子，此时必须选择砂子的货源，采用细度模数合适、级配良好、有害物质含量较低的砂子，而不要凑合、随意，有什么用什么。

(3) 在砂子使用量很大的情况下，必须事先查看砂源，经多次试验并对其有全面的评价（包括碱－骨料反应）后使用，即使在用量不大的情况下也应预先检测砂子的质量，合格后方可进场。

(4) 如货源已定无法选择而砂子个别项目又不能满足要求时，应根据砂子的试验结果在混凝土配合比设计中采用其他补救措施。

2) 选择石子应注意的事项：

(1) 在骨料的选择中重视石子的选择，在石子的选择中重视级配的选择。石子同砂子一起是混凝土的骨架，其质量不合要求将直接影响混凝土的性能。但是经常存在不重视石子选择的情况，就是说现场进什么用什么，试验检测人员往往被动地用这些不合要求的石子配制混凝土，给混凝土的耐久性造成隐患。其中以碎石的选择最为突出，由于石场在石子破碎筛分后，多以单粒级供货，这对混凝土预拌厂影响不大，预拌厂可对两种单粒级石子经级配后使用；而现场搅拌站因没有多粒级石子级配的条件，大都只用一种单粒级石子生产混凝土，不但混凝土空隙大，而且因此提高了砂率，进而提高用水量和水泥用量，使混凝土成本高而质量差。为此，应选择级配良好的石子，这在技术上或经济上都是合算的。

(2) 按混凝土的性能要求选择石子。即选择石子要有针对性，不能将一种石子用于任何情况，试图用普通混凝土所用石子去配制高强或高性能混凝土经常是不成功的。

(3) 对于重要混凝土或工程量很大的混凝土应首先选择级配和粒形较好的石子，然后作石子级配试验，确定两种或三种石子的级配比例，力争将石子级配调到最好，这是生产高质量混凝土的基础。因为级配良好的石子使混凝土最为密实，耐久性好。由于空隙较小，砂率较低，可使用水量相应减少，而且混凝土工作性较好，易于施工。

(4) 预拌厂应将两种常用的单粒级石子（如 5～20mm 及 20～40mm）作出最佳级配，以便于使用，并作为提高混凝土质量、降低成本的主要措施之一。

3.1.1.3 矿物掺料的选择

目前常用的矿物掺料有粉煤灰、硅灰、矿渣粉、沸石粉，还有磨细粉煤灰、磨细矿渣粉、磨细沸石粉等；其中粒径 <10μm 的硅灰、磨细粉煤灰、磨细矿渣粉、磨细沸石粉常被称为矿物超细粉。在选择使用何种矿物掺料时应根据混凝土的性能要求、矿物掺料的实际品质情况、掺料货源及价格综合考虑，并经试验后确定。

在各种矿物掺料中最常用的是粉煤灰，因为粉煤灰可适用于各种混凝土，价格便宜；在高强混凝土或高性能混凝土中也常使用硅灰，或者磨细粉煤灰、磨细矿渣粉及磨细沸石粉。到底使用何种矿物掺料为好要具体情况具体分析，并通过试验验证。表 3-1-7 为常用矿物掺料的主要技术指标（其他技术指标详见本书第 2 章）；表 3-1-8 为常用矿物掺料对混凝土性能的影响，该表可为选择矿物掺料提供数据或参考。

表 3-1-7 常用矿物掺料的主要技术指标

主要技术指标		常用矿物掺料			
		粉煤灰	硅灰	矿渣粉	沸石粉
比表面积/(m²/kg)	普通	300 ~ 400	15000 ~ 20000	350 ~ 400	400 ~ 500
	磨细	400 ~ 600	—	350 ~ 750	500 ~ 700
二氧化硅含量/%		45 ~ 60	85 ~ 95	30 ~ 40	60 ~ 70
表观密度/g/cm³		2.2 ~ 2.8	2.2 ~ 2.5	2.8 ~ 3.1	2.2 ~ 2.4
堆积密度/kg/m³		600 ~ 800	200 ~ 300	600 ~ 900	700 ~ 800
平均粒径/μm		8 ~ 20	0.1	5 ~ 10	5 ~ 10

表 3-1-8 常用矿物掺料对混凝土性能的影响

项目	常用矿物掺料			
	粉煤灰	硅灰	矿渣粉	沸石粉
提高混凝土密实度，降低渗透性	由于水化和填充作用，可降低混凝土渗透性	有效地填充水泥颗粒空隙，大大提高混凝土密实性	可提高混凝土密实性，据资料介绍，当掺量为20%时扩散系数仅为基准混凝土的1/3	可改善混凝土内部孔结构，增加密实度
降低混凝土升温	当掺量较大时，可有效地降低混凝土的升温	降低混凝土升温不明显	当掺量较大时，可有效地降低混凝土的升温	降低混凝土升温不明显
抗化学腐蚀	因能堵塞离子扩散通道，限制氯离子的移动，故能抗氯离子及硫酸盐侵蚀	由于降低了Ca(OH)₂的含量，同时堵塞了侵蚀性介质的侵入通道，故能抗氯离子等有害介质的渗透	抗氯离子渗透或海水侵蚀性能优良	能抵抗有害离子侵入混凝土，抑制碱-骨料反应
对混凝土用水量的影响	可少量降低混凝土用水量	掺量提高时可提高混凝土用水量，因此应同时掺入高效减水剂，以使用水量不致过高，防止混凝土出现收缩裂缝	可降低混凝土用水量，并随矿渣粉比表面积的增加，用水量还可降低	当掺量增大时，混凝土用水量提高，混凝土收缩比基准混凝土大
对混凝土强度发展的影响	早期强度比基准混凝土低，60d及90d则高于基准混凝土，适于用60d或90d强度作为验收强度	可有效地提高混凝土强度，早期强度比基准混凝土稍低，但28d强度等于或大于基准强度	7d以前强度比基准混凝土低，60d或90d强度高于基准混凝土	早期强度低于基准混凝土，后期较高
常用掺量/%	10 ~ 50	5 ~ 10	10 ~ 50	5 ~ 10

选择矿物掺料应注意的事项：

（1）目前混凝土预拌厂几乎在所有混凝土中都掺加粉煤灰等掺料，但现场搅拌的混凝土掺加矿物掺料的情况实在是凤毛麟角，这与现场混凝土搅拌条件较差有关，也有认识上的误区，认为掺加矿物掺料麻烦，不如多加些水泥。殊不知矿物掺料不只是代替一部分水泥，降低混凝土成本，主要还是增加混凝土的密实度，提高其抗腐蚀性能，从而提高混凝土的耐久性。因此，现场搅拌的混凝土也应掺加矿物掺料。

（2）即使设计未提出耐久性要求，普通混凝土也应掺加矿物掺料，地下工程或海港工程等有可能接触侵蚀性介质的混凝土必须掺加。

（3）对于进场的矿物掺料，应查阅其出厂合格证，并进行复检，以充分了解掺料的各项指标，不可未经试验盲目掺加。

（4）普通混凝土掺加粉煤灰一般可满足要求，对于高强混凝土、高性能混凝土或其他特种混凝土掺加何种掺料及其掺量，要根据掺料的货源、价格、混凝土的具体性能要求，并经试验比较后确定。

（5）试验证明，掺加两种以上的矿物掺料效果更为理想，对于混凝土性能要求项目较多（如同时要求高强、抗渗、抗氯离子渗透等），或者性能要求较严格者可考虑同时掺用两种以上矿物掺料。

（6）由于矿物掺料颗粒对外加剂离子有一定吸附作用，故对于掺加矿物掺料的混凝土来说，在某些情况下需适当提高外加剂用量。

3.1.1.4 外加剂的选择

1）减水剂的选择

（1）现在市场上的减水剂品种繁多、代号各异，使用前应通过查阅出厂合格证并复检，充分了解该种减水剂的主要技术指标及常用掺量，最好同时作减水剂的匀质性试验，以了解其含固量、pH 值、氯离子含量和总碱量等指标，不要未经试验盲目掺加。

（2）选用何种减水剂应根据其技术指标、价格和混凝土的性能要求通过试验确定；进入预拌厂或工地的减水剂至少应作 pH 值、密度（或细度）、混凝土减水率试验，符合要求方可使用。

（3）对于有数种性能要求的混凝土（如要求减水、早强），可同时掺加两种外加剂；如使用数量较大，也可向外加剂厂提出减水剂的技术要求（如要求减水、缓凝、引气），由该厂专门生产符合这些要求的减水剂供应预拌厂或工地。

（4）必须作各种减水剂与本单位常用水泥的适应性试验，选用适应性好的减水剂，混凝土预拌厂最好准备数种与常用水泥适应性好的减水剂，以便改变水泥品种时及时更换。

（5）选用混凝土坍落度损失较小的减水剂，并通过试验掌握气温、混凝土运送时间等对坍落度损失的影响，以便在气温变化或混凝土运送时间增加时调整用水量或减水剂用量。

2）膨胀剂的选择

（1）混凝土中是否掺加膨胀剂应根据混凝土结构的实际情况及混凝土的性能要求确定，首先要分清膨胀剂的用途，例如，用于补偿收缩混凝土或用于填充混凝土（如后浇带）。

（2）膨胀剂并不是防止混凝土出现裂缝的唯一的"灵丹妙药"，掺膨胀剂的混凝土还应与设计、施工密切配合，方可达到预期效果；同时，必须提供限制条件，如板、壁结构应配置细而密的钢筋，同时配置必要的构造筋。

（3）膨胀剂需事先查看出厂合格证，并进行品质复检，然后作混凝土试验，以充分掌握膨胀剂的技术指标及其对混凝土性能的影响，最终确定膨胀剂的种类和最佳掺量。

（4）施工阶段进入预拌厂或工地的膨胀剂至少应作限制膨胀率试验，合格后方可使用。

3）引气剂的选择

（1）引气剂由于引入混凝土大量的封闭微气泡，可堵塞渗透通道，除具有优良的抗冻性之外，还可提高混凝土抗渗透性，抵抗氯离子等有害介质的侵入，并提高混凝土的工作性，因兼具价格便宜的优点，故引气剂是提高混凝土耐久性的首选外加剂。由中国工程院土木水利与建筑学部编写的《混凝土结构耐久性设计与施工指南》规定："使用优质引气剂，将适量引气作为配制耐久性混凝土的常规手段"。我国 GB/T 50476—2008《混凝土结构耐久性设计规范》提出了引气剂的使用范围和技术要求。

（2）同其他外加剂一样，使用前应索要出厂合格证，并通过复检了解引气剂的品质状况，然后经混凝土试验确定其效果及最佳掺量。施工阶段进入预拌厂或工地的引气剂至少应作 pH 值、密度（或细度）、含气量等项试验，确认合格后方可使用。

（3）引气剂掺量应控制在混凝土引气量不超过 5%，在此范围内，考虑到因引气而适当降低混凝土用水量，可做到混凝土强度与基准强度相等或稍低。

（4）在预拌厂或工地要控制搅拌时间，经常检测混凝土含气量，以便将其控制在要求的范围内。

4）早强剂的选择

（1）与上述外加剂一样，应通过早强剂品质试验和混凝土试验，了解早强剂的技术指标及其在混凝土中的作用，为正确使用提供数据。施工阶段进入预拌厂或工地的早强剂至少应做密度（或细度），1d、3d 抗压强度及钢筋锈蚀试验，合格后方可使用。

（2）在钢筋混凝土中严禁使用氯盐早强剂。

（3）冬期施工使用早强剂应与混凝土保温措施相配合。必须预先掌握所用早强剂的早强效果，并根据混凝土入模温度和养护温度计算混凝土的早期强度，确定掺早强剂的混凝土是否满足要求。

3.1.1.5　混凝土试配所用原材料

混凝土配合比设计试配所用原材料应采用工程实际使用的原材料。其中细骨料含水率应小于 0.5%，粗骨料含水率应小于 0.2%。

3.1.1.6　试配混凝土中矿物掺合料的最大掺量、水溶性氯离子的最大含量及含气量

（1）矿物掺合料的最大掺量：矿物掺合料在混凝土中的掺量应通过试验确定。采用硅酸盐水泥或普通硅酸盐水泥时，钢筋混凝土中矿物掺合料最大掺量应符合表 3-1-9 的规定，预应力混凝土中矿物掺合料最大掺量宜符合表 3-1-10 的规定。对基础大体积混凝土，粉煤灰、粒化高炉矿渣粉和复合掺合料的最大掺量可增加 5%。采用掺量大于 30% 的 C 类粉煤灰的混凝土应以实际使用的水泥和粉煤灰掺量进行安定性鉴定。

表 3-1-9　钢筋混凝土中矿物掺合料最大掺量

矿物掺合料种类	水胶比	最大掺量/%	
		采用硅酸盐水泥时	采用普通硅酸盐水泥时
粉煤灰	≤0.40	45	35
	>0.40	40	30

续表

矿物掺合料种类	水胶比	最大掺量/%	
		采用硅酸盐水泥时	采用普通硅酸盐水泥时
粒化高炉矿渣粉	≤0.40	65	55
	>0.40	55	45
钢渣粉	—	30	20
磷渣粉	—	30	20
硅灰	—	10	10
复合掺合料	≤0.40	65	55
	>0.40	55	45

注：1. 采用其他通用硅酸盐水泥时，宜将水泥混合材掺量20%以上的混合材量计入矿物掺合料。
    2. 复合掺合料各组分的掺量不宜超过单掺时的最大掺量。
    3. 在混合使用两种或两种以上的矿物掺合料时，矿物掺合料总掺量应符合表中复合掺合料的规定。
    4. 本节内容部分取自 JGJ 55—2011《普通混凝土配合比设计规程》。

表 3-1-10　预应力混凝土中矿物掺合料最大掺量

矿物掺合料种类	水胶比	最大掺量/%	
		采用硅酸盐水泥时	采用普通硅酸盐水泥时
粉煤灰	≤0.40	35	30
	>0.40	25	20
粒化高炉矿渣粉	≤0.40	55	45
	>0.40	45	35
钢渣粉	—	20	10
磷渣粉	—	20	10
硅灰	—	10	10
复合掺合料	≤0.40	55	45
	>0.40	45	35

注：1. 采用其他通用硅酸盐水泥时，宜将水泥混合材掺量20%以上的混合材量计入矿物掺合料。
    2. 复合掺合料各组分的掺量不宜超过单掺时的最大掺量。
    3. 在混合使用两种或两种以上的矿物掺合料时，矿物掺合料总掺量应符合表中复合掺合料的规定。

（2）拌合物中水溶性氯离子最大含量：应符合表 3-1-11 的规定，其测试方法应符合现行行业标准 JTJ 270《水运混凝土试验规程》中混凝土拌合物中氯离子含量的快速测定方法的规定。

表 3-1-11　混凝土拌合物中水溶性氯离子最大含量

环境条件	水溶性氯离子最大含量%（占水泥用量的质量分数）		
	钢筋混凝土	预应力混凝土	素混凝土
干燥环境	0.30		
潮湿但不含氯离子的环境	0.20	0.06	1.00
潮湿且含有氯离子的环境、盐渍土环境	0.10		
除冰盐等侵蚀性物质的腐蚀环境	0.06		

（3）混凝土最小含气量：长期处于潮湿或水位变动的寒冷和严寒环境以及盐冻环境的混凝土应掺用引气剂。引气剂掺量应根据混凝土含气量要求经试验确定，混凝土最小含气量应符合表 3-1-12 的规定，最大不宜超过 7.0% 。

表 3-1-12 混凝土最小含气量

粗骨料最大公称粒径/mm	混凝土最小含气量/%	
	潮湿或水位变动的寒冷和严寒环境	盐冻环境
40.0	4.5	5.0
25.0	5.0	5.0
20.0	5.5	6.0

注：含气量为气体占混凝土的体积分数。

3.1.2 配制强度

3.1.2.1 确定强度保证系数 t

计算配制强度前先根据混凝土合格概率确定强度保证系数 t，t 值按表 3-1-13 取值。根据《普通混凝土配合比设计规程》t 值取 1.645，合格概率为 95%，对于重要混凝土结构可以提高其合格概率，如提高至 97%，则 t 值为 1.88。

表 3-1-13 合格概率与 t 值的关系

合格概率/%	95	96	97	98	99
t 值	1.645	1.75	1.88	2.05	2.33

3.1.2.2 确定标准差

根据混凝土的实际施工水平确定其标准差 σ，标准差最好是通过施工积累的与施工水平对应的实际值，由于该值可反映实际的施工水平，故所计算的配制强度也比较准确。当具有近 1~3 个月的同一品种、同一强度等级混凝土的强度资料，且试件组数不小于 30 时，其混凝土强度标准差应按下式计算：

$$\sigma = \sqrt{\frac{\sum_{i=1}^{n} f_{cu,i}^2 - n m_{fcu}^2}{n-1}} \tag{3-1-1}$$

式中 σ——混凝土强度标准差，MPa；

$f_{cu,i}$——第 i 组试件强度，MPa；

m_{fcu}——n 组试件的抗压强度平均值，MPa；

n——试件组数。

对于强度等级不大于 C30 的混凝土，当混凝土强度标准差计算值不小于 3.0MPa 时，应按式（3-1-1）计算结果取值；当混凝土标准差计算值小于 3.0 时，应取 3.0。

对于强度等级大于 C30 且小于 C60 的混凝土，当混凝土标准差计算值不小于 4.0 时，应按式（3-1-1）计算结果取值；当混凝土标准差计算值小于 4.0 时，应取 4.0。

当没有近期的同一品种、同一强度等级混凝土强度资料时，其强度标准差可按表 3-1-14 取值。

表 3-1-14　标准差 σ 值（MPa）

混凝土强度标准值	≤C20	C25 ~ C45	C50 ~ C55
σ 值	4.0	5.0	6.0

3.1.2.3　计算配制强度

当混凝土的设计强度等级小于 C60 时，配制强度按式（3-1-3）确定。根据表 3-1-13 及表 3-1-14 分别选取 t 值及标准差计算配制强度，即：

$$f_{cu,0} \geqslant f_{cu,k} + t\sigma \tag{3-1-2}$$

当 $t = 1.645$ 时，

$$f_{cu,0} \geqslant f_{cu,k} + 1.645\sigma \tag{3-1-3}$$

式中　$f_{cu,0}$——混凝土配制强度，MPa；

　　　　$f_{cu,k}$——混凝土立方体抗压强度标准值，这里取混凝土的设计强度等级值，MPa；

　　　　σ——混凝土强度标准差，MPa。

由表 3-1-15 可直接查出 $t = 1.645$ 时混凝土的配制强度。

当设计强度等级不小于 C60 时，配制强度应按式（3-1-4）确定。

$$f_{cu,0} \geqslant 1.15 f_{cu,k} \tag{3-1-4}$$

表 3-1-15　当 $t = 1.645$ 时标准差 σ 对应的混凝土配制强度

混凝土强度等级	由施工水平所取标准差 σ/MPa							
	2.5	3.0	3.5	4.0	4.5	5.0	5.5	6.0
C10	14.1	14.9	15.8	16.6	17.4	18.2	19.0	19.9
C15	19.1	19.9	20.8	21.6	22.4	23.2	24.0	24.9
C20	24.1	24.9	25.8	26.6	27.4	28.2	29.0	29.9
C25	29.1	29.9	30.8	31.6	32.4	33.2	34.0	34.9
C30	34.1	34.9	35.8	36.6	37.4	38.2	39.0	39.9
C35	39.1	39.9	40.8	41.6	42.4	43.2	44.0	44.9
C40	44.1	44.9	45.8	46.6	47.4	48.2	49.0	49.9
C45	49.1	49.9	50.8	51.6	52.4	53.2	54.0	54.9
C50	54.1	54.9	55.8	56.6	57.4	58.2	59.0	59.9
C60	64.1	64.9	65.8	66.6	67.4	68.2	69.0	69.9

准确确定配制强度是混凝土配合比设计成功的关键之一，这里所说的"准确"不仅指计算准确，主要是配制强度确定准确；由配制强度的计算式（3-1-2）可以看到，要使配制强度确定准确，关键是准确确定标准差。标准差主要由两部分组成：施工标准差和预拌混凝土标准差。前者包括施工时的混凝土运输情况、振实情况以及抽样情况误差；后者主要是预拌厂的称量系统误差和材料的质量误差。可以对同一配合比混凝土经多次抽样检验其出厂前的标准差（主要是称量误差），同时积累各施工单位或各工地的实际标准差，由此准确掌握实际标准差，进而准确确定配制强度。有的预拌厂之所以将配制强度定得很高，其主要原因是没有掌握实际标准差，对出厂前的混凝土标准差有多大心中无数，担心强度不合格而大大

提高水泥用量。此外，经检验出厂前的标准差较大时，应即查找原因，如因称量误差过大，则应更换传感器，及时对称量设备进行计量。

3.1.3　混凝土配合比的参数选择

配合比参数包括用水量、水胶比、砂率及每立方米混凝土拌合物的假定质量。计算配合比前应准确选择这些参数。

3.1.3.1　用水量

几乎所有原材料的品质情况都影响用水量，所以用水量指标在试拌前很难准确确定，大都根据以往经验预定一值，然后经试拌调整；故应根据常用材料规定用水量表，作为本单位的经验值。如没有此值，可按下表选用。干硬性混凝土用水量由表 3-1-16 选择；塑性混凝土用水量由表 3-1-17 选择；流动性混凝土用水量由表 3-1-18 选择。

表 3-1-16　干硬性混凝土用水量（kg/m³）

拌合物稠度		卵石最大公称粒径/mm			碎石最大公称粒径/mm		
项目	指标	10.0	20.0	40.0	16.0	20.0	40.0
维勃稠度/s	16～20	175	160	145	180	170	155
	11～15	180	165	150	185	175	160
	5～10	185	170	155	190	180	165

表 3-1-17　塑性混凝土用水量（kg/m³）

拌合物稠度		卵石最大公称粒径/mm				碎石最大公称粒径/mm			
项目	指标	10.0	20.0	31.5	40.0	10.0	20.0	31.5	40.0
坍落度/mm	10～30	190	170	160	150	200	185	175	165
	35～50	200	180	170	160	210	195	185	175
	55～70	210	190	180	170	220	205	195	185
	75～90	215	195	185	175	230	215	205	195

注：1. 本表用水量系采用中砂时的取值。采用细砂时，每立方米混凝土用水量可增加 5～10kg；采用粗砂时，可减少 5～10kg。
　　2. 掺用外加剂或矿物掺合料时，用水量应相应调整。

表 3-1-18　流动性混凝土用水量（kg/m³）

混凝土坍落度/mm	卵石最大公称粒径/mm				碎石最大公称粒径/mm			
	10.0	20.0	31.5	40.0	16.0	20.0	31.5	40.0
100～120	220	200	190	180	235	220	210	200
125～140	225	205	195	185	240	225	215	205
145～160	230	210	200	190	245	230	220	210
165～185	235	215	205	195	250	235	225	215
185～200	240	220	210	200	255	240	230	220

注：1. 本表用水量系采用中砂时的取值。采用细砂时，每立方米混凝土用水量可增加 5～10kg；采用粗砂时，可减少 5～10kg。
　　2. 掺用各种外加剂或矿物掺合料时，用水量应相应调整。

流动性或大流动性混凝土掺外加剂时，每立方米用水量（m_{wo}）可按式（3-1-5）计算：

$$m_{wo} = m'_{wo}(1 - \beta)$$ (3-1-5)

式中　m_{wo}——计算配合比每立方米混凝土的用水量，kg/m^3；

　　　m'_{wo}——未掺加外加剂时推定的满足坍落度要求的每立方米混凝土用水量，kg/m^3；以表 3-1-17 中 90mm 坍落度的用水量为基础，按每增大 20mm 坍落度相应增加 $5kg/m^3$ 用水量来计算；当坍落度增大到 180mm 以上时，随坍落度相应增加的用水量可减少；

　　　β——外加剂的减水率，%，应经混凝土试验确定。

每立方米混凝土中外加剂用量（m_{ao}）应按式（3-1-6）计算：

$$m_{ao} = m_{bo}\beta_a$$ (3-1-6)

式中　m_{ao}——计算配合比每立方米混凝土中外加剂用量，kg/m^3；

　　　m_{bo}——计算配合比每立方米混凝土中胶凝材料用量，kg/m^3；

　　　β_a——外加剂掺量，%，应经混凝土试验确定。

3.1.3.2　水胶比

水胶比可用以下几种方法选择：

（1）图表法。用本单位常用材料做不同强度等级混凝土抗压强度试验，将试验结果列成图表备查；图表法用于初步确定的配合比，或零星混凝土配合比。

（2）曲线法。至少用 3 个不同强度等级的配合比进行试验，得出胶水比-抗压强度曲线，根据已知配制强度由此曲线上查出对应的水胶比。为使曲线更为准确可靠，可用多组（最好不少于 20 组）试验结果绘制曲线。

（3）插入法。用第（2）条所述得到至少 3 组水胶比同抗压强度的关系式，由已知配制强度可用插入法求得相应的水胶比。

（4）公式法。用《普通混凝土配合比设计规程》中的鲍罗米公式计算水胶比：

$$W/B = \frac{\alpha_a \cdot f_b}{f_{cu,0} + \alpha_a \cdot \alpha_b \cdot f_b}$$ (3-1-7)

式中　W/B——水胶比；

　　　f_b——胶凝材料 28d 抗压强度，MPa。可实测，且试验方法应按国家标准 GB/T 17671《水泥胶砂强度检验方法（ISO 法）》执行，也可按式（3-1-8）确定；

　　　$f_{cu,0}$——混凝土配制强度，MPa；

　　α_a、α_b——回归系数，按以下规定确定：

根据工程所使用的原材料，通过试验建立的水胶比与混凝土强度关系式来确定；当不具备上述试验统计资料时，可按表 3-1-19 选用。

表 3-1-19　回归系数（α_a、α_b）取值表

系数	粗骨料品种	
	碎石	卵石
α_a	0.53	0.49
α_b	0.20	0.13

当胶凝材料 28d 胶砂抗压强度值（f_b）无实测值时，可按式（3-1-8）计算：

$$f_b = \gamma_f \gamma_s f_{ce} \qquad (3\text{-}1\text{-}8)$$

式中 γ_f、γ_s——粉煤灰影响系数和粒化高炉矿渣粉影响系数，可按表 3-1-20 选用；

f_{ce}——水泥 28d 抗压强度，MPa，可实测，也可按式（3-1-5）计算。

表 3-1-20 粉煤灰影响系数（γ_f）和粒化高炉矿渣粉影响系数（γ_s）

掺量/%	种类	
	粉煤灰影响系数 γ_f	粒化高炉矿渣粉影响系数 γ_s
0	1.00	1.00
10	0.85～0.95	1.00
20	0.75～0.85	0.95～1.00
30	0.65～0.75	0.90～1.00
40	0.55～0.65	0.80～0.90
50	—	0.70～0.85

注：1. 采用Ⅰ级、Ⅱ级粉煤灰宜取上限值。
　　2. 采用 S75 级粒化高炉矿渣粉宜取下限值，采用 S95 级粒化高炉矿渣粉宜取上限值，采用 S105 级粒化高炉矿渣粉可取上限值加 0.05。
　　3. 当超出表中的掺量时，粉煤灰和粒化高炉矿渣粉影响系数应经试验确定。

当水泥 28d 胶砂抗压强度（f_{ce}）无实测值时，可按式（3-1-9）计算：

$$f_{ce} = \gamma_c f_{ce,g} \qquad (3\text{-}1\text{-}9)$$

式中 $f_{ce,g}$——水泥强度等级值，MPa；

γ_c——水泥强度等级值的富余系数，可按实际统计资料确定；当缺乏实际统计资料时，也可按表 3-1-21 选用。

表 3-1-21 水泥强度等级值的富余系数

水泥强度等级值	32.5	42.5	52.5
富余系数 γ_c	1.12	1.16	1.10

（5）由水胶比计算胶凝材料、矿物掺合料及水泥用量。

每立方米混凝土的胶凝材料用量（m_{bo}）应按式（3-1-10）计算，并应进行试拌调整，取经济合理的胶凝材料用量。

$$m_{bo} = \frac{m_{wo}}{W/B} \qquad (3\text{-}1\text{-}10)$$

式中 m_{bo}——计算配合比每立方米混凝土中胶凝材料用量，kg/m³；

m_{wo}——计算配合比每立方米混凝土的用水量，kg/m³；

W/B——混凝土水胶比。

混凝土最小胶凝材料用量应符合表 3-1-22 的规定。

表 3-1-22　混凝土的最小胶凝材料用量

最大水胶比	最小胶凝材料用量/(kg/m³)		
	素混凝土	钢筋混凝土	预应力混凝土
0.60	250	280	300
0.55	280	300	300
0.50	320		
≤0.45	330		

每立方米混凝土的矿物掺合料用量（m_{fo}）应按式（3-1-11）计算：

$$m_{fo} = m_{bo}\beta_f \qquad (3\text{-}1\text{-}11)$$

式中　m_{fo}——计算配合比每立方米混凝土中矿物掺合料用量，kg/m³；

　　　β_f——矿物掺合料掺量，%，可按表 3-1-9、表 3-1-10 及式（3-1-7）确定。

每立方米混凝土的水泥用量（m_{co}）应按式（3-1-12）计算：

$$m_{co} = m_{bo} - m_{fo} \qquad (3\text{-}1\text{-}12)$$

式中　m_{co}——计算配合比每立方米混凝土中水泥用量，kg/m³。

3.1.3.3　砂率

砂率应根据骨料的技术指标、混凝土拌合物性能和施工要求，参考既有历史资料确定。当缺乏历史资料时，砂率的确定应符合下列规定：

（1）坍落度小于 10mm 的混凝土，其砂率应经试验确定；

（2）坍落度为 10~60mm 的混凝土，其砂率可根据粗骨料品种、最大公称粒径及水胶比按表 3-1-23 选取；

（3）坍落度大于 60 的混凝土，其砂率可经试验确定，也可在表 3-1-23 的基础上，按坍落度每增大 20mm，砂率增大 1% 的幅度予以调整，或者按表 3-1-24 选取。

表 3-1-23　塑性混凝土砂率（%）

水胶比	卵石最大公称粒径/mm			碎石最大公称粒径/mm		
	10.0	20.0	40.0	16.0	20.0	40.0
0.40	26~32	25~31	24~30	30~35	29~34	27~32
0.50	30~35	29~34	28~33	33~38	32~37	30~35
0.60	33~38	32~37	31~36	36~41	35~40	33~38
0.70	36~41	35~40	34~39	39~44	38~43	36~41

注：1. 本表数值系采用中砂的砂率，如使用细砂或粗砂，可相应减少或增大砂率。

　　2. 采用人工砂配制混凝土时，砂率可适当增大。

　　3. 只用一个单粒级粗骨料配制混凝土时，砂率应适当增大。

表 3-1-24　流动性混凝土砂率（%）

水胶比	卵石最大公称粒径/mm			碎石最大公称粒径/mm		
	10.0	20.0	40.0	16.0	20.0	40.0
0.40	32~36	30~34	28~32	34~38	32~36	30~34
0.50	34~38	32~36	30~34	36~40	34~38	32~36
0.60	36~40	34~38	32~36	38~42	36~40	34~38
0.70	38~42	36~40	34~38	40~44	38~42	36~40

注：1. 本表数值系采用中砂的砂率，如使用细砂或粗砂，可相应减少或增大砂率。

　　2. 采用人工砂配制混凝土时，砂率可适当增大。

　　3. 只用一个单粒级粗骨料配制混凝土时，砂率应适当增大。

如已知砂子的细度模数，可根据表 3-1-25 选择其最佳砂率。

表 3-1-25　由砂的细度模数选择最佳砂率

砂细度模数		2.2 ~ 2.5	2.5 ~ 2.8	2.8 ~ 3.1	3.1 ~ 3.4	3.4 ~ 3.7
砂率 S_p/%	碎石	30 ~ 34	32 ~ 36	34 ~ 38	36 ~ 40	38 ~ 42
	卵石	28 ~ 32	30 ~ 34	32 ~ 36	34 ~ 38	36 ~ 40

注：本表根据 JTG F30—2003《公路水泥混凝土路面施工技术规范》。

3.1.3.4　每立方米混凝土拌合物的假定质量

可由表 3-1-26 选取。

表 3-1-26　每立方米混凝土拌合物的假定质量（kg/m³）

石子种类	石子最大公称粒径/mm		
	20.0	31.5	40.0
碎石	2350 ~ 2380	2380 ~ 2420	2420 ~ 2450
卵石	2380 ~ 2400	2400 ~ 2440	2440 ~ 2480

注：石子级配良好时取上值，级配较差时取下值。

3.1.4　普通混凝土配合比确定方法

由于混凝土所用原材料品种很多，其性能要求各种各样，施工方法各异，至今没有适用于各种情况的配合比，故很难单纯通过计算确定配合比，一般都采用计算和试验相结合的方法，即计算初步配合比后，经过试验进行调整，最后确定配合比。为使混凝土配合比设计更为准确，更符合实际情况，可以在日常工作中积累大量配合比设计方案及其施工结果，用以调整配合比各参数，使这些参数更接近实际，从而使配合比更符合要求。

基于计算-试验方法的混凝土配合比设计虽可普遍采用，但实际工作中需要根据不同情况采取不同方法：

1）图表法。即通过大量试验结果列出适合于当时当地情况的配合比参数，或列出常用的"基准配合比"，在设计配合比时不必计算，直接从表中选取与混凝土要求一致的配合比，或者略加调整的配合比（如有必要也可进行试验调整）。这种设计方法快捷省力，但误差较大，适用于非承重结构混凝土或零星混凝土。

2）计算-试验方法。此种方法适用于普通混凝土，按照 JGJ 55《普通混凝土配合比设计规程》的要求做三个配合比，其中一个为基准配合比，其他两个的水胶比比基准配合比分别增加或减少 0.05，用水量应与基准配合比相同，砂率可分别增加和减少 1%。将三个配合比进行试验，并根据试验结果予以调整，最后确定配合比，这是针对某一个配合比的做法。当有多个强度等级的配合比时（如同时作 C20、C25、C30、C35 及 C40），可选取其中三个强度等级的水胶比（如 C20、C30、C40）进行试验，并根据试验结果绘制水胶比—抗压强度关系线（直线），其他各等级混凝土由配制强度从关系线上选取对应的水胶比，这样做既简单又准确，能收到事半功倍的效果。计算混凝土配合比的程序如下：

（1）按本章 3.1.2 节计算混凝土配制强度；

（2）按本章 3.1.3 节选择用水量、水胶比、砂率及每立方米混凝土拌合物的假定质量等参数；

（3）由用水量和水胶比计算水泥和矿物掺料用量；

（4）计算砂石用量。有两种计算砂石用量的方法：质量法、体积法。

①质量法。砂石用量按式（3-1-13）、式（3-1-14）计算：

$$m_{fo} + m_{co} + m_{go} + m_{so} + m_{wo} = m_{cp} \qquad (3\text{-}1\text{-}13)$$

$$\beta_s = \frac{m_{so}}{m_{go} + m_{so}} \qquad (3\text{-}1\text{-}14)$$

式中 m_{so}——计算配合比每立方米混凝土的细骨料用量，kg/m^3；

m_{go}——计算配合比每立方米混凝土的粗骨料用量，kg/m^3；

m_{wo}——计算配合比每立方米混凝土的用水量，kg/m^3；

m_{co}——计算配合比每立方米混凝土的水泥用量，kg/m^3；

m_{fo}——计算配合比每立方米混凝土的矿物掺合料用量，kg/m^3；

m_{cp}——每立方米混凝土拌合物的假定质量，kg/m^3，可由表 3-1-26 选取；

β_s——砂率，%。

②体积法。砂石用量按式（3-1-15）计算：

$$\frac{m_{co}}{\rho_c} + \frac{m_{fo}}{\rho_f} + \frac{m_{so}}{\rho_s} + \frac{m_{go}}{\rho_g} + \frac{m_{wo}}{\rho_w} + 0.01\alpha = 1 \qquad (3\text{-}1\text{-}15)$$

式中 ρ_c——水泥密度，kg/m^3，可按现行国家标准 GB/T 208《水泥密度测定方法》测定，也可取 2900 ~ 3100 kg/m^3；

ρ_f——矿物掺合料密度，kg/m^3，可按现行国家标准 GB/T 208《水泥密度测定方法》测定；

ρ_s——细骨料的表观密度，kg/m^3，应按现行行业标准 JGJ 52《普通混凝土用砂、石质量及检验方法标准》测定；

ρ_g——粗骨料的表观密度，kg/m^3，应按现行行业标准 JGJ 52《普通混凝土用砂、石质量及检验方法标准》测定；

ρ_w——水的密度，kg/m^3，可取 1000kg/m^3；

α——混凝土含气量的百分数，在不使用引气剂或引气型外加剂时，α 可取 1。

3）全面试验法。在做高强混凝土、高性能混凝土或耐久混凝土配合比时，要作包括矿物掺料和外加剂的品种及掺量在内的各种试验，以确定采用何种掺料、外加剂及其最佳掺量，同时做混凝土各种性能要求的试验，通过这些全面试验最后确定配合比，必要时进行重复试验。这种确定配合比的方法虽然费时费力，但又是必需的。

3.1.5 混凝土配合比的试配和调整

3.1.5.1 试配

试配用混凝土配合比确定之后，应对其进行试配。按 3.1.4 节的要求确定 3 个配合比进行试配。试配应采用强制式搅拌机，每盘混凝土的最小搅拌量应符合表 3-1-27 的规定。

表 3-1-27 混凝土试配的最小搅拌量

粗骨料最大公称粒径/mm	拌合物量/L
≤31.5	20
40.0	25

试配时计算水胶比宜保持不变，并通过调整其他参数使混凝土拌合物性能符合设计和施工要求。

3.1.5.2 调整

配合比调整应符合下列规定：

（1）根据强度试验结果，宜绘制强度 – 水胶比的线性关系图或用插值法确定略大于配制强度对应的水胶比；

（2）在试拌配合比的基础上，用水量（m_w）和外加剂用量（m_a）应根据确定的水胶比作调整；

（3）胶凝材料用量（m_b）应以用水量乘以确定的水胶比计算得出；

（4）粗骨料和细骨料用量（m_g 和 m_s）应根据用水量和胶凝材料用量进行调整；

（5）混凝土拌合物表观密度和配合比校正系数的计算。

配合比调整后的混凝土拌合物表观密度按式（3-1-16）计算：

$$\rho_{c,c} = m_c + m_f + m_g + m_s + m_w \tag{3-1-16}$$

式中　$\rho_{c,c}$——混凝土拌合物的表观密度计算值，kg/m^3；

m_c——每立方米混凝土的水泥用量，kg/m^3；

m_f——每立方米混凝土的矿物掺合料用量，kg/m^3；

m_g——每立方米混凝土的粗骨料用量，kg/m^3；

m_s——每立方米混凝土的细骨料用量，kg/m^3；

m_w——每立方米混凝土的用水量，kg/m^3。

混凝土配合比校正系数应按式（3-1-17）计算：

$$\delta = \frac{\rho_{c,t}}{\rho_{c,c}} \tag{3-1-17}$$

式中　δ——混凝土配合比校正系数；

$\rho_{c,t}$——混凝土拌合物的表观密度实测值，kg/m^3；

$\rho_{c,c}$——混凝土拌合物的表观密度计算值，kg/m^3。

当混凝土拌合物的表观密度实测值与计算值之差的绝对值不超过计算值的 2% 时，调整后的配合比可维持不变；当二者之差超过 2% 时，应将配合比中每项材料用量均乘以校正系数（δ）。

3.1.5.3 配合比调整后尚应做好以下工作

（1）配合比调整后，应测定拌合物水溶性氯离子含量，试验结果应符合表 3-1-11 的规定。

（2）对耐久性有设计要求的混凝土应进行相关耐久性试验验证。

（3）遇有对混凝土性能有特殊要求时，或水泥、外加剂、矿物掺合料等原材料品种、质量有显著变化时，应重新进行配合比设计。

3.1.6 普通混凝土基准配合比

预拌厂或施工单位试验室的配合比设计人员希望有一套适用于各种情况的配合比（不管是本单位的或是外单位的）作为设计配合比的基准。但是，由于对混凝土的要求及所用材料各不相同，施工方法千变万化，试图列出所有适合于各种情况的配合比是不可能的。一些试配手册虽然列有大量的配合比，但它既难以包容所有情况，其材料也不可能与当时当地所用材料相符合，很难直接使用；即使它分门别类列出了不同材料不同坍落度等配合比，最终仍是一个参考配合比。故经试验或经多次实践后，确定一套本单位的基准配合比，以此为基准，根据不同情况（如不同材料、不同坍落度、不同混凝土性能等）进行调整，最后确定配合比，不失为一种简单方便的方法。由此得出的基准配合比适合于当时、当地情况，比较准确。表3-1-28～表3-1-33为某试验室一套普通混凝土基准配合比。

表3-1-28　碎石混凝土基准配合比　　水泥强度等级：32.5　坍落度：100～120mm

混凝土强度等级	每立方米混凝土材料用量/kg					减水剂/%
	水	32.5水泥	粉煤灰	中砂	5～31.5碎石	
C15	165	200	50	754	1231	0.4～1.5
C20	165	245	61	714	1215	0.4～1.5
C25	165	281	70	697	1187	0.4～1.5
C30	165	315	79	663	1178	0.4～1.5

表3-1-29　碎石混凝土基准配合比　　水泥强度等级：42.5　坍落度：100～120mm

混凝土强度等级	每立方米混凝土材料用量/kg					减水剂/%
	水	42.5水泥	粉煤灰	中砂	5～31.5碎石	
C20	165	204	51	792	1188	0.4～1.5
C25	165	240	60	755	1180	0.4～1.5
C30	165	274	69	719	1173	0.4～1.5
C35	165	300	75	688	1172	0.4～1.5
C40	165	334	84	654	1163	0.4～1.5
C45	160	361	90	626	1163	0.4～1.5
C50	160	392	98	595	1155	0.4～1.5

表3-1-30　碎石混凝土基准配合比　　水泥强度等级：52.5　坍落度：100～120mm

混凝土强度等级	每立方米混凝土材料用量/kg					减水剂/%
	水	52.5水泥	粉煤灰	中砂	5～31.5碎石	
C25	165	192	48	798	1197	0.4～1.5
C30	165	220	55	764	1196	0.4～1.5
C35	165	249	62	731	1193	0.4～1.5
C40	165	278	70	698	1189	0.4～1.5
C45	165	309	77	666	1183	0.4～1.5
C50	160	340	85	635	1180	0.4～1.5

表 3-1-31　卵石混凝土基准配合比　　水泥强度等级：32.5
坍　落　度：100～120mm

混凝土强度等级	每立方米混凝土材料用量/kg					减水剂/%
	水	32.5 水泥	粉煤灰	中砂	5～31.5 卵石	
C15	155	200	50	757	1288	0.4～1.5
C20	155	243	61	717	1274	0.4～1.5
C25	155	288	72	677	1258	0.4～1.5
C30	155	332	83	639	1241	0.4～1.5

表 3-1-32　卵石混凝土基准配合比　　水泥强度等级：42.5
坍　落　度：100～120mm

混凝土强度等级	每立方米混凝土材料用量/kg					减水剂/%
	水	42.5 水泥	粉煤灰	中砂	5～31.5 卵石	
C20	155	200	50	777	1268	0.4～1.5
C25	155	236	59	740	1260	0.4～1.5
C30	155	270	68	705	1252	0.4～1.5
C35	155	302	76	671	1246	0.4～1.5
C40	155	336	84	638	1237	0.4～1.5
C45	150	366	92	608	1234	0.4～1.5

表 3-1-33　卵石混凝土基准配合比　　水泥强度等级：52.5
坍　落　度：100～120mm

混凝土强度等级	每立方米混凝土材料用量/kg					减水剂/%
	水	52.5 水泥	粉煤灰	中砂	5～31.5 卵石	
C25	155	200	50	777	1268	0.4～1.5
C30	155	226	56	745	1268	0.4～1.5
C35	155	253	63	712	1267	0.4～1.5
C40	155	284	71	679	1261	0.4～1.5
C45	150	314	78	649	1259	0.4～1.5
C50	150	348	87	615	1250	0.4～1.5

在配制混凝土配合比时，可以参考当地的水泥定额，由于水泥定额是施工单位结算水泥用量的依据，一般情况下配合比的水泥用量应低于水泥定额，故水泥定额可作为配合比的经济控制指标。表 3-1-34 是深圳市普通混凝土水泥定额（由广东省定额修订）。

表 3-1-34 深圳市普通混凝土水泥定额

粗骨料最大粒径/mm	混凝土强度等级	水泥强度等级			粗骨料最大粒径/mm	混凝土强度等级	水泥强度等级		
		32.5	42.5	52.5			32.5	42.5	52.5
10	C10	302			40	C35	473		
	C15	328				C40		473	
	C20	366				C45		494	
	C25	402				C50			494
	C30	457				C55			527
	C35	512				C60			559
	C40		512		80	C10	243		
20	C10	286				C15	261		
	C15	311				C20	311		
	C20	341				C25	336		
	C25	387				C30	382		
	C30	452			40 以下	C15	432		
	C35	492				C20	454		
	C40		492			C25	499		
	C45		540			C30		499	
	C50			540		C35			499
	C55			579	20 防水 P6～P8	C15	346		
	C60			605		C20	392		
30	C10	269				C25	442		
	C15	302				C30	487		
	C20	331				C35		487	
	C25	374				C40		530	
	C30	435				C45		582	
	C35	483				C50			582
	C40		483		20 泵送	C20	392		
	C45		517			C25	445		
	C50			517		C30	502		
	C55			550		C35	546		
	C60			582		C40		546	
40	C10	249				C45		599	
	C15	271				C50			599
	C20	321				C55			636
	C25	361				C60			672
	C30	417							

3.2　常用特种混凝土配合比

3.2.1　高强混凝土

混凝土强度等级不低于 C60 的混凝土称为高强混凝土。目前预拌厂常用的高强混凝土强度等级为 C60，而且在技术上已不成问题。对待高强混凝土不能认为仅仅是比普通混凝土强度高一些而已，因为与普通混凝土相比，高强混凝土中各成分的受力状态发生了变化。普通混凝土由于承受压力不大，其水泥石强度与石子强度相差甚远，故其抗压强度主要与水泥石强度（表现为水胶比）有关，可用鲍罗米公式表示二者的关系；但进入高强混凝土后，抗压强度不但与水泥石强度有关，而且由于石子强度与混凝土强度的接近，使石子本身强度及砂石与水泥的粘结力都成为影响混凝土强度的因素，此时鲍罗米公式已不再适用，所以在配制高强混凝土时，不宜再用水胶比 – 抗压强度关系确定水胶比。

一些预拌厂控制 C60 混凝土的配制强度（或者说实际强度）比较低，其实际施工平均强度只有强度等级的 1.05 倍以内，达不到 C60 强度等级的情况比普通混凝土要多，这与普通混凝土强度控制很高（配制强度约为强度等级的 1.3 倍）形成鲜明对照。产生这种情况的原因是：C60 混凝土水泥和粉煤灰用量已经很高，一任提高水泥用量对提高抗压强度作用已不明显；其次，往往采用普通混凝土所用材料拌制高强混凝土，材料质量的限制使强度难以提高。改善这一情况应从提高材料质量入手，除严格限制有害物质含量外，要保证砂石具有良好的级配和最佳砂率。

鉴于上述原因，砂石的质量、级配和砂率对高强混凝土的抗压强度有较明显的影响。据资料介绍，当水胶比等于 0.4，坍落度为 150 ~ 200mm 时，在水胶比和坍落度不变的情况下，提高砂率可以提高强度，砂率由 0.34 提高到 0.50 时，强度则由 50MPa 提高到 60MPa；当水胶比等于 0.3 时，强度则由 60MPa 提高到 70MPa。因而在做高强混凝土试配时，有时不是用变动水胶比的三组试件，而是用变动砂率的三组试件，从中选择强度最高的一组砂率作为最佳砂率。

配制高强混凝土应注意以下事项：

（1）所用材料必须满足高强混凝土材料的要求。水泥宜采用硅酸盐水泥或普通硅酸盐水泥。细骨料的含泥量 ≤2.0%、泥块含量 ≤0.5%，细度模数宜为 2.6 ~ 3.0；粗骨料的含泥量 ≤0.5%，泥块含量 ≤0.2%，针片状颗粒含量 ≤5.0%，其最大公称粒径不应大于 25mm，宜采用连续级配，级配必须符合规范要求。

采用优质的矿物掺料或超细粉。宜复合掺用粒化高炉矿渣粉、粉煤灰和硅粉等矿物掺合料；粉煤灰等级不应低于 Ⅱ 级；对强度等级不低于 C80 的高强混凝土宜掺用硅灰。采用优质的高效减水剂，减水率不低于 25%，以控制用水量，保持低水胶比。水泥用量不应大于 500kg/m³。

外加剂和矿物掺合料的品种、掺量应通过试配确定；矿物掺合料掺量宜为 25% ~ 40%；硅灰掺量不宜大于 10%。

不得用只满足普通混凝土质量要求的材料配制高强混凝土。

（2）水胶比、胶凝材料用量和砂率可按表 3-2-1 选取，并应经试配确定。

表 3-2-1　水胶比、胶凝材料用量和砂率

强度等级	水胶比	胶凝材料用量/(kg/m³)	砂率/%
≥C60，<C80	0.28~0.34	480~560	35~42
≥C80，<100	0.26~0.28	520~580	
C100	0.24~0.26	550~600	

注：本节内容部分取自 JGJ 55—2011《普通混凝土配合比设计规程》。

（3）在试配过程中，应采用三个不同的配合比进行混凝土强度试验，其中一个可为依据表 3-2-1 计算后调整拌合物的试拌配合比，另外两个配合比的水胶比，宜较试拌配合比分别增加和减少 0.02。

也可按不同砂率设计三个配合比，即在试配时可根据已有数据确定一个水胶比，同时确定一最佳砂率，以比最佳砂率相差 ±0.02 的砂率设计三个配合比进行试拌，最后确定一个配合比。

用已确定的配合比进行不少于三盘混凝土的重复试验，每盘混凝土应至少成型一组试件，每组混凝土的抗压强度不应低于配制强度。

（4）高强混凝土抗压强度测定宜采用标准尺寸试件（150mm×150mm×150mm），使用非标准尺寸试件时，与标准试件的折算系数应经试验确定。

3.2.2　抗渗混凝土

抗渗等级不低于 P6 的混凝土称为抗渗混凝土。采用 GB/T 50082《普通混凝土长期性能和耐久性能试验方法标准》中逐级加压法试验混凝土的抗渗性能，则 C40 以上的密实混凝土即使不采取掺加外加剂和矿物掺料等措施，大都可达到 P6 或 P8；C30 以下的混凝土，由于胶凝材料用量相对较少，必须采取掺加外加剂和矿物掺料等措施才能保证满足抗渗要求。配制抗渗混凝土的主要措施是：保证混凝土的密实性，同时采取措施阻断混凝土中的毛细通道。

配制抗渗混凝土应注意以下事项：

1）抗渗混凝土所用原材料应符合下列规定：

（1）水泥宜采用普通硅酸盐水泥；由于用矿渣硅酸盐水泥拌制的混凝土泌水严重，在砂石与水泥石的界面上的泌水蒸发后形成毛细通道，不利于抗渗，故在一般情况下不要使用矿渣硅酸盐水泥。

（2）粗骨料宜采用连续级配，级配符合要求；其最大公称粒径不宜大于 40.0mm；含泥量≤1.0%，泥块含量≤0.5%。细骨料宜采用中砂，其含泥量≤3.0%，泥块含量≤1.0%。

（3）抗渗混凝土宜掺用外加剂和矿物掺合料，粉煤灰等级应为 I 级或 II 级。

2）抗渗混凝土最大水胶比应符合表 3-2-2 的规定。每立方米混凝土中的胶凝材料（水泥+矿物掺料）用量不宜少于 320kg。砂率宜为 35%~45%。

表 3-2-2　抗渗混凝土最大水胶比

设计抗渗等级	最大水胶比	
	C20~C30	C30 以上
P6	0.60	0.55
P8~P12	0.55	0.50
>P12	0.50	0.45

3）配制抗渗混凝土要求的抗渗水压值应比设计值提高 0.2MPa。抗渗试验结果应满足式（3-2-1）的要求：

$$p_t \geq \frac{p}{10} + 0.2 \tag{3-2-1}$$

式中　p_t——6 个试件中不少于 4 个未出现渗水时的最大水压值，MPa；

　　　p——设计要求的抗渗等级值。

4）对于胶凝材料用量较少的混凝土，应掺加减水剂、引气剂（或引气减水剂）、膨胀剂、防水剂或三乙醇胺复合早强剂等外加剂，以提高抗渗性能。其中掺用引气剂或引气型外加剂的抗渗混凝土，应进行含气量试验，其含气量宜控制在 3.0%~5.0%。

3.2.3　膨胀混凝土

膨胀混凝土主要用于早期补偿收缩，防止混凝土产生裂缝；或者用于填充，如后浇带混凝土或修补用混凝土等。应该明确的是：用于补偿收缩的混凝土不是掺入膨胀剂就万事大吉了，还需要设计、施工方面的配合，才能起到补偿收缩的作用。因此，配制膨胀混凝土应注意以下事项：

（1）是否采用膨胀混凝土应根据混凝土结构的实际情况及混凝土的性能要求确定。补偿收缩主要是补偿早期的混凝土收缩，对于后期收缩，如干燥收缩没有任何作用。此外，对于始终处于 80℃ 以上环境温度的混凝土结构不得使用膨胀剂，以避免膨胀剂的后期膨胀。膨胀混凝土多用于表 3-2-3 所示范围。

表 3-2-3　膨胀混凝土的适用范围

混凝土种类	适用范围
补偿收缩混凝土	地下、水中、海水中、隧道等构筑物，大体积混凝土（除大坝外），配筋路面和板、屋面与厕浴间防水、构件补强、渗漏修补、预应力混凝土、回填槽等
填充用膨胀混凝土	结构后浇带、隧洞堵头、钢管与隧道之间的填充等
自应力混凝土	仅用于常温下使用的自应力钢筋混凝土压力管

（2）优先采用硫铝酸钙类膨胀剂，并经试验确定品种及掺量，不应盲目掺加。与其他外加剂同时掺加时，应试验其适应性。含氧化钙类膨胀剂配制的混凝土不得用于海水或有侵蚀性水的工程。

（3）补偿收缩混凝土的膨胀剂宜以等量取代加入。膨胀剂掺量不宜小于 6%，不宜大于 12%；填充用膨胀混凝土的膨胀剂掺量不宜小于 10%，不宜大于 15%。水胶比不宜大于 0.5。

在混凝土试拌或施工时，必须作限制膨胀率和限制收缩率试验，以掌握其补偿收缩程度。

（4）为产生补偿收缩作用，混凝土应有必要的限制条件，对于板型结构，应配置直径较小、分布较密（间距小于 150mm）的钢筋，配筋率宜为 0.6%；墙体水平构造筋的配筋率宜大于 0.4%，水平筋间距宜小于 150mm；墙体中部或顶端 300~400mm 范围内水平筋间距宜为 50~100mm。墙体与柱子连接部位宜配置加强筋。在结构连接部位或变截面处应配置构造筋。拆模时间宜比普通混凝土延长 1~2d。

（5）对于用于填充的膨胀混凝土，试拌或施工时也要做限制膨胀率和限制收缩率试验；所成型的立方体试件应在成型后第三日拆模。膨胀混凝土的性能要求见本书第 2 章第 2.6.3 节。

（6）混凝土成型后要及时养护，始终保持其湿润状态，养护期不少于 14d。

3.2.4 大体积混凝土

体积较大的、可能由胶凝材料水化热引起的温度应力导致有害裂缝的结构混凝土称为大体积混凝土。配制大体积混凝土的关键是尽量降低水泥水化热，降低混凝土内外温差，此外，在施工中尚应控制混凝土入模温度，控制混凝土降温速率。

配制大体积混凝土应注意以下事项：

1）大体积混凝土所用原材料应符合下列规定：

（1）采用低热硅酸盐水泥，或低热矿渣硅酸盐水泥，水泥的 3d 和 7d 水化热应符合现行国家标准 GB 200《中热硅酸盐水泥　低热硅酸盐水泥　低热矿渣硅酸水盐泥》的规定。当采用硅酸盐水泥或普通硅酸盐水泥时，应掺加矿物掺合料，胶凝材料的 3d 和 7d 的水化热分别不宜大于 240kJ/kg 和 270kJ/kg。水化热试验方法应按现行国家标准 GB/T 12959《水泥水化热测定方法》执行。

（2）粗骨料宜采用连续级配，最大公称粒径不宜小于 31.5mm，含泥量不应大于 1.0%。

（3）细骨料宜采用中砂，含泥量不应大于 3.0%。

（4）宜掺用矿物掺料和缓凝型减水剂，使混凝土水化速度减慢，升温速度不致过快。

（5）当采用混凝土 60d 或 90d 龄期的设计强度时，宜采用标准尺寸试件进行抗压强度试验。

2）大体积混凝土配合比应符合下列规定：

（1）水胶比不宜大于 0.55，用水量不宜大于 175kg/m³。

（2）在保证混凝土性能要求的前提下，宜提高每立方米混凝土中的粗骨料用量；砂率宜为 38%~42%。同时，应减少胶凝材料中的水泥用量，提高矿物掺合料掺量。对于硅酸盐水泥或普通硅酸盐水泥，由于水泥中矿物掺合料较少，可将矿物掺合料的掺量提高到 25%~50%。

3）在配合比试配和调整时，控制混凝土绝热升温不宜大于 50℃。

4）根据现场实际情况，预先计算混凝土的入模温度、最高升温及内外温差，以确定合适的施工方法。

5）施工时一定要测量混凝土的入模温度、内部温度及表面温度，必要时测量水泥、砂石等材料的温度。在一般情况下应控制混凝土内外温差不超过 25℃。

在内部最高升温不是很高的情况下，可采用保温保湿方法养护，同时防风；控制降温速率不超过 3℃/d。

6）大体积混凝土配合比应满足施工对混凝土凝结时间的要求。

3.2.5　道路混凝土

道路混凝土主要用于道路面层，其主要性能要求是弯拉强度符合规定等级，工作性好，具有一定的抗冻性或抗除冰盐等腐蚀介质的能力，耐久性符合要求。

（1）道路混凝土所用材料：特重、重交通路面宜采用旋窑道路硅酸盐水泥，也可采用旋窑硅酸盐水泥或普通硅酸盐水泥；中、轻交通路面可采用矿渣硅酸盐水泥；低温天气施工或有快通要求的路段可采用 R 型水泥。

混凝土路面在掺用粉煤灰时，应掺用电收尘Ⅰ、Ⅱ级干排或磨细粉煤灰，不得使用Ⅲ级粉煤灰。路面或桥面混凝土中可使用硅灰或磨细矿渣，使用前应经过试配检验，确保路面和桥面混凝土弯拉强度、工作性、抗磨性、抗冻性等技术指标合格。

粗骨料应使用质地坚硬、耐久、洁净的碎石、碎卵石和卵石，高速公路、一级公路、二级公路及有抗（盐）冻要求的三、四级公路混凝土路面使用的粗骨料级别应不低于Ⅱ级，无抗（盐）冻要求的三、四级公路混凝土路面、碾压混凝土及贫混凝土基层可使用Ⅲ级粗骨料。有抗（盐）冻要求时，Ⅰ级骨料吸水率不应大于 1.0%；Ⅱ级骨料吸水率不应大于 2.0%。

细骨料应采用质地坚硬、耐久、洁净的天然砂、机制砂或混合砂。高速公路、一级公路、二级公路及有抗（盐）冻要求的三、四级公路混凝土路面使用的砂应不低于Ⅱ级，无抗（盐）冻要求的三、四级公路混凝土路面、碾压混凝土及贫混凝土基层可使用Ⅲ级砂。特重、重交通混凝土路面宜使用河砂，砂的硅质含量不应低于 25%（水泥、粉煤灰及其他掺合料、粗骨料、细骨料、水、外加剂等技术要求详见 JTG F30—2003《公路水泥混凝土路面施工技术规范》原材料技术要求一节）。

（2）道路混凝土按式（3-2-2）计算弯拉强度的配制强度：

$$f_c = \frac{f_r}{1 - 1.04C_v} + ts \tag{3-2-2}$$

式中　f_c——配制 28d 弯拉强度的均值，MPa；

　　　f_r——设计弯拉强度标准值，MPa；

　　　s——弯拉强度试验样本的标准差，MPa；

　　　t——保证率系数，按表 3-2-4 选取；

　　　C_v——弯拉强度变异系数，应按统计数据在表 3-2-5 的规定范围内取值；在无统计数据时，弯拉强度变异系数应按设计取值；如果施工配制弯拉强度超出设计给定的弯拉强度变异系数上限，则必须改进机械装备和提高施工控制水平。

表 3-2-4　保证率系数 t

公路技术等级	判别概率 P	样本数 N				
		3	6	9	15	20
高速公路	0.05	1.36	0.79	0.61	0.45	0.39
一级公路	0.10	0.95	0.59	0.46	0.35	0.30
二级公路	0.15	0.72	0.46	0.37	0.28	0.24
三、四级公路	0.20	0.56	0.37	0.29	0.22	0.19

表 3-2-5　混凝土弯拉强度的变异系数 C_v

公路技术等级	高速公路	一级公路		二级公路	三、四级公路	
混凝土弯拉强度变异水平等级	低	低	中	中	中	高
弯拉强度变异系数 C_v 允许变化范围	0.05 ~ 0.10	0.05 ~ 0.10	0.10 ~ 0.15	0.10 ~ 0.15	0.10 ~ 0.15	0.15 ~ 0.20

（3）道路混凝土配合比参数计算：

水灰比按式（3-2-3）及式（3-2-4）计算：

碎石或碎卵石混凝土：

$$W/C = \frac{1.5684}{f_c + 1.0097 - 0.3595 f_s} \tag{3-2-3}$$

卵石混凝土：

$$W/C = \frac{1.2618}{f_c + 1.5492 - 0.4709 f_s} \tag{3-2-4}$$

式中　W/C——水灰比；

f_c——配制 28d 弯拉强度的均值，MPa；

f_s——水泥实测 28d 抗折强度，MPa。

掺用粉煤灰时，应计入超量取代法中代替水泥的那一部分粉煤灰用量（代替砂的超量部分不计入），用水胶比 $W/(C+F)$ 代替水灰比 W/C。掺用粉煤灰时，其配合比计算应按超量取代法进行。粉煤灰掺量应根据水泥中原有的掺合料数量和混凝土弯拉强度、耐磨性等要求由试验确定。代替水泥的粉煤灰掺量：Ⅰ型硅酸盐水泥宜≤30%；Ⅱ型硅酸盐水泥宜≤25%；道路水泥宜≤20%；普通水泥宜≤15%；矿渣水泥不得掺粉煤灰。

砂率应根据砂的细度模数和粗骨料种类，由本书第 3 章表 3-1-25 选取。

根据粗骨料种类和适宜的坍落度（参见 JTG F30《公路水泥混凝土路面施工技术规范》混凝土配合比一节），分别按式（3-2-5）及式（3-2-6）计算单位用水量（砂石料以自然风干状态计）。

$$碎石：W_0 = 104.97 + 0.309 S_L + 11.27 C/W + 0.61 S_p \tag{3-2-5}$$

$$卵石：W_0 = 86.89 + 0.370 S_L + 11.24 C/W + 1.00 S_p \tag{3-2-6}$$

式中　W_0——不掺加外加剂与掺合料混凝土的单位用水量，kg/m³；

S_L——坍落度，mm；

S_p——砂率，%；

C/W——灰水比，水灰比之倒数。

掺外加剂混凝土的单位用水量按式（3-2-7）计算：

$$W_{ow} = W_0 \left(1 - \frac{\beta}{100}\right) \tag{3-2-7}$$

式中　W_{ow}——掺外加剂混凝土的单位用水量，kg/m³；

β——所用外加剂剂量的实测减水率，%。

砂石料用量可按密度法或体积法计算。按密度法计算时，混凝土单位质量可取 2400 ~ 2500kg/m³；按体积法计算时，应计入设计含气量。采用超量取代法掺用粉煤灰时，超量部分应代替砂，并折减用砂量。经计算得到的配合比，应验算粗骨料填充体积率，且不宜小于 70%。

（4）由于道路混凝土路面属板形结构，振动不易出浆，在确定配合比时砂率应比普通混凝土适当提高。

混凝土坍落度以 20～50mm 为宜，不宜过大。采用真空吸水工艺时，混凝土用水量可适当提高。

为提高道路混凝土的耐久性，防止除冰盐对混凝土的侵蚀，并提高抗冻性，可在混凝土中掺加引气剂。严寒地区路面混凝土抗冻等级不宜小于 F250，寒冷地区不宜小于 F200。

施工时应保证混凝土密实，可采用真空吸水或二次抹面去除表面泌水。因道路混凝土表面系数较大，又多为露天，很易失水，故混凝土成型后表面应予覆盖，加强浇水养护，并采取防风措施。

3.2.6　喷射混凝土

将混凝土拌合物通过喷射机喷射到施工面上，经快速凝结具有一定强度的混凝土称为喷射混凝土。其施工方法有两种：干法和湿法。干法是将干料（水泥、掺料、砂、石及速凝剂）预先混合，在喷嘴处加水后喷射；湿法则是将原材料加水搅拌后喷射。实际应用以干法为主。喷射混凝土多用于地下工程被覆、边坡支护及地上不易支模的混凝土结构。

喷射混凝土优先采用硅酸盐水泥或普通硅酸盐水泥，强度等级不低于 32.5 级。采用中砂，其细度模数 2.5 以上，含水率应控制在 5%～7%，如砂子含水量较小，喷射时粉尘较大，反之则造成强度降低。石子使用最大公称粒径不大于 20mm 级的碎石或卵石，最好使用 16mm 级的石子。

一般喷射混凝土应掺加速凝剂，其品种与掺量需通过试验确定。应试验凝结时间、1d 抗压强度及与水泥的适应性。根据混凝土性能要求还可掺加粉煤灰等矿物掺料。

不必采用普通混凝土的配制程序来试配喷射混凝土，可根据以往经验确定初步配合比，经试配调整确定施工配合比。喷射混凝土的水灰比为 0.40～0.50；水泥与砂石之比为 1:4.0～1:4.5；砂率为 45%～60%，砂率不可低于 45%，否则喷射时回弹量过大。

干法施工时，预拌干料的停放时间应予控制，掺速凝剂后预拌料的停放时间不超过 15min，不掺速凝剂的预拌料停放时间不超过 2h。停放时间过长将使混凝土强度下降，回弹量增大。

混凝土喷射完毕待终凝后应及时喷水养护，养护时间不少于 14d。

施工初期应按喷射混凝土试件成型方法成型试件（包括标准养护和同条件养护试件），作为抗压强度验收的依据。

3.2.7　泵送混凝土

可在施工现场通过压力泵及输送管道进行浇筑的混凝土称为泵送混凝土。配制泵送混凝土应注意以下事项：

（1）水泥宜选用硅酸盐水泥、普通硅酸盐水泥、矿渣硅酸盐水泥和粉煤灰硅酸盐水泥。粗骨料宜采用连续级配，其针片状颗粒含量不宜大于 10%；最大公称粒径与输送管径之比宜符合表 3-2-6 的规定。细骨料宜采用中砂，其通过公称直径为 315μm 筛孔的颗粒含量不宜少于 15%。

表 3-2-6 粗骨料的最大公称粒径与输送管径之比

粗骨料品种	泵送高度/m	粗骨料最大公称粒径与输送管径之比
碎石	<50	≤1:3.0
	50～100	≤1:4.0
	>100	≤1:5.0
卵石	<50	≤1:2.5
	50～100	≤1:3.0
	>100	≤1:4.0

（2）应掺用泵送剂或减水剂，并宜掺用矿物掺合料。

（3）泵送混凝土试配时，胶凝材料用量不宜小于 $300kg/m^3$；砂率宜为 $35\% \sim 45\%$。试配时应考虑坍落度经时损失。

3.2.8 高性能混凝土

随着工程技术的进步，各种工程对混凝土性能的要求越来越多，即不限于抗压强度，而是多种性能要求，诸如耐久性、工作性、适用性、体积稳定性、经济性等，而且比普通混凝土性能要求较高，通常称为高性能混凝土。

3.2.8.1 高性能混凝土配合比设计

高性能混凝土的配制强度按式（3-2-8）确定：

$$f_{cu,0} \geq f_{cu,k} + 1.645\sigma \tag{3-2-8}$$

式中 $f_{cu,0}$——混凝土配制强度，MPa；

$f_{cu,k}$——混凝土强度标准值，MPa；

σ——混凝土强度标准差，当无统计数据时，对商品混凝土可取 4.5MPa。

高性能混凝土的单方用水量不宜大于 $175kg/m^3$；胶凝材料总量宜采用 $450 \sim 600kg/m^3$，其中矿物超细粉用量不宜大于胶凝材料总量的 40%；宜采用较低的水胶比 (W/B)；砂率宜采用 $37\% \sim 44\%$；高效减水剂的品种及掺量应根据混凝土性能及坍落度要求确定。

高性能混凝土配合比应根据其耐久性等具体性能要求计算，并经各项性能试验调整后加以确定。

3.2.8.2 抗碳化高性能混凝土配合比设计

其混凝土水胶比宜按式（3-2-9）确定：

$$\frac{W}{B} \leq \frac{5.83c}{a \times \sqrt{t}} + 38.3 \tag{3-2-9}$$

式中 $\dfrac{W}{B}$——水胶比，%；

c——钢筋的混凝土保护层厚度，cm；

a——碳化区分系数，室外取 1.0，室内取 1.7；

t——设计使用年限，年。

3.2.8.3　抗冻害高性能混凝土配合比设计

冻害地区可分为微冻地区、寒冷地区、严寒地区。应根据冻害设计外部劣化因素的强弱，按表3-2-7的规定确定水胶比的最大值。

表3-2-7　不同冻害地区或盐冻地区混凝土水胶比最大值

外部劣化因素	水胶比最大值
微冻地区	0.50
寒冷地区	0.45
严寒地区	0.40

注：本节内容根据CECS：207—2006《高性能混凝土应用技术规程》。

抗冻害高性能混凝土应根据其冻融循环次数，按下式确定混凝土的抗冻耐久性指数，并符合表3-2-8的要求。

$$K_{\mathrm{m}} = \frac{PN}{300} \tag{3-2-10}$$

式中　K_{m}——混凝土的抗冻耐久性指数；

　　　N——混凝土试件冻融试验进行至相对弹性模量等于60%时的冻融循环次数；

　　　P——参数，取0.6。

表3-2-8　高性能混凝土的抗冻耐久性指标要求

混凝土结构所处环境条件	冻融循环次数	抗冻耐久性指数 K_{m}
严寒地区	≥300	≥0.8
寒冷地区	≥300	0.60~0.79
微冻地区	所要求的冻融循环次数	<0.60

注：受海水作用的海港工程的抗冻性测定时，应以工程所在地的海水代替普通水制作混凝土试件。当无海水时，可用3.5%的氯化钠溶液代替海水。

对于公路路面混凝土抗除冰盐盐冻性能应满足 $Q_{\mathrm{s}} \leqslant 1500\mathrm{g/m^2}$ 的要求，Q_{s} 按式（3-2-11）计算：

$$Q_{\mathrm{s}} = \frac{M}{A} \tag{3-2-11}$$

式中　Q_{s}——单位面积剥蚀量，$\mathrm{g/m^2}$；

　　　M——试件的总剥蚀量，g；

　　　A——试件受冻面积，$\mathrm{m^2}$。

抗冻害高性能混凝土应选用硅酸盐水泥或普通硅酸盐水泥，不宜使用火山灰质硅酸盐水泥。所用骨料应符合表3-2-9的要求。同时，宜选用连续级配的粗骨料，其含泥量不得大于1.0%，泥块含量不得大于0.5%；细骨料含泥量不得大于3.0%，泥块含量不得大于1.0%。并宜采用引气剂或引气型减水剂，其最小含气量见表3-1-12。当水胶比小于0.30时，可不掺引气剂；当水胶比不小于0.30时，或抗冻等级为F100及以上时，宜掺入引气剂，其含气量应达到4%~5%的要求。

表 3-2-9 骨料的品质要求

混凝土结构所处环境	细骨料		粗骨料	
	吸水率/%	坚固性试验质量损失/%	吸水率/%	坚固性试验质量损失/%
微冻地区	≤3.5		≤3.0	
寒冷地区	3.0	≤10	≤2.0	≤12
严寒地区				

抗冻混凝土供试验用的最大水灰比应符合表 3-2-10 的规定。

表 3-2-10 抗冻混凝土的最大水灰比

抗冻等级	无引气剂时	掺引气剂时
F50	0.55	0.60
F100	—	0.55
F150 及以上	—	0.50

3.2.8.4 抗盐害高性能混凝土配合比设计

对海岸盐害地区可根据盐害外部劣化因素分为：准盐害环境地区（离海岸 250 ~ 1000m）；一般盐害环境地区（离海岸 50 ~ 250m）；重盐害环境地区（离海岸 50m 以内）。盐湖周边 250m 以内范围也属重盐害环境地区。高性能混凝土中氯离子含量宜小于胶凝材料用量的 0.06%。混凝土拌合物中水溶性氯离子最大含量见表 3-1-11。在盐害地区，混凝土的表面裂缝宽度宜小于 $c/30$（c 为混凝土保护层厚度，mm）。高性能混凝土抗氯离子渗透性、扩散性，应以 56d 龄期、6h 的导电量（C）确定。根据混凝土导电量和抗氯离子渗透性，可按表 3-2-11 进行混凝土定性分类。

表 3-2-11 根据导电量试验结果对混凝土分类

6h 导电量/C	氯离子渗透性	可采用的典型混凝土种类
2000 ~ 4000	中	中等水胶比（0.40 ~ 0.60）普通混凝土
1000 ~ 2000	低	低水胶比（＜0.40）普通混凝土
500 ~ 1000	非常低	低水胶比（＜0.38）含矿物超细粉混凝土
＜500	可忽略不计	低水胶比（＜0.30）含矿物超细粉混凝土

盐害环境中高性能混凝土水胶比按表 3-2-12 采用。

表 3-2-12 盐害环境中高性能混凝土水胶比最大值

混凝土结构所处环境	水胶比最大值
准盐害环境地区	0.50
一般盐害环境地区	0.45
重盐害环境地区	0.40

3.2.8.5 抗硫酸盐腐蚀高性能混凝土配合比设计

抗硫酸盐腐蚀高性能混凝土采用的水泥，其矿物组成应符合 C_3A 含量小于 5%，C_3S 含量小于 50% 的要求，其矿物超细粉应选用低钙粉煤灰、偏高岭土、矿渣、天然沸石粉或硅粉等。所用胶凝材料的抗硫酸盐腐蚀性应按表 3-2-13 进行评定。

表 3-2-13 胶砂膨胀率、抗蚀系数、抗硫酸盐性能评定指标

试件膨胀率	抗蚀系数	抗硫酸盐等级	抗硫酸盐性能
>0.4%	<1.0	低	受腐蚀
0.4% ~0.35%	1.0~1.1	中	耐腐蚀
0.34% ~0.25%	1.2~1.3	高	抗腐蚀
≤0.25%	>1.4	很高	高抗腐蚀

注：检测结果如出现试件膨胀率与抗蚀系数不一致的情况，应以试件的膨胀率为准。

抗硫酸盐腐蚀混凝土的最大水胶比宜按表 3-2-14 确定。

表 3-2-14 抗硫酸盐腐蚀混凝土的最大水胶比

劣化环境条件	最大水胶比
水中或土中 SO_4^{2-} 含量大于 0.2% 的环境	0.45
除环境中含有 SO_4^{2-} 外，混凝土还采用含有 SO_4^{2-} 的化学外加剂	0.40

3.2.8.6 抑制碱-骨料反应有害膨胀的混凝土配合比设计

为预防碱-硅反应破坏，混凝土中的碱含量不宜超过表 3-2-15 的要求。当骨料含有碱-硅反应活性时，应掺入矿物超细粉，并通过试验（玻璃砂浆棒法）确定各种超细粉的掺量及其抑制碱-硅反应的效果。

表 3-2-15 预防碱-硅反应破坏的混凝土碱含量

环境条件	混凝土中最大碱含量/(kg/m³)		
	一般工程结构	重要工程结构	特殊工程结构
干燥环境	不限制	不限制	3.0
潮湿环境	3.5	3.0	2.1
含碱环境	3.0	采用非碱活性骨料	

对于有预防碱-骨料反应设计要求的工程，宜掺用适量粉煤灰或其他矿物掺合料，混凝土中最大碱含量不应大于 $3.0kg/m^3$；对于矿物掺合料碱含量，粉煤灰碱含量可取实测值的 1/6，粒化高炉矿渣粉碱含量可取实测值的 1/2。

当骨料中含有碱-碳酸盐反应活性时，应掺入粉煤灰、沸石与粉煤灰复合粉、沸石与矿渣复合粉或沸石与硅复合粉等，并宜采用小混凝土柱法确定其掺量和检验其抑制效果。

综上所述，配制高性能混凝土应注意以下事项：

（1）按混凝土多项要求选择材料。在选用材料时除要求其质量必须符合要求之外，还应考虑符合数项混凝土性能要求，如外加剂，除要求减水外，还要求具有其他性能，这时可用数种外加剂复合，或采用复合型减水剂。

（2）抓住主要，兼顾其他。对多个性能要求进行分析，确定其中主要的，即采取措施必须保证达到的指标；同时兼顾其他次要指标。

（3）平衡矛盾。当两种指标产生矛盾不能兼顾时，应平衡二者矛盾，即找到一个同时满足二者要求的方法（或掺量）。

（4）当所用矿物掺料及外加剂种类较多时，为弄清不同材料对混凝土各项性能指标的影响，准确确定其掺量，可采用正交设计进行试验（正交设计详见本书第 7 章）。

（5）在使用材料或确定掺量时都应具体情况具体分析，不生搬硬套。

3.3 砌筑砂浆配合比

将砖、石、砌块等块材经砌筑成为砌体，起粘结、衬垫和传力作用的砂浆称为砌筑砂浆。砌筑砂浆分为现场配制砂浆和预拌砂浆两种。

3.3.1 砌筑砂浆的材料要求

（1）水泥：砌筑砂浆用的水泥宜采用通用硅酸盐水泥或砌筑水泥，其品种应尽量选用掺有较多矿物掺料的水泥。M15 以下强度等级的砌筑砂浆宜选用 32.5 级的通用硅酸盐水泥或砌筑水泥；M15 以上强度等级的砌筑砂浆宜选用 42.5 级通用硅酸盐水泥。

（2）砂子：砌筑砂浆用砂应选用中砂，且应全部通过 4.75mm 的筛孔。

（3）掺料：生石灰熟化成石灰膏时，应用孔径不大于 3mm×3mm 的网过滤，熟化时间不得少于 7d，磨细生石灰的熟化时间不得少于 2d。沉淀池中储存的石灰膏，应采取防止干燥、冻结和污染的措施。严禁使用脱水硬化的石灰膏。

制作电石膏的电石渣应用孔径不大于 3mm×3mm 的网过滤，检验时加热至 70℃ 后至少保持 20min，并应待乙炔挥发完后再使用。

消石灰粉不得直接用于砌筑砂浆中。

石灰膏、电石膏试配时的稠度，应为（120±5）mm。

如掺用粉煤灰、粒化高炉矿渣粉、硅灰、天然沸石粉，应事先进行各项技术指标试验，合格后方可使用。当采用其他品种矿物掺合料时，应有可靠的技术依据，并在使用前进行技术验证。

（4）外加剂：采用保塑增稠材料时，应在使用前进行试验验证，并有完整的型式检验报告。使用外加剂也应有型式检验报告。

（5）水：拌制砂浆用水应符合现行行业标准 JGJ 63《混凝土用水标准》的规定。

3.3.2 砌筑砂浆的技术条件

（1）强度等级：水泥砂浆及预拌砂浆的强度等级可分为 M5、M7.5、M10、M15、M20、M25、M30；水泥混合砂浆的强度等级可分为 M5、M7.5、M10、M15。

（2）表观密度：砌筑砂浆拌合物的表观密度宜符合表 3-3-1 的规定。

表 3-3-1 砌筑砂浆拌合物的表观密度（kg/m³）

砂浆种类	表观密度
水泥砂浆	≥1900
水泥混合砂浆	≥1800
预拌砌筑砂浆	≥1800

注：本节内容根据 JGJ/T 98—2010《砌筑砂浆配合比设计规程》。

（3）施工稠度：砌筑砂浆施工时的稠度按表 3-3-2 选择。

表 3-3-2　砌筑砂浆施工时的稠度（mm）

砌体种类	施工稠度
烧结普通砖砌体、粉煤灰砖砌体	70 ~ 90
混凝土砖砌体、普通混凝土小型空心砌块砌体、灰砂砖砌体	50 ~ 70
烧结多孔砖砌体、烧结空心砖砌体、轻集料混凝土小型空心砌块砌体、蒸压加气混凝土砌块砌体	60 ~ 80
石砌体	30 ~ 50

（4）砌筑砂浆的保水率：应符合表 3-3-3 的要求。

表 3-3-3　砌筑砂浆的保水率（%）

砂浆种类	保水率
水泥砂浆	≥80
水泥混合砂浆	≥84
预拌砌筑砂浆	≥88

（5）有抗冻性要求的砌体工程，其抗冻性应符合表 3-3-4 的要求。

表 3-3-4　砌筑砂浆的抗冻性

使用条件	抗冻指标	质量损失率/%	强度损失率/%
夏热冬暖地区	F15		
夏热冬冷地区	F25	≤5	≤25
寒冷地区	F35		
严寒地区	F50		

（6）材料用量：砌筑砂浆中的水泥、石灰膏、电石膏等材料的用量可按表 3-3-5 选用。

表 3-3-5　砌筑砂浆的材料用量

砂浆种类	材料用量/（kg/m³）
水泥砂浆	≥200
水泥混合砂浆	≥350
预拌砌筑砂浆	≥200

注：1. 水泥砂浆中的材料用量是指水泥用量。
　　2. 水泥混合砂浆中的材料用量是指水泥和石灰膏、电石膏的材料总量。
　　3. 预拌砌筑砂浆中的材料用量是指胶凝材料用量，包括水泥和替代水泥的粉煤灰等活性矿物掺合料。

3.3.3　砌筑砂浆的配合比确定

1）砂浆试配强度的确定：在计算配合比前要按式（3-3-1）计算砂浆的配制强度。

$$f_{m0} = kf_2 \tag{3-3-1}$$

式中　f_{m0}——砂浆的试配强度，MPa，精确至 0.1MPa；

　　　f_2——砂浆强度等级值，MPa，精确至 0.1MPa；

　　　k——系数，按表 3-3-6 取值。

表 3-3-6　砂浆强度标准差 σ 及 k 值

施工水平	强度标准差 σ/MPa							k
	M5	M7.5	M10	M15	M20	M25	M30	
优良	1.00	1.50	2.00	3.00	4.00	5.00	6.00	1.15
一般	1.25	1.88	2.50	3.75	5.00	6.25	7.50	1.20
较差	1.50	2.25	3.00	4.50	6.00	7.50	9.00	1.25

当有统计资料时，砂浆强度标准差按式（3-3-2）计算：

$$\sigma = \sqrt{\frac{\sum_{i=1}^{n} f_{m,i}^2 - n\mu_{f_m}^2}{n-1}} \tag{3-3-2}$$

式中　$f_{m,i}$——统计周期内同一品种砂浆第 i 组试件的强度，MPa；

μ_{f_m}——统计周期内同一品种砂浆第 n 组试件的强度平均值，MPa；

n——统计周期内同一品种砂浆试件的总组数，$n \geqslant 25$。

当无统计资料时，砂浆强度标准差可按表 3-3-6 取值。

2）水泥用量的计算应符合下列规定：

（1）每立方米砂浆中的水泥用量应按式（3-3-3）计算：

$$Q_c = 1000(f_{m,0} - \beta)/(\alpha \cdot f_{ce}) \tag{3-3-3}$$

式中　Q_c——每立方米砂浆的水泥用量，kg，应精确至 1kg；

f_{ce}——水泥的实测强度，MPa，应精确至 0.1MPa；

α、β——砂浆的特征系数，其中 α 取 3.03，β 取 -15.09（各地区也可用本地区试验资料确定 α、β 值，统计用的试验组数不得少于 30 组）。

（2）在无法取得水泥实测强度值时，可按式（3-3-4）计算：

$$f_{ce} = \gamma_c \cdot f_{ce,k} \tag{3-3-4}$$

式中　$f_{ce,k}$——水泥强度等级值，MPa；

γ_c——水泥强度等级值的富余系数，宜按实际统计资料确定；无统计资料时可取 1.0。

（3）石灰膏用量应按式（3-3-5）计算：

$$Q_d = Q_a - Q_c \tag{3-3-5}$$

式中　Q_d——每立方米砂浆的石灰膏用量，kg，应精确至 1kg；石灰膏使用时的稠度宜为（120 ± 5）mm；

Q_a——每立方米砂浆中水泥和石灰膏总量，kg，应精确至 1kg，可为 350kg；

Q_c——每立方米砂浆的水泥用量，kg，应精确至 1kg。

4）每立方米砂浆中的砂用量，应按干燥状态（含水率小于 0.5%）的堆积密度值作为计算值（kg）。

5）每立方米砂浆中的用水量，可根据砂浆稠度等要求选用 210 ～ 310kg。

注：1. 混合砂浆中的用水量，不包括石灰膏中的水。

2. 当采用细砂或粗砂时，用水量分别取上限或下限。

3. 稠度小于 70mm 时用水量可小于下限。

4. 施工现场气候炎热或干燥季节，可酌量增加用水量。

3.3.4 现场试配水泥砂浆

现场试配水泥砂浆应符合下列规定：

（1）水泥砂浆的材料用量可按表 3-3-7 选用。

表 3-3-7 每立方米水泥砂浆材料用量（kg/m³）

强度等级	水泥用量	砂用量	用水量
M5	200~230		
M7.5	230~260		
M10	260~290		
M15	290~330	砂的堆积密度值	270~330
M20	340~400		
M25	360~410		
M30	430~480		

注：1. M15 及 M15 以下强度等级水泥砂浆，水泥强度等级为 32.5 级；M15 以上强度等级水泥砂浆，水泥强度等级为 42.5 级。

    2. 当采用细砂或粗砂时，用水量分别取上限或下限。

    3. 稠度小于 70mm 时，用水量可小于下限。

    4. 施工现场气候炎热或干燥季节，可酌量增加用水量。

（2）水泥粉煤灰砂浆材料用量可按表 3-3-8 选用。

表 3-3-8 每立方米水泥粉煤灰砂浆材料用量（kg/m³）

强度等级	水泥和粉煤灰总量	粉煤灰用量	砂用量	用水量
M5	210~240			
M7.5	240~270	粉煤灰掺量可占胶凝材料总量的 15%~25%	砂的堆积密度值	270~330
M10	270~300			
M15	300~330			

注：1. 表中水泥强度等级为 32.5 级。

    2. 当采用细砂或粗砂时，用水量分别取上限或下限。

    3. 稠度小于 70mm 时，用水量可小于下限。

    4. 施工现场气候炎热或干燥季节，可酌量增加用水量。

3.3.5 砂浆的试配要求

（1）预拌砌筑砂浆：在确定湿拌砂浆稠度时应考虑砂浆在运输和储存过程中的稠度损失。干混砂浆应明确拌制时的加水量范围。预拌砌筑砂浆生产前应进行试配，试配强度按式（3-3-1）计算确定。

（2）砌筑砂浆：按计算或查表所得配合比进行试拌时，应按 JGJ/T 70《建筑砂浆基本性能试验方法标准》测定砂浆拌合物的稠度和保水率；当稠度和保水率不能满足要求时，应调整材料用量，直到符合要求为止。

试配时至少采用三个不同的配合比，其中一个配合比应为按本节得出的基准配合比，其余两配合比的水泥用量应按基准配合比分别增加或减少 10%。在保证稠度、保水率合格的条件下，可将用水量、石灰膏、保水增稠材料或粉煤灰等活性掺合料用量作相应调整。

试配时稠度应满足施工要求，并在试配时测定不同配合比砂浆的表观密度及强度，并选定符合试配强度及和易性要求、水泥用量最低的配合比作为砂浆的试配配合比。

3.3.6 砂浆试配配合比的校正

按式（3-3-6）计算砂浆的理论表观密度值：

$$\rho_t = Q_c + Q_d + Q_s + Q_w \tag{3-3-6}$$

式中　　　　　ρ_t——砂浆的理论表观密度值，kg/m^3，应精确至 $10kg/m^3$；

Q_c、Q_d、Q_s、Q_w——分别为每立方米砂浆的水泥、石灰膏、砂及水的用量，kg，精确至 1kg。

按式（3-3-7）计算砂浆配合比校正系数 δ：

$$\delta = \rho_c / \rho_t$$

式中　ρ_c——砂浆的实测表观密度值，kg/m^3。

当砂浆的实测表观密度值与理论表观密度值之差的绝对值不超过理论值的2%时，可将试配配合比确定为砂浆设计配合比；当超过2%时，应将试配配合比中每项材料用量均乘以校正系数（δ）后，确定为砂浆设计配合比。

第4章 混凝土、砂浆用材料的试验方法

本章主要列出预拌混凝土及砂浆的试验方法，包括：水泥、砂子、石子、轻骨料、矿物掺料、外加剂、混凝土拌合用水、混凝土拌合物性能、混凝土力学性能及长期耐久性能、建筑砂浆的试验方法。其他建筑材料的试验方法详见本书第5章。

4.1 水 泥

4.1.1 一般规定

4.1.1.1 试样及用水

水泥试样应充分拌匀，通过 0.9mm 方孔筛，并记录筛余物情况。

试验用水须是洁净的饮用水，如有争议时应以蒸馏水为准。

4.1.1.2 检测环境要求

水泥试验室的温度应保持在 (20 ± 2)℃，相对湿度应不低于50%；水泥试样、砂、拌合水和试验用具的温度应与试验室一致。

湿气养护箱或雾室的温度应保持在 (20 ± 1)℃，相对湿度应不低于90%，水泥试体养护池的水温应控制在 (20 ± 1)℃内。

4.1.2 密度试验

4.1.2.1 仪器设备

a 李氏比重瓶：容积250mL，带有长 18~20cm、内径约 1cm 的有刻度细颈，瓶颈刻度由 0 至 24mL，刻度读数精确至 0.1mL。

b 恒温水槽或其他保持恒温的盛水装置：能放下李氏瓶，且温度应能维持在瓶标温度 ±0.5℃。

c 天平：感量为 0.01g。

d 温度计、烘箱等试验器具。

e 无水煤油。

4.1.2.2 检测流程

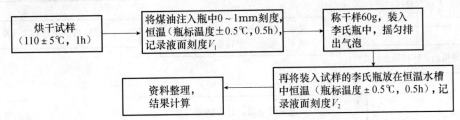

4.1.2.3 结果计算

水泥密度按式 (4-1-1) 计算（精确至 0.01g/cm³）：

$$\rho = \frac{m}{V} \tag{4-1-1}$$

式中 ρ ——水泥的密度，g/cm^3；

m ——装入比重瓶中水泥的质量，g；

V ——被水泥所排出的液体的体积，即 $V = V_2 - V_1$，cm^3。

以两个试样试验结果的算术平均值作为检测结果，结果修约至 $0.01 g/cm^3$。两次试验结果的差不得超过 $0.02 g/cm^3$，否则应重新测定，直到满足要求。

4.1.3 水泥细度（筛析法）试验

采用 $45\mu m$ 方孔筛和 $80\mu m$ 方孔筛对水泥试样进行筛析试验，用筛上筛余物的质量分数表示水泥样品的细度。水泥细度常用检测方法有：负压筛析法、水筛法和手工筛析法，当对结果有争议时，以负压筛析法为准。

4.1.3.1 仪器设备

a 试验筛：$80\mu m$ 方孔筛，分负压筛、水筛和手工筛三种。负压筛应附有透明筛盖，并与筛上口有良好的密封性。试验筛每使用 100 次后需重新标定。

b 负压筛析仪：由筛座、负压筛、负压源及收尘器组成，其中筛座由转速为 $(30 \pm 2) r/min$ 的喷气嘴、负压表、控制板、微电机及机壳等构成。

负压筛析仪的负压可调控在 $4 \sim 6 kPa$，由功率 $\geqslant 600W$ 以上的工业吸尘器和小型旋风收尘筒组成负压源及收尘器，并具有时间调控器可调控时间在 $2 \sim 3 min$。

c 水筛架和喷头：水筛架上筛座内径为 $140^{+0}_{-3} mm$，下部有叶轮可在水流作用时使筛座旋转。喷头直径 $55mm$，面上均匀分布 90 个孔，孔径 $0.5 \sim 0.7 mm$。

d 天平：感量应不大于 $0.01g$。

4.1.3.2 检测流程

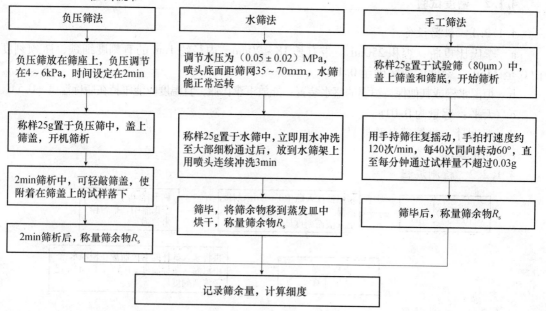

注：对 $45\mu m$ 筛析试验应称取试样 $10g$。

4.1.3.3 结果计算

水泥细度按式（4-1-2）计算（计算至 0.1%）：

$$F = \frac{R_s}{W} \times 100 \qquad (4-1-2)$$

式中 F——水泥试样的筛余质量分数,%；

R_s——水泥筛余物的质量，g；

W——水泥试样的质量，g。

合格评定时，每个样品应称取两个试样分别筛析，取筛余平均值为筛析结果。若两次筛余结果绝对误差大于 0.5% 时（筛余值大于 5.0% 时可放至 1.0%），应再做一次试验，取两次相近结果的算术平均值，作为最终结果。

4.1.3.4 注意事项

a 当负压筛析仪工作负压小于 4kPa 时，应清理吸尘器内粉尘，使负压恢复到 4~6kPa 范围内。

b 试验筛应定期（约6个月）用已知 80μm 筛余值的标准样品对所用试验筛进行校准，得到修正系数 C。当 C 值在 0.80~1.20 范围内时，试验筛可继续使用，C 值作为修正系数；当 C 值超出 0.80~1.20 时，该试验筛应予淘汰。

试验筛修正系数 C 按下式计算（计算至 0.01）：

$$C = F_s/F_t \qquad (4-1-3)$$

式中 C——试验筛修正系数。

F_s——标准样品的筛余标准值,%；

F_t——标准样品在试验筛上的筛余值,%。

水泥试样细度结果修正按下式计算：

$$F_c = C \cdot F \qquad (4-1-4)$$

式中 F_c——水泥试样修正后的筛余值,%；

F——水泥试样修正前的筛余值,%。

4.1.4 水泥比表面积试验（勃氏法）

本方法是根据一定量的空气通过具有一定空隙和固定厚度的水泥层时，所受阻力不同而引起流速的变化来测定水泥的比表面积。本方法也适用于比表面积在 2000~6000cm²/g 时的其他各种粉状物料的测定，但不适用于测定多孔材料及超细粉状物料。

4.1.4.1 仪器及标准样品

a Blaine 透气仪：主要由透气圆筒、"U" 型压力计（图4-1-1）、抽气装置等三部分组成。分手动和自动两种。

b 分析天平：分度值为 1mg。

c 滤纸：采用符合 GB/T 1914 的中速定量滤纸，滤纸为 ϕ 12.7mm 圆形滤纸片。

d 烘箱（控温灵敏度 ±1℃）和计时秒表（精确到 0.5s）。

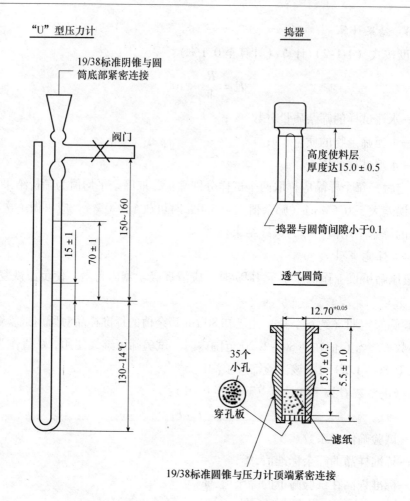

图 4-1-1 比表面积 U 型压力计示意图（mm）

e 标准样品：采用中国水泥质量监督检验中心制备的已知比表面积值的水泥标样，即 GSB 14—1511 或相同等级的标准物质。有争议时以 GSB 14—1511 为准。

f 汞（俗称"水银"）：分析纯汞。

4.1.4.2 勃氏透气仪的标定方法

a 圆筒试料层体积的标定方法

用水银排代法标定圆筒的试料层体积。将穿孔板平放入圆筒内，再放入两片滤纸，用推杆往下按直到滤纸平整放在穿孔板上。然后将水银注满圆筒，用一小块薄玻璃板轻压水银表面，使水银面与圆筒口平齐，并使玻璃板和水银面之间没有气泡或空洞存在。称量圆筒中倒出的水银质量（P_1），精确至 0.001g。

从圆筒中取出一片滤纸，然后加入适量的水泥（约 3.3g），轻敲圆筒外壁使水泥表面平坦，再放入一片滤纸用捣器压实，直到捣器支持环紧紧接触圆筒顶边并旋转两周，取出捣器。再在圆筒上部空间加入水银，同上述方法除去气泡、压平、倒出水银称量（P_2）。

透气圆筒内试料层体积 $V(\mathrm{cm}^3)$ 按下式计算, 精确到 $0.001\mathrm{cm}^3$:

$$V = (P_1 - P_2)/\rho_{水银} \tag{4-1-5}$$

式中 P_1——未装水泥时, 充满圆筒的水银质量, g;

P_2——装水泥试样后, 充满圆筒的水银质量, g;

$\rho_{水银}$——试验温度下水银的密度, $\mathrm{g/cm}^3$ (见表 4-1-1)。

试料层体积的测定至少应进行两次。每次应单独压实, 取两次数值相差不超过 $0.005\mathrm{cm}^3$ 的平均值, 并记录标定过程中室温。

b 标准时间的标定方法

用水泥细度和比表面积标准样品 (GSB 14—1511) 测定标准时间。

b.1 标准样品的处理

将标准样品在 $(110 \pm 5)℃$ 下烘干 1h, 并在干燥器中冷却至室温。

b.2 标准样质量的确定

标准样品的质量 (W) 按式 (4-1-6) 计算, 准确称取至 $0.001\mathrm{g}$:

$$W = \rho V(1 - \varepsilon) \tag{4-1-6}$$

式中 W——称取水泥标准样品的质量, g;

ρ——水泥标准样品的密度, $\mathrm{g/cm}^3$;

V——透气圆筒的试料层体积, cm^3;

ε——试料层空隙率, 取 0.500。

b.3 试料层制备

将穿孔板放入透气圆筒内, 取一片滤纸放入并压平。将准确称取的水泥标准样 (W), 倒入已放好穿孔板和滤纸的透气圆筒中, 使其表面平坦, 再放入一片滤纸, 用捣器均匀捣实直至捣器支持环接触圆筒顶面并旋转 1~2 周, 缓慢取出捣器。

b.4 透气试验

将装好标准样的圆筒外锥面涂一薄层凡士林, 把它连接到 U 形压力计上。打开阀门, 缓慢地从压力计一臂中抽出空气, 直到压力计内液面上升到超过第三条刻度线时关闭阀门。当压力计内液面的凹月面下降到第三条刻度线时开始计时, 当液面的凹月面下降到第二条刻度线时停止计时。记录液面从第三条刻度线到第二条刻度线所需的时间, 精确至 $0.1\mathrm{s}$。

透气试验要重复称取两次标准样分别进行, 当两次透气时间的差超过 $1.0\mathrm{s}$ 时, 要测第三次, 取两次透气时间不超过 $1.0\mathrm{s}$ 的平均透气时间作为该仪器 (勃氏透气仪) 的标准时间。

c 仪器标定周期

勃氏透气仪至少每年进行一次标定。当仪器使用频繁则应每半年进行一次标定; 仪器维修后应重新进行标定。

4.1.4.3　检测流程

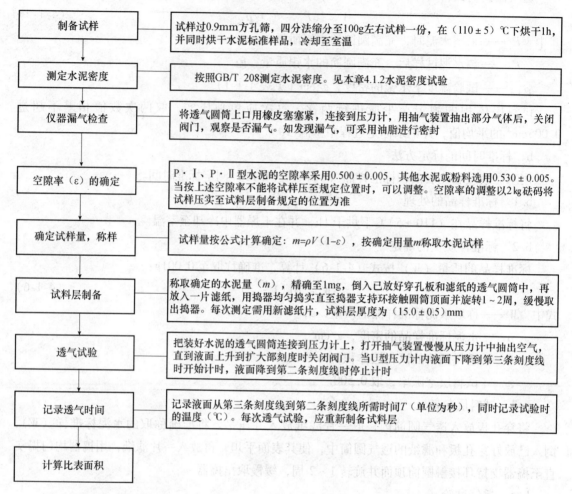

4.1.4.4　结果计算

a　当被测物料的密度、试料层中空隙率与标准样品相同，试验时的温度与校准温度的温差 ≤ ±3℃时按下式（4-1-7）计算：

$$S = \frac{S_s \sqrt{T}}{\sqrt{T_s}} \tag{4-1-7}$$

如试验时的温度与校准温度的温差 > ±3℃则按式（式4-1-8）计算：

$$S = \frac{S_s \sqrt{T} \sqrt{\eta_s}}{\sqrt{T_s} \sqrt{\eta}} \tag{4-1-8}$$

式中　S——被测试样的比表面积，cm^2/g；

　　　S_s——标准样品的比表面积，cm^2/g；

　　　T——被测试样试验时，压力计中液面降落测得的时间，s；

　　　T_s——标准样品试验时，压力计中液面降落测得的时间，s；

　　　η——被测试样试验温度下的空气黏度，$\mu Pa \cdot s$；

　　　η_s——标准样品试验温度下的空气黏度，$\mu Pa \cdot s$。

b　当被测物料的试料层中空隙率与标准样品的试料层中空隙率不同，试验时的温度与校准温度的温差 ≤ ±3℃ 时按式 (4-1-9) 计算：

$$S = \frac{S_s \sqrt{T}(1 - \varepsilon_s) \sqrt{\varepsilon^3}}{\sqrt{T_s}(1 - \varepsilon) \sqrt{\varepsilon_s^3}} \tag{4-1-9}$$

如试验时的温度与校准温度的温差 > ±3℃ 时，按式 (4-1-10) 计算：

$$S = \frac{S_s \sqrt{T}(1 - \varepsilon_s) \sqrt{\varepsilon^3} \sqrt{\eta_s}}{\sqrt{T_s}(1 - \varepsilon) \sqrt{\varepsilon_s^3} \sqrt{\eta}} \tag{4-1-10}$$

式中　ε——被测试样试料层中的空隙率；

ε_s——标准样品试料层中的空隙率。

c　当被测物料的密度和空隙率均与标准样品不同，试验时的温度与校准温度的温差 ≤ ±3℃ 时按式 (4-1-11) 计算：

$$S = \frac{S_s \sqrt{T}(1 - \varepsilon_s)\rho_s \sqrt{\varepsilon^3}}{\sqrt{T_s}(1 - \varepsilon)\rho \sqrt{\varepsilon_s^3}} \tag{4-1-11}$$

如试验时的温度与校准温度的温差 > ±3℃ 时按式 (4-1-12) 计算：

$$S = \frac{S_s \sqrt{T}(1 - \varepsilon_s)\rho_s \sqrt{\varepsilon^3} \sqrt{\eta_s}}{\sqrt{T_s}(1 - \varepsilon)\rho \sqrt{\varepsilon_s^3} \sqrt{\eta}} \tag{4-1-12}$$

式中　ρ——被测试样的密度，g/cm^3；

ρ_s——标准样品的密度，g/cm^3。

d　水泥比表面积应取两次透气试验结果的平均值。如两次试验结果相差 2% 以上应重新试验。计算结果保留至 $10cm^2/g$。

当同一水泥用手动勃氏透气仪测定的结果与自动勃氏透气仪测定的结果有争议时，以手动勃氏透气仪测定结果为准。

4.1.4.5　试验数据表

表 4-1-1　在不同温度下水银密度、空气黏度 η 和 $\sqrt{\eta}$

室温/℃	水银密度/(g/cm^3)	空气黏度 η/(Pa·s)	$\sqrt{\eta}$
8	13.58	0.0001749	0.01322
10	13.57	0.0001759	0.01326
12	13.57	0.0001768	0.01330
14	13.56	0.0001778	0.01333
16	13.56	0.0001788	0.01337
18	13.55	0.0001798	0.01341
20	13.55	0.0001808	0.01345
22	13.54	0.0001818	0.01348
24	13.54	0.0001828	0.01352
26	13.53	0.0001837	0.01355
28	13.53	0.0001847	0.01359
30	13.52	0.0001857	0.01363
32	13.52	0.0001867	0.01366
34	13.51	0.0001876	0.01370

表 4-1-2　水泥层空隙率 ε 和 $\sqrt{\varepsilon^3}$ 值

水泥层空隙率 ε	$\sqrt{\varepsilon^3}$	水泥层空隙率 ε	$\sqrt{\varepsilon^3}$	水泥层空隙率 ε	$\sqrt{\varepsilon^3}$
0.495	0.348	0.506	0.360	0.545	0.402
0.496	0.349	0.507	0.361	0.550	0.408
0.497	0.350	0.508	0.362	0.555	0.413
0.498	0.351	0.509	0.363	0.560	0.419
0.499	0.352	0.510	0.364	0.565	0.425
0.500	0.354	0.515	0.369	0.570	0.430
0.501	0.355	0.520	0.374	0.575	0.436
0.502	0.356	0.525	0.380	0.580	0.442
0.503	0.357	0.530	0.386	0.590	0.453
0.504	0.358	0.535	0.391	0.600	0.465
0.505	0.359	0.540	0.397		

4.1.5　水泥标准稠度用水量、凝结时间、安定性试验

通过测定水泥净浆达到标准稠度时的用水量，确定水泥凝结时间和安定性试验用水量。测定水泥达到初凝和终凝所需时间、体积安定性能，以评定水泥的质量。

4.1.5.1　仪器设备

a　水泥净浆搅拌机：符合 JC/T 729 标准的要求。

b　标准维卡仪（图4-1-2）。

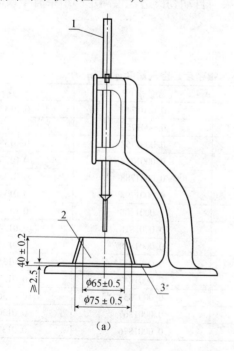

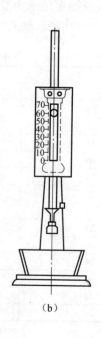

40 ± 0.2

$\geqslant 2.5$

$\phi 65 \pm 0.5$

$\phi 75 \pm 0.5$

70 60 50 40 30 20 10

（a）　　　　　　　　　　　　　　　　（b）

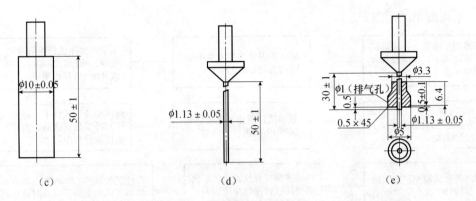

图 4-1-2　测定水泥标准稠度和凝结时间用维卡仪及配件示意图

（a）测定初凝时间时维卡仪和试模示意图（1—滑动杆；2—试模；3—玻璃板）；

（b）测定终凝时间反转试模示意图；（c）标准稠度试杆；

（d）初凝时间用试针；（e）终凝时间用试针

标准稠度试杆由有效长度（50±1）mm，直径为ϕ（10±0.05）mm 的圆柱体形耐腐蚀金属制成。测初凝时间用试针由钢制成，其有效长度对初凝针为（50±1）mm、对终凝针为（30±1）mm，初凝针直径为ϕ（1.13±0.05）mm。滑动部分的总质量为（300±1）g。与试杆、试针联结的滑动杆表面应光滑，能靠重力自由下落，不得有紧涩和旷动现象。

盛装水泥净浆的试模由耐腐蚀的、有足够硬度的金属制成。试模为深（50±1）mm、顶内径ϕ（65±0.5）mm、底内径ϕ（75±0.5）mm 的截面圆锥体。每个试模配备一个边长或直径约100mm、厚度 4~5mm 的平板玻璃底板或金属底板。

代用法维卡仪应符合 JC/T 727《水泥净浆标准稠度与凝结时间测定仪》的要求。

c　雷氏夹和雷氏夹膨胀测定仪（标尺最小刻度为 0.5mm），每个雷氏夹需配两个边长或直径约80mm、厚度 4~5mm 玻璃板。

d　量筒、滴定管或量水器：精度 ±0.5mL。

e　天平：最大称量不小于1000g，分度值不大于1g。

f　水泥安定性试验用沸煮箱：符合 JC/T 955 要求。

4.1.5.2　检测流程

a　水泥标准稠度用水量

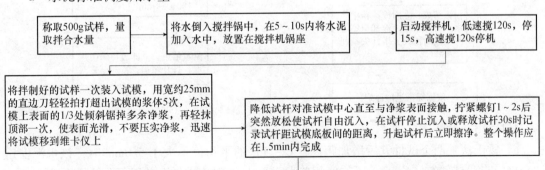

217

b 水泥凝结时间测定

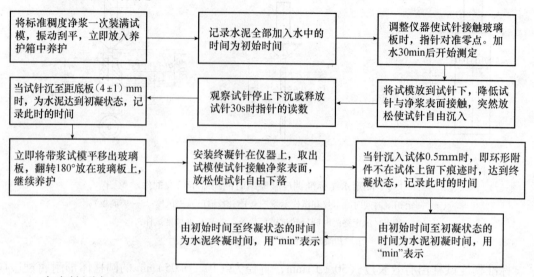

```
将标准稠度净浆一次装满试    →    记录水泥全部加入水中的    →    调整仪器使试针接触玻璃
模，振动刮平，立即放入养         时间为初始时间              板时，指针对准零点。加
护箱中养护                                                   水30min后开始测定
                                                                    ↓
当试针沉至距底板(4±1)mm   ←    观察试针停止下沉或释放    ←    将试模放到试针下，降低试
时，为水泥达到初凝状态，记        试针30s时指针的读数            针与净浆表面接触，突然放
录此时的时间                                                  松使试针自由沉入
   ↓
立即将带浆试模平移出玻璃    →    安装终凝针在仪器上，取出    →    当针沉入试体0.5mm时，即环形附
板，翻转180°放在玻璃板上，        试模使试针接触净浆表面，        件不在试体上留下痕迹时，达到终
继续养护                         放松使试针自由下落              凝状态，记录此时的时间
                                       ↓                              ↓
                                由初始时间至终凝状态的时间    ←    由初始时间至初凝状态的
                                为水泥终凝时间，用"min"表示        时间为水泥初凝时间，用
                                                                  "min"表示
```

c 安定性测定

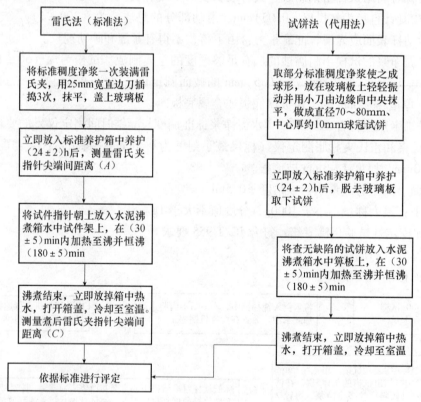

```
        雷氏法（标准法）                              试饼法（代用法）
              ↓                                           ↓
将标准稠度净浆一次装满雷              取部分标准稠度净浆使之成
氏夹，用25mm宽直边刀插              球形，放在玻璃板上轻轻振
捣3次，抹平，盖上玻璃板              动并用小刀由边缘向中央抹
              ↓                      平，做成直径70～80mm、
立即放入标准养护箱中养护              中心厚约10mm球冠试饼
（24±2）h后，测量雷氏夹                     ↓
指针尖端间距离（A）                  立即放入标准养护箱中养护
              ↓                      （24±2）h后，脱去玻璃板
将试件指针朝上放入水泥沸              取下试饼
煮箱水中试件架上，在（30                     ↓
±5）min内加热至沸并恒沸              将查无缺陷的试饼放入水泥
（180±5）min                        沸煮箱水中算板上，在（30
              ↓                      ±5）min内加热至沸并恒沸
沸煮结束，立即放掉箱中热              （180±5）min
水，打开箱盖，冷却至室温。                   ↓
测量煮后雷氏夹指针尖端间              沸煮结束，立即放掉箱中热
距离（C）                            水，打开箱盖，冷却至室温
              ↓                            ↓
              依据标准进行评定
```

4.1.5.3 结果评定

a 雷氏法：两个试件煮后增加距离（$C-A$）的平均值不大于5.0mm时，该水泥安定性合格。当两试件的（$C-A$）平均值相差大于5.0mm时应重做，并以复验结果为准。

b 试饼法：目测未发现裂缝，钢直尺检查没有弯曲的试饼为安定性合格；反之，为不合格。当两试饼判别结果有矛盾时，该水泥的安定性为不合格。

4.1.5.4　注意事项

a　水泥净浆搅拌时，水泥加入水的过程中，应防止水和水泥溅出而影响测试精度。由于标准稠度测定直接影响凝结时间的测定结果，故标准稠度用水量应测准。

b　凝结时间测定注意事项：在最初测定的操作时，应轻轻扶持金属棒，使其徐徐下降，以防试针撞弯，但结果以自由下落为准。试针沉入的位置要距试模内壁10mm。临近初凝时，每隔5min（或更短时间）测一次，临近终凝时，每隔15min（或更短时间）测一次。到达初凝时应立即重复测一次，当两次结论相同时才能确定到达初凝状态；到达终凝时，需在试体另外两个不同点测试，确认结论相同才能确定到达终凝状态。每次测定不能让试针落入原针孔，并防止试模受振。

c　雷氏夹装浆时，应用手轻扶雷氏夹，抹平不要用力，防止装浆过量，影响检测结果。

d　定期检查搅拌叶和搅拌锅的间隙，试针有无弯曲。

4.1.6　水泥胶砂强度试验

通过检测水泥各龄期强度，以确定水泥强度等级或验证强度是否满足水泥标准要求。水泥胶砂强度检验主要为水泥抗折强度和抗压强度的检验。

4.1.6.1　仪器设备

a　胶砂搅拌机：搅拌机属行星式，其性能应符合 JC/T 681。

b　胶砂振实台：应符合 JC/T 682 的要求。

c　试模：由3个水平的模槽组成，模槽尺寸为长（160 ± 0.8）mm、宽（40 ± 0.2）mm、深（40.1 ± 0.1）mm；可同时成型三条截面为（40 × 40）mm，长为160mm的菱形试体，其材质和制造尺寸应符合 JC/T 726 的要求。

d　抗折试验机：选用电动双杠杆抗折试验机，也可采用性能符合要求的其他试验机。抗折夹具的加荷和支撑圆柱的直径为（10 ± 0.2）mm，2个支撑柱中心间距为（100 ± 0.2）mm。

e　抗压夹具和抗压试验机：抗压夹具加压板面积40mm × 40mm；抗压试验机精度为1级（± 1% 精度），并具有按（2400 ± 200）N/s 速率的加荷能力，具有记录试件破坏荷载并保持到试验机卸荷以后的指示器。

f　播料器、刮平尺、称量天平（精度 ± 1g）、量水器（精度 ± 1mL）等工具。

4.1.6.2　标准砂、胶砂配比

a　标准砂的湿含量是在 105 ~ 110℃下，用代表性砂样烘2h的质量损失来测定，以占干砂的质量分数表示，应小于0.2%。标准砂颗粒分布应满足表4-1-4的规定。

表4-1-4　标准砂颗粒分布

方孔边长/mm	2.0	1.6	1.0	0.5	0.16	0.08
累计筛余/%	0	7 ± 5	33 ± 5	67 ± 5	87 ± 5	99 ± 5

标准砂可以单级分包装，也可以各级预配合以（1350 ± 5）g 量的塑料袋混合包装。

b　水泥胶砂的质量配合比应为水泥：标准砂：水 = 1:3:0.5。每锅材料（成型三条试体）需要量为：水泥（450 ± 2）g、标准砂（1350 ± 5）g、水（225 ± 1）g。

4.1.6.3 检测流程

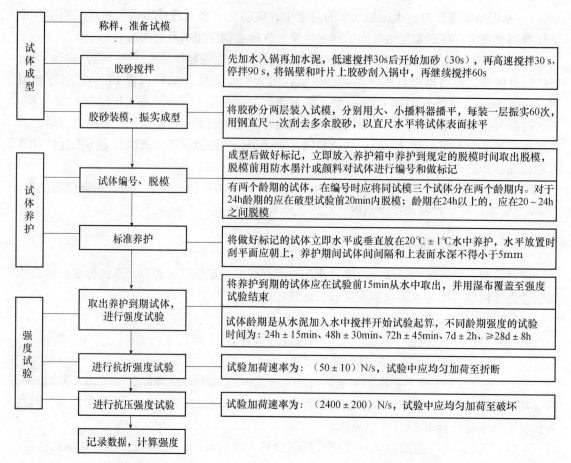

4.1.6.4 结果计算

（1）抗折强度 R_f 按式（4-1-13）计算，精确至 0.1MPa：

$$R_f = \frac{1.5F_t L}{b^3} \qquad (4-1-13)$$

式中　F_t——折断时施加于棱柱体中部的荷载，N；

　　　L——支撑圆柱之间的距离，mm；

　　　b——棱柱体正方形截面的边长，mm。

以一组三个棱柱体抗折强度结果的平均值作为试验结果。当三个强度值中有超出平均值 ±10% 时，应剔除后再取平均值作为抗折强度试验结果。

（2）抗压强度 R_c 按式（4-1-14）计算，精确至 0.1MPa：

$$R_c = \frac{F_c}{A} \qquad (4-1-14)$$

式中　F_c——破坏时的最大荷载，N；

　　　A——受压部分面积，mm^2（40mm × 40mm = 1600mm^2）。

以一组三个棱柱体上得到的六个抗压强度测定值的算术平均值作为试验结果。当六个测定值中有一个超出六个平均值的 ±10% 时，应剔除这个结果，而以剩下五个测定值的平均值作为试验结果；如果五个测定值中再有超过它们五个平均值的 ±10% 时，则此组试验结果作废。

4.1.6.5　注意事项

（1）播料要均匀，播第二层料前应将锅内的料用勺子搅拌几次，再均匀播入试模。

（2）刮平时沿试模长度方向以横向锯割动作慢慢向另一端移动，刮平过程应一次完成。

（3）保证已成型试件在标准养护箱中放置呈水平状态。

（4）严格按规定的速率破型。破型前应抹去试件表面的水分和砂粒。

（5）定期检查抗压夹具，当压板光洁度不够时应予更换。

4.1.7　水泥强度快速试验

在水泥胶砂强度检验方法的基础上，用55℃湿热养护24h，获得水泥快速强度来预测水泥28d 抗压强度，用于水泥生产和使用的质量控制。

4.1.7.1　仪器设备及材料

a　胶砂搅拌机、振动台、试模、抗压试验机及抗压夹具均应符合 GB/T 17671—1999《水泥胶砂强度试验方法》的规定。

b　湿热养护箱：箱体内径尺寸 650mm × 350mm × 260mm，试件架距箱底高度 150mm；加热功率 1kW 以上，控制在（55 ± 2）℃ 范围内的控温装置。

c　采用水泥胶砂强度试验所用的标准砂和水。

4.1.7.2　检测流程

试体成型和抗压强度试验与水泥胶砂强度试验相同，差异在养护方法。

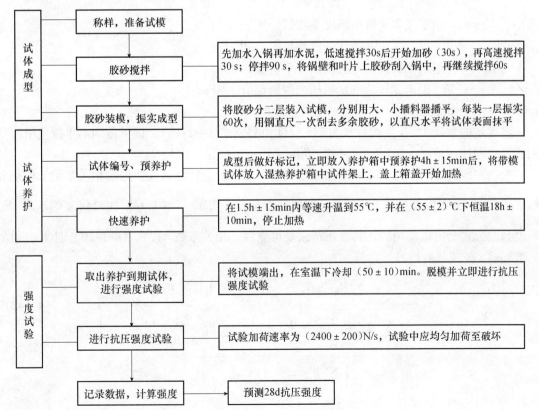

4.1.7.3 结果计算

水泥 28d 抗压强度按式（4-1-15）计算：

$$\hat{R}_{28} = A \cdot R_{k} + B \tag{4-1-15}$$

式中　$\hat{R}_{28}$——预测的水泥 28d 抗压强度，MPa；

R_{k}——快速测定的水泥抗压强度，MPa；

A、B——常数。经积累较多数据后通过回归方程确定，其相关系数应不小于 0.75，并要求剩余标准偏差 s 不大于所用全部水泥样品 28d 实测抗压强度平均值的 7.0%。

4.1.7.4 水泥 28d 抗压强度预测公式的建立

为提高预测水泥 28d 抗压强度的准确性，其试验组数 n 应不少于 30 组。常数 A、B 按下列公式计算：

$$A = \frac{\sum\limits_{i=1}^{n} R_{28i} \cdot R_{ki} - \frac{1}{n}\left(\sum\limits_{i=1}^{n} R_{28i}\right)\left(\sum\limits_{i=1}^{n} R_{ki}\right)}{\sum\limits_{i=1}^{n} R_{ki}^{2} - \frac{1}{n}\left(\sum\limits_{i=1}^{n} R_{ki}\right)^{2}} \tag{4-1-16}$$

$$B = \overline{R}_{28} - A \cdot \overline{R}_{k} \tag{4-1-17}$$

$$\overline{R}_{28} = \frac{1}{n}\sum\limits_{i=1}^{n} R_{28i} \tag{4-1-18}$$

$$\overline{R}_{k} = \frac{1}{n}\sum\limits_{i=1}^{n} R_{ki} \tag{4-1-19}$$

式中　$\overline{R}_{28}$——n 组水泥 28d 抗压强度平均值，MPa；

R_{28i}——第 i 组水泥 28d 抗压强度测定值，MPa；

$\overline{R}_{k}$——n 组水泥快速测定抗压强度平均值，MPa；

R_{ki}——第 i 组水泥快速测定抗压强度测定值，MPa；

n——试验组数。

将确定的常数 A、B 值代入水泥 28d 强度预测公式（4-1-15），即可得到本单位使用的专用式，根据使用情况，必要时修正 A、B 值（约一年修正一次）。

为确定所建立的水泥 28d 强度预测公式的可靠性，应计算试验数据的相关系数 r 和剩余标准偏差 s，要求相关系数 $r \geqslant 0.75$，剩余标准偏差 s 要求 $\frac{s}{R_{28}} \leqslant 0.07$。此时建立的水泥 28d 强度预测公式是可以使用的，其预测结果是可靠性。相关系数 r 按式（4-1-20）计算，剩余标准偏差 s 按式（4-1-21）计算。

$$r = \frac{\sum\limits_{i=1}^{n} R_{28i} \cdot R_{ki} - \frac{1}{n}\left(\sum\limits_{i=1}^{n} R_{28i}\right)\left(\sum\limits_{i=1}^{n} R_{ki}\right)}{\sqrt{\left[\sum\limits_{i=1}^{n} R_{28i}^{2} - \frac{1}{n}\left(\sum\limits_{i=1}^{n} R_{28i}\right)^{2}\right]\left[\sum\limits_{i=1}^{n} R_{ki}^{2} - \frac{1}{n}\left(\sum\limits_{i=1}^{n} R_{ki}\right)^{2}\right]}} \tag{4-1-20}$$

$$s = \sqrt{\frac{\left(1 - r^{2}\right)\left[\sum\limits_{i=1}^{n} R_{28i}^{2} - \frac{1}{n}\left(\sum\limits_{i=1}^{n} R_{28i}\right)^{2}\right]}{n-2}} \tag{4-1-21}$$

4.1.7.5　注意事项

当单位确定 A、B 值有难度时，对于通用硅酸盐水泥，可按 A 取 1.22、B 取 18.3，则参考预测公式为：

$$\hat{R}_{28} = 1.22R_k + 18.3(\text{MPa}) \tag{4-1-22}$$

初期按参考预测公式进行，当试验组数超过 30 组后，可按照上述程序建立本单位水泥 28d 强度预测公式或修正预测公式。最好按不同水泥品种分别建立预测公式，以提高换算准确度。

4.1.8　水泥胶砂流动度试验

将一定配合比的水泥胶砂，在规定振动状态下，通过测定其扩散范围来衡量其流动性。

4.1.8.1　仪器设备

a　胶砂搅拌机：符合水泥胶砂强度试验用的胶砂搅拌机。

b　水泥胶砂流动度测定仪（简称跳桌）：要求在 $(25 \pm 1)s$ 内完成 25 次跳动。

c　试模：高度 $(60 \pm 0.5)mm$、上口内径 $(70 \pm 0.5)mm$、下口内径 $(100 \pm 0.5)mm$、下口外径 120mm 的截锥圆模和模套组成。

d　捣棒：直径 $(20 \pm 0.5)mm$、长度约 200mm 的金属圆棒。

e　小刀、卡尺（量程不小于 300mm、分度值不大于 0.5mm）。

4.1.8.2　试验材料及条件

水泥试样、标准砂和试验用水应符合水泥胶砂强度的有关规定，试验条件与水泥胶砂强度试验规定一致。

一次试验用材料数量为：水泥 450g，标准砂 1350g，水量按预定水胶比计算。

4.1.8.3　检测流程

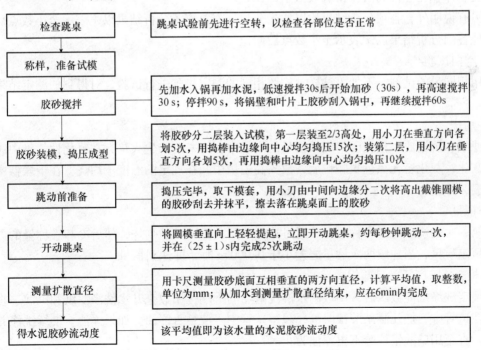

<table>
<tr><td>检查跳桌</td><td>跳桌试验前先进行空转，以检查各部位是否正常</td></tr>
<tr><td>称样，准备试模</td><td></td></tr>
<tr><td>胶砂搅拌</td><td>先加水入锅再加水泥，低速搅拌30s后开始加砂（30s），再高速搅拌30s；停拌90s，将锅壁和叶片上胶砂刮入锅中，再继续搅拌60s</td></tr>
<tr><td>胶砂装模，捣压成型</td><td>将胶砂分二层装入试模，第一层装至2/3高处，用小刀在垂直方向各划5次，用捣棒由边缘向中心均匀捣压15次；装第二层，用小刀在垂直方向各划5次，再用捣棒由边缘向中心均匀捣压10次</td></tr>
<tr><td>跳动前准备</td><td>捣压完毕，取下模套，用小刀由中间向边缘分二次将高出截锥圆模的胶砂刮去并抹平，擦去落在跳桌面上的胶砂</td></tr>
<tr><td>开动跳桌</td><td>将圆模垂直向上轻轻提起，立即开动跳桌，约每秒钟跳动一次，并在 $(25 \pm 1)s$ 内完成25次跳动</td></tr>
<tr><td>测量扩散直径</td><td>用卡尺测量胶砂底面互相垂直的两方向直径，计算平均值，取整数，单位为mm；从加水到测量扩散直径结束，应在6min内完成</td></tr>
<tr><td>得水泥胶砂流动度</td><td>该平均值即为该水量的水泥胶砂流动度</td></tr>
</table>

4.1.8.4 注意事项

（1）在装第二层胶砂时，应装至高出圆模约 20mm。

（2）捣压力量应恰好足以使胶砂充满截锥圆模，不要用力过大。

（3）捣压深度，第一层捣至胶砂高度的 1/2，第二层捣实不超过已捣实底层表面。

（4）装胶砂和捣实过程中，用手扶稳试模，不得使其移动。

4.1.9 水泥化学分析

根据 GB 175—2007《通用硅酸盐水泥》标准规定，水泥化学指标作为水泥质量合格验收指标之一。水泥化学指标主要是：不溶物、烧失量、氧化镁、三氧化硫和氯离子含量，以及碱含量。

本节规定了水泥化学分析方法的基准法和在一定条件下被认为能给出同等结果的代用法，在有争议时，以基准法为准。

4.1.9.1 试验的基本要求

a 试验次数与要求

每项测定的试验次数规定为两次，用两次试验结果的平均值作为测定结果。

在进行化学分析时，除另有说明外，应同时进行烧失量的测定；其他各项测定应同时进行空白试验，并对所测结果加以校正。

b 质量、体积、体积比、滴定度和结果的表示

用"克（g）"表示质量，精确至 0.0001g。滴定管体积用"毫升（mL）"表示，精确至 0.05mL。滴定度单位用"毫克每毫升（mg/mL）"表示。

硝酸汞标准滴定溶液对氯离子的滴定度经修约后保留有效数字三位，其他标准滴定溶液的滴定度和体积比经修约后保留有效数字四位。

除另有说明外，各项分析结果均以质量分数计。氯离子分析结果以%表示至小数点后三位，其他各项分析结果以%表示至小数点后两位。

c 空白试验

使用相同量的试剂，不加入试样，按照相同的测定步骤进行试验，对得到的测定结果进行校正。

d 灼烧

将滤纸和沉淀放入预先已灼烧并恒量的坩埚中，为避免产生火焰，在氧化性气氛中缓慢干燥、灰化，灰化至无黑色炭颗粒后，放入高温炉中，在规定的温度下灼烧。在干燥器中冷却至室温，称量。

e 恒量

经第一次灼烧、冷却、称量后，通过连续对每次 15min 的灼烧，然后冷却、称量的方法来检查恒定质量，当连续两次称量之差小于 0.0005g 时，即达到恒量。

f 检查 Cl⁻ 离子（硝酸银检验）

按规定洗涤沉淀数次后，用数滴水淋洗漏斗的下端，用数毫升水洗涤滤纸和沉淀，将滤液收集在试管中，加几滴硝酸银溶液，观察试管中溶液是否浑浊。如果浑浊，继续洗涤并定期检查，直至用硝酸银检验不再浑浊为止。

g　检验方法的验证

本章节所列检验方法应依照国家标准样品/标准物质（如 GSB 08—1355、GSB 08—1356、GSB 08—1357、GBW 03201、GBW 03204、GBW 03205）进行对比检验，以验证方法的准确性。

h　试剂和材料

除另有说明外，所用试剂应不低于分析纯。用于标定与配制标准溶液的试剂，除另有说明外应为基准试剂。所用水应符合 GB/T 6682 中规定的三级水要求。

本章节所列市售浓液体试剂的密度指 20℃ 的密度（ρ），单位为克每立方厘米（g/cm^3）。

在化学分析中，所用酸或氨水，凡未注明浓度者均指市售的浓酸或浓氨水。

用体积比表示试剂稀释程度，例如：硫酸（1＋2）表示 1 份体积的浓硫酸与 2 份体积的水相混合。

4.1.9.2　水泥试样的制备

按照 GB/T 12573 方法进行水泥取样，送往实验室的样品应是具有代表性的均匀性样品。采用四分法或缩分器将试样缩分至约 100g，经 80μm 方孔筛筛析，用磁铁吸去筛余物中金属铁，将筛余物经过研磨后使其全部通过 80μm 方孔筛，充分混匀，装入试样瓶中，密封保存，供测定用。

4.1.9.3　烧失量的测定

试样在（950 ± 25）℃ 的高温炉中灼烧，驱除水分和二氧化碳，同时将存在的易氧化的元素氧化。通常矿渣硅酸盐水泥应对由硫化物的氧化引起的烧失量的误差进行校正，而其他元素的氧化引起的误差一般可忽略不计。

a　仪器设备

a.1　高温炉：隔焰加热炉，在炉膛外围进行电阻加热。应使用温度控制器准确控制炉温在（950 ± 25）℃，并定期进行校准；

a.2　分析天平：不低于四级，最小分度值不大于 0.1mg；

a.3　瓷坩埚：带盖，容积 20 ~ 30mL。

b　检测流程

称取约 1g 试样（m_1），精确至 0.1mg，置于已灼烧恒量瓷坩埚中，将盖斜置于坩埚上，放在高温炉内，从低温开始逐渐升高温度，在（950 ± 25）℃ 下灼烧 15 ~ 20min，取出坩埚置于干燥器中，冷却至室温，称量。反复灼烧，直至恒量（m_2）。

c　结果计算

c.1　烧失量 w_{LOI} 按式（4-1-23）计算（保留至 0.01%）：

$$w_{LOI} = \frac{m_1 - m_2}{m_1} \times 100 \tag{4-1-23}$$

式中　w_{LOI}——烧失量的质量分数,%；

　　　m_1——试样的质量，g；

　　　m_2——灼烧后试样的质量，g。

c.2　矿渣硅酸盐水泥和掺入大量矿渣的其他水泥烧失量的校正。

称取两份试样，一份用来直接测定其中的三氧化硫含量；另一份则按测定烧失量的条件于（950 ± 25）℃下灼烧 15 ~ 20min，然后测定灼烧后的试样中的三氧化硫含量。

根据灼烧前后三氧化硫含量的变化，矿渣硅酸盐水泥在灼烧过程中由于硫化物氧化引起烧失量的误差可按下式进行校正：

$$w'_{LOI} = w_{LOI} + 0.8 \times (w_{后} - w_{前}) \tag{4-1-24}$$

式中　w'_{LOI}——校正后烧失量的质量分数，%；

　　　w_{LOI}——实际测定的烧失量的质量分数，%；

　　　$w_{前}$——灼烧前试样中三氧化硫的质量分数，%；

　　　$w_{后}$——灼烧后试样中三氧化硫的质量分数，%；

　　　0.8——S^{2-} 氧化为 SO_4^{2-} 时增加的氧与 SO_3 的摩尔质量比，即 $(4 \times 16)/80 = 0.8$。

c.3　水泥的烧失量以两次试验结果的算术平均值表示。烧失量测定结果的重复性限为 0.15%，再现性限为 0.25%。

4.1.9.4　不溶物的测定

试样先以盐酸溶液处理，尽量避免可溶性二氧化硅的析出，滤出的不溶残渣再以氢氧化钠溶液处理，进一步溶解可能已沉淀的痕量二氧化硅，经盐酸中和、过滤后，残渣经灼烧后称量。

a　仪器设备与试剂

a.1　高温炉：隔焰加热炉，在炉膛外围进行电阻加热。应使用温度控制器准确控制炉温在（950 ± 25）℃，并定期进行校准；

a.2　分析天平：不低于四级，最小分度值不大于 0.1mg；

a.3　瓷坩埚：带盖，容积 20 ~ 30mL；

a.4　水浴加热器、150 ~ 250mL 烧杯；

a.5　氢氧化钠溶液（10g/L）：称取 10g 氢氧化钠溶于水中，加水稀释至 1L，储存在塑料瓶中；

a.6　硝酸铵溶液（20g/L）：称取 20g 硝酸铵溶于水中，加水稀释至 1L；

a.7　甲基红指示剂溶液（2g/L）：将 0.2g 甲基红溶于 100mL 95%（体积分数）乙醇中。

b　检测流程

称取约 1g 试样（m_3），精确至 0.1mg，置于 150mL 烧杯中，加 25mL 水，搅拌使试样完全分散。在不断搅拌下加入 5mL 盐酸，用平头玻璃棒压碎块状物使其分解完全（如有必要可将溶液加温几分钟），用近沸的热水稀释至 50mL，盖上表面皿，将烧杯置于蒸汽水浴中加热 15min。用中速定量滤纸过滤，用热水充分洗涤 10 次以上。

将残渣和滤纸一并移入原烧杯中，加入 100mL 近沸的 NaOH 溶液（10g/L），盖上表面皿，将烧杯置于蒸汽水浴中加热 15min，加热期间搅动滤纸及残渣 2 ~ 3 次。取下烧杯，加入 1 ~ 2 滴甲基红指示剂溶液，滴加盐酸（1 + 1）至溶液呈红色，再过量 8 ~ 10 滴。用中速定量滤纸过滤，用热的硝酸铵溶液（20g/L）充分洗涤至少 14 次以上。

将残渣和滤纸一并移入已灼烧恒量的瓷坩埚中，灰化后在（950 ± 25）℃的高温炉内灼烧 30min，取出坩埚，置于干燥器中冷却至室温，称量。反复灼烧，直至恒量（m_4）。

c　结果表示

不溶物的质量分数 w_{IR} 按式（4-1-25）计算：

$$w_{IR} = \frac{m_4}{m_3} \times 100 \tag{4-1-25}$$

式中 w_{IR}——不溶物的质量分数,%;

m_4——灼烧后不溶物的质量,g;

m_3——试样的质量,g。

4.1.9.5 二氧化硅的测定

a 仪器设备与试剂

a.1 高温炉:隔焰加热炉,在炉膛外围进行电阻加热。应使用温度控制器准确控制炉温在(700±25)℃、(800±25)℃、(950±25)℃,并定期进行校准;

a.2 分析天平:不低于四级,最小分度值不大于0.1mg;

a.3 铂或银坩埚:带盖,容积20~30mL;

a.4 分光光度计:可在400~800nm范围内测定溶液的吸光度,配有10mm、20mm比色皿;

a.5 无水碳酸钠(Na_2CO_3):将无水碳酸钠用玛瑙研钵研细至粉末状保存;

a.6 钼酸铵溶液(50g/L):将5g钼酸铵[$(NH_4)_6Mo_7O_{24} \cdot 4H_2O$]溶于热水中,冷却后加水稀释至100mL,贮存于塑料瓶中,必要时过滤后使用。此溶液可保存约7d;

a.7 抗坏血酸溶液(5g/L):将0.5g抗坏血酸(V.C)溶于100mL水中,必要时过滤后使用,应用时现配;

a.8 焦硫酸钾($K_2S_2O_7$):将市售的焦硫酸钾在瓷蒸发皿中加热熔化,加热至无泡沫发生后,冷却并压碎熔融物,贮存于密封瓶中;

a.9 氟化钾溶液(150g/L):称取150g氟化钾(KF·$2H_2O$)置于塑料杯中,加水溶解后,加水稀释至1L,储存在塑料瓶中;

a.10 氯化钾溶液(50g/L):称取50g氯化钾(KCl)溶于水中,加水稀释至1L;

a.11 氯化钾-乙醇溶液(50g/L):称取5g氯化钾(KCl)溶于50mL水中,加入50mL95%(体积分数)乙醇(C_2H_5OH)混匀;

a.12 酚酞指示剂溶液(10g/L):将1g酚酞溶于100mL95%(体积分数)乙醇中;

a.13 氢氧化钠标准滴定溶液[$c(NaOH) = 0.15mol/L$]

a.13.1 标准滴定溶液的配制

将30g氢氧化钠(NaOH)溶于水后,加水稀释至5L,充分摇匀,贮存于带胶塞(装有钠石灰干燥管)的硬质玻璃瓶或塑料瓶中;

a.13.2 标准滴定溶液浓度的标定

称取0.8g(m)苯二甲酸氢钾($C_8H_5KO_4$,基准试剂),精确至0.1mg,置于300mL烧杯中,加入约200mL预先新煮沸过并冷却后用氢氧化钠溶液中和至酚酞呈微红色的冷水,搅拌使其溶解,加入6~7滴酚酞指示剂溶液,用氢氧化钠标准滴定溶液滴定至微红色,记录标准滴定液消耗量(V)。

标准滴定溶液的浓度按式(4-1-26)计算:

$$c(NaOH) = \frac{m \times 1000}{V \times 204.2} \tag{4-1-26}$$

式中 $c(NaOH)$——氢氧化钠标准滴定溶液的浓度,mol/L;

V——滴定时消耗氢氧化钠标准滴定溶液的体积，mL；

m——苯二甲酸氢钾的质量，g；

204.2——苯二甲酸氢钾的摩尔质量，g/mol。

a.13.3　氢氧化钠标准滴定溶液对二氧化硅的滴定度按式（4-1-27）计算：

$$T_{SiO_2} = c(NaOH) \times 15.02 \tag{4-1-27}$$

式中　T_{SiO_2}——每毫升氢氧化钠标准滴定溶液相当于二氧化硅的毫克数，mg/mL；

$c(NaOH)$——氢氧化钠标准滴定溶液的浓度，mol/L；

15.02——（1/4 SiO_2）的摩尔质量，g/mol。

a.14　二氧化硅（SiO_2）标准溶液及工作曲线

a.14.1　标准溶液的配制

称取0.2000g经1000~1100℃灼烧过60min以上的二氧化硅（SiO_2，光谱纯），精确至0.0001g，置于铂坩埚中，加入2g无水碳酸钠，搅拌均匀，在950~1000℃高温下熔融15min。冷却后，将熔融物浸出于盛有约100mL沸水的塑料烧杯中，待全部溶解后冷却至室温，移入1000mL容量瓶中，用水稀释至标线，摇匀，移入塑料瓶中保存。此标准溶液每毫升含有0.2mg二氧化硅。

吸取50.00mL上述标准溶液放入500mL容量瓶中，用水稀释至标线，摇匀，移入塑料瓶中保存。此标准溶液每毫升含有0.02mg二氧化硅（0.02mg/mL）。

a.14.2　工作曲线的绘制

吸取每毫升含0.02mg二氧化硅的标准溶液0mL、2.00mL、4.00mL、5.00mL、6.00mL、8.00mL、10.00mL，分别放入100mL容量瓶中，加水稀释至约40mL，依次加入5mL盐酸（1+10）、8mL95%乙醇、6mL钼酸铵（50g/L）溶液，摇匀。放置30min后，加入20mL盐酸（1+1）、5mL抗坏血酸溶液（5g/L），用水稀释至标线，摇匀。放置60min后，用分光光度计，10mm比色皿，以水作参比，于波长660nm处测定溶液的吸光度。用测得的吸光度作为相对应的二氧化硅含量的函数，绘制工作曲线。

b　二氧化硅的测定（基准法）

b.1　胶凝性二氧化硅的测定

称取约0.5g试样（m_{11}），精确至0.1mg，置于铂坩埚中，将盖斜置于坩埚上，在950~1000℃下灼烧5min，取出坩埚冷却。用玻璃棒仔细压碎块状物，加入（0.30±0.01）g已磨细的无水碳酸钠，仔细混匀，再将铂坩埚置于950~1000℃下灼烧10min，取出坩埚冷却。

将烧结块移入瓷蒸发皿中，加入少量水润湿，用平头玻璃棒压碎块状物，盖上表面皿，从皿口慢慢滴入5mL盐酸及2~3滴硝酸，待反应停止后取下表面皿，用平头玻璃棒压碎块状物使其分解完全，用热盐酸（1+1）清洗坩埚数次，洗液合并于瓷蒸发皿中。将蒸发皿置于蒸汽水浴上，皿上放一个玻璃三脚架，再盖上表面皿，蒸发至糊状后，加入约1g氯化铵，充分搅匀，继续在蒸汽水浴上蒸发至干后继续蒸发10~15min。蒸发期间用平头玻璃棒仔细搅拌并压碎大颗粒。

取下蒸发皿，加入10~20mL热盐酸（3+97），搅拌使可溶性盐类溶解。用中速定量滤纸过滤，用胶头棒擦洗玻璃棒及蒸发皿，用热盐酸（3+97）洗涤沉淀3~4次，然后用热水充分洗涤沉淀，直至检验无氯离子为止，滤液及洗液收集于250mL容量瓶中。

将沉淀连同滤纸一并移入铂坩埚中，将盖斜置于铂坩埚上，在电炉上干燥、灰化后，放入 950～1000℃ 的高温炉内灼烧 60min，取出坩埚置于干燥器中，冷却至室温，称量。反复灼烧，直至恒量（m_{12}）。

向铂坩埚中慢慢加入数滴水润湿沉淀，加 3 滴硫酸（1+4）和 10mL 氢氟酸，放入通风橱内电热板上缓慢加热，蒸发至干，升高温度继续加热至三氧化硫白烟完全逸尽。将铂坩埚放入 950～1000℃ 的高温炉内灼烧 30min，取出坩埚置于干燥器中，冷却至室温，称量。反复灼烧，直至恒量（m_{13}）。

b.2　经氢氟酸处理后的残渣的分解

向经过氢氟酸处理后得到的残渣中加入 0.5g 焦硫酸钾（见本节 a.8），在喷灯上熔融，熔块用热水和数滴盐酸（1+1）溶解，将溶液合并入分离二氧化硅后得到的滤液和洗液（250mL 容量瓶）中。用水稀释至标线，摇匀。

此溶液 A 供测定滤液中残留的可溶性二氧化硅、三氧化二铁、三氧化二铝、氧化钙、氧化镁、二氧化钛用。

b.3　可溶性二氧化硅的测定（硅钼蓝分光光度法）

从溶液 A 中吸取 25.00mL 溶液放入 100mL 容量瓶中，用水稀释至约 40mL，依次加入 5mL 盐酸（1+10）、8mL 95% 乙醇、6mL 钼酸铵溶液（50g/L），摇匀。放置 30min 后，加入 20mL 盐酸（1+1）、5mL 抗坏血酸溶液（5g/L），用水稀释至标线，摇匀。放置 60min 后，使用分光光度计，10mm 比色皿，以水作参比，于波长 660nm 处测定溶液的吸光度，在工作曲线（见本节 a.14.2）上查出二氧化硅的含量（m_{14}）。

b.4　结果的计算与表示

b.4.1　胶凝性二氧化硅的质量分数 $w_{胶凝SiO_2}$ 按式（4-1-28）计算：

$$w_{胶凝SiO_2} = \frac{m_{12} - m_{13}}{m_{11}} \times 100 \qquad (4-1-28)$$

式中　$w_{胶凝SiO_2}$——胶凝性二氧化硅的质量分数,%；

　　　m_{11}——试样的质量,g；

　　　m_{12}——灼烧后未经氢氟酸处理的沉淀及坩埚的质量,g；

　　　m_{13}——用氢氟酸处理并经灼烧后的残渣及坩埚的质量,g。

b.4.2　可溶性二氧化硅的质量分数 $w_{可溶SiO_2}$ 按式（4-1-29）计算：

$$w_{可溶SiO_2} = \frac{m_{14} \times 250}{m_{11} \times 25 \times 1000} \times 100 = \frac{m_{14}}{m_{11}} \qquad (4-1-29)$$

式中　$w_{可溶SiO_2}$——可溶性二氧化硅的质量分数,%；

　　　m_{11}——试样的质量,g；

　　　m_{14}——所测定的 100mL 溶液中二氧化硅的含量,mg。

b.4.3　二氧化硅总含量 $w_{总SiO_2}$ 按式（4-1-30）计算：

$$w_{总SiO_2} = w_{胶凝SiO_2} + w_{可溶SiO_2} \qquad (4-1-30)$$

c　二氧化硅的测定（代用法）

称取约 0.5g 试样（m_{21}），精确至 0.1mg，置于银坩埚中，加入 6～7g 氢氧化钠，盖上坩埚盖（留有缝隙），放入高温炉中，从低温升起，在 650~700℃ 的高温下熔融 20min，期间取出摇动 1 次。取出冷却。将银坩埚放入已盛有约 100mL 近沸腾水的 300mL 烧杯中，盖上表面皿，于电热板上适当加热，待熔块完全浸出后，取出银坩埚并用水冲洗坩埚和盖。在搅拌下一次加入 25~30mL 盐酸和 1mL 硝酸，用热盐酸（1+5）洗净坩埚和盖将溶液加热至沸，冷却至室温后，移入 250mL 容量瓶中，用水稀释至标线，摇匀。

此溶液 B 供测定二氧化硅、三氧化二铁、三氧化二铝、氧化钙、氧化镁、二氧化钛用。

从溶液 B 中吸取 50.00mL 溶液，放入 300mL 塑料杯中，加入 10~15mL 硝酸，搅拌，冷却至 30℃ 以下。加入氯化钾（颗粒粗大时，研细后使用），仔细搅拌、压碎大颗粒氯化钾至饱和并有少量氯化钾析出，然后再加 2g 氯化钾和 10mL 氟化钾溶液（150g/L），仔细搅拌、压碎大颗粒氯化钾，使其完全饱和，并有少量氯化钾析出（此时搅拌，溶液应该比较浑浊，如氯化钾析出量不够，应再补充加入氯化钾，但氯化钾的析出量不宜过多），在 30℃以下放置 15~20min，期间搅拌 1~2 次。用中速滤纸过滤，先过滤溶液，固体氯化钾和沉淀留在杯底，溶液过滤完后用氯化钾溶液（50g/L）洗涤塑料杯及沉淀 3 次，洗涤过程中使固体氯化钾溶解，洗涤液总量不超过 25mL。

将滤纸连同沉淀取下，置于原塑料杯中，沿杯壁加入 10mL30℃ 以下的氯化钾 – 乙醇溶液（50g/L）及 1mL 酚酞指示剂溶液 10g/L，将滤纸展开，用氢氧化钠标准滴定溶液 $[c(NaOH)=0.15mol/L]$ 中和未洗尽的酸，仔细搅拌、挤压滤纸并随之擦洗杯壁直至溶液显微红色（过滤、洗涤、中和残余酸的操作应迅速，以防止氟硅酸钾沉淀的水解）。向杯中加入 200mL 沸水（煮沸并用氢氧化钠溶液中和至酚酞显微红色的沸水），用氢氧化钠标准滴定溶液 $[c(NaOH)=0.15mol/L]$ 滴定至溶液显微红色，并记录其消耗体积的毫升数 V_{21}。

二氧化硅的质量分数 w_{SiO_2} 按式（4-1-31）计算：

$$w_{SiO_2} = \frac{T_{SiO_2} \times V_{21} \times 5}{m_{21} \times 1000} \times 100 = \frac{T_{SiO_2} \times V_{21} \times 0.5}{m_{21}} \tag{4-1-31}$$

式中　w_{SiO_2}——二氧化硅的质量分数，%；

　　　T_{SiO_2}——每毫升氢氧化钠标准滴定溶液相当于二氧化硅的毫克数，mg/mL；

　　　m_{21}——试样的质量，g；

　　　V_{21}——滴定时消耗氢氧化钠标准滴定溶液的体积，mL；

　　　5——全部试样溶液与所分取试样溶液的体积比。

4.1.9.6　氧化钙的测定

a　仪器设备及试剂

a.1　草酸铵溶液（50g/L）：将 50g 草酸铵 $[(NH_4)_2C_2O_4 \cdot H_2O]$ 溶于水中，加水稀释至 1L，必要时过滤后使用。

a.2　氟化钾溶液（20g/L）：称取 20g 氟化钾（$KF \cdot 2H_2O$）于塑料杯中，加水溶解后，用水稀释至 1L，贮存于塑料瓶中。

a.3　钙黄绿素 – 甲基百里香酚蓝 – 酚酞混合指示剂（简称 CMP 混合指示剂）：称取 1.000g 钙黄绿素、1.000g 甲基百里香酚蓝、0.200g 酚酞与 50g 已在 105℃ 烘干过的硝酸钾（KNO_3）混合研细，保存在棕色磨口瓶中。

a.4　氢氧化钾溶液（200g/L）：称取 200g 氢氧化钾（KOH）溶于水中，加水稀释至

1L，贮存于塑料瓶中。

a.5 碳酸钙标准溶液 $[c(CaCO_3) = 0.024mol/L]$

称取 0.6g（m_1）已于 105～110℃ 烘过 2h 的碳酸钙（$CaCO_3$，基准试剂），精确至 0.0001g，置于 400mL 烧杯中，加入约 100mL 水，盖上表面皿，沿杯口慢慢加入 5～10mL 盐酸（1+1），搅拌至碳酸钙全部溶解，加热煮沸并微沸 1～2min。将溶液冷却至室温，移入 250mL 容量瓶中，用水稀释至标线，摇匀。

a.6 EDTA 标准滴定溶液 $[c(EDTA) = 0.015mol/L]$

a.6.1 EDTA 标准滴定溶液的配制

称取约 5.6g EDTA（乙二胺四乙酸二钠盐）置于烧杯中，加约 200mL 水，加热溶解，过滤，用水稀释至 1L。

a.6.2 EDTA 标准滴定溶液浓度的标定

吸取 25.00mL 碳酸钙标准溶液（见 a.5）于 400mL 烧杯中，加水稀释至约 200mL，加入适量的 CMP 混合指示剂（见 a.3），在搅拌下加入氢氧化钾溶液（200g/L）至出现绿色荧光后再过量 2～3mL，以 ETDA 标准滴定溶液滴定至绿色荧光消失并呈现红色，记录消耗 EDTA 标准滴定溶液的毫升数（V）。

EDTA 标准滴定溶液的浓度按式（4-1-32）计算：

$$c(EDTA) = \frac{m_1 \times 25 \times 1000}{250 \times V \times 100.09} = \frac{m_1}{V} \times \frac{1}{1.0009} \tag{4-1-32}$$

式中 $c(EDTA)$——EDTA 标准滴定溶液的浓度，mol/L；

V——滴定时消耗 EDTA 标准滴定溶液的体积，mL；

m_1——按本节 a.5 配制碳酸钙标准溶液的碳酸钙的质量，g；

100.09——碳酸钙（$CaCO_3$）的摩尔质量，g/mol。

a.6.3 EDTA 标准滴定溶液对三氧化二铁、三氧化二铝、氧化钙、氧化镁的滴定度按下式计算：

$$T_{Fe_2O_3} = c(EDTA) \times 79.84 \tag{4-1-33}$$

$$T_{Al_2O_3} = c(EDTA) \times 50.98 \tag{4-1-34}$$

$$T_{CaO} = c(EDTA) \times 56.08 \tag{4-1-35}$$

$$T_{MgO} = c(EDTA) \times 40.31 \tag{4-1-36}$$

式中 $T_{Fe_2O_3}$——每毫升 EDTA 标准滴定溶液相当于三氧化二铁的毫克数，mg/mL；

$T_{Al_2O_3}$——每毫升 EDTA 标准滴定溶液相当于三氧化二铝的毫克数，mg/mL；

T_{CaO}——每毫升 EDTA 标准滴定溶液相当于氧化钙的毫克数，mg/mL；

T_{MgO}——每毫升 EDTA 标准滴定溶液相当于氧化镁的毫克数，mg/mL；

$c(EDTA)$——EDTA 标准滴定溶液的浓度，mol/L；

79.84——（1/2 Fe_2O_3）的摩尔质量，g/mol；

50.98——（1/2 Al_2O_3）的摩尔质量，g/mol；

56.08——CaO 的摩尔质量，g/mol；

40.31——MgO 的摩尔质量，g/mol。

a.7 高锰酸钾标准滴定溶液 $[c(1/5\ KMnO_4) = 0.18mol/L]$

a. 7. 1　高锰酸钾标准滴定溶液的配制

称取 5.7g 高锰酸钾（KMnO₄）置于 400mL 烧杯中，溶于约 250mL 水，加热微沸数分钟，冷却至室温，用玻璃砂芯漏斗（型号 G4）或垫有一层玻璃棉的漏斗将溶液过滤到 1000mL 棕色瓶中，然后用新煮沸过的冷水稀释至 1L，摇匀，于阴暗处放置一周后标定。

提示：由于高锰酸钾标准滴定溶液不稳定，建议至少两个月重新标定一次。

a. 7. 2　高锰酸钾标准滴定溶液浓度的标定

称取 0.5g（m_2）已于 105 ~ 110℃ 烘过 2h 的草酸钠（Na₂C₂O₄，基准试剂），精确至 0.1mg，置于 400mL 烧杯中，加入约 150mL 水，20mL 硫酸（1 + 1），加热至 70 ~ 80℃，用高锰酸钾标准滴定溶液滴定至微红色出现，并保持 30s 不消失。

高锰酸钾标准滴定溶液的浓度按式（4-1-37）计算：

$$c(1/5\ \mathrm{KMnO_4}) = \frac{m_2 \times 1000}{V_2 \times 67.00} \tag{4-1-37}$$

式中　$c(1/5\ \mathrm{KMnO_4})$——高锰酸钾标准滴定溶液的浓度，mol/L；

　　　m_2——草酸钠的质量，g；

　　　V_2——滴定时消耗高锰酸钾标准滴定溶液的体积，mL；

　　　67.00——（1/2 Na₂C₂O₄）的摩尔质量，g/mol。

a. 7. 3　高锰酸钾标准滴定溶液对氧化钙的滴定度按式（4-1-38）计算：

$$T'_{\mathrm{CaO}} = c(1/5\ \mathrm{KMnO_4}) \times 28.04 \tag{4-1-38}$$

式中　T'_{CaO}——高锰酸钾标准滴定溶液对氧化钙的滴定度，mg/mL；

　　　$c(1/5\ \mathrm{KMnO_4})$——高锰酸钾标准滴定溶液的浓度，mol/L；

　　　28.04——（1/2 CaO）的摩尔质量，g/mol。

b　氧化钙的测定——EDTA 滴定法（基准法）

从 4.1.9.5 节 b.2 溶液 A 中吸取 25.00mL 溶液放入 300mL 烧杯中，加入水稀释至约 200mL，加 5mL 三乙醇胺溶液（1 + 2）及少许 CMP 混合指示剂（见本节 a.3），在搅拌下加入氢氧化钾溶液（200g/L）至出现绿色荧光后，再过量 5 ~ 8mL，此时溶液酸度在 pH13 以上，用 [$c(\mathrm{EDTA}) = 0.015\mathrm{mol/L}$] 标准滴定溶液滴定至绿色荧光消失并呈现红色，记录 EDTA 标准滴定溶液消耗量（V_{11}）。

氧化钙的质量分数 w_{CaO} 按式（4-1-39）计算：

$$w_{\mathrm{CaO}} = \frac{T_{\mathrm{CaO}} \times V_{11} \times 10}{m_{11} \times 1000} \times 100 = \frac{T_{\mathrm{CaO}} \times V_{11}}{m_{11}} \tag{4-1-39}$$

式中　w_{CaO}——氧化钙的质量分数，%；

　　　T_{CaO}——每毫升 EDTA 标准滴定溶液相当于氧化钙的毫克数，mg/mL；

　　　m_{11}——试样的质量（见 4.1.9.5 节 b.1），g；

　　　V_{11}——滴定时消耗 EDTA 标准滴定溶液的体积，mL。

c　氧化钙的测定——氢氧化钠熔样 – EDTA 滴定法（代用法）

从 4.1.9.5 节 c 溶液 B 中吸取 25.00mL 溶液放入 300mL 烧杯中，加入 7mL 氟化钾溶液（20g/L），搅拌并放置 2min 以上，然后加水稀释至约 200mL。加 5mL 三乙醇胺溶液（1 + 2）及少许 CMP 混合指示剂（见本节 a.3），在搅拌下加入氢氧化钾溶液（200g/L）至出现绿色荧光后，再过量 5～8mL，此时溶液酸度在 pH13 以上，用 EDTA 标准滴定溶液 $[c(\text{EDTA}) = 0.015\text{mol/L}]$ 滴定至绿色荧光消失并呈现红色，记录 EDTA 标准滴定溶液消耗量（V_{21}）。

氧化钙的质量分数 w_{CaO} 按式（4-1-40）计算：

$$w_{\text{CaO}} = \frac{T_{\text{CaO}} \times V_{21} \times 10}{m_{21} \times 1000} \times 100 = \frac{T_{\text{CaO}} \times V_{21}}{m_{21}} \qquad (4\text{-}1\text{-}40)$$

式中　w_{CaO}——氧化钙的质量分数，%；

T_{CaO}——每毫升 EDTA 标准滴定溶液相当于氧化钙的毫克数，mg/mL；

m_{21}——试样的质量（见 4.1.9.5 节 c），g；

V_{21}——滴定时消耗 EDTA 标准滴定溶液的体积，mL。

d　氧化钙的测定——高锰酸钾滴定法（代用法）

称取约 0.3g 试样（m_{31}），精确至 0.1mg，置于铂坩埚中，将盖斜置于坩埚上，在 950～1000℃下灼烧 5min，取出坩埚冷却。用玻璃棒仔细压碎块状物，加入（0.20±0.01）g 已磨细的无水碳酸钠，仔细混匀。再将铂坩埚置于 950～1000℃下灼烧 10min，取出坩埚冷却。

将烧结块移入 300mL 烧杯中，加入 30～40mL 水，盖上表面皿。从杯口慢慢滴入 10mL 盐酸（1＋1）及 2～3 滴硝酸，待反应停止后取下表面皿，用热盐酸（1＋1）清洗坩埚数次，洗液合并于烧杯中，加热煮沸使熔块全部溶解，加水稀释至 150mL，煮沸取下，加入 3～4 滴甲基红指示剂溶液（2g/L），搅拌下缓慢滴加氨水（1＋1）至溶液呈黄色，再过量 2～3 滴，加热微沸 1min，加入少许滤纸浆，静置待氢氧化物下沉后，趁热用快速滤纸过滤，并用热硝酸铵溶液（20g/L）洗涤烧杯及沉淀 8～10 次，滤液及洗液收集于 500mL 烧杯中，弃去沉淀。

提示：当样品中锰含量较高时，应用以下方法除去锰。把滤液用盐酸（1＋1）调节至甲基红呈红色，加热蒸发至约 150mL，加入 40mL 溴水和 10mL 氨水（1＋1），再煮沸 5min 以上。静置待氢氧化物下沉后，用中速滤纸过滤，用热水洗涤 7～8 次，弃去沉淀。滴加盐酸（1＋1）使滤液呈酸性，煮沸，使溴完全驱尽，然后按以下步骤进行操作。

加入 10mL 盐酸（1＋1），调整溶液体积至约 200mL（需要时加热浓缩溶液）。加入 30mL 草酸铵溶液（50g/L），煮沸取下，然后加 2～3 滴甲基红指示剂溶液（2g/L），在搅拌下缓慢滴加氨水（1＋1），至溶液呈黄色，并量 2～3 滴，静置（60±5）min，在最初的 30min 期间内，搅拌混合溶液 2～3 次，加入少许滤纸浆，用慢速滤纸过滤，用热水洗涤沉淀 8～10 次（洗涤烧杯和沉淀用水总量不超过 75mL）。在洗涤时，洗涤水应该直接绕着滤纸内部以便将沉淀冲下，然后水流缓缓地直接朝着滤纸中心洗涤，目的是为了搅动和彻底地清洗沉淀。

提示：加入氨水（1＋1）时应缓慢逐滴进行，否则生成的草酸钙在过滤时可能有透过滤纸的趋向。当同时进行几个测定时，下列方法有助于保证缓慢地中和，边搅拌边向第一个烧杯中加入 2～3 滴氨水（1＋1），再向第二个烧杯中加入 2～3 滴氨水（1＋1），依此类推。然后返回来再向第一个烧杯中加入 2～3 滴，直至每个烧杯中的溶液呈黄色，并过量 2～3 滴。

将沉淀连同滤纸置于原烧杯中，加入 150～200mL 热水、10mL 硫酸（1＋1），加热至 70～80℃，搅拌使沉淀溶解，将滤纸展开，贴附于烧杯内壁上部，立即用高锰酸钾标准滴定溶液滴定至微红色后，再将滤纸浸入溶液中充分搅拌，继续滴定至微红色出现并保持 30s 不消失。

提示：当测定空白试验或草酸钙的量很少时，开始时高锰酸钾的氧化作用很慢，为了加速反应，在滴定前溶液中加入少许硫酸锰（$MnSO_4$）。

氧化钙的质量分数 w_{CaO} 按式（4-1-41）计算：

$$w_{CaO} = \frac{T'_{CaO} \times V_{31}}{m_{31} \times 1000} \times 100 = \frac{T'_{CaO} \times V_{31} \times 0.1}{m_{31}} \qquad (4\text{-}1\text{-}41)$$

式中　w_{CaO}——氧化钙的质量分数，%；

　　　T'_{CaO}——高锰酸钾标准滴定溶液对氧化钙的滴定度，mg/mL；

　　　m_{31}——试样的质量，g；

　　　V_{31}——滴定时消耗高锰酸钾标准滴定溶液的体积，mL。

4.1.9.7　氧化镁的测定

氧化镁分析方法有原子吸收光谱法和配位滴定法，按照试样制备与实验方法不同，分为基准方法和代用方法。

a　仪器设备与试剂

a.1　分析天平：不应低于四级，最小分度值不大于 0.1mg。

a.2　铂（银）坩埚：带盖，容积 15～30mL。

a.3　原子吸收光谱仪：应配有铁、锰、镁、钾、钠等元素的空心阴极灯。

a.4　玻璃器皿：滴定管、容量瓶、移液管。

a.5　氯化锶溶液（锶 50g/L）：将 152.2g 氯化锶（$SrCl_2 \cdot 6H_2O$）溶解于水中，用水稀释至 1L，必要时过滤后使用。

a.6　硼酸锂：将 74g 碳酸锂（Li_2CO_3）和 124g 硼酸（H_3BO_3）混匀，在 400℃灼烧数小时（一般约 3～5h），研细，保存在塑料器皿中。

a.7　酒石酸钾钠溶液（100g/L）：将 100g 酒石酸钾钠（$C_4H_4KNaO_6 \cdot 4H_2O$）溶解于水中，用水稀释至 1L。

a.8　pH10 的缓冲溶液：将 67.5g 氯化铵（NH_4Cl）溶解于水中，加 570mL 氨水，用水稀释至 1L。

a.9　酸性铬蓝 K - 萘酚绿 B 混合指示剂：称取 1.000g 酸性铬蓝 K 与 2.5g 萘酚绿 B 和 50g 已在 105℃烘干过的硝酸钾混合研细，保存在棕色磨口瓶中。

a.10　EDTA 标准滴定溶液 [$c(EDTA) = 0.015mol/L$]（见 4.1.9.6 节 a.6）。

a.11　氧化镁（MgO）标准溶液及工作曲线

a.11.1　MgO 标准溶液的配制

称取 1.000g 已于（950±25）℃灼烧过 60min 的氧化镁（MgO，基准试剂或光谱纯），精确至 0.0001g，置于 250mL 烧杯中，加入 50mL 水，再缓慢加入 20mL 盐酸（1+1），低温加热至全部溶解，冷却至室温后移入 1000mL 容量瓶中，用水稀释至标线，摇匀。此标准溶液每毫升含有 1.0mg 氧化镁。

吸取 25.00mL 上述标准溶液放入 500mL 容量瓶中，用水稀释至标线，摇匀。此标准溶液每毫升含有 0.05mg 氧化镁。

a.11.2　工作曲线的绘制

吸取每毫升含有 0.05mg 氧化镁的标准溶液：0mL、2.00mL、4.00mL、6.00mL、8.00mL、10.00mL、12.00mL 分别放入 500mL 容量瓶中，加入 30mL 盐酸溶液及 10mL 氯化

锶溶液（锶 50g/L），用水稀释至标线，摇匀。将原子吸收光谱仪调节至最佳工作状态，在空气 – 乙炔火焰中，用镁元素空心阴极灯，于波长 285.2nm 处，以水校零测定溶液的吸光度。用测得的吸光度作为相对应的氧化镁含量的函数，绘制工作曲线。

b　氧化镁的测定——原子吸收光谱法（基准法）

b.1　氢氟酸 – 高氯酸分解试样

称取约 0.1g 试样（m_{11}），精确至 0.0001g，置于铂坩埚中，用 0.5 ~ 1.0mL 水润湿，加 5 ~ 7mL 氢氟酸和 0.5mL 高氯酸，放入通风柜内低温电热板上加热，近干时摇动铂坩埚以防溅失。待白色浓烟驱尽后取下放冷。加入 20mL 盐酸溶液（1 + 1），温热至溶液澄清，取下冷却。转移到 250mL 容量瓶中，加 5mL 氯化锶溶液（锶 50g/L），用水稀释至标线，摇匀。此溶液 C 供原子吸收光谱法测定氧化镁、三氧化二铁、一氧化锰、氧化钾和氧化钠用。

b.2　氢氧化钠熔融 – 盐酸分解试样

称取约 0.1g 试样（m_{11}），精确至 0.0001g，置于银坩埚中，加入 3 ~ 4g 氢氧化钠，盖上坩埚盖（留有缝隙）放入高温炉中，在 750℃ 的高温下熔融 10min，取出冷却。将坩埚放入已盛有约 100mL 沸水的 300mL 烧杯中，盖上表面皿，待熔块完全浸出后（必要时适当加热），取出坩埚，用水冲洗银坩埚和盖。在搅拌下一次加入 35mL 盐酸（1 + 1），用热盐酸（1 + 9）洗净坩埚和盖。将溶液加热煮沸，冷却后移入到 250mL 容量瓶中，用水稀释至标线，摇匀。此溶液 D 供原子吸收光谱法测定氧化镁用。

b.3　氧化镁的测定

从上述溶液 C 或溶液 D 中吸取一定量的溶液放入容量瓶中（试样溶液的分取量及容量瓶的容积视氧化镁的含量而定，即控制溶液中氧化镁含量少于 1.2×10^{-3} mg/mL，并在原子吸收光谱仪检出限内），加入盐酸溶液（1 + 1）及氯化锶溶液（锶 50g/L），使测定溶液中盐酸的体积分数为 6%，锶的浓度为 1mg/mL。用水稀释至标线，摇匀。将原子吸收光谱仪调节至最佳工作状态，在空气 – 乙炔火焰中，用镁元素空心阴极灯，于波长 285.2nm 处，以水校零测定溶液的吸光度。在工作曲线（见本节 a.11.2）上查出氧化镁的浓度（c_1）。

氧化镁的质量分数 w_{MgO} 按式（4-1-42）计算：

$$w_{MgO} = \frac{c_1 \times V \times n \times 10^{-3}}{m_{11}} \times 100 = \frac{c_1 \times V \times n \times 0.1}{m_{11}} \tag{4-1-42}$$

式中　w_{MgO}——氧化镁的质量分数，%；

c_1——测定溶液中氧化镁的浓度，mg/mL；

V——测定溶液的体积，mL；

m_{11}——试样的质量，g；

n——全部试样溶液与所分取试样溶液的体积比。

c　氧化镁的测定——EDTA 滴定差减法（代用法）

在 pH10 的溶液中，以三乙醇胺、酒石酸钾钠为掩蔽剂，用酸性铬蓝 K – 萘酚绿 B 混合指示剂，以 EDTA 标准滴定溶液滴定。当试样中一氧化锰（MnO）含量在 0.5% 以上时，在盐酸羟胺存在下，测定钙、镁、锰总量，差减法求得氧化镁的含量。

c.1　一氧化锰（MnO）含量（质量分数）≤0.5% 时，氧化镁的测定

从二氧化硅的测定时所配制的溶液 A 或溶液 B 中（见 4.1.9.5 节），吸取 25.00mL 溶液

放入300mL烧杯中，加水稀释至约200mL，加1mL酒石酸钾钠溶液（100g/L），搅拌，然后加入5mL三乙醇胺（1+2），搅拌。加入25mL pH10缓冲溶液（见本节a.8）及适量酸性铬蓝K–萘酚绿B混合指示剂（见本节a.9），用EDTA标准滴定溶液滴定，近终点时应缓慢滴定至纯蓝色。记录EDTA标准滴定溶液消耗量（V_{22}）。

氧化镁的质量分数w_{MgO}按式（4-1-43）计算：

$$w_{MgO} = \frac{T_{MgO} \times (V_{22} - V_{23}) \times 10}{m_{21} \times 1000} \times 100 = \frac{T_{MgO} \times (V_{22} - V_{23})}{m_{21}} \qquad (4\text{-}1\text{-}43)$$

式中　w_{MgO}——氧化镁的质量分数,%；

　　　T_{MgO}——每毫升EDTA标准滴定溶液相当于氧化镁的毫克数,mg/mL；

　　　m_{21}——试样的质量（见4.1.9.5节c）,g；

　　　V_{22}——滴定钙、镁总量时消耗EDTA标准滴定溶液的体积,mL；

　　　V_{23}——按4.1.9.6节b方法测定氧化钙时消耗EDTA标准滴定溶液的体积,mL。

c.2　一氧化锰（MnO）含量（质量分数）>0.5%时，氧化镁的测定

从二氧化硅的测定时所配制的溶液A或溶液B中（见4.1.9.5节），吸取25.00mL溶液放入300mL烧杯中，加水稀释至约200mL，加1mL酒石酸钾钠溶液（100g/L），10mL三乙醇胺（1+2），搅拌，然后加入25mL pH10的缓冲溶液（见本节a.8）及少许酸性铬蓝K–萘酚绿B混合指示剂（见本节a.9），再加入0.5~1g盐酸羟胺，搅拌，用EDTA标准滴定溶液滴定，近终点时应缓慢滴定至纯蓝色。记录EDTA标准滴定溶液消耗量（V_{24}）。

氧化镁的质量分数w_{MgO}按式（4-1-44）计算：

$$w_{MgO} = \frac{T_{MgO} \times (V_{24} - V_{23}) \times 10}{m_{21} \times 1000} \times 100 - 0.57 \times w_{MnO} = \frac{T_{MgO} \times (V_{24} - V_{23})}{m_{21}} - 0.57 \times w_{MnO}$$

$$(4\text{-}1\text{-}44)$$

式中　w_{MgO}——氧化镁的质量分数,%；

　　　T_{MgO}——每毫升EDTA标准滴定溶液相当于氧化镁的毫克数,mg/mL；

　　　m_{21}——试样的质量（见4.1.9.5节c）,g；

　　　V_{24}——滴定钙、镁、锰总量时消耗EDTA标准滴定溶液的体积,mL；

　　　V_{23}——按4.1.9.6节b方法测定氧化钙时消耗EDTA标准滴定溶液的体积,mL；

　　　w_{MnO}——按照GB/T 176标准测定的一氧化锰的质量分数,%；

　　0.57——一氧化锰对氧化镁的换算系数。

4.1.9.8　三氧化硫的测定

三氧化硫的测定方法有重量法、碘量法、硫酸钡–铬酸钡分光光度法、离子交换法、恒电流库仑法，以重量法为基准方法。

a　仪器设备及试剂

a.1　高温炉：隔焰加热炉，在炉膛外围进行电阻加热。应使用温度控制器准确控制炉温在（700±25）℃、（800±25）℃、（950±25）℃，并定期进行校准。

a.2　分析天平：不低于四级，最小分度值不大于0.1mg。

a.3　瓷坩埚：带盖，容积15~30mL。

a. 4 玻璃器皿：滴定管、容量瓶、移液管。

a. 5 测定硫化物及硫酸盐的仪器装置（图4-1-3）。

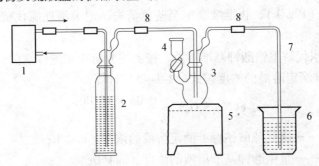

图4-1-3 仪器装置示意图

1—吹气泵；2—洗气瓶：250mL，内盛100mL硫酸铜溶液（50g/L）；3—反应瓶：100mL；

4—加液漏斗：20mL；5—电炉：600W，与1～2kVA调压变压器相连接；

6—烧杯：400mL，内盛300mL水及200mL氨性硫酸锌溶液；7—导气管；8—硅橡胶管

a. 6 氯化钡溶液（100g/L）：将100g二水合氯化钡（$BaCl_2 \cdot 2H_2O$）溶于水中，加水稀释至1L。

a. 7 氯化亚锡－磷酸溶液：将1000mL磷酸放在烧杯中，在通风柜中于电热板上加热脱水，至溶液体积缩减至850～950mL时，停止加热。待溶液温度降至100℃以下时，加入100g氯化亚锡（$SnCl_2 \cdot 2H_2O$），继续加热至溶液透明，并无大气泡冒出时为止（此溶液的使用期一般以不超过2周为宜）。

a. 8 明胶溶液（5g/L）：将0.5g明胶（动物胶）溶于100mL 70～80℃的水中。用时现配。

a. 9 淀粉溶液（10g/L）：将1g淀粉（水溶性）置于150mL小烧杯中，加水调成糊状后，加入沸水稀释至100mL，再煮沸约1min，冷却后使用。

a. 10 碘酸钾标准滴定溶液 $[c(1/6\ KIO_3) = 0.03mol/L]$

称取5.4g碘酸钾（KIO_3）溶于200mL新煮沸过的冷水中，加入5g氢氧化钠（NaOH）及150g碘化钾（KI），溶解后再以新煮沸过的冷水稀释至5L，摇匀，贮存于棕色玻璃下口瓶中。

a. 11 重铬酸钾基准溶液 $[c(1/6\ K_2Cr_2O_7) = 0.03mol/L]$

称取1.4710g已于150～180℃烘过2h的重铬酸钾（$K_2Cr_2O_7$，基准试剂），精确至0.0001g，置于烧杯中，用100～150mL水溶解后，移入1000mL容量瓶中，用水稀释至标线，摇匀。

a. 12 硫代硫酸钠标准滴定溶液 $[c(Na_2S_2O_3) = 0.03mol/L]$

a. 12. 1 硫代硫酸钠标准滴定溶液的配制

将37.5g硫代硫酸钠（$Na_2S_2O_3 \cdot 5H_2O$）溶于200mL新煮沸过的冷水中，加入约0.25g无水碳酸钠，搅拌溶解后再以新煮沸过的冷水稀释至5L，摇匀，贮存于棕色玻璃下口瓶中。

提示：由于硫代硫酸钠标准溶液不稳定，建议在每批试验之前，要重新标定。

a. 12. 2 标准滴定溶液的标定

a. 12. 2. 1 硫代硫酸钠标准滴定溶液浓度的标定

取15.00mL重铬酸钾基准溶液（见a. 11）放入带有磨口塞的200mL锥形瓶中，加入3g

碘化钾（KI）及 50mL 水，搅拌溶解后，加入 10mL 硫酸（1+2），盖上磨口塞，于暗处放置 15~20min。用少量水冲洗瓶壁及瓶塞，用硫代硫酸钠标准滴定溶液滴定至淡黄色后，加入约 2mL 淀粉溶液（10g/L），再继续滴定至蓝色消失，记录消耗硫代硫酸钠标准滴定溶液的体积（V_2）。

另取 15.00mL 水代替重铬酸钾基准溶液，按上述分析步骤进行空白试验（V_1）。

硫代硫酸钠标准滴定溶液的浓度按式（4-1-45）计算：

$$c(\mathrm{Na_2S_2O_3}) = \frac{0.03 \times 15.00}{V_2 - V_1} \qquad (4\text{-}1\text{-}45)$$

式中　$c(\mathrm{Na_2S_2O_3})$——硫代硫酸钠标准滴定溶液的浓度，mol/L；

　　　　0.03——重铬酸钾基准溶液的浓度，mol/L；

　　　　15.00——加入重铬酸钾基准溶液的体积，mL；

　　　　V_1——空白试验时消耗硫代硫酸钠标准滴定溶液的体积，mL；

　　　　V_2——滴定时消耗硫代硫酸钠标准滴定溶液的体积，mL。

a.12.2.2　碘酸钾标准滴定溶液与硫代硫酸钠标准滴定溶液体积比的标定

取 15.00mL 碘酸钾标准滴定溶液（见 a.10）放入 200mL 锥形瓶中，加 25mL 水及 10mL 硫酸（1+2），在摇动下用硫代硫酸钠标准滴定溶液滴定至淡黄色，加入约 2mL 淀粉溶液（10g/L），再继续滴定至蓝色消失，记录消耗硫代硫酸钠标准滴定溶液的体积（V_3）。

碘酸钾标准滴定溶液与硫代硫酸钠标准滴定溶液的体积比按式（4-1-46）计算：

$$K_1 = \frac{15.00}{V_3} \qquad (4\text{-}1\text{-}46)$$

式中　K_1——碘酸钾标准滴定溶液与硫代硫酸钠标准滴定溶液的体积比；

　　　　V_3——滴定时消耗硫代硫酸钠标准滴定溶液的体积，mL；

　　　　15.00——加入碘酸钾标准滴定溶液的体积，mL。

a.12.3　碘酸钾标准滴定溶液对三氧化硫及对硫的滴定度按下式计算：

$$T_{\mathrm{SO_3}} = \frac{c(\mathrm{Na_2S_2O_3}) \times V_3 \times 40.03}{15.00} \qquad (4\text{-}1\text{-}47)$$

$$T_{\mathrm{S}} = \frac{c(\mathrm{Na_2S_2O_3}) \times V_3 \times 16.03}{15.00} \qquad (4\text{-}1\text{-}48)$$

式中　$T_{\mathrm{SO_3}}$——碘酸钾标准滴定溶液对三氧化硫的滴定度，mg/mL；

　　　　T_{S}——碘酸钾标准滴定溶液对硫的滴定度，mg/mL；

$c(\mathrm{Na_2S_2O_3})$——硫代硫酸钠标准滴定溶液的浓度，mol/L；

　　　　V_3——标定体积比 K_1 时消耗硫代硫酸钠标准滴定溶液的体积，mL；

　　　　40.03——（1/2 $\mathrm{SO_3}$）的摩尔质量，g/mol；

　　　　16.03——（1/2 S）的摩尔质量，g/mol；

　　　　15.00——标定体积比 K_1 时加入碘酸钾标准滴定溶液的体积，mL。

a.13　三氧化硫（$\mathrm{SO_3}$）标准溶液

a.13.1　标准溶液的配制

称取 0.8870g 已于 105~110℃ 烘过 2h 的硫酸钠（$\mathrm{Na_2SO_4}$，优级纯），精确至 0.0001g，置于 300mL 烧杯中，加水溶解后移入 1000mL 容量瓶中，用水稀释至标线，摇匀。此标准溶液每毫升相当于 0.5mg 三氧化硫。

a. 13. 2　离子强度调节溶液的配制

称取 0.85g 的三氧化二铁（Fe_2O_3）置于 400mL 烧杯中，加入 200mL 盐酸（1+1），盖上表面皿，加热至微沸，待固体全部溶解后，将此溶液缓慢注入已盛有 21.42g 碳酸钙（$CaCO_3$）及 100mL 水的 1000mL 烧杯中，待碳酸钙完全溶解后，加入 250mL 氨水（1+2），再加入盐酸（1+2）至氢氧化铁沉淀刚好溶解，冷却。稀释至约 900mL，用盐酸（1+1）和氨水（1+1）调节溶液 pH 值在 1.0~1.5 之间（用精密 pH 试纸检验）。移入 1000mL 容量瓶中，用水稀释至标线，摇匀。此溶液每毫升含有 12mg 氧化钙，0.85mg 三氧化二铁。

a. 13. 3　工作曲线的绘制

吸取每毫升相当于 0.5mg 三氧化硫的标准溶液 0mL、5.00mL、10.00mL、15.00mL、20.00mL、25.00mL、30.00mL 分别放入 150mL 容量瓶中，加入 20mL 离子强度调节溶液（见 a. 13. 2），用水稀释至 100mL，加入 10mL 铬酸钡溶液（10g/L），并每隔 5min 摇荡溶液一次。30min 后，加入 5mL 氨水（1+2），用水稀释至标线，摇匀。用中速滤纸干过滤，将滤液收集于 50mL 烧杯中，使用分光光度计，20mm 比色皿，以水作参比，于波长 420nm 处测定各滤液的吸光度。用测得的吸光度作为相对应的三氧化硫含量的函数，绘制工作曲线。

a. 14　铬酸钡溶液（10g/L）

称取 10g 铬酸钡（$BaCrO_4$）置于 1000mL 烧杯中，加 700mL 水，搅拌下缓慢加入 50mL 盐酸（1+1），加热溶解，冷却至室温后，移入 1000mL 容量瓶中，用水稀释至标线，摇匀。

b　三氧化硫的测定——硫酸钡重量法（基准法）

称取约 0.5g 试样（m_{12}），精确至 0.0001g，置于 200mL 烧杯中，加约 40mL 水，搅拌使试样完全分散，在搅拌下加入 10mL 盐酸（1+1），用平头玻璃棒压碎块状物，加热煮沸并保持微沸（5±0.5）min。用中速滤纸过滤，用热水洗涤 10~12 次，滤液及洗液收集于 400mL 烧杯中，加水稀释至约 250mL，玻璃棒底部压一小片定量滤纸，盖上表面皿，加热煮沸，在微沸下从杯口缓慢逐滴加入 10mL 热的氯化钡溶液（100g/L），继续微沸 3min 以上使沉淀良好形成，然后在常温下静置 12~24h 或温热处静置至少 4h（仲裁分析应在常温下静置 12~24h），此时溶液体积应保持在约 200mL。用慢速定量滤纸过滤，用温水洗涤，直至检验无氯离子为止。

将沉淀及滤纸一并移入已灼烧恒量的瓷坩埚中，灰化完全后，在 800~950℃ 的高温炉内灼烧 30min，取出坩埚，置于干燥器中冷却至室温，称量。反复灼烧，直至恒重（m_{13}）。

试样中三氧化硫的质量分数 w_{SO_3} 按式（4-1-49）计算：

$$w_{SO_3} = \frac{m_{13} \times 0.343}{m_{12}} \times 100 \tag{4-1-49}$$

式中　w_{SO_3}——三氧化硫的质量分数,%；

m_{12}——试样的质量，g；

m_{13}——灼烧后沉淀的质量，g；

0.343——硫酸钡对三氧化硫的换算系数。

c　三氧化硫的测定——碘量法（代用法）

使用本节 a. 5 规定的仪器装置进行测定。

称取约 0.5g 试样（m_{22}），精确至 0.0001g，置于 100mL 的干燥反应瓶中，加入 10mL 磷酸，置于小电炉上加热至沸，然后继续在微沸下加热至无大气泡、液面平静、无白烟出现时为止。取下放冷，向反应瓶中加入 10mL 氯化亚锡 – 磷酸溶液（见本节 a. 7），按照测定仪器装置图连接各部件并调试好仪器。

开动空气泵，保持通气速度为每秒钟 4 ~ 5 个气泡。于电压 200V 下加热 10min，然后将电压降至 160V，加热 5min 后停止加热。取下吸收杯，关闭空气泵。

用水冲洗插入吸收液内的玻璃管，加 10mL 明胶溶液（5g/L），用滴定管加入 15.00mL $[c(1/6\ KIO_3) = 0.03mol/L]$ 碘酸钾标准滴定溶液（V_4），在搅拌下一次加入 30mL 硫酸（1 + 2），用硫代硫酸钠标准滴定溶液滴定至淡黄色，加入约 2mL 淀粉溶液（10g/L），再继续滴定至蓝色消失，记录消耗硫代硫酸钠标准滴定溶液的体积（V_5）。

三氧化硫的质量分数 w_{SO_3} 按式（4-1-50）计算：

$$w_{SO_3} = \frac{T_{SO_3} \times (V_4 - K_1 \times V_5)}{m_{22} \times 1000} \times 100 = \frac{T_{SO_3} \times (V_4 - K_1 \times V_5) \times 0.1}{m_{22}} \quad (4\text{-}1\text{-}50)$$

式中　w_{SO_3}——三氧化硫的质量分数，% ；

　　　T_{SO_3}——碘酸钾标准滴定溶液对三氧化硫的滴定度，mg/mL；

　　　V_4——加入碘酸钾标准滴定溶液的体积，mL；

　　　V_5——滴定时消耗硫代硫酸钠标准滴定溶液的体积，mL；

　　　m_{22}——试样的质量，g；

　　　K_1——每毫升硫代硫酸钠标准滴定溶液等于碘酸钾标准滴定溶液的毫升数。

d　三氧化硫的测定——铬酸钡分光光度法（代用法）。

称取 0.33 ~ 0.36g 试样（m_{23}），精确至 0.0001g，置于带有标线的 200mL 烧杯中，加 4mL 甲酸（1 + 1），分散试样，低温干燥，取下。加 10mL 盐酸（1 + 2）及 1 ~ 2 滴过氧化氢（1 + 1），将试样搅起后加热至小气泡冒尽，冲洗杯壁，再煮沸 2min，其间冲洗杯壁 2 次。取下，加水至约 90mL，加 5mL 氨水（1 + 2），并用盐酸（1 + 1）和氨水（1 + 1）调节酸度至 pH2.0（用精密 pH 试纸检验），稀释至 100mL。加入 10mL 铬酸钡溶液（10g/L），搅匀。流水冷却至室温并放置，时间不少于 10min，放置期间搅拌三次。加入 5mL 氨水（1 + 2），将溶液连同沉淀转移到 150mL 容量瓶中，用水稀释至标线，摇匀。用中速滤纸干过滤，将滤液搜集于 50mL 烧杯中，使用分光光度计，20mm 比色皿，以水作参比，于波长 420nm 处测定溶液的吸光度。在工作曲线上查出三氧化硫的含量（m_{24}）。

三氧化硫的质量分数 w_{SO_3} 按式（4-1-51）计算：

$$w_{SO_3} = \frac{m_{24}}{m_{23} \times 1000} \times 100 = \frac{m_{24} \times 0.1}{m_{23}} \quad (4\text{-}1\text{-}51)$$

式中　w_{SO_3}——三氧化硫的质量分数，% ；

　　　m_{23}——试样的质量，g；

　　　m_{24}——测定溶液中三氧化硫的含量，mg。

4.1.9.9　氯离子含量的测定

a　仪器设备及试剂

a. 1　氯离子测定仪：由以下部件组装而成（图 4-1-4）。

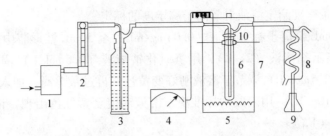

图 4-1-4　测氯蒸馏装置示意图

1—吹气泵；2—转子流量计；3—洗气瓶，内装硝酸银溶液（5g/L，5.114）；

4—温控仪；5—电炉；6—石英蒸馏管；7—炉膛保温罩；

8—蛇形冷凝管；9—50mL 锥形瓶；10—固定架

a.2　分析天平：不低于四级，最小分度值不大于 0.1mg。

a.3　微量滴定管（10mL）及试管架。

a.4　玻璃砂芯漏斗：直径 50mm，型号 G4（平均孔径 4～7μm）。

a.5　硝酸银标准溶液 $c(AgNO_3) = 0.05mol/L$。

称取 8.4940g 已于（150±5）℃烘过 2h 的硝酸银（$AgNO_3$），精确至 0.1mg，加水溶解后，移入 1000mL 容量瓶中，加水稀释至标线，摇匀。贮存在棕色瓶中，避光保存。

a.6　硫氰酸铵标准滴定溶液 $c(NH_4SCN) = 0.05mol/L$。

称取 3.8g 硫氰酸铵（NH_4SCN）溶于水，稀释至 1L。

a.7　硫酸铁铵指示剂溶液

将 10mL 硝酸（1+2）加入到 100mL 冷的硫酸铁（Ⅲ）铵 $[NH_4Fe(SO_4)_2 \cdot 12H_2O]$ 饱和水溶液中。

a.8　硝酸溶液（0.5mol/L）：取 3mL 市售浓硝酸（质量分数 65%），用水稀释至 100mL。

a.9　磷酸（质量分数 85%）；乙醇（体积分数 95%）；过氧化氢（质量分数 30%）。

a.10　溴酚蓝指示剂溶液（2g/L）：将 0.2g 溴酚蓝溶于 100mL 乙醇（1+4）中。

a.11　氢氧化钠溶液（0.5mol/L）：将 2g 氢氧化钠（NaOH）溶于 100mL 水中。

a.12　二苯偶氮碳酰肼指示剂溶液（10g/L）：将 1g 二苯偶氮碳酰肼溶于 100mL95% 乙醇中。

a.13　氯离子标准溶液

准确称取 0.329 7g 已在 105～110℃烘过 2h 的氯化钠（NaCl，基准试剂或光谱纯），精确至 0.1mg，置于 200mL 烧杯中，加水溶解后，移入 1000mL 容量瓶中，用水稀释至标线，摇匀。此标准溶液每毫升含 0.2mg 氯离子。吸取 50.00mL 上述标准溶液放入 250mL 容量瓶中，用水稀释至标线，摇匀。此标准溶液每毫升含 0.04mg 氯离子。

a.14　硝酸汞标准滴定溶液 $c[Hg(NO_3)_2] = 0.001mol/L$

a.14.1　硝酸汞标准滴定溶液的配制

称取 0.34g 硝酸汞 $Hg(NO_3)_2 \cdot 1/2 H_2O$，溶于 10mL 硝酸（0.5mol/L）中，移入 1000mL 容量瓶中，用水稀释至标线，摇匀。

a. 14. 2 硝酸汞标准滴定溶液对氯离子滴定度的标定

准确加入 5.00mL 氯离子标准溶液（0.04mg/mL）至 50mL 锥形瓶中，加入 20mL 乙醇及 1~2 滴溴酚蓝指示剂溶液（2g/L），用氢氧化钠溶液（0.5mol/L）调节至溶液呈蓝色，然后用硝酸溶液（0.5mol/L）调节至溶液刚好变黄色，再过量 1 滴，加入 10 滴二苯偶氮碳酰肼指示剂溶液（10g/L），用硝酸汞标准滴定溶液滴定至紫红色出现，记录消耗硝酸汞标准滴定溶液的体积（V_{11}）。

同时进行空白试验。使用相同量的试剂，不加入氯离子标准溶液，按照相同的测定步骤进行试验，记录空白试验消耗硝酸汞标准滴定溶液的体积（V_{10}）。

硝酸汞标准滴定溶液对氯离子的滴定度按式（4-1-52）计算：

$$T_{Cl^-} = \frac{0.04 \times 5.00}{V_{11} - V_{10}} = \frac{0.2}{V_{11} - V_{10}} \tag{4-1-52}$$

式中　T_{Cl^-}——硝酸汞标准滴定溶液对氯离子的滴定度，mg/mL；

0.04——氯离子标准溶液的浓度，mg/mL；

5.00——加入氯离子标准溶液的体积，mL；

V_{11}——标定时消耗硝酸汞标准滴定溶液的体积，mL；

V_{10}——空白试验消耗硝酸汞标准滴定溶液的体积，mL。

a. 15　硝酸汞标准滴定溶液 $c'[Hg(NO_3)_2] = 0.005mol/L$

a. 15. 1　硝酸汞标准滴定溶液的配制

称取 1.67g 硝酸汞 $[Hg(NO_3)_2 \cdot (1/2)H_2O]$，溶于 10mL 硝酸（0.5mol/L）中，移入 1000mL 容量瓶中，用水稀释至标线，摇匀。

a. 15. 2　硝酸汞标准滴定溶液对氯离子滴定度的标定

准确加入 7.00mL 氯离子标准溶液（0.2mg/mL）于 50mL 锥形瓶中，以下操作按 a.14.2 步骤进行测定。

硝酸汞标准滴定溶液对氯离子的滴定度按式（4-1-53）计算：

$$T'_{Cl^-} = \frac{0.2 \times 7.00}{V_{13} - V_{12}} = \frac{1.4}{V_{13} - V_{12}} \tag{4-1-53}$$

式中　T'_{Cl^-}——硝酸汞标准滴定溶液对氯离子的滴定度，mg/mL；

0.2——氯离子标准溶液的浓度，mg/mL；

7.00——加入氯离子标准溶液的体积，mL；

V_{13}——标定时消耗硝酸汞标准滴定溶液的体积，mL；

V_{12}——空白试验消耗硝酸汞标准滴定溶液的体积，mL。

b　氯离子的测定——硫氰酸铵容量法（基准法）

称取约 5g 试样（m_{20}），精确至 0.1mg，置于 400mL 烧杯中，加入 50mL 水，搅拌使试样完全分散，在搅拌下加入 50mL 硝酸（1+2），加热煮沸，在搅拌下微沸 1~2min。准确移取 5.00mL 硝酸银标准溶液（见 a.5）放入溶液中，煮沸 1~2min，加入少许滤纸浆，用预先用硝酸（1+100）洗涤过的慢速滤纸抽气过滤或玻璃砂芯漏斗（G4 型）抽气过滤，滤液收集于 250mL 锥形瓶中，用硝酸（1+100）洗涤烧杯、玻璃棒和滤纸，直至滤液和洗液总体积达到约 200mL，溶液在弱光线或暗处冷却至 25℃ 以下。

加入 5mL 硫酸铁铵指示剂溶液（见 a.7），用硫氰酸铵标准滴定溶液滴定至产生的红棕色在摇动下不消失为止。记录滴定所用硫氰酸铵标准滴定溶液的体积（V_{20}）。如果 V_{20} 小于 0.5mL，用减少一半的试样质量重新试验。

不加入试样按上述步骤进行空白试验，记录空白滴定所用硫氰酸铵标准滴定溶液的体积（V_{21}）。

氯离子的质量分数 w_{Cl^-} 按式（4-1-54）计算：

$$w_{Cl^-} = \frac{1.773 \times 5.00 \times (V_{21} - V_{20})}{V_{21} \times m_{20} \times 1000} \times 100 = 0.8865 \times \frac{V_{21} - V_{20}}{V_{21} \times m_{20}} \qquad (4\text{-}1\text{-}54)$$

式中　w_{Cl^-}——氯离子的质量分数，%；

　　1.773——硝酸银标准溶液对氯离子的滴定度，mg/mL；

　　m_{20}——试样的质量，g；

　　V_{20}——滴定时消耗的硫氰酸铵标准滴定溶液的体积，mL；

　　V_{10}——空白试验滴定时消耗的硫氰酸铵标准滴定溶液的体积，mL。

c　氯离子的测定——磷酸蒸馏 – 汞盐滴定法（代用法）

使用 a.1 规定的氯离子分析装置进行氯离子的测定，试前应检查装置连接的气密性。

向 50mL 锥形瓶中加入约 3mL 水及 5 滴硝酸，放在冷凝管下端用以承接蒸馏液，冷凝管下端的硅胶管插入锥形瓶的溶液中。

称取约 0.3g 试样（m_{30}），精确至 0.1mg，置于已烘干的石英蒸馏管中，勿使试样粘附在管壁。

向蒸馏管中加入 5~6 滴过氧化氢溶液，摇动使试样完全分散后加入 5mL 磷酸，套上磨口塞，摇动，待试料分解产生的二氧化碳气体大部分逸出后，将 a.1 所示的仪器装置中的固定架套在石英蒸馏管上，并将其置于已恒温在 250~260℃ 的氯离子分析装置炉膛内，迅速地以硅胶管连接好蒸馏管的进出口部分（先连接出气管，后连接进气管），盖上炉盖。

开动气泵，调节气流速度在 100~200mL/min，蒸馏 10~15min 后，关闭气泵，拆下连接管，取出蒸馏管置于试管架上。

用乙醇吹洗冷凝管及其下端，洗液收集于锥形瓶中（乙醇用量约为 15mL）。由冷凝管下部取出承接蒸馏液的锥形瓶，向其中加入 1~2 滴溴酚蓝指示剂溶液（2g/L），用氢氧化钠溶液（0.5mol/L）调节至溶液呈蓝色，然后用硝酸（0.5mol/L）调节至溶液刚好变黄，再过量 1 滴，加入 10 滴二苯偶氮碳酰肼指示剂溶液（10g/L），用硝酸汞标准滴定溶液（a.14）滴定至紫红色出现。记录滴定所用硝酸汞标准滴定溶液的体积（V_{30}）。

氯离子含量为 0.2%~1% 时，蒸馏时间应为 15~20min；用硝酸汞标准滴定溶液（a.15）进行滴定。

不加入试样按上述步骤进行空白试验，记录空白滴定所用硝酸汞标准滴定溶液的体积（V_{31}）。

氯离子的质量分数 w_{Cl^-} 按式（4-1-55）计算：

$$w_{Cl^-} = \frac{T_{Cl^-} \times (V_{30} - V_{31})}{m_{30} \times 1000} \times 100 = \frac{T_{Cl^-} \times (V_{30} - V_{31}) \times 0.1}{m_{30}} \qquad (4\text{-}1\text{-}55)$$

式中　w_{Cl^-}——氯离子的质量分数，%；

T_{Cl^-}——硝酸汞标准滴定溶液对氯离子的滴定度，mg/mL；

m_{30}——试料的质量，g；

V_{30}——滴定时消耗的硝酸汞标准滴定溶液的体积，mL；

V_{31}——空白试验滴定时消耗的硝酸汞标准滴定溶液的体积，mL。

4.1.9.10　氧化钾和氧化钠的测定

测定水泥中氧化钾和氧化钠的含量，以测算水泥的碱含量。

a　仪器设备及试剂

a.1　火焰光度计：可稳定地测定钾在波长 768nm 处和钠在波长 589nm 处的谱线强度。

a.2　分析天平：不低于四级，最小分度值不大于 0.1mg。

a.3　原子吸收光谱仪：应配有铁、锰、镁、钾、钠等元素的空心阴极灯。

a.4　玻璃器皿：滴定管、容量瓶、移液管；容积为 50~100mL 的铂皿。

a.5　氯化锶溶液（锶 50g/L）：将 152.2g 氯化锶（$SrCl_2 \cdot 6H_2O$）溶解于水中，用水稀释至 1L，必要时过滤后使用。

a.6　碳酸铵溶液（100g/L）：将 10g 碳酸铵 $[(NH_4)_2CO_3]$ 溶解于 100mL 水中。用时现配。

a.7　甲基红指示剂溶液（2g/L）：将 0.2g 甲基红溶于 100mL 95%（体积分数）乙醇中。

a.8　氧化钾（K_2O）、氧化钠（Na_2O）标准溶液。

a.8.1　氧化钾、氧化钠标准溶液的配制

称取 1.5829g 已于 105~110℃ 烘过 2h 的氯化钾（KCl，基准试剂或光谱纯）及 1.8859g 已于 105~110℃ 烘过 2h 的氯化钠（NaCl，基准试剂或光谱纯），精确至 0.0001g，置于烧杯中，加水溶解后，移入 1000mL 容量瓶中，用水稀释至标线，摇匀。贮存于塑料瓶中，此标准溶液每毫升含 1mg 氧化钾及 1mg 氧化钠。

吸取 50.00mL 上述标准溶液放入 1000mL 容量瓶中，用水稀释至标线，摇匀，贮存于塑料瓶中。此标准溶液每毫升含 0.05mg 氧化钾和 0.05mg 氧化钠。

a.8.2　工作曲线的绘制

a.8.2.1　用于火焰光度法的工作曲线的绘制

吸取每毫升含 1mg 氧化钾及 1mg 氧化钠的标准溶液 0mL、2.50mL、5.00mL、10.00mL、15.00mL、20.00mL，分别放入 500mL 容量瓶中，用水稀释至标线，摇匀，贮存于塑料瓶中。将火焰光度计调节至最佳工作状态，按照仪器使用规程进行测定。用测得的检流计读数作为相对应的氧化钾和氧化钠含量的函数，绘制工作曲线。

a.8.2.2　用于原子吸收光谱法的工作曲线的绘制

吸取每毫升含 0.05mg 氧化钾和 0.05mg 氧化钠的标准溶液 0mL、2.50mL、5.00mL、10.00mL、15.00mL、20.00mL、25.00mL，分别放入 500mL 容量瓶中，加入 30mL 盐酸及 10mL 氯化锶溶液（锶 50g/L），用水稀释至标线，摇匀，贮存于塑料瓶中。将原子吸收光谱仪调节至最佳工作状态，在空气 - 乙炔火焰中，分别用钾元素空心阴极灯于波长 766.5nm 处和钠元素空心阴极灯于波长 589.0nm 处，以水校零测定溶液的吸光度，用测得的吸光度作为相对应的氧化钾和氧化钠含量的函数，绘制工作曲线。

b　氧化钾和氧化钠的测定（基准法）

称取约0.2g试样（m_{14}），精确至0.0001g，置于铂皿中，用少量水润湿，加5~7mL氢氟酸及15~20滴硫酸（1+1），在通风柜内置于低温电热板上加热，近干时摇动铂皿，以防溅失。待氢氟酸驱尽后逐渐升高温度，继续将三氧化硫白烟赶尽。取下放冷。加入40~50mL热水，压碎残渣使其溶解，加1滴甲基红指示剂溶液（2g/L），用氨水（1+1）中和至黄色，加入10mL碳酸铵溶液（100g/L），搅拌，然后放入通风柜内电热板上加热至沸并继续微沸20~30min。用快速滤纸过滤，以热水充分洗涤，滤液及洗液盛于100mL容量瓶中，冷却至室温。用盐酸（1+1）中和至溶液呈微红色，用水稀释至标线，摇匀。在火焰光度计上，按仪器使用规程，在与a.8.2.1相同的仪器条件下进行测定，在工作曲线（a.8.2.1）上分别查出氧化钾的含量（m_{15}）和氧化钠的含量（m_{16}）。

氧化钾的质量分数w_{K_2O}按式（4-1-56）计算：

$$w_{K_2O} = \frac{m_{15}}{m_{14} \times 1000} \times 100 = \frac{m_{15} \times 0.1}{m_{14}} \tag{4-1-56}$$

氧化钠的质量分数w_{Na_2O}按式（4-1-57）计算：

$$w_{Na_2O} = \frac{m_{16}}{m_{14} \times 1000} \times 100 = \frac{m_{16} \times 0.1}{m_{14}} \tag{4-1-57}$$

式中　w_{K_2O}——氧化钾的质量分数，%；

w_{Na_2O}——氧化钠的质量分数，%；

m_{15}——100mL测定溶液中氧化钾含量，mg；

m_{16}——100mL测定溶液中氧化钠含量，mg；

m_{14}——试样的质量，g。

c　氧化钾和氧化钠的测定（代用法）

从氧化镁测定时制备的溶液C（见本章4.1.9.7节b.1）中吸取一定量的试样溶液，放入容量瓶中（试样溶液的分取量及容量瓶的容积视氧化钾、氧化钠的含量而定），加入盐酸（1+1）及氯化锶溶液（锶50g/L），使测定溶液中盐酸的体积分数为6%，锶浓度为1mg/mL，用水稀释至标线，摇匀。

将原子吸收光谱仪调节至最佳工作状态，在空气-乙炔火焰中，分别用钾元素空心阴极灯于波长766.5nm处和钠元素空心阴极灯于波长589.0nm处，在与a.8.2.2相同的仪器条件下进行测定，以水校零测定溶液的吸光度。在工作曲线（见本节a.8.2.2）上查出氧化钾（c_{21}）和氧化钠（c_{22}）的浓度。

氧化钾的质量分数w_{K_2O}按式（4-1-58）计算：

$$w_{K_2O} = \frac{c_{21} \times V \times n \times 10^{-3}}{m} \times 100 = \frac{c_{21} \times V \times n \times 0.1}{m} \tag{4-1-58}$$

氧化钠的质量分数w_{Na_2O}按式（4-1-59）计算：

$$w_{Na_2O} = \frac{c_{22} \times V \times n \times 10^{-3}}{m} \times 100 = \frac{c_{22} \times V \times n \times 0.1}{m} \tag{4-1-59}$$

式中　w_{K_2O}——氧化钾的质量分数，%；

w_{Na_2O}——氧化钠的质量分数，%；

c_{21}——测定溶液中氧化钾的浓度，mg/mL；

c_{22}——测定溶液中氧化钠的浓度，mg/mL；

V——测定溶液的体积，mL；

m——制备溶液 C 时的试样质量，g；

n——全部试样溶液与所分取试样溶液的体积比。

d　碱含量计算

水泥中碱含量按（$Na_2O + 0.658K_2O$）计算值表示。若使用活性骨料，用户要求提供低碱水泥时，水泥中的碱含量应不大于 0.60% 或由买卖双方协商确定。

$$碱含量 = w_{Na_2O} + 0.658 \times w_{K_2O} \tag{4-1-60}$$

4.1.9.11　水泥化学分析方法测量结果的重复性限和再现性限

本节所列重复性限和再现性限为绝对偏差，以质量分数（%）表示。

重复性条件：在同一实验室，由同一操作员使用相同的设备，按相同的测试方法，在短时间内对同一被测对象相互独立进行的测试条件。

再现性条件：在不同的实验室，由不同的操作员使用不同的设备，按相同的测试方法，对同一被测对象相互独立进行的测试条件。

重复性限：一个数值，在重复性条件下，两个测试结果的绝对差小于或等于此数的概率为 95%。

再现性限：一个数值，在再现性条件下，两个测试结果的绝对差小于或等于此数的概率为 95%。

在重复性条件下，采用本节所列方法分析同一试样时，两次分析结果之差应在所列的重复性限（表 4-1-5）内。如超出重复性限，应在短时间内进行第三次测定，测定结果与前两次或任一次分析结果之差值符合重复性限的规定时，则取其平均值，否则，应查找原因，重新按上述规定进行分析。

在再现性条件下，采用本节所列方法对同一试样各自进行分析时，所得分析结果的平均值之差应在所列的再现性限（表 4-1-5）内。

表 4-1-5　化学分析方法测定结果的重复性限和再现性限

成　分	测定方法	含量范围/%	重复性限/%	再现性限/%
烧失量	灼烧差减法		0.15	0.25
不溶物	盐酸－氢氧化钠处理	≤3	0.10	0.10
		>3	0.15	0.20
三氧化硫（基准法）	硫酸钡重量法		0.15	0.20
二氧化硅（基准法）	氯化铵重量法		0.15	0.20
氧化钙（基准法）	EDTA 滴定法		0.25	0.40
氧化镁（基准法）	原子吸收光谱法		0.15	0.25

成　分	测定方法	含量范围/%	重复性限/%	再现性限/%
氧化钾（基准法）	火焰光度法		0.10	0.15
氧化钠（基准法）	火焰光度法		0.05	0.10
氯离子（基准法）	硫氰酸铵容量法	≤0.10	0.003	0.005
		>0.10	0.010	0.015
二氧化硅（代用法）	氟硅酸钾容量法		0.20	0.30
氧化钙（代用法）	氢氧化钠熔样 – EDTA 滴定法		0.25	0.40
氧化钙（代用法）	高锰酸钾滴定法		0.25	0.40
氧化镁（代用法）	EDTA 滴定差减法	≤2	0.15	0.25
		>2	0.20	0.30
三氧化硫（代用法）	碘量法		0.15	0.20
三氧化硫（代用法）	铬酸钡分光光度法		0.15	0.20
氧化钾（代用法）	原子吸收光谱法		0.10	0.15
氧化钠（代用法）	原子吸收光谱法		0.05	0.10
氯离子（代用法）	磷酸蒸馏 – 汞盐滴定法	≤0.10	0.003	0.005
		>0.10	0.010	0.015
游离氧化钙（代用法）	甘油酒精法	≤2	0.10	0.20
		>2	0.20	0.30
游离氧化钙（代用法）	乙二醇法	≤2	0.10	0.20
		>2	0.20	0.30

4.2　建筑用砂

4.2.1　颗粒级配（筛分析）试验

4.2.1.1　仪器设备

a　试验筛孔径为 9.50mm、4.75mm、2.36mm、1.18mm、600μm、300μm、150μm 的方孔筛，并附有筛底和筛盖，筛框直径为 300mm 或 200mm。

b　电动摇筛机。

c　天平：称量 1000g，感量 1g。

d　烘箱：温度可控制在（105±5）℃。

4.2.1.2　检测流程

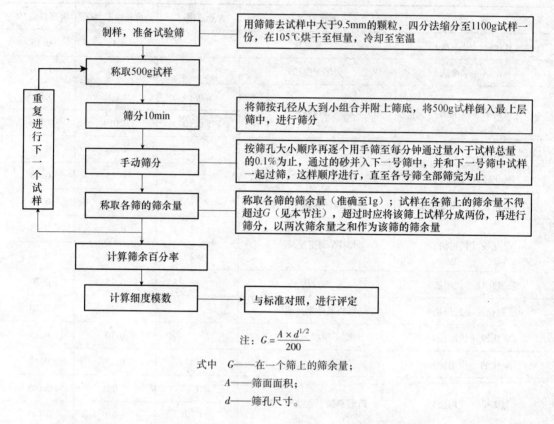

注：$G = \dfrac{A \times d^{1/2}}{200}$

式中　G——在一个筛上的筛余量；

A——筛面面积；

d——筛孔尺寸。

4.2.1.3　结果计算

a　计算分计筛余百分率：各筛上的筛余量与试样总量相比，精确至0.1%。

b　计算累计筛余百分率：该筛上的分计筛余百分率与大于该筛的各筛上的分计筛余百分率之总和，精确至0.1%。

c　按下式计算砂的细度模数 μ_f（精确至0.01）：

$$\mu_f = \frac{(\beta_2 + \beta_3 + \beta_4 + \beta_5 + \beta_6) - 5\beta_1}{100 - \beta_1} \qquad (4\text{-}2\text{-}1)$$

式中　β_1、β_2、β_3、β_4、β_5、β_6——分别是 4.75mm、2.36mm、1.18mm、600μm、300μm、150μm 各筛上的累计筛余百分率。

d　筛分试验应采用两个试样平行试验，细度模数以两次试验结果的算术平均值为测定结果（精确至0.1）。如两次试验所得细度模数之差大于0.20时，或筛后各筛上的筛余量与底盘的筛余量之和同原试样量相差超过1%时，应重新取样进行试验。

将砂的细度模数与相应规范对照检查，进行结果评定。

4.2.2　表观密度试验

4.2.2.1　仪器设备

a　天平：称量1000g，感量1g。

b　烘箱：温度可控制在（105±5）℃。

c　容量瓶（500mL）、干燥器、温度计（50±1）℃等。

4.2.2.2　检测流程

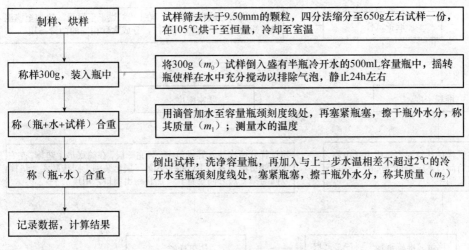

4.2.2.3　结果计算

砂的表观密度 ρ 按下式计算（精确至 10kg/m^3）：

$$\rho = \left(\frac{m_0}{m_0 + m_2 - m_1} - \alpha_t \right) \times 1000 (\text{kg/m}^3) \qquad (4\text{-}2\text{-}2)$$

式中　m_0——烘干后试样的质量，g；

　　　m_1——试样、水及容量瓶的总质量，g；

　　　m_2——水及容量瓶的总质量，g；

　　　α_t——考虑称量时的水温对水相对密度影响的修正系数，见表4-2-1。

表 4-2-1　不同水温下砂的表观密度温度修正系数

水温/℃	15	16	17	18	19	20	21	22	23	24	25
α_t	0.002	0.003		0.004		0.005		0.006		0.007	0.008

以平行两次试验结果的算术平均值作为测定值，如两次结果之差大于 20kg/m^3，应重新取样进行试验。

4.2.2.4　注意事项

在砂的表观密度试验过程中，注意测量并控制水的温度，各项称量应在室温 $15\sim25$℃范围内进行，从试样加水静置的最后 2h 起直至试验结束，其水的温度相差不应超过2℃。

4.2.3　堆积密度和紧密密度试验

4.2.3.1　仪器设备

a　天平：称量5kg，感量1g。

b　烘箱：温度可控制在（105±5）℃。

c　容量筒：金属圆筒，内径108mm，净高109mm，筒壁厚2mm，容积约为1L，筒底厚为5mm。

　　d　漏斗、$\phi 25mm$ 垫棒、直尺、浅盘等。

4.2.3.2　检测流程

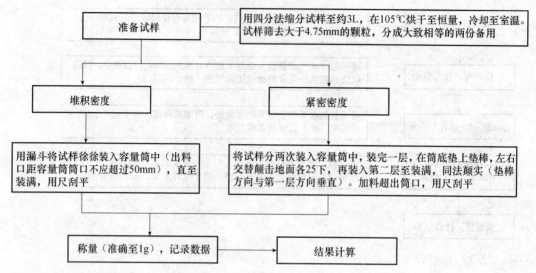

4.2.3.3　结果计算

　　a　砂的堆积密度（或紧密密度）ρ_1 按式（4-2-3）计算（精确至 $10kg/m^3$）：

$$\rho_1 = \frac{m_2 - m_1}{V} \times 1000\,(kg/m^3)\tag{4-2-3}$$

式中　V——容量筒容积，L；

　　　m_1——容量筒的质量，kg；

　　　m_2——容量筒和砂的总质量，kg。

　　b　砂的空隙率 ν_1 按式（4-2-4）计算（精确至1%）：

$$\nu_1 = \left(1 - \frac{\rho_1}{\rho}\right) \times 100\,(\%)\tag{4-2-4}$$

式中　ρ——试样的表观密度，kg/m^3；

　　　ρ_1——试样的堆积密度（或紧密密度），kg/m^3。

　　c　堆积密度取二次试验结果的算术平均值作为测定值，精确至 $10kg/m^3$。空隙率取两次试验结果的算术平均值，精确至1%。

4.2.3.4　容量筒的校准方法

　　将温度为（20 ± 2）℃的饮用水装满容量筒，用一玻璃板沿筒口推移，使其紧贴水面。擦干筒外壁水分，然后称出其质量，精确至1g。容量筒容积按式（4-2-5）计算，精确至1mL：

$$V = G_1 - G_2\tag{4-2-5}$$

式中　V——容量筒容积，mL；

　　　G_1——容量筒、玻璃板和水的总质量，g；

　　　G_2——容量筒和玻璃板的总质量，g。

4.2.4 含水率试验

4.2.4.1 仪器设备

a 天平：称量 2000g，感量 0.2g。

b 烘箱：温度可控制在（105±5）℃。

c 容器：如浅盘、搪瓷盘等。

4.2.4.2 检测流程

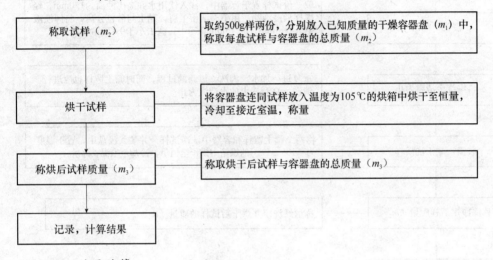

4.2.4.3 结果计算

含水率按式（4-2-6）计算（精确至0.1%）：

$$w_{wc} = \frac{m_2 - m_3}{m_3 - m_1} \times 100(\%) \tag{4-2-6}$$

式中 m_1——容器盘的质量，g；

　　 m_2——未烘干的试样与容器盘的总质量，g；

　　 m_3——烘干后的试样与容器盘的总质量，g。

以两次试验结果的算术平均值作为测定值。

4.2.4.4 快速试验

快速测定砂的含水率时，现场所取砂样应密封，以防水分散失。在没有烘箱时，可以采用炒干法进行含水率的测定，用在电炉上翻拌炒干试样替代烘箱烘干试样，但以烘箱烘干法为标准方法。

4.2.5 含泥量试验

4.2.5.1 仪器设备

a 天平：称量 1000g，感量 0.1g。

b 烘箱：温度可控制在（105±5）℃。

c 容器：洗砂用的容器（桶或盆）及烘干用的浅盘、搪瓷盘等。

d 试验筛：孔径 0.075mm 及 1.18mm 筛各一个。

4.2.5.2 检测流程

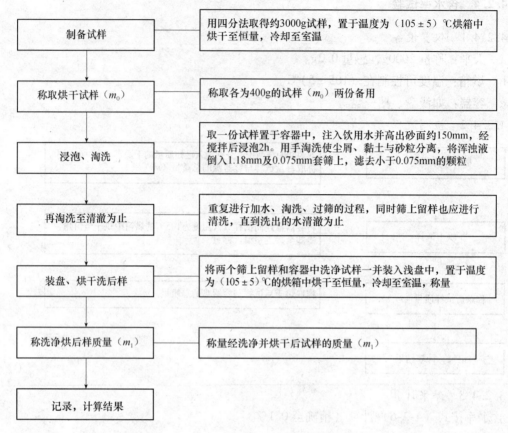

4.2.5.3 结果计算

含泥量按式（4-2-7）计算（精确至0.1%）：

$$w_c = \frac{m_0 - m_1}{m_0} \times 100(\%)$$ (4-2-7)

式中 m_0——试验前的烘干试样质量，g；

　　　m_1——试验后的烘干试样质量，g。

以两个试样试验结果的算术平均值作为测定值。两次结果的差值超过0.5%时，应重新取样进行试验。

4.2.5.4 注意事项

试验前用水将筛子湿润，淘洗时应防止砂粒流失。

4.2.6 泥块含量试验

4.2.6.1 仪器设备

a 天平：称量1000g，感量0.1g。

b 烘箱：温度可控制在（105±5）℃。

c 容器：洗砂用的容器（桶或盆）及烘干用的浅盘、搪瓷盘等。

d 试验筛：孔径600μm及1.18mm筛各一个。

4.2.6.2　检测流程

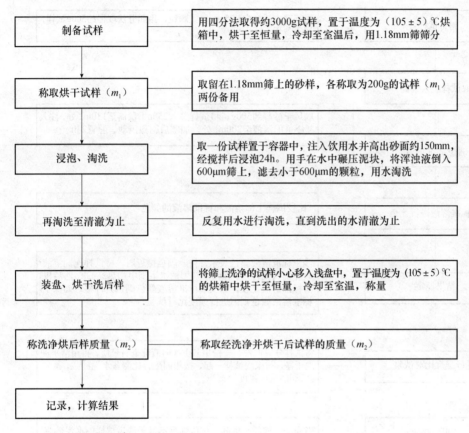

制备试样	用四分法取得约3000g试样，置于温度为（105±5）℃烘箱中，烘干至恒量，冷却至室温后，用1.18mm筛筛分
称取烘干试样（m_1）	取留在1.18mm筛上的砂样，各称取为200g的试样（m_1）两份备用
浸泡、淘洗	取一份试样置于容器中，注入饮用水并高出砂面约150mm，经搅拌后浸泡24h。用手在水中碾压泥块，将浑浊液倒入600μm筛上，滤去小于600μm的颗粒，用水淘洗
再淘洗至清澈为止	反复用水进行淘洗，直到洗出的水清澈为止
装盘、烘干洗后样	将筛上洗净的试样小心移入浅盘，置于温度为（105±5）℃的烘箱中烘干至恒量，冷却至室温，称量
称洗净烘后样质量（m_2）	称取经洗净并烘干后试样的质量（m_2）
记录，计算结果	

4.2.6.3　结果计算

泥块含量按式（4-2-8）计算（精确至0.1%）：

$$w_{c1} = \frac{m_1 - m_2}{m_1} \times 100 (\%) \qquad (4\text{-}2\text{-}8)$$

式中　m_1——试验前的烘干试样质量，g；

　　　m_2——试验后的烘干试样质量，g。

以两个试样试验结果的算术平均值作为测定值。

4.2.7　有机物含量试验

4.2.7.1　仪器设备及标准溶液

a　天平：称量为100g、感量为0.01g及称量为1000g、感量为0.1g天平各一台。

b　容量器：10mL、100mL量筒，250mL、1000mL具塞量筒。

c　烧杯、玻璃搅棒、移液管、搪瓷盘和孔径为4.75mm试验筛。

d　3%氢氧化钠溶液：氢氧化钠与蒸馏水的质量比为3:97。

e　鞣酸标准溶液：取2g鞣酸溶解于98mL的10%酒精溶液中（无水乙醇10mL加蒸馏水90mL）即得所需鞣酸母液。然后取25mL鞣酸母液加入到975mL浓度为3%的NaOH溶液中，加塞后剧烈摇动，静置24h即得鞣酸标准溶液。

4.2.7.2 检测流程

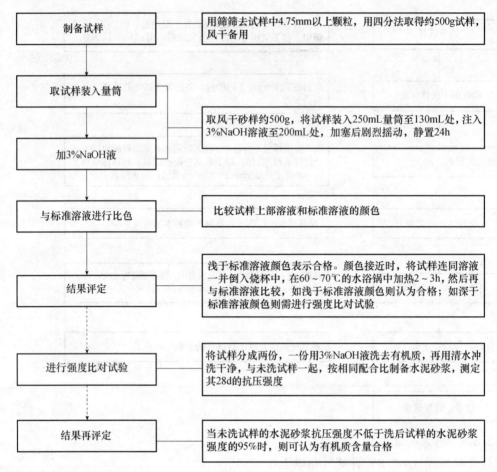

制备试样 —— 用筛筛去试样中4.75mm以上颗粒，用四分法取得约500g试样，风干备用

取试样装入量筒

加3%NaOH液 —— 取风干砂样约500g，将试样装入250mL量筒至130mL处，注入3%NaOH溶液至200mL处，加塞后剧烈摇动，静置24h

与标准溶液进行比色 —— 比较试样上部溶液和标准溶液的颜色

结果评定 —— 浅于标准溶液颜色表示合格。颜色接近时，将试样连同溶液一并倒入烧杯中，在60～70℃的水浴锅中加热2～3h，然后再与标准溶液比较，如浅于标准溶液颜色则认为合格；如深于标准溶液颜色则需进行强度比对试验

进行强度比对试验 —— 将试样分成两份，一份用3%NaOH液洗去有机质，再用清水冲洗干净，与未洗试样一起，按相同配合比制备水泥砂浆，测定其28d的抗压强度

结果再评定 —— 当未洗试样的水泥砂浆抗压强度不低于洗后试样的水泥砂浆强度的95%时，则可认为有机质含量合格

4.2.7.3 注意事项

盛装标准溶液与盛装试样的量筒应大小一致，并尽量采用同厂家、同时购买的量筒进行试验。

4.2.8 硫化物和硫酸盐含量试验

4.2.8.1 仪器设备

a 天平：称量为1000g，感量为0.1g；分析天平：称量为10g，感量为1mg。

b 烘箱：温度可控制在（105±5）℃。

c 高温炉：最高温度不低于1000℃。

d 孔径为0.075mm试验筛、量筒烧杯、玻璃干燥器、30mL瓷坩埚、金属研钵等。

4.2.8.2 试剂药品

a 氯化钡溶液（100g/L）：称取10g $BaCl_2$，溶于100mL蒸馏水中。

b 盐酸（1+1）：浓盐酸与蒸馏水按1:1体积比混合。

c 硝酸银溶液（10g/L）：称取1g硝酸银溶于100mL蒸馏水中，再加入10mL硝酸，存于棕色瓶中。

4.2.8.3 检测流程

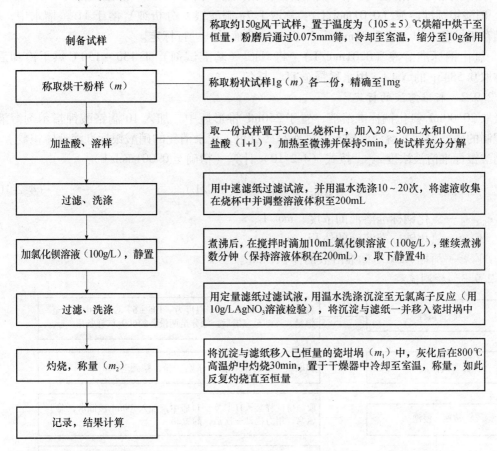

制备试样	称取约150g风干试样，置于温度为（105±5）℃烘箱中烘干至恒量，粉磨后通过0.075mm筛，冷却至室温，缩分至10g备用
称取烘干粉样（m）	称取粉状试样1g（m）各一份，精确至1mg
加盐酸、溶样	取一份试样置于300mL烧杯中，加入20~30mL水和10mL盐酸（1+1），加热至微沸并保持5min，使试样充分分解
过滤、洗涤	用中速滤纸过滤试液，并用温水洗涤10~20次，将滤液收集在烧杯中并调整溶液体积至200mL
加氯化钡溶液（100g/L），静置	煮沸后，在搅拌时滴加10mL氯化钡溶液（100g/L），继续煮沸数分钟（保持溶液体积在200mL），取下静置4h
过滤、洗涤	用定量滤纸过滤试液，用温水洗涤沉淀至无氯离子反应（用10g/LAgNO₃溶液检验），将沉淀与滤纸一并移入瓷坩埚中
灼烧，称量（m₂）	将沉淀与滤纸移入已恒量的瓷坩埚（m₁）中，灰化后在800℃高温炉中灼烧30min，置于干燥器中冷却至室温，称量，如此反复灼烧直至恒量
记录，结果计算	

4.2.8.4 结果计算

水溶性硫化物、硫酸盐含量（以 SO_3 计）按式（4-2-9）计算（精确至0.01%）：

$$w_{SO_3} = \frac{(m_2 - m_1) \times 0.343}{m} \times 100(\%) \tag{4-2-9}$$

式中 m——试样的质量，g；

m_1——瓷坩埚的质量，g；

m_2——灼烧后试样与坩埚的总质量，g；

0.343——$BaSO_4$ 换算成 SO_3 的系数。

以两次平行试验结果的算术平均值作为测定值。两次结果的差值超过0.15%时，应重新试验。

4.2.9 氯离子含量试验

4.2.9.1 仪器设备和试剂

a 天平：称量为1000g，感量为0.1g。

b 烘箱：温度可控制在（105±5）℃。

c 滴定管：10mL或25mL，分度值0.1mL（需进行校准）。

d 玻璃仪器：具塞磨口瓶、量筒、三角烧杯、容量瓶、移液管等。

e 铬酸钾指示剂溶液（50g/L）：称取5g铬酸钾，溶于100mL蒸馏水中。

f 硝酸银标准溶液（0.01mol/L）：称取1.7g硝酸银（分析纯）溶于1L蒸馏水中，摇匀并贮存于棕色瓶中，用0.01mol/L NaCl标准溶液对其进行标定。

g 氯化钠标准溶液（0.01mol/L）：将NaCl（基准试剂）于130～150℃烘干冷却后，准确称取0.5845g的NaCl，用水稀释至1L，摇匀。

4.2.9.2 标准溶液的标定

吸取20.00mL氯化钠标准溶液，置于250mL锥形瓶中，加入10滴铬酸钾指示剂溶液，用已配制的硝酸银标准溶液滴定至溶液刚呈砖红色，记录消耗的硝酸银标准溶液体积数。

硝酸银标准溶液浓度c_{AgNO_3}按式（4-2-10）计算（精确至0.001mol/L）：

$$c_{AgNO_3} = c_{NaCl} \times \frac{V_1}{V_2}(mol/L) \tag{4-2-10}$$

式中 c_{NaCl}——氯化钠标准溶液的浓度，mol/L；

$\quad\quad V_1$——氯化钠标准溶液的体积，mL；

$\quad\quad V_2$——消耗AgNO₃标准溶液的体积，mL。

4.2.9.3 检测流程

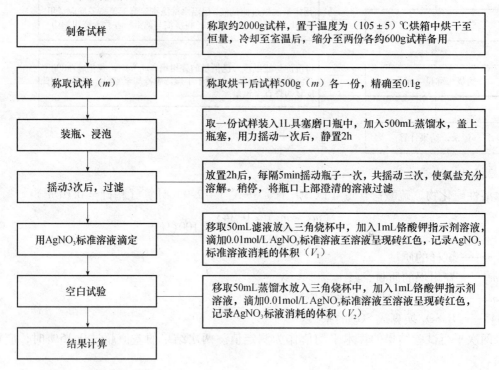

制备试样	称取约2000g试样，置于温度为（105±5）℃烘箱中烘干至恒量，冷却至室温后，缩分至两份各约600g试样备用
称取试样（m）	称取烘干后试样500g（m）各一份，精确至0.1g
装瓶、浸泡	取一份试样装入1L具塞磨口瓶中，加入500mL蒸馏水，盖上瓶塞，用力摇动一次后，静置2h
摇动3次后，过滤	放置2h后，每隔5min摇动瓶子一次，共摇动三次，使氯盐充分溶解。稍停，将瓶口上部澄清的溶液过滤
用AgNO₃标准溶液滴定	移取50mL滤液放入三角烧杯中，加入1mL铬酸钾指示剂溶液，滴加0.01mol/L AgNO₃标准溶液至溶液呈现砖红色，记录AgNO₃标准溶液消耗的体积（V₁）
空白试验	移取50mL蒸馏水放入三角烧杯中，加入1mL铬酸钾指示剂溶液，滴加0.01mol/L AgNO₃标准溶液至溶液呈现砖红色，记录AgNO₃标液消耗的体积（V₂）
结果计算	

4.2.9.4 结果计算

砂中氯离子含量w_{Cl}按式（4-2-11）计算（精确至0.001%）：

$$w_{Cl} = \frac{c_{AgNO_3}(V_1 - V_2) \times 35.5 \times 10}{m \times 1000} \times 100 = \frac{c_{AgNO_3}(V_1 - V_2) \times 35.5}{m}(\%) \tag{4-2-11}$$

式中 c_{AgNO_3}——硝酸银标准溶液的浓度，mol/L；

$\quad\quad m$——试样质量，g；

$\quad\quad V_1$——试样滴定时消耗AgNO₃标准溶液的体积，mL；

V_2——空白试验时消耗 $AgNO_3$ 标准溶液的体积，mL。

以两次平行试验结果的算术平均值作为测定值。

4.2.10　坚固性试验

4.2.10.1　仪器设备及试剂

a　天平：称量为 1000g，感量为 0.1g。

b　烘箱：温度可控制在（105±5）℃。

c　三脚网篮：内径及高均为 70mm，网的孔径应不大于所盛试样中最小粒径的一半。

d　试验筛：孔径为 9.50mm、4.75mm、2.36mm、1.18mm、600μm、300μm、150μm 的方孔筛各一个。

e　密度计（1.000~1.500g/cm³）及不小于 10L 的盛液容器。

f　氯化钡溶液（100g/L）：称取 10g $BaCl_2$ 溶于 100mL 蒸馏水中，摇匀。

h　硫酸钠溶液：按每 1L 水加入 300~350g 无水硫酸钠（Na_2SO_4），边加边搅，使其溶解并饱和，然后冷却至 20~25℃，在此温度下静置 48h，此时硫酸钠溶液的密度为 1.151~1.174g/cm³。

4.2.10.2　检测流程

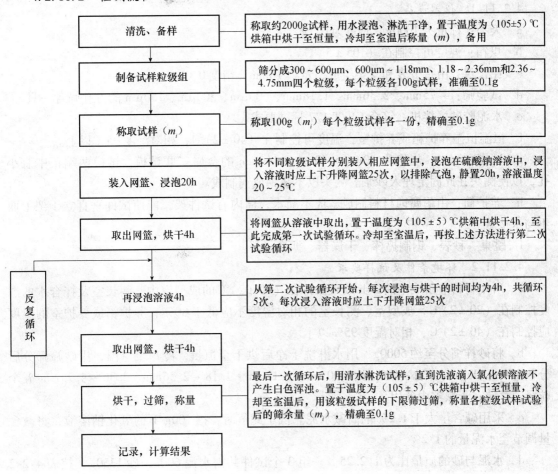

257

4.2.10.3 结果计算

试样中各粒级试样质量损失率 δ_{ji} 按式（4-2-12）计算（精确至 0.1%）：

$$\delta_{ji} = \frac{m_i - m_i'}{m_i} \times 100(\%) \tag{4-2-12}$$

式中 m_i——每一粒级试样试验前的质量，g；

m_i'——每一粒级试样试验后的筛余量，g。

试样的总质量损失百分率 δ_j 按式（4-2-13）计算（精确至 1%）：

$$\delta_j = \frac{\alpha_1 \delta_{j1} + \alpha_2 \delta_{j2} + \alpha_3 \delta_{j3} + \alpha_4 \delta_{j4}}{\alpha_1 + \alpha_2 + \alpha_3 + \alpha_4} \times 100(\%) \tag{4-2-13}$$

式中 α_1、α_2、α_3、α_4——分别为各粒级量占试样（原试样筛除小于 300μm 及大于 4.75mm 颗粒后）总质量的分数，%；

δ_{j1}、δ_{j2}、δ_{j3}、δ_{j4}——分别为各粒级试样质量损失百分率，%。

4.2.11 碱－骨料反应试验（砂浆长度法）

适用于鉴定硅质骨料与混凝土中的碱发生潜在碱－硅酸反应的危害性，不适用于碳酸盐类骨料。

4.2.11.1 仪器设备

a 天平：称量为 1000g，感量为 0.1g。

b 烘箱：温度可控制在（105±5）℃。

c 比长仪：由百分表和支架组成，量程 10mm，精度 0.01mm。

d 试验筛：4.75mm、2.36mm、1.18mm、600μm、300μm、150μm 的方孔筛各一只。

e 水泥胶砂搅拌机：符合 GB/T 177 标准要求。

f 恒温恒湿养护箱或养护室：温度可控制在（40±2）℃，相对湿度 95% 以上。

g 试模和测头：规格为 40mm×40mm×160mm 的金属三联试模，试模两端正中有小孔，以便测头在此固定埋入砂浆。测头以不锈钢或铜制成。

h 养护筒：由耐腐蚀材料制成，应不漏水，筒内有试件架，能使试件垂直立于架上而不与水接触。

i 跳桌、秒表、钢制捣棒、干燥器、搪瓷盘等。

4.2.11.2 环境条件及试样要求

a 所用材料应于成型前 24h 放入保持在（20±2）℃的成型室中，测长室及拌合水的温度控制在（20±2）℃，成型室、测长室的相对湿度不应低于 80%；养护箱或养护室的温度应控制在（40±2）℃，相对湿度 95% 以上。

b 将砂样缩分至约 5000g，用水淋洗干净后烘干至恒量，冷却至室温，用砂筛筛分后分取 150~300μm、300~600μm、600μm~1.18mm、1.18~2.36mm、2.36~4.75mm 五个粒级，存储在干燥器内备用。

c 采用碱含量大于 1.2% 的高碱水泥。低于此值时，掺 100g/L 的氧化钠溶液，将碱含量调节至水泥量的 1.2%。

d 水泥与砂的质量比为 1:2.25。一组 3 个试件共需水泥 600g，砂 1350g（按表 4-2-2

规定比例配制），砂浆用水量选定以跳桌按每 6s 跳动 10 次、流动度在 105～120mm 时的用水量为准。

表 4-2-2　砂料级配表

筛孔尺寸/mm	4.75～2.36	2.36～1.18	1.18～0.600	0.600～0.300	0.300～0.150
分级质量比/%	10	25	25	25	15

4.2.11.3　检测流程

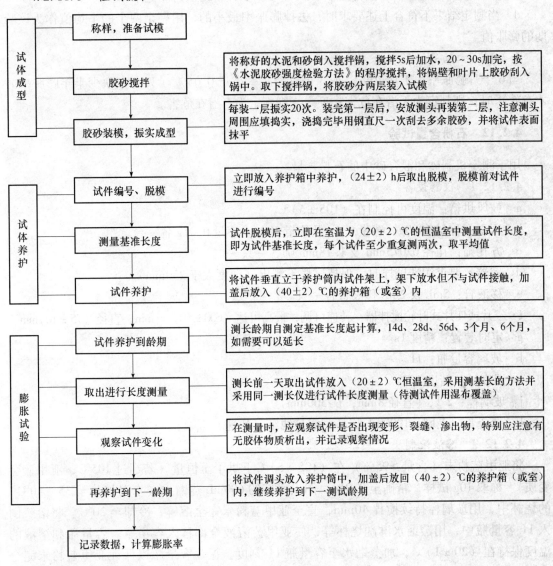

4.2.11.4　结果计算

试件的膨胀率 ε_t 按式（4-2-14）计算（精确至 0.01%）：

$$\varepsilon_t = \frac{l_t - l_0}{l_0 - 2l_d} \times 100(\%)　\qquad (4\text{-}2\text{-}14)$$

式中　l_t——试件在 t 天龄期的长度，mm；

l_0——试件的基准长度，mm；

l_d——测头（即埋钉）的长度，mm。

以三个试件膨胀率的平均值作为某个龄期膨胀率的测定值。任一试件膨胀率与平均值不得大于下述范围：

a　当平均膨胀率小于或等于 0.05% 时，其差值应小于 0.01%。

b　当平均膨胀率大于 0.05% 时，其差值应小于平均值的 20%。

c　当三个试件的膨胀率值均大于 0.10% 时，取其平均值为测定结果。

d　当测定结果不符合上述要求时，去掉膨胀率最小的，用剩余两个的平均值作为该龄期的膨胀值。

4.2.11.5　结果评定

当 6 个月膨胀率小于 0.10%，或 3 个月膨胀率小于 0.05%（只有在缺少半年膨胀率时才有效）时，则判定为无潜在危害；反之，则判定为有潜在危害。

4.2.12　石粉含量试验

用于测定机制砂和混合砂中的石粉含量。

4.2.12.1　仪器设备

a　鼓风烘箱：温度可控制在（105±5）℃。

b　天平：称量 1000g、感量 0.1g 及称量 100g、感量 0.01g 各一台。

c　方孔筛：孔径 0.075mm 及 1.18mm 筛各一只。

d　容器：要求淘洗试样时，保持试样不溅出（深度大于 250mm）。

e　移液管：5mL 及 2mL 移液管各一只。

f　三片或四片式叶轮搅拌器：转速可调，最高可达（600±60）r/min，直径（75±10）mm。

g　定时装置：精度 1s。

h　玻璃容量瓶：1L。

i　温度计：精度 1℃。

j　玻璃棒：2 只（直径 8mm，长 300mm）。

k　搪瓷盘、毛刷、1000mL 烧杯、定量滤纸（快速）。

4.2.12.2　溶液配制

将亚甲蓝粉末（含量≥95%）在（105±5）℃下烘干至恒量（若超过 105℃，亚甲蓝会变质）。称取 10g 试样，精确至 0.01g，倒入盛有约 600mL 蒸馏水（水温加热至 35～40℃）的烧杯中，用玻璃棒持续搅拌 40min，直至亚甲蓝粉末完全溶解，冷却至 20℃。将溶液倒入 1L 容量瓶中，用蒸馏水淋洗烧杯等，使亚甲蓝溶液全部移入容量瓶。容量瓶和溶液的温度保持在（20±1）℃，加蒸馏水至容量瓶 1L 刻度。振荡容量瓶以保证亚甲蓝粉末完全溶解。将溶液移至深色储藏瓶中，标明制备日期和失效日期（不超过 28d），置于阴暗处保存。

4.2.12.3　检测流程

a　将试样缩分至约 400g，放进烘箱中于（105±5）℃下烘干至恒量，冷却至室温后筛除大于 2.36mm 的颗粒，备用。

b 称取200g试样，精确至0.1g，倒入盛有（500±5）mL蒸馏水的烧杯中，用叶轮搅拌机以（600±60）r/min的转速搅拌5min，形成悬浮液，然后持续以（400±40）r/min转速搅拌，至试验结束。

c. 在悬浮液中加入5mL亚甲蓝溶液，以（400±40）r/min的转速搅拌1min，用玻璃棒蘸取一滴悬浮液（取量应使沉淀物直径在8～12mm内），滴于滤纸（置于空烧杯或其他合适的支撑物上，使滤纸不与其他任何物体接触）上。若沉淀物周围未出现色晕，再加入5mL亚甲蓝溶液，继续搅拌1min，再用玻棒蘸取一滴悬浮液，滴于滤纸上。若沉淀物周围未出现色晕，重复上述步骤，直至沉淀物周围出现约1mm的稳定浅蓝色色晕。此时应继续搅拌，不加亚甲蓝溶液，每1分钟做一次蘸染试验，若色晕在4min内消失，再加入5mL亚甲蓝溶液；若色晕在第5min消失，再加入2mL亚甲蓝溶液。两种情况下，均应继续搅拌和蘸染试验，直至色晕可持续5min。

4.2.12.4 快速试验

a 按上一节的a和b步骤进行制样和搅拌。

b 一次性向烧杯中加入30mL亚甲蓝溶液，以（400±40）r/min的转速搅拌8min，然后用玻棒蘸取一滴悬浮液，滴于滤纸上，观察沉淀物周围是否出现明显色晕。若沉淀物周围出现明显色晕，则判定亚甲蓝快速试验为合格；若沉淀物周围未出现明显色晕，则判定亚甲蓝快速试验为不合格。

4.2.12.5 结果计算

按式（4-2-15）计算亚甲蓝MB值：

$$MB = \frac{V}{G} \times 10 \qquad (4\text{-}2\text{-}15)$$

式中 MB——亚甲蓝值，g/kg，表示每千克（0～2.36mm）粒级试样所消耗的亚甲蓝克数；

$\quad\;\; G$——试样质量，g

$\quad\;\; V$——所加入的亚甲蓝溶液总量，mL。

注：公式中的系数10用于将每千克试样消耗的亚甲蓝溶液体积换算成亚甲蓝质量。

4.2.12.6 结果评定

若MB值＜1.4，则判定是石粉；若MB值≥1.4，则判定为泥粉。

4.2.13 贝壳含量试验

适用于检验海砂中的贝壳含量。

4.2.13.1 仪器设备和试剂

a 鼓风烘箱：温度可控制在（105±5）℃。

b 天平：称量1000g、感量0.1g及称量5000g、感量5g的天平各一台。

c 试验方孔筛：孔径5.00mm筛一只。

d 量筒：容量1000mL。

e 搪瓷盘（直径200mm左右）、玻璃棒（直径5～8mm，长300mm）、2000mL烧杯。

f 盐酸溶液（1+5）：将浓盐酸和蒸馏水按照1:5的体积比混合，摇匀，贮存于玻璃瓶中。

4.2.13.2　检测流程

a　将试样缩分至不少于2400g，置于温度为（105±5）℃烘箱中烘干至恒量，冷却至室温后，过公称直径5.00mm方孔筛，称取500g（m_1）试样两份，放入2000mL烧杯中备用。用其余试样测定砂的含泥量（w_e）。

b　在盛有试样的烧杯中加入900mL盐酸溶液（1+5），不断用玻璃棒搅拌，使反应完全。待溶液中不再有气体产生后，再加少量盐酸溶液（1+5），若再无气体生成则表明反应已完全。否则，应重复上一步骤，直至无气体产生为止。然后用清水清洗试样5次，清洗过程中应避免砂粒丢失。

c　将洗净的砂置于温度为（105±5）℃烘箱中烘干，取出冷却至室温，称量，反复烘干至恒量，称量（m_2）。

4.2.13.3　结果计算

砂中贝壳含量（w_b）按式（4-2-16）计算，精确至0.1%：

$$w_b = \frac{m_1 - m_2}{m_1} \times 100\% - w_e \tag{4-2-16}$$

式中　w_b——砂中贝壳含量，%；

　　　m_1——试样总量，g；

　　　m_2——试样除去贝壳后的质量，g；

　　　w_e——砂的含泥量，%。

以两次试验结果的算数平均值作为测定值，当两次结果之差超过0.5%时，应重新取样进行试验。

4.3　建筑用碎石和卵石

4.3.1　颗粒级配（筛分析）试验

4.3.1.1　仪器设备

a　试验筛：孔径为90mm、75.0mm、63.0mm、53.0mm、37.5mm、31.5mm、26.5mm、19.0mm、16.0mm、9.5mm、4.75mm和2.36mm的方孔筛各一只，并附有筛底和筛盖，筛框内径为300mm。

b　电动振筛机。

c　天平或案秤：称量不小于5kg，感量1g。

d　烘箱：温度可控制在（105±5）℃。

表4-3-1　筛分析所需试样的最小试验用量

石子最大粒径/mm	9.5	16.0	19.0	26.5	31.5	37.5	63.0	75.0
最小试样量/kg	1.9	3.2	3.8	5.0	6.3	7.5	12.6	16.0

4.3.1.2 检测流程

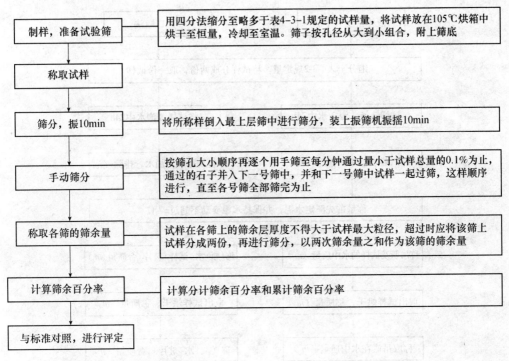

```
制样，准备试验筛 ─── 用四分法缩分至略多于表4-3-1规定的试样量，将试样放在105℃烘箱中
                      烘干至恒量，冷却至室温。筛子按孔径从大到小组合，附上筛底

称取试样

筛分，振10min ─── 将所称样倒入最上层筛中进行筛分，装上振筛机振摇10min

手动筛分 ─── 按筛孔大小顺序再逐个用手筛至每分钟通过量小于试样总量的0.1%为止，
              通过的石子并入下一号筛中，并和下一号筛中试样一起过筛，这样顺序
              进行，直至各号筛全部筛完为止

称取各筛的筛余量 ─── 试样在各筛上的筛余层厚度不得大于试样最大粒径，超过时应将该筛上
                      试样分成两份，再进行筛分，以两次筛余量之和作为该筛的筛余量

计算筛余百分率 ─── 计算分计筛余百分率和累计筛余百分率

与标准对照，进行评定
```

4.3.1.3 结果计算与评定

a 计算分计筛余百分率：各筛上的筛余量与试样总量之比，精确至0.1%。

b 计算累计筛余百分率：该筛上的分计筛余百分率与大于该筛的各筛上的分计筛余百分率之和，精确至1%。

c 根据各筛的累计筛余百分率，对照颗粒级配表，评定该试样的颗粒级配。

4.3.2 表观密度试验

表观密度测定方法有：液体密度天平法和广口瓶法。

4.3.2.1 仪器设备

a 天平：称量2kg，感量1g。

b 烘箱：温度可控制在（105±5）℃。

c 液体天平：称量5kg，感量5g，并配有吊篮及盛水容器。

d 广口瓶（1000mL）：磨口、带玻璃片；温度计（50±1）℃；4.75mm试验筛等。

4.3.2.2 试样制备

试验前，将样品筛去4.75mm以下颗粒，并缩分至略大于表4-3-2所规定的质量，洗刷干净，烘干后分成相同两份备用。

表 4-3-2 表观密度试验所需的试样最少质量

最大粒径/mm	16.0以下	19.0	26.5	31.5	37.5	63.0	75.0
试样最少质量/kg	2	2	2	3	4	6	6

4.3.2.3 检测流程

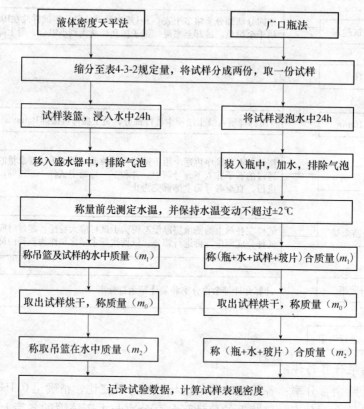

4.3.2.4 结果计算

石子的表观密度 ρ 按式（4-3-1）计算（精确至 10kg/m^3）：

$$\rho = \left(\frac{m_0}{m_0 + m_2 - m_1} - \alpha_t \right) \times 1000\,(\text{kg/m}^3) \tag{4-3-1}$$

式中　m_0——烘干后试样的质量，g；

　　　m_1——吊篮及试样在水中（或试样 + 水 + 瓶 + 玻片）的质量，g；

　　　m_2——吊篮在水中（或瓶 + 水 + 玻片）的质量，g；

　　　α_t——考虑称量时的水温对水相对密度影响的修正系数，见表4-3-3。

表 4-3-3　不同水温下石子的表观密度温度修正系数

水温/℃	15	16	17	18	19	20	21	22	23	24	25
α_t	0.002	0.003		0.004		0.005		0.006		0.007	0.008

　　以两次平行试验结果的算术平均值作为测定值。如两次结果之差大于 20kg/m^3 时，应重新取样进行试验。对颗粒材质不均匀的试样，如两次试验结果之差值超过 20kg/m^3，可取四次测定结果的算术平均值作为测定值。

4.3.3　堆积密度和紧密密度试验

4.3.3.1　仪器设备

a　台秤：称量不小于 10kg，分度值不大于 10g。

b　烘箱：温度可控制在（105 ± 5）℃。

c　容量筒：金属圆筒，容积为10L、20L、30L各一个，其规格见表4-3-4。

d　平头铁锹、ϕ16mm垫棒、浅盘等。

表4-3-4　容量筒规格选择及试验用量

石子的最大粒径/mm	所需试验用量/kg	容量筒容积/L	容量筒规格/mm		
			内径	净高	筒壁厚
9.5、16.0、19.0、26.5	40	10	208	294	2
31.5、37.5	80	20	294	294	3
53.0、63.0、75.0	120	30	360	294	4

4.3.3.2　检测流程

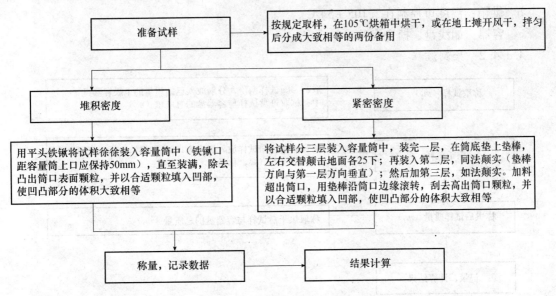

4.3.3.3　结果计算

a　石子的堆积密度（或紧密密度）ρ_1按式（4-3-2）计算（精确至10kg/m³）：

$$\rho_1 = \frac{m_2 - m_1}{V} \times 1000 (\text{kg/m}^3) \tag{4-3-2}$$

式中　V——容量筒容积，L；

　　　m_1——容量筒的质量，kg；

　　　m_2——容量筒和石子的总质量，kg。

b　石子的空隙率ν_1按式（4-3-3）计算（精确至1%）：

$$\nu_1 = \left(1 - \frac{\rho_1}{\rho}\right) \times 100 (\%) \tag{4-3-3}$$

式中　ρ——试样的表观密度，kg/m³；

　　　ρ_1——试样的堆积密度（或紧密密度），kg/m³。

c　堆积密度取两次试验结果的算术平均值作为测定值，精确至10kg/m³。

4.3.3.4 容量筒的校准方法

将温度为（20±2）℃的饮用水装满容量筒，用一玻璃板沿筒口推移，使其紧贴水面。擦干筒外壁水分，然后称出其质量，精确至1g。容量筒容积按式（4-3-4）计算，精确至1mL：

$$V = G_1 - G_2 \tag{4-3-4}$$

式中　V——容量筒容积，mL；

　　G_1——容量筒、玻璃板和水的总质量，g；

　　G_2——容量筒和玻璃板的总质量，g。

4.3.4　含水率试验

4.3.4.1　仪器设备

a　天平：称量不小于5kg，感量为2g。

b　烘箱：温度可控制在（105±5）℃。

c　容器：如浅盘、搪瓷盘等。

4.3.4.2　检测流程

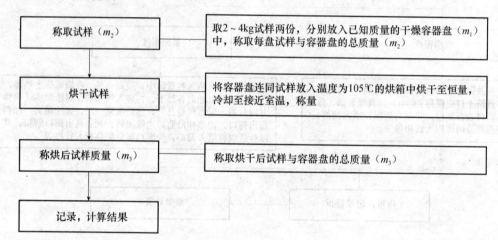

4.3.4.3　结果计算

含水率按式（4-3-5）计算（精确至0.1%）：

$$w_{wc} = \frac{m_2 - m_3}{m_3 - m_1} \times 100(\%) \tag{4-3-5}$$

式中　m_1——容器盘的质量，g；

　　m_2——未烘干的试样与容器盘的总质量，g；

　　m_3——烘干后的试样与容器盘的总质量，g。

以两次试验结果的算术平均值作为测定值。

4.3.5　含泥量及泥块含量试验

4.3.5.1　仪器设备

a　天平：称量10kg，感量1g。

b　烘箱：温度可控制在（105±5）℃。

c 容器：容积约为10L的容器（桶或盆）及烘干用的浅盘或搪瓷盘等。

d 试验筛：孔径0.075mm、1.18mm、2.36mm及4.75mm方孔筛各一个。

4.3.5.2 试样制备

试验前将试样缩分至略大于表4-3-5所规定的量，置于温度为（105±5）℃烘箱中烘干至恒量，冷却至室温后分成两份备用。

表4-3-5 含泥量及泥块含量试验所需试样数量

最大粒径/mm	9.5	16.0	19.0	26.5	31.5	37.5	63.0	75.0
最小试样量/kg	2	2	6	6	10	10	20	20

4.3.5.3 检测流程

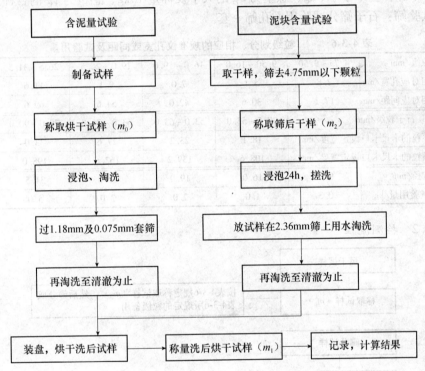

4.3.5.4 结果计算

a 含泥量按式（4-3-6）计算（精确至0.1%）：

$$w_c = \frac{m_0 - m_1}{m_0} \times 100(\%)$$ (4-3-6)

式中 m_0——试验前的烘干试样质量，g；

m_1——试验后的烘干试样质量，g。

以两个试样试验结果的算术平均值作为测定值。两次结果的差值超过0.2%时，应重新取样进行试验。

b 泥块含量按式（4-3-7）计算（精确至0.1%）：

$$w_{c1} = \frac{m_0 - m_1}{m_0} \times 100(\%)$$ (4-3-7)

式中 m_0——试验前的烘干试样质量，g；

m_1——试验后的烘干试样质量，g。

以两个试样试验结果的算术平均值作为测定值。

4.3.6　针片状颗粒含量试验

针、片状颗粒：颗粒长度大于针状规准仪上相应间距者为针状颗粒，颗粒厚度小于片状规准仪上相应孔宽者为片状颗粒。

4.3.6.1　仪器设备

a　针状规准仪和片状规准仪：其规格详见表4-3-6。

b　卡尺：量程不小于200mm，分度值不大于0.02mm。

c　天平：称量不小于5kg、感量为5g的天平及称量10kg、感量为1g的台秤。

d　试验筛：石子筛分试验用方孔筛一套。

表 4-3-6　　　　粒级划分、相应的规准仪孔宽或间距及试验用量

石子粒级/mm	4.75~9.50	9.50~16.0	16.0~19.0	19.0~26.5	26.5~31.5	31.5~37.5
片状规准仪相对应孔宽/mm	2.8	5.1	7.0	9.1	11.6	13.8
针状规准仪相对应间距/mm	17.1	30.6	42.0	54.6	69.6	82.8
石子粒级/mm		37.5~53.0	53.0~63.0	63.0~75.0	75.0~90.0	
检测片状颗粒的卡尺卡口设定宽度/mm		18.1	23.2	27.6	33.0	
检测针状颗粒的卡尺卡口设定宽度/mm		108.6	139.2	162.6	198.0	
最大粒径/mm	9.5	16.0	19.0	26.5	31.5	37.5 以上
试样最少试验用量/kg	0.3	1.0	2.0	3.0	5.0	10.0

4.3.6.2　检测流程

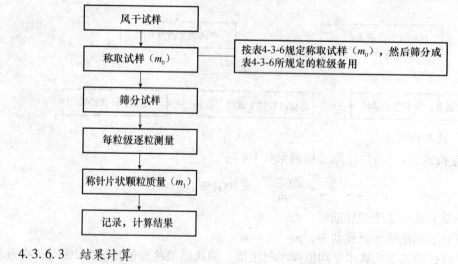

按表4-3-6规定称取试样（m_0），然后筛分成表4-3-6所规定的粒级备用

4.3.6.3　结果计算

针、片状颗粒含量按式（4-3-8）计算（精确至0.1%）：

$$w_p = \frac{m_1}{m_0} \times 100(\%) \tag{4-3-8}$$

式中　m_0——试验前的试样总质量，g；

　　　m_1——试样中所含针、片状颗粒的总质量，g。

4.3.7　有机物含量试验

4.3.7.1　仪器设备及标准溶液

a　天平：称量为100g、感量为0.01g及称量为1kg、感量为1g天平各一台。

b　量筒：10mL、100mL量筒，1000mL具塞量筒。

c　烧杯、玻璃搅棒、移液管、搪瓷盘和孔径为19.0mm方孔筛。

d　3%氢氧化钠溶液：氢氧化钠与蒸馏水的质量比为3:97。

e　鞣酸标准溶液：取2g鞣酸溶解于98mL的10%酒精溶液中（10mL无水乙醇加90mL蒸馏水）即得所需鞣酸母液。然后取鞣酸母液25mL加入到975mL浓度为3%的NaOH溶液中，加塞后剧烈摇动，静置24h即得鞣酸标准溶液。

4.3.7.2　检测流程

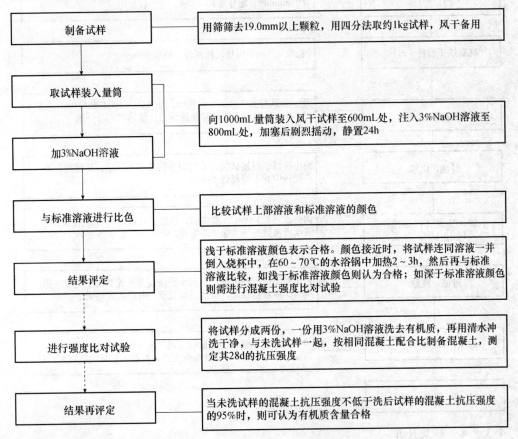

4.3.7.3　注意事项

盛装标准溶液与盛装试样的量筒应大小一致，并尽量采用同厂家、同时购买的量筒进行试验。

4.3.8　硫化物和硫酸盐含量试验

4.3.8.1　仪器设备

a　天平：称量为200g、感量为1mg及称量为1kg、感量为1g各一台。

b　烘箱：温度可控制在（105±5）℃。

c　高温炉：最高温度不低于1000℃。

d　孔径0.075mm试验筛、量筒烧杯、玻璃干燥器、30mL瓷坩埚、金属研钵等。

4.3.8.2　试剂药品

a　氯化钡溶液（100g/L）：称取10g $BaCl_2$溶于100mL蒸馏水中。

b　盐酸（1+1）：浓盐酸与蒸馏水按1:1体积比混合。

c　硝酸银溶液（10g/L）：称取1g硝酸银溶于100mL蒸馏水中，再加入10mL硝酸，贮存于棕色瓶中。

4.3.8.3　检测流程

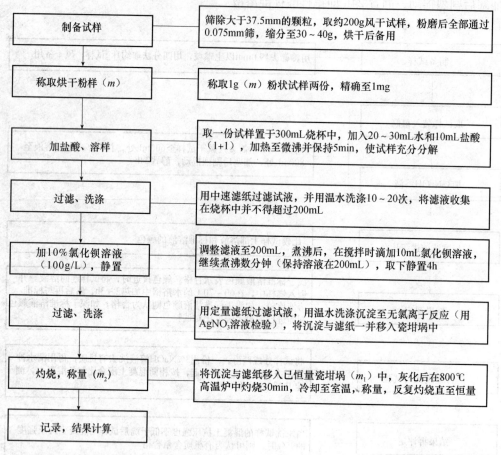

制备试样	筛除大于37.5mm的颗粒，取约200g风干试样，粉磨后全部通过0.075mm筛，缩分至30~40g，烘干后备用
称取烘干粉样（m）	称取1g（m）粉状试样两份，精确至1mg
加盐酸、溶样	取一份试样置于300mL烧杯中，加入20~30mL水和10mL盐酸（1+1），加热至微沸并保持5min，使试样充分分解
过滤、洗涤	用中速滤纸过滤试液，并用温水洗涤10~20次，将滤液收集在烧杯中并不得超过200mL
加10%氯化钡溶液（100g/L），静置	调整滤液至200mL，煮沸后，在搅拌时滴加10mL氯化钡溶液，继续煮沸数分钟（保持溶液在200mL），取下静置4h
过滤、洗涤	用定量滤纸过滤试液，用温水洗涤沉淀至无氯离子反应（用$AgNO_3$溶液检验），将沉淀与滤纸一并移入瓷坩埚中
灼烧，称量（m_2）	将沉淀与滤纸移入已恒量瓷坩埚（m_1）中，灰化后在800℃高温炉中灼烧30min，冷却至室温，称量，反复灼烧直至恒量
记录，结果计算	

4.3.8.4　结果计算

水溶性硫化物、硫酸盐含量（以SO_3计）按式（4-3-9）计算（精确至0.01%）：

$$w_{SO_3} = \frac{(m_2 - m_1) \times 0.343}{m} \times 100(\%) \tag{4-3-9}$$

式中　m——试样的质量，g；

　　　m_1——瓷坩埚的质量，g；

　　　m_2——灼烧后试样与坩埚的总质量，g；

0.343——$BaSO_4$ 换算成 SO_3 的系数。

以两次试验结果的算术平均值作为测定值。两次结果的差值超过 0.20% 时，应重新试验。

4.3.9　岩石抗压强度及石子压碎指标值试验

4.3.9.1　仪器设备

a　台秤及天平：称量 10kg、感量 10g 的台秤及称量 1kg、感量 1g 的天平各一台。

b　压力试验机：力值在 300～1000kN，精度不低于2%。应具有防护安全网，以防止强度试验时岩石碎片伤人。

c　压碎指标测定仪、游标卡尺（量程 150mm、精度 0.02mm）、角尺。

d　石材切割机或钻石机、岩石磨光机等。

e　方孔筛：孔径分别为 2.36mm、9.50mm 及 19.0mm 的筛各一只。

4.3.9.2　试样制备

岩石抗压强度试验所用的试件制备：取有代表性的试验用岩石样品，用石材切割机切割成立方体试件，或用钻石机钻取圆柱体试件。然后用磨光机把试件与压力机压板接触的两个面磨光并保持平行，加工好的试件为边长为 50mm 的立方体，或直径与高度均为 50mm 的圆柱体；须用角尺、游标卡尺进行检查，六个试件为一组。对有显著层理的岩石，应取两组试件（12 块）分别测定其垂直和平行于层理的强度值。

石子压碎指标值试验所需试样制备：将试样筛去 9.50mm 以下及 19.0mm 以上的颗粒（对大于 19.0mm 的颗粒应经人工破碎后取用），再剔除针状和片状颗粒，取用 9.50～19.0mm 的颗粒进行压碎指标试验，每份称取 3kg 试样，共三份备用。

4.3.9.3　检测流程

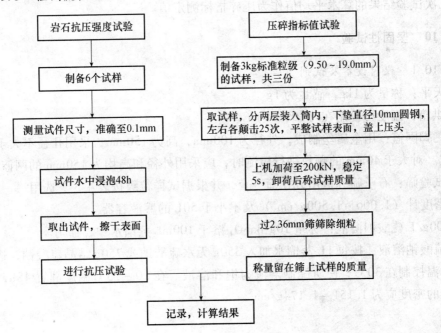

4.3.9.4 结果计算及评定

a 岩石抗压强度 f 按式（4-3-10）计算（精确至 0.1MPa）：

$$f = \frac{F}{A}(MPa) \tag{4-3-10}$$

式中 F——试件破坏荷载，N；

A——试件受压面的截面积，mm^2。

取六个试件试验结果的算术平均值作为抗压强度测定值。如六个试件中的两个与其他四个试件抗压强度的算术平均值相差三倍以上时，则取试验结果相近的四个试件的抗压强度算术平均值作为抗压强度测定值。

对具有显著层理的岩石，应以垂直于层理及平行于层理的抗压强度的平均值作为其抗压强度。

b 石子压碎指标值 δ_a 按式（4-3-11）计算（精确至 0.1%）：

$$\delta_a = \frac{m_0 - m_1}{m_0} \times 100(\%) \tag{4-3-11}$$

式中 m_0——试样的质量，g；

m_1——压碎试验后筛余的试样质量，g。

对多种岩石组成的卵石，如对 19.0mm 以下和 19.0mm 以上的标准粒级（9.50～19.0mm）分别进行检测，则其总的压碎指标值 δ_a 按式（4-3-12）计算（精确至 0.1%）：

$$\delta_a = \frac{a_1\delta_{a1} + a_2\delta_{a2}}{a_1 + a_2} \times 100(\%) \tag{4-3-12}$$

式中 a_1、a_2——试样中 19.0mm 以下和 19.0mm 以上两粒级的颗粒含量百分率，%；

δ_{a1}、δ_{a2}——两粒级以标准粒级试验的分计压碎指标值，%。

以三次试验结果的算术平均值作为压碎指标测定值。

4.3.10 坚固性试验

4.3.10.1 仪器设备及试剂

a 天平：称量为 1kg，感量为 1g。

b 烘箱：温度可控制在（105±5）℃。

c 三脚网篮：用金属丝制成，外径为 100mm，高为 150mm，采用孔径不大于 2.5mm 的网制成。对大于 40mm 的颗粒进行检测时，应采用外径和高均为 150mm 的网篮。

d 试验筛：石子筛分析用方孔筛一套，并根据试样粒级按表 4-3-7 选用。

e 密度计（1.000～1.500g/cm^3）及不小于 50L 的盛液容器。

f 100g/L 硫酸钡溶液：称量 10g $BaSO_4$ 溶于 100mL 蒸馏水中，摇匀。

h 硫酸钠溶液：按每 1L 蒸馏水加入 350g 无水硫酸钠或 750g 结晶硫酸钠，边加入边搅动，水温控制在 30℃，使所配制溶液为饱和溶液。在 20～25℃ 温度静置 48h，此时硫酸钠溶液的密度应为 1.151～1.174g/cm^3。

表 4-3-7　石子坚固性试验所需的各粒级试样量

石子粒级/mm	4.75~9.50	9.50~19.0	19.0~37.5	37.5~63.0	63.0~75.0
试样量/g	500	1000	1500	3000	3000

4.3.10.2　检测流程

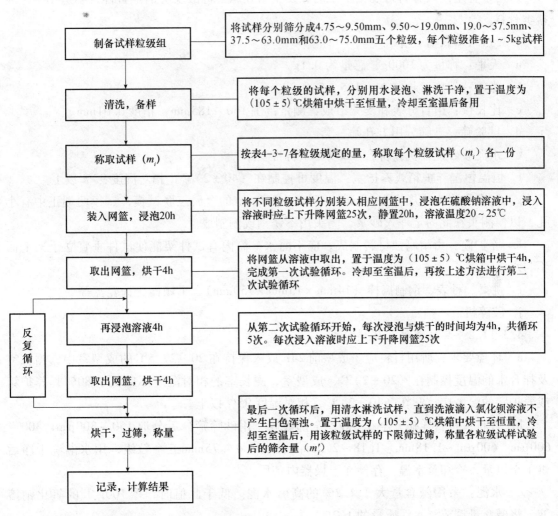

4.3.10.3　结果计算

试样中各粒级试样质量损失率 δ_{ji} 按式（4-3-13）计算（精确至 0.1%）：

$$\delta_{ji} = \frac{m_i - m_i'}{m_i} \times 100(\%) \tag{4-3-13}$$

式中　m_i——每一粒级试样试验前的质量，g；

　　　m_i'——每一粒级试样试验后的筛余量，g。

试样的总质量损失百分率 δ_j 按式（4-3-14）计算（精确至 1%）：

$$\delta_j = \frac{\alpha_1\delta_{j1} + \alpha_2\delta_{j2} + \alpha_3\delta_{j3} + \alpha_4\delta_{j4} + \alpha_5\delta_{j5}}{\alpha_1 + \alpha_2 + \alpha_3 + \alpha_4 + \alpha_5} \times 100(\%) \tag{4-3-14}$$

式中 α_1、α_2、α_3、α_4、α_5——分别为各粒级质量占试样总质量的分数,% ;

δ_{j1}、δ_{j2}、δ_{j3}、δ_{j4}、δ_{j5}——分别为各粒级试样质量损失百分率,%。

4.3.11 碱 – 骨料反应试验(砂浆长度法)

适用于鉴定硅质骨料与混凝土中的碱发生潜在碱 – 硅酸反应的危害性,不适用于碳酸盐类骨料。

4.3.11.1 仪器设备

a 天平:称量为1000g,感量为0.1g。

b 烘箱:温度可控制在(105 ± 5)℃。

c 比长仪:由百分表和支架组成,测量范围160 ~ 185mm,精度0.01mm。

d 试验筛:砂筛分用方孔筛一套。

e 水泥胶砂搅拌机:符合 GB/T 177 标准要求。

f 恒温恒湿养护箱或养护室:温度可控制在(40 ± 2)℃,相对湿度95%以上。

g 试模和测头:规格为40mm × 40mm × 160mm 的金属三联试模,试模两端正中有小孔,以便测头在此固定埋入砂浆,测头用不锈钢或铜制成。

h 养护筒:由耐腐蚀材料制成,应不漏水,筒内有试件架能使试件垂直立于架上而不与水接触。

i 跳桌、秒表、钢制捣棒(14mm × 13mm × 150mm)、干燥器、搪瓷盘等。

j 破碎机。

4.3.11.2 环境条件及试样要求

a 环境要求:所用材料应于成型前24h放入保持在20 ~ 27.5℃的成型室中,测长室及拌合水的温度控制在(20 ± 2)℃,成型室、测长室的相对湿度不应低于80%;养护箱或养护室的温度应控制在(40 ± 2)℃,相对湿度95%以上。

b 骨料:将石样缩分至约5kg,全部破碎,用砂筛筛分后分取150 ~ 300μm、300 ~ 600μm、600μm ~ 1.18mm、1.18 ~ 2.36mm、2.36 ~ 4.75mm 五个粒级,用水淋洗干净后烘干至恒量,冷却至室温,存储在干燥器内备用。

c 水泥:采用碱含量大于1.2%的高碱水泥。低于此值时,掺100g/L 的氧化钠溶液,将碱含量调节至水泥质量的1.2%。

d 水泥与破碎后石子的质量比为1:2.25,一组 3 个试件共需水泥600g,骨料1350g(按表4-3-8规定比例配制),砂浆用水量以跳桌每6s跳动 10 次、跳动 30 次时的扩散直径在105 ~ 120mm 时的用水量为准。

表 4-3-8 骨料各粒级的质量表

筛孔尺寸/mm	4.75 ~ 2.36	2.36 ~ 1.18	1.18 ~ 0.600	0.600 ~ 0.300	0.300 ~ 0.150
每组所需量/g	135.0	337.5	337.5	337.5	202.5
分级质量比/%	10	25	25	25	15

4.3.11.3 检测流程

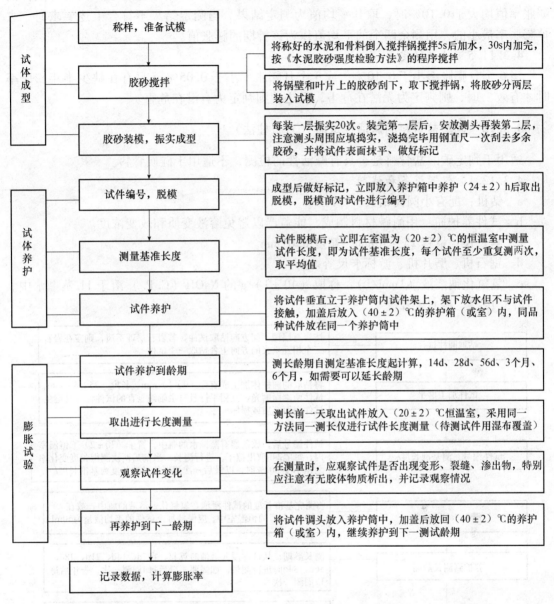

4.3.11.4 结果计算

试件的膨胀率 ε_t 按式（4-3-15）计算，精确至 0.01% 。

$$\varepsilon_t = \frac{l_t - l_0}{l_0 - 2l_d} \times 100(\%)\qquad(4-3-15)$$

式中 l_t——试件在 t 天龄期的长度，mm；

　　　l_0——试件的基准长度，mm；

　　　l_d——测头（即埋钉）的长度，mm。

以三个试件膨胀率的平均值作为某个龄期膨胀率的测定值。

当平均膨胀率≤0.05%时，其单值与平均值之差小于0.01%，结果有效；当平均膨

胀率 >0.05% 时，其单值与平均值之差小于平均值的 20%，结果也有效；当三个试件的膨胀率值均大于 0.10% 时，取其平均值为测定结果。当测定结果不符合上述要求时，去掉膨胀率最小的，用剩余两个的平均值作为该龄期的膨胀值。

4.3.11.5　结果评定

当 6 个月膨胀率小于 0.10%，或 3 个月膨胀率小于 0.05%（只有在缺少半年膨胀率时才有效）时，则判定为无潜在危害；反之，则判定为有潜在危害。

4.3.12　碳酸盐骨料的碱活性试验（岩石柱法）

适用于判定碳酸盐骨料是否具有碱活性的检测，不适用于硅质骨料。

4.3.12.1　仪器设备和试剂

a　钻机：配有小圆筒钻头。

b　试件养护瓶：用耐碱材料制成，能盖严以避免溶液变质和改变浓度。

c　测长仪：量程 25～50mm，精度 0.01mm。

d　锯石机、磨片机、游标卡尺等。

e　氢氧化钠溶液（1mol/L）：称取（40±1）g 的 NaOH（C.P.）溶于 1L 蒸馏水中。

4.3.12.2　检测流程

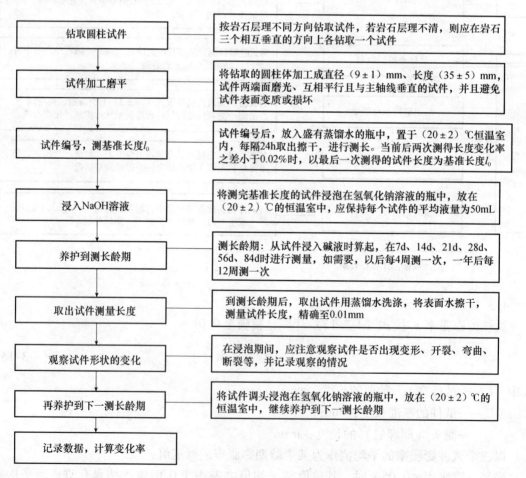

4.3.12.3 结果计算

试件长度变化率 ε_{st} 按式（4-3-16）计算（精确至0.001%）：

$$\varepsilon_{st} = \frac{l_t - l_0}{l_0} \times 100(\%)\qquad\qquad(4\text{-}3\text{-}16)$$

式中 l_t——试样浸泡 t 天后的长度，mm；

l_0——试样的基准长度，mm。

测量精度要求：同一试验人员，同一仪器，测量同一试件其误差不应超过 ±0.02%；不同试验人员，同一仪器，测量同一试件，其误差不应超过 ±0.03%。

4.3.12.4 结果评定

同一块岩石所取的试件中，取其膨胀率最大的一个测定值作为该岩石碱活性分析的依据，其余数据不予考虑。试件浸泡84d的膨胀率如超过0.10%，则认为岩石样品应评为具有潜在碱活性危害，必要时应根据混凝土试验结果作出最后评定。

4.4 轻集料

本节所述轻集料试验方法适用于混凝土用的轻集料的质量检验。试验用的轻集料试样，均应在恒温温度为105~110℃条件下干燥至恒量（是指相邻两次称量时间间隔不得小于2h，其相邻两次称量值之差不大于该项试验要求的精度时，则称为恒量）。抽取的试样总料量应多于试验用料量（按表4-4-1）的一倍，并拌合均匀后，按四分法缩减到试验所需的用料量（见表4-4-1）。

表 4-4-1 轻集料试验所需的取样数量

序号	试验项目	试样用料量/L		
		细集料	粗集料	
			$D_{max} \leqslant 19.0\,mm$	$D_{max} > 19.0\,mm$
1	颗粒级配（筛分析）	2	10	20
2	堆积密度	15	30	40
3	表观密度		4	4
4	筒压强度		5	5
5	强度等级		20	20
6	吸水率		4	4
7	软化系数		10	10
8	粒型系数		2	2
9	含泥量及泥块含量		5~7	5~7
10	煮沸质量损失		2	4
11	烧失量	1	1	1
12	硫化物及硫酸盐含量	1	1	1
13	有机物含量	6	3~8	4~10
14	氯化物含量	1	1	1
15	放射性	3	3	3

4.4.1　颗粒级配（筛分析）

本试验方法适用于测定轻集料的颗粒级配及细度模数。

4.4.1.1　仪器设备

a　试验套筛：筛分粗集料的方孔筛孔径为 37.5mm、31.5mm、26.5mm、19.0mm、16.0mm、9.50mm 和 4.75mm 共计 7 种；筛分细集料的方孔筛孔径为 9.50mm、4.75mm、2.36mm、1.18mm、600μm、300μm 和 150μm 共计 7 种，并附有筛底和筛盖。套筛直径应为 ϕ 300mm。

b　电动振筛机：振幅（5±0.1）mm，频率为（50±3）Hz。

c　天平或台秤：称量粗集料用 10kg（感量为 5g）的台秤；称量细集料用 5kg（感量为 5g）的天平。

d　干燥箱：温度控制精度在 ±5℃。

4.4.1.2　试验步骤

a　按表 4-4-2 进行取样，将试样至于干燥箱中干燥至恒量后，分成二等份，分别称取试样质量。

表 4-4-2　颗粒级配试验取样数量

集料粒径	粗集料		细集料
	$D_{max} \leqslant 19.0$mm	$D_{max} > 19.0$mm	
试样取样量/L	10	20	2

b　将筛子按孔径从小到大顺序叠置，孔径最小者置于最下层，附上筛底。将已称好的一份试样倒入最上层筛子里，加盖筛盖，顺序过筛。

c　筛分粗集料时，当每号筛上筛余层厚度大于该试样的最大粒径时，应分两次筛分，直至各筛每分钟通过量不超过试样总量的 0.1%，否则应继续筛分。

d　细集料筛分可先用电动振筛机过筛 10min 后，取下用手逐个过筛，也可直接用手筛，直至每分钟通过量不超过试样总量的 0.1% 即可。试样在各筛上的筛余量均不得超过 0.4L，否则，应将该筛余试样分成两份进行筛分，并以其筛余量之和作为该号筛的筛余量。

e　称取各号筛的筛余量。所有各筛的分计筛余量和筛底中剩余量的总和，与筛分前的试样总量相比，相差不得超过 1%，否则应重新取样试验。

4.4.1.3　结果计算与评定

a　计算分计筛余百分率：每号筛上的筛余量除以试样总量的质量分数，计算精确至 0.1%。

b　计算累计筛余百分率：每号筛上的分计筛余百分率与大于该号筛的各号筛上的分计筛余百分率之和，计算精确至 1%。

c　根据各筛的累计筛余百分率，按照 GB/T 17431.1—2010 表 1 评定该轻集料的颗粒级配。

d　轻细集料的细度模数 M_x 按式（4-4-1）计算（精确至 0.1）：

$$M_x = \frac{(A_2 + A_3 + A_4 + A_5 + A_6) - 5A_1}{100 - A_1} \tag{4-4-1}$$

式中　A_1、A_2、A_3、A_4、A_5、A_6——分别为 4.75mm、2.36mm、1.18mm、600μm、300μm 和 150μm 孔径筛上的累计筛余百分率，%。

e　取两次试验结果的算术平均值作为试验结果。两次测定值所得的细度模数之差大于 0.20 时，应重新取样进行试验。

4.4.2　表观密度

4.4.2.1　仪器设备

a　天平：最大称量 1kg，感量为 1g。

b　烘箱：温度控制精度为 ±5℃。

c　量筒：容积为 1000mL。

d　带盖金属盘（40cm×30cm）、2.36mm 试验筛、取样勺、毛巾等。

4.4.2.2　试验步骤

a　取 4L 试样，用筛孔为 2.36mm 的筛子过筛，取筛余物干燥至恒量，备用。

b　把干燥后的试样拌匀后，称取 300~500g（超轻集料称取 100~150g）放入量筒，加入蒸馏水使试样浸入水中 1h（如有颗粒漂浮水面，应采用带柄的圆形金属板将其压入水中）后取出，倒入 2.36mm 的筛上，滤水 1~2min，然后倒入拧干的湿毛巾上，用手握住毛巾两端，使其成为槽形，让集料在毛巾上来回滚动 8~10 次，倒入搪瓷盘里。

c　将试样倒入 1000mL 量筒中，再注入 500mL 蒸馏水。如有试样漂浮于水上，可用已知体积（V_r）的圆形金属板压入水中，读取量筒的水位（V_t）。

4.4.2.3　结果计算与评定

轻集料的颗粒表观密度 ρ_{ap} 按下式计算（精确至 1kg/m³）：

$$\rho_{ap} = \frac{m \times 1000}{V_t - V_r - 500}(\text{kg/m}^3) \tag{4-4-2}$$

式中　m——烘干试样的质量，g；

　　　V_r——圆形金属板的体积，mL；

　　　V_t——试样、圆形金属板和水的总体积，mL。

以两次测定值的算术平均值作为试验结果。如两次测定值之差大于平均值的 2%，应重新取样进行试验。

4.4.3　堆积密度和空隙率

4.4.3.1　仪器设备

a　电子秤：最大称量 30kg 台秤（感量为 1g）或最大称量 60kg（感量为 2g）的电子秤。

b　烘箱：温度控制精度为 ±5℃。

c　容量筒：金属圆筒，容积为 10L、5L（粗集料用 10L 的容量筒，细集料用 5L 的容量筒）。

d　平头铁锹或取样勺、浅盘、直尺等。

4.4.3.2 试验步骤

取 30~40L 粗集料或 15~20L 细集料，放入烘箱内干燥至恒量。分成两份，备用。

用取样勺或料铲将试样从离容器口上方 50mm 处（或采用标准漏斗）均匀倒入，让试样自然落下，不得碰撞容量筒。装满后使容量筒口上部试样成锥体，然后用直尺沿容量筒边缘从中心向两边刮平，表面凹陷处用粒径较小的集料填平后，称量。

4.4.3.3 结果计算与评定

堆积密度 ρ_{pu} 按式（4-4-3）计算（精确至 $1kg/m^3$）：

$$\rho_{bu} = \frac{m_t - m_v}{V} \times 1000 (kg/m^3)$$ （4-4-3）

式中 V——容量筒容积，L；

m_v——容量筒的质量，kg；

m_t——容量筒和试样的总质量，kg。

堆积密度取两次测定值的算术平均值作为试验结果，精确至 $1kg/m^3$。

通过测定粗集料堆积密度和颗粒表观密度，经计算确定轻集料在自然堆积状态下颗粒间的空隙率。粗集料的空隙率 v 按式（4-4-4）计算（精确至 1%）：

$$v = \left(1 - \frac{\rho_{bu}}{\rho_{ap}}\right) \times 100 (\%)$$ （4-4-4）

式中 ρ_{ap}——粗集料的颗粒表观密度，kg/m^3；

ρ_{bu}——粗集料的堆积密度，kg/m^3。

4.4.4 吸水率试验

4.4.4.1 仪器设备

a 天平：最大称量 1kg，感量为 1g。

b 烘箱：温度控制精度为 ±5℃。

c 试验筛：筛孔为 2.36mm 的试验筛。

d 容器：如浅盘、搪瓷盘及棉毛巾等。

4.4.4.2 试验步骤

a 取 4L 试样，用筛孔为 2.36mm 的筛子过筛，取筛余物干燥至恒量，备用。

b 把试样拌合均匀，分成三等份，分别称量，然后放入盛水的容器中。如有颗粒漂浮于水上，应将其压入水中。

c 试样浸水 1h 或 24h 后，将试样倒入 2.36mm 的筛上，滤水 1~2min，然后倒入拧干的湿毛巾上，用手握住毛巾两端，使其成为槽形，让集料在毛巾上来回滚动 8~10 次后，倒入搪瓷盘里，然后称量。

4.4.4.3 结果计算与评定

轻集料吸水率 w_a 按式（4-4-5）计算（精确至 0.1%）：

$$w_a = \frac{m_1 - m_0}{m_0} \times 100 (\%)$$ （4-4-5）

式中 w_a——粗集料 1h 或 24h 吸水率，%；

m_0——干燥试样的质量，g；

m_1——浸水后饱和面干试样的质量，g。

以三次测定值的算术平均值作为试验结果。

4.4.5　含泥量

适用于测定轻粗集料中小于 75μm 的尘屑和泥土含量。

4.4.5.1　仪器设备

a　天平：称量不大于 2kg，感量为 1g。

b　烘箱：温度控制精度为 ±5℃。

c　容器：容积约为 10L 的容器（桶或瓷盆）及烘干用的浅盘或搪瓷盘等。

d　试验筛：孔径为 9.50mm、1.18mm 和 75μm 的筛子各一个。

4.4.5.2　试验步骤

量取 5～7L 试样（注意防止细粉丢失），干燥至恒量，冷却至室温，备用。

称取 1000～2000g 干燥后的试样装入瓷盆里，加水将其浸没，静置 12h，然后搅拌 5min，使尘屑和泥土与集料颗粒在水中分离。将 9.50mm、1.18mm 和 75μm 筛子叠置（按筛孔由大到小从上往下叠置），先用水浸湿，然后将试样和水一起倒入套筛上，滤去小于 75μm 的颗粒。用水流冲洗筛上（从最大筛孔的筛子开始）集料，直至筛上筛余物中看不见有泥土，以及冲洗后的水变清澈为止。最后将 75μm 筛子放在水中（使水面略高出筛内颗粒）来回摇动，以充分洗去小于 75μm 的尘屑。将三个筛上的筛余物，从最小号筛开始一并倒入搪瓷盘中，置于烘箱中干燥至恒量，取出，冷却至室温后，称量试样的质量。

4.4.5.3　结果计算与评定

集料的含泥量 w_{du} 按式（4-4-6）计算（精确至 0.1%）：

$$w_{du} = \frac{m_0 - m_1}{m_0} \times 100(\%)$$ （4-4-6）

式中　m_0——试验前没有冲洗的干燥试样质量，g；

m_1——冲洗并干燥后试样的质量，g。

以两个试样的测定值的算术平均值作为试验结果。如两次测定值的差值大于 0.2%，应重新取样进行试验。

4.4.6　泥块含量

4.4.6.1　仪器设备

a　天平：最大称量 1kg 天平，感量为 1g；最大称量 5kg 台秤，感量为 5g。

b　烘箱：温度控制精度为 ±5℃。

c　容器：容积约为 10L 的容器（桶或瓷盆）及烘干用的浅盘或搪瓷盘等。

d　试验筛：孔径为 2.36mm 和 4.75mm 的筛子各一个。

4.4.6.2　试验步骤

量取 5～7L 试样（注意防止细粉丢失），筛去 4.75mm 以下颗粒后，用四分法缩分至 3kg 试样量（对超轻集料称取试样量为 1.5～2kg）。取两份试样放在烘箱中干燥至恒量，冷却至室温后，分别称量（m_3）。

将称取好的干燥试样装入瓷盆里并摊成薄层，加水将其浸没。在浸水静置24h后，把水放出，用手压碎泥块，然后把试样放在2.36mm筛上用水冲洗，冲洗至水变清澈为止。将2.36mm筛上的筛余物倒入搪瓷盘中，置于烘箱中干燥至恒量，取出，冷却至室温后，称取洗后试样质量（m_4）。

4.4.6.3　结果计算与评定

集料的泥块含量w_{cl}按式（4-4-7）计算（精确至0.1%）：

$$w_{cl} = \frac{m_3 - m_4}{m_3} \times 100(\%)\tag{4-4-7}$$

式中　m_3——试验前试样的干燥质量，g；

m_4——试验后试样的干燥质量，g。

以两个试样的测定值的算术平均值作为试验结果。如两次测定值的差值大于0.2%，应重新取样进行试验。

4.4.7　筒压强度

4.4.7.1　仪器设备

a　承压筒：由内径ϕ115mm的圆柱筒体［另带筒底，图4-4-1（a）］、外径ϕ113圆柱冲压模［图4-4-1（b）］和导向筒三部分组成（图4-4-1）。筒体可用无缝钢管制作，有足够刚度，筒体内表面和冲压模底面须经渗碳处理。筒体可拆装，并装有把手。冲压模外表面有刻度线，以控制装料高度和压入深度。导向筒用以导向和防止偏心。

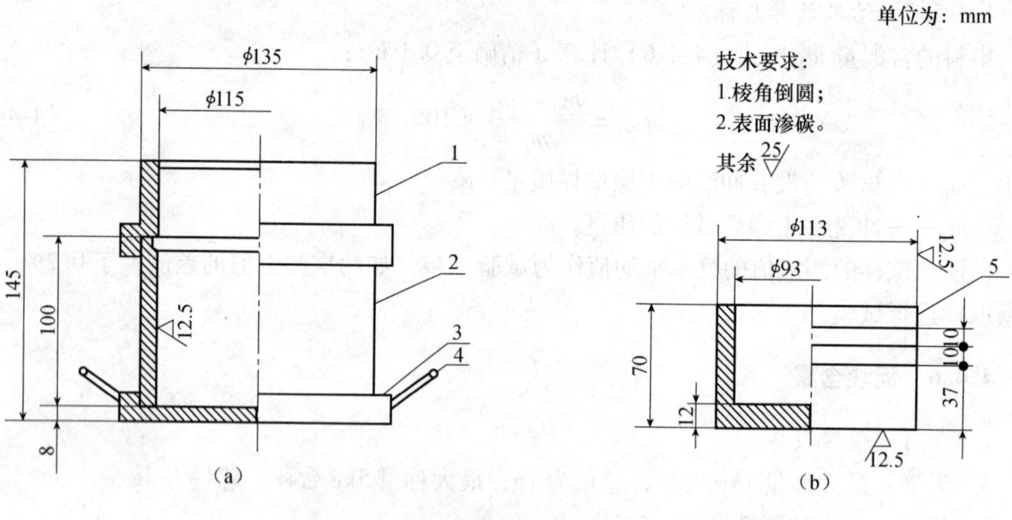

图4-4-1　测定轻集料筒压强度的承压筒
1—导向筒；2—筒体；3—筒底；4—把手；5—冲压模

b　压力机：根据筒压强度的大小选择合适吨位的压力机，使测定值位于压力机量程的20%～80%范围内，示值相对误差不大于1%。

c　天平：最大称量5kg，感量为5g。

d　烘箱（干燥箱）：温度控制精度 ±5℃。

4.4.7.2　试验步骤

a　筛取 5L 10～20mm 公称粒级（粉煤灰陶粒允许按 10～15mm 公称粒级；超轻陶粒可按 5～10mm 或 5～20mm 公称粒级）的试样，其中 10～15mm 公称粒级的试样体积分数应占 50%～70%。

b　将带筒底的承压筒放置在地面上，用料铲将试样从离承压筒口上方 50mm 处均匀倒入，让试样自然落下，装试样至高出筒口，放在混凝土振动台上振动 3s，再装试样至高出筒口，放在混凝土振动台上振动 5s，齐筒口刮（或补）平试样。

c　装上导向筒和冲压模，使冲压模的下刻度与导向筒的上缘对齐。

d　把承压筒放在压力机的下压板上，对准压板中心，以 300～500N/s 的速度匀速加荷。当冲压模压入深度为 20mm 时，记下压力值。

4.4.7.3　结果计算与评定

粗集料的筒压强度 f_a 按式（4-4-8）计算（精确至 0.1MPa）：

$$f_a = \frac{p_1 + p_2}{F} \tag{4-4-8}$$

式中　p_1——压入深度为 20mm 时的压力值，N；

　　　p_2——冲压模的质量，质量为 1kg 的物体所受重力约为 10N，N；

　　　F——承压面积（即冲压模面积，$F = 10000\text{mm}^2$）。

轻粗集料的筒压强度以 3 次测定值的算术平均值作为试验结果。若 3 次测定值中最大值和最小值之差大于平均值的 15% 时，须重新取样进行试验。

4.4.8　软化系数

软化系数是通过测定轻粗集料浸水前后强度的变化，反映轻粗集料的耐水强度。

4.4.8.1　仪器设备

软化系数试验应采用的仪器设备与吸水率及筒压强度试验所需设备相同。

4.4.8.2　试验步骤

取 10L 轻集料试样（公称粒级与筒压强度试验相同），其中 5L 按照吸水率试验方法浸水 1h 制备成饱和面干试样。

按照筒压强度试验方法分别测定干燥试样和饱和面干试样的筒压强度值。

4.4.8.3　结果计算与评定

轻粗集料的软化系数 ψ 按式（4-4-9）计算（精确至 0.01）：

$$\psi = \frac{f_1}{f_0} \tag{4-4-9}$$

式中　f_1——浸水 1h 的饱和面干粗集料的筒压强度值，MPa；

　　　f_0——干燥状态下粗集料的筒压强度值，MPa。

软化系数以 3 次测定值的算术平均值作为试验结果。

4.4.9 强度等级

强度等级是指轻集料按照规定试验方法制成的混凝土的合理强度值。本方法适于用混凝土试验方法测定人造轻粗集料的强度等级。强度等级划分为 20、25、30、35、40 和 50 六个等级。

4.4.9.1 仪器设备及材料

a 压力试验机：示值相对误差不大于 1%。

b 混凝土试验振动台及试模（100mm×100mm×100mm）。

c 天平及台秤：最大称量 2kg、感量为 1g 的天平和最大称量 5kg、感量为 5g 的台秤。

d 砂浆搅拌机。

e 所用材料：天然中砂（$M_x = 2.3 \sim 3.0$）和通用硅酸盐水泥（强度等级不小于 42.5 级）。

4.4.9.2 试验步骤

a 筛取 20L 5～20mm 公称粒级的轻粗集料作为试样，将试样浸水 24h 后取出，按照表观密度试验方法制备成饱和面干试样，然后盖上湿布，备用。称取 300g 饱和面干试样，测定并计算其饱和面干轻粗集料的表观密度值。

b 砂浆的制备：应使砂浆满足成型和易性和强度（7d 强度达到 45～60MPa）的要求。在无经验时，砂浆配合比为水泥∶砂∶水 = 1∶1∶（0.40～0.45）。

砂浆量按 20L 计算，则材料用量分别按下式计算：

水泥用量（kg）：$m_c = 0.020 \times \rho_m \dfrac{1}{1 + 1 + (0.40 \sim 0.45)}$

砂用量（kg）：$\quad m_s = m_c \times 1.0$

用水量（kg）：$\quad m_w = m_c \times (0.40 \sim 0.45)$

式中 ρ_m——新拌砂浆的表观密度（kg/m^3），若无试验值，可按 $2200kg/m^3$ 取值。

先将砂和水泥在砂浆搅拌机中干拌均匀后，再加水搅拌成砂浆。

c 混凝土拌合物的制备：应使制备的混凝土拌合物中轻粗集料的绝对体积含量为规定的 45%。

为确保每个试件内的绝对体积含量恒定，每个混凝土拌合物试件的轻粗集料和砂浆应单独称量和拌合。其用量按下式计算：

每个混凝土拌合物试件（边长 100mm 立方体）的饱和面干轻粗集料用量 $m(kg)$：

$$m = n \times V \times \rho_{ap}$$

每个混凝土拌合物试件（边长 100mm 立方体）的水泥砂浆用量 $m_m(kg)$：

$$m_m = (1 - n) \times V \times \rho_m$$

式中 ρ_{ap}——饱和面干轻粗集料的表观密度，kg/m^3；

n——每个混凝土拌合物试件中轻粗集料的绝对体积含量，$n = 0.45$；

V——试件体积，$V = 0.001m^3$。

将称取的轻粗集料和砂浆在球形钵中用铲拌合成混凝土拌合物。拌合前，球形钵和铲应先用水润湿，拌合时间应不少于 2min。

d　将拌合物装入试模并在振动台上振实成型，共成型 100mm × 100mm × 100mm 的砂浆和混凝土试件各 9 个，以及预测强度用的伴随砂浆试件 3 个。当混凝土拌合物试件振实抹光时，只允许将多余的砂浆刮去，不准将上浮的轻粗集料剔除。如果振实时试模内拌合物的量不够，应填补砂浆。

e　试件成型一昼夜后拆模，并分成 3 大组编号，每大组包括 3 个砂浆和 3 个混凝土试件各一组。连同 3 个伴随砂浆试件，同时放在水温为 20 ~ 40℃ 的水中养护至规定龄期。

f　试件在水中养护一周后，先测定伴随砂浆试件的抗压强度。当伴随砂浆试件抗压强度达到 45 ~ 60MPa 范围的任意龄期，可进行砂浆和轻粗集料混凝土试件的抗压强度试验。每个大组砂浆和混凝土试件应同时进行抗压强度试验。

若伴随砂浆试件抗压强度低于 45MPa，则所有砂浆和轻粗集料混凝土试件应继续在水中养护，直至砂浆试件的抗压强度达到 45MPa，再进行砂浆和混凝土试件的抗压强度试验。

试验前，应测定轻粗集料混凝土试件的湿表观密度。若一组中 3 块轻粗集料混凝土试件表观密度的最大值与最小值之差大于平均值的 5%，则此组试件应舍弃。

4.4.9.3　结果计算及评定

a　砂浆和轻粗集料混凝土试件立方体抗压强度 f 按式（4-4-10）计算（精确至 0.1MPa）：

$$f = \frac{p}{F}\qquad\qquad(4\text{-}4\text{-}10)$$

式中　f——砂浆和轻粗集料混凝土试件立方体抗压强度，MPa；

　　　p——破坏荷载，N；

　　　F——立方体试件受压面积，mm^2。

b　强度值的确定应符合下列规定：

b.1　以三个试件的算术平均值作为该组的强度值（精确至 0.1MPa）；

b.2　三个测定值中的最大值或最小值中如有一个与中间值的差值超过中间值的 15% 时，则把最大值和最小值一并舍除，取中间值作为该组试件的抗压强度值；

b.3　如果最大值和最小值与中间值的差值均超过中间值的 15%，则该组试件的试验结果无效。

c　轻粗集料的强度等级用图解法（图 4-4-2）确定。在图 4-4-2 中，根据砂浆抗压强度和对应的轻粗集料混凝土抗压强度，将轻粗集料划分为六个强度等级：20、25、30、35、40 和 50。

根据每个大组试件所得的砂浆抗压强度和轻粗集料混凝土抗压强度在图中的坐标位置，查图 4-4-2，按其在图中的区域，确定轻粗集料的强度等级。

3 大组试件试验结果中，至少应有 2 组的强度等级相同，则该强度等级确定为该轻粗集料的强度等级值，否则须重新取样进行试验。

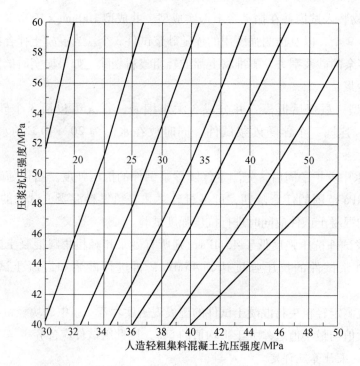

图 4-4-2　图解法确定人造轻粗集料（陶粒）强度等级图

4.4.10　煮沸质量损失

用于检验轻粗集料中生石灰等易分解物质对其安定性的影响。

4.4.10.1　仪器设备

a　天平：最大称量 2kg，感量为 1g。

b　轻粗集料筛分用筛子一套。

c　带盖带孔容器或自制的孔径不大于 2.36mm 的金属网篮。

d　干燥箱（烘箱）。

e　电炉及盛水容器或沸煮箱：盛水容器应可放入装有试样的带盖有孔容器。

4.4.10.2　试验步骤

a　试样制备

取 2～4L 轻粗集料试样，用与其公称粒级相应的最大和最小孔径筛子过筛，取公称粒级下限筛子上的试样，洗净颗粒表面粘附的碎屑和粉尘，干燥至恒量，分成两份备用。

b　试验步骤

称取干燥试样后装入带孔容器中，再放入盛水的容器中浸泡，容器中的水面应比带孔容器中的试样高出 20mm 以上。浸泡 48h 后再将盛水容器连同装有试样的带孔容器一起放在电炉上煮沸 4h，然后取出装有试样的带孔容器，干燥至恒量。取出集料，用孔径为试样粒级下限的筛子过筛，并称量筛余物质量。

4.4.10.3　结果计算与评定

轻粗集料煮沸质量损失 w_f 按式（4-4-11）计算（精确至 0.1%）：

$$w_f = \frac{m_1 - m_2}{m_1} \times 100 \qquad (4\text{-}4\text{-}11)$$

式中 m_1——试验前公称粒级下限筛上试样的干燥质量，g；

m_2——试验后公称粒级下限筛上筛余试样的干燥质量，g。

以两次测定值的算术平均值作为试验结果。

4.4.11 粒型系数

4.4.11.1 仪器设备

a 游标卡尺：200mm/0.02mm。

b 容器：容积为1L。

4.4.11.2 试验步骤

取1~2L干燥至恒量的试样，用四分法缩分后，随机拣出50粒。

用游标卡尺量取每个颗粒的长向最大值和中间截面处的最小尺寸，精确至1mm。

4.4.11.3 结果计算与评定

每个颗粒的粒型系数按式（4-4-12）计算（精确至0.1）：

$$K'_e = D_{max}/D_{min} \qquad (4\text{-}4\text{-}12)$$

式中 K'_e——每颗集料的粒型系数；

D_{max}——粗集料长向最大尺寸，mm；

D_{min}——粗集料颗粒中间截面的最小尺寸，mm。

粗集料的平均粒型系数按式（4-4-13）计算（精确至0.1）：

$$K_e = \frac{\sum_{i=1}^{n} K'_{e,i}}{n} \qquad (4\text{-}4\text{-}13)$$

式中 K_e——粗集料的平均粒型系数；

$K'_{e,i}$——某一颗粒的粒型系数；

n——被测试样的颗粒数，$n = 50$。

粒型系数试验应做平行试验，以两次测定值的算术平均值作为试验结果。

4.4.12 硫化物和硫酸盐含量

4.4.12.1 仪器设备

a 分析天平：称量为100g或200g，感量为0.1mg。

b 烘箱：温度可控制在 $[(105 \sim 110) \pm 5]℃$。

c 高温炉：最高温度不低于1200℃。

d 孔径为75μm试验筛、量筒、烧杯、干燥器、30mL瓷坩埚、瓷研钵等。

4.4.12.2 试剂药品

a 氨水（1:1）：浓氨水与蒸馏水按1:1体积比混合。

b 盐酸（1:1）：浓盐酸与蒸馏水按1:1体积比混合。

c 氯化钡溶液（100g/L）：称取10gBaCl$_2$溶于100mL蒸馏水中，若有浑浊过滤后使用。

d 硝酸银溶液（10g/L）：称取1g硝酸银溶于100mL蒸馏水中，再加入5～10mL硝酸，贮存于棕色瓶中。

e 甲基红指示剂溶液（2g/L）：将0.2g甲基红溶于100mL 95%乙醇中。

f 硝酸铵溶液（质量分数0.1%）。

4.4.12.3 试样制备

取1L干燥至恒量后的试样，破碎成最大粒径为2.36mm的颗粒（用轻细集料测定时，可不用破碎），用四分法缩分至100g。拌匀后再用四分法缩分至20～25g。把试样用研钵研磨成粉，使其全部通过75μm筛子，置烘箱中干燥至恒量，然后放入干燥器内，冷却至室温，备用。

4.4.12.4 试验步骤

用分析天平称取1g试样（m），放入300mL烧杯中，加入20～30mL蒸馏水及10mL盐酸（1:1），然后将烧杯放在电炉上煮沸，使试样充分分解，再加入蒸馏水稀释至约150mL。

将溶液加热至沸，取下，加入2～3滴甲基红指示剂溶液，在搅拌下滴加氨水（1:1），至溶液呈现黄色，过量滴加1～2滴氨水（1:1），再稍加煮沸，取下静置片刻，以快速滤纸过滤。用中性热硝酸铵溶液充分洗涤至氯根反应消失为止（用硝酸银溶液检验）。将滤液及洗涤液收集于400mL烧杯中。

在上述溶液中滴加盐酸（1:1）至溶液呈现红色，并过量2mL，加热浓缩至约150～200mL。在煮沸搅拌下滴加10mL氯化钡溶液，再煮沸数分钟，移至温热处静置2～4h或放置过夜。然后用慢速定量滤纸过滤，并用蒸馏水洗涤至氯根反应消失为止（用硝酸银溶液检验）。将沉淀物和滤纸一并放入已灼烧至恒量（m_1）的瓷坩埚内，置电炉上灰化后，在800℃高温炉内灼烧30min。取出坩埚，置于干燥器内冷却至室温，称量。如此反复灼烧至恒量（m_2）（前后两次称量误差小于0.02%，即为恒量）。

4.4.12.5 结果计算及评定

硫化物及硫酸盐含量（以SO_3质量分数计）按式（4-4-14）计算（精确至0.01%）：

$$w_{SO_3} = \frac{(m_2 - m_1) \times 0.343}{m} \times 100 \qquad (4\text{-}4\text{-}14)$$

式中 m——试样质量，g；

m_1——灼烧恒量的瓷坩埚质量，g；

m_2——灼烧恒量的瓷坩埚和灼烧后沉淀物的总质量，g；

0.343——$BaSO_4$折算成SO_3的换算系数。

以两次测定值的算术平均值作为试验结果。若两次测定值之差大于0.15%时，应重做试验。

4.4.13 烧失量试验

4.4.13.1 仪器设备

a 分析天平：称量为100g，感量为0.1mg。

b 天平：最大称量2kg，感量为1g。

c 烘箱：温度可控制在 [（105～110）±5]℃。

d　高温炉：最高温度不低于 1200℃。

e　孔径为 75μm 试验筛、干燥器、30mL 瓷坩埚、瓷研钵等。

4.4.13.2　试样制备

试样制备方法同 4.4.12.3。

4.4.13.3　试验步骤

用分析天平称取 1g 干燥试样，置于已在 950℃ 下灼烧至恒量的瓷坩埚中，放入高温炉内从室温开始逐渐升高温度，在 950℃ 下灼烧 45min 后，取出坩埚，置于干燥器中冷却至室温，称量。再灼烧 20min 后，取出坩埚，置于干燥器中冷却至室温，称量。前后两次称量误差小于 0.02%，即为恒量。

4.4.13.4　结果计算与评定

轻集料的烧失量按式（4-4-15）计算（精确至 0.02%）：

$$w_s = \frac{(m_1 - m_2)}{m} \times 100(\%) \tag{4-4-15}$$

式中　m——试样的质量，g；

m_1——灼烧前试样与坩埚的总质量，g；

m_2——灼烧后试样与坩埚的总质量，g。

以两次测定值的算术平均值作为试验结果。若两次结果的差值超过 0.20%，应重做试验。

4.4.14　有机物含量

4.4.14.1　仪器设备及标准溶液

a　天平：称量为 100g、感量为 0.01g 及称量为 1kg、感量为 0.5g 的天平各一台。

b　量筒：10mL、100mL 量筒，250mL 和 500mL 具塞量筒。

c　烧杯、玻璃搅棒、移液管、搪瓷盘和孔径为 4.75mm、19.0mm 的试验筛。

d　3% 氢氧化钠溶液：氢氧化钠与蒸馏水的质量比为 3:97。

e　鞣酸标准溶液：取 2g 鞣酸溶解于 98mL 的 10% 乙醇溶液中（无水乙醇 10mL 加蒸馏水 90mL）即得所需鞣酸母液。然后取 10mL 鞣酸母液加入到 390mL 浓度为 3% 的 NaOH 溶液中，加塞后剧烈摇动，静置 24h 即得鞣酸标准溶液。

4.4.14.2　试样制备

轻细集料取 6L；轻粗集料最大粒径 ≤19.0mm 时取 3~8L；粗集料最大粒径 >19.0mm 时取 4~10L。轻细集料用 4.75mm 的筛子过筛，粗集料用 19.0mm 的筛子过筛。取筛下集料，用四分法缩分，轻细集料取约 500g，轻粗集料取约 1kg，风干后备用。

4.4.14.3　试验步骤

向 250mL 具塞量筒中倒入轻粗集料试样至 130mL 刻度处，再注入浓度为 3% 的氢氧化钠溶液至 200mL 刻度处，加塞后剧烈摇动后静置 24h。

向 500mL 具塞量筒中倒入轻细集料试样至 300mL 刻度处，再注入浓度为 3% 的氢氧化钠溶液至 400mL 刻度处，加塞后剧烈摇动后静置 24h。

比较试样上部溶液和新配制鞣酸标准溶液的颜色，盛装标准溶液与盛装试样的量筒应大小一致，并尽量采用同厂家、同时购买的量筒进行试验。

4.4.14.4 结果评定

a 若试样上部溶液的颜色比新配制鞣酸标准溶液的颜色浅，以此作为试验结果。

b 如果两种溶液的颜色接近，则应将试样和溶液倒入烧杯中，放在温度为 60～70℃ 的水浴锅中加热 2～3h，然后再与鞣酸标准溶液进行比色。

c 如果试样溶液的颜色还深于鞣酸标准溶液的颜色，则应按下法作进一步检验：取一份试样，用 3% 氢氧化钠溶液洗出有机杂质，再用清水淘洗干净，直至试样用比色法检验时溶液的颜色浅于标准色。然后，用经淘洗和未淘洗的试样分别以相同的配合比配成和易性基本相同的轻集料混凝土或轻砂水泥砂浆，测定 7d 和 28d 的抗压强度，并计算未淘洗的试样制成的混凝土强度或砂浆强度与经淘洗的试样制成的混凝土强度或砂浆强度的比值，作为试验结果。

4.4.15 氯化物含量

4.4.15.1 仪器设备和试剂

a 天平：称量为 1000g，感量为 0.1g。

b 烘箱：温度可控制在（105±5）℃。

c 滴定管：10mL 或 25mL，分度值 0.1mL（需进行校准）。

d 玻璃仪器：具塞磨口瓶、量筒、三角烧杯、容量瓶、移液管等。

e 5% 铬酸钾指示剂：称量 5g 铬酸钾，溶于 100mL 蒸馏水中。

f 硝酸银标准液（0.01mol/L）：称取 1.7g 硝酸银（分析纯）溶于 1L 蒸馏水中，摇匀并贮存于棕色瓶中，用 0.01mol/L NaCl 标准溶液对其进行标定。

g 氯化钠标准溶液（0.01mol/L）：将 NaCl（基准试剂）于 130～150℃ 烘干冷却后，准确称取 0.5845g 的 NaCl，用水溶解后，转移至 1L 容量瓶中，用水稀释至标线，摇匀。

4.4.15.2 试验步骤

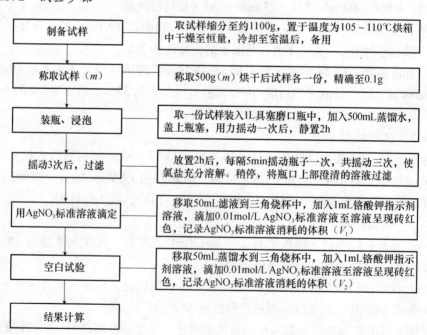

4.4.15.3　结果计算与评定

轻集料中氯化物含量 w_{Cl} 按式（4-4-16）计算（精确至 0.001%）：

$$w_{Cl} = \frac{c_{AgNO_3}(V_1 - V_2) \times 35.5 \times 10}{m \times 1000} \times 100 = \frac{c_{AgNO_3}(V_1 - V_2) \times 35.5}{m} \qquad (4\text{-}4\text{-}16)$$

式中　c_{AgNO_3}——硝酸银标准溶液的浓度，mol/L；

m——试样的质量，g；

V_1——滴定试样时消耗 $AgNO_3$ 标准溶液的体积，mL；

V_2——空白试验时消耗 $AgNO_3$ 标准溶液的体积，mL。

以两次平行测定值的算术平均值作为试验结果。

4.5　矿物掺料

在混凝土搅拌过程中加入的、具有一定细度和活性的用于改善新拌合硬化混凝土性能（特别是耐久性）的矿物类产品，称为混凝土矿物掺料。当前广泛使用的矿物掺料有矿渣粉、粉煤灰、硅粉、天然沸石粉及其复合物。

4.5.1　细度试验

通过测定 45μm 筛的筛余质量分数来测定矿物掺料的细度。

4.5.1.1　仪器设备

a　试验筛：45μm 方孔负压筛。负压筛应附有透明筛盖并与筛上口有良好的密封性。

b　负压筛析仪：由筛座、负压筛、负压源及收尘器组成，其中筛座由转速为（30 ± 2）r/min 的喷气嘴、负压表、控制板、微电机及机壳等构成。

负压筛析仪的负压可调控在 4 ~ 6kPa。时间调控器可调控时间在 3min。

c　天平：量程不小于 50g，最小分度值不大于 0.01g。

4.5.1.2　检测流程

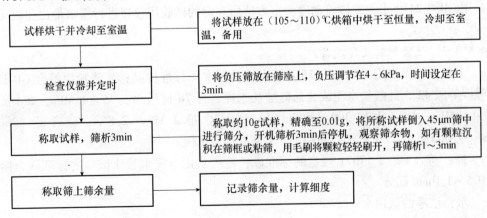

4.5.1.3　结果计算

矿物掺料的细度按下式计算（精确至 0.1%）：

$$F = \frac{G_1}{G} \times 100(\%)$$ (4-5-1)

式中　F——矿物掺料的筛余质量分数,%;

　　　G_1——矿物掺料筛余物的质量,g;

　　　G——矿物掺料试样的质量,g。

试验筛修正系数 K 按下式计算（精确至 0.1）:

$$K = m_0/m$$ (4-5-2)

式中　m_0——标准样品给定的筛余标准值,%;

　　　m——标准样品在试验筛上的筛余实测值,%。

矿物掺料细度结果修正按下式计算:

$$F_c = K \cdot F(\%)$$ (4-5-3)

式中　F_c——试样修正后的筛余质量分数,%;

　　　F——试样修正前的实测筛余质量分数,%;

　　　K——试验筛修正系数。

4.5.1.4　注意事项

a　当负压筛析仪工作负压小于 4kPa 时,应清理吸尘器内粉尘,使负压恢复到 4~6kPa。

b　试验筛必须保持洁净,筛孔通畅。应定期（1~3 个月）用弱酸（硼酸）浸泡,用毛刷轻轻刷洗,用淡水冲净、晾干。

c　试验筛应在筛析 150 个样品后进行筛网的校正,用已知 45μm 标准筛筛余质量分数的标准样品对所用试验筛进行校准,得到修正系数。当试验筛修正系数 K 超出 0.8~1.2 的范围时,该试验筛不能用于矿物掺料细度检测。

4.5.2　需水量比及流动度比试验

粉煤灰、沸石粉测定需水量比,矿渣粉测定流动度比。

4.5.2.1　仪器设备

采用 GB/T 2419 水泥胶砂流动度测定方法所规定的试验用仪器进行需水量比和流动度比的测定。

4.5.2.2　试验材料及环境条件

a　水泥:粉煤灰用 GSB 14—1510 强度检验用水泥标准样品;矿渣粉用符合 GB 175 规定的强度等级 42.5 硅酸盐水泥或普通硅酸盐水泥,且 7d 抗压强度 35~45MPa,28d 抗压强度 50~60MPa;比表面积 300~400m²/kg;SO_3 含量 2.3%~2.8%;碱含量（Na_2O + 0.658K_2O）0.5%~0.9%;沸石粉用 P·I 型硅酸盐水泥。

b　砂:符合 GB/T 17671 规定的标准砂;粉煤灰用于需水量比试验的标准砂为标准砂中的 0.5~1.0mm 部分。

c　水:洁净的饮用水。

d　矿物掺料:受检的矿物掺料试样。

e　试验室环境应符合水泥胶砂强度试验（GB/T 17671）的规定,试验用各种材料和用具应预先放入室内,使其达到与试验室相同的温度。

f　胶砂配合比：详见表 4-5-1。

表 4-5-1　胶砂配合比

材料	粉煤灰		矿渣粉		沸石粉	
	基准胶砂	受检胶砂	基准胶砂	受检胶砂	基准胶砂	受检胶砂
水泥	250	175	450	225	300	210
矿物掺料	—	75	—	225	—	90
标准砂	750	750	1350	1350	750	750
水	125	流动度为 130~140mm 的用水量	225	225	流动度为 125~135mm 的用水量	

4.5.2.3　检测流程

粉煤灰和沸石粉需水量比检测流程见本书 4.1.8 节水泥胶砂流动度测定方法，分别测定基准胶砂和受检胶砂的流动度在规定范围时的用水量，计算需水量比。矿渣粉则测定基准胶砂和受检胶砂的流动度，计算流动度比。

4.5.2.4　结果计算

a　需水量比 R_W 按式（4-5-4）计算（计算结果取整数）：

$$R_W = \frac{W_t}{W} \times 100(\%) \tag{4-5-4}$$

式中　R_W——受检材料的需水量比，%；

$\quad\quad W_t$——受检胶砂的用水量，g；

$\quad\quad W$——基准胶砂的用水量，g。

b　流动度比 R_L 按式（4-5-5）计算（计算结果取整数）：

$$R_L = \frac{L}{L_0} \times 100(\%) \tag{4-5-5}$$

式中　L_0——基准胶砂的流动度，mm；

$\quad\quad L$——受检胶砂的流动度，mm。

4.5.3　活性指数（或抗压强度比）试验

粉煤灰、矿渣粉、硅灰测定活性指数，沸石粉则测定抗压强度比。

4.5.3.1　仪器设备

采用 GB/T 17671 水泥胶砂强度检验方法（ISO 法）中所规定的仪器进行活性指数（或抗压强度比）的测定。

4.5.3.2　试验材料及环境条件

a　水泥：粉煤灰用 GSB 14—1510 强度检验用水泥标准样品；矿渣粉用符合 GB 175 规定的强度等级 42.5 硅酸盐水泥或普通硅酸盐水泥，且 7d 抗压强度 35~45MPa，28d 抗压强度 50~60MPa；比表面积 300~400m^2/kg；SO_3 含量 2.3%~2.8%；碱含量（Na_2O + 0.658K_2O）0.5%~0.9%；沸石粉用 P·I 型硅酸盐水泥。

b　砂：符合 GB/T 17671 规定的标准砂。

c 水：洁净的饮用水。

d 矿物掺料：受检的矿物掺料试样。沸石粉含水率应小于 1.0%，细度应符合相应等级要求。

e 试验室环境应符合水泥胶砂强度试验（GB/T 17671）的规定，试验用各种材料和用具应预先放入室内，使其达到与试验室相同的温度。

f 胶砂配合比：详见表4-5-2。

表 4-5-2　胶砂配合比

材料	基准胶砂/g	受检胶砂/g				备注
		矿渣粉	粉煤灰	天然沸石	硅灰	
水泥	450±2（沸石粉、硅灰为540g）	225±1	315±1	378±1	486±1	本表所示为一次搅拌成型量
矿物掺料	—	225±1	135±1	162±1	54±1	
标准砂	1350±5	1350±5				
水/mL	225±1（沸石粉为238，硅灰同受检胶砂）	225±1（沸石粉按水胶比=0.48计算用水量，硅灰按流动度为110~120mm的用水量）				

4.5.3.3　检测流程

活性指数检测按本书第4.1.6节水泥强度试验方法进行，分别测定基准胶砂和受检胶砂的相应龄期（粉煤灰和沸石粉为28d，；矿渣粉为7d及28d）的抗压强度值。

4.5.3.4　结果计算

在测得相应龄期基准胶砂和受检胶砂抗压强度后，活性指数（或抗压强度比）A 按下式计算（计算结果取整数）：

$$A = \frac{R_t}{R_0} \times 100(\%) \tag{4-5-6}$$

式中　R_0——基准胶砂相应龄期的抗压强度，MPa；

　　　R_t——受检胶砂相应龄期的抗压强度，MPa。

4.5.4　含水率试验

4.5.4.1　仪器设备

a 干燥箱：可控温度不低于110℃，最小分度值不大于2℃。

b 天平：量程不小于100g，最小分度值不大于0.01g。

4.5.4.2　检测流程

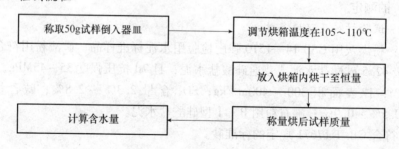

4.5.4.3　结果计算

含水量 w 按式（4-5-7）计算（计算至 0.1%）：

$$w = \frac{m_1 - m_0}{m_1} \times 100(\%)\tag{4-5-7}$$

式中　w——受检材料的含水量，%；

m_1——烘干前试样的质量，g；

m_0——烘干后试样的质量，g。

4.5.5　密度及比表面积试验

密度测定按照本书第 4.1.2 节水泥密度测定方法进行；比表面积测定按照本书第 4.1.4 节水泥比表面积测定方法（勃氏法）进行。

4.5.6　烧失量试验

4.5.6.1　仪器设备

a　高温炉：应使用温度控制器，准确控制炉温，并定期进行校准。

b　分析天平：不低于四级，最小分度值不大于 0.1mg。

4.5.6.2　检测流程

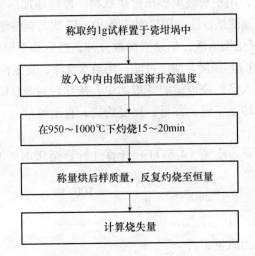

4.5.6.3　结果计算

烧失量 w_{LOI} 按下式计算（计算至 0.01%）：

$$w_{LOI} = \frac{m_1 - m_2}{m_1} \times 100(\%)\tag{4-5-8}$$

式中　w_{LOI}——烧失量的质量分数，%；

m_1——试样的质量，g；

m_2——灼烧后试样的质量，g。

矿物掺料的烧失量以两次试验平均值表示，同一试验室的允许差为 0.15%。

矿渣粉在灼烧过程中，由于硫化物的氧化引起的误差，可通过下式进行校正：

$$w_{O_2} = 0.8 \times (w_{灼SO_3} - w_{未灼SO_3})$$ (4-5-9)

$$w_{校正} = w_{测} + w_{O_2}$$ (4-5-10)

式中 w_{O_2}——灼烧过程中吸收空气中氧的质量分数,%;

$w_{灼SO_3}$——矿渣灼烧后测得的 SO_3 质量分数,%;

$w_{未灼SO_3}$——矿渣未经灼烧时测得的 SO_3 质量分数,%;

$w_{校正}$——矿渣粉校正后的烧失量(质量分数),%;

$w_{测}$——矿渣粉试验测得的烧失量(质量分数),%。

4.5.7 三氧化硫试验

4.5.7.1 仪器设备及化学试剂

a 高温炉:应使用温度控制器,准确控制炉温,并定期进行校准。

b 分析天平:不低于四级,最小分度值不大于 0.1mg。

c 盐酸(1+1):1 份体积浓盐酸与 1 份体积的水相混合。

d 氯化钡溶液(100g/L):将 100g 二水氯化钡溶于水中,加水稀释至 1L。

4.5.7.2 检测流程

称取约 0.5g 试样(m_1),精确至 0.1mg,置于 300mL 烧杯中,加入 30~40mL 水使其分散。加 10mL 盐酸(1+1),用平头玻璃棒压碎块状物,慢慢地加热,直至试样分解完全,将溶液加热微沸 5min。用中速滤纸过滤,用热水洗涤 10~12 次。调整滤液体积至 200mL,煮沸,在搅拌下滴加 10mL 热的氯化钡溶液,继续煮沸数分钟,然后移至温热处静至 4h 或过夜(此时溶液体积应保持在 200mL)。用慢速滤纸过滤,用温水洗涤,直至检验无氯离子为止。

将沉淀及滤纸一并移入已灼烧恒量的瓷坩埚中,灰化后在 800℃ 的马弗炉内灼烧 30min,取出坩埚置于干燥器中冷却至室温,称量。反复灼烧,直至恒量。

4.5.7.3 结果计算

三氧化硫的质量分数 w_{SO_3} 按式(4-5-11)计算(计算至 0.01%):

$$w_{SO_3} = \frac{m_2 \times 0.343}{m_1} \times 100(\%)$$ (4-5-11)

式中 m_1——试样的质量,g;

m_2——灼烧后试样的质量,g;

0.343——硫酸钡对三氧化硫的换算系数。

矿物掺料的三氧化硫含量以两次试验平均值表示,同一试验室的允许差为 0.15%,不同试验室的允许差为 0.20%。

4.5.8 游离氧化钙含量试验(乙二醇法)

4.5.8.1 仪器设备及化学试剂

a 分析天平:不低于四级,最小分度值不大于 0.1mg。

b 乙二醇:含水量小于 0.5%,每升乙二醇中加入 5mL 甲基红-溴甲酚绿混合指示剂溶液。

4.5.8.2　检测流程

称取约1g试样，置于干燥的内装有一根搅拌子的200mL锥形瓶中，加40mL乙二醇并盖紧，用力摇荡，在65～70℃水浴上加热30min，每隔5min摇荡一次。用安有合适孔隙干滤纸烧结玻璃过滤漏斗抽气过滤（如过滤速度过慢，应在过滤漏斗上安一个带有钠石灰管的橡皮塞），用无水乙醇或热的乙二醇仔细洗涤锥形瓶和沉淀共三次，每次用量10mL，卸下滤液瓶，用盐酸标准滴定溶液滴定至溶液颜色由褐色变为橙色。

4.5.8.3　结果计算

游离氧化钙的质量分数按式（4-5-12）计算：

$$w_{\text{fCaO}} = \frac{T \times V}{m \times 1000} \times 100 \tag{4-5-12}$$

式中　w_{fCaO}——游离氧化钙的质量分数，%；

　　　　T——每毫升盐酸标准滴定溶液相当于氧化钙的毫克数，mg/mL；

　　　　V——滴定所用盐酸标准毫升溶液的体积，mL；

　　　　m——试样的质量，g。

以两次试验结果的平均值表示。同一试验室允许差为：

含量小于2%时，为0.1%；

含量大于2%时，为0.2%。

4.6　外加剂

本节所述外加剂的试验方法适用于减水剂、引气剂、缓凝剂、早强剂的各项混凝土试验，适用于泵送剂、防冻剂、膨胀剂的部分项目（减水率、泌水率比、含气量、凝结时间差）试验。

4.6.1　所需材料、配合比及拌制要求

4.6.1.1　外加剂试验所用材料

a　水泥：采用 GB 8076《混凝土外加剂》标准规定的基准水泥，并由中国水泥质量监督检验中心确认具备生产条件的厂家供给。其技术要求为：

强度等级不低于42.5MPa的硅酸盐水泥；

铝酸三钙含量为6%～8%；

硅酸三钙含量为50%～55%；

游离氧化钙含量不得超过1.2%；

碱（$Na_2O + 0.658K_2O$）含量不得超过1.0%；

水泥比表面积为（320±20）m^2/kg。

在得不到基准水泥时，允许采用 C_3A 含量6%～8%，总碱量不大于1%的熟料和二水石膏、矿渣共同磨制的强度等级不低于42.5MPa的普通硅酸盐水泥。

b　砂：符合 GB/T 14684《建设用砂》要求的细度模数为2.6～2.9的中砂。

c 石子：符合 GB/T 14685《建设用卵石、碎石》要求，粒径为 4.75～19.0mm（方孔筛），采用二级配，其中 4.75～9.5mm 占 40%，9.5～19.0mm 占 60%。如有争议，以卵石试验结果为准。

d 水：符合 JGJ 63《混凝土拌合用水》要求。

e 外加剂：需要检测的外加剂。

4.6.1.2 配合比要求

基准混凝土配合比按 JGJ 55《普通混凝土设计技术规定》进行设计。掺非引气型外加剂混凝土和基准混凝土的水泥、砂、石的比例不变。配合比设计应符合以下规定：

a 水泥用量：采用卵石时为（310±5）kg/m³；采用碎石时为（330±5）kg/m³。

b 砂率：基准混凝土和掺外加剂混凝土的砂率均为 36%～40%，而掺引气减水剂和引气剂的混凝土砂率应比基准混凝土低 1%～3%。

c 外加剂掺量：按科研单位或生产厂家推荐的掺量。

d 用水量：应使混凝土坍落度达（80±10）mm 时的用水量。

4.6.1.3 混凝土搅拌

采用 60L 自落式混凝土搅拌机，全部材料及外加剂一次投入，拌合量应不小于 15L 且不大于 45L，搅拌 3min，出料后在铁板上人工翻拌 2～3 次再行试验。各种混凝土材料及试验环境温度均应保持在（20±3）℃。

4.6.1.4 试件制作及试验所需试件数量

a 混凝土试件制作及养护按 GB/T 50080—2002《普通混凝土拌合物性能试验方法标准》进行，但混凝土预养温度为（20±3）℃。

b 试验项目及所需数量详见表 4-6-1。

表 4-6-1　试验项目及所需数量

试验项目	外加剂类别	试验类别	试验所需数量			
			混凝土拌合批数	每批取样数量	掺外加剂混凝土总取样数目	基准混凝土总取样数目
减水率	除早强剂、缓凝剂外各种外加剂	混凝土拌合物	3	1次	3次	3次
泌水率比	各种外加剂	混凝土拌合物	3	1个	3个	3个
含气量			3	1个	3个	3个
凝结时间差			3	1个	3个	3个
抗压强度比		硬化混凝土	3	9或12块	27或36块	27或36块
收缩率比			3	1块	3块	3块
相对耐久性	引气剂引气减水剂		3	1块	3块	3块
钢筋锈蚀	各种外加剂	新拌或硬化砂浆	3	1块	3块	3块

注：1. 试验时，检验一种外加剂的三批混凝土要在同一天内完成。
　　2. 试验龄期参见外加剂混凝土性能指标的试验栏目。

4.6.2　混凝土拌合物

4.6.2.1　减水率试验

减水率为坍落度基本相同（80±10）mm 时基准混凝土和掺外加剂混凝土单位用水量之差与基准混凝土单位用水量之比。坍落度按 GB/T 50080—2002《普通混凝土拌合物性能试验方法标准》测定（见本章 4.8.1.1 节）。

减水率 W_R 按式（4-6-1）计算：

$$W_R = \frac{W_0 - W_1}{W_0} \times 100 (\text{kg/m}^3) \qquad (4\text{-}6\text{-}1)$$

式中　W_0——基准混凝土单位用水量，kg/m³；

　　　W_1——掺外加剂混凝土单位用水量，kg/m³。

W_R 以三批试验的算术平均值计算，精确到小数点后一位。若三批试验的最大值或最小值中有一个与中间值之差超过中间值的 15%，取中间值作为该组试验的减水率；若最大值和最小值与中间值之差均超过中间值的 15%，则该批试验结果无效，应该重做。

4.6.2.2　泌水率比试验

a　泌水率的测定方法：先用湿布擦净带盖容器（内径及高为 186mm±2mm，壁厚 3mm，容积约 5L），将混凝土拌合物一次装入，在振动台上振动至表面出浆为止（也可用插捣，见本章 4.8.5 节），使试样表面比筒口边低（30±3）mm，用抹刀轻轻抹平，加盖以防水分蒸发，立即计时并称量，记录试样筒与试样的总质量 G_1。从抹面开始计时，在前 60min，每隔 10min 用吸液管吸出泌水一次，以后每隔 30min 吸水一次，直至不再泌水为止。在每次吸水前 2min，将一片厚 35mm 的垫块垫入筒底一侧，使其倾斜，吸水后复原。将每次吸出的水都注入量筒中，最后计算出总的泌水量（V_W），精确至 1mL。

b　结果计算：泌水率 B 按式（4-6-2）计算（精确至 1%）：

$$B = \frac{V_W}{(W/G) \cdot G_W} \times 100 \qquad (4\text{-}6\text{-}2)$$

$$G_W = G_1 - G_0 \qquad (4\text{-}6\text{-}3)$$

式中　V_W——泌水总质量，mL；

　　　W——混凝土拌合物的用水量，mL；

　　　G——混凝土拌合物的总质量，g；

　　　G_W——试样质量，g；

　　　G_1——筒及试样质量，g；

　　　G_0——筒质量，g。

试验时，每批混凝土拌合物取一个试样，泌水率取三个试样的算术平均值。若三个试样的最大值或最小值中有一个与中间值之差大于中间值的 15%，取中间值作为该组试验的泌水率；若最大值和最小值与中间值之差均大于中间值的 15%，则应重做。

泌水率比 B_R 按式（4-6-4）计算，精确至小数点后一位数：

$$B_R = \frac{B_t}{B_c} \times 100 (\%) \qquad (4\text{-}6\text{-}4)$$

式中　B_t——掺外加剂混凝土泌水率,%;

　　　B_c——基准混凝土泌水率,%。

4.6.2.3　含气量试验

按 GB/T 50080—2002《普通混凝土拌合物性能试验方法标准》,用含气量测定仪测定,将混凝土拌合物一次装满并稍高于容器,用振动台振动 15~20s。用高频插入式振捣器(ϕ25mm,14000 次/分钟)在容器中心插捣 10s。其他试验操作详见本章 4.8.3 节。

试验时,每批混凝土拌合物取一个试样,测得 3 个试样的压力值,若 3 个试样的最大值与最小值中有一个与中间值之差大于中间值的 0.5%,则取中间值作为该组试验结果;如最大值与最小值均超过 0.5%,则试验应重做。

4.6.2.4　凝结时间差试验

按 GB/T 50080—2002《普通混凝土拌合物性能试验方法标准》的凝结时间测定方法(见本章 4.8.4 节)分别测定基准混凝土与掺外加剂混凝土的初凝和终凝时间,其凝结时间差 ΔT 按式(4-6-5)计算:

$$\Delta T = T_t - T_c \tag{4-6-5}$$

式中　ΔT——凝结时间之差,min;

　　　T_t——掺外加剂混凝土的初凝或终凝时间,min;

　　　T_c——基准混凝土的初凝或终凝时间,min。

凝结时间采用贯入阻力仪测定,测试精度为 5N。凝结时间测定方法如下:

将混凝土拌合物用 5mm 标准筛筛出砂浆,拌匀后装入试样筒内,在振动台上振实(约 3~5s),使试样表面比筒口边低约 10mm,用抹刀轻轻抹平,置于(20±3)℃的环境中,加盖以防水分蒸发。凝结时间从水泥与水接触时开始计时,一般基准混凝土在成型后 3~4h,掺早强剂的在成型后 1~2h,掺缓凝剂的在成型后 4~6h 开始测定,以后每 0.5h 或 1h 测定一次,但在临近初、终凝时,可以缩短测定时间间隔。每次测点应避开前一次测孔,其净距为试针直径的 2 倍,但至少不小于 15mm,试针与容器边缘之距离不小于 25mm。测定初凝时间用截面积为 100mm^2 的试针,测定终凝时间用截面积为 20mm^2 的试针。

贯入阻力 R 按式(4-6-6)计算(精确至 0.1MPa):

$$R = P/A \tag{4-6-6}$$

式中　R——贯入阻力值,MPa;

　　　P——贯入深度达 25mm 时所需的净压力,N;

　　　A——贯入仪试针的截面积,mm^2。

根据计算结果,以贯入阻力值为纵坐标,测试时间为横坐标,绘制贯入阻力值与时间关系曲线,求出与贯入阻力值达 3.5MPa 时对应的时间作为初凝时间及与贯入阻力值达 28MPa 时对应的时间作为终凝时间。凝结时间用 h:min 表示,并修约至 5min。

试验时,每批混凝土拌合物取一个试样,凝结时间取三个试样测定值的算术平均值。若三个试样的最大值或最小值之中有一个与中间值之差超过 10%,取中间值作为该批的试验结果;如果最大值和最小值与中间值之差均超过中间值的 10% 时,则应重做。

4.6.2.5　外加剂对水泥的适应性试验

本试验测试减水剂等外加剂对水泥的适应性。

a　仪器设备

a.1　水泥净浆搅拌机；

a.2　截锥形圆模：上口内径 36mm，下口内径 60mm，高度 60mm，内壁光滑无接缝的金属制品；

a.3　药物天平：称量 100g，感量 1g；

a.4　电子天平：称量 50g，感量 0.05g；

a.5　玻璃板：400mm×400mm×5mm；

a.6　钢直尺、刮刀、秒表。

b　试验流程

b.1　将玻璃板、圆模、搅拌锅等擦湿；

b.2　称取 600g 水泥，倒入搅拌锅内；一种水泥选择多种外加剂时，各外加剂应分别加入不同掺量；一种外加剂选择多种水泥时，每种水泥应分别掺入不同掺量的外加剂；

b.3　加入 174g 或 210g 水（外加剂为水剂时应扣除其含水量），搅拌 4min；

b.4　将拌好的净浆注入圆模内，刮平，将圆模提起并计时，至 30s 测量流淌水泥净浆两方向的最大直径，取平均值作为初始流动度（此试样弃去）；

b.5　将锅内水泥净浆至加水后 30min、60min 开动搅拌机，按 b.4 方法测定流动度。

c　结果分析

绘制以掺量为横坐标，流动度为纵坐标的曲线，其中饱和点（即外加剂掺量与水泥净浆流动度变化曲线的拐点），外加剂掺量低、流动度大，流动度损失小的外加剂对水泥的适应性好。

4.6.3　硬化混凝土

4.6.3.1　抗压强度比试验

抗压强度比以掺外加剂混凝土与基准混凝土同龄期抗压强度之比表示，按式（4-6-9）计算：

$$R_f = \frac{f_t}{f_c} \times 100 \tag{4-6-9}$$

式中　R_f——抗压强度比，%；

f_t——受检混凝土的抗压强度，MPa；

f_c——基准混凝土的抗压强度，MPa。

混凝土抗压强度的测定按 GB/T 50081—2002《普通混凝土力学性能试验方法标准》进行试验和计算。制作试件时，用振动台振动 15~20s，试件预养温度为（20±3）℃。试验结果以三批试验定测值的平均值表示。若三批试验中有一批的最大值或最小值与中间值的差值超过中间值的 15%，取中间值作为该批的试验结果；如果最大值和最小值与中间值之差均超过中间值的 15%，则试验结果无效，应重做。

4.6.3.2　收缩率比试验

收缩率比以龄期 28d 时受检混凝土与基准混凝土收缩率的比值表示，按式（4-6-10）

计算：

$$R_\varepsilon = \frac{\varepsilon_t}{\varepsilon_c} \times 100 \qquad (4\text{-}6\text{-}10)$$

式中 R_ε——收缩率比，%；

ε_t——受检混凝土的收缩率，%；

ε_c——基准混凝土的收缩率，%。

受检混凝土及基准混凝土的收缩率按 GB/T 50082—2009《普通混凝土长期性能和耐久性能试验方法标准》进行试验和计算，试件用振动台成型，振动 15～20s。每批混凝土拌合物取一个试样，以三个试样收缩率的算术平均值表示，计算精确至 1%。

4.6.3.3 相对耐久性试验

按 GB/T 50082—2009《普通混凝土长期性能和耐久性能试验方法标准》进行试验，试件采用振动台成型，振动 15～20s，标准养护 28d 后进行冻融循环试验（快冻法）。

相对耐久性指标是以掺外加剂混凝土冻融 200 次后的动弹性模量是否不小于 80% 来评定外加剂的质量。每批混凝土拌合物取一个试样，相对动弹性模量以三个试件测定值的算术平均值表示。

4.6.3.4 限制膨胀率及限制收缩率试验

本试验测试掺膨胀剂的补偿收缩混凝土的限制膨胀率和限制收缩率。

a 仪器设备

a.1 试模：100mm×100mm×400mm，混凝土成型前将限制器放入试模内；

a.2 纵向限制器：由两块 99.5mm×99.5mm×12mm 的钢板及 ϕ10mm 钢筋焊成（焊接强度不应低于 260MPa），两端有 8mm 长的测头；限制器全长为（355±0.5）mm；混凝土试件全长为（300±0.5）mm；纵向限制器可使用 3 次，仲裁试验只用 1 次；

a.3 测长仪：倾斜 30°，采用精度 0.001mm 的千分表。

b 试验流程

b.1 试件制作：将限制器放入试模，将混凝土一次浇入并振动密实，置于标准养护室内养护，待试件抗压强度达到 3～5MPa，成型后 12～16h 拆模，并测量初始长度；

b.2 先用标准杆校正测长仪，并将记有编号的一面朝上，每次测量试件的放置方向不变；每试件应测 3 次，取其平均值（精确至小数点后 3 位）；

b.3 将已测初始长度的试件浸入（20±2）℃的水中养护，分别测定 3d、7d、14d 的长度，然后移入温度为（20±2）℃、相对湿度为（60±5）%的恒温恒湿箱（或室）内养护，再测定 42d 的长度（由成型日起算）。

c 结果计算

限制膨胀率和限制收缩率按（4-6-11）式计算：

$$S_h = \frac{L_t - L_0}{L} \times 100 \qquad (4\text{-}6\text{-}11)$$

式中 S_h——试件在龄期 t 时的纵向膨胀率或纵向收缩率，%；

L——试件的基准长度，300mm；

L_t——试件在龄期 t 时的长度，mm；

L_0——试件的初始长度，mm。

d　注意事项

试件成型前，限制器的钢板和钢筋不得刷机油等脱模剂。编号时应在试件沿纵向画箭头，以示试件的摆放方向。测量试件长度时，安放试件要十分小心。

4.6.4　钢筋锈蚀试验

钢筋锈蚀采用钢筋在新拌或硬化砂浆中阳极极化电位曲线来表示，测定方法有新拌砂浆法和硬化砂浆法两种。

4.6.4.1　钢筋锈蚀快速试验（新拌砂浆法）

a　仪器设备

a.1　钢筋锈蚀测量仪或恒电位/恒电流仪，或恒电位仪（输出电流范围不小于 0 ~ 2000μA，可连续变化 0 ~ 2V，精度≤1%）；

a.2　甘汞电极；

a.3　定时钟；

a.4　绝缘涂料（石蜡质量：松香 = 9 : 1）、铜芯电线；

a.5　试模：塑料有底活动模（尺寸 40mm × 100mm × 150mm）。

b　试验步骤

b.1　制作钢筋电极

将Ⅰ级建筑钢筋（Q235）加工制成直径7mm，长度为100mm，表面粗糙度 R_a 的最大允许值为 1.6μm 的圆棒件，用汽油、乙醇、丙酮依次浸擦除去油脂，并在一端焊上长 130 ~ 150mm 的导线，再用乙醇仔细擦去焊油，钢筋两端浸涂绝缘涂料，使钢筋中间暴露长度为 80mm，计算其表面积。将经过处理的钢筋电极放入干燥器内备用，每组试件三根。

b.2　拌制新鲜砂浆

在无特定要求时，采用水灰比0.5，灰砂比1:2配制砂浆，水为蒸馏水，砂为检验水泥强度用的标准砂，水泥为基准水泥（或按试验要求的配合比配制）。干拌1min，湿拌3min。检验外加剂时，外加剂按比例随拌合水加入。

b.3　砂浆及电极装模

把拌制好的砂浆浇入试模中，先浇一半（厚20mm 左右），将两根处理好经检查无锈痕的钢筋电极平行放在砂浆表面，间距40mm，拉出导线，然后灌满砂浆抹平，并轻敲几下侧板使其密实。

b.4　连接试验仪器

按照仪器说明连接试验装置（图 4-6-1），以一根钢筋作为阳极接仪器的"研究"与" *号"接线孔，另一根钢筋作为阴极接仪器的"辅助"接线孔，再将甘汞电极的下端与钢筋阳极的正中位置对准，与新鲜砂浆表面接触，并垂直于砂浆表面。甘汞电极的导线接仪器的

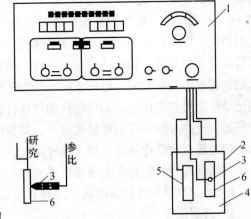

图 4-6-1　新鲜砂浆极化电位测试装置图

1—钢筋锈蚀测量仪；2—硬塑料试模；3—甘汞电极；

4—新拌砂浆；5—钢筋阴极；6—钢筋阳极

303

"参比"接线孔。

b.5 测试

未接通外加电流前，先读出阳极钢筋的自然电位 V（即钢筋阳极与甘汞电极之间的电位差值）。

接通外加电流，并按电流密度 $50 \times 10^{-2} A/m^2$（即 $50 \mu A/cm^2$）调整 μA 表至需要值。同时开始计时，依次按 2min、4min、6min、8min、10min、15min、20min、25min、30min、60min，分别记录阳极极化电位值。

c 试验结果处理

以三个试验电极测量结果的平均值，作为钢筋阳极极化电位的测定值，以时间为横坐标，阳极极化电位为纵坐标，绘制电位-时间曲线（图4-6-2）。根据电位-时间曲线判断砂浆中的水泥、外加剂等对钢筋锈蚀的影响。

c.1 电极通电后，阳极钢筋电位迅速向正方向上升，并在 $1 \sim 5min$ 内达到析氧电位值，经 30min 测试，电位值无明显降低，如图4-6-2中的曲线①，则属钝化曲线。表明阳极钢筋表面钝化膜完好无损，所测外加剂对钢筋是无害的。

c.2 通电后，阳极钢筋电位先向正方向上升，随着又逐渐下降，如图4-6-2中的曲线②，说明钢筋表面钝化膜已部分受损。而图4-6-2中的曲线③属活化曲线，说明钢筋表面钝化膜破坏严重。这两种情况均表明钢筋钝化膜已遭破坏，但这时对试验砂浆中所含的水泥、外加剂对钢筋锈蚀的影响仍不能作出明确的判断，还须再作硬化砂浆阳极极化电位的测量，以进一步判别外加剂对钢筋有无锈蚀危害。

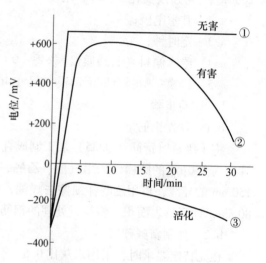

图4-6-2 电位-时间曲线分析图

c.3 通电后，阳极钢筋电位随时间的变化有时会出现图4-6-2中曲线①和②之间的中间态情况，即电位先向正方向上升至校正电位值（例如 $\geq +600mV$），持续一段稳定时间，然后渐呈下降趋势，如电位值迅速下降，则属第②项情况。如电位值缓降，且变化不多，则试验和记录电位的时间再延长 30min，继续 35min，40min，45min，50min，55min，60min 分别记录阳极极化电位值，如果电位曲线保持稳定不再下降，可以认为钢筋表面钝化膜尚能保持完好，所测外加剂对钢筋是无害的；如果电位曲线继续持续下降，可认为钢筋表面钝化膜已受损而转变为活化状态，对于这种情况，还必须再作硬化砂浆阳极极化电位的测量，以进一步判别外加剂对钢筋有无锈蚀危害。

4.6.4.2 钢筋锈蚀快速试验（硬化砂浆法）

a 仪器设备

a.1 钢筋锈蚀测量仪或恒电位/恒电流仪，或恒电位仪（输出电流范围不小于 0 ~ 2000μA，可连续变化 0 ~ 2V，精度 ≤1%）；

a.2 甘汞电极及不锈钢片电极；

a.3　定时钟；

a.4　绝缘涂料（石蜡质量：松香质量 = 9:1）、铜芯电线（RV1 × 16/0.15mm）；

a.5　试模：长95mm，宽和高均为30mm 的棱柱体，模板两端中心带有固定钢筋的凹孔，其直径为7.5mm，深2～3mm 的半通孔。试模用8mm 厚硬聚氯乙烯塑料板制成。

b　试验步骤

b.1　制作埋有钢筋的砂浆电极

b.1.1　制备钢筋

将Ⅰ级建筑钢筋（Q235）加工制成直径7mm，长度为100mm，表面粗糙度 R_a 的最大允许值为1.6μm 的圆棒件，用汽油、乙醇、丙酮依次浸擦除去油脂，经检查无锈痕后放入干燥器内备用，每组试件三根。

b.1.2　成型砂浆电极

将钢筋插入试模两端的预留凹孔中，按灰砂比1:2.5 配制砂浆，采用基准水泥，砂为检验水泥强度用的标准砂，水为蒸馏水（用水量按砂浆稠度50～70mm 时的加水量而定），外加剂采用推荐掺量。将称好的材料放入搅拌锅内干拌1min，湿拌3min。将拌匀的砂浆灌入预先安放好钢筋的试模内，置水泥振动台上振5～10s，然后抹平。

b.1.3　砂浆电极的养护及处理

试件成型后盖上玻璃板，移入标准养护室养护，24h 后脱模，用水泥净浆将外露的钢筋两头覆盖，继续标准养护2d。取出试件，除去端部的封闭净浆，仔细擦净外露钢筋头的锈斑。在钢筋的一端焊上长130～150mm 的导线，再用乙醇仔细擦去焊油，并在试件两端浸涂绝缘涂料，使试件中间暴露80mm 长。

b.2　测试

b.2.1　将处理好的硬化砂浆电极置于饱和Ca(OH)₂ 溶液中，浸泡数小时直至浸透试件，其表征为监测硬化砂浆电极在饱和Ca(OH)₂ 溶液中的自然电位达到电位稳定且接近新拌砂浆中的自然电位，由于存在欧姆电压降可能会使两者之间有一个电位差。试验时应注意不同类型或不同掺量外加剂的试件不得放置在同一容器内浸泡，以防互相干扰。

b.2.2　把一个浸泡后的砂浆电极移入饱和 Ca(OH)₂ 溶液的玻璃缸内，使电极浸入溶液的深度为80mm，以它作为阳极，以不锈钢片电极作为阴极（即辅助电极），以甘汞电极作参比。按仪器说明接好试验线路（图4-6-3）。

b.2.3　未接通外加电流前，先读出阳极（埋有钢筋的砂浆电极）的自然电位 V。

b.2.4　接通外加电流，并按电流密度

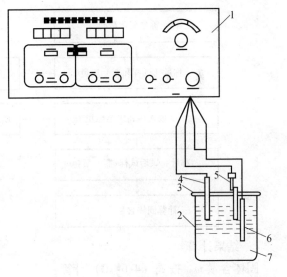

图4-6-3　硬化砂浆极化电位测试装置图
1—钢筋锈蚀测量仪；2—玻璃缸；3—有机玻璃盖；4—阴极；
5—甘汞电极；6—阳极（硬化砂浆）；7—Ca(OH)₂ 溶液

$50 \times 10^{-2} A/m^2$（即 $50\mu A/cm^2$）调整 μA 表至需要值。同时开始计时，依次按 2min、4min、6min、8min、10min、15min、20min、25min、30min、60min，分别记录埋有钢筋的砂浆电极阳极极化电位值。

c　试验结果处理

以一组三个埋有钢筋的硬化砂浆电极极化电位的测量结果的平均值作为测定值，以时间为横坐标，阳极极化电位为纵坐标，绘制电位-时间曲线（图 4-6-2）。根据电位-时间曲线判断砂浆中的水泥、外加剂等对钢筋锈蚀的影响。

c.1　电极通电后，阳极钢筋电位迅速向正方向上升，并在 1~5min 内达到析氧电位值，经 30min 测试，电位值无明显降低，如图 4-6-2 中的曲线①，则属钝化曲线。表明阳极钢筋表面钝化膜完好无损，所测外加剂对钢筋是无害的。

c.2　通电后，阳极钢筋电位先向正方向上升，随着又逐渐下降，如图 4-6-2 中的曲线②，说明钢筋表面钝化膜已部分受损。而图 4-6-2 中的曲线③属活化曲线，说明钢筋表面钝化膜破坏严重。这两种情况均表明钢筋钝化膜已遭破坏，所测外加剂对钢筋是有锈蚀危害的。

4.6.5　外加剂匀质性

4.6.5.1　固体含量试验

a　仪器

a.1　天平：不低于四级，精确至 0.0001g；

a.2　干燥箱：温度范围 0~200℃；

a.3　带盖称量瓶：25~65mm，及干燥器。

b　检测流程

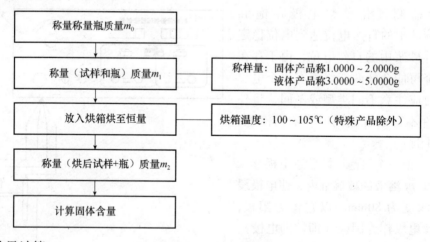

c　结果计算

固体含量 $w_{固}$ 按式（4-6-10）计算：

$$w_{固} = \frac{m_2 - m_0}{m_1 - m_0} \times 100(\%)$$ (4-6-10)

式中　m_0——称量瓶的质量，g；

m_1——称量瓶加试样的质量，g；

m_2——称量瓶加烘干后试样的质量，g。

检测结果允许差：室内允许差为 0.30%；室间允许差为 0.50%。

4.6.5.2 密度试验

外加剂的密度测定方法有：比重瓶法、液体比重天平法和精密密度计法。外加剂密度的测试条件为：液体样品直接测试；固体样品溶液的浓度为 10g/L；被测溶液的温度为 (20 ± 1)℃；被测溶液必须清澈，如有沉淀应滤去。

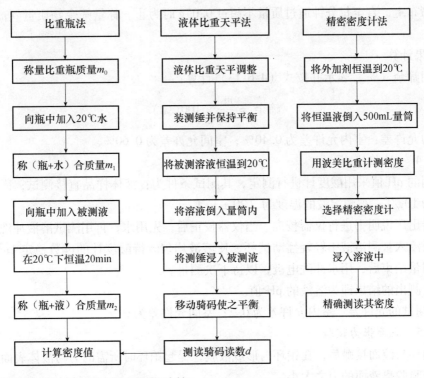

外加剂的密度 ρ 按下列公式进行计算：

（1）比重瓶法：
$$\rho = \frac{m_2 - m_0}{V} = \frac{m_2 - m_0}{m_1 - m_0} \times 0.9982 \ (\text{g/mL}) \tag{4-6-11}$$

（2）液体比重天平法：
$$\rho = 0.9982 \cdot d \ (\text{g/mL}) \tag{4-6-12}$$

（3）精密密度计法：溶液凹面与精密密度计相齐的刻度即为该溶液的密度 ρ。

式中 ρ——20℃时外加剂溶液密度，g/mL；

    V——比重瓶在 20℃时的容积，mL；

    m_0——干燥的比重瓶质量，g；

    m_1——比重瓶盛满 20℃水的质量，g；

    m_2——比重瓶盛满 20℃外加剂溶液后的质量，g；

0.9982——20℃时纯水的密度，g/mL；

    d——20℃时被测溶液所加骑码的数值。

密度测定的允许差为：室内允许差为 0.001g/mL；室间允许差为 0.002g/mL。

4.6.5.3 细度试验

a 仪器

a.1 天平：称量 100g，感量 0.1g；

a.2 试验筛：孔径为 0.315mm。

b 检测流程

称取 10g(m_0) 烘干试样倒入孔径为 0.315mm 的试验筛内，用人工筛样，筛时应一手持筛往复摇动，一手拍打，摇动速度每分钟约 120 次。其间筛子应向一定方向旋转数次，使试样分散在筛布上，直至每分钟通过质量不超过 0.05g 时为止。称量筛余物质量（m_1），精确至 0.1g。

c 结果计算

细度用筛余（%）表示并按式（4-6-13）计算：

$$筛余 = \frac{m_1}{m_0} \times 100(\%) \tag{4-6-13}$$

细度试验的允许差：室内允许差为 0.40%；室间允许差为 0.60%。

4.6.5.4 pH 值试验

外加剂的 pH 值采用酸度计进行测定，其测试条件为：液体样品直接测试；固体样品溶液的浓度为 10g/L；被测溶液的温度为（20±3）℃。

按仪器出厂说明书进行仪器校准。当仪器校正后，先用水，再用测试溶液冲洗电极，然后再将电极浸入被测溶液中轻轻摇动试杯，使溶液均匀。待酸度计的读数稳定 1min 后，记录读数。测量结束后，用水冲洗电极，以待下次测量。

酸度计测出的结果即为溶液的 pH 值。

pH 值测试的允许差：室内允许差为 0.2；室间允许差为 0.5。

4.6.5.5 表面张力试验

通过铂环与液面接触后，在铂环内形成液膜，提起铂环时所需的力与液体表面张力相平衡，测定液膜脱离液面的力之大小。

a 测试条件

a.1 液体样品直接测试；

a.2 固体样品溶液的浓度为 10g/L；

a.3 被测溶液的温度为（20±1）℃；

a.4 被测溶液必须清澈，如有沉淀应滤去。

b 仪器

b.1 界面张力仪或自动界面张力仪；

b.2 分析天平：不低于四级，精确至 0.1mg。

c 试验步骤

c.1 用比重瓶或液体比重天平测定该外加剂溶液的密度。

c.2 将仪器调至水平，把铂环放在吊杆臂的下末端，把一块小纸片放在铂环的圆环上，把臂的制止器打开，调好放大镜，使臂上的指针与反射镜上的红线重合。

c.3 用质量法校正。在铂圆环的小纸上放上一定质量的砝码，使指针与红线重合时，游标指示正好与计算值一致。如果不一致，调整臂长度，保证铂环在试验中垂直地上下移动，再通过游码的前后移动达到调整结果。

c.4　在测量之前，应把铂环和玻璃器皿很好地进行清洗，彻底去掉油污。

c.5　空白试验用无水乙醇作标样，测定其表面张力，测定值与理论值之差不得超过 0.5mN/m。

c.6　把被测溶液倒入盛样皿中（离皿口 5~7mm），并将样品座升高，使铂环浸入溶液内 5~7mm。

c.7　旋转蜗轮把手，匀速增加钢丝扭力，同时下降样品座，使向上与向下的两个力保持平衡（保持指针与反射镜上的红线重合），直至环被拉离开液面，记录刻度盘上的读数 P。

c.8　采用自动界面张力仪测量时，试验步骤按仪器使用说明书进行。

d　结果计算

d.1　溶液表面张力 σ 按式（4-6-14）计算：

$$\sigma = F \cdot P \tag{4-6-14}$$

式中　σ——溶液的表面张力，mN/m；

$\quad\quad P$——游标盘上读数，mN/m；

$\quad\quad F$——校正因子。

d.2　校正因子 F 按式（4-6-15）计算：

$$F = 0.7250 + \sqrt{\frac{0.01452P}{C^2(\rho - \rho_0)} + 0.04534 - \frac{1.679}{R/r}} \tag{4-6-15}$$

式中　C——铂环周长（$2\pi R$），cm；

$\quad\quad R$——铂环内半径和铂丝半径之和，cm；

$\quad\quad \rho_0$——空气密度，g/mL；

$\quad\quad \rho$——被测溶液密度，g/mL；

$\quad\quad r$——铂丝半径，cm。

d.3　允许差：室内允许差为 1.0mN/m；室间允许差为 1.5mN/m。

4.6.5.6　氯离子含量试验

用电位滴定法，以银电极或氯电极为指示电极，其电势随 Ag^+ 浓度的变化而变化。以甘汞电极为参比电极，用电位计或酸度计测定两电极在溶液中组成的原电池的电势，银离子与氯离子反应生成溶解度很小的氯化银白色沉淀。在化学计量点前滴入硝酸银生成氯化银沉淀，两电极间电势变化缓慢，化学计量点时氯离子全部生成氯化银沉淀，这时滴入少量硝酸银即引起电势急剧变化，指示出滴定终点。

a　仪器与试剂

a.1　电位测定仪或酸度仪。

a.2　分析天平：不应低于四级，精确至 0.1mg。

a.3　银电极或氯电极。

a.4　甘汞电极。

a.5　电磁搅拌器、滴定管（25mL）、移液管（10mL）。

a.6 硝酸（1 + 1）。

a.7 硝酸银溶液（17g/L）：准确称取约 17g 硝酸银（$AgNO_3$），用水溶解，放入 1L 棕色容量瓶中稀释至刻度，摇匀，用 0.1000mol/L 氯化钠标准溶液对硝酸银溶液进行标定。

a.8 氯化钠标准溶液 $[c_{(NaCl)} = 0.1000mol/L]$：称取约 10g 氯化钠（基准试剂），盛在称量瓶中，于 130～150℃烘干 2h，在干燥器内冷却至室温后，精确称取 5.8443g 氯化钠，用水溶解并稀释至 1L，摇匀。

a.9 标定硝酸银溶液（17g/L）：用移液管吸取 10mL 0.1000mol/L 的氯化钠标准溶液放入烧杯中，加水稀释至 200mL，加 4mL 硝酸（1 + 1），在电磁搅拌下，用硝酸银溶液以电位滴定法测定终点，过化学计量点后，在同一溶液中再加入 0.1000mol/L 氯化钠标准溶液 10mL，继续用硝酸银溶液滴定至第二个终点，用二次微商法计算出硝酸银溶液消耗的体积 V_{01}、V_{02}。

体积 V_0 按式（4-6-16）计算：

$$V_0 = V_{02} - V_{01} \tag{4-6-16}$$

式中 V_0——10mL 0.1000mol/L 氯化钠标准溶液消耗硝酸银溶液的体积，mL；

       V_{01}——空白试验中 200mL 水，加 4mL 硝酸（1 + 1）加 10mL 0.1000mol/L 氯化钠标准溶液所消耗的硝酸银溶液的体积，mL；

       V_{02}——空白试验中 200mL 水，加 4mL 硝酸（1 + 1）加 20mL 0.1000mol/L 氯化钠标准溶液所消耗的硝酸银溶液的体积，mL。

硝酸银溶液的浓度 c 按式（4-6-17）计算：

$$c = \frac{c' \cdot V'}{V_0} \tag{4-6-17}$$

式中 c——硝酸银溶液的浓度，mol/L；

     c'——氯化钠标准溶液的浓度，0.1000mol/L；

     V'——氯化钠标准溶液的体积，mL。

b 试验步骤

b.1 准确称取 0.5000g 外加剂试样，放入烧杯中，加 200mL 水和 4mL 硝酸（1 + 1），使溶液呈酸性，搅拌至完全溶解。如不能完全溶解，可用快速定性滤纸过滤，并用蒸馏水洗涤残渣至无氯离子为止。

b.2 用移液管加入 10mL 0.1000mol/L 的氯化钠标准溶液，烧杯内加入电磁搅拌子，将烧杯放在电磁搅拌器上，开动搅拌器并插入银电极（或氯电极）及甘汞电极，两电极与电位计或酸度计相连接，用硝酸银溶液缓慢滴定，记录电势和对应的滴定管读数。

由于接近化学计量点时，电势增加很快，此时要缓慢滴加硝酸银溶液，每次定量加入 0.1mL，当电势发生突变时，表示化学计量点已过，此时继续滴入硝酸银溶液，直至电势变化趋向平缓。记录第一个终点时硝酸银溶液消耗的体积 V_1。

b.3 在同一溶液中，用移液管再加入 10mL 0.1000mol/L 氯化钠标准溶液（此时溶液电势降低），继续用硝酸银溶液滴定，直至第二个化学计量点出现，记录电势和对应的硝酸银溶液消耗的体积 V_2。

b.4 空白试验：在干净的烧杯中加入200mL水和4mL硝酸（1+1）。用移液管加入10mL 0.1000mol/L氯化钠标准溶液，在不加入试样的情况下，在电磁搅拌下，缓慢滴加硝酸银溶液，记录电势和对应的滴定管读数，直至第一个终点出现。过化学计量点后，在同一溶液中，再用移液管加入10mL 0.1000mol/L氯化钠标准溶液，继续用硝酸银溶液滴定至第二个终点，用二次微商法计算出硝酸银溶液消耗的体积 V_{01} 及 V_{02}。

c 结果计算

c.1 外加剂中氯离子所消耗的硝酸银溶液体积 V 按式（4-6-18）计算：

$$V = \frac{(V_1 - V_{01}) + (V_2 - V_{02})}{2} \tag{4-6-18}$$

式中 V_1——试样溶液加10mL 0.1000mol/L氯化钠标准溶液所消耗的硝酸银溶液体积，mL；

V_2——试样溶液加20mL 0.1000mol/L氯化钠标准溶液所消耗的硝酸银溶液体积，mL。

c.2 外加剂中氯离子含量 w_{Cl^-} 按式（4-6-19）计算：

$$w_{Cl^-} = \frac{c \cdot V \times 35.45}{m \times 1000} \times 100 \tag{4-6-19}$$

式中 w_{Cl^-}——外加剂中氯离子质量分数，%；

m——外加剂样品质量，g。

c.3 用1.565乘氯离子的质量分数，即获得无水氯化钙 w_{CaCl_2} 的质量分数，按式（4-6-20）计算：

$$w_{CaCl_2} = 1.565 \times w_{Cl^-} \tag{4-6-20}$$

式中 w_{CaCl_2}——外加剂中无水氯化钙的质量分数，%。

c.4 允许差：室内允许差为0.05%；室间允许差为0.08%。

4.6.5.7 硫酸钠含量试验

氯化钡溶液与外加剂试样中的硫酸盐生成溶解度极小的硫酸钡沉淀，称量经高温灼烧后的沉淀来计算硫酸钠的含量。

a 试剂

a.1 盐酸（1+1）；

a.2 氯化铵溶液（50g/L）；

a.3 氯化钡溶液（100g/L）；

a.4 硝酸银溶液（1g/L）。

b 仪器

b.1 电阻高温炉：最高使用温度不低于900℃；

b.2 分析天平：不应低于四级，精确至0.1mg；

b.3 电磁电热式搅拌器；

b.4 瓷坩埚：30mL；烧杯、长颈漏斗等；

b.5 慢速定量滤纸，快速定性滤纸。

c 试验步骤

c.1 准确称取约 0.5g 试样，放入 400mL 烧杯中，加入 200mL 水搅拌溶解，再加入 50mL 氯化铵溶液，加热煮沸后，用快速定性滤纸过滤，用水洗涤数次后，将滤液浓缩至 200mL 左右，滴加盐酸（1+1）至浓缩滤液显示酸性，再多加 5~10 滴盐酸，煮沸后在不断搅拌下趁热滴加 10mL 氯化钡溶液，继续煮沸 15min，取下烧杯，置于加热板上，保持 50~60℃静置 2~4h 或常温静置 8h。

c.2 用两张慢速定量滤纸过滤，用 70℃ 水洗净烧杯中的沉淀，使沉淀全部转移到滤纸上，用温热水洗涤沉淀至无氯根为止（用硝酸银溶液检验）。

c.3 将沉淀与滤纸移入预先灼烧恒量的坩埚中，小火烘干，灰化。

c.4 在 800℃电阻高温炉中灼烧 30min，然后在干燥器里冷却至室温（约 30min），取出称量，再将坩埚放回高温炉中，灼烧 20min，取出冷却至室温称量，如此反复直至恒量（连续两次称量之差小于 0.0005g）。

d 结果计算

硫酸钠含量 $w_{Na_2SO_4}$ 按式（4-6-21）计算：

$$w_{Na_2SO_4} = \frac{(m_2 - m_1) \times 0.6086}{m} \times 100(\%) \qquad (4\text{-}6\text{-}21)$$

式中 $w_{Na_2SO_4}$ ——外加剂中硫酸钠质量分数，%；

　　　m ——试样的质量，g；

　　　m_1 ——空坩埚的质量，g；

　　　m_2 ——灼烧后滤渣加坩埚的质量，g；

　　0.6086——硫酸钡换算成硫酸钠的系数。

e 允许差

室内允许差为 0.50%；室间允许差为 0.80%。

4.6.5.8 还原糖含量试验

适用于测定木质素磺酸盐外加剂中还原糖的含量，不适用于羟基含量的测定。

利用乙酸铅溶液脱色，与斐林溶液混合生成氢氧化铜，氢氧化铜与酒石酸钾钠作用生成溶解状态复盐，此复盐具有氧化性。当有还原糖存在时，或用葡萄糖溶液滴定时，该复盐中的二价铜被还原为一价铜，葡萄糖氧化为葡萄糖酸，以次甲基蓝为指示剂，该指示剂在氧化性介质中呈蓝色，在还原性介质中呈无色。

a 试剂

a.1 乙酸铅溶液（200g/mL）：称取 20g 中性乙酸铅 [$(CH_3COO)_2Pb \cdot 3H_2O$]，溶于水，稀释至 100mL。

a.2 草酸钾-磷酸氢二钠混合溶液：称取 3g 草酸钾（$K_2C_2O_4 \cdot H_2O$），7g 磷酸氢二钠（$Na_2HPO_4 \cdot 12H_2O$）溶于水，稀释至 100mL。

a.3 斐林溶液 A：称取 34.6g 硫酸铜（$CuSO_4 \cdot 5H_2O$）溶于 400mL 水中，煮沸，放置 1d，然后再煮沸、过滤，稀释至 1000mL。

a.4 斐林溶液 B：称取 173g 酒石酸钾钠（$C_4H_4O_6 \cdot 4H_2O$），50g 氢氧化钠，溶于水中

并稀释至 1000mL。

a.5　葡萄糖溶液：称取 2.75～2.76g 葡萄糖于 1000mL 容量瓶中，加 1mL 盐酸（密度 1.19g/cm³），加水稀释至刻度。

a.6　次甲基蓝指示剂溶液（10g/L）：称取 1g 次甲基蓝在玛瑙研钵中加少量水研溶后，用水稀释至 100mL。

b　仪器

b.1　磨口具塞量筒：50mL；三角烧瓶：100mL；移液管：5mL、10mL；容量瓶：100mL 等。

b.2　滴定管：25mL。

c　试验步骤

c.1　准确称取约 2.5g 固体试样（液体试样称取换算成与约 2.5g 固体相应质量的试样），溶于 100mL 容量瓶中，用移液管吸取 10mL 置于 50mL 具塞量筒中。

c.2　在 50mL 具塞量筒中加入 7.5mL 乙酸铅溶液，振动量筒使之与溶液混合，然后加入 10mL 草酸钾-磷酸氢二钠混合溶液，放置片刻，加水稀释至刻度，将量筒颠倒数次，使之混匀后，放置澄清，取上层清液作为试样。

c.3　用移液管分别吸取 5mL 斐林溶液 A 及 B 放入 100mL 三角烧瓶中，混合均匀后加 20mL 水，然后用移液管吸取 10mL 试样，置于三角烧瓶中，并加适量的葡萄糖溶液，混合均匀后在电炉上加热，待沸腾后加一滴次甲基蓝指示剂溶液，再沸腾 2min，继续用葡萄糖溶液滴定，并不断摇动，保持沸腾状态，直至最后一滴使次甲基蓝褪色为止。

c.4　用同样方法做空白试验，所消耗葡萄糖溶液的体积为 V_0。

d　结果计算

还原糖含量 $w_{还原糖}$ 按式（4-6-22）计算：

$$w_{还原糖} = \frac{(V_0 - V) \times 12.5}{m}(\%)\tag{4-6-22}$$

式中　$w_{还原糖}$——外加剂中还原糖含量，%；

　　　　V_0——空白试验所消耗葡萄糖溶液的体积，mL；

　　　　V——试样消耗的葡萄糖溶液的体积，mL；

　　　　m——试样的质量，g。

检测结果允许差：室内允许差为 0.50%；室间允许差为 1.20%。

e　注意事项

e.1　试样加乙酸铅溶液脱色是为了使还原物等有色物质与铅生成沉淀物。

e.2　加草酸钾-磷酸氢二钠溶液是为了除去溶液中的铅，其用量以保证溶液中无过剩铅为准，若过量也会影响脱色。

e.3　滴定时必须先加适量葡萄糖溶液，使沸腾后滴定消耗量在 0.5mL 以内，否则终点不明显。

4.6.5.9　水泥净浆流动度试验

在水泥净浆搅拌机中，加入一定量的水泥、外加剂和水进行搅拌。将搅拌好的净浆注入截锥圆模内，提起截锥圆模，测定水泥净浆在玻璃平面上自由流淌的最大直径。

a 仪器

a.1 水泥净浆搅拌机;

a.2 截锥圆模:上口直径 36mm,下口直径 60mm,高度为 60mm,内壁光滑无接缝的金属制品;

a.3 玻璃板:400mm×400mm×5mm;秒表、钢直尺、刮刀;

a.4 天平:称量 100g、分度值 0.1g 和称量 1000g、分度值 1g 的天平。

b 试验步骤

b.1 将玻璃板放置在水平位置,用湿布抹擦玻璃板、截锥圆模、搅拌器及搅拌锅,使其表面湿而不带水渍,将截锥圆模放在玻璃板的中央,并用湿布覆盖待用。

b.2 称取 300g 水泥,倒入搅拌锅内。加入推荐掺量的外加剂及 87g(或 105g)水,搅拌 3min。

b.3 将拌好的净浆迅速注入截锥圆模内,用刮刀刮平,将截锥圆模按垂直方向提起,同时开启秒表计时,任水泥净浆在玻璃板上流动,至 30s,用直尺量取流淌部分互相垂直的两个方向的最大直径,取平均值作为水泥净浆流动度。

c 结果计算

表示净浆流动度时,需注明用水量,所用水泥的强度等级标号、名称、型号及生产厂和外加剂掺量。

检测结果的允许差:室内允许差为 5mm;室间允许差为 10mm。

4.6.5.10 水泥砂浆工作性试验

本方法适用于测定外加剂对水泥的分散效果,以水泥砂浆减水率表示其工作性,当水泥净浆流动度试验不明显时可用此法。

a 仪器

a.1 胶砂搅拌机:符合 JC/T 681 的要求;

a.2 跳桌、截锥圆模及模套、圆柱捣棒、抹刀、卡尺均应符合 GB/T 2419《水泥胶砂流动度的测定方法》的规定;

a.3 天平:称量 100g,分度值为 0.1g;台秤:称量 5kg,分度值为 1g。

b 材料

b.1 水泥:选用基准水泥,也可采用施工所用水泥;

b.2 标准砂:砂的颗粒级配及其湿含量完全符合 ISO 标准砂的规定,各级配以(1350±5)g 量的塑料袋混合包装,但所用塑料袋材料不得影响砂浆工作性试验结果;

b.3 外加剂:所检外加剂。

c 试验步骤

c.1 基准砂浆流动度用水量的测定

先使搅拌机处于待工作状态,然后按以下程序进行操作:把水加入锅里,再加入 450g 水泥,把锅放在固定架上,上升至固定位置,然后立即开动机器,低速搅拌 30s 后,在第二个 30s 开始的同时均匀地将砂子加入,机器转至高速再拌 30s。停拌 90s,在第一个 15s 内用一抹刀将叶片和锅壁上的胶砂刮入锅中间,在高速下继续搅拌 60s,各个阶段搅拌时间误差

应在 ±1s 以内。

在拌合砂浆的同时，用湿布抹擦跳桌的玻璃台面、捣棒、截锥圆模及模套内壁，并把它们置于玻璃台面中心，盖上湿布，备用。

将拌好的砂浆迅速地分两次装入模内，第一次装至截锥圆模的三分之二处，用抹刀在相互垂直的两个方向各划 5 次，并用捣棒自边缘向中心均匀捣 15 次，接着装第二层砂浆，装至高出截锥圆模约 20mm，用抹刀划 10 次，同样用捣棒捣 10 次，在装胶砂与捣实时，用手将截锥圆模按住，不要使其产生移动。

捣好后取下模套，用抹刀将高出截锥圆模的砂浆刮去并抹平，随即将截锥圆模垂直向上提起置于台上，立即开动跳桌，以每秒一次的频率使跳桌连续跳动 30 次。

跳动完毕用卡尺量出砂浆底部流动直径，取互相垂直的两个直径的平均值为该用水量时的砂浆流动度，用 mm 表示。

重复上述步骤，直至流动度达到（180±5）mm。当砂浆流动度为（180±5）mm 时的用水量即为基准砂浆流动度的用水量 M_0。

c.2　将水和外加剂加入锅里搅拌均匀，按 c.1 的操作步骤测出掺外加剂砂浆流动度达（180±5）mm 时的用水量 M_1。

c.3　将外加剂和基准砂浆流动度的用水量 M_0 加入锅中，人工搅拌均匀，再按 c.1 的操作步骤，测定加入基准砂浆流动度的用水量时的砂浆流动度，以 mm 表示。

d　结果计算

d.1　砂浆减水率 $W(\%)$ 按式（4-6-23）计算：

$$W = \frac{M_0 - M_1}{M_0} \times 100 \tag{4-6-23}$$

式中　M_0——基准砂浆流动度为（180±5）mm 时的用水量，g；

M_1——掺外加剂的砂浆流动度为（180±5）mm 时的用水量，g。

d.2　注明所用水泥的强度等级、名称、型号及生产厂。

d.3　当仲裁试验时，必须采用基准水泥。

d.4　检测结果的允许差：室内允许差为砂浆减水率 1.0%；室间允许差为砂浆减水率 1.5%。

4.6.5.11　碱含量试验

试样用约 80℃ 的热水溶解，以氨水分离铁、铝；以碳酸钙分离钙、镁。滤液中的碱（钾和钠），采用相应的滤光片，用火焰光度计进行测定。

a　试剂与仪器

a.1　盐酸（1+1）；

a.2　氨水（1+1）；

a.3　碳酸铵溶液（100g/L）；

a.4　氧化钾、氧化钠标准溶液：精确称取 0.7920g 已在 130～150℃ 烘过 2h 的氯化钾（KCl 光谱纯）及 0.9430g 氯化钠（NaCl 光谱纯），置于烧杯中，加水溶解后，移入 1000mL 容量瓶中，用水稀释至标线，摇匀，转移至干燥的带盖的塑料瓶中。此标准溶液每毫升相当于氧化钾及氧化钠 0.5mg；

a.5 甲基红指示剂（2g/L 乙醇溶液）；

a.6 火焰光度计。

b 试验步骤

b.1 工作曲线的绘制：分别向 100mL 容量瓶中注入 0.00mL、1.00mL、2.00mL、4.00mL、8.00mL、12.00mL 的氧化钾、氧化钠标准溶液（分别相当于氧化钾、氧化钠各 0.00mg、0.50mg、1.00mg、2.00mg、4.00mg、6.00mg），用水稀释至标线，摇匀，然后分别于火焰光度计上按仪器使用规程进行测定，根据测得的检流计读数与溶液浓度的关系，分别绘制氧化钾及氧化钠的工作曲线。

b.2 准确称取一定量的试样置于 150mL 的瓷蒸发皿中，用 80℃左右的热水润湿并稀释至 30mL，置于电热板上加热蒸发，保持微沸 5min 后取下，冷却，加 1 滴甲基红指示剂，滴加氨水（1+1），使溶液呈黄色；加入 10mL 碳酸铵溶液，搅拌，置于电热板上加热并保持微沸 10min，用中速滤纸过滤，以热水洗涤，滤液及洗液盛于容量瓶中，冷却至室温，以盐酸（1+1）中和至溶液呈红色，然后用水稀释至标线，摇匀，以火焰光度计按仪器使用规程进行测定。称样量及稀释倍数见表 4-6-2。

表 4-6-2 称样量及稀释倍数

总碱量/%	称样量/g	稀释体积/mL	稀释倍数/n
≤1.00	0.2	100	1
1.00~5.00	0.1	250	2.5
5.00~10.00	0.05	250 或 500	2.5 或 5.0
>10.00	0.05	500 或 1000	5.0 或 10.0

c 结果计算

c.1 氧化钾含量 w_{K_2O} 按式（4-6-24）计算：

$$w_{K_2O} = \frac{C_1 \cdot n}{m \times 1000} \times 100 \qquad (4\text{-}6\text{-}24)$$

式中 w_{K_2O}——外加剂中氧化钾含量，%；

C_1——在工作曲线上查得每 100mL 被测定液中氧化钾的含量，mg；

n——被测溶液的稀释倍数；

m——试样的质量，g。

c.2 氧化钠含量 w_{Na_2O} 按式（4-6-25）计算：

$$w_{Na_2O} = \frac{C_2 \cdot n}{m \times 1000} \times 100 \qquad (4\text{-}6\text{-}25)$$

式中 w_{Na_2O}——外加剂中氧化钠含量，%；

C_2——在工作曲线上查得每 100mL 被测定液中氧化钠的含量，mg。

c.3 外加剂的总碱量 $w_{总碱量}$ 按式（2-6-26）计算：

$$w_{总碱量} = 0.658 \times w_{K_2O} + w_{Na_2O} \tag{4-6-26}$$

式中　$w_{总碱量}$——外加剂中的总碱量，%，总碱量的允许差见表 4-6-3。

表 4-6-3　总碱量的允许差

总碱量/%	≤1.00	1.00 ~ 5.00	5.00 ~ 10.00	>10.00
室内允许差/%	0.10	0.20	0.30	0.50
室间允许差/%	0.15	0.30	0.50	0.80

注：1. 矿物质的混凝土外加剂：如膨胀剂等不在此范围之内。
　　2. 总碱量的测定亦可采用原子吸收光谱法，参见 GB/T 176—2008 中第 34 节。

4.7　拌合用水

4.7.1　pH 值试验

本方法以玻璃电极作指示电极，以饱和甘汞电极作参比电极，用 pH 标准缓冲液校准好的 pH 计（酸度计）直接测定水样的 pH 值。

4.7.1.1　仪器

a　pH 计（酸度计）：测量范围 0 ~ 14pH，读数精度不低于 0.05pH；

b　烧杯：50mL；

c　温度计：0 ~ 100℃，精度 1℃。

4.7.1.2　试剂

下列试剂均应以新煮沸并放冷的纯水（电导率小于 2×10^{-6} S/cm）配制，配成的标准溶液应贮存在聚乙烯瓶或硬质玻璃瓶中密闭保存，在室温下标准溶液一般以保存 1 ~ 2 个月为宜，当发现有浑浊、发霉或沉淀现象时，不能继续使用。为延长使用期限，用过的标准溶液不允许在倒回原瓶中，最好在 4℃ 冰箱内存放。

a　pH 标准缓冲液甲（pH = 4.008，25℃）

称取 10.12g 经 110 ~ 130℃ 烘干 2 ~ 3h 并冷却至室温的邻苯二甲酸氢钾（$KHC_8H_4O_4$）溶于纯水中，并在容量瓶中稀释至 1L。

b　pH 标准缓冲液乙（pH = 6.865，25℃）

分别称取 3.388g 经 110 ~ 130℃ 烘干 2 ~ 3h 并冷却至室温的磷酸二氢钾（KH_2PO_4）和 3.533g 磷酸氢二钠（Na_2HPO_4），一并溶于纯水中，并在容量瓶中稀释至 1L。

c　pH 标准缓冲液丙（pH = 9.180，25℃）

为了使晶体具有一定的组成，应称取 3.80g 与饱和溴化钠（或氯化钠加蔗糖）溶液（室温）共同放置在干燥器中平衡两昼夜的硼砂（$Na_2B_4O_7 \cdot 10H_2O$），溶于纯水并在容量瓶中稀释至 1L。

d　当被测水样的 pH 值过高或过低时，应按表 4-7-1 配制与其 pH 值相近的标准溶液来标定仪器。

表 4-7-1 pH 标准溶液的制备

类别	代号	标准溶液中溶质的质量摩尔浓度 /(mol/kg)	25℃的 pH 值	每1000mL25℃水溶液所需药品质量
基本标准	A	酒石酸氢钾（25℃饱和液）	3.557	6.4gKHC$_4$H$_4$O$_6$
		0.05mol/kg 柠檬酸二氢钾	3.776	11.4gKH$_2$C$_6$H$_5$O$_7$
	B	0.05mol/kg 邻苯二甲酸氢钾	4.008	10.12gKHC$_8$H$_4$O$_4$
	C	0.025mol/kg 磷酸二氢钾 0.025mol/kg 磷酸氢二钠	6.865	3.388gKH$_2$PO$_4$ 3.533g Na$_2$HPO$_4$
	D	0.008695mol/kg 磷酸二氢钾 0.03043mol/kg 磷酸氢二钠	7.413	1.179g KH$_2$PO$_4$ 4.302g Na$_2$HPO$_4$
	E	0.01mol/kg 硼砂	9.180	3.80g Na$_2$B$_4$O$_7$·10H$_2$O
		0.025mol/kg 碳酸氢钠 0.025mol/kg 碳酸钠	10.012	2.092g NaHCO$_3$ 2.640g Na$_2$CO$_3$
辅助标准		0.05mol/kg 四草酸钾	1.679	12.61g KH$_3$C$_4$O$_8$·2H$_2$O
		氢氧化钙（25℃饱和液）	12.454	1.5g Ca(OH)$_2$
附加说明		1. Na$_2$HPO$_4$ 应在 110~130℃烘干2h~3h 并冷却至室温； 2. 必须用新煮沸并冷却的蒸馏水（不含 CO$_2$）配制； 3. 四草酸钾别名草酸三氢钾，使用前在（54±3）℃干燥 4~5h，并冷却至室温。		

e 标准溶液的 pH 值随温度变化而稍有差异，一些常用标准溶液的 pH 值见表4-7-2。

表 4-7-2 五种标准缓冲液在不同温度下的 pH 值

温度℃	pH 标准缓冲液（见表4-7-1）				
	A	B	C	D	E
0		4.003	6.984	7.534	9.464
5		3.999	6.951	7.500	9.395
10		3.998	6.923	7.472	9.332
15		3.999	6.900	7.448	9.276
20		4.002	6.881	7.429	9.225
25	3.557	4.008	6.865	7.413	9.180
30	3.552	4.015	6.853	7.400	9.139
35	3.549	4.024	6.844	7.389	9.102
38	3.548	4.030	6.840	7.384	9.081
40	3.547	4.035	6.838	7.380	9.068
45	3.547	4.047	6.834	7.373	9.038
50	3.549	4.060	6.833	7.367	9.011
55	3.554	4.075	6.834		8.985
60	3.560	4.091	6.836		8.962
70	3.580	4.126	6.845		8.921
80	3.609	4.164	6.859		8.885
90	3.650	4.205	6.877		8.850
95	3.674	4.227	6.886		8.833

4.7.1.3　分析步骤

a　电极准备

a.1　玻璃电极在使用前，应先放入纯水中浸泡 24h 以上；

a.2　甘汞电极中饱和氯化钾溶液的液面必须高出汞体，在室温下应有少许氯化钾晶体存在，以保证氯化钾溶液的饱和。但须注意氯化钾晶体不可过多，以防止堵塞与被测溶液的通路。

b　仪器校准

操作程序按仪器使用说明书进行。先将水样与标准缓冲液调到同一温度，记录测定温度，并将仪器温度补偿旋钮调至该温度上。首先用与水样 pH 值相近的一种标准缓冲液校正仪器；从标准缓冲液取出电极，用纯水彻底冲洗并用滤纸吸干；再将电极浸入第二种标准缓冲液中，小心摇动，静置，仪器示值与第二种标准缓冲液在该温度时的 pH 值之差不应超过0.1pH 单位，否则就应调节仪器斜率旋钮，检查仪器、电极或标准缓冲液是否存在问题。重复上述校正工作，直至示值正常时，方可用于测定样品。

c　水样的测定

测定水样时，先用纯水认真冲洗电极，再用水样冲洗，然后将电极浸入水样中，小心摇动或进行搅拌使其均匀，静置，待读数稳定时记录指示值，即为水样 pH 值。结果保留一位小数。

d　注意事项

d.1　仪器经过校准后，在本次试验完成前，仪器调节旋钮不宜再变动，如有变动应再次进行校准。

d.2　测定 pH 值时，玻璃电极的球泡应全部浸入溶液中，并使其稍高于甘汞电极的陶瓷芯端，以免搅拌时碰坏。

d.3　必须注意玻璃电极的内电极与球泡之间、甘汞电极的内电极和陶瓷芯之间不得有气泡，以防止断路。

d.4　测定 pH 值时，为减少空气和水样中二氧化碳的溶入或挥发，在测水样前，不应提前打开水样瓶。

d.5　玻璃电极表面受到污染时，需进行处理。如果系附着无机盐结垢，可用温稀盐酸溶解；对钙镁等难溶性结垢，可用 EDTA 二钠溶液溶解；沾有油污时，可由丙酮清洗。电极按上述方法处理后，应在蒸馏水中浸泡一昼夜再使用。注意忌用无水乙醇、脱水性洗涤剂处理电极。

4.7.2　不溶物试验

不溶物系指水样在规定条件下，经过滤未通过滤膜部分干燥后留下的物质。不同的过滤介质可获得不同的测定结果，本方法采用孔径为 0.45μm 的 CN-CA 滤膜作过滤介质。

4.7.2.1　仪器

a　分析天平：感量 0.1mg。

b　电热恒温干燥箱。

c　全玻璃微孔滤膜过滤器，CN－CA 滤膜（孔径 0.45μm、ϕ60mm）。

d　真空泵、吸滤瓶、无齿扁嘴镊子。

4.7.2.2　采样及样品贮存

a　采样

所用聚乙烯瓶或硬质玻璃瓶要用洗涤剂洗净，再依次用自来水和蒸馏水冲洗干净。在采样之前，再用即将采集的水样清洗三次。然后，采集 500～1000mL 具有代表性的水样，盖严瓶塞。

注：漂浮或浸没的不均匀固体物质不属于不溶物质，应从水样中除去。

b　样品贮存

采集的水样应尽快分析测定。如需放置，应贮存在 4℃ 冰箱内，但最长不得超过 7d。

注：不能加入任何保护剂，以防破坏物质在固、液间的分配平衡。

4.7.2.3　分析步骤

a　用无齿扁嘴镊子夹取微孔滤膜放于事先恒量的称量瓶里，移入烘箱中于 103～105℃ 烘干 30min 后，取出置于干燥器内冷却至室温，称其质量，重复烘干、称重直至恒量（两次称量的质量差≤0.2mg）。

将恒量的微孔滤膜正确地放在全玻璃微孔滤膜过滤器的滤膜托盘上，加盖配套的漏斗，并用夹子固定好。用蒸馏水湿润滤膜，并不断吸滤。

b　急剧振荡水样，迅速量取 100mL 混合均匀的试样或适量水样，抽吸过滤，使水全部通过滤膜，每次以 10mL 蒸馏水连续洗涤三次，继续吸滤以除去痕量水分。

c　停止过滤后，仔细将载有不溶物的滤膜放在原恒量的称量瓶里，移入烘箱中于 103～105℃ 下烘干 1h 后，取出置于干燥器内冷却至室温，称其质量。重复烘干、冷却、称量，直至两次称量的质量差≤0.4mg 为止。

注：滤膜上截留过多的不溶物可能夹带过多的水分，除延长干燥时间外，还可能造成过滤困难，遇此情况，应酌情少取试样；滤膜上不溶物过少，则会增大称量误差，影响测定精度，必要时，可增大试样体积。一般以 5～100mg 不溶物量作为量取试样体积的实用范围。

4.7.2.3　结果计算

不溶物质量分数按式（4-7-1）计算：

$$w(不溶物) = \frac{(m_2 - m_1) \times 10^6}{V}(mg/L) \qquad (4\text{-}7\text{-}1)$$

式中　m_1——滤膜＋称量瓶的质量，g。

　　　m_2——不溶物＋滤膜＋称量瓶的质量，g。

　　　V——水样体积，mL。

4.7.3　可溶物试验

可溶物系指水样在规定条件下，经过滤并蒸发干燥后留下的物质，包括不易挥发的可溶性盐类、有机物以及能通过滤器的其他微粒。烘干温度一般采用（105±3）℃，当要求得到准确结果时，应采用（180±3）℃ 的烘干温度。

4.7.3.1　仪器及试剂

a　分析天平：感量 0.1mg。

b　恒温水浴锅。

c　电热恒温干燥箱。

d　中速定量滤纸或滤膜（孔径 0.45μm）及相应滤器、100mL 瓷蒸发皿。

e　碳酸钠溶液（10g/L）：称取 10g 无水碳酸钠（Na_2CO_3），溶于纯水中，稀释至 1000mL。

4.7.3.2　试验步骤

a　可溶物测定（在 105℃ ±3℃烘干）

a.1　将蒸发皿洗净，放在（105±3）℃烘箱内烘干 30min 取出，放在干燥器内冷却至室温，在分析天平上称量。重复烘干、称量直至恒量（两次称量相差≤0.4mg）。

a.2　将水样上清液用滤器过滤，吸取 100mL 过滤后水样放入蒸发皿内，如水样的可溶性过少时可增加水样体积。

a.3　将蒸发皿置于水浴锅上，蒸发至干（水浴液面不要接触皿底），将蒸发皿移入（105±3）℃烘箱内烘干 1h，取出并放入干燥器内冷却 30min，称量。

a.4　将称过质量的蒸发皿再放入（105±3）℃烘箱内烘干 30min，取出并放入干燥器内冷却 30min，称量，直至恒定质量（恒量）。

b　可溶物测定（在 180℃ ±3℃烘干）

b.1　按上述 a.1 步骤将蒸发皿在（180±3）℃烘干并称量至恒定质量（恒量）。

b.2　吸取 100mL 过滤后水样置于蒸发皿内，精确加入 25.0mL 碳酸钠溶液（10g/L）于蒸发皿中，混匀，同时在另一个蒸发皿中只加入 25.0mL 碳酸钠溶液（10g/L）做空白试验。计算水样结果时应减去碳酸钠空白的质量。

b.3　将蒸发皿置于水浴锅上，蒸发至干（水浴液面不要接触皿底），将蒸发皿移入（180±3）℃烘箱内烘干 1h，取出并放入干燥器内冷却 30min 称量。

b.4　将称过质量的蒸发皿再放入（180±3）℃烘箱内烘干 30min，取出并放入干燥器内冷却 30min 称量，直至恒量。

4.7.3.3　结果计算

可溶物含量按式（4-7-2）计算：

$$可溶物 \rho(TDS) = \frac{(m_2 - m_1) \times 10^6}{V} \tag{4-7-2}$$

式中　ρ（TDS）——水样中可溶物的质量浓度，mg/L；

　　　　m_1——蒸发皿质量，g；

　　　　m_2——蒸发皿和可溶物质量，g；

　　　　V——水样体积，mL。

4.7.4　氯化物的测定（硝酸银滴定法）

本方法以铬酸钾作指示剂，在中性或弱碱性条件下，用硝酸银标准溶液滴定水样中的氯化物。

4.7.4.1　试剂

a　酚酞指示剂溶液：称取 0.5g 酚酞溶于 50mL 95% 乙醇中，加入 50mL 蒸馏水，再滴加 0.05mol/L 氢氧化钠溶液使呈微红色。

　　b　铬酸钾指示剂溶液（50g/L）：称取5g铬酸钾（K_2CrO_4）溶于少量蒸馏水中，滴加硝酸银标准溶液 $[c(AgNO_3)=0.0141mol/L]$ 至有红色沉淀生成，摇匀，静至12h，然后过滤并用蒸馏水将滤液稀释至100mL。

　　c　硫酸溶液（0.05mol/L）。

　　d　氢氧化钠溶液（0.05mol/L）。

　　e　过氧化氢（H_2O_2）溶液（30%）。

　　f　氯化钠标准溶液 $[c(NaCl)=0.0141mol/L]$，相当于氯化物含量5.00mg/L：准确称取8.2400g优级纯氯化钠试剂（预先在500~600℃灼烧40~50min，置于干燥器中冷至室温）溶于纯水并定容至1000mL。用吸管吸取10.0mL，在容量瓶中准确稀释至100mL，100mL此氯化钠标准溶液含0.50mg氯化物（Cl^-）。

　　g　硝酸银标准溶液 $[c(AgNO_3)=0.0141mol/L]$：称取2.3950g硝酸银（预先在105℃烘干30min，置于干燥器中冷却至室温），溶于纯水并定容至1000mL，贮存于棕色瓶中。

　　硝酸银标准溶液浓度用氯化钠标准溶液进行标定，方法如下：

　　准确吸取25.00mL氯化钠标准溶液，置于250mL锥形瓶中，加25mL蒸馏水。另取250mL一锥形瓶，加50mL蒸馏水作空白。

　　各加入1mL铬酸钾指示剂溶液（50g/L），瓶下垫一块白色瓷板并置于滴定台上，在不断的摇动下，用待标定的硝酸银标准溶液（盛于棕色滴定管中）滴定至砖红色沉淀刚刚出现为终点。

　　硝酸银标准溶液浓度 $c(AgNO_3)$ 按式（4-7-3）计算：

$$c(AgNO_3)=\frac{c(NaCl)\cdot(V_c-V_b)}{25.00} \qquad (4-7-3)$$

式中　$c(AgNO_3)$——硝酸银标准溶液的浓度，mol/L；

　　　$c(NaCl)$——氯化钠标准溶液的浓度，mol/L；

　　　　V_c——标定时硝酸银标准溶液用量，mL；

　　　　V_b——空白试验时硝酸银标准溶液用量，mL；

　　　25.00——吸取氯化钠标准溶液的体积，mL。

　　硝酸银标准溶液对氯化物的滴定度（$mgCl^-/mL$）按式（4-7-4）计算：

$$T=\frac{12.50}{V_c-V_b} \qquad (4-7-4)$$

式中　T——硝酸银溶液的滴定度，$mgCl^-/mL$；

　　　V_c——标定时硝酸银溶液用量 mL；

　　　V_b——空白试验时硝酸银溶液用量，mL；

　12.50——25.00mL氯化钠标准溶液中氯离子的含量，mg。

　　最后按计算调整硝酸银溶液浓度，使1.00mL硝酸银标准溶液相当于0.50mg氯化物（Cl^-）。

　　h　氢氧化铝悬浮液：称取125g硫酸铝钾溶于1L蒸馏水中，加热至60℃，然后边搅拌边缓缓加入55mL浓氨水，放置约1h后，移至大瓶中，用倾泻法反复洗涤沉淀物，直到洗出液不含氯离子。将洗涤后沉淀物用水稀释至约为300mL。

4.7.4.2 分析步骤

a 水样的预处理（排除干扰；若无以下干扰存在，此节可以省去）

a.1 如水样浑浊及带有颜色，则取150mL或取适量水样稀释至150mL，置于250mL锥形瓶中，加入2mL氢氧化铝悬浮液，振荡、过滤，弃去最初滤下的20mL滤液，用干的清洁锥形瓶接取滤液。

a.2 如果水样有机物含量高或色度高，可用马弗炉灰化法预先处理水样，取适量废水样于瓷蒸发皿中，调节pH值至8~9，置于水浴上蒸干，然后放入马弗炉中在600℃下灼烧1h，取出冷却后，加入10mL蒸馏水，移入250L锥形瓶中，并用蒸馏水清洗三次，并入锥形瓶中，调节pH值到7左右，稀释至50mL。

a.3 由有机质而产生的较轻色度，可以加入2mL 0.01mol/L高锰酸钾溶液，煮沸，再滴加乙醇以除去多余的高锰酸钾至水样褪色，过滤，滤液储存于锥形瓶中备用。

a.4 如果水样中含有硫化物、亚硫酸盐或硫代硫酸盐，则加氢氧化钠溶液（0.05mol/L）将水样调节至中性或弱碱性，加入1mL30%过氧化氢，摇匀，10min后加热至70~80℃，以除去过量的过氧化氢。

b 测定

b.1 吸取50mL水样或经过预处理的水样（若氯化物含量高，可取适量水样用蒸馏水稀释至50mL），置于250mL锥形瓶中，另取250mL一锥形瓶，加50mL蒸馏水作空白试验。

b.2 如水样pH值在6.5~10.5范围时，可以直接滴定，超出此范围的水样应以酚酞作指示剂，用稀硫酸溶液（0.05mol/L）或氢氧化钠溶液（0.05mol/L）调节至红色刚刚褪去。

b.3 加入1mL铬酸钾指示剂溶液（50g/L），用硝酸银标准溶液 $[c(AgNO_3)=0.0141mol/L]$ 滴定至砖红色沉淀刚刚出现即为滴定终点。

用相同方法做空白滴定。

4.7.4.3 结果计算

氯化物含量 $\rho(c)$ 按式（4-7-5）计算：

$$\rho(c) = \frac{(V_2{}' - V_1) \cdot c(AgNO_3) \times 35.45}{V} \times 1000 \qquad (4\text{-}7\text{-}5)$$

式中 $\rho(c)$ ——水样中氯化物（以Cl⁻计）含量，mg/L;

$\quad\quad V_1$ ——空白试验时，消耗硝酸银标准溶液量，mL;

$\quad\quad V_2$ ——水样测定时，消耗硝酸银标准溶液量，mL;

$\quad\quad V$ ——试验时，吸取水样体积，mL;

$\quad c(AgNO_3)$ ——硝酸银标准溶液的浓度，mol/L。

4.7.5 硫酸盐含量试验（重量法）

本方法采用在酸性条件下，硫酸盐与氯化钡溶液反应生成白色硫酸钡沉淀，将沉淀过滤、灼烧至恒量。根据硫酸钡的质量计算硫酸盐的含量。

4.7.5.1 仪器与试剂

a 仪器

a.1 高温炉（马弗炉）：最高温度不低于1000℃，带有恒温控制器；

a.2　分析天平：称量 100g（或 200g）、感量 0.1mg；

a.3　恒温水浴锅；

a.4　瓷坩埚、致密定量滤纸（慢速）、烧杯、容量瓶等器皿。

b　试剂

b.1　硝酸银溶液（0.1mol/L）：将 1.7g 硝酸银溶解于 80mL 水中，加 0.1mL 浓硝酸，稀释至 100mL，贮存于棕色玻璃瓶中，避光保存长期稳定。

b.2　氯化钡溶液（100g/L）：将 100g 氯化钡（$BaCl_2 \cdot 2H_2O$）溶于约 800L 水中，加热有助于溶解，冷却溶液并稀释至 1L，贮存在玻璃或聚乙烯瓶中，此溶液能长期保持稳定。此溶液 1mL 可沉淀约 40mgSO_4^{2-}（注意：氯化钡有毒，谨防入口）。

b.3　盐酸溶液（1+1）。

b.4　氨水溶液（1+1）（注意：浓氨水能导致烧伤、刺激眼睛、呼吸系统和皮肤）。

b.5　甲基红指示剂溶液（1g/L）：将 0.1g 甲基红钠盐溶解在水中，并稀释至 100mL。

4.7.5.2　采样和样品

a　样品可以采集在硬质玻璃或聚乙烯瓶中。为了不使水样中可能存在的硫化物或亚硫酸盐被空气氧化，容器必须用水样完全充满。不必加保护剂，可以冷藏较长时间。

b　试料的制备取决于样品的性质和分析的目的。为了分析可过滤态的硫酸盐，水样应在采样后立即在现场（或尽可能快地）用 0.45μm 的微孔滤膜过滤，滤液留待分析。需要测定硫酸盐的总量时，应将水样摇匀后取样，适当处理后进行分析。

4.7.5.3　分析步骤

a　预处理

a.1　将量取的适量可滤液态试料（如含 50mgSO_4^{2-}）置于 500mL 烧杯中，加两滴甲基红指示剂溶液，用适量的盐酸（1+1）或者氨水（1+1）调至显橙黄色，再加 2mL 盐酸（1+1），加水使烧杯中溶液的总体积至 200mL，加热煮沸至少 5min。

a.2　如果水样中二氧化硅的浓度超过 25mg/L，则应将所取试样置于铂蒸发皿中，在恒温水浴锅上蒸发到近干，加 1mL 盐酸（1+1），将皿倾斜并转动使酸和残渣完全接触，继续蒸发到干，放在（180±3）℃的烘箱中烘干，如果试样中含有机物质，就在燃烧器的火焰上炭化，然后用 2mL 水和 1mL 盐酸（1+1）把残渣浸湿，再在恒温水浴锅上蒸干，加入 2mL 盐酸（1+1），用热水溶解可溶性残渣后过滤，用少量热水多次反复洗涤不溶解的二氧化硅，按上述 a.1 方法调节溶液的酸度。

a.3　如果需要测硫酸盐总量而试样中又含有不溶性的硫酸盐，则将试样用中速定量滤纸过滤，并用少量热水洗涤滤纸，将滤液和洗液合并，将滤纸转移到铂蒸发皿中，在低温燃烧器上加热灰化滤纸，将 4g 无水碳酸钠同皿中残渣混合，并在 900℃ 加热使混合物熔融，放冷，用 50mL 水将熔融混合物转移到 500mL 烧杯中，使其溶解，并与滤液和洗液合并，并按上述 a.1 方法调节溶液的酸度。

b　沉淀

将上节 a 预处理步骤所得到的溶液加热至沸，在不断搅动下缓慢加入（10±5）mL 热氯化钡溶液（100g/L），直到不再出现沉淀，然后多加 2mL 热氯化钡溶液，在 80～90℃ 下保持不少于2h，或在室温至少放置6h，最好过夜以陈化沉淀。

c　过滤、沉淀灼烧或烘干

c.1　灼烧沉淀法：用少量无灰滤纸浆与硫酸钡沉淀混合，用定量致密滤纸过滤，用热水转移并洗涤沉淀，用几份少量温水反复洗涤沉淀物，直至洗涤液不含氯化物为止。将滤纸和沉淀一起置于事先在800℃灼烧恒量后的瓷坩埚里烘干，小心灰化滤纸后（不要让滤纸烧出火焰），将坩埚移入高温炉里，在800℃灼烧1h，放在干燥器内冷却，称量，直至灼烧至恒量。

c.2　烘干沉淀法：用在105℃干燥并已恒量后的熔结玻璃坩埚（G4）过滤沉淀，用带橡皮头的玻璃棒及温水将沉淀定量转移到坩埚中，用几份少量温水反复洗涤沉淀物，直至洗涤液不含氯化物为止。取下G4坩埚，并在烘箱内于（105±2）℃温度下烘干1~2h，放在干燥器内冷却，称量，直至干燥至恒量。

洗涤过程中氯化物的检验方法：在含有5mL硝酸银溶液（0.1mol/L）的小烧杯中收集约5mL的洗涤水，如果没有沉淀生成或者不显浑浊，即表明沉淀中已不含氯离子。

d　结果的表示

硫酸根离子（SO_4^{2-}）的含量ρ（mg/L）按式（4-7-6）计算：

$$\rho\left(SO_4^{2-}\right) = \frac{m_1 \times 411.6 \times 1000}{V} \tag{4-7-6}$$

式中　m_1——水样中沉淀出来的硫酸钡质量，g；

　　　V——水样的体积，mL；

411.6——由硫酸钡（$BaSO_4$）换算成SO_4的因数。

e　注意事项

e.1　沉淀应在酸性溶液中进行，以防止某些阴离子如碳酸根、碳酸氢根和氢氧根离子等与钡离子发生共沉淀现象。

e.2　硫酸钡沉淀同滤纸灰化时，应保证有充分的空气，否则沉淀易被滤纸烧成的碳所还原：$BaSO_4 + 2C \longrightarrow BaS + 2CO_2$，当发生这种现象时，沉淀呈灰色和黑色，此时可在冷却后的沉淀中加入2~3滴浓硫酸，然后小心加热至三氧化硫白烟不再发生为止，再在800℃的温度下灼烧至恒量。炉温不能过高，否则$BaSO_4$开始分解。

4.7.6　硫化物含量试验（碘量法）

本方法采用醋酸锌与水样中硫化物反应生成硫化锌白色沉淀，将其溶于酸中，加入过量碘溶液，碘在酸性条件下和硫化物作用而被消耗，剩余的碘用硫代硫酸钠标准溶液滴定，从而计算水样中硫化物的含量。

4.7.6.1　试剂

a　醋酸锌溶液：称取220g醋酸锌［$Zn(C_2H_3O_2)_2 \cdot 2H_2O$］溶于纯水并稀释至1000mL。

b　硫代硫酸钠标准溶液（0.0250mol/L）：将近期标定过的硫代硫酸钠溶液用适量煮沸放冷的纯水稀释成0.025mol/L。

b.1　硫代硫酸钠溶液的配制方法：称取25g硫代硫酸钠（$Na_2S_2O_3 \cdot 5H_2O$）溶于

1000mL 煮沸放冷的纯水中，此溶液浓度约为 0.1mol/L。加入 0.4g 氢氧化钠，贮存于棕色瓶内，一周后进行标定。

　　b.2　硫代硫酸钠标准溶液的标定方法：将碘酸钾（KIO_3）在 105℃ 下烘干 1h，置于干燥器中冷却至室温。准确称取 2 份，各约 0.15g，分别放入 250mL 碘量瓶中，每瓶中各加入 100mL 纯水，使碘酸钾溶解，再各加 3g 碘化钾及 10mL 冰醋酸，在暗处静置 5min。用待标定的硫代硫酸钠标准溶液分别进行滴定，直至溶液呈淡黄色时，加入 1mL 淀粉指示剂溶液。继续滴定至恰使蓝色褪去为终点，记录用量。

　　b.3　按式（4-7-7）计算硫代硫酸钠标准溶液浓度：

$$c(\mathrm{Na_2S_2O_3}) = \frac{m_{\mathrm{KIO_3}}}{V_{\mathrm{Na_2S_2O_3}} \times \dfrac{214.00}{6000}} = \frac{m_{\mathrm{KIO_3}}}{V_{\mathrm{Na_2S_2O_3}} \times 0.03567} \qquad (4\text{-}7\text{-}7)$$

式中　$c(\mathrm{Na_2S_2O_3})$——硫代硫酸钠标准溶液浓度，mol/L；

　　　　$m_{\mathrm{KIO_3}}$——碘酸钾的质量，g；

　　　　$V_{\mathrm{Na_2S_2O_3}}$——硫代硫酸钠标准溶液的消耗量，mL。

　　b.4　两个平行样品的计算结果相对标准偏差不应超过 0.2%，其算术平均值即为硫代硫酸钠标准溶液的浓度。

　　c　碘溶液（0.0125mol/L）：称取 10g 碘化钾（KI），溶于 50mL 纯水中，加入 3.2g 碘，完全溶解后用纯水稀释至 1000mL。

　　d　淀粉指示剂溶液（5g/L）：将 0.5g 可溶性淀粉用少量纯水调成糊状，溶于 100mL 刚煮沸的纯水中，冷却后，加入 0.1g 水杨酸保存。

4.7.6.2　分析步骤

　　a　供分析用水在现场取样后应立即进行现场固定。其方法是：吸取 2mL 醋酸锌溶液置于 1L 细口瓶中，再量取 1000mL 水样装入瓶中，加塞保存，运回化验室。

　　b　将已固定水样过滤，并将底部硫化锌沉淀全部转移到滤纸上，用纯水洗涤 3～4 次。

　　c　将沉淀连同滤纸全部移入 250mL 碘量瓶中，用玻璃棒捣碎滤纸，并加入 50mL 纯水。

　　d　加入 10.00mL 0.0125mol/L 碘溶液，5mL 浓盐酸，加塞后摇匀，于暗处静置 5min，用 0.0250mol/L 硫代硫酸钠标准溶液滴定。当溶液呈淡黄色时，加入 1mL 淀粉指示剂溶液，继续滴定至蓝色恰好消失，记录硫代硫酸钠标准溶液用量。

　　e　另取一张干净滤纸置于 250mL 碘量瓶中，加纯水 50mL，用玻璃棒捣碎滤纸，作为空白，按分析步骤进行空白试验。

4.7.6.3　结果计算

$$\rho(S) = \frac{(V_1 - V_2)c(\mathrm{Na_2S_2O_3}) \times 16.03 \times 1000}{V_3} = (V_1 - V_2) \times 0.4007 \qquad (4\text{-}7\text{-}8)$$

式中　$\rho(S)$——水样中硫化物（S^{2-}）含量，mg/L；

　　　　V_1——滴定空白时硫代硫酸钠标准溶液用量，mL；

　　　　V_2——滴定水样时硫代硫酸钠标准溶液用量，mL；

V_3——经现场固定的采样体积，mL（本方法定为 1000mL）；

$c(\mathrm{Na_2S_2O_3})$——硫代硫酸钠标准溶液浓度，mol/L（本方法定为 0.0250mol/L）；

16.03——$\dfrac{1}{2}$硫离子的摩尔质量，g/mol。

4.8　混凝土拌合物性能

混凝土拌合物性能试验包含稠度试验、凝结时间试验、泌水与压力泌水试验、含气量试验和配合比分析试验。

4.8.1　稠度试验

4.8.1.1　坍落度与坍落扩展度法

适用于骨料最大粒径不大于 40mm、坍落度值不小于 10mm 的混凝土拌合物稠度测定。

a　试验设备

混凝土坍落度筒、$\phi 16\mathrm{mm} \times 650\mathrm{mm}$ 金属捣棒、钢直尺（300～500mm，精度 1mm）、铁板及抹刀等。

b　试验流程

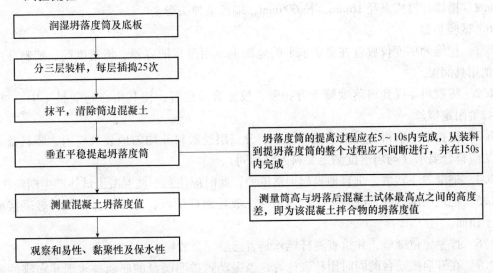

c　和易性、黏聚性及保水性的检查方法

c.1　坍落度筒提离后，如混凝土发生崩坍或一边剪坏现象，则应重新取样另行测定。如第二次试验仍出现上述现象，则表示该混凝土和易性不好，应予记录备查。

c.2　黏聚性的检查方法是用捣棒在已坍落的混凝土锥体侧面轻轻敲打。此时，如果锥体逐渐下沉，则表示黏聚性良好；如果锥体倒塌、部分崩裂或出现离析现象，则表示黏聚性不好。

c.3　保水性以混凝土拌合物中稀浆析出的程度来评定，坍落度筒提起后如有较多的稀浆从底部析出，锥体部分的混凝土也因失浆而骨料外露，则表明此混凝土拌合物的保水性不好；如坍落度筒提起后无稀浆或仅有少量稀浆自底部析出，则表示此混凝土拌合物保水性良好。

d　坍落扩展度测量

当混凝土拌合物的坍落度大于220mm时，用钢尺测量混凝土扩展后最终的最大直径和最小直径，当这两个直径之差小于50mm时，取其算术平均值作为坍落扩展度值；否则，此次试验无效。

如果发现粗骨料在中央集堆或边缘有水泥浆析出，表示此混凝土拌合物抗离析性不好，应予记录。

e　结果表示

混凝土拌合物坍落度和坍落扩展度值以毫米为单位，测量精确至1mm，结果表达修约至5mm。

4.8.1.2　维勃稠度法

适用于骨料最大粒径不大于40mm，维勃稠度在5～30s之间的混凝土拌合物稠度的测定。

a　试验设备

a.1　维勃稠度测定仪：由振动台、坍落度筒、容器、旋转架（测杆、圆盘及荷重块）组成；

a.2　捣棒：捣棒直径16mm、长600mm，端部呈弹头形。

b　试验步骤

b.1　把维勃稠度仪放置在坚实水平的地面上，用湿布把容器、坍落度筒、喂料斗内壁及其他用具润湿。

b.2　将喂料斗提到坍落度筒上方扣紧，校正容器位置，使其中心与喂料斗中心重合，然后拧紧固定螺丝。

b.3　把按要求取得的混凝土试样用小铲分三层经喂料斗均匀地装入筒内，装料及插捣的方法应符合要求（与坍落度测定装料方法相同）。

b.4　把喂料斗转离，垂直地提起坍落度筒，此时应注意不使混凝土试体产生横向扭动。

b.5　把透明圆盘转到混凝土圆台体顶面，放松测杆螺丝，降下圆盘，使其轻轻接触到混凝土顶面。

b.6　拧紧定位螺丝，并检查测杆螺丝是否已经完全放松。

b.7　在开启振动台的同时用秒表计时，当振动到透明圆盘的底面被水泥浆布满的瞬间停表计时，并关闭振动台。

c　结果表示

由秒表读出的时间（s）即为该混凝土拌合物的维勃稠度值，精确至1s。

4.8.2　拌合物表观密度试验

适用于测定混凝土拌合物捣实后的单位体积质量（表观密度）。

4.8.2.1　试验设备

a　容量筒：金属制成的圆筒，两旁装有提手。对骨料最大粒径不大于40mm的拌合物采用容积为 5L 的容量筒, 其内径与筒高均为 (186 ± 2) mm, 筒壁厚为 3mm; 骨料最粒径大于 40mm 时, 容量筒的内径与筒高均应大于骨料最大粒径的 4 倍。容量筒上缘及内壁应光滑平整, 顶面与底面应平行并与圆柱体的轴垂直。

b　台秤: 称量 50kg, 感量 50g。

c　振动台: 频率应为 (50 ± 3) Hz, 空载时的振幅应为 (0.5 ± 0.1) mm。

d　捣棒: 直径 16mm、长 600mm 的钢棒, 端部为弹头形。

4.8.2.2　试验流程

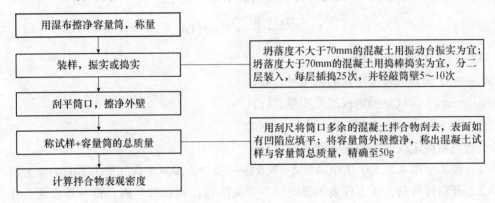

4.8.2.3　结果表示

混凝土拌合物表观密度按式 (4-8-1) 进行计算 (精确至 10kg/m³):

$$\gamma_h = \frac{W_2 - W_1}{V} \times 1000 \,(\mathrm{kg/m^3}) \qquad (4\text{-}8\text{-}1)$$

式中　W_1——容量筒质量, kg;

　　　W_2——容量筒及试样总质量, kg;

　　　V——容量筒容积, L。

4.8.2.4　注意事项

振动时混凝土不要装得过满, 否则会将砂浆振出, 石子下沉, 其表观密度值将会提高。

4.8.3　拌合物含气量试验

适用于骨料最大粒径不大于 40mm 的混凝土拌合物含气量的测定。

4.8.3.1　试验设备

a　含气量测定仪: 由容器及盖体两部分组成。容器应由硬质金属制成, 其内径应与深度相等, 容积为 7L。盖体应用与容器相同的材料制成, 盖体部分应包括气室、操作阀、进气阀、排气阀及压力表。压力表的量程为 0 ~ 0.25MPa, 其精度为 0.01MPa。容器及盖体之间用螺栓连接, 并应装有密封圈以保证组装后保持压力。

b　振动台频率: 应为 (50 ± 3) Hz, 空载时的振幅应为 (0.5 ± 0.1) mm; 捣棒: 直径 16mm、长 600mm 的钢棒, 端部应磨圆。

c　台秤: 称量 50kg, 感量 50g。

4.8.3.2　设备校正

含气量测定仪的校正及率定应按以下规定进行:

a 容器容积的标定按下列步骤进行：

a.1 擦净容器，并将含气量测定仪全部安装好，称量含气量测定仪的总质量，精确至 50g。

a.2 往容器内注水至上缘，然后将盖体安装好，关闭操作阀和排气阀，打开排水阀和加水阀，通过加水阀向容器内注入水；当排水阀流出的水流不含气泡时，在注水状态下，同时关闭加水阀和排水阀，再称量其总质量，精确至 50g；打开盖体，测量水的温度。

a.3 容器的容积按式（4-8-2）计算（精确至 0.01L）：

$$V = \frac{m_2 - m_1}{\rho_W} \times 1000 (L) \tag{4-8-2}$$

式中　V——含气量仪的容积，L；

　　m_1——干燥含气量测定仪的总质量，kg；

　　m_2——水、含气量测定仪的总质量，kg；

　　ρ_W——容器内水的密度，kg/m³。

b 含气量测定仪的率定按下列步骤进行：

b.1 按本节第 4.8.3.3 条中第 b.5~b.8 条的操作步骤测得含气量为零时的压力值。

b.2 开启排气阀，压力仪表示值应回零；关闭操作阀和排气阀，打开排水阀，在排水阀口用量筒接水，并用气泵缓慢地向气室内打气，当排出的水恰好是含气量测定仪体积的 1% 时，按上述步骤测得含气量为 1% 时的压力值。

b.3 按上述方法继续测得含气量为 2%、3%、4%、5%、6%、7%、8% 时的压力表读数值。

b.4 对以上试验均应进行两次，每次读数均应精确至 0.01MPa，其相对误差均应小于 0.2%，否则应重新进行率定。

b.5 根据测量结果绘制含气量与压力表读数值之间的关系曲线（也有直读式含气量测定仪，可直接测定含气量，不须测定压力值再换算为含气量）。

4.8.3.3 试验步骤

a 在进行拌合物含气量测定之前，首先应测出骨料中的含气量值，其测定方法应按下列步骤进行：

a.1 按下式计算得出每个试样中的粗、细骨料的质量：

$$m_g = \frac{V}{1000} \times m'_g \tag{4-8-3}$$

$$m_s = \frac{V}{1000} \times m'_s \tag{4-8-4}$$

式中　m_g、m_s——分别为每个试样中的粗、细骨料的质量，kg；

　　m'_g、m'_s——分别为每立方米混凝土拌合物中粗、细骨料的质量，kg；

　　V——含气量测定仪容器的容积，L。

a.2 容器中先盛三分之一高度的水，把通过 40mm 筛的质量为 m_g、m_s 的粗、细骨料称好、拌匀，慢慢倒入容器，水面每升高 25mm 左右就应轻轻插捣 10 次，并略予搅动，以排除夹杂进去的空气。加料过程中应始终保持液面高出骨料的顶面。骨料全部加入后，再浸泡约 5min，并轻敲容器外壁，排除气泡，然后除去水面泡沫，加水至满，擦净容器边缘。

a.3 放好密封圈，加盖拧紧螺栓，关闭操作阀和排气阀，打开排水阀和加水阀，通过加水阀向容器内注入水；当排水阀流出的水流不含气泡时，在注水状态下，同时关闭加水阀和排水阀。

a.4 打开进气阀，用气泵打气，使气室内的压力略大于 0.1MPa，轻扣表盘，使压力表显示值稳定。微开排气阀，调整并使压力计的指针刚好指在 0.1MPa 处，然后关闭排气阀。

a.5 压下操作阀，使气室里的压缩空气进入容器，待压力表显示值稳定后，读出表值 P_{g1}，然后开启排水阀和排气阀，压力仪表示值应回零。

a.6 重复以上 a.4 和 a.5 步骤，对容器内的试样再检测一次记录表值 P_{g2}。

a.7 若 P_{g1} 和 P_{g2} 的二者偏差小于 0.2% 时，则取 P_{g1} 和 P_{g2} 的算术平均值，按压力与含气量关系曲线查得骨料的含气量值（精确至 0.1%）；若不满足，则应进行第三次试验，测得压力值 P_{g3}。当 P_{g3} 与 P_{g1}、P_{g2} 中一个较接近值的二者误差不大于 0.2% 时，则取此二值的算术平均值。当仍大于 0.2% 时，则此次试验无效，应重做。压力与含气量关系曲线的率定见本节第 4.8.3.2（b）条。

b 混凝土拌合物含气量试验应按下列步骤进行：

b.1 先用湿布把容器和盖的内表面擦净，然后装入混凝土拌合物试样进行捣实。

b.2 捣实分机械振动和手工插捣两种形式。坍落度不大于 70mm 的混凝土宜用振动台振实，当拌合物坍落度大于 70mm 时宜用捣棒捣实。

用捣棒捣实时，将混凝土拌合物分三层装入，每层捣实后的高度约为容器高度的三分之一。每层插捣 25 次，各次插捣应均匀地分布在截面上，捣棒应插透本层高度，再用木棒沿容器外壁重击 10～15 次，使插捣留下的插孔填满。

用振动台捣实时，一次装入捣实后体积为容器容量的混凝土拌合物，装料时可用捣棒稍加插捣，振实过程中如混凝土低于容器口，应随时添加。振动至混凝土表面平整、出浆即止，不得过度振捣。

b.3 捣实完毕后应立即用刮尺刮平，表面如有凹陷应予填平抹光。如需同时测定混凝土拌合物的表观密度，可在此时称量计算。然后在正对操作阀孔的混凝土表面贴一小片塑料薄膜，擦净容器上口边缘，装好密封圈，加盖并拧紧螺栓。

b.4 关闭操作阀和排气阀，打开排水阀和加水阀，通过加水阀向容器内注入水；当排水阀流出的水流不含气泡时，在注水状态下，同时关闭加水阀和排水阀。

b.5 打开进气阀，用气泵打气，使气室内的压力略大于 0.1MPa。待压力示值稳定后，微开排气阀，调整并使压力计的指针刚好指在 0.1MPa 处，然后关闭排气阀。

b.6 压下操作阀，使气室里的压缩空气进入容器，待压力表显示值稳定后，读出表值 P_{01}，然后开启排水阀和排气阀，压力仪示值回零。

b.7 重复以上 b.5 和 b.6 步骤，对容器内的试样再检测一次记录压力表值 P_{02}。

b.8 若 P_{01} 和 P_{02} 的二者偏差小于 0.2% 时，则取 P_{01} 和 P_{02} 的算术平均值，按压力与含气量关系曲线查得含气量 A_0（精确至 0.1%）；若不满足，则应进行第三次试验，测得压力值 P_{03}。当 P_{03} 与 P_{01}、P_{02} 中较接近一个值的二者偏差不大于 0.2% 时，则取此二值的算术平均值查得 A_0。当仍大于 0.2% 时，则此次试验无效，应重做。

c 混凝土拌合物含气量 A 按式（4-8-5）计算（精确至0.1%）：

$$A = A_0 - A_g \qquad (4\text{-}8\text{-}5)$$

式中 A——混凝土拌合物含气量,%；

A_0——两次含气量测定的平均值,%；

A_g——骨料含气量,%。

d 注意事项：每测一次含气量前都应打开容器的排水阀和气室的排气阀，消除其压力。应先打开排水阀，再打开排气阀，否则容器中水泥浆会进入气室损坏设备。

4.8.4 凝结时间试验

本方法用贯入阻力法测定混凝土的凝结时间。

4.8.4.1 试验设备

a 贯入阻力仪：由加荷装置、测针、砂浆试样筒等组成，可以是手动的，也可是自动的；加荷装置最大测值不小于1000N，精度为±10N；测针长100mm，承压面积为100mm²、50mm²及20mm²三种；砂浆试样筒上口径为160mm，下口径为150mm，净高为150mm，筒体应不透水，并配有盖子。

b 标准筛：筛孔为4.75mm的金属筛。

4.8.4.2 试验步骤

a 从混凝土配比试验制备或现场取样的混凝土拌合物试样中，用4.75mm筛筛出砂浆，每次应筛净，然后将其拌合均匀。将砂浆一次分别装入三个试样筒中。混凝土坍落度≤70mm宜用振动台振实，用振动台振实砂浆时，振动应持续到表面出浆为止，不得过振；坍落度>70mm宜用捣棒人工捣实，捣实时应沿螺旋方向由外向中心均匀插捣25次，然后用橡皮锤轻轻敲打筒壁，直至插捣孔消失为止。振实或插捣后，砂浆表面应低于试样筒口约10mm，并应立即加盖。

b 试样制备完毕，编号后应置于温度为（20±2）℃的环境中或现场同条件下待试，并在整个测试过程中，环境温度始终保持（20±2）℃；现场同条件测试时，应与现场条件保持一致。在整个测试过程中，除在吸取泌水或进行贯入试验外，试样筒应始终加盖。

c 凝结时间测定从水泥与水接触瞬间开始计时。根据混凝土拌合物的性能，确定测针试验时间，以后每隔0.5h测试一次，在临近初凝、终凝时可增加测定次数。

d 在每次测试前2min，将一片20mm厚的垫块垫入筒底一侧使其倾斜，用吸管吸去表面的泌水，吸水后平稳地复原。

e 测试时将砂浆试样筒置于贯入阻力仪上，测针端部与砂浆表面接触，然后在（10±2）s内均匀地使测针贯入砂浆（25±2）mm深度，记录贯入压力，精确至10N；记录测试时间，精确至1min；记录环境温度，精确至0.5℃。

f 各测点的间距应大于测针直径的两倍且不小于15mm，测点与筒壁的距离应不小于25mm。

g 贯入阻力测试在0.2～28MPa之间应至少进行6次，直至贯入阻力大于28MPa为止。

h 在测试过程中应根据砂浆凝结状况，适时更换测针，更换测针宜按表4-8-1选用。

表 4-8-1　测针选用规定表

贯入阻力/MPa	0.2 ~ 3.5	3.5 ~ 20	20 ~ 28
测针面积/mm²	100	50	20
测针直径/mm	11.29	7.98	5.05

4.8.4.3　结果计算及凝结时间确定方法

a. 贯入阻力按式（4-8-6）计算（精确至 0.1MPa）：

$$f_{PR} = \frac{P}{A} \tag{4-8-6}$$

式中　f_{PR}——贯入阻力，MPa；

　　　　P——贯入压力，N；

　　　　A——测针面积，mm²。

b. 凝结时间宜通过线性回归方法确定，将贯入阻力 f_{PR} 和时间 t 分别取自然对数 $\ln(f_{PR})$ 和 $\ln(t)$，然后把 $\ln(f_{PR})$ 当做自变量，$\ln(t)$ 当做因变量作线性回归得到回归方程式：

$$\ln(t) = A + B\ln(f_{PR}) \tag{4-8-7}$$

式中　f_{PR}——贯入阻力，MPa；

　　　　t——时间，min；

A、B——线性回归系数。

根据公式（4-8-7）即可求得当贯入阻力为 3.5MPa 时为初凝时间 t_s，贯入阻力为 28MPa 时为终凝时间 t_e：

$$t_s = e^{[A+B\ln(3.5)]} \tag{4-8-8}$$

$$t_e = e^{[A+B\ln(28)]} \tag{4-8-9}$$

式中　t_s——初凝时间，min；

　　　　t_e——终凝时间，min；

A、B——式（4-8-7）中的线性回归系数。

凝结时间也可用绘图拟合方法确定，以贯入阻力 f_{PR} 为纵坐标（精确至 0.1MPa），经过的时间 t 为横坐标（精确至 1min），绘制出贯入阻力 f_{PR} 与时间 t 之间的关系曲线，以 3.5MPa 和 28MPa 划两条平行于横坐标的直线，分别与曲线相交的两个交点的横坐标即为混凝土拌合物的初凝和终凝时间。

c　用三个试验结果的初凝和终凝时间的算术平均值作为初凝和终凝时间的测定值。如果三个测定值的最大值或最小值中有一个与中间值之差超过中间值的 10%，则以中间值为试验结果；如果最大值和最小值与中间值之差均超过中间值的 10%，则此次试验无效。

凝结时间用 h：min 表示，并修约至 5min。

4.8.4.4　注意事项

为测定凝结时间所用砂浆必须从混凝土中筛出，不得用同配合比的砂浆制备。

4.8.5　泌水与压力泌水试验

混凝土拌合物泌水性试验，是为了检查混凝土拌合物在固体组分沉降过程中水分离析的趋势，也可用于评定外加剂的品质和混凝土的性能。压力泌水试验主要用于泵送混凝土在泵送压力下的泌水状况。适用于骨料最大粒径不大于40mm的混凝土拌合物泌水测定。

4.8.5.1 试验设备

a 试样筒：内径和高为（186±2）mm、壁厚3mm、容积为5L的带盖金属圆筒。

b 压力泌水仪：压力表最大量程6MPa，最小分度值不大于0.1MPa。

c 振动台：频率（3000±200）次/分，空载振幅（90.5±0.1）mm。

d 钢制捣棒：直径16mm、长650mm，一端为弹头形。

e 台秤：称量50kg，感量50g。

f 带盖量筒：容积50mL、100mL和200mL，最小刻度1mL。

4.8.5.2 试验流程

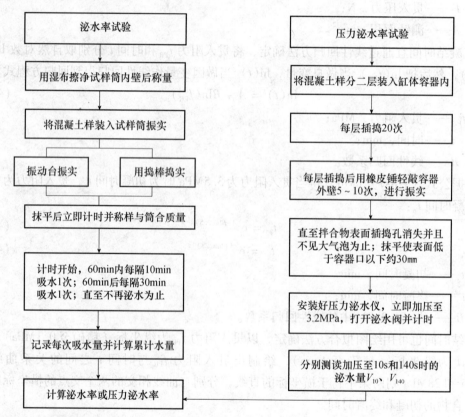

4.8.5.3 结果计算

a 泌水量按式（4-8-10）计算（精确至0.01mL/cm^2）：

$$B_a = \frac{V}{A} \qquad (4\text{-}8\text{-}10)$$

式中 B_a——泌水量，mL/cm^2；

V——最后一次吸水后累计的泌水量，mL；

A——试样外露的表面面积，cm^2。

泌水量取三个试样测定值的平均值。如果三个测定值的最大值或最小值中有一个与中间值之差超过中间值的15%，则以中间值为试验结果；如果最大值和最小值与中间值之差均超过中间值的 15%，则此次试验无效。

　　b　泌水率按式（4-8-11）计算（精确至 1%）：

$$B = \frac{V_W}{(W/G) \cdot G_W} \times 100 \qquad (4\text{-}8\text{-}11)$$

$$G_W = G_1 - G_0$$

式中　B——泌水率，%；

　　　V_W——泌水总量，mL；

　　　G_W——试样质量，g；

　　　W——混凝土拌合物总用水量，g；

　　　G——混凝土拌合物总质量，g；

　　　G_1——试样筒及试样总质量，g；

　　　G_0——试样筒质量，g。

　　泌水率取三个试样测定值的平均值。如果三个测定值中的最大值或最小值有一个与中间值之差超过中间值的 15%，则以中间值为试验结果；如果最大值和最小值与中间值之差均超过中间值的 15%，则此次试验无效。

　　c　压力泌水率按式（4-8-12）计算（精确至 1%）：

$$B_V = \frac{V_{10}}{V_{140}} \times 100 \qquad (4\text{-}8\text{-}12)$$

式中　B_V——压力泌水率，%；

　　　V_{10}——加压至 10s 时的泌水量，mL；

　　　V_{140}——加压至 140s 时的泌水量，mL。

4.8.6　混凝土配合比分析

　　通过采用水洗分析方法，测定普通混凝土拌合物中四大组分（水泥、水、砂、石）的含量。但不适用于骨料含泥量波动较大，以及用特细砂、山砂和机制砂配制的混凝土。

4.8.6.1　试验设备

　　a　台秤：称量 50kg、感量 50g 和称量 10kg、感量 5g 的台秤各一台。

　　b　天平：称量 5kg，感量 5g。

　　c　标准筛：孔径为 4.75mm 和 0.15mm 标准筛各一个。

　　d　2000mL 广口瓶，5L 和 10L 的容量筒（试样筒），并配有玻璃盖板。

4.8.6.2　试验前准备

　　在进行配比分析前，应对所用的混凝土原材料进行下列试验：

　　a　水泥表观密度（ρ_C）。

　　b　粗骨料、细骨料饱和面干状态的表观密度。

　　c　细骨料修正系数 C_S 应按下述方法测定：

　　c.1　向广口瓶中注水至瓶口，再一边加水一边徐徐推进玻璃板，注意玻璃板下不带有任何气泡，盖严后擦净板面及瓶外壁的余水，测定广口瓶、玻璃板和水的总质量 m_p。

　　c.2　取有代表性的两个细骨料试样各 2kg，精确至 5g，分别倒入盛水的广口瓶中，充分搅拌、排气后浸泡约30min，然后向广口瓶中注水至瓶口，再一边加水一边徐徐推进玻璃板，注意玻璃板下不带有任何气泡，盖严后擦净板面及瓶外壁的余水，测定广口瓶、玻璃板、水和细骨料的总质量 m_{ks}，则细骨料在水中的质量为：

$$m_{ys} = m_{ks} - m_p \qquad (4\text{-}8\text{-}13)$$

式中　m_{ys}——细骨料在水中的质量，g；

　　　m_{ks}——细骨料和广口瓶、水及玻璃板的总质量，g；

　　　m_p——广口瓶、水及玻璃板的总质量，g。

以两个试样试验结果的算术平均值作为测定值，计算应精确至1g。

c.3　然后用0.16mm标准筛将细骨料过筛，用同c.2的方法测得大于0.16mm细骨料在水中的质量：

$$m_{ys1} = m_{ks1} - m_p \qquad (4\text{-}8\text{-}14)$$

式中　m_{ys1}——大于0.16mm的细骨料在水中的质量，g；

　　　m_{ks1}——大于0.16mm的细骨料和广口瓶、水及玻璃板的总质量，g；

　　　m_p——广口瓶、水及玻璃板的总质量，g。

以两个试样试验结果的算术平均值作为测定值，计算应精确至1g。

细骨料修正系数 C_S 按下式（4-8-15）计算（精确至0.01）：

$$C_S = \frac{m_{ys}}{m_{ys1}} \qquad (4\text{-}8\text{-}15)$$

式中　m_{ys}——细骨料在水中的质量，g；

　　　m_{ys1}——大于0.16mm的细骨料在水中的质量，g。

d　混凝土拌合物的取样应符合下列规定：

d.1　混凝土拌合物的取样应具有代表性，宜采用多次采样的方法，采样时间不宜超过15min，人工拌合均匀进行试验。从取样完毕到进行试验的间隔不宜超过5min。

d.2　当混凝土中粗骨料的最大粒径≤40mm时，混凝土拌合物的取样量≥20L，当混凝土中粗骨料的最大粒径>40mm时，混凝土拌合物的取样量≥40L。

d.3　进行混凝土配合比分析时，当混凝土中粗骨料的最大粒径≤40mm时，每份取样量为12kg；混凝土中粗骨料的最大粒径>40mm时，每份取样量为15kg，剩余试样用于拌合物密度的测定。

e　水洗法分析混凝土配合比试验的环境温度要求为：整个试验过程的环境温度在15～25℃之间，从最后加水至试验结束，温差不应超过2℃。

4.8.6.3　试验步骤

a　按上节第d条规定，称取质量为 m_0 的混凝土拌合物试样，精确至50g，按式（4-8-16）计算混凝土拌合物试样的体积 V（精确至1g/cm³）：

$$V = \frac{m_0}{\rho} \qquad (4\text{-}8\text{-}16)$$

式中　V——试样的体积，L；

　　　m_0——试样的质量，g；

　　　ρ——混凝土拌合物的表观密度，g/cm³。

　　b　把试样全部移到 5mm 筛上水洗过筛，用水将筛上粗骨料冲洗干净、不粘有砂浆，筛下备有不透水的容器盘，收集全部冲洗过筛的砂浆与水的混合物；称量洗净的粗骨料试样在饱和面干状态时的质量 m_g，粗骨料饱和面干状态的表观密度为 ρ_g，单位 g/cm³。

　　c　将全部冲洗过筛的砂浆与水的混合物全部移到试样筒中，加水至试样筒三分之二高度，用棒搅拌，以排除其中的空气，让试样静止 10min 以使固体物质沉淀于容器底部。加水至满，再一边加水一边徐徐推进玻璃板，注意玻璃板下不带有任何气泡，盖严后擦净板面及筒壁的余水，称出砂浆与水的混合物和试样筒、水及玻璃板的总质量 m_k。计算砂浆在水中的质量（精确至 1g）：

$$m'_m = m_k - m_D \qquad (4\text{-}8\text{-}17)$$

式中　m'_m——砂浆在水中的质量，g；

　　　m_k——砂浆与水的混合物和试样筒、水及玻璃板的总质量，g；

　　　m_D——试样筒、玻璃板和水的总质量，g。

　　d　将试样筒中的砂浆与水的混合物在 0.16mm 筛上用水冲洗干净，将筛上洗净的细骨料全部移到广口瓶中并注水至瓶口，再一边加水一边徐徐推进玻璃板，注意玻璃板下不带有任何气泡，盖严后擦净板面及瓶外壁的余水，称出广口瓶、玻璃板、水和细骨料的总质量。则细骨料在水中的质量为（精确至 1g）：

$$m'_s = C_s \cdot (m_{cs} - m_p) \qquad (4\text{-}8\text{-}18)$$

式中　m'_s——细骨料在水中的质量，g；

　　　m_{cs}——细骨料试样和广口瓶、水及玻璃板的总质量，g；

　　　m_p——广口瓶、水及玻璃板的总质量，g；

　　　C_s——细骨料修正系数，由式（4-8-15）计算。

4.8.6.4　结果计算

　　a　混凝土拌合物试样中四种组分的质量按下列公式计算：

　　a.1　水泥质量的计算（精确至 1g）：

$$m_c = (m'_m - m'_s) \times \frac{\rho_c}{\rho_c - 1} \qquad (4\text{-}8\text{-}19)$$

式中　m_c——试样中的水泥质量，g；

　　　m'_s——细骨料在水中的质量，g；

　　　m'_m——砂浆在水中的质量，g；

　　　ρ_c——水泥的表观密度，g/cm³。

　　a.2　细骨料的质量计算（精确至 1g）：

$$m_s = m'_s \times \frac{\rho_s}{\rho_s - 1} \qquad (4\text{-}8\text{-}20)$$

式中　m_s——试样中细骨料的质量，g；

　　　m'_s——细骨料在水中的质量，g；

　　　ρ_s——处于饱和面干状态下的细骨料的表观密度，g/cm³。

　　a.3　水的质量计算（精确至 1g）：

$$m_w = m_0 - (m_g + m_s + m_c) \qquad (4\text{-}8\text{-}21)$$

式中 m_w——试样中水的质量，g；

       m_0——称取的拌合物试样的质量，g；

m_g、m_s、m_c——分别为试样中粗骨料、细骨料和水泥的质量，g。

    a.4 粗骨料的质量应按 4.8.6.3 条中第 b 款得出的粗骨料饱和面干质量 m_g，单位为 g。

    b 混凝土拌合物中水泥、水、粗骨料、细骨料的单位用量，分别按下式计算（精确至 $1kg/m^3$）：

$$水泥：\quad C = \frac{m_c}{V} \times 1000 \tag{4-8-22}$$

$$水：\quad W = \frac{m_w}{V} \times 1000 \tag{4-8-23}$$

$$粗骨料：\quad G = \frac{m_g}{V} \times 1000 \tag{4-8-24}$$

$$细骨料：\quad S = \frac{m_s}{V} \times 1000 \tag{4-8-25}$$

式中 C、W、G、S——分别为水泥、水、粗骨料、细骨料的单位用量，kg/m^3；

  m_c、m_w、m_g、m_s——分别为试样中水泥、水、粗骨料、细骨料的质量，g；

        V——试样的体积，L。

    c 以两个试样试验结果的算术平均值作为测定值，两次试验结果差值的绝对值应符合下列规定：水泥：$\leqslant 6kg/m^3$、水：$\leqslant 4kg/m^3$、砂（细骨料）：$\leqslant 20kg/m^3$、石（粗骨料）：$\leqslant 30kg/m^3$，否则此次试验无效。

4.8.7 增实因数试验

适用于骨料粒径不大于 40mm、增实因数大于 1.05 的混凝土拌合物稠度的测定。

4.8.7.1 试验设备

a 跳桌：应符合 GB 2419《水泥胶砂流动度测定方法》的规定。

b 台秤：称量 20kg，感量 20g。

c 圆筒：内径（150±0.2）mm、高（300±0.2）mm 的钢制容器，连同提手共重（4.3±0.3）kg。

d 盖板：直径（146±0.1）mm、厚（6±0.1）mm 的钢制件，连同提手共重（830±20）g。

e 专用量尺：刻度为增实因数（JC）10～15，刻度误差不大于 1%。

4.8.7.2 混凝土拌合物用量的确定

a 当混凝土拌合物配合比及原材料的表观密度已知时，按式（4-8-26）计算并确定混凝土拌合物的质量（精确至 0.05kg）：

$$Q = 0.003m^3 \times \frac{W + C + F + S + G}{\dfrac{W}{\rho_w} + \dfrac{C}{\rho_c} + \dfrac{F}{\rho_f} + \dfrac{S}{\rho_s} + \dfrac{G}{\rho_g}} \tag{4-8-26}$$

式中 Q——绝对体积为 3000mL 时混凝土拌合物的质量，kg；

  W、C、F、S、G——分别为水、水泥、掺合料、细骨料和粗骨料的质量，kg；

ρ_w、ρ_c、ρ_f、ρ_s、ρ_g——分别为水、水泥、掺合料、细骨料和粗骨料的表观密度，kg/m^3。

b 当混凝土拌合物配合比及原材料的表观密度未知时，按下述方法确定混凝土拌合物的质量：先在圆筒内装入质量为 7.5kg 的混凝土拌合物，无需振实，将圆筒放在水平台面上，用量筒沿筒壁徐徐注水，轻拍圆筒筒排除气泡，至水面与筒口齐平，记录注入圆筒中的水的体积。混凝土拌合物的质量按式（4-8-27）计算（精确至 0.05kg）：

$$Q = 3000 \times \frac{7.5}{V - V_W} \times (1 + A) \tag{4-8-27}$$

式中 Q——绝对体积为 3000mL 时混凝土拌合物的质量，kg；

　　V——圆筒的体积，mL；

　　V_W——注入圆筒中的水的体积，mL；

　　A——混凝土含气量。

4.8.7.3 试验步骤

a 将圆筒放在台秤上，用圆勺铲取混凝土拌合物，不加任何振动与扰动地装入圆筒，圆筒内混凝土拌合物的质量按本节第 4.8.7.2 条规定方法确定后称取。

b 用钢板尺轻拨拌合物表面，使其大致成为一个平面，然后将盖板轻放在拌合物上。

c 将圆筒轻轻移至跳桌台面中央，使跳桌台面以每秒一次的速度连续跳动 15 次。

d 将专用量尺的横尺置于筒口，使筒壁卡入横尺的凹槽中，滑动有刻度的竖尺，将竖尺的底端插入盖板中心的小筒内，读取混凝土增实因数 JC，精确至 0.01。

4.8.7.4 圆筒容积的校准方法

取一块能覆盖圆筒顶面的玻璃板，先称取玻璃板和空筒的质量，然后向圆筒中灌入清水，当水接近上口时，应一边加水一边徐徐推进玻璃板，注意玻璃板下不带有任何气泡，盖严后擦净板面及筒壁外的余水，将圆筒连同玻璃板放在台秤上称其质量。两次质量之差（g）即为圆筒体积（mL）。

4.9 混凝土物理力学性能

普通混凝土的力学性能主要包括：抗压强度、轴心抗压强度、劈裂抗拉强度、抗折强度和静力受压弹性模量等。

4.9.1 抗压强度试验

本试验包括立方体试件、圆柱体试件的抗压强度试验，及棱柱体的轴心抗压强度试验。

4.9.1.1 试验设备

a 压力试验机：测量精度为 ±1%，具有加荷速度指示或加荷速度控制装置，并能均匀、连续地加荷；试件破坏荷载应在试验机量程的 20% ~ 80% 之间；应具有有效期内的计量检定证书。

b 混凝土强度等级 ≥C60 时，试验机应在试件受压区域设防崩裂网罩。

4.9.1.2　试验流程

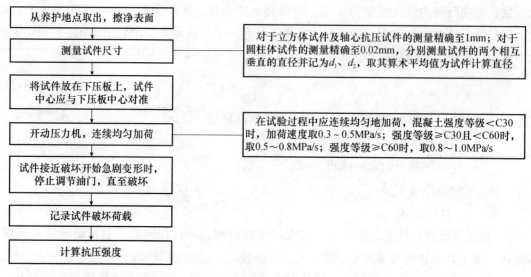

| 从养护地点取出，擦净表面 |
| 测量试件尺寸 |

对于立方体试件及轴心抗压试件的测量精确至1mm；对于圆柱体试件的测量精确至0.02mm，分别测量试件的两个相互垂直的直径并记为d_1、d_2，取其算术平均值为试件计算直径

| 将试件放在下压板上，试件中心应与下压板中心对准 |
| 开动压力机，连续均匀加荷 |

在试验过程中应连续均匀地加荷，混凝土强度等级<C30时，加荷速度取0.3～0.5MPa/s；强度等级≥C30且<C60时，取0.5～0.8MPa/s；强度等级≥C60时，取0.8～1.0MPa/s

| 试件接近破坏开始急剧变形时，停止调节油门，直至破坏 |
| 记录试件破坏荷载 |
| 计算抗压强度 |

4.9.1.3　结果计算

a　混凝土立方体抗压强度

a.1　混凝土立方体抗压强度按式（4-9-1）计算（精确至0.1MPa）：

$$f_{cc} = \frac{F}{A}$$
(4-9-1)

式中　f_{cc}——混凝土立方体试件抗压强度，MPa；

　　　F——试件破坏荷载，N；

　　　A——试件承压面积，mm^2。

a.2　强度值的确定应符合下列规定：

a.2.1　以三个试件测定值的算术平均值作为该组试件的强度值（精确至0.1MPa）；

a.2.2　三个测定值中的最大值或最小值中如有一个与中间值的差值超过中间值的15%，则把最大值及最小值一并舍除，取中间值作为该组试件的抗压强度值；

a.2.3　如最大值和最小值与中间值的差值均超过中间值的15%，则该组试件的试验结果无效。

a.3　当混凝土强度等级<C60时，用非标准试件测得的强度值均应乘以尺寸换算系数（标准试件为150mm×150mm×150mm），其值对200mm×200mm×200mm试件为1.05，对100mm×100mm×100mm试件为0.95；当混凝土强度等级≥C60时，宜采用标准试件。使用非标准试件时，尺寸换算系数应由试验确定。

b　轴心抗压强度

b.1　混凝土轴心抗压强度按式（4-9-2）计算（精确至0.1MPa）：

$$f_{cp} = \frac{F}{A}$$
(4-9-2)

式中　f_{cp}——混凝土轴心抗压强度，MPa；

　　　F——试件破坏荷载，N；

A——试件承压面积，mm^2。

b.2　混凝土轴心抗压强度值的确定应符合本节第4.9.1.3条中第a.2条的规定。

b.3　混凝土强度等级＜C60时，用非标准试件测得的强度值均应乘以尺寸换算系数（标准试件为150mm×150mm×300mm），其值对200mm×200mm×400mm试件为1.05，对100mm×100mm×300mm试件为0.95；当混凝土强度等级≥C60时，宜采用标准试件。使用非标准试件时，尺寸换算系数应由试验确定。

c　圆柱体试件抗压强度

c.1　混凝土圆柱体试件抗压强度按式（4-9-3）计算（精确至0.1MPa）：

$$f_{cc} = \frac{4F}{\pi d^2} \tag{4-9-3}$$

式中　f_{cc}——混凝土的抗压强度，MPa；

　　　F——试件破坏荷载，N；

　　　d——试件直径，mm。

c.2　混凝土圆柱体抗压强度值的确定应符合本节第4.9.1.3条中第a.2条的规定。

c.3　用非标准试件测得的强度值均应乘以尺寸换算系数，其值对$\phi 200 \times 400mm$试件为1.05；对$\phi 100 \times 200mm$试件为0.95（标准试件为$\phi 150 \times 300mm$）。

4.9.2　劈裂抗拉强度试验

本试验方法包括立方体试件及圆柱体试件的劈裂抗拉强度试验。

4.9.2.1　试验设备

a　压力试验机：测量精度为±1%，并符合本节第4.9.1.1条中第a条款的规定。

b　垫块、垫条及支架：垫块为半径为75mm的钢制弧形垫块；垫条为宽度20mm、厚度3～4mm、长度不小于试件边长的三层胶合板；支架用钢支架。

4.9.2.2　试验流程

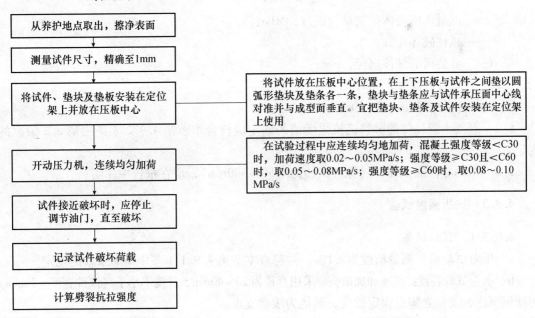

圆柱体试件的劈裂抗拉强度试验时，应先标出两条承压线，并位于同一轴向平面，彼此相对，两线末端在试件端面上相连，以便能明确地表示出承压面。其他试验方法与立方体试件相同。

4.9.2.3　结果计算

a　混凝土立方体试件劈裂抗拉强度

a.1　混凝土劈裂抗拉强度按式（4-9-4）计算（精确至 0.01MPa）：

$$f_{ts} = \frac{2F}{\pi A} = 0.637 \frac{F}{A} \tag{4-9-4}$$

式中　f_{ts}——混凝土劈裂抗拉强度，MPa；

　　　　F——试件破坏荷载，N；

　　　　A——试件劈裂面面积，mm^2。

a.2　强度值的确定应符合下列规定：

a.2.1　三个试件测定值的算术平均值作为该组试件的强度值（精确至 0.01MPa）；

a.2.2　三个测定值中的最大值或最小值中如有一个与中间值的差值超过中间值的 15%，则把最大值及最小值一并舍除，取中间值作为该组试件的抗压强度值；

a.2.3　如最大值和最小值与中间值的差值均超过中间值的 15%，则该组试件的试验结果无效。

a.3　采用 100mm×100mm×100mm 非标准试件测得的劈裂抗拉强度值，应乘以尺寸换算系数 0.85（标准试件为 150mm×150mm×150mm）；当混凝土强度等级≥C60 时，宜采用标准试件。使用非标准试件时，尺寸换算系数应由试验确定。

b　混凝土圆柱体试件劈裂抗拉强度

b.1　圆柱体试件劈裂抗拉强度按式（4-9-5）计算（精确至 0.01MPa）：

$$f_{ct} = \frac{2F}{\pi \times d \times l} = 0.637 \frac{F}{A} \tag{4-9-5}$$

式中　f_{ct}——混凝土圆柱体劈裂抗拉强度，MPa；

　　　　F——试件破坏荷载，N；

　　　　d——劈裂面的试件直径，mm；

　　　　Vl——试件的高度，mm；

　　　　A——试件劈裂面面积，mm^2。

b.2　混凝土圆柱体的劈裂抗拉强度值的确定应符合本节第 4.9.2.3 条中第 a.2 条款的规定。

b.3　采用非标准试件时（标准试件为 ϕ150×300mm），应在报告中注明。

4.9.3　抗折强度试验

4.9.3.1　试验设备

a　压力试验机：测量精度为 ±1%，并符合本节第 4.9.1.1 条中第 a 条款的规定。

b　抗折试验装置：支座和加荷头应采用直径为 20~40mm、长度不小于（试件宽度+10mm）的硬钢圆柱，支座立脚点固定铰支，其他为滚动支点。

4.9.3.2　试验流程

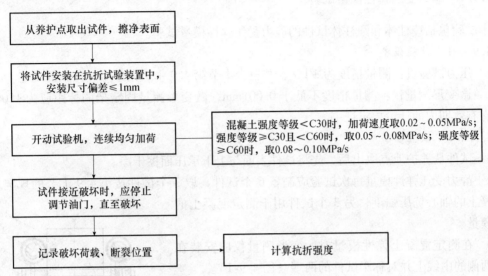

从养护点取出试件，擦净表面

将试件安装在抗折试验装置中，安装尺寸偏差≤1mm

开动试验机，连续均匀加荷　——　混凝土强度等级＜C30时，加荷速度取0.02～0.05MPa/s；强度等级≥C30且＜C60时，取0.05～0.08MPa/s；强度等级≥C60时，取0.08～0.10MPa/s

试件接近破坏时，应停止调节油门，直至破坏

记录破坏荷载、断裂位置　——　计算抗折强度

4.9.3.3　结果计算

a　若试件下边缘断裂位置处于两个集中荷载作用线之间，则试件的抗折强度按式（4-9-6）计算（精确至0.1MPa）：

$$f_f = \frac{Fl}{bh^2} \tag{4-9-6}$$

式中　f_f——混凝土抗折强度，MPa；

　　　F——试件破坏荷载，N；

　　　l——支座间跨度，mm；

　　　h——试件截面高度，mm；

　　　b——试件截面宽度，mm。

b　强度值的确定应符合下列规定：

b.1　三个试件测定值的算术平均值作为该组试件的强度值（精确至0.1MPa）；

b.2　三个测定值中的最大值或最小值中如有一个与中间值的差值超过中间值的15%，则把最大值及最小值一并舍除，取中间值作为该组试件的抗折强度值；

b.3　如最大值和最小值与中间值的差值均超过中间值的15%，则该组试件的试验结果无效。

c　三个试件中若有一个折断面位于两个集中荷载之外，则混凝土抗折强度值按另两个试件的试验结果计算；若这两个测定值的差值不大于这两个测定值的较小值的15%时，则该组试件的抗折强度值按这两个测定值的平均值计算，否则该组试件的试验无效。若有两个试件的下边缘断裂位置位于两个集中荷载作用线之外，则该组试件的试验无效。

d　采用100mm×100mm×400mm非标准试件测得的抗折强度值（标准试件为150mm×150mm×600mm或550mm），应乘以尺寸换算系数0.85；当混凝土强度等级≥C60时，宜采用标准试件。使用非标准试件时，尺寸换算系数应由试验确定。

4.9.4 静力受压弹性模量试验

本试验包括棱柱体和圆柱体试件的静力受压弹性模量试验。

4.9.4.1 试验设备

a 压力试验机：测量精度为 ±1%，并符合本节第 4.9.1.1 条中第 a 条款的规定。

b 微变形测量仪：测量精度不低于 0.001mm，微变形测量固定架的标距应为 150mm；应具有有效期内的计量检定证书。

4.9.4.2 试验步骤

a 试件从养护地点取出后，先将试件表面与上下承压面擦干净。

b 静力受压弹性模量每次试验应制备 6 个试件，取 3 个试件按第 4.9.1 节的规定，测定混凝土的轴心抗压强度，另 3 个试件用于测定混凝土的弹性模量。

c 在测定混凝土弹性模量时，变形测量仪应安装在试件两侧的中线上并对称于试件的两端（图 4-9-1）。

d 应仔细调整试件在试验机上的位置，使其轴心与下压板的中心线对准。开动试验机，当上压板与试件接近时调整球座，使其接触均衡。

e 加荷至基准应力为 0.5MPa 的初始荷载值 F_0，保持恒载 60s 并在以后的 30s 内记录每测点的变形读数 ε_0。立即连续均匀地加荷至应力为轴心抗压强度 f_{cp} 的 1/3 的荷载值 F_a，保持恒载 60s 并在以后的 30s 内记录每一测点的变形读数 ε_a。

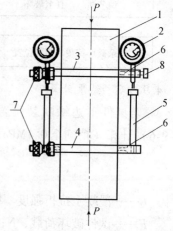

图 4-9-1　千分表安装示意图
1—试件；2—量表；3—上金属环；
4—下金属环；5—接触杆；6—刀口；
7—金属环固定螺丝；8—千分表固定螺丝

加荷速度应符合：当混凝土强度等级 < C30 时，加荷速度取 0.3 ~ 0.5MPa/s；混凝土强度等级 ≥ C30 且 < C60 时，取 0.5 ~ 0.8MPa/s；混凝土强度等级 ≥ C60 时，取 0.8 ~ 1.0MPa/s。

f 当以上这些变形值之差与它们平均值之比大于 20% 时，应重新对中试件后重复本条中第 e 条款的试验。如果无法使其减少到低于 20% 时，则此次试验无效。

g 在确认试件对中符合本条中第 f 条款规定后，以与加荷速度相同的速度卸荷至基准应力 0.5MPa(F_0)，恒载 60s；然后用同样的加荷和卸荷速度以及 60s 的保持恒载（F_0 及 F_a）至少进行两次反复预压。在最后一次预压完成后，在基准应力 0.5MPa(F_0) 持荷 60s 并在以后的 30s 内记录每一测点的变形读数 ε_0；在用同样的加荷速度加荷至 F_a，持荷 60s 并在以后的 30s 内记录每一测点的变形读数 ε_a（图 4-9-2）。

h 卸除变形测量仪，以同样的速度加荷至破坏，记录破坏荷载；如果试件的抗压强度与 f_{cp} 之差超过 f_{cp} 的 20% 时，则应在报告中注明。

i 圆柱体静力受压弹性模量试验时，微变形测量仪应安装在圆柱体试件直径的延长线上，并对称于试件的两端；调整试件在试验机上的位置，使其轴心与下压板的中心线对准。其他操作与棱柱体试件相同。

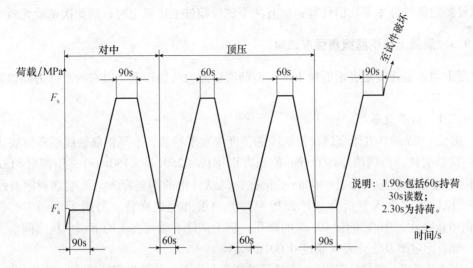

图 4-9-2 弹性模量加荷方法示意图

4.9.4.3 结果计算

a 混凝土弹性模量值应按式（4-9-7）计算（精确至 100MPa）：

$$E_c = \frac{F_a - F_0}{A} \times \frac{L}{\Delta n} \tag{4-9-7}$$

式中 E_c——混凝土弹性模量，MPa；

F_a——应力为 1/3 轴心抗压强度时的荷载，N；

F_0——应力为 0.5MPa 时的初始荷载，N；

A——试件承压面积，mm^2；

L——测量标距，mm。

$$\Delta n = \varepsilon_a - \varepsilon_0 \tag{4-9-8}$$

式中 Δn——最后一次从 F_0 加荷至 F_a 时试件两侧变形的平均值，mm；

ε_a——F_a 时试件两侧变形的平均值，mm；

ε_0——F_0 时试件两侧变形的平均值，mm。

b 圆柱体试件混凝土静力受压弹性模量值按式（4-9-9）计算（精确至 100MPa）：

$$E_c = \frac{4(F_a - F_0)}{\pi d^2} \times \frac{L}{\Delta n} = 1.273 \times \frac{(F_a - F_0) \cdot L}{d^2 \cdot \Delta n} \tag{4-9-9}$$

式中 E_c——混凝土弹性模量，MPa；

F_a——应力为 1/3 轴心抗压强度时的荷载，N；

F_0——应力为 0.5MPa 时的初始荷载，N；

d——圆柱体试件的计算直径，mm；

L——测量标距，mm；

Δn——最后一次从 F_0 加荷至 F_a 时试件两侧变形的平均值，mm。

c 弹性模量按 3 个试件测定值的算术平均值计算。如果其中有一个试件的轴心抗压强度值与用以确定检验控制荷载的轴心抗压强度值相差超过后者的 20%，则弹性模量值按另两个试件测定值的算术平均值计算；如有两个试件超过上述规定时，则此次试验无效。

4.9.5 混凝土与钢筋握裹强度试验

混凝土的握裹强度是表示混凝土抵抗钢筋滑移能力的物理量，以它的滑移力除以握裹面积来表示（MPa）。

4.9.5.1 试验设备

a 边长 150mm 立方体金属试模：应能预埋一水平钢筋，水平钢筋轴线距离模底 75mm。

b 试验夹具：由两块厚度 30mm 的长方形钢板（250mm × 150mm），用四根 ϕ 18mm 的钢杆相连，下端钢板中央开有 ϕ 40mm 的圆孔，供试件中的钢筋穿入。上端钢板附有 ϕ 25mm 的拉杆，拉杆下端套入钢板并成球面接触，上端供万能机夹持。另附 150mm × 150mm × 10mm 钢垫板一块，中心开有 ϕ 40mm 的圆孔，垫于试件下端与夹头的下端钢板之间。

c 量表固定架及千分表（精度 0.001mm）。

d 万能试验机：测量精度为 1%，试件破坏荷载应在试验机量程的 20% ~80% 之间；具有加荷速度指示或加荷速度控制装置，并能均匀、连续地加荷；应具有有效期内的计量检定证书。

4.9.5.2 试验步骤

a 试验用热轧带肋钢筋的计算直径为 20mm，符合 GB 1499《钢筋混凝土用热轧带肋钢筋》的要求，具有足够的长度可供万能试验机夹持和装置量表，一般取 500mm 长度。成型前钢筋应用钢丝刷刷净，并用丙酮擦拭，不得有铁锈和油污存在；其自由端应光滑平整。在确有必要时，可改用 ϕ 20mm 的光圆钢筋。

b 混凝土试件的成型和养护方法应按立方体抗压强度试验的规定执行，对每一试验龄期制作 6 个试件。

c 将钢筋自由端嵌入模壁，穿钢筋的模壁孔应用橡皮圈或固定圈填塞，以固定钢筋并使之密不漏水。混凝土骨料粒径 ≤40mm。按标准养护至试验龄期，试件成型后直至试验龄期，不得碰动钢筋。

d 试件从养护地点取出后擦拭干净，检查外观，试件不得有明显缺陷损坏或钢筋松动、歪斜。

e 将试件套上垫板，装入已安装在万能试验机上的试验夹具中，使万能试验机的下夹头将试件钢筋夹牢。

f 安装量表固定架，并装上千分表，进行调整，记录千分表的初始读数。

g 开动万能试验机，以不超过 400N/s 的加荷速度拉拔钢筋。每加一定荷载（1 ~5kN），记录相应的千分表读数。

h 到达下列任一种情况时应停止加荷：

h.1 钢筋达到屈服点；

h.2 混凝土发生破裂；

h.3 钢筋的滑动变形超过 0.1mm。

4.9.5.3 结果计算

a 将各级荷重下的千分表读数减去初始读数，即得该级荷重下的滑动变形。

b 当采用螺纹钢筋时，以 6 个试件滑动变形的算术平均值为横坐标，以荷载为纵坐标，绘出荷载-滑动变形关系曲线。取滑动变形 0.01mm、0.05mm 及 0.10mm，在曲线上查出相应的荷载，此三级荷载的算术平均值，除以钢筋埋入混凝土中的表面积（π×外径×长度），即得握裹强度（MPa）。

c　当采用光圆钢筋时，可取 6 个试件拔出试验时的最大荷载的算术平均值除以钢筋埋入混凝土中的表面积，即得握裹强度（MPa）。

4.10　混凝土长期性能和耐久性能

混凝土长期性能和耐久性能试验包括抗冻试验、动弹性模量试验、抗水渗透试验、抗氯离子渗透试验、收缩试验、早期抗裂试验、碳化试验、混凝土中钢筋锈蚀试验、抗硫酸盐侵蚀试验、碱-骨料反应试验等，本节主要介绍 GB/T 50082—2009 标准规定的试验方法。

4.10.1　抗冻试验

本试验用于检验混凝土试件所能经受的冻融循环次数，以此为指标来划分混凝土的抗冻性能。抗冻试验分为慢冻法、快冻法和单面冻融法（或称盐冻法）。慢冻法采用的试验条件是气冻水融法，快冻法采用的是水冻水融的试验方法，单面冻融法（或称盐冻法）的试验中试件只有一个面接触冻融介质且冻融介质为盐溶液。

4.10.1.1　慢冻法

本方法适用于测定混凝土在气冻水融条件下，以经受的最大冻融循环次数划分混凝土的抗冻性能等级，以抗冻等级（用符号 D）表示。

a　试件

试验应采用尺寸为 100mm × 100mm × 100mm 的立方体试件。对于骨料最大粒径超过31.5mm 的混凝土的冻融试件尺寸可按表 4-10-1 选用。

表 4-10-1　慢冻法所用试件尺寸选用表

试件尺寸/mm	$100 \times 100 \times 100$	$150 \times 150 \times 150$	$200 \times 200 \times 200$
骨料最大粒径/mm	31.5	40.0	63.0
冷冻时间/h	≥4	≥4	≥6

每次试验所需的试件组数应符合表 4-10-2 的规定，每组试件应为 3 块。

表 4-10-2　慢冻法试验所需的试件组数

设计抗冻标号	D25	D50	D100	D150	D200	D250	D300	D300 以上
检查强度所需冻融循环次数	25	50	50 及 100	100 及 150	150 及 200	200 及 250	250 及 300	300 及设计次数
鉴定 28d 强度所需试件组数	1	1	1	1	1	1	1	1
冻融试件组数	1	1	2	2	2	2	2	2
对比试件组数	1	1	2	2	2	2	2	2
总计试件组数	3	3	5	5	5	5	5	5

b 试验设备

b.1 冻融试验箱应能使试件静止不动，并应通过气冻水融进行冻融循环。在满载运转的条件下，冷冻期间试验箱内空气的温度应能保持在 −20 ～ −18℃范围内；融化期间试验箱内浸泡混凝土试件的水温应能保持在 18 ～ 20℃范围内；满载时冻融试验箱内各点温度极差不应超过 2℃。

b.2 采用自动冻融设备时，控制系统还应具有自动控制、数据曲线实时动态显示、断电记忆和试验数据自动存储等功能。

b.3 试件架应采用不锈钢或者其他耐腐蚀的材料制作，其尺寸应与冻融试验箱和所装的试件相适应。

b.4 称量设备（如台秤）：最大称量为 20kg，感量不应超过 5g。

b.5 压力试验机：测量精度不低于 ±1%，试件破坏荷载应大于压力机全量程的 20% 且小于全量程的 80%。

b.6 温度传感器的温度检测范围不应小于 −20 ～ 20℃，测量精度应为 ±0.5℃。

c 试验步骤

c.1 在标准养护室内或同条件养护的冻融试验的试件应在养护龄期为 24d 时提前将试件从养护地点取出，随后应将试件放在 (20 ± 2)℃水中浸泡，浸泡时水面应高出试件顶面 (20 ～ 30)mm，在水中浸泡的时间应为 4d，试件应在 28d 龄期时开始进行冻融试验。始终在水中养护的冻融试验的试件，当试件养护龄期达到 28d 时，可直接进行后续试验，对此情况应在试验报告中予以说明。

c.2 当试件养护龄期达到 28d 时应及时取出冻融试验的试件，用湿布擦除表面水分后应对试件外观尺寸进行测量，试件尺寸应满足标准要求，并应分别编号、称量，然后按编号置入试件架内，且试件架与试件的接触面积不宜超过试件底面的 1/5。试件与箱体内壁之间应至少留有 20mm 的空隙，试件架中各试件之间至少保持 30mm 空隙，以利于冷空气流通。

c.3 冷冻时间应在冻融试验箱内温度降至 −18℃时开始计算。每次从装完试件到温度降至 −18℃所需的时间应在 1.5 ～ 2.0h 内。冻融箱内温度在冷冻时应保持在 −20 ～ −18℃。

c.4 每次冻融循环中试件的冻结时间不应小于 4h。

c.5 冷冻时间结束后，应立即加入温度为 18 ～ 20℃的水，使试件转入融化状态，加水时间不应超过 10min。控制系统应确保在 30min 内水温不低于 10℃，且在 30min 后水温能保持在 18 ～ 20℃。冻融箱内的水面应至少高出试件表面 20mm。试件在水中的融化时间不应小于 4h。融化完毕视为该次冻融循环结束，可进行下一次冻融循环。

c.6 每 25 次循环宜对冻融试件进行一次外观检查。当发现有严重破坏时应立即进行称量，如一组试件的平均质量损失率超过 5%，即可停止其冻融循环试验。

c.7 混凝土冻融试件达到本节表 4-10-2 规定的冻融循环次数后，试件应称量并进行外观检查，应详细记录试件表面破损、裂缝及边角缺损情况。当试件表面破损严重时，应先用高强石膏找平，然后应进行抗压强度试验。抗压强度试验应符合 GB/T 50081 标准的相关规定。

c.8 在冻融循环过程中，如因故中断且试件处于冷冻状态时，试件应继续保持冷冻状态，直至恢复冻融试验为止，并应将故障原因及暂停时间在试验结果中注明。当试件处于融化状态下因故中断时，中断时间不应超过两个冻融循环的时间。在整个试验过程中，超过两个冻融循环时间的中断故障次数不得超过两次。

c.9　当部分试件由于失效破坏或者停止试验被取出时，应用空白试件填充空位。

c.10　对比试件应继续保持原有的养护条件，直到完成冻融循环后，与冻融试验的试件同时进行抗压强度试验。

c.11　当冻融循环出现下列三种情况之一时，可停止试验：

c.11.1　已达到规定的循环次数；

c.11.2　抗压强度损失率已达到25%；

c.11.3　质量损失率已达到5%。

d　试验结果计算及处理

d.1　混凝土冻融试验后按式（4-10-1）计算其抗压强度损失率：

$$\Delta f_c = \frac{f_{c0} - f_{cn}}{f_{c0}} \times 100\% \tag{4-10-1}$$

式中　Δf_c——n 次冻融循环后混凝土抗压强度损失率，%，精确至0.1；

f_{c0}——对比用的一组试件的抗压强度测定值，MPa，精确至0.1MPa；

f_{cn}——经 n 次冻融循环后的一组试件抗压强度测定值，MPa，精确至0.1MPa。

f_{c0} 和 f_{cn} 应以三个试件抗压强度试验结果的算术平均值作为测定值。当三个试件抗压强度最大值或最小值与中间值之差超过中间值的15%时，应剔除此值，再取其余两值的算术平均值作为测定值；当最大值和最小值与中间值之差均超过中间值的15%时，应取中间值作为测定值。

d.2　质量损失率计算及结果处理如下：

d.2.1　单个试件冻融后的质量损失率应按式（4-10-2）计算：

$$\Delta W_{n_i} = \frac{W_{0_i} - W_{n_i}}{W_{0_i}} \times 100\% \tag{4-10-2}$$

式中　ΔW_{n_i}——n 次冻融循环后第 i 个混凝土试件的质量损失率，%，精确至0.01；

W_{0_i}——冻融循环试验前第 i 个混凝土试件的质量，g；

W_{n_i}——n 次冻融循环后第 i 个混凝土试件的质量，g。

d.2.2　一组试件的平均质量损失率应按式（4-10-3）计算：

$$\Delta W_n = \frac{\sum_{i=1}^{3} \Delta W_{n_i}}{3} \times 100 \tag{4-10-3}$$

式中　ΔW_n——n 次冻融循环后一组混凝土试件的平均质量损失率，%，精确至0.1。

d.2.3　每组试件的平均质量损失率应以三个试件的质量损失率试验结果的算术平均值作为测定值。当某个试验结果出现负值，应取0，再取三个试件的算术平均值。当三个试值中的最大值或最小值与中间值之差超过1%时，应剔除此值，再取其余两值的算术平均值作为测定值；当最大值和最小值与中间值之差均超过1%时，应取中间值作为测定值。

d.3　混凝土的抗冻标号应以抗压强度损失率不超过25%或者质量损失率不超过5%时的最大冻融循环次数按本节表4-10-2来确定。

4.10.1.2 快冻法

本方法适用于测定混凝土试件在水冻水融条件下，以经受的快速冻融循环次数表示混凝土抗冻性能，以抗冻等级（用符号 F）表示。

a 快冻法

混凝土抗冻性能试验采用尺寸为 100mm×100mm×400mm 的棱柱体试件，每组试件应为 3 块。同时应制备同样形状、尺寸且中心埋有温度传感器的测温试件，测温试件应采用防冻液作为冻融介质。测温试件所用混凝土的抗冻性能应高于冻融试件。测温试件的温度传感器应埋设在试件中心，温度传感器不应采用钻孔后插入的方式埋设。

b 试验设备

b.1 快速冻融装置：应符合现行标准 JG/T 243《混凝土抗冻试验设备》的规定。除应在测温试件中埋设温度传感器外，尚应在冻融箱内防冻液中心、中心与任何一个对角线的两端分别设有温度传感器。运转时冻融箱内防冻液各点温度的极差不得超过 2℃；

b.2 试件盒（图 4-10-1）：宜采用具有弹性的橡胶材料制作，其内表面底部应有半径为 3mm 橡胶突出部分。盒内加水后水面应至少高出试件顶面 5mm。试件盒横截面尺寸宜为 115mm×115mm，试件盒长度宜为 500mm。

b.3 共振法混凝土动弹性模量测定仪：输出频率可调范围应为 100～20000Hz，输出功率应能使试件产生受迫振动。

b.4 称量设备：最大量程应为 20kg，感量不应超过 5g。

b.5 温度传感器（包括热电偶、电位差计等）：能在 −20～20℃ 的范围内测定试件中心温度，测量精度不低于 ±0.5℃。

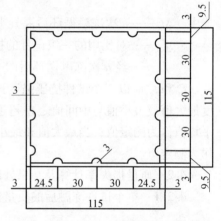

图 4-10-1 橡胶试件盒横截面示意图

c 试验步骤

c.1 在标准养护室内或同条件养护的试件应在养护龄期为 24d 时提前将冻融试验的试件从养护地点取出，随后应将冻融试件放在 (20±2)℃ 水中浸泡（包括测温试件），浸泡时水面应高出试件顶面 20～30mm，在水中浸泡时间为 4d，试件应在 28d 龄期时开始进行冻融试验。

始终在水中养护的试件，当试件养护龄期达到 28d 时，可直接进行后续试验，对此情况应在试验报告中予以说明。

c.2 当试件养护龄期达到 28d 时应及时取出试件，用湿布擦除表面水分后应对外观尺寸进行测量，试件的外观尺寸应满足：平面度公差不得超过试件边长的 0.0005，相邻面间的夹角应为 90°，公差不得超过 0.5°，试件各边长的公差不得超过 1mm，并对试件编号，称量试件初始质量 w_{0i}，按本章第 4.10.2 节混凝土动弹性模量试验的规定测定其横向基频的初始值 f_{0i}。

c.3 将试件放入试件盒内，试件应位于试件盒中心，然后将试件盒放入冻融箱内的试件架中，并向试件盒中注入清水。在整个试验过程中，盒内水位高度应始终保持至少高出试件顶面 5mm。

c.4　装有测温试件的试件盒应放在冻融箱的中心位置，此时即可开始冻融循环。

c.5　冻融循环过程应符合下列规定：

c.5.1　每次冻融循环应在 2～4h 内完成，且用于融化的时间不得少于整个冻融循环时间的 1/4；

c.5.2　在冷冻和融化过程中，试件中心最低和最高温度应分别控制在（−18±2）℃ 和（5±2）℃ 内。在任意时刻，试件中心温度不得高于 7℃ 且不得低于 −20℃；

c.5.3　每块试件从 3℃ 降至 −16℃ 所用的时间不得少于冷冻时间的 1/2；每块试件从 −16℃ 升至 3℃ 所用的时间也不得少于整个融化时间的 1/2，试件内外的温差不宜超过 28℃；

c.5.4　冷冻和融化之间的转换时间不宜超过 10min。

c.6　每隔 25 次冻融循环宜测量试件的横向基频 f_{n_i}。测量前应先将试件表面浮渣清洗干净并擦干表面水分，然后应检查其外部损伤并称量试件的质量 W_{n_i}。横向基频的测量方法及步骤应按动弹性模量试验的规定执行。测完后，应迅速将试件调头重新装入试件盒内并加入清水，继续试验。试件的测量、称量及外观检查应尽量迅速，待测试件应用湿布覆盖以免水分损失。

c.7　当有试件停止试验被取出时，应另用其他试件填充空位。

当试件在冷冻状态下因故中断时，试件应保持在冷冻状态，直至恢复冻融试验为止，并应将故障原因及暂停时间在试验结果中注明。试件在非冷冻状态下发生故障的时间不宜超过两个冻融循环的时间。在整个试验过程中，超过两个冻融循环时间的中断故障次数不得超过两次。

c.8　当冻融循环出现下列情况之一时，即可停止试验：

c.8.1　已达到规定的循环次数；

c.8.2　试件的相对动弹性模量下降到 60%；

c.8.3　试件的质量损失率达 5%。

d　试验结果计算及处理

d.1　相对动弹性模量按式（4-10-4）计算：

$$P_i = \frac{f_{n_i}^2}{f_{0_i}^2} \times 100 \tag{4-10-4}$$

式中　P_i——经 n 次冻融循环后第 i 个混凝土试件的相对动弹性模量,%，精确至 0.1；

f_{ni}——经 n 次冻融循环后第 i 个混凝土试件的横向基频，Hz；

f_{0i}——冻融循环试验前第 i 个混凝土试件横向基频初始值，Hz。

d.2　一组混凝土试件的相对动弹性模量 P 按式（4-10-5）计算：

$$P = \frac{1}{3} \sum_{i=1}^{3} P_i \tag{4-10-5}$$

式中　P——经 n 次冻融循环后一组混凝土试件的相对动弹性模量,%，精确至 0.1。

相对动弹性模量 P 应以三个试件试验结果的算术平均值作为测定值；当最大值或最小值与中间值之差超过中间值的 15% 时，应剔除此值，再取其余两值的算术平均值作为测定值；当最大值和最小值与中间值之差均超过中间值的 15% 时，应取中间值作为测定值。

d.3　单个试件的质量损失率按下式计算：

$$\Delta W_{n_i} = \frac{W_{0_i} - W_{ni}}{W_{0_i}} \times 100 \tag{4-10-6}$$

式中 ΔW_{n_i}——n 次冻融后第 i 个混凝土试件的质量损失率,%，精确至 0.01;

W_{0_i}——冻融循环试验前第 i 个混凝土试件的质量,g;

W_{n_i}——n 次冻融循环后第 i 个混凝土试件的质量,g。

d.4 一组试件的平均质量损失率按式(4-10-7)计算:

$$\Delta W_n = \frac{\sum_{i=1}^{3} \Delta W_{n_i}}{3} \times 100 \tag{4-10-7}$$

式中 ΔW_n——n 次冻融循环后一组混凝土试件的平均质量损失率,%，精确至 0.1。

d.5 每组试件的平均质量损失率应以三个试件的质量损失率试验结果的算术平均值作为测定值;当某个试验结果出现负值,应取 0,再取三个试件的平均值。当三个值中的最大值或最小值与中间值之差超过 1% 时,应剔除此值,再取其余两值的算术平均值作为测定值;当最大值和最小值与中间值之差均超过 1% 时,应取中间值作为测定值。

d.6 混凝土抗冻等级应以相对动弹性模量下降至不低于 60% 或者质量损失率不超过 5% 时的最大冻融循环次数来确定,并用符号 F 表示。

4.10.2 动弹性模量试验

通过测定混凝土的动弹性模量,以检验混凝土在各种因素作用下内部结构的变化情况。本节方法适用于采用共振法测定混凝土的动弹性模量。

4.10.2.1 试验设备

a 共振法混凝土动弹性模量测定仪(简称共振仪):输出频率可调范围为 100 ~ 20000Hz,输出功率应能激励试件产生受迫振动。

b 试件支承体:采用厚度约为 20mm 的泡沫塑料垫,宜选用表观密度为 16 ~ 18kg/m³ 的聚苯板。

c 称量设备:最大量程应为 20kg,感量不应超过 5g。

4.10.2.2 试验步骤

a 本试验应采用尺寸为 100mm × 100mm × 400mm 的棱柱体试件。首先测定试件的质量和尺寸。试件质量应精确至 0.01kg,尺寸的测量应精确至 1mm。每个试件的长度和截面尺寸均取 3 个部位测量的平均值。

b 测量完试件的质量和尺寸后,应将试件放置在支承体中心位置,成型面应向上,并将激振换能器的测杆轻轻地压在试件长边侧面中线的 1/2 处,将接收换能器的测杆轻轻地压在试件长边侧面中线距端面 5mm 处。在测杆接触试件前,宜在测杆与试件接触面涂一薄层黄油或凡士林作为耦合介质,测杆压力的大小应以不出现噪声为准。采用的动弹性模量测定仪各部件连接和相对位置应符合图 4-10-2 的规定。

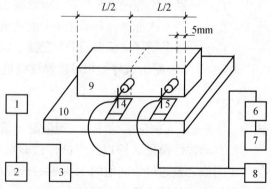

图 4-10-2 共振仪各部件连接和相对位置示意图
1—振荡器;2—频率计;3—放大器;4—激振换能器;
5—接收换能器;6—放大器;7—电表;8—示波器;
9—试件;10—试件支承体

　　c　放置好测杆后，应先调整共振仪的激振功率和接收增益旋钮至适当位置，然后变换激振频率，同时注意观察指示电表的指针偏转，当指针偏转为最大时，即表示试件达到共振状态，应以这时所显示的共振频率作为试件的基频振动频率。每一测量应重复测读两次以上，如两次连续测定值之差不超过两个测定值的算术平均值的0.5%时，应取这两个测定值的算术平均值作为该试件的基频振动频率。

　　当采用示波器显示的仪器，示波器的图形调成一个正圆时的频率即为共振频率。

　　d　当仪器同时具有指示电表和示波器时，以电表指针达最大值时的频率作为共振频率。在测试过程中，如发现两个以上峰值，应将接收换能器移至距试件端部0.224倍试件长处，当指示电表的示值为零时，应将其作为真实的共振峰值。

　　4.10.2.3　试验结果计算及处理应符合下列规定

　　a　混凝土动弹性模量按式（4-10-8）计算：

$$E_{\mathrm{d}} = 13.244 \times 10^{-4} \times WL^3 f^2 / a^4 \tag{4-10-8}$$

式中　E_{d}——混凝土动弹性模量，MPa；

　　　　α——正方形截面试件的边长，mm；

　　　　L——试件的长度，mm；

　　　　W——试件质量，kg，精确到0.01kg；

　　　　f——试件横向振动时的基频振动频率，Hz。

　　b　每组应以3个试件动弹性模量的试验结果的算术平均值作为测定值，计算应精确到100MPa。

4.10.3　抗水渗透试验

　　4.10.3.1　渗水高度法

　　本方法适用于测定硬化混凝土在恒定水压力下的平均渗水高度来表示混凝土抗水渗透性能。

　　a　试验设备和材料

　　a.1　混凝土抗渗仪：应符合JG/T 249《混凝土抗渗仪》标准的规定，并能使水压按规定的制度稳定地作用在试件上。抗渗仪施加水压力范围应为0.1～2.0MPa。

　　a.2　试模应采用上口内部直径为175mm、下口内部直径为185mm、高度为150mm的圆台体。

　　a.3　密封材料宜用石蜡加松香或水泥加黄油等材料，也可采用橡胶套等其他有效密封材料。

　　a.4　梯形板（见图4-10-3）：应采用尺寸为200mm×200mm透明材料制作，并应画有十条等间距、垂直于梯形底线的直线。

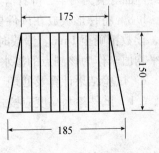

图4-10-3　梯形板示意图（mm）

　　a.5　钢尺的分度值应为1mm。

　　a.6　钟表的分度值应为1min。

　　a.7　辅助设备应包括螺旋加压器、烘箱、电炉、浅盘、铁锅和钢丝刷等。

　　a.8　安装试件的加压设备可为螺旋加压或其他加压形式，其压力应能保证将试件压入试件模套内。

b 试验步骤

b.1 按照 GB/T 50081《普通混凝土力学性能试验方法标准》规定的方法进行试件的制作和养护。抗水渗透试验应以 6 个试件为一组。

b.2 试件拆模后，应用钢丝刷刷去两端的水泥浆膜，编号后立即将试件送入标准养护室进行养护。抗水渗透试验的龄期宜为 28d。

b.3 试件应在达到试验龄期的前一天从养护室中取出，并擦拭干净。待试件表面晾干后，按照下列方法进行试件密封：

b.3.1 当用石蜡密封时，应在试件侧面裹涂一层熔化的内加少量松香（约 2%）的石蜡。然后用螺旋加压器将试件压入经过烘箱或电炉预热过的试模中，使试件与试模底平齐，并应在试模变冷后解除压力。试模的预热温度，应以石蜡接触试模即缓慢熔化，以不流淌为准。

b.3.2 用水泥加黄油密封时，其质量比应为 (2.5~3):1。应用三角刀将密封材料均匀地刮涂在试件侧面上，厚度应为 1~2mm，套上试模后用螺旋加压器将试件压入，并使试件与试模底平齐。

b.3.3 试件密封也可以采用其他更可靠有效的密封方式（如橡胶套等）。

b.4 在试件安装前应启动抗渗仪进行检查，并开通 6 个试位下的阀门，使水从孔中渗出并应充满试位坑，关闭 6 个试位下的阀门。

b.5 将密封好的试件安装在抗渗仪上，并记录试件编号。启动抗渗仪并在 5min 内加压到 0.8MPa，检查试件密封情况，如发现水从试件周边渗出时，应重新按本节 b.3 条的规定进行密封。

b.6 试件安装好后，应立即开通 6 个试位下的阀门，使水压在 24h 内恒定控制在 (1.2±0.05)MPa，且加压过程不应大于 5min，应以达到稳定压力时的时间作为试验记录起始时间（精确至 1min）。

在稳压过程中随时观察试件端面的渗水情况，当有某一个试件端面出现渗水时，应停止该试件的试验并应记录时间，并以试件的高度作为该试件的渗水高度。对于试件端面未出现渗水的情况，应在试验 24h 后停止试验，并及时取出试件。在试验过程中，当发现水从试件周边渗出时，应重新按本节 b.3 条的规定进行密封。

b.7 将从抗渗仪上取出来的试件放在压力机上，并在试件上下两端面中心处沿直径方向各放一根直径为 6mm 的钢垫条，并应确保它们在同一竖直平面内。然后启动压力机，将试件沿纵断面劈裂为两半，待看清水痕后（约过 2~3min）用防水笔描出水痕，笔迹不宜太粗。

b.8 将梯形板放在试件劈裂面上，并用钢尺沿水痕等间距量测 10 个测点的渗水高度值，读数精确至 1mm。读数时若遇到某测点被骨料阻挡，可以靠近骨料两端的渗水高度算术平均值来作为该测点的渗水高度。

c 试验结果计算及处理

c.1 试件渗水高度应按式 (4-10-9) 计算：

$$\bar{h}_i = \frac{1}{10}\sum_{j=1}^{10} h_j \tag{4-10-9}$$

式中 h_j——第 i 个试件第 j 个测点处的渗水高度，mm；

$\bar{h}_i$——第 i 个试件的平均渗水高度，mm。应以 10 个测点渗水高度的平均值作为该试件渗水高度的测定值。

c.2　一组试件的平均渗水高度应按式（4-10-10）计算：

$$\bar{h} = \frac{1}{6} \sum_{i=1}^{6} \bar{h}_i \qquad\qquad (4\text{-}10\text{-}10)$$

式中　$\bar{h}$——该组6个试件的平均渗水高度，mm。应以一组6个试件渗水高度的算术平均值作为该组试件渗水高度的测定值。

c.3　相对渗透系数按式（4-10-11）计算：

$$K_h = \frac{\alpha \cdot \bar{h}^2}{2TH} \qquad\qquad (4\text{-}10\text{-}11)$$

式中　K_h——相对渗透系数，mm/h；

$\bar{h}$——该组6个试件的平均渗水高度，mm；

H——水压力，以水柱高度表示，mm；

T——恒压经过时间，h；

α——混凝土的吸水率，一般为0.03。

注：1MPa水压力，以水柱高度表示为102000mm。

4.10.3.2　逐级加压法

本法适用于通过逐级施加水压力来测定以抗渗等级来表示的混凝土的抗水渗透性能。

a　试验设备和材料

a.1.1　仪器设备应符合本章第4.10.3.1节的规定。

a.1.2　密封材料：采用石蜡加松香或水泥加黄油，也可选用专用乳胶模套等其他有效的密封材料。

b　试验流程

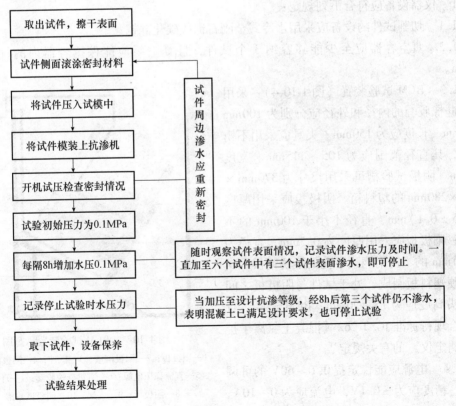

355

c 试验结果计算及处理

c.1 混凝土的抗渗等级应以每组 6 个试件中有 4 个试件未出现渗水时的最大水压力乘以 10 来确定。混凝土的抗渗等级按式（4-10-12）计算：

$$P = 10H - 1 \qquad\qquad (4\text{-}10\text{-}12)$$

式中 P——混凝土的抗渗等级；

H——6 个试件中有 3 个试件渗水时的水压力，MPa。

c.2 试验结果的处理

当某一次加压后，在 8h 内 6 个试件中有 2 个试件出现渗水时（此时的水压力为 H），则此组混凝土抗渗等级为：$P = 10H$；

当某一次加压后，在 8h 内 6 个试件中有 3 个试件出现渗水时（此时的水压力为 H），则此组混凝土抗渗等级为：$P = 10H - 1$；

当加压至规定数值或者设计指标后，在 8h 内 6 个试件中表面渗水的试件少于 2 个（此时的水压力为 H），则此组混凝土抗渗等级为：$P > 10H$。

4.10.4 抗氯离子渗透试验

4.10.4.1 快速氯离子迁移系数法（或称 RCM 法）

本法适用于以测定氯离子在混凝土中非稳态迁移的迁移系数来确定混凝土抗氯离子渗透性能的试验。

a 仪器设备及试剂

a.1 仪器设备应符合下列规定：

a.1.1 切割试件的设备应采用水冷式金刚石锯或碳化硅锯。

a.1.2 真空容器应至少能够容纳 3 个试件，且真空泵应能保持容器内的气压处于 1 ~ 5kPa。

a.1.3 RCM 试验装置（图 4-10-4）：采用的有机硅橡胶套的内径和外径应分别为 100mm 和 115mm，长度应为 150mm。夹具应采用不锈钢环箍，其直径范围应为 105 ~ 115mm、宽度为 20mm。阴极试验槽可采用尺寸为 370mm × 270mm × 280mm 的塑料箱。阴极板应采用厚度为（0.5 ± 0.1）mm、直径不小于 100mm 的不锈钢板；阳极板应采用厚度为 0.5mm、直径为（98 ± 1）mm 的不锈钢网或带孔的不锈钢板。支架应由硬塑料板制成，处于试件与阴极板之间的支架头高度应为 15 ~ 20mm。RCM 试验装置还应符合现行标准 JG/T 262《混凝土氯离子扩散系数测定仪》的有关规定。

a.1.4 电源应能稳定提供 0 ~ 60V 的可调直流电，精度应为 ±0.1V，电流应为 0 ~ 10A。

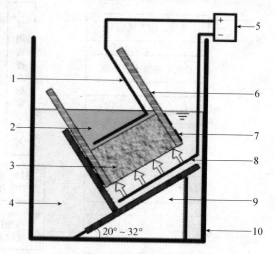

图 4-10-4 RCM 试验装置示意图

1—阳极板；2—阳极溶液；3—试件；4—阴极溶液；
5—直流稳压电源；6—有机硅橡胶套；7—环箍；
8—阴极板；9—支架；10—阴极试验槽

电表的精度应为 ±0.1mA。

a.1.5　温度计或测温热电偶的精度应为 ±0.2℃。

a.1.6　抽真空设备可由体积在 1000mL 以上的烧杯、真空干燥器、真空泵、分液装置、真空表等组合而成。真空容器应至少能够容纳 3 个试件，真空泵应能保持容器内的气压处于 1~5kPa，真空表或压力计的精度应为 ±665Pa（5mmHg 柱），量程应为 0~13300Pa（0~100mmHg 柱）。

a.1.7　游标卡尺的精度应为 ±0.1mm；钢直尺的最小刻度应为 1mm。

a.1.8　喷雾器应适合喷洒硝酸银溶液。

a.1.9　扭矩扳手的扭矩范围应为 20~100N·m，测量允许误差为 ±5%。

a.1.10　其他工具：200~600 号水砂纸，细锉刀，1000~2000W 的电吹风，黄铜刷等。

a.2　溶液和指示剂应符合下列规定：

a.2.1　阴极溶液应为质量浓度 100g/L 的 NaCl（化学纯）溶液；阳极溶液应为 0.3mol/L 的 NaOH（化学纯）溶液。溶液应至少提前 24h 配制，并应密封保存在温度为 20~25℃ 的环境中。

a.2.2　显色指示剂应为 0.1mol/L 的 $AgNO_3$（化学纯）溶液。

b　RCM 试验所处的试验室环境温度应控制在 20~25℃。

c　试件制作应符合下列规定：

c.1　RCM 试验用试件采用直径为（100±1）mm，高度为（50±2）mm，每组 3 个试件。

c.2　在试验室制作试件时，宜使用 ϕ100mm×100mm 或 ϕ100mm×200mm 试模，骨料最大公称粒径不宜大于 25mm。试件成型后应立即用塑料薄膜覆盖并移至标准养护室，试件应在（24±2）h 内拆模，然后应浸没于标准养护室的水池中。

c.3　试件的养护龄期宜为 28d，也可根据设计要求选用 56d 或 84d 养护龄期。

c.4　应在抗氯离子渗透试验前 7d 加工成标准尺寸的试件。当使用 ϕ100mm×100mm 试件时，应从试件中部切取高度为（50±2）mm 的圆柱体作为试验用试件，并将靠近浇筑面的试件端面作为暴露于氯离子溶液中的测试面；当使用 ϕ100mm×200mm 试件时，先将试件从正中间切成相同尺寸的两部分（ϕ100mm×100mm），然后应从两部分中各切取一个高度为（50±2）mm 的圆柱体试件，并应将第一次的切口面作为暴露于氯离子溶液中的测试面。

c.5　试件加工后应采用水砂纸和细锉刀将端面打磨光滑。

c.6　加工好的试件应继续浸没于水中养护至试验龄期。

d　RCM 法试验应按下列步骤进行：

d.1　首先将试件从养护池中取出，并将试件表面的碎屑刷洗干净，擦干试件表面多余的水分，然后用游标卡尺测量试件的直径和高度，测量应精确至 0.1mm。

d.2　将饱和面干状态下的试件置于真空容器中，启动真空泵并在 5min 内将真空容器中的气压减少至 1~5kPa，并应保持该真空度 3h，然后在真空泵仍然运转的情况下，将用蒸馏水配制的饱和氢氧化钙溶液注入容器中，溶液高度应保证将试件浸没。在试件浸没 1h 后恢复常压，并继续浸泡（18±2）h。

d.3　试件安装在 RCM 试验装置前应采用电吹风冷风挡吹干，表面应干净，无油污、灰砂和水珠。

　　d.4　试件和 RCM 试验装置（图 4-10-4）准备好以后，应将试件装入橡胶套内的底部，在与试件齐高的橡胶套外侧安装两个不锈钢环箍（图 4-10-5），每个箍高度为 20mm，并拧紧环箍上的螺栓至扭矩（30±2）N·m，使试件的圆柱侧面处于密封状态。当试件的圆柱曲面可能有造成液体渗漏的缺陷时，以密封剂保持其密封性。

图 4-10-5　不锈钢环箍

　　d.5　将装有试件的橡胶套安装到试验槽中，并安装好阳极板，然后在橡胶套中注入约 30mL 浓度为 0.3mol/L 的 NaOH 溶液，并应使阳极板和试件表面均浸没于溶液中。在阴极试验槽中注入 12L 质量浓度为 100g/L 的 NaCl 溶液，并使其液面与橡胶套中的 NaOH 溶液的液面齐平。

　　d.6　试件安装完成后，将电源的阳极（又称正极）用导线连接至橡胶筒中阳极板，并将电源的阴极（又称负极）用导线连接至试验槽中的阴极板。

　　e　电迁移试验按下列步骤进行：

　　e.1　首先将电源打开，将电压调整到（30±0.2）V，并记录通过每个试件的初始电流。

　　e.2　后续试验施加的电压（表 4-10-3 第二列）应根据施加 30V 电压时测量得到的初始电流值所处的范围（表 4-10-3 第一列）决定。根据实际施加的电压，记录新的初始电流。按照新的初始电流值所处的范围（表 4-10-3 第三列），确定试验应持续的时间（表 4-10-3 第四列）。

　　e.3　应按照温度计或热电偶的显示读数记录每一个试件的阳极溶液的初始温度。

　　e.4　试验结束后，应测定阳极溶液的最终温度和最终电流。

表 4-10-3　初始电流、电压与试验时间的关系

初始电流 I_{30V}（用 30V 电压）/mA	施加的电压 U（调整后）/V	可能的新初始电流 I_0/mA	试验持续时间 t/h
$I_0 < 5$	60	$I_0 < 10$	96
$5 \leqslant I_0 < 10$	60	$10 \leqslant I_0 < 20$	48
$10 \leqslant I_0 < 15$	60	$20 \leqslant I_0 < 30$	24
$15 \leqslant I_0 < 20$	50	$25 \leqslant I_0 < 35$	24
$20 \leqslant I_0 < 30$	40	$25 \leqslant I_0 < 40$	24
$30 \leqslant I_0 < 40$	35	$35 \leqslant I_0 < 50$	24
$40 \leqslant I_0 < 60$	30	$40 \leqslant I_0 < 60$	24
$60 \leqslant I_0 < 90$	25	$50 \leqslant I_0 < 75$	24
$90 \leqslant I_0 < 120$	20	$60 \leqslant I_0 < 80$	24
$120 \leqslant I_0 < 180$	15	$60 \leqslant I_0 < 90$	24
$180 \leqslant I_0 < 360$	10	$60 \leqslant I_0 < 120$	24
$I_0 \geqslant 360$	10	$I_0 \geqslant 120$	6

　　e.5　试验结束后及时排除试验溶液。用黄铜刷清除试验槽的结垢或沉淀物，并用饮用水和洗涤剂将试验槽和橡胶套冲洗干净，然后用电吹风的冷风挡吹干。

　　f　氯离子渗透深度测按下列步骤进行：

f.1　试验结束后，及时断开电源，将试件从橡胶套中取出，并立即用自来水将试件表面冲洗干净，然后擦去试件表面多余水分。

f.2　将试件表面冲洗干净后，在压力机上沿轴向劈成两个半圆柱体，并立即在劈开的试件断面上喷涂浓度为 0.1mol/L 的 $AgNO_3$ 溶液显色指示剂。

f.3　指示剂喷涂约 15min 后，沿试件直径断面将其分成 10 等份，并用防水笔描出渗透轮廓线。

f.4　然后根据观察到的明显的颜色变化，测量显色分界线（图 4-10-6）离试件底面的距离，精确至 0.1mm。

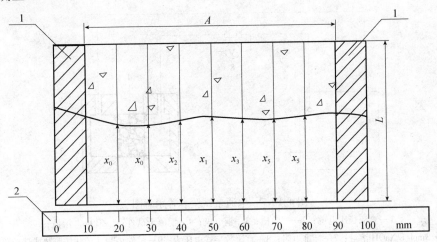

图 4-10-6　显色分界线位置编号

1—试件边缘部分；2—尺子；A—测量范围；L—试件高度

f.5　若某一测点被骨料阻挡，可将此测点位置移动到最近未被骨料阻挡的位置进行测量，若某测点数据不能得到，只要总测点数多于 5 个，可忽略此测点。

f.6　若某测点位置有一个明显的缺陷，使该测点测量值远大于各测点的平均值，可忽略此测点数据，但应将这种情况在试验记录和报告中注明。

g　试验结果计算及处理应符合下列规定：

g.1　混凝土的非稳态氯离子迁移系数按式（4-10-13）进行计算：

$$D_{RCM} = \frac{0.0239 \times (273 + T) \cdot L}{(U - 2) \cdot t} \left(X_d - 0.0238 \sqrt{\frac{(273 + T) \cdot L \cdot X_d}{U - 2}} \right) \quad (4\text{-}10\text{-}13)$$

式中　D_{RCM}——混凝土的非稳态氯离子迁移系数，m^2/s，精确到 $0.1 \times 10^{-12} m^2/s$；

　　　U——所用电压的绝对值，V；

　　　T——阳极溶液的初始温度和结束温度的平均值，℃；

　　　L——试件厚度，mm，精确到 0.1mm；

　　　X_d——氯离子渗透深度的平均值，mm，精确到 0.1mm；

　　　t——试验持续时间，h。

g.2　每组以 3 个试样的氯离子迁移系数的算术平均值作为该组试件的氯离子迁移系数测定值。当最大值或最小值与中间值之差超过中间值的 15% 时，剔除此值，再取其余两值的平均值作为测定值；当最大值和最小值与中间值之差均超过中间值的 15% 时，取中间值作为测定值。

4.10.4.2 电通量法

本方法适用于测定以通过混凝土试件的电通量为指标来确定混凝土抗氯离子渗透性能的试验。本方法不适用于掺有亚硝酸盐和钢纤维等良导电材料的混凝土抗氯离子渗透试验。

a　仪器设备、试剂和用具应符合下列规定：

a.1　电通量试验装置应符合图 4-10-7 的要求，并应满足现行标准 JG/T 261《混凝土氯离子电通量测定仪》的有关规定。

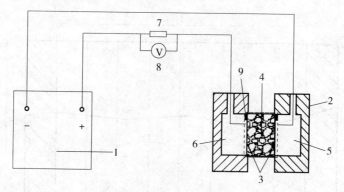

图 4-10-7　电通量试验装置示意图

1—直流稳压电源；2—试验槽；3—铜电极；4—混凝土试件；5—30g/L 溶液；

6—0.3mol/L NaOH 溶液；7—标准电阻；8—直流数字式电压表；9—试件垫圈（硫化橡胶垫或硅橡胶垫）

a.2　仪器及用具应符合下列要求：

a.2.1　直流稳压电源的电压范围应为 0～80V，电流范围应为 0～10A，并能稳定输出 60V 直流电压，精度应为 ±0.1V。

a.2.2　耐热塑料或耐热有机玻璃试验槽（图 4-10-8）的边长为 150mm，总厚度不小于 51mm。试验槽中心的两个槽的直径分别为 89mm 和 112mm，两个槽的深度分别为 41mm 和 6.4mm。在试验槽的一边开有直径为 10mm 的注液孔。

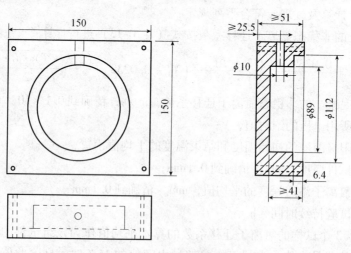

图 4-10-8　试验槽示意图（mm）

a. 2. 3　紫铜垫板宽度为（12±2）mm，厚度为（0.5±0.05）mm；铜网孔径为0.95mm（64孔/cm² 或者20目）。

a. 2. 4　标准电阻精度为±0.1%；直流数字式电流表量程为0～20A，精度为±0.1%；

a. 2. 5　真空装置：真空容器的内径不小于250mm，并至少能够容纳3个试件。真空泵能保持容器内的气压处于1～5kPa，真空表的精度为±665Pa（5mmHg柱），量程为0～13300Pa（0～100mmHg柱）。

a. 2. 6　温度计的量程为0～120℃，精度为±0.1℃。

a. 2. 7　密封材料采用硅胶或树脂等密封材料。

a. 2. 8　硫化橡胶垫或硅橡胶垫的外径为100mm、内径为75mm、厚度为6mm。

a. 2. 9　切割设备、电吹风等辅助设备、工具与本章RCM法的要求相同。

a. 3　试剂应符合下列要求：

a. 3. 1　阴极溶液应用化学纯试剂配制的质量浓度为30g/L的NaCl溶液。

a. 3. 2　阳极溶液应用化学纯试剂配制的浓度为0.3mol/L的NaOH溶液。

b　电通量试验应按下列步骤进行：

b. 1　电通量试验采用直径（100±1）mm、高度（50±2）mm的圆柱体试件，每组有3个试件。试件的制作、养护应符合本章RCM法试验的规定。当试件表面有涂料等附加材料时，应预先去除，且试样内不得含有钢筋等良导电材料。在试样移送试验室前，应避免冻伤或其他物理伤害。

b. 2　电通量试验宜在试件养护到28d龄期进行。对于掺有大掺量矿物掺合料的混凝土，可在56d龄期进行试验。先将养护到规定龄期的试件暴露于空气中至表面干燥，并以硅胶或树脂密封材料涂刷试件圆柱侧面，还应填补涂层中的孔洞。

b. 3　试验前将试件进行真空饱水。先将试件置于真空容器中，启动真空泵并在5min内将真空容器中的绝对压强减少至1～5kPa，并保持该真空度3h，然后在真空泵仍然运转的情况下，注入足够的蒸馏水或去离子水到容器中，溶液高度应保证将试件浸没。在试件浸没1h后恢复常压，并继续浸泡（18±2）h。

b. 4　在真空饱水结束后，从水中取出试件，并抹掉多余水分，且应保持试件所处环境的相对湿度在95%以上。将试件安装于试验槽内，并采用螺杆将两试验槽和端面装有硫化橡胶垫的试件夹紧。试件安装好以后，采用蒸馏水或其他有效方法检查试件和试验槽之间的密封性能。

b. 5　检查完试件和试验槽的密封性后，分别将已配制好的质量浓度为30g/L的NaCl溶液和浓度为0.3mol/L的NaOH溶液分别注入试件两侧的试验槽中，注入NaCl溶液的试验槽内的铜网应连接电源负极（或称阴极），注入NaOH溶液的试验槽内的铜网应连接电源正极（或称阳极）。

b. 6　在正确连接电源线后，在保持试验槽中充满溶液的情况下接通电源，并对上述两铜网施加（60±0.1）V直流恒电压，记录电流初始读数 I_0。开始时每隔5min记录一次电流值，当电流值变化不大时，可每隔10min记录一次电流值，当电流值变化很小时，每隔30min记录一次电流值，直至通电6h。

b. 7　当采用自动采集数据的测试装置时，记录电流的时间间隔可设为5～10min。电流测量值应精确至 0.5mA。试验过程中宜同时监测试验槽中溶液的温度。

b.8　试验结束断开电源后，及时排出试验溶液，并用凉开水和洗涤剂冲洗试验槽 60s 以上，然后用蒸馏水洗净并用电吹风冷风挡吹干。

b.9　电通量试验应在环境温度为 20~25℃ 的室内进行。

c　试验结果计算及处理应符合下列规定：

c.1　试验过程中或试验结束后，绘制电流与时间的关系图。通过将各点数据以光滑曲线连接起来，对曲线作面积积分，或按梯形法进行面积积分，得到试验 6h 通过的电通量（C）。

c.2　每个试件的总电通量可以采用下列简化公式（4-10-14）计算：

$$Q = 900(I_0 + 2I_{30} + 2I_{60} + \cdots + 2I_t + \cdots + 2I_{300} + 2I_{330} + 2I_{360}) \qquad (4\text{-}10\text{-}14)$$

式中　Q——通过试件的总电通量，C；

　　　I_0——初始电流，A，精确到 0.001A；

　　　I_t——在时间 t（min）的电流 A，精确到 0.001A。

c.3　将计算得到的通过试件的总电通量换算成直径为 95mm 试件的电通量值。通过将计算的总电通量乘以一个直径为 95mm 试件和实际试件横截面积的比值来换算，换算可按式（4-10-15）进行：

$$Q_s = Q_x \times (95/x) \qquad (4\text{-}10\text{-}15)$$

式中　Q_s——通过直径为 95mm 的试件的电通量，C；

　　　Q_x——通过直径为 $x$mm 的试件的电通量，C；

　　　x——试件的实际直径，mm。

c.4　每组应取 3 个试件电通量的算术平均值作为该组试件的电通量测定值。当某一个电通量值与中值的差值超过中值的 15% 时，取其余两个试件的电通量的算术平均值作为该组试件的电通量测定值；当两个电通量测值与中值的差值均超过中值的 15% 时，取中值作为该组试件的电通量试验结果测定值。

4.10.5　混凝土收缩试验

4.10.5.1　非接触法收缩试验

本方法适用于测定早龄期混凝土（如 3d 以内）的自由收缩变形，也可用于无约束状态下混凝土自收缩变形的测定。

a　仪器设备应符合下列规定：

a.1　非接触法混凝土收缩变形测定仪（图 4-10-9 或图 4-10-10）：应设计成整机一体化装置，并应具有自动采集和处理数据、能设定采样时间间隔等功能，整个测试装置（含试件、传感器等）应固定于具有避震功能的固定式实验台面上。

a.2　用可靠方式将反射靶固定于试模上，使反射靶在试件成型浇筑振动过程中不会移位偏移，且在成型完成后应能保证反射靶与试模之间的摩擦力尽可能小。试模应采用具有足够刚度的钢模，且本身的收缩变形应小（其收缩变形值小到可忽略不计）。试模的长度应能保证混凝土试件的测量标距不小于 400mm。

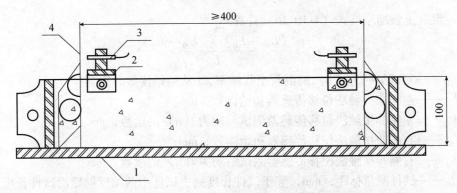

图 4-10-9　非接触法混凝土收缩变形测定仪原理示意图（mm）
1—试模；2—固定架；3—传感器探头；4—反射靶

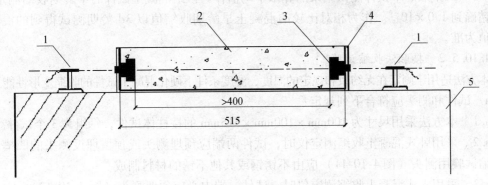

图 4-10-10　非接触法混凝土收缩变形测定仪原理示意图（mm）
1—位移传感器探头；2—试件；3—反射靶；4—试模；5—避震固定式试验台

a.3　传感器的测试量程不应小于试件测量标距长度的 0.5% 或量程不应小于 1mm，测试精度不应低于 0.002mm。且应采用可靠方式将传感器测头固定，并能使测头在整个测量过程中与试模相对位置保持固定不变。试验过程中应能保证反射靶随着混凝土的收缩而同步移动。

b　非接触法混凝土收缩试验步骤应符合以下规定：

b.1　本方法采用尺寸为 100mm×100mm×515mm 的棱柱体试件，每组为 3 个试件。试验在温度为（20±2）℃、相对湿度为（60±5）% 的恒温恒湿条件下进行。非接触法收缩试验应带模进行测试。

b.2　试模准备后，在试模内涂刷润滑油，然后在试模内铺设两层塑料薄膜或者放置一片聚四氟乙烯（PTFE）片，且应在薄膜或者 PTFE 片与试模接触的面上均匀涂抹一层润滑油。将反射靶固定在试模两端。

b.3　将混凝土拌合物浇筑入试模后，振动成型并抹平，然后立即带模移入恒温恒湿室。成型试件的同时，测定混凝土的初凝时间。混凝土初凝时间和早龄期收缩试验的环境应相同。当混凝土初凝时，开始测读试件左右两侧的初始读数，此后至少每隔 1 小时或按设定的时间间隔测定试件两侧的变形读数。

b.4　在整个测试过程中，试件在变形测定仪上放置的位置、方向均应始终保持固定不变。

b.5　需要测定混凝土自收缩值的试件，在浇筑振捣后立即采用塑料薄膜作密封处理。

c　非接触法收缩试验结果计算及处理应符合以下规定：

c.1 混凝土收缩率按式（4-10-16）计算：

$$\varepsilon_{st} = \frac{(L_{10} - L_{1t}) + (L_{20} - L_{2t})}{L_0} \tag{4-10-16}$$

式中 ε_{st}——测试龄期为 $t(h)$ 的混凝土收缩率，t 从初始读数时算起；

L_{10}——左侧非接触法位移传感器初始读数，mm；

L_{1t}——左侧非接触法位移传感器测试龄期为 $t(h)$ 的读数，mm；

L_{20}——右侧非接触法位移传感器初始读数，mm；

L_{2t}——右侧非接触法位移传感器测试龄期为 $t(h)$ 的读数，mm；

L_0——试件测量标距，mm，等于试件长度减去试件中两端反射靶沿试件长度方向埋入试件中的长度之和。

c.2 每组取 3 个试件测试结果的算术平均值作为该组混凝土试件的早龄期收缩测定值，计算精确到 1.0×10^{-6}。作为相对比较的混凝土早龄期收缩值以 3d 龄期测试得到的混凝土收缩值为准。

4.10.5.2 接触法收缩试验

本方法适用于测定在无约束和规定的温度、湿度条件下硬化混凝土试件的收缩变形性能。

a 试件和测头应符合下列规定：

a.1 本方法采用尺寸为 $100mm \times 100mm \times 515mm$ 的棱柱体试件，每组为 3 个试件。

a.2 采用卧式混凝土收缩测定仪时，试件两端应预埋测头或预留埋设测头的凹槽。卧式收缩试验用测头（图 4-10-11）应由不锈钢或其他不锈的材料制成。

a.3 采用立式混凝土收缩测定仪时，试件一端中心应预埋测头（图 4-10-12）。立式收缩试验用测头的另一端宜采用 $M20 \times 35mm$ 的螺栓（螺纹通长），并应与立式混凝土收缩测定仪底座固定。螺栓和测头都应预埋进去。

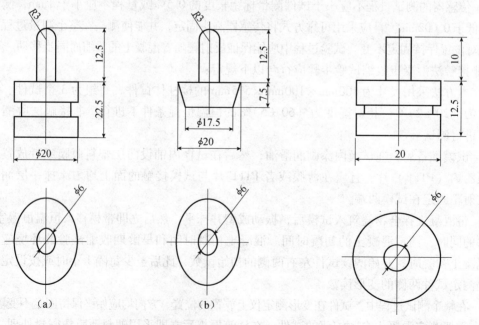

图 4-10-11 卧式收缩试验用测头（mm）　　图 4-10-12 立式收缩试验用测头（mm）

（a）预埋测头；（b）后埋测头

a.4 采用接触式引伸仪时，所用试件的长度应至少比仪器的测量标距长出一个截面边长。测头应粘贴在试件两侧面的轴线上。

a.5 使用混凝土收缩仪时，制作试件的试模应具有能固定测头或预留凹槽的端板。使用接触式引伸仪时，可用一般棱柱体试模制作试件。

a.6 收缩试件成型时不得使用机油等憎水性脱模剂。试件成型后应带模养护1～2d，并保证拆模时不损伤试件。对于事先没有埋设测头的试件，拆模后应立即粘贴或埋设测头。试件拆模后，应立即送至温度为（20±2）℃、相对湿度在95%以上的标准养护室养护。

b 试验设备应符合下列规定：

b.1 测量混凝土收缩变形的装置应具有由硬钢或石英玻璃制成的标准杆，并应在测量前及测量过程中及时校核仪表的读数。

b.2 收缩测量装置可采用下列形式之一：

b.2.1 卧式混凝土收缩仪的测量标距应为540mm，并应装有精度为±0.001mm的千分表或测微器。

b.2.2 立式混凝土收缩仪的测量标距和测微器同卧式混凝土收缩仪。

b.2.3 采用其他形式的变形测量仪表的测量标距不应小于100mm及骨料最大粒径的3倍，并至少能达到±0.001mm的测量精度。

c 接触法收缩试验步骤应按下列要求进行：

c.1 混凝土接触法收缩试验应在恒温恒湿环境中进行，室温应保持在（20±2）℃，相对湿度应保持在（60±5）%。试件应放置在不吸水的搁架上，底面应架空，每个试件之间的间隙应大于30mm。

c.2 测定代表某一混凝土收缩性能的特征值时，试件应在3d龄期时（从混凝土搅拌加水时算起）从标准养护室取出，并应立即移入恒温恒湿室测定其初始长度，此后应至少按以下规定的时间间隔测量其变化读数：1d、3d、7d、14d、28d、45d、60d、90d、120d、150d、180d、360d（从移入恒温恒湿室内算起）。

c.3 测定混凝土在某一具体条件下的相对收缩值时（包括在徐变试验时的混凝土收缩变形测定）应按要求的条件进行试验。对非标准养护试件，当需要移入恒温恒湿室进行试验时，应先在该室内预置4h，再测其初始值。测量时并应记下试件的初始干湿状态。

c.4 收缩测量前应先用标准杆校正仪表的零点，并应在测定过程中至少再复核1～2次，其中一次应在全部试件测读完后进行。如复核时发现零点与原值的偏差超过±0.001mm，应调零后重新测定。

c.5 试件每次在卧式混凝土收缩仪上放置的位置和方向均应保持一致。为此，试件上应标明相应的方向记号。试件在放置及取出时应轻稳仔细，不得碰撞表架及表杆。如发生碰撞，则应取下试件，重新以标准杆复核零点。

c.6 采用立式混凝土收缩仪时，整套测试装置应放在不易受外部振动影响的地方。读数时宜轻敲仪表或者上下轻轻滑动测头，安装立式混凝土收缩仪的测试台应有减震装置。

c.7 用接触式引伸仪测定时，应使每次测量时试件与仪表保持相对固定的位置和方向。每次读数应重复三次。

d 混凝土收缩试验结果计算及处理应符合以下规定：

d.1 混凝土收缩率按式（4-10-17）计算：

$$\varepsilon_{st} = \frac{L_0 - L_t}{L_b} \tag{4-10-17}$$

式中 ε_{st}——试验期为 $t(d)$ 的混凝土收缩率，t 从测定初始长度时算起；

L_b——试件的测量标距，用混凝土收缩仪测定时应等于两测头内侧的距离，即等于混凝土试件的长度（不计测头凸出部分）减去 2 倍测头埋入深度之和（mm）。采用接触法引伸仪时，即为仪器的测量标距；

L_0——试件长度的初始读数，mm；

L_t——试件在试验期为 $t(d)$ 时测得的长度读数，mm。

d.2 每组应取 3 个试件收缩率的算术平均值作为该组试件的收缩率测定值，计算精确到 1.0×10^{-6}。

d.3 作为相互比较的混凝土收缩率值应为不密封试件于 180d 所测得的收缩率值。可将不密封试件于 360d 所测得的收缩率值作为该混凝土的终极收缩率值。

4.10.6 早期抗裂试验

本方法适用于测试混凝土试件在约束条件下的早期抗裂性能。

1）试验装置及试件尺寸应符合下列规定：

（1）本方法采用尺寸为 800mm×600mm×100mm 的平面薄板型试件，每组应至少 2 个试件。混凝土骨料最大公称粒径不应超过 31.5mm。

（2）混凝土早期抗裂试验装置（图 4-10-13）应采用钢制模具，模具的四边（包括长侧边和短侧边）宜采用槽钢或者角钢焊接而成，侧板厚度不应小于 5mm，模具四边与底板宜通过螺栓固定在一起。模具内设有 7 根裂缝诱导器，裂缝诱导器可分别用 50mm×50mm、40mm×40mm 角钢与 5mm×50mm 钢板焊接组成，并应平行于模具短边。底板应采用不小于 5mm 厚的钢板，并应在底板表面铺设聚乙烯薄膜或者聚四氟乙烯片做隔离层。模具应作为测试装置的一部分，测试时应与试件连在一起。

（3）风扇的风速应可调，并且应能够保证试件表面中心处的风速不小于 5m/s。

（4）温度计精度不应低于 ±0.5℃。相对湿度计精度不应低于 ±1%。风速计精度不应低于 ±0.5m/s。

（5）刻度放大镜的放大倍数不应小于 40 倍，分度值不应大于 0.01mm。钢直尺的最小刻度应为 1mm。

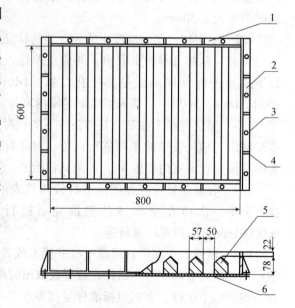

图 4-10-13 混凝土早期抗裂试验装置示意图（mm）
1—长侧板；2—短侧板；3—螺栓；
4—加强肋；5—裂缝诱导器；6—底板

（6）照明装置可采用手电筒或者其他简易照明灯具。

2）早期抗裂试验应按下列步骤进行：

（1）试验宜在温度为（20±2）℃、相对湿度为（60±5）%的恒温恒湿室内进行。

（2）将混凝土浇筑到模具内以后，应立即将混凝土摊平，且表面应比模具边框略高。可使用平板表面式振捣器或者采用振捣棒插捣，应控制好插捣时间，并应防止过振和欠振。

（3）在插捣后，应用抹灰刀整平表面，并应使骨料不外露，且应使表面平实。

（4）应在试件成型 30min 后，立即调节风扇位置和风速，使试件表面中心正上方 100mm 处风速为（5±0.5）m/s，并应使风向平行试件表面和裂缝诱导器。

（5）试验时间应从混凝土搅拌加水开始计算，应在（24±0.5）h 测读裂缝。裂缝长度应用钢板尺测量，并应取裂缝两端直线距离为裂缝长度。当一个刀口上有两条裂缝时，可将两条裂缝的长度相加，折算成一条裂缝。

（6）裂缝宽度应采用放大倍数至少 40 倍的读数显微镜进行测量，并应测量每条裂缝的最大宽度。

（7）平均开裂面积、单位面积的裂缝数目和单位面积上的总开裂面积应根据混凝土浇筑 24h 测量得到裂缝数据来计算。

3）早期开裂试验结果计算及其确定应符合下列规定：

（1）每条裂缝的平均开裂面积按式（4-10-18）计算：

$$a = \frac{1}{2N} \sum_{i=1}^{N} (W_i \cdot L_i) \tag{4-10-18}$$

（2）单位面积的裂缝数目按式（4-10-19）计算：

$$b = N/A \tag{4-10-19}$$

（3）单位面积上的总开裂面积按式（4-10-20）计算：

$$c = a \cdot b \tag{4-10-20}$$

式中　W_i——第 i 条裂缝的最大宽度，mm，精确到 0.01mm；

　　　L_i——第 i 条裂缝的长度，mm，精确到 1mm；

　　　N——总裂缝数目，条；

　　　A——平板的面积，m^2，精确到小数点后两位；

　　　a——每条裂缝的平均开裂面积，mm^2/条，精确到 $1mm^2$/条；

　　　b——单位面积的裂缝数目，条/m^2，精确到 0.1 条/m^2；

　　　c——单位面积上的总开裂面积，mm^2/m^2，精确到 $1mm^2/m^2$。

（4）每组分别以 2 个或多个试件的平均开裂面积（单位面积的裂缝数目或单位面积上的总开裂面积）的算术平均值作为该组试件平均开裂面积（单位面积的裂缝数目或单位面积上的总开裂面积）的测定值。一般采用单位面积上的总开裂面积来比较和评价混凝土的早期抗裂性能。

4.10.7　混凝土碳化试验

本方法适用于测定在一定浓度的二氧化碳气体介质中混凝土试件的碳化程度，以评定该混凝土的抗碳化能力。

1）试验设备应符合下列规定：

（1）碳化箱：采用带有密封盖的密闭容器，容器的容积至少为预定进行试验的试件体积的两倍。碳化箱内应有架空试件的支架、二氧化碳引入口、分析取样用的气体导出口、箱内气体对流循环装置、为保持箱内恒温恒湿所需的设施以及温湿度监测装置。宜在碳化箱上设玻璃观察口以对箱内的温度进行读数，并符合现行标准 JG/T 247《混凝土碳化试验箱》的规定。

（2）气体分析仪：应能分析箱内气体中的二氧化碳浓度，并应精确到 ±1%。

（3）二氧化碳供气装置：包括气瓶、压力表及流量计。

2）试件及处理应符合下列规定：

（1）碳化试验宜采用棱柱体混凝土试件，以 3 块为一组。棱柱体的长宽比不宜小于 3。无棱柱试件时，也可用立方体试件代替，但其数量应相应增加。

（2）试件宜在 28d 龄期进行碳化试验，掺有掺合料的混凝土可根据其特性决定碳化前的养护龄期。碳化试验的试件宜采用标准养护。但应在试验前 2d 从标准养护室取出，然后在 60℃下烘 48h。

（3）经烘干处理后的试件，除留下一个或相对的两个侧面外，其余表面用加热的石蜡予以密封。然后在暴露侧面上沿长度方向用铅笔以 10mm 间距画出平行线，作为预定碳化深度的测量点。

3）碳化试验应按下列步骤进行：

（1）首先将经过处理的试件放入碳化箱内的支架上，各试件之间的间距不应小于 50mm。

（2）试件放入碳化箱后，将碳化箱盖严密封。密封可采用机械办法或油封，但不得采用水封。开动箱内气体对流装置，徐徐充入二氧化碳，并测定箱内的二氧化碳浓度。逐步调节二氧化碳的流量，使箱内的二氧化碳浓度保持在（20 ± 3）%。在整个试验期间采用去湿装置（可放入硅胶），使箱内的相对湿度控制在（70 ± 5）%。试验温度控制在（20 ± 2）℃的范围内。

（3）碳化试验开始后每隔一定时期对箱内的二氧化碳浓度、温度及湿度做一次测定。宜在前 2d 每隔 2h 测定一次，以后每隔 4h 测定一次。试验中应根据所测得的二氧化碳浓度、温度及湿度随时调节这些参数。去湿用的硅胶应经常更换。也可采用其他更有效的去湿方法。

（4）在碳化到了 3d、7d、14d 和 28d 时，分别取出试件，破型以测定其碳化深度。棱柱体试件通过在压力试验机上用劈裂法或者用干锯法从一端开始破型。每次切除的厚度应为试件宽度的一半，切后用石蜡将破型后试件的切断面封好，再放入箱内继续碳化，直到下一个试验期。当采用立方体试件时，则应在试件中部劈开。立方体试件只做一次检验，劈开测试碳化深度后不得再放回碳化箱重复使用。

（5）随后将切除所得的试件部分刷去断面上残存的粉末，随即喷上（或滴上）浓度为 10g/L 的酚酞酒精溶液（酒精溶液含 20% 的蒸馏水）。约经 30s 后，按原先标划的每 10 毫米一个测量点用钢尺测出各点的碳化深度。如果测点处的碳化分界线上刚好嵌有粗骨料颗粒，则可取该颗粒两侧处碳化深度的平均值作为该点的深度值，碳化深度测量精确至 0.5mm。

4）碳化试验结果计算和处理应符合下列规定：

（1）混凝土在各试验龄期的平均碳化深度按式（4-10-21）计算，精确到 0.1mm：

$$\bar{d}_t = \frac{1}{n}\sum_{i=1}^{n} d_i \tag{4-10-21}$$

式中　$\bar{d}_t$——试件碳化 $t(\mathrm{d})$ 后的平均碳化深度，mm；

　　　d_i——各测点的碳化深度，mm；

　　　n——测点总数。

（2）以在二氧化碳浓度为（20±3）%、温度为（20±2）℃、相对湿度为（70±5）% 的条件下，三个试件碳化 28d 的碳化深度算术平均值作为该组混凝土试件碳化测定值。此值可用于对比各种混凝土的抗碳化能力以及对钢筋的保护作用。

（3）碳化结果处理时宜以各龄期计算所得的碳化深度绘制碳化时间与碳化深度的关系曲线，以表示在该条件下的混凝土碳化发展规律。

4.10.8　混凝土中钢筋锈蚀试验

本方法适用于测定在给定条件下混凝土中钢筋的锈蚀程度，以对比不同混凝土对钢筋的保护作用。本方法不适用于在侵蚀性介质中使用的混凝土内的钢筋锈蚀试验。

1）试件制备与处理应符合下列规定：

（1）本方法应采用 100mm×100mm×300mm 的棱柱体试件，每组 3 块，适用于骨料最大粒径不超过 31.5mm 的混凝土。

（2）试件中埋置的钢筋用直径为 6.5mm 的 Q235 普通低碳钢热轧盘条调直截断制成，其表面不得有锈坑及其他严重缺陷。每根钢筋长为（299±1）mm，用砂轮将其一端磨出长约 30mm 的平面，并用钢字打上标记。钢筋用 12% 盐酸溶液进行酸洗，经清水漂净后，用石灰水中和，再用清水冲洗干净，擦干后在干燥器中至少存放 4h，然后用分析天平称取每根钢筋的初始质量（精确至 0.001g），钢筋存放在干燥器中备用。

（3）试件成型前应将套有定位板的钢筋放入试模，定位板应紧贴试模的两个端板，为防止试模上的隔离剂玷污钢筋，安放完毕后应用丙酮擦净钢筋表面。

（4）试件成型后，应在（20±2）℃ 的温度下盖湿布养护 24h 后编号拆模，并拆除定位板，然后用钢丝刷将试件两个端部混凝土刷毛，并用水灰比小于试件用混凝土水灰比、水泥和砂子比例为 1:2 的水泥砂浆抹上不小于 20mm 厚的保护层，并应确保钢筋端部密封质量。试件在就地潮湿养护（或用塑料薄膜盖好）24h 后，移入标准养护室养护至 28d。

2）试验设备应符合下列规定：

（1）混凝土碳化试验装置：包括碳化箱、供气装置及气体分析仪。其要求应符合本章第 4.10.7 节碳化设备的要求。

（2）钢筋定位板（图 4-10-14）：宜采用木质

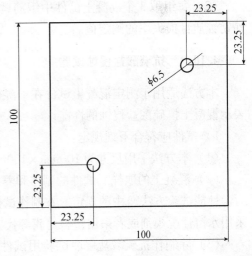

图 4-10-14　钢筋定位板示意图（mm）

五合板或薄木板等材料制成，尺寸为 100mm × 100mm，板上并应钻有穿插钢筋的圆孔。

（3）称量设备的最大量程为 1000g，感量 0.001g。

3）混凝土中钢筋锈蚀试验应按下列步骤进行：

（1）钢筋锈蚀试验的试件应先进行碳化，碳化应在 28d 龄期时开始。碳化应在二氧化碳浓度为（20 ± 3）%、温度为（20 ± 2）℃和相对湿度为（70 ± 5）%的条件下进行，碳化时间应为 28d。对于有特殊要求的混凝土中钢筋锈蚀试验，碳化时间可再延长 14d 或者 28d。

（2）试件碳化处理后应立即移入标准养护室养护。在养护室中，试件间隔的距离不应小于 50mm，并应避免试件直接淋水。应在潮湿条件下存放 56d 后将试件取出，然后破型，破型时不得损伤钢筋。应先测出碳化深度，然后进行钢筋锈蚀程度的测定。

（3）试件破型后，取出试件中的钢筋，刮去钢筋上粘附的混凝土，用 12% 盐酸溶液对钢筋进行酸洗，经清水漂净后，再用石灰水中和，最后以清水冲洗干净。将钢筋擦干后在干燥器中至少存放 4h，然后对每根钢筋用分析天平称量（精确至 0.001g），并计算钢筋锈蚀质量损失率。酸洗钢筋时，应在洗液中放入两根尺寸相同的同类无锈钢筋作为基准校正。

4）钢筋锈蚀试验结果计算及处理应符合下列规定：

（1）钢筋锈蚀质量损失率应按式（4-10-22）计算：

$$L_W = \frac{w_0 - w - \dfrac{(w_{01} - w_1) + (w_{02} - w_2)}{2}}{w_0} \times 100 \qquad (4\text{-}10\text{-}22)$$

式中　L_W——钢筋锈蚀质量损失率（%），精确至 0.01；

m_0——钢筋未锈前质量，g；

m——锈蚀钢筋经过酸洗处理后的质量，g；

w_{01}、w_{02}——分别为基准校正用的两根钢筋的初始质量，g；

w_1、w_2——分别为基准校正用的两根钢筋酸洗后的质量，g。

（2）每组取 3 个混凝土试件中钢筋锈蚀质量损失率的平均值作为该组混凝土试件中钢筋锈蚀质量损失率的测定值。

4.10.9　抗硫酸盐侵蚀试验

本方法适用于测定混凝土试件在干湿交替环境中能够经受的最多干湿循环次数，以此来表示混凝土抗硫酸盐侵蚀的性能。

1）试件应符合下列规定：

（1）本方法采用尺寸为 100mm × 100mm × 100mm 的立方体试件，每组 3 块。

（2）混凝土的取样、试件的制作和养护应符合现行国家标准 GB/T 50081《普通混凝土力学性能试验方法》中的规定。在制作试件时，不应采用憎水性脱模剂（如机油类），可以采用水溶性脱模剂或者采用塑料薄膜等代替脱模剂。

（3）除制作抗硫酸盐侵蚀试验用试件外，还应按照同样方法，同时制作抗压强度对比用试件。试件组数应符合表 4-10-4 的要求。

表 4-10-4　抗硫酸盐侵蚀试验所需的试件组数

设计抗硫酸盐等级	KS15	KS30	KS60	KS90	KS120	KS150	KS150 以上
检查强度所需 干湿循环次数	15	15 及 30	30 及 60	60 及 90	90 及 120	120 及 150	150 及 设计次数
鉴定 28d 强度 所需试件组数	1	1	1	1	1	1	1
干湿循环试件组数	1	2	2	2	2	2	2
对比试件组数	1	2	2	2	2	2	2
总计试件组数	3	5	5	5	5	5	5

2）试验设备和试剂应符合下列规定：

（1）干湿循环试验装置宜采用能使试件静止不动，浸泡、烘干及冷却等过程应能自动进行的装置。设备应具有数据实时显示、断电记忆及试验数据自动存储的功能。

（2）也可采用符合下列规定的设备进行干湿循环试验。

①烘箱应能使温度稳定在（80±5）℃；

②容器应至少能够装 27L 溶液，并应带盖，且应由耐盐腐蚀材料制成。

（3）试剂应采用化学纯无水硫酸钠。

3）干湿循环试验应按下列步骤进行：

（1）试件应在养护至 28d 龄期的前 2d 将需进行干湿循环试验的试件从标准养护室取出。擦干试件表面水分，然后将试件放入烘箱中，在（80±5）℃下烘 48h。烘干结束后将试件在干燥环境中冷却到室温。对于掺入掺合料比较多的混凝土，也可采用 56d 龄期或者设计规定的龄期进行试验，这种情况应在试验报告中说明。

（2）试件烘干并冷却后，立即将试件放入试件盒（架）中，相邻试件之间保持 20mm间距，试件与试件盒侧壁的间距不应小于 20mm。

（3）试件放入试件盒以后，将配制好的 5g/L Na_2SO_4 溶液放入试件盒，溶液应至少超过最上层试件表面 20mm，然后开始浸泡。从试件开始放入溶液，到浸泡过程结束的时间为（15±0.5）h。注入溶液的时间不应超过 30min。试验过程中宜定期检查和调整溶液的 pH 值，可每隔 15 个循环测试一次溶液 pH 值，始终维持溶液的 pH 值在 6～8 之间。溶液的温度控制在 25～30℃。也可不检测其 pH 值，但应每月更换一次试验用溶液。

（4）浸泡过程结束后，立即排液，并应在 30min 内将溶液排空。溶液排空后将试件风干 30min，从溶液开始排出到试件风干的时间应为 1h。

（5）风干过程结束后立即升温，将试件盒内的温度升到 80℃，开始烘干过程。升温过程应在 30min 内完成。温度升到 80℃后，将温度维持在（80±5）℃。从升温开始到开始冷却的时间应为 6h。

（6）烘干过程结束后，立即对试件进行冷却，从开始冷却到将试件盒内的试件表面温度冷却到 25～30℃的时间应为 2h。

（7）每个干湿循环的总时间为（24±2）h。然后再次放入溶液，按照上述（3）~（6）的步骤进行下一个干湿循环。

（8）在达到本节表4-10-4规定的干湿循环次数后，及时进行抗压强度试验。同时观察经过干湿循环后混凝土表面的破损情况并进行外观描述。当试件有严重剥落、掉角等缺陷时，应先用高强石膏补平后再进行抗压强度试验。

（9）当干湿循环试验出现下列三种情况之一时，可停止试验：

①当抗压强度耐蚀系数达到75%；

②干湿循环次数达到150次；

③达到与设计抗硫酸盐等级相应的干湿循环次数。

（10）对比试件应继续保持原有的养护条件，直到完成干湿循环后，与进行干湿循环试验的试件同时进行抗压强度试验。

4）干湿循环试验结果计算及处理应符合下列规定：

（1）混凝土抗压强度耐蚀系数按式（4-10-23）计算：

$$K_f = \frac{f_{cn}}{f_{c0}} \times 100 \qquad (4\text{-}10\text{-}23)$$

式中　K_f——抗压强度耐蚀系数，%；

f_{cn}——为 n 次干湿循环后受硫酸盐腐蚀的一组混凝土试件的抗压强度测定值，MPa，精确至0.1MPa。

f_{c0}——与受硫酸盐腐蚀试件同龄期的标准养护的一组对比混凝土试件的抗压强度测定值，MPa，精确至0.1MPa。

（2）f_{c0} 和 f_{cn} 应以3个试件抗压强度试验结果的算术平均值作为测定值。当最大值或最小值与中间值之差超过中间值的15%时，剔除此值，取其余两值的算术平均值作为测定值；当最大值和最小值与中间值之差均超过中间值的15%时，取中间值作为测定值。

（3）抗硫酸盐等级应以混凝土抗压强度耐蚀系数下降到不低于75%时的最大干湿循环次数来确定，并应以符号KS表示。

4.10.10　碱-骨料反应试验

本方法适用于检验混凝土试件在温度38℃及潮湿条件养护下，混凝土中的碱与骨料反应所引起的膨胀是否具有潜在危害。本方法适用于碱-硅酸反应和碱-碳酸盐反应。

1）试验仪器设备应符合下列规定：

（1）本方法采用与公称直径分别为20mm、16mm、10mm、5mm的圆孔筛对应的方孔筛。

（2）称量设备的最大量程应分别为50kg和10kg，感量应分别不超过50g和5g各一台。

（3）试模的内测尺寸应为75mm×75mm×275mm，试模两个端板应预留安装测头的圆孔，孔的直径应与测头直径相匹配。

（4）测头（埋钉）的直径应为5~7mm，长度应为25mm。应采用不锈钢制成，测头均应位于试模两端的中心部位。

（5）测长仪的测量范围应为275~300mm，精度应为±0.001mm。

（6）养护盒应由耐腐蚀材料制成，不应漏水，且应能密封。盒底部应装有（20±5）mm深的水，盒内应有试件架，且应能使试件垂直立在盒中，并使试件底部不与水接触。一个养护盒内宜能同时容纳 3 个试件。

2）碱-骨料反应试验应符合下列规定：

（1）原材料和设计配合比应按照下列规定准备：

①应使用硅酸盐水泥。水泥含碱量宜为（0.9 ± 0.1）%（以 Na_2O 计，即 Na_2O + $0.658K_2O$）。可通过外加浓度为 100g/L 的 NaOH 溶液，使试验用水泥含碱量达到 1.25%。

②如试验用来评价细骨料的活性，应采用非活性的粗骨料。粗骨料的非活性应通过试验确定，试验用细骨料模数宜为（2.7 ± 0.2）。如试验用来评价粗骨料的活性，应当采用非活性的细骨料，细骨料的非活性也应通过试验确定。当工程用的骨料为同一品种的材料，应用该粗、细骨料来评价活性。试验用粗骨料应由三种级配：20 ~ 16mm、16 ~ 10mm 和 10 ~ 5mm，各取 1/3 等量混合。

③每立方米混凝土水泥用量应为（420 ± 10）kg，水灰比应为 0.42 ~ 0.45。粗骨料与细骨料的质量比应为 6:4。试验中除可以加 NaOH 外，不得再使用其他的外加剂。

（2）试件应按下列规定制作：

①成型前 24h，应将试验所用所有原材料放入（20 ± 5）℃的成型室内。

②混凝土搅拌宜采用机械拌合。并且混凝土应一次装入试模，应用捣棒和抹刀捣实，然后应在振动台上振动 30s 或直至表面泛浆为止。

③试件成型后应带模一起送入（20 ± 2）℃、相对湿度在 95% 以上的标准养护室中，应在混凝土初凝前 1 ~ 2h，对试件沿模口抹平并编号。

（3）试件养护及测量应符合下列规定：

①试件应在标准养护室中养护（24 ± 4）h 后脱模，脱模时应特别小心不要损伤测头，并应尽快测量试件的基准长度。待测试件应用湿布盖好。

②试件的基准长度测量应在（20 ± 2）℃的恒温室中进行。每个试件至少重复测试两次，取两次测量结果的算术平均值作为该试件的基准长度值。

③测量基准长度后将试件放入养护盒中，并盖严盒盖。然后将养护盒放入（38 ± 2）℃的养护室或养护箱里养护。

④试件的测量龄期从测定基准长度后算起，测量龄期为 1 周（7d）、2 周（14d）、4 周（28d）、8 周（56d）、13 周（91d）、18 周（126d）、26 周（182d）、39 周（273d）和 52 周（364d），以后可每半年测一次。每次测量的前一天，将养护盒从（38 ± 2）℃的养护室或养护箱中取出，放入（20 ± 2）℃的恒温室中，恒温时间为（24 ± 4）h。试件各龄期的测量与测量基准长度的方法相同，测量完毕后，将试件调头放入养护盒中，并盖严盒盖。然后将养护盒重新放回（38 ± 2）℃的养护室或养护箱里继续养护至下一测试龄期。

⑤每次测量时，应观察试件有无裂缝、变形、渗出物及反应产物等，并作详细记录。必要时可在长度测试周期全部结束后，辅以岩相分析等手段，综合判断试件内部结构和可能的反应产物。

（4）当碱-骨料反应试验出现以下两种情况之一时，可结束试验：

①在 52 周的测试龄期内的膨胀率超过 0.04%；

②膨胀率虽小于 0.04%，但试验周期已经达到 52 周（或一年）。

3）试验结果计算和处理应符合下列规定：

（1）试件的膨胀率按式（4-10-24）计算：

$$\varepsilon_t = \frac{L_t - L_0}{L_0 - 2\Delta} \times 100 \qquad\qquad (4\text{-}10\text{-}24)$$

式中　ε_t——试件在 $t(d)$ 龄期的膨胀率，%，精确至 0.001；

　　　L_t——试件在 $t(d)$ 龄期的长度，mm；

　　　L_0——试件的基准长度，mm；

　　　Δ——测头的长度，mm。

（2）每组以 3 个试件测定值的算术平均值作为某一龄期膨胀率的测定值。

（3）当每组平均膨胀率小于 0.020% 时，同一组试件中单个试件之间的膨胀率的差值（最高值与最低值之差）不应超过 0.008%；当每组平均膨胀率大于 0.020% 时，同一组试件中单个试件之间的膨胀率的差值（最高值与最低值之差）不应超过平均值的 40%。

4）试验结果的判定应符合下列规定：

当混凝土试件在 52 周（或者一年）的膨胀率超过 0.04% 时，则判定为具有潜在碱活性的骨料；当混凝土试件在 52 周（或者一年）的膨胀率小于 0.04% 时，则判定为非活性的骨料。

4.11　建筑砂浆及其拌合物性能试验

本节主要介绍以无机胶凝材料、细集料、掺合料为主要材料，用于工业与民用建筑物的砌筑、抹灰、地面工程及其他用途的建筑砂浆的基本性能试验，其试验有稠度、密度、分层度、保水性、凝结时间、抗压强度、拉伸粘结强度、抗冻性能、收缩性能、含气量、吸水性、抗渗性能等。

4.11.1　取样及试样的制备

4.11.1.1　取样

建筑砂浆试验用料应从同一盘砂浆或同一车砂浆中取样，取样量应不少于试验所需量的 4 倍。

当施工过程中进行砂浆试验时，其取样方法和原则应按相应的施工验收规范执行。一般在使用地点的砂浆槽、砂浆运送车或搅拌机出料口取样，至少从三个不同部位取样。从现场取来的试样，试验前应人工搅拌均匀。

从取样完毕到开始进行各项性能试验不宜超过 15min。

4.11.1.2　试样的制备

a　在试验室制备砂浆拌合物时，所用材料应提前 24h 运入室内。拌合时试验室的温度应保持在（20±5）℃。当需模拟施工条件下所用的砂浆时，所用原材料的温度宜与施工现场保持一致。

b　试验所用原材料应与现场使用材料一致，砂应通过公称粒径 4.75mm 筛。

c　试验室拌制砂浆时，材料用量应以质量计。称量精度：水泥、外加剂、掺合料等为 ±0.5%，细骨料应为 ±1%。

d 在试验室搅拌砂浆时应采用机械搅拌，搅拌机应符合 JG/T 3033《试验用砂浆搅拌机》的规定，搅拌用量宜为搅拌机容量的 30% ~ 70%，搅拌时间不应少于 120s；掺有掺合料和外加剂的砂浆，其搅拌时间不应少于 180s。

4.11.2 稠度试验

用于确定配合比或施工过程中控制砂浆的稠度，以达到控制用水量为目的。

4.11.2.1 试验设备

a 砂浆稠度测定仪（图4-11-1）：由试锥、容器和支座三部分组成。试锥由钢材或铜材制成，试锥高度为 145mm，锥底直径为 75mm，试锥连同滑杆的质量为（300 ± 2）g；盛装砂浆的容器由钢板制成，筒高为 180mm，锥底内径为 150mm；支座包括底座和支架。

b 钢制捣棒：直径 10mm、长 350mm、端部磨成弹头型。

c 秒表等。

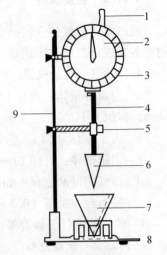

图 4-11-1 砂浆稠度测定仪
1—齿条测杆；2—摆针；3—刻度盘；
4—滑杆；5—制动螺丝；6—试锥；
7—盛装容器；8—底座；9—支架

4.11.2.2 试验流程

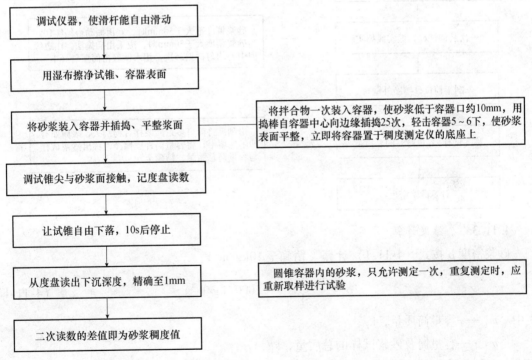

4.11.2.3 结果表示

稠度试验结果应取两次试验结果的算术平均值，计算值精确至 1mm；如两次试验值之差大于 10mm，则应重新取样测定。

4.11.3 密度试验

通过测定砂浆拌合物捣实后的单位体积质量（即质量密度），以确定每立方米砂浆拌合物中各组成材料的实际用量。

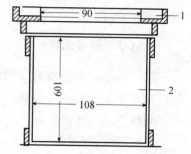

4.11.3.1 试验仪器

a 金属容量筒：内径108mm、净高109mm、筒壁厚2～5mm，容积为1L。

b 天平：称量5kg，感量5g。

c 钢制捣棒：直径10mm，长350mm，端部磨圆。

d 砂浆密度测定仪：如图4-11-2所示。

e 振动台：振幅（0.5±0.05）mm，频率（50±3）Hz。

f 砂浆稠度仪、秒表等。

图4-11-2 砂浆密度测定仪
1—漏斗；2—容量筒（1L）

4.11.3.2 试验流程

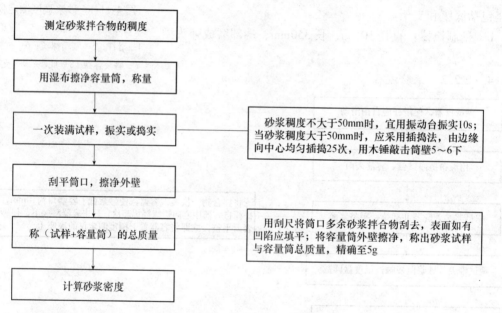

4.11.3.3 结果计算

砂浆密度ρ按式（4-11-1）计算（精确至10kg/m³）：

$$\rho = \frac{m_2 - m_1}{V} \times 1000 (\text{kg/m}^3)$$ (4-11-1)

式中 m_1——容量筒质量，kg；

m_2——容量筒及砂浆试样的总质量，kg；

V——容量筒体积，L。

砂浆密度由两次试验结果的算术平均值确定。

4.11.3.4 容量筒容积的校正

采用一块能覆盖住容量筒顶面的玻璃板，先称出玻璃板和容量筒的质量，然后向容量筒中注入温度为（20±5）℃的饮用水，灌到接近上口时，一边加水，一边把玻璃板沿筒口徐徐推入盖严，应注意使玻璃板下不带入任何气泡。擦净玻璃板面上及筒壁外的水分，称量容量筒、水和玻璃板的质量（精确至5g）。后者与前者质量之差（以 kg 计）即为容量筒的容积（L）。

4.11.4　分层度试验

用于测定砂浆拌合物在运输、停放、使用过程中内部组分的稳定性。

4.11.4.1　试验仪器

a　砂浆分层度筒：内径为150mm，上节高度为200mm、下节带底净高为100mm，用金属板制成，上、下层连接处需加宽到 3～5mm，并设有橡胶垫圈。

b　振动台：振幅（0.5±0.05）mm，频率（50±3）Hz。

c　砂浆稠度仪、木槌等。

4.11.4.2　试验流程（标准法）

a　首先将砂浆拌合物按稠度试验方法测定稠度。

b　将砂浆拌合物一次装入分层度筒内，待装满后，用木槌在容器周围距离大致相等的四个不同部位轻轻敲击 1～2 下，如砂浆沉落到低于筒口，则应随时添加，然后刮去多余的砂浆并用抹刀抹平。

c　静置 30min 后，去掉上层 200mm 砂浆，剩余的 100mm 砂浆倒出放在拌合锅内拌 2min，再按稠度试验方法测定其稠度。

d　前后测得的稠度之差即为该砂浆的分层度值（mm）。

4.11.4.3　快速法测定分层度

首先按稠度试验方法测定稠度；将分层度筒预先固定在振动台上，砂浆一次装入分层度筒内，振动 20s，然后去掉上节 200mm 砂浆，剩余的 100mm 砂浆倒出放在拌合锅内拌 2min，再按稠度试验方法测定其稠度。前后测得的稠度之差即为该砂浆的分层度值（mm）。如有争议时，以标准法为准。

4.11.4.4　结果表示

取两次试验结果的算术平均值作为该砂浆的分层度值；两次分层度试验值之差如大于 10mm，应重新取样试验。

4.11.5　保水性试验

通过测定砂浆保水性，以判定砂浆拌合物在运输及停放时内部组分的稳定性。

4.11.5.1　试验仪器

a　金属或硬塑料圆环试模：内径 100mm、内部高度 25mm。

b　可密封的取样容器，应清洁、干燥。

c　2kg 的重物块或砝码。

d　金属滤网：筛孔尺寸 45μm，圆形，直径为（110±1）mm。

e　超白滤纸：采用符合 GB/T 1914《化学分析滤纸》规定的中速定性滤纸，直径 110mm，单位面积质量应为 200g/m²。

f 不透水片：两片，金属或玻璃制作，方形（边长 110mm）或圆形（直径 110mm）。

g 天平：量程 200g，感量 0.1g；量程 2000g，感量 1g。

h 烘箱：能控制温度在（105±5）℃。

4.11.5.2 试验步骤

a 称量底部不透水片与干燥试模质量（m_1）和 15 片中速定性滤纸质量（m_2）。

b 将砂浆拌合物一次性填入试模，并用抹刀插捣数次，当填充砂浆略高于试模边缘时，用抹刀以 45°一次性将试模表面多余的砂浆刮去，然后再用抹刀以较平的角度在试模表面反方向将砂浆刮平。

c 抹掉试模边的砂浆，称量试模、底部不透水片与砂浆总质量（m_3）。

d 用金属滤网覆盖在砂浆表面，再在滤网表面放上 15 片滤纸，用上部不透水片盖在滤纸表面，以 2kg 的重物把上部不透水片压住。

e 静置 2min 后移走重物及上部不透水片，取出滤纸（不包括滤网），迅速称量滤纸质量（m_4）。

f 按照砂浆的配合比及加水量计算砂浆的含水率；若无法计算，可按 4.11.5.4 的规定测定砂浆的含水率。

4.11.5.3 砂浆保水率（ω）按式（4-11-2）计算

$$\omega = \left[1 - \frac{m_4 - m_2}{\alpha \cdot (m_3 - m_1)} \right] \times 100 \qquad (4\text{-}11\text{-}2)$$

式中 ω——砂浆保水率，%；

m_1——底部不透水片与干燥试模质量，g，精确至 1g；

m_2——15 片滤纸吸水前的质量，g，精确至 0.1g；

m_3——试模、底部不透水片与砂浆的总质量，g，精确至 1g；

m_4——15 片滤纸吸水后的质量，g，精确至 0.1g；

α——砂浆含水率，%。

取两次试验结果的平均值作为结果，精确至 0.1%，且第二次试验应重新取样测定。当两个测定值之差超过 2% 时，则此组试验结果无效。

4.11.5.4 砂浆含水率测定方法

将已干燥并称量的盛样盘（m_5）放置在天平上，称取（100±10）g 砂浆拌合物试样。将盛有砂浆样的盘子放入已恒温在（105±5）℃的烘箱中烘干，取出，放入干燥器中冷却至室温，称量盘与砂浆质量（m_7），直至恒量。砂浆含水率按式（4-11-3）计算（精确至 0.1%）：

$$\alpha = \frac{m_6 - m_7}{m_6 - m_5} \times 100 \qquad (4\text{-}11\text{-}3)$$

式中 α——砂浆含水率，%；

m_5——盛样盘的质量，g；

m_6——未烘干的砂浆样与盘的总质量，g；

m_7——烘干后的砂浆样与盘的总质量，g。

取两次试验结果的算术平均值作为砂浆的含水率，精确至 0.1%。当两次试验的测定值之差超过 2% 时，此组试验结果无效。

4.11.6　凝结时间试验

适用于用贯入阻力法确定砂浆拌合物的凝结时间。

4.11.6.1　试验设备

a　砂浆凝结时间测定仪：由试针、容器、压力表和支座四部分组成。试针由不锈钢制成，截面积为 $30mm^2$；盛砂浆容器由钢制成，内径为 140mm，高为 75mm；压力表的测量精度为 0.5N；支座分底座、支架及操作杆三部分，由铸铁或钢制成（图 4-11-3）。

b　定时钟等。

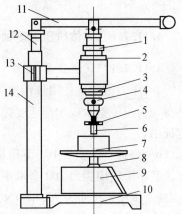

图 4-11-3　砂浆凝结时间测定仪
1—调节套；2、3、8—调节螺母；
4—夹头；5—垫片；6—试针；
7—试模；9—压力表座；10—底座；
11—操作杆；12—调节杆；13—立架；
14—立柱

4.11.6.2　试验步骤

a　将制备好的砂浆拌合物装入砂浆容器内，并低于容器上口 10mm，轻轻敲击容器，并予抹平，盖上盖子，将装有砂浆的容器放在（20±2）℃的试验条件下保存。

b　砂浆表面的泌水不得清除，将容器放到压力表座上，然后通过以下步骤来调节仪器：

b.1　调节螺母 3，使贯入试针与砂浆表面接触；

b.2　松开调节螺母 2，再调节调节套螺母 1，以确定压入砂浆内部的深度为 25mm 后，再拧紧螺母 2；

b.3　旋动调节螺母 8，使压力表指针调节到零位。

c　测定贯入阻力值，用截面为 $30mm^2$ 的贯入试针与砂浆表面接触，在 10s 内缓慢而均匀地垂直压入砂浆内部 25mm 深，每次贯入时记录仪表读数 N_p，贯入杆离开容器边缘或已贯入部位至少 12mm。

d　在（20±2）℃的试验条件下，实际的贯入阻力值在成型后 2h 开始测定（从搅拌加水时起算），然后每隔 30min 测定一次，至贯入阻力值达到 0.3MPa 时，应改为每 15 分测定一次，直至贯入阻力值达到 0.7MPa 为止。

e　在施工现场测定砂浆凝结时间应符合下列规定：

e.1　当在施工现场测定砂浆的凝结时间时，砂浆的稠度、养护和测定的温度应与现场相同；

e.2　在测定湿拌砂浆的凝结时间时，时间间隔可根据实际情况定为受检砂浆预测凝结时间的 1/4、1/2、3/4 等来测定，当接近凝结时间时改为每 15 分测定一次。

4.11.6.3　结果计算

a　砂浆贯入阻力值按式（4-11-4）计算（精确至 0.01MPa）：

$$f_p = \frac{N_p}{A_p} \tag{4-11-4}$$

式中　f_p——贯入阻力值，MPa；

N_p——贯入深度至 25mm 时的静压力，N；

A_p——贯入试针的截面积，即 $30mm^2$。

b　由测得的贯入阻力值，可按下列方法确定砂浆的凝结时间：

b.1　凝结时间的确定可采用图示法或内插法，有争议时应以图示法为准；

b.2　分别记录时间和相应的贯入阻力值，根据试验所得各阶段的贯入阻力与时间关系绘图，由图求出贯入阻力值达到 0.5MPa 时所需的时间 t_s(min)，此 t_s 值即为砂浆的凝结时间测定值；

b.3　砂浆凝结时间测定，应在一盘内取两个试样，以两个试验结果的平均值作为该砂浆的凝结时间值，两次试验结果的偏差不应大于 30min，否则应重新测定。

4.11.7　立方体抗压强度试验

4.11.7.1　试验设备

a　压力试验机：测量精度为 1%，试件破坏荷载应在试验机量程的 20% ~ 80% 之间；具有加荷速度指示或加荷速度控制装置，并能均匀、连续地加荷；应具有有效期内的计量检定证书。

b　垫板：试验机上、下压板及试件之间可垫以钢垫板，垫板的尺寸应大于试件的承压面，其不平度应为每 100 毫米不超过 0.02mm。

c　试模：尺寸为 70.7mm×70.7mm×70.7mm 的立方体带底试模，应符合现行行业标准 JG 237《混凝土试模》的规定选择，应具有足够的刚度并拆装方便。试模内表面应机械加工，其不平度应为每 100 毫米不超过 0.05mm，组装后各相邻面的不垂直度不应超过 ±0.5°。

d　振动台：空载中台面的垂直振幅应为 (0.5±0.05)mm，空载频率应为 (50±3)Hz，空载台面振幅均匀度不大于 10%，一次试验至少能固定（或用磁力吸盘）3 个试模。

4.11.7.2　试件的制作及养护

a　采用立方体试件，每组 3 个试件。

b　应用黄油等密封材料涂抹试模的外接缝，试模内涂刷薄层机油或脱模剂，将拌制好的砂浆一次性装满砂浆试模，成型方法根据稠度而定。当稠度 >50mm 时采用人工振捣成型，当稠度 ≤50mm 时采用振动台振实成型。

b.1　人工振捣：用捣棒均匀地由边缘向中心按螺旋方向插捣 25 次，插捣过程中如砂浆沉落低于试模口，应随时添加砂浆，可用油灰刀插捣数次，并用手将试模一边抬高 5 ~ 10mm 各振动 5 次，使砂浆高出试模顶面 6 ~ 8mm。

b.2　机械振动：将砂浆一次装满试模，放置到振动台上，振动时试模不得跳动，振动 5 ~ 10s 或持续到表面出浆为止，不得过振。

c　待表面水分稍干后，将高出试模部分的砂浆沿试模顶面刮去并抹平。

d　试件制作后应在室温为 (20±5)℃ 的环境下停置 (24±2)h，当气温较低时，可适当延长时间，但不应超过两昼夜，然后对试件进行编号、拆模。试件拆模后应立即放入温度为 (20±2)℃、相对湿度为 90% 以上的标准养护室中养护，养护期间，试件彼此间隔不小于 10mm，混合砂浆、湿拌砂浆试件上面应覆盖，以防有水滴在试件上。

e　从搅拌加水开始计时，标准养护龄期应为 28d，也可根据相关标准要求增加 7d 或 14d 龄期。

4.11.7.3 砂浆抗压强度试验步骤

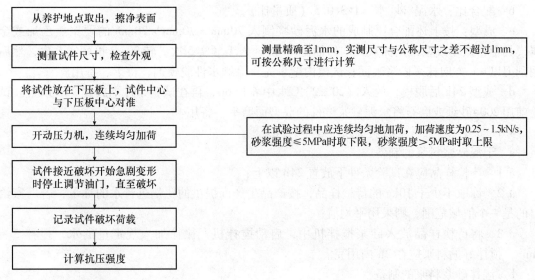

4.11.7.4 结果计算

a 砂浆立方体抗压强度按式（4-11-5）计算（精确至 0.1MPa）：

$$f_{m,cu} = K \cdot \frac{N_u}{A} \qquad (4\text{-}11\text{-}5)$$

式中 $f_{m,cu}$——砂浆立方体试件抗压强度，MPa；

N_u——试件破坏荷载，N；

A——试件承压面积，mm^2；

K——换算系数，取 1.35。

b 强度值的确定应符合下列规定：

b.1 应以三个试件测定值的算术平均值作为该组试件的砂浆立方体试件抗压强度平均值（f_2），精确至 0.1MPa；

b.2 当三个试件的最大值或最小值中有一个与中间值的差值超过中间值的 15% 时，则把最大值及最小值一并舍除，取中间值作为该组试件的抗压强度值；如有两个测定值与中间值的差值均超过中间值的 15% 时，则该组试件的试验结果无效。

4.11.8 拉伸粘结强度试验

4.11.8.1 试验条件

标准试验条件为（20±5）℃，相对湿度为 45%~75%。

4.11.8.2 试验设备

a 拉力试验机：破坏荷载应在其量程的 20%~80% 范围内，精度 1%，最小示值 1N。

b 拉伸专用夹具：符合 JG/T 3049《建筑室内用腻子》的要求。

c 成型框：外框尺寸 70mm×70mm，内框尺寸 40mm×40mm，厚度 6mm，材料为硬聚氯乙烯或金属。

d 钢制垫板：外框尺寸 70mm×70mm，内框尺寸 43mm×43mm，厚度 3mm。

4.11.8.3 基底水泥砂浆试件的制备应符合下列规定

a 原材料：水泥符合 GB 175 的 42.5 级水泥；砂符合 JGJ 52 的中砂；水符合 JGJ 63 的

用水标准。

b 配合比：水泥：砂：水 = 1：3：0.5（质量比）。

c 成型：按上述配合比制成的水泥砂浆倒入 70mm × 70mm × 20mm 的硬聚氯乙烯或金属模具中，振动成型或用抹灰刀均匀插捣 15 次，人工颠实 5 次，转 90°，再颠实 5 次，然后用刮刀以 45°方向抹平砂浆表面；试模内壁事先宜涂刷水性脱模剂，待干、备用。

d 成型 24h 后脱模，放入（20 ± 2）℃水中养护 6d，再在试验条件下放置 21d 以上。试验前用 200#砂纸或磨石将水泥砂浆试件的成型面磨平，备用。

4.11.8.4 砂浆料浆的制备应符合下列规定

a 干混砂浆料浆的制备

a.1 待检样品应在试验条件下放置 24h 以上；

a.2 称取不少于 10kg 的待检样品，按产品生产商提供的比例进行水的称量，若厂家给出的是一个值域范围，则采用平均值；

a.3 将待检样品放入砂浆搅拌机中，启动搅拌机，徐徐加入规定量的水，搅拌 3 ~ 5min，搅拌好的料浆应在 2h 内用完。

b 湿拌砂浆料浆的制备

b.1 待检样品应在试验条件下放置 24h 以上；

b.2 按产品生产商提供的比例进行物料的称量，干物料总量不少于 10kg；

b.3 将称好的物料放入砂浆搅拌机中，启动搅拌机，徐徐加入规定量的水，搅拌 3 ~ 5min，搅拌好的料浆应在规定时间内用完。

c 现拌砂浆料浆的制备

c.1 待检样品应在试验条件下放置 24h 以上；

c.2 按设计要求的配合比进行物料的称量，干物料总量不少于 10kg；

c.3 将称好的物料放入砂浆搅拌机中，启动搅拌机，徐徐加入规定量的水，搅拌 3 ~ 5min，搅拌好的料浆应在 2h 内用完。

4.11.8.5 拉伸粘结强度试件的制备

将成型框放在按 4.11.8.3 条制备好的水泥砂浆试块的成型面上，将按 4.11.8.4 条制备好的砂浆料浆倒入成型框中，用捣棒均匀插捣 15 次，人工颠实 5 次，再转 90°，再颠实 5 次，然后用刮刀以 45°方向抹平砂浆表面，轻轻脱模，在温度（20 ± 2）℃、相对湿度 60% ~ 80% 的环境中养护至规定龄期。

每一砂浆试样至少制备 10 个以上试件。

4.11.8.6 拉伸粘结强度试验

a 将试件在标准试验条件下养护 13d，在试件表面涂上环氧树脂等高强度粘合剂，然后将上夹具对正位置放在粘合剂上，并确保上夹具不歪斜，除去周围溢出的胶粘剂，继续养护 24h。

b 测定拉伸粘结强度，其示意图如图 4-11-4 和图4-11-5所示。

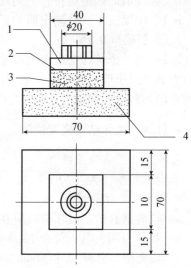

图 4-11-4 拉伸粘结强度用钢制上夹具

1—拉伸用钢制上夹具；2—粘合剂；

3—检验砂浆；4—水泥砂浆块

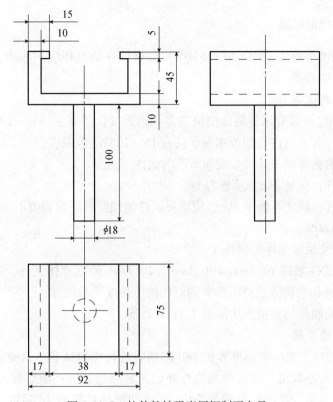

图 4-11-5　拉伸粘结强度用钢制下夹具

c　将钢制垫板套入基底砂浆块上，将拉伸粘结强度夹具安装到试验机上，试件置于拉伸夹具中，夹具与试验机的连接宜采用球铰活动连接，以（5±1）mm/min 速度加荷至试件破坏。

试验时破坏面应在检验砂浆内部，则认为该值有效并记录试件破坏时的荷载值。若破坏型式为拉伸夹具与粘合剂破坏，则试验结果无效，应取备件样试验。

4.11.8.7　试验结果

拉伸粘结强度应按式（4-11-6）计算：

$$f_{at} = \frac{F}{A_z} \tag{4-11-6}$$

式中　f_{at}——砂浆的拉伸粘结强度，MPa；

F——试件破坏时的荷载，N；

A_z——粘结面积，mm^2。

单个试件的拉伸粘结强度值应精确至 0.001MPa，计算 10 个试件的平均值，如单个试件的强度值与平均值之差大于 20%，则逐次舍弃偏差最大的试验值，直至各试验值与平均值之差不超过 20%，当 10 个试件中有效数据不少于 6 个时，取有效数据的平均值作为试验结果，结果精确至 0.01MPa；当 10 个试件中有效数据不足 6 个时，则此组试验结果无效，应重新制备试件进行试验。

4.11.8.8　有特殊条件要求的拉伸粘结强度

应先按特殊要求条件处理后，再重复上述试验。

4.11.9 抗冻性能试验

适用于砂浆强度等级大于 M2.5（2.5MPa）的试件在负温环境中冻结、在正温水中溶解的方法进行抗冻性能检验。

4.11.9.1 试验设备

a 冷冻箱（室）：装有试件后能使箱（室）内温度保持在 −15 ～ −20℃ 的范围以内。

b 融解水槽：装入试件后能使水温保持在 15 ～ 20℃ 的范围以内。

c 篮框：用钢筋焊成，其尺寸应与所装的试件相适应。

d 天平或案秤：称量 2kg，感量为 1g。

e 压力试验机：精度不低于 1%，应能使试件的预期破坏荷载值不小于全量程的 20%，也不大于全量程的 80%。

4.11.9.2 砂浆抗冻试件的制作及养护

a 砂浆抗冻试件采用 70.7mm × 70.7mm × 70.7mm 的立方体试件，制备两组（每组 3 块），分别作为抗冻和与抗冻试件同龄期的对比抗压强度检验试件。

b 砂浆试件的制作与养护方法同第 4.11.7.2 条。

4.11.9.3 试验步骤

a 试件如无特殊要求应在标准养护 28d 龄期时进行冻融试验。试验前两天应把冻融试件和对比试件从养护室取出，进行外观检查并记录其原始状况；随后放入 15 ～ 20℃ 的水中浸泡，浸泡的水面应至少高出试件顶面 20mm，该两组试件浸泡 2d 后取出，并用拧干的湿毛巾轻轻擦去表面水分，然后对冻融试件进行编号，称其质量。冻融试件置入篮框进行冻融试验，对比试件则放回标准养护室中继续养护，直到完成冻融循环后，与冻融试件同时试压。

b 冻或融时，篮框与容器底面或地面须架高 20mm，篮框内各试件之间应至少保持 50mm 的间距。

c 冷冻箱（室）内的温度均应以其中心温度为标准。试件冻结温度应控制在 −15 ～ −20℃。当冷冻箱（室）内温度低于 −15℃ 时，试件方可放入。如试件放入之后，温度高于 −15℃ 时，应以温度重新降至 −15℃ 时计算试件的冻结时间。由装完试件至温度重新降至 −15℃ 的时间不应超过 2h。

d 每次冻结时间为 4h，冻后即可取出并应立即放入能使水温保持在 15 ～ 20℃ 的水槽中进行溶化。此时，槽中水面应至少高出试件表面 20mm，试件在水中溶化的时间不应小于 4h。溶化完毕即为该次冻融循环结束。取出试件，并应用拧干的湿毛巾轻轻擦去表面水分，送入冷冻箱（室）进行下一次循环试验，依此连续进行直至设计规定次数或试件破坏为止。

e 每五次循环，应进行一次外观检查，并记录试件的破坏情况；当该组试件 3 块中有 2 块出现明显破坏（分层、裂开、贯通缝）时，则该组试件的抗冻性能试验应终止。

f 冻融试件结束后，将冻融试件从水槽取出，用拧干的湿布轻轻擦去试件表面水分，然后称其质量。对比试件提前两天浸水，再把冻融试件与对比试件同时进行抗压强度试验。

4.11.9.4 结果计算

a 砂浆试件冻融后的强度损失率按式（4-11-7）计算：

$$\Delta f_{\mathrm{m}} = \frac{f_{\mathrm{m1}} - f_{\mathrm{m2}}}{f_{\mathrm{m1}}} \times 100 \tag{4-11-7}$$

式中　Δf_{m}——n 次冻融循环后的砂浆强度损失率,%；

　　　f_{m1}——对比试件的 3 块试件抗压强度平均值，MPa；

　　　f_{m2}——经 n 次冻融循环后的 3 块试件抗压强度平均值，MPa。

b 砂浆试件冻融后的质量损失率按式（4-11-8）计算：

$$\Delta m_{\mathrm{m}} = \frac{m_0 - m_n}{m_0} \times 100 \tag{4-11-8}$$

式中　Δm_{m}——n 次冻融循环后的质量损失率，以 3 块试件的平均值计算,%；

　　　m_0——冻融循环试验前的试件质量，g；

　　　m_n——经 n 次冻融循环后的试件质量，g。

c 结果评定如下：

当冻融试件的抗压强度损失率不大于 25%，且质量损失率不大于 5% 时，则该组砂浆在试验的循环次数下，抗冻性能评定为合格，否则为不合格。

4.11.10 砂浆收缩试验

用于测定建筑砂浆的自然干燥收缩值。

4.11.10.1 试验设备

a 立式砂浆收缩仪：标准杆长度为（176 ± 1）mm，测量精度为 0.01mm（图 4-11-6）。

b 收缩头：黄铜或不锈钢加工而成（图 4-11-7）。

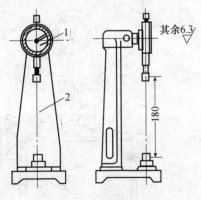

图 4-11-6　砂浆收缩仪（mm）

1—百分表；2—支架

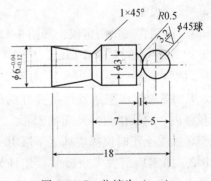

图 4-11-7　收缩头（mm）

c 试模：尺寸为 40mm × 40mm × 160mm 棱柱体，且在试模的两个端面中心，各开一个 ϕ6.5mm 的孔洞。

4.11.10.2 试验步骤

a 将收缩头固定在试模两端面的孔洞中，使收缩头露出试件端面（8 ± 1）mm。

b 将拌合好的砂浆装入试模中，再用水泥胶砂振动台振动密实，置于（20 ± 5）℃ 的预养室中，4h 之后将砂浆表面抹平，砂浆带模在标准养护条件（温度为 20℃ ±2℃，相对湿度为 90%以上）下养护 7d 后，方可拆模，并编号、标明测试方向。

c 将试件移入温度（20 ±2）℃、相对湿度（60 ±5）%的测试室中预置 4h，测定试件的初始长度。测定前，用标准杆调整收缩仪的百分表的原点，然后按标明的测试方向立即测定试件的初始长度 L_0。

d 测定砂浆试件初始长度后，置于温度（20 ±2）℃、相对湿度（60 ±5）%的室内，到 7d、14d、21d、28d、56d、90d 时分别测定试件的长度，即为自然干燥后长度 L_t。

4.11.10.3 结果计算及表示

a 砂浆自然干燥收缩值应按式（4-11-9）计算：

$$\varepsilon_{st} = \frac{L_0 - L_t}{L - L_d} \tag{4-11-9}$$

式中 　ε_{st}——相应为 t 天（7d、14d、21d、28d、56d、90d）时的自然干燥收缩值；

L_t——试件相应为 t 天（7d、14d、21d、28d、56d、90d）时试件的实测长度，mm；

L_0——试件成型 7d 后的长度即初始长度，mm；

L——试件的长度，即 160mm；

L_d——两个收缩头埋入砂浆中长度之和，即（20 ±2）mm。

b 试验结果评定：干燥收缩值按三个试件测值的算术平均值来确定，如一个值与平均值偏差大于 20%时，应剔除；当有两个值超过 20%时，该组试件结果应无效；每块试件的干燥收缩值取二位有效数字，精确到 1.0×10^{-6}。

4.11.11　砂浆含气量试验

砂浆含气量的测定有两种方法：一种是仪器法，另一种是密度法。有争议时以仪器法为准。

4.11.11.1　砂浆含气量试验（仪器法）

a　试验设备

a.1　砂浆含气量测定仪：如图 4-11-8 所示；

a.2　天平：最大称量 15kg，感量 1g。

b　试验步骤

b.1　将量钵水平放置，将拌好的砂浆均匀地分三次装入量钵内，每层由内向外插捣 25 次，并用木槌在周围轻敲几下，插捣上层时捣棒应插入下层 10 ~20mm；

b.2　捣实后刮去多余砂浆，用抹刀抹平表面，使表面平整无气泡；

b.3　盖上测定仪量钵上盖部分，卡紧卡扣，保证不漏气；

b.4　打开两侧阀门并松开上部微调阀，用注水器通过注水阀门注水，直至水从排水阀流出，立即关紧两侧阀门；

b.5　关紧所有阀门后，用打气筒打气加压，再用微

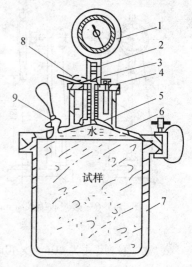

图 4-11-8　砂浆含气量测定仪

1—压力表；2—出气阀；3—阀门杆；4—打气筒口；5—气室；6—钵盖；7—量钵；8—微调阀；9—小龙头

调阀调整压力表指针为零;

b.6　按下按钮,待刻度盘读数稳定后读数;

b.7　开启通气阀,压力仪示值回零;重复上述 b.5~b.7 的步骤,对容器内试样再测一次压力值。

c　试验结果

c.1　如两次测值的绝对偏差不大于0.2%时,则取两次试验结果的算术平均值为砂浆的含气量;如两次测值的绝对误差大于0.2%,试验结果无效;

c.2　所测含气量数值 <5% 时,测试结果应精确到0.1%;所测含气量数值 ≥5% 时,测试结果应精确到0.5%。

4.11.11.2　砂浆含气量试验 (密度法)

本方法是根据一定组成的砂浆的理论表观密度与实际表观密度的差值确定砂浆中的含气量;理论表观密度通过砂浆中各组成材料的表观密度与配比计算得到;砂浆实际表观密度按照本章节第4.11.3节"砂浆密度试验"方法测定。

砂浆含气量按式 (4-11-10) 计算:

$$A_c = \left(1 - \frac{\rho}{\rho_t}\right) \times 100 \qquad (4\text{-}11\text{-}10)$$

其中

$$\rho_t = \frac{1 + x + y + W_c}{\frac{1}{\rho_c} + \frac{x}{\rho_s} + \frac{y}{\rho_p} + W_c} \qquad (4\text{-}11\text{-}11)$$

式中　A_c——砂浆含气量的体积分数,%;

ρ——砂浆拌合物的实际表观密度,kg/m³;

ρ_t——砂浆理论表观密度,kg/m³,精确至10kg/m³;

ρ_c——水泥实测表观密度,g/cm³;

ρ_s——砂的实测表观密度,g/cm³;

W_c——砂浆达到指定稠度时的水灰比;

ρ_p——外加剂的实测表观密度,g/cm³;

x——砂子与水泥的质量比;

y——外加剂与水泥用量之比,当 $y < 1\%$ 时,可忽略不计。

4.11.12　吸水率试验

4.11.12.1　试验设备

a　天平:称量1000g,感量1g。

b　烘箱:0~150℃,精度±2℃。

c　有盖水槽:装入试件后,水温应能保持在 (20±2)℃的范围内。

4.11.12.2　试验步骤

按照本章第4.11.7.2节的规定进行砂浆试件的制作与养护方法,养护到28d取出砂浆试件,在 (105±5)℃温度下烘干 (48±0.5)h,称其质量 (m_0),然后将试件成型面朝下放入水槽,在下面用两根 ϕ10mm 的钢筋垫起。

试件应完全浸入水中，且上表面距离水面的高度应不小于 20mm。浸泡 $(48 \pm 0.5)h$ 后取出，用拧干的湿布擦去试件表面水，称其质量 (m_1)。

4.11.12.3 结果计算

砂浆吸水率按式 (4-10-12) 计算：

$$\omega_x = \frac{m_1 - m_0}{m_0} \times 100 \tag{4-11-12}$$

式中　ω_x——砂浆吸水率，%；

　　　m_1——吸水后试件的质量，g；

　　　m_0——干燥试件的质量，g。

取三块试件的算术平均值作为砂浆吸水率，精确至 1%。

4.11.13　砂浆抗渗性能试验

砂浆抗渗性是指砂浆抵抗压力水渗透的能力，用以检查防水砂浆或砂浆防水材料的抗渗能力。

4.11.13.1　试验设备和材料

a　砂浆渗透仪：能使水压按规定稳定地作用在试件上的渗透装置（包括试件套模）。

b　加压装置：螺旋或其他形式，其压力以能把试件压入试件套内为宜。

c　金属试模：上口直径 70mm，下口直径 80mm，高 30mm 的截头圆锥带底金属试模。

d　密封材料：石蜡，内掺约 2% 的松香。

4.11.13.2　试验步骤及结果表示

a　将拌合好的砂浆一次装入砂浆渗透成型试模中，用抹刀插捣数次，当填充砂浆略高于试模边缘时，用抹刀以 45°一次性将试模表面多余的砂浆刮去，然后再用抹刀以较平的角度在试模表面反方向将砂浆抹平，共成型六个试件。

试件成型后应在室温 (20 ± 5)℃ 的环境中，静置 $(24 \pm 2)h$ 后拆模，编号。将砂浆抗渗试件放入 (20 ± 2)℃、相对湿度 90% 以上的养护室养护至规定龄期，取出待表面干燥后，用密封材料密封，装入砂浆渗透仪中进行透水试验。

b　水压从 0.2MPa 开始，恒压 2h，增至 0.3MPa，以后每隔 1 小时增加水压 0.1MPa。当 6 个试件中有 3 个试件端面呈现渗水现象时，即可停止试验，记下当时水压。在试验过程中，如发现水从试件周边渗出，则应停止试验，重新密封试件。

c　砂浆抗渗压力值以每组 6 个试件中 4 个试件未出现渗水现象时的最大水压力计算，按式 (4-11-13) 计算：

$$P = H - 0.1 \tag{4-11-13}$$

式中　P——砂浆抗渗压力值，MPa；

　　　H——6 个试件中 3 个渗水时的水压力，MPa。

4.11.14　静力受压弹性模量试验

本方法测定的砂浆弹性模量是指应力为 40% 轴心抗压强度时的加荷割线模量，适用于测定各类砂浆静力受压时的弹性模量（简称弹性模量）。

4.11.14.1　试验设备及试件要求

a　试验机：精度应为1%，其量程应能使试件的预期破坏荷载值不小于全量程的20%，也不大于全量程的80%。

b　变形测量仪表：精度不应低于0.001mm；镜式引伸仪的精度不应低于0.002mm。

c　砂浆弹性模量的标准试件为棱柱体，其截面尺寸为70.7mm×70.7mm，高为210～230mm。每次试验应制备六个试件，其中三个用于测定轴心抗压强度。

试件制作及养护应按本章第4.11.7.2节进行。试模的不平整度应为每100毫米不超过0.05mm，相邻面的不垂直度不应超过±1°。

4.11.14.2　试验步骤

a　试件从养护地点取出后，应及时进行试验。试验前，应先将试件擦拭干净，测量尺寸，并检查外观。试件尺寸测量应精确至1mm，并计算试件的承压面积。当实测尺寸与公称尺寸之差不超过1mm时，可按公称尺寸计算。

b　取3个试件，按以下步骤测定砂浆的轴心抗压强度：

b.1　将试件直立放置于试验机的下压板上，且试件中心应与压力机下压板中心对准。开动试验机，当上压板与试件接近时，调整球座，使接触均衡。

轴心抗压试验应连续而均匀地加荷，其加荷速度应为0.25～1.5kN/s，当试件破坏且开始迅速变形时，应停止调整试验机油门，直至试件破坏，然后记录破坏荷载。

b.2　按式（4-11-14）计算砂浆轴心抗压强度（精确至0.1MPa）：

$$f_{mc} = \frac{N'_u}{A} \tag{4-11-14}$$

式中　f_{mc}——砂浆轴心抗压强度，MPa；

$\quad\quad N'_u$——棱柱体破坏压力，N；

$\quad\quad A$——试件承压面积，mm^2。

b.3　以3个试件测值的算术平均值作为该组试件的轴心抗压强度值；当3个试件测值的最大值和最小值中有一个与中间值的差值超过中间值的20%时，则把最大值及最小值一并舍去，取中间值作为该组试件的轴心抗压强度值。如有两个测值与中间值的差值均超过20%，则该组试验结果无效。

c　将测量变形的仪表安装在需测定弹性模量的试件上，仪表应安装在试件成型时两侧面的中线上，并对称于试件两端。试件的测量标距采用100mm。

d　测量仪表安装完毕后，应仔细调整试件在试验机上的位置。砂浆弹性模量试验要求物理对中（对中的方法是将荷载加压至轴心抗压强度的35%，两侧仪表变形值之差，不得超过两侧变形平均值的±10%）。试件对中合格后，再按0.25～1.5kN/s的加荷速度连续而均匀地加荷至轴心抗压强度的40%，即达到弹性模量试验的控制荷载值，然后以同样的速度卸荷至零，如此反复预压三次（图4-11-9）。在预压过程中，应观察试验机及仪表运转是否正常，如不正常，应予以调整。

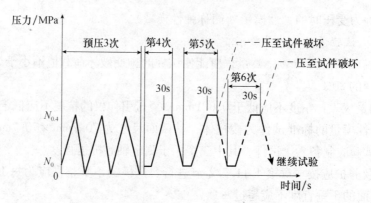

图 4-11-9　弹性模量试验加荷制度示意图

e　预压三次后，按上述同样速度进行第四次加荷。其方法是先加荷到应力为 0.3MPa 的初始荷载，恒荷 30s 后，读取并记录两侧仪表的测值，然后加荷到控制荷载（0.4f_{mc}），恒荷 30s 后，读取并记录两侧仪表的测值。两侧测值的平均值，即为该次试验的变形值。按上述速度卸荷至初始荷载，恒荷 30s 后，再读取并记录两侧仪表上的初始测值。再按上述方法进行第五次加荷、恒荷、读数，并计算出该次试验的变形值。当前后两次试验的变形值差不大于测量标距的 0.02% 时，试验即可结束，否则应重复上述过程，直到两次相邻加荷的变形值相差不大于测量标距的 0.02% 为止。然后卸除仪表，以同样速度加荷至破坏，测得试件的棱柱体抗压强度 f'_{mc}。

4.11.14.3　结果计算

砂浆弹性模量值按式（4-11-15）计算（精确至 10MPa）：

$$E_m = \frac{N_{0.4} - N_0}{A} \cdot \frac{l}{\Delta l} \tag{4-11-15}$$

式中　E_m——砂浆弹性模量，MPa；

　　$N_{0.4}$——应力为 0.4f_{mc} 的压力，N；

　　N_0——应力为 0.3MPa 的初始荷载，N；

　　A——试件承压面积，mm²；

　　Δl——最后一次从 N_0 加荷至 $N_{0.4}$ 时试件两侧变形差的平均值，mm；

　　l——测量标距，mm。

取三个试件测值的算术平均值作为砂浆的弹性模量。当其中一个试件在测完弹性模量后的棱柱体抗压强度值 f'_{mc} 与决定试验控制荷载的轴心抗压强度值 f_{mc} 的差值超过后者的 20% 时，则弹性模量值应按另外两个试件的算术平均值计算。当两个试件在测完弹性模量后的棱柱体抗压强度值 f'_{mc} 与决定试验控制荷载的轴心抗压强度值 f_{mc} 的差值超过后者的 20% 时，则试验结果无效。

第5章　建筑材料的试验方法

5.1　钢材试验方法

5.1.1　拉伸试验

通过测定钢材的屈服强度、抗拉强度和延伸率，以评定钢材的力学性能。

5.1.1.1　试样的要求

a　一般要求

试样的形状与尺寸取决于要被试验的金属产品的形状与尺寸。通常从产品、压制坯或铸件切取样坯经机加工制成试样。但具有恒定横截面的产品（型材、棒材、线材等）和铸造试样（铸铁和铸造非铁合金）可以不经机加工而进行试验。

试样横截面可以为圆形、矩形、多边形、环形，特殊情况下可以为某些其他形状。

原始标距（L_0）与横截面积（S_0）有 $L_0 = k\sqrt{S_0}$ 关系的试样称为比例试样：$k = 5.65$ 的试样称为短比例试样，$k = 11.3$ 的试样称为长比例试样。试验时，一般优先选用短比例试样，但应保证原始标距（L_0）不小于15mm。当试样横截面积太小，以至采用比例系数 k 为5.65的值不能符合这一最小标距要求时，可以采用较高的值（优先采用 k 取11.3的值）或非比例试样。非比例试样其原始标距（L_0）与原始横截面积（S_0）无关。

试样的尺寸应符合表5-1-1、表5-1-2、表5-1-3及表5-1-4的相应规定。

表5-1-1　矩形横截面比例试样

试样宽度 b_0/mm	过渡弧半径 r/mm	$k = 5.65$				$k = 11.3$			
		原始标距 L_0/mm	平行长度 L_c/mm		试样编号	原始标距 L_0/mm	平行长度 L_c/mm		试样编号
			带头	不带头			带头	不带头	
厚度 0.1 ~ <3mm 薄板和薄带使用的试样类型									
10	≥20	$5.65\sqrt{S_0}$ ≥15	≥$L_0 + b/2$ 仲裁试验 $L_0 + 2b_0$	$L_0 + 3b_0$	P1	$11.3\sqrt{S_0}$ ≥15	≥$L_0 + b/2$ 仲裁试验 $L_0 + 2b_0$	$L_0 + 3b_0$	P01
12.5					P2				P02
15					P3				P03
20					P4				P04
厚度 ≥3mm 板材和扁材以及直径或厚度 ≥4mm 的线材、棒材、型材使用的试样类型									
12.5	≥12	$5.65\sqrt{S_0}$	≥$L_0 + 1.5\sqrt{S_0}$ 仲裁试验 $L_0 + 2\sqrt{S_0}$		P7	$11.3\sqrt{S_0}$	≥$L_0 + 1.5\sqrt{S_0}$ 仲裁试验 $L_0 + 2\sqrt{S_0}$		P07
15					P8				P08
20					P9				P09
25					P10				P010
30					P11				P011

注：1. 表中平行长度指试样平行缩减部分的长度；对于未经机加工的试样，平行长度的概念被两夹头之间的距离取代。

2. 本节内容根据 GB/T 228.1—2010《金属材料 拉伸试验 第1部分：室温试验方法》及 GB/T 232—2010《金属弯曲试验方法》。

表 5-1-2 矩形横截面非比例试样

试样宽度 b_0/mm	过渡弧半径 r/mm	原始标距 L_0/mm	平行长度 L_c/mm 带头	平行长度 L_c/mm 不带头	试样编号
厚度 0.1 ~ <3mm 薄板和薄带使用的试样类型					
12.5		50	75	87.5	P5
20	≥20	80	120	140	P6
25		50	100	120	P7
厚度 ≥3mm 板材和扁材以及直径或厚度 ≥4mm 的线材、棒材、型材使用的试样类型					
12.5		50			P12
20		80	$\geq L_0 + 1.5\sqrt{S_0}$		P13
25	≥20	50	仲裁试验		P14
38		50	$L_0 + 2\sqrt{S_0}$		P15
40		200			P16
直径或厚度 <4mm 线材、棒材、型材使用的试样类型					
d_0 或 a_0/mm	原始标距 L_0/mm		平行长度 L_c/mm		试样编号
<4	100		≥120		R9
	200		≥220		R10

表 5-1-3 圆形横截面比例试样

试样直径 d_0/mm	过渡弧半径 r/mm	$k = 5.65$ 原始标距 L_0/mm	$k = 5.65$ 平行长度 L_c/mm	$k = 5.65$ 试样编号	$k = 11.3$ 原始标距 L_0/mm	$k = 11.3$ 平行长度 L_c/mm	$k = 11.3$ 试样编号
25				R1			R01
20				R2			R02
15				R3			R03
10	≥0.75d_0	5d_0	$\geq L_0 + d_0/2$ 仲裁试验 $L_0 + 2d_0$	R4	10d_0	$\geq L_0 + d_0/2$ 仲裁试验 $L_0 + 2d_0$	R04
8				R5			R05
6				R6			R06
5				R7			R07
3				R8			R08

表 5-1-4 管材使用的试样类型

纵向弧形试样（管壁厚度大于 0.5mm 的管材）

管外径 D_0/mm	试样宽度 b_0/mm	管壁厚度 a_0/mm	过渡弧半径 r/mm	$k = 5.65$ 原始标距 L_0/mm	$k = 5.65$ 平行长度 L_c/mm	$k = 5.65$ 试样编号	$k = 11.3$ 原始标距 L_0/mm	$k = 11.3$ 平行长度 L_c/mm	$k = 11.3$ 试样编号
30 ~ 50	10					S1			S01
>50 ~ 70	15				$\geq L_0 + 1.5\sqrt{S_0}$	S2		$\geq L_0 + 1.5\sqrt{S_0}$	S02
>70 ~ 100	20/19	原壁厚	≥12	5.65$\sqrt{S_0}$	仲裁试验 $L_0 + 2\sqrt{S_0}$	S3/S4	11.3$\sqrt{S_0}$	仲裁试验 $L_0 + 2\sqrt{S_0}$	S03
>100 ~ 200	25					S5			
>200	38					S6			

对于管段试样（管外径不大于 30mm 的管材）		
原始标距 L_0（mm）	平行长度 L_c（mm）	试样编号
$5.65 \sqrt{S_0}$	$\geq L_0 + D_0/2$ 仲裁试验 $L_0 + 2D_0$	S7
50	≥ 100	S8

b 试样的制备

b.1 机加工的试样

试样的制备应不影响其力学性能，应通过机加工方法去除由于剪切或冲切而产生的加工硬化部分材料，试样优先从板材或带材上制备。如果可能，应保留原轧制面。

如试样的夹持端与平行长度的尺寸不相同，他们之间应以过渡弧连接，此弧的过渡半径的尺寸很重要，过渡半径的尺寸详见表 5-1-1、表 5-1-2、表 5-1-3 及表 5-1-4 的规定。

机加工试样的尺寸公差和形状公差应符合表 5-1-5 的要求。

表 5-1-5　试样横向尺寸公差（mm）

名称	名义横向尺寸 b_0	尺寸公差[a]	形状公差[b]
机加工的圆形横截面直径和四面机加工的矩形横截面试样横向尺寸	$3 \leq b_0 \leq 6$	± 0.02	0.03
	$6 < b_0 \leq 10$	± 0.03	0.04
	$10 < b_0 \leq 18$	± 0.05	0.04
	$18 < b_0 \leq 30$	± 0.10	0.05
相对两面机加工的矩形横截面试样横向尺寸	$3 \leq b_0 \leq 6$	± 0.02	0.03
	$6 < b_0 \leq 10$	± 0.03	0.04
	$10 < b_0 \leq 18$	± 0.05	0.06
	$18 < b_0 \leq 30$	± 0.10	0.12
	$30 < b_0 \leq 50$	± 0.15	0.15

注：a. 如果试样的尺寸公差满足表 5-1-5，原始横截面积可以用名义值，而不必通过实际测量再计算。如果试样的尺寸公差不满足表 5-1-5，就必须对每个试样的尺寸进行实际测量。

　　b 形状公差是沿着试样整个平行长度，规定横向尺寸测量值的最大值和最小值之差。

b.2 不经机加工的试样

具有恒定横截面的产品（型材、棒材、线材等）和铸造试样（铸铁和铸造非铁合金）可以不经机加工而进行试验。

如试样为未经机加工的产品或试棒的一段长度，两夹头间的自由长度应足够，以使原始标距的标记与夹头有合理的距离（详见表 5-1-1、表 5-1-2、表 5-1-3 及表 5-1-4）。

铸造试样应在其夹持端和平行长度之间以过渡弧连接。此弧的过渡半径的尺寸很重要，过渡半径的尺寸详见表 5-1-1、表 5-1-2、表 5-1-3 及表 5-1-4 的规定。试样夹持端的形状应适合试验机的夹头，平行长度（L_C）应大于原始标距（L_0）。

c 原始横截面积的测定

原始横截面积（S_0）是平均横截面积，应根据测量试样的尺寸计算。尺寸测量应精确到 ± 0.5%，原始横截面积的测定应精确到 ± 1%。

c.1 对于圆形横截面积的产品，应在标距两端及中间三处横截面上相互垂直两个方向测量试样的直径，以各处两个方向测量的直径的算术平均值计算横截面积，取三处测得横截面积的平均值作为试样原始横截面积。按照式（5-1-1）计算原始横截面积（S_0）：

$$S_0 = \frac{1}{4}\pi d^2 \tag{5-1-1}$$

c.2 对于矩形横截面积的产品，应在试样标距的两端及中间三处横截面上测量宽度和厚度，取三处测得横截面积平均值作为试样原始横截面积。按照式（5-1-2）计算原始横截面积（S_0）：

$$S_0 = a \cdot b \tag{5-1-2}$$

c.3 对于圆管纵向弧形试样，应在标距的两端及中间三处测量宽度和厚度（管壁厚度建议采用带球形砧或顶针形量具），取三处测得横截面积平均值作为试样原始横截面积。按照式（5-1-3）计算弧形试样的横截面积（S_0）：

$$S_0 = \frac{b_0}{4}(D_0^2 - b_0^2)^{1/2} + \frac{D_0^2}{4}\arcsin\left(\frac{b_0}{D_0}\right) - \frac{b_0}{4}\left[(D_0 - 2a_0)^2 - b_0^2\right]^{1/2}$$
$$- \left(\frac{D_0 - 2a_0}{2}\right)^2 \arcsin\left(\frac{b_0}{D_0 - 2a_0}\right)$$

式中　a_0——管的壁厚，mm；

　　　b_0——纵向弧形试样的平均宽度，$b_0 < (D_0 - 2a_0)$；

　　　D_0——管的外径，mm。

对于纵向弧形试样，在满足下列条件时可采用简化公式计算原始横截面积（S_0）：

当 $\dfrac{b_0}{D_0} < 0.25$ 时，

$$S_0 = a_0 \cdot b_0 \left[1 + \frac{b_0^2}{6D_0(D_0 - 2a_0)}\right] \tag{5-1-4}$$

当 $\dfrac{b_0}{D_0} < 0.1$ 时，

$$S_0 = a_0 \cdot b_0 \tag{5-1-5}$$

c.4 对于管段试样，在试样的任一端相互垂直方向测量外直径和四处壁厚，分别取其算术平均值，按照式（5-1-6）计算原始横截面积：

$$S_0 = \pi a_0(D_0 - a_0) \tag{5-1-6}$$

c.5 称量法测定试样原始横截面积

试样应平直，两端面垂直于试样轴线。根据测量试样长度（L_t），精确到 ±0.5%；称试样质量（m），精确到 ±0.5%；测出或查出材料密度（ρ），精确到三位有效数字。按照式（5-1-7）确定试样的原始横截面积（S_0）：

$$S_0 = \frac{1000m}{\rho \cdot L_t} \tag{5-1-7}$$

式中　m——试样质量，g；

　　　L_t——试样的总长度，mm；

　　　ρ——试样材料密度，g/cm³。

称量方法仅适用于具有恒定等横截面（可为各种形状）的试样测定其原始横截面积，测得的是平均横截面积。

按照上述方法所计算的原始横截面积的结果，需要至少保留四位有效数字或小数点后两位（以 mm² 单位），取其较精确者。进行面积计算时 π 至少取四位有效数字。

d 原始标距的标记

应用小标记、细划线或细墨线标记原始标距，但不得用引起过早断裂的缺口作标记。

对于比例试样，如果原始标距的计算值与其标记值之差小于 $10\% L_0$，可将原始标距的计算值按标准 GB/T 8170《数值修约规则与极限数值的表示和判定》修约至最接近 5mm 的倍数。原始标距的标记应精确到 ±1%。如平行长度 L_c 比原始标距 L_0 长许多，例如不经机加工的试样，可以标记一系列套叠的原始标距。有时，可以在试样表面划一条平行于试样纵轴的线，并在此线上标记原始标距。

5.1.1.2 试验设备的要求

钢材拉伸试验所使用的拉力材料试验机或万能材料试验机，其测力系统应定期校准，并且其精确度应为 1 级或优于 1 级。试验机应具有应变速率控制装置或应力速率控制装置，且量程满足所需测量要求。

引伸计用以测定试样的变形，测定屈服强度、屈服点延伸率和测定塑性延伸强度和规定总延伸强度和规定残余延伸强度，以及规定残余延伸强度的验证试验，应使用不劣于 1 级精确度的引伸计；测定其他具有较大延伸率的性能（如抗拉强度、最大力总延伸率和最大力塑性延伸率、断裂总延伸率、断后延伸率），应使用不劣于 2 级精确度的引伸计。

尺寸测量的量具：如游标卡尺、螺旋千分尺或高精度的测微仪。

5.1.1.3 试验要求

a 试验环境要求

除非另有规定，钢材拉伸试验一般应在室温为 10～35℃ 范围内进行，对温度要求严格的试验，试验温度应为（23±5）℃。

b 设定试验力零点

在试验加载链装配完成后，试样两端被夹持之前，应设定力测量系统的零点。一旦设定了力值零点，在试验期间力测量系统不能再发生变化（此要求是为了确保夹持系统的重量在测力时得到补偿，并保证夹持过程中产生的力不影响力值的测量）。

c 试样的夹持方法

应使用例如楔形夹头、螺纹夹头、平推夹头、套环夹具等合适的夹具夹持试样。

应尽最大努力确保夹持的试样受轴向拉力的作用，尽量减小弯曲。这对试验脆性材料或测定规定塑性延伸强度、规定总延伸强度、规定残余延伸强度或屈服强度时尤为重要。

为了得到直的试样和确保试样与夹头对中，可以施加不超过规定强度或预期屈服强度的 5% 相应的预拉力。宜对预拉力的延伸影响进行修正。

d 应变速率控制的试验速率（方法 A）

d.1 总则

应变速率控制模式分为两种不同类型：第一种应变速率（$\dot{e}_{L_e}$）是用引伸计标距 L_e 测量时，在单位时间（t）内，相对应变的增加量；第二种是根据平行长度 L_c 与需要的应变速率（$\dot{e}_{L_c}$）相乘得到的横梁位移速率来实现的。试验速率应满足下列要求：

d.1.1 在直至测定上屈服强度（R_{eH}）、规定塑性延伸强度（R_p）或规定总延伸强度（R_t）的范围，应按照规定的应变速率（$\dot{e}_{L_e}$），这一范围需要在试样上装夹引伸计，消除拉伸试验机柔度的影响，以准确控制应变速率（对于不能进行应变速率控制的试验机，根据平行长度部分估计的应变速率 $\dot{e}_{L_c}$ 也可用）。

d.1.2　对于不连续屈服的材料，应选用根据平行长度部分估计的应变速率（$\dot{e}_{L_c}$），这种情况下是不可能用装夹试样上的引伸计来控制应变速率的，因为局部的塑性变形可能发生在引伸计标距以外。在平行长度 L_c 范围利用恒定的横梁位移速率（v_c）根据式（5-1-8）计算得到的应变速率（$\dot{e}_{L_c}$）具有足够的准确度。

$$v_c = L_c \cdot \dot{e}_{L_c} \tag{5-1-8}$$

式中　$\dot{e}_{L_c}$——平行长度部分估计的应变速率，s^{-1}；

　　　L_c——平行长度（mm）。

d.1.3　在测定 R_p、R_t 或屈服结束之后，应该使用 $\dot{e}_{L_e}$ 或 $\dot{e}_{L_c}$。为了避免由于缩颈发生在引伸计标距以外控制出现问题，推荐使用 $\dot{e}_{L_c}$。

在进行应变速率或控制模式转换时，不应在应力-延伸率曲线上引入不连续性，而歪曲抗拉强度值（R_m）、最大力下的塑性伸长率（A_g）或最大力下的总延伸率（A_{gt}），这种不连续效应可以通过降低转换速率得以减轻。

d.2　上屈服强度（R_{eH}）或规定塑性延伸强度（R_p）、规定总延伸强度（R_t）和规定残余延伸强度（R_r）的测定

在测定 R_{eH}、R_p、R_t 和 R_r 时，应变速率 $\dot{e}_{L_e}$ 应尽可能保持恒定。在测定这些性能时，应变速率 $\dot{e}_{L_e}$ 应选用下面两个范围之一：

——范围1：$\dot{e}_{L_e} = 0.00007 s^{-1}$，相对误差 ±20%；

——范围2：$\dot{e}_{L_e} = 0.00025 s^{-1}$，相对误差 ±20%（推荐选取该速率）。

如果试验机不能直接进行应变速率控制，应该采用通过平行长度估计的应变速率 $\dot{e}_{L_c}$ 即恒定的横梁位移速率，该速率应用式（5-1-8）进行计算。

d.3　下屈服强度（R_{eL}）和屈服点延伸率（A_e）的测定

上屈服强度之后，在测定下屈服强度（R_{eL}）和屈服点延伸率（A_e）时，应当保持下列两种范围之一的平行长度估计的应变速率 $\dot{e}_{L_c}$，直到不连续屈服结束：

——范围2：$\dot{e}_{L_c} = 0.00025 s^{-1}$，相对误差 ±20%（测定 R_{eL} 时推荐选取该速率）；

——范围3：$\dot{e}_{L_c} = 0.002 s^{-1}$，相对误差 ±20%。

d.4　抗拉强度值（R_m）、断后伸长率（A）、最大力下的总延伸率（A_{gt}）、最大力下的塑性延伸率（A_g）和断面收缩率（Z）的测定

在屈服强度或塑性延伸强度测定后，根据试样平行长度估计的应变速率 $\dot{e}_{L_c}$ 应转换成下述规定范围之一的应变速率：

——范围2：$\dot{e}_{L_c} = 0.00025 s^{-1}$，相对误差 ±20%；

——范围3：$\dot{e}_{L_c} = 0.002 s^{-1}$，相对误差 ±20%；

——范围4：$\dot{e}_{L_c} = 0.0067 s^{-1}$（$0.4 min^{-1}$），相对误差 ±20%（推荐选取该速率）。

如果拉伸试验仅仅是为了测定抗拉强度，根据范围3或范围4得到的平行长度估计的应变速率适用于整个试验。

e　应力速率控制的试验速率（方法 B）

e.1　总则

试验速率取决于材料特性并应符合下列要求。如果没有其他规定，在应力达到规定屈服强度的一半之前，可以采用任意的试验速率，超过这点以后的试验速率应满足下述规定。

e.2　测定屈服强度和规定强度的试验速率

e.2.1　上屈服强度（R_{eH}）

在弹性范围和直至上屈服强度（R_{eH}），试验机夹头的分离速率应尽可能保持恒定并在表 5-1-6 规定的应力速率范围内。

表 5-1-6　应力速率

材料弹性模量 E/MPa	应力速率 $R/(MPa \cdot s^{-1})$	
	最小	最大
<150000	2	20
≥150000	6	60

注：弹性模量小于 150000MPa 的典型材料包括锰、铝合金、铜和钛。弹性模量大于 150000MPa 的典型材料包括铁、钢、钨和镍基合金。

e.2.2　下屈服强度（R_{eL}）

如仅测定下屈服强度（R_{eL}），在试样平行长度的屈服期间应变速率应在 $0.00025s^{-1}$ ~ $0.0025s^{-1}$ 之间，平行长度内的应变速率应尽可能保持恒定。如不能直接调节这一应变速率，应通过调节屈服即将开始前的应力速率来调整，在屈服完成之前不再调节试验机的控制。

任何情况下，弹性范围内的应力速率不得超过表 5-1-6 规定的最大速率。

如在同一试验中测定上屈服强度和下屈服强度，测定下屈服强度的条件应符合表 5-1-6 的要求。

e.2.3　规定塑性延伸强度（R_p）、规定总延伸强度（R_t）和规定残余延伸强度（R_r）

在弹性范围试验机的横梁位移速率应在表 5-1-6 规定的应力速率范围内，并尽可能保持恒定。

在塑性范围和直至规定强度（规定塑性延伸强度、规定总延伸强度和规定残余延伸强度）应变速率不应超过 $0.0025s^{-1}$。

e.2.4　横梁位移速率

如试验机无能力测量或控制应变速率，应采用等效于表 5-1-6 规定的应力速率的试验机横梁位移速率，直至屈服完成。

e.2.5 抗拉强度值（R_m）、断后伸长率（A）、最大力总延伸率（A_{gt}）、最大力塑性延伸率（A_g）和断面收缩率（Z）的测定

测定屈服强度或塑性延伸强度后，试验速率可以增加到不大于 $0.008s^{-1}$ 的应变速率（或等效的横梁分离速率）。

如果仅仅需要测定材料的抗拉强度，在整个试验过程中可以选取不超过 $0.008s^{-1}$ 的单一试验速率。

f　试验方法和速率的选择

除非另有规定，只要能满足 GB/T 228—2010 的要求，实验室可以自行选择方法 A 或方

法 B 和试验速率。

g　试验条件的表示

为了用缩略的形式报告试验控制模式和试验速率，可以使用下列缩写的表示形式：

$$GB/T\ 228Annn\ 或\ GB/T\ 228Bn$$

这里"A"定义为使用方法 A（应变速率控制），"B"定义为使用方法 B（应力速率控制）。方法 A 中三个字母的符号"nnn"是指每个试验阶段所用速率，方法 B 中的符号"n"是指在弹性阶段所选取的应力速率。

示例 1：GB/T 228A224 表示试验为应变速率控制，不同阶段的试验速率范围分别为 2，2 和 4。

示例 2：GB/T 228B30 表示试验为应力速率控制，试验的名义应力速率为 30MPa·s^{-1}。

示例 3：GB/T 228B 表示试验为应力速率控制，试验的名义应力速率符合表 5-1-6 规定。

5.1.1.4　试验流程

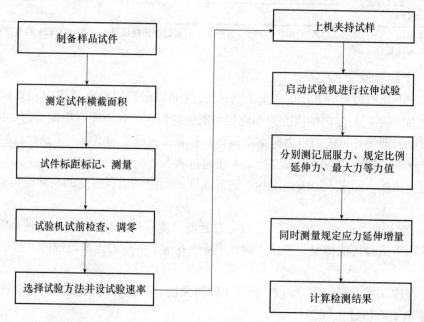

5.1.1.5　屈服强度的测定

屈服强度分为上屈服强度（R_{eH}）和下屈服强度（R_{eL}）。上屈服强度 R_{eH} 定义为力值首次下降前的最大力值对应的应力；下屈服强度 R_{eL} 定义为不计初始瞬时效应时屈服阶段中的最小力所对应的应力。

a　上屈服强度 R_{eH}、下屈服强度 R_{eL} 的位置判定基本原则：

a.1　屈服前的第 1 个峰值应力（第 1 个极大值应力）判为上屈服强度，不管其后的峰值应力比它大或比它小；

a.2　屈服阶段中如呈现两个或两个以上的谷值应力，舍去第 1 个谷值应力（第 1 个极小值应力）不计，取其余谷值应力中之最小者判为下屈服强度。如只呈现 1 个下降谷，此谷值应力判为下屈服强度；

a.3　屈服阶段中如呈现屈服平台，平台应力判为下屈服强度；如呈现多个而且后者高于前者的屈服平台，判第 1 个平台应力为下屈服强度；

a.4　正确的判定结果应是下屈服强度一定低于上屈服强度。

b　上屈服强度 R_{eH} 和下屈服强度 R_{eL} 测定时应注意的问题：

b.1　当材料呈现明显屈服（即不连续屈服）状态时，相关产品标准应规定或说明测定上屈服强度 R_{eH} 或下屈服强度 R_{eL} 或两者。当相关产品标准无明确规定时，应测定上屈服强度 R_{eH} 和下屈服强度 R_{eL}；只呈现单一屈服（呈现屈服平台）状态时，测定下屈服强度 R_{eL}；如无异议可仅测定下屈服强度 R_{eL}。

b.2　相关产品标准中规定了要求测定屈服强度，但材料在实际试验时并不呈现明显屈服（即不连续屈服）状态，此种情况材料不具有可测的上屈服强度 R_{eH} 和下屈服强度 R_{eL} 性能。遇此种情况，建议测定规定塑性延伸强度（$R_{p0.2}$），并注明"无明显屈服"。

b.3　如材料屈服期间力既不下降或也不是保持恒定，而是呈缓慢增加，只要能分辨出力在增加，尽管增加的量不大，这种状态判定为无明显屈服状态。

b.4　仲裁试验应采用图解方法（图 5-1-1）。

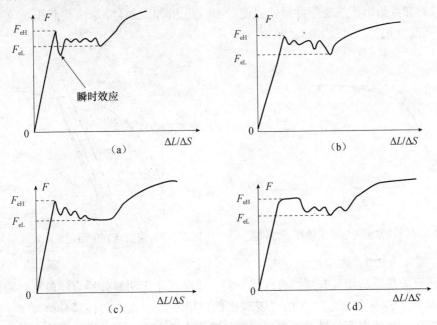

图 5-1-1　屈服强度图示

5.1.1.6　规定塑性延伸强度（R_p）的测定

规定塑性延伸强度是指塑性延伸率等于规定的引伸计标距 L_e 百分率时对应的应力。例如：$R_{p0.2}$ 表示规定塑性延伸率为 0.2% 时的应力。

a　R_p 测定方法 1：常规平行线方法

常规平行线方法适用于具有明显弹性直线段的材料测定规定塑性延伸强度。这种方法采用图解法（包括自动测定方法），引伸计标距 $L_e \geqslant 1/2L_0$，引伸计应为 1 级或优于 1 级准确度。

试验时记录力-延伸曲线或采集力-延伸数据，直至超过规定塑性延伸强度。然后，在力

-延伸曲线上，经过延伸轴上等于 $\varepsilon_p L_e$ 的 C 点作平行于曲线的弹性直线段 OA 的平行线 CB，交曲线于 B 点，B 点对应的力为所求测的规定塑性延伸力（图 5-1-2），此力除以试样原始横截面积 S_0 便得到规定塑性延伸强度（R_p）。

b R_p 测定方法 2：滞后环方法

此法仅适用于不具有明显弹性直线段的材料测定规定塑性延伸强度（R_p），对于具有明显弹性直线段情况，不应采用此方法，应采用"常规平行线方法"。采用滞后环方法测定时，测力系统的准确度、引伸标距、引伸计准确度等级和试验速率等要求与"常规平行线方法"相同。

采用滞后环方法测定规定塑性延伸强度（R_p）的程序是，对试样连续施力，同时记录力-延伸曲线或采集力-延伸数据，施力到超过预期的规定塑性延伸强度点后卸力至已达到的力的 10% 左右，接着再施力直至进入力-延伸曲线的包迹线范围。在正常的情况下，会在施力线与再卸力线构成一个完整的滞后环（图 5-1-3）。通过滞后环的两端点划一直线，然后经过延伸轴上与曲线原点的距离等 $\varepsilon_p L_e$ 的 C 点作平行于这一直线的平行线 CB，平行线与力-延伸曲线的交点给出了规定塑性延伸强度的力。此力除以试样原始横截面积 S_0 便得到规定塑性延伸强度（R_p）。

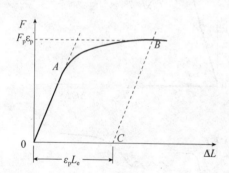

图 5-1-2 平行线方法测定规定塑性延伸强度

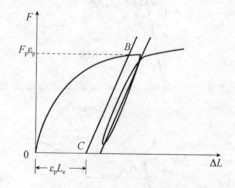

图 5-1-3 滞后环方法测定规定塑性延伸强度 R_p

c R_p 测定方法 3：逐步逼近方法

逐步逼近方法既适用具有弹性直线段材料，也适用于无明显弹性直线段材料测定规定塑性延伸强度 R_p。这种方法是建立在"表观比例极限不低于规定塑性延伸强度 $R_{p0.2}$ 的一半"的假定，对于常见的金属材料是近似真实的，现国内已有不少自动测定系统中采用的是这一方法。采用滞后环方法测定时，测力系统的准确度、引伸标距、引伸计准确度等级和试验速率等要求与"常规平行线方法"相同。

试验时对试样连续施力，记录力-延伸曲线或采集力-延伸数据，直至超过预期的规定塑性延伸强度点（实际上可以直至最大力点）。

在力-延伸曲线上任意估取 A_0 点拟为规定塑性延伸率等于 0.2% 时的力 $F_{p0.2}^0$，在曲线上分别确定为 $0.1 F_{p0.2}^0$ 和 $0.5 F_{p0.2}^0$ 的 B_1 和 D_1 两点，作直线 $B_1 D_1$。从曲线原点 O（必要时进行原点修正）起截取 OC 段（OC = 0.2% L_e），过 C 点作平行于 $B_1 D_1$ 平行线 CA_1 交曲线于 A_1 点。如 A_1 与 A_0 重合，即 $F_{p0.2}^0$ 为相应于规定塑性延伸率为 0.2% 时的力。

如 A_1 未与 A_0 重合，需要按照上述步骤进行进一步逼近。此时，取 A_1 点的力 $F_{p0.2}^1$，在曲线上分别确定力为 $0.1F_{p0.2}^{1}$ 和 $0.5F_{p0.2}^{1}$ 的 B_2 和 D_2 两点，作直线 B_2D_2。过 C 点作平行于
B_2D_2 平行线 CA_2 交曲线于 A_2 点，如此逐步
逼近，直至最后一次得到交点 A_n 与前一次
的交点 A_{n-1} 重合（图 5-1-4）。A_n 的力即为
规定塑性延伸率达 0.2% 时的力。此力除以
试样原始横截面积得到测定的规定塑性延伸
强度 $R_{p0.2}$。

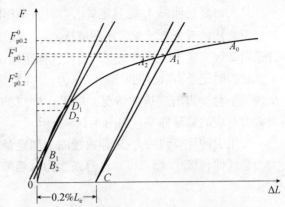

图 5-1-4　逐步逼近法测定规定塑性延伸强度

　　d　规定塑性延伸强度 R_p 测定时应注意
的问题

　　d.1　当材料呈现无明显屈服状态时，
应测定规定塑性延伸强度 R_p；当材料呈现
明显屈服状态时，应测定上和下屈服强度或
下屈服强度。判别连续屈服的基本原则是：
试验时当试样从弹性进入塑性屈服变形状态阶段，如果力仍然保持持续增加状态，即使增加
很小（只要试验仪器能分辨或显示出），则属于无明显屈服状态，此时应测定规定塑性延伸
强度 R_p。

　　d.2　相关产品标准应说明规定塑性延伸的百分率。如果在产品标准中没有规定或得到
客户的同意，在不连续屈服期间或之后测定规定塑性延伸强度是不合适的。

　　d.3　按照规定塑性延伸强度的定义，规定塑性延伸强度是与规定塑性延伸率对应的应
力。因此，不管在达到规定塑性延伸强度之前是否有高于它的应力出现，均以与规定塑性延
伸率对应的应力为规定塑性延伸强度。

　　d.4　在使用自动处理装置（如微机处理器等）或自动测试系统测定规定塑性延伸强度
时，可以不绘制力-延伸曲线图。

5.1.1.7　抗拉强度（R_m）的测定

　　对于无明显屈服（不连续屈服）的金属材料，其抗拉强度 R_m 为试验期间的最大力除以
试样原始横截面积 S_0 之商 [图 5-1-5（a）]。

　　对于有不连续屈服的金属材料，其抗拉强度 R_m 为在屈服强度或规定塑性延伸强度测定
后，在加工硬化开始之后，试样所承受的最大力除以试样原始横截面积 S_0 之商 [图
5-1-5（b）]。

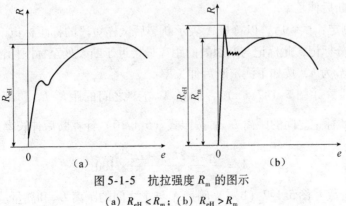

图 5-1-5　抗拉强度 R_m 的图示

（a）$R_{eH} < R_m$；（b）$R_{eH} > R_m$

401

5.1.1.8 最大力总延伸率（A_{gt}）的测定

最大力总延伸率 A_{gt} 是测定最大力时原始标距的总延伸（弹性延伸加塑性延伸）与引伸计标距之比的百分率。常采用图解法测定，试验速率要求与测定抗拉强度 R_m 的相同，引伸计采用 2 级或优于 2 级准确度，引伸计标距建议等于或近似等于试样标距 L_0。

试验时记录力-延伸曲线或采集力-延伸数据，直至过了最大力点。有些材料在最大力时呈现一平台，当出现这种情况，取平台中点的最大力对应的总延伸率，如图 5-1-6 所示。

在用引伸计得到的力-延伸曲线图上测定最大力总延伸，按式（5-1-9）计算最大力总延伸率：

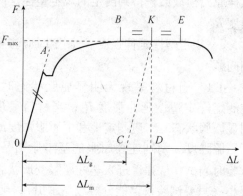

$$A_{gt} = \frac{\Delta L_m}{L_e} \times 100 (5\text{-}1\text{-}9)$$

式中　L_e——引伸计标距，mm；

　　　ΔL_m——最大力下的延伸，mm。

5.1.1.9 断后伸长率（A）的测定

图 5-1-6　最大力总延伸率和最大力塑性延伸率

断后伸长率 A 是试样拉伸的断后标距的残余伸长（$L_u - L_0$）与原始标距（L_0）之比的百分率。对于比例试样，若比例系数 $k \neq 5.65$，符号 A 应附以下脚注说明所使用的比例系数，例如 $A_{11.3}$。对于非比例试样，符号 A 应附其脚注说明所使用的原始标距，例如 A_{80mm} 表示原始标距为 80mm 的断后伸长率。

试验前，在试样的平行长度上居中部位标记试样标距 L_0，精确到 ±1%。将试样原始标距细分为 5mm（推荐）到 10mm 的 N 等份（目的是能够在断裂位置超出中间 $1/3L_0$ 区域外采用"位移法"测定断后伸长率而避免报废试样）。

试样拉断后，应将试样断裂部分仔细地配接在一起使其轴线处在同一直线上，并采取适当措施（如通过螺丝施加压力）确保试样断裂部分适当接触后测量试样断后标距 L_u。应使用分辨力足够的量具或测量装置测定断后伸长量（$L_u - L_0$），并精确到 ±0.25mm。

a　手工测定方法：若试样断裂处距离最近标距标记的距离等于或大于 $1/3L_0$ 时，或者断后伸长率大于或等于规定值时（此时不管断裂位置处于何处测量都有效），直接测量两标距标记间的距离即为断后标距 L_u。若试样断裂处与最接近的标距标记的距离小于 $1/3L_0$ 时可采用位移法测定断后伸长率。

b　位移法测定：试验后，以符号 X 表示断裂后试样短段的标距标记，以符号 Y 表示断裂试样长段的等分标记，此标记与断裂处的距离最接近于断裂处至标距标记 X 的距离。如 X 与 Y 之间的分格数为 n，按如下测定断后伸长率：

如 $N - n$ 为偶数 [图 5-1-7（a）]，测量 X 与 Y 之间的距离 L_{XY} 和测量从 Y 至距离为 $\frac{N-n}{2}$ 个分格的 Z 标记之间的距离 L_{YZ}。按照式（5-1-10）计算断后伸长率：

$$A = \frac{L_{XY} + 2L_{YZ} - L_0}{L_0} \times 100 \qquad (5\text{-}1\text{-}10)$$

如 $N - n$ 为奇数 [图 5-1-7（b）]，测量 X 与 Y 之间的距离 L_{XY} 和测量从 Y 至距离分别为

$\dfrac{N-n-1}{2}$ 和 $\dfrac{N-n+1}{2}$ 个分格的 Z' 和 Z'' 标记之间的距离 L'_{YZ} 和 L''_{YZ}。按照式（5-1-11）计算断后伸长率：

$$A = \frac{L_{XY} + L_{YZ'} + L_{YZ''} - L_0}{L_0} \times 100 \qquad (5\text{-}1\text{-}11)$$

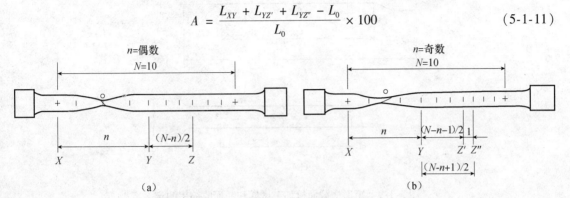

图 5-1-7　"位移法"测定断后伸长率

c　断裂时刻原始标距的总延伸（弹性延伸加塑性延伸）与引伸计标距 L_c 之比的百分率如图 5-1-8 所示。

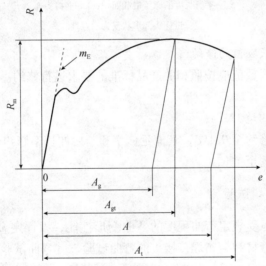

图 5-1-8　延伸的定义

A—断后伸长率；A_g—最大力塑性延伸率；A_{gt}—最大力总延伸率；A_t—断裂总延伸率；

e—延伸率；m_E—应力-延伸率曲线上弹性部分的斜率；R—应力；R_m—抗拉强度

5.1.1.10　断面收缩率（Z）的测定

将试样断裂部分仔细地配接在一起，使其轴线处在同一直线上（图 5-1-9），断裂后最小横截面积的测量应精确到 ±2%。原始横截面积（S_0）与断后最小横截面积（S_u）之差除以原始横截面积（S_0）的百分率得到断面收缩率（Z），按照式（5-1-12）计算：

$$Z = \frac{S_0 - S_u}{S_0} \times 100 \qquad (5\text{-}1\text{-}12)$$

注：矩形横截面试样的断后最小横截面积以其最小厚度与最大宽度之积表示。

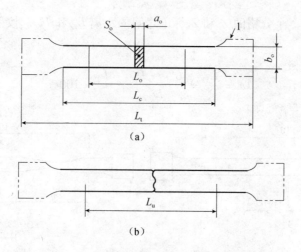

图 5-1-9　矩形横截面机加工试样和断面收缩率测定

(a) 试验前；(b) 试验后

a_o—板式样原始厚度或管壁原始厚度；b_o—板试样平行长度的原始宽度；L_o—原始标距；

L_c—平行长度；L_t—试样总长度；L_u—断后标距；

S_o—平行长度的原始横载面积；1—夹持头部

注：试样头部形状仅为示意性。

5.1.1.11　试验结果数值的修约

试验测定的性能结果数值应按照相关产品标准的要求进行修约。如未规定具体要求，应按照如下要求进行修约。

——强度性能值修约至 1MPa；

——屈服点延伸率修约至 0.1%，其他延伸率和断后伸长率修约至 0.5%；

——断面收缩率修约至 1%。

5.1.2　弯曲（冷弯）试验

通过检验金属材料承受规定弯曲程度的弯曲变形性能，以评定金属材料塑性变形能力。本节方法不适用于金属管材和金属焊接接头的弯曲试验，其弯曲试验由其他标准规定。

5.1.2.1　试验设备

弯曲试验应在配备下列弯曲装置之一的试验机或压力机上进行：

a　配有两个支辊和一个弯曲压头的支辊式弯曲装置，如图 5-1-10 所示；装置中支辊长度和弯曲压头的宽度应大于试样宽度或直径，弯曲压头的直径由产品标准规定。支辊和弯曲压头应具有足够的硬度。支辊间距离 l 除非另有规定外，应按照式（5-1-13）计算确定并在试验期间应保持不变。

$$l = (D + 3a) \pm \frac{a}{2} \qquad (5-1-13)$$

b　配有一个 V 型模具和一个弯曲压头的 V 型模具式弯曲装置，如图 5-1-11 所示；模具的 V 型槽其角度应为（180° − α），弯曲角度 α 应在相关产品标准中规定。

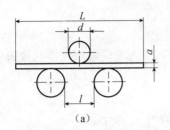
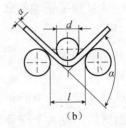

图 5-1-10   支辊式弯曲装置

V 型模具的支承棱边应倒圆，其倒圆半径应为（1～10）倍试样厚度。模具和弯曲压头宽度应大于试样宽度或直径并应具有足够的硬度。

c   虎钳式弯曲装置由虎钳及有足够硬度的弯曲压头组成，如图 5-1-12 所示，可以配置加力杠杆。弯曲压头直径应按照相关产品标准要求，弯曲压头宽度应大于试样宽度或直径。

由于虎钳左端面的位置会影响测试结果，因此虎钳的左端面（图 5-1-12）不能达到或者超过弯曲压头中心垂线。

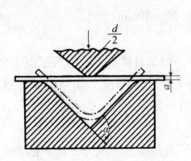

图 5-1-11   V 型模具式弯曲装置

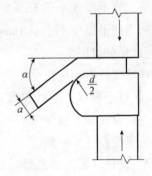

图 5-1-12   虎钳式弯曲装置

d   也可使用符合弯曲试验原理的其他弯曲装置（如翻板式弯曲装置等，图 5-1-13）。

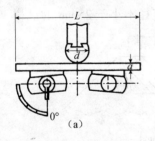
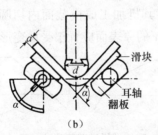
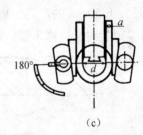

图 5-1-13   翻板式弯曲装置

5.1.2.2   试样

a   一般要求

试验使用圆形、方形、矩形或多边形横截面的试样。样坯的切取位置和方向应按照相关产品标准的要求。如未具体规定，对于钢产品，应按照 GB/T 2975《钢及钢产品 力学性能试验取样位置及试样制备》标准的要求。

试样应去除由于剪切或火焰切割或类似的操作而影响了材料性能的部分。如果试验结果不受影响，允许不去除试样受影响的部分。

b 矩形试样的棱边

试样表面不得有划痕和损伤。方形、矩形和多边形横截面试样的棱边应倒圆，倒圆半径不能超过以下数值：

——1mm，当试样厚度小于10mm；

——1.5mm，当试样厚度大于或等于10mm且小于50mm；

——3mm，当试样厚度不小于50mm。

棱边倒圆时不应形成影响试验结果的横向毛刺、伤痕或刻痕。如果试验结果不受影响，允许试样的棱边不倒圆。

c 试样的宽度

试样宽度应按照相关产品标准的要求，如未具体规定，应按照以下要求：

c.1 当产品宽度不大于20mm时，试样宽度为原产品宽度；

c.2 当产品宽度大于20mm时：

——当产品厚度小于3mm时，试样宽度为（20±5）mm；

——当产品厚度不小于3mm时，试样宽度在20~50mm之间。

d 试样的厚度

试样厚度或直径应按照相关产品标准的要求，如未具体规定，应按照以下要求：

d.1 对于板材、带材和型材，试样厚度应为原产品厚度。如果产品厚度大于25mm，试样厚度可以机加工减薄至不小于25mm，并保留一侧原表面。弯曲试验时，试样保留的原表面应位于受拉变形一侧。

d.2 直径（圆形横截面）或内切圆（多边形横截面）不大于30mm的产品，其试样横截面应为原产品的横截面。对于直径或多边形横截面内切圆直径超过30mm但不大于50mm的产品，可以将其机加工成横截面内切圆直径不小于25mm的试样。直径或多边形横截面内切圆直径大于50mm的产品，应将其机加工成横截面内切圆直径不小于25mm的试样（图5-1-14）。试验时，试样未经机加工的原表面应置于受拉变形的一侧。

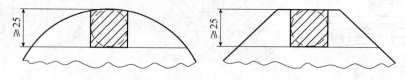

图5-1-14 减薄试样横截面形状与尺寸（mm）

e 锻材、铸材和半产品的试样

对于锻材、铸材和半产品，其试样尺寸和形状应在交货要求或协议中规定。

f 大厚度和大宽度试样

经协议，可以使用大于c条规定宽度和d条规定厚度的试样进行试验。

g 试样的长度

试样长度应根据试样厚度（或直径）和所使用的试验设备确定。

5.1.2.3　试验程序

a　在弯曲试验过程中应采取足够的安全措施和防护装置，试验一般在 10～35℃ 的室温范围内进行，对温度要求严格的试验，试验温度应为（23±5）℃。

b　按照相关产品标准规定，采用下列方法之一完成试验：

b.1　试样在给定的条件和力作用下弯曲至规定的弯曲角度（图 5-1-10、图 5-1-11、图 5-1-12）；

b.2　试样在力作用下弯曲至两臂相距规定距离且相互平行（图 5-1-16）；

b.3　试样在力作用下弯曲至两臂直接接触（图 5-1-17）。

c　试样弯曲至规定弯曲角度的试验，应将试样放于两支辊（图 5-1-10）或 V 形模具（图 5-1-11）上，试样轴线应与弯曲压头轴线垂直，弯曲压头在两支座之间的中点处对试样连续施加力使其弯曲，直至达到规定的弯曲角度。弯曲角度 α 可以通过测量弯曲压头位移计算得出，详见 5.1.2.4 节。

可以采用图 5-1-12 所示的方法进行弯曲试验，试样一端固定，绕弯曲压头进行弯曲，可以绕过弯曲压头，直至达到规定的弯曲角度。

弯曲试验时，应当缓慢地施加弯曲力，以使材料能够自由地进行塑性变形。当出现争议时，试验速率应为（1±0.2）mm/s。

使用上述方法如不能直接达到规定的弯曲角度，可将试样置于两平行压板之间（图 5-1-15），连续施加力压其两端使进一步弯曲，直至达到规定的弯曲角度。

d　试样弯曲至两臂相互平行的试验，首先对试样进行初步弯曲，然后将试样置于两平行压板之间（图 5-1-15），连续施加力压其两端使进一步弯曲，直至两臂平行（图 5-1-16）。试验时可以加或不加内置垫块，垫块厚度等于规定的弯曲压头直径，除非产品标准中另有规定。

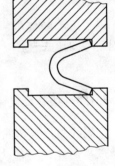

图 5-1-15　试样置于两平行压板之间

e　试样弯曲至两臂直接接触的试验，首先对试样进行初步弯曲，然后将试样置于两平行压板之间，连续施加力压其两端使进一步弯曲，直至两臂直接接触（图 5-1-17）。

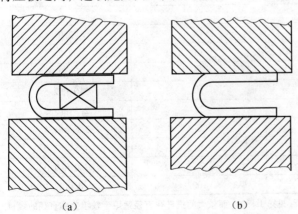

（a）　　　　　　　　　（b）

图 5-1-16　试样弯曲至两臂平行

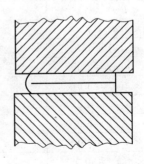

图 5-1-17　试样弯曲至两臂直接接触

5.1.2.4 通过测量弯曲压头位移测定弯曲角度的方法

试样在压力作用下,通过测量弯曲压头位移 f 计算弯曲角度 α,其参考值如图 5-1-18 所示,计算公式如下:

$$\sin\frac{\alpha}{2} = \frac{p \cdot c + W \cdot (f - c)}{p^2 + (f - c)^2} \quad (5\text{-}1\text{-}14)$$

$$\cos\frac{\alpha}{2} = \frac{W \cdot p - c \cdot (f - c)}{p^2 + (f - c)^2} \quad (5\text{-}1\text{-}15)$$

$$W = \sqrt{p^2 + (f - c)^2 - c^2} \quad (5\text{-}1\text{-}16)$$

$$c = 25 + a + \frac{D}{2} \quad (5\text{-}1\text{-}17)$$

5.1.2.5 试验结果评定

弯曲试验后应按照相关产品标准的要求进行结果评定。如未规定具体要求,弯曲试验后不使用放大仪器观察,试样弯曲外表面无肉眼可见裂纹应评定为合格。

以相关产品标准规定的弯曲角度作为最小值;若规定弯曲压头直径,以规定的弯曲压头直径作为最大值。

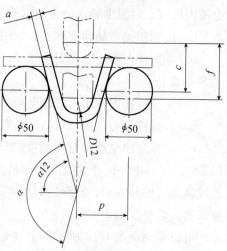

图 5-1-18 弯曲角度 α 的计算参数
示意图(mm)

5.1.3 线材反复弯曲试验

金属线材反复弯曲试验适用于检验直径或厚度为 0.3 ~ 10.0mm 的金属线材,在反复弯曲中承受塑性变形能力的测定方法。它是将试样一端固定,绕规定半径的圆柱支座弯曲 90°,再沿相反方向弯曲的重复弯曲试验。

5.1.3.1 试验设备及试样要求

a 金属线材反复弯曲试验机:其制造尺寸及允许偏差应符合表 5-1-7 的规定。

表 5-1-7 尺寸和偏差(mm)

线材公称直径或厚度 $d(a)$	弯曲圆弧半径 r	距离 h	拨杆孔直径 d_g
$0.3 \leqslant d(a) \leqslant 0.5$	1.25 ± 0.05	15	2.0
$0.5 < d(a) \leqslant 0.7$	1.75 ± 0.05	15	2.0
$0.7 < d(a) \leqslant 1.0$	2.5 ± 0.1	15	2.0
$1.0 < d(a) \leqslant 1.5$	3.75 ± 0.1	20	2.0
$1.5 < d(a) \leqslant 2.0$	5.0 ± 0.1	20	2.0 和 2.5
$2.0 < d(a) \leqslant 3.0$	7.5 ± 0.1	25	2.5 和 3.5
$3.0 < d(a) \leqslant 4.0$	10 ± 0.1	35	3.5 和 4.5
$4.0 < d(a) \leqslant 6.0$	15 ± 0.1	50	4.5 和 7.0
$6.0 < d(a) \leqslant 8.0$	20 ± 0.1	75	7.0 和 9.0
$8.0 < d(a) \leqslant 10.0$	25 ± 0.1	100	9.0 和 11.0

注:较小的拨杆孔直径适用于较细公称直径的线材(见第 1 栏),而较大的拨杆孔直径适用于较粗公称直径的线材。
　　对于在第 1 栏所列范围直径,应选择合适的拨杆孔直径以保证线材在孔内自由运动。

b　试样应尽可能平直；在其弯曲平面内允许有轻微的弯曲，必要时可用手矫直。

5.1.3.2　试验步骤

a　试验应在 10～35℃ 的室温范围内进行，对温度严格要求的试验，试验温度应为 (23 ± 5)℃。

b　按照表 5-1-7 所列的线材尺寸选择弯曲圆弧半径 r、弯曲圆弧顶部拨杆底面的距离 h 以及拨杆孔径 d_g。

c　使反复弯曲试验机的弯曲臂处于垂直位置，将试样下端用夹块夹紧，使试样垂直于圆柱支座轴线。

d　非圆柱形试样的夹持方式，应使其较大尺寸平行或近似平行于夹持面，如图 5-1-19 所示。

e　为确保试样与弯曲圆弧在试验时能良好接触，可施加某种形式的张紧力，除非相关产品标准中另有规定，施加的张紧力不得超过试样公称抗拉强度相对应力值的 2%。

f　操作应平稳而无冲击。弯曲速度每秒不超过一次，但要防止温度升高而影响试验结果。

g　弯曲试验是将试样弯曲 90° 再向相反方向交替进行；将试样自由端弯曲 90°，再返回至起始位置作为第一次弯曲（图 5-1-20）；再由起始位置向左（右）弯曲 90 依次连续反复弯曲。试样折断时的最后一次弯曲不计。

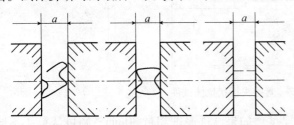
图 5-1-19　非圆柱形试样夹持示意图

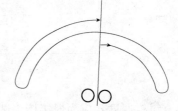
图 5-1-20　反复弯曲示意

h　弯曲试验应连续进行到有关标准中所规定的弯曲次数或肉眼可见的裂纹为止；或者如相关产品标准规定，连续试验至试样完全断裂为止。

5.1.4　板状和管状试件的焊接接头拉伸试验

适用于板状试件、管状试件和抗剪试件焊接接头的拉伸试验。钢筋原尺寸的各种焊接接头（包括机械接头）拉伸试验详见本章第 5.1.1 节。

5.1.4.1　试样及其制备

a　每个试样均应做好标记，以识别它在被截试件中的准确位置，且焊缝轴线应位于试样平行长度的中心。

b　试样应采用机械加工或磨削方法制备，要注意防止表面应变硬化或材料过热。在受试长度 l 范围内，表面不应有横向刀痕或划痕。

c　若相关标准或产品技术条件无规定，则试样表面应用机械方法去除焊缝余高，使与母材原始表面齐平。焊接接头拉伸试样的形状分为板形、整管和圆形三种。应根据试验要求予以选用；板状接头试件如图 5-1-21 所示，管接头的板状试件如图 5-1-22 所示。

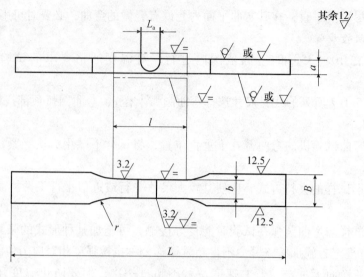

图 5-1-21　板状焊接接头拉伸试件

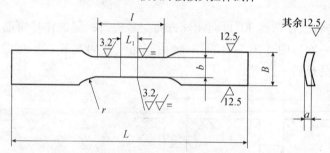

图 5-1-22　管接头板状拉伸试件

通常试样厚度 a 应为焊接接头试件厚度。如果试件厚度超过 30mm，则可从接头不同厚度区取若干试样以取代接头全厚度的单个试样，但每个试样的厚度应不小于 30mm，且所取试样应覆盖接头的整个厚度。在这种情况下，应当标明试样在焊接试件厚度中的位置。

d　外径≤18mm 的管接头，如图 5-1-23 所示取整管拉伸试样，为使试验顺利进行，可制作塞头，以利夹持。棒材接头选用图 5-1-24 所示圆形试样。

e　抗剪负荷：试样点焊处在断裂前承受的最大剪切负荷，以 $P_\tau(\mathrm{N})$ 表示。点焊接头抗剪试样形状及尺寸应符合图 5-1-25 所示。

5.1.4.2　试验流程与结果计算

a　试验所涉及的试验仪器、试验条件、试验方法及结果计算，按照本章第 5.1.1 条钢材拉伸试验进行。

b　根据试验要求，测定抗拉强度 σ_b 或抗剪负荷 P_τ。

插进管子每端的塞头

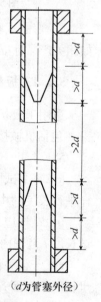

（d 为管塞外径）

图 5-1-23　整管接头拉伸试件

c 应根据相应的标准或产品技术条件对试验结果进行评定。

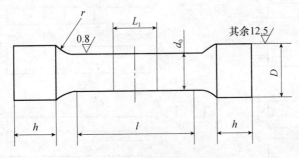

图 5-1-24　圆形拉伸试件

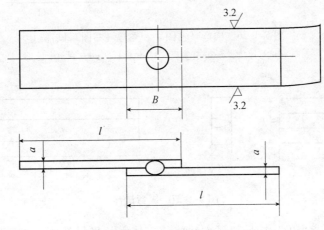

图 5-1-25　点焊接头抗剪试样

5.1.5　板状和管状试件的焊接接头弯曲试验

适用于板状试件和管状试件，钢筋原尺寸的各种焊接弯曲试验详见本章 5.1.2 节。

5.1.5.1　术语

a 横弯：焊缝轴线与试样纵轴垂直时的弯曲。

b 纵弯：焊缝轴线与试样纵轴平行时的弯曲。

c 正弯：试样受拉面为焊缝正面的弯曲。双面不对称焊缝，正弯试样的受拉面为焊缝最大宽度面；双面对称焊缝，先焊面为正面。

d 背弯：试样受拉面为焊缝背面的弯曲。

e 侧弯：试样受拉面为焊缝纵剖面的弯曲。

5.1.5.2　试样及其制备

a 样坯可从试件上截取。横弯试样应垂直于焊缝轴线截取，机械加工后，焊缝中心线应位于试样长度的中心。纵弯试样应平行于焊缝轴线截取，机械加工后，焊缝中心线应位于试样宽度的中心。

b 在试样整个长度上都应具有恒定形状的横截面。其形状应分别符合图 5-1-26（横弯）或图 5-1-27（纵弯）的规定。横弯和纵弯试样又分为正弯和背弯。

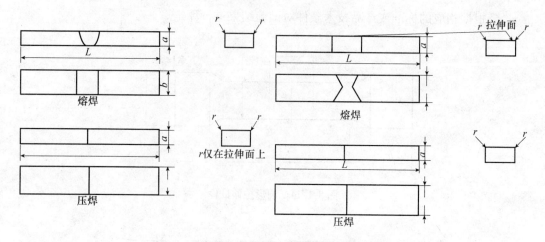

图 5-1-26　横弯（左图）和侧弯（右图）试样

a—试样厚度；b—试样宽度；L—试样长度；r—圆角半径

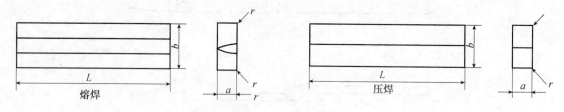

图 5-1-27　纵弯试样

c　焊缝的正、背表面均应用机械方法修整，使之与母材的原始表面齐平。但任何咬边均不得用机械方法去除，除非产品标准中另有规定。

d　横向正弯和背弯试样的尺寸

对于板材试件，试样的宽度 b 应不小于厚度 a 的 1.5 倍，至少为 20mm。

对于管材试件，试样的宽度 b 应为：管直径 ≤50mm 时，b 为 $S + 0.1D$（最小为 8mm）；管直径 >50mm 时，b 为 $S + 0.05D$（最小为 8mm，最大为 40mm）；式中 S 为管壁厚度，D 为管子外径。当管径 $D > 25 \times S$（管壁厚）时，试样的截取按板要求。

通常试样厚度 a 应为焊接接头试件厚度。如果试件厚度超过 20mm，则可从接头不同厚度区取若干试样以取代接头全厚度的单个试样，但每个试样的厚度应不小于 20mm，且所取试样应覆盖接头的整个厚度。在这种情况下，应当标明试样在焊接试件厚度中的位置。

e　侧弯试样的尺寸：试样厚度 a 应大于或等于 10mm，宽度 b 应当等于靠近焊接接头的母材的厚度。当原接头试件的厚度超过 40mm 时，则可从接头不同厚度区取若干试样以取代接头全厚度的单个试样，但每个试样的宽度 b 在 20～40mm 范围内，这些试样应覆盖接头的全厚度。在这种情况下，应当标明试样在焊接接头厚度中的位置。

f　纵弯试样的尺寸：试样的尺寸见表 5-1-8。如果接头厚度超过 20mm 或试验机功率不够，可将试样受压面一侧加工至 20mm。

表 5-1-8　纵弯试样的尺寸（mm）

试样厚度 a	试件宽度 b	试件长度 L	拉伸面棱角 r
≤6	20	180	0.2a
>6 ~ ≤10	30	200	0.2a
>10 ~ 20	50	250	0.2a

5.1.5.3　试验流程

a　在进行此试验时，将试样放在两个平行的辊子支承上，在跨距中间，垂直于试样表面施加集中荷载（三点弯曲），使试样缓慢连续地弯曲（图 5-1-28）。

b　压头的直径 D 应符合有关标准和技术条件要求。

c　支承辊之间的距离 l 不应大于 D+3a。

d　当弯曲角 α 达到使用标准中规定的数值时，试验便告完成。试验后检查试样拉伸面上出现的裂纹或焊接缺陷的尺寸及位置。

试验所涉及的试验仪器、试样尺寸测定、试验条件等均应符合 GB 232《金属材料弯曲试验方法》的规定。

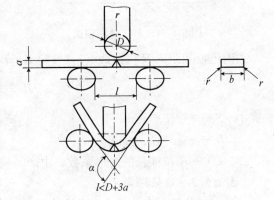

图 5-1-28　圆形压头弯曲试验

5.1.6　焊接钢管压扁试验

5.1.6.1　试件

环焊缝和纵焊缝的小直径管接头，其压扁试样的形状和尺寸应符合图 5-1-29 及图 5-1-30的规定。管接头的焊缝余高用机械方法去除，使之与母材原始表面齐平。

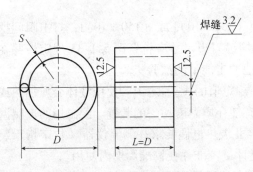

图 5-1-29　环缝压扁试样

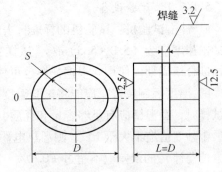

图 5-1-30　纵缝压扁试样

5.1.6.2　检测流程

试验一般应在 10 ~ 35℃ 的室温范围内进行。对要求在控制条件下进行的试验，其试验温度应为（23 ± 5）℃。

环焊缝管接头压扁试验如图 5-1-31 所示，环焊缝应位于加压中心线上。纵焊缝压扁试验如图 5-1-32 所示。纵焊缝应位于与作用力相垂直的半径平面内。

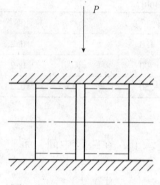

图 5-1-31　环焊缝压扁试验

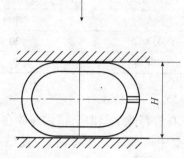

图 5-1-32　纵焊缝压扁试验

两压板间距离 H 值按式（5-1-18）计算：

$$H = \frac{(1 + e)S}{e + S/D} \qquad\qquad (5-1-18)$$

式中　S——管壁厚，mm；

　　　D——管外径，mm；

　　　e——单位伸长的变形系数，由产品规范规定。

5.1.6.3　结果评定

压扁试验时，当管接头外壁距离压至 H 值时，检查焊缝拉伸部位有无裂纹或焊接缺陷，其尺寸按相应标准或产品技术条件评定。

5.1.7　冲击试验

冲击韧性是钢在瞬间动荷载作用下，抵抗破坏的能力。钢的冲击韧性是用摆冲法检测的，该法是用规定高度的摆锤对处于简支梁状态的缺口试件进行一次性打击，测量试件折断时的冲击吸收功。

5.1.7.1　试验设备

a　冲击试验机：试验机的标准打击能量为（300±10）J 或（150±10）J，打击瞬间摆锤的冲击速度应为（5.0~5.5）m/s，试样支座及摆锤刀刃尺寸应符合图 5-1-33 规定，并在计量校准合格周期内使用。根据需要也可使用其他冲击能量的试验机。

b　温度控制装置：应能将试验温度稳定在规定值的 ±2℃ 之内。使用液体介质加热或冷却试样时，恒温槽应有足够容量和介质，并应有使介质温度均匀的装置。测温用的玻璃温度计最小分度值应不大于 1℃，测温热电偶应符合 Ⅱ 级热电偶要求；测温仪器（数字指示装置或电位差计）的误差应不超过 ±0.1%，应经过计量校准并在校准周期内使用。

c　缺口尺寸测量装置：放大倍数不低于 30 倍的投影仪，最好具有刻度尺或缺口专用模板。

5.1.7.2　试验步骤

a　试验之前应检查摆锤空打时被动指针的回零值；回零差不应超过最小分度值的四分之一。

b　检查试样尺寸，标准试样尺寸如图 5-1-34 所示，其量具最小分度值应不大于 0.02mm。通过宏观腐蚀来确定缺口位置。

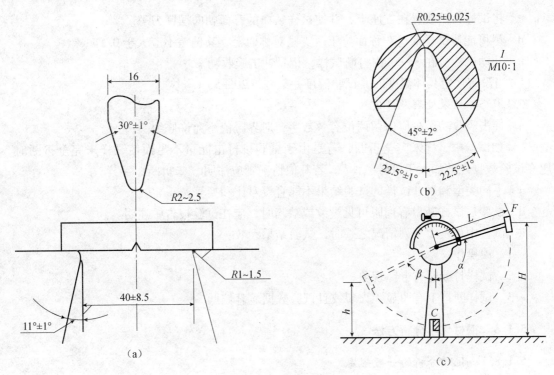

图 5-1-33　钢材冲击试验

（a）冲击试件装置；（b）夏氏 V 型缺口；（c）冲击试验原理

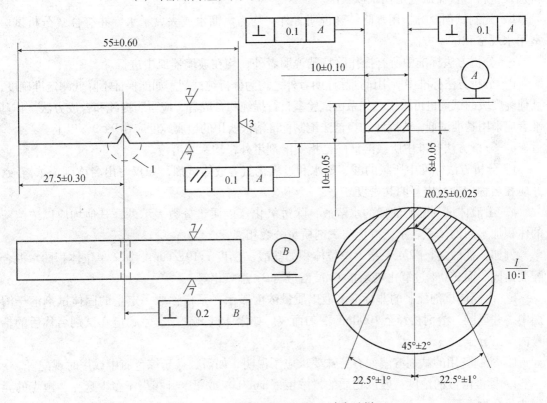

图 5-1-34　标准夏氏 V 型缺口冲击试样

c 将试样紧贴放置在支座上，并使试样缺口的背面朝向摆锤刀刃。

d 尽可能使试样缺口对称面位于两支座对称面上，其偏差不应大于 0.5mm。

e 开动试验机在 3～5s 内打断试样，记录冲击吸收功。

f 当没有规定具体温度时，试验温度一般为 （20±5）℃。

5.1.7.3 结果处理及评定

a 冲击吸收功至少应保留两位有效数字，对界限值不允许修约。

b 如试验中试样未完全折断，若是由于试验机打击能量不足而使试样未完全折断时，应在试验数据之前加大于符号"＞"；若其他情况则应注明"未折断"字样。

c 不同类型和尺寸试样的试验结果不能直接对比和换算。

d 试验后试样断口有肉眼可见裂纹或缺陷时，应在试验报告中注明。

e 试验中如发生下列情况之一时，试验结果无效：

e.1 误操作；

e.2 试样打断时有卡锤现象；

e.3 试样断口上有明显淬火裂纹且试验数据显著偏低。

5.1.8 钢材化学分析方法

5.1.8.1 化学分析的一般规定

a 所用分析天平除特殊说明者外，其感量应达到 0.1mg。分析天平、砝码及容量器皿特别是塑料容量器皿应定期予以校准。

b 配制试剂及分析用水除特殊说明者外，均为蒸馏水或去离子水，并符合《分析试验室用水规格和试验方法》。

c 分析方法标准中所有操作除特殊说明者外，均在玻璃器皿中进行。

d 分析方法标准中所用试剂除注明者外，均为分析纯试剂。如能保证不降低测定准确度，其他纯度级的试剂也可采用。如系由试验室自行提纯和合成者，应写明提纯和合成方法。作基准者应采用基准试剂，光度法和极谱法配制标准溶液所用的金属纯度应在 99.9% 以上。

e 分析方法标准中所载溶液除已指明溶剂者外，均系水溶液。

f 分析方法标准中所载的酸、氨水和过氧化氢等液体试剂，如仅写出名称则为浓溶液，并应在名称后括号内写明其密度。

g 由液体试剂配制的稀的水溶液，除过氧化氢以质量分数表示外，其他均应以浓溶液的体积加水后的体积表示，以免与试剂质量分数相混。

例如，盐酸（1+2）系指 1 单位体积的盐酸（密度 1.19g/cm^3）加 2 单位体积的水混合配制而成。而 3.0% 过氧化氢系指 100g 溶液含 3g 过氧化氢。

h 由固体试剂配制的非标准溶液以质量浓度表示，系指称取一定量的固体试剂溶于溶剂中，并以同一溶剂稀释至 1000mL 混匀而成。如固体试剂含结晶水，应在试剂名称后的括号内写出分子式。

i 配制备用的试剂溶液如有特殊要求应予说明，如需贮存于棕色瓶中或用时现配等。

j 标准溶液的浓度一般以物质的量浓度（mol/L）或每毫升相当于多少毫克、微克的元素或化合物表示。

k　需标定的标准溶液应在标准溶液名称及配制方法的下面写出标定方法、标定份数及允许的极差值（超过此值时，不能取平均值，须重新取同样份数再标定）。

l　分析方法标准中分光光度法、极谱法所用稀标准溶液，应在用时以浓标准溶液稀释配制而成。

m　易燃、易爆、易灼伤、毒性大的试剂要特别注意安全使用，如氢氟酸、高氯酸、汞、铍、氰化物、苯、甲苯、过氧化氢等。

n　分析方法标准中所载热水或热溶液系指其温度在 60℃ 以上；温水或温溶液系指其温度在 40～60℃；常温系指其温度在 15～25℃；冷处理系指 1～15℃。

o　分析方法标准中所载"干过滤"系指将溶液用滤纸、干燥漏斗过滤于干燥的容器中。干过滤均应弃去最初滤液。

p　分析方法标准中所载的"灼烧或烘干至恒量"系指经连续两次灼烧或烘干并于干燥器中冷至室温后，两次称量之差不超过 0.3mg。

q　分析方法标准中称量法计算公式中的换算因数，容量法的滴定度或滴定用标准溶液的物质的量浓度的有效数字一般均用四位有效数字。

5.1.8.2　钢样的制备

a　样品

a.1　采用的取样方法应保证分析试样能代表所抽样产品的化学成分具有良好的均匀性，其不均匀性应不对分析产生显著偏差。

a.2　分析试样应去除表面涂层、除湿、除尘及除去其他形式的污染，并应尽可能避开空隙、裂纹、疏松、毛刺、折叠或其他表面缺陷。

a.3　原始样品的尺寸应足够大，以便进行复验或必要时使用其他的分析方法进行分析。

a.4　制备的分析试样的质量应足够大，以便可能进行必要的复验。对屑状或粉末状样品，其质量一般为 100g。

钢产品取样和制样程序示意图如下：

a.5　分析试样应给定唯一的标识，以便能识别出从抽样产品中取得的原始样品或分析试样的取样位置。

a.6　应该有适当的贮存设备用于单独保存分析试样。在分析试样的制备过程中和制备后，分析试样应该防止污染和化学变化，原始样品允许以块状形式保存，并应保存足够长的时间，以保证分析实验室管理的完整性。

a.7　样品用于仲裁时，分析试样的制备应由供需双方或他们的代表共同完成，制备分析试样时所使用的方法应予以记录。储存仲裁分析试样的容器应由供需双方或他们的代表一起密封，除非有不同意见，该容器由对样品制备负责任的任何一方的代表保存。

b　取样

在可能的情况下，原始样品或分析试样可以从按照产品标准中规定的取样位置取样，也可以从抽样产品中取得的用作力学性能试验的材料上取样。

对于轧制产品，应该在产品的一端沿轧制方向的垂直面上取得原始样品。对于型材，应从抽样产品上切取原始样品，其形状为片状。

c 制样

c.1 样品的前处理

应采用合适的方法去除样品表面的涂层、氧化层，使要被切削或钻取的金属表面完全外露，并应对样品采取保护措施防止化学成分发生变化。对金属表面油渍要使用适当的溶剂除油，但应保证除油的方法对分析结果的正确性不产生影响。

c.2 屑状分析试样

屑状分析试样是通过钻、切、车、冲等方法制取的，不应从受切割火焰的热影响部位取得。

制样过程中所使用的工具、机械、容器应该预先进行清洗，以防止对分析试样产生污染。

机械加工试样时不得使屑状物过热（如颜色发蓝或发黑），只有当屑状物能用适当的不残留溶剂清洗时，才能在机械加工过程中使用冷却剂。

机械加工出的屑状样品颗粒应该足够小，以避免或减少在制备分析试样时需要的再加工。对于非合金钢和低合金钢，屑状样品每块的质量约为10mg（每克100块），高合金钢则约为2.5mg（每克400块）。

c.3 粉末或碎粒状分析试样

不能用钻取方法制备屑状样品时，样品应该切小或破碎，可采用破碎机或振动磨粉碎。制取的粉末分析试样应该全部通过规定孔径的筛（如取5mm或2mm筛和50μm筛之间的试样）。

进行过筛操作时，应注意避免样品的污染和损失，且注意避免损坏筛的筛丝。

安全注意：当金属颗粒小于150μm时，可能有着火危险，在粉碎过程中应确保通风。

c.4 称取试样前应对制取的分析试样进行均匀化处理，通过搅拌混合能使样品均匀化。

d 制样部位

d.1 型材

制备屑状分析试样，应在原始样品的整个横截面区域铣取。当样品不适合铣取时，可用钻取，但对沸腾钢不推荐用钻取。最适合的钻取位置取决于截面形状，如下所述：

d.1.1 对称形状的型材（如方坯、圆坯和扁坯），在横截面上平行纵向的轴线方向钻取，位置在边缘到中心的中间部位［图5-1-35中（a）、（b）］；

d.1.2 复杂形状的型材，如角钢、T字钢、槽钢和钢梁，按图5-1-35中（c）、（d）、（e）、（f）和（g）所示位置钻取，钻孔周围至少留有1mm；

d.1.3 钢轨的取样是在轨头的边缘和中心线的中间位置钻一个20～25mm的孔来制取屑状样品［图5-1-17中（h）、（i）］。

在钻取端部或切取截面不合适的情况下，可以在垂直于主轴线的平面上钻取屑状样品。

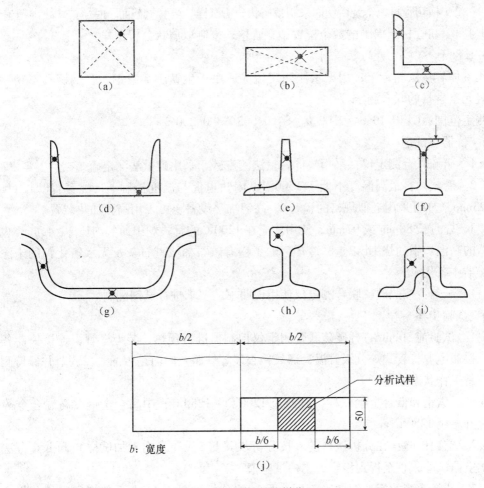

图 5-1-35　型钢的取样位置

d. 2　板材或板坯

在板材或板坯的中心线与外部边缘的中间位置，切取原始样品来制备合适尺寸的块状分析试样或屑状分析试样［在图 5-1-35 中（j）所示例的原始样品宽度为 50mm］。

d. 3　轻型材、棒材、盘条、薄板、钢带和钢丝

当抽样产品的横截面积足够充分时，横向切取一片作原始样品，再按 d. 1 制备分析试样。

当抽样产品的横截面积不够充分时，例如薄板、钢带、钢丝，通过将材料捆绑或折叠后切取适当长度，铣切全部折叠后的横截面来制备样品。

当薄板或钢带薄但有足够的宽度时，可在薄板或钢带的中心线与外部边缘之间的中央位置铣取全部折叠后的纵向或横向截面［如图 5-1-35 中（j）所示］来制备样品。

如果不知板材或带材的轧制方向，按直角的两个方向切取一定长度的样品，折叠后制取样品。

d. 4　管材

按下列方法之一进行取样：

d. 4.1　焊管在与焊缝成 90° 的位置取得原始样品；

d.4.2　横切管材，车铣横切面来制备屑状分析试样。当管材截面小时，铣切之前压扁管材；

d.4.3　在管材圆周围的数个位置钻穿管壁，来制取屑状分析试样。

5.1.8.3　碳硫元素的联合测定

用气体容量法测定碳，用碘量法测定硫。适用于生铁、碳素钢、合金钢和不锈钢中的碳、硫元素含量的联合测定。

测定范围：C：0.10% ~2.00% 、S：0.003% ~0.200% 。

a　仪器与试剂

a.1　碳硫联合测定仪：采用气体容量法测定碳，采用碘量法测定硫。

a.2　管式炉：最高温度不低于 1500℃ ，附热电偶与温度控制器；配套瓷管长 600mm、内径 23mm（亦可采用近似规格的瓷管）。高温加热设备也可采用高频加热装置。

a.3　瓷舟长 88mm 或 97mm，使用前应在 1200℃ 的管式炉中通氧灼烧 2 ~4min；也可于1000℃ 的高温炉中灼烧 1h 以上，冷却后贮于盛有碱石棉或碱石灰及无水氯化钙的未涂油脂的干燥器中备用。

a.4　试剂：按照碳硫联合测定仪使用说明书的要求进行试剂配制。

b　试验步骤

b.1　试验前 30min 打开碳硫联合测定仪控制器进行预热，装上瓷管，连接仪器各连接部位，接通电源将管式炉分级升温，通氧检查装置管路及阀门是否漏气。调节并保持测试装置在正常工作状态。

对铁、碳钢和低合金钢试样，升温至 1200℃ ~1250℃ ，中高合金钢、高温合金等难熔试样应升温至 1350℃ 。

b.2　空白试验：在分析试样前，按分析步骤 b.5（瓷舟内不加试样）和 b.6 方法反复做三次空白试验，直至得到稳定的空白试验值（X_{C_0} 和 X_{S_0}）。

b.3　选择适当的标准钢样（不同含量）按分析步骤 b.4 ~ b.6 的规定进行分析，以检查仪器装置是否正常，并用标准钢样试验得到相应 C 读数（X_{C_i}）和 S 读数（X_{S_i}）。

b.4　试料量见表 5-1-9。

表 5-1-9　试料量

碳含量（质量分数)/%	试料量/g
0.10 ~0.50	2.00 ±0.01，精确至 5mg
>0.50 ~1.00	1.00 ±0.01，精确至 1mg
>1.00 ~2.00	0.50 ±0.01，精确至 0.1mg
硫含量（质量分数)/%	试料量/g
0.0030 ~0.010	1.00 ±0.01，精确至 1mg
>0.010 ~0.050	0.50 ±0.01，精确至 1mg
>0.050 ~0.100	0.25 ±0.01，精确至 0.1mg
>0.100 ~0.200	0.10 ±0.01，精确至 0.1mg

注：高温合金试料量不超过 0.50g ±0.01g。

b.5　将称好的试料（通常取 1.00g）置于瓷舟中，取适量的助熔剂（如锡粒）覆盖在试料上部。

b.6　启开塞头，将装好试样和助熔剂的瓷舟放入瓷管内，用长钩推至加热区中部，立即塞紧塞头，预热 1min；按碳硫联合测定仪控制器的"分析"按钮，仪器自动进入分析状态，听到蜂鸣器响声后，注意观察 C 标尺读数，当蜂鸣器响声停止时，立即读取 C 标尺读数（X_{C_2}），同时读取 S 标尺读数（X_{S_2}）。

b.7　启开塞头，用长钩将瓷舟取出，按碳硫联合测定仪控制器的"准备"按钮，仪器自动上液到初始状态，即可进行下一个试样分析。同时检查试样是否燃烧完全，如熔渣不平、熔渣断面有气孔，表明燃烧不完全，须重新称样进行分析。

b.8　试验结束后，将碳硫联合测定仪恢复到初始状态，关闭氧气瓶阀门和碳硫联合测定仪定硫滴定管活塞旋钮，按慢滴键将管内余气放尽。关闭仪器及管式炉电源。

c　结果计算

由不同 C、S 含量的标准钢样按分析步骤 b.5～b.6 测定的结果，以回归统计分析得到标钢 C、S 含量与仪器显示 C、S 读数值的回归直线关系式：

$$C\% = B \cdot X_{C_2} + A \quad 或 \quad S\% = B \cdot X_{S_2} + A$$

将被测样品的仪器显示 C、S 测定值代入即可计算得到试样的 C、S 元素含量。

d　结果评定

含碳量、含硫量试验结果符合试样产品技术标准要求时评为合格。

C、S 检测的允许偏差见本书第 6 章表 6-1-15 及表 6-1-16。

e　注意事项

e.1　部分难熔合金用管式炉难以熔融，可以采用高频炉内燃烧后红外吸收法测定碳。

e.2　如分析高碳或高硫试样后，要测低碳或低硫试样，应做空白试验（b.2），直至空白试验值稳定后，才能接着做高碳或高硫试样的分析。

e.3　对燃烧分析来说，危险主要来自预先灼烧瓷舟和熔融时的烧伤。分析中无论何时取用瓷舟都必须使用镊子并用适宜的容器盛放。操作盛氧钢瓶必须有正规的预防措施，由于狭窄空间中存在高浓度氧时有引发火灾的危险，必须将燃烧过程的氧有效地从设备中排出。

由于 C、S 联合测定为单点检测，故适宜用不同 C、S 含量的标钢进行检测，以得到上述直线关系，然后对试样结果进行修正；对于已知含量范围的试样，可用含量相近的标钢进行单点修正。

对于其他 C、S 测定的方法（如红外线吸收法等）应按相应的方法标准试验。

5.1.8.4　锰元素的测定

用分光光度法测定，适用于生铁、碳素钢、合金钢和不锈钢中锰含量的测定。测定范围 Mn：0.010%～2.00%。

a　仪器与试剂

a.1　分光光度计：按期送计量部门进行校准，并在合格校准周期内使用。

a.2　试剂

a.2.1　硝酸（1＋4）。

a.2.2　硫酸（1＋1）。

a.2.3 磷酸-高氯酸混合酸：三份磷酸（$\rho 1.69g/mL$）和一份高氯酸（$\rho 1.67g/mL$）混合均匀。

a.2.4 高碘酸钾溶液（50g/L）：称取5g高碘酸钾，置于250mL烧杯中，加60mL水、20mL硝酸（$\rho 1.42g/mL$）温热溶解后，冷却。用水稀释至100mL，混匀。

a.2.5 亚硝酸钠溶液（10g/L）。

a.3 不含还原物质的水

将蒸馏水加热煮沸，每升用10mL硫酸（1+3）酸化，加几粒高碘酸钾（约0.1g），继续加热煮沸（5~10）min，取下冷却后使用。

a.4 锰标准溶液

a.4.1 称取1.4383g基准高锰酸钾，置于600mL烧杯中，加300mL水溶解，加10mL硫酸（1+1），滴加过氧化氢（$\rho 1.10g/mL$）至红色恰好消失，加热煮沸5~10min，冷却。移入1000mL容量瓶中，用水稀释至刻度，混匀。此溶液1mL含500μg锰。

a.4.2 移取20.00mL锰标准溶液（a.4.1），置于100mL容量瓶中，用水稀释至刻度，混匀。此溶液1mL含100μg锰。

b 试验步骤

b.1 按表5-1-10规定的取样量称取试样（精确至0.1mg）。

表5-1-10 锰含量分析取样量

含量范围/%	0.01~0.10	0.11~0.50	0.51~1.00	1.01~2.00
称样量/g	0.5000	0.2000	0.2000	0.1000
锰标准溶液浓度/(μg/mL)	100	100	500	500
移取锰标准溶液体积/mL	0.50	2.00	2.00	2.00
	2.00	4.00	2.50	2.50
	3.00	6.00	3.00	3.00
	4.00	8.00	3.50	3.50
	5.00	10.00	4.00	4.00
比色吸收皿厚度/cm	3	2	1	1

b.2 称取的试样置于150mL锥形瓶中，加入15mL硝酸（1+4），低温加热溶解。

b.3 试样溶解后，稍冷，加入10mL磷酸-高氯酸混合酸，加热蒸发至冒高氯酸烟（高氯酸烟要冒出瓶口），取下稍冷，加10mL硫酸（1+1），用水稀释至约40mL，加10mL高碘酸钾溶液（50g/L），加热至沸并保持3min（注意加热温度，以防试液溅出），冷却至室温，移入100mL容量瓶中，用不含还原物质的水稀释至刻度，摇匀。

b.4 将显色溶液移入表5-1-10规定的吸收皿中。向剩余的显色液中，边摇动边滴加10g/L亚硝酸钠溶液至紫红色刚好褪去，将此溶液移入另一吸收皿中作为参比。放入分光光度计比色槽内，于波长530nm处测其吸光度。

b.5 选取4种以上不同含锰量的标钢（覆盖试样含锰量范围），按上述试验步骤进行溶样、显色、比色。根据标钢测得的吸光度，以含锰量为横坐标，吸光度为纵坐标，绘制工作曲线。按直线回归方程统计方法计算出含锰量与吸光度回归关系式和回归系数。

b.6　根据测得的试验溶液吸光度，从工作曲线上查出相应的含锰量。

c　结果评定

含锰量试验结果符合试样产品技术标准要求时评定合格。

含锰量检测的允许偏差见本书第 6 章表 6-1-15 及表 6-1-16。

5.1.8.5　硅元素的测定

采用还原型硅钼酸盐分光光度法测定钢铁中酸溶性硅和全硅含量，适用于钢铁中质量分数为 0.010% ~ 1.00% 的硅的测定。

a　试剂和仪器

a.1　仪器与设备

a.1.1　分光光度计：应具备在波长 810nm 处测量吸光度时，光谱带宽 ≤10nm，波长测量应精确到 ±2nm。应按期送计量校准部门进行校准，并在合格校准周期内使用。

a.1.2　聚丙烯或聚四氟乙烯烧杯，容积 250mL。

a.1.3　铂坩埚，容积 30mL。

a.2　试剂和材料

a.2.1　纯铁：硅含量小于 0.004% 并已知其准确含量。

a.2.2　混合熔剂：二份质量碳酸钠和一份质量硼酸研磨至粒度小于 0.2mm，混匀。

a.2.3　硫酸（1 + 3）：于 600mL 水中，边搅拌边小心加入 250mL 硫酸（ρ 约 1.84g/mL），冷却后，用水稀释至 1000mL，混匀。

硫酸（1 + 9）：于 800mL 水中，边搅拌边小心加入 100mL 硫酸（ρ 约 1.84g/mL），冷却后，用水稀释至 1000mL，混匀。

a.2.4　硫酸-硝酸混合酸：于 500mL 水中，边搅拌边小心加入 35mL 硫酸（ρ 约 1.84g/mL）和 45mL 硝酸（ρ 约 1.42g/mL），冷却后，用水稀释至 1000mL，混匀。

a.2.5　盐酸-硝酸混合酸：于 500mL 水中，边搅拌边加入 180mL 盐酸（ρ 约 1.19g/mL）和 65mL 硝酸（ρ 约 1.42g/mL），冷却后，用水稀释至 1000mL，混匀。

a.2.6　高锰酸钾溶液（22.5g/L）：将 2.25g 高锰酸钾溶于 50mL 水中，用水稀释至 100mL，混匀，用前过滤。

a.2.7　过氧化氢（1 + 4）。

a.2.8　钼酸钠溶液：将 2.5g 二水合钼酸钠（$Na_2MoO_4 \cdot 2H_2O$）溶于 50mL 水中，以中密度滤纸过滤。使用前加入 15mL 硫酸（1 + 9），用水稀释至 100mL，混匀。

a.2.9　草酸溶液（50g/L）：将 5g 二水合草酸（$C_2H_2O_4 \cdot 2H_2O$）溶于 50mL 水中，用水稀释至 100mL，混匀。

a.2.10　抗坏血酸溶液（20g/L）：将 2g 抗坏血酸溶于 50mL 水中，用水稀释至 100mL，混匀。用前配制。

a.3　硅标准溶液

a.3.1　硅储备液（0.50mg/mL）：称取 1.0697g 经 1100℃ 灼烧 1h 并冷却至室温的高纯二氧化硅（质量分数 >99.9%），置于铂坩埚中。加 10g 无水碳酸钠充分混匀，于 1050℃ 熔融 30min。在聚丙烯或聚四氟乙烯烧杯中，以 100mL 水浸取熔融物（熔融物浸取可能需要缓慢加热）。将全部澄清的浸取液转移至 1000mL 单标线容量瓶中，用水稀释至刻度，混匀。立即移至密封性好的聚丙烯或聚四氟乙烯瓶中储存，此储备液 1mL 含 0.500mg 硅。

a.3.2　硅标准溶液（10.0μg/mL）：移取 20.00mL 硅储备液（0.50mg/mL）放入 1000mL 单标线容量瓶中，用水稀释至刻度，混匀。立即转移至密封性好的聚丙烯或聚四氟乙烯瓶中储存，使用前配制。此标准溶液 1mL 含 10.0μg 硅。

a.3.3　硅标准溶液（4.0μg/mL）：移取 100.0mL 硅标准溶液（10.0μg/mL）放入 250mL 单标线容量瓶中，用水稀释至刻度，混匀。立即转移至密封性好的聚丙烯或聚四氟乙烯瓶中储存，使用前配制。此标准溶液 1mL 含 4.0μg 硅。

b　分析步骤

b.1　称料量

硅含量 0.010% ~0.050% 时，称取 0.40g ±0.01g 试料（粉末或屑样），精确至 0.1mg；

硅含量 0.050% ~0.25% 时，称取 0.20g ±0.01g 试料（粉末或屑样），精确至 0.1mg；

硅含量 0.25% ~1.00% 时，称取 0.10g ±0.01g 试料（粉末或屑样），精确至 0.1mg。

b.2　空白试验

称取与试料相同量的纯铁代替试料，用同样的试剂、相同的分析步骤与试料平行操作，以此铁基空白试验溶液作底液绘制校准曲线。

b.3　试料分解和试液制备

b.3.1　酸溶性硅测定的试料分解和试液制备

按规定称取试料并置于 250mL 聚丙烯或聚四氟乙烯烧杯中，称样量为 0.20g 和 0.10g 时加入 25mL 硫酸-硝酸混合酸；称样量为 0.40g 时加入 30mL 硫酸-硝酸混合酸，盖上盖子，微热溶解试料，溶解过程中不断补加水，保持溶液体积无明显减少。

或按规定称取试料并置于 250mL 聚丙烯或聚四氟乙烯烧杯中，称样量为 0.20g 和 0.10g 时加入 15mL 盐酸-硝酸混合酸；称样量为 0.40g 时加入 20mL 盐酸-硝酸混合酸，盖上盖子，微热溶解试料，溶解过程中不断补加水，保持溶液体积无明显减少。

用水稀释至约 60mL，小心地将试液加热至沸，滴加高锰酸钾溶液（22.5g/L）至析出水合二氧化锰沉淀，保持微沸 2min。滴加过氧化氢（1+4）至二氧化锰沉淀恰好溶解，并加热微沸 5min 使过氧化氢分解。冷却至室温，将试液转移至 100mL 单标线容量瓶中，用水稀释至刻度，混匀。

b.3.2　全硅测定的试料分解和试液制备

按规定称取试料并置于 250mL 聚丙烯或聚四氟乙烯烧杯中，称样量为 0.20g 和 0.10g 时加入 30mL 硫酸-硝酸混合酸；称样量为 0.40g 时加入 35mL 硫酸-硝酸混合酸，盖上盖子，微热溶解试料，溶解过程中不断补加水，保持溶液体积无明显减少。

或按规定称取试料并置于 250mL 聚丙烯或聚四氟乙烯烧杯中，称样量为 0.20g 和 0.10g 时加入 20mL 盐酸-硝酸混合酸；称样量为 0.40g 时加入 25mL 盐酸-硝酸混合酸，盖上盖子，微热溶解试料，溶解过程中不断补加水，保持溶液体积无明显减少。

当溶液反应停止时，用慢速定量滤纸过滤溶液，滤液收集于 250mL 烧杯中。用 30mL 热水洗涤烧杯和滤纸，用带橡皮头的棒擦下粘附在杯壁上的颗粒并全部转移至滤纸上。

将滤纸及残渣置于铂坩埚中，干燥、灰化，在高温炉中于 950℃ 灼烧。冷却后，加 0.25g 混合熔剂与残渣混合，再覆盖 0.25g 混合熔剂，在高温炉中于 950℃ 熔融 10min。冷却后，擦净坩埚外壁，将坩埚置于盛有滤液的 250mL 烧杯中，缓慢搅拌使熔融物溶解，用水洗净坩埚。

小心地将试液加热至沸，滴加高锰酸钾溶液（22.5g/L）至析出水合二氧化锰沉淀，保持微沸 2min。滴加过氧化氢（1＋4）至二氧化锰沉淀恰好溶解，加热微沸 5min 使过氧化氢分解。冷却至室温，将试液转移至 100mL 单标线容量瓶中，用水稀释至刻度，混匀。

b.4　显色

分取 10.00mL 由 b.3.1 或 b.3.2 得到的试液两份置于两个 50mL 硼硅酸盐玻璃单标线容量瓶中，加 10mL 水。一份溶液制备显色液，另一份溶液制备参比液。

在 15～25℃温度的条件下，按下述方法处理每一种试液和参比液，用移液管加入所有试剂溶液。

显色溶液：先加入 10.0mL 钼酸钠溶液，摇匀，静置 20min 后；加 5.0mL 硫酸（1＋3），摇匀；再加入 5.0mL 草酸溶液（50g/L），摇匀。立即加入 5.0mL 抗坏血酸溶液（20g/L），用水稀释至刻度，混匀。

参比溶液：先加入 5.0mL 硫酸（1＋3），摇匀后；加入 5.0mL 草酸溶液（50g/L），摇匀；再加入 10.0mL 钼酸钠溶液，摇匀后；立即加入 5.0mL 抗坏血酸溶液（20g/L），用水稀释至刻度，混匀。

将每一种试液（试料溶液和空白液）及各自的参比液静置 30min。

b.5　吸光度测定

用适合的吸收皿（见表 5-1-11），于分光光度计波长 810nm 处，测量每份显色溶液对各自参比溶液的吸光度值。

注：除在 810nm 测量外，亦可在 680nm 或 760nm 波长处测量吸光度（并选择适当的吸收皿）。

b.6　校准曲线的建立

b.6.1　校准曲线溶液的制备

分取 10.00mL 铁基空白试验溶液（见 b.2）7 份置于 7 个 50mL 硼硅酸盐玻璃单标线容量瓶中，按表 5-1-11 规定分别加入硅标准溶液，补加水至 20mL。

表 5-1-11　选择吸收皿规格及硅标液加入量

硅含量 （质量分数）/%	硅标准溶液加入量/mL	硅标准溶液	吸收皿厚度/cm
0.010～0.050	0.0、1.00、2.00、3.00、4.00、5.00	硅标准溶液（4.0μg/mL）	2
0.050～0.25	0.0、1.00、2.00、3.00、4.00、5.00	硅标准溶液（10.0μg/mL）	1
0.25～1.00	0.0、2.00、4.00、6.00、8.00、10.00	硅标准溶液（10.0μg/mL）	0.5

其中一份不加硅标准溶液的空白试验溶液按 b.4 制备参比溶液。另 6 份试液按 b.4 制备显色溶液。

b.6.2　吸光度测定

用适合的吸收皿（见表 5-1-11），于分光光度计波长 810nm 处，测量各校准曲线显色溶液对各自参比溶液的吸光度值。

b. 6. 3　校准曲线的绘制

以校准曲线溶液的吸光度为纵坐标，校准曲线溶液中加入的硅量与分取纯铁溶液中的硅量之和为横坐标，绘制校准曲线。

注：可采用已知硅含量的标钢不少于4个，按照b.1～b.5步骤进行分析，测量各标钢溶液的吸光度值。以含硅量为横坐标，吸光度值为纵坐标，绘制工作曲线。按直线回归方程统计方法计算含硅量与吸光度回归关系式和回归线性系数。根据测得的试液吸光度，从工作曲线上查出相应的含硅量。

c　结果表示

c. 1　结果计算

硅的含量以质量分数 w_{Si} 计，数值以%表示，按式（5-1-19）计算：

$$w_{Si} = \frac{m_1 \cdot V}{m \cdot V_1 \times 10^6} \times 100 \tag{5-1-19}$$

式中　m_1——从校准曲线上查得显色溶液中的硅量，μg；

　　　V——试料溶液总体积，mL；

　　　V_1——分取试液的体积，mL；

　　　m——试料的质量，g。

c. 2　精密度见表5-1-12。

表 5-1-12　精密度

硅含量（质量分数）/%	重复性限 r	再现性限 R
0. 05	0. 004	0. 008
0. 1	0. 006	0. 012
0. 2	0. 009	0. 018
0. 5	0. 015	0. 032
1. 0	0. 023	0. 049

d　结果评定

含硅量试验结果符合产品技术标准要求时评定合格。

硅检测的允许偏差见本书第6章表6-1-15及表6-1-16。

5. 1. 8. 6　磷元素的测定

本部分适用于生铁、铸铁、铁粉、碳素钢、低合金钢、合金钢中磷含量的测定，不适用于含铌、钨钢。本节介绍两种测量方法：铋磷钼蓝分光光度法（方法一）和锑磷钼蓝分光光度法（方法二），方法一测定范围为质量分数0.005%～0.300%，方法二测定范围为质量分数0.01%～0.06%。

a　方法一：铋磷钼蓝分光光度法

a. 1　试剂与材料

除非另有说明，分析中仅使用认可的分析纯的试剂和蒸馏水或与其纯度相当的水。

a. 1. 1　氢氟酸（ρ 约1. 15g/mL）、高氯酸（ρ 约1. 67g/mL）、盐酸（ρ 约1. 19g/mL）、硝酸（ρ 约1. 42g/mL）、氢溴酸（ρ 约1. 49g/mL）、硫酸（ρ 约1. 84g/mL）。

a. 1. 2　硫酸（1＋1）：将硫酸缓慢加入水中，边加入边搅拌，稀释为1＋1。

a. 1. 3　盐酸-硝酸混合酸（2＋1）：将二份盐酸和一份硝酸混匀。

a.1.4　氢溴酸-盐酸混合酸（1+2）：将一份氢溴酸和二份盐酸混匀。

a.1.5　抗坏血酸溶液（20g/L）：称取 2g 抗坏血酸置于 100mL 烧杯中，加入 50mL 水溶解，稀释至 100mL，混匀。用时现配。

a.1.6　钼酸铵溶液（30g/L）：称取 3g 钼酸铵 $[(NH_4)_6Mo_7O_{24} \cdot 4H_2O]$ 溶于水中，稀释至 100mL，混匀。

a.1.7　亚硝酸钠溶液（100g/L）：称取 10g 亚硝酸钠溶于水中，稀释至 100mL，混匀。

a.1.8　硝酸铋溶液（10g/L）：称取 10g 硝酸铋 $[Bi(NO_3)_3 \cdot 5H_2O]$ 置于 200mL 烧杯中，加 25mL 硝酸，加水溶解后，煮沸驱尽氮氧化物，冷却至室温，移入 1000mL 容量瓶中，用水稀释至刻度，混匀。

a.1.9　铁溶液

a.1.9.1　铁溶液 A（5mg/mL）：称取 0.5000g 纯铁（磷的质量分数小于 0.0005%），用 10mL 盐酸（a.1.1）溶解后，滴加硝酸氧化，加 3mL 高氯酸蒸发至冒高氯酸烟并继续蒸发至呈湿盐状，冷却，用 20mL 硫酸（1+1）溶解盐类，冷却至室温，移入 100mL 容量瓶中，用水稀释至刻度，混匀。此溶液 1mL 含 5mg 铁。

a.1.9.2　铁溶液 B（1mg/mL）：称取 0.1000g 纯铁（磷的质量分数小于 0.001%），用 10mL 盐酸溶解后，滴加硝酸氧化，加 3mL 高氯酸蒸发至冒高氯酸烟并继续蒸发至呈湿盐状，冷却，用 20mL 硫酸（1+1）溶解盐类，冷却至室温，移入 100mL 容量瓶中，用水稀释至刻度，混匀。此溶液 1mL 含 1mg 铁。

a.1.10　磷标准溶液

a.1.10.1　磷储备液（100μg/mL）：称取 0.4393g 预先经 105℃烘干至恒量的基准磷酸二氢钾（KH_2PO_4），用适量水溶解，加 5mL 硫酸（1+1），移入 1000mL 容量瓶中，用水稀释至刻度，混匀。此溶液 1mL 含 100μg 磷。

a.1.10.2　磷标准溶液（5.0μg/mL）：移取 50.00mL 磷储备液，置于 1000mL 容量瓶中，用水稀释至刻度，混匀。此溶液 1mL 含 5.0μg 磷。

a.2　仪器

分光光度计：应定期送计量部门进行校准，并在合格校准周期内使用。

a.3　分析步骤

a.3.1　试料量

磷含量 0.005% ~ 0.050% 时，称取（0.50±0.0005）g 试料（粉末或屑样），精确至 0.1mg；

磷含量 0.050% ~ 0.300% 时，称取（0.10±0.0005）g 试料（粉末或屑样），精确至 0.1mg。

a.3.2　空白试验

随同试料做空白试验。

a.3.3　测定

a.3.3.1　试料分解和试液制备

将试料置于 150mL 烧杯中，加 10 ~ 15mL 盐酸-硝酸混合酸（2+1），加热溶解，滴加氢氟酸，加入量视硅含量而定。待试料溶解后，加10mL高氯酸，加热至刚冒高氯酸烟，取下，稍冷。加10mL氢溴酸-盐酸混合酸（1+2）除砷，加热至刚冒高氯酸烟，再加5mL氢溴酸-盐酸混合酸（1+2）再次除砷，继续蒸发至冒高氯酸烟（如试料中铬含量超过5mg，则将铬氧化至六价后，分次滴加盐酸除铬），至烧杯内部透明后回流3~4min（如试料中锰含量超过4mg，回流时间保持15~20min），蒸发至湿盐状，取下，冷却。

沿杯壁加入20mL硫酸（1+1），轻轻摇匀，加热至盐类全部溶解，滴加亚硝酸钠溶液（100g/L）将铬还原至低价并过量1~2滴，煮沸驱除氮氧化物，取下，冷却。移入100mL容量瓶中，用水稀释至刻度，混匀。

移取10.00mL上述试液两份，分别置于50mL容量瓶中。

a.3.3.2　显色

显色液：加2.5mL硝酸铋溶液（10g/L）、5mL钼酸铵溶液（30g/L），每加一种试剂必须立即混匀。用水吹洗瓶口或瓶壁，使溶液体积约为30mL，混匀。加5mL抗坏血酸溶液（20g/L），用水稀释至刻度，混匀。

参比液：与显色液同样操作，但不加钼酸铵溶液，用水稀释至刻度，混匀。

在室温下放置20min。

a.3.3.3　吸光度测量

将显色液移入合适的吸收皿（通常选择2cm吸收皿）中，以参比液为参比，于分光光度计波长700nm处测量吸光度。减去随同试料所做空白试验的吸光度，从校准曲线上查出相应的磷含量。

a.3.4　校准曲线的绘制

a.3.4.1　校正溶液的制备：磷的质量分数小于0.050%时，移取0mL、0.50mL、1.00mL、2.00mL、3.00mL、5.00mL磷标准溶液（5.0μg/mL），分别置于6个50mL容量瓶中，各加入10.0mL铁溶液A；

磷的质量分数大于0.050%时，移取0mL、1.00mL、2.00mL、3.00mL、4.00mL、6.00mL磷标准溶液（5.0μg/mL），分别置于6个50mL容量瓶中，各加入10.0mL铁溶液B；

以下按a.3.3.2进行显色操作。

a.3.4.2　吸光度测量：以零浓度校准溶液为参比，于分光光度计波长700nm处测量各校准溶液的吸光度。以磷的质量为横坐标，吸光度值为纵坐标，绘制校准曲线。

a.4　结果计算

磷含量以质量分数 w_p 计，数值以%表示，按式（5-1-20）计算：

$$w_p = \frac{m_1 \cdot V \times 10^{-6}}{m \cdot V_1} \times 100 \tag{5-1-20}$$

式中　V_1——分取试液体积，mL；

V——试液总体积，mL；

m_1——从校准曲线上查得的磷含量，μg；

m——试料的质量，g。

a. 5　精密度见表 5-1-13。

表 5-1-13　精密度

磷含量（质量分数）/%	重复性限 r	再现性限 R
0.005 ~ 0.300	$r = 0.00018 + 0.03858m$	$R = 0.00079 + 0.08066m$

式中　m——两个测定值的平均值（质量分数）。

重复性限（r）、再现性限（R）按上表给出的方程求得。

在重复性条件下，获得的两次独立测试结果的绝对差值不大于重复性限（r），以大于重复性限（r）的情况不超过 5% 为前提。

在再现性条件下，获得的两次独立测试结果的绝对差值不大于再现性限（R），以大于再现性限（R）的情况不超过 5% 为前提。

b　方法二：锑磷钼蓝分光光度法

b. 1　试剂与材料

b. 1.1　所用酸见方法一 a. 1.1。

b. 1.2　硫酸（1 +5）：将硫酸（$\rho1.84g/mL$）缓慢加入水中，边加入边搅动，稀释为（1 +5）。

b. 1.3　盐酸-硝酸混合酸（2 +1）：将二份盐酸（$\rho1.19g/mL$）和一份硝酸（$\rho1.42g/mL$）混匀。

b. 1.4　氢溴酸-盐酸混合酸（1 +2）：将一份氢溴酸（$\rho1.49g/mL$）和二份盐酸（$\rho1.19g/mL$）混匀。

b. 1.5　抗坏血酸溶液（30g/L）：称取 3g 抗坏血酸，置于 100mL 烧杯中，加入 50mL 水溶解，稀释至 100mL，混匀。用时现配。

b. 1.6　钼酸铵溶液（20g/L）：称取 2g 钼酸铵 [（NH_4）$_6Mo_7O_{24} \cdot 4H_2O$] 溶于水中，稀释至 100mL，混匀。

b. 1.7　酒石酸锑钾溶液（2.7g/L）：准确称取 2.700g 酒石酸锑钾，用水溶解，稀释至 100mL，混匀。此溶液 1mL 含 1mg 锑。

b. 1.8　亚硝酸钠溶液（100g/L）：称取 10g 亚硝酸钠溶于水中，稀释至 100mL，混匀。

b. 1.9　淀粉溶液（10g/L）：称取 1g 可溶性淀粉 [若淀粉中含磷量高，先用盐酸（5 +95）充分搅拌洗涤，待下沉后倾出酸液，用水洗至中性]，用少量水润湿后，在搅拌下倒入 100mL 沸水，搅匀，煮沸片刻。用前加热至溶液呈透明后，冷却至室温使用。

b. 1.10　铁溶液（4g/L）：称取 0.4g 纯铁（磷的质量分数小于 0.0005%），用 10mL 盐酸（$\rho1.19g/mL$）溶解后，滴加硝酸（$\rho1.42g/mL$）氧化，加 3mL 高氯酸（$\rho1.67g/mL$）蒸发至冒高氯酸烟并继续蒸发至呈湿盐状，冷却，用 20.0mL 硫酸（1 +5）溶解盐类，冷却至室温，移入 100mL 容量瓶中，用水稀释至刻度，混匀。

b. 1.11　磷标准溶液

b. 1.11.1　磷储备液（100μg/mL）：称取 0.4393g 预先经 105℃烘干至恒量的基准磷酸二氢钾（KH_2PO_4），用适量水溶解，加 5mL 硫酸（1 +5），移入 1000mL 容量瓶中，用水稀释至刻度，混匀。此溶液 1mL 含 100μg 磷。

b.1.11.2 磷标准溶液（2.0μg/mL）：移取 20.00mL 磷储备液，置于 1000mL 容量瓶中，用水稀释至刻度，混匀。此溶液 1mL 含 2.0μg 磷。

b.2 仪器

分光光度计：应定期送计量部门进行校准，并在合格校准周期内使用。

b.3 分析步骤

b.3.1 试料量

称取 0.20g 试料，精确至 0.0001g。

b.3.2 空白试验

随同试料做空白试验。

b.3.3 测定

b.3.3.1 将试料置于 150mL 锥形瓶中，加 10mL 盐酸-硝酸混合酸，加热溶解，加入 8mL 高氯酸（需要挥铬的试样多加 2～3mL 高氯酸）蒸发至刚冒高氯酸烟。稍冷，加入 10mL 氢溴酸-盐酸混合酸挥砷，加热至刚冒高氯酸烟，再加入 5mL 氢溴酸-盐酸混合酸再挥砷一次，继续蒸发至冒高氯酸烟（如试料中铬含量超过 5mg，则将铬氧化至六价后，分次滴加浓盐酸挥铬）至烧杯内部透明并回流 3min～4min（如试料中锰含量超过 2%，则多加 2～3mL 高氯酸，回流时间保持 15min～20min），继续蒸发至湿盐状（注意加热温度，不要将试样烧焦）。

b.3.3.2 取下冷却，加 10mL 硫酸（1+5）溶解盐类，滴加亚硝酸钠溶液将铬还原至低价并过量 1 滴～2 滴，煮沸驱除氮氧化物（氮氧化物一定要除尽），冷却至室温，移入 100mL 容量瓶中，用水稀释至刻度，混匀。

b.3.3.3 移取 10.00mL 试液两份，分别置于 25mL 容量瓶中，按下法处理：

①显色溶液：取一个已加入 10mL 试液的 25mL 容量瓶，加入 2.0mL 硫酸（1+5）、0.3mL 酒石酸锑钾溶液、2mL 淀粉溶液、2mL 抗坏血酸溶液（每加一种试剂均需摇匀。也可将所需用的硫酸、酒石酸锑钾及淀粉溶液按比例在显色时混合后一次加入）。加 5.0mL 钼酸铵溶液（从容量瓶口中间加入，沾附在瓶壁上的钼酸铵溶液需用水冲洗，否则瓶壁上的钼酸铵因酸度低，将被还原成蓝色，造成测定误差），用水稀释至刻度，混匀。

②参比溶液：将另一个已加入 10.0mL 试液的 25mL 容量瓶，加入 2.0mL 硫酸（1+5）、0.3mL 酒石酸锑钾溶液、2mL 淀粉溶液、2mL 抗坏血酸溶液（每加一种试剂均需摇匀）。用水稀释至刻度，混匀。

b.3.3.4 在 20～30℃ 的分析室内放置 10min 后，移入 2～3cm 吸收皿中。以不加钼酸铵溶液的一份为参比，在分光光度计上，于波长 700nm 处，测量其吸光度，减去随同试样空白的吸光度，从校准曲线上查出相应的磷量。

b.3.4 校准曲线的绘制

移取 0mL、1.00mL、2.00mL、4.00mL、6.00mL、8.00mL 磷标准溶液（2.0μg/mL），分别置于 6 个 25mL 容量瓶中，各加入 5.0mL 铁溶液（4g/L）；以下按 b.3.3.3 进行显色操作。

在 20～30℃ 的室内放置 10min 后，移入 2～3cm 吸收皿中。以水为参比，在分光光度计上，于波长 700nm 处，测量其吸光度，减去试剂空白的吸光度，以磷的质量为横坐标，吸光度值为纵坐标，绘制校准曲线。

b. 4　结果计算

磷含量以质量分数 w_p 计，数值以 % 表示，按式（5-1-21）计算：

$$w_p = \frac{m_1 \cdot V \times 10^{-6}}{m \cdot V_1} \times 100 \qquad (5\text{-}1\text{-}21)$$

式中　V_1——分取试液体积，mL；

　　　V——试液总体积，mL；

　　　m_1——从校准曲线上查得的磷含量，μg；

　　　m——试料的质量，g。

b. 5　精密度见表 5-1-14。

表 5-1-14　精密度

磷含量（质量分数）/%	重复性限 r	再现性限 R
0.01 ~ 0.06	$r = 0.001082 + 0.04070m$	$R = 0.002172 + 0.03884m$

式中　m——两个测定值的平均值（质量分数）。

重复性限（r）、再现性限（R）按上表给出的方程求得。

在重复性条件下，获得的两次独立测试结果的绝对差值不大于重复性限（r），以大于重复性限（r）的情况不超过 5% 为前提。

在再现性条件下，获得的两次独立测试结果的绝对差值不大于再现性限（R），以大于再现性限（R）的情况不超过 5% 为前提。

c　在上述两种分析方法中，也可通过称取与试样质量相同且已知磷含量的标钢不少于四个，按上述试验步骤进行分析，测量各标钢溶液的吸光度值。

根据各标钢测得的吸光度值（已减去随同标钢空白的吸光度），以含磷量为横坐标，吸光度值为纵坐标，绘制工作曲线。按直线回归方程统计方法计算含磷量与吸光度的回归关系式和回归线性系数。

根据测得的试样吸光度值（已减去随同试样空白的吸光度），从工作曲线上查出相应的含磷量。

d　结果评定

含磷量试验结果符合试样产品技术标准要求时评定为合格。

磷元素检测的允许偏差见本书第 6 章表 6-1-15 及表 6-1-16。

5. 1. 8. 7　铬元素的测定

本部分规定了用可视滴定法（方法一）或电位滴定法（方法二）测定铬含量。方法一适用于生铁、碳素钢、合金钢、高温合金和精密合金钢中质量分数为 0.10% ~ 35.00% 铬含量的测定；方法二适用于钢铁中质量分数为 0.25% ~ 35.00% 铬含量的测定。

a　方法一：可视滴定法

a. 1　试剂

a. 1. 1　无水乙酸钠。

a. 1. 1　盐酸（$\rho 1.19g/mL$）、盐酸（1 + 3）。

a. 1. 2　硝酸（$\rho 1.42g/mL$）。

a. 1. 3　磷酸（ρ1.69g/mL）。

a. 1. 4　硫酸（ρ1.84g/mL）、硫酸（1+1）、硫酸（5+95）。

a. 1. 5　氢氟酸（ρ1.15g/mL）。

a. 1. 6　硫酸-磷酸混合酸：于 600mL 水中加入 320mL 硫酸（1+1）及 80mL 磷酸（ρ1.69g/mL），混匀。

a. 1. 7　硝酸银溶液（10g/L）：称取 1.0g 硝酸银溶于 100mL 水中，滴加 5 滴硝酸（ρ1.42g/mL），贮于棕色瓶中。

a. 1. 8　过硫酸铵溶液（300g/L），使用时现配。

a. 1. 9　氯化钠溶液（50g/L）。

a. 1. 10　硫酸锰溶液（40g/L）。

a. 1. 11　苯代邻氨基苯甲酸溶液（2g/L）：称取 0.2g 试剂置于 300mL 烧杯中，加 0.2g 无水碳酸钠，加 20mL 水加热溶解，用水稀释至 100mL，混匀。

a. 1. 12　亚铁-邻菲罗啉溶液：称取 1.49g 邻菲罗啉、0.98g 硫酸亚铁铵置于 300mL 烧杯中，加 50mL 水，加热溶解，冷却，用水稀释至 100mL，混匀。

a. 1. 13　铬标准溶液

a. 1. 13. 1　铬储备液（2.000g/L）

称取 5.6578g 预先经 150℃烘 1h 后，置于干燥器中冷却至室温的重铬酸钾（基准），置于烧杯中，用水溶解，移入 1000mL 容量瓶中，用水稀释至刻度，混匀。此溶液 1mL 含 2.000mg 铬。

a. 1. 13. 2　铬标准溶液 A（1.000g/L）

移取 50.00mL 铬储备液（2.000g/L）置于 100mL 容量瓶中，用水稀释至刻度，混匀。此溶液 1mL 含 1.000mg 铬。

a. 1. 13. 3　铬标准溶液 B（0.500g/L）

移取 25.00mL 铬储备液（2.000g/L）置于 100mL 容量瓶中，用水稀释至刻度，混匀。此溶液 1mL 含 0.500mg 铬。

a. 1. 14　硫酸亚铁铵标准滴定溶液

a. 1. 14. 1　配制

称取 6g、12g、24g 硫酸亚铁铵 $[(NH_4)_2Fe(SO_4)_2 \cdot 6H_2O]$，分别溶解于硫酸（5+95）溶液中，并用硫酸（5+95）溶液稀释至 1000mL，混匀，得到浓度分别为 0.015mol/L、0.03mol/L、0.06mol/L 的硫酸亚铁铵溶液。

a. 1. 14. 2　标定及指示剂的校正

于 3 个 500mL 锥形瓶中，各加 50mL 硫酸-磷酸混合酸，加热蒸发至冒硫酸烟，稍冷，加 50mL 水，冷却至室温，分别加入铬标准溶液（其铬含量应与试样中铬含量相近），用水稀释至 200mL，用硫酸亚铁铵标准滴定溶液滴定至溶液呈淡黄色，加 3 滴苯代邻氨基苯甲酸溶液（2g/L），继续滴定至由玫瑰红色变为亮绿色为终点。读取所消耗硫酸亚铁铵标准滴定液的体积（mL）。再加相同量的铬标准溶液，再用硫酸亚铁铵标准滴定溶液滴定至由玫瑰红色变为亮绿色为终点。两者消耗硫酸亚铁铵标准滴定溶液体积的差值，即为 3 滴苯代邻氨基苯甲酸溶液的校正值。将此值加入滴定所消耗的硫酸亚铁铵标准滴定溶液的体积（mL）中，再行计算。三份铬标准溶液所消耗硫酸亚铁铵标准滴定溶液体积（mL）的极差值，不超过 0.05mL，取其平均值。

按式（5-1-22）计算单位体积硫酸亚铁铵标准滴定溶液相当于铬的质量：

$$T = \frac{V \times c}{V_1} \tag{5-1-22}$$

式中　T——单位体积硫酸亚铁铵标准滴定溶液相当于铬的质量，g/mL；

　　　V——移取铬标准溶液的体积，mL；

　　　V_1——滴定所消耗硫酸亚铁铵标准滴定液体积（包括指示剂校正值）的平均值，mL；

　　　c——铬标准溶液的浓度，g/mL。

a.1.15　高锰酸钾溶液的配制及标定

a.1.15.1　配制

称取 0.48g、0.95g 或 1.9g 高锰酸钾，分别置于 1000mL 烧杯中，用水溶解后加 5mL ~ 10mL 磷酸（ρ1.69g/mL），用水稀释至 1000mL，贮于棕色瓶中，在阴凉处放置 6 ~ 10d，使用前用坩埚式过滤器过滤后使用。

a.1.15.2　标定

移取 25.00mL 硫酸亚铁铵标准滴定溶液 3 份，分别置于 250mL 锥形瓶中，以相应浓度的高锰酸钾溶液滴定至溶液呈粉红色，在 1 ~ 2min 内不消失为终点。3 份硫酸亚铁铵标准滴定溶液所消耗高锰酸钾溶液体积（mL）的极差值，不超过 0.05mL，取其平均值。

按式（5-1-23）计算高锰酸钾溶液相当于硫酸亚铁铵标准滴定溶液的体积比（K）：

$$K = 25.00/V_2 \tag{5-1-23}$$

式中　V_2——滴定所消耗高锰酸钾溶液的体积，mL；

　　25.00——移取硫酸亚铁铵滴定溶液的体积，mL。

a.2　试验步骤

a.2.1　按表 5-1-15 的规定称取试样，精确至 0.0001g。

表 5-1-15　铬元素测定用试样量

铬含量（质量分数）/%	称样量/g
0.10 ~ 2.00	2.00
>2.00 ~ 10.00	2.00 ~ 0.50
>10.00 ~ 35.00	0.50 ~ 0.15

注：在称取的试样中含钨量和含锰量应控制在 100mg 以下，否则终点不易辨认。

a.2.2　随同试料做空白试验。

a.2.3　试样溶解与处理

a.2.3.1　一般试样

将称好的试料置于 500mL 锥形瓶中，加 50mL 硫酸-磷酸混合酸，加热至试样全部溶解。

a.2.3.2　硫酸-磷酸混合酸不易溶解的试样

将称好的试料置于 500mL 锥形瓶中，加入适量的盐酸（ρ1.19g/mL）及硝酸（ρ1.42g/mL），加热溶解（温度不可过高，溶样酸不够时可适当补加少量盐酸或硝酸，控制酸液在 10mL 左右，不使试样烧焦）后，再加 50mL 硫酸-磷酸混合酸。

a.2.3.3　硅含量高的试样

将称好的试料置于 500mL 锥形瓶中，加 50mL 硫酸-磷酸混合酸，加热至试样全部溶解，滴加数滴氢氟酸（$\rho 1.15g/mL$）。

a.2.3.4　试料处理

向上述 a.2.3.1～a.2.3.3 所得试液中滴加硝酸（$\rho 1.42g/mL$）氧化，直至激烈作用停止后，按表 5-1-16 补加磷酸（$\rho 1.67g/mL$），继续加热蒸发至冒硫酸烟。对于高碳、高铬、高钼试料在冒硫酸烟时滴加硝酸（$\rho 1.42g/mL$）氧化至溶液清晰，碳化物全部破坏为止。

表 5-1-16　试样补加磷酸量表

品种	称取试样情况	补加磷酸量/mL	加无水乙酸钠/g
不含钨及不含钒	称取试样 2g	5～10	——
	称取试样中小于 2g 但试样中含碳物高	5～10	——
含钨不含钒	称取试样中含钨小于 30mg	10	
	称取试样中含钨大于 30mg～100mg	20	
含钒不含钨	称取试样小于 1g	10	10
	称取试样 1g～2g	15	15
	称取试样大于 2g	20	20
钒、钨共存	称取试样中含钨小于 10mg	15～25	15～25
	称取试样中含钨大于 10mg～100mg	25～30	25～30

a.2.4　氧化铬

将 a.2.3.4 得到的试液取下，稍冷，用水稀释至 200mL（生铁试料如有沉淀时，用水稀释至 100mL，用中等密滤纸过滤，用水洗涤 5～6 次，并稀释至 200mL），加 5mL 硝酸银溶液（10g/L）（试液中含铬量大于 50mg 时加 10mL 硝酸银溶液）、20mL 过硫酸铵溶液（300g/L）（如试液中含 50mg 铬、40mg 锰时加 30mL 过硫酸铵溶液），摇匀，加热煮沸至溶液呈现稳定的紫红色（如试液中含锰量低，可滴加 2～4 滴硫酸锰溶液），继续煮沸 5min 取下，加 5mL 盐酸（1＋3）煮沸至红色消失。若试样含锰量高，加 5mL 盐酸（1＋3）不能完全分解高锰酸，溶液红色仍不消失，此时可补加 2～3mL 盐酸（1＋3），煮沸 2～3min 至完全分解。取下，冷却至室温。

a.2.5　滴定

a.2.5.1　不含钒的试样

将试液先用硫酸亚铁铵标准滴定溶液滴定至溶液呈淡黄色，加 3 滴苯代邻氨基苯甲酸溶液摇匀，继续滴定至由玫瑰红色转变为亮绿色为终点。

a.2.5.2　含钒的试样

a.2.5.2.1　高锰酸钾返滴定法

将试液先用适宜浓度的硫酸亚铁铵标准滴定溶液滴定，至六价铬的黄色转变为亮绿色之前，加 5 滴亚铁-邻菲罗啉溶液，继续滴定至溶液呈现稳定的红色，并过量 5mL，再加 5 滴亚铁-邻菲罗啉溶液，以浓度相近的高锰酸钾溶液返滴定至红色初步消失，按表 5-1-16 加入无水乙酸钠，待乙酸钠溶解后，继续用高锰酸钾溶液缓慢滴定至淡蓝色（含铬量高时为蓝绿色）为终点。

亚铁-邻菲罗啉溶液要消耗高锰酸钾溶液，须按下法校正：

在做完高锰酸钾相当于硫酸亚铁铵标准滴定溶液体积比的标定后的两份溶液中，一份加10滴亚铁-邻菲罗啉溶液，另一份加20滴，各用与滴定试液相同浓度的高锰酸钾溶液滴定，两者消耗高锰酸钾溶液体积的差值，即为10滴亚铁-邻菲罗啉溶液的校正值。此值应从过量的硫酸亚铁铵标准滴定溶液所消耗高锰酸钾溶液的体积（mL）中减去。

a. 2. 5. 2. 2　理论值计算法

先按 a. 2. 5. 1 进行滴定，得到铬和钒的合量；再按理论值进行校正。1% 钒相当于0.34% 铬。

钒含量可以按 GB/T 223.13、GB/T 223.14、GB/T 223.76 或 GB/T 20125 规定的操作进行测定，也可以按适当的钒国际标准进行测定。

注：当溶液中铬含量≤10mg 时，用浓度为 0.015mol/L 的硫酸亚铁铵溶液进行滴定；当溶液中铬含量在 10～25mg 时，用浓度为 0.03mol/L 的硫酸亚铁铵溶液进行滴定；当溶液中铬含量 >25mg 时，用浓度为 0.06mol/L 的硫酸亚铁铵溶液进行滴定。

a. 3　分析结果的计算

a. 3. 1　不含钒试样中的铬含量 w_{Cr} 按式（5-1-24）计算：

$$w_{Cr} = \frac{V_3 \cdot T}{m} \times 100 \tag{5-1-24}$$

式中　V_3——滴定所消耗硫酸亚铁铵标准滴定溶液的体积（包括指示剂校正值），mL；

　　　T——单位体积硫酸亚铁铵标准滴定溶液相当于铬的质量，g/mL；

　　　m——试料的质量，g。

a. 3. 2　含钒的试样

a. 3. 2. 1　高锰酸钾返滴定法

按式（5-1-25）计算试样中的铬含量 w_{Cr}，以质量分数表示：

$$w_{Cr} = \frac{(V_4 - V_5 \cdot K) \cdot T}{m} \times 100 \tag{5-1-25}$$

式中　V_4——滴定所消耗硫酸亚铁铵标准滴定溶液的体积，mL；

　　　V_5——过量硫酸亚铁铵标准滴定溶液所消耗高锰酸钾溶液的体积减去亚铁-邻菲罗啉溶液的校正值后的体积，mL；

　　　K——高锰酸钾溶液相当于硫酸亚铁铵标准滴定溶液的体积比；

　　　T——硫酸亚铁铵标准滴定溶液对铬的滴定度，g/mL；

　　　m——试料的质量，g。

a. 3. 2. 2　理论值计算法

按式（5-1-26）计算试样中的铬含量 w_{Cr}，以质量分数表示：

$$w_{Cr} = \frac{V_6 \cdot T}{m} \times 100 - w_V \times 0.34 \tag{5-1-26}$$

式中　V_6——滴定铬和钒合量所消耗的硫酸亚铁铵标准滴定溶液的体积（包括指示剂校正值），mL；

T——硫酸亚铁铵标准滴定溶液对铬的滴定度，g/mL；

m——试料的质量，g；

w_V——钒的质量分数；

0.34——钒的校正系数。

a.4 精密度见表 5-1-17。

表 5-1-17 精密度

铬含量（质量分数）/%	重复性限 r	再现性限 R
0.11 ~ 33.00	$\lg r = -1.7720 + 0.6181 \lg m$	$\lg R = -1.4604 + 0.6590 \lg m$

式中 m——两个测定值的平均值（质量分数）。

重复性限（r）、再现性限（R）按上表给出的方程求得。

在重复性条件下，获得的两次独立测试结果的绝对差值不大于重复性限（r），以大于重复性限（r）的情况不超过 5% 为前提。

在再现性条件下，获得的两次独立测试结果的绝对差值不大于再现性限（R），以大于再现性限（R）的情况不超过 5% 为前提。

b 方法二：电位滴定法

b.1 试剂

b.1.1 尿素。

b.1.2 高氯酸（$\rho 1.67$g/mL）。

b.1.3 氢氟酸（$\rho 1.15$g/mL）。

b.1.4 磷酸（$\rho 1.69$g/mL）。

b.1.5 硝酸（$\rho 1.42$g/mL）。

b.1.6 盐酸（$\rho 1.19$g/mL）、盐酸溶液（1+1）、盐酸溶液（1+10）。

b.1.7 硫酸（$\rho 1.84$g/mL）、硫酸溶液（1+1）、硫酸溶液（1+5）、硫酸溶液（1+19）。

b.1.8 硫酸银溶液（5g/L）。

b.1.9 过硫酸铵 $[(NH_4)_2S_2O_8]$ 溶液（500g/L），用前配制。

b.1.10 硫酸锰 $[MnSO_4 \cdot H_2O]$ 溶液（4g/L）。

b.1.11 硫酸锰 $[MnSO_4 \cdot H_2O]$ 溶液（100g/L）。

b.1.12 高锰酸钾溶液（5g/L）。

b.1.13 亚硝酸钠溶液（3g/L），用前配制。

b.1.14 氨基磺酸 $[NH_2SO_3H]$ 溶液（500g/L），该溶液仅能稳定 1 周。

b.1.15 硫酸亚铁铵标准溶液，硫酸介质中，此溶液 1mL 相当于 2mg 铬。

b.1.15.1 溶液的配制：

称取 46g 硫酸亚铁铵 $[Fe(NH_4)_2(SO_4)_2 \cdot 6H_2O]$，溶于 500mL 水中，加入 110mL 硫酸（1+1），冷却，稀释至 1000mL，混匀。

b.1.15.2 溶液的电位标定（使用前进行）：

量取 30.0mL 重铬酸钾标准溶液（b.1.16），移入 600mL 烧杯中，加入 45mL 硫酸（1+5），加水至约 400mL。按照后文 b.3.3.3.1 规定的条件进行滴定。

由式（5-1-27）计算相应的硫酸亚铁铵浓度 c_1，以每毫升铬的质量（mg）表示。

$$c_1 = \frac{30.0 \times 1.733}{V_7} \tag{5-1-27}$$

式中　V_7——标定时消耗的硫酸亚铁铵标准溶液的体积，mL；

　　30.0——量取的重铬酸钾标准溶液的体积，mL；

　1.733——1mL 重铬酸钾标准溶液中铬（Ⅵ）的质量，mg。

　　b.1.16　重铬酸钾标准溶液：称取 4.9031g（精确至 0.1mg）预先在 150℃ 干燥至恒量并在干燥器中冷却后的重铬酸钾，用水溶解并定量转移至 1000mL 的单标线容量瓶中，用水稀释至刻度，混匀。

　　此标准溶液 1mL 含 1.733mg 的铬。

　　b.2　仪器

　　电位滴定装置：可以用铂-甘汞电极测定电位。

注：也可用铂和其他参比电极进行测定，但需要重新制作滴定曲线，以确定滴定终点。

　　所有玻璃量器均应符合 GB 12805、GB 12806 或 GB 12808 规定的 A 级。

　　b.3　分析步骤

　　b.3.1　试料见表 5-1-18。

表 5-1-18　试料量

铬含量（质量分数）/%	称样量/g	称量精度
0.25%~2.00%	2.00	精确至 0.1mg
>2.00%~10.00%	1.00	精确至 0.1mg
>10.00%~25.00%	0.50	精确至 0.1mg
>25.00%~35.00%	0.25	精确至 0.1mg

　　b.3.2　空白试验：按照相同的步骤，用相同试剂，但不加试料，随同试料做空白试验。

　　b.3.3　测定

　　b.3.3.1　试料的制备

　　b.3.3.1.1　非合金钢和铁：将称好的试料置于 600mL 烧杯中，加入 60mL 硫酸（1+5）和 10mL 磷酸（ρ1.69g/mL），加热溶解，然后用 15mL 硝酸（ρ1.42g/mL）氧化，加热至冒白色浓烟，冷却并加入 100mL 水。

　　为了加速高硅试料的溶解，可加几滴氢氟酸（ρ1.15g/mL）（见注 1）。

　　b.3.3.1.2　铬镍合金钢和铁：将称好的试料置于 600mL 烧杯中，加入 25mL 盐酸（1+1），加热溶解，然后用 15mL 硝酸（ρ1.42g/mL）氧化。若特别难溶，加 1~2mL 氢氟酸（ρ1.15g/mL），然后加入 20mL 硫酸（1+1）和 10mL 磷酸（ρ1.69g/mL），加热至冒白色浓烟。

　　冷却后，再加 15mL 硝酸（ρ1.42g/mL）于冒烟的溶液中，如有必要再加硝酸，直到碳化物被完全分解，继续冒烟赶尽氮氧化物，冷却，加入 100mL 水（见注 1）。

b.3.3.1.3　含钨钢：将称好的试料置于 600mL 烧杯中，加入 25mL 盐酸（1+1），然后加入 20mL 硫酸（1+1）和 10mL 磷酸（ρ1.69g/mL），加热至停止冒泡。若特别难溶，加 1~2mL 氢氟酸（ρ1.15g/mL），用 15mL 硝酸（ρ1.42g/mL）氧化，然后加热至冒白色浓烟。

冷却后，再加 15mL 硝酸（ρ1.42g/mL）于冒烟的溶液中，如有必要再加硝酸，直到碳化物被完全分解，继续冒烟赶尽氮氧化物，冷却，加入 100mL 水（见注 1）。

b.3.3.1.4　高合金钢和铁或高硅钢和铁：将称好的试料置于 750mL 的锥形瓶中，加入 20mL 盐酸（1+1），10mL 硝酸（ρ1.42g/mL）和 1mL 氢氟酸（ρ1.15g/mL）。

当停止冒泡后，加入 30mL 高氯酸（ρ1.67g/mL），加热至冒白烟，盖上表面皿，继续加热至合金完全溶解（白烟保留在锥形瓶中），冷却。

加 30mL 水，煮沸 5min，冷却（见注 1）。定量转移至 600mL 烧杯中，加 20mL 硫酸（1+1），10mL 磷酸（ρ1.69g/mL）和 70mL 水。

b.3.3.2　铬的氧化和滴定的准备

如有必要，用衬有纸浆的过滤器过滤除去石墨碳，用硫酸（1+19）冲洗，用温水稀释至约 350mL，加 20mL 硫酸银溶液（5g/L）和 10mL 过硫酸铵溶液（500g/L），盖上表面皿，并煮沸 10min（见注 2）。

为分解高锰酸，先加入 10mL 盐酸（1+10），继续煮沸 3min 后，如有必要再逐滴加入盐酸（1+10），直至紫色消失（见注 3）。煮沸 10min 直到形成的氯气的气味消失，迅速冷却至室温。

注 1：对于特殊样品（如高铬和高碳样品）可能溶解不完全。在这种情况下，需要对残渣进行熔融，并与试液合并。

注 2：可观察到高锰酸的紫色，如果试料中仅含有少量的锰，加入约 5mL 硫酸锰溶液（4g/L），以确保高锰酸紫色易观察。

注 3：完全氧化后，可看到高锰酸的紫色，必须加入盐酸（1+10）。

b.3.3.3　滴定

b.3.3.3.1　不含钒的试样：将电位滴定装置的电极置于盛有待滴定的溶液的烧杯中，最好用电磁搅拌器搅拌，用滴定管加入硫酸亚铁铵标准溶液，直至出现电位突跃（见注），在终点附近要缓慢滴定，记录滴定时消耗硫酸亚铁铵标准溶液的体积 V_9（mL）。

用铂-甘汞电极测量，电位突跃在 300mV 左右，而化学计量点在 700~900mV。

注：溶液中铬含量低于 40mg 时，用 20mL 的滴定管；铬含量高于 40mg 时，用 50mL 的滴定管。

b.3.3.3.2　含钒的试样：按上述方法 b.3.3.3.1 滴定，在这种情况下，钒和铬同时测定，记录滴定体积 V_{10}（mL），高锰酸钾把钒和铬同时氧化。要想只测定氧化钒，在加入高锰酸钾溶液（5g/L）的同时，用铂-甘汞电极测定氧化电位，逐滴加入高锰酸钾溶液（5g/L），直到电位由 1000mV 突跃到 1160mV。

维持该电位 2min 后，

——可以加入约 10mL 亚硝酸钠溶液（3g/L），还原过量的高锰酸钾，大约 1min 后再加入 3g 尿素，待电位稳定在 800mV 附近后，搅拌并按上述方法 b.3.3.3.1 所述滴定。

——也可以通过逐滴加入亚硝酸钠溶液（3g/L），还原过量的高锰酸钾，直到电位稳定在 770mV 附近。加入 5mL 氨基磺酸溶液（100g/L），此时电位为 780mV，然后加入 30mL 磷酸（ρ1.69g/mL），搅拌，按上述方法 b.3.3.3.1 所述滴定。

记录滴定体积 V_{11}（mL）。

注：也可按上述方法 b.3.3.3.1 所述滴定，测定出铬和钒的含量，再按理论值进行校正。1% 钒相当于 0.34% 铬。

b.4　结果表示

b.4.1　计算方法

b.4.1.1　不含钒的试样，按式（5-1-28）计算铬含量 w_{Cr}，以质量分数表示：

$$w_{Cr} = \frac{(V_9 - V_8) \cdot c_1}{m \times 1000} \times 100 \qquad (5\text{-}1\text{-}28)$$

式中　V_8——滴定空白试液所消耗的硫酸亚铁铵标准溶液的体积，mL；

V_9——滴定铬（上述方法 b.3.3.3.1）所消耗的硫酸亚铁铵标准溶液的体积，mL；

c_1——相应的硫酸亚铁铵标准溶液浓度，以每毫升铬的质量（mg）表示；

m——试料的质量，g。

b.4.1.2　含钒的试样，按式（5-1-29）计算铬含量 w_{Cr}，以质量分数表示：

$$w_{Cr} = \frac{(V_{10} - V_{11}) \cdot c_1}{m \times 1000} \times 100 \qquad (5\text{-}1\text{-}29)$$

式中　V_{10}——滴定铬和钒所消耗的硫酸亚铁铵标准溶液的体积，mL；

V_{11}——滴定钒所消耗的硫酸亚铁铵标准溶液的体积，mL；

c_1——相应的硫酸亚铁铵标准溶液浓度，以每毫升铬的质量（mg）表示；

m——试料的质量，g。

b.4.2　精密度

根据标准 GB/T 223.11 给出的结果，铬含量与实验结果的重复性限（r）和再现性限（R）间呈对数关系，汇总于表 5-1-19。

表 5-1-19　精密度

铬含量（质量分数）/%	重复性限 r	再现性限 R
0.250	0.013	0.019
0.500	0.019	0.028
1.00	0.027	0.041
2.5	0.044	0.067
5.0	0.064	0.098
10.0	0.092	0.143
15.0	0.114	0.179
20.0	0.132	0.209
25.0	0.149	0.236
35.0	0.178	0.284

c. 结果评定

含铬量试验结果符合试样产品技术标准要求时评定合格。

铬元素检测的允许偏差见本书第 6 章表 6-1-15 及表 6-1-16。

5.1.8.8　镍元素的测定

a. 丁二酮肟称量法测定镍含量

适用于碳钢、合金钢和不锈钢中镍含量的测定。测定范围 W_{Ni} 为 2% 以上。

a.1　试剂

a.1.1　酒石酸溶液（500g/L）；

a.1.2　硫代硫酸钠（$Na_2S_2O_3 \cdot 5H_2O$）溶液（200g/L）：用时配制，过滤后使用；

a.1.3　无水亚硫酸钠溶液（200g/L）：用时配制，过滤后使用；

a.1.4　乙酸铵溶液（500g/L）：过滤后使用；

a.1.5　丁二酮肟乙醇溶液（10g/L）：过滤后使用；

a.1.6　盐酸（1+1）；

a.1.7　氨水（1+1）；

a.1.8　王水：一体积硝酸（$\rho 1.42g/mL$）和三体积盐酸（$\rho 1.19g/mL$）混匀。

a.2　试验步骤

a.2.1　称样量（将试样中钴含量控制在 100mg 内）按表 5-1-20 称取试样。

表 5-1-20　镍元素测定用试样量

镍含量/%	2.00 ~ 4.00	>4.00 ~ 8.00	>8.00 ~ 15.00	>15.00 ~ 30.00	>30.00 ~ 50.00	>50.00
试样量/g	2.000	1.000	0.5000	0.2000	0.1500	0.1000

a.2.2　将试样置于 400mL 锥形瓶中，加入 5mL 王水缓慢加热溶解试样（控制酸液体积在 5mL 左右），待溶解完毕，取下稍冷，加入 10mL 高氯酸（$\rho 1.67g/mL$），加热蒸发至冒烟（高氯酸烟要完全冒出瓶口），移至低温处继续冒高氯酸烟回流 10 ~ 20min，取下稍冷，加入 10mL 盐酸（$\rho 1.19g/mL$）、100mL 热水，加热溶解盐类。

a.2.3　取下稍冷，加入 30mL 酒石酸溶液（试样量小于 1.000g 的不含钴试样可减为 20mL），边搅拌边滴加氨水（$\rho 0.90g/mL$）调节溶液至 pH=9，放置 5min。

a.2.4　用慢速滤纸过滤，滤液置于 600mL 烧杯中，用热水洗净锥形瓶，并洗涤滤纸和沉淀 8 次，溶液总体积控制在 250mL 左右。

a.2.5　在不断搅拌下，用盐酸（1+1）酸化溶液至 pH3.5 左右，加入 20mL 无水亚硫酸钠溶液，搅拌片刻，用氨水（1+1）调节溶液至 pH4.5，加热至 45 ~ 50℃时，加入硫代硫酸钠溶液（含铜 30mg 以下时，加入 10mL；超过 30mg 时，加入 20mL），搅拌片刻，放置 5min。

a.2.6　加入丁二酮肟乙醇溶液（按每 1mg 镍、钴、铜加入 0.6mL 计算，并过量 10mL），在不断搅拌下加入 20mL 乙酸铵溶液，此时溶液 pH 应为 6.0 ~ 6.4，如低于此范围，可用氨水（1+1）调节。

调节溶液总体积在 400mL 左右，静置陈化 30min 或 1h。

a.2.7　冷却至室温，用已恒量的 4 号玻璃坩埚负压抽滤（速度不宜太快，切不可将沉淀吸干），用冷水洗涤烧杯和沉淀（防止沉淀吸干，洗涤时以少量多次并将沉淀冲散为佳，洗涤用水总量控制在 200mL 左右）。将玻璃坩埚置于烘箱中，于（145±5）℃烘干约 2h，置于干燥器中冷却，称量，并反复烘干至恒量。

a.3　按式（5-1-30）计算镍的质量分数：

$$w_{Ni} = \frac{(m_1 - m_2) \times 0.2032}{m} \times 100 \tag{5-1-30}$$

式中　m_1——玻璃坩埚和丁二酮肟镍沉淀的质量，g；

　　　m_2——玻璃坩埚的质量，g；

　　　m——试样的质量，g；

　0.2032——丁二酮肟镍换算为镍的因数。

b　丁二酮肟直接分光光度法测定镍含量

适用于生铁、铁粉、碳素钢、合金钢中质量分数为 0.030%～2.00% 镍含量的测定。

b.1　试剂

b.1.1　高氯酸（$\rho 1.67 g/mL$）；

b.1.2　硝酸（2+3）；

b.1.3　酒石酸钠溶液（300g/L）；

a.1.4　氢氧化钠溶液（100g/L）；

b.1.5　丁二酮肟溶液（10g/L）：用乙醇配制，过滤后使用；

b.1.6　过硫酸铵溶液（40g/L）；

b.1.7　盐酸-硝酸混合酸：将一份盐酸（$\rho 1.19 g/mL$）、一份硝酸（$\rho 1.42 g/mL$）和二份水相混匀；

b.1.8　镍标准溶液

b.1.8.1　镍储备液（100μg/mL）：称取 0.1000g 纯镍（质量分数 99.99% 以上），置于 150mL 锥形瓶中，加 20mL 硝酸（2+3），加热溶解后，冷却至室温，移入 1000mL 容量瓶中，用水稀释至刻度，混匀。此溶液 1mL 含 100μg 镍。

b.1.8.2　镍标准溶液（10.0μg/mL）：移取 25.00mL 镍储备液，置于 250mL 容量瓶中，加 5mL 硝酸（2+3），用水稀释至刻度，混匀。此溶液 1mL 含 10μg 镍。

b.2　试验步骤

b.2.1　试料的质量：按表 5-1-21 称取试样（精确至 0.0001g）。

表 5-1-21　镍元素测定用试样的质量（丁二酮肟分光光度法）

镍含量（质量分数）/%	0.03～0.10	>0.10～0.50	>0.50～2.00
试料的质量/g	0.50	0.20	0.10

b.2.2　空白试验：随同试料做空白试验。

b.2.3　将试料置于 150mL 锥形瓶中，加 5mL～10mL 硝酸（2+3）或盐酸-硝酸混合酸，加热溶解后，加 3mL～5mL 高氯酸（$\rho 1.67 g/mL$），加热蒸发至冒高氯酸烟，氧化铬呈六价，稍冷。

加入少量水使盐类溶解，冷却后移入 100mL 容量瓶中（含镍量为 0.03% ~ 0.10% 时，移入 50mL 容量瓶中），用水稀释至刻度，混匀。如有沉淀干过滤除去。

b.2.4　移取 10.00mL(镍的质量分数为 1.00% ~ 2.00% 时，移取 5.00mL) 试液两份，分别置于 50mL 容量瓶中，分别按以下步骤进行：

b.2.4.1　显色液：加 10mL 酒石酸钠溶液（300g/L）、10mL 氢氧化钠溶液（100g/L）、2mL 丁二酮肟溶液（10g/L）、5mL 过硫酸铵溶液（40g/L），每加一种试剂后均要混匀，用水稀释至刻度，混匀。

b.2.4.2　参比液：加 10mL 酒石酸钠溶液（300g/L）、10mL 氢氧化钠溶液（100g/L）、2mL 乙醇（95% 以上）、5mL 过硫酸铵溶液（40g/L），用水稀释至刻度，混匀。

b.2.5　放置 10min ~ 20min 后将部分溶液移入 2cm 或 3cm 吸收皿中，以参比液为参比，在分光光度计上于波长 530nm 处，测量其吸光度。减去空白试验的吸光度，从校准曲线上查出相应的镍量。

b.2.6　校准曲线的绘制

移取 0mL、2.00mL、4.00mL、6.00mL、8.00mL、10.00mL 镍标准溶液，分别置于 50mL 容量瓶中，显色，以试剂空白为参比测量其吸光度。以镍质量为横坐标，吸光度为纵坐标绘制校准曲线。

也可选用不同镍含量的一组标钢样品（4 个 ~ 5 个），按照上述分析步骤进行试验，以参比液为参比，在分光光度计上于波长 530nm 处，测量其吸光度。以标钢的镍含量为横坐标，其吸光度为纵坐标绘制工作曲线。

b.3　按式（5-1-31）计算镍的质量分数 w_{Ni}（%）：

$$w_{Ni} = \frac{m_1 \cdot V}{m \cdot V_1 \times 10^6} \times 100 \tag{5-1-31}$$

式中　V——试液总体积，mL；

V_1——分取试液体积，mL；

m_1——从校准曲线上查得的镍质量，μg；

m——试料的质量，g。

b.4　精密度见表 5-1-22。

表 5-1-22　精密度

镍含量（质量分数）/%	重复性限 r	再现性限 R
0.024 ~ 2.08	$\lg r = -1.7146 + 0.8221\lg m$	$\lg R = -1.4495 + 0.8563\lg m$
式中　m——两个测定值的平均值，单位为%（质量分数）。		

重复性限（r）、再现性限（R）按上表给出的方程求得。

在重复性条件下，获得的两次独立测试结果的绝对差值不大于重复性限（r），大于重复性限（r）的情况以不超过 5% 为前提。

在再现性条件下，获得的两次独立测试结果的绝对差值不大于再现性限（R），大于再现性限（R）的情况以不超过 5% 为前提。

c　萃取分离-丁二酮肟分光光度法测定镍含量

适用于生铁、铁粉、碳素钢、合金钢和精密合金中质量分数为 0.010% ~ 0.50% 镍含量的测定。

c.1 试剂和材料

除非另有说明，分析中仅使用确认的分析纯试剂和蒸馏水或与其纯度相当的水。

c.1.1 三氯甲烷。

c.1.2 乙醇，95%（体积分数）以上。

c.1.3 高氯酸（$\rho 1.67g/mL$）。

c.1.4 氨水（$\rho 0.90g/mL$）、氨水（1+30）。

c.1.5 硝酸（$\rho 1.42g/mL$）、硝酸（2+3）、硝酸（1+20）。

c.1.6 盐酸-硝酸混合酸：将1份盐酸（$\rho 1.19g/mL$）、1份硝酸（$\rho 1.42g/mL$）和2份水相混匀。

c.1.7 柠檬酸铵溶液（200g/L）。

c.1.8 氢氧化钠溶液（100g/L）。

c.1.9 酒石酸钠溶液（300g/L）。

c.1.10 丁二酮肟溶液（10g/L）：用乙醇配制，过滤后使用。

c.1.11 过硫酸铵溶液（40g/L）。

c.1.12 溴麝香草酚蓝溶液（1g/L）：称取0.1g溴麝香草酚蓝，加1mL氢氧化钠溶液（100g/L）和50mL水溶解后，用水稀释至100mL，混匀。

c.1.13 镍标准溶液

c.1.13.1 镍储备液（100μg/mL）：称取0.1000g纯镍（质量分数99.99%以上），置于150mL锥形瓶中，加20mL硝酸（2+3），加热溶解后，冷却至室温，移入1000mL容量瓶中，用水稀释至刻度，混匀。此溶液1mL含100μg镍。

c.1.13.2 镍标准溶液（10.0μg/mL）：移取50.00mL镍储备液，置于500mL容量瓶中，加10mL硝酸（2+3），用水稀释至刻度，混匀。此溶液1mL含10μg镍。

c.2 分析步骤

c.2.1 试料的质量：称取0.10g试样，精确至0.1mg。

c.2.2 空白试验：随同试料作空白试验。

c.2.3 测定

c.2.3.1 将试料置于150mL锥形瓶中，加3mL硝酸（2+3）或盐酸-硝酸混合酸，加热溶解后，加2~3mL高氯酸（$\rho 1.67g/mL$），加热蒸发至冒高氯酸烟，氧化铬呈六价，稍冷。

c.2.3.2 加入5mL水溶解盐类（当镍质量分数大于0.10%时，稀释分取10/50），加10mL柠檬酸铵溶液（200g/L），加2~5滴溴麝香草酚蓝溶液（1g/L），然后滴加氨水（$\rho 0.90g/mL$）至溶液呈深绿色，再多加10滴，加5mL丁二酮肟溶液（10g/L）［若试液中含高铜、高钴时，每1毫克铜应多加0.2mL丁二酮肟溶液（10g/L），每1毫克钴应多加0.5mL丁二酮肟溶液（10g/L）］，流水冷却。

c.2.3.3 将溶液移入100mL分液漏斗中，使其体积为25~30mL，加三氯甲烷，振荡

1min，静置分层。将有机相放入另一个分液漏斗中。在水相中再加 5mL 三氯甲烷，振荡 30s，分层后合并有机相，弃去水相。

c.2.3.4　在合并后的有机相中，加 10mL 氨水（1＋30），振荡 1min，静置分层。将有机相放入另一个分液漏斗中［若试液中含 0.5mg 以上铜时，再加 10mL 氨水（1＋30）振荡有机相一次］，在水相中加 5mL 三氯甲烷，轻轻振荡 30s，待完全分层后，将有机相合并，弃去水相。

c.2.3.5　在有机相中加 5.0mL 硝酸（1＋20），振荡 1min，静置分层，将有机相放入另一个分液漏斗中，再加入 5.0mL 硝酸（1＋20），重复振荡有机相一次，静置分层后，弃去有机相，合并水相于原锥形瓶中。

c.2.3.6　将水相蒸发至体积约为 5mL，冷却后移入 50mL 容量瓶中。

c.2.3.7　加 2mL 酒石酸钠溶液（300g/L）、5mL 氢氧化钠溶液（100g/L）、2mL 丁二酮肟溶液（10g/L）和 5mL 过硫酸铵溶液（40g/L），每加一种试剂后均要混匀，用水稀释至刻度，混匀。

c.2.3.8　放置 15min 后，将部分溶液移入 2cm 吸收皿中，以水为参比，在分光光度计上，于波长 465nm 处，测量其吸光度，减去空白试验吸光度，从校准曲线上查出相应的镍质量（μg）。

c.2.4　校准曲线的绘制

移取 0mL、2.00mL、4.00mL、6.00mL、8.00mL、10.00mL 镍标准溶液，分别置于 50mL 容量瓶中，按 c.2.3.7 和 c.2.3.8 的步骤进测量其吸光度。减去试剂空白吸光度。以镍质量为横坐标，吸光度为纵坐标，绘制校准曲线。

c.3　结果计算

镍的质量分数 w_{Ni} 按式（5-1-32）计算：

$$w_{Ni} = \frac{m_1 \cdot V}{m \cdot V_1 \times 10^6} \times 100 \tag{5-1-32}$$

式中　V——试液总体积，mL；

$\quad\quad V_1$——分取试液体积，mL；

$\quad\quad m_1$——从校准曲线上查得的镍质量，μg；

$\quad\quad m$——试料的质量，g。

c.4　精密度见表 5-1-23。

表 5-1-23　精密度

镍含量（质量分数）/%	重复性限 r	再现性限 R
0.0240～0.510	$r = 0.0005729 + 0.03019m$	$R = 0.0004335 + 0.07515m$

式中　m——为两个测定值的平均值，单位为%（质量分数）。

重复性限（r）、再现性限（R）按上表给出的方程求得。

在重复性条件下，获得的两次独立测试结果的绝对差值不大于重复性限（r），大于重复性限（r）的情况以不超过 5% 为前提。

在再现性条件下，获得的两次独立测试结果的绝对差值不大于再现性限（R），大于再现性限（R）的情况以不超过 5% 为前提。

d　结果评定

含镍量试验结果符合试样产品技术标准要求时评定合格，反之为不符合标准要求。

镍元素检测的允许偏差见本书第 6 章表 6-1-15 及表 6-1-16。

5.1.8.9　钛元素的测定

本方法适用于碳素钢、合金钢和不锈钢中钛含量的测定。测定范围 W_{Ti} 为 0.010% ~ 2.500%。

a　仪器与试剂

a.1　仪器：分光光度计（按期送计量部门进行校准，并在合格校准周期内使用）。

a.2　试剂

a.2.1　氯化钠；

a.2.2　氢氟酸（$\rho 1.15g/mL$）、盐酸（$\rho 1.19g/mL$）、硝酸（$\rho 1.42g/mL$）、亚硫酸（$\rho 1.03g/mL$）、高氯酸（$\rho 1.67g/mL$）；

a.2.3　王水：三份盐酸和一份硝酸混合；

a.2.4　硫酸（1 + 1）；

a.2.5　氢氧化钠溶液（350g/L）；

a.2.6　草酸 A 溶液（50g/L）、草酸 B 溶液（100g/L）；

a.2.7　变色酸溶液（30g/L）：称取 3g 变色酸、0.5g 无水亚硫酸钠置于 250mL 烧杯中，用少量水溶解并用水稀释至 100mL，过滤后贮于棕色瓶中。

a.2.8　钛标准溶液

a.2.8.1　称取 0.1668g 于 950℃灼烧至恒量的二氧化钛（99.9% 以上），置于铂坩埚中，加（5~7）g 焦硫酸钾，在 600℃熔融至透明，取下冷却，于 400mL 烧杯中用硫酸（5 + 95）浸取熔块后，用硫酸（5 + 95）移入 500mL 容量瓶中并稀释至刻度，混匀。此溶液 1mL 含 200μg 钛。

a.2.8.2　称取 100.00mL 钛标准溶液置于 200mL 容量瓶中，用硫酸（5 + 95）稀释至刻度，混匀。此溶液 1mL 含 100μg 钛。

b. 试验步骤

b.1　按表 5-1-24 规定称取试样量。

表 5-1-24　钛元素测定用试样的质量

钛含量/%	0.010 ~ 0.100	> 0.100 ~ 0.500	> 0.500 ~ 1.00	> 1.00 ~ 2.50
试样量/g	0.5000	0.2500	0.1000	0.1000
移取试液体积/mL	20.00	10.00	10.00	5.00

b.2　试样处理

b.2.1　将称取的试样置于 250mL 锥形瓶中，加（20 ~ 30）mL 王水，加热溶解后 [高硅试样加几滴氢氟酸；高碳钢试样加（3 ~ 5）mL 高氯酸]，加入 10mL 硫酸溶液（1 + 1），蒸发至冒硫酸烟（溶样滴加氢氟酸时，则需取下稍冷，再加热冒硫酸烟）。

b.2.2　移取的试液中含铬超过 2.5mg 时，按如下操作：加 10mL 盐酸、5mL 硝酸、10mL 高氯酸，加热溶解并蒸发至冒高氯酸烟，将铬氧化至高价，加氯化钠挥铬，重复数次至铬大部分除去，取下稍冷，滴加几滴亚硫酸溶液还原铬，加入 10mL 硫酸溶液（1 + 1），加热冒硫酸烟。

b.2.3　将上述（b.2.1 或 b.2.2）的溶液取下稍冷，加 15～30mL 水，加热溶解盐类，取下冷却至室温。将试液移入 100mL 容量瓶中，用水稀释至刻度，混匀。

b.3　显色和测量

b.3.1　按表 5-1-24 规定量移取试液两份，分别置于 50mL 容量瓶中，按下法进行显色：

b.3.2　显色液：加 25mL 草酸 A 溶液（50g/L）［移取 20mL 试液加 20mL 草酸 B 溶液（100g/L）］，加入 7mL 变色酸溶液（30g/L），用水稀释至刻度，混匀。

b.3.3　参比液：加 25mL 草酸 A 溶液（50g/L）［移取 20mL 试液加 20mL 草酸 B 溶液（100g/L）］，用水稀释至刻度，混匀。

b.3.4　测量：将显色液移入 3cm 吸收皿中，以参比液为参比，于分光光度计波长 490nm 处，测量其吸光度。根据测得的试液吸光度，从工作曲线上查出相应的含钛量。

b.4　工作曲线的绘制

b.4.1　称取与试样量相同且已知低含量钛的纯铁（<0.001%）6 份，分别置于 6 个 250mL 锥形瓶中，按表 5-1-25 规定加入钛标准溶液，按 b.2～b.3 步骤进行试验，测量其吸光度。

b.4.2　或称取与试样量相同且已知钛含量的标钢不少于四个，按 b.2～b.3 试验步骤进行分析，测量各标钢溶液的吸光度。

b.4.3　工作曲线的绘制：根据测得的吸光度，以含钛量为横坐标，吸光度为纵坐标，绘制工作曲线。按直线回归方程统计方法计算含钛量与吸光度回归关系式和回归线性系数。

表 5-1-25　钛标准溶液加入量

钛含量/%	0.010～0.100	>0.100～0.500	>0.500～1.00	>1.00～2.50
标准溶液/(μg/mL)	100	100	100	200
标准溶液加入量/mL	0	0	0	0
	0.50	2.50	5.00	5.00
	1.50	5.00	6.00	7.00
	3.00	7.50	7.00	9.00
	4.00	10.00	8.00	11.00
	5.00	12.50	10.00	12.50

c　结果计算及评定

c.1　按式（5-1-33）计算钛的质量分数：

$$w_{Ti} = \frac{m_1 V}{m V_1} \times 100 \tag{5-1-33}$$

式中　V——试液的总体积，mL；

V_1——分取试液的体积，mL；

m_1——从工作曲线上查得的钛量，g；

m——试样的质量，g。

c.2　结果评定

含钛量试验结果应符合试样产品技术标准要求时评定合格，反之为不符合标准要求。

钛元素检测的允许偏差见本书第 6 章表 6-1-15 及表 6-1-16。

5.1.9　钢结构焊接质量的无损检测

无损探伤检测是利用声、光、热、电、磁和射线等与物质的相互作用，在不损伤被检物使用性能的情况下，探测材料、构件或设备（被检物）的各种宏观的内部或表面缺陷，并判断其位置、大小、形状和种类的方法。

常规无损探伤方法包括超声、（X、γ）射线照相、磁粉、渗透和电磁（涡流）等五种。每种无损探伤方法均有其优点和局限性，各种方法对缺陷的检出几率既不会是 100%，也不会完全相同，例如超声探伤法和射线照相探伤法，对同一被检物的探伤结果不会完全一致。

常规无损探伤方法中，超声和射线照相方法主要用于探测被检物的内部缺陷，而被检物内部的面积型缺陷，如裂纹、白点、分层和焊缝中的未熔合等通常采用超声探伤方法；体积型缺陷如气孔、夹渣、缩孔、疏松等一般应采用射线照相探伤方法。磁粉和电磁（涡流）方法用于探测被检物的表面和近表面缺陷，渗透方法仅用于探测被检物表面开口的缺陷。

5.1.9.1　应用无损探伤技术的原则

a　应用无损探伤技术探测产品，必须明确指定适用的探伤方法标准，并按此标准执行。

b　以无损探伤结果验收产品时，必须具备相应的探伤质量标准或技术条件。如无相应的产品探伤质量标准，则供需双方可协议采用下列任一方法，确定产品的探伤方法和质量验收标准。

b.1　采用或制订专用的产品探伤方法和质量验收标准。

b.2　根据通用探伤方法标准中的不同验收等级，采用某一等级来验收产品。

b.3　采用某个探伤方法标准，并规定具体的产品验收质量要求。

c　从事产品检验、设备维修和安全监督的无损探伤人员，必须具备国家有关主管部门颁发的无损检测人员技术资格证书。

d　无损探伤用的仪器设备，其性能应符合相应的探伤方法标准中对仪器设备的要求。

e　无损探伤用的标准器件，如超声探伤用标准试块、射线照相探伤用像质计、磁粉探伤用灵敏度试片和渗透探伤用标准试片等应由该产品质量监督单位负责检验或监制。

f　应用射线照相等对人体有损害的无损探伤方法，应具备必要的防护措施和监测手段，并按法定监督管理机构颁发的有关劳动保护及射线操作管理条例执行。

5.1.9.2　超声波探伤方法

a　仪器设备

a.1　探伤仪

a.1.1　采用 A 型显示脉冲反射式超声波探伤仪，水平线性误差≤1%，垂直线性误差≤5%。也可使用数字式超声波探伤仪，应至少能存储四幅 DAC 曲线。

a.1.2　超声波探伤仪的工作频率范围应为 0.5MHz～10MHz，且实时采样频率不应低于40MHz。小径管常用频率 4MHz～6MHz，对于超声衰减大的工件，可选用低于 2.5MHz 的频率。

a.1.3　仪器至少在示波屏满刻度 80% 范围内呈线性显示。探伤仪应具有 80dB 以上连续可调衰减器，步进档每档不大于 2dB，其精度为任意相邻 12dB 误差在 ±1dB 以内，最大累积误差不超过 1dB，其余指标符合 ZBY 230 的规定。

a.1.4 仪器和探头的组合灵敏度在达到所探工件最大声程处的探伤灵敏度时，有效灵敏度余量应 ≥10dB。

a.2 探头

a.2.1 检测网格钢结构焊接接头宜选用横波斜探头。在满足探测灵敏度的前提下，以使用频率 5MHz、短前沿、小晶片的斜探头为主。为保证覆盖整个焊缝截面并尽可能使用直射波法进行探伤，应根据焊缝不同区域选择不同角度的探头，在可能范围内尽量选用大角度的斜探头，斜探头规格应符合表 5-1-26 的规定。

表 5-1-26 斜探头规格

频率/MHz	晶片尺寸/mm²	钢中折射角 β/(°)	前沿尺寸/mm
5	6×6	70~73	<6
2.5 或 5	8×8	63~70	<10
2.5 或 5	10×10	45~60	<20

除检测板材、锻件、铸钢件和部分翼板侧 T 型接头，宜选用直径 14mm、直径 20mm 直探头和聚焦直探头外，检测母材板厚不小于 4mm 的对接或 T 型接头、角接接头，则宜选用横波斜探头。

a.2.2 对于串列式检测的斜探头前沿尺寸，当频率为 5MHz，β = 45° 时，不应大于 20mm；当频率为 5MHz，β = 70° 时，不应大于 27mm；当频率为 2.5MHz，β = 45° 时，应大于 25mm。串列式扫查适用于检测坡口面或根部面与检测面垂直且板厚不小于 20mm 的全焊透焊接接头，主要检测焊缝坡口面的未熔合和根部未焊透。中心频率允许偏差不应大于标称值的 ±10%。

a.2.3 单斜探头的主声束偏离，垂直方向应没有明显的双峰，水平方向偏离角 ≤ ±2°，折射角偏差 ≤ ±2°，前沿尺寸误差 ≤ ±1mm；对于串列式扫查，板厚 ≥20mm 且 <40mm 时，折射角为 70°；板厚 ≥40mm 时，折射角为 45°。收发两个探头的折射角偏差也应在 2° 以内。

a.2.4 分辨力：直探头的远场分辨力 ≥30dB，斜探头的远场分辨力 ≥6dB。

a.3 周期检查

a.3.1 探伤仪和探头工作性能应定期进行检查，周期检查项目及时间应符合表 5-1-27 的规定。

a.3.2 探伤仪和探头的系统性能的测试方法应按 JB/T 9214 和 JB/T 10062 的规定进行测试。

表 5-1-27 探伤仪和探头工作性能的周期检查项目及时间

检验项目	前沿尺寸、折射角 主声束偏离	灵敏度余量 分辨力	水平线性 垂直线性
检查时间	1. 开始使用 2. 每隔 6 个工作日	1. 开始使用 2. 探头修补后 3. 探伤仪修理后 4. 每隔 1 个月	1. 开始使用 2. 探伤仪修理后 3. 每隔 3 个月

a. 4　耦合剂

a. 4. 1　选用的耦合剂应具有良好透声性和适当流动性的液体或糊状物，并对材料和人体没有损伤作用，又便于检测后的清除。还可以在耦合剂中加入适量的表面活性剂，以提高其润湿性能。常用耦合剂有：机油、甘油、化学浆糊、水等。它们的声阻抗 Z 见表 5-1-28。

表 5-1-28　耦合剂的声阻抗

耦合剂	机油	水	水玻璃（30%体积）	甘油（100%）	变压器油
$Z \times 10^6 \mathrm{kg}/(\mathrm{m}^2 \cdot \mathrm{s})$	1. 28	1. 5	2. 17	2. 43	1. 33

a. 4. 2　标定和校核各项参数时，使用的耦合剂应与检测节点焊接接头的耦合剂相同。

b　试块

b. 1　标准试块

采用 CSK-ⅠB 型标准试块，主要用于测定探伤仪、接触面未经研磨的新探头和系统性能，制造技术应符合 JB/T 10063 的规定，形状和尺寸如图 5-1-35 所示。

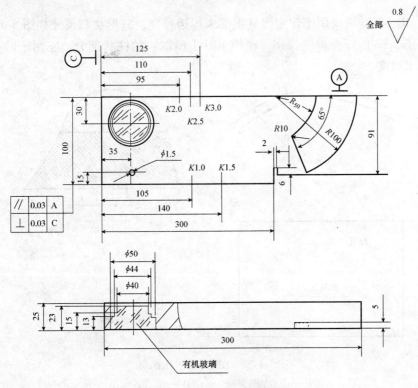

图 5-1-35　CSK-IB 型标准试块

b. 2　对比试块

b. 2. 1　CSK-ⅠCj 型试块由三块试块组成一套，各种曲率半径的试块可用于检测探伤面曲率半径为其 0. 9 倍 ~ 1. 5 倍的工件。允许使用其他与 CSK-ⅠB 型和 CSK-ⅠCj 型有同等作用的等效试块。

b. 2. 2　CSK-ⅠCj 型试块用于管节点现场标定和校核探测灵敏度与时基线、绘制距离-波幅曲线、测定系统性能等，其形状和尺寸如图 5-1-36 所示。

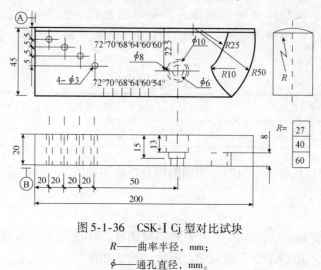

图 5-1-36　CSK-ⅠCj 型对比试块

R——曲率半径，mm；

φ——通孔直径，mm。

b. 2. 3　RBJ-Ⅰ 型试块用于评定焊缝根部未焊透程度，其形状和尺寸如图 5-1-37 所示。对于壁厚小于 5mm 的杆件焊缝探伤，使用 RBJ-Ⅰ 型试块的柱状部分，它用于时基线调节、标定和校核灵敏度。

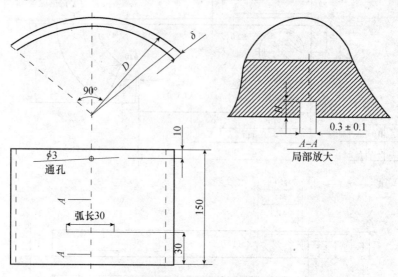

图 5-1-37　RBJ-Ⅰ 型对比试块

D——被检钢管外径，mm；H——弧深，mm；

δ——钢管壁厚，mm；φ通孔直径，mm

b. 2. 4　CSK-ⅠDj 型试块用于板节点现场标定和校核探伤灵敏度与时基线、绘制距离-波幅曲线、测定系统性能等，试块 1mm、2mm 深线切割槽用于评定焊缝根部未焊透程度，其形状和尺寸如图 5-1-38 所示。

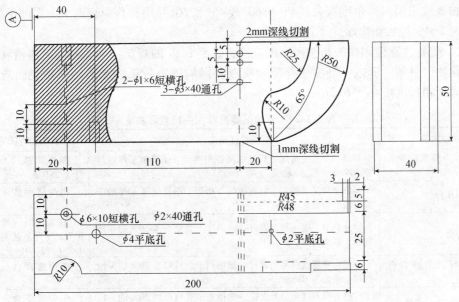

图 5-1-38 CSK-Ⅰ Dj 型对比试块

R——圆弧曲率半径，mm；

φ——横孔、通孔、平底孔直径，mm

b.2.5 铸件和铸钢件所用材料应使用与被检材料相同，且不允许存在等于或大于同声程直径 2mm 平底孔当量的自然缺陷，其超声衰减系数与被检材料相同或相近。用于钢板的对比试块，人工缺陷反射体为 V 形槽，角度为 60°，槽深为板厚的 3%，槽长至少 25mm。槽的两端距试块钢板两端至少为 50mm，对于厚度超过 50mm 的钢板，应在钢板的底面加工第二个 V 形校准槽。

b.3 现场检验时，为校验灵敏度和时基线，也可以采用其他型式的等效试块。如必要或对中厚板探伤时，可使用 GB/T 11345—89 附录 B 的对比试块（RB）调节灵敏度。

b.4 在同一种工件上探伤，不得使用两种不同型号的试块。现场探伤时，允许使用携带型试块对时基线和灵敏度进行校验。

c 检验等级

c.1 检验等级中检测的完善程度 A 级最低，B 级一般，C 级最高。检验工作的难度系数按 A、B、C 顺序逐级增高。检验等级类别规定如下：

c.1.1 A 级检验：采用一种角度的探头在焊缝的单面单侧进行检测，只对允许扫查到的焊缝截面进行探测，一般不要求作横向缺陷检测。母材厚度大于 50mm，不宜采用 A 级检验。

c.1.2 B 级检验：采用一种角度探头在焊缝的单面双侧进行检测，对整个焊缝截面进行探测。母材厚度大于 100mm 时，采用双面双侧检测。条件许可应作横向缺陷检测。

c.1.3 C 级检验：至少采用两种角度探头单面双侧检测。同时要作两个扫查方向和两种探头角度的横向缺陷检测。母材厚度大于 100mm 时，采用双面双侧检测。并且要求对接焊缝余高应磨平，以便探头在焊缝上作平行扫查；母材扫查部分应用直探头检查；焊缝母材厚度不小于 100mm，窄间隙焊缝母材厚度不小于 40mm 时，一般要增加串联式扫查。将探头放在焊缝及热影响区上作两个方向的平行扫查，母材厚度超过 100mm 时，应在焊缝的两面

451

作平行扫查或采用两种角度探头（45°和60°或45°和70°并用）作单面两个方向的平行扫查；亦可用两个45°探头作串联式平行扫查。

c.2　受检区宽度和探头扫查区宽度应符合表5-1-29的规定。探头移动区应清除焊接飞溅、氧化物、铁屑、锈蚀、油垢、外部杂质以及影响透声效果的涂层。探伤表面应平整光滑，其表面粗糙度应小于6.3μm。

表5-1-29　受检区宽度和探头扫查区宽度

受检对象	受检区宽度	探头扫查区宽度
空心球焊缝或钢板对接焊缝	焊缝自身宽度再加上焊缝两侧各相当于球壁或钢板母材厚度30%的一段区域，最大为10mm	在焊缝两侧，分别大于1.25P
钢管对接焊缝	焊缝自身宽度再加上焊缝两侧各相当于钢管壁厚30%的一段区域，最大为10mm	在焊缝两侧，分别大于1.25P
球管焊缝	焊缝自身宽度再加上管材一侧相当于管壁厚度30%的一段区域，最大为10mm	在管材一侧，大于0.75P（直射法）或大于1.25P（反射法）
杆件与锥头或封板焊缝	焊缝自身宽度再加上管材一侧相当于管壁厚度30%的一段区域，最大为10mm	在焊缝杆件一侧，大于1.25P
圆管相贯节点焊缝	焊缝自身宽度再加上支管一侧相当于管壁厚度30%的一段区域，最大为10mm	在焊缝支管一侧，大于1.25P

c.2.1　采用一次反射法探伤时，探头移动区不应小于1.25P，其中P按式（5-1-34）进行计算：

$$P = 2\delta \cdot \tan\beta \tag{5-1-34}$$

式中　P——斜探头的探伤跨距，mm；

δ——扫查侧的钢管壁厚，mm；

β——斜探头在钢中折射角，度（°）。

c.2.2　采用直射法探伤时，探头移动区不应小于0.75P。

c.3　采用A级检验等级，在管材外表面上检查球管焊接接头（组合焊缝）、钢管与封板、锥头连接的焊接接头，以及在支管一侧检查圆管相贯节点焊接接头；采用B级检验等级，在空心球外表面的焊接接头两侧以及钢管对接焊缝两侧进行探伤检查。

d　试验步骤

d.1　超声波探伤流程

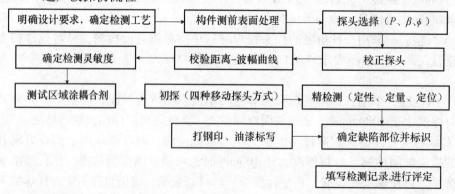

d.2　检测准备

d.2.1　首先对构件检测部位进行外观检查，消除探头移动区的飞溅、锈蚀、油污等杂物，以保持良好的声学接触，电渣焊缝探伤应在正火后进行。如需检查横向缺陷，应将焊缝磨平后探测。测试区域表面处理符合检测要求后，方可进行探伤。

d.2.2　使用外接电源，而电源电压波动较大时，不得进行探伤。使用机内电池时，出现电压不足的警告时，应停止探伤。

d.2.3　探伤前，应了解被检工件设计要求、焊缝验收标准、合格级别、探伤比例、焊接工艺、坡口型式、板厚、材质等情况，对于钢网架探伤前，还需了解球径或主支管直径、管壁厚、曲率、交叉角度、余高和背面衬垫等情况。

d.2.4　根据板厚或壁厚、坡口型式及预期发现的主要缺陷选择探头。在满足探伤灵敏度的前提下，应尽可能选用 6mm×6mm 小晶片、不大于 5mm 的短前沿及大折射角的斜探头，探头频率一般在（2.0~5.0）MHz 范围内选择，推荐选用（2.0~2.5）MHz 标称频率探测，但所选用探头频率必须保证系统灵敏度的要求。按不同检验等级要求选择探伤面，探伤面及推荐使用探头折射角应符合表 5-1-30。

表 5-1-30　探伤面及推荐使用探头折射角

板厚/mm	探伤面			探伤方法	使用探头的折射角 β	标称频率/MHz
	A 级检验	B 级检验	C 级检验			
4~25	单面单侧	单面双侧双面单侧	单面双侧和焊缝表面或双面单侧	直射法及多次反射法	70°或63°	5.0 或2.5
>25~50					70°或56°	
>50~100	双面双侧			直射法及一次反射法	45°或60°；45°和60°；45°和70°并用	2.5
>100~300					45°和60°并用或45°和70°并用	2.0 或2.5

注：在检测空心球焊缝时，为确保声束能有效地对焊缝底部进行检查，还应根据声束在空心球底曲面入射角不大于 70°的要求选择探头折射角。

d.2.5　当空心球、圆管焊接接头探伤时，探头楔块底面应磨成与探伤面相吻合的曲面，并且在磨成曲面后测定前沿距离和折射角，标定时基线扫描比例，绘制距离-波幅曲线和调节探测灵敏度。

d.2.6　圆管相贯节点曲面探测灵敏度修正量的确定，应遵守图 5-1-39 的要求，用规格相同的两个探头在平面试板上作一跨距一收一放测试，读取增益（或衰减）值 G_1，然后在工件表面上（支管外壁）沿轴向和实际探伤最大偏角方向分别作一跨距一收一放测试，读取 G_2 和 G_3。当 $TG<2dB$ 时，可不作修正；当 $|G_2-G_3|≤4dB$ 时，应按 TG 进行耦合修正；当 $|G_2-G_3|>4dB$ 时，应进一步分区测试，取合适的区间分别进行修正。TG 值按式（5-1-35）计算：

$$TG = \frac{(G_2 + G_3)}{2} - G_1 \qquad (5-1-35)$$

实际探伤以支管表面作为探伤面，扫查时探头应与焊缝垂直。

（a）　　　　　　　　　　　　（b）

图 5-1-39　曲面探测灵敏度修正量的确定

（a）试板与 RB 试块有相同的粗糙度；（b）工件探测面

d.3　时基线扫描的调节

荧光屏时基线刻度可按比例调节为代表缺陷的水平距离 I（简化水平距离 I'）、深度 h 或声程 S，详见图 5-1-40 所示。

d.3.1　探伤面为平面时，可在对比试块上进行时基线扫描调节，扫描比例依据工件厚度和选用探头的折射角 β 来决定，最大检验范围应调至荧光屏时基线刻度的 2/3 以上。

d.3.2　探伤面为曲率半径 R 大于（$W^2/4$）时，可在平面对比试块上或与探伤面曲率相近的曲面对比试块上，进行时基线扫描调节。

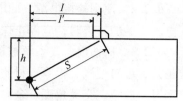

图 5-1-40　时基线扫描调节示意图

d.3.3　探伤面为曲率半径 R 小于（$W^2/4$）时，探头楔块应磨成与工件曲面相吻合，在与探伤面曲率相同的对比试块上作时基线扫描调节。

d.4　距离-波幅曲线（DAC）的绘制

d.4.1　对于管节点，采用在 CSK-ICj 试块上实测的直径 3mm 的横孔反射波幅数据及表面补偿和曲面探测灵敏度修正数据，按表 5-1-31 灵敏度要求绘制 DAC 曲线；对于板节点，则采用 CSK-Idj 型试块实测的直径 3mm 横孔反射波幅数据及表面补偿数据，按表 5-1-31 灵敏度要求绘制 DAC 曲线。

表 5-1-31　DAC 曲线灵敏度（分贝）

曲线名称	A 级（4~50）	B 级（4~300）	C 级（4~300）
判废线（RL）	DAC	DAC−4dB	DAC−2dB
定量线（SL）	DAC−10dB	DAC−10dB	DAC−8dB
评定线（EL）	DAC−16dB	DAC−16dB	DAC−14dB

d.4.2　DAC 曲线由判废线 RL、定量线 SL 和评定线 EL 组成，如图 5-1-41 所示。EL 与 SL 之间（包括 EL）称为Ⅰ区，即弱信号评定区；SL 与 RL 之间（包括 SL）称为Ⅱ区，即长度评定区；RL 及以上称为Ⅲ区，即判废区。三条曲线的灵敏度值应符合表 5-1-31 的规定。

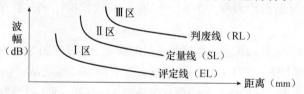

图 5-1-41　距离-波幅曲线示意图

d.4.3　若被检构件壁厚小于 8mm，按下列方法绘制 DAC 曲线：将深 5mm 的直径 3mm 的通孔回波高度调节到垂直刻度的 80%，画一条直线（RL 线），用于直射波探伤；然后下降 4dB 再画一条直线（RL 线），用于一次反射波探伤。

d.5　检测方法

d.5.1　焊接接头外观质量及外形尺寸检查合格后进行超声波探伤。检测工作应在探伤面经过清理、探伤仪的时基线和探测灵敏度经过标定、DAC 曲线绘制完毕后进行。

d.5.2　焊缝的全面检测或抽查比例，应根据 GB 50205 和 GB 50202 的规定执行，并在焊缝检查前，划好检验区段，标记出检验区段编号。

d.5.3　探头扫查速度不应大于 150mm/s，相邻的两次扫查之间探头晶片宽度至少应有 10% 的重叠。

d.5.4　以搜索缺陷为目标的手工探头扫查，其探头行走方式应呈"W"形，并有 10°~15° 的摆动。为确定缺陷的位置、方向、形状，观察缺陷的动态波形，区别回波信号的需要，应增加前后、左右、转角、环绕等各种扫查方式（图 5-1-42 ~ 图 5-1-45）。

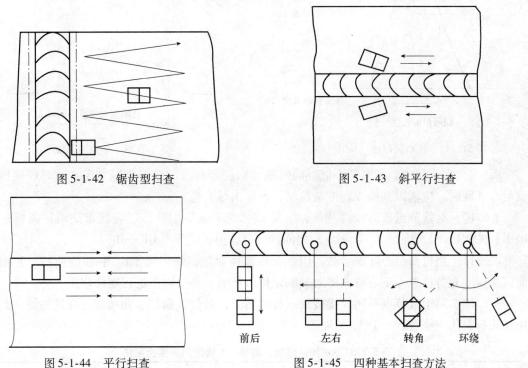

图 5-1-42　锯齿型扫查　　　　　　　　　图 5-1-43　斜平行扫查

图 5-1-44　平行扫查　　　　　　前后　　　左右　　　转角　　　环绕

图 5-1-45　四种基本扫查方法

d.5.5　圆管相贯节点焊接接头探伤应以支管表面作为探伤面，扫查时探头在①②③位置时，均应与焊缝垂直，扫查方法如图 5-1-46 所示。

d.5.6　焊缝探伤应首先进行初始检测。初始检测采用的灵敏度应不低于评定线（EL），在检测中应根据波幅超过评定线的各个回波的特征判断焊缝中有无缺陷以及缺陷性质：危害性大的非体积缺陷（如裂纹、未熔合），危害性小的体积性缺陷（如气孔、夹渣）等。

d.5.7　在初始检测中判断有缺陷的部位，应在焊缝表面作标记，进一步做规定检测，确定缺陷的实际位置和当量，并对回波幅度在评定线以上危害性大的焊缝中上部非体积缺陷以及包括根部未焊透、回波幅度在评定线以上危害性小的缺陷，测定指示长度。

d.5.8　测定缺陷指示长度。当缺陷回波只有一个波高点时，采用 6dB 测长法；当缺陷回波有多个波高点时，采用端点波高法（图 5-1-47 和图 5-1-48）。

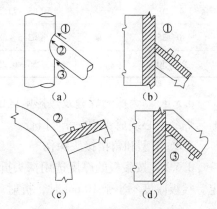

图 5-1-46　圆管相贯节点焊缝
超声波探伤扫查方法

（a）探伤时波束方向，保持波束垂直于焊缝；

（b）、（c）、（d）探伤方法：采用直射法或一次波法且配合各种角度以覆盖包括根区域在内的整个焊缝

455

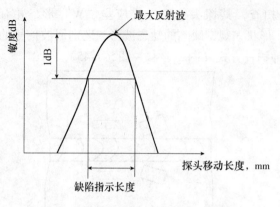

图 5-1-47　相对灵敏度（6dB）测长法　　　图 5-1-48　端点波高法

d.5.9　在检测中，当遇到不能准确判断的回波即对检测结果难以判定，或对焊接接头质量有怀疑时，应辅以其他探伤方法检测，再作出综合判断。

d.5.10　对管节点根部未焊透缺陷，除按 d.5.7 条规定外，还应测定缺陷回波幅度与 RBJ-I 试块上人工槽回波幅度（UF）之间的分贝差值，记作"UF±dB"。

d.5.11　当检测空心球焊缝时，应事先在曲面对比试块上绘制距离-波幅曲线。若用平面试块，应充分注意到空心球曲率对缺陷定位的影响，必要时应进行定位修正。

d.5.12　对于板节点不同焊接接头进行检测时，对接、搭接、角接、T 型接头等，其选用探头折射角应符合表 5-1-32 的规定。

表 5-1-32　对接、搭接、角接、T 接选用探头折射角

板厚/mm	探头折射角 β/(°)	
	对接	搭接、角接、T 接
4~10	68~71.5	45
10~25	63.5~68	45~56
25~50	56~63.5	45~63.5

d.5.13　为探测焊缝及热影响区的横向缺陷应进行平行和斜平行扫查；对电渣焊缝应增加与焊缝中心线成 45° 的斜向扫查。

d.6　T 型和角接接头探伤

d.6.1　按腹板的厚度选用探头折射角，腹板厚度与选用的折射角应符合表 5-1-33 的规定。翼板厚度不小于 10mm 时，折射角为 45°~60°。

表 5-1-33　腹板厚度与选用的折射角

腹板厚度/mm	折射角 β/(°)
<25	70
25~50	60
>50	45

d. 6. 2　斜探头在腹板一侧作直射法和一次反射法探测焊缝及腹板侧热影响区的裂纹时，探头位置如图 5-1-49 位置 2 和图 5-1-50 位置 1、位置 2 所示。探测腹板和侧翼板间未焊透或翼板侧焊缝下撕裂状缺陷，可采用直探头（见图 5-1-49 位置 1）或斜探头（见图 5-1-50 位置 3）在翼板外侧探伤或采用折射角 45°探头在翼板内侧（见图 5-1-50 位置 3）作一次反射法探伤。

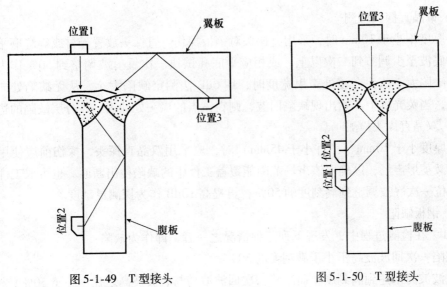

图 5-1-49　T 型接头　　　　　　　　　图 5-1-50　T 型接头

d. 6. 3　未焊透指示深度检测

T 型和角接接头的双面焊组合焊缝可采用双面焊翼板探伤法和腹板横波探伤法；其单面焊组合焊缝可采用直射波法和一次反射法探伤。T 型和角接接头未焊透指示深度检测见 JG/T 203—2007 标准附录 F。

d. 7　检测中的仪器校验

d. 7. 1　至少每隔 4h 及检测结束后应校验一次，检测项目为时基线、探测灵敏度和 DAC 曲线。

d. 7. 2　校验时基线和 DAC 曲线时，校验点不得少于 2 个。

d. 7. 3　校验时基线。若校验点回波位置超过规定位置的 10% 或水平方向满刻度的 5%，则时基线应重新标定，并对上一次标定后测出的缺陷位置和当量重新探测。

d. 7. 4　校验探测灵敏度。若校验点上的波幅比 DAC 曲线降低或增加了 20%，即 2dB 以上，则探测灵敏度应重新标定。必要时还应重新绘制 DAC 曲线，并对上一次标定后测出的缺陷当量重新探测。

d. 8　直探头检测

在检测中使用到直探头时，采用频率 2. 5MHz 和 5MHz 直探头或双晶直探头。灵敏度可在带平底孔试块上调节，也可采用计算法以工件底面回波调节。直探头距离-波幅曲线的灵敏度，应符合表 5-1-34 的规定。

表 5-1-34　直探头距离-波幅曲线的灵敏度

灵敏度	平底孔/mm
评定灵敏度	$\phi 2$
定量灵敏度	$\phi 4$
判废灵敏度	$\phi 6$

d. 8. 1　单晶直探头检测

当工件厚度不小于 10mm 时，采用直探头对钢板探伤。直探头放置母材或焊缝磨平表面无缺陷处的底波至少调节到二次以上，或相应平底孔试块一次反射波调整到 50% 作为探测灵敏度；当缺陷大于探头在该处声束宽度时，用 6dB 法测定缺陷大小。从无缺陷处向缺陷处移动探头，当荧光屏上开始出现缺陷回波，则在该点的探头处即表示该分层缺陷的边缘。

d. 8. 2　双晶直探头检测

当工件厚度小于 10mm（锻件小于 45mm）时，应采用双晶直探头，探伤前应使用阶梯试块测试交叉菱形声场，以确保该声场范围能覆盖工件中的缺陷检出断面。也可取工件无缺陷的完好部位一次底波调整到满刻度的 50%，再提高 10dB 作为探测灵敏度。

d. 8. 3　钢板缺陷

d. 8. 3. 1　在检测过程中，发现下列三种情况之一者，即作为缺陷：

（1）缺陷一次回波波高不小于满刻度的 50%；

（2）底波波高未达到满刻度，而缺陷一次回波波高与底波波高之比不小于 50%；

（3）底波波高小于满刻度的 50%。

d. 8. 3. 2　缺陷的边界或指示长度测定应符合下列规定

（1）检出缺陷后，应在它的周围继续进行检测，以确定缺陷的延伸；

（2）双晶直探头移动方向应与探头声波分割面相垂直，并使缺陷波下降到探测灵敏度条件下满刻度的 25% 或缺陷一次回波波高与底波波高之比为 50%。此时，探头中心的移动距离即为缺陷的指示长度，探头中心点即为缺陷的边界点。两种方法测得结果以比较严重者为准；

（3）单晶直探头移动使缺陷一次回波下降到探测灵敏度下满刻度的 25% 或使缺陷一次回波波高与底波波高之比为 50%。缺陷指示长度或边界亦同本节 d. 8. 3. 2（2）条；

（4）确定本节 d. 8. 3. 1（3）条缺陷的边界或指示长度时，移动探头使底波升高到满刻度的 50%，缺陷指示长度或边界亦同本节 d. 8. 3. 2（2）条；

（5）当用缺陷二次波和底面二次波评定缺陷时，探测灵敏度应以相应的二次波来校准。

e　检测结果的质量分级

e. 1　缺陷评定

e. 1. 1　超过评定线的信号应注意其是否具有裂纹等危害性缺陷特征，如有怀疑，应采取改变探头角度、增加探伤面、观察动态波型、结合结构工艺特征进行判定，如对波型不能准确判定，应辅以其他检验作综合判定。

e. 1. 2　最大反射波幅在 DAC 曲线 Ⅱ 区的缺陷，其指示长度小于 10mm 时，按 5mm 计。

e. 1. 3　在测定范围内，相邻两个缺陷间距小于 8mm 时，将两个缺陷指示长度之和作为单个缺陷的指示长度；间距大于 8mm 时，分别计算。

e.2　缺陷分类及质量等级

超声波探伤结果的缺陷按Ⅰ~Ⅳ四个级别评定，除设计另有规定外，一般来说，一级焊缝，Ⅱ级为合格级；二级焊缝，Ⅲ级为合格级。在高温和腐蚀性气体作业环境及动力疲劳荷载工况下，Ⅱ级合格。而对于管节点一般分为焊缝中上部体积性缺陷和焊缝根部缺陷两大类，每类也有四个质量等级，设计应按 GB 50205 规定，注明合格等级。

e.2.1　钢结构焊缝不允许的缺陷如下：

（1）反射波幅位于判废线及Ⅲ区的缺陷；

（2）最大反射波幅超过评定线的裂纹、未熔合等危害性缺陷。

e.2.2　除裂纹与未熔合外，钢结构焊接接头对超声波最大反射波幅位于 DAC 曲线Ⅱ区的其他缺陷，根据其指示长度，缺陷的等级评定应符合表 5-1-35 的规定。

表 5-1-35　缺陷的等级评定（mm）

评定等级	板厚		
	4~50	4~300	4~300
	A 级	B 级	C 级
Ⅰ	2T/3，最小 12	T/3，最小 10，最大 30	T/3，最小 10，最大 20
Ⅱ	3T/4，最小 15	2T/3，最小 20，最大 50	T/2，最小 10，最大 30
Ⅲ	T，最小 20	3T/4，最小 30，最大 75	2T/3，最小 15，最大 50
Ⅳ	超过Ⅲ级者		

注：焊接接头两侧板材厚度 T 不等时，取较薄母材厚度。

e.2.3　多个缺陷累计长度 L，即缺陷累计指示长度等级评定应符合表 5-1-36 的规定。C 级检验按照合同文件规定执行。

表 5-1-36　缺陷累计指示长度等级评定（mm）

评定等级	A 级	B 级
Ⅰ	在 9T 范围内，L≤T	L 不大于被检焊缝长度 10%
Ⅱ	在 4.5T 范围内，L≤T	L 不大于被检焊缝长度 20%
Ⅲ	在 3T 范围内，L≤T	L 不大于被检焊缝长度 30%
Ⅳ	超过Ⅲ级者	

e.3　等级评定

e.3.1　最大反射波幅不超过评定线的缺陷，均评为Ⅰ级。

e.3.2　最大反射波幅超过评定线的缺陷，检验者判定为裂纹等危害性缺陷时，无论其波幅和尺寸如何，均评定为Ⅳ级。

e.3.3　反射波幅位于Ⅰ区的非裂纹性缺陷，均评为Ⅰ级。

e.3.4　反射波幅位于Ⅲ区的缺陷，无论其指示长度如何，均评定为Ⅳ级。

e.4　缺陷记录

e.4.1　记录缺陷并在焊缝或节点旁作出如下半永久性标识，如图 5-1-51 所示。

图 5-1-51　缺陷标识图

注：1. 箭头指向焊缝或节点的缺陷部位；OK 表示合格，REJ 表示不合格；YY 表示检测单位
　　　名称代号或缩写，XX 表示检测人员代号，RR 表示检测日期。
　　2. 对部分抽检的构件焊缝在被检焊缝侧离焊缝 50mm 处用钢印打上检测人的代号。

e.4.2　如果该条焊缝或节点不合格，则还应作出如下半永久性标识：在该焊缝或节点旁画一粗略的缺陷断面位置图，如图 5-1-52 所示。

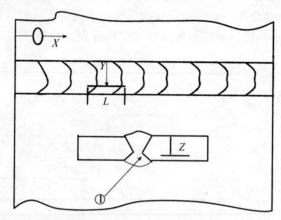

图 5-1-52　缺陷断面位置图

X—从焊缝始端到缺陷的距离；Y—缺陷到坡口直边的距离；
Z—从探测面到缺陷的垂直距离；L—缺陷的指示长度

f　焊接接头返修检测

f.1　按比例抽查的焊接接头有不合格的接头或不合格率为焊缝数的 2% ~ 5% 时，应加倍抽检，且应在原不合格部位两侧的焊缝延长线各增加一处进行扩探，扩探仍有不合格者，则应对该焊工施焊的焊接接头进行全数检测和质量评定。按 JGJ 81—2002 的 7.1.5 条执行。若供需双方另有约定，则按约定办理。

f.2　经超声波探伤不合格的焊接接头，应予返修。返修次数不得超过两次。在返修后，应在相同条件下重新检测，并按本章第 e 节进行评定。

5.1.9.3　磁粉探伤方法

本节规定了钢铁材料及其制品（以下称试件）的磁粉探伤（以下称探伤）方法和缺陷磁痕的等级分类，适用于检测试件表面或近表面的裂纹及其他缺陷。

a　仪器设备

a.1　磁粉探伤机

a.1.1　磁粉探伤机必须满足 GB 3721《磁粉探伤机》的要求。

a.1.2　磁粉探伤仪在规定的磁轭极间距 s 时，提起质量为 4.5kg 钢板的提升力为 44N；对于交叉磁轭则为 9kg（相当于提升力为 88N），如图 5-1-53 所示。钢板采用 GB/T 699 中 20# 优质碳素结构钢制作，其规格尺寸为（500 ± 25）mm×（250 ± 13）mm×（10 ± 0.5）mm。

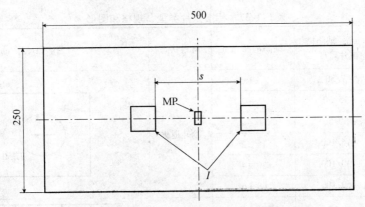

图 5-1-53　便携式电磁体性能的测定（mm）
MP—切向场强测量点；s—极间距；I—极

a.1.3　磁粉探伤仪在环境温度为 30℃ 和最大输出时，应满足下列基本要求：

——暂载率≥10%；

——通电时间≥5s；

——手柄表面温度≤40℃；

——s_{max} 时的切向场强 MP≥2kA/m（有效值）；

——提升力≥44N。

a.2　磁粉及磁悬液

磁粉应具有适当的磁性、粒度、分散性、悬浮性及色彩。湿法中用煤油或水作分散媒介，以水作媒介时应加入适当的防锈剂和表面活性剂。悬磁液的黏度范围应控制在 5～2kPa·s（25℃），磁粉浓度应根据磁粉种类、粒度以及施加方法、时间来确定，一般非荧光磁粉为 10～25g/L；荧光磁粉为 0.5～3.0g/L。

a.3　辅助设备

a.3.1　磁场强度计；

a.3.2　磁悬液浓度测定管；

a.3.3　不低于 5 倍的放大镜；

a.3.4　光照度计；

a.3.5　紫外线照射灯：波长 320～400nm，紫外辐照度不低于 $1000\mu W/cm^2$；

a.3.6　紫外线灯强度计。

a.4　标准试片及对比试块

a.4.1　标准试片

标准试片用来检查磁粉探伤设备、磁粉、磁悬液的综合性能（系统灵敏度），以及连续法中试件表面的磁场方向、有效磁化范围和大致的有效磁场强度，考察所用的探伤工艺规程和操作方法是否妥当等。标准试片必须经权威机关鉴定。

在我国使用的有 A_1 型、C 型、D 型和 M_1 型四种试片。标准试片由 DT4 电磁软铁板制造，型号名称中的分数，分子表示试片人工缺陷槽的深度，分母表示试片的厚度，单位为 μm。试片类型、名称和图形见表 5-1-37。

表 5-1-37 标准试片类型、规格和图形

类型	规格/μm：缺陷槽深/试片厚度		缺陷槽深/μm	材料状态	图形和尺寸/mm
A₁ 型	A₁ − 7/50		7 ± 1.5	冷轧退火	
	A₁ − 15/50		15 ± 2		
	A₁ − 30/50		30 ± 4		
	A₁ − 15/100		15 ± 2		
	A₁ − 30/100		30 ± 4		
	A₁ − 60/100		60 ± 6		
C 型	C − 8/50		8 ± 1.5	同上	
	C − 15/50		15 ± 2		
D 型	D − 7/50		7 ± 1.5	同上	
	D − 15/50		15 ± 2		
M₁ 型	φ12mm	7/50	7 ± 1	同上	
	φ9mm	15/50	15 ± 2		
	φ6mm	30/50	30 ± 3		

注：表中，A_1 代表由退火电磁软铁制造，磁导率高，用较小磁场就可以磁化；而 A_2 代表由未退火电磁软铁制造，磁导率低，要求较大磁场磁化，由于是冷轧材料，所以在 A_2 试片的不同方向，磁痕显示不一样，故国内不生产 A_2 试片。C 型标准试片可剪成 5 个小试片分别使用。

a. 4. 2 标准试块

我国目前使用的直流试块（又称 B 型试块），与美国的 Betz 环等效；使用的交流试块（又称 E 型试块），与日本 B 型试块接近；使用的磁场指示器（又称八角形试块），还有自然缺陷标准样件。

试块主要用于检验磁粉探伤设备、磁粉、磁悬液的综合性能（系统灵敏度），也用于考察磁粉探伤试验条件和操作方法是否恰当。但不能确定被检工件的磁化规范，也不能用于考察被检工件表面的磁场方向和有效磁化范围。

自然缺陷标准样件是将在已往的磁粉探伤中发现的，材料、状态和外形有代表性，并具有最小临界尺寸的常见缺陷（如发纹、磨削裂纹）的试件作为标准样件，该样件应进行标记，以免混入被检工件中。自然缺陷标准样件的使用应经过Ⅲ级人员的批准。

b 试验步骤

b. 1 探伤时机

b. 1. 1 磁粉探伤原则上应安排在容易产生缺陷的各道工序（如焊接、热处理、机加工、磨削、矫正和加载试验）之后进行。

b. 1. 2 对于有产生延迟裂纹倾向的材料，磁粉探伤应安排在焊接后 24h 进行。

b. 1. 3 磁粉探伤应安排在涂漆、发蓝、磷化和电镀等表面处理之前进行。

b. 2 磁化方法的分类

根据工件的几何尺寸、尺寸大小和欲发现缺陷方向而在工件上建立的磁场方向，将磁化

方法分为周向磁化、纵向磁化和多向磁化，各种磁化方法及说明见表 5-1-38。

表 5-1-38 各种磁化方法的特点及应用范围

磁化方法			说明
周向磁化	通电法	轴向通电法	将工件夹于探伤机的两磁化夹头之间，使电流从被检工件上直接流过，在工件的表面和内部产生一个闭合的周向磁场，用于检验与磁场方向垂直而与电流方向平行的纵向缺陷
		直角通电法	
		夹钳通电法	
	导体法	中心导体法	将导体穿入空心工件的孔中，根据工件直径尺寸和探伤机磁化电流强度，将导体置于孔的中心或贴近工件内壁放置，电流从导体上通过形成周向磁场。用于检验空心工件内、外表面与电流方向平行和端部的径向缺陷
		偏置芯棒法	
	触头法		用两支电极触头接触工件表面，通电磁化，在平板工件上磁化能产生一个畸变的周向磁场，用于发现与两触头连线平行的缺陷
	感应电流法		把环形工件当成变压器次级线圈，对穿过试件孔穴的磁导体施加交变磁场，使工件上产生感应电流而进行磁化的方法。感应电流产生环绕工件内、外表面的闭合磁场，用于发现与感应电流方向平行的环形工件上圆周方向的缺陷
	环形件绕电缆法		用软电缆穿绕环形件，通电磁化形成沿工件圆周方向的周向磁场，用于发现与磁化电流平行的横向缺陷
纵向磁化	线圈法	螺管线圈法	将工件放在通电线圈中，或用软电缆缠绕在工件上通电磁化，形成纵向磁场，用于发现工件的横向缺陷
		绕电缆法	
	磁轭法	电磁轭整体磁化	用固定式电磁轭两磁极夹住工件进行整体磁化，或用便携式电磁轭两磁极接触工件表面进行局部磁化，用于发现与两磁极连线垂直的缺陷
		电磁轭局部磁化	
	永久磁铁法		采用永久磁铁对工件进行磁化，适用于无电源的现场和野外检验
多向磁化	交叉磁轭法		通过交叉磁轭在工件表面产生旋转场，检测表面任意方向的缺陷，可提高检测效率，只能用于连续法检测
	交叉线圈法		
	直流磁轭与交流通电法		工件用直流电磁轭进行纵向磁化，并同时用交流通电法进行周向磁化，直流电磁轭产生的纵向磁场 $H_x = H_0$ 保持不变，交流通电法产生的周向磁场 $H_y = H_0\sin\omega t$ 大小随时间而变化，在工件上合成一个在 $\pm 45°$ 之间不断摆动的螺旋形磁场
	直流线圈与交流通电法		
	有相移的整流电磁化法		在工件的两个垂直方向同时通过不同相位的单相半波整流电流，或者在采用三相电源时，其中两个单相半波整流电流在工件的两个互相垂直的方向上通过，另一个单相半波整流电流通过绕在工件上的线圈中，可使工件得到复合磁化

b.3 磁场方向和检测区域

缺陷的可探测性取决于其主轴线相对于磁场方向的夹角。为确保检测出所有方位上的缺陷，焊缝应在最大偏差角为 30° 的两个近似互相垂直的方向上进行磁化。使用一种或多种磁化能实现这一要求。

除非应用标准上另有规定，不推荐检测时仅做一个磁场方向上的磁化，只要合适，推荐使用交叉磁轭技术。注意：当使用磁轭或触头时，由于超强的磁场强度，在靠近每个极头或尖部的工件部位存在不可检测区。如图 5-1-54 和图 5-1-55 所示。

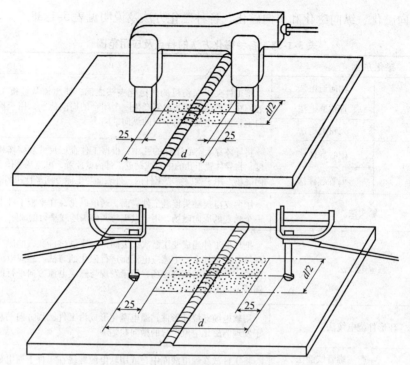

图 5-1-54　磁轭和触头磁化的有效检测区域（阴影）示例

d—磁轭或触头的间距

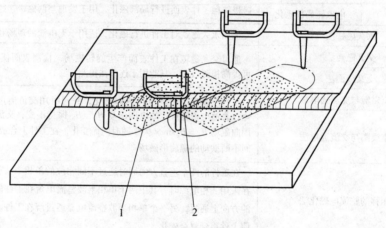

图 5-1-55　有效区域的覆盖

1—有效区域；2—覆盖

b.4　典型的磁粉检测技术

常用焊接接头型式的磁粉检测技术如图 5-1-56 ~ 图 5-1-59 所示，图中所示的数值仅起指导作用。

检测其他焊缝结构时，宜使用相同的磁化方向及磁场覆盖。被检材料中电流路径的宽度应大于或等于焊缝及热影响区再加上 50mm 的宽度，且在任何情况下，焊缝及热影响区应处于有效区域内，应规定相对于焊缝方向的磁化方向。

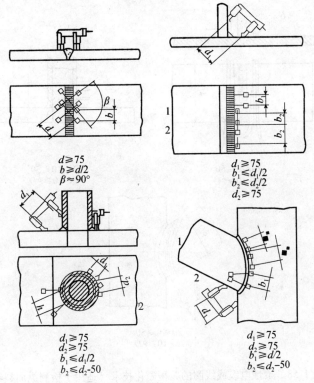

$d \geqslant 75$
$b \geqslant d/2$
$\beta \approx 90°$

$d_1 \geqslant 75$
$b_1 \leqslant d_1/2$
$b_2 \leqslant d_2/2$
$d_2 \geqslant 75$

$d_1 \geqslant 75$
$d_2 \geqslant 75$
$b_1 \leqslant d_1/2$
$b_2 \leqslant d_2-50$

$d_1 \geqslant 75$
$d_2 \geqslant 75$
$b_1 \geqslant d/2$
$b_2 \leqslant d_2-50$

图 5-1-56 磁轭的典型磁化技术
1—纵向裂纹；2—横向裂纹

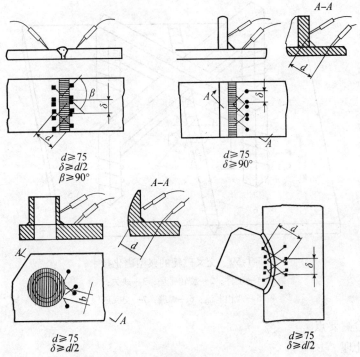

$d \geqslant 75$
$\delta \geqslant d/2$
$\beta \geqslant 90°$

$d \geqslant 75$
$\delta \geqslant 90°$

$d \geqslant 75$
$\delta \geqslant d/2$

$d \geqslant 75$
$\delta \geqslant d/2$

选用的磁化电流值大于等于五倍触头间距（有效值）

图 5-1-57 触头的典型磁化技术

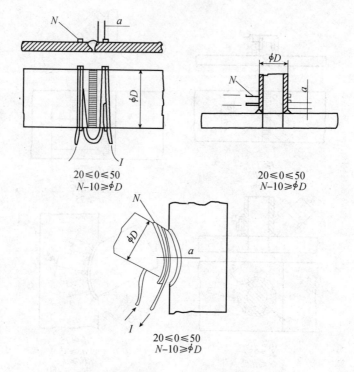

图 5-1-58 柔性电缆或线圈的典型磁化技术（适用于检测纵向裂纹）

N—匝数；I—电流（有效值）；a—焊缝与线圈或电缆之间的距离，单位为 mm

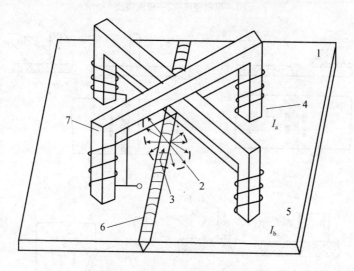

图 5-1-59 交叉磁轭的典型磁化技术

1—工件；2—旋转磁场；3—缺欠；

4、5—两相电流；6—焊缝；7—交叉磁轭

b.5 磁粉检测要点

b.5.1 预处理

b.5.1.1 被检表面应无脏物、氧化皮、松散铁锈、焊接飞溅、油脂和其他外来物，必

须把它们清除掉，并清洗干净，否则将影响探伤灵敏度或使磁悬液受到污染。试件处理的范围必须大于探伤范围。

b.5.1.2　不大于 $50\mu m$ 厚的非铁磁性涂层，如无裂纹、紧密粘附着的油漆层，一般不会降低检测灵敏度。较厚的涂层则会降低检测灵敏度，这种情况下，对灵敏度应进行验证。

b.5.1.3　显示与被检表面之间应有足够的视觉反差。对于非荧光技术，必要时可施加一层薄而均匀的、经认可的反差增强剂。

b.5.1.4　使用干磁粉时或使用与清洗液性质不同的磁悬液时，必须使试件表面清洁和干燥。

b.5.1.5　为了防止工件被电弧烧损，提高导电性能，应将工件与电极接触部分清洗干净，必要时应在电极上放置导电接触垫。

b.5.1.6　装配件一般应分解后进行探伤。若工件有盲孔或其他难以除去内部磁粉的部位，可在探伤前加以封堵。

b.5.2　磁化

b.5.2.1　磁化时，要根据装置的特性、试件的磁特性、形状、尺寸、表面状况、缺陷性质等，确定施加磁粉的磁化时期以及需要的磁场方向和磁场强度，然后选定磁化方法、磁化电流的种类、电流值及有效探伤范围。

b.5.2.2　磁粉探伤时，必须用标准试片检查探伤灵敏度是否符合探伤要求，磁化方式的选择要有利于缺陷的检出。

b.5.2.3　选择磁化电流或磁场强度值时所遵循的原则：应使用既能检测出所有的有害缺陷，又能区分磁痕级别的最小磁场强度进行检验，因磁场强度过高易产生过度背景，会掩盖相关显示，影响磁痕分析。常用磁化电流规范推荐经验公式见表 5-1-39。

表 5-1-39　对普通钢材磁化电流规范的推荐经验公式

磁化方法			推荐经验公式				备注
	检验方法		计算公式	AC	HW	FWDC	工件磁场强度
通电法、中心导体法	标准	连续法	$I = HD/320$	$I = 8D$	$I = 6D$	$I = 12D$	~2.4kA/m
		剩磁法		$I = 25D$	$I = 16D$	$I = 32D$	~8.0kA/m
	严格	连续法		$I = 15D$	$I = 12D$	$I = 24D$	~4.8kA/m
		剩磁法		$I = 45D$	$I = 30D$	$I = 60D$	~14.1kA/m
偏置芯棒法（连续法、芯棒直径为50mm）		空心工件壁厚/mm	≥3~6	6~9	9~12	12~15	当壁厚>15mm时，厚度每增加3mm，电流增加250A。厚度增加不足3mm，电流按比例增加。当芯棒直径比50mm每增加或减小12.5mm，电流增加或减少250A
		磁化电流/A	1000	1250	1500	1750	
触头法（连续法）		板厚 δ/mm	AC	HW	FWDC		触头间距应控制在（75~200）mm 之间
		$\delta < 20$	$I = (3~4)S$	$I = (1.5~2.0)S$	$I = (3~4)S$		
		$\delta \geqslant 20$	$I = (4~5)S$	$I = (2.0~2.5)S$	$I = (4~5)S$		
感应电流法		$I = 4.5 \times$ 工件径向截面周长					长度单位：mm
环形件绕电缆法		$H = NI/2\pi R$ 或 $H = NI/L$					

磁化方法		推荐经验公式	备注
线圈法	低填充系数线圈（线圈横截面积是工件横截面积的10倍以上）	偏心放置于线圈中的工件：$I = \dfrac{45000}{N\,(L/D)}$	适用于 $2 \leqslant L/D < 10$ 的情况，当 $L/D \geqslant 10$ 时，公式中 L/D 取10
		正中放置于线圈中的工件：$I = \dfrac{1690R}{N[6(L/D)-5]}$	
	空心圆筒形工件	如果工件有空心部分，"L/D"中的"D"用 D_{eff} 代替，其计算如下：$D_{eff} = (D_{外径}^2 - D_{内径}^2)^{1/2}$	
绕电缆法	高填充系数线圈	$I = \dfrac{35000}{N[(L/D)+2]}$	线圈横截面积小于工件横截面积的2倍
磁轭法		当电磁轭的极间距为200mm时，交流电磁轭应具有大于44N的提升力；直流电磁轭应具有大于177N的提升力	
符号说明		AC—交流电流；HW—单相半波整流电；FWDC—三相全波整流电；I—磁化电流（A）；H—磁场强度（A/m）；D—工件直径或截面最长对角线（mm）；S—两触头间距（mm）；N—电缆或线圈匝数；R—环形件的平均半径（m）；L—圆环的平均长度（m）或工件长度（mm）	

b.5.3　施加磁粉

b.5.3.1　连续法

连续法：在外加磁场磁化的同时，将磁粉或磁悬液施加到工件上进行磁粉探伤的方法。

湿连续法：先用磁悬液润湿工件表面，在通电磁化的同时浇磁悬液，停止浇磁悬液后再通电数次，待磁痕形成并滞留下来时停止通电，进行检验。

干连续法：确认探伤面已完全干燥后，对工件通电磁化后再撒磁粉，并在通电的同时吹去多余的磁粉，待磁痕形成和检验完毕再停止通电。

b.5.3.2　剩磁法

剩磁法：在停止磁化后，再将磁悬液施加到工件上进行磁粉探伤的方法。

操作要点：通电时间为（1/4～1）s。浇磁悬液二至三遍，保证探伤面充分润湿，进行检验。对于小工件可浸入搅拌均匀的磁悬液中 10s～20s，取出检验。必须注意，磁化后的工件在检验完毕前，其他强磁体不得接触试件的探伤面，以免产生磁写。

b.5.4　磁痕的观察

b.5.4.1　磁痕的观察必须在磁痕形成后立即进行，当辨认细小缺陷时，应用5倍～10倍的放大镜进行观察。

b.5.4.2　采用非荧光磁粉时，必须在能清楚识别磁痕的自然光或灯光下进行观察，在被检工件表面的白光照度不应低于 500 lx。

b.5.4.3　采用荧光磁粉时，必须使用本节 a.3.5 条规定的照射灯装置，在能清楚识别荧光磁痕的高度下进行观察。

b.5.4.4　磁痕可用照相、素描、复印、电子扫描等方法进行记录。需要时，也可用透明清漆将其固定在探伤面上。

b.5.4.5　对缺陷深度的测定,必须借助磁粉探伤以外的其他方法。

b.5.5　退磁

b.5.5.1　在下列情况下试件必须进行退磁:

①当连续进行探伤、磁化时,估计上一次磁化将会给下一次磁化带来不良影响;

②估计试件的剩磁会对以后的机械加工产生不良影响;

③估计试件的剩磁会对测试装置等产生不良的影响;

④估计用于摩擦部位或接近于摩擦部位的试件,因磁粉吸附在摩擦部位会增大摩擦损耗;

⑤其他必要的场合。

b.5.5.2　退磁磁场强度必须从大于磁化时的电流值或试件的饱和磁场强度开始,使施加的磁场方向交替变换,并逐渐减小到零。退磁后有时需对试件进行剩磁检查,退磁装置应能保证工件退磁后表面磁场强度低于 $160A/m$。

b.5.6　后处理

工件磁粉探伤结束的后处理应包括以下内容:a. 清洗工件表面包括孔中、裂缝和通路中的磁粉;b. 使用水性磁悬液检验,为防止工件生锈,可用脱水防锈油处理;c. 如果使用过封堵,应去除;d. 如果涂覆了反差增强剂,应清洗掉;e. 不合格工件应隔离、标识。

b.6　实施探伤时的注意事项

b.6.1　当整个探伤面不能用一次连续的探伤操作完成时,应规定每一次探伤的有效范围,根据需要进行多次探伤操作,此时相邻探伤范围的边缘部分必须有一定的重叠。

b.6.2　在检测各个方向的缺陷时,需对试件至少施加两个以上不同方向的磁场,并使用连续法进行探伤。

b.6.3　用剩磁法探伤时,在磁化后、观察磁痕前,探伤面不得与其他试件或强磁体接触。

b.6.4　对几个试件同时进行磁化时,必须周密考虑试件的布置、磁化方法及磁化电流等。

b.6.5　对已经发现的磁痕若难以判断其真伪时应进行退磁;必要时应变更表面状态再进行复验,以确定其真伪。

c　磁粉探伤记录和报告

由于磁粉探伤所用的方法、设备和材料不同,会使检测结果出现差异;验收级别不同,会影响检测结果。全部检验结果均应记录并能追踪到被检验的具体工件和批次。因而检测记录和报告至少应包括以下内容:

c.1　工件名称、编号、材料和热处理状态;

c.2　磁化设备(名称、型号);

c.3　磁化方法(通电法、线圈法、触头法、磁轭法、中心导体法、旋转磁场法等);

c.4　检验方法(连续法、剩磁法、湿法或干法);

c.5　磁粉名称(厂家、型号、粒度、荧光或非荧光磁粉类别、色彩);

c.6　标准试片名称、型号(如 $A_1 - 30/50$ 型、C 型等);

c.7　验收标准(如 GB 50205—2002);

c.8　检测结果（缺陷名称、尺寸和结论、合格/拒收数量）；

c.9　工件和缺陷示意图（工件草图、缺陷磁痕的位置、大小和方向）；

c.10　检测日期（年、月、日），检测地点，检测员、审核和报告批准人及技术资格；

c.11　委托单位、见证和监督单位、检验单位。

d　合格工件的标记

d.1　合格工件标记方法：打钢印（打在产品工件号附近）、刻印、电化学腐蚀（不允许打印记的工件可用此法，但所用腐蚀介质不应对产品产生损害）、挂标记（对光洁度高的产品，或不允许用上述方法标记时，可采用挂标记或装纸袋，用文字说明该批工件合格）。

d.2　标记注意事项

检测内容作为产品验收项目，应在合格工件或材料上作永久性或半永久性的醒目标记。但标记方法和部位应经委托单位同意，标记方法应不影响工件的使用和后面检验工作，标记应防止擦掉或沾污，并经得起运输和装卸的影响。

d.3　不合格工件的处置

磁粉探伤验收不合格的工件同样应作好明显的标记，如涂红漆等，并应进行隔离，以防混入合格工件中去。应及时通知客户检测结果，必要时签发磁粉探伤返修通知单。

5.1.9.4　射线探伤方法

射线在贯穿材料后，由于材料内部存在缺陷引起强度变化，构成辐射图像。射线照相法应用对射线敏感的射线胶片来记录透过有缺陷工件后的辐射图像，通过曝光在射线胶片上获得辐射图像产生的潜影，经过暗室处理后得到检测图像。射线照相法具有显示效果好，图像直观，准确可靠，对细小的气孔和夹渣等体积型缺陷具有较高的检测灵敏度，射线底片可以作为缺陷记录与产品质量的档案进行保存等优点，因而是目前应用最广泛的探伤方法。

在射线探伤中，一般将射线检测技术分为三级：A级——低灵敏度技术；AB级——中灵敏度技术；B级——高灵敏度技术。

a　检测设备与感光材料

a.1　工业 X 射线机：主要由 X 射线管、高压发生装置、冷却系统、控制电路及保护电路等几个基本部分组成。按用途分为：定向 X 射线机、周向 X 射线机、管道爬行器、软 X 射线机、微焦点 X 射线机、脉冲 X 射线机等。

a.2　γ 射线机：主要由源组件（放射源、密封外壳及源辫子组成）、探伤机机体（或源容器）、驱动机构、输源导管、附件等五个部分组成。目前工业射线照相常用的放射性同位素及其特性参数见表 5-1-40。

a.3　观片灯：一般要求透过底片的光强（或亮度）不得低于 $30cd/m^2$，可能时最好达到或超过 $100cd/m^2$。其最低亮度要求为：黑度 1.0 的底片，需要 $300cd/m^2$；黑度 2.0 的底片，需要 $3000cd/m^2$；黑度 3.0 的底片，需要 $30000\ cd/m^2$。观片灯的照明区一般不小于 $300mm \times 80mm$，并且亮度必须可调，以便在观察低黑度区域时将光强调小，而在观察高黑度区域时将光强调大。

表 5-1-40　常用 γ 射线源的特性参数

γ 射线源	^{60}Co	^{137}Cs	^{192}Ir	^{170}Tm
主要能量/MeV	1.17、1.33	0.661	0.30、0.31、0.47、0.6	0.052、0.084
平均能量/MeV	1.25	0.661	0.355	0.072
半衰期	5.3 年	33 年	74 天	129 天
半价层（铅）/cm	1.2	0.65	0.6	0.1
比活度	中	小	大	大
透照厚度（钢）/mm	30~200	20~120	10~100	3~20
价格	低	中	较低	高

a.4　射线胶片：主要特性指标见表 5-1-41。

表 5-1-41　胶片系统的主要特性指标

胶片系统类别	感光速度	特性曲线平均梯度	感光乳剂粒度	梯度最小值 G_{min}		颗粒度最大值 σ_{max}	（梯度/颗粒度）最小值 $(G/\sigma_D)_{min}$
				$D=2.0$	$D=4.0$	$D=2.0$	$D=2.0$
T1	低	高	微粒	4.3	7.4	0.018	270
T2	较低	较高	细粒	4.1	6.8	0.028	150
T3	中	中	中粒	3.8	6.4	0.032	120
T4	高	低	粗粒	3.5	5.0	0.039	100

注：1. 表中的黑度 D 均指不包括灰雾度的净黑度。

2. A 级和 AB 级射线检测技术应采用 T_3 类或更高类别的胶片，B 级射线检测技术应采用 T_2 类或更高类别的胶片。胶片的本底灰雾度应不大于 0.3。

3. 采用 γ 射线对裂纹敏感性大的材料进行射线检测时，应采用 T_2 类或更高类别的胶片。

a.5　黑度计（光学密度计）：可测的最大黑度应不小于 4.5，测量值的误差应不超过 ±0.05。黑度计至少每 6 个月用标准黑度片校准一次，所使用的标准黑度片至少应每 2 年送计量部门检定一次。

a.6　增感屏：射线检测一般应使用金属增感屏或不用增感屏，按表 5-1-42 的规定选用。

表 5-1-42　增感屏的材料和厚度

射线源	前屏		后屏	
	材料	厚度/mm	材料	厚度/mm
X 射线机（≤100kV）	铅	不用或≤0.03	铅	≤0.03
X 射线机（>100~150kV）	铅	≤0.10	铅	≤0.15
X 射线机（>150~250kV）	铅	0.02~0.15	铅	0.02~0.15
X 射线机（>250~500kV）	铅	0.02~0.2	铅	0.02~0.2
^{75}Se 或 ^{192}Ir	铅	A 级 0.02~0.2 AB 级、B 级 0.1~0.2^{（注）}	铅	A 级 0.02~0.2 AB 级、B 级 0.1~0.2

射线源	前屏		后屏	
	材料	厚度/mm	材料	厚度/mm
^{60}Co	钢或铜	0.25~0.7	钢或铜	0.25~0.7
	铅（A级、AB级）	0.5~2.0	铅（A级、AB级）	0.5~2.0
X射线机 （1~4MeV）	钢或铜	0.25~0.7	钢或铜	0.25~0.7
	铅（A级、AB级）	0.5~2.0	铅（A级、AB级）	0.5~2.0
X射线机 （>4~12MeV）	铜、钢或钽	≤1	铜、钢	≤1
			钽	≤0.5
	铅（A级、AB级）	0.5~1.0	铅（A级、AB级）	0.5~1.0
X射线机（>12MeV）	钽	≤1	不用后屏	

注：如果 AB 级、B 级使用前屏小于或等于 0.03mm 厚的真空包装胶片，应在工件和胶片之间加 0.07~0.15mm 厚的附加铅屏。

a.7 像质计

像质计是用来检查和定量评价射线底片影像质量的工具，分为金属丝型、孔型和槽型三种。我国和国际标准中，常采用金属丝型，见表5-1-43。不同材料的像质计适用范围见表5-1-44。

表 5-1-43 金属丝像质计的线号与线径

Ⅰ型 (1/7)	线号 z	1	2	3	4	5	6	7
	线径 d	3.2	2.5	2.0	1.6	1.25	1.0	0.8
Ⅱ型 (6/12)	线号 z	6	7	8	9	10	11	12
	线径 d	1.0	0.8	0.63	0.5	0.4	0.32	0.25
Ⅲ型 (10/16)	线号 z	10	11	12	13	14	15	16
	线径 d	0.40	0.32	0.25	0.20	0.16	0.125	0.10

表 5-1-44 不同材料的像质计适用的材料范围

像质计材料代号	Fe	Ni	Ti	Al	Cu
像质计材料	碳钢或奥氏体不锈钢	镍-铬合金	工业纯钛	工业纯铝	3号纯铜
适用材料范围	碳钢、低合金钢、不锈钢	镍、镍合金	钛、钛合金	铝、铝合金	铜、铜合金

a.8 其他辅助器具

a.8.1 暗袋（暗盒）

采用对射线吸收少而遮光性又很好的黑色塑料膜或合成革制作，要求材料薄、软、滑。暗袋尺寸（尤其宽度）要与增感屏、胶片尺寸相匹配，既能方便地出片、装片，又能使胶片、增感屏、暗袋能很好贴合。暗袋的外面应划有中心标记线，背面贴有铅质"B"标记（高18mm，厚1.6mm），以作为监测背散射线的附件。

a.8.2 标记带

为使每张射线底片与工件部位始终可以对照，在透照过程中应将铅质识别标记和定位标记与被检区域同时透照在底片上。透照部位的标记由识别标记和定位标记组成，将所有标记用透明胶带粘在中间挖空（长宽约等于被检焊缝的长宽）的长条形透明片基或透明塑料膜上，组成标记带。标记带上同时配置适当型号的像质计，标记带示例如图 5-1-60 所示。

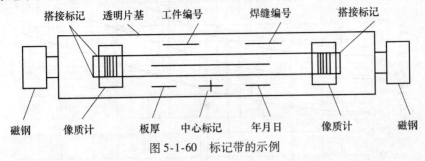

图 5-1-60 标记带的示例

a.8.3 屏蔽铅板：由 1mm 厚的铅板制成，贴片时将屏蔽铅板紧贴暗袋，以屏蔽后方散射线。

a.8.4 中心指示器：射线机窗口应装中心指示器，可方便地指示射线方向，使射线束中心对准透照中心。

a.8.5 其他工具：卷尺、钢印、照明灯具、贴片磁钢、透明胶带、锤头，各式铅字、盛字盘、记号笔、划线尺等。

b 射线透照操作

b.1 透照布置

b.1.1 透照方式

根据工件特点和技术条件的要求选择适宜的透照方式，在可以实施的情况下应选用单壁透照方式，在单壁透照不能实施时才允许采用双壁透照方式。常用透照方式有：纵缝单壁透照法、单壁外透法、射线源中心法和偏心法、椭圆透照法、垂直透照法、双壁单影法和不等厚透照法等。

b.1.2 透照方向

射线束中心应对准被检区中心，并在该点与被检工件表面相垂直，需要时也可选用有利于发现缺陷的方向进行透照。

b.1.3 一次透照长度

一次透照长度应以透照厚度比 K 进行控制，不同级别射线检测技术和不同类型对接焊接接头的透照厚度比应符合表 5-1-45 的规定。工件被检区域应包括焊缝和热影响区，通常焊缝两侧应评定至少约 10mm 的母材区域。对接环焊缝 100% 透照时，其透照次数的最小值应通过透照方式和透照厚度比建立的透照次数曲线图得到。

表 5-1-45 允许的透照厚度比

射线检测技术级别	A 级、AB 级	B 级
纵向焊接接头	$K \leqslant 1.03$	$K \leqslant 1.01$
环向焊接接头	$K \leqslant 1.1$	$K \leqslant 1.06$

注：对 $100mm < D_0 \leqslant 400mm$ 的环向对接焊接接头（包括曲率相同的曲面焊接接头），A 级、AB 级允许采用 $K \leqslant 1.2$。

b.2 射线能量

b.2.1 管电压 500kV 以下的 X 射线机

为获得良好的照相灵敏度，应选用尽可能低的管电压。X 射线穿透不同材料和不同厚度时，所允许使用的最高管电压应符合图 5-1-61 的规定。

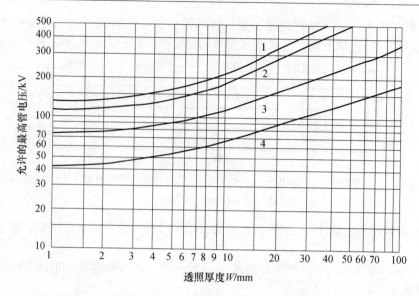

图 5-1-61　穿透不同材料厚度所允许的最高管电压
1—铜、镍及其合金；2—钢；3—钛及其合金；4—铝及其合金

对某些被检区内厚度变化较大的工件透照时，可使用稍高于图 5-1-61 所示的管电压。但要注意，管电压过高会导致照相灵敏度降低。最高管电压的允许增量：钢最大允许提高 50kV，钛最大允许提高 40kV，铝最大允许提高 30kV。

b.2.2　γ 射线和高能 X 射线装置

b.2.2.1　γ 射线和 1MeV 以上的 X 射线所允许的穿透厚度范围见表 5-1-46。

表 5-1-46　γ 射线和 1MeV 以上 X 射线对钢、铜和镍基合金材料所适用的穿透厚度范围

射线种类	穿透厚度 w/mm	
	A 级	B 级
^{170}Tm	$w \leqslant 5$	$w \leqslant 5$
^{169}Yb[a]	$1 \leqslant w \leqslant 15$	$2 \leqslant w \leqslant 12$
^{75}Se[b]	$10 \leqslant w \leqslant 40$	$14 \leqslant w \leqslant 40$
^{192}Ir	$20 \leqslant w \leqslant 100$	$20 \leqslant w \leqslant 90$
^{60}Co	$40 \leqslant w \leqslant 200$	$60 \leqslant w \leqslant 150$
X 射线 1～4MeV	$30 \leqslant w \leqslant 200$	$50 \leqslant w \leqslant 180$
X 射线 >4～12MeV	$w \geqslant 50$	$w \geqslant 80$
X 射线 >12MeV	$w \geqslant 80$	$w \geqslant 100$

注：a. 对铝和钛的穿透厚度为：A 级时，$10 < w < 40$；B 级时，$25 < w < 55$；
　　b. 对铝和钛的穿透厚度为：A 级时，$35 \leqslant w \leqslant 120$。

b.2.2.2　对较薄的工件，用 γ 射线照相的缺陷检测灵敏度不如 X 射线，但由于 γ 射线源有操作方便、易于接近被检部位等优点，当使用 X 射线机有困难时，可在表 5-1-46 给出的穿透厚度范围内使用 γ 射线源。

b.2.2.3　经合同各方同意，采用 ^{192}Ir 时，最小穿透厚度可降至 10mm；采用 ^{75}Se 时，最小穿透厚度可降至 5mm。在某些特定的应用场合，只要能获得足够高的影像质量，也允许将穿透厚度范围放宽。

b.3 射线源至工件表面的最小距离

b.3.1 射线源-工件最小距离 $f_{\min}$ 与射线源的尺寸 d 和工件-胶片距离 b 有关。所选用的射线源至工件表面的距离 f 应满足下列要求：

A 级射线检测技术：$f \geqslant 7.5d \cdot b^{2/3}$

AB 级射线检测技术：$f \geqslant 10d \cdot b^{2/3}$

B 级射线检测技术：$f \geqslant 15d \cdot b^{2/3}$

b.3.2 采用源在内中心透照方式周向曝光时，只要得到的底片质量符合标准的规定要求，f 值可以减小，但减小值不应超过规定值的 50%。

b.3.3 采用源在内单壁透照时，只要得到的底片质量符合标准的规定要求，f 值可以减小，但减小值不应超过规定值的 50%。

b.4 曝光量

b.4.1 X 射线照相，当焦距为 700mm 时，曝光量的推荐值为：A 级和 AB 级射线检测技术不小于 15mA·min；B 级射线检测技术不小于 20mA·min。当焦距改变时，可按平方反比定律对曝光量的推荐值进行换算。

b.4.2 采用 γ 射线透照时，总的曝光时间应不少于输送源往返所需时间的 10 倍。

b.5 曝光曲线

b.5.1 对每台在用射线设备均应作出经常检测材料的曝光曲线，依据曝光曲线确定曝光参数。

b.5.2 曝光曲线是通过试验找出某种材料在焦距不变、底片黑度不变的情况下，管电压、曝光量与被检材料厚度之间的关系曲线。它以材料厚度为横坐标，绘制在半对数坐标纸的普通坐标轴上；以曝光量为纵坐标，绘制在半对数坐标纸的对数坐标轴上。可根据不同管电压绘制曝光量（mA·min）与透照钢件厚度（mm）之间的曲线（图 5-1-62）；也可根据不同曝光量（mA·min）绘制管电压与透照钢件厚度（mm）之间的曲线（图 5-1-63，可选用直角坐标绘制）。

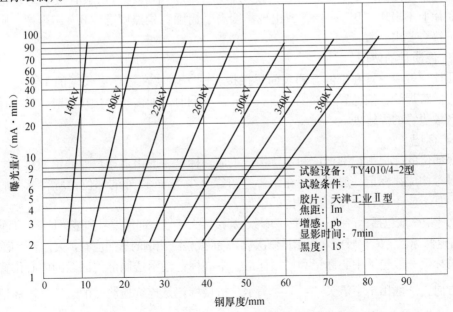

图 5-1-62 以钢材厚度为横坐标，以曝光量为纵坐标的曝光曲线

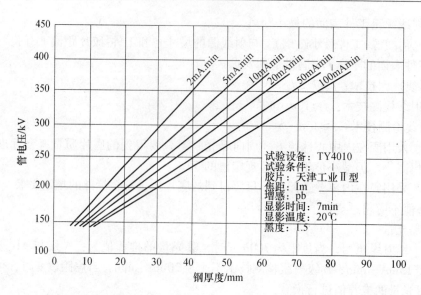

图 5-1-63　以钢材厚度为横坐标，以管电压为纵坐标的曝光曲线

b.5.3　对使用中的曝光曲线，每年至少应校验一次。射线设备更换重要部件或经过大修理后，应及时对曝光曲线进行校验或重新制作。

b.6　散射线的控制

b.6.1　应采用金属增感屏、铅板、滤波板、准直器等适当措施，屏蔽散射线和无用射线，将一次射线尽量限制在被检区段内。

b.6.2　对初次制定的检测工艺，或使用中检测工艺的条件、环境发生改变时，应进行背散射线防护检查。其检查方法是：在暗盒背面贴附"B"铅字标记，一般"B"铅字的高度为13mm、厚度为1.6mm，按检测工艺的规定进行透照和暗室处理。若在底片上出现黑度低于周围背景黑度的"B"字影像，则说明背散射防护不够，应增大背散射防护铅板的厚度；若底片上不出现"B"字影像或出现黑度高于周围背景黑度的"B"字影像，则说明背散射防护符合要求。

b.7　像质计的使用

像质计一般应放置在工件源侧表面焊接接头的一端（在被检区长度的1/4左右位置），金属丝应横跨焊缝，细丝置于外侧。当一张胶片上同时透照多条焊接接头时，像质计应放置在透照区最边缘的焊缝处。

b.8　标记

透照部位的标记由识别标记和定位标记组成，标记一般由适当尺寸的铅制数字、拼音字母和符号等构成。标记一般应放置在距焊缝边缘至少5mm以外的部位，所有标记的影像不应重叠，且不应干扰有效评定范围内的影像。

识别标记一般包括：产品（工件）编号、焊接接头编号、部位编号和透照日期。返修后的透照还应有返修标记（R_n，脚标 n 表示返修次数），扩大检测比例的透照应有扩大检测标记（K）。

定位标记一般包括中心标记和搭接标记。中心标记指示透照部位区段的中心位置和分段编号的方向，一般用十字箭头"↑→"表示。搭接标记是连续检测时的透照分段标记，一般用符号"↑"或其他能显示搭接情况的方法表示。

b.9　胶片处理

胶片的暗室处理应按胶片及化学药剂制造商推荐的条件进行，以获取选定的胶片系统性能。特别应注意温度、显影及冲洗时间。胶片处理可采用自动冲洗或手工冲洗方式处理，推荐采用自动冲洗方式处理。

b.10　评片要求

底片的评定应在光线暗淡且柔和的专用评片室内进行，观片灯的亮度应可调，灯屏应有遮光板遮挡非评定区。评片人员在评片前应经历一定的暗适应时间，从阳光下进入评片的暗适应时间为 5～10min，从一般室内进入评片的暗适应时间应不少于 30s。

底片评定范围的宽度一般为焊缝本身及焊缝两侧 5mm 宽的区域，在底片评定范围内的亮度应符合下列规定：

（1）当底片评定范围内的黑度 $D \leqslant 2.5$ 时，透过底片评定范围内的亮度应不低于 $30cd/m^2$；

（2）当底片评定范围内的黑度 $D > 2.5$ 时，透过底片评定范围内的亮度应不低于 $10cd/m^2$。

b.11　底片质量

b.11.1　底片上，定位和识别标记影像应显示完整、位置正确。在底片评定范围内不应存在干扰缺陷影像识别的水迹、划痕、斑纹等伪缺陷影像。

b.11.2　底片评定范围内的黑度应符合下列规定：

A 级：$1.5 \leqslant D \leqslant 4.0$；

AB 级：$2.0 \leqslant D \leqslant 4.0$；

B 级：$2.3 \leqslant D \leqslant 4.0$。

用 X 射线透照小径管或其他截面厚度变化大的工件时，AB 级最低黑度允许降至 1.5；B 级最低黑度可降至 2.0。

采用多胶片方法时，单片观察的黑度应符合以上要求；双片叠加观察仅限于 A 级，叠加观察时，单片的黑度应不低于 1.3。

对于评定范围内的黑度 $D > 4.0$ 的底片，如经计量检定证明所用观片灯在底片评定范围内的亮度能够满足 b.10 评片要求，允许进行评定。

c　射线检测质量分级

根据焊接接头中存在的缺陷性质、数量和密集程度，其质量等级划分为 Ⅰ、Ⅱ、Ⅲ、Ⅳ级。具体质量等级评定按照产品质量标准或设计要求进行。

5.1.9.5　渗透检测方法

主要适用于非多孔性金属材料或非金属材料在制造、安装及使用中产生的表面开口缺陷的检测。

a　仪器设备

a.1　渗透检测剂：一般包括渗透剂、乳化剂、清洗剂和显像剂。

a.2　对比试块：主要用于检验检测剂性能及操作工艺。

a.2.1　铝合金试块（A 型对比试块）：主要用于在正常使用情况下，检验渗透检测剂能否满足要求，以及比较两种渗透检测剂性能的优劣；对用于非标准温度下的渗透检测方法作出鉴定。

a.2.2　镀铬试块（B 型试块）：主要用于检验渗透检测剂系统灵敏度及操作工艺正确性。

a.3 暗室或检测现场：应有足够的空间，能满足检测要求，检测现场应保持清洁，荧光检测时可见光照度应不大于 20 lx。

a.4 黑光灯：其紫外线波长应在 320～400nm 的范围内，峰值波长为 365nm，距黑光灯滤光片 38cm 的工件表面的辐照度≥1000μW/cm²，自显像时距黑光灯滤光片 15cm 的工件表面的辐照度≥3000μW/cm²。

a.5 黑光辐照度计：用于测量黑光辐照度。

a.6 荧光亮度计：用于测量渗透剂的荧光亮度，其紫外线波长应在 430～600nm 的范围内，峰值波长为 500～520nm。

a.7 其他：放大镜、清洗溶剂（丙酮、酒精）等。

b 检测步骤

b.1 渗透检测基本流程

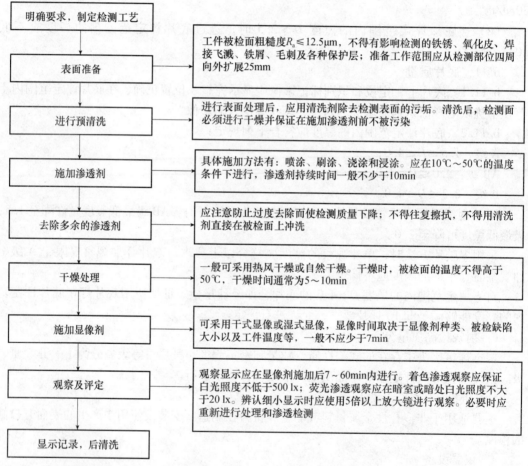

b.2 检测操作要点

b.2.1 选用人工裂纹试块，检查渗透检测剂的可靠性并作为灵敏度试块。

b.2.2 将选用的渗透剂均匀喷涂在工件的被检查部位，保持部位的湿润状态。湿润时间 15min～30min。

b.2.3 当观察显现痕迹时，必须确定痕迹是真缺陷还是假缺陷。必要时应用 5～10 倍放大镜进行观察或进行复验。

b. 3　复验

b. 3. 1　在检测中或检测后，发现下列情况必须重新将试件彻底清洗干净进行检验：

（1）探伤结束时用对比试块验证，发现没有显示所应显示的痕迹时。

（2）发现灵敏度下降难以确定痕迹是真缺陷还是假缺陷显示时。

（3）供需双方有争议或认为有其他需要时。

（4）经返修后的部位。

b. 4　后处理

检测结束后，应清除残余显像剂。

c　质量分级

c. 1　不允许任何裂纹和白点，紧固件和轴类工件不允许任何横向缺陷显示。

c. 2　焊接接头和坡口的质量分级应按表 5-1-47 进行。

表 5-1-47　焊接接头和坡口的质量分级

等级	线性缺陷	圆形缺陷（评定框尺寸 35mm × 100mm）
I	不允许	$d \leqslant 1.5$，且在评定框内少于或等于 1 个
II	不允许	$d \leqslant 4.5$，且在评定框内少于或等于 4 个
III	$L \leqslant 4$	$d \leqslant 8$，且在评定框内少于或等于 6 个
IV		大于 III 级的缺陷

注：L 为线性缺陷长度，mm；d 为圆形缺陷在任何方向上的最大尺寸，mm。

c. 3　其他部件的质量分级评定见表 5-1-48。

表 5-1-48　其他部件的质量分级

等级	线性缺陷	圆形缺陷（评定框尺寸 2500mm²，其中一条矩形边最大长度 150mm）
I	不允许	$d \leqslant 1.5$，且在评定框内少于或等于 1 个
II	$L \leqslant 4$	$d \leqslant 4.5$，且在评定框内少于或等于 4 个
III	$L \leqslant 8$	$d \leqslant 8$，且在评定框内少于或等于 6 个
IV		大于 III 级的缺陷

注：L 为线性缺陷长度，mm；d 为圆形缺陷在任何方向上的最大尺寸，mm。

5.2　砌体材料试验方法

5.2.1　砌墙砖试验方法

本节所述试验方法适用于烧结砖（包括烧结普通砖、烧结多孔砖、烧结空心砖和空心砌块）和非烧结砖（包括蒸压灰砂砖、粉煤灰砖、炉渣砖和碳化砖等）。

5.2.1.1　尺寸测量

a　量具

采用砖用卡尺或游标卡尺进行测量，卡尺分度值不大于 0.5mm。

b　测量方法

长度应在砖的两个大面的中间处分别测量两个尺寸；宽度应在砖的两个大面的中间处分别测量两个尺寸；高度应在两个条面的中间处分别测量两个尺寸。当被测处有缺损或凸出时，可在其旁边测量，但应选择不利的一侧。

c 结果评定

结果分别以长度、宽度和高度两个测量值的算术平均值表示，精确至1mm。

5.2.1.2 外观质量检查

a 量具

a.1 砖用卡尺或游标卡尺：分度值不大于0.5mm；

a.2 钢直尺：长度500mm以上，分度值不大于1mm。

b. 测量方法

b.1 缺损

b.1.1 缺棱掉角在砖上造成的破损程度，以破损部分对长、宽、高三个棱边的投影尺寸来度量，称为破坏尺寸，如图5-2-1所示。

b.1.2 缺损造成的破坏面，系指缺损部分对条、顶面（空心砖为条、大面）的投影面积，如图5-2-2所示。空心砖内壁残缺及肋残缺尺寸，以长度方向的投影尺寸来度量。

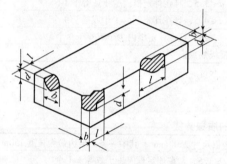

图 5-2-1 缺棱掉角破坏尺寸量法

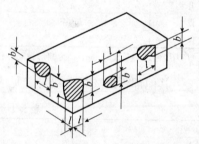

图 5-2-2 缺损在条、顶面上造成破坏面量法

b.2 裂纹

b.2.1 裂纹分为长度方向、宽度方向和水平方向三种，以被测方向的投影长度表示。如果裂纹从一个面延伸至其他面上时，则累计其延伸的投影长度，如图5-2-3所示。

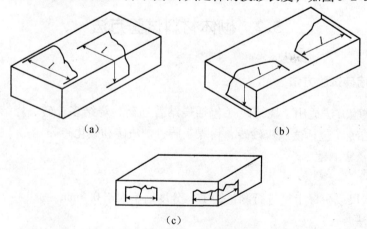

（a） （b）

（c）

图 5-2-3 裂纹长度量法

（a）宽度方向裂纹长度量法；（b）长度方向裂纹长度量法；（c）水平方向裂纹长度量法

b.2.2　多孔砖的孔洞与裂纹相通时，则将孔洞包括在裂纹内一并测量，如图 5-2-4 所示。

b.2.3　裂纹长度以在在三个方向上分别测得的最长裂纹作为测量结果。

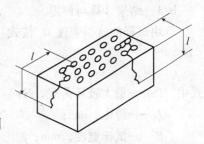

图 5-2-4　多孔砖裂纹通过
孔洞时长度量法

b.3　弯曲

b.3.1　弯曲分别在大面和条面上测量，测量时将砖用卡尺的两支脚沿棱边两端放置，择其弯曲最大处将垂直尺推至砖面，但不应将因杂质或碰伤造成的凹处计算在内。

b.3.2　以弯曲中测得的较大者作为测量结果。

b.4　杂质凸出高度

杂质在砖面上造成的凸出高度，以杂质距砖面的最大距离表示。测量时将砖用卡尺的两支脚置于凸出两边的砖平面上，以垂直尺测量。

c　结果评定

外观测量结果以缺损尺寸、裂纹长度、弯曲和杂质凸出高度表示，以 mm 为单位，不足 1mm 者按 1mm 计。

5.2.1.3　抗折强度和抗压强度试验

a　试验设备

a.1　材料试验机：试验机的示值相对误差不大于 ±1%，其下加压板应为球铰支座，预期最大破坏荷载应在量程的 20% ~80% 之间；

a.2　抗折夹具：抗折试验的加荷形式为三点加荷，其上压辊和下支辊的曲率半径为 15mm，下支辊应有一个为铰接固定；

a.3　抗压试件制备平台：试件制备平台必须平整水平，可用金属或其他材料制作；

a.4　水平尺（规格为 250~300mm）、钢直尺（分度值为 1mm）。

b　抗折强度试验

b.1　试样

b.1.1　试样数量：蒸压灰砂砖为 5 块。

b.1.2　非烧结砖应放在温度为 (20±5)℃ 的水中浸泡 24h 后取出，用湿布拭去其表面水分，进行抗折强度试验。

b.1.3　烧结砖不需浸水及其他处理，直接进行试验。

b.2　试验流程

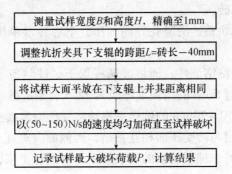

测量试样宽度 B 和高度 H，精确至 1mm

↓

调整抗折夹具下支辊的跨距 L=砖长—40mm

↓

将试样大面平放在下支辊上并其距离相同

↓

以 (50~150)N/s 的速度均匀加荷直至试样破坏

↓

记录试样最大破坏荷载 P，计算结果

b.3   结果计算与评定

每块试样的抗折强度 R_c 按式（5-2-1）计算，精确至 0.01MPa：

$$R_c = \frac{3PL}{2BH^2}$$

(5-2-1)

式中 P——最大破坏荷载，N；

    L——跨距，mm；

    B——试样宽度，mm；

    H——试样高度，mm。

b.3.3   试验结果以试样抗折强度的算术平均值和单块最小值表示。

c   抗压强度试验

c.1   试样

c.1.1   试样数量：蒸压灰砂砖为 5 块，烧结普通砖、烧结多孔砖和其他砖为 10 块（空心砖大面和条面抗压各 5 块）。

c.1.2   非烧结砖也可用抗折强度试验后的试样作为抗压强度试样。

c.2   试样制备

c.2.1   烧结普通砖

c.2.1.1   将试样切断或锯成两个半截砖，断开的半截砖长不得小于 100mm。如果不足 100mm，应另取备用试样补足。

c.2.1.2   在试样制备平台上，将已断开的半截砖放入室温的净水中浸 10～20min 后取出，并以断口相反方向叠放，两者中间抹以厚度不超过 5mm 的用强度等级为 32.5 普通硅酸盐水泥调制成稠度适宜的水泥净浆粘结，上下两面用厚度不超过 3mm 的同种水泥浆抹平。制成的试件上下两面须相互平行，并垂直于侧面，如图 5-2-5 所示。

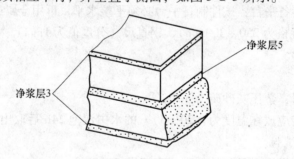

净浆层5

净浆层3

图 5-2-5   烧结砖抗压试件

c.2.2   多孔砖、空心砖

c.2.2.1   多孔砖以单块整砖沿竖孔方向加压，空心砖以单块整砖沿大面和条面方向分别加压。

c.2.2.2   采用坐浆法粘结试件。即将玻璃板罩于试件制备平台上，其上铺一张湿的垫纸，纸上铺一层厚度不超过 5mm 的用强度等级为 32.5 普通硅酸盐水泥调制成稠度适宜的水泥净浆，再将在水中浸泡 10～20min 的试样平稳地将受压面坐放在水泥浆上，在另一受压面上稍加压力，使整个水泥层与砖受压面相互粘结，砖侧面应垂直于玻璃板。待水泥浆适当凝固后，连同玻璃板翻放在另一铺纸放浆的玻璃板上，再进行坐浆，用水平尺校正好玻璃板的水平。

c.2.3　非烧结砖

将同一块试样的两半截砖断口相反叠放，叠合部分不得小于 100mm，如图 5-2-6 所示，即为抗压强度试件。如果不足 100mm，则应剔除另取备用试样补足。

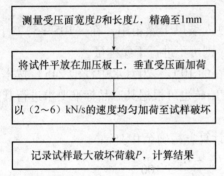

也可用模具制样，仲裁试验采用模具制样。

c.3　试样养护

c.3.1　制成的抹面试件应置于不低于 10℃ 的不通风室内养护 3d，再进行试验。

c.3.2　非烧结砖试件不需养护，直接进行试验。

图 5-2-6　非烧结砖抗压试件

c.4　试验流程

```
┌─────────────────────────────────────────┐
│ 测量受压面宽度B和长度L，精确至1mm          │
└─────────────────────────────────────────┘
                    │
┌─────────────────────────────────────────┐
│ 将试件平放在加压板上，垂直受压面加荷         │
└─────────────────────────────────────────┘
                    │
┌─────────────────────────────────────────┐
│ 以（2~6）kN/s的速度均匀加荷至试样破坏        │
└─────────────────────────────────────────┘
                    │
┌─────────────────────────────────────────┐
│ 记录试样最大破坏荷载P，计算结果             │
└─────────────────────────────────────────┘
```

c.5　结果计算与评定

c.5.1　每块试样的抗压强度 R_p 按式（5-2-2）计算，精确至 0.01MPa：

$$R_P = \frac{P}{BL} \tag{5-2-2}$$

式中　P——最大破坏荷载，N；

　　　L——受压面（连接面）的长度，mm；

　　　B——受压面（连接面）的宽度，mm。

c.5.2　试验结果以试样抗压强度的算术平均值和标准值或单块最小值表示。

5.2.1.4　冻融试验

a　试验设备

a.1　低温试验箱或冷冻室：放入试样后箱（室）内温度可调至 −20℃ 或 −20℃ 以下。

a.2　水槽：保持槽中水温 10~20℃ 为宜。

a.3　台秤：分度值 5g。

a.4　鼓风干燥箱：最高温度 200℃。

b　试验步骤

b.1　试样数量及处理

试样数量为为 5 块。试验前，应用毛刷清理试样表面并编号。

b.2　将试样放入鼓风干燥箱中，在（105±5）℃ 下干燥至恒量（在干燥过程中，前后两次称量相差不超过 0.2%，前后两次称量时间间隔为 2h），称其质量 G_0。并检查试件外观质量，将缺棱掉角和裂纹情况作标记并记录。

b.3 将试样浸在 10～20℃ 的水中，24h 后取出，用湿布拭去表面水分，以大于 20mm 的间距大面侧向立放于预先降温至 -15℃ 以下的冷冻箱中。

b.4 当箱内温度再次降至 -15℃ 时开始计时，在 (-15～-20)℃ 下冰冻：烧结砖冻 3h；非烧结砖冻 5h。然后取出放入 (10～20)℃ 的水中融化：烧结砖不少于 2h；非烧结砖 不少于 3h。如此为一次冻融循环。

b.5 每 5 次冻融循环，检查一次冻融过程中出现的破坏情况，如冻裂、缺棱、掉角、剥落等。

b.6 冻融过程中，发现试样的冻坏超过外观规定时，应继续试验至 15 次冻融循环结束 为止。

b.7 15 次冻融循环后，检查并记录试样在冻融过程中的冻裂长度、缺棱掉角和剥落等 破坏情况。

b.8 经 15 次冻融循环后的试样，放入鼓风干燥箱中，在 (105±5)℃ 下干燥至恒量，称其质量 G_1。烧结砖若未发现冻坏现象，则可不进行干燥称量。

b.9 将干燥后的试样（非烧结砖再在的 10℃～20℃ 水中浸泡 24h）按本节 5.2.1.3 条 第 c 条款的规定进行抗压强度试验。各砌墙砖也可根据其产品标准要求进行其中部分试验。

c 结果计算与评定

c.1 质量损失率 G_m 按式 (5-2-3) 计算，精确至 0.1%：

$$G_m = \frac{G_0 - G_1}{G_0} \times 100\%$$

(5-2-3)

式中 G_m——质量损失率，%；

G_0——试样冻融前干质量，g；

G_1——试样冻融后干质量，g。

c.2 试验结果以试样抗压强度、抗压强度损失率、外观质量或质量损失率表示。

5.2.1.5 体积密度试验

a 试验设备

a.1 鼓风干燥箱。

a.2 台秤：分度值为 5g。

a.3 钢直尺，分度值为 1mm，砖用卡尺，分度值为 0.5mm。

b 试样

每次试验用砖为 5 块，所取试样应外观完整。

c 试验步骤

c.1 清理试样表面，并注写编号，然后将试样置于 (105±5)℃ 鼓风干燥箱中干燥至 恒量，称其质量 G_0，并检查外观情况，不得有缺棱、掉角等破损。如有破损者，须重新换 取备用试样。

c.2 将干燥后的试样按规定，测量其长、宽、高尺寸各两次，分别取其平均值。

d 结果计算与评定

d.1 体积密度 ρ 按式 (5-2-4) 计算，精确至 $1kg/m^3$：

$$\rho = \frac{G_0}{L \cdot B \cdot H} \times 10^9 \tag{5-2-4}$$

式中　ρ——体积密度，kg/m^3；

　　G_0——试样干质量，kg；

　　L——试样长度，mm；

　　B——试样宽度，mm；

　　H——试样高度，mm。

d. 2　试验结果以试样体积密度的算术平均值表示，精确至 $1kg/m^3$。

5.2.1.6　石灰爆裂试验

a　试验设备

a. 1　蒸煮箱。

a. 2　钢直尺：分度值为 1mm。

b　试样

b. 1　试样为未经雨淋或浸水、且近期生产的砖样，数量为 5 块。

b. 2　普通砖用整砖，多孔砖可用 1/2 块，空心砖用 1/4 块试验。多孔砖、空心砖试样可以用孔洞率测定或体积密度试验后的试样锯取。

b. 3　试验前检查每块试样，将不属于石灰爆裂的外观缺陷作标记。

c　试验步骤

c. 1　将试样平行侧立于蒸煮箱内的篦子板上，试样间隔不得小于 50mm，箱内水面应低于篦子板面 40mm。

c. 2　加盖蒸 6h 后取出。

c. 3　检查每块试样上因石灰爆裂（含试验前已出现的爆裂）而造成的外观缺陷，记录其尺寸（mm）。

d　结果评定

以每块试样石灰爆裂区域的尺寸最大者表示，精确至 1mm。

5.2.1.7　泛霜试验

a　试验设备

a. 1　鼓风干燥箱

a. 2　耐腐蚀的浅盘 5 个，容水深度 25～35mm。

a. 3　能盖住浅盘的透明材料 5 张，在其中间部位开有大于试样宽度、高度或长度尺寸 5～10mm 的矩形孔。

a. 4　干、湿球温度计或其他温、湿度计。

b　试样

b. 1　试样数量为 5 块。

b. 2　烧结普通砖、烧结多孔砖用整砖；烧结空心砖用 1/2 块，可以用体积密度试验后的试样从长度方向的中间处锯取。

c　试验步骤

c. 1　将粘附在试样表面的粉尘刷掉并编号，然后放入（105±5）℃的鼓风干燥箱中干燥 24h，取出冷却至常温。

c.2　将试样顶面或有孔洞的面朝上分别置于 5 个浅盘中，往浅盘中注入蒸馏水，水面高度不低于 20mm，用透明材料覆盖在浅盘上，并将试样暴露在外面，记录时间。

c.3　试样浸在盘中的时间为 7d，开始 2d 内经常加水以保持盘内水面高度，以后则保持浸在水中即可。试验过程中要求环境温度为 16 ~ 32℃，相对湿度 35% ~ 60%。

c.4　浸泡 7d 后取出试样，在同样的环境条件下放置 4d。然后在（105 ± 5）℃的鼓风干燥箱中连续干燥至恒量。取出冷却至常温。记录干燥后的泛霜程度。

c.5　在 7d 后开始记录泛霜情况，每天一次。

d　结果评定

d.1　泛霜程度根据记录以最严重者表示。

d.2　泛霜程度划分如下：

d.2.1　无泛霜：试样表面的盐析几乎看不到。

d.2.2　轻微泛霜：试样表面出现一层细小明显的霜膜，但试样表面仍清晰。

d.2.3　中等泛霜：试样部分表面或棱角出现明显霜层。

d.2.4　严重泛霜：试样表面出现起砖粉、掉屑及脱皮现象。

5.2.1.8　吸水率和饱和系数试验

a　试验设备

a.1　鼓风干燥箱。

a.2　台秤：分度值为 5g。

a.3　蒸煮箱。

b　试样

b.1　试样数量为 5 块。

b.2　烧结普通砖用整块，烧结多孔砖可用 1/2 块，烧结空心砖用 1/4 块试验。可从体积密度试验后的试样上锯取。

c　试验步骤

c.1　清理试样表面，并标注编号，然后置于（105 ± 5）℃鼓风干燥箱中干燥至恒量，除去粉尘后，称其干质量 G_0。

c.2　将干燥试样浸水 24h，水温 10 ~ 30℃。

c.3　取出试样，用湿毛巾拭去表面水分，立即称量，称量时试样毛细孔渗出于秤盘中水的质量亦应计入吸水质量中，所得质量为浸泡 24h 的湿质量 G_{24}。

c.4　将浸泡 24h 后的湿试样侧立放入蒸煮箱的箅子板上，试样间距不得小于 10mm，注入清水，箱内水面应高于试样表面 50mm，加热至沸腾，沸煮 3h，饱和系数试验煮沸 5h，停止加热，冷却至常温。

c.5　取出试样，用湿毛巾拭去表面水分，立即称量，称量时试样毛细孔渗出于秤盘中水的质量亦应计入吸水质量中，所得质量为沸煮 3h 的湿质量 G_3。

d　结果计算与评定

d.1　常温水浸泡 24h 试样吸水率 W_{24} 按式（5-2-5）计算，精确至 0.1%：

$$W_{24} = \frac{G_{24} - G_0}{G_0} \times 100\% \qquad (5\text{-}2\text{-}5)$$

式中　W_{24}——常温水浸泡 24h 试样吸水率，%；

G_0——试样干质量，g；

G_{24}——试样浸水 24h 的湿质量，g。

d.2　试样沸煮 3h 吸水率 W_3 按式（5-2-6）计算，精确至 0.1%：

$$W_3 = \frac{G_3 - G_0}{G_0} \times 100\% \qquad (5\text{-}2\text{-}6)$$

式中　W_3——试样沸煮 3h 吸水率，%；

G_3——试样沸煮 3h 的湿质量，g；

G_0——试样干质量，g。

d.3　每块试样的饱和系数 K 按式（5-2-7）计算，精确至 0.001：

$$K = \frac{G_{24} - G_0}{G_5 - G_0} \qquad (5\text{-}2\text{-}7)$$

式中　K——试样饱和系数；

G_0——试样干质量，g；

G_{24}——试样浸水 24h 的湿质量，g；

G_5——试样沸煮 5h 的湿质量，g。

d.4　吸水率以 5 块试样的算术平均值表示，精确至 1%；饱和系数以 5 块试样的算术平均值表示，精确至 0.01。

5.2.1.9　孔洞率及孔结构试验

a　设备

a.1　台秤：分度值为 5g。

a.2　水池或水箱。水桶，大小能悬浸一个被测砖样。

a.3　吊架。

a.4　砖用卡尺：分度值为 0.5mm。

b　试样数量：5 块试样。

c　试验步骤

c.1　按本节 5.2.2.1 的规定测量试样的宽度和高度尺寸各 2 次，分别取其算术平均值，精确至 1mm。计算每个试样的体积 V，精确至 0.001mm^3。

c.2　将试样浸入室温的水中，水面应高出试样 20mm 以上，24h 后将其分别移到水桶中，称出试样的悬浸质量 m_1，精确至 5g。

c.3　将秤置于平稳的支座上，在支座的下方与秤中线重合处放置水桶，在秤底盘上放置吊架，用铁丝将试样悬挂在吊架上，使试样离开水桶底面且全部浸在水中，将秤读数减去吊架和铁丝的质量，即为悬浸质量。

c.4　将试样取出，放在铁丝网架上滴水 1min，再拭去表面的水分，立即称其面干潮湿状态的质量 m_2，精确至 5g。

c.5　测量试样最薄处的壁厚、肋厚尺寸，精确至 1mm。

d 结果计算与评定

d.1 每个试样的孔洞率 Q 按式（5-2-8）计算，精确至 0.1%：

$$Q = (1 - \frac{\frac{m_2 - m_1}{d}}{V}) \times 100 \qquad (5\text{-}2\text{-}8)$$

式中 Q——试样的孔洞率，%；

m_1——试样的悬浸质量，kg；

m_2——试样面干潮湿状态的质量，kg；

V——试样的体积，m³。

d——水的密度，1000kg/m³。

d.2 试验结果以 5 块试样孔洞率的算术平均值表示，精确至 1%。

d.3 孔结构以孔洞排数及壁、肋厚度最小尺寸表示。

5.2.1.10 干燥收缩试验

a 试验设备

a.1 立式收缩仪：如图 5-2-7 所示，精度为 0.01mm，上下测点采用 90°锥形凹座。

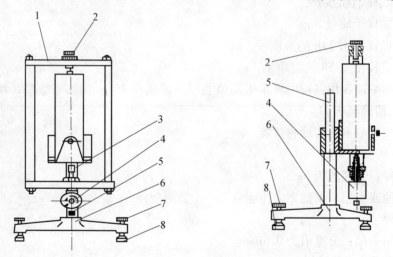

图 5-2-7 收缩测定仪示意图

1—测量框架；2—上支点螺栓；3—下支点；4—百分表；
5—立柱；6—底座；7—调平螺栓；8—调平座

a.2 收缩头：采用黄铜或不锈钢制成。

a.3 鼓风干燥箱或调温调湿箱：鼓风干燥箱或调温调湿箱的箱体容积不小于 0.05m³ 或大于试件总体积的 5 倍。

a.4 搪瓷样盘。

a.5 冷却箱：冷却箱可用金属板加工，且备有温度观测装置及具有良好的密封性。

a.6 恒温水槽：水温（20±1）℃。

b. 试样：每组 3 块。

c 试样制备

c.1 在试样两个顶面的中心，各钻一个直径 6~10mm、深 13mm 的孔，编号并注明上下测点。

c.2 将试样浸水 4 ~ 6h 后取出，在孔内灌入水玻璃水泥净浆或其他粘结剂，然后埋置收缩头，收缩头中心线应与试样中心线重合，试样顶面应保持平整。2h 后检查收缩头安装是否牢固，否则重装。

d 试验步骤

d.1 制成的试件放置 1d 后，于（20 ± 1）℃的水中浸泡 4d，浸泡时，试件间的距离及水面至试件距离不小于 20mm。

d.2 将试件从水中取出，用湿布拭去表面水分并将收缩头擦干净。

d.3 以标准杆确定仪器百分表原点（一般取 5.00mm），然后按标明的测试方向测定试件的初始长度，记录初始百分表读数。

d.4 将试件放入温度为（50 ± 1）℃，湿度用饱和氯化钙溶液控制（每 1 立方米箱体应给予不低于 0.3m^3 的暴露面积，且含有充分固体的氯化钙饱和溶液）的鼓风干燥箱或调温调湿箱中进行干燥。

d.5 每隔 1d 测长度一次；取出试件，置于（20 ± 1）℃温度下冷却 4h 后进行测量，测量前应校准仪器百分表原点。要求每组试样在 10min 内测完。

d.6 按上述试验步骤 d.4 和 d.5 重复进行干燥、冷却和测量；直至两次测长读数差在 0.01mm 范围内时为止，以最后两次的平均值作为干燥后读数。

e 结果计算与评定

e.1 干燥收缩值 S 按式（5-2-9）计算：

$$S = \frac{L_1 - L_2}{L_0 + L_1 - 2L - M_0} \times 1000 \tag{5-2-9}$$

式中 S——干燥收缩值，mm/m；

L_0——标准杆长度，mm；

L_1——试件初始读数（百分表读数），mm；

L_2——试件干燥后读数（百分表读数），mm；

L——收缩头长度，mm；

M_0——百分表原点，mm。

e.2 试验结果以 3 块试件干燥收缩值的算术平均值表示，精确至 0.01mm/m。

5.2.1.11 碳化试验

a 仪器设备和试剂

a.1 碳化箱：下部设有进气孔，上部设有排气孔，且有湿度观察装置，盖（门）必须严密。

a.2 二氧化碳钢瓶和转子流量计。

a.3 气体分析仪。

a.4 台秤：分度值为 5g。

a.5 干、湿球温度计或其他温、湿度计。

a.6 二氧化碳气体，体积分数高于 80%。

a.7 酚酞溶液（10g/L）：用体积分数为70%的乙醇配制。

b 试样

取经尺寸偏差和外观检查合格的砖样25块，其中10块为对比试样（也可采用抗压强度试验结果。若采用抗压强度试验结果作对比，则试样可取15块）；10块用于测定碳化后强度；5块用于碳化深度检查。

c 试验条件

c.1 湿度：碳化过程的相对湿度控制在90%以下。

c.2 二氧化碳体积分数。

c.2.1 二氧化碳体积分数的测定：第一、二天每隔2小时测定一次，以后每隔4小时测定一次。并根据测得的二氧化碳体积分数，随时调节其流量。二氧化碳体积分数采用气体分析仪测定，精确至1%。

c.2.2 二氧化碳浓体积分数度的调节和控制：如图5-2-8所示，装配人工碳化装置，调节二氧化碳钢瓶的针形阀，控制流量使二氧化碳体积分数达60%以上。

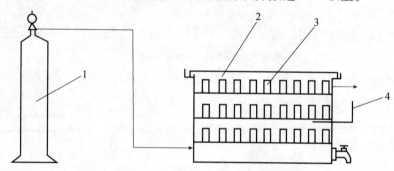

图5-2-8 人工碳化装置示意图
1—二氧化碳钢瓶；2—碳化箱；3—砖样；4—干、湿温度计

d 试验步骤

d.1 取10块对比试样按本节5.2.1.3c条规定进行抗压强度试验。

d.2 其余15块试样在室内放置7d，然后放入碳化箱内进行碳化，试样间隔不得小于20mm。

d.3 从第十天开始，每5天取一块试样劈开，用10g/L酚酞乙醇溶液检查碳化程度，当试样中心不呈现红色时，则认为试样已全部碳化。

d.4 将已全部碳化的10块试样于室内放置24~36h后，按5.2.1.3.c条进行抗压强度试验。

e 结果计算与评定

e.1 以试样的抗压强度之算术平均值（精确至0.1MPa），作为该批试样人工碳化后强度。

e.2 碳化系数 K_c 按式（5-2-10）计算，精确至0.01：

$$K_c = \frac{R_c}{R_0} \tag{5-2-10}$$

式中 K_c——碳化系数；

R_c——人工碳化后抗压强度，MPa；

R_0——砖的抗压强度，MPa。

5.2.2　混凝土小型空心砌块试验方法

本节所述试验方法适用于墙体用的以各种混凝土制成的小型空心砌块（以下简称砌块）。

5.2.2.1　尺寸测量和外观质量检查

a　量具：钢直尺或钢卷尺，分度值为 1mm。

b　尺寸测量

b.1　长度在条面的中间，宽度在顶面的中间，高度在顶面的中间测量。每项在对应两面各测一次，精确至 1mm。

b.2　壁、肋厚在最小部位测量，每选两处各测一次，精确至 1mm。

c　外观质量检查

c.1　弯曲测量：将直尺贴靠坐浆面、铺浆面和条面，测量直尺与试件之间的最大间距（图 5-2-9），精确至 1mm。

c.2　缺棱掉角检查：将直尺贴靠棱边，测量缺棱掉角在长、宽、高度三个方向的投影尺寸（图 5-2-10），精确至 1mm。

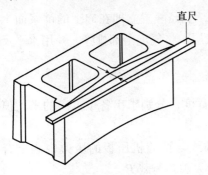

图 5-2-9　弯曲测量法

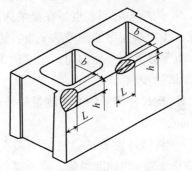

图 5-2-10　缺棱掉角尺寸测量法

L—缺棱掉角在长度方向的投影尺寸；

b—缺棱掉角在宽度方向的投影尺寸；

h—缺棱掉角在高度方向的投影尺寸

c.3　裂纹检查：用钢直尺测量裂纹在所在面上的最大投影尺寸（图 5-2-11 中的 L_2 或 h_3），如裂纹由一个面延伸到另一个面时，则累计其延伸的投影尺寸（图 5-2-11 中的 $b_1 + h_1$），精确至 1mm。

c.4　测量结果

c.4.1　试件的尺寸偏差以实际测量的长度、宽度和高度与规定尺寸的差值表示。

c.4.2　弯曲、缺棱掉角和裂纹长度的测量结果以最大测量值表示。

5.2.2.2　抗压强度试验

a　试验设备

a.1　材料试验机：示值误差应不大于 1%，其量

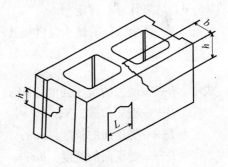

图 5-2-11　裂纹长度测量法

L—裂纹在长度方向的投影尺寸；

b—裂纹在宽度方向的投影尺寸；

h—裂纹在高度方向的投影尺寸

程选择应能使试件的预期破坏荷载落在满量程的 20% ~ 80%。

a.2 钢板：厚度不小于 10mm，平面尺寸应大于 440mm×240mm。钢板的一面需平整，精度要求在长度方向范围内的平面度不大于 0.1mm。

a.3 玻璃平板：厚度不小于 6mm，平面尺寸与钢板的要求相同。

a.4 水平尺。

b 试件

b.1 试件数量为五个砌块。

b.2 处理试件的坐浆面和铺浆面，使之成为互相平行的平面。将钢板置于稳固的底座上，平整面向上，用水平尺调至水平。在钢板上先薄薄地涂一层机油或铺一层湿纸，然后铺一层以 1 份质量的 32.5MPa 以上的普通硅酸盐水泥和 2 份砂子，加入适量的水调成的砂浆，将试件的坐浆面湿润后平稳地压入砂浆层内，使砂浆层尽可能均匀，厚度为 3~5mm。将多余的砂浆沿试件棱边刮掉，静置 24h 以后，再按上述方法处理试件的铺浆面。为使两面能彼此平行，在处理铺浆面时，应将水平尺置于现已向上的坐浆面上调至水平。在温度 10℃ 以上不通风的室内养护 3d 后做抗压强度试验。

b.3 为缩短时间，也可在坐浆面砂浆层处理后，不经静置立即在向上的铺浆面上铺一层砂浆，压上事先涂油的玻璃平板，边压边观察砂浆层，将气泡全部排除，并用水平尺调至水平，直至砂浆层平而均匀，厚度达 3~5mm。

c 试验步骤

c.1 按尺寸测量的方法测量每个试件的长度和宽度，分别求出各个方向的平均值，精确至 1mm。

c.2 将试件置于试验机承压板上，使试件的轴线与试验机压板的压力中心重合，以 (10~30) kN/s 的速度加荷，直至试件破坏。记录最大破坏荷载 P。

c.3 若试验机压板不足以覆盖试件受压面时，可在试件的上、下承压面加辅助钢压板。辅助钢压板的表面光洁度应与试验机原压板同，其厚度至少为原压板边至辅助钢压板最远角距离的三分之一。

d 结果计算与评定

d.1 每个试件的抗压强度按式（5-2-11）计算，精确至 0.1MPa：

$$R = \frac{P}{L \cdot B} \tag{5-2-11}$$

式中 R——试件的抗压强度，MPa；

P——破坏荷载，N；

L——受压面的长度，mm；

B——受压面的宽度，mm。

d.2 试验结果以 5 个试件抗压强度的算术平均值和单块最小值表示，精确至 0.1MPa。

5.2.2.3 抗折强度试验

a 试验设备

a.1 材料试验机的技术要求同 5.2.2.2。

a.2 钢棒：直径 35~40mm，长度 210mm，数量为三根。

a.3　抗折支座：由安放在底板上的两根钢棒组成，其中至少有一根可以自由滚动（图 5-2-12）。

b　试件

b.1　试件数量为 5 个砌块。

b.2　按尺寸测量的方法测量每个试件的长度和宽度，分别求出各个方向的平均值，精确至 1mm。

b.3　试件表面处理按 5.2.2.2 节第 b.2 和 b.3 条的规定进行。表面处理后应将试件孔洞处的砂浆层打掉。

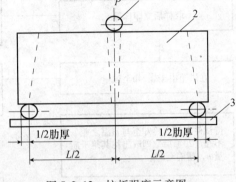

图 5-2-12　抗折强度示意图

1—钢棒；2—试件；3—抗折支座

c　试验步骤

c.1　将抗折支座置于材料试验机承压板上，调整钢棒轴线间的距离，使其等于试件长度减一个坐浆面处的肋厚，再使抗折支座的中线与试验机压板的压力中心重合。

c.2　将试件的坐浆面置于抗折支座上。

c.3　在试件的上部二分之一长度处放置一根钢棒（图 5-2-12）。

c.4　以 250N/s 的速度加荷直至试件破坏。记录最大破坏荷载 P。

d　结果计算与评定

d.1　每个试件的抗折强度按式（5-2-12）计算，精确至 0.1MPa。

$$R_Z = \frac{3P \cdot L}{2B \cdot H^2} \tag{5-2-12}$$

式中　R_Z——试件的抗折强度，MPa；

P——破坏荷载，N；

L——抗折支座上两钢棒轴心间距，mm；

B——试件宽度，mm；

H——试件高度，mm。

d.2　试验结果以 5 个试件抗折强度的算术平均值和单块最小值表示，精确至 0.1MPa。

5.2.2.4　含水率、吸水率和相对含水率试验

a　试验设备

a.1　电热鼓风干燥箱；

a.2　磅秤：最大称量 50kg，感量 50g；

a.3　水池或水箱。

b　试件数量

试件数量为三个砌块。试件如需运至远离取样处试验，则在取样后应立即用塑料袋包装密封。

c 试验流程

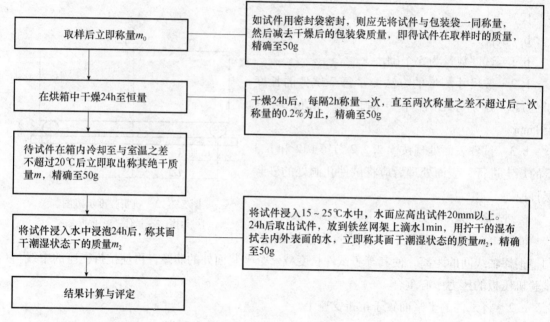

d 结果计算与评定

d.1 每个试件的含水率按式（5-2-13）计算，精确至 0.1%：

$$W_1 = \frac{m_0 - m}{m} \times 100 \qquad (5\text{-}2\text{-}13)$$

式中 W_1——试件的含水率,%；

m_0——试件在取样时的质量，kg；

m——试件的绝干质量，kg。

砌块的含水率以 3 块试件含水率的算术平均值表示，精确至 0.1%。

d.2 每个试件的吸水率按式（5-2-14）计算，精确至 0.1%：

$$W_2 = \frac{m_2 - m}{m} \times 100 \qquad (5\text{-}2\text{-}14)$$

式中 W_2——试件的吸水率,%；

m_2——试件面干潮湿状态的质量，kg；

m——试件的绝干质量，kg。

砌块的吸水率以 3 块试件吸水率的算术平均值表示，精确至 0.1%。

d.3 砌块的相对含水率按式（5-2-15）计算，精确至 0.1%：

$$W = \frac{\overline{W_1}}{\overline{W_2}} \times 100 \qquad (5\text{-}2\text{-}15)$$

式中 W——砌块的相对含水率,%；

$\overline{W_1}$——砌块出厂时的平均含水率,%；

$\overline{W_2}$——砌块的平均吸水率,%。

5.2.2.5　块体密度和空心率试验

a　试验设备

a.1　电热鼓风干燥箱；

a.2　磅秤：最大称量 50kg，感量 50g；

a.3　水池或水箱；

a.4　水桶：大小应能悬浸一个主规格的砌块；

a.5　吊架：如图 5-2-13 所示。

b　试件数量

试件数量为三个砌块。

c　试验流程

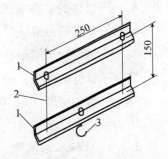

图 5-2-13　吊架
1—角钢（30 mm×30 mm）；2—拉筋；
3—钩子（与两端拉筋等距离）

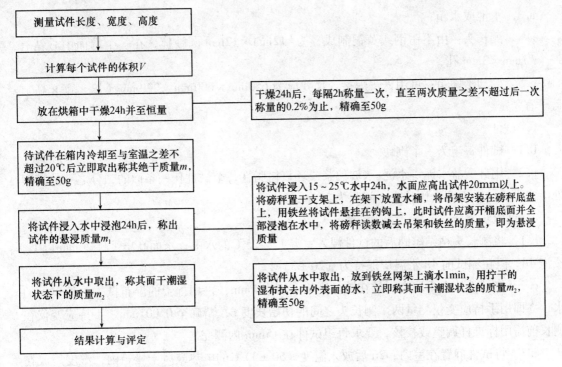

d　结果计算与评定

d.1　每个试件的块体密度按式（5-2-16）计算，精确至 10kg/m³：

$$\gamma = \frac{m}{V} \tag{5-2-16}$$

式中　γ——试件的块体密度，kg/m³；

　　　m——试件的绝干质量，kg；

　　　V——试件的体积，m³。

块体密度以三个试件块体密度的算术平均值表示。精确至 10kg/m³。

d.2　每个试件的空心率按式（5-2-17）计算，精确至 1%：

$$K_{\gamma} = \left[1 - \frac{\dfrac{m_2 - m_1}{d}}{V} \right] \times 100 \tag{5-2-17}$$

式中 K_γ——试件的空心率，%；

    m_1——试件的悬浸质量，kg；

    m_2——试件面干潮湿状态的质量，kg；

    V——试件的体积，m^3；

    d——水的密度（取 $1000kg/m^3$）。

砌块的空心率以三个试件空心率的算术平均值表示，精确至 1%。

5.2.2.6   干燥收缩试验

a   试验设备

a.1   手持应变仪：标距 250mm；

a.2   电热鼓风干燥箱；

a.3   水池或水箱；

a.4   测长头：由不锈钢或黄铜制成，为 $\phi 12mm \times 12mm$ 圆柱体，在一个端面中心钻有一个 $\phi 1mm \times 3mm$ 孔；

a.5   冷却干燥箱：可用铁皮焊接，尺寸应为 650mm×600mm×220mm（长×宽×高），盖子宜紧密。

b   试件

b.1   试件每组为三个砌块。

b.2   用硅酸盐水泥、水泥-水玻璃浆或环氧树脂在每个试件任一条面的二分之一的高度处沿水平方向粘上两个侧长头；间距为 250mm。

c   试验步骤

c.1   将测长头粘结牢固后的试件浸入室温 15~25℃的水中，水面高出试件 20mm 以上，浸泡 4d。但在测试前 4h 水温应保持为（20±3）℃。

c.2   将试件从水中取出，放在铁丝网架上滴水 1min，再用拧干的湿布拭去内外表面的水，立即用手持应变仪测量两个测长头之间的初始长度 L，精确至 0.001mm。手持应变仪在测长前需用标准杆调整或校核，要求每组试件在 15min 内测完。

c.3   将试件静置在室内，2d 后放入温度（50±3）℃的电热鼓风干燥箱内，湿度用放在浅盘中的氯化钙过饱和溶液控制，当电热鼓风干燥箱容量为 $1m^3$ 时，溶液暴露面积应不小于 $0.3m^2$，氯化钙固体应始终露出液面。

c.4   试件在电热鼓风干燥箱中干燥 3d 后取出，放入室温为（20±3）℃的冷却干燥箱内，冷却 3h 后，用手持应变仪测长一次。

c.5   将试件放回电热鼓风干燥箱进行第二周期的干燥。第二周期的干燥及以后各周期的干燥延续时间均为 2d。干燥结束后再按 c.4 的规定冷却和测长。为保证干燥均匀，试件在冷却和测长后再放入电热鼓风干燥箱时，应变换一下位置。

反复进行烘干和测长，直到试件长度达到稳定。长度达到稳定系指试件在上述温、湿度条件下连续干燥三个周期后，三个试件长度变化的平均值不超过 0.005mm。此时的长度即为干燥后的长度 L_0。

d　结果计算与评定

d.1　每个试件的干燥收缩值按式（5-2-18）计算，精确至 0.01mm/m：

$$S = \frac{L - L_0}{L_0} \times 1000 \tag{5-2-18}$$

式中　S——试件干燥收缩值，mm/m；

　　　L——试件的初始长度，mm；

　　　L_0——试件干燥后的长度，mm。

d.2　砌块的干燥收缩值以三个试件干燥收缩值的算术平均值表示，精确至 0.01mm/m。

5.2.2.7　软化系数试验

a　试验设备

a.1　抗压强度试验设备同抗压强度试验；

a.2　水池或水箱。

b　试件

b.1　试件数量为两组十个砌块。

b.2　试件表面处理按 5.2.2.2 中第 b.2、b.3 条的规定进行。

c　试验步骤

c.1　从经过表面处理和静置 24h 后的两组试件中，任取一组五个试件浸入室温 15～25℃的水中，水面高出试件 20mm 以上，浸泡 4d 后取出，在铁丝网架上滴水 1min，再用拧干的湿布拭去内、外表面的水。

c.2　将五个饱和面干的试件和其余五个气干状态的对比试件按 5.2.2.2 的规定进行抗压强度试验。

d　结果计算与评定

d.1　砌块的软化系数按式（5-2-19）计算，精确至 0.01：

$$K_f = \frac{R_f}{R} \tag{5-2-19}$$

式中　K_f——砌块的软化系数；

　　　R_f——五个饱和面干试件的平均抗压强度，MPa；

　　　R——五个气干状态的对比试件的平均抗压强度，MPa。

5.2.2.8　碳化系数试验

a　试验设备和试剂

a.1　二氧化碳钢瓶；

a.2　碳化箱：大小应能容纳分两层放置七个试件，盖子宜紧密；

a.3　二氧化碳气体分析仪；

a.4　10g/L 酚酞乙醇溶液：用体积分数为 70% 的乙醇配制；

a.5　抗压强度试验设备同 5.2.2.2；

a.6　碳化装置的连接如图 5-2-14 所示。

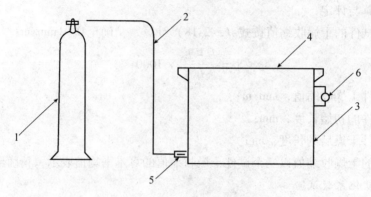

图 5-2-14　碳化装置示意图

1—CO₂ 钢瓶；2—通气橡皮管；3—碳化箱；

4—箱盖；5—进气孔；6—接气体分析仪

b　试件

b.1　试件数量为两组 12 个砌块。一组五块为对比试件，一组七块为碳化试件，其中两块用于测试碳化情况。

b.2　试件表面处理按 5.2.2.2 中的 b.2 和 b.3 的规定进行。表面处理后应将试件孔洞处的砂浆层打掉。

c　试验步骤

c.1　将七个碳化试件放入碳化箱内，试件间距不得小于 20mm。

c.2　将二氧化碳气体通入碳化箱内，用气体分析仪控制箱内的二氧化碳质量分数在 (20±3)%。碳化过程中如箱内湿度太大，应采取排湿措施。

c.3　碳化 7d 后，每天将同一个试件的局部劈开，用 10g/L 的酚酞乙醇溶液检查碳化深度，当试件中心不显红色时，则认为箱中所有试件全部碳化。

c.4　将已全部碳化的五个试件和五个对比试件按 5.2.2.2 节的规定进行抗压强度试验。

d　结果计算与评定

砌块的碳化系数按式 (5-2-20) 计算，精确至 0.01。

$$K_C = \frac{R_C}{R} \qquad\qquad (5\text{-}2\text{-}20)$$

式中　K_C——砌块的碳化系数，%；

　　　R_C——五个碳化后试件的平均抗压强度，MPa；

　　　R——五个对比试件的平均抗压强度，MPa。

5.2.2.9　抗冻性试验

a　试验设备

a.1　冷冻室或低温水箱：最低温度能达到 −20℃ 以下；

a.2　水池或水箱；

a.3　抗压强度试验设备同本章 5.2.2.2 节。

b　试件

试件数量为两组 10 个砌块。

c　试验步骤

c.1　分别检查 10 个试件的外表面，在缺陷处涂上油漆，注明编号，静置待干。

c.2　将一组 5 个冻融试件浸入 10～20℃ 的水池或水箱中，水面应高出试件 20mm 以上，试件间距不得小于 20mm。另一组 5 个试件作对比试验。

c.3　浸泡 4d 后从水中取出试件，在支架上滴水 1min，再用拧干的湿布拭去内、外表面的水，立即称量试件饱和面干状态的质量 m_3，精确至 50g。

c.4　将 5 个冻融试件放入预先降至 –15℃ 的冷冻室或低温冰箱中，试件应放置在断面为 20mm×20mm 的木条制作的格栅上，孔洞向上，间距不小于 20mm。当温度再次降至 –15℃ 时开始计时。冷冻 4h 后将试件取出，再置于水温为 10℃～20℃ 的水池或水箱中融化 2h。这样一个冷冻和融化的过程即为一个冻融循环。

c.5　每经 5 次冻融循环，检查一次试件的破坏情况，如开裂、缺棱、掉角、剥落等，并做出记录。

c.6　在完成规定次数的冻融循环后，将试件从水中取出，按本节 c.3 的方法称量试件冻融后饱和面干状态的质量 m_4。

c.7　将冻融试件静置 24h 后，与对比试件一起按砌块抗压强度试验方法作表面处理，在表面处理完 24h 后，按砌块抗压强度试验方法进行泡水和抗压强度试验。

d　结果计算与评定

d.1　报告 5 个冻融试件的外观检查结果。

d.2　砌块的抗压强度损失率按式（5-2-21）计算，精确至 1%：

$$K_R = \frac{R_f - R_R}{R_f} \times 100 \tag{5-2-21}$$

式中　K_R——砌块的抗压强度损失率，%；

R_f——五个未冻融试件的平均抗压强度，MPa；

R_R——五个冻融试件的平均抗压强度，MPa。

d.3　每个试件冻融后的质量损失率按式（5-2-22）计算，精确至 0.1%：

$$K_m = \frac{m_3 - m_4}{m_3} \times 100 \tag{5-2-22}$$

式中　K_m——试件的质量损失率，%；

m_3——试件冻融前的质量，kg；

m_4——试件冻融后的质量，kg。

砌块的质量损失率以 5 个冻融试件质量损失率的算术平均值表示，精确至 0.1%。

d.4　抗冻性以冻融试件的抗压强度损失率、质量损失率和外观检验结果表示。

5.2.2.10　抗渗性试验

a　试验设备

a.1　抗渗装置见图 5-2-15；

a.2　水池或水箱。

b　试件

b.1　**试件数量为三个砌块；**

b.2 将试件浸入室温 15～25℃ 的水中，水面应高出试件 20mm 以上，2h 后将试件从水中取出，放在铁丝网架上滴水 1min，再用拧干的湿布拭去内、外表面的水。

c 试验步骤

c.1 将试件放在抗渗装置中，使孔洞成水平状态（图 5-2-15）。在试件周边 20mm 宽度处涂上黄油或其他密封材料，再铺上橡胶条，拧紧紧固螺栓，将上盖板压紧在试件上，使周边不漏水。

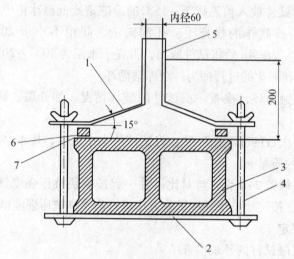

图 5-2-15 抗渗装置示意图（mm）

1—上盖板；2—下托板；3—试件；4—紧固螺栓；5—带有刻度的玻璃管；

6—橡胶海绵或泡沫橡胶条，厚 100mm，宽 20mm；7—20mm 周边处涂上黄油或其他密封材料

c.2 在 30s 内往玻璃管内加水，使水面高出试件上表面 200mm。

c.3 自加水时算起 2h 后测量玻璃管内水面下降的高度。

d 结果评定

按三个试件上玻璃管内水面下降的最大高度来评定。

5.2.3 加气混凝土性能试验方法

适用于蒸压加气混凝土的干密度、含水率、吸水率、力学性能等试验。其取样位置见本书第 1 章第 1.3.2 节；

5.2.3.1 试件总要求

a 试件的制备，采用机锯或刀锯制备试件，锯切时不得将试件弄湿。

b 试件表面必须平整，不得有裂纹或明显缺陷，尺寸允许偏差为 ±2mm；试件应逐块编号，标明锯取部位和发气方向。

c 试件承压面的不平度应为每 100mm 不超过 0.1mm；承压面与相邻面的垂直度不应超过 ±1°。

5.2.3.2 干密度、含水率和吸水率试验

a 试验设备

a.1 电热鼓风干燥箱：最高温度 200℃；

a. 2　天平：称量 2000g，感量为 1g；

a. 3　钢板直尺：测量长度为 300mm，分度值为 0.5mm；

a. 4　恒温水槽：能保持水温在 15 ~ 25℃。

b　试验步骤

b. 1　试件

试件应沿制品发气方向中心部分上、中、下顺序锯取一组，"上"块上表面距离制品顶部 30mm，"中"块在制品正中处，"下"块下表面距离制品底面 30mm。

试件为 100mm × 100mm × 100mm 立方体，共两组 6 块。

b. 2　干密度和含水量的测定

b. 2. 1　取一组 3 块试件，逐块测量试件长、宽、高三个方向的轴线尺寸，精确至 1mm，计算试件体积；并称量试件质量 M，精确至 1g。

b. 2. 2　将试件放入电热鼓风干燥箱中，在（60 ± 5）℃下保温 24h，然后在（80 ± 5）℃下保温 24h，再在（105 ± 5）℃下烘至恒量（M_0）。恒量指在烘干过程中间隔 4h，前后两次所称质量差不超过试件质量的 0.5%。

b. 3　吸水率的测定

b. 3. 1　取另一组 3 块试件放入电热鼓风干燥箱中，在（60 ± 5）℃下保温 24h，然后在（80 ± 5）℃下保温 24h，再在（105 ± 5）℃下烘至恒量（M_0）。

b. 3. 2　试件冷却至室温后，放入水温为（20 ± 5）℃的恒温水槽中，然后加水至试件高度的 1/3，保持 24h，再加水至试件高度的 2/3 处，经 24h 后，加水高出试件表面 30mm 以上，保持 24h。

b. 3. 3　将试件从水中取出，用湿布抹去试件表面水分，立即称量每块试件质量（M_g），精确至 1g。

c　结果计算与评定

c. 1　干密度按式（5-2-23）计算，精确至 1kg/m³：

$$\gamma_0 = \frac{M_0}{V} \times 10^6 \qquad\qquad (5\text{-}2\text{-}23)$$

式中　γ_0——干密度，kg/m³；

　　　M_0——试件烘干后质量，g；

　　　V——试件体积，mm³。

c. 2　含水率按式（5-2-24）计算，精确至 0.1%：

$$W_S = \frac{M - M_0}{M_0} \times 100 \qquad\qquad (5\text{-}2\text{-}24)$$

式中　W_S——含水率，%；

　　　M_0——试件烘干后质量，g；

　　　M——试件烘干前质量，g。

c. 3　吸水率按式（5-2-25）计算（以质量分数表示），精确至 0.1%：

$$W_R = \frac{M_g - M_0}{M_0} \times 100 \qquad\qquad (5\text{-}2\text{-}25)$$

式中　W_R——吸水率,%;

　　　　M_0——试件烘干后质量,g;

　　　　M_g——试件吸水后质量,g。

　　c.4　干密度、吸水率和含水量试验结果以3块试件试验值的算术平均值进行评定。

5.2.3.3　力学性能试验

　　加气混凝土力学性能指标为抗压强度、劈裂抗拉强度、抗折强度、轴心抗压强度和静力受压弹性模量。

　　a　试验设备

　　a.1　材料试验机:示值的相对误差不应低于±2%,其量程的选择应能使试件的预期最大破坏荷载处在试验机全量程的20%~80%之间;

　　a.2　天平:称量2000g,感量为1g;

　　a.3　电热鼓风干燥箱:最高温度200℃;

　　a.4　钢板直尺:测量长度为300mm,分度值为0.5mm;

　　a.5　劈裂抗拉钢垫条:采用直径为75mm的钢制弧形件,高度为20mm;

　　a.6　木质三合板垫层:垫层宽度应为15~20mm,厚3~4mm,长度不应短于试件边长;

　　a.7　变形测量仪表:精度不应低于0.001mm,当使用镜式引伸仪时,允许精度不低于0.002mm。

　　b　试件规格及数量

　　抗压强度:100mm×100mm×100mm立方体试件一组3块;

　　劈裂抗拉强度:100mm×100mm×100mm立方体试件一组3块;

　　抗折强度:100mm×100mm×400mm棱柱体试件一组3块;

　　轴心抗压强度:100mm×100mm×300mm棱柱体试件一组3块;

　　静力受压弹性模量:100mm×100mm×300mm棱柱体试件两组6块。

　　c　试件含水状态

　　c.1　试件在质量含水率为8%~12%下进行试验。

　　c.2　如果质量含水率超过上述规定范围,则在(60±5)℃下烘至所要求的含水率。

　　d　试验步骤

　　d.1　抗压强度

　　d.1.1　检查试件外观。

　　d.1.2　测量试件的尺寸,精确至1mm,并计算试件的受压面积(A_1)。

　　d.1.3　将试件放在材料试验机的下压板的中心位置,试件的受压方向应垂直于制品的发气方向。

　　d.1.4　开动试验机,当上压板与试件接近时,调整球座,使接触均衡。

　　d.1.5　以(2.0±0.5)kN/s的速度连续而均匀地加荷,直至试件破坏,记录破坏荷载(p_1)。

　　d.1.6　将试验后的试件全部或部分立即称量质量,然后在(105±5)℃下烘至恒量,计算其含水率。

d. 2 劈裂抗拉强度（劈裂法）

d. 2. 1 检查试件外观。

d. 2. 2 在试件中部划线定出劈裂面的位置，劈裂面应垂直于制品的发气方向，测量试件的尺寸，精确至1mm，并计算试件的劈裂面面积（A_2）。

d. 2. 3 将试件放在试验机下压板的中心位置，在上、下压板与试件之间垫以劈裂抗拉钢垫条及垫层各一条，钢垫条与试件中心线重合如图5-2-16所示。

d. 2. 4 开动试验机，当上压板与试件接近时，调整球座，使接触均衡。

d. 2. 5 以（0. 20 ±0. 05）kN/s的速度连续而均匀地加荷，直至试件破坏，记录破坏荷载（p_2）。

d. 2. 6 将试验后的试件全部或部分立即称量质量，然后在（105 ±5）℃下烘至恒量，计算其含水率。

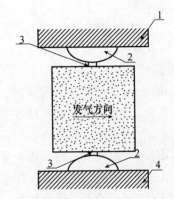

图 5-2-16 劈裂抗拉试验示意图
1—试验机上压板；2—劈裂抗拉钢垫条；
3—垫层；4—试验机下压板

d. 3 抗折强度

d. 3. 1 检查试件外观。

d. 3. 2 在试件中部测量试件的宽度和高度，精确至1mm。

d. 3. 3 将试件放在抗折支座辊轮上，支点间距为300mm，开动试验机，当加压辊轮与试件快接近时，调整加压辊轮及支座辊轮，使接触均衡。其所有间距的尺寸偏差不应大于±1mm，加荷方式如图5-2-17所示。

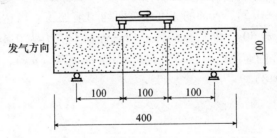

图 5-2-17 抗折强度试验示意图（mm）

d. 3. 4 试验机与试件接触的两个支座辊轮和两个加压辊轮应具有直径为30mm的弧形顶面，并应至少比试件的宽度长10mm。其中3个（一个支座辊轮及两个加压辊轮）尽量做到能滚动并前后倾斜。

d. 3. 5 以（0. 20 ±0. 05）kN/s的速度连续而均匀地加荷，直至试件破坏，记录破坏荷载（p）及破坏位置。

d. 3. 6 将试验后的短半段试件立即称量质量，然后在（105 ±5）℃下烘至恒量，计算其含水率。

d. 4 轴心抗压强度

d. 4. 1 检查试件外观。

d.4.2 在试件中部测量试件的边长，精确至1mm，并计算试件的受压面积（A_3）。

d.4.3 将试件直立放在材料试验机的下压板上，并使试件的轴心与试验机下压板的中心对准。

d.4.4 开动试验机，当上压板与试件接近时，调整球座，使接触均衡。

d.4.5 以（2.0±0.5）kN/s的速度连续而均匀地加荷。当试件接近破坏而开始迅速变形时，停止调整试验机油门，直至试件破坏，记录破坏荷载（p_3）。

d.4.6 将试验后的试件的一部分立即称量质量，然后在（105±5）℃下烘至恒量，计算其含水率。

d.5 静力受压弹性模量

d.5.1 本法测定的蒸压加气混凝土弹性模量是指应力为轴心抗压强度40%时的加荷割线模量。

d.5.2 取一组试件，按d.4条规定测定轴心抗压强度f_{cp}。

d.5.3 取另一组试件，作静力受压弹性模量试验，其步骤如下：

d.5.3.1 检查试件外观。

d.5.3.2 在试件中部测量试件的边长，精确至1mm，并计算试件的横截面面积（A）。

d.5.3.3 将测量变形的仪表安装在供弹性模量测定的试件上，仪表应精确地安在试件的两对应大面的中心线上。

d.5.3.4 试件的测量标距为150mm。

d.5.3.5 将装有变形测量仪表的试件置于材料试验机的下压板上，并使试件的轴心与试验机下压板的中心对准。

d.5.3.6 开动试验机，当上压板与试件接近时，调整球座，使之接触均衡。

d.5.3.7 以（2.0±0.5）kN/s的速度连续而均匀地加荷。当达到应力为0.1MPa的荷载（p_{b1}）时，保持该荷载30s，然后以同样的速度加荷至应力为$0.4f_{cp}$的荷载（p_{a1}），保持该荷载30s，然后以同样的速度卸荷至应力为0.1MPa的荷载（p_{b2}），保持该荷载30s。如此反复预压三次（图5-2-18）。

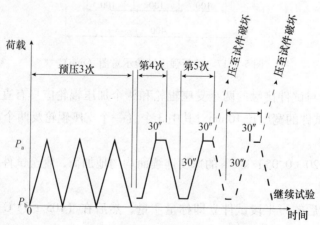

图5-2-18 弹性模量试验加荷制度示意图

d.5.3.8 按照上述加荷和卸荷方法，分别读取第4次荷载循环，以p_{b4}与p_{a4}时试件两侧

相应的变形读数 δ_{b4} 与 δ_{a4}，计算两侧变形值的平均值 δ_4，按同样方法进行第 5 次荷载循环，并计算 δ_5。

d.5.3.9　如果 δ_4 与 δ_5 之差不大于 0.003mm，则卸除仪表，以同样速度加荷至试件破坏，并计算轴心抗压强度 f_{cp}。

d.5.3.10　如果 δ_4 与 δ_5 之差大于 0.003mm，继续按上述方法加荷与卸荷，直至相邻两次变形平均值之差不大于 0.003mm 为止。并按最后一次的变形平均值计算弹性模量值，但在试验报告中应注明计算时的次数。

d.5.3.11　取试验后的试件的一部分立即称量质量，然后在 (105±5)℃ 下烘至恒量，计算其含水率。

e　结果计算与评定

e.1　抗压强度按式 (5-2-26) 计算，结果精确至 0.1MPa：

$$f_{cc} = \frac{p_1}{A_1} \qquad (5\text{-}2\text{-}26)$$

式中　f_{cc}——试件的抗压强度，MPa；

p_1——破坏荷载，N；

A_1——试件受压面积，mm^2。

e.2　抗折强度按式 (5-2-27) 计算，结果精确至 0.01MPa：

$$f_f = \frac{p \cdot L}{b \cdot h^2} \qquad (5\text{-}2\text{-}27)$$

式中　f_f——试件的抗折强度，MPa；

p——破坏荷载，N；

b——试件宽度，mm；

h——试件高度，mm；

L——座间距即跨度，mm，精确至 1mm。

e.3　劈裂抗拉强度按式 (5-2-28) 计算，结果精确至 0.01MPa：

$$f_{ts} = \frac{2p_2}{\pi A_2} \approx 0.637 \frac{p_2}{A_2} \qquad (5\text{-}2\text{-}28)$$

式中　f_{ts}——试件的劈裂抗拉强度，MPa；

p_2——破坏荷载，N；

A_2——试件劈裂面面积，mm^2。

e.4　轴心抗压强度按式 (5-2-29) 计算，结果精确至 0.1MPa：

$$f_{cp} = \frac{p_3}{A_3} \qquad (5\text{-}2\text{-}29)$$

式中　f_{cp}——试件的轴心抗压强度，MPa；

p_3——试件的破坏荷载，N；

A_3——试件中部横截面面积，mm^2。

e.5　静力弹性模量按式 (5-2-30) 计算，结果精确至 100MPa：

$$E_c = \frac{p_a - p_b}{A} \times \frac{l}{\delta_5} \qquad (5\text{-}2\text{-}30)$$

式中 E_c——试件静力弹性模量，MPa；

P_a——应力为 $0.4f_{cp}$ 时的荷载，N；

P_b——应力为 0.1MPa 时的荷载，N；

A——试件的横截面面积，mm^2；

δ_5——第 5 次荷载循环时试件两侧变形平均值，mm；

l——测点标距，150mm。

e.6　结果评定

e.6.1　强度的试验结果按 3 块试件试验值的算术平均值进行评定。

e.6.2　静力弹性模量按 3 块试件测试值的算术平均值计算，如果其中一个试件的轴心抗压强度 f'_{cp} 与 f_{cp} 之差超过 $20\%f_{cp}$，则弹性模量值按另两个试件测值的算术平均值计算，如有两个试件与 f_{cp} 之差均超过 $20\%f_{cp}$，则试验结果无效。

5.2.3.4　干燥收缩试验

a　试验设备

a.1　立式砂浆收缩仪：测量精度为 0.01mm；

a.2　收缩头：采用黄铜或不锈钢制成，规格详见砂浆收缩试验；

a.3　调温调湿箱：最高工作温度 $(150±1)℃$，最高相对湿度 $(95±3)\%$；

a.4　恒温水槽：水温 $(20±2)℃$；

a.5　天平：称量 500g，感量 0.1g。

b　试件

b.1　试件尺寸和数量

试件从当天出釜的制品中部锯取，试件长度方向平行于制品的发气方向（取样位置见本书第 1 章图 1-3-6），平行锯取 40mm×40mm×160mm 试件 3 条为一组。锯好后立即将试件密封，以防碳化。

b.2　试件处理

b.2.1　在试件的两个端面中心，各钻一个直径 6~10mm、深度 13mm 的孔洞。

b.2.2　在孔洞内灌入水玻璃水泥浆（或其他粘结剂），然后埋置收缩头，收缩头中心线应与试件中心线重合，试件端面必须平整。2h 后，检查收缩头安装是否牢固，否则重装。

c　试验步骤

c.1　标准试验方法

c.1.1　试件放置 1d 后，浸入水温为 $(20±2)℃$ 恒温水槽中，水面应高出试件 30mm，保持 72h。

c.1.2　将试件从水中取出，用湿布抹去表面水分，并将收缩头擦干净，立即称量试件的质量。

c.1.3　用标准杆调整仪表原点（一般取 5.00mm），然后按标明的测试方向立即测定试件初始长度，记录初始百分表读数。

c.1.4　试件长度测试误差为 ±0.01mm，质量称量误差为 ±0.1g。

c.1.5　将试件放在温度为 $(20±2)℃$、相对湿度为 $(43±2)\%$ 的调温调湿箱中。

c.1.6　试验的前五天每天将试件在 $(20±2)℃$ 的房间内测定长度一次，以后每隔 4d

测长度一次，直至质量变化小于 0.1% 为止，测量长度前需校准仪表原点，要求每组试件在 10min 内测完。

c.1.7　每测一次长度，应同时称量试件的质量。

c.1.8　试验结束，将试件按 5.2.3.2 的 b.2.2 烘至恒量，并称量质量。

c.2　快速试验方法

c.2.1　试件放置 1d 后，浸入水温为（20±2）℃恒温水槽中，水面应高出试件 30mm，保持 72h。

c.2.2　将试件从水中取出，用湿布抹去表面水分，并将收缩头擦干净，立即称量试件的质量。

c.2.3　用标准杆调整仪表原点（一般取 5.00mm），然后按标明的测试方向立即测定试件初始长度，记录初始百分表读数。

c.2.4　试件长度测试误差为 ±0.01mm，质量称量误差为 ±0.1g。

c.2.5　将试件置于调温调湿箱中，控制箱内温度为（50±1）℃，相对湿度为（30±2）%（当箱内湿度达到 35% 左右时，放入盛有氯化钙饱和溶液的瓷盘，用以调节箱内湿度；如果湿度不易下降，可用无水氯化钙调节）。

c.2.6　试验前两天每 4h 从箱内取出试件测长度一次，以后每天测长度一次。当试件取出后应立即放入无吸湿剂的干燥器中，在（20±2）℃的房间内冷却 3h 后进行测试。测前需校准仪表原点，要求每组试件在 10min 内测完。

c.2.7　按 c.2.5、c.2.6 条所述反复进行干燥、冷却和测试，直至质量变化小于 0.1% 为止。

c.2.8　每测一次长度，应同时称量试件的质量。

c.2.9　试验结束，将试件按 5.2.3.2 的 b.2.2 烘至恒量，并称量质量。

d　结果计算与评定

d.1　干燥收缩值按式（5-2-31）计算，精确至 0.01mm/m：

$$\Delta = \frac{s_1 - s_2}{s_0 - (y_0 - s_1) - s} \times 1000 \tag{5-2-31}$$

式中　Δ——干燥收缩值，mm/m；

　　　s_0——标准杆长度，mm；

　　　y_0——百分表的原点，mm；

　　　s_1——试件初始长度（百分表读数），mm；

　　　s_2——试件干燥后长度（百分表读数），mm；

　　　s——两个收缩头长度之和，mm。

d.2　收缩值以 3 块试件试验值的算术平均值进行评定，精确至 0.01mm/m。

d.3　含水率按式（5-2-24）计算。

d.4　干燥收缩特性曲线的绘制

干燥收缩特性曲线是反映蒸压加气混凝土在不同含水状态下至干燥后收缩曲线，由各测试点的计算干燥收缩值绘制。

d.4.1　含水率按式（5-2-24）计算。

d.4.2 各测试点的干燥收缩值按式（5-2-32）计算：

$$\Delta_i = \frac{s_i - s_2}{s_0 - (y_0 - s_i) - s} \times 1000 \qquad (5\text{-}2\text{-}32)$$

式中 Δ_i——干燥收缩值，mm/m；

    s_0——标准杆长度，mm；

    y_0——百分表的原点，mm；

    s_i——试件初始长度（百分表读数），mm；

    s_2——试件干燥后长度（百分表读数），mm；

    s——两个收缩头长度之和，mm。

d.4.3 以三块试件在各测试点的收缩值和含水率的算术平均值（精确至 0.01mm/m），在图 5-2-19 中描绘出对应于含水率的干燥收缩曲线。

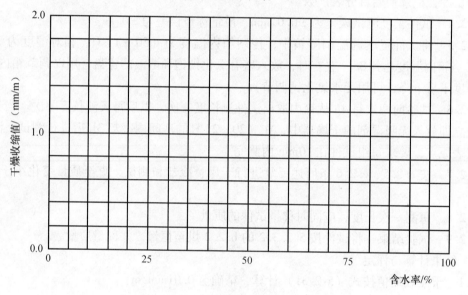

图 5-2-19 干燥收缩特性曲线绘制格式

5.2.3.5 抗冻性试验

a 试验设备

a.1 低温试验箱或冷冻室：最低工作温度 -30℃ 以下；

a.2 恒温水槽：水温（20±5）℃；

a.3 天平：称量 2000g，感量 1g；

a.4 电热鼓风干燥箱：最高温度 200℃。

b 试件

试件制备分别从制品的上、中、下部位锯取（取样位置见本书第 1 章图 1-3-6），规格为 100mm×100mm×100mm 立方体，每组试件数量 3 块。

c 试验步骤

c.1 将冻融试件放入电热鼓风干燥箱中，在（60±5）℃下保温 24h，然后在（80±5）℃下保温 24h，再在（105±5）℃下烘至恒量，即前后两次称量质量差不超过试件质量的 0.5%。

c.2　试件冷却至室温后，立即称量质量，精确至 1g，然后浸入水温为 (20±5)℃恒温水槽中，水面应高出试件 30mm，保持 48h。

c.3　取出试件，用湿布抹去表面水分，放入预先降温至 −15℃以下的低温箱或冷冻室中，其间距不小于 20mm，当温度降至 −18℃时记录时间。在 (−20±2)℃下冻 6h 后取出，放入水温为 (20±5)℃恒温水槽中，融化 5h 作为一次冻融循环，如此冻融循环 15 次为止。

c.4　每隔 5 次循环检查并记录试件在冻融过程中的破坏情况。

c.5　冻融过程中，如发现试件呈明显的破坏，应取出试件，停止冻融试验，并记录冻融次数。

c.6　将经 15 次冻融后的试件，放入电热鼓风干燥箱内，按 c.1 条规定烘至恒量。

c.7　试件冷却至室温后，立即称量质量，精确至 1g。

c.8　将冻融后试件按 5.2.3.3 条 d.1 节有关规定，进行抗压强度试验。

d　结果计算与评定

d.1　质量损失率按式 (5-2-33) 计算，精确至 0.1%：

$$M_{\mathrm{m}} = \frac{M_0 - M_{\mathrm{s}}}{M_0} \times 100 \qquad\qquad (5\text{-}2\text{-}33)$$

式中　M_{m}——质量损失率，%；

　　　M_0——冻融试件试验前的干质量，g；

　　　M_{s}——经冻融试验后试件的干质量，g。

d.2　冻融后试件的抗压强度按式 (5-2-26) 计算。

d.3　抗冻性按冻融试件的质量损失率平均值和冻后的抗压强度平均值进行评定。

5.2.3.6　碳化试验

a　试验设备和试剂

a.1　碳化箱：下部设有进气孔，上部设有排气孔，应有温湿度观察装置，盖门必须严密；

a.2　气体分析仪：CO_2 浓度分析应能精确至 1%（质量分数）；

a.3　电热鼓风干燥箱：最高温度 200℃；

a.4　天平：称量 2000g，感量 1g；

a.5　干湿球温度计：最高温度 100℃；

a.6　转子流量计；

a.7　二氧化碳钢瓶：瓶内盛装的气体 CO_2 的质量分数应高于 80%；

a.8　钠石灰；

a.9　工业用硝酸镁（保湿剂）；

a.10　酚酞指示剂溶液 (10g/L)；

a.11　氢氧化钾溶液 (300g/L)。

b　试件要求

在同一块制品中心部分，沿制品发气方向中心部分的上、中、下顺序相邻部位锯取两组试件（见本书第 1 章图 1-3-6），试件尺寸为 100mm×100mm×100mm 立方体。每次碳化试验所需数量：五组共计 15 块试件，一组 3 块为对比试件，三组 9 块用于碳化深度检查，一组 3 块为测定碳化后强度试件。

c　试验条件

c.1　湿度

碳化过程的相对湿度为（55±5）%。

空气和二氧化碳分别通过盛有硝酸镁过饱和溶液（以 1kg 工业硝酸镁，200mL 水的比例配制，饱和溶液中应始终保持有硝酸镁固相存在）的广口瓶，以控制介质湿度。

c.2　二氧化碳浓度

c.2.1　二氧化碳浓度的测定

每隔一定时间对箱内的二氧化碳浓度进行一次测定，一般在第一、二天每隔 2h 测定一次，以后每隔 4h 测定一次。二氧化碳浓度采用气体分析仪进行测定，精确至 1%（质量分数）。并根据测得的二氧化碳浓度，随时调节其流量，保湿剂也应经常予以更换。

c.2.2　二氧化碳浓度的调节和控制

装配人工碳化装置如图 5-2-20 所示，分别调节二氧化碳钢瓶和空气压缩机上的减压阀，通过流量计控制二氧化碳浓度为（20±3）%（质量分数）。

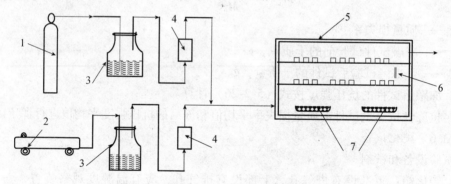

图 5-2-20　人工碳化装置示意图

1—CO_2 钢瓶；2—空气压缩机；3—保湿剂瓶；4—转子流量计；
5—碳化箱；6—干湿球温度计；7—内盛保湿剂的搪瓷盘

d　试验步骤

d.1　将试件放入温度为（60±5）℃的电热鼓风干燥箱中，烘至恒量，烘时干燥箱内需放入适量的钠石灰，以吸收箱内的二氧化碳。

d.2　取一组试件，按 5.2.3.3 条规定进行抗压强度（f_{cc}）测定。

d.3　其余四组试件放入碳化箱进行碳化，试件间隔不得小于 20mm。碳化试验 4d 后，每天取出一块试件劈开，用 10g/L 酚酞溶液测定碳化深度，直至试件中心不显红色，则认为试件已完全碳化。

d.4　碳化结束后，取一组试件按 5.2.3.3 条 d.1 条规定，测定其碳化后的抗压强度（f_c）。

e　结果计算与评定

e.1　碳化系数按式（5-2-34）计算，精确至 0.01：

$$K_c = \frac{f_c}{f_{cc}} \qquad\qquad (5\text{-}2\text{-}34)$$

式中　K_c——碳化系数；

f_c——碳化后试件的抗压强度平均值，MPa；

f_{cc}——对比试件的抗压强度平均值，MPa。

e.2　结果评定：按 3 块试件试验的算术平均值进行评定。

5.2.3.7　干湿循环试验

a　试验设备

a.1　电热鼓风干燥箱：最高温度 200℃。

a.2　天平：称量 2000g，感量 1g。

a.3　恒温水槽或水箱：水温（20±5）℃。

a.4　钢板直尺：规格为 300mm，精度为 0.5mm。

b　试件要求

在同一块制品中心部分，沿制品发气方向中心部分的上、中、下顺序相邻部位锯取一组 3 块试件（取样位置见本书第 1 章图 1-3-6），试件尺寸为 100mm×100mm×100mm 立方体。每次干湿循环试验所需数量：两组共计 6 块试件，一组 3 块为对比试件，另一组 3 块为测定干湿循环试件。

c　试验步骤

c.1　将两组试件一起放入温度为（60±5）℃的电热鼓风干燥箱中，烘至恒量。

c.2　取其中一组 3 块，在（20±5）℃的室内冷却 20min，然后放入钢丝网箱（恒温水槽或水箱）内，并浸入水温（20±5）℃的水中。水面高出试件上表面 30mm，保持 5min 后取出，放在室内晾干 30min。再放入电热鼓风干燥箱中，在（60±5）℃下烘 7h，冷却 20min，放入 20℃±5℃的水中 5min 作为一次干湿循环。如此反复 15 次为止。

c.3　经 15 次干湿循环后的试件，继续在（60±5）℃下烘至恒量，然后关闭电源，打开干燥箱，使试件冷却至室温。

c.4　将干湿循环后试件和另一组对比试件，按 5.2.3.3 条 d.2 条规定，分别进行劈裂抗拉强度试验，并计算其 3 块试件劈裂抗拉强度平均值 f'_{ts} 和 f_{ts}。

d　结果计算与评定

d.1　干湿循环性能以干湿强度系数表示，按式（5-2-35）计算，精确至 0.01：

$$K = \frac{f'_{ts}}{f_{ts}} \qquad\qquad (5\text{-}2\text{-}35)$$

式中　K——干湿强度系数；

f'_{ts}——经 15 次干湿循环后的 3 个试件劈裂抗拉强度平均值，MPa；

f_{ts}——对比试件的一组 3 个试件劈裂抗拉抗压强度平均值，MPa。

d.2　结果评定：按 3 个试件试验的算术平均值进行评定。

5.2.4　混凝土路面砖试验

路面砖的试验方法包括：外观质量和规格尺寸的测量，力学性能试验有抗压强度和抗折强度的测定，物理性能试验有耐磨性、吸水率和抗冻性试验。本节主要介绍混凝土路面砖物理力学性能的试验方法。

5.2.4.1 力学性能试验

根据路面砖边长与厚度比值，选择做抗压强度或抗折强度试验。一般当边长/厚度 < 5 时，路面砖选择做抗压强度试验；当边长/厚度 ≥ 5 时，路面砖选择做抗折强度试验。

a 试验设备

a.1 压力试验机或万能材料试验机：示值相对误差应不大于 ±1%，试件的预期破坏荷载值不小于试验机全量程的 20%，也不大于全量程的 80%。

a.2 垫压板：采用厚度不小于 30mm、硬度大于 HB 200、平整光滑的钢质垫压板，垫压板的长度和宽度根据路面砖公称厚度按表 5-2-1 选取。

表 5-2-1 垫压板尺寸

试件公称厚度/mm	垫压板尺寸/mm	
	长度	宽度
≤60	120	60
80	160	80
100	200	100
≥120	240	120

注：试件厚度不小于 0.9 倍有效使用面边长时，可以不用垫压板；试件厚度大于等于 100mm 时，使用 200mm × 100mm 垫压板；大于试件受压面时，可选择 160mm×80mm 垫压板。

a.3 支座及加压棒：支座的两个支承棒和加压棒的直径为 40mm，为钢质材料，其中一个支承棒应能滚动并可自由调整水平。

b 试件

b.1 抗压强度和抗折强度试验所需试件数量均为 5 块。

b.2 对于抗压强度试验的试件，其两个受压面应平行、平整，否则应将受压面磨平或用水泥净浆抹面找平处理，找平层厚度小于等于 5mm。

c 试验步骤

c.1 抗压强度试验

c.1.1 清除试件表面的粘渣、毛刺，放入室温水中浸泡 24h。

c.1.2 将试件从水中取出，用拧干的湿毛巾擦去表面附着水，测量砖的长度和厚度，精确至 1mm。将砖放置在试验机下压板的中心位置，然后将垫压板放在试件的上表面中心对称位置（图 5-2-21）。

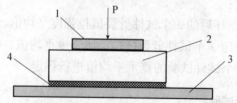

图 5-2-21 抗压试验试件位置示意图

1—垫压板；2—试件；3—试验机下压板；4—抹面找平层

c.1.3　启动试验机，当上压板与试件接近时，调整球座，使之接触均衡。

c.1.4　以 0.4 ~ 0.6MPa/s 的加荷速度，匀速连续地加荷，直至试件破坏，记录破坏荷载（P）。

c.2　抗折强度试验

c.2.1　清除试件表面的粘渣、毛刺，放入室温水中浸泡 24h。

c.2.2　将试件从水中取出，用拧干的湿毛巾擦去表面附着水，测量砖的长度和厚度，精确至 1mm。将砖顺着长度方向外露表面朝上置于支座上（图 5-2-22）。抗折支距为试件厚度的 4 倍，在支座及加压棒与试件接触面之间应垫有 3 ~ 5mm 厚的三合胶合板垫层。

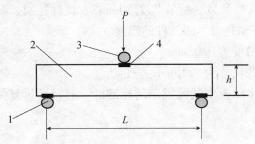

图 5-2-22　抗折试验试件位置示意图

1—支座；2—试件；3—加压棒；4—胶合板垫层

c.2.3　启动试验机，当上压板与试件接近时，调整球座，使之接触均衡。

c.2.4　以 0.04 ~ 0.06MPa/s 的加荷速度，匀速连续地加荷，直至试件破坏，记录破坏荷载（P）。

d　结果计算与评定

d.1　抗压强度按式（5-2-35）计算，精确至 0.1MPa：

$$R_C = \frac{P}{A} \tag{5-2-35}$$

式中　R_C——试件的抗压强度，MPa；

　　　P——破坏荷载，N；

　　　A——试件上垫压板面积，或试件受压面积，mm^2。

d.2　抗折强度按式（5-2-36）计算，精确至 0.01MPa：

$$R_f = \frac{3P \cdot L}{2b \cdot h^2} \tag{5-2-36}$$

式中　R_f——试件的抗折强度，MPa；

　　　P——破坏荷载，N；

　　　b——试件宽度，mm；

　　　h——试件厚度，mm；

　　　L——两支座间中心距离，mm。

d.3　结果评定

d.3.1　抗压强度结果以 5 块试件抗压强度的平均值和单块最小值表示。

d.3.2　抗折强度结果以 5 块试件抗折强度的平均值和单块最小值表示。

5.2.4.2　耐磨性试验

耐磨性指标分为磨坑长度和耐磨度，两项试验只选做一项即可。若两种耐磨性结果有争议时，以磨坑长度结果为最终结果。

a　滚动法

通过摩擦钢轮在规定条件和磨料作用下，在试件表面产生磨坑，测量磨坑的长度表示试件的耐磨性。

a.1　试验设备

a.1.1　钢轮式耐磨试验机：由摩擦钢轮［硬度 HB 203～245、ϕ（200±0.2）mm×70mm］、磨料漏斗（容积大于5L，导管口宽70mm）、试件托架、配重砝（质量为14kg）组成，试件架应可以水平移动并有紧固试件的螺栓。

a.1.2　游标卡尺：精度为0.02mm。

a.1.3　试验筛：筛孔尺寸为0.16mm方孔筛。

a.1.4　磨料：采用水泥强度试验规定的标准砂。磨料可重复使用3次，每次用前必须用0.16mm方孔筛筛分除尘。

a.2　试件要求

a.2.1　试件尺寸及数量

试件尺寸应不小于100mm×150mm。每次试验所需试件数量5块为一组。

a.2.2　试件处理

试件表面应平整、干净。试件应在温度105～110℃下烘干至恒量，并在试件表面涂上赭色（红褐色）水彩涂料。

a.3　试验步骤

a.3.1　将标准砂装入磨料漏斗中，并在试验中保持磨料量约为3L。

a.3.2　将试件固定在试件托架上，使试件表面平行于摩擦钢轮的轴线，且垂直于托架底座。

a.3.3　启动电机，使钢轮以75r/min的速度转动，接着调节漏斗流量阀，使磨料以约1L/min的速度均匀落下，立即将试件与摩擦钢轮接触，并开始计时。

a.3.4　磨至表5-2-2规定的时间后，关闭电机，移开托架，关闭漏斗流量阀，取下试件，在试件上用游标卡尺测量磨坑两边缘和中间的长度，精确至0.1mm，取其平均值。

表5-2-2　摩擦时间规定

材料特性	坚硬、密实	其他	坚硬密实系指大理石、花岗岩、无釉陶瓷地砖等材料；其他系指混凝土路面砖、水泥花砖、建筑水磨石、氯氧镁水泥地面砖等材料
摩擦时间/min	2	1	

a.3.5　每块试件应在其表面上相互垂直的两个不同部位进行两次试验。

a.4　结果计算与评定

a.4.1　试验结果以5块试件试验的平均磨坑长度进行评定，必要时，也可用平均磨坑体积进行评定，长度精确至0.1mm，体积精确至1mm³。

a.4.2　当试验结果以磨坑体积表示时，磨坑体积 V 按式（5-2-37）计算：

$$V = \left(\frac{\pi \cdot \alpha}{180} - \sin\alpha \right) \frac{b \cdot d^2}{8} \tag{5-2-37}$$

$$\sin \frac{\alpha}{2} = \frac{l}{d}$$

式中　d——摩擦钢轮直径，mm；

　　　b——摩擦钢轮宽度，mm；

　　　α——磨坑长度所对之圆心角（图 5-2-23），（°）；

　　　l——磨坑长度，mm。

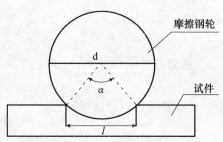

图 5-2-23　磨坑的测量

b　滚珠轴承法

本方法是以滚珠轴承为磨头，通过滚珠在额定负荷下回转滚动，摩擦湿试件表面，在受磨面上磨成环形磨槽。通过测量磨槽的深度和磨头的研磨转数，计算耐磨度。

b.1　试验设备

采用的滚珠轴承式耐磨试验机由直立中空转轴及传动机构、控制系统组成。其技术要求为：

b.1.1　中空转轴的额定转速为 1000 ~ 1050r/min，其测量行程≥10mm；

b.1.2　磨头：采用 13 个 ϕ15.875mm 滚动轴承，硬度 > HRC 62；

b.1.3　磨头上的额定压力负荷：154N ± 2.5N；

b.1.4　适用试件尺寸：受磨面的直径不小于100mm；

b.1.5　机器上装有测量磨槽深度的百分表（量程 10mm，分度值 0.01mm）及偏差为 ±10转的磨头转数自动数显和控制装置。

b.2　试件

b.2.1　试件的受磨面应平整、无凹坑和突起，其直径应不小于100mm。

b.2.2　试验每组试件为 5 个。

b.3　试验步骤

b.3.1　将试件受磨面朝上，水平放置在耐磨试验机的试件夹具内，调平后夹紧。

b.3.2　将磨头放在试件的受磨面上，使中空转轴下端的滚道正好压在磨头上。

b.3.3　中空转轴的位置，应调整到试验全过程中在垂直方向处于无约束状态。

b.3.4　开启水源，使水从中空转轴内连续流向试件受磨面，并应足以冲去试验过程中磨下的碎末。

b.3.5　直至磨头转数达 5000r 或磨槽深度（所测磨槽深度减去初始磨槽深度）达1.5mm 以上时，试验结束。

b.3.6　磨槽深度采用百分表测量，将磨头转动一周，在相互垂直方向上各测量一次，取四次测量结果的算术平均值，精确至 0.01mm。

b.3.7　测量并记录磨头转数和最终磨槽深度。

b.4 结果计算与评定

b.4.1 每个试件的耐磨度按式（5-2-38）计算，精确至0.1：

$$I_a = \frac{\sqrt{R}}{P}$$ (5-2-38)

式中 I_a——耐磨度，精确至0.01；

R——磨头转数，千转；

P——磨槽深度（最终磨槽深度-初始磨槽深度），mm。

b.4.2 数据处理

每组5块试件中，舍去耐磨度的最大值和最小值，取三个中间值的平均值作为该组试件的试验结果。

b.4.3 根据所检产品标准技术要求进行合格评定。

5.2.4.3 吸水率试验

a 试验设备

a.1 天平：称量10kg，感量5g；

a.2 烘箱：能使温度控制在（105±5）℃；

a.3 水槽：装有试件后能使水温保持在（20±10）℃范围内。

b 试件

试件数量为5块，取整块路面砖进行试验。当路面砖质量大于5kg时，可以从整块路面砖上切取（4.5±0.5）kg的部分路面砖进行试验。

c 试验步骤

c.1 将试件置于温度为（105±5）℃的烘箱内烘干，每间隔4h取出试件分别称量一次，直至两次称量质量差小于0.1%时，视为试件干燥质量（m_0）。

c.2 将试件冷却至室温后侧向直立在水槽中，注入温度为（20±10）℃的洁净水，将试件浸没水中，使水面高出试件约20mm。

c.3 浸水 $24_0^{+0.25}$h，将试件从水中取出，用拧干的湿毛巾擦去表面附着水，分别称量一次，直至前后两次称量差小于0.1%时，为试件吸水24h质量（m_1）。

d 结果计算与评定

吸水率按式（5-2-39）计算，精确至0.1%：

$$w = \frac{m_1 - m_0}{m_0} \times 100$$ (5-2-39)

式中 w——吸水率，%；

m_1——试件吸水24h的质量，g；

m_0——试件干燥的质量，g。

试验结果以5块试件的平均值表示。

5.2.4.4 抗冻性试验

a 试验设备

a.1 冷冻箱（室）：装有试件后能使箱内温度保持在 $-15 \sim -5$℃范围内；

a.2 水槽：装有试件后能使水温保持在（20±10）℃范围内。

b　试件

试件数量为 10 块，其中 5 块路面砖进行冻融试验；5 块用作对比试件。

c　试验步骤

c.1　试验前应对试件进行外观检查，在缺损、裂纹处作标记，并记录其缺陷情况。随后放入温度为（20±10℃）的水中浸泡 24h。浸泡时水面应高出试件约 20mm。

c.2　将试件从水中取出，用拧干的湿毛巾擦去表面附着水，即可放入预先降温至 −15 ~ −5℃ 的冷冻箱内，试件间隔不小于 20mm。待温度重新达到 −15℃ 时开始计算冻结时间，每次从装完试件到温度达到 −15℃ 所需时间不应大于 2h。

c.3　在 −15℃ 下的冻结时间按试件厚度而定：厚度小于 60mm 的试件为不少于 3h；厚度大于或等于 60mm 的试件为不少于 4h。然后，取出试件立即放入（20±10）℃ 的水中融解 2h。该过程为一次冻融循环。依次按照上述方法进行 25 次冻融循环。

c.4　完成 25 次冻融循环后，从水中取出试件，用拧干的湿毛巾擦去表面附着水，检查并记录试件表面剥落、分层、裂纹及裂纹延长的情况。然后按 5.2.4.1 节规定进行强度试验。

d　结果计算

冻融试验后强度损失率按式（5-2-40）计算，精确至 0.1%：

$$\Delta R = \frac{R - R_{\mathrm{D}}}{R} \times 100 \tag{5-2-40}$$

式中　ΔR——冻融循环后的强度损失率，%；

　　　R——冻融试验前 5 块对比试件强度试验结果的平均值，MPa；

　　　R_{D}——经 25 次冻融循环后的 5 块试件强度试验结果的平均值，MPa。

5.3　道路土工试验方法

5.3.1　含水率试验

5.3.1.1　烘干法

烘干法是测定含水量的标准方法，适用于黏质土、粉质土、砂类土和有机质土类。

a　试验设备

a.1　烘箱：可采用电热烘箱或温度能保持 105 ~ 110℃ 的其他能源烘箱，如红外线烘箱；

a.2　天平：称量 200g，感量 0.01g；称量 1000g，感量 0.1g；

a.3　其他：干燥器、称量盒（应 3 ~ 6 个月校准盒质量）等。

b　试验步骤

b.1　取具有代表性试样，细粒土 15 ~ 30g，砂类土、有机土为 50g，砂砾石为 1 ~ 2kg，放入称量盒内，立即盖好盒盖，称量其质量，称量结果即为湿土质量。

b.2　揭开盒盖，将试样和盒放入烘箱内，在温度 105 ~ 110℃ 恒温下烘干。烘干时间对细粒土不得少于 8h，对砂类土不得少于 6h。对含有机质超过 5% 的土或含石膏的土，应将温度控制在 60 ~ 70℃ 的恒温下，烘干 12 ~ 15h 为好。

b. 3 将烘干后的试样和盒取出，放入干燥器内冷却（一般只需 0.5h ~ 1h 即可）。冷却后盖好盒盖，称其质量，精确至 0.01g。

c 结果整理

c. 1 含水量按式（5-3-1）计算，精确至 0.1%：

$$w = \frac{m - m_s}{m_s} \times 100 \tag{5-3-1}$$

式中 w——含水量，%；

　　m——湿土质量，g；

　　m_s——干土质量，g。

c. 2 精密度和允许差

本试验须进行两次平行测定，取其算术平均值，允许平行差值应符合表 5-3-1 的规定。

表 5-3-1　含水量测定的允许平行差值

含水量/%	5 以下	40 以下	40 以上
允许平行差值/%	0.3	≤1.0	≤2.0

对于粗粒土，称量盒可采用铝制饭盒、瓷盘等，相应的土样也应多些。

5.3.1.2 酒精燃烧法

在土样中加入酒精，利用酒精能在土上燃烧，使土中水分蒸发，将土样烘干。一般应烧三次，本法是快速测定法中较准确的一种，现场测试中用得较多。适用于快速测定细粒土（含有机质的土除外）的含水率。

a 试验设备

a. 1 称量盒：定期调整为恒质量；

a. 2 天平：感量 0.01g；

a. 3 酒精：纯度 95%；

a. 4 滴管、火柴、调土刀等。

b 试验步骤

b. 1 取代表性试样（黏质土 5 ~ 10g，砂类土 20 ~ 30g）放入称量盒内，称湿土质量。

b. 2 用滴管将酒精注入放有试样的称量盒中，直至盒中出现自由液面为止。为使酒精在试样中充分混合均匀，可将盒底在桌面上轻轻敲击。

b. 3 点燃盒中酒精，燃至火焰熄灭。

b. 4 将试样冷却数分钟，按第 b. 2、b. 3 步的方法重新燃烧两次。

b. 5 待第三次火焰熄灭后，盖好盒盖，立即称干土质量，准确至 0.1g。

c 含水量计算同烘干法。

5.3.1.3 含水量的其他试验方法

a 红外线照射法

标准烘干法和非标准法的区别在于烘干方式的不同。红外线照射法系将土样置于红外线灯光之下烘干，通常将土样放于距光源 5～15cm 距离内照射约 1h 左右即可干燥。试验证明，用此法所得结果较烘干含水量略大 1% 左右。

b　炒干法

用锅将试样炒干，适用于砂土及含砾较多的土。

c　实容积法

此法是根据波义耳-马略特定律设计的土壤水分速测仪，它通过测定土中固相、液相的体积，按土的经验密度值换算出土的含水量，适用于黏性土。对于少量的试样测试快，而对批量试样则操作过于繁杂。

d　微波加热法

微波是一种超高频的电磁波，微波加热就是通过微波发生器产生微波能，再把这个微波能用波导输送到微波加热器中，加热器中物体受到微波作用后自身发热。对于土中的水分子来说，其电荷分正、负两种，在微波场作用下不断快速排列和换向，这种运动使水分子本身发热、蒸发。

微波加热器可用家用微波炉，一批土样一般几分钟即可烘干。经试验对比，多数土的测试结果与标准烘干法相对误差小于 1.5%。但对一些含金属矿物质的土不适用，因为一些金属物质本身在微波作用下发热，其温度会超过 100℃，从而损坏微波炉。

e　碳化钙气压法

碳化钙为吸水剂。将一定量的湿土样和碳化钙置于体积一定的密封容器中，吸水剂与土中的水发生化学反应，产生乙炔气体，乙炔气体在密封容器中产生的压强与土中水的质量分数成正比。通过测量气体压强即可换算出相应的含水量。我国现行《公路土工试验规程》也列入了此法。此法的缺点是要求一种性能稳定的碳化钙（电石粉），而这种要求不易达到。

5.3.1.4　特殊土的含水量试验方法

a　含石膏土和有机质土的含水量测试法

含石膏土和有机质土的烘干温度在 110℃ 时，含石膏土会失去结晶水，含有机质土的有机成分会燃烧，测试结果将与含水量定义不符。这种试样的干燥宜用真空干燥箱在近乎 1 个大气压力作用下将土干燥，或将烘箱温度控制在 60～70℃，干燥 12h 以上。

b　无机结合料稳定土的含水量测试法

无机结合料指水泥、石灰、粉煤灰和石灰或水泥粉煤灰作为胶结材料，与土拌合的稳定材料。

如水泥与水拌合即会发生水化作用，在较高温度下水化作用发生较快。如将水泥混合料放在原为室温的烘箱内，再启动烘箱升温，则在升温过程中水泥与水的水化作用发生较快，而烘干法又不能除去已与水泥发生水化作用的水，这样得出的含水量结果往往偏低，所以应提前将烘箱升温到 110℃，使放入的水泥混合料一开始就能在 105～110℃ 的环境下烘干。另外，烘干后冷却时应用硅胶作干燥剂。

5.3.2　密度试验方法

测定密度常用的方法有环刀法、蜡封法、灌砂法、灌水法及核子法等。

5.3.2.1 环刀法

本试验方法适用于细粒土。

a 试验设备

a.1 环刀：内径 60～80mm，高 20～30mm，壁厚 1.5～2mm；

a.2 天平：感量 0.1g；

a.3 其他：修土刀、钢丝锯、凡士林等。

b 试验步骤

b.1 按工程需要取原状土或制备所需状态的扰动土样，整平两端，环刀内壁涂一薄层凡士林，刀口向下放在土样上。

b.2 用修土刀或钢丝锯将土样上部削成略大于环刀直径的土柱，然后将环刀垂直下压，边压边削，至土样伸出环刀上部为止。削去两端余土，使与环刀口面齐平，并用剩余土样测定含水量。

b.3 擦净环刀外壁，称环刀与土合质量 m_1，精确至 0.1g。

c 结果计算

c.1 按下列公式计算湿密度及干密度，精确至 0.01g/cm^3：

$$\rho = \frac{m_1 - m_2}{V} \tag{5-3-2}$$

$$\rho_\text{d} = \frac{\rho}{1 + 0.01w} \tag{5-3-3}$$

式中　ρ——湿密度，g/cm^3；

　　m_1——环刀与土合质量，g；

　　m_2——环刀质量，g；

　　V——环刀体积，cm^3；

　　ρ_d——干密度，g/cm^3；

　　w——含水量，%。

c.2 精密度和允许差

本试验须进行两次平行测定，取其算术平均值，其平行差值不得大于 0.03g/cm^3。

5.3.2.2 灌砂法

本试验方法适用于现场测定细粒土、砂类土和砾类土的密度。试样的最大粒径不得超过 15mm，测定密度层的厚度为 150～200mm。

a 试验设备及量砂

a.1 灌砂筒：由储砂筒、灌砂漏斗和基板组成（图 5-3-1）；

a.2 金属标定罐：内径与灌砂筒内径相同，高 150mm 和 200mm 的金属罐各一个。如由于某种原因，试坑不是 150mm 或 200mm 时，标定罐的高度应该与拟挖试坑深度相同；

a.3 打洞及从洞中取料的合适工具，如凿子、铁锤、长把勺、长把小簸箕、毛刷等；

a.4 玻璃板：边长约 500mm 的方形板；

a.5 台秤：称量 10～15kg，感量 5g；

a.6 其他：铝盒、天平（感量 0.01g）、烘箱等；

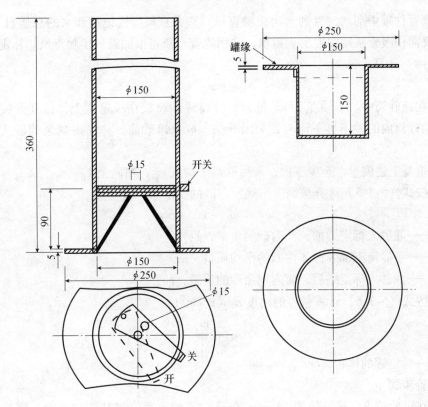

图 5-3-1　灌砂筒和标定罐（mm）

a.7　量砂

粒径 0.25～0.5mm、清洁干燥的均匀砂，约 20～40kg。应先烘干，并放置足够时间，使其与空气的湿度达到平衡。

b　仪器标定

确定灌砂筒下部圆锥体内砂的质量，其步骤如下：

b.1　在储砂筒内装满砂。筒内砂的高度与筒顶的距离不超过 15mm。称筒内砂的质量 m_1，精确至 1g。每次标定及而后的试验都维持这个质量不变。

b.2　将开关打开，让砂流出，并使流出砂的体积与工地所挖试洞的体积相当（或等于标定罐的容积）。然后关上开关，并称量筒内砂的质量 m_5，精确至 1g。

b.3　将灌砂筒放在玻璃板上，打开开关，让砂流出，直到筒内砂不再下流时，关上开关，并细心地取走罐砂筒。

b.4　收集并称量留在玻璃板上的砂或称量筒内的砂，精确至 1g。玻璃板上的砂就是填满灌砂筒下部圆锥体的砂。

b.5　重复上述测量，至少三次。最后取其平均值 m_2，精确至 1g。

c　确定量砂的密度 ρ_s（g/cm³）：

c.1　用水确定标定罐的容积 V（cm³），方法如下：

将空罐放在台秤上，使罐的上口处于水平位置，读记罐质量 m_7，精确至 1g。向标定罐中灌水，注意不要将水弄到台秤上或罐的外壁。将一直尺放在罐顶，当罐中水面快要接近直尺时,用滴管往罐中加水,直到水面接触直尺。移去直尺,读记罐和水的总质量 m_8。重复测量时,仅需用吸管从罐中取出少量水,并用滴管重新将水加满到接触直尺。标定罐的体积按式（5-3-4）计算:

$$V = m_8 - m_7 \qquad (5\text{-}3\text{-}4)$$

c.2 在储砂筒中装入质量为 m_1 的砂,并将罐砂筒放在标定罐上,打开开关,让砂流出,直到储砂筒内的砂不再下流时,关闭开关。取下罐砂筒,称筒内剩余的砂质量,精确至 1g。

c.3 重复上述测量,至少三次,最后取其平均值 m_3,精确至 1g。

c.4 按式（5-3-5）计算填满标定罐所需砂的质量 m_a（g）:

$$m_a = m_1 - m_2 - m_3 \qquad (5\text{-}3\text{-}5)$$

式中 m_1——灌砂入标定罐前,筒内砂的质量,g;

m_2——灌砂筒下部圆锥体内砂的平均质量,g;

m_3——灌砂入标定罐后,筒内剩余砂的质量,g。

c.5 按式（5-3-6）计算量砂的密度 ρ_s（g/cm^3）:

$$\rho_s = \frac{m_a}{V} \qquad (5\text{-}3\text{-}6)$$

式中 V——标定罐的体积,cm^3。

d 试验步骤

d.1 在试验地点,选一块约 40cm×40cm 的平坦表面,将其清扫干净。将基板放在此平坦表面上。如果表面的粗糙度较大,则将盛有量砂 m_5（g）的灌砂筒放在基板中间的圆孔上。打开灌砂筒开关,让砂流入基板的中孔内,直到储砂筒内的砂不再下流时关闭开关。取下罐砂筒,并称筒内砂的质量 m_6,精确至 1g。

d.2 取走基板,将留在试验地点的量砂收回,重新将表面清扫干净。将基板放在清扫干净的表面上,沿基板中孔凿洞,洞的直径 100mm。在凿洞过程中,应注意不使凿出的试样丢失,并随时将凿松的材料取出,放在已知质量的塑料袋内,密封。试洞的深度应等于碾压层厚度。凿洞毕,称此塑料袋中全部试样质量,精确至 1g。减去已知塑料袋质量后,即为试样的总质量 m_t。

d.3 从挖出的全部试样中取有代表性的样品,放入铝盒中,测定其含水量 w。样品数量:对于细粒土,不少于 100g;对于粗粒土,不少于 500g。

d.4 将基板安放在试洞上,将灌砂筒安放在基板中间（储砂筒内放满砂至恒量 m_1）,使灌砂筒的下口对准基板的中孔及试洞。打开灌砂筒开关,让砂流入试洞内。关闭开关。仔细取走灌砂筒,称量筒内剩余砂的质量 m_4,精确至 1g。

d.5 如清扫干净的平坦的表面粗糙度不大,则不需放基板,将罐砂筒直接放在已挖好的试洞上。打开筒的开关,让砂流入试洞内。在此期间,应注意勿碰动灌砂筒。直到储砂筒内的砂不再下流时,关闭开关。仔细取走灌砂筒,称量筒内剩余砂的质量 m_4,精确至 1g。

d.6 取出试洞内的量砂,以备下次试验时再用。若量砂的湿度已发生变化或量砂中混有杂质,则应重新烘干、过筛,并放置一段时间,使其与空气的湿度达到平衡后再用。

d.7 如试洞中有较大孔隙,量砂可能进入孔隙时,则应按试洞外形,松弛地放入一层柔软的纱布。然后再进行灌砂工作。

e 结果计算

e.1 按式（5-3-7）或（5-3-8）计算填满试洞所需的量砂质量 m_b（g）：

e.1.1 灌砂时试洞上放有基板的情况：

$$m_b = m_1 - m_4 - (m_5 - m_6) \qquad (5\text{-}3\text{-}7)$$

e.1.2 灌砂时试洞上不放基板的情况：

$$m_b = m_1 - m_4 - m_2 \qquad (5\text{-}3\text{-}8)$$

式中 m_1——灌砂入试洞前筒内砂的质量，g，

$\quad\quad m_2$——灌砂筒下部圆锥体内砂的平均质量，g；

$\quad\quad m_4$——灌砂入试洞后，筒内剩余砂的质量，g；

$(m_5 - m_6)$——灌砂筒下部圆锥体内及基板和粗糙表面间砂的总质量，g。

e.2 按式（5-3-9）计算试验地点土的湿密度 ρ（g/cm³），精确至 0.01g/cm³：

$$\rho = \frac{m_t}{m_b} \times \rho_s \qquad (5\text{-}3\text{-}9)$$

式中 m_t——试洞中取出的全部土样的质量，g；

$\quad\quad m_b$——填满试洞所需量砂的质量，g；

$\quad\quad \rho_s$——量砂的密度，g/cm³。

e.3 按式（5-3-10）计算土的干密度 ρ_d（g/cm³），精确至 0.01g/cm³：

$$\rho_d = \frac{\rho}{1 + 0.01w} \qquad (5\text{-}3\text{-}10)$$

式中 w——含水量，%。

5.3.2.3 灌水法

本试验方法适用于现场测定粗粒土和巨粒土的密度。

a 仪器设备

a.1 座板：座板为中部开有圆孔，外沿呈方形或圆形的铁板，圆孔处设有环套，套孔的直径为土中所含最大石块粒径的 3 倍，环套的高度为其粒径的 5%；

a.2 薄膜：聚乙烯塑料薄膜；

a.3 储水筒：直径应均匀，并附有刻度及出水管；

a.4 台秤：称量 50kg，感量 5g；

a.5 其他：铁镐、铁铲、水准仪等。

b 试验步骤

b.1 根据试样最大粒径宜按表 5-3-2 确定试坑尺寸。

表 5-3-2 土的粒径及试坑尺寸

试样最大粒径/mm	试坑尺寸/mm	
	直径	深度
5～20	150	200
40	200	250
60	250	300
200	800	1000

b.2 将测点处的地表整平，地表的浮土、石块、杂物等应予清除，坑洼不平处用砂铺整。用水准仪检查地表是否水平。

b.3 在整平后的地表上将座板固定。将聚乙烯塑料膜沿环套内壁及地表紧贴铺好。记录储水筒初始水位高度，拧开储水筒的注水开关，从环套上方将水缓缓注入，至刚满不外溢为止。记录储水筒水位高度，计算座板部分的体积。在保持座板原固定状态下，将薄膜盛装的水排至对该试验不产生影响的场所，然后将薄膜揭离底板。

b.4 按确定的试坑直径划出坑口轮廓线，用挖掘工具沿座板上的孔挖试坑至要求深度，边挖边将落于坑内的试样装入盛土容器内，称试样质量，精确至 10g，并测定试样的含水量。

b.5 为了使坑壁与塑料薄膜易于紧贴，对坑壁需加以整修。将塑料薄膜沿坑底、坑壁紧密相贴地铺好。

b.6 记录储水筒内初始水位高度，拧开储水筒的注水开关，将水缓缓注入塑料薄膜中。在往薄膜形成的袋内注水时，牵住薄膜的某一部位，一边拉、松，一边注水，以使薄膜与坑壁间的空气得以排出，从而提高薄膜与坑壁的密贴程度。当水面接近环套的上边缘时，将水流调小，直至水面与环套上边缘齐平时关闭注水管，持续 3～5min，记录储水筒内水位高度。

c 结果计算

c.1 细粒料与石料应分开测定含水量，细粒料与石块的划分以粒径 60mm 为界。按式 (5-3-11) 求出整体的含水量 (w)：

$$w = w_f \cdot p_f + w_c(1 - p_f) \tag{5-3-11}$$

式中 w_f——细粒土部分的含水量，%；

w_c——石料部分的含水量，%；

p_f——细粒料的干质量与全部材料干质量之比。

c.2 按式 (5-3-12) 计算座板部分的容积：

$$V_1 = (h_1 - h_2) \cdot A_w \tag{5-3-12}$$

式中 V_1——座板部分的容积，cm^3；

A_w——储水筒的截面积，cm^2；

h_1——储水筒内初始水位高度，cm；

h_2——储水筒内注水终了时水位高度，cm。

c.3 按式 (5-3-13) 计算试坑容积：

$$V = (H_1 - H_2) \cdot A_w - V_1 \tag{5-3-13}$$

式中 V——试坑容积，cm^3；

H_1——储水筒内初始水位高度，cm；

H_2——储水筒内注水终了时水位高度，cm。

c.4 按式 (5-3-14) 及式 (5-3-15) 计算试样湿密度 (ρ) 和干密度 (ρ_d)，精确至 0.01g/cm^3：

$$\rho = \frac{m_p}{V} \tag{5-3-14}$$

$$\rho_d = \frac{\rho}{1 + 0.01w} \tag{5-3-15}$$

式中　m_p——取自试坑内的试样质量，g。

5.3.2.4　核子仪密度试验

采用核子密度湿度仪以散射法或直接透射法测定路基或路面材料的密度和含水量，并计算施工压实度。本方法适用于施工质量的现场快速评定，仪器按规定方法标定后，其检测结果可作为工程质量评定与验收的依据。

本方法用于测定沥青混合料面层的压实密度时，在表面用散射法测定，所测定沥青面层的层厚应不大于根据仪器性能决定的最大厚度。用于测定土基或基层材料的压实密度及含水量时，打洞后用直接透射法测定，测定层的厚度不宜大于 30cm。

a　试验设备

a.1　核子密度湿度仪：主要由下列部件组成：γ 射线源（如 ^{137}Cs、^{60}Co ^{226}Ra 等）或中子源（如^{241}Am－Be 等）、探测器（γ 射线探测器、热中子探测器）、读数显示设备、标准板、安全防护设备、刮平板、钻杆、接线等。设备应符合国家规定的关于健康保护和安全使用标准，密度的测定范围为 1.12 ~ 2.73g/cm^3，测定偏差不大于 ±0.03g/cm^3。含水量测量范围为 0 ~ 0.64g/cm^3，测定偏差不大于 ±0.015g/cm^3；

a.2　细砂：0.15 ~ 0.30mm；

a.3　天平或台秤（与灌砂法试验相同）。

b　准备工作

b.1　每天使用前按下列步骤用标准板测定仪器的标准值：

b.1.1　接通电源，按照仪器使用说明书建议的预热时间，预热仪器。

b.1.2　在测定前，应检查仪器性能是否正常。在标准板上取 3 ~ 4 个读数的平均值建立原始标准值，并与使用说明书提供的标准值核对，如标准读数超过仪器使用说明书规定的限界时，应重复此项标准的测量；若第二次标准计数仍超出规定的限界时，需视作故障并进行仪器检查。

b.2　在进行沥青混合料压实层密度测定前，应用核子仪对钻孔取样的试件进行标定；测定其他材料密度时，宜与挖坑灌砂法的结果进行标定。标定的步骤如下：

b.2.1　选择压实的路表面，按要求的测定步骤用核子仪测定密度，读数；

b.2.2　在测定的同一位置用钻机钻孔法或挖坑灌砂法取样，量测厚度，按规定的标准方法测定材料的密度；

b.2.3　对同一种路面厚度及材料类型，在使用前至少测定 15 处，求取两种不同方法测定的密度的相关关系，其相关系数应不小于 0.95。

b.3　测试位置的选择如下：

b.3.1　按照随机取样的方法确定测试位置，但与距路面边缘或其他物体的最小距离不得小于 30cm。核子仪距其他的射线源不得小于 10m；

b.3.2　当用散射法测定时，应用细砂 0.15 ~ 0.30mm 填平测试位置路表结构凸凹不平的空隙，使路表面平整，能与仪器紧密接触；

b.3.3　当使用直接透射法测定时，应按图 5-3-2 的方法在表面上用钻杆打孔，孔深略深于要求测定的深度，孔应竖直圆滑并稍大于射线源探头；

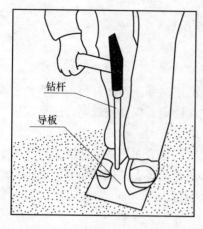 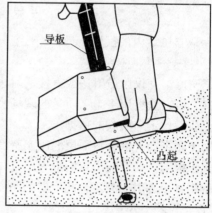

图 5-3-2　在测试位置表面上打孔的方法

b.3.4　按照仪器使用规定的时间，预热仪器。

c　测定步骤

c.1　如用散射法测定时，应按图 5-3-3 的方法将核子仪平稳地置于测试位置上。

c.2　如用直接透射法测定时，应按图 5-3-4 的方法将放射源棒放下插入已预先打好的孔内。

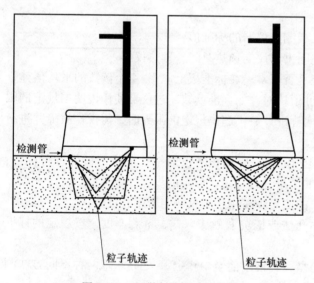 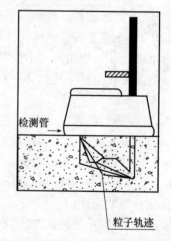

图 5-3-3　用散射法测定的方法　　　　　图 5-3-4　用直接透射法测定的方法

　　c.3　打开仪器，测试员退出仪器 2m 以外，按照选定的测定时间进行测量，到达测定时间后，读取显示的各项数值，并迅速关机。

　　注：有关各种型号的仪器在具体操作步骤上略有不同，可按照仪器使用说明书进行。

　　c.4　测定路面密度及压实度的同时，应记录气温、路面的结构深度、沥青混合料类型、面层结构及测定厚度等数据和资料。

　　d　计算

　　按下列各式计算施工干密度及压实度：

$$\rho_{\mathrm{d}} = \frac{\rho_{\mathrm{w}}}{1 + w} \tag{5-3-16}$$

$$K = \frac{\rho_{\mathrm{d}}}{\rho_0} \times 100 \tag{5-3-17}$$

式中　K——测试地点的施工压实度，%；

　　　w——含水率，以小数表示；

　　　ρ_{w}——试样的湿密度，g/cm^3；

　　　ρ_{d}——试样的干密度，g/cm^3；

　　　ρ_0——由击实试验得到的试样的最大干密度，g/cm^3。

e　使用安全注意事项

e.1　仪器工作时，所有人员均应退至距离仪器2m以外的地方。

e.2　仪器不使用时，应将手柄置于安全位置，仪器应装入专用的仪器箱内，放置在符合核辐射安全规定的地方。

e.3　仪器应由经有关部门审查合格的专人保管，专人使用。对从事仪器保管及使用的人员，应遵照有关核辐射检测的规定，不符合核防护规定的人员，不宜从事此项工作。

5.3.3　击实试验

5.3.3.1　试验仪器

a　标准击实仪和击实筒（图5-3-5和图5-3-6）：轻、重型试验方法和设备的主要参数应符合表5-3-3的规定；也可采用电动击实仪；

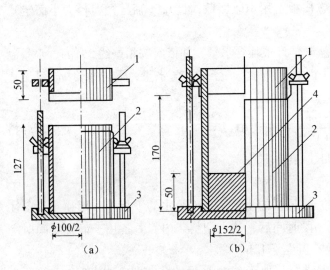

图 5-3-5　击实筒（mm）

（a）轻型或小击实筒；（b）重型或大击实筒

1—套筒；2—击实筒；3—底板；4—垫块

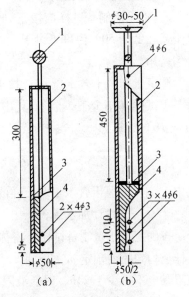

图 5-3-6　击锤和导杆（mm）

（a）2.5kg击锤；（b）4.5kg击锤

1—提手；2—导筒；3—硬橡皮垫；4—击锤

表5-3-3　击实试验方法种类

试验方法		锤底直径/mm	锤的质量/kg	落高/mm	试筒尺寸		试样尺寸		击实层数	每层击数	击实功/(kJ/m³)	最大粒径/mm
					内径/mm	高/mm	高度/mm	体积/cm³				
国标	轻型	51	2.5	305	102		116	947.4	3	25	592.2	5
	重型Ⅰ	51	4.5	457	152		116	2103.9	5	56	2684.9	40
	重型Ⅱ								3	94		
交通部标	轻型Ⅰ-1	50	2.5	300	100	127	127	997	3	27	598.2	20
	轻型Ⅰ-2				152	170	120	2177	3	59	598.2	40
	重型Ⅱ-1	50	4.5	450	100	127	127	997	5	27	2687.0	20
	重型Ⅱ-2				152	170	120	2177	3	98	2677.2	40

b　烘箱及干燥器；

c　天平：感量0.01g；台秤：称量10kg，感量5g；

d　标准筛：圆孔筛为40mm、25mm、20mm、5mm筛各一个；或方孔筛为37.5mm和19mm各一个；

e　推土器：宜采用螺旋式千斤顶或液压式千斤顶，有手动加压或电动加压；

f　主要工作器具：土样拌合金属盘（400mm×600mm×70mm）、喷水设备、碾土器、量水器或量筒、铝盒、修土刀、平直尺等。

5.3.3.2　试样制备

分为干土法和湿土法两种：

a　干土法制备试样应按下列步骤进行：用四分法取代表性土样20kg（重型为50kg），风干或在低于50℃温度下烘干，放在橡皮板上用木碾碾散，过筛（筛号视粒径大小而定），拌匀备用。

测定土样风干含水量w_0，按土的塑限估计最佳含水量，并依次按相差约2%的含水量制备一组试样（不少于5个），其中有两个大于和两个小于最佳含水量，需加水量m_w可按式（5-3-18）计算：

$$m_w = \frac{m_0}{1 + 0.01w_0} \times 0.01(w - w_0) \qquad (5-3-18)$$

式中　m_0——风干含水量时土样的质量，g；

w——设计加水量，%。

按确定含水量制备试样。将称好的m_0质量的土平铺于不吸水的平板上，用喷水设备往土样上均匀喷洒预定m_w的水量，静置一段时间后，装入塑料袋内静置备用。静置时间对高液限黏土不得少于24h，对低液限黏土不得少于12h。

b　湿土法制备试样应按下列步骤进行：取天然含水量的代表性土样20kg（重型为50kg），放在橡皮板上用木碾碾散，土样过筛（筛孔视粒径大小而定），将筛下土样拌匀，并测定土样的天然含水量。根据土样的塑限估计最佳含水量，分别将天然含水量的土样风干或加水进行制备，应使制备好的几组不同含水量的土样含水量均匀分布。

5.3.3.3　试验步骤

a　根据工程要求，按表 5-3-3 规定选择轻型或重型试验方法。根据土的性质（含易击碎风化石数量多少，含水量高低），土样制备选用干土法或湿土法。

b　将击实筒放在坚硬的地面上，取制备好的土样分 3～5 次倒入筒内。小击实筒按三层法时，每次约 800～900g（其量应使击实后的试样等于或略高于筒高的 1/3）；按五层法时，每次约 400～500g（其量应使击实后的土样等于或略高于筒高的 1/5）。对于大击实试筒，先将垫块放入筒内底板上，按五层法时，每层需试样约 900（细粒土）～1100g（粗粒土）；按三层法时，每层需试样 1700g 左右。整平表面，并稍加压紧，然后按规定的击数进行第一层土的击实，击实时击锤应自由垂直落下，锤迹必须均匀分布于土样面。第一层击实完后，将试样层面"拉毛"，然后再装入套筒，重复上述方法进行其余各层土的击实。小击实筒击实后，试样不应高出筒顶面 5mm；大击实筒击实后，试样不应高出筒顶面 6mm。

c　用修土刀沿套筒内壁削刮，使试样与套筒脱离后，扭动并取下套筒，齐筒顶细心削平试样，拆除底板，擦净筒外壁，称量筒与试样的总质量，精确至 1g。

d　用推土器推出筒内试样，从试样中心处取试样测其含水量，计算至 0.1%，并计算试样的湿密度 ρ。测定含水量用试样的质量按表 5-3-4 规定取样（取出有代表性的土样）。两个试样含水量的精密度应符合 5.3.1.1 中表 5-3-1 的规定。

表 5-3-4　测定含水量用试样的质量

最大粒径/mm	试样质量/g	试验个数
<5	15～20	2
约 5	约 50	1
约 20	约 250	1
约 40	约 500	1

e　按照上述击实试验步骤，依次重复上述过程将所备不同预定含水量的土样击完。测定试样的含水量并计算击实后土样的湿密度 ρ。

5.3.3.4　结果整理

a　按式（5-3-19）计算击实后各点的干密度 ρ_d：

$$\rho_d = \frac{\rho}{1 + 0.01w} \tag{5-3-19}$$

式中　ρ_d——干密度，g/cm³；

　　　ρ——湿密度，g/cm³；

　　　w——含水量，%。

b　以干密度为纵坐标，含水量为横坐标，绘制干密度与含水量的关系曲线（图 5-3-7），曲线上峰值点的纵、横坐标分别为最大干密度和最佳含水量。如曲线不能绘出明显的峰值点，应进行补点或重做。

c　空气体积等于零（即饱和度 100%）的

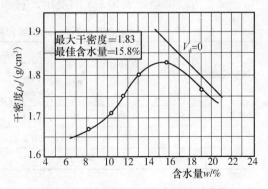

图 5-3-7　含水量与干密度的关系曲线

等值线应按式（5-3-20）计算，并将计算值绘在含水量与干密度的关系图上，以资比较（图5-3-7）。

$$w_{set} = \left(\frac{\rho_w}{\rho_d} - \frac{1}{G_s} \right) \times 100 \tag{5-3-20}$$

式中　w_{set}——试样的饱和含水率，%；

　　　ρ_w——温度4℃时水的密度，g/cm^3；

　　　ρ_d——试样的干密度，g/cm^3；

　　　G_s——试样土粒比重，对于粗粒土，则为土中粗细颗粒的混合比重。

　　d　当试样中有大于40mm颗粒时，应先取出大于40mm颗粒，并求得其质量分数 p，把小于40mm部分作击实试验，按下面公式分别对试验所得的最大干密度和最佳含水量进行校正（适用于大于40mm颗粒的含量小于30%时）。

　　d.1　最大干密度按式（5-3-21）进行校正：

$$\rho'_{d\,max} = \frac{1}{\dfrac{(1 - 0.01p)}{\rho_{d\,max}} + \dfrac{0.01p}{G'_s}} \tag{5-3-21}$$

式中　$\rho'_{d\,max}$——校正后的最大干密度，g/cm^3；

　　　$\rho_{d\,max}$——用粒径小于40mm的土样试验所得的最大干密度，g/cm^3；

　　　p——试料中粒径大于40mm颗粒的质量分数，%；

　　　G'_s——粒径大于40mm颗粒的毛体积比重，计算至0.01。

　　d.2　最佳含水率按式（5-3-22）进行校正：

$$w'_0 = w_0(1 - 0.01p) + 0.01p \cdot w_2 \tag{5-3-22}$$

式中　w'_0——校正后的最佳含水率，%；

　　　w_0——用粒径小于40mm的土样试验所得的最佳含水率，%；

　　　p——试料中粒径大于40mm颗粒的质量分数，%；

　　　w_2——粒径大于40mm颗粒的吸水率，%。

5.3.4　无机结合料稳定土的击实试验

5.3.4.1　试验方法

试验方法类型见表5-3-5的规定，它和一般土的击实试验略有不同。

表5-3-5　无机结合料稳定土击实试验方法类型

试验类型	锤底直径 /mm	锤的质量 /kg	落高 /mm	试筒尺寸			击实层数	每层锤击次数	平均单位击实功/J	容许最大粒径/mm
				内径 /mm	样高 /mm	容积 /cm³				
甲	50	4.5	450	100	127	997	5	27	2.687	25
乙	50	4.5	450	152	120	2177	5	59	2.687	25
丙	50	4.5	450	152	120	2177	3	98	2.677	40

试料的准备可参照一般土击实法进行（见上节）。试件制备时，先将除水泥以外的设计

料按比例称取并充分拌合均匀。

按式（5-3-23）分别给要求达到含水量的试料配水：

$$Q_w = \left(\frac{Q_n}{1 + 0.01 w_n} + \frac{Q_c}{1 + 0.01 w_c} \right) \times 0.01 w - \frac{Q_n}{1 + 0.01 w_n} \times 0.01 w_n - \frac{Q_c}{1 + 0.01 w_c} \times 0.01 w_c$$

$$(5-3-23)$$

式中 Q_w——混合料中应加的水量，g；

$\qquad Q_n$——混合料中素土（或骨料）的质量，其原始含水量为 w_n，%；

$\qquad Q_c$——混合料中水泥或石灰的质量，其原始含水量为 w_c，%；

$\qquad w$——要求达到的混合料的含水量，%。

给试样配水后将其装入密封容器或塑料口袋内浸润备用。击实前 1h 内将所需要的稳定剂水泥加至浸润后的试料中并且拌合均匀。

击实过程与一般土击实过程相同，击实后含水量应按无机结合料稳定土含水量的要求测定。资料整理过程也类同于一般土击实方法。

当试样中大于规定最大粒径的超尺寸颗粒的含量为 5% ~ 30% 时，按下式对试验所得最大干密度和最佳含水量进行校正：

$$\rho'_{d\,max} = \rho_{d\,max}(1 - 0.01p) + 0.9 \times 0.01p \cdot G'_a \qquad (5-3-24)$$

$$w'_0 = w_0(1 - 0.01p) + 0.01p \cdot w_a \qquad (5-3-25)$$

式中 $\rho'_{d\,max}$——校正后的最大干密度，g/cm³；

$\qquad \rho_{d\,max}$——试验所得的最大干密度，g/cm³；

$\qquad p$——试样中超尺寸颗粒质量分数；

$\qquad G'_a$——超尺寸颗粒的毛体积相对密度（毛体积密度与同温度水的密度之比值）；

$\qquad w'_0$——校正后的最佳含水率，%；

$\qquad w_a$——超尺寸颗粒的吸水率，%；

$\qquad w_0$——试验所得的最佳含水率，%。

5.3.4.2 注意事项

a 试验骨料的最大粒径宜控制在 25mm 以内，最大不得超过 40mm（圆孔筛）。

b 试料浸润时间：黏性土 12 ~ 24h，粉性土 6 ~ 8h，砂性土、砂砾土、红土砂砾、级配砂砾等 4h 左右，含土很少的未筛分碎石、砂砾和砂等 2h。石灰可与试料一起拌匀后浸润。

c 试料浸润后再加入水泥，并应在 1h 内完成击实试验，拌合后超过 1h 的试样，应予作废。

d 试料不得重复使用。

e 应做两次平行试验，两次试验最大干密度的差不应超过 0.05g/cm³（稳定细粒土）和 0.08g/cm³（稳定中粒土和粗粒土）；最佳含水量的差不应超过 0.5%（最佳含水量小于 10%）和 1.0%（最佳含水量大于 10%）。

5.3.5 承载比（CBR）试验

本试验方法只适用于在规定的试筒内制件后，对各种土和路面基层、底基层材料进行承载比试验。试样的最大粒径宜控制在 20mm 以内，最大粒径不得超过 40mm 且含量不超过 5%。

5.3.5.1 试验设备

a 圆孔筛：孔径 40mm、20mm 及 5mm 筛各 1 个。

b 试样筒：内径 152mm、高 170mm 的金属圆筒；套环高 50mm；筒内垫块，直径 151mm、高 50mm；夯击底板，同击实仪。试筒的型式和主要尺寸如图 5-3-8 所示，也可用击实试验的大击实筒。

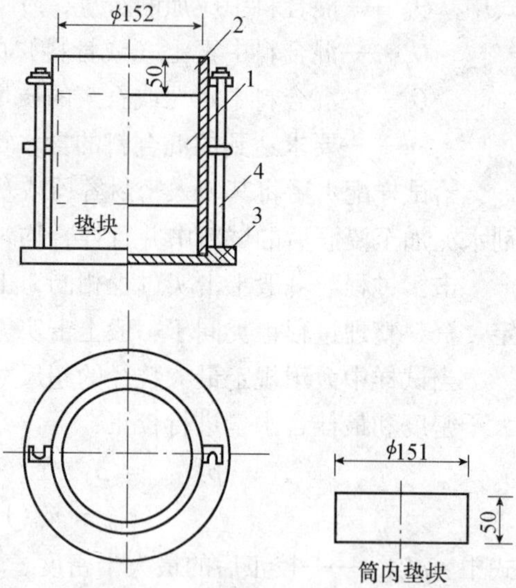

c 击锤和导管：击锤的底面直径 50mm，锤总质量 4.5kg。击锤在导管内的总行程为 450mm，击锤的形式和尺寸与重型击实试验法所用的相同。

d 试件顶面上的多孔板（测试件吸水时的膨胀量），应带有调节高度的调节杆，板上孔径宜小于 2mm，如图 5-3-9 所示。

e 路面材料强度仪或其他载荷装置：

e.1 加压和测力设备：测力计量程不小于 50kN，最小贯入速度应能调节至 1mm/min，如图 5-3-9 所示；

e.2 位移计 2 个：最小分度值为 0.01mm 的百分表或精确度为全量程 0.2% 的位移传感器；

e.3 贯入杆：杆的端面直径 50mm、长约 100mm 的金属柱，杆上应配有安装位移计的夹孔。

图 5-3-8 承载比试筒（单位：mm）
1—试筒；2—套环；3—夯击底板；4—拉杆

f 膨胀量测定装置由三角支架和位移计（分度值不大于 0.01mm）组成，如图 5-3-10 所示。

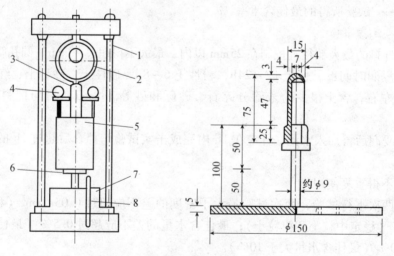

图 5-3-9 路面材料强度仪及带调节杆的多孔板（单位：mm）
1—框架；2—测力环；3—贯入杆；4—位移计；
5—试件；6—升降台；7—蜗轮蜗杆箱；8—摇把

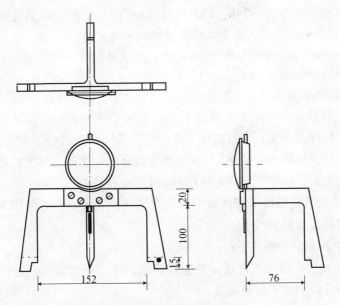

图 5-3-10　膨胀量测定装置（单位：mm）

　　g　荷载板：直径 150mm，中心孔眼直径 52mm，每块质量 1.25kg，共 4 块，并沿直径分为两个半圆块，如图 5-3-11 所示。

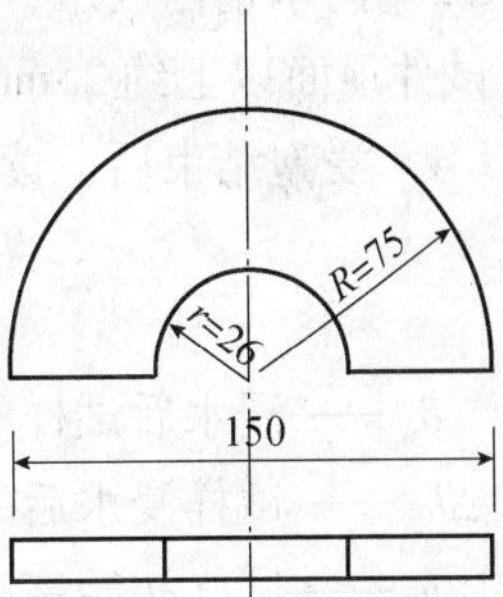

　　h　水槽：浸泡试件用，槽内水面应高出试件顶面 25mm。

　　i　其他：台秤，感量为试件用量的 0.1%；拌合盘；直尺；滤纸；脱模器等与击实试验相同。

图 5-3-11　荷载板（单位：mm）

5.3.5.2　试样

　　将具有代表性的风干试料（必要时可在 50℃ 烘箱内烘干），用木碾捣碎，但应尽量注意不使土或粒料的单个颗粒破碎。土团均应捣碎到通过 5mm 的筛孔。

　　采取有代表性的试料 50kg，用 40mm 筛筛除大于 40mm 的颗料，并记录超尺寸颗粒的质量分数。将已过筛的试料按四分法取出约 25kg。再用四分法将取出的试料分成 4 份，每份质量 6kg，供击实试验和制试件之用。

　　在预定做击实试验的前一天，取有代表性的试料测定其风干含水量。测定含水量用的试样质量见本章表 5-3-4。

5.3.5.3　试验步骤

　　a　称试筒本身质量（m_1），将试筒固定在底板上，将垫块放入筒内，并在垫块上放一张滤纸，安上套环。

　　b　将 1 份试料，按重型击实试验方法分 3 层，每层击数 98 击进行击实试验，求出试料的最大干密度和最佳含水量。

　　c　将其余 3 份试料，按最佳含水量制备 3 个试件。将一份试料平铺于金属盘内，按照式（5-3-18）事先计算得该份试料应加的水量，将水均匀地喷洒在试料上。用小铲将试料充分拌合到均匀状态，然后装入密闭容器或塑料口袋内浸润备用。

浸润时间：重黏土不得少于24h，轻黏土可缩短到12h，砂土可缩短到1h，天然砂砾可缩短到2h左右。制每个试件时，都要取样测定试料的含水量。

注：需要时，可制备三种干密度试件。如每种干密度试件制3个，则共制9个试件。每层击数分别为30、50和98次，使试件的干密度从低于95%到等于100%的最大干密度。这样，9个试件共需试料约55kg。

d 将试筒放在坚硬的地面上，取备好的试样分3次倒入筒内，每层次需试样1700g左右（其量应使击实后的试样高出1/3筒高1~2mm）。整平表面，并稍加压紧，然后按规定的击数进行第一层试样的击实，击实时锤应自由垂直落下，锤迹必须均匀分布于试样面上。第一层击实完后，将试样层面"拉毛"，然后再装入套筒，重复上述方法进行其余每层试样的击实。大试筒击实后，试样不宜高出筒高10mm。

e 卸下套环，用直刮刀沿试筒顶修平击实的试件，表面不平整处用细料修补。取出垫块，称试筒和试件的总质量（m_2）。

f 浸水膨胀量的测定步骤如下：

f.1 在试件制成后，取下试件顶面的破残滤纸，放一张好滤纸，并在上安装附有调节杆的多孔板，在多孔板上加4块荷载板。

f.2 将试筒与多孔板一起放入槽内（先不放水），并用拉杆将模具拉紧，安装百分表，并读取初读数。

f.3 向水槽内放水，使水自由进到试件的顶部和底部。在浸泡水期间，槽内水面应保持在试件顶面以上约25mm。通常试件要浸泡4昼夜。

f.4 浸泡结束后，读取试件上百分表的终读数，并用式（5-3-26）计算膨胀量：

$$\delta_w = \frac{\Delta h_w}{h_0} \times 100 \qquad (5\text{-}3\text{-}26)$$

式中 δ_w——浸水后试样的膨胀量，%；

Δh_w——试样浸水后的高度变化，mm；

h_0——试样初始高度（$h_0 = 120mm$）。

f.5 从水槽中取出试件，倒出试件顶面的水，静置15min，让其排水，然后卸去附加荷载和多孔板、底板和滤纸，并称量试筒和试件的总质量（m_3），以计算试件的含水量及密度的变化。

g 贯入试验应按下列步骤进行：

g.1 将浸水试验终了的试件放到路面材料强度试验仪的升降台上，调整偏球座，使贯入杆与试件顶面全面接触，在贯入杆周围放置4块荷载板。

g.2 先在贯入杆上施加45N荷载，然后将测力和测变形的百分表的指针都调整至零点。

g.3 加荷使贯入杆以1~1.25mm/min的速度压入试件，记录测力计内百分表某些整读数（如20、40、60）时的贯入量，并注意使贯入量为250×10^{-2}mm时，能有5个以上的读数。因此，测力计内的第一个读数应是贯入量30×10^{-2}mm左右，试验至贯入量为10mm~12.5mm时终止。

5.3.5.4 试验数据整理及结果评定

a 以单位压力（p）为横坐标，贯入量（l）为纵坐标，绘制p-l关系曲线，如图5-3-

12 所示。图上曲线 1 是合适的。曲线 2 开始段是凹曲线，需要进行修正。修正时，在变曲率点引一切线，与纵坐标交于 O' 点，O' 点即为修正后的原点。

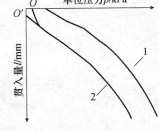

图 5-3-12　单位压力与贯入量的关系曲线

b　一般采用贯入量为 2.5mm 时的单位压力与标准压力之比作为材料的承载比（CBR），计算至 0.1。即：

$$CBR_{2.5} = \frac{p}{7000} \times 100 \qquad (5\text{-}3\text{-}27)$$

式中　$CBR_{2.5}$——贯入量 2.5mm 时的承载比,%；

$\quad\quad p$——单位压力，kPa；

$\quad\quad$7000——贯入量 2.5mm 时所对应的标准压力，kPa。

同时计算贯入量为 5.0mm 时的承载比：

$$CBR_{5.0} = \frac{p}{10500} \times 100 \qquad (5\text{-}3\text{-}28)$$

式中　$CBR_{5.0}$——贯入量 5.0mm 时的承载比,%；

$\quad\quad p$——单位压力，kPa；

$\quad\quad$10500——贯入量 5.0mm 时所对应的标准压力，kPa。

当贯入量为 5.0mm 时的承载比大于贯入量 2.5mm 时的承载比时，试验要重做。若试验结果仍然如此，则采用 5.0mm 时的承载比。

c　试件的湿密度用式（5-3-29）计算（精确至 0.01g/cm^3）：

$$\rho = \frac{m_2 - m_1}{2177} \qquad (5\text{-}3\text{-}29)$$

式中　ρ——试件的湿密度，g/cm^3；

$\quad m_2$——试筒和试件的合质量，g；

$\quad m_1$——试筒的质量，g；

$\quad$2177——试筒的容积，cm^3。

d　试件的干密度用式（5-3-30）计算（精确至 0.01g/cm^3）：

$$\rho_d = \frac{\rho}{1 + 0.01w} \qquad (5\text{-}3\text{-}30)$$

式中　ρ_d——试件的干密度，g/cm^3；

$\quad w$——试件的含水量,%。

e　浸水后试件的吸水量按式（5-3-31）计算：

$$w_a = m_3 - m_2 \qquad (5\text{-}3\text{-}31)$$

式中　w_a——浸水后试件的吸水量，g；

$\quad m_3$——浸水后试筒和试件的合质量，g；

$\quad m_2$——试筒和试件的合质量，g。

f　精度要求

本试验应进行 3 个平行试验，如根据 3 个平行试验结果计算得的承载比变异系数 C_v 大于 12%，则去掉一个偏离大的值，取其余两个结果的平均值。如 C_v 小于 12%，且 3 个平行试验结果计算的干密度偏差小于 0.03g/cm^3，则取 3 个结果的平均值；如 3 个试验结果计算

的干密度偏差超过 $0.03g/cm^3$，则去掉一个偏离大的值，取其余两个结果的平均值。

当承载比小于 100 时，相对偏差不大于 5%；承载比大于 100 时，相对偏差不大于 10%。

5.3.6 回弹模量

5.3.6.1 承载板法测回弹模量

本试验适用于不同湿度和密度的细粒土。

a 仪器设备

a.1 杠杆压力仪：最大压力 1500N，如图 5-3-13 所示。试验前应按仪器说明书的要求进行校准。

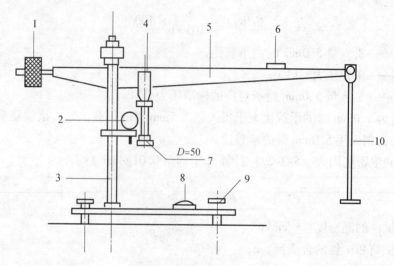

图 5-3-13 杠杆压力仪（mm）

1—调平砝码；2—千分表；3—立柱；4—加压杆；5—水平杠杆；
6—水平气泡；7—加压球座；8—底座气泡；9—调平脚螺丝；10—加载架

a.2 试样筒：与击实试验相同。

a.3 承载板：直径 50mm，高 80mm。

a.4 量表：千分表两块。

a.5 秒表一只。

b 试样

按击实试验（本章 5.3.3 节）规定的方法制备试样。根据工程要求选择轻型或重型法，视最大粒径用小筒或大筒进行击实试验，得出最佳含水量和最大干密度。然后按最佳含水量用上述试筒击实制备三个试件。

c 试验步骤

c.1 安装试样：将试件和试筒的底面放在杠杆压力仪的底盘上；将承载板放在试件中央（位置）并与杠杆压力仪的加压球座对正；将千分表固定在立柱上，将表的测头安放在承载板的表架上。

c.2 预压：在杠杆仪的加载架上施加砝码，用预定的最大单位压力 p 进行预压。含水量大于塑限的土，$p = 50 \sim 100\text{kPa}$；含水量小于塑限的土，$p = 100 \sim 200\text{kPa}$。预压进行 $1 \sim 2$ 次，每次预压 1min。预压后调正承载板位置，并将千分表调到接近满量程的位置，准备试验。

c.3　测定回弹量：将预定最大单位压力分成 $4 \sim 6$ 份，作为每级加载的压力。每级加载时间为 1min 时，记录千分表读数，同时卸载，让试件恢复变形。卸载 1min 时，再次记录千分表读数，同时施加下一级荷载。如此逐级进行加载卸载，并记录千分表读数，直至最后一级荷载。为使试验曲线开始部分比较准确，第一、二级荷载可用每份的一半。试验的最大压力也可略大于预定压力。

d　结果整理

d.1　计算每级荷载下的回弹变形 l：

$$l = 加载读数 - 卸载读数 \tag{5-3-32}$$

d.2　以单位压力 p 为横坐标（向右），回弹变形 l 为纵坐标（向下），绘制 $p - l$ 曲线，如图 5-3-14 所示。

d.3　按式（5-3-33）计算每级荷载下的回弹模量：

$$E = \frac{\pi \cdot p \cdot D}{4 \cdot l}(1 - \mu^2) \tag{5-3-33}$$

式中　E——回弹模量，kPa；

p——承载板上的单位压力，kPa；

D——承载板直径，cm；

l——相应于单位压力的回弹变形，cm；

μ——土的泊松比，取 0.35。

d.4　每个试样的回弹模量由 $p - l$ 曲线上直线段的数值确定。

d.5　对于较软的土，如果 $p - l$ 曲线不通过原点，允许用初始直线段与纵坐标轴的交点当做原点，修正各级荷载下的回弹变形和回弹模量。

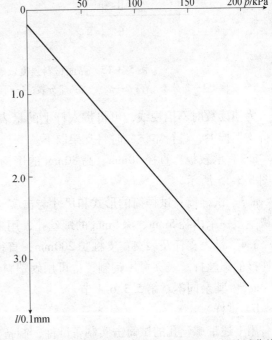

图 5-3-14　单位压力与回弹变形（$p - l$）的关系曲线

d.6　精密度和允许差

土的回弹模量由三个平行试验的平均值确定，回弹模量的每个平行试验结果与其平均值相差应不超过 5%。

5.3.6.2　强度仪法测回弹模量

本试验适用于不同湿度、密度的细粒土及其加固土。

a　仪器设备

a.1　路面材料强度仪：同 CBR 试验（见本章第 5.3.5 节），如图 5-3-15 所示。

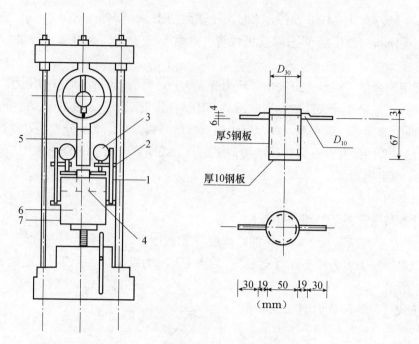

图 5-3-15　路面材料强度仪、承载板及试样安装方法

1—千分表支杆；2—表夹；3—千分表；4—承载板；5—贯入杆；6—土样；7—试样筒

为使读数时不挡视线，可将贯入杆上的量表支架用螺丝孔与贯入杆相连，做 CBR 试验时将支架拧上，进行本试验时将支架取下。

a.2　承载板：直径 50mm、高 80mm 的用钢板制成的空心圆柱体，两侧带有量表支架，如图 5-3-15 所示。

a.3　试样筒：试样筒的形式和尺寸与击实试验相同，仅在与夯击底板的立柱连接的缺口板上多一个内径 5mm、深 5mm 的螺丝孔，用来安装千分表支架。

a.4　量表支杆及表夹：支杠长 200mm，直径 10mm，一端带有长 5mm 的与试筒上螺丝孔连接的螺丝杆。表夹可用钢制，也可用硬塑料制成。

a.5　其余同本章第 5.3.6.1 节。

b　试样

用上述带螺丝孔的试筒击实制备试件，制备方法与本章第 5.3.6.1 节相同。

c　试验步骤

c.1　安装试样：将试件和试样筒的底面放在强度仪的升降台上；将千分表支杠拧在试样筒两侧的螺丝孔上，将承载板放在试件表面中央位置，并与强度仪的贯入杆对正；将千分表和表夹安装在支杆上，并将千分表测头安放在承载板两侧的支架上。

c.2　预压：摇动摇把，用预定的试验最大单位压力进行预压。预压方法同本章 5.3.6.1 节第 c.2 条。

c.3　测定回弹模量：将预定的最大压力分为 4~6 份，作为每级加载的压力。由每级压力计算测力计百分表读数，按照百分表读数逐级加载。加载卸载按本节 5.3.6.1 第 c.3 条步骤进行。如果试样较硬，预定的 p 值可能偏小，此时可不受 p 值的限制，增加加载级数，直至需要的压力为止。

d　结果整理

d.1　同本章 5.3.6.1 节第 d 条。p-l 曲线的绘制同本章 5.3.6.1 节第 d.2 条。

d.2　回弹模量计算公式同本章 5.3.6.1 节第 d 条，计算式中的泊松比 μ 值，取 0.35；对于具有一定龄期的加固土取 0.25 ~ 0.30。

d.3　其余同本章 5.3.6.1 节的规定。

5.3.7　路基路面回弹弯沉试验

弯沉是指在规定的标准轴载作用下，路基和路面表面轮隙位置产生的总垂直变形（总弯沉）或垂直回弹变形（回弹弯沉），以 0.01mm 为单位。弯沉测试方法有贝克曼梁法、自动弯沉仪法和落锤式弯沉仪法。以下主要介绍用贝克曼弯沉仪作回弹弯沉的试验方法。

5.3.7.1　试验设备

a　贝克曼弯沉仪：由贝克曼梁、百分表及表架组成，由铝合金制成，总长 3.6m 或 5.4m，杠杆比（即前臂与后臂之比）一般为 2∶1。弯沉值测量范围：（0 ~ 10）mm；测量精度：±0.01mm。要求刚度高，质量轻，精度高和使用方便，仪器构造如图 5-3-16 所示。

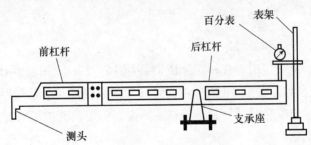

图 5-3-16　弯沉仪构造图

b　测试车：采用双轴、后轴双侧 4 轮的载重车，测试车其标准轴荷载、轮胎尺寸、轮胎间隙及轮胎气压等主要参数应符合表 5-3-6 的要求。测试车应采用后轴 10t 标准轴载 BZZ—100 型汽车，并要求轮胎花纹清晰，没有明显磨损。车上所装重物应稳固均匀，汽车行驶时载物不得移动。测试前应对轮胎气压进行检验。

表 5-3-6　测定弯沉用的标准车参数

标准轴载等级	BZZ—100
后轴标准轴载 P/kN	100 ± 1
一侧双轮荷载/kN	50 ± 0.5
轮胎充气压力/MPa	0.70 ± 0.05
单轮传压面当量圆直径/cm	21.30 ± 0.5
轮隙宽度	应满足能自由插入弯沉仪测头的测试要求

c　接触式路面温度计：端部为平头，分度值不大于 1℃。也可采用红外线测温仪或激光测温仪。

d　其他：皮尺、口哨、白油漆或粉笔、指挥旗等。

5.3.7.2　准备工作

a　检查并保持测定用车的车况及刹车性能良好，轮胎充气压力符合规定。给汽车加载，以砂石、砖等材料或铁块等重物加载，注意必须堆放稳妥。并用地中衡称量汽车后轴总质量及单侧轮载荷，此时前轮应驶离地磅，调整汽车加载重物，使汽车后轴总重 P 符合上述规定。

b　测定轮胎接地面积 F：在平整光滑的硬质的地表上，将符合荷载标准的汽车后轴用千斤顶顶起，在车轮下放置有复写纸的米格纸，开启千斤顶使车轮缓缓下放，即在复写纸上压轮迹。然后再顶起后轮，取出米格纸并注明左、右轮，用笔均匀画出轮胎印迹周界，用求积仪或数方格的方法测算轮胎接地面积，准确至 $0.1\,\mathrm{cm^2}$。然后，按下列公式计算后轮的单位面积压力及传压面当量圆直径。

单位压力为：
$$\sigma = \frac{P}{2F}$$

单圆荷载当量圆直径为：
$$D = \sqrt{\frac{4F}{\pi}}$$

双圆荷载当量圆直径为：
$$d = \frac{D}{\sqrt{2}}$$

c　检查弯沉仪百分表测量灵敏情况。

d　当在沥青路面上测定时，在一定间隔时间段 $15\sim30\mathrm{min}$ 用温度计测定试验时气温及路表温度，并通过气象台了解前 5d 的平均气温（日最高气温与最低气温的平均值）。

e　记录路面修建或改建时的材料、结构、厚度、施工及养护等情况。

5.3.7.3　试验步骤

a　在测试路段布置测点，一般在行车道的轮迹带上每隔 $50\sim100\mathrm{m}$ 选一测点，用白油漆或粉笔划上记号，并记录测点里程、位置。如果情况特殊，可根据具体情况适当加密测点。有条件时，可用两台弯沉仪在左、右两行车带同时进行测定。

b　用"前进卸载法"测定，将试验车的一侧后轮（一般均使用左、右轮）停于测点上。迅速在此一侧后轮的两轮胎间隙安置弯沉仪测头，并调平弯沉仪。测头应置于轮胎间隙中心稍前 $3\sim5\mathrm{cm}$ 处。调整百分表，使读数为 $4\sim5\mathrm{mm}$。用手指轻轻叩打弯沉仪，检查百分表是否稳定回零。

c　然后吹口哨，指挥汽车缓缓前进（汽车前进的速度宜为 $5\mathrm{km/h}$ 左右），使百分表指针随路面变形的增加持续向前转动。当转动到最大值时，迅速读取初读数 L_1，汽车仍在继续前进，百分表指针反向回转。待汽车驶出弯沉影响半径后，吹口哨或挥动红旗指挥汽车停止。待百分表指针回转稳定，再次读取终读数 L_2。

d　如果需要测定总弯沉值和残余弯沉值，则应用"后退加荷法"。即先将试验车停驻在弯沉影响半径范围之外，在测点先安置好弯沉仪测头，读记百分表读数 d_1。然后指挥试验车缓缓地由前向后倒退至测点，并使弯沉仪测头刚好对准轮胎间隙中心，待百分表稳定后读记数值 d_2，随即指挥汽车向前缓缓行驶离开测点至影响半径之外，待百分表稳定后读记

数值 d_3，则测点的总弯沉值为：

$$L_Z = 2 \ (d_2 - d_1) \ \times \frac{1}{100}$$

回弹弯沉值为：

$$L_T = 2 \ (d_2 - d_3) \ \times \frac{1}{100}$$

残余弯沉值为：

$$L_E = L_Z - L_T$$

5.3.7.4　弯沉仪的支点变形修正

a　当采用 3.6m 的弯沉仪对半刚性基层沥青路面、水泥混凝土路面等进行弯沉测试时，有可能引起弯沉仪支座处变形，因此应检验支点有无变形。用另一台检验用的弯沉仪安装在检测用的弯沉仪后方，其测点架于测定用的弯沉仪的支点旁。当汽车开出时，同时测读两台弯沉仪的读数，如检验用的弯沉仪百分表有读数，则应记录并进行支点变形修正。当在同一结构层上测定时，可在不同位置测定 5 次，求取平均值，以后每次测定时以此作为修正值。

b　当采用长 5.4m 的弯沉仪测定时，可不进行支点变形修正。

5.3.7.5　数据整理及温度修正

a. 路面测点的回弹弯沉值按式（5-3-34）计算：

$$L_T = (L_1 - L_2) \times 2 \tag{5-3-34}$$

式中　L_T——在路面温度 T 时的回弹弯沉值，0.01mm；

L_1——车轮中心临近弯沉仪测头时百分表的最大读数，0.01mm；

L_2——汽车驶出弯沉影响半径后百分表的终读数，0.01mm。

b　当需要进行弯沉仪支点变形修正时，路面测点的回弹弯沉值按式（5-3-35）计算：

$$L_T = (L_1 - L_2) \times 2 + (L_3 - L_4) \times 6 \tag{5-3-35}$$

式中　L_1——车轮中心临近弯沉仪测头时测定用弯沉仪的最大读数，0.01mm；

L_2——汽车驶出弯沉影响半径后测定用弯沉仪的最终读数，0.01mm；

L_3——车轮中心临近弯沉仪测头时检验用弯沉仪的最大读数，0.01mm；

L_4——汽车驶出弯沉影响半径后检验用弯沉仪的终读数，0.01mm。

注：此式适用于测定用弯沉仪支座处有变形，但百分表架处路面已无变形的情况。

c　沥青面层厚度大于 5cm 的沥青路面，回弹弯沉值应进行温度修正，温度修正及回弹弯沉的计算宜按下列步骤进行。

c.1　测定时的沥青层平均温度按式（5-3-36）计算：

$$T = \frac{(T_{25} + T_m + T_e)}{3} \tag{5-3-36}$$

式中　T——测定时沥青层平均温度，℃；

T_{25}——根据 T_0 由图 5-3-17 决定的路表下 25mm 处的温度，℃；

T_m——根据 T_0 由图 5-3-17 决定的沥青层中间深度的温度，℃；

T_e——根据 T_0 由图 5-3-17 决定的沥青层底面处的温度，℃。

图 5-3-17 中 T_0 为测定时路表温度与测定前 5d 日平均气温的平均值之和（℃），日平均气温为日最高气温与最低气温的平均值。

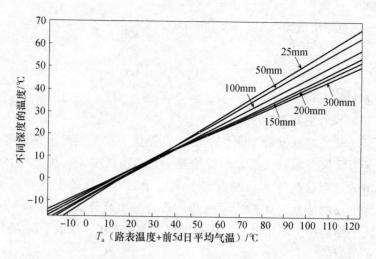

图 5-3-17　沥青层平均温度的确定（线上的数字表示路表下的不同深度）

　　c.2　采用不同基层的沥青路面弯沉值的温度修正系数 K，根据沥青层平均温度 T 及沥青层厚度分别由图 5-3-18 求得。

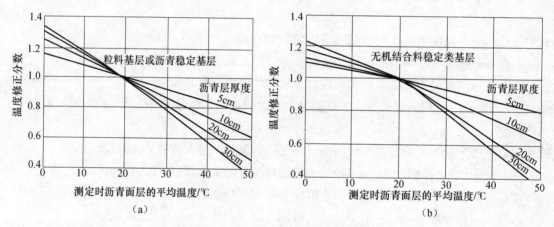

图 5-3-18　路面弯沉温度修正系数曲线
（a）图适用于粒料基层及沥青稳定基层；（b）图适用于无机结合料稳定的半刚性基层

　　c.3　沥青路面回弹弯沉按式（5-3-37）计算：

$$L_{20} = L_T \cdot K \tag{5-3-37}$$

式中　K——温度修正系数；
　　　L_{20}——换算为20℃的沥青路面回弹弯沉值，0.01mm；
　　　L_T——测定时沥青面层内平均温度为 T 时的回弹弯沉值，0.01mm。
　　c.4　经验计算法
　　c.4.1　测定时的沥青面层平均温度 T 按式（5-3-38）计算：

$$T = a + b \cdot T_0 \tag{5-3-38}$$

式中　T——测定时沥青面层平均温度，℃；
　　　a——系数，$a = -2.65 + 0.52h$（式中 h 为沥青面层厚度）；
　　　b——系数，$b = 0.62 - 0.008h$；

T_0——测定时路表温度与前 5d 平均气温之和，℃。

c.4.2　沥青路面弯沉的温度修正系数 K 按下式计算：

当 $T \geqslant 20℃$ 时：$$K = e^{(\frac{1}{T} - \frac{1}{20})h} \qquad (5\text{-}3\text{-}39)$$

当 $T < 20℃$ 时：$$K = e^{0.002h(20 - T)} \qquad (5\text{-}3\text{-}40)$$

c.4.3　沥青路面回弹弯沉按式（5-3-37）计算：

5.3.7.6　结果评定

a　按式（5-3-41）计算每一个评定路段的代表弯沉：

$$L_r = \overline{L} + Z_a \cdot s \qquad (5\text{-}3\text{-}41)$$

式中　L_r——在一个评定路段的代表弯沉，0.01mm；

　　　$\overline{L}$——在一个评定路段内经各项修正后的各测点弯沉的平均值，0.01mm；

　　　s——在一个评定路段内经各项修正后的全部测点弯沉的标准差，0.01mm；

　　　Z_a——与保证率有关的系数，常采用下列数值：高级公路、一级公路取 $Z_a = 2.0$；二级公路取 $Z_a = 1.645$；二级以下公路取 $Z_a = 1.5$。

b　计算平均值和标准差时，应将超出 $\pm(2 \sim 3)s$ 的弯沉异常值剔除（可采用本书第 7 章中离群值的判定方法）。用两台弯沉仪同时进行左右轮弯沉值测定时，应按两个独立的测点计，不能采用左右两点的平均值。

c　弯沉代表值不大于设计要求的弯沉值时为合格。若在非不利季节测定时，应考虑季节影响系数。

5.3.8　土基回弹模量试验（承载板法）

适用于在现场土基表面，通过承载板对土基逐级加载、卸载的方法，测出每级荷载下相应的土基回弹变形值，经过计算求得土基回弹模量。

5.3.8.1　试验设备

a　加载设施：载有铁块或集料等重物、后轴重不小于 60kN 的载重汽车一辆，作为加载设备。在汽车大梁的后轴之后约 80cm 处，附设加劲小梁一根作为反力架。汽车轮胎充气压力 0.50MPa。

b　现场测试装置：由千斤顶、测力计（测力环或压力表）及球座组成。

c　刚性承载板一块，板厚 20mm，直径为 ϕ30cm，直径两端设有立柱和可以调整高度的支座，供安放弯沉仪测头，承载板安放在土基表面上。

d　路面弯沉仪两台，由贝克曼梁、百分表及其支架组成。

e　液压千斤顶一台，80 ~ 100kN，装有经过校准的压力表或测力环，其量程不小于土基强度，测量精度不小于测力计量程的 1%。

f　其他：秒表、水平尺、细砂、毛刷、垂球、镐、铁锹、铲等。

5.3.8.2　检测步骤

a　准备工作

a.1　根据需要选择有代表性的测点，测点应位于水平的路基上，土质均匀，不含杂物；

a.2　仔细平整土基表面，撒干燥洁净的细砂填平土基凹处，砂子不可覆盖全部土基表面并避免形成一层砂层。

a.3 安置承载板，并用水平尺进行校正，使承载板处于水平状态。

a.4 将试验车置于测点上，在加劲小梁中部悬挂垂球测试，使之恰好对准承载板中心，然后收起垂球。在承载板上安放千斤顶，上面衬垫钢圆筒、钢板，并将球座置于顶部与加劲横梁接触。如用测力环，应将测力环置于千斤顶与横梁中间，千斤顶及衬垫物必须保持垂直，以免加压时千斤顶倾倒发生事故并影响测试数据的准确性，如图 5-3-19 所示。

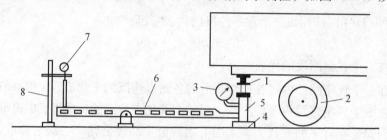

图 5-3-19 承载板法检测回弹模量试验示意图

1—支承小横梁；2—汽车后轮；3—千斤顶油压表；

4—承载板；5—千斤顶；6—弯沉仪；7—百分表；8—表架

a.5 安放弯沉仪，将两台弯沉仪的测头分别置于承载板立柱的支座上，百分表指针对零或处于其他合适的初始位置上。

b 测试步骤

b.1 用千斤顶开始加载，注视测力环或压力表，至预压 0.05MPa，稳压 1min，使承载板与土基紧密接触，同时检查百分表的工作情况是否正常，然后放松千斤顶油门卸载，稳压 1min 后，将指针对零或记录初始读数。

b.2 测定土基的压力-变形曲线。用千斤顶加载，采用逐级加载卸载法，用压力表或测力环控制加载量。荷载小于 0.10MPa 时，每级增加 0.02MPa，以后每级增加 0.04MPa 左右。为了使加载和计算方便，加载数值可适当调整为整数。每次加载至预定荷载（p）后，稳定 1min，立即读记两台弯沉仪百分表数值，然后轻轻放开千斤顶油门卸载至 0，待卸载稳定 1min 后，再次读数，每次卸载后百分表不再对零。当两台弯沉仪百分表读数之差小于平均值的 30% 时，取平均值；如超过 30%，则应重测。当回弹变形值超过 1mm 时，即可停止加载。

b.3 各级荷载的回弹变形和总变形，按以下方法计算：

回弹变形（L）=（加载后读数平均值—卸载后读数平均值）× 弯沉仪杠杆比

总变形（L'）=（加载后读数平均值 - 加载初始前读数平均值）× 弯沉仪杠杆比

b.4 测定总影响量 a

最后一次加载卸载循环结束后，取走千斤顶，重新读取百分表初读数，然后将汽车开出 10m 以外，读取终读数，两只百分表的初、终读数差之平均值即为总影响量 a。

b.5 在试验点下取样，测定材料含水量。取样质量如下：

最大粒径不大于 4.75mm 时，试样质量约 120g；

最大粒径不大于 19.0mm 时，试样质量约 250g；

最大粒径不大于 31.5mm 时，试样质量约 500g。

b.6 在紧靠试验点旁边的适当位置，用灌砂法或环刀法等测定土基的密度。

5.3.8.3 结果计算

a 各级压力的回弹变形值加上该级的影响量后，则为计算回弹变形值。表 5-3-7 是以后轴重 60kN 的标准车为测试车的各级荷载影响量的计算值。当使用其他类型测试车时，各级压力下的影响量 a_i 按式（5-3-42）计算：

$$a_i = \frac{(T_1 + T_2) \cdot \pi D^2 \cdot p_i}{4 T_1 \cdot Q} \cdot a \tag{5-3-42}$$

式中　T_1——测试车前后轴距，m；

　　　T_2——加劲小梁距后轴距离，m；

　　　D——承载板直径，m；

　　　Q——测试车后轴重，N；

　　　p_i——该级承载板压力，Pa；

　　　a——总影响量，0.01mm；

　　　a_i——该级压力的分级影响量，0.01mm。

表 5-3-7　各级荷载影响量（后轴 60kN 车）

承载板压力/MPa	0.05	0.10	0.15	0.20	0.30	0.40	0.50
影响量	0.06a	0.12a	0.18a	0.24a	0.36a	0.48a	0.60a

b 将各级计算回弹变形值点绘于标准计算纸上，排除显著偏离的异常点并绘出顺滑的 $P-L$ 曲线。如曲线起始部分出现反弯，应按图 5-3-20 所示修正原点 O，O' 则是修正后的原点。

c 按式（5-3-43）计算相应于各级荷载下的土基回弹模量 E_i 值：

$$E_i = \frac{\pi D}{4} \cdot \frac{p_i}{L_i}(1 - \mu_0^2) \tag{5-3-43}$$

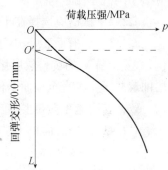

图 5-3-20　修正原点示意图

式中　E_i——相应于各级荷载下的土基回弹模量，MPa；

　　　μ_0——土的泊松比，根据路面设计规范的规定选用；

　　　D——承载板直径 30cm；

　　　p_i——承载板压力，MPa；

　　　L_i——相对于荷载 p_i 时的回弹变形，cm。

d 取结束试验前的各回弹变形值按线性回归方法由式（5-3-44）计算土基回弹模量 E_0 值：

$$E_0 = \frac{\pi D}{4} \cdot \frac{\sum p_i}{\sum L_i}(1 - \mu_0^2) \tag{5-3-44}$$

式中　E_0——土基回弹模量，MPa；

　　　μ_0——土的泊松比，根据相关路面设计规范规定选用；当无规定时，非黏性土可取 0.30，高黏性土取 0.50，一般可取 0.35 或 0.40；

L_i——结束试验前的各级实测回弹变形，cm;

p_i——对应于 L_i 的各级压力，MPa。

5.3.9 路基路面回弹模量试验（贝克曼梁法）

适用于在土基、厚度不小于1m 的粒料整层表面，用弯沉仪测试各测点的回弹弯沉值，通过计算求得该材料的回弹模量值的试验；也适用于在旧路表面测定路基路面的综合回弹模量。

5.3.9.1 试验设备

a 标准车：按回弹弯沉试验的规定选用。

b 路面弯沉仪：由贝克曼梁、百分表及表架组成。贝克曼梁由铝合金制成，上有水准泡，其前臂（接触路面）与后臂（装百分表）长度比为2∶1，弯沉采用百分表测量。

c 路表温度计：分度不大于1℃。

d 接长杆：直径φ16mm，长500mm。

e 其他：皮尺、口哨、粉笔、指挥旗等。

5.3.9.2 试验步骤

a 准备工作

a.1 选择洁净的路基路面表面作为测点，在测点处做好标记并编号。

a.2 无结合粒料基层的整层试验段（试槽）应符合下列要求：

a.2.1 整层试槽可修筑在行车带范围内或路肩及其他合适处，也可在室内修筑，但均应适于用汽车测定弯沉。

a.2.2 试槽应选择在干燥或中湿路段处，不得铺筑在软土基上。

a.2.3 试槽面积不小于 3m×2m，厚度不宜小于1m。铺筑时，先挖 3m×2m×1m（长×宽×深）的坑，然后用欲测定的同一种路面材料按有关施工规范规定的压实层厚度分层铺筑并压实，直至顶面，使其达到要求的压实度标准。同时应严格控制材料组成，配比均匀一致，符合施工质量要求。

a.2.4 试槽表面的测点间距可按图 5-3-21 布置在中间 2m×1m 的范围内，可测定23点。

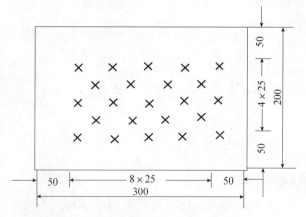

图 5-3-21 试槽表面的测点布置图（cm）

b　测试步骤

按 5.3.7 节回弹弯沉试验方法选择适当的标准车，并实测各测点处的路面回弹弯沉值 L_i。如在旧沥青面层上测定时，应读取温度，并按 5.3.7 节回弹弯沉试验规定的方法进行测定弯沉值的温度修正，得到标准温度 20℃时的弯沉值。

5.3.9.3　结果计算

a　按下列公式计算全部测定值的算术平均值 ($\bar{L}$)、单次测量的标准差 (s) 和自然误差 (r_0)：

$$\bar{L} = \frac{\sum L_i}{N} \tag{5-3-45}$$

$$s = \sqrt{\frac{\sum (L_i - \bar{L})^2}{N - 1}} \tag{5-3-46}$$

$$r_0 = 0.675 \times s \tag{5-3-47}$$

式中　$\bar{L}$——回弹弯沉的平均值，0.01mm；

s——回弹弯沉测定值的标准差，0.01mm；

r_0——回弹弯沉测定值的自然误差，0.01mm；

L_i——各测点的回弹弯沉值，0.01mm；

N——测点总数。

b　计算各测点的测定值与算术平均值的偏差值 $d_i = L_i - \bar{L}$，并计算较大的偏差与自然误差之比 d_i/r_0。当某个测点观测值的 d_i/r_0 值大于表 5-3-8 中的 d/r 极限值时则应舍弃该测点，然后重复本节 a 条款的步骤计算所余各测点的算术平均值 ($\bar{L}$) 及标准差 (s)。

表 5-3-8　相应于不同观测次数的 *d/r* 极限值

N	5	10	15	20	50
d/r	2.5	2.9	3.2	3.3	3.8

c　按式 (5-3-48) 计算代表弯沉值：

$$L_1 = \bar{L} + s \tag{5-3-48}$$

式中　L_1——计算代表弯沉；

$\bar{L}$——舍弃不合要求的测点后所余各测点弯沉的算术平均值；

s——舍弃不合要求的测点后所余各测点弯沉的标准差。

d　按式 (5-3-49) 计算土基、整层材料的回弹模量 (E_1) 或旧路的综合回弹模量：

$$E_1 = \frac{2p\delta}{L_1}(1 - \mu^2)\alpha \tag{5-3-49}$$

式中　E_1——计算的土基、整层材料的回弹模量或旧路的综合回弹模量，MPa；

p——测定车轮的平均垂直荷载，MPa；

δ——测定用标准车双圆荷载单轮传压面当量圆的半径，cm。见本章第 5.3.7.2 节；

μ——测定层材料的泊松比，根据公路路面设计规范的规定取用；

α——弯沉系数，为 0.712。

5.4 沥青及其混合料试验方法

5.4.1 沥青材料试验

本节主要介绍沥青材料常规试验方法（如针入度、延度、软化点、密度、热老化试验）等。

5.4.1.1 针入度试验

沥青的针入度：以标准针在一定的荷载、时间及温度条件下垂直贯入沥青试样的深度表示，针入度单位为 0.1mm。

a 试验设备

a.1 针入度测定仪：凡能保证针连杆在无明显摩擦下垂直运动，并能指示标准针贯入沥青试样深度精确至 0.1mm 的仪器均可使用。针连杆的质量为（47.5±0.05）g，针和针连杆的总质量为（50±0.05）g，另外仪器附加有（50±0.05）g 和（100±0.05）g 的砝码各一个，可以组成（100±0.05）g 和（200±0.05）g 的荷载以满足试验所需的荷载条件。仪器设有放置平底玻璃皿的平台，并有可调水平的装置，且针连杆应与平台垂直。仪器设有针连杆制动按钮，紧压按钮针连杆可以自由下落。针连杆要易于拆卸，以便定期检查其质量。

a.2 标准针：由硬化回火的不锈钢制成，钢号为 440-C 或等同的材料，洛氏硬度 HRC 为 54~60。针长约 50mm，长针长约 60mm，所有针的直径 $\phi 1.00 \sim \phi 1.02$mm。针的一端应磨成 8.7°~9.7° 的锥形。锥形应与针体同轴，圆锥表面和针体表面交界处的轴向最大偏差不大于 0.2mm，切平的圆锥端直径应在 0.14~0.16mm 之间，与针轴所成角度不超过 2°，切平的圆锥面的周边应锋利没有毛刺。圆锥表面粗糙度的算术平均值应为 0.2~0.3μm，针应装在一个黄铜或不锈钢的金属箍中，金属箍的直径为（3.20±0.05）mm，长度为（38±1）mm，针应牢固地装在箍里。针尖及针的任何其余部分均不得偏离箍轴 1mm 以上。针箍及其附件（即标准针）总质量应为（2.50±0.05）g，每个针柄上有单独的标志号码。

为了保证试验用针的统一性，应定期送计量校准机构进行检验，其检验结果应满足上述标准针的规定要求。

a.3 试样皿：使用时应选用最小尺寸的平底容器，可以是金属或玻璃的圆柱型平底容器，其尺寸应符合表 5-4-1 的要求。

表 5-4-1 试样皿的尺寸

针入度范围	小于 40	小于 200	200~350	350~500
试样皿内径/mm	33~55	55	55~75	55
皿内部深度/mm	8~16	35	45~70	70

注：1. 尺寸允许偏差为 ±1mm。
　　2. 器皿深度应大于针入度表示的深度约 15mm 或 1/2 以上。

a.4 恒温水槽：容量不小于 10L，能保持温度在试验温度的 ±0.1℃ 范围内，水槽中应备有一个带孔的搁架，位于水面下不少于 100mm、距水槽底不少于 50mm 处。如果针入度测定时在水浴中进行，搁架应足够支撑针入度仪。在低温下测定针入度时，水浴中装入盐水。

a.5　平底玻璃皿：透明玻璃容器，容量不小于 1L，深度不少于 80mm。内设一个不锈钢三脚支架，能使盛样皿稳定。

a.6　计时器：刻度为 0.1s 或小于 0.1s，60s 内的精确度达到 ±0.1s 的任何计时装置均可。直接连到针入度仪上的任何计时设备应定期进行校准，以保证提供 ±0.1s 的时间间隔。

a.7　温度计：液体玻璃温度计应符合：刻度范围 −8 ~ 55℃，分度值为 0.1℃；或满足此精确度和灵敏度的测温装置均可用。温度计或测温装置应定期进行校准。

a.8　其他：电炉或砂浴、石棉网、金属锅等。熔化试样用金属皿或瓷柄皿。

b　试验样品的制备

b.1　将装有沥青试样的盛样器带盖放入恒温烘箱中，对于焦油沥青的加热温度不超过软化点的 60℃，石油沥青的加热温度不超过软化点的 90℃，小心加热至沥青熔化至能够易于流动。取出放到可控温的砂浴、油浴或电热套上加热脱水，并用玻璃棒不断搅拌以防止局部过热，仔细脱水至无泡沫为止，加热时间在保证样品充分流动的基础上尽量短（一般不超过 30min）。加热、搅拌过程中避免试样中进入气泡。

b.2　将盛样器中的沥青样品通过 0.6mm 筛过滤后，不等冷却立即将试样注入试样皿中，试样高度应至少是预计锥入深度的 120%。如果试样皿的直径小于 65mm，而预计针入度高于 200（0.1mm），则每个实验条件都要制备三个样品。如果样品数量足够，浇筑的样品要达到试样皿边缘。

b.3　盖上试样皿以防落入灰尘。在 15 ~ 30℃室温下，小试样皿（ϕ33mm × 16mm）中的样品冷却 45min ~ 1.5h，中等试样皿（ϕ55mm × 35mm）中的样品冷却 1 ~ 1.5h，较大的试样皿中样品冷却 1.5 ~ 2.0h。冷却结束后将试样皿和平底玻璃皿一起放入试验温度下的恒温水槽或水浴中，水面应没过试样表面 10mm 以上。在规定的试验温度下恒温，小试样皿恒温 45min ~ 1.5h，中等试样皿恒温 1 ~ 1.5h，更大试样皿恒温 1.5 ~ 2.0h。

c　试验步骤

c.1　调整针入度仪使之水平。检查针连杆和导轨，以确认无水和其他外来物，无明显摩擦。如果预测针入度超过 350（0.1mm）应选择长针，否则用标准针。先用三氯乙烯或其他合适溶剂清洗标准针，并拭干。将针插入针连杆中固定。按试验条件，选择合适的砝码并放好砝码。

c.2　如果测试时针入度仪是在水浴中，则直接将试样皿放在浸在水中的支架上，使试样完全浸在水中。如果测试时针入度仪不在水浴中，将以达到恒温的试样皿移入水温控制在试验温度 ±0.1℃（可用恒温水槽中的水）的平底玻璃皿中的三脚支架上，试样表面以上的水层深度不少于 10mm。

c.3　将盛有试样的平底玻璃皿置于针入度仪的平台上。慢慢放下针连杆，使针尖恰好与试样表面接触，必要时用放置在合适位置的光源或灯光反射观察针头位置使针尖与水中针头的投影刚刚接触为止。轻轻拉下刻度盘的活动杆，使与针连杆顶端相接触，调节刻度盘或深度指示器的指针指示为零或归零。

c.4　在规定时间内快速释放针连杆，同时启动秒表或计时装置，使标准针自动下落贯入沥青试样中，到规定时间停压按钮使标准针停止移动（当采用自动针入度仪时，计时与标准针落下贯入试样同时开始，至 5s 时自动停止）。

c.5 拉下活动杆与针连杆顶端接触，此时刻度盘指针的读数即为试样的针入度，或自动方式停止锥入，通过数据显示装置直接读出锥入深度数值，得到针入度，用 1/10mm 表示。

c.6 同一试样平行试验至少三次，各测试点之间及与试样皿边缘的距离不应少于10mm。每次试验前都应将盛有试样皿的平底玻璃皿放入恒温水槽，使平底玻璃皿中水温保持试验温度，每次测定都要用干净的针。当针入度小于 200 时可将针取下用蘸有三氯乙烯溶剂的棉花或布揩净，再用干棉花或布擦干后继续使用。

c.7 测定针入度大于 200 的沥青试样时，每个试样皿中扎一针，三个试样皿得到三个数据。或者每个试样至少用三根标准针，每次试验后将针留在试样中，直至三根针扎完时再将标准针从试样中取出。

c.8 当需测定试样针入度指数 PI 时，按同样的方法在 15℃、25℃、30℃（或 5℃）3 个温度条件下分别测定沥青试样的针入度，但用于仲裁试验的温度条件应为 5 个。

d 结果计算

根据测试结果可按以下方法计算针入度指数、当量软化点及当量脆点。

d.1 诺模图法

将 3 个或 3 个以上不同温度条件下测试的针入度值绘于图 5-4-1 的针入度-温度关系诺模图中，按最小二乘法法则绘制回归直线，将直线向两端延长，分别与针入度为 800 及 1.2 的水平线相交，交点的温度即为当量软化点 T_{800} 和当量脆点 $T_{1.2}$。以图中 O 点为原点，绘制回归直线的平行线，与 PI 线相交，读取交点处的 PI 值即为该沥青的针入度指数。

此法不能检验针入度对数与温度直线回归的相关系数，仅供快速草算时使用。

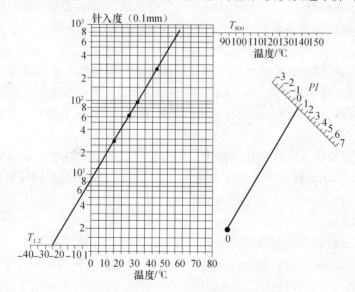

图 5-4-1 确定道路沥青 PI、T_{800}、$T_{1.2}$ 的针入度-温度关系诺模图

d.2　公式计算法

d.2.1　对不同温度条件下测试的针入度值取对数，令 $y = \lg P$，$x = T$，按式（5-4-1）的针入度对数与温度的直线关系，进行 $y = a + bx$ 一元一次方程的直线回归，求取针入度温度指数 A_{lgpen}：

$$\lg P = K + A_{\text{lgpen}} \cdot T \tag{5-4-1}$$

式中　T——为不同试验温度，相应温度下的针入度为 P；

K——为回归方程的常数项 a；

A_{lgpen}——为回归方程系数 b。

按式（5-4-1）回归时必须进行相关性检验，直线回归相关系数 R 不得小于 0.997（置信度95%），否则试验无效。

d.2.2　按式（5-4-2）确定沥青的针入度指数 PI，并记为 PI：

$$PI = \frac{20 - 500 A_{\text{lgpen}}}{1 + 50 A_{\text{lgpen}}} \tag{5-4-2}$$

d.2.3　按式（5-4-3）确定沥青的当量软化点 T_{800}：

$$T_{800} = \frac{\lg 800 - K}{A_{\text{lgpen}}} = \frac{2.9031 - K}{A_{\text{lgpen}}} \tag{5-4-3}$$

d.2.4　按式（5-4-4）确定沥青的当量脆点 $T_{1.2}$：

$$T_{1.2} = \frac{\lg 1.2 - K}{A_{\text{lgpen}}} = \frac{0.0792 - K}{A_{\text{lgpen}}} \tag{5-4-4}$$

d.2.5　按式（5-4-5）计算沥青的塑性温度范围 ΔT：

$$\Delta T = T_{800} - T_{1.2} = \frac{2.8239}{A_{\text{lgpen}}} \tag{5-4-5}$$

e　试验结果的允许偏差和精密度

e.1　取同一试样三次测定针入度的平均值，取至整数作为试验结果，以 0.1mm 为单位。三次测定的针入度值的最大值和最小值之差不应大于表 5-4-2 中的数值。当针入度最大差值超过表 5-4-2 允许范围，则利用备用试样重复试验。

表 5-4-2　试验结果的允许差值

针入度/(1/10mm)	0~49	50~149	150~249	250~350	350~500
允许差值/(1/10mm)	2	4	6	8	20

e.2　重复性：为同一操作者在同一试验室用同一台仪器对不同时间同一样品测得的两次结果之差不超过平均值的4%。

e.3　再现性：不同操作者在不同的试验室用相同类型的不同仪器对同一样品测得的两次结果之差不超过平均值的11%。

5.4.1.2　延度试验

延性是指沥青试样在外力的拉伸作用下，所能承受的塑性变形的总能力。沥青的延性是用延度指标表示的，即把沥青试样制成8字形标准试件（最小断面98.01~102.01mm²），在规定速度和规定温度下拉断时的长度，称为延度，以 cm 计。

a　试验设备

a.1　延度仪：凡将试件浸没于水中，能保持规定的试验温度和按照规定的拉伸速度，使试件拉断，且启动时无明显振动的延度仪均可使用，其形状与组成如图 5-4-2 所示。

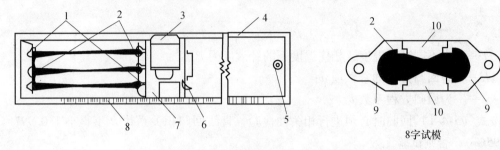

图 5-4-2　沥青延度试验及 8 字试模

1—试模；2—试件；3—电机；4—水槽；5—泄水孔；6—开关柄；7—指针；8—标尺；9—端模；10—侧模

a.2　延度试模：黄铜制，由两个弧形端模和两个侧模所组成，试模内侧表面粗糙度为 $R_a0.63\mu m$，其装配完好后试样浇铸的形状如图 5-4-2 所示。

a.3　试模底板：黄铜板，一面应磨光至表面粗糙度为 $R_a0.63\mu m$。

a.4　恒温水槽：容量至少为 10L，能够控制温度变化不大于 0.1℃ 的玻璃或金属器皿，试件浸入水中深度不得小于 100mm，水浴中设置带孔搁架，搁架距水槽底部不得小于 50mm。

a.4　带柄瓷皿或金属皿：熔化沥青用。

a.5　温度计：0~50℃，分度为 0.1℃ 和 0.5℃ 各一支。

a.6　隔离剂：以质量计，由两份甘油和一份滑石粉调制而成。

a.7　砂浴或其他加热炉具、石棉网、脱脂棉、平刮刀、工业酒精、食盐等。

b　试验步骤

b.1　将延度模具组装在试模底板上，将隔离剂拌合均匀，涂于清洁干燥的试模底板和两个侧模的内表面，以防沥青粘在模具上。板上的模具要水平放好，以便模具的底部能够充分与底板接触。

b.2　以与针入度试验相同的方法准备沥青试样，样品的加热时间在不影响样品性质和保证样品充分流动的基础上尽量短。将熔化后的试样充分搅拌之后倒入模具中，在倒入时使试样呈细流状，自模的一端至另一端往返注入，使试样略高出模具，灌模时应注意勿使气泡混入。

b.3　试件在 15~30℃ 的空气中冷却 30~40min，然后置于试验温度的水浴中，保持 30min 后取出，用热刀将高出模具的沥青刮去，使沥青面与模面齐平。沥青的刮法应自模的中间刮向两边，表面应刮得十分平滑。将试件连同金属板再浸入规定试验温度 ±0.5℃ 的水浴中恒温 85~95min。

b.4　检查延度仪拉伸速度是否符合标准要求［采用拉伸速度为（5±0.25）cm/min；当低温采用（1±0.05）cm/min 的拉伸速度时，应在报告中注明］，然后移动滑板使其指针正对标尺的零点。

b.5　将试件移至延度仪的水槽中，然后将试件从金属板上取下，将试模两端的孔分别套在滑板及槽端的金属柱上，然后去掉侧模，试件距水面和水底的距离应不小于 25mm。

b. 6　确认延度仪水槽中水温为试验温度 ±0.5℃时，开动延度仪（此时仪器不得有振动），观察沥青的延伸情况，在整个试验过程中应随时观测，保持水温在试验温度 ±0.5℃的范围内，水面不得有晃动，如水槽采用循环水时，应暂时停止水循环。

在试验时，如发现沥青细丝浮于水面或沉入槽底时，则应在水中加入工业酒精或食盐，调整水的密度至与试样的密度相近，即沥青材料既不浮于水面，又不沉入槽底时，再重新进行试验。

b. 7　试件拉断时指针所指标尺上的读数，即为试样的延度，以 cm 表示。在正常情况下，应将试样拉伸为锥形或线形或柱形，直至在断裂时实际横断面面积接近于零或一均匀断面。如果三次试验得不到正常结果，则应在报告中注明在该条件下延度无法测定。

c　结果计算及精密度要求

c. 1　同一试样，每次平行试验不少于三个。若三个试件测定值在其平均值的 5% 内，取三个平行测定结果的平均值作为测定结果。若三个试件测定值不在其平均值的 5% 以内，但其中两个较高值在平均值的 5% 内，则弃去最低测定值，取两个较高值的平均值作为测定结果，否则试验应重新进行。

c. 2　精密度

c. 2. 1　重复性：同一操作者在同一试验室使用同一台仪器对在不同时间同一样品进行试验测得的结果不超过平均值的 10%（置信度 95%）。

c. 2. 2　再现性：不同操作者在不同的试验室用相同类型的仪器对同一样品进行试验测得的结果不超过平均值的 20%（置信度 95%）。

5. 4. 1. 3　软化点试验

适用于测定石油沥青、煤沥青及液体石油沥青经蒸馏或乳化沥青破乳蒸发后残留物的软化点。

a　试验设备

a. 1　软化点测定仪：如图 5-4-3 所示，主要由钢球（直径 9.53mm、质量 3.5g ±0.05g）、试样环、钢球定位器、金属支架、耐热玻璃烧杯（直径不小于 86mm、高不小于 120mm、容积约 800 ~ 1000mL）和温度计（0 ~ 80℃，分度 0.5℃和 0 ~ 200℃，分度 1℃各一支）组成。

a. 2　试样底板：玻璃板或金属板（表面粗糙度应达 R_a 为 0.8μm）。

a. 3　装有温度调节器的电炉或其他加热炉具（液化石油气、天然气等）。应采用带有振荡搅拌器的加热电炉，振荡子置于烧杯底部。

a. 4　恒温水槽：控温精度为 ±0.5℃。

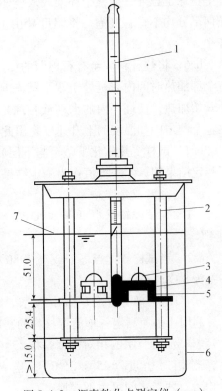

图 5-4-3　沥青软化点测定仪（mm）

1—温度计；2—立杆；3—钢球；

4—钢球定位器；5—金属环；6—烧杯；7—液面

a. 5 平直刮刀：切除多余沥青用。

a. 6 甘油滑石粉隔离剂（甘油与滑石粉的质量比 2∶1）；新煮沸过的蒸馏水。

b 检测方法

b. 1 将试样环置于涂有隔离剂的试样底板上。以与针入度试验相同方法准备好沥青试样，将试样注入试样环内至略高出环面为止（软化点在 120℃ 以上时，应将铜环与试样底板预热至 80～100℃）。

b. 2 试样在 15～30℃ 的空气中冷却 30min 后，用热刀刮去高出环面上的试样，使与环面齐平。

b. 3 对于软化点不高于 80℃ 的试样，将盛有试样的试样环及试样底板置于盛满水的保温槽内，水温保持（5±0.5）℃，恒温 15min。

对于软化点高于 80℃ 的试样，将盛有试样的试样环及金属板置于盛满甘油的保温槽内，甘油温度保持（32±1）℃，恒温 15min。或将盛有试样的试样环水平地安放在试验架中层板的圆孔内，然后放在烧杯中，恒温 15min，温度要求同保温槽。

b. 4 烧杯内注入新煮沸并冷却至约 5℃ 的蒸馏水（对于软化点不高于 80℃ 的试样），或注入预先加热至约 32℃ 的甘油（对于软化点高于 80℃ 的试样），使水面或甘油面略低于立杆上的深度标记。

b. 5 从水（或甘油）保温槽中取出盛有试样的试样环放置在环架中层板的圆孔中，并套上钢球定位环，把整个环架放入烧杯内，调整水面或甘油面至立杆上的深度标记，环架上任何部分均不得有气泡。将温度计由上层板中心孔垂直插入，使测温头底部与试样环下面齐平。

b. 6 将烧杯移放至有石棉网的加热炉具上，然后将钢球放在试样上（须使各环的平面在全部加热时间内完全处于水平状态），立即开动振荡搅拌器，使水（或甘油）微微振荡，并开始加热，使烧杯内的水（或甘油）温度在 3min 内调节至上升速度为（5±0.5）℃/min，在整个测定中如温度的上升速度超出此范围时，则试验应重作。

b. 7 试样受热软化下坠至与下层底板表面接触时的温度即为试样的软化点。取两个平行测定结果的算术平均值作为测定结果。

c 精密度或允许差

c. 1 当试样软化点低于 80℃ 时，重复性试验的允许差为 1℃，复现性试验的允许差为 4℃。

c. 2 当试样软化点等于或高于 80℃ 时，重复性试验的允许差为 2℃，复现性试验的允许差为 8℃。

5.4.1.4 沥青密度与相对密度试验

利用比重瓶测定各种沥青材料的密度与相对密度。非经注明，测定沥青密度的标准温度为 15℃。沥青与水的相对密度是指 25℃ 相同温度下的密度之比。本方法可以测定 15℃ 密度，换算得相对密度（25℃/25℃）；也可以测定相对密度（25℃/25℃），换算求得密度（15℃）。两者之间可由下式换算：

沥青与水的相对密度（25℃/25℃）＝沥青的密度（15℃）×0.996

对液体石油沥青，也可以采用适宜的液体密度计或比重计测定密度或相对密度。

a　仪器与材料

a.1　比重瓶：玻璃制，瓶塞下部与瓶口须经仔细研磨。瓶塞中间有一个垂直孔，其下部为凹形，以便由孔中排除空气。比重瓶的容积为 20~30mL，质量不超过 40g，如图 5-4-4 所示。

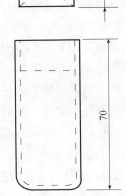

a.2　恒温水槽：控温的精确度为 0.1℃。

a.3　烘箱：200℃，装有温度自动调节器。

a.4　天平：感量不大于 1mg。

a.5　滤筛：0.6mm、2.36mm 各一个。

a.6　温度计：0~50℃，分度值为 0.1℃。

a.7　烧杯：600~800mL。

a.8　真空干燥器。

a.9　洗液：玻璃仪器清洗液，三氯乙烯（分析纯）等。

a.10　蒸馏水（或去离子水）。

a.11　表面活性剂：洗衣粉。

a.12　其他：软布、滤纸等。

b.　方法与步骤

b.1　准备工作

b.1.1　用洗液、水、蒸馏水先后仔细洗涤比重瓶，然后烘干称其质量（m_1），精确至 1mg。

图 5-4-4　比重瓶（mm）

b.1.2　将盛有新煮沸并冷却的蒸馏水的烧杯浸入恒温水槽中一同保温，在烧杯中插入温度计，水的深度必须超过比重瓶顶部 40mm 以上。

b.1.3　使恒温水槽及烧杯中的蒸馏水达到规定的试验温度 ±0.1℃。

b.2　比重瓶水值的测定步骤

b.2.1　将比重瓶及瓶塞放入恒温水槽中的烧杯里，烧杯底浸没水中的深度应不少于 100mm，烧杯口露出水面，并用夹具将其固牢。

b.2.2　待烧杯中水温再次达到规定温度并保温 30min 后，将瓶塞塞入瓶口，使多余的水由瓶塞上的毛细孔中挤出。注意，比重瓶内不得有气泡。

b.2.3　将烧杯从水槽中取出，再从烧杯中取出比重瓶，立即用干净软布将瓶塞顶部擦拭一次，再迅速擦干比重瓶外面的水分，称其质量（m_2），精确至 1mg。注意瓶塞顶部只能擦拭一次，即使由于膨胀瓶塞上有小水滴也不能再擦拭。

b.2.4　以 $m_2 - m_1$ 作为试验温度时比重瓶的水值。比重瓶的水值应经常校正，一般每年至少进行一次。

b.3　液体沥青试样的试验步骤

b.3.1　将试样过筛（0.6mm）后注入干燥比重瓶中至满，注意不要混入气泡。

b.3.2　将盛有试样的比重瓶及瓶塞移入恒温水槽（测定温度 ±0.1℃）内盛有水的烧杯中，水面应在瓶口下约 40mm。注意勿使水浸入瓶内。

b.3.3　从烧杯内的水温达到要求的温度后起算保温 30min 后，将瓶塞塞上，使多余的试样由瓶塞的毛细孔中挤出。仔细用蘸有三氯乙烯的棉花擦净孔口挤出的试样，并注意保持孔中充满试样。

b.3.4 从水中取出比重瓶，立即用干净软布仔细地擦去瓶外的水分或粘附的试样（注意不得再揩孔口）后，称其质量（m_3），精确至 1mg。

b.4 黏稠沥青试样的试验步骤

b.4.1 按与本章节针入度试验相同的方法准备沥青试样，加热温度不高于估计软化点以上 100℃（石油沥青）或 50℃（煤沥青），仔细注入比重瓶中，约至 2/3 高度。注意勿使试样粘附瓶口或上方瓶壁，并防止混入气泡。

b.4.2 取出盛有试样的比重瓶，移入干燥器中，在室温下冷却不少于 1h，连同瓶塞称其质量（m_4），准确至 1mg。

b.4.3 从水槽中取出盛有蒸馏水的烧杯，将蒸馏水注入比重瓶，再放入烧杯中（瓶塞也放进烧杯中），然后把烧杯放回已达试验温度的恒温水槽中，从烧杯中的水温达到规定温度时起算保温 30min 后，使比重瓶中气泡上升到水面，用细针挑除。保温至水的体积不再变化为止。待确认比重瓶已经恒温且无气泡后，再用保温在规定温度水中的瓶塞塞紧，使多余的水从塞孔中溢出，此时应注意不得带入气泡。

b.4.4 保温 30min 后，取出比重瓶，按前述方法迅速揩干瓶外水分后称其质量（m_5），精确至 1mg。

b.5 固体沥青试样的试验步骤

b.5.1 试验前，如试样表面潮湿，可用干燥、清洁的空气吹干，或置于 50℃ 烘箱中烘干。

b.5.2 将 50~100g 试样打碎，过 0.6mm 及 2.36mm 筛。取 0.6~2.36mm 的粉碎试样不少于 5g 放入清洁、干燥的比重瓶中，塞紧瓶塞后称其质量（m_6），精确至 1mg。

b.5.3 取下瓶塞，将恒温水槽内烧杯中的蒸馏水注入比重瓶，水面高于试样约 10mm，同时加入几滴表面活性剂溶液（如 10g/L 洗衣粉溶液、洗涤剂），并摇动比重瓶使大部分试样沉入水底，必须使试样颗粒表面上所吸附气泡逸出。注意，摇动时勿使试样摇出瓶外。

b.5.4 取下瓶塞，将盛有试样和蒸馏水的比重瓶置于真空干燥箱（器）中抽真空，逐渐达到真空度 98kPa（735mmHg）保持时间不少于 15min。如比重瓶试样表面仍有气泡，可再加几滴表面活性剂溶液，摇动后再抽真空。必要时，可反复几次操作，直至无气泡为止。抽真空不宜过快，防止将样品带出比重瓶。

b.5.5 将保温烧杯中的蒸馏水再注入比重瓶中至满，轻轻地塞好瓶塞，再将带塞的比重瓶放入盛有蒸馏水的烧杯中，并塞紧瓶塞。

b.5.6 将装有比重瓶的盛水烧杯再置于恒温水槽（试验温度 ±0.1℃）中保持至少 30min 后，取出比重瓶，迅速揩干瓶外水分后称其质量（m_7），精确至 1mg。

c 结果计算及允许差

c.1 试验温度下液体沥青试样的密度或相对密度按式（5-4-6）及（5-4-7）计算：

$$\rho_b = \frac{m_3 - m_1}{m_2 - m_1} \times \rho_w \qquad (5\text{-}4\text{-}6)$$

$$\gamma_b = \frac{m_3 - m_1}{m_2 - m_1} \qquad (5\text{-}4\text{-}7)$$

式中　ρ_b——试样在试验温度下的密度，g/cm³；

　　　γ_b——试样在试验温度下的相对密度；

　　　m_1——比重瓶质量，g；

　　　m_2——比重瓶与盛满水时的合计质量，g；

　　　m_3——比重瓶与盛满试样时的合计质量，g；

　　　ρ_w——试验温度下水的密度，15℃ 水的密度为 0.99910g/cm³，25℃ 水的密度为 0.99703g/cm³。

c.2　试验温度下黏稠沥青试样的密度或相对密度按式（5-4-8）及（5-4-9）计算：

$$\rho_b = \frac{m_4 - m_1}{(m_2 - m_1) - (m_5 - m_4)} \times \rho_w \qquad (5\text{-}4\text{-}8)$$

$$\gamma_b = \frac{m_4 - m_1}{(m_2 - m_1) - (m_5 - m_4)} \qquad (5\text{-}4\text{-}9)$$

式中　m_4——比重瓶与沥青试样合计质量，g；

　　　m_5——比重瓶与试样和水合计质量，g。

c.3　试验温度下固体沥青试样的密度或相对密度按式（5-4-10）及（5-4-11）计算：

$$\rho_b = \frac{m_6 - m_1}{(m_2 - m_1) - (m_7 - m_6)} \times \rho_w \qquad (5\text{-}4\text{-}10)$$

$$\gamma_b = \frac{m_6 - m_1}{(m_2 - m_1) - (m_7 - m_6)} \qquad (5\text{-}4\text{-}11)$$

式中　m_6——比重瓶与沥青试样合计质量，g；

　　　m_7——比重瓶与试样和水合计质量，g。

c.4　同一试样应平行试验两次，当两次试验结果的差值符合重复性试验的允许差要求时，以平均值作为沥青的密度试验结果，并精确至 3 位小数，试验报告应注明试验温度。

c.5　允许差

c.5.1　对黏稠石油沥青及液体沥青，重复性试验的允许差为 0.003g/cm³；再现性试验的允许差为 0.007g/cm³。

c.5.2　对固体沥青，重复性试验的允许差为 0.01g/cm³，再现性试验的允许差为 0.02g/cm³。

c.5.3　相对密度的允许差要求与密度相同（无量纲）。

5.4.1.5　沥青薄膜加热试验

本方法适用于测定道路石油沥青、聚合物改性沥青薄膜加热后的质量变化，并根据需要，测定薄膜加热后残留物的针入度、延度、软化点、黏度等性质的变化，以评定沥青的耐老化性能。

a　仪器与材料

a.1　薄膜加热烘箱：形状和尺寸如图 5-4-5 所示，标称温度范围200℃，控温的精确度为1℃，装有温度调节器和可转动的圆盘架（图 5-4-6）。圆盘直径 360～370mm，上有 4 个浅槽，供放置盛样皿；由传动机构使转盘水平转动，速度为（5.5±1）r/min。门为双层，两层之间应留有间隙，内层门为玻璃制。烘箱应能自动通风。

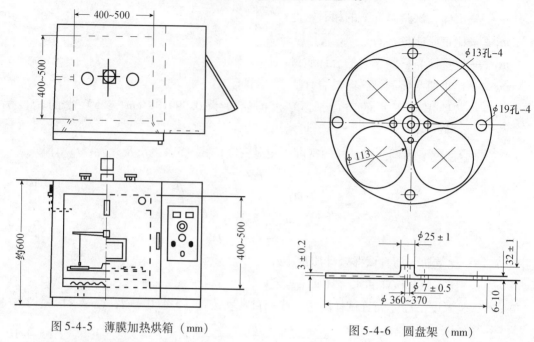

图 5-4-5　薄膜加热烘箱（mm）　　　　图 5-4-6　圆盘架（mm）

a.2　盛样皿：铝或不锈钢制成，不少于 4 个，内径（140 ± 1）mm，皿深 9.5 ~ 10mm。

a.3　温度计：0 ~ 200℃，分度为 0.5℃。

a.4　天平：感量不大于 1mg。

a.5　其他：干燥器、计时器等。

b　方法与步骤

b.1　准备工作

b.1.1　将洁净、烘干、冷却后的盛样皿编号，称其质量（m_0），精确至 1mg。

b.1.2　按与本节针入度试验相同的方法准备沥青试样，分别注入 4 个已称质量的盛样皿中（质量为 50g ± 0.5g），并形成沥青厚度均匀的薄膜，放入干燥器中冷却至室温后称取质量（m_1），精确至 1mg。同时按规定方法，测定沥青试样薄膜加热试验前的针入度、延度、软化点、黏度等性质。当试验项目需要，预计沥青数量不够时，可增加盛样皿数目，但不允许将不同品种或不同标号的沥青，同时放在一个烘箱中试验。

b.1.3　将温度计垂直悬挂于转盘轴上，位于转盘中心，水银球应在转盘顶面上的 6mm 处，并将烘箱加热并保持至（163 ± 1）℃。

b.2　试验步骤

b.2.1　把烘箱调整水平，使转盘在水平面上以（5.5 ± 1）r/min 的速度旋转，转盘与水平面倾斜角不大于 3°，温度计位置距转盘中心和边缘距离相等。

b.2.2　在烘箱达到恒温 163℃后，将盛样皿迅速放入烘箱内的转盘上，并关闭烘箱门和开动转盘架；使烘箱内温度回升至 162℃时开始计时，并在温度（163 ± 1）℃下保持 5h。但从放置盛样皿开始至试验结束的总时间，不得超过 5.25h。

b.2.3　加热结束后，从烘箱中取出盛样皿，随机取其中两个盛样皿放入干燥器中冷却至室温后，分别称其质量（m_2），精确至 1mg。其余盛样皿（或不需测定试样质量变化时）按照 b.2.5 进行。

　　b.2.4　试样称量后，将盛样皿放回（163 ± 1）℃的烘箱中转动 15min，取出试样，立即按照 b.2.5 的步骤进行工作。

　　b.2.5　将每个盛样皿的热试样，用刮刀或刮铲刮入一适当的容器内，置于加热炉上加热，并适当搅拌使充分融化达流动状态，倾入针入度盛样皿或延度、软化点等试模内，并按规定方法进行针入度等各项薄膜加热试验后残留物的相应试验。如在当日不能进行试验，试样应放置在容器内，但全部试验必须在加热后 72h 内完成。

　　c　结果计算

　　c.1　沥青薄膜试验后质量变化按式（5-4-12）计算，准确至 3 位小数（质量减少为负值，质量增加为正值）：

$$L_T = \frac{m_2 - m_1}{m_1 - m_0} \times 100 \tag{5-4-12}$$

式中　L_T——试样薄膜加热质量变化，%；

　　　m_0——盛样皿质量，g；

　　　m_1——薄膜烘箱加热前盛样皿与试样合计质量，g；

　　　m_2——薄膜烘箱加热后盛样皿与试样合计质量，g。

　　c.2　沥青薄膜烘箱试验后，残留物针入度比以残留物针入度占原试样针入度的比值按式（5-4-13）计算：

$$K_P = \frac{P_2}{P_1} \times 100 \tag{5-4-13}$$

式中　K_P——试样薄膜加热后残留物针入度比，%；

　　　P_1——薄膜加热试验前原试样的针入度，0.1mm；

　　　P_2——薄膜烘箱加热后残留物的针入度，0.1mm。

　　c.3　沥青薄膜加热试验的残留物软化点增值按式（5-4-14）计算：

$$\Delta T = T_2 - T_1 \tag{5-4-14}$$

式中　ΔT——薄膜加热试验后软化点增值，℃；

　　　T_1——薄膜加热试验前软化点，℃；

　　　T_2——薄膜加热试验后软化点，℃。

　　c.4　沥青薄膜加热试验黏度比按式（5-4-15）计算：

$$K_\eta = \frac{\eta_2}{\eta_1} \tag{5-4-15}$$

式中　K_η——薄膜加热试验前后 60℃黏度比；

　　　η_2——薄膜加热试验后 60℃黏度，Pa·s；

　　　η_1——薄膜加热试验前 60℃黏度，Pa·s。

　　c.5　沥青的老化指数按式（5-4-16）计算：

$$C = \lg\lg(\eta_2 \times 10^3) - \lg\lg(\eta_1 \times 10^3) \tag{5-4-16}$$

式中　C——沥青薄膜加热试验的老化指数。

d　报告及允许差

本试验的报告应注明下列结果：

d.1　质量变化。当两个试样皿的质量变化符合重复性试验允许差要求时，取其平均值作为试验结果，准确至 3 位小数。

d.2　根据需要报告残留物的针入度及针入度比、软化点及软化点增值、黏度及黏度比、老化指数、延度、脆点等各项性质的变化。

d.3　允许差

d.3.1　当薄膜加热后质量变化小于或等于 0.4% 时，重复性试验的允许差为 0.04%，再现性试验的允许误差为 0.16%。

d.3.2　当薄膜加热后质量变化大于 0.4% 时，重复性试验的允许差为平均值的 8%，再现性试验的允许差为平均值的 40%。

d.3.3　残留物针入度、软化点、延度、黏度等性质试验的允许差应符合相应的试验方法的规定。

5.4.2　沥青混合料试验

5.4.2.1　沥青混合料取样方法

用于在拌合厂及道路施工现场采集热拌沥青混合料或常温沥青混合料试样，供施工过程中的质量检验或在试验室测定沥青混合料的各项物理力学性质。所取的试样应有充分的代表性。

a　取样仪具

a.1　温度计：分度值为 1℃。宜采用有金属插杆的插入式数显温度计，金属插杆的长度应不小于 150mm，量程为 0～300℃，且有留置读数功能。

a.2　铁锹、手铲。

a.3　搪瓷盘、带盖金属盛样容器（可装 12～20kg，并能保温）、塑料编织袋等。

a.4　其他：标签、溶剂（煤油）、棉纱等。

b　取样量

b.1　试样量根据试验目的决定，宜不少于试验用量的 2 倍。一般情况下可按表 5-4-3 取样。

表 5-4-3　常用沥青混合料试验项目的样品量

试验项目	目　的	最少试样量/kg	取样量/kg
马歇尔试验、抽提、筛分	施工质量检验	12	20
车辙试验	高温稳定性检验	40	60
浸水马歇尔试验	水稳定性检验	12	20
冻融劈裂试验	水稳定性检验	12	20
弯曲试验	低温性能检验	15	25

b.2　平行试验应加倍取样。在现场取样直接装入试模成型时，可以等量取样。

b.3　取样材料用于仲裁试验时，取样量除应满足本取样方法规定外，还应保留一份有代表性的试样，直到仲裁结束。

c 取样方法

沥青混合料取样应是随机的，并具有充分的代表性。以检查拌合质量（如油石比、矿料级配）为目的时，应从拌合机一次放料的下方或提升斗中取样，不得多次取样混合后使用。以评定混合料质量为目的时，必须分几次取样，拌合均匀后作为代表性试样。对热拌沥青混合料每次取样时，都必须用温度计测量温度，精确至1℃。

c.1 在沥青混合料拌合厂取样

在拌合厂取样时，宜用专用的容器（一次可装5～8kg）装在拌合机卸料斗下方，每放一次料取一次样，顺次装入试样容器中，每次倒在清扫干净的平板上，连续几次取样，混合均匀，按四分法取样至足够量。

c.2 在沥青混合料运料车上取样

在运料汽车上取沥青混合料样品时，宜在汽车装料一半后，分别用铁锹从不同方向的3个不同高度处取样，然后混在一起用手铲适当拌合均匀，取出规定量。在施工现场的运料车上取样时，应在卸料一半后从不同方向取样，样品宜从3辆不同的车上取样混合均匀后使用。

c.3 在道路施工现场取样

在道路施工现场取样时，应在摊铺后未碾压前于摊铺宽度的两侧1/2～1/3位置处取样，用铁锹将摊铺层的全厚铲出，但不得将摊铺层下的其他层料铲入。每摊铺一车料取一次样，连续3车取样后，混合均匀按四分法取样至足够量。

d 试样的保存与处理

d.1 热拌的沥青混合料试样需送质量检测机构且二次加热会影响试验结果（如车辙试验）时，必须在取样后趁高温立即装入保温桶内，送试验室立即成型试件，试件成型温度不得低于规定要求。

d.2 在进行沥青混合料质量检验时，由于采集的热拌混合料试样温度下降或稀释沥青的溶剂挥发结成硬块已不符合试验要求时，宜用微波炉或烘箱适当加热重塑，不得重复加热，也不得用电炉或燃气炉明火局部加热。用微波炉加热沥青混合料时不得使用金属容器和带有金属的物件。控制最短的加热时间，通常用烘箱加热时不宜超过4h，用工业微波炉加热约5～10min，且只容许加热一次，不得重复加热。

e 样品的标记

e.1 取样后当场试验时，可将必要的项目一并记录在试验记录上。此时，试验报告必须包括取样时间、地点、混合料温度、取样量、取样人等栏目。

e.2 取样后转送试验室试验或存放后用于其他项目试验时，应附有样品标签。标签应记载下列内容：工程名称、拌合厂名称、沥青混合料种类及摊铺层次、沥青品种及标号、矿料种类、取样时混合料温度及取样位置或用以摊铺的路段桩号等，并注明取样量及取样单位、取样人及取样日期、取样目的或用途。

5.4.2.2 压实沥青混合料密度试验

压实沥青混合料密度试验方法主要有：表干法、水中重法、蜡封法和体积法。

a 压实沥青混合料密度试验（表干法）

表干法适用于测定吸水率不大于2%的各种沥青混合料试件，包括密级配沥青混凝土、沥青玛琋脂碎石混合料（SMA）和沥青稳定碎石等沥青混合料试件的毛体积相对密度和毛体积密度。标准温度为（25±0.5）℃。所测定的毛体积相对密度和毛体积密度适用于计算沥青混合料试件的空隙率、矿料间隙率等各项体积指标。

a.1　试验设备

a.1.1　浸水天平或电子秤：当最大称量在 3kg 以下时，感量不大于 0.1g；最大称量 3kg 以上时，感量不大于 0.5g。应有测量水中质量的挂钩。

a.1.2　网篮及溢流水箱：如图 5-4-7 所示，使用洁净水，有水位溢流装置，保持试件和网篮浸入水中后的水位一定。宜能调节水温至（25±0.5）℃。

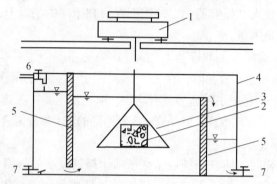

图 5-4-7　溢流水箱及下挂法水中质量称量方法示意图
1—浸水天平或电子秤；2—试件；3—网篮；
4—溢流水箱；5—水位搁板；6—注水口；7—放水阀门

a.1.3　试件悬吊装置：天平下方悬吊网篮及试件的装置，吊线应采用不吸水的细尼龙线绳，并有足够的长度。对轮碾成型机成型的板块状试件可用铁丝悬挂。

a.1.4　秒表、毛巾、电风扇或烘箱。

a.2　试验步骤

a.2.1　准备试件。本试验可采用室内成型的试件，也可以采用工程现场钻芯、切割等方法获得的试件。当采用现场钻芯取样时，试验前试件宜在阴凉处保存（温度不宜高于 35℃），且放置在水平的平面上，注意不要使试件产生变形。

a.2.2　选择适宜的浸水天平或电子秤，最大称量应不小于试件质量的 1.25 倍，且不大于试件质量的 5 倍。

a.2.3　除去试件表面的浮粒，称量干燥试件的空气中质量（m_a），根据选择的天平的感量读数，准确至 0.1g 或 0.5g。

a.2.4　将溢流水箱水温保持在（25±0.5）℃。挂上网篮，浸入溢流水箱中，调节水位，将天平调平并复零，把试件置于网篮中（注意不要晃动水）浸入水中约 3～5min，称量试件水中质量（m_w）。若天平读数持续变化，不能很快达到稳定，说明试件吸水较严重，不适用于此法测定，应改用蜡封法测定。

a.2.5　从水中取出试件，用洁净柔软的拧干湿毛巾轻轻擦去试件的表面水（不得吸走空隙内的水），称量试件的表干质量（m_f）。从试件拿出水面到擦拭结束不宜超过 5s，称量过程中流出的水不得再擦拭。

a.2.6　对于现场钻取的非干燥试件可先称量水中质量（m_w）和表干质量（m_f），然后用电风扇将试件吹干至恒量（一般不少于12h，当不需进行其他试验时，也可用（60±5）℃烘箱烘干至恒量），再称量空气中质量（m_a）。

a.3　计算

a.3.1　计算试件的吸水率，取1位小数。

试件的吸水率即试件吸水体积占沥青混合料毛体积的百分率，按式（5-4-17）计算：

$$S_a = \frac{m_f - m_a}{m_f - m_w} \times 100 \qquad (5\text{-}4\text{-}17)$$

式中　S_a——试件的吸水率,%；

m_a——干燥试件的空气中质量，g；

m_w——试件的水中质量，g；

m_f——试件的表干质量，g。

a.3.2　计算试件的毛体积相对密度和毛体积密度，取3位小数。

当试件的吸水率符合 $S_a < 2\%$ 要求时，试件的毛体积相对密度和毛体积密度按式（5-4-18）及式（5-4-19）计算；当吸水率符合 $S_a > 2\%$ 要求时，应改用蜡封法测定。

$$\gamma_f = \frac{m_a}{m_f - m_w} \qquad (5\text{-}4\text{-}18)$$

$$\rho_f = \frac{m_a}{m_f - m_w} \times \rho_w \qquad (5\text{-}4\text{-}19)$$

式中　γ_f——用表干法测定的试件毛体积相对密度，无量纲；

ρ_f——用表干法测定的试件毛体积密度，g/cm³；

ρ_w——25℃时水的密度，取0.9971g/cm³。

a.3.3　试件的空隙率按式（5-4-20）计算，取1位小数：

$$V_V = (1 - \frac{\gamma_f}{\gamma_t}) \times 100 \qquad (5\text{-}4\text{-}20)$$

式中　V_V——试件的空隙率,%；

γ_t——沥青混合料理论最大相对密度，按 a.3.7 的方法计算或实测得到，无量纲；

γ_f——试件的毛体积相对密度，无量纲，通常采用表干法测定；当试件吸水率 $S_a > 2\%$ 时，宜采用蜡封法测定；当按规定容许采用水中重法测定时，也可用表观相对密度 γ_a 代替。

a.3.4　按式（5-4-21）计算矿料的合成毛体积相对密度，取3位小数：

$$\gamma_{sb} = \frac{100}{\dfrac{P_1}{\gamma_1} + \dfrac{P_2}{\gamma_2} + \cdots + \dfrac{P_n}{\gamma_n}} \qquad (5\text{-}4\text{-}21)$$

式中　γ_{sb}——矿料的合成毛体积相对密度，无量纲；

P_1、$P_2 \cdots P_n$——各种矿料占矿料总质量的百分率（%），其和为100；

γ_1、$\gamma_2 \cdots \gamma_n$——各种矿料的相对密度，无量纲。采用《公路工程集料试验规程》（JTGE 42—2005）的方法进行测定，对粗集料按 T0304 方法测定；机制砂及石屑可按 T0330 方法测定，也可用筛出的 2.36～4.75mm 部分按 T0304 方法测定的毛体积相对密度代替；矿粉（含消石灰、水泥）均采用表观相对密度。

a.3.5　按式（5-4-22）计算矿料的合成表观相对密度，取 3 位小数：

$$\gamma_{sa} = \frac{100}{\dfrac{P_1}{\gamma'_1} + \dfrac{p_2}{\gamma'_2} + \cdots + \dfrac{P_n}{\gamma'_n}} \qquad (5\text{-}4\text{-}22)$$

式中　　　γ_{sa}——矿料的合成表观相对密度，无量纲；

γ'_1、$\gamma'_2 \cdots \gamma'_n$——各种矿料的表观相对密度，无量纲。

a.3.6　确定矿料的有效相对密度，取 3 位小数。

a.3.6.1　对非改性沥青混合料，采用真空法实测的理论最大相对密度，取平均值。按式（5-4-23）计算合成矿料的有效相对密度 γ_{se}：

$$\gamma_{se} = \frac{100 - P_b}{\dfrac{100}{\gamma_t} - \dfrac{P_b}{\gamma_b}} \qquad (5\text{-}4\text{-}23)$$

式中　γ_{se}——合成矿料的有效相对密度，无量纲；

$\quad P_b$——沥青用量，即沥青质量占沥青混合料总质量的百分率，%；

$\quad \gamma_t$——实测的沥青混合料理论最大相对密度，无量纲；

$\quad \gamma_b$——25℃时沥青的相对密度，无量纲。

a.3.6.2　对改性沥青及 SMA 等难以分散的混合料，有效相对密度宜直接由矿料的合成毛体积相对密度与合成表观相对密度按式（5-4-24）计算确定，其中沥青吸收系数 C 值根据材料的吸水率由式（5-4-25）求得，合成矿料的吸水率按式（5-4-26）计算：

$$\gamma_{se} = C \times \gamma_{sa} + (1 - C) \times \gamma_{sb} \qquad (5\text{-}4\text{-}24)$$

$$C = 0.033w_x^2 - 0.2936w_x + 0.9339 \qquad (5\text{-}4\text{-}25)$$

$$w_x = \left(\frac{1}{\gamma_{sb}} - \frac{1}{\gamma_{sa}}\right) \times 100 \qquad (5\text{-}4\text{-}26)$$

式中　C——沥青吸收系数，无量纲；

$\quad w_x$——合成矿料的吸水率，%。

a.3.7　确定沥青混合料的理论最大相对密度，取 3 位小数。

a.3.7.1　对非改性的普通沥青混合料，采用真空法实测沥青混合料的理论最大相对密度 γ_t。

a.3.7.2　对改性沥青或 SMA 混合料宜按式（5-4-27）式（5-4-28）计算对应油石比的理论最大相对密度：

$$\gamma_t = \frac{100 + P_a}{\dfrac{100}{\gamma_{se}} + \dfrac{P_a}{\gamma_b}} \qquad (5\text{-}4\text{-}27)$$

$$\gamma_t = \frac{100 + P_a + P_x}{\dfrac{100}{\gamma_{se}} + \dfrac{P_a}{\gamma_b} + \dfrac{P_x}{\gamma_x}} \qquad (5\text{-}4\text{-}28)$$

式中　γ_t——计算沥青混合料对应油石比的理论最大相对密度，无量纲；

P_a——油石比，即沥青质量占矿料总质量的百分率，%；
$$P_a = \left[P_b / (100 - p_b) \right] \times 100$$

P_x——纤维用量，即纤维质量占矿料总质量的百分率，%；

γ_x——25℃时纤维的相对密度，由厂方提供或实测得到，无量纲；

γ_{se}——合成矿料的有效相对密度，无量纲；

γ_b——25℃时沥青的相对密度，无量纲。

a.3.7.3　对旧路面钻取芯样的试样缺乏材料密度、配合比及油石比的沥青混合料，可采用真空法实测沥青混合料的理论最大相对密度 γ_t。

a.3.8　按式（5-4-29）和式（5-4-30）计算试件的矿料间隙率 V_{MA} 和有效沥青的饱和度 V_{FA}，取 1 位小数：

$$V_{MA} = \left(1 - \frac{\gamma_f}{\gamma_{sb}} \times \frac{P_s}{100} \right) \times 100 \tag{5-4-29}$$

$$V_{FA} = \frac{V_{MA} - V_V}{V_{MA}} \times 100 \tag{5-4-30}$$

式中　V_V——沥青混合料试件的空隙率，%；

V_{MA}——沥青混合料试件的矿料间隙率，%；

V_{FA}——沥青混合料试件的有效沥青饱和度，%；

P_s——各种矿料占沥青混合料总质量的百分率，%，$P_s = 100 - P_b$；

γ_{sb}——矿料的合成毛体积相对密度，无量纲。

a.3.8　按式（5-4-31）~式（5-4-33）计算沥青混合料被矿料吸收的比例及有效沥青含量、有效沥青体积百分率，取 1 位小数：

$$P_{ba} = \frac{\gamma_{se} - \gamma_{sb}}{\gamma_{se} \times \gamma_{sb}} \times \gamma_b \times 100 \tag{5-4-31}$$

$$P_{be} = P_b - \frac{P_{ba}}{100} \times P_s \tag{5-4-32}$$

$$V_{be} = \frac{\gamma_f \times P_{be}}{\gamma_b} \tag{5-4-33}$$

式中　P_{ba}——沥青混合料中被矿料吸收的沥青质量占矿料总质量的百分率，%；

P_{be}——沥青混合料中的有效沥青含量，%；

V_{be}——沥青混合料试件的有效沥青体积百分率，%。

a.3.9　按式（5-4-34）计算沥青混合料的粉胶比，取 1 位小数：

$$FB = \frac{P_{0.075}}{P_{be}} \tag{5-4-34}$$

式中　FB——粉胶比，沥青混合料的矿料中 0.075mm 通过率与有效沥青含量的比值，无量纲；

$P_{0.075}$——矿料级配中 0.075mm 的通过率（水洗法），%。

a.3.10　按式（5-4-35）计算集料的比表面积，按式（5-4-36）计算沥青混合料沥青膜有效厚度。各种集料粒径的表面积系数按表 5-4-4 取用。

$$SA = \sum (P_i \cdot FA_i) \qquad (5\text{-}4\text{-}35)$$

$$DA = \frac{P_{be}}{\rho_b \cdot P_s \cdot SA} \times 1000 \qquad (5\text{-}4\text{-}36)$$

式中　SA——集料的比表面积，m^2/kg；

P_i——集料各粒径的质量通过百分率，%；

FA_i——各筛孔对应集料的表面积系数，m^2/kg，按表 5-4-4 确定；

DA——沥青膜有效厚度，μm；

ρ_b——沥青 25℃ 时的密度，g/cm^3。

表 5-4-4　集料的表面积系数及比表面积计算示例

筛孔尺寸/mm	19	16	13.2	9.5	4.75	2.36	1.18	0.6	0.3	0.15	0.075
表面积系数 FA_i/(m^2/kg)	0.0041	—	—	—	0.0041	0.0082	0.0164	0.0287	0.0614	0.1229	0.3277
集料各粒径的质量通过百分率 P_i/%	100	92	85	76	60	42	32	23	16	12	6
集料的比表面积 $FA_i \cdot P_i$/(m^2/kg)	0.41	—	—	—	0.25	0.34	0.52	0.66	0.98	1.47	1.97
集料的比表面积总和 SA/(m^2/kg)	$S_A = 0.41 + 0.25 + 0.34 + 0.52 + 0.66 + 0.98 + 1.47 + 1.97 = 6.60$										

注：矿料级配中大于 4.75mm 集料的表面积 FA_i 均取 0.0041。计算集料比表面积时，大于 4.75mm 集料的比表面积只计算一次，即只计算最大粒径对应部分。见表 5-4-4，该例的 $SA = 6.60m^2/kg$，若沥青混合料的有效沥青含量为 4.65%，沥青混合料的沥青用量为 4.8%，沥青的密度为 $1.03g/cm^3$，$P_i = 95.2$，则沥青膜厚度 $DA = 4.65/(95.2 \times 1.03 \times 6.60) \times 1000 = 7.19\mu m$。

a.3.11　粗集料骨架间隙率按式（5-4-37）计算，取 1 位小数：

$$VCA_{mix} = 100 - \frac{\gamma_f}{\gamma_{ca}} \cdot P_{ca} \qquad (5\text{-}4\text{-}37)$$

式中　VCA_{mix}——粗集料骨架间隙率，%；

P_{ca}——矿料中所有粗集料质量占沥青混合料总质量的百分率，%，按式（5-4-38）计算得到；

$$P_{ca} = \frac{P_s \cdot P_{A4.75}}{100} \qquad (5\text{-}4\text{-}38)$$

$P_{A4.75}$——矿料级配中 4.75mm 筛余量，即 100 减去 4.75mm 通过率；

注：$P_{A4.75}$ 对于一般沥青混合料为矿料级配中 4.75mm 筛余量，对于公称最大粒径不大于 9.5mm 的 SMA 混合料为 2.36mm 筛余量，对特大粒径根据需要可以选择其他筛孔。

γ_{ca}——矿料中所有粗集料的合成毛体积相对密度，按式（5-4-39）计算，无量纲；

$$\gamma_{ca} = \frac{P_{1c} + P_{2c} + \cdots + P_{nc}}{\dfrac{P_{1c}}{\gamma_{1c}} + \dfrac{P_{2c}}{\gamma_{2c}} + \cdots + \dfrac{P_{nc}}{\gamma_{nc}}} \qquad (5\text{-}4\text{-}39)$$

式中　$P_{1c} \cdots P_{nc}$——矿料中各种粗集料占矿料总质量的百分率，%；

$\gamma_{1c}\cdots\gamma_{nc}$——矿料中各种粗集料的毛体积相对密度。

a.4　允许误差

试件毛体积密度试验重复性的允许差为 0.020g/cm³。试件毛体积相对密度试验重复性的允许差为 0.020。

b　压实沥青混合料密度试验（水中重法）

水中重法适用于测定吸水率小于 0.5% 的密实沥青混合料试件的表观相对密度或表观密度。标准温度为（25±0.5）℃。

b.1　试验设备

b.1.1　浸水天平或电子秤：同表干法。

b.1.2　网篮及溢流水箱：同表干法。

b.1.3　试件悬吊装置：同表干法。

b.1.4　秒表、电风扇或烘箱。

b.2　试验步骤

b.2.1　选择适宜的浸水天平或电子秤，最大称量应不小于试件质量的 1.25 倍，且不大于试件质量的 5 倍。

b.2.2　除去试件表面的浮粒，称取干燥试件的空气中质量（m_a），根据选择的天平的感量读数，准确至 0.1g 或 0.5g。

b.2.3　挂上网篮，浸入溢流水箱的水中，调节水位，将天平调平并复零，把试件置于网篮中（注意不要使水晃动），待天平稳定后立即读数，称量水中质量（m_w）。若天平读数持续变化，不能在数秒钟内达到稳定，说明试件有吸水情况，不适用于此法测定，应改用表干法或蜡封法的方法测定。

b.2.4　对于从施工现场钻取的非干燥试件，可先称量水中质量（m_w），然后用电风扇将试件吹干至恒量（一般不少于 12h，当不需进行其他试验时，也可用 60℃±5℃ 烘箱烘干至恒量），再称量空气中质量（m_a）。

b.3　计算

b.3.1　按式（5-4-40）及式（5-4-41）计算用水中重法测定的沥青混合料试件的表观相对密度及表观密度，取 3 位小数：

$$\gamma_a = \frac{m_a}{m_a - m_w} \tag{5-4-40}$$

$$\rho_a = \frac{m_a}{m_a - m_w} \cdot \rho_w \tag{5-4-41}$$

式中　γ_a——在 25℃ 温度条件下试件的表观相对密度，无量纲；

ρ_s——在 25℃ 温度条件下试件的表观密度，g/cm³；

m_a——干燥试件的空气中质量，g；

m_w——试件的水中质量，g；

ρ_w——在 25℃ 温度条件下水的密度，取 0.9971g/cm³。

b.3.2　当试件的吸水率小于 0.5% 时，以表观相对密度代替毛体积相对密度，按本章上节中压实沥青混合料密度（表干法）的试验方法计算试件的理论最大相对密度及空隙率、沥青的体积百分率、矿料间隙率、粗集料骨架间隙率、沥青饱和度等各项体积指标。

c 压实沥青混合料密度试验（蜡封法）

蜡封法适用于测定吸水率大于2%的沥青混凝土或沥青碎石混合料试件的毛体积相对密度或毛体积密度。标准温度为（25±0.5）℃。

c.1 试验设备与材料

c.1.1 浸水天平或电子秤：同表干法。

c.1.2 网篮及溢流水箱：同表干法。

c.1.3 试件悬吊装置：同表干法。

c.1.4 熔点已知的石蜡、滑石粉。

c.1.5 冰箱：可保持温度为（4~5）℃。

c.1.6 秒表、铅或铁块等重物。

c.1.7 其他：电炉或燃气炉、电风扇。

c.2 试验步骤

c.2.1 选择适宜的浸水天平或电子秤，最大称量应不小于试件质量的1.25倍，且不大于试件质量的5倍。

c.2.2 称量干燥试件的空气中质量（m_a），根据选择的天平感量读数，精确至0.1g或0.5g，当为钻芯法取得的非干燥试件时，应用电风扇吹干12h以上至恒量作为空气中质量，但不得用烘干法。

c.2.3 将试件置于冰箱中，在4~5℃条件下冷却不少于30min。

c.2.4 将石蜡熔化至其熔点以上（5.5±0.5℃）。

c.2.5 从冰箱中取出试件立即浸入石蜡液中，至全部表面被石蜡封住后迅速取出试件，在常温下放置30min，称量蜡封试件的空气中质量（m_p）。

c.2.6 挂上网篮，浸入溢流水箱中，调节水位，将天平调平并复零。调节水温并保持在（25±0.5）℃内。将蜡封试件放入网篮浸水约1min，读取水中质量（m_c）。

c.2.7 如果试件在测定密度后还需要做其他试验，为便于除去石蜡，可事先在干燥试件表面涂一薄层滑石粉，称量涂滑石粉后的试件质量（m_s），然后再蜡封测定。

c.2.8 用蜡封法测定时，石蜡对水的相对密度按下列步骤实测确定：

c.2.8.1 取一块铅或铁块之类的重物，称量空气中质量（m_g）；

c.2.8.2 测定重物在水温（25±0.5）℃的水中质量（m'_g）；

c.2.8.3 待重物干燥后，按上述试件蜡封的步骤将重物蜡封后测定其空中质量（m_d）及水温在（25±0.5）℃时的水中质量（m'_d）；

c.2.8.4 按式（5-4-42）计算石蜡对水的相对密度：

$$\gamma_p = \frac{m_d - m_g}{(m_d - m_g) - (m'_d - m'_g)} \tag{5-4-42}$$

式中 γ_P——在25℃温度条件下石蜡对水的相对密度，无量纲；

　　m_g——重物的空气中质量，g；

　　m'_g——重物的水中质量，g；

　　m_d——蜡封后重物的空气中质量，g；

m'_d——蜡封后重物的水中质量，g。

c.3　计算

c.3.1　计算试件的毛体积相对密度，取 3 位小数。

c.3.1.1　蜡封法测定的试件毛体积相对密度按式（5-4-43）计算：

$$\gamma_f = \frac{m_a}{(m_p - m_c) - (m_p - m_a)/\gamma_p} \tag{5-4-43}$$

式中　γ_f——由蜡封法测定的试件毛体积相对密度，无量纲；

　　　　m_a——试件的空气中质量，g；

　　　　m_p——蜡封试件的空气中质量，g；

　　　　m_c——蜡封试件的水中质量，g。

c.3.1.2　涂滑石粉后用蜡封法测定的试件毛体积相对密度按式（5-4-44）计算：

$$\gamma_f = \frac{m_a}{(m_p - m_c) - [(m_p - m_s)/\gamma_p + (m_s - m_a)/\gamma_s]} \tag{5-4-44}$$

式中　m_s——试件涂滑石粉后的空气中质量，g；

　　　　γ_s——滑石粉对水的相对密度，无量纲。

c.3.1.3　试件的毛体积密度按式（5-4-45）计算：

$$\rho_f = \gamma_f \times \rho_w \tag{5-4-45}$$

式中　ρ_f——蜡封法测定的试件毛体积密度，g/cm³；

　　　　ρ_w——在 25℃温度条件下水的密度，取 0.9971g/cm³。

c.3.2　按本节中压实沥青混合料密度（表干法）的试验方法计算试件的理论最大相对密度及空隙率、沥青的体积百分率、矿料间隙率、粗集料骨架间隙率、沥青饱和度等各项体积指标。

d　压实沥青混合料密度试验（体积法）

体积法仅适用于不能用表干法、蜡封法测定的空隙率较大的沥青碎石混合料及大空隙透水性开级配沥青混合（OGFC）等。

d.1　试验设备

d.1.1　天平或电子秤：同表干法。

d.1.2　游标卡尺：分度值不大于 0.02mm。

d.2　试验步骤

d.2.1　所选的天平或电子秤，最大称量应不小于试件质量的 1.25 倍，且不大于试件质量的 5 倍。

d.2.2　清理试件表面，刮去突出试件表面的残留混合料，称取干燥试件的空中质量（m_a），根据选择的天平的感量读取，精确至 0.1g 或 0.5g。当为钻芯法取得的非干燥试件时，应用电风扇吹干 12h 以上至恒量作为空气中质量，但不得用烘干法。

d.2.3　用卡尺测定试件的各种尺寸，精确至 0.01cm。圆柱体试件的直径取上下两个断面测定结果的平均值，高度取十字对称 4 次测定的平均值；棱柱体试件的长度取上下两个位置的平均值，高度或宽度取两端及中间 3 个断面测定的平均值。

d. 3　计算方法

d. 3. 1　圆柱体试件毛体积按式（5-4-46）计算：

$$V = \frac{\pi \cdot d^2}{4} \cdot h \tag{5-4-46}$$

式中　V——试件的毛体积，cm^3；

　　　d——圆柱体试件的直径，cm；

　　　h——试件的高度，cm。

d. 3. 2　棱柱体试件的毛体积按式（5-4-47）计算：

$$V = l \cdot b \cdot h \tag{5-4-47}$$

式中　l——试件的长度，cm；

　　　b——试件的宽度，cm；

　　　h——试件的高度，cm。

d. 3. 3　用体积法测定的沥青混合料试件的毛体积密度及毛体积相对密度按式（5-4-48）及式（5-4-49）计算，取 3 位小数：

$$\rho_s = \frac{m_a}{V} \tag{5-4-48}$$

$$\gamma_s = \frac{\rho_s}{0.9971} \tag{5-4-49}$$

式中　ρ_s——用体积法测定的试件的毛体积密度，g/cm^3；

　　　m_a——干燥试件的空气中质量，g；

　　　γ_s——用体积法测定的试件的 25℃ 条件的毛体积相对密度，无量纲。

d. 3. 4　按本章节中压实沥青混合料密度（表干法）的试验方法计算试件的理论最大相对密度及空隙率、沥青的体积百分率、矿料间隙率、粗集料骨架间隙率、沥青饱和度等各项体积指标。

5. 4. 2. 3　沥青混合料马歇尔稳定度试验

适用于马歇尔稳定度试验和浸水马歇尔稳定度试验，以进行沥青混合料的配合比设计或沥青路面施工质量检验。浸水马歇尔稳定度试验（根据需要，也可进行真空饱水马歇尔试验）供检验沥青混合料受水损害时抵抗剥落的能力时使用，通过测试其水稳定性检验配合比设计的可行性。

a　试验设备

a. 1　沥青混合料马歇尔试验仪：符合国家标准《沥青混合料马歇尔试验仪》（GB/T 11823）技术要求的产品，对用于高速公路和一级公路的沥青混合料宜采用自动马歇尔试验仪，用计算机或 X－Y 记录仪记录荷载-位移曲线，并具有自动测定荷载与试件垂直变形的传感器、位移计，能自动显示或打印试验结果。当集料公称最大粒径小于或等于 26.5mm 时，宜采用 $\phi 101.6mm \times 63.5mm$ 的标准马歇尔试件，试验仪最大荷载不小于 25kN，读数精确度为 100N，加载速率应能保持（50 ±5）mm/min。钢球直径（16 ±0.05）mm，上下压头曲率半径为（50.8 ± 0.08）mm。当集料公称最大粒径大于 26.5mm 时，宜采用 $\phi 152.4mm \times 95.3mm$ 大型马歇尔试件时，试验仪最大荷载不得小于 50kN，读数精确度为 100N。上下压头的曲率内径为（$\phi 152.4 \pm 0.2$）mm，上下压头间距（19.05 ± 0.1）mm。大型马歇尔试件的压头尺寸如图 5-4-8 所示。

a.2　恒温水槽：控温精确度为 1℃，深度不小于 150mm。

a.3　真空饱水容器：包括真空泵及真空干燥器。

a.4　烘箱。

a.5　天平：感量不大于 0.1g。

a.6　温度计：分度为 1℃。

a.7　卡尺。

a.8　其他：棉纱，黄油。

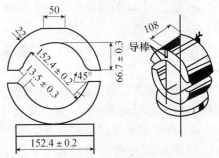

图 5-4-8　大型马歇尔试验压头（mm）

b　标准马歇尔试验方法

b.1　准备工作

b.1.1　按标准击实法成型马歇尔试件，标准马歇尔尺寸应符合直径（$101.6 \pm$）0.2mm、高（63.5 ± 1.3）mm 的要求。对大型马歇尔试件，尺寸应符合直径（152.4 ± 0.2）mm、高（95.3 ± 2.5）mm 的要求。一组试件的数量最少不得少于 4 个。

b.1.2　测量试件的直径及高度：用卡尺测量试件中部的直径，用马歇尔试件高度测定器或用卡尺在十字对称的 4 个方向测量离试件边缘 10mm 处的高度，精确至 0.1mm，并以其平均值作为试件的高度。如试件高度不符合（63.5 ± 1.3）mm 或（95.3 ± 2.5）mm 要求，或两侧高度差大于 2mm 时，此试件应作废。

b.1.3　按本章第 5.4.2.2 节规定的方法测定试件的密度，并计算空隙率、沥青体积百分率、沥青饱和度、矿料间隙率等体积指标。

b.1.4　将恒温水槽调节至要求的试验温度，对黏稠石油沥青或烘箱养生过的乳化沥青混合料为（60 ± 1）℃，对煤沥青混合料为（33.8 ± 1）℃，对空气养生的乳化沥青或液体沥青混合料为（25 ± 1）℃。

b.2　试验步骤

b.2.1　将试件置于已达规定温度的恒温水槽中保温，保温时间对标准马歇尔试件需 30～40min，对大型马歇尔试件需 45～60min。试件之间应有间隔，底下应垫起，离容器底部不小于 5cm。

b.2.2　将马歇尔试验仪的上下压头放入水槽或烘箱中达到同样温度。将上下压头从水槽或烘箱中取出擦拭干净内面。为使上下压头滑动自如，可在下压头的导棒上涂少量黄油。再将试件取出置于下压头上，盖上上压头，然后装在加载设备上。

b.2.3　在上压头的球座上放妥钢球，并对准荷载测定装置的压头。

b.2.4　当采用自动马歇尔试验仪时，将自动马歇尔试验仪的压力传感器、位移传感器与计算机或 X - Y 记录仪正确连接，调整好适宜的放大比例，压力和位移传感器调零。

b.2.5　当采用压力环和流值计时，将流值计安装在导棒上，使导向套管轻轻地压住上压头，同时将流值计读数调零。调整压力环中百分表，对零。

b.2.6　启动加载设备，使试件承受荷载，加载速度为（50 ± 5）mm/min。计算机或

X－Y记录仪自动记录传感器压力和试件变形曲线并将数据自动存入计算机。

b.2.7 当试验荷载达到最大值的瞬间，取下流值计，同时读取压力环中百分表读数及流值计的流值读数。

b.2.8 从恒温水槽中取出试件至测出最大荷载值的时间，不得超过30s。

c 浸水马歇尔试验方法

浸水马歇尔试验方法与标准马歇尔试验方法的不同之处在于，试件在已达规定温度恒温水槽中的保温时间为48h，其余试验步骤均与标准马歇尔试验方法相同。

d 真空饱水马歇尔试验方法

试件先放入真空干燥器中，关闭进水胶管，开动真空泵，使干燥器的真空度达到97.3kPa（730mmHg）以上，维持15min，然后打开进水胶管，靠负压进入冷水流使试件全部浸入水中，浸水15min后恢复常压，取出试件再放入已达规定温度的恒温水槽中保温48h，其余试验步骤均与标准马歇尔试验方法相同。

e 结果计算

e.1 试件的稳定度及流值

e.1.1 当采用自动马歇尔试验仪时，将计算机采集的数据绘制成压力-试件变形曲线，或由X－Y记录仪自动记录的荷载-变形曲线，按图5-4-9所示的方法在切线方向延长曲线与横坐标相交于O_1点，将O_1点作为修正原点，从O_1起测量相应于荷载最大值时的变形作为流值（FL），以mm计，准确至0.1mm。最大荷载即为稳定度（MS），以kN计，准确至0.01kN。

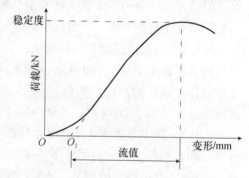

图5-4-9 马歇尔试验结果的修正方法

e.1.2 采用压力环和流值计测定时，根据压力环标定曲线，将压力环中百分表的读数换算为荷载值，或者由荷载测定装置读取的最大值即为试样的稳定度（MS），以kN计，准确至0.01kN。由流值计及位移传感器测定装置读取的试件垂直变形，即为试件的流值（FL），以mm计，准确至0.1mm。

e.2 试件的马歇尔模数按式（5-4-50）计算：

$$T = \frac{MS}{FL} \tag{5-4-50}$$

式中 T——试件的马歇尔模数，kN/mm；

MS——试件的稳定度，kN；

FL——试件的流值，Mmm。

e.3 试件的浸水残留稳定度按式（5-4-51）计算：

$$MS_0 = \frac{MS_1}{MS} \times 100 \tag{5-4-51}$$

式中 MS_0——试件的浸水残留稳定度，%；

MS_1——试件浸水48h后的稳定度，kN。

e.4 试件的真空饱水残留稳定度按式（5-4-52）计算：

$$MS'_0 = \frac{MS_2}{MS} \times 100 \qquad (5\text{-}4\text{-}52)$$

式中　MS'_0——试件的真空饱水残留稳定度,%；

　　　MS_2——试件真空饱水后浸水 48h 后的稳定度,kN。

f　结果评定

f.1　当一组测定值中某个测定值与平均值之差大于标准差的 k 倍时,该测定值应予舍弃,并以其余测定值的平均值作为试验结果。当试件数目 n 为 3、4、5、6 个时,k 值分别为 1.15、1.46、1.67、1.82。

f.2　报告中需列出马歇尔稳定度、流值、马歇尔模数,以及试件尺寸、密度、空隙率、沥青用量、沥青体积百分率、沥青饱和度、矿料间隙率等各项物理指标。当采用自动马歇尔试验时,试验结果应附上荷载-变形曲线原件或自动打印结果。

5.4.2.4　沥青路面芯样马歇尔试验

用于从沥青路面钻取的芯样进行马歇尔试验,以评定沥青路面施工质量是否符合设计要求或进行路况调查。标准芯样钻孔试件的直径为 100mm,适用的试件高度为 30～80mm；大型钻孔试件的直径为 150mm,适用的试件高度为 80～100mm。

a　仪具与材料

本方法所用的仪具与材料与沥青混合料马歇尔试验相同。

b　方法与步骤

b.1　按现行《公路路基路面现场测试规程》的方法用钻孔机钻取压实沥青混合料路面芯样试件。

b.2　试验前必须将混合料芯样试件粘附的粘层油、透层油和松散颗粒等清理干净。对与多层沥青混合料联结的芯样,宜采取以下方法进行分离:

b.2.1　在芯样上对不同沥青混合料层间画线作标记,然后将芯样在 0℃ 以下冷却 20～25min。

b.2.2　取出芯样,用宽 5cm 以上的凿子对准层间画线标记处,用锤子敲打凿子,在敲打过程中不断旋转试件,直到试件分开。

b.2.3　如果以上方法无法将试件分开,特别是层与层之间的界线难以分清时,宜采用切割方法进行分离。切割时需要连续加冷却水切割,并注意观察切割后的试件不能含有其他层次的混合料。

b.3　试件宜在阴凉处存放(温度不宜高于 35℃),且放置在水平的地方,注意不要使试件产生变形等。

b.4　如缺乏沥青用量、矿料配合比及各种材料的密度数据时,应按最大相对密度试验方法测定沥青混合料的理论最大相对密度。

b.5　按沥青混合料试件密度试验及空隙率等物理指标计算方法,测定试件的密度、空隙率、沥青体积百分率、沥青饱和度、矿料间隙率等体积指标。

b.6　用卡尺测定试件的直径,取两个方向的平均值。

b.7　测定试件的高度,取 4 个对称位置的平均值,精确至 0.1mm。

b.8　按沥青混合料马歇尔稳定度试验方法进行马歇尔试验,由试验实测稳定度乘以表

5-4-5 或表 5-4-6 的试件高度修正系数 K 得到标准高度试件的稳定度 MS，其余与沥青混合料马歇尔稳定度试验方法相同。

表 5-4-5　现场钻取芯样试件高度修正系数（适用于 $\Phi100mm$ 试件）

试件高度/cm	修正系数 K	试件高度/cm	修正系数 K	试件高度/cm	修正系数 K
2.47 ~ 2.61	5.56	4.21 ~ 4.36	2.08	5.95 ~ 6.10	1.09
2.62 ~ 2.77	5.00	4.37 ~ 4.51	1.92	6.11 ~ 6.26	1.04
2.78 ~ 2.93	4.55	4.52 ~ 4.67	1.79	6.27 ~ 6.44	1.00
2.94 ~ 3.09	4.17	4.68 ~ 4.87	1.67	6.45 ~ 6.60	0.96
3.10 ~ 3.25	3.85	4.88 ~ 4.99	1.50	6.61 ~ 6.73	0.93
3.26 ~ 3.40	3.57	5.00 ~ 5.15	1.47	6.74 ~ 6.89	0.89
3.41 ~ 3.56	3.33	5.16 ~ 5.31	1.39	6.90 ~ 7.06	0.86
3.57 ~ 3.72	3.03	5.32 ~ 5.46	1.32	7.07 ~ 7.21	0.83
3.73 ~ 3.88	2.78	5.47 ~ 5.62	1.25	7.22 ~ 7.37	0.81
3.89 ~ 4.04	2.50	5.63 ~ 5.80	1.19	7.38 ~ 7.54	0.78
4.05 ~ 4.20	2.27	5.81 ~ 5.94	1.14	7.55 ~ 7.69	0.76

表 5-4-6　现场钻取芯样试件高度修正系数（适用于 $\Phi150mm$ 试件）

试件高度/cm	试件体积/cm³	修正系数 K	试件高度/cm	试件体积/cm³	修正系数 K
8.81 ~ 8.97	1608 ~ 1636	1.12	9.61 ~ 9.76	1753 ~ 1781	0.97
8.98 ~ 9.13	1637 ~ 1665	1.09	9.77 ~ 9.92	1782 ~ 1810	0.95
9.14 ~ 9.29	1666 ~ 1694	1.06	9.93 ~ 10.08	1811 ~ 1839	0.92
9.30 ~ 9.45	1695 ~ 1723	1.03	10.09 ~ 10.24	1840 ~ 1868	0.90
9.46 ~ 9.60	1724 ~ 1752	1.00	~	~	

5.4.2.5　沥青混合料理论最大相对密度（真空法）

本方法适用于采用真空法测定沥青混合料理论最大相对密度，供沥青混合料配合比设计、路况调查或路面施工质量管理计算空隙率、压实度等使用。本方法不适用于吸水率大于3% 的多孔性集料的沥青混合料。

a　试验设备与材料

a.1　真空负压装置：如图 5-4-10 所示，由真空泵、真空表、调压装置、压力表及干燥或积水装置等组成。

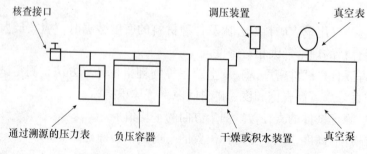

图 5-4-10　真空负压装置

a. 1. 1　真空泵应使负压容器内产生（3.7±0.3）kPa（27.5mmHg±2.5mmHg）负压；真空表分度值不大于 2kPa。

a. 1. 2　调压装置应具有过压调节功能，以保持负压容器的负压稳定在要求的范围内，同时还应具有卸除真空压力的功能。

a. 1. 3　压力表应经过标定，能够测定 0~4kPa（0~30mmHg）负压。当采用水银压力表时分度值 1mmHg，示值误差为 2mmHg；非水银压力表分度值 0.1kPa，示值误差为 0.2kPa。压力表不得直接与真空装置连接，应单独与负压容器相接。

a. 1. 4　采用干燥或积水装置主要是为了防止负压容器内的水分进入真空泵内。

a. 2　负压容器：根据试样数量选用表 5-4-7 中的 A、B、C 任何一种类型。负压容器口带橡皮塞，上接橡胶管，管口下方有滤网，防止细料部分吸入胶管。为便于抽真空时观察气泡情况，负压容器至少有一面透明或者采用透明的密封盖。

a. 3　天平：称量 5kg 以上，感量不大于 0.1g；称量 2kg 以下，感量不大于 0.05g。

表 5-4-7　负压容器类型

类型	容器	附属设备
A	耐压玻璃、塑料或金属制的罐，容积大于 2000mL	有密封盖，接真空胶管，分别与真空装置和压力表连接
B	容积大于 2000mL 的真空容量瓶	带胶皮塞，接真空胶管，分别与真空装置和压力表连接
C	4000mL 耐压真空器皿或干燥器	带胶皮塞，接真空胶管，分别与真空装置和压力表连接

a. 4　振动装置：试验过程中根据需要可以开启或关闭。

a. 5　恒温水槽：水温控制（25±0.5）℃。

a. 6　温度计：最小分度 0.5℃。

a. 7　其他：小铲、金属盘、玻璃板等。

b.　方法与步骤

b. 1　准备工作

b. 1. 1　按以下几种方法获取沥青混合料，沥青混合料试样量宜不少于表 5-4-8 的规定量。

表 5-4-8　沥青混合料试样数量

公称最大粒径/mm	试样最小质量/g	公称最大粒径/mm	试样最小质量/g
4.75	500	26.5	2500
9.5	1000	31.5	3000
13.2、16	1500	37.5	3500
19	2000		

按照沥青混合料配合比在试验室拌制的沥青混合料取样，或是从沥青混合料拌合楼、运料车或摊铺现场取样，应趁热缩分成两个平行试样，分别放置于平底盘中。

若试样为沥青路面上钻芯取样或切割的，应置于（125±5）℃烘箱中加热至变软、松散后，然后缩分成两个平行试样，分别放置于平底盘中。

b. 1. 2　将平底盘中的热沥青混合料，在室温中冷却或者用电风扇吹，一边冷却一边将沥青混合料团块仔细分散，粗集料不破碎，细集料团块分散到小于 6.4mm。若混合料坚硬可用烘箱适当加热后再分散，加热温度不超过 60℃。分散试样时可用铲子翻动、分散，在温度较低时应用手掰开，不得用锤打碎，防止集料破碎。当试样是从施工现场采取的非干燥混合料时，应用电风扇吹干至恒量后再操作。

b.1.3 负压容器标定方法：

1）采用 A 类容器时，将容器全部浸入（25 ± 0.5）℃的恒温水槽中，负压容器完全浸没、恒温（10 ± 1min）后，称取容器的水中质量（m_1）。

2）B、C 类负压容器：

（1）大端口的负压容器，需要有大于负压容器端口的玻璃板。将负压容器和玻璃板放进水槽中，注意轻轻摇动负压容器使容器内气泡排除。恒温（10 ± 1）min 后，取出负压容器和玻璃板，向负压容器内加满（25 ± 0.5）℃水至液面稍微溢出，用玻璃板先盖住容器端口 1/3，然后慢慢沿容器端口水平方向移动盖住整个端口，注意查看有没有气泡。擦除负压容器四周的水，称量盛满水的负压容器的质量（m_b）。

（2）小口的负压容器，需要采用中间带垂直孔的塞子，其下部为凹槽，以便于空气从孔中排除。将负压容器和塞子放进水槽中，注意轻轻摇动负压容器使容器内气泡排除。恒温（10 ± 1）min，在水中将瓶塞塞进瓶口，使多余的水由瓶塞上的孔中挤出。取出负压容器，用干净软布将负压容器瓶塞顶部擦拭一次，再迅速擦除负压容器外面的水分，最后称量盛满水的负压容器的质量（m_b）。

b.1.4 将负压容器干燥、编号，称量其干燥质量。

b.2 试验步骤

b.2.1 将沥青混合料试样装入干燥的负压容器中，称量容器及沥青混合料总质量，得到试样的净质量 m_a。试样质量应不小于上述规定的最小质量。

b.2.2 在负压容器中注入（25 ± 0.5）℃的水，将混合料全部浸没，并较混合料顶面高出约 2cm。

b.2.3 将负压容器放到试验仪上，与真空泵、压力表等连接，开动真空泵，使负压容器内负压在 2min 内达到（3.7 ± 0.3）kPa（27.5mmHg ± 2.5mmHg）时，开始计时，同时开动振动装置并抽真空，持续（15 ± 2）min。

为使气泡容易除去，试验前可在水中加 0.1g/L 浓度的表面活性剂（如每 100mL 水中加 0.01g 洗涤灵）。

b.2.4 当抽真空结束后，关闭真空装置和振动装置，打开调压阀慢慢卸压，卸压速度不得大于 8kPa/s（通过真空表读数控制），使负压容器内压力逐渐恢复。

b.2.5 当负压容器采用 A 类容器时，将盛试样的容器浸入保温至（25 ± 0.5）℃的恒温水槽中，恒温（10 ± 1）min 后，称量负压容器与沥青混合料的水中质量（m_2）。

b.2.6 当负压容器采用 B、C 类容器时，将装有沥青混合料试样的容器浸入保温至（25 ± 0.5）℃的恒温水槽中，恒温（10 ± 1）min 后，注意容器中不得有气泡，擦净容器外的水分，称量负压容器、水和沥青混合料试样的总质量（m_c）。

c 结果计算

c.1 采用 A 类容器时，沥青混合料的理论最大相对密度按式（5-4-53）计算：

$$\gamma_t = \frac{m_a}{m_a - (m_2 - m_1)} \tag{5-4-53}$$

式中 γ_t——沥青混合料理论最大相对密度，无量纲；

m_a——干燥沥青混合料试样的空气中质量，g；

m_1——负压容器在 25℃水中的质量，g；

m_2——负压容器与沥青混合料试样在 25℃水中的质量，g。

c.2 采用 B、C 类容器作负压容器时，沥青混合料的理论最大相对密度按式（5-4-54）计算：

$$\gamma_t = \frac{m_a}{m_a + m_b - m_c} \tag{5-4-54}$$

式中 m_b——装满 25℃水的负压容器质量，g；

m_c——25℃时试样、水与负压容器的总质量，g。

c.3 沥青混合料 25℃时的理论最大密度按式（5-4-55）计算：

$$\rho_t = \gamma_t \cdot \rho_w \tag{5-4-55}$$

式中 ρ_t——沥青混合料的理论最大密度，g/cm^3；

ρ_w——25℃时水的密度，取 $0.9971 g/cm^3$。

d 修正试验

d.1 需要进行修正试验的情况

d.1.1 对现场钻取芯样或切割后的试样，粗集料有破碎情况，破碎面没有裹覆沥青。

d.1.2 沥青与集料拌合不均匀，部分集料没有完全裹覆沥青。

d.2 修正试验方法

d.2.1 完成混合料试样理论最大密度试验后（即完成 b.2.5 试验步骤后），将负压容器静置一段时间，待混合料沉淀后，将容器慢慢倾斜，将容器内水通过 0.075mm 筛滤掉。

d.2.2 将残留部分水的沥青混合料细心倒入一个平底盘中，然后用适当水涮洗容器和 0.075mm 筛网，并将其也倒入平底盘中，重复几次直到无残留混合料。

d.2.3 静置一段时间后，稍微提高平底盘一端，使试样中部分水倒出平底盘，并用洗耳球慢慢吸去水。

d.2.4 将试样在平底盘中尽量摊开，用吹风机或电风扇吹干，并不断翻拌试样。每 15min 称量一次，当两次质量相差小于 0.05% 时，认为达到表干状态，称量质量为表干质量，用表干质量代替 m_a 重新计算。

e 结果评定

e.1 同一试样至少平行试验两次，计算平均值作为试验结果，取 3 位小数。采用修正试验时需要在报告中注明。

e.2 允许差：重复性试验的允许差为 $0.011 g/cm^3$，再现性试验的允许差为 $0.019 g/cm^3$。

5.4.2.6 沥青混合料中沥青含量试验（离心分离法）

适用于热拌沥青混合料路面施工中沥青含量（或油石比）的检测，以评定拌合厂产品质量，也适用于旧路调查时检测沥青混合料的沥青用量，用此法抽提的沥青溶液可用于回收沥青，以评定沥青的老化性质。沥青含量试验方法有：射线法、离心分离法、回流式抽提仪法、脂肪抽提器法。本节主要介绍离心分离法。

a　试验设备与材料

a.1　离心抽提仪：由试样容器及转速不小于 3000r/min 的离心分离器组成，分离器备有滤液出口。容器盖与容器之间用耐油的圆环形滤纸密封。滤液通过滤纸排出后从出口流入回收瓶中，仪器必须安放稳固并有排风装置。

a.2　圆环形滤纸。

a.3　回收瓶：容量 1700mL 以上。

a.4　压力过滤装置。

a.5　天平：感量不大于 0.01g、1mg 的天平各一台。

a.6　量筒：最小分度值 1mL。

a.7　电烘箱：装有温度自动调节器。

a.8　三氯乙烯：工业用。

a.9　碳酸铵饱和溶液：供燃烧法测定滤纸中的矿粉含量用。

a.10　其他：小铲、金属盘、大烧杯等。

b　方法与步骤

b.1　准备工作

b.1.1　按沥青混合料取样方法规定（详见本章第 5.4.2.1 节）采取沥青混合料试样，放在金属盘中适当拌合，待温度稍下降至 100℃ 以下时，用大烧杯取混合料试样质量 1000～1500g（粗粒式沥青混合料用高限，细粒式用低限，中粒式用中限），精确至 0.1g。

b.1.2　如果试样是在施工现场用钻机法或切割法取得的，应用电风扇吹风使其完全干燥，置烘箱中适当加热后成松散状态取样，但不得用锤击以防集料破碎。

b.2　试验步骤

b.2.1　向装有试样的烧杯中注入三氯乙烯溶剂，将试样浸没，浸泡 30min，用玻璃棒适当搅动混合料，使沥青充分溶解。也可直接在离心分离器中浸泡。

b.2.2　将混合料及溶液倒入离心分离器，用少量溶剂将烧杯及玻璃棒上的粘附物全部洗入分离容器中。

b.2.3　称量洁净的圆环形滤纸质量，精确至 0.01g。滤纸不宜多次反复使用，有破损者不能使用，有石粉粘附时应用毛刷清除干净。

b.2.4　将滤纸垫在分离器边缘上，加盖紧固，在分离器出口处放上回收瓶，上口应注意密封，防止流出液成雾状散失。

b.2.5　开动离心机，转速逐渐增至 3000r/min，沥青溶液通过排出口注入回收瓶中，待流出停止后停机。

b.2.6　从上盖的孔中加入新溶剂，数量大体相同，稍停 3～5min 后，重复上述操作，如此数次直至流出的抽提液成清澈的淡黄色为止。

b.2.7　卸下上盖，取下圆环形滤纸，在通风橱或室内空气中蒸发干燥，然后放入 (105±5)℃ 的烘箱中干燥，称量质量，其增加部分（m_2）为矿粉的一部分。

b.2.8　将容器中的集料仔细取出，在通风橱或室内空气中蒸发后放入 (105±5)℃ 烘箱中烘干（一般需 4h），然后放入大干燥器中冷却至室温，称量集料质量（m_1）。

b.2.9　用压力过滤器过滤回收瓶中的沥青溶液，由滤纸质量的增加（m_3）得出泄漏入滤液中的矿粉。如无压力过滤器，也可用燃烧法测定。

b.2.10　用燃烧法测定抽提液中矿粉质量的步骤如下：

b.2.10.1　将回收瓶中的抽提液倒入量筒中，精确定量至 1mL（V_a）。

b.2.10.2　充分搅匀抽提液，取出 10mL（V_b）放入坩埚中，在热浴上适当加热使溶液试样蒸发成暗黑色后，置于高温炉（500～600℃）中烧成残渣，取出坩埚冷却。

b.2.10.3　按每 1g 残渣 5mL 的用量比例向坩埚中注入碳酸铵饱和溶液，静置 1h，放入（105±5）℃烘箱中干燥。

b.2.10.4　取出放在干燥器中冷却，称取残渣质量（m_4），精确至 1mg。

c.　结果计算与评定

c.1　沥青混合料中矿料的总质量按式（5-4-56）计算：

$$m_a = m_1 + m_2 + m_3 \tag{5-4-56}$$

式中　m_a——沥青混合料中矿料部分的总质量，g；

　　　m_1——容器中留下的集料干燥质量，g；

　　　m_2——圆环形滤纸在试验前后增加的质量，g；

　　　m_3——泄漏入抽提液中的矿粉质量，g。用燃烧法时可按式（5-4-57）计算：

$$m_3 = m_4 \cdot \frac{V_a}{V_b} \tag{5-4-57}$$

式中　V_a——抽提液的总体积，mL；

　　　V_b——取出的燃烧干燥的抽提液体积，mL；

　　　m_4——坩埚中燃烧干燥的残渣质量，g。

c.2　沥青混合料中的沥青含量按式（5-4-58）计算，油石比按式（5-4-59）计算：

$$P_b = \frac{m - m_a}{m} \tag{5-4-58}$$

$$P_a = \frac{m - m_a}{m_a} \tag{5-4-59}$$

式中　m——沥青混合料的总质量，g；

　　　P_b——沥青混合料的沥青含量，%；

　　　P_a——沥青混合料的油石比，%。

c.3　同一沥青混合料试样至少平行试验两次，取平均值作为试验结果。两次试验结果的差值应小于 0.3%，当大于 0.3% 但小于 0.5% 时，应补充平行试验一次，以三次试验的平均值作为试验结果，三次试验的最大值与最小值之差不得大于 0.5%。

5.4.2.7　沥青混合料的矿料级配试验

通过测定沥青路面施工过程中沥青混合料的矿料级配，评定沥青路面的施工质量。

a　试验设备

a.1　标准筛：方孔筛尺寸为 53.0mm、37.5mm、31.5mm、26.5mm、19.0mm、16.0mm、13.2mm、9.5mm、4.75mm、2.36mm、1.18mm、0.6mm、0.3mm、0.15mm、

0.075mm 的标准筛系列中，根据沥青混合料级配选用相应的筛号，必须有密封圈、盖和底。

a.2 天平：感量不大于 0.1g。

a.3 摇筛机。

a.4 烘箱：装有温度自动控制器。

a.5 其他：样品盘、毛刷等。

b 方法与步骤

b.1 准备工作

b.1.1 按照沥青混合料取样方法（见本章第5.4.2.1节）从拌合厂或施工现场选取代表性样品。

b.1.2 将沥青混合料试样按沥青含量的试验方法抽提沥青后，将全部矿质混合料放入样品盘中置于温度 105℃ ±5℃ 的烘箱中烘干，并冷却至室温。

b.1.3 按沥青混合料矿料级配设计要求，选用全部或部分需要筛孔的标准筛，作施工质量检验时，至少应包括 0.075mm、2.36mm、4.75mm 及集料公称最大粒径等 5 个筛孔，按大小顺序排列成套筛。

b.2 试验步骤

b.2.1 称量抽提后的全部矿料试样的质量，精确至 0.1g。

b.2.2 将标准筛带筛底置于摇筛机上，并将矿质混合料置于筛内，盖妥筛盖后，压紧摇筛机，开动摇筛机筛 10min。取下套筛后，按筛孔大小顺序，在一清洁的浅盘上，再逐个进行手筛。手筛时可用手轻轻拍击筛框并经常地转动筛子，直至每分钟筛出量不超过筛上试样质量的 0.1% 时为止，但不允许用手将颗粒塞过筛孔；筛下的颗粒并入下一号筛，并和下一号筛中试样一起过筛。矿料的筛分方法，尤其是对最下面的 0.075mm 筛，根据需要也可采用水筛法，或者对同一种混合料，适当进行几次干筛与湿筛的对比试验后，对 0.075mm 通过率进行适当的换算或修正。

b.2.3 称量各筛上筛余颗粒的质量，精确至 0.1g。并将沾在滤纸、棉花上的矿粉及抽提液中的矿粉计入通过 0.075mm 的矿粉含量中。所有各筛的分计筛余量和底盘中剩余质量的总和与筛分前试样总质量相比，相差不得超过总质量的 1%。

c 计算

c.1 试样的分计筛余量按式（5-4-60）计算：

$$P_i = \frac{m_i}{m} \times 100 \tag{5-4-60}$$

式中 P_i——第 i 级试样的分计筛余量，%；

m_i——第 i 级筛上颗粒的质量，g；

m——试样的总质量，g。

c.2 累计筛余百分率：该号筛上的分计筛余百分率与大于该号筛的各号筛上的分计筛余百分率之和，精确至 0.1%。

c.3 通过筛分百分率：用 100 减去该号筛上的累计筛余百分率，精确至 0.1%。

c.4 以筛孔尺寸为横坐标，各个筛孔的通过筛分百分率为纵坐标，绘制如图 5-4-11 所示的矿料组成级配曲线，评定该试样的颗粒组成。

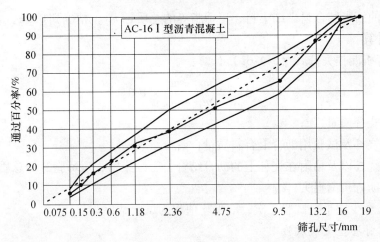

图 5-4-11　沥青混合料矿料组成级配曲线示意图

c.5　同一混合料至少取两个试样平行筛分试验两次，取平均值作为每号筛上的筛余量的试验结果，报告矿料级配通过百分率及组配曲线。

5.4.2.8　谢伦堡沥青析漏试验

用以检测沥青结合料在高温状态下从沥青混合料析出多余的自由沥青的数量，检验沥青玛琋脂碎石混合料（SMA）、排水式大空隙沥青混合料（OGFC）或沥青碎石类混合料的最大沥青用量。

a　试验设备

a.1　烧杯：800mL；

a.2　烘箱；

a.3　小型沥青混合料拌合机或人工炒锅；

a.4　天平：感量不大于 0.1g；

a.5　其他：搪瓷盘、手铲、玻璃板、棉纱等。

b　试验步骤

b.1　根据实际使用的沥青混合料的配合比，对集料、矿粉、沥青、纤维稳定剂等按击实制样的方法用小型沥青混合料拌合机拌合混合料。拌合时纤维稳定剂应在加入粗细集料后加入，并适当干拌分散，再加入沥青拌合至均匀。每次只能拌合一个试件，对粗集料较多而沥青用量较少的混合料，小型沥青混合料拌合机拌匀有困难时，也可以采用手工炒拌的方法。一组试件分别拌合 4 份，每 1 份约为 1kg。第 1 锅拌合后即予废弃不用，使拌合锅或炒锅粘附一定量的沥青结合料，以免影响后面 3 锅油石比的准确性。当为施工质量检验时，直接从现场拌合机取样使用。

b.2　洗净烧杯，干燥，称量烧杯质量 m_0，精确至 0.1g。

b.3　将拌合好的 1kg 混合料，倒入 800mL 烧杯中，称量烧杯及混合料的总质量 m_1，精确至 0.1g。

b.4　在烧杯上加盖玻璃板，放入已恒温到（170±2）℃的烘箱中，当为改性沥青 SMA 时宜为 185℃，持续（60±1）min。

b.5　取出烧杯，不加任何冲击或振动，将混合料向下扣倒在玻璃板上，称量烧杯以及粘附在烧杯上的沥青结合料、细集料、玛琋脂等的总质量 m_2，精确到 0.1g。

c 结果计算

c.1 沥青析漏损失按式（5-4-61）计算：

$$\Delta m = \frac{m_2 - m_0}{m_1 - m_0} \times 100 \tag{5-4-61}$$

式中 m_0——烧杯质量，g；

m_1——烧杯及试验用沥青混合料质量，g；

m_2——烧杯以及粘附在烧杯上的沥青结合料、细集料、玛琋脂等的总质量，g；

Δm——沥青析漏损失，%。

c.2 试验至少应平行试验 3 次，取平均值作为试验结果。

5.4.2.9 肯塔堡飞散试验

用以评价由于沥青用量或粘结性不足，在交通荷载作用下，路面表面集料脱落而散失的程度，以马歇尔试件在洛杉矶试验机中旋转撞击规定的次数后，沥青混合料试件散落材料的质量的百分率表示。

a 试验设备

a.1 沥青混合料马歇尔试件制作设备：同马歇尔稳定度试验。

a.2 洛杉矶磨耗试验机。

a.3 恒温水槽：可控制恒温为（20±0.5）℃。

a.4 烘箱：大、中型各一台，装有温度调节器。

a.5 天平或电子秤：用于称量矿料的感量不大于 0.5g，用于称量沥青的感量不大于 0.1g。

a.6 温度计：分度值为 1℃。宜采用有金属插杆的插入式数显温度计，金属插杆的长度不小于 150mm，量程 0～300℃。

a.7 其他：电炉或煤气炉、沥青熔化锅、拌合铲、插刀或大螺丝刀、标准筛、滤纸（或普通纸）、胶布、卡尺、秒表、粉笔、棉纱等。

b 方法与步骤

b.1 准备工作

b.1.1 根据实际使用的沥青混合料的配合比，按标准击实法成型马歇尔试件，除非另有要求，击实成型次数为双面各 50 次，试件尺寸应符合直径（101.6±0.2）mm、高（63.5±1.3）mm 的要求，一组试件的数量不得少于 4 个。对粗集料较多而沥青用量较少的混合料，小型沥青混合料拌合机拌匀有困难时，也可以采用手工炒拌的方法。拌合时应注意事先在拌合锅或炒锅中加入相当于拌合沥青混合料时在拌合锅内所粘附的沥青用量，以免影响油石比的准确性。

b.1.2 测量试件的直径及高度，精确至 0.1mm，尺寸不符合要求的试件应作废。

b.1.3 按规定的方法（见本章第 5.4.2.2 节）测定试件的密度、空隙率、沥青体积百分率、沥青饱和度、矿料间隙率等物理指标。

b.1.4 将恒温水槽调节至要求的试验温度，标准飞散试验的试验温度为（20±0.5）℃；浸水飞散试验的试验温度为（60±0.5）℃。

b.2　试验步骤

b.2.1　将试件放入恒温水槽中养生。对标准飞散试验，在（20±0.5）℃恒温水槽中养生 20h。对浸水飞散试验，先在（60±0.5）℃恒温水槽中养生 48h，然后取出，在室温中放置 24h。

b.2.2　对标准飞散试验，从恒温水槽中取出试件，用洁净柔软的毛巾轻轻擦去试件的表面水，称量逐个试件质量 m_0，精确至 0.1g；对浸水飞散试验，称量放置 24h 后的每个试件质量 m_0，精确至 0.1g。

b.2.3　立即将一个试件放入洛杉矶试验机中，不加钢球，盖紧盖子（一次只能试验一个试件）。

b.2.4　开动洛杉矶试验机，以 30～33r/min 的速度旋转 300 转。

b.2.5　打开试验机盖子，取出试件及碎块，称量试件的残留质量。当试件已经粉碎时，称量最大一块残留试件的混合料质量 m_1。

b.2.6　重复以上步骤，一种混合料的平行试验不少于 3 次。

c　结果计算

沥青混合料的飞散损失按式（5-4-62）计算：

$$\Delta S = \frac{m_0 - m_1}{m_0} \times 100 \tag{5-4-62}$$

式中　ΔS——沥青混合料的飞散损失，%；

m_0——试验前试件的质量，g；

m_1——试验后试件的残留质量，g。

5.5　防水材料试验方法

我国建筑防水材料产品大体分六大类：防水卷材（沥青卷材、聚合物改性沥青卷材、合成高分子卷材）、防水涂料（合成高分子涂料、聚合物改性沥青涂料、沥青基涂料）、建筑密封材料（合成高分子密封材料、聚合物改性沥青密封材料）、刚性防水材料、瓦类防水材料及堵漏材料。

5.5.1　防水卷材试验方法

5.5.1.1　试验设备及材料

a　拉力试验机：测量范围应不低于 2000N，示值精度应不低于 ±2%，最小分度值不大于 2N；夹具间的伸长范围不小于 360mm，夹具夹持宽度不小于 50mm；试验机夹具的移动速度为 80～500mm/min 并可自由调控。

b　分析天平：精度 0.001g，称量范围不小于 100g。

c　电热干燥箱：温度范围为 0～300℃，精度为 ±2℃。

d　萃取器：500mL 索氏萃取器。

e　低温制冷装置：温度范围为 -40～0℃，控温精度为 ±2℃。

f　油毡不透水仪：主要由液压系统、测试管路系统、夹紧装置和三个透水盘等部分组成，透水盘底座内径为92mm，透水盘金属压盖上有7个均匀分布的直径25mm透水孔（或采用十字型压板，图5-5-1）。压力表测量范围为0～0.6MPa，精度2.5级。其测试原理如图5-5-2所示。

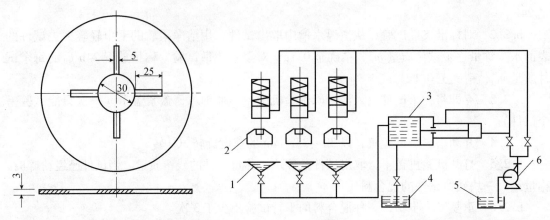

图5-5-1　金属十字型压板（mm）　　　　图5-5-2　不透水仪测试原理图
1—试座；2—夹脚；3—水缸；4—水箱；5—油箱；6—油泵

g　测厚仪：能测量厚度精确到0.01mm，测量面平整，侧头直径10mm，施加在卷材表面的压力为20kPa。游标卡尺：分度值不大于0.02mm。

h　裁片机（冲片机）：由加载装置、裁刀及其装卸装置组成。可加工Ⅰ型、Ⅱ型哑铃型拉伸试件；裤型、直角型和新月型撕裂试件。

i　滤纸：直径不小于φ150mm。

j　溶剂：四氯化碳、三氯甲烷、苯或三氯乙烯，工业纯或化学纯。

5.5.1.2　可溶物含量（浸涂材料含量）试验

a　试件准备

试件在试样上距边缘100mm以上任意处裁取，正方形试件尺寸为（100±1）mm×（100±1）mm，整个试验应准备3个试件。裁取后应测量每个试件的尺寸是否符合要求。

试件在试验前至少在（23±2）℃和相对湿度30%～70%的条件下放置20h。

b　测定步骤

b.1　先称量每个试件（M_0），对于表面隔离材料为粉状的沥青卷材，试件先用软毛刷轻轻刷除表面的隔离材料，然后称量试件（M_1）。将称量后的三块试件分别用滤纸包好并用棉线捆扎，试件连滤纸一起进行称量（M_2）。

b.2　将滤纸包置于萃取器中，用规定的溶剂（溶剂量为烧瓶容量的1/2～2/3）进行加热萃取，直到回流的溶剂呈无色或浅色时为止，取出滤纸包，放在通风柜中先使吸附的溶剂挥发。再放入预热至（105±2）℃鼓风干燥箱中干燥2h，然后取出放入干燥器中冷却至室温。

b.3　将冷却至室温的滤纸包放在称量盒或表面皿中一起称量，减去称量盒质量，即为试件萃取后的滤纸包质量（M_3）。

b.4　然后将滤纸包在试样筛（315μm筛孔或其他规定孔径的筛）上打开，筛下放一个容器盛接，将滤纸包中的胎基表面的粉末都刷除下来，称量胎基质量（M_4）。敲打震动试样筛直至没有材料落下，取掉滤纸和扎线，称量留在筛上的材料质量（M_5），称量筛下容器中材料质量（M_6）。对于表面疏松的胎基（如聚酯毡、玻纤毡等），将称量后的胎基（M_4）放入超声清洗池中清洗，取出，在（105 ± 2）℃烘箱烘干 1h 后，取出，立即放入干燥器内冷却至室温，称量其质量（M_7）。

c　结果表示和计算

记录得到的每个试件的称量质量，然后按以下要求计算每个试件的结果，最终结果取三个试件的平均值。

c.1　可溶物含量按式（5-5-1）计算：

$$A = (M_2 - M_3) \times 100 \qquad (5\text{-}5\text{-}1)$$

式中　A——可溶物含量，g/m^2。

c.2　浸涂材料含量

表面隔离材料非粉状的产品按式（5-5-2）计算，表面隔离材料为粉状的产品按式（5-5-3）计算：

$$B = (M_0 - M_5) \times 100 - E \qquad (5\text{-}5\text{-}2)$$

$$B = M_1 \times 100 - E \qquad (5\text{-}5\text{-}3)$$

式中　B——浸涂材料含量，g/m^2；

　　　E——胎基单位面积质量，g/m^2。

c.3　表面隔离材料单位面积质量

表面隔离材料为粉状的产品按式（5-5-4）计算，其他产品按式（5-5-5）计算：

$$C = (M_0 - M_1) \times 100 \qquad (5\text{-}5\text{-}4)$$

$$C = M_5 \times 100 \qquad (5\text{-}5\text{-}5)$$

式中　C——表面隔离材料单位面积质量，g/m^2。

c.4　填充料含量

胎基表面疏松的产品填充料含量按式（5-5-6）计算，其他产品按式（5-5-7）计算：

$$D = (M_6 + M_4 - M_7) \times 100 \qquad (5\text{-}5\text{-}6)$$

$$D = M_6 \times 100 \qquad (5\text{-}5\text{-}7)$$

式中　D——填充料含量，g/m^2。

c.5　胎基单位面积质量

胎基表面疏松的产品胎基单位面积质量按式（5-5-8）计算，其他产品按式（5-5-9）计算：

$$E = M_7 \times 100 \qquad (5\text{-}5\text{-}8)$$

$$E = M_4 \times 100 \qquad (5\text{-}5\text{-}9)$$

式中　E——胎基单位面积质量，g/m^2。

5.5.1.3　拉伸性能及伸长率的试验

a　试件准备

a.1　试件在距试样边缘（100 ± 10）mm 以上裁取，用模板、裁刀或冲片机沿卷材试样纵向和横向分别裁取所要求形状及数量的试件（一组纵向 5 个试件，一组横向 5 个试件），表面的非持久层应去除。

a. 2　试件尺寸

a. 2. 1　沥青防水卷材拉伸试件：试件宽度为（50 ±0. 5）mm、长度为（200mm + 2 × 夹持长度）的矩形试件，试件长度方向为试验方向。在温度 23℃ ±2℃ 和相对湿度 30% ~70%的条件下至少放置 20h。

a. 2. 2　高分子防水卷材拉伸试件：

方法 A：矩形试件为（50 ±0. 5）mm × 200mm，见表 5-5-1，是适用于所用材料的方法。

方法 B：哑铃 I 型试件为（6 ±0. 4）mm × 115mm，见表 5-5-1，对于方法 A 不适用的材料，如材料没有断裂，方法 B（GB/T 528）可用来测定拉伸性能。

表 5-5-1　试件尺寸要求（mm）

方法	方法 A	方法 B
全长（L_3），至少	>200	>115
端头宽度（b_1）		25 ±1
狭窄平行部分长度（L_1）		33 ±2
试件宽度（b）	50 ±0. 5	6 ±0. 4
小半径（r）		14 ±1
大半径（R）		25 ±2
标记间距离（L_0）	100 ±5	25 ±0. 25
夹具间起始间距（L_2）	120	80 ±5

试件中的网格布、织物层、衬垫或层合增强层在长度或宽度方向应裁一样的经纬数，避免切断筋。试件在温度（23 ±2）℃ 和相对湿度（50 ±5）% 的条件下至少放置 20h。

a. 2. 3　按标准要求标注标距线和夹持线。在标距区内，测量标距中间和两端三点的厚度，取三个测量值的平均值为试样厚度（d）；同时测量试件标距内平行部分的宽度（b）；精确测量两标距线间初始长度 L_0，尺寸测量应至少精确到 0. 02mm。

b　试验步骤

b. 1　将试验机的拉伸速度调到标准规定速度值：高分子卷材的方法 A 为（100 ±10）mm/min，方法 B 为（500 ±50）mm/min；沥青卷材为（100 ±10）mm/min。试验温度为（23 ±2）℃。

b. 2　将试件置于试验机夹具中心，对准夹持线夹紧。注意试件长度方向的中线与试验机夹具中心在一条直线上，为防止试件产生任何松弛，推荐加载不超过 5N 的力。

b. 3　开动试验机以规定的速度拉伸试样，在整个试验过程中，连续监测试验长度和力的变化，按试验项目要求进行记录和计算。测量试样断裂瞬间的标距线间的长度 L_b。

去除任何在距夹具 10mm 以内断裂或在夹具中滑移超过极限值的试件的试验结果，应另取备用试样重新试验。

b. 4　记录最大拉力（F_m）及试样断裂时的拉力（F_b），对应的延伸率和断裂延伸率。

b. 5　需测扯断永久变形时，应将扯断后的试件放置 3min，将扯断试件对接吻合后，测量标距间的长度 L_t，精确到 0. 05mm。

b. 6　对于有复合增强层的卷材，在应力应变图上有两个或多个峰值，应记录两个最大峰值的拉力和延伸率及断裂延伸率。

　　c　结果计算及评定

　　c.1　试样拉伸强度 TS 或断裂拉伸强度 TS_b 按式（5-5-10）计算，精确到 0.1MPa：

$$TS = \frac{F_m}{b \cdot d} \text{ 或 } TS_b = \frac{F_b}{b \cdot d} \tag{5-5-10}$$

式中　TS——试样的拉伸强度，MPa；

　　　TS_b——试样的断裂拉伸强度，MPa；

　　　F_m——记录的最大拉力值，N；

　　　F_b——试样断裂时的拉力值，N；

　　　b——试样标距段的宽度，mm；

　　　d——试样标距段的厚度，mm。

　　c.2　试样的延伸率按式（5-5-11）计算，精确至两位有效数字：

$$E_b = \frac{L_b - L_0}{L_0} \times 100 \tag{5-5-11}$$

式中　E_b——扯断伸长率或最大力值时的延伸率，%；

　　　L_0——试样的初始标距，mm；

　　　L_b——试样断裂时或最大力值时的标距，mm。

　　c.3　试样扯断永久变形按式（5-5-12）计算，精确到 1%：

$$S_b = \frac{L_t - L_0}{L_0} \times 100 \tag{5-5-12}$$

式中　S_b——扯断永久变形，%；

　　　L_t——试样断裂后，放置 3min 后对接起来的标距，mm；

　　　L_0——试样初始试验长度，mm。

　　c.4　分别记录每个方向 5 个试件的值，计算算术平均值和标准偏差，取其平均值作为试验结果。沥青卷材和高分子卷材方法 A 的拉力单位为 N/50mm，结果精确至 1N/50mm；方法 B 拉伸强度的单位为 MPa（N/mm²），结果精确至 0.1MPa（N/mm²）。延伸率精确至两位有效数字。

5.5.1.4　撕裂强度试验

　　a　沥青防水卷材撕裂性能（钉杆法）

　　a.1　仪器设备

　　a.1.1　拉伸试验机

试验机应有连续记录力和对应距离的装置，能够按以下规定速度分离夹具。试验机有足够的荷载能力（至少 2000N）和足够的夹具分离距离，夹具拉伸速度为（100±10）mm/min，夹持宽度不小于 100mm。

试验机的夹具能随着试件拉力的增加而保持或增加夹具的夹持力，夹具能夹住试件使其在夹具中的滑移不超过 2mm，采用夹持方法不应在夹具内外产生过早的破坏。

　　a.1.2　U 型装置

U 型装置一端通过连接件连在试验机夹具上，另一端有两个臂支撑试件。臂上有钉杆穿过的孔，其位置能保证试件有（50±5）mm 长度和穿过直径（2.5±0.1）mm 的钉杆，如图 5-5-3 所示。

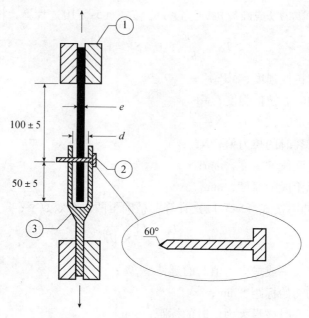

图 5-5-3　钉杆法撕裂试验（mm）

1—夹具；2—钉杆（ϕ2.5±0.1）；3—U 型头；

e—样品厚度；d—U 型头间隙（$e+1 \leqslant d \leqslant e+2$）

a.2　试件准备

试件需距卷材边缘 100mm 以上在试样上任意处裁取，用模板或裁刀裁取，要求的长方形试件宽度为（100±1）mm，长度至少 200mm。试件长度方向为试验方向，试件从试样的纵向或横向裁取。

对卷材用于机械固定的增强边，应取增强部位试验。每个选定的方向试验 5 个试件，任何表面的非持久层应去除。

试验前，试件应在温度（23±2）℃和相对湿度 30% ~ 70% 的条件下放置至少 20h。

a.3　试验步骤

将试件放入打开的 U 型头的两臂中，用一直径（2.5±0.1）mm 的尖钉穿过 U 型头的孔，同时钉杆位置在试件的中心线上，距 U 型头中的试件一端（50±5）mm，钉杆距上夹具的距离是（100±5）mm（见图 5-5-3）。

把该装置试件一端的夹具和另一端的 U 型头放入试验机，开动试验机使穿过材料面的钉杆直到材料末端。试验装置的示意图如图 5-5-3 所示。

试验在（23±2）℃进行，拉伸速度为（100±10）mm/min，穿过试件钉杆的撕裂力应连续记录。

a.4　结果表示

a.4.1　连续记录的力，试件撕裂性能（钉杆法）是记录试验的最大力。

a.4.2　每个试件分别列出拉力值，计算平均值，精确至 5N，记录试验方向。

a. 4. 3　以每个试验方向的 5 个力值的平均值作为试验结果。

b　高分子防水卷材的撕裂性能

b. 1　仪器设备

试验机应有连续记录力和对应距离的装置，能够按以下规定速度分离夹具。试验机有效荷载范围至少 2000N，夹具拉伸速度为（100±10）mm/min，夹持宽度不少于 50mm。

试验机的夹具能随着试件拉力的增加而保持或增加夹具的夹持力，对于厚度不超过 3mm 的产品能夹住试件使其在夹具中的滑移不超过 1mm，更厚的产品不超过 2mm。试件在夹具处用一记号或胶带来显示任何滑移。

裁取试件的模板尺寸如图 5-5-4 所示。

b. 2　试件制备

试件形状和尺寸如图 5-5-5 所示。卷材纵向和横向分别用模板各裁取 5 个带缺口或割口试件，在每个试件上的夹持线位置做好记号。

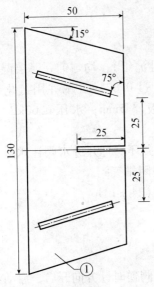

图 5-5-4　裁取试件模板（mm）

1—试件厚度：2~3mm

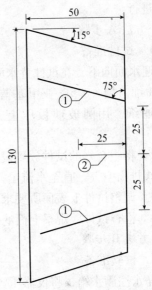

图 5-5-5　试件形状和尺寸（mm）

1—夹持线；2—缺口或割口

试验前，试件应在温度（23±2）℃和相对湿度（50±5）%的条件下放置至少 20h。

b. 3　试验步骤

将试样置于试验机的夹持器中心，对准夹持线夹紧，注意使夹持线沿着夹具的边缘对齐。

试验在（23±2）℃进行，拉伸速度为（100±10）mm/min，开动试验机拉伸试样，直至试样撕裂拉断，记录其最大拉力值。

b. 4　结果表示

每个试件的最大拉力值用"N"表示，计算每个方向的 5 个力值的算术平均值作为试验结果，结果精确到 1N。

若试件从试验机夹具中的滑移超过规定值，其结果应舍弃，用备用件重新试验。

5.5.1.5　不透水性试验

防水卷材不透水性试验方法有 A 法和 B 法：试验方法 A 适用于卷材低压力的使用场合，

如屋面、基层、隔气层，试件满足直到 60kPa 压力 24h；试验方法 B 适用于卷材高压力的使用场合，如特殊屋面、隧道、水池等，试件采用四个规定形状尺寸狭缝的十字圆盘保持规定水压 24h 或采用 7 孔圆盘保持规定水压 30min，观测试件是否保持不渗水。

a　试件制备

试件在卷材宽度方向均匀裁取，最外一个距卷材边缘 100mm，试件的纵向与产品的纵向平行并标记。试件数量至少 3 块，具体见产品标准规定。

试件尺寸为：方法 A 为圆形试件，直径（200±2）mm；方法 B 试件的直径不小于压盘外径（约 130mm）。

在试验前，试件应在（23±5）℃的条件下放置至少 6h。

b　试验步骤

b.1　试验条件

试验在温度（23±5）℃进行，产生争议时，在温度（23±5）℃和相对湿度（50±5）%的条件下进行。

b.2　方法 A 步骤

b.2.1　试件准备

试件迎水面向下，在试件背水面上放一张滤纸（定性滤纸），均匀铺一薄层湿气指示剂（由 99.5% 细白糖 + 0.5% 亚甲基蓝染料组成的混合物，过 0.074mm 筛并用氯化钙干燥），再放一张滤纸，用圆玻璃板压上（水压 ≤ 10kPa，玻板厚 5mm；水压 ≤ 60kPa，玻板厚 8mm）。

b.2.2　将组合好的试件放到设备上，旋紧螺母固定夹环。打开进水阀让水进入，同时打开排气阀排出空气，直至水流出，表明设备已水满，关闭排气阀。

b.2.3　调整试件上表面所要求的压力，并保持压力（24±1）h。

b.2.4　检查试件，观察上面滤纸有无变色。

b.3　方法 B 步骤

b.3.1　试验准备

将洁净水注满水箱，将仪器压紧螺母松开，三个截止阀逆时针方向开启，启动油泵或用气筒加压，将管路中空气排净，当三个试座充满水并接近溢出状态时，关闭三个截止阀。

b.3.2　安装试件：注满水后依次把 "O" 形密封圈、制备好的试件、透水盖板（十字圆盘或七孔圆盘）放在透水盘上，其中一个缝的方向与卷材纵向平行。放上封板，慢慢夹紧直到试件夹紧在盘上，用布或压缩空气干燥试件的非迎水面。

b.3.3　压力保持：打开试座进水阀门，按照产品标准规定压力值慢慢加压到规定压力，保持压力值在规定压力范围，并开始记录时间。在测试时间内出现一块试件有渗透时，记录渗水时间，关闭相应的进水阀。当测试达到规定时间即可卸压取出试件。

b.3.4　达到规定压力后，十字圆盘保持压力（24±1）h；七孔圆盘保持压力（30±2）min。

b.4　试验完毕后，打开放水阀将水放出，而后将透水盘、密封圈、透水盖板及压圈擦拭干净，关闭试验机。

c　结果评定

c.1　方法 A

试件有明显的水渗到上面的滤纸产生变色，认为试验不符合。

所有试件通过，认为卷材不透水性合格。

c.2　方法 B

所有试件在规定的时间均无透水现象时评定为卷材不透水性合格。

5.5.1.6　低温弯折或低温柔性试验

沥青防水卷材测试低温柔性，高分子防水卷材测试低温弯折性。

a　低温柔性（沥青防水卷材）试验方法

a.1　低温柔性试验装置

该装置由两个直径（20±0.1）mm 不旋转的圆筒，一个直径（30±0.1）mm 的圆筒或半圆筒弯曲轴组成（可以根据产品规定采用其他直径的弯曲轴，如 20mm、50mm），该轴在两个圆筒中间，并能向上移动。两个圆筒间距离可以调节，即圆筒和弯曲轴间的距离能调节为卷材的厚度，如图 5-5-6 所示。

整个装置浸入能控制温度在 +20～-40℃、精度 0.5℃温度条件下的冷冻液中。冷冻液可选用下列任一混合物：

——丙烯乙二醇 + 水溶液（体积比 1:1）低至 -25℃；

——低于 -20℃的乙醇 + 水溶液（体积比 2:1）。

用一支测量精度 0.5℃的半导体温度计检查试验温度，放入试验液体中与试件在同一水平面。试件在试验液体中的位置应平放且完全浸入，用可移动的装置支撑，该支撑装置应至少能放一组五个试件。

试验时，弯曲轴从下面顶着试件以 360mm/min 的速度升起，将试件弯曲 180°，电动控制系统应保证在每个试验过程中和试验温度下的移动速度保持在（360±40）mm/min。裂纹通过目测检查，在试验过程中不应有任何人为的影响。为了准确评价，试件移动路径是在试验结束时，试件应露出冷冻液，移动部分通过设置适当的极限开关控制限定位置。

a.2　试件制备

试件采用尺寸为（150±1）mm ×（25±1）mm 的矩形试件，从试样宽度方向上均匀地裁取，长边在卷材的纵向，试件裁取时应距卷材边缘不少于 150mm，试件应从卷材的一边开始做连续的记号，同时标记卷材的上表面和下表面。裁取试件数量为上下表面各五个。

去除表面的任何保护膜，适宜的方法是常温下用胶带粘在上面，冷却到接近假设的冷弯温度，然后从试件上撕去胶带；另一方法是用压缩空气吹（压力约 0.5MPa，喷嘴直径约 0.5mm）；假若上面的方法不能除去保护膜，用火焰烤，用最少的时间破坏膜而不损伤试件。

试件试验前应在（23±2）℃的平板上放置至少 4h，并且相互之间不能接触，也不能粘在板上。可以用硅纸垫，表面的松散颗粒用手轻轻敲打除去。

a.3　试验步骤

a.3.1　仪器准备

在开始所有试验前，应按试件厚度调节两个圆筒间的距离（图 5-5-6），即弯曲轴直径 +2mm + 两倍试件的厚度。然后将装置放入已冷却的液体中，并且圆筒的上端在冷冻液面下约 10mm，弯曲轴在下面的位置。

弯曲轴直径根据产品不同可以为 20mm、30mm、50mm。

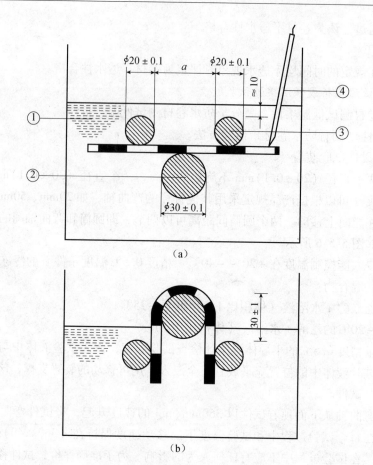

图 5-5-6　试验装置原理和弯曲过程（mm）

（a）开始弯曲；（b）弯曲结束

1—冷冻液；2—弯曲轴；3—固定圆筒；4—半导体温度计（热敏探头）

a.3.2　试验条件

冷冻液达到规定的试验温度，误差不超过 0.5℃，试件放于支撑装置上，且在圆筒的上端，保证冷冻液完全浸没试件。试件放入冷冻液达到规定温度后，开始保持在该温度 1h±5min。温度计的位置靠近试件，检查冷冻液温度。

a.3.3　低温柔性

全部试件在规定温度处理后，一组 5 个是上表面试验的试件，另一组 5 个是下表面试验的试件，试验按下述步骤进行。

试件放置在圆筒和弯曲轴之间，试验面朝上，然后设置弯曲轴以（360±40）mm/min 速度顶着试件向上移动，试件同时绕轴弯曲。轴移动的终点在圆筒上面（30±1）mm 处（图 5-5-6），使试件的表面明显露出冷冻液，同时液面也因此下降。

应在 10s 内完成弯曲过程，在适宜的光源下用目视检查试件有无裂纹，必要时，用辅助光学装置帮助。假若有一条或更多的裂纹从涂盖层深入到胎体层，或完全贯穿无增强卷材，即存在裂缝。一组 5 个试件应分别试验检查。假若装置的尺寸满足，可以同时试验几组试件。

a.3.4　冷弯温度测定

若需测定沥青卷材的冷弯温度，按 a.3.3 和下面步骤进行试验。

冷弯温度的范围（未知）最初测定：从期望的冷弯温度开始，每隔 6℃ 试验每个试件，因此每个试验温度都是 6℃ 的倍数（如 –12℃ 、 –18℃ 、 –24℃ 等）。从开始导致破坏的最低温度开始，每隔 2℃ 分别试验每组五个试件的上表面和下表面，连续地每次 2℃ 地改变温度，直到每组五个试件分别试验后，至少有 4 个无裂纹，这个温度记录为试件的冷弯温度。

a.4　结果评定

a.4.1　规定温度下的柔度结果

按 a.3.3 进行试验，一个试验面五个试件在规定温度下至少 4 个无裂纹为通过，上表面和下表面的试验结果要分别记录。

a.4.2　冷弯温度测定的结果

测定冷弯温度时，要求按 a.3.4 试验得到的温度，应 5 个试件中至少 4 个通过，这个冷弯温度为该卷材试验面的，上表面和下表面的试验结果应分别记录（卷材的上表面和下表面可能有不同的冷弯温度）。

a.4.3　试验方法的精密度

重复性：

——重复性的标准偏差：$\sigma_r = 1.2℃$

——置信水平（95%）值：$q_r = 2.3℃$

——重复性极限（两个不同结果）：$r = 3℃$

再现性：

——再现性的标准偏差：$\sigma_R = 2.2℃$

——置信水平（95%）值：$q_R = 4.4℃$

——再现性极限（两个不同结果）：$R = 6℃$

b　低温弯折性（高分子防水卷材）试验方法

b.1　仪器设备

b.1.1　弯折板

金属弯折装置有可调节的平行平板，如图 5-5-7 所示。

b.1.2　环境箱或低温试验机

空气循环的低温空间，可调节温度至 –45℃，精度 ±2℃。

b.1.3　检查工具为放大镜（放大倍数不低于 6 倍）。

b.2　试件制备

每个试验温度取四个 100mm×50mm 试件，两个卷材纵向（L），两个卷材横向（T）。

试验前试件应在（23±2）℃ 和相对湿度（50±5）% 的条件下放置至少 20h。

b.3　试验步骤

b.3.1　环境温度

除低温箱外，试验步骤中所有操作在（23±5）℃ 环境下进行。

b.3.2　测量试件厚度

用厚度测量装置测量每个试件的厚度，每个试件沿长度方向均布选取三个测点，取所有试件测值的平均值作为试件的全厚度，精确至 0.01mm。

b.3.3　弯曲试件

沿长度方向弯曲试件，使 50mm 宽的边缘重合、齐平，并确保不发生错位（可用定位夹或 10mm 宽的胶布将边缘固定），如图 5-5-7 所示。卷材的上表面弯曲朝外，如此弯曲固定一个纵向试件和一个横向试件；再使卷材的上表面弯曲朝内，如此弯曲固定另一个纵向试件和另一个横向试件。

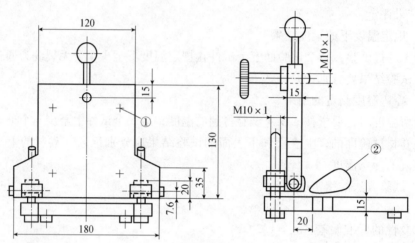

图 5-5-7　弯折装置示意图（mm）
①—测量点；②—试件

b.3.4　平板距离

调节弯折仪的两个平板间的距离为试件全厚度的 3 倍。检测平板间 4 点的距离（如图 5-5-7）。

b.3.5　试件位置

将弯折仪上平板翻开，将两块试样平放在弯折仪下平板上，重合的一边朝向转轴，且距离转轴 20mm（如图 5-5-7）。将翻开的弯折仪连同试件放入已调好规定温度的低温箱内。

b.3.6　弯折

在规定温度下保持 1h 后，在 1s 之内将弯折仪的上平板压下，达到所调间距位置，保持 1s 后将试样取出，整个操作过程应在低温箱中进行。

b.3.7　检查

待从弯折仪中取出的试件恢复到（23±5）℃后，用 6 倍放大镜检查试件弯折区域的裂纹或断裂。

b.3.8　临界低温弯折温度

当需测定卷材的低温弯折温度时，按上述弯折程序每 5℃重复一次，范围为：-40℃、-35℃、-30℃、-25℃、-20℃等，直至按 b.3.7 条检查试件无裂纹和断裂。

b.4　结果表示

按照 b.3.8 条重复进行弯折程序。卷材的低温弯折温度，为任何试件不出现裂纹和断裂的最低的 5℃间隔。

在产品规定温度下，任何试件不出现裂纹和断裂时，评定卷材为合格。

5.5.1.7　耐热性试验

耐热性是反映沥青防水卷材在温度升高时的抗流动性能，本部分规定了其测定方法，测定试验卷材的上表面和下表面在规定温度或连续在不同温度的耐热性极限。

a　方法 A

将试件分别垂直悬挂在规定温度的烘箱中，在规定的时间后测量试件两面涂盖层相对于胎体的位移。平均位移超过 2.0mm 为不合格，耐热性极限是通过在两个温度结果间插值测定。

a.1　仪器设备

a.1.1　鼓风烘箱（不提供新鲜空气）：在试验范围内最大温度波动 ±2℃。当门打开 30s 后，温度恢复到工作温度的时间不超过 5min。

a.1.2　热电偶：连接到外面的电子温度计，在规定范围内能测量到 ±1℃。

a.1.3　悬挂装置：夹子应至少 100mm 宽，能夹住试件的整个宽度在一条线，并被悬挂在试验区域（见图 5-5-8）。

a.1.4　光学测量装置（如读数放大镜）：刻度至少 0.1mm。

a.1.5　金属圆插销的插入装置：内径约 4mm。

a.1.6　画线装置：画直的标记线（图 5-5-8）。白色耐水墨水，标线的宽度不超过 0.5mm。

a.2　试件制备

矩形试件尺寸（115±1）mm×（100±1）mm，一组三个试件。试件均匀地在试样宽度方向裁取，长边为卷材的纵向，试件应距卷材边缘 150mm 以上，从卷材的一边开始裁取并连续编号，卷材上表面和下表面应标记在试件上。

去除任何非持久保护层，适宜的方法是常温下用胶带粘在上面，冷却到接近假设的冷弯温度，然后从试件上撕去胶带；另一方法是用压缩空气吹（压力约 0.5MPa，喷嘴直径约 0.5mm）；假若上面的方法不能除去保护膜，用火焰烤，用最少的时间破坏膜而不损伤试件。

在试件纵向的横断面一边，将上表面和下表面大约 15mm 一条的涂盖层去除直至胎体，若卷材有超过一层的胎体，去除涂盖料直到另一层胎体。在试件的中间区域的涂盖层也从上表面和下表面的两个接近处去除，直至胎体（图 5-5-8）。为此，可以采用热刮刀或类似装置，小心地去除涂盖层而不损坏胎体。两个内径约 4mm 的插销在裸露区域穿过胎体（见图 5-5-8）。任何表面浮着的矿物料或表面材料通过轻轻敲打试件去除。然后将标记装置放在试件两边插入插销定位于中心位置，在试件表面整个宽度方向沿着直边用记号笔垂直画一条标记线（宽度约 0.5mm），操作时试件平放。

试件试验前至少放置在（23±2）℃的平面上 2h，相互之间不要接触或粘住，必要时，将试件放在硅纸上防止粘结。

a.3　试验步骤

a.3.1　试验准备

烘箱预热到规定温度，温度通过与试件中心处于同一位置的热电偶控制。整个试验期间，试验区域的温度波动不超过 ±2℃。

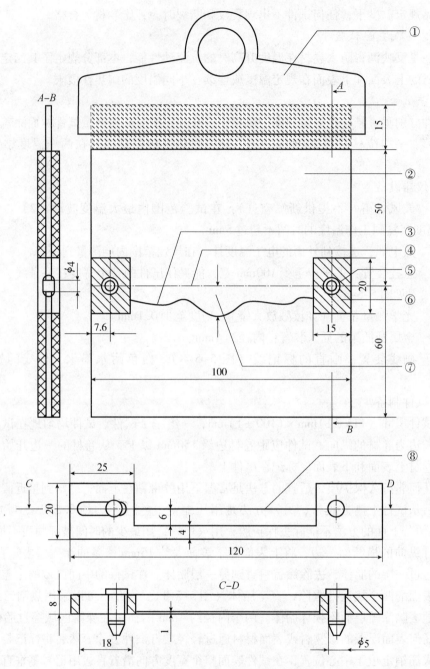

图 5-5-8 试件、悬挂装置和标记装置示例图（mm）

1—悬挂装置；2—试件；3—标记线 1；4—标记线 2；5—插销，$\phi 4$mm；

6—去除涂盖层；7—滑动 ΔL（最大距离）；8—直边

a.3.2 规定温度下耐热性的测定

将制备好的一组三个试件露出的胎体处用悬挂装置夹住，不要夹到涂盖层。必要时，用硅纸一类的不粘层包住两面，便于在试验结束时除去夹子。

将夹好的试件垂直挂在烘箱的相同高度，间隔至少 30mm。此时烘箱的温度不能下降太多，开关烘箱门放入试件的时间不超过 30s。放入试件后加热时间为（120 ± 2）min。

加热周期一结束，将试件和悬挂装置一起从烘箱中取出，相互间不要接触，在（23 ± 2）℃ 的室内自由悬挂冷却至少 2h。然后除去悬挂装置，按本节 a.2 要求，在试件两面画第二条 标记线，用光学测量装置在每个试件的两面测量两个标记底部间最大距离 ΔL，精确到 0.1mm（见图 5-5-8）。

a.3.3　耐热性极限测定

耐热性极限对应的涂盖层位移正好 2mm，通过对卷材上表面和下表面在间隔 5℃ 的不同温度 段的每个试件的初步处理试验的平均值测定，其温度段总是 5℃ 的倍数（如 100℃、105℃、110℃ 等）。这样试验的目的是找到位移尺寸 $\Delta L = 2.0mm$ 在其中的两个温度段 T 和（$T + 5$）℃。

卷材的两个面按"规定温度下耐热性的测定"进行试验，每个温度段应采用新的试件 试验。

一组三个试件，初步测定耐热性能的两个温度段已测定后，上表面和下表面都要测定两 个温度 T 和（$T + 5$）℃，在每个温度用一组新的试件。

在卷材涂盖层在两个温度段间完全流动将产生的情况下，$\Delta L = 2.0mm$ 时的精确耐热性 不能测定，此时滑动不超过 2.0mm 的最高温度 T 可作为耐热性极限。

a.4　结果表示

a.4.1　平均值计算

计算卷材每个面三个试件的滑动值的平均值，精确到 0.1mm。

a.4.2　耐热性

耐热性为在规定温度下，卷材上表面和下表面的滑动平均值不超过 2.0mm，认为合格。

a.4.3　耐热性极限

耐热性极限通过线性图或计算每个试件上表面和下表面的两个结果测定，每个面修约到 1℃（图 5-5-9）。

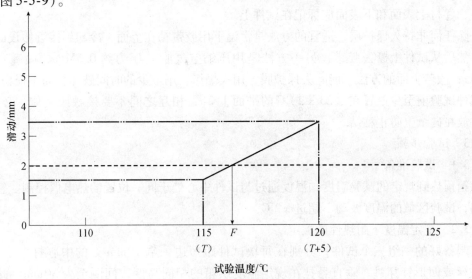

图 5-5-9　内插法耐热性极限测定（示例图）

F—耐热性极限（示例 = 117℃）

a.4.4　试验方法精确度

耐热性极限测定方法的精确度由相关的实验室按照 GB/T 6379.2 试验，采用聚酯胎卷材。下述重复性规定范围对耐热性测定也有效。

重复性：

——一组三个试件偏差范围：$d_{s,3} = 1.6mm$

——重复性的标准偏差：$\sigma_r = 0.7℃$

——置信水平（95%）值：$q_r = 1.3℃$

——重复性极限（两个不同结果）：$r = 2℃$

再现性：

——再现性的标准偏差：$\sigma_R = 3.5℃$

——置信水平（95%）值：$q_R = 6.7℃$

——再现性极限（两个不同结果）：$R = 10℃$

b　方法 B

从试样裁取的试件，在规定温度分别垂直挂在烘箱中。在规定的时间后测量试件两面涂盖层相对于胎体的位移及流淌、滴落。

b.1　仪器设备

b.1.1　鼓风烘箱（不提供新鲜空气）：在试验范围内最大温度波动 ±2℃。当门打开 30s 后，温度恢复到工作温度的时间不超过 5min。

b.1.2　热电偶：连接到外面的电子温度计，在规定范围内能测量到 ±1℃。

b.1.3　悬挂装置：洁清无锈的铁丝或回形针。

b.2　试件制备

矩形试件尺寸 $(100 \pm 1)mm \times (50 \pm 1)mm$，一组三个试件。试件均匀地在试样宽度方向裁取，长边为卷材的纵向，试件应距卷材边缘 150mm 以上，从卷材的一边开始裁取并连续编号，卷材上表面和下表面应标记在试件上。

去除任何非持久保护层，适宜的方法是常温下用胶带粘在上面，冷却到接近假设的冷弯温度，然后从试件上撕去胶带；另一方法是用压缩空气吹（压力约 0.5MPa，喷嘴直径约 0.5mm）；假若上面的方法不能除去保护膜，用火焰烤，用最少的时间破坏膜而不损伤试件。

试件试验前至少放置在 $(23 \pm 2)℃$ 的平面上 2h，相互之间不要接触或粘住，必要时，将试件放在硅纸上防止粘结。

b.3　试验步骤

b.3.1　试验准备

烘箱预热到规定的试验温度，温度通过与试件中心处于同一位置的热电偶控制。整个试验期间，试验区域的温度波动不超过 ±2℃。

b.3.2　规定温度下耐热性的测定

将制备好的一组三个试件，分别在每块试件距短边一端 10mm 处的中心打一个小孔，用细铁丝或回形针穿过，垂直悬挂在规定温度烘箱的相同高度，间隔至少 30mm。此时烘箱的温度不能下降太多；开关烘箱门放入试件的时间不超过 30s。放入试件后加热时间为 $(120 \pm 2)min$。

加热周期一结束，将试件从烘箱中取出，相互间不要接触，目测观察并记录试件表面的涂盖层有无滑动、流淌、滴落、集中性气泡。

集中性气泡指破坏涂盖层原形的密集气泡。

b.4　结果表示

试件任一端涂盖层不应与胎基发生位移，试件下端的涂盖层不应超过胎基，无流挂、滴落、集中性气泡时，为规定温度下耐热性符合要求。

一组三个试件都应符合要求。

c　卷材加热损耗测定

卷材的加热损耗（L）是以加热损耗百分率的平均值表示。用耐热性试验方法 A 或方法 B 的试件，分别称取试验前后的试件质量，按式（5-5-13）计算试件加热损耗百分率，精确到 0.1%：

$$L = \frac{W_2 - W_3}{W_1} \times 100\%$$ （5-5-13）

式中　W_1——试件原质量，g；

W_2——加热前，试件与悬挂装置的质量，g；

W_3——加热后，试件与悬挂装置的质量，g。

卷材加热损耗取三个试件加热损耗的平均值作为检测结果。

5.5.1.8　尺寸稳定性试验

从试样裁取的试件经热处理后，让所有内应力释放出来，测量热处理前后试件尺寸的变化。

a　沥青防水卷材

根据尺寸测量设备的不同，分为光学方法（方法 A）和卡尺法（方法 B）两种方法，两种测量方法可以根据实验室情况任意选择。

a.1　仪器设备

a.1.1　鼓风烘箱（不提供新鲜空气）：在试验范围内最大温度波动 ±2℃。当门打开 30s 后，温度恢复到工作温度的时间不超过 5min。

a.1.2　热电偶：连接到外面的电子温度计，在规定范围内能测量到 ±1℃。

a.1.3　钢板（约为 280mm×80mm×6mm）：用于裁切，它作为模板来去除露出的涂盖层，在放置测量标记和测量期间压平试件（图 5-5-10 和图 5-5-11）。

a.1.4　玻璃板：涂有滑石粉。

a.1.5　方法 A（光学方法）专用设备

a.1.5.1　长臂规：钢制，尺寸大约 25mm×10mm×250mm，上配有定位圆锥（直径约 8mm，高度约 12mm，圆锥角度约 60°）及可更换的画线钉（尖头直径约 0.05mm），与圆锥轴距离 L_A=（190±5）mm（图 5-5-10）。

a.1.5.2　M5 螺母：或类似的测量标记作为测量基点。

a.1.5.3　铝标签（约 30mm×30mm×0.2mm）：用于标测量标记和订书机（订紧铝标签）。

a.1.5.4　长度测量装置：测量长度至少 250mm，刻度至少 1mm。

a.1.5.5　光学测量装置（如刻度放大镜）：刻度至少 0.05mm。

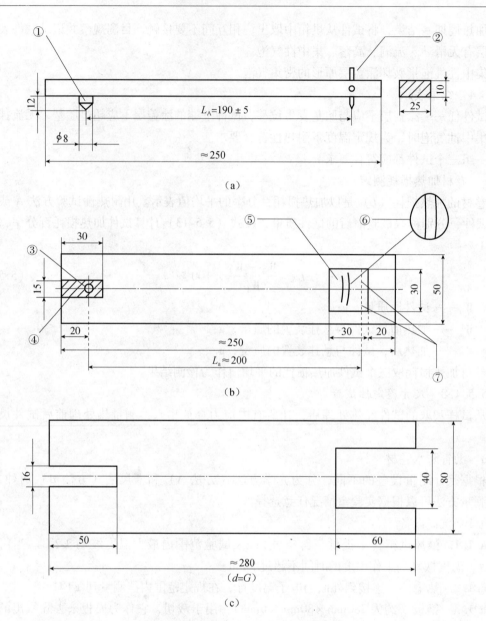

图 5-5-10　试件及方法 A 的试验仪器设备（mm）

（a）长臂规；（b）试件；（c）钢板

1—圆锥；2—钉；3—MS 螺母（测量基点）；

4—涂盖层去除；5—铝标签；6—测量标记；7—订书机钉

a.1.6　方法 B（卡尺法）专用设备

a.1.6.1　卡尺（或变形测量器）：测量基点间距 200mm，机械或电子测量装置，能测量到 0.05mm。

a.1.6.2　测量基点：特制的用于配合卡尺测量的装置。

a.2　试件制备

从试样的宽度方向均匀地裁取 5 个矩形试件，试件尺寸（250 ± 1）mm ×（50 ± 1）mm，

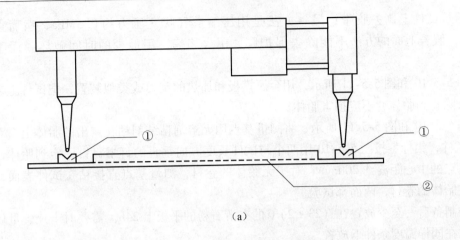

（a）

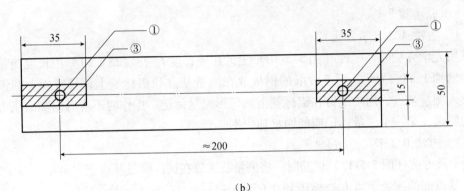

（b）

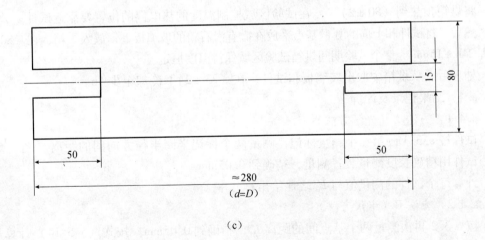

（c）

图 5-5-11　试件及方法 B 的测量仪器设备（mm）

（a）卡尺测量装置（变形测量器）；（b）试件；（c）钢板

1—测量基点；2—胎体；3—涂盖层去除

长度方向是卷材的纵向，在卷材边缘 150mm 内不裁试件。当卷材有超过一层胎体时裁取 10 个试件。试件从卷材的一边开始顺序编号，标明卷材上表面和下表面。

任何保护膜应去除，适宜的方法是常温下用胶带粘在上面，冷却到接近假设的冷弯温度，然后从试件上撕去胶带；另一方法是用压缩空气吹（压力约 0.5MPa，喷嘴直径约 0.5mm）；假若上面的方法不能除去保护膜，用火焰烤，用最少的时间破坏膜而不损伤试件。

如图 5-5-10 和图 5-5-11 所示，用金属模板和加热的刮刀或类似装置，把试件上表面的涂盖层去除直到胎体，不应损害胎体。

如图 5-5-10 和图 5-5-11 所示，将测量基点用无溶剂粘结剂粘在露出的胎体上。对于方法 A 的试件，铝标签按图 5-5-10 用两个与试件长度方向垂直的订书钉钉固定到胎体，钉子与测量基点的中心距离约 200mm。对于无胎体的卷材，测量基点直接粘在试件表面，对于超过一层胎体的卷材，两面都试验。

试件制备后，至少放置在 (23 ±2)℃ 的有滑石粉的平板上 24h。需要时卡尺、量规、钢板等，也在同样温度条件下放置。

a.3　试验步骤

a.3.1　方法 A（光学方法）

当采用光学方法时，试件（图 5-5-10）上的相关长度 L_0 在 (23 ±2)℃ 用长度测量装置测量，精确到 1mm。为此，用于裁取的钢板放在测量基点和铝标签上，长臂规上圆锥的中心此时放入测量基点，用画线钉在铝标签上画弧形测量标记。操作时不应有附加的压力，只有量规的质量，第一个测量标记应能明显地识别。

a.3.2　方法 B（卡尺方法）

采用卡尺方法（图 5-5-11）试验时，将测量装置放在试件测量基点上，温度 (23 ±2)℃，测量两个基点间的起始距离 L_0，精确到 0.05mm。

a.3.3　通则（方法 A 和 B）

将烘箱预热到 (80 ±2)℃，在试验区域控制温度的热电偶的位置要靠近试件。

然后，将试件和上面的测量基点平放在撒有滑石粉的玻璃板上，放入烘箱，在 (80 ±2)℃ 处理 24h ±15min。整个试验期间烘箱试验区域保持温度恒定。

处理后，从烘箱中取出玻璃板和试件，在 (23 ±2)℃ 冷却至少 4h。

a.4　结果记录及评价

a.4.1　方法 A（光学方法）

试件按 a.3.1 画第二个测量标记，测量两个标记半圈半径方向间的距离（图 5-5-10），每个试件用精确长度测量装置测量，精确到 0.05mm。

计算每个试件的测量值与 L_0 之比给出百分率。

a.4.2　方法 B（卡尺方法）

按 a.3.2 再次测量两个基点间的距离 L_1，精确到 0.05mm。按式 (5-5-14) 计算尺寸稳定性：

$$R = \frac{L_1 - L_0}{L_0} \times 100 \qquad (5-5-14)$$

式中　R——试件尺寸稳定性,%；

$\quad\quad L_0$——试件两个基点间的起始距离，mm；

$\quad\quad L_1$——试件处理后所测两个基点间的距离，mm。

a.4.3　结果评价

每个试件根据直线上的变化结果给出符号（ + 伸长、 – 收缩）。

试验结果取 5 个试件的算术平均值，精确到 0.1%，对于超过一层胎体的卷材要分别计算每面的试验结果。

a.4.4　试验方法精确度

试验方法的精确度由相关的实验室按照 GB/T 6379.2 试验，采用聚酯胎卷材。目前对于其他胎体或无胎体的卷材没有给出数据。

重复性：

——一组五个试件偏差范围：$d_{s,5} = 0.3\%$

——重复性的标准偏差：$\sigma_r = 0.06\%$

——置信水平（95%）值：$q_r = 0.1\%$

——重复性极限（两个不同结果）：$r = 0.2\%$

再现性：

——再现性的标准偏差：$\sigma_R = 0.12\%$

——置信水平（95%）值：$q_R = 0.2\%$

——再现性极限（两个不同结果）：$R = 0.3\%$

b.　高分子防水卷材

测定试件起始纵向和横向尺寸，在规定温度加热试件到规定时间，再次测量试件纵向和横向尺寸，记录并计算尺寸变化。

b.1　仪器设备

b.1.1　鼓风烘箱

烘箱能调节试件在整个试验周期内保持规定温度 ±2℃，温度计或热电偶放置在靠近试件处记录实际试验温度。

b.1.2　机械或光学测量装置

测量装置应能测量试件的纵向和横向尺寸，精确到 0.1mm。

b.2　试件制备

裁取至少三个正方形试件，尺寸为 250mm × 250mm，在整个卷材宽度方向均匀分布，最外一个距卷材边缘（100 ± 10）mm。

按图 5-5-12 所示在试件纵向和横向的中间作永久标记。任何标记方法应满足所选择的测量装置的测量精度不低于 0.1mm。

试验前试件在（23 ± 2）℃、相对湿度（50 ± 5）% 标准条件下至少放置 20h。

b.3　试验步骤

b.3.1　试验条件

试件在（80 ± 2）℃处理 6h ± 15min。

b.3.2　试验方法

如图 5-5-12 所示，测量试件起始的纵向尺寸（L_0）和横向尺寸（T_0），精确到 0.1mm。

将烘箱预热到（80 ± 2）℃，将试件放到撒有滑石粉的玻璃板上放入烘箱中，试件上表面在烘箱中朝上。热处理 6h ± 15min 后，从烘箱中取出玻璃板和试件，放在（23 ± 2）℃、相对湿度（50 ± 5）% 标准条件下恢复至少 60min。

按图5-5-12所示，再次测量试件的纵向尺寸（L_1）和横向尺寸（T_1），精确到0.1mm。

b.4　结果表示

b.4.1　按下列公式计算每个试件的尺寸变化：

$$\Delta L = \frac{L_1 - L_0}{L_0} \times 100 \tag{5-5-15}$$

$$\Delta T = \frac{T_1 - T_0}{T_0} \times 100 \tag{5-5-16}$$

式中　L_0和T_0——试件起始的纵向尺寸（L_0）和横向尺寸（T_0），mm；

　　　　L_1和T_1——热处理后试件的纵向尺寸（L_1）和横向尺寸（T_1），mm；

　　　　ΔL和ΔT——试件的纵向尺寸变化率（ΔL）和横向尺寸变化率（ΔT），%。

b.4.2　评价

每个试件根据尺寸变化结果给出符号（＋伸长、－收缩）。分别取3个试件的纵向尺寸变化率和横向尺寸变化率的算术平均值，精确到0.1%，作为卷材尺寸稳定性的试验结果。

5.5.1.9　接缝剪切性能试验

本部分规定了相同的防水卷材间的接缝的剪切性能测定方法。其卷材搭接宽度间的剪切性能根据材料、搭接方法、重叠尺寸和操作工艺的不同而变化。

a　试样和试件制备

a.1　试样制备

裁取试件的试样应预先在（23±2）℃和相对湿度30%～70%的条件下放置至少20h。根据规定的方法搭接卷材试样，包括搭接边及最终搭接缝，以及根据产品规定的搭接面。

a.2　试件制备

从每个试样上裁取5个矩形试件，宽度（50±1）mm并与接头垂直，长度应能保证夹具间初始距离为（200±5）mm（图5-5-13）。

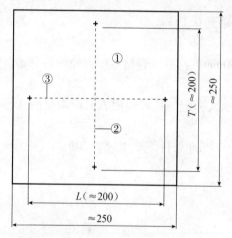

图5-5-12　试件尺寸测量（mm）

1—永久标记；2—横向中心线；3—纵向中心线

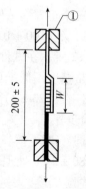

图5-5-13　接缝的剪切强度试验（mm）

1—夹具；W—搭接宽度

a.3　试件的养护时间

沥青防水卷材试件试验前应在（23±2）℃和相对湿度30%～70%的条件下放置至少

20h。当接缝采用冷粘剂时需要增加足够的养护时间。

高分子防水卷材试件试验前应在 (23±2)℃和相对湿度 (50±5)% 的条件下放置至少 2h，除非制造商有不同的要求。

b　试验步骤

b.1　将试件稳固地放入试验机的夹具中夹紧，使试件的纵向轴线与试验机及夹具的轴线重合。夹具间整个距离为 (200±5)mm，不承受预荷载。

b.2　每个试件应作记号以确定任何从夹具中产生的滑移。

b.3　试验在 (23±2)℃进行，拉伸速度 (100±10)mm/min。按照试验机说明书规定的操作方法进行拉伸试验。

b.4　产生的拉力应连续记录直至试件断裂或剪断，记录接缝的破坏形式和最大力。

b.5　沥青卷材剪切试验中，应舍去试件从夹具中破坏，或任一夹具上滑移超过 2mm 的结果，用备用试件重新试验。

对于高分子卷材在剪切试验中，应舍去试件距夹具 10mm 范围内的破坏及从夹具中滑移超过 2mm 的结果，用备用试件重新试验。

c　结果表示

试件剪切性能是试验记录的最大力值，以"N/50mm"表示。

报告试件的破坏形式，说明所有相关的搭接制备和条件的信息。

列出每组 5 个试件的拉力值，计算其平均值和标准偏差，结果精确到 1N/50mm。

5.5.1.10　接缝剥离性能试验

本部分规定了相同的防水卷材间接缝的剥离性能测定方法。其卷材搭接宽度间的剥离性能根据材料、搭接方法、重叠尺寸和操作工艺的不同而变化。

a　试片和试件的制备

用于搭接的试片应预先在 (23±2)℃和相对湿度 30%~70% 的条件下放置至少 20h。

根据规定的方法搭接卷材试片，并留下接缝的一边不粘接 (见图 5-5-14)，应按要求的相同粘结方法制备其他搭接试片。

每个搭接试片上裁取 5 个矩形试件，宽度 (50±1)mm 与搭接边垂直，其长度应保证试件装入夹具，整个叠合部分可以进行试验并垂直于接缝 (图 5-5-14 和图 5-5-15)。每组试验 5 个试件。

沥青防水卷材试件试验前应在 (23±2)℃和相对湿度 30%~70% 的条件下放置至少 20h。当接缝采用冷粘剂时需要根据制造商的要求增加足够的养护时间。

高分子防水卷材试件试验前应在 (23±2)℃和相对湿度 (50±5)% 的条件下放置至少 2h，除非制造商有不同的要求。

b　试验步骤

将试件稳固地放入试验机的夹具中夹紧，使试件的纵向轴线与试验机及夹具的轴线重合。夹具间整个距离为 (100±5)mm (图 5-5-15)，不承受预荷载。

试验在 (23±2)℃进行，拉伸速度 (100±10)mm/min。按照试验机说明书规定的操作方法进行拉伸试验。

连续记录试件的拉力和伸长直至试件分离，用"N"表示；记录接缝的破坏形式。

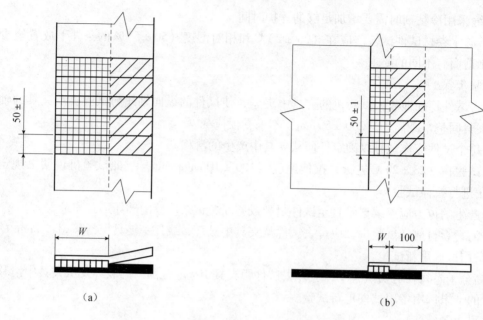

图5-5-14　按规定的留边和最终叠合处制备试件（mm）

（a）沥青卷材；（b）高分子卷材

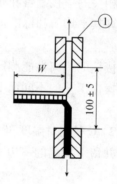

图5-5-15　留边和最终叠合的剥离确定试验（mm）

1—夹具；W—搭接宽度

在沥青卷材剥离试验中，应舍去试件从夹具中破坏的结果，用备用试件重新试验。

在高分子卷材在剥离试验中，应舍去试件距夹具10mm范围内的破坏及从夹具中滑移超过2mm的结果，用备用试件重新试验。

c　结果表示

c.1　表示

画出每个试件的应力应变图。报告试件的破坏形式，说明所有相关的搭接制备和条件的信息。

c.2　最大剥离强度

从图上读取最大力作为试件的最大剥离强度，用"N/50mm"表示。

c.3　平均剥离强度

去除第一和最后一个1/4的区域，然后计算平均剥离强度，用"N/50mm"表示。平均剥离强度是计算保留部分 10 个等分点处的值（图 5-5-16）。

注：这里规定估值方法的目的是计算平均剥离强度值，即在试验过程中某些规定时间段作用于试件的力的平均值。这个方法允许在图形中即使没有明显峰值时进行估值，在试验某些粘结材料时或许会发生。必须注意根据试件裁取方向的不同，试验结果会变化。

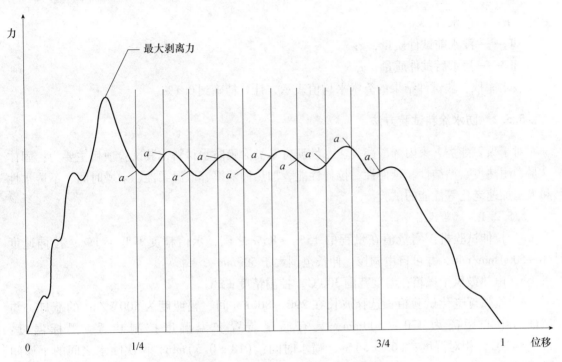

图 5-5-16　计算平均剥离强度示例图

a—a 点处的估值

c.4　计算

计算每组 5 个试件的最大剥离强度的平均值和平均剥离强度的平均值，用 "N/50mm" 表示。

报告剥离强度和标准偏差，结果精确到：沥青卷材 5N/50mm，高分子卷材 1N/50mm。

5.5.1.11　吸水性试验

吸水性试验是将防水卷材浸入水中规定的时间，测定质量的增加。

a　试件制备

试件尺寸 100mm×100mm，共 3 块试件，从卷材表面均匀分布裁取。试验前，试件在 (23±2)℃ 和相对湿度 (50±10)% 的条件下放置至少 24h。

b　试验步骤

取 3 块试件，用毛刷将试件表面的隔离材料刷除干净，然后进行称量 (W_1)。将试件浸入 (23±2)℃ 的水中，试件放在试件架上相互隔开，避免表面相互接触，水面高出试件上端 20～30mm。若试件上浮，可用合适的重物压下，但不应对试件带来损伤和变形。浸泡 4h 后取出试件，用纸巾吸干表面的水分，至试件表面没有水渍为度，立即称量试件质量 (W_2)。

为避免浸水后试件中水分蒸发，试件从水中取出至称量完毕的时间不应超过 2min。

607

c 结果表示

吸水率按式（5-5-17）计算：

$$H = \frac{W_2 - W_1}{W_1} \times 100 \qquad (5\text{-}5\text{-}17)$$

式中 H——吸水率，%；

W_1——浸水前试件质量，g；

W_2——浸水后试件质量，g。

吸水率取三块试件结果的算术平均值表示，计算精确到0.1%。

5.5.2 防水涂料试验方法

对于聚氨酯类、聚丙烯酸酯类、水性沥青基类涂膜防水材料，其试验项目主要为：固体含量、耐热度、粘结性、延伸性、拉伸性能、加热伸缩率、低温柔性、干燥时间、不透水性和人工加速老化等性能的试验。

5.5.2.1 试验设备

a 拉伸试验机：测量值在量程的15%～85%之间，示值精度不低于1%；拉伸速度（0～500）mm/min，并可自由调控；伸长范围大于500mm。

b 电热鼓风干燥箱：温度范围300℃，控温精度±2℃。

c 氙弧灯老化试验箱：选择波长在290～800nm间、辐照度为500W/m² 的氙灯，与试件的中心距离为470～500mm，具有润湿装置和温湿度控制装置。黑标温度：（65±3）℃，相对湿度：（65±5）%，喷水时间：（18±0.5）min，两次喷水之间的干燥间隔：（102±0.5）min。

d 低温冰箱：温度能达到-40℃，控温精度±2℃。

e 切片机：符合GB/T 528《硫化橡胶和热塑性橡胶拉伸性能的测定》中规定的哑铃状I型裁刀。

f 不透水试验仪：主要由液压系统、测试管路系统、夹紧装置和三个透水盘等部分组成，透水盘底座内径为92mm，透水盘金属压盖上有7个均匀分布的直径25mm透水孔，配有孔径为0.2mm的金属网。压力表测量范围为0～0.6MPa，精度2.5级。

g 定伸保持器：能保持试件的标线间延伸率达100%的夹钳，且试验时不产生腐蚀，尺寸如图5-5-17所示。

h 涂膜模具：尺寸如图5-5-18所示。

i 弯折仪、柔度棒或弯板（直径为10mm、20mm、30mm）。

j 测厚仪：接触面直径6mm，单位面积压力0.02MPa，分度值0.01mm。

k 天平：感量为0.01g、0.001g的天平各1台。

5.5.2.2 试验室标准环境条件和试件制备

a 实验室标准试验条件：温度：（23±2）℃、相对湿度：（50±10）%（严格条件可选择温度：（23±2）℃、相对湿度：（50±5）%。

b 试验前，模框、工具、涂料样品应放在达到标准环境要求的室内进行状态调节，调节时间不少于24h，仲裁试验不少于96h。

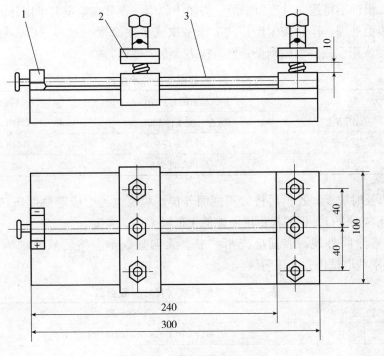

图 5-5-17　定伸保持器（mm）

1—滑动轴承座；2—滑动夹具；3—丝杆

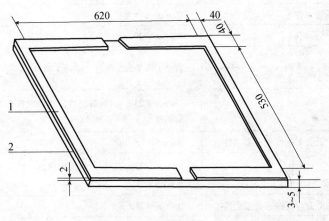

图 5-5-18　涂膜模具（mm）

1—模型不锈钢板；2—普通平板玻璃

c　试件的制备

c.1　在试件制备前，所取样品及所用仪器在标准条件下放置 24h。

c.2　称取所需的试验样品量，保证最终涂膜厚度（1.5±0.2）mm。

单组分防水涂料应将其混合均匀作为试料，多组分防水涂料应按生产厂规定的配比精确称量后，将其混合均匀作为试料。在必要时可以按生产厂家指定的量添加稀释剂，当稀释剂的添加量有范围时，取其中间值。

在标准条件下，将产品混合后充分搅拌 5min，在不混入气泡的情况下倒入规定的涂膜模具中涂覆，模框不得翘曲且表面平滑。为便于脱模，模具在涂覆前可用硅油或液状石蜡作脱模剂进行表面处理。样品按生产厂的要求一次或多次涂覆（最多三次，每次间隔不超过24h），最后一次用刮板将表面刮平，然后按表5-5-2进行养护。

表 5-5-2　涂膜制备的养护条件

分 类		脱模前的养护条件	脱模后的养护条件
水性	沥青类	在标准条件120h	(40±2)℃48h 后，标准条件 4h
	高分子类	在标准条件96h	(40±2)℃48h 后，标准条件 4h
溶剂型、反应型		标准条件96h	标准条件72h

应按要求及时脱模，脱模后将涂膜翻面养护，脱模过程中应避免损伤涂膜。为便于脱模，可以在低温下进行，但脱模温度不能低于低温柔性的温度。

c.3　检查涂膜外观，表面应光滑平整、无明显气泡。然后从养护后的涂膜上，按表5-5-3的要求裁取试件，并注明编号。

表 5-5-3　试件形状（尺寸）及数量

试 验 项 目		试件形状（尺寸）	数量（个）
拉伸性能		符合 GB/T 528 规定的哑铃 I 型	5
撕裂强度		符合 GB/T 529—1999 中 5.1.2 条规定的无割口直角形	5
低温弯折性、低温柔性		100mm×25mm	3
不透水性		150mm×150mm	3
加热伸缩率		300mm×30mm	3
定伸时老化	热处理	符合 GB/T 528 规定的哑铃 I 型	3
	人工气候老化		3
热处理	拉伸性能	120mm×25mm，处理后取出再裁取符合 GB/T 528 规定的哑铃 I 型	6
	低温弯折性、低温柔性	100mm×25mm	3
碱处理	拉伸性能	120mm×25mm，处理后取出再裁取符合 GB/T 528 规定的哑铃 I 型	6
	低温弯折性、低温柔性	100mm×25mm	3
酸处理	拉伸性能	120mm×25mm，处理后取出再裁取符合 GB/T 528 规定的哑铃 I 型	6
	低温弯折性、低温柔性	100mm×25mm	3
紫外线处理	拉伸性能	120mm×25mm，处理后取出再裁取符合 GB/T 528 规定的哑铃 I 型	6
	低温弯折性、低温柔性	100mm×25mm	3
人工气候老化	拉伸性能	120mm×25mm，处理后取出再裁取符合 GB/T 528 规定的哑铃 I 型	6
	低温弯折性、低温柔性	100mm×25mm	3

5.5.2.3   固体含量试验

a   将洁净的培养皿（直径 60 ~ 75mm，边高 8 ~ 10mm）放在电热干燥箱内于（105 ±2）℃下干燥 30min，取出放入干燥器中，冷却至室温后称量（m_0）。

b   将样品按产品配制比例配制（对于固体含量试验不能添加稀释剂），搅拌均匀后称量（6 ±1）g 的样品倒入已干燥称量的培养皿中，并使试样均匀流布培养皿的底部，立即称量试样和培养皿质量（m_1）。

c   再放入到加热到表 5-5-4 规定温度的烘箱中，恒温 3h 后取出，放入干燥器内，在标准条件下冷却 2h，然后取出称量（m_2），全部称量精确至 0.001g。对于反应型涂料，应在称量（m_1）后在标准条件下放置 24h，再放入烘箱。

表 5-5-4   各类涂料加热温度表

涂料种类	水性	溶剂型、反应型
加热温度/℃	105 ±2	120 ±2

d. 试验结果计算

d.1   固体含量（X）按式（5-5-18）计算（精确至 1%）：

$$X = \frac{m_2 - m_0}{m_1 - m_0} \times 100 \qquad (5\text{-}5\text{-}18)$$

式中 X——固体含量,%；

   m_0——培养皿质量，g；

   m_1——干燥前试样和培养皿质量，g；

   m_2——干燥后试样和培养皿质量，g。

d.2   挥发物和不挥发物按下式计算（精确至 1%）：

挥发物含量（%）：

$$V = \frac{m_1 - m_2}{m_1 - m_0} \times 100 \qquad (5\text{-}5\text{-}19)$$

不挥发物含量（%）：

$$V_N = \frac{m_4}{m_3} \times 100 \qquad (5\text{-}5\text{-}20)$$

式中 m_3——干燥前试样质量，g；

   m_4——干燥后试样质量，g。

d.3   结果评定：试验结果取两次平行试验的平均值。

5.5.2.4   拉伸性能试验

a. 无处理拉伸性能

a.1   将涂膜按表 5-5-3 要求，裁取符合 GB/T 528 要求的哑铃 I 型试件，并划好间距 25mm 的平行标线，在标距区内用厚度计或游标卡尺分别测量标距中间和两端三点的厚度或宽度，取其三个测量值的平均值作为试样厚度（D）或宽度（B），测量两标距间初始长度（L_0），精确到 0.1mm。

a.2   将试验机的拉伸速度调到标准规定值（高延伸率涂料：500mm/min；低延伸率涂

料：200mm/min），把试件装在夹持器中心，对准夹持线夹紧，夹具间标距为70mm。

开动试验机按规定的拉伸速度进行拉伸至试件断裂，记录试件断裂时的最大荷载（P），断裂时试件标线间的长度（L_1），精确到0.1mm，测试5个试件。若有试件断裂在标距线外，则该试件结果无效，另取试样补做。

b　热处理拉伸性能

将涂膜按表5-5-3要求裁取六个120mm×25mm的矩形试件平放在隔离材料上，水平放入已达到规定温度的电热鼓风烘箱中，加热温度：沥青类涂料为（70±2）℃、其他涂料为（80±2）℃。试件与箱壁间距不得小于50mm，试件的中心应与温度计水银球在同一水平位置，在规定温度的电热鼓风烘箱中恒温（168±1）h后取出，然后在标准条件下放置4h，裁取符合GB/T 528要求的哑铃Ⅰ型试件，按本节"无处理拉伸性能"试验规定进行拉伸试验。

c　紫外线处理拉伸性能

按表5-5-3裁取六个120mm×25mm的矩形试件，将试件平放在釉面砖上，在釉面砖表面撒一薄层滑石粉以防粘结。将试件放入符合标准规定的紫外线老化箱中，调节紫外线灯管与试件的距离为47mm~50mm，使距试件表面50mm左右的空间温度为（45±2）℃，恒温照射240h。取出，在标准试验条件下放置4h，裁取符合GB/T 528要求的哑铃Ⅰ型试件，然后按本节"无处理拉伸性能"试验规定进行拉伸试验。

d　碱处理拉伸性能

在温度为（23±2）℃时，向1g/L化学纯氢氧化钠（NaOH）溶液中，加入氢氧化钙 [Ca(OH)$_2$] 试剂，使之达到过饱和状态。

在600mL该溶液中放入按表5-5-3裁取的六个120mm×25mm的矩形试件，液面应高出试件表面10mm以上，连续浸泡（168±1）h取出，充分用水冲洗，并用干布擦干，在标准试验条件下放置4h，裁取符合GB/T 528要求的哑铃Ⅰ型试件，然后按本节"无处理拉伸性能"试验规定进行拉伸试验。

对于水性涂料，浸泡取出擦干后，再在（60±2）℃的电热鼓风烘箱中放置6h±15min，取出，在标准试验条件下放置（18±2）h，裁取符合GB/T 528要求的哑铃Ⅰ型试件，然后按本节"无处理拉伸性能"试验规定进行拉伸试验。

e　酸处理拉伸性能

在温度为（23±2）℃时，在600mL的20g/L化学纯硫酸（H$_2$SO$_4$）溶液中，放入按表5-5-3裁取的六个120mm×25mm的矩形试件，液面应高出试件表面10mm以上，连续浸泡（168±1）h取出，充分用水冲洗，并用干布擦干，在标准试验条件下放置4h，裁取符合GB/T 528要求的哑铃Ⅰ型试件，然后按本节"无处理拉伸性能"试验规定进行拉伸试验。

对于水性涂料，浸泡取出擦干后，再在（60±2）℃的电热鼓风烘箱中放置6h±15min，取出，在标准试验条件下放置（18±2）h，裁取符合GB/T 528要求的哑铃Ⅰ型试件，然后按本节"无处理拉伸性能"试验规定进行拉伸试验。

f　人工气候老化材料拉伸性能

按表5-5-3裁取六个120mm×25mm的矩形试件，将试件放入符合GB/T 18244标准要求的氙弧灯老化试验箱中，试验累计辐照能量为1500MJ^2/m^2（约720h）后取出，擦干，在标准试验条件下放置 4h，裁取符合 GB/T 528 要求的哑铃 Ⅰ 型试件，按本节"无处理拉伸性能"试验规定进行拉伸试验。

对于水性涂料，取出擦干后，再在（60 ± 2）℃的电热鼓风烘箱中放置 6h ± 15min，取出，在标准试验条件下放置（18 ± 2）h，裁取符合 GB/T 528 要求的哑铃 Ⅰ 型试件，按本节"无处理拉伸性能"试验规定进行拉伸试验。

g　试验结果计算及评定

g.1　试件的拉伸强度按式（5-5-21）计算：

$$T_L = \frac{P}{A} = \frac{P}{b \cdot d} \tag{5-5-21}$$

式中　T_L——拉伸强度，MPa；

P——试件断裂时的最大荷载，N；

b——试件横截面积（$A = b \cdot d$），mm^2；

a——试件标距段的实测宽度，mm；

d——试件标距段的实测厚度，mm。

取五个试件的算术平均值作为试验结果，结果精确到 0.01MPa。

g.2　试件的断裂伸长率按式（5-5-22）计算：

$$E = \frac{L_1 - L_0}{L_0} \times 100 = \frac{L_1 - 25}{25} \times 100 \tag{5-5-22}$$

式中　E——试件断裂伸长率，%；

L_0——试件标距线间实测的初始距离（规定为 25mm），mm；

L_1——试件断裂时标距线间的实测距离，mm。

取五个试件的算术平均值作为试验结果，结果精确到 1%。

g.3　拉伸性能保持率按式（5-5-23）计算（结果精确至 1%）：

$$R_t = \frac{T_1}{T_0} \times 100 \tag{5-5-23}$$

式中　R_t——样品处理后拉伸性能保持率，%；

T_1——样品处理后平均拉伸强度值，MPa；

T_0——样品处理前平均拉伸强度值，MPa。

5.5.2.5　撕裂强度试验

将涂膜按表 5-5-3 要求，裁取符合 GB/T 529—1999 要求的无割口直角撕裂试件，共裁取五个试件，用测厚仪分别测量每个试件直角撕裂区域三点的厚度，取其算术平均值作为试件厚度（d），测量精确到 0.01mm。将试件夹在试验机上，保持试件长度方向的中线与试验机夹具中心在一条直线上，将试验机的拉伸速度调到规定值（高延伸率涂料：500mm/min；低延伸率涂料：200mm/min），开动试验机拉伸试件至断裂，记录试件断裂时的最大荷载（P），测试 5 个试件。

试验结果计算及评定：试件的撕裂强度按式（5-5-24）计算：

$$T_s = \frac{P}{d} \tag{5-5-24}$$

式中 T_s——撕裂强度，kN/m；

  P——试样撕裂时的最大荷载，N；

  d——试件厚度，mm。

试验结果以五个试件的算术平均值表示，结果精确到 0.1kN/m。

5.5.2.6 不透水性试验

a 试验步骤

将涂膜按表 5-5-3 要求，裁取约 150mm×150mm 的试件三块，在标准试验条件下放置 2h，试验在（23±5）℃进行。

用洁净的（20±2）℃水注入不透水仪中的贮水罐至溢满。开启进水阀，检查进水是否畅通，并使水与透水盘上口齐平。关闭进水阀，开启总水阀，接着加水压使贮水罐的水流出，彻底排出装置中的空气。

将三块试件分别放置于不透水仪的三个圆盘上，再在每块试件上各加一块相同尺寸、孔径为 0.2mm 的金属丝网布，盖上 7 孔圆盘，慢慢拧紧压盖直到试件夹紧在盘上，用布或压缩空气干燥试件的非迎水面，开启进水阀，关闭总水阀，慢慢施加压力至规定的压力值。

达到规定压力后，保持压力（30±2）min。试验时应随时观察试件的透水情况（水压突然下降或试件非迎水面有水）。

b 结果评定

分别记录每个试件有无渗水。当三块试件在规定时间内均无透水现象时评定为不透水性合格。

5.5.2.7 低温柔性试验

a 无处理

将涂膜按表 5-5-3 要求裁取 100mm×25mm 的矩形试件三块进行试验，按照产品标准规定，选择规定直径的圆棒或弯板。将试件和圆棒或弯板一起放入已调节到规定温度的低温冰箱的冷冻液中，温度计探头应与试件在同一水平位置，在规定温度下保持 1h 后打开冰箱，在冷冻液中将试件绕圆棒或弯板在 3s 内弯曲 180°，弯曲三个试件（无上、下表面区分），立即取出试件用肉眼观察其表面有无裂纹、断裂现象。

b 热处理

将涂膜按表 5-5-3 要求，裁取三个 100mm×25mm 的矩形试件，平放在隔离材料上，水平放入已达到规定温度的电热鼓风烘箱中，加热温度：沥青类涂料为（70±2）℃，其他涂料为（80±2）℃。试件与箱壁间距不得小于 50mm，试件宜与温度计的探头在同一水平位置，在规定温度的电热鼓风烘箱中恒温（168±1）h 取出，在标准条件下放置 4h，按本节"无处理低温柔性"试验规定进行试验。

c 碱处理

在温度为（23±2）℃时，向 1g/L 化学纯氢氧化钠（NaOH）溶液中，加入氢氧化钙 [Ca(OH)$_2$] 试剂，使之达到过饱和状态。

在 400mL 该溶液中放入按表 5-5-3 裁取的三个 100mm×25mm 的矩形试件，液面应高出试件表面 10mm 以上，连续浸泡（168±1）h 取出，充分用水冲洗，并用干布擦干，在标准试验条件下放置 4h，按本节"无处理低温柔性"试验规定进行试验。

对于水性涂料，浸泡取出擦干后，再在（60±2）℃的电热鼓风烘箱中放置 6h±15min，取出，在标准试验条件下放置（18±2)h，然后按本节"无处理低温柔性"试验规定进行试验。

d　酸处理

在温度（23±2)℃时，在 400mL 的 2% 化学纯硫酸（H_2SO_4）溶液中，放入按表 5-5-3 裁取的三个 100mm×25mm 的试件，液面应高出试件表面 10mm 以上，连续浸泡（168±1)h 取出，充分用水冲洗，擦干，在标准试验条件下放置 4h，按本节"无处理低温柔性"试验规定进行试验。

对于水性涂料，浸泡取出擦干后，再在（60±2)℃的电热鼓风烘箱中放置 6h±15min，取出，在标准试验条件下放置（18±2)h，按本节"无处理低温柔性"试验规定进行试验。

e　紫外线处理

按表 5-5-3 裁取三个 100mm×25mm 的试件，将试件平放在釉面砖上，在釉面砖表面撒一薄层滑石粉以防粘结。将试件放入紫外线老化箱中，调节紫外线灯管与试件的距离为 47~50mm，使距试件表面 50mm 左右的空间温度为（45±2)℃，恒温照射 240h。取出，在标准试验条件下放置 4h，按本节"无处理低温柔性"试验规定进行试验。

f　人工气候老化处理

按表 5-5-3 裁取三个 100mm×25mm 的矩形试件，放入符合 GB/T 18244 标准要求的氙弧灯老化试验箱中，试验累计辐照能量为 $1500MJ^2/m^2$（约 720h）后取出，擦干，在标准试验条件下放置 4h，按本节"无处理低温柔性"试验规定进行试验。

对于水性涂料，取出擦干后，再在（60±2)℃的电热鼓风烘箱中放置 6h±15min，取出，在标准试验条件下放置（18±2)h，按本节"无处理低温柔性"试验规定进行试验。

g　结果评定

所有试件应无裂纹为低温柔性合格。

5.5.2.8　低温弯折性试验

a　无处理

将涂膜按表 5-5-3 要求裁取三个 100mm×25mm 的矩形试件，沿长度方向弯曲试件，使 25mm 宽的边缘重合、齐平，并确保不发生错位（可用定位夹或 10mm 宽的胶布将边缘固定），如此弯曲三个试件。将弯折仪的上下平板间的距离调到试件厚度的三倍，检测平板间 4 点的距离。

将弯折仪上平板翻开，将三个试件平放在弯折仪下平板上，重合的一边朝向转轴，且距离转轴约 20mm，将放有试件的弯折仪放入调好温度的低温冰箱内。在规定温度下保持 1h 后，在规定温度下将弯折仪的上平板从 90° 的垂直位置向水平位置在 1s 之内合下，保持该位置 1s，整个操作过程在低温冰箱中进行。从弯折仪中将试样取出，恢复到（23±5)℃，用 6 倍放大镜检查试件弯折区域是否有裂纹或断裂。

b　热处理

按 5.5.2.7b 处理后，按本节"无处理低温弯折性"试验规定进行试验。

c　碱处理

按 5.5.2.7c 处理后，按本节"无处理低温弯折性"试验规定进行试验。

d 酸处理

按 5.5.2.7d 处理后，按本节"无处理低温弯折性"试验规定进行试验。

e 紫外线处理

按 5.5.2.7e 处理后，按本节"无处理低温弯折性"试验规定进行试验。

f 人工气候老化处理

按 5.5.2.7f 处理后，按本节"无处理低温弯折性"试验规定进行试验。

g 结果评定

所有试件无裂纹为低温柔性合格。

5.5.2.9 粘结强度试验

a A法

a.1 试验器具

拉伸专用金属夹具：上夹具、下夹具、垫板如图 5-5-19、图 5-5-20 所示。

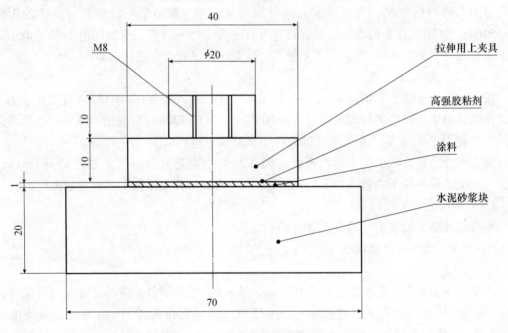

图 5-5-19 试件与上夹具粘结图（mm）

水泥砂浆块（尺寸 70mm × 70mm × 20mm）：采用 P·O 42.5 水泥，将水泥、中砂按照质量比 1:1 加入砂浆搅拌机中搅拌，加水量以砂浆稠度（70 ~ 90）mm 为准，倒入模框中振实抹平，然后移入养护室，1d 后脱模，水中养护 10d 后再在（50 ± 2）℃的电热烘箱中干燥（24 ± 0.5）h，取出，在标准条件下放置备用，去除砂浆试块成型面的浮浆、浮砂、灰尘等，同样制备五块砂浆试块。

a.2 试验步骤

试验前制备好的砂浆试块、工具、涂料应在标准试验条件下放置 24h 以上。

取五块砂浆块用 2 号砂纸清除表面浮浆，必要时按厂家要求在砂浆成型面（70mm × 70mm）上涂刷底涂料，干燥后按照厂家要求的比例将样品混合后搅拌 5min（单组分防水涂料样品直接使用），涂抹在成型面上，涂膜厚度控制在 0.5 ~ 1.0mm（可分两次涂覆，间隔不超过 24h）。然后将制得的试件按表 5-5-2 要求养护，不需要脱模，制备五个试件。

将养护后的试件用高强度胶粘剂（如无溶剂环氧树脂）将拉伸用上夹具与涂料面粘贴在一起，如图 5-5-19 所示，小心地除去周围溢出的胶粘剂，在标准试验条件下水平放置养护 24h。然后沿上夹具边缘一圈用刀切割涂膜至基层，使试验面积为 40mm × 40mm。

将粘有拉伸用上夹具的试件如图 5-5-20 所示安装在试验机上，保持试件表面垂直方向的中线与试验机夹具中心在一条直线上。开动试验机以（5 ± 1）mm/min 的速度拉伸至试件破坏，记录试件的最大拉力，试验温度控制在（23 ± 5）℃。

b　B 法

b.1　试验器具

"8"字形金属试模：如图 5-5-21 所示，中间用插片分成两半。

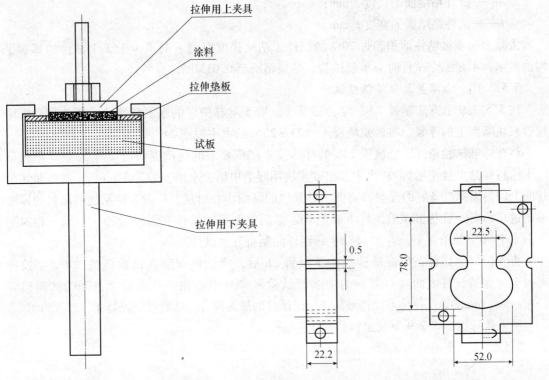

图 5-5-20　试件与夹具装配图　　　　　图 5-5-21　"8"字形金属试模（mm）

粘结基材（"8"字形水泥砂浆块）：采用 P·O 42.5 水泥，将水泥、中砂按照质量比 1∶1 加入砂浆搅拌机中搅拌，加水量以砂浆稠度 70 ~ 90mm 为准，倒入模框中振实抹平，然后移入养护室，1d 后脱模，水中养护 10d 后再在（50 ± 2）℃的电热烘箱中干燥（24 ± 0.5）h，取出，在标准条件下放置备用，同样制备五对"8"字形砂浆试块。

b.2　试验步骤

试验前制备好的砂浆试块、工具、涂料应在标准试验条件下放置 24h 以上。

取五对砂浆块，用 2 号砂纸清除表面浮浆，必要时先将涂料稀释后在砂浆块的断面上打底，干燥后按照厂家要求的比例将样品混合后搅拌 5min（单组分防水涂料样品直接使用），涂抹在成型面上，将两个砂浆块断面对接，压紧，砂浆块间涂料的厚度不超过0.5mm。然后将制得的试件按表5-5-2要求养护，不需要脱模，制备五个试件。

将养护好的试件安装在试验机的"8"字拉伸夹具上，保持试件表面垂直方向的中线与试验机夹具中心在一条直线上。开动试验机以（5±1）mm/min的速度拉伸至试件破坏，记录试件的最大拉力，试验温度控制在（23±5）℃。

c 结果计算

粘结强度按式（5-5-25）计算：

$$\sigma = \frac{F}{a \cdot b} \tag{5-5-25}$$

式中 σ——试件的粘结强度，MPa；

F——试件的最大拉力值，N；

a——试件粘结面的长度，mm；

b——试件粘结面的宽度，mm。

去除表面未被粘住面积超过20%的试件，粘结强度以剩下的不少于3个试件的算术平均值表示，不足三个试件时应重新试验，结果精确至0.01MPa。

5.5.2.10 潮湿基面粘结强度试验

按5.5.2.9节方法制备"8"字形砂浆块。取5对养护好的水泥砂浆块，用2号砂纸清除砂浆块断面上的浮浆，将砂浆块浸入（23±2）℃的水中浸泡24h。

将在标准试验条件下已放置24h的样品按生产厂要求的比例混合后搅拌5min（单组分防水涂料样品直接使用）。从水中取出砂浆块用湿毛巾揩去水渍，晾置5min后，在砂浆块的断面上均匀涂抹准备好的涂料，将两个砂浆块的断面小心对接，压紧，砂浆块间涂料的厚度不超过0.5mm。在标准试验条件下放置4h。然后将制得的试件在温度（20±1）℃、相对湿度不小于90%的条件下，养护168h。每组样品制备五个试件。

将养护好的试件在标准试验条件下放置2h后，将试件安装在试验机的"8"字拉伸夹具上，保持试件表面垂直方向的中线与试验机夹具中心在一条直线上。开动试验机以（5±1）mm/min的速度拉伸至试件破坏，记录试件的最大拉力，试验温度控制在（23±5）℃。

结果计算按5.5.2.9节规定执行。

5.5.2.11 干燥时间试验

a 表干时间的测定

试验前铝板、工具、涂料应在标准试验条件下放置24h以上。

在标准试验条件下，用线棒涂布器将按产品生产厂家要求混合搅拌均匀的样品涂布在铝板上制备涂膜，涂布面积为100mm×50mm，记录涂布结束的时间，对于多组分涂料从混合开始记录时间。

静置一段时间后，用无水乙醇擦净手指，在距膜面边缘不小于10mm范围内以手指轻触涂膜表面，若无涂料粘附在手指上即为表干，记录时间，从试验开始到结束的时间即为表干时间。

b 实干时间的测定

按表干时间测定方法制备试件，静置一段时间后，用刀片在距试件边缘不小于10mm范围内切割涂膜，若底层及膜内均无粘附手指现象，则认为达到实干，记录时间，从试验开始到结束的时间即为实干时间。

c　结果评定

平行试验两次，以两次结果的平均值作为最终结果，有效数字应精确到实际时间的 10%。

5.5.2.12　加热伸缩率试验

将涂膜按表 5-5-3 要求裁取 300mm × 30mm 试件 3 块，将试件在标准试验条件下水平放置 24h，用测长装置（精度至少 0.5mm）测定每个试件长度（L_0）。

将试件平放在撒有滑石粉的隔离纸上，水平放入已加热到规定温度的电热烘箱中，加热温度：沥青类涂料为（70 ± 2）℃，其他涂料为（80 ± 2）℃，恒温（168 ± 1）h 取出，在标准试验条件下放置 4h，然后用测长装置在同一位置测定试件的长度（L_1）。若试件有弯曲，用直尺压住后测量。

加热伸缩率按式（5-5-26）计算：

$$S = \frac{L_1 - L_0}{L_0} \times 100 \tag{5-5-26}$$

式中　S——加热伸缩率，%；

　　L_0——加热处理前的试件长度，mm；

　　L_1——加热处理后的试件长度，mm。

取 3 个试件的算术平均值作为试验结果，结果精确到 0.1%。

5.5.2.13　定伸时老化试验

a　加热老化

将涂膜按表 5-5-3 要求，裁取符合 GB/T 528 要求的哑铃 I 型试件，并画好间距 25mm 的平行标线，将试件夹在定伸保持器上，并使试件的标线间距离从 25mm 拉伸至 50mm，在标准试验条件下静置 24h。然后将夹有试件的定伸保持器水平放入电热烘箱，加热温度：沥青类涂料为（70 ± 2）℃，其他涂料为（80 ± 2）℃，恒温水平放置（168 ± 1）h 取出。再在标准试验条件下放置 4h，观察定伸保持器上的试件有无变形，并用 8 倍放大镜检查试件有无裂纹。同时试验 3 个试件，分别记录每个试件有无变形、裂纹。

b　人工气候老化

将涂膜按表 5-5-3 要求，裁取符合 GB/T 528 要求的哑铃 I 型试件，并画好间距 25mm 的平行标线，将试件夹在定伸保持器上，并使试件的标线间距离从 25mm 拉伸至 37.5mm，在标准试验条件下静置 24h。然后将夹有试件的定伸保持器放在氙弧灯老化试验箱试样架上，在黑标温度：（65 ± 3）℃，相对湿度：（65 ± 5）%，喷水时间：（18 ± 0.5）min，两次喷水之间的干燥间隔：（102 ± 0.5）min 的试验条件下，试验 250h 后取出。再在标准试验条件下放置 4h，观察定伸保持器上的试件有无变形，并用 8 倍放大镜检查试件有无裂纹。同时试验 3 个试件，分别记录每个试件有无变形、裂纹。

c　结果评定

每个试件无变形、无裂纹为合格。

5.5.2.14 耐热性试验

将样品搅拌均匀后，按生产厂的要求分 2 ~ 3 次涂覆（每次间隔不超过 24h）在已清洁干净的铝板（100mm × 50mm × 2mm）上，涂覆面积为 100mm × 50mm，总厚度 1.5mm，最后一次将表面刮平，按表 5-5-2 条件进行养护，不需要脱模。

将养护好的涂膜铝板垂直悬挂在已调节到规定温度的电热鼓风烘箱内，试件与干燥箱壁间的距离不小于 50mm，试件的中心宜与温度计的探头在同一位置，在规定温度下放置 5h 后取出，观察表面现象。共试验 3 个试件。

结果评定：试验后所有试件都不应产生流淌、滑动、滴落，试件表面无密集气泡。

5.5.3 建筑密封材料试验方法

本节主要介绍以有机硅、聚硫、聚氨酯、丙烯酸酯等合成高聚物为基材的弹性、弹塑性膏状非定型密封材料的密度、表干时间、渗出性、下垂度、低温柔性、拉伸粘结性、剥离粘结性、拉伸-压缩循环性等物理性能测试方法。

5.5.3.1 标准试验条件

试验室标准试验条件为：温度（23 ± 2）℃；相对湿度（50 ± 5）%。

5.5.3.2 密度测定

a 试验设备

a.1 金属环：如图 5-5-22 所示，用黄铜或不锈钢制成，高 12mm，内径 65mm，厚约 2mm。上表面和下表面要平整光滑，与上板和下板密封良好。

a.2 上板和下板：用玻璃板。上板上有 V 字形缺口，厚度上板为 2mm，下板为 3mm，尺寸均为 85mm × 85mm。表面平整，与金属环密封良好。

a.3 滴定管：容量 50mL，分度值为 1mL。

a.4 天平：称量 500g，感量 0.1g。

b 试验步骤

b.1 金属环容积的标定

将环置于下板中部，与下板密切接合，为防止滴定时漏水，可用密封材料等密封下板与环的接缝处，用滴定管往金属环中滴注 20℃ 的水。即将满盈时盖上上板，继续滴注水，直至环内气泡全部消除。从滴定管的读数差求取金属环的容积 V(mL)。

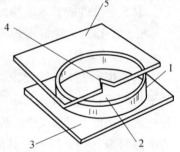

图 5-5-22 密度试验器具
1—铜环；2—填充试料；
3—下板；4—缺口；5—上板

b.2 质量的测定

把金属环置于下板中部，测定其质量 M_0。在环内填充试料。将试料在环和下板上填嵌密实，不得有空隙，一直填充到金属环的上部，然后用刮刀沿环上部刮平，测定质量 M_1。

c 结果计算

密度按式（5-5-27）计算（精确至 0.1g/cm³），取 3 个试件的平均值：

$$\rho = \frac{M_1 - M_0}{V}$$ (5-5-27)

式中 ρ——密度，g/cm³；

V——金属环的容积，mL；

M_0——下板和金属环的质量，g；

M_1——下板、金属环及试料的质量，g。

5.5.3.3　挤出性的测定

a　试验设备

a.1　挤出器：400mL 金属筒或 177mL 聚乙烯筒，喷嘴直径可采用 2mm、4mm、6mm 或 10mm（图 5-5-23 和图 5-5-24）。

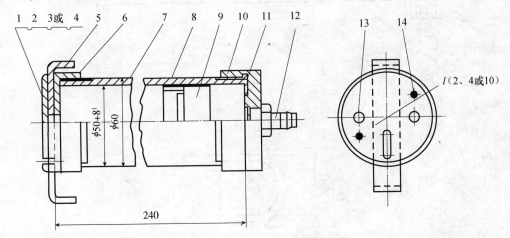

图 5-5-23　400mL 金属挤出器（mm）

1，2，3，4—喷嘴；5—滑动杆；6—喷嘴盖；7—挤出筒；8—活塞；9—活塞环；
10—底盘；11—橡胶垫圈；12—接头；13—螺钉；14—平行插头

a.2　稳压气源：压力保持在（200 ± 2.5）kPa。

a.3　玻璃量筒：容积为 1000mL。

a.4　秒表。

a.5　天平：称量 500g，感量 0.5g。

b　试验步骤

b.1　将待测试料和所用器具在标准条件下至少放置 8h。试验在标准条件下进行。将试料填入挤出筒，注意勿留气孔。如果试料为多组分密封材料，应按规定配比混合均匀后立即填入挤出筒。将喷嘴和活塞装在挤出筒上，使试料充满喷嘴。

b.2　单组分密封材料的测试

以（200 ± 2.5）kPa 的压缩空气挤完挤出器中的试料，同时用秒表测量所需时间。根据挤出筒的体积和所用的挤出时间计算试料的挤出率（mL/min）。

b.3　多组分密封材料的测试

A 法：将 500mL 蒸馏水倒入带刻度的量筒中，读出水的体积，以（200 ± 2.5）kPa 的压缩空气从挤出筒中往盛有水的量筒中挤出大约 50mL 试料，记下所用的时间。同时读出量筒内水的体积增量，记作试料第一次挤出的体积（mL），第一次挤出应在各组分混合均匀后15min 时进行。

上述操作至少应重复 3 次，即每隔适当时间挤出大约 50mL 试料。记下每次挤出所用的

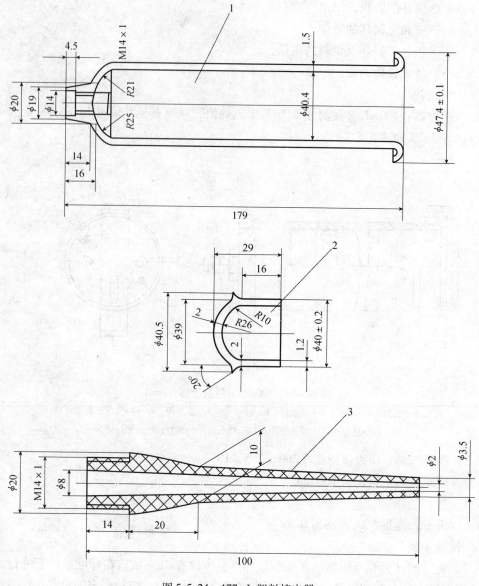

图 5-5-24　177mL 塑料挤出器
1—挤出筒；2—活塞；3—喷嘴

时间和挤出试料的体积。计算各次挤出率（mL/min）。

B 法：以（200±2.5）kPa 的压缩空气从挤出筒中挤出试料至天平上，挤出 50～100g，记录挤出时间，称量挤出试料的质量，精确至 0.1g。然后每隔适当时间重复一次。第一次挤出应在各组分混合均匀后 15min 进行。

上述操作至少应重复 3 次，计算各次的挤出量（g/min），根据试料的密度计算各次的挤出率（mL/min）。

按 A 法规定求得适用期（h）。

b.4　仲裁试验时应采用 A 法进行测定。必要时，可利用挤出时间间隔，各次挤出时间和挤出体积绘制挤出体积-挤出时间的曲线图。

5.5.3.4　表干时间的测定

a　试验器具

a.1　金属板：质量（40 ± 0.1）g，尺寸 19mm × 38mm。

a.2　模框：矩形，用钢或铜制成。内部尺寸 25mm × 95mm，外形尺寸 50mm × 120mm，厚度 3mm。

a.3　玻璃板：尺寸 80mm × 130mm，厚度 5mm。

a.4　聚乙烯薄膜：2 条，尺寸 80mm × 130mm，厚度约 0.1mm。

a.5　刮刀。

b　试件制备

用丙酮等溶剂清洗模框和玻璃板。将模框居中放置在玻璃板上，用在标准条件下至少放置过 5h 的试料小心填满模框，勿留气孔，用刮刀刮平试料，使之厚度均匀（3mm），同时制备两个试件。

c　试验步骤

将制备好的试件在标准条件下静置一定的时间，然后在试件表面纵向 1/2 处放置聚乙烯薄膜，薄膜上中心位置加放金属板，30s 后移去金属板，将薄膜以 90° 从试料表面在 15s 内匀速揭下，相隔适当时间重复上述操作，直至无试料粘附在聚乙烯条上为止。记录试件成型后至试料不再粘附在聚乙烯条上所经历的时间，即表干时间。

5.5.3.5　渗出性试验方法

本方法不适用于检测天然石材砌体工程（如大理石、花岗岩等）所用的密封材料。

a　试验器具

a.1　鼓风式干燥箱：温度可调至（105 ± 2）℃。

a.2　黄铜环：内径 20mm，高 20mm，一端的环壁斜削至内径。

a.3　快速定性滤纸：直径 90mm。

a.4　铝箔：边长 25mm 的正方形。

a.5　砝码：300g，直径 35mm。

a.6　刮刀及 100mm × 100mm 玻璃板。

b　试件制备

从干燥器中取出 10 张经（105 ± 2）℃烘干（5 ~ 8）h 的滤纸，钉在一起放在玻璃板上，将黄铜环的斜边朝下放在滤纸中央，然后把在标准条件下至少放置 5h 的试料填入环内，使之与环的上端齐平，注意勿留气孔。在黄铜环上放置一张铝箔，铝箔上再放 300g 的砝码，同时制备两个试件。

c　试验步骤

将制备好的试件在标准条件下放置 72h。用刮刀轻轻插入黄铜环的底部，取下黄铜环和试料，将上面第一张滤纸连同玻璃板放到亮处，用铅笔标出析出的最大和最小直径，精确到 0.5mm，从这两个直径的平均值中减去环的直径，再除以 2，即为测得的渗出幅度。

将 10 张滤纸放到亮光下，分别检查其渗出张数。凡有污染痕迹的滤纸都算作渗出张数。以渗出幅度与渗出张数之和记为渗出指数。

5.5.3.6 下垂度试验方法

a 试验设备

a.1 模具：如图5-5-25所示，用非阳极化铝合金制成。长度（150±0.2）mm，两端开口，其中一端底面延伸（50±0.5）mm，横截面的内部尺寸为：A型宽（10±0.2）mm，深（10±0.2）mm；B型宽（20±0.2）mm，深（10±0.2）mm。

a.2 鼓风干燥箱：温度能控制在（50±2）℃、（70±2）℃。

a.3 低温恒温箱：温度能控制在（5±2）℃。

a.4 钢板尺，单位为mm。

a.5 聚乙烯薄膜，厚约0.1mm。

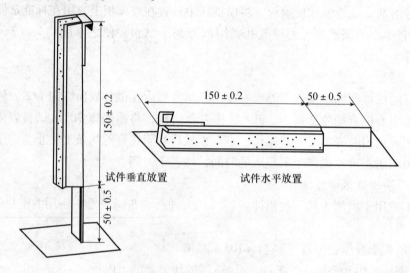

图5-5-25 下垂度模具（mm）

b 试件制备

将模具用丙酮或二甲苯擦净并干燥，把聚乙烯薄膜衬在底部，使其盖住模具上部边缘，并固定在外侧，然后把已在标准条件下放置24h的密封材料用刮刀填入模具内，使之与模具上表面齐平，注意勿留气孔，每组制备3个试件。

c 试验步骤

将制备好的试件垂直悬挂或水平放置在已调节至（70±2）℃、（50±2）℃或（5±2）℃的恒温箱内，恒温24h。然后从恒温箱中取出试件，垂直悬挂的试件是测量试料从模具的下端到下端点的长度（mm）。水平放置的试件是测量试料从模具的上边沿流出的最大距离（mm）。两种放置方式可同时采用，也可选其中一种。

d 结果表示

以每一试件的下垂度值及三个试件下垂度值的平均值表示，精确至1mm。

5.5.3.7 低温柔性试验

a 试验器具

a.1 铝片：尺寸130mm×76mm，厚度0.3mm。

a.2　模框：用钢或铜制成。内部尺寸 25mm×95mm，外形尺寸 50mm×120mm，厚度 3mm。

a.3　鼓风干燥箱：温度可调至（70±2）℃。

a.4　冰箱：温度可调至（-20±2）℃、（-30±2）℃、（-40±2）℃。

a.5　圆棒：直径 6mm 或 25mm。

b　试件制备

用丙酮等溶剂彻底清洗模框和铝片，将模框置于铝片中部，然后把在标准条件下至少放置 24h 的密封材料填入模框内，防止出现气孔。将试料表面刮平，使其厚度均匀达 3mm。沿试料外缘用薄刀片切割一周，垂直提起模框，使成型的密封材料粘牢在铝片上，同时制备 3 个试件。

c　试验步骤

将在标准条件下放置 28d 的试件按下面的温度周期养护 3 个循环：

c.1　于（70±2）℃养护 16h；

c.2　于（-20±2）℃或（-30±2）℃或（-40±2）℃养护 8h。

在第三个循环养护周期结束时，使冰箱里的试件和圆棒同时处于规定的低温试验温度下，用手将试件绕规定直径的圆棒弯曲 180°，弯曲时试件粘有试料的一面朝外，弯曲操作在 1~2s 内完成。弯曲之后立即检查试件开裂、剥离及粘结损坏情况。

5.5.3.8　拉伸粘结性能试验

a　试验设备

a.1　粘结基材：可用水泥砂浆板、铝板或玻璃板，其形状及尺寸如图 5-5-26 所示。

在用玻璃板测试高模量的密封材料时，应采用增强方法，使玻璃板具有足够的强度。或用 50mm×50mm×5mm 玻璃板。

a.2　隔离垫块：可用聚丙烯、聚乙烯或浸蜡的木块，尺寸为 12mm×12mm×12.5mm，用于制备试件。

a.3　防粘薄膜或防粘纸。

a.4　拉力试验机：配有记录装置，拉伸速度可调为 5~6mm/min。

a.5　制冷箱：容积能容纳拉力试验机拉伸装置。温度可调至（-20±2）℃。

a.6　鼓风干燥箱：温度可调至（70±2）℃。

a.7　容器：用于浸泡试件。

b　试件制备

用强度等级为 32.5 或 42.5 的硅酸盐水泥和标准砂，按质量比为 1:1.5，水灰比为 0.4~0.5 的水泥砂浆注入模具中，成型拆模后在约 20℃ 的水中养护 7d 后制成水泥砂浆板。清除水泥砂浆板表面的浮浆，用丙酮等溶剂清洗铝板或玻璃板，干燥后备用。

如图 5-5-26 所示，在防粘薄膜或防粘纸上将两块粘结基材与两块隔离垫块组装成空腔。然后在空腔内嵌填已在标准条件下放置 24h 的试料制成试件。每组试件制备 3 块。嵌填试料时必须注意：

b.1　避免形成气泡；

b.2　将试料挤压在基材的粘结面上，粘结密实；

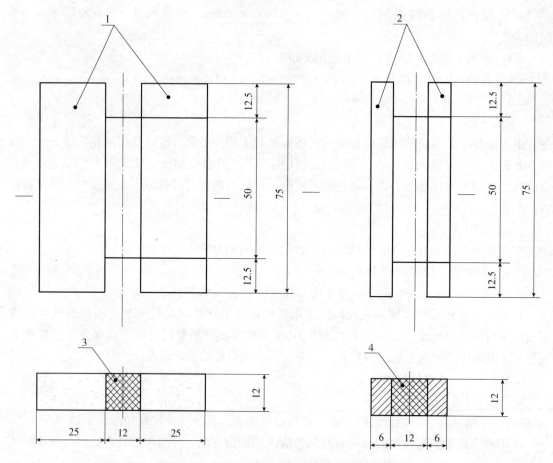

图 5-5-26　拉伸性能、定伸性能和拉伸-压缩循环用试件（A 型）（mm）

1—水泥砂浆板；2—铝板或玻璃板；3、4—试料

b.3　修整试料表面，使之与基材与垫块的上表面齐平。

c　试件处理

c.1　A 法

将制备好的试件于标准条件下放置 28d。

c.2　B 法

先按照 A 法处理试件，接着再将试件按下述程序处理 3 个循环。

c.2.1　在（70±2）℃的干燥箱内存放 3d；

c.2.2　在（23±2）℃的蒸馏水中存放 1d；

c.2.3　在（70±2）℃的干燥箱内存放 2d；

c.2.4　在（23±2）℃的蒸馏水中存放 1d。

上述程序也可以改为 c.2.3—c.2.4—c.2.1—c.2.2。

d　试验步骤

d.1　试验在（23±2）℃和（－20±2）℃两个温度下进行。每个测试温度测 3 个试件。

d.2　当试件在－20℃温度下进行测试时，试件需预先在（－20±2）℃至少放置 4h。

d. 3　除去试件上的垫块，将试件装入拉力试验机，以 5～6mm/min 的速度拉伸至试件破裂为止。记下最大的拉力值（N）和最大伸长率（%）。

e　结果计算

最大抗拉强度 R 按式（5-5-28）计算，取 3 个试件的算术平均值：

$$R = \frac{P}{S} \tag{5-5-28}$$

式中　R——最大抗拉强度，MPa；

P——最大拉力值，N；

S——试件截面积，mm^2。

最大伸长率按式（5-5-29）计算，取三个试件的算术平均值：

$$L = \frac{L_2 - L_1}{L_1} \times 100 \tag{5-5-29}$$

式中　L——最大伸长率，%；

L_1——原始长度，mm；

L_2——最大拉伸长度，mm。

f　试验结果

试验结果以试件的最大抗拉强度值和最大伸长率表示，必要时可报告应力-应变曲线图；给出试件的处理方法（A 法或 B 法），以及试件破坏形式（粘结破坏或内聚破坏）。

5.5.3.9　定伸粘结性能的试验

a　试验器具

a.1　粘结基材、隔离垫块同 5.5.3.8。

a.2　垫块：用于控制被拉伸的试件宽度，使其保持原宽度的 125%、160% 或 200%。

a.3　拉力试验机：配有记录装置，拉伸速度可调为 5～6mm/min。

b　试件制备及试件处理

按 5.5.3.8 节中 b、c 条进行。

c　试验步骤

c.1　在（23±2）℃ 和（-20±2）℃ 两个温度下进行定伸试验，每一温度条件下测试 3 个试件。

c.2　在 -20℃ 温度下进行测试时，试件需预先在（-20±2）℃ 至少放置 4h。

c.3　将试件除去隔离垫块，置入拉力机夹具内以 5～6mm/min 的拉伸速度将试件拉伸至原宽度的 125%、160% 或 200%。然后用相应尺寸的垫块插入已拉伸至规定宽度的试件中，并在相应试验温度下保持 24h。

c.4　记录试料粘结或内聚破坏情况。在 -20℃ 试验时，应将试件从冰箱中取出并待其融化后，方能记录它的粘结或内聚破坏情况。

5.5.3.10　恢复率的测定

a　试验器具

a.1　U 型铝条：用未经阳极氧化处理的铝合金 U 型材，截面尺寸为 12mm×12mm、长 70mm，厚 1～2mm，如图 5-5-27 所示。

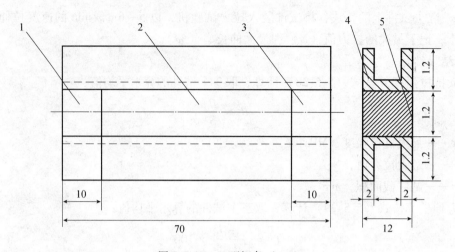

图 5-5-27   U 型铝条（mm）

1，3—垫块；2，5—试料；4—U 型条

a. 2   隔离垫块：尺寸为 12mm×12mm×10mm。

a. 3   垫块：用于控制被拉伸的试件宽度，使其保持原宽度的 125%、160% 或 200%。

a. 4   防粘薄膜或防粘纸；上面撒有滑石粉的玻璃板。

a. 5   鼓风干燥箱：温度可控制在（70±2）℃。

a. 6   拉力试验机：配有记录装置，拉伸速度可调为 5~6mm/min。

a. 7   游标卡尺：精确度为 0.1mm。

a. 8   容器：用于浸泡试件。

b   试件制备

将 U 型铝条用丙酮洗净，然后用蒸馏水冲洗并在空气中干燥。将两块 U 型铝条与两块隔离垫块按图 5-5-27 所示组合起来，按照 5.5.3.8 节中 b 条所述方法制成试件。每组试件制备 3 块。

c   试件处理

按 5.5.3.8 节中 c 条进行试件处理。

d   试验步骤

将处理过的试件在标准条件下存放 24h，并在同样条件下进行恢复率试验。

除去制备试件时使用的垫块，用游标卡尺量出每一试件两端的原始宽度 L_0，然后将试件装入拉力机上，以 5~6mm/min 的速度分别把试件拉伸到原始宽度的 25%、60%、100% 或各方商定的其他百分比，用 L_1 表示拉伸后的宽度。

当试件拉伸至规定的宽度 L_1 后，夹入两个尺寸合适的垫块，从试验机上取出试件，水平放置 24h。然后去掉垫块，将试件放在撒有滑石粉的玻璃板上静置 1h。在每一试件两端测量弹性恢复后的宽度 L_2，精确到 0.1mm。

e   结果计算

恢复率按式（5-5-30）计算：

$$R' = \frac{L_1 - L_2}{L_1 - L_0} \times 100 \tag{5-5-30}$$

式中　R'——恢复率,%；

　　　L_0——试件的原始宽度, mm；

　　　L_1——试件拉伸后的宽度, mm；

　　　L_2——试件弹性恢复后的宽度, mm。

记录每个试件的值和三个试件的算术平均值并精确到 1%。

5.5.3.11　剥离粘结性试验

a　试验设备

a.1　拉力试验机：配有拉伸夹具，拉伸速度可调至 50mm/min。

a.2　铝合金板：150mm×75mm×5mm。

a.3　水泥砂浆板：150mm×75mm×10mm。

a.4　玻璃板：150mm×75mm×5mm。

a.5　垫板：4 根，用硬木、金属或玻璃制成。其中 2 根尺寸为 150mm×75mm×5mm,用于在铝板或玻璃板上制备试件，另 2 根尺寸为 150mm×75mm×10mm,用于在水泥砂浆板上制备试件。

a.6　玻璃棒：直径 12mm, 长 300mm。

a.7　黄铜棒：直径 1.5mm, 长 300mm。

a.8　遮蔽条：成卷纸条，条宽 25mm。

a.9　布条：脱水处理的 8×10 或 8×12 帆布，尺寸为 180mm×75mm、厚约 0.8mm。

a.10　刮刀、锋利小刀等工具。

b　试件制备

b.1　用刷子清理砂浆板表面，用丙酮或二甲苯擦洗玻璃和铝基材，干燥后使用。根据需要分别在基材上涂刷底涂料。

b.2　在粘结基材上横向放置一条 25mm 宽的遮蔽条，条的下边距基材的下边至少75mm。然后取 250g 已在标准条件下放置 24h 的试料，涂抹面积为 100mm×75mm（包括遮蔽条），涂抹厚度约 2mm。

b.3　用刮刀将试料涂刮在布条一端，面积为 100mm×75mm,布条两面均涂试料，直到试料渗透布条为止。

b.3　将涂好试料的布条放在已涂试料的基材上，基材两侧各放置一块厚度合适的垫板。在每块垫板上纵向放置一根黄铜棒。从有遮蔽条的一端开始，用玻璃棒沿黄铜棒滚动，挤压下面的布条和试料，直至试料的厚度均匀达到 1.5mm, 除去多余的试料。

b.4　将制得的试件在标准条件下养护 28d。每种基材制备 2 块试件。

b.5　养护结束后，用锋利的刀片沿试件纵向切割 4 条线，每次都要切透试料和布条，至基材表面。留下 2 条 25mm 宽的、粘有布条的试料带，两条带的间距为 10mm,除去其余部分。

b.6　将试件在蒸馏水中浸泡 7d。

c　试验步骤

c.1　从水中取出试件后，立即擦干。将试料与遮蔽条分开，从下边切开 12mm 试料，仅在基材上留下 63mm 长的试料带。

c. 2 将试件装入拉力试验机，以 50mm/min 的速度于 180°方向拉伸布条，使试料从基材上剥离。剥离时间约 1min。记录剥离时拉力峰值的平均值（N）。若发现从试料上剥干净，应舍弃记录的数据，用刀片沿试料与基材的粘结面上切开一个缝口，继续进行试验。

对每种基材，应测试 2 块试件上的 4 条试料带。

d 试验结果

记录每种基材上 4 条试料带的剥离强度及其平均值，以 N/mm 为单位；并观察每条试料带粘结或内聚破坏情况。

5.5.3.12 拉伸-压缩循环性能试验

a 试验设备

a. 1 鼓风干燥箱：能调节温度至（70±2）℃ ~（100±2）℃。

a. 2 冰箱：能调节温度至（-10±2）℃。

a. 3 恒温水槽：能将水温调至（50±1）℃。

a. 4 夹具：能将试件的接缝宽度固定在 8.4mm、9.6mm、10.8mm、11.4mm、12.0mm、12.6mm、13.2mm、14.4mm 以及 15.6mm，其精度为 ±0.1mm。

a. 5 拉伸压缩试验机：能以 4~6 次/min 的速度将试件接缝宽度在 11.4~12.6mm，10.8~13.2mm，9.6~14.4mm 或 8.4~15.6mm 的范围内反复拉伸和压缩。其精度为 ±0.2mm。

a. 6 粘结基材：同本节 5.5.3.8。此外可用 50mm×50mm 试件（图 5-5-28），但伸裁试验应采用 75mm×25mm×12mm 试件（图 5-5-26）。

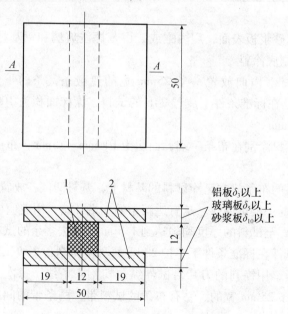

图 5-5-28 拉伸-压缩循环性能用试件（B 型）（mm）
1—试料；2—铝板、玻璃板或砂浆板

b 试件制备及处理

同 5.5.3.8 节。

c 试验步骤

拉伸-压缩循环试验按表中所示程序对 3 个试件进行试验，试验程序见表 5-5-5。

表 5-5-5 拉伸-压缩循环试验程序表

试验程序		耐久性等级	9030	8020	7020	7010	7005
1. 接缝宽固定 12mm，浸入 50℃水中时间/h			24				
2. 除去夹具，试件置于标准条件下时间/h			24				
3. 压缩加热	接缝宽	mm	8.4	9.6	9.6	10.8	11.4
	压缩率	%	−30	−20	−20	−10	−5
	温度/℃		90	80	70	70	70
	时间/h		168				
4. 除去夹具，试件置于标准条件下时间/h			24				
5. 拉伸冷却	接缝宽	mm	15.6	14.4	14.4	13.2	12.6
	拉伸率	%	+30	+20	+20	+10	+5
	温度/℃		−10				
	时间/h		24				
6. 除去夹具，试件置于标准条件下时间/h			24				
7. 程序反复			程序 1~6 反复一次				
8. 接缝宽固定 12mm，置于标准条件下时间/h 不小于			24				
9. 接缝的扩大、缩小，4~6 次/min	接缝宽	mm	8.4~15.6	9.6~14.4	9.6~14.4	10.8~13.2	11.4~12.6
	拉伸-压缩率	%	−30~+30	−20~+20	−20~+20	−10~+10	−5~+5
	次数，次		2000				

c.1 将在标准条件下养护 28d 的试件按制作时的尺寸固定在夹具上，然后把试件放在 (50±1)℃的水中，浸泡 24h。浸水后解除固定夹具，把试件置于标准条件下 24h，然后检查试件。

c.2 在保持粘结基材平行的情况下，使试件缓慢变形至程序 3 中的各尺寸，然后固定之。将试件放入已调至各加热温度的烘箱内，加热 168h。解除固定状态后，将粘结基材在标准条件下水平放置 24h，然后检查试件。

c.3 将试件缓慢变形至程序 5 中各尺寸，固定之。在 (−10±2)℃的冰箱中将试件放置 24h。解除试件固定状态，使粘结基材在标准条件下水平放置 24h，然后检查试件。

c.4 重复本节 c.1~c.3 的操作，将试件按制作时的尺寸固定在夹具上，在标准条件下放置 24h，然后 7d 之内按下述方法进行试验。

c.5 将试件装在拉伸压缩试验机上，在标准条件下按程序 9 的要求拉伸和压缩 2000 次，然后检查试件。拉伸压缩的速度为 4~6 次/min。

试件检查方法：用手掰开试件的粘结基材，反复 2 次，肉眼检查试料及试料与粘结基材的粘结面有无溶解、膨胀、破裂、剥离等异常，记录其状态。

结果表示：根据所选用的拉伸-压缩幅度，记录每块试件粘结或内聚破坏情况。

5.5.4 密封止水材料试验方法

密封止水材料为橡胶止水带、腻子型和制品型止水条、遇水膨胀橡胶止水条及钢边橡胶止水带等防水材料，主要应用于各类建筑物、构筑物、隧道、地下工程及水利工程的接缝和缝隙止水防渗。本节主要介绍密封止水材料的试验方法，包括硬度、拉伸强度、撕裂强度、体积膨胀倍率、反复浸水、低温弯折、低温柔性、耐水性及抗水压力试验。

5.5.4.1 邵尔硬度试验

a 试验仪器

邵尔硬度计：包括 A 和 D 两种类型，由压足、压针（直径 1.25mm ±0.15mm）和指示装置组成，A 型压轴砝码质量 1kg，D 型压轴砝码质量 5kg。

b 试样要求

试样厚度至少 6mm。若试样厚度小于 6mm，可用不多于 3 层、每层厚度不小于 2mm 的光滑、平行试样进行叠加，但这样所测结果与在整块试样上所测的硬度不能相比较。

试样必须有足够的面积，使压针和试样接触位置距离边缘至少 12mm，试样的表面和压足接触的部分必须平整。

试样应在试验室温度 (23±2)℃下调节 24h 后进行试验。

c 试验步骤

c.1 把试样放置在坚固的平面上，拿住硬度计，压足中孔的压针距离试样边缘至少 12mm，平稳地把压足压在试样上，不能有任何振动，并保持压足平行于试样表面，以使压针垂直地压入试样。

所施加的力要刚好使压足和试样完全接触，除另有规定，必须在压足和试样完全接触后 1s 内读数，如果是其他间隔时间读数则必须说明。

c.2 在试样相距至少 6mm 的不同位置测量硬度值 5 次，取中位数。

c.3 使用邵尔硬度计时，当 A 型硬度计示值超过 90 时推荐用 D 型硬度计；当 D 型硬度计示值低于 20 时推荐用 A 型硬度计；当 A 型硬度计示值低于 10 时是不准确的，测量结果不能使用。

5.5.4.2 拉伸强度及扯断伸长率试验

a 试验设备

a.1 拉伸试验机：最小分度值为 0.5N。拉伸速度在 0~500mm/min 内可调，试件标线间距离可拉伸至 8 倍以上。

a.2 测厚计或游标卡尺：测量精度为 0.02mm。

a.3 裁片制样机：可加工哑铃 Ⅰ 型、Ⅱ 型试样及直角撕裂试样。

b 试验条件及试样准备

b.1 试验室条件：温度为 (23±2)℃，相对湿度为 60%~70%。

b.2 试件准备

b.2.1 用裁刀或裁片机沿材料的压延方向，按哑铃 Ⅱ 型试样规定尺寸进行裁切，试样标准厚度为 (2.0±0.2)mm，非标准试样（即取自成品的试样）的厚度为 2.5mm；且试件数量不少于三个。试验前，试件在试验标准温度下放置不少于24h。

b.2.2　按标准要求标注标距线和夹持线。在标距区内，测量标距中间和两端三点的厚度，取三个测量值的中位值为试样厚度d；同时测量试件标距内平行部分的宽度B；精确测量两标距线间初始长度L_0，尺寸测量应精确到0.05mm。

c　试验步骤

c.1　将试验机的拉伸速度调到规定速度值，拉伸速度为：橡胶类（500±50）mm/min，树脂类（250±50）mm/min。

c.2　将试样置于夹持器中心，对准夹持线夹紧。

c.3　开动试验机以规定的速度拉伸试样，在整个试验过程中，连续监测试验长度和力的变化，按试验项目要求进行记录和计算。测量试样断裂瞬间的标距线间的长度L_b。若试样断裂在标距外，则该试样作废，应另取一试样重复试验。

c.4　需测扯断永久变形时，应将扯断后的试件放置3min，将扯断试件对接吻合后，测量标距间的长度L_t，测量精确至0.05mm。

d　结果计算及评定

d.1　试样拉伸强度按式（5-5-31）计算，精确到0.1MPa：

$$TS = \frac{F_m}{b \cdot d} \tag{5-5-31}$$

式中　TS——试样的拉伸强度，MPa；

　　　F_m——记录的最大力，N；

　　　b——试样标距段的宽度，mm；

　　　d——试样标距段的厚度，mm。

d.2　试样的扯断伸长率按式（5-5-32）计算，精确到1%：

$$E_b = \frac{L_b - L_0}{L_0} \times 100 \tag{5-5-32}$$

式中　E_b——扯断伸长率，%；

　　　L_0——试样的初始标距，mm；

　　　L_b——试样断裂时的标距，mm。

d.3　试样扯断永久变形按式（5-5-33）计算，精确到1%：

$$S_b = \frac{L_t - L_0}{L_0} \times 100 \tag{5-5-33}$$

式中　S_b——扯断永久变形，%；

　　　L_t——试样断裂后，放置3min后对接起来的标距，mm；

　　　L_0——试样初始标距，mm。

d.4　分别计算所有测试件结果，取其中位数作为试验结果。

5.5.4.3　撕裂强度试验

试验设备与5.5.4.2节相同。

a　试验条件与试样制备

a.1　标准环境条件：试验温度（23±2）℃；相对湿度60%~70%。

a.2 试件准备

a.2.1 样品在试验温度下放置不少于3h后，用直角形裁刀裁取试样，撕裂割口的方向应与产品压延方向一致（如有要求，可在相互垂直的两个方向裁切试样）。试样采用不割口的直角形试样，厚度为（2.0±0.2）mm，试件数量应不少于5个。

a.2.2 在撕裂区域测量厚度不得少于三点，取中位数为试样厚度 d，测量精确到0.1mm。试样测量和试验应连续完成，如不能连续完成试验时，试样在标准环境下保存不超过24h。

b 试验步骤

b.1 将试验机的拉伸速度调到规定速度值，拉伸速度为：（500±50）mm/min。

b.2 将试样置于夹持器中心，对准夹持线夹紧。开动试验机拉伸试样，直至试样撕裂拉断，记录其最大拉力值。

c 试验结果的表示

撕裂强度 TS 按式（5-5-34）计算：

$$TS = \frac{F}{d} \tag{5-5-34}$$

式中 TS——撕裂强度，kN/m；

F——试样撕裂时所需的力，N；

d——试样厚度中位数，mm。

试验结果分别以每个方向试样的中位数和最小值表示。

5.5.4.4 体积膨胀倍率及密度的试验

a 仪器设备

a.1 密度分析天平：精度1mg。

a.2 温度计、钢板尺、玻璃杯、小刀、蒸馏水等。

b 试验步骤

b.1 制成尺寸为20.0mm×20.0mm×2.0mm的试样，其尺寸偏差控制在±0.2mm，数量为三块，用成品制作试样时，应尽可能去掉表层。

b.2 调节天平使其平衡，称量试样在空气中的质量 m_1。然后将试样浸入水中立即称量试样在水中的质量 m_2。并用温度计测量水的温度。

b.3 将试样浸泡在（23±5）℃的300mL蒸馏水中，避免试样重叠及水分挥发。

b.4 试样浸泡72h后，先用天平称出其在水中的质量 m_4，然后用滤纸轻轻吸干试样表面的水分，称出试样在空气中的质量 m_3。

c 结果计算

c.1 体积膨胀倍率按式（5-5-35）计算（精确至1%）：

$$\Delta V = \frac{m_3 - m_4 + m_5}{m_1 - m_2 + m_5} \times 100\% \tag{5-5-35}$$

式中 ΔV——体积膨胀倍率，%；

m_1——浸泡前试样在空气中的质量，g；

m_2——浸泡前试样在蒸馏水中的质量，g；

m_3——浸泡后试样在空气中的质量，g；

m_4——浸泡后试样在蒸馏水中的质量，g；

m_5——坠子在蒸馏水中的质量，g（如无坠子用细丝等特轻细丝悬挂可忽略不计）。

取三个试样的算术平均值作为体积膨胀倍率试验结果。

c.2　密度按式（5-5-36）计算（精确至 0.01g/cm^3）：

$$\rho = \frac{m_1}{m_1 - m_2} \cdot \rho_0 \tag{5-5-36}$$

式中　ρ——密度，g/cm^3；

m_1——试样在空气中的质量，g；

m_2——试样在水中的质量，g；

ρ_0——水的密度，g/cm^3。

取三个试样的算术平均值作为密度试验结果。

5.5.4.5　反复浸水试验

将试样在常温（23 ± 5）℃蒸馏水中浸泡 16h，取出后在 70℃下烘干 8h，再放到水中浸泡 16h，再烘干 8h；如此反复浸水、烘干 4 个循环周期后，按照本节上述试验方法分别测试其硬度、拉伸强度和伸长率，并测定其体积膨胀倍率。

5.5.4.6　低温弯折试验

a　试验设备

a.1　低温试验箱：能在 0 ~ −40℃之间自动调节，精度为 ±2℃。

a.2　弯折仪：由金属平板、转轴和调距螺丝组成，平板间距可任意调节。

b　试样制备及试验条件

b.1　将试样裁成 20mm × 100mm × 2mm 的长方体，数量为两块。

b.2　停放时间：从试样制备到试验为时 24h。

b.3　试验室温度控制在（23 ± 2）℃。

c　试验步骤

c.1　用测厚仪测量试件的厚度，检查试样的表面有无明显缺陷。然后将试样弯曲 180°，使试样边缘重合、齐平，并确保不发生错位（可用定位夹或 10mm 宽的胶布将边缘固定），将弯折仪的上下平板间距调到试件厚度的三倍，试验两块试件。

c.2　将弯折仪上平板翻开，将两块试件平放在弯折仪下平板上，重合的一边朝向转轴，且距离转轴约 20mm。将放有试件的弯折仪放入低温冰箱内，在规定温度下保持 2h。然后在 1s 之内将弯折仪的上平板压下，达到所调间距位置，保持 1s 后将试样取出，待恢复到室温后，用放大镜观察试样弯折处受拉面是否有裂纹或断裂。

d　判定

用 8 倍放大镜观察试样表面，以两个试样均无裂纹为合格。

5.5.4.7　低温柔性（腻子型试样）试验

将试样裁成 50mm × 100mm × 2mm 的长方体，数量为两块。平放在温度（$−20 \pm 2$）℃的低温试验箱中，同时将试验所需的 ϕ10mm 金属棒一起于低温试验箱中，保持 2h，保持温度恒定。

结果评定：在 3s 时间内迅速将试样置于金属棒表面，绕 180°取出，用 10 倍放大镜观察，两块试样表面均无裂纹及脆裂现象为合格。

5.5.4.8 耐水性试验

裁取长度为 30mm 的三块试样。在温度为（23±2）℃下浸泡于盛满蒸馏水的烧杯中，C型试样浸泡 24h，S 型试样浸泡 240h。

C 型试样浸泡后呈有龟裂或散成碎块为合格，如散成泥浆状为不合格。

S 型试样浸泡后呈整体膨胀，有龟裂、有裂纹为合格，如散成碎块或成泥浆状为不合格。

5.5.4.9 抗水压力试验（腻子型止水条）

检查抗水压力机水流是否畅通，擦干试样槽和盖板上的水渍，将试样填满试样槽并压实后，用刮刀挂平，试样表面处理得越平整越好。加上 0.4mm 垫片，装好盖板、压紧。

记录开始加压时间，在升压过程中要缓缓升压，每隔 5min 加压一次。当水压达到0.10MPa 后，可每隔 10min 升压一次，直至规定的压力。全过程 C 型不超过 24h，S 型不超过 240h。

试验结果：每组三个试样均能在规定压力作用下保压 30min 无渗漏现象为合格。

注意事项：

（1）装填试样方向必须一致，并保证试样装填的密实程度和表面平整、无缺陷；

（2）试验时应有规律、平稳地施加水压，不能突然施加冲击性水压。

5.6 现场混凝土和砂浆抗压强度试验方法

5.6.1 回弹法检测混凝土抗压强度

5.6.1.1 一般规定

（1）回弹法作为无损检测方法之一，主要用于检测混凝土的抗压强度；其检测结果只能是评价现场混凝土强度或处理混凝土质量问题的依据之一，不能用作评定混凝土抗压强度。

（2）回弹法不适用于表层与内部质量有明显差异或内部存在缺陷的混凝土结构或构件的检测；其具体的限制范围详见本书第 6 章表 6-1-8。

（3）使用回弹仪进行检测的人员应通过主管部门认可的专业培训，并持有相应的资格证书。

5.6.1.2 仪器设备

（1）回弹仪的技术要求

a 回弹仪可为数字式的，也可为指针直读式的；

b 回弹仪应具有制造厂的产品合格证及检定单位的检定合格证，并应在回弹仪的明显位置上标注名称、型号、制造厂名（或商标）、出厂编号等；

c 水平弹击时，在弹击锤脱钩瞬间，回弹仪的标称能量应为 2.207J；

d 在弹击锤与弹击杆碰撞的瞬间，弹击拉簧应处于自由状态，且弹击锤起跳点应位于指针指示刻度尺上的"0"位处；

e　在洛氏硬度 HRC 为 60 ±2 的钢砧上，回弹仪的率定值应为 80 ±2；

f　数字式回弹仪应带有指针直读示值系统；数字显示的回弹值与指针直读示值相差不应超过 1；

g　回弹仪使用时的环境温度应为 –4 ~40℃。

（2）回弹仪的检定

a　回弹仪检定周期为半年，当回弹仪具有下列情况之一时，应由法定计量检定机构按现行行业标准 JJG 817《回弹仪》进行检定：

a.1　新回弹仪启用前；

a.2　超过检定有效期限；

a.3　数字式回弹仪显示的回弹值与指针直读示值相差大于 1；

a.4　经保养后，在钢砧上的率定值不合格；

a.5　遭受严重撞击或其他损害。

b　回弹仪的率定试验应符合下列规定：

b.1　率定试验应在室温为（5 ~35）℃的条件下进行；

b.2　钢砧表面应干燥、清洁，并应稳固地平放在刚度大的物体上；

b.3　回弹值应取连续向下弹击三次的稳定回弹结果的平均值；

b.4　率定试验应分四个方向进行，且每个方向弹击前，弹击杆应旋转 90°，每个方向的回弹平均值均应为 80 ±2。

c　回弹仪率定试验所有的钢砧应每 2 年送授权计量检定机构检定或校准。

（3）回弹仪的保养

a　当回弹仪存在下列情况之一时，应进行保养：

a.1　回弹仪弹击超过 2000 次；

a.2　在钢砧上的率定值不合格；

a.3　对检测值有怀疑。

b　回弹仪的保养应按下列步骤进行：

b.1　先将弹击锤脱钩，取出机芯，然后卸下弹击杆，取出里面的缓冲压簧，并取出弹击锤、弹击拉簧和拉簧座；

b.2　清洁机芯各零部件，并应重点清理中心导杆、弹击锤和弹击杆的内孔及冲击面。清理后，应在中心导杆上薄薄涂抹钟表油，其他零部件不得抹油；

b.3　清理机壳内壁，卸下刻度尺，检查指针，其摩擦力应为（0.5 ~0.8）N；

b.4　对于数字式回弹仪，还应按产品要求的维护程序进行维护；

b.5　保养时，不得旋转尾盖上已定位紧固的调零螺丝，不得自制或更换零部件；

b.6　保养后应按本节率定试验的规定进行率定。

c　回弹仪使用完毕，应使弹击杆伸出机壳，并应清除弹击杆、杆前端球面以及刻度尺表面和外壳上的污垢、尘土。回弹仪不用时，应将弹击杆压入机壳内，经弹击后按下按钮，锁住机芯，然后装入仪器箱。仪器箱应平放在干燥阴凉处。当数字式回弹仪长期不用时，应取出电池。

5.6.1.3 检测技术

(1) 一般规定

a 采用回弹法检测混凝土强度时，宜具有下列资料：

a.1 工程名称、设计单位、施工单位；

a.2 构件名称、数量及混凝土类型、强度等级；

a.3 水泥安定性，外加剂、掺合料的品种，混凝土配合比等；

a.4 施工模板，混凝土浇筑、养护情况及浇筑日期等；

a.5 必要的设计图纸和施工记录；

a.6 检测原因。

b 回弹仪在检测前后，均应在钢砧上做率定试验，在洛氏硬度 HRC 为 60 ± 2 的钢砧上，回弹仪的率定值应为 80 ± 2。

c 混凝土强度可按单个构件或按批量进行检测，并应符合下列规定：

c.1 对于混凝土生产工艺、强度等级相同，原材料、配合比、养护条件基本一致且龄期相近的一批同类构件的检测应采用批量检测。按批量进行检测时，应随机抽取构件，抽检数量不宜少于同批构件总数的 30% 且不宜少于 10 件（宜由建设单位、监理单位、施工单位会同检测单位共同商定抽样的范围、数量和方法）。当检验批构件数量大于 30 个时，抽样构件数量可适当调整，并不得少于国家现行有关标准规定的最少抽样数量（如国标 GB/T 50344《建筑结构检测技术标准》）。

c.2 单个构件的检测应符合下列规定：

c.2.1 对于一般构件，测区数不宜少于 10 个。当受检构件数量大于 30 个且不需提供单个构件推定强度或受检构件某一方向尺寸不大于 4.5m 且另一方向尺寸不大于 0.3m 时，每个构件的测区数量可适当减少，但不应少于 5 个。

c.2.2 相邻两测区的间距不应大于 2m，测区离构件端部或施工缝边缘的距离不宜大于 0.5m，且不宜小于 0.2m。

c.2.3 测区宜选在能使回弹仪处于水平方向的混凝土浇筑侧面。当不能满足这一要求时，也可选在使回弹仪处于非水平方向的混凝土浇筑表面或底面。

c.2.4 测区宜布置在构件的两个对称的可测面上，当不能布置在对称的可测面上时，也可布置在同一可测面上，且应均匀分布。在构件的重要部位及薄弱部位应布置测区，并应避开预埋件。

c.2.5 测区的面积不宜大于 $0.04m^2$。

c.2.6 测区表面应为混凝土原浆面，并应清洁、平整，不应有疏松层、浮浆、油垢、涂层以及蜂窝、麻面。

c.2.7 对于弹击时产生颤动的薄壁、小型构件，应进行固定。

d 测区应标有清晰的编号，并宜在记录纸上绘制测区布置示意图和描述外观质量情况。

(2) 回弹值测量

a 测量回弹值时，回弹仪的轴线应始终垂直于混凝土检测面，并应缓慢施压、准确读数、快速复位。

b 每一测区应读取 16 个回弹值，每一测点的回弹值读数应精准至 1。测点宜在测区范围内均匀分布，相邻两测点的净距离不宜小于 20mm；测点距外露钢筋、预埋件的距离不宜小于 30mm；测点不应在气孔或外露石子上，同一测点应只弹击一次。

（3）碳化深度值测量

a　回弹值测量完毕后，应在有代表性的测区上测量碳化深度值，测点数不应少于构件测区数的 30%，应取其平均值作为该构件每个测区的碳化深度值。当碳化深度值极差大于 2.0mm 时，应在每一测区分别测量碳化深度值。

b　碳化深度值的测量应符合下列规定：

b.1　可采用工具在测区表面形成直径约 15mm 的孔洞，其深度应大于混凝土的碳化深度；

b.2　应清除孔洞中的粉末和碎屑，且不得用水擦洗；

b.3　应采用浓度为 10～20g/L 的酚酞酒精溶液滴在孔洞内壁的边缘处，当已碳化与未碳化界限清晰时，应采用碳化深度测量仪测量已碳化与未碳化混凝土交界面到混凝土表面的垂直距离，每个点应测量 3 次，每次读数应精确至 0.25mm；

b.4　取三次测量的平均值作为检测结果，精确至 0.5mm。

（4）检测泵送混凝土强度时，测区应选在混凝土浇筑侧面。

5.6.1.4　回弹值计算

（1）计算测区平均回弹值时，应从该测区的 16 个回弹值中剔除 3 个最大值和 3 个最小值，用其余的 10 个回弹值按下式计算：

$$R_m = \frac{\sum_{i=1}^{10} R_i}{10} \tag{5-6-1}$$

式中　R_m——测区平均回弹值，精确至 0.1；

　　　R_i——第 i 个测点的回弹值。

（2）非水平方向检测混凝土浇筑侧面时，测区的平均回弹值应按下式修正：

$$R_m = R_{m\alpha} + R_{a\alpha} \tag{5-6-2}$$

式中　$R_{m\alpha}$——非水平方向检测时测区的平均回弹值，精确至 0.1；

　　　$R_{a\alpha}$——非水平方向检测时回弹值修正值，表 5-6-3 非水平方向检测时的回弹修正值 $R_{a\alpha}$。

（3）水平方向检测混凝土浇筑表面或浇筑底面时，测区的平均回弹值应按下列公式修正：

$$R_m = R_m^t + R_a^t \tag{5-6-3}$$

$$R_m = R_m^b + R_a^b \tag{5-6-4}$$

式中　R_m^t、R_m^b——水平方向检测混凝土浇筑表面、底面时，测区的平均回弹值，精确至 0.1；

　　　R_a^t、R_a^b——混凝土浇筑表面、底面回弹值的修正值，应按本节表 5-6-4 取值。

（4）当回弹仪为非水平方向且测试面为混凝土的非浇筑侧面时，应先对回弹值进行角度修正，并应对修正后的回弹值进行浇筑面修正。注意：这种先后修正的顺序不能颠倒，更不允许分别修正后的值直接与原始回弹值相加减。

5.6.1.5 测强曲线

（1）一般规定

a 混凝土强度换算值可采用下列测强曲线计算：

a.1 统一测强曲线：由全国有代表性的材料、成型工艺制作的混凝土试件，通过试验所建立的测强曲线。

a.2 地区测强曲线：由地区常用的材料、成型工艺制作的混凝土试件，通过试验所建立的测强曲线。

a.3 专用测强曲线：由与构件混凝土相同的材料、成型养护工艺制作的混凝土试件，通过试验所建立的测强曲线。

b 有条件的地区和部门，应制定本地区的测强曲线或专用测强曲线，地区和专用测强曲线须经地方建设行政主管部门组织的审查和批准。检测单位宜按专用测强曲线、地区测强曲线、统一测强曲线的顺序选用测强曲线。

（2）统一测强曲线

a 符合下列条件的非泵送混凝土，测区强度应按本节表5-6-1进行强度换算：

a.1 混凝土采用的水泥、砂石、外加剂、掺合料、拌合用水符合国家现行有关标准；

a.2 采用普通成型工艺；

a.3 采用符合国家标准规定的模板；

a.4 蒸汽养护出池经自然养护7d以上，且混凝土表层为干燥状态；

a.5 自然养护且龄期为14～1000d；

a.6 抗压强度为10.0～60.0MPa。

b 符合本节上述条件的泵送混凝土，测区强度按本节表5-6-2的规定进行强度换算，或可按下列曲线方程进行计算：

$$f = 0.034488R^{1.9400} \cdot 10^{(-0.0173d_m)} \tag{5-6-5}$$

式中 R——测区平均回弹值，精确至0.1；

d_m——测区平均碳化深度值，精确至0.5mm。

c 测区混凝土强度换算表所依据的统一测强曲线，其强度误差值应符合下列规定：

c.1 平均相对误差（δ）不应大于±15.0%；

c.2 相对标准差（e_r）不应大于18.0%。

d 当有下列情况之一时，测区混凝土强度不得按本节表5-6-1或表5-6-2的规定进行强度换算：

d.1 非泵送混凝土粗骨料最大公称粒径>60mm，泵送混凝土粗骨料最大公称粒径>31.5mm；

d.2 特种成型工艺制作的混凝土（如采用加压振动或离心法成型工艺生产的轨枕、水管等）；

d.3 检测部位曲率半径小于250mm；

d.4 潮湿或浸水混凝土。

（3）地区和专用测强曲线

a 地区和专用测强曲线的强度误差应符合下列规定：

a. 1　地区测强曲线：平均相对误差（δ）不应大于 ±14.0%，相对标准差（e_r）不应大于 17.0%。

a. 2　专用测强曲线：平均相对误差（δ）不应大于 ±12.0%，相对标准差（e_r）不应大于 14.0%。

a. 3　平均相对误差（δ）和相对标准差（e_r）的计算应符合下列规定：

测强曲线的回归方程式应按每一试件测得的平均回弹值（R_m）、平均碳化深度值（d_m）和试块抗压强度（f_{cu}），采用最小二乘法原理计算。

宜采用以下函数关系式：

$$f_{cu}^c = aR_m^b \cdot 10^{cd_m} \qquad (5\text{-}6\text{-}6)$$

回归方程式的强度平均相对误差（δ），精确至 0.1：

$$\delta = \pm \frac{1}{n} \sum_{i=1}^{n} \left| \frac{f_{cu,i}^c}{f_{cu,i}} - 1 \right| \times 100 \qquad (5\text{-}6\text{-}7)$$

回归方程式的强度相对标准差（e_r），精确至 0.1：

$$e_r = \sqrt{\frac{1}{n-1} \sum_{i=1}^{n} \left(\frac{f_{cu,i}^c}{f_{cu,i}} - 1 \right)^2} \times 100 \qquad (5\text{-}6\text{-}8)$$

式中　$f_{cu,i}$——由第 i 个试块抗压试验得出的混凝土抗压强度值（MPa），精确至 0.1MPa；

$f_{cu,i}^c$——由同一试块的平均回弹值（R_m）及平均碳化深度值（d_m）按回归方程式算出的混凝土的强度换算值（MPa），精确至 0.1MPa；

n——制定回归方程式的试件数。

5.6.1.6　混凝土强度的计算

（1）构件第 i 个测区混凝土强度换算值，可按本章节所述求得平均回弹值（R_m）及平均碳化深度值（d_m）由本节表 5-6-1 或表 5-6-2 查出或计算得出。当有地区或专用测强曲线时，混凝土强度的换算值宜按地区测强曲线或专用测强曲线计算或查表得出。

（2）构件的测区混凝土强度平均值应根据各测区的混凝土强度换算值计算。当测区数为 10 个及以上时，还应计算强度标准差。

平均值及标准差应按下列公式计算：

$$m_{f_{cu}^c} = \frac{\sum_{i=1}^{n} f_{cu,i}^c}{n} \qquad (5\text{-}6\text{-}9)$$

$$s_{f_{cu}^c} = \sqrt{\frac{\sum_{i=1}^{n} (f_{cu,i}^c)^2 - n(m_{f_{cu}^c})^2}{n-1}} \qquad (5\text{-}6\text{-}10)$$

式中　$m_{f_{cu}^c}$——构件测区混凝土强度换算值的平均值，MPa，精确至 0.1MPa；

n——对于单个检测的构件，取该构件的测区数；对批量检测的构件，取所有被抽检构件测区数之和；

$s_{f_{cu}^c}$——结构或构件测区混凝土强度换算值的标准差，MPa，精确至 0.01MPa。

（3）构件的现龄期混凝土强度推定值（$f_{cu,e}$）应符合下列规定：

a　当构件测区数 <10 个时，用构件中最小的测区混凝土强度换算值（$f_{cu,min}^c$）作为推定

值（$f_{cu,e}$），即：

$$f_{cu,e} = f_{cu,min}^c$$

b 当构件的测区强度值中出现小于 10.0MPa 时，则 $f_{cu,e} < 10.0$MPa。

c 当构件测区数≥10 个时，应按下式计算：

$$f_{cu,e} = m_{f_{cu}^c} - 1.645 s_{f_{cu}^c} \tag{5-6-11}$$

d 当按批量检测时，应按下式计算：

$$f_{cu,e} = m_{f_{cu}^c} - k s_{f_{cu}^c} \tag{5-6-12}$$

式中 k——推定系数，宜取 1.645。当需要进行推定强度区间时，可按国家现行有关标准的规定取值。

（4）对按批量检测的构件，当该批构件混凝土强度标准差出现下列情况之一时，该批构件应全部按单个构件检测：

a 当该批构件混凝土强度平均值 <25MPa、$s_{f_{cu}} > 4.5$MPa 时；

b 当该批构件混凝土强度平均值≥25MPa 且 <60MPa、$s_{f_{cu}} > 5.5$MPa 时。

（5）当检测条件与统一测强曲线的适用条件有较大差异时，可采用在构件上钻取的混凝土芯样或同条件试块对测区混凝土强度换算值进行修正。对同一强度等级混凝土修正时，芯样数量不应少于 6 个，公称直径宜为 100mm，高径比应为 1。芯样应在测区内钻取，每个芯样应只加工一个试件。同条件试块修正时，试块数量不应少于 6 个，试块边长应为 150mm。计算时，测区混凝土强度修正量及测区混凝土强度换算值的修正应符合下列规定：

a 修正量应按下列公式计算：

$$\Delta_{tot} = f_{cor,m} - f_{cu,m0}^c = \frac{1}{n}\left(\sum_{i=1}^n f_{cor,i} - \sum_{i=1}^n f_{cu,i}^c\right) \tag{5-6-13}$$

$$\Delta_{tot} = f_{cu,m} - f_{cu,m0}^c = \frac{1}{n}\left(\sum_{i=1}^n f_{cu,i} - \sum_{i=1}^n f_{cu,i}^c\right) \tag{5-6-14}$$

式中 Δ_{tot}——测区混凝土强度修正量，MPa，精确至 0.1MPa；

$f_{cor,m}$——芯样试件混凝土强度平均值，MPa，精确至 0.1MPa；

$f_{cu,m}$——150mm 同条件立方体试块混凝土强度平均值，MPa，精确至 0.1MPa；

$f_{cu,m0}^c$——对应于钻芯部位或同条件立方体试块回弹测区混凝土强度换算值的平均值，MPa，精确至 0.1MPa；

$f_{cor,i}$——第 i 个混凝土芯样试件的抗压强度，MPa；

$f_{cu,i}$——第 i 个混凝土同条件立方体试块的抗压强度，MPa；

$f_{cu,i}^c$——对应于第 i 个芯样部位或同条件立方体试块测区回弹值和碳化深度值的混凝土强度换算值，MPa，可按本节表 5-6-1 或表 5-6-2 查取；

n——芯样或试块数量。

b 测区混凝土强度换算值的修正应按下式计算：

$$f_{cu,i1}^c = f_{cu,i0}^c + \Delta_{tot} \tag{5-6-15}$$

式中 $f_{cu,i0}^c$——第 i 个测区修正前的混凝土强度换算值，MPa，精确至 0.1MPa；

$f_{cu,i1}^c$——第 i 个测区修正后的混凝土强度换算值，MPa，精确至 0.1MPa。

表 5-6-1 测区混凝土强度换算表

平均回弹值 R_m	测区混凝土强度换算值 $f^c_{cu,i}$/MPa												
	平均碳化深度值 d_m/mm												
	0.0	0.5	1.0	1.5	2.0	2.5	3.0	3.5	4.0	4.5	5.0	5.5	≥6
20.0	10.3	10.1	—	—	—	—	—	—	—	—	—	—	—
20.2	10.5	10.3	10.0	—	—	—	—	—	—	—	—	—	—
20.4	10.7	10.5	10.2	—	—	—	—	—	—	—	—	—	—
20.6	11.0	10.8	10.4	10.1	—	—	—	—	—	—	—	—	—
20.8	11.2	11.0	10.6	10.3	—	—	—	—	—	—	—	—	—
21.0	11.4	11.2	10.8	10.5	10.0	—	—	—	—	—	—	—	—
21.2	11.6	11.4	11.0	10.7	10.2	—	—	—	—	—	—	—	—
21.4	11.8	11.6	11.2	10.9	10.4	10.0	—	—	—	—	—	—	—
21.6	12.0	11.8	11.4	11.0	10.6	10.2	—	—	—	—	—	—	—
21.8	12.3	12.1	11.7	11.3	10.8	10.5	10.1	—	—	—	—	—	—
22.0	12.5	12.2	11.9	11.5	11.0	10.6	10.2	—	—	—	—	—	—
22.2	12.7	12.4	12.1	11.7	11.2	10.8	10.4	10.0	—	—	—	—	—
22.4	13.0	12.7	12.4	12.0	11.4	11.0	10.7	10.3	10.0	—	—	—	—
22.6	13.2	12.9	12.5	12.1	11.6	11.2	10.8	10.4	10.2	—	—	—	—
22.8	13.4	13.1	12.7	12.3	11.8	11.4	11.0	10.6	10.3	—	—	—	—
23.0	13.7	13.4	13.0	12.6	12.1	11.6	11.2	10.8	10.5	10.1	—	—	—
23.2	13.9	13.6	13.2	12.8	12.2	11.8	11.4	11.0	10.7	10.3	10.0	—	—
23.4	14.1	13.8	13.4	13.0	12.4	12.0	11.6	11.2	10.9	10.4	10.2	—	—
23.6	14.4	14.1	13.7	13.2	12.7	12.2	11.8	11.4	11.1	10.7	10.4	10.1	—
23.8	14.6	14.3	13.9	13.4	12.8	12.4	12.0	11.5	11.2	10.8	10.5	10.2	—
24.0	14.9	14.6	14.2	13.7	13.1	12.7	12.2	11.8	11.5	11.0	10.7	10.4	10.1
24.2	15.1	14.8	14.3	13.9	13.3	12.8	12.4	11.9	11.6	11.2	10.9	10.6	10.3
24.4	15.4	15.1	14.6	14.2	13.6	13.1	12.6	12.2	11.9	11.4	11.1	10.8	10.4
24.6	15.6	15.3	14.8	14.4	13.7	13.3	12.8	12.3	12.0	11.5	11.2	10.9	10.6
24.8	15.9	15.6	15.1	14.6	14.0	13.5	13.0	12.6	12.2	11.8	11.4	11.1	10.7
25.0	16.2	15.9	15.4	14.9	14.3	13.8	13.3	12.8	12.5	12.0	11.7	11.3	10.9
25.2	16.4	16.1	15.6	15.1	14.4	13.9	13.4	13.0	12.6	12.1	11.8	11.5	11.0
25.4	16.7	16.4	15.9	15.4	14.7	14.2	13.7	13.2	12.9	12.4	12.0	11.7	11.2
25.6	16.9	16.6	16.1	15.7	14.9	14.4	13.9	13.4	13.0	12.5	12.2	11.8	11.3
25.8	17.2	16.9	16.3	15.8	15.1	14.6	14.1	13.6	13.2	12.7	12.4	12.0	11.5
26.0	17.5	17.2	16.6	16.1	15.4	14.9	14.4	13.8	13.5	13.0	12.6	12.2	11.6
26.2	17.8	17.4	16.9	16.4	15.7	15.1	14.6	14.0	13.7	13.2	12.8	12.4	11.8
26.4	18.0	17.6	17.1	16.6	15.8	15.3	14.8	14.2	13.9	13.3	13.0	12.6	12.0
26.6	18.3	17.9	17.4	16.8	16.1	15.6	15.0	14.4	14.1	13.5	13.2	12.8	12.1

平均回弹值 R_m	测区混凝土强度换算值 $f^c_{cu,i}$/MPa												
	平均碳化深度值 d_m/mm												
	0.0	0.5	1.0	1.5	2.0	2.5	3.0	3.5	4.0	4.5	5.0	5.5	≥6
26.8	18.6	18.2	17.7	17.1	16.4	15.8	15.3	14.6	14.3	13.8	13.4	12.9	12.3
27.0	18.9	18.5	18.0	17.4	16.6	16.1	15.5	14.8	14.6	14.0	13.6	13.1	12.4
27.2	19.1	18.7	18.1	17.6	16.8	16.2	15.7	15.0	14.7	14.1	13.8	13.3	12.6
27.4	19.4	19.0	18.4	17.8	17.0	16.4	15.9	15.2	14.9	14.3	14.0	13.4	12.7
27.6	19.7	19.3	18.7	18.0	17.2	16.6	16.1	15.4	15.1	14.5	14.1	13.6	12.9
27.8	20.0	19.6	19.0	18.2	17.4	16.8	16.3	15.6	15.3	14.7	14.2	13.7	13.0
28.0	20.3	19.7	19.2	18.4	17.6	17.0	16.5	15.8	15.4	14.8	14.4	13.9	13.2
28.2	20.6	20.0	19.5	18.6	17.8	17.2	16.7	16.0	15.6	15.0	14.6	14.0	13.3
28.4	20.9	20.3	19.7	18.8	18.0	17.4	16.9	16.2	15.8	15.2	14.8	14.2	13.5
28.6	21.2	20.6	20.0	19.1	18.2	17.6	17.1	16.4	16.0	15.4	15.0	14.3	13.6
28.8	21.5	20.9	20.2	19.4	18.5	17.8	17.3	16.6	16.2	15.6	15.2	14.5	13.8
29.0	21.8	21.1	20.5	19.6	18.7	18.1	17.5	16.8	16.4	15.8	15.4	14.6	13.9
29.2	22.1	21.4	20.8	19.9	19.0	18.3	17.7	17.0	16.6	16.0	15.6	14.8	14.1
29.4	22.4	21.7	21.1	20.2	19.3	18.6	17.9	17.2	16.8	16.2	15.8	15.0	14.2
29.6	22.7	22.0	21.3	20.4	19.5	18.8	18.2	17.5	17.0	16.4	16.0	15.1	14.4
29.8	23.0	22.3	21.6	20.7	19.8	19.1	18.4	17.7	17.2	16.6	16.2	15.3	14.5
30.0	23.3	22.6	21.9	21.0	20.0	19.3	18.6	17.9	17.4	16.8	16.4	15.4	14.7
30.2	23.6	22.9	22.2	21.2	20.3	19.6	18.9	18.2	17.6	17.0	16.6	15.6	14.9
30.4	23.9	23.2	22.5	21.5	20.6	19.8	19.1	18.4	17.8	17.2	16.8	15.8	15.1
30.6	24.3	23.6	22.8	21.9	20.9	20.2	19.4	18.7	·18.0	17.5	17.0	16.0	15.2
30.8	24.6	23.9	23.1	22.1	21.2	20.4	19.7	18.9	18.2	17.7	17.2	16.2	15.4
31.0	24.9	24.2	23.4	22.4	21.4	20.7	19.9	19.2	18.4	17.9	17.4	16.4	15.5
31.2	25.2	24.4	23.7	22.7	21.7	20.9	20.2	19.4	18.6	18.1	17.6	16.6	15.7
31.4	25.6	24.8	24.1	23.0	22.0	21.2	20.5	19.7	18.9	18.4	17.8	16.9	15.8
31.6	25.9	25.1	24.3	23.3	22.3	21.5	20.7	19.9	19.2	18.6	18.0	17.1	16.0
31.8	26.2	25.4	24.6	23.6	22.5	21.7	21.0	20.2	19.4	18.9	18.2	17.3	16.2
32.0	26.5	25.7	24.9	23.9	22.8	22.0	21.2	20.4	19.6	19.1	18.4	17.5	16.4
32.2	26.9	26.1	25.3	24.2	23.1	22.3	21.5	20.7	19.9	19.4	18.6	17.7	16.6
32.4	27.2	26.4	25.6	24.5	23.4	22.6	21.8	20.9	20.1	19.6	18.8	17.9	16.8
32.6	27.6	26.8	25.9	24.8	23.7	22.9	22.1	21.3	20.4	19.9	19.0	18.1	17.0
32.8	27.9	27.1	26.2	25.1	24.0	23.2	22.3	21.5	20.6	20.1	19.2	18.3	17.2
33.0	28.2	27.4	26.5	25.4	24.3	23.4	22.6	21.7	20.9	20.3	19.4	18.5	17.4
33.2	28.6	27.7	26.8	25.7	24.6	23.7	22.9	22.0	21.2	20.5	19.6	18.7	17.6
33.4	28.9	28.0	27.1	26.0	24.9	24.0	23.1	22.3	21.4	20.7	19.8	18.9	17.8

续表

平均回弹值 R_m	测区混凝土强度换算值 $f^c_{cu,i}$/MPa												
	平均碳化深度值 d_m/mm												
	0.0	0.5	1.0	1.5	2.0	2.5	3.0	3.5	4.0	4.5	5.0	5.5	≥6
33.6	29.3	28.4	27.4	26.4	25.2	24.2	23.3	22.6	21.7	20.9	20.0	19.1	18.0
33.8	29.6	28.7	27.7	26.6	25.4	24.4	23.5	22.8	21.9	21.1	20.2	19.3	18.2
34.0	30.0	29.1	28.0	26.8	25.6	24.6	23.7	23.0	22.1	21.3	20.4	19.5	18.3
34.2	30.3	29.4	28.3	27.0	25.8	24.8	23.9	23.2	22.3	21.5	20.6	19.7	18.4
34.4	30.7	29.8	28.6	27.2	26.0	25.0	24.1	23.4	22.5	21.7	20.8	19.8	18.6
34.6	31.1	30.2	28.9	27.4	26.2	25.2	24.3	23.6	22.7	21.9	21.0	20.0	18.8
34.8	31.4	30.5	29.2	27.6	26.4	25.4	24.5	23.8	22.9	22.1	21.2	20.2	19.0
35.0	31.8	30.8	29.6	28.0	26.7	25.8	24.8	24.0	23.2	22.3	21.4	20.4	19.2
35.2	32.1	31.1	29.9	28.2	27.0	26.0	25.0	24.2	23.4	22.5	21.6	20.6	19.4
35.4	32.5	31.5	30.2	28.6	27.3	26.3	25.4	24.4	23.7	22.8	21.8	20.8	19.6
35.6	32.9	31.9	30.6	29.0	27.6	26.6	25.7	24.7	24.0	23.0	22.0	21.0	19.8
35.8	33.3	32.3	31.0	29.3	28.0	27.0	26.0	25.0	24.3	23.3	22.2	21.2	20.0
36.0	33.6	32.6	31.2	29.6	28.2	27.2	26.2	25.2	24.5	23.5	22.4	21.4	20.2
36.2	34.0	33.0	31.6	29.9	28.6	27.5	26.5	25.5	24.8	23.8	22.6	21.6	20.4
36.4	34.4	33.4	32.0	30.3	28.9	27.9	26.8	25.8	25.1	24.1	22.8	21.8	20.6
36.6	34.8	33.8	32.4	30.6	29.2	28.2	27.1	26.1	25.4	24.4	23.0	22.0	20.9
36.8	35.2	34.1	32.7	31.0	29.6	28.5	27.5	26.4	25.7	24.6	23.2	22.2	21.1
37.0	35.5	34.4	33.0	31.2	29.8	28.8	27.7	26.6	25.9	24.8	23.4	22.4	21.3
37.2	35.9	34.8	33.4	31.6	30.2	29.1	28.0	26.9	26.2	25.1	23.7	22.6	21.5
37.4	36.3	35.2	33.8	31.9	30.5	29.4	28.3	27.2	26.5	25.4	24.0	22.9	21.8
37.6	36.7	35.6	34.1	32.3	30.8	29.7	28.6	27.5	26.8	25.7	24.2	23.1	22.0
37.8	37.1	36.0	34.5	32.6	31.2	30.0	28.9	27.8	27.1	26.0	24.5	23.4	22.3
38.0	37.5	36.4	34.9	33.0	31.5	30.3	29.2	28.1	27.4	26.2	24.8	23.6	22.5
38.2	37.9	36.8	35.2	33.4	31.8	30.6	29.5	28.4	27.7	26.5	25.0	23.9	22.7
38.4	38.3	37.2	35.6	33.7	32.1	30.9	29.8	28.7	28.0	26.8	25.3	24.1	23.0
38.6	38.7	37.5	36.0	34.1	32.4	31.2	30.1	29.0	28.3	27.0	25.5	24.4	23.2
38.8	39.1	37.9	36.4	34.4	32.7	31.5	30.4	29.3	28.5	27.2	25.8	24.6	23.5
39.0	39.5	38.2	36.7	34.7	33.0	31.8	30.6	29.6	28.8	27.4	26.0	24.8	23.7
39.2	39.9	38.5	37.0	35.0	33.3	32.1	30.8	29.8	29.0	27.6	26.2	25.0	24.0
39.4	40.3	38.8	37.3	35.3	33.6	32.4	31.0	30.0	29.2	27.8	26.4	25.2	24.2
39.6	40.7	39.1	37.6	35.6	33.9	32.7	31.2	30.2	29.4	28.0	26.6	25.4	24.4
39.8	41.2	39.6	38.0	35.9	34.2	33.0	31.4	30.5	29.7	28.2	26.8	25.6	24.7
40.0	41.6	39.9	38.3	36.2	34.5	33.3	31.7	30.8	30.0	28.4	27.0	25.8	25.0
40.2	42.0	40.3	38.6	36.5	34.8	33.6	32.0	31.1	30.2	28.6	27.3	26.0	25.2

平均回弹值 R_m	测区混凝土强度换算值 $f_{cu,i}$/MPa												
	平均碳化深度值 d_m/mm												
	0.0	0.5	1.0	1.5	2.0	2.5	3.0	3.5	4.0	4.5	5.0	5.5	≥6
40.4	42.4	40.7	39.0	36.9	35.1	33.9	32.3	31.4	30.5	28.8	27.6	26.2	25.4
40.6	42.8	41.1	39.4	37.2	35.4	34.2	32.6	31.7	30.8	29.1	27.8	26.5	25.7
40.8	43.3	41.6	39.8	37.7	35.7	34.5	32.9	32.0	31.2	29.4	28.1	26.8	26.0
41.0	43.7	42.0	40.2	38.0	36.0	34.8	33.2	32.3	31.5	29.7	28.4	27.1	26.2
41.2	44.1	42.3	40.6	38.4	36.3	35.1	33.5	32.6	31.8	30.0	28.7	27.3	26.5
41.4	44.5	42.7	40.9	38.7	36.6	35.4	33.8	32.0	32.0	30.3	28.9	27.6	26.7
41.6	45.0	43.2	41.4	39.2	36.9	35.7	34.2	33.3	32.4	30.6	29.2	27.9	27.0
41.8	45.4	43.6	41.8	39.5	37.2	36.0	34.5	33.6	32.7	30.9	29.5	28.1	27.2
42.0	45.9	44.1	42.2	39.9	37.6	36.3	34.9	34.0	33.0	31.2	29.8	28.5	27.5
42.2	46.3	44.4	42.6	40.3	38.0	36.6	35.2	34.3	33.3	31.5	30.1	28.7	27.8
42.4	46.7	44.8	43.0	40.6	38.3	36.9	35.5	34.6	33.6	31.8	30.4	29.0	28.0
42.6	47.2	45.3	43.4	41.1	38.7	37.3	35.9	34.9	34.0	32.1	30.7	29.3	28.3
42.8	47.6	45.7	43.8	41.4	39.0	37.6	36.2	35.2	34.3	32.4	30.9	29.5	28.6
43.0	48.1	46.2	44.2	41.8	39.4	38.0	36.6	35.6	34.6	32.7	31.3	29.8	28.9
43.2	48.5	46.6	44.6	42.2	39.8	38.3	36.9	35.9	34.9	33.0	31.5	30.1	29.1
43.4	49.0	47.0	45.1	42.6	40.2	38.7	37.2	36.3	35.3	33.3	31.8	30.4	29.4
43.6	49.4	47.4	45.4	43.0	40.5	39.0	37.5	36.6	35.6	33.6	32.1	30.6	29.6
43.8	49.9	47.9	45.9	43.4	40.9	39.4	37.9	36.9	35.9	33.9	32.4	30.9	29.9
44.0	50.4	48.4	46.4	43.8	41.3	39.8	38.3	37.3	36.3	34.3	32.8	31.2	30.2
44.2	50.8	48.8	46.7	44.2	41.7	40.1	38.6	37.6	36.6	34.5	33.0	31.5	30.5
44.4	51.3	49.2	47.2	44.6	42.1	40.5	39.0	38.0	36.9	34.9	33.3	31.8	30.8
44.6	51.7	49.6	47.6	45.0	42.4	40.8	39.3	38.3	37.2	35.2	33.6	32.1	31.0
44.8	52.2	50.1	48.0	45.4	42.8	41.2	39.7	38.6	37.6	35.5	33.9	32.4	31.3
45.0	52.7	50.6	48.5	45.8	43.2	41.6	40.1	39.0	37.9	35.8	34.3	32.7	31.6
45.2	53.2	51.1	48.9	46.3	43.6	42.0	40.4	39.4	38.3	36.2	34.6	33.0	31.9
45.4	53.6	51.5	49.4	46.6	44.0	42.3	40.7	39.7	38.6	36.4	34.8	33.2	32.2
45.6	54.1	51.9	49.8	47.1	44.4	42.7	41.1	40.0	39.0	36.8	35.2	33.5	32.5
45.8	54.6	52.4	50.2	47.5	44.8	43.1	41.5	40.4	39.3	37.1	35.5	33.9	32.8
46.0	55.0	52.8	50.6	47.9	45.2	43.5	41.9	40.8	39.7	37.5	35.8	34.2	33.1
46.2	55.5	53.3	51.1	48.3	45.5	43.8	42.2	41.1	40.0	37.7	36.1	34.4	33.3
46.4	56.0	53.8	51.5	48.7	45.9	44.2	42.6	41.4	40.3	38.1	36.4	34.7	33.6
46.6	56.5	54.2	52.0	49.2	46.3	44.6	42.9	41.8	40.7	38.4	36.7	35.0	33.9
46.8	57.0	54.7	52.4	49.6	46.7	45.0	43.3	42.2	41.0	38.8	37.0	35.3	34.2
47.0	57.5	55.2	52.9	50.0	47.2	45.2	43.7	42.6	41.4	39.1	37.4	35.6	34.5

平均回弹值 R_m	测区混凝土强度换算值 $f^c_{cu,i}$/MPa												
	平均碳化深度值 d_m/mm												
	0.0	0.5	1.0	1.5	2.0	2.5	3.0	3.5	4.0	4.5	5.0	5.5	≥6
47.2	58.0	55.7	53.4	50.5	47.6	45.8	44.1	42.9	41.8	39.4	37.7	36.0	34.8
47.4	58.5	56.2	53.8	50.9	48.0	46.2	44.5	43.3	42.1	39.8	38.0	36.3	35.1
47.6	59.0	56.6	54.3	51.3	48.4	46.6	44.8	43.7	42.5	40.1	38.4	36.6	35.4
47.8	59.5	57.1	54.7	51.8	48.8	47.0	45.2	44.0	42.8	40.5	38.7	36.9	35.7
48.0	60.0	57.6	55.2	52.2	49.2	47.4	45.6	44.4	43.2	40.8	39.0	37.2	36.0
48.2	—	58.0	55.7	52.6	49.6	47.8	46.0	44.8	43.6	41.1	39.3	37.5	36.3
48.4	—	58.6	56.1	53.1	50.0	48.2	46.4	45.1	43.9	41.5	39.6	37.8	36.6
48.6	—	59.0	56.6	53.5	50.4	48.6	46.7	45.5	44.3	41.8	40.0	38.1	36.9
48.8	—	59.5	57.1	54.0	50.9	49.0	47.1	45.9	44.6	42.2	40.3	38.4	37.2
49.0	—	60.0	57.5	54.4	51.3	49.4	47.5	46.2	45.0	42.5	40.6	38.8	37.5
49.2	—	—	58.0	54.8	51.7	49.8	47.9	46.6	45.4	42.8	41.0	39.1	37.8
49.4	—	—	58.5	55.3	52.1	50.2	48.3	47.1	45.8	43.2	41.3	39.4	38.2
49.6	—	—	58.9	55.7	52.5	50.6	48.7	47.4	46.2	43.6	41.7	39.7	38.5
49.8	—	—	59.4	56.2	53.0	51.0	49.1	47.8	46.5	43.9	42.0	40.1	38.8
50.0	—	—	59.9	56.7	53.4	51.4	49.5	48.2	46.9	44.3	42.3	40.4	39.1
50.2	—	—	—	57.1	53.8	51.9	49.9	48.5	47.2	44.6	42.6	40.7	39.4
50.4	—	—	—	57.6	54.3	52.3	50.3	49.0	47.7	45.0	43.0	41.0	39.7
50.6	—	—	—	58.0	54.7	52.7	50.7	49.4	48.0	45.4	43.4	41.4	40.0
50.8	—	—	—	58.5	55.1	53.1	51.1	49.8	48.4	45.7	43.7	41.7	40.3
51.0	—	—	—	59.0	55.6	53.5	51.5	50.1	48.8	46.1	44.1	42.0	40.7
51.2	—	—	—	59.4	56.0	54.0	51.9	50.5	49.2	46.4	44.4	42.3	41.0
51.4	—	—	—	59.9	56.4	54.4	52.3	50.9	49.6	46.8	44.7	42.7	41.3
51.6	—	—	—	—	56.9	54.8	52.7	51.3	50.0	47.2	45.1	43.0	41.6
51.8	—	—	—	—	57.3	55.2	53.1	51.7	50.3	47.5	45.4	43.3	41.8
52.0	—	—	—	—	57.8	55.7	53.6	52.1	50.7	47.9	45.8	43.7	42.3
52.2	—	—	—	—	58.2	56.1	54.0	52.5	51.1	48.3	46.2	44.0	42.6
52.4	—	—	—	—	58.7	56.5	54.4	53.0	51.5	48.7	46.5	44.4	43.0
52.6	—	—	—	—	59.1	57.0	54.8	53.4	51.9	49.0	46.9	44.7	43.3
52.8	—	—	—	—	59.6	57.4	55.2	53.8	52.3	49.4	47.3	45.1	43.6
53.0	—	—	—	—	60.0	57.8	55.6	54.2	52.7	49.8	47.6	45.4	43.9
53.2	—	—	—	—	—	58.3	56.1	54.6	53.1	50.2	48.0	45.8	44.3
53.4	—	—	—	—	—	58.7	56.5	55.0	53.5	50.5	48.3	46.1	44.6
53.6	—	—	—	—	—	59.2	56.9	55.4	53.9	50.9	48.7	46.4	44.9
53.8	—	—	—	—	—	59.6	57.3	55.8	54.3	51.3	49.0	46.8	45.3

续表

| 平均回弹值 R_m | 测区混凝土强度换算值 $f'_{cu,i}$/MPa | | | | | | | | | | | | |
| | 平均碳化深度值 d_m/mm | | | | | | | | | | | | |
	0.0	0.5	1.0	1.5	2.0	2.5	3.0	3.5	4.0	4.5	5.0	5.5	≥6
54.0	—	—	—	—	—	—	57.8	56.3	54.7	51.7	49.4	47.1	45.6
54.2	—	—	—	—	—	—	58.2	56.7	55.1	52.1	49.8	47.5	46.0
54.4	—	—	—	—	—	—	58.6	57.1	55.6	52.5	50.2	47.9	46.3
54.6	—	—	—	—	—	—	59.1	57.5	56.0	52.9	50.5	48.2	46.6
54.8	—	—	—	—	—	—	59.5	57.9	56.4	53.2	50.9	48.5	47.0
55.0	—	—	—	—	—	—	59.9	58.4	56.8	53.6	51.3	48.9	47.3
55.2	—	—	—	—	—	—	—	58.8	57.2	54.0	51.6	49.3	47.7
55.4	—	—	—	—	—	—	—	59.2	57.6	54.4	52.0	49.6	48.0
55.6	—	—	—	—	—	—	—	59.7	58.0	54.8	52.4	50.0	48.4
55.8	—	—	—	—	—	—	—	—	58.5	55.2	52.8	50.3	48.7
56.0	—	—	—	—	—	—	—	—	58.9	55.6	53.2	50.7	49.1
56.2	—	—	—	—	—	—	—	—	59.3	56.0	53.5	51.1	49.4
56.4	—	—	—	—	—	—	—	—	59.7	56.4	53.9	51.4	49.8
56.6	—	—	—	—	—	—	—	—	—	56.8	54.3	51.8	50.1
56.8	—	—	—	—	—	—	—	—	—	57.2	54.7	52.2	50.5
57.0	—	—	—	—	—	—	—	—	—	57.6	55.1	52.5	50.8
57.2	—	—	—	—	—	—	—	—	—	58.0	55.5	52.9	51.2
57.4	—	—	—	—	—	—	—	—	—	58.4	55.9	53.3	51.6
57.6	—	—	—	—	—	—	—	—	—	58.9	56.3	53.7	51.9
57.8	—	—	—	—	—	—	—	—	—	59.3	56.7	54.0	52.3
58.0	—	—	—	—	—	—	—	—	—	59.7	57.0	54.4	52.7
58.2	—	—	—	—	—	—	—	—	—	—	57.4	54.8	53.0
58.4	—	—	—	—	—	—	—	—	—	—	57.8	55.2	53.4
58.6	—	—	—	—	—	—	—	—	—	—	58.2	55.6	53.8
58.8	—	—	—	—	—	—	—	—	—	—	58.6	55.9	54.1
59.0	—	—	—	—	—	—	—	—	—	—	59.0	56.3	54.5
59.2	—	—	—	—	—	—	—	—	—	—	59.4	56.7	54.9
59.4	—	—	—	—	—	—	—	—	—	—	59.8	57.1	55.2
59.6	—	—	—	—	—	—	—	—	—	—	—	57.5	55.6
59.8	—	—	—	—	—	—	—	—	—	—	—	57.9	56.0
60.0	—	—	—	—	—	—	—	—	—	—	—	58.3	56.4

注：1. 本表系按全国统一曲线制定。表中未注明的测区混凝土强度换算值为小于10MPa或大于60MPa；

2. 本节内容根据 JGJ/T 23—2011《回弹法检测混凝土技术规程》。

表 5-6-2　泵送混凝土测区强度换算表

平均回弹值 R_m	测区混凝土强度换算值 $f^c_{cu,i}$/MPa												
	平均碳化深度值 d_m/mm												
	0.0	0.5	1.0	1.5	2.0	2.5	3.0	3.5	4.0	4.5	5.0	5.5	≥6
18.6	10.0	—	—	—	—	—	—	—	—	—	—	—	—
18.8	10.2	10.0	—	—	—	—	—	—	—	—	—	—	—
19.0	10.4	10.2	10.0	—	—	—	—	—	—	—	—	—	—
19.2	10.6	10.4	10.2	10.0	—	—	—	—	—	—	—	—	—
19.4	10.9	10.7	10.4	10.2	10.0	—	—	—	—	—	—	—	—
19.6	11.1	10.9	10.6	10.4	10.2	10.0	—	—	—	—	—	—	—
19.8	11.3	11.1	10.9	10.6	10.4	10.2	10.0	—	—	—	—	—	—
20.0	11.5	11.3	11.0	10.9	10.6	10.4	10.2	10.0	—	—	—	—	—
20.2	11.8	11.5	11.3	11.1	10.9	10.6	10.4	10.2	10.0	—	—	—	—
20.4	12.0	11.7	11.5	11.3	11.1	10.8	10.6	10.4	10.2	10.0	—	—	—
20.6	12.2	12.0	11.7	11.5	11.3	11.0	10.8	10.6	10.4	10.2	10.0	—	—
20.8	12.4	12.2	12.0	11.7	11.5	11.3	11.0	10.8	10.6	10.4	10.2	10.0	—
21.0	12.7	12.4	12.2	11.9	11.7	11.5	11.2	11.0	10.8	10.6	10.4	10.2	10.0
21.2	12.9	12.7	12.4	12.2	11.9	11.7	11.5	11.2	11.0	10.8	10.6	10.4	10.2
21.4	13.1	12.9	12.6	12.4	12.1	11.9	11.7	11.4	11.2	11.0	10.8	10.6	10.3
21.6	13.4	13.1	12.9	12.6	12.4	12.1	11.9	11.6	11.4	11.2	11.0	10.7	10.5
21.8	13.6	13.4	13.1	12.8	12.6	12.3	12.1	11.9	11.6	11.4	11.2	10.9	10.7
22.0	13.9	13.6	13.3	13.1	12.8	12.6	12.3	12.1	11.8	11.6	11.4	11.1	10.9
22.2	14.1	13.8	13.6	13.3	13.0	12.8	12.5	12.3	12.0	11.8	11.6	11.3	11.1
22.4	14.4	14.1	13.8	13.5	13.3	13.0	12.7	12.5	12.2	12.0	11.8	11.5	11.3
22.6	14.6	14.3	14.0	13.8	13.5	13.2	13.0	12.7	12.5	12.2	12.0	11.7	11.5
22.8	14.9	14.6	14.3	14.0	13.7	13.5	13.2	12.9	12.7	12.4	12.2	11.9	11.7
23.0	15.1	14.8	14.5	14.2	14.0	13.7	13.4	13.1	12.9	12.6	12.4	12.1	11.9
23.2	15.4	15.1	14.8	14.5	14.2	13.9	13.6	13.4	13.1	12.8	12.6	12.3	12.1
23.4	15.6	15.3	15.0	14.7	14.4	14.1	13.9	13.6	13.3	13.1	12.8	12.6	12.3
23.6	15.9	15.6	15.3	15.0	14.7	14.4	14.1	13.8	13.5	13.3	13.0	12.8	12.5
23.8	16.2	15.8	15.5	15.2	14.9	14.6	14.3	14.1	13.8	13.5	13.2	13.0	12.7
24.0	16.4	16.1	15.8	15.5	15.2	14.9	14.6	14.3	14.0	13.7	13.5	13.2	12.9
24.2	16.7	16.4	16.0	15.7	15.4	15.1	14.8	14.5	14.2	13.9	13.7	13.4	13.1
24.4	17.0	16.6	16.3	16.0	15.7	15.3	15.0	14.7	14.5	14.2	13.9	13.6	13.3
24.6	17.2	16.9	16.5	16.2	15.9	15.6	15.3	15.0	14.7	14.4	14.1	13.8	13.6
24.8	17.5	17.1	16.8	16.5	16.2	15.8	15.5	15.2	14.9	14.6	14.3	14.1	13.8
25.0	17.8	17.4	17.1	16.7	16.4	16.1	15.8	15.5	15.2	14.9	14.6	14.3	14.0
25.2	18.0	17.7	17.3	17.0	16.7	16.3	16.0	15.7	15.4	15.1	14.8	14.5	14.2

平均回弹值 R_m	测区混凝土强度换算值 $f^c_{cu,i}$/MPa											
	平均碳化深度值 d_m/mm											
	0.0	0.5	1.0	1.5	2.0	2.5	3.0	3.5	4.0	4.5	5.0	5.5	≥6
25.4	18.3	18.0	17.6	17.3	16.9	16.6	16.3	15.9	15.6	15.3	15.0	14.7	14.4
25.6	18.6	18.2	17.9	17.5	17.2	16.8	16.5	16.2	15.9	15.6	15.2	14.9	14.7
25.8	18.9	18.5	18.2	17.8	17.4	17.1	16.8	16.4	16.1	15.8	15.5	15.2	14.9
26.0	19.2	18.8	18.4	18.1	17.7	17.4	17.0	16.7	16.3	16.0	15.7	15.4	15.1
26.2	19.5	19.1	18.7	18.3	18.0	17.6	17.3	16.9	16.6	16.3	15.9	15.6	15.3
26.4	19.8	19.4	19.0	18.6	18.2	17.9	17.5	17.2	16.8	16.5	16.2	15.9	15.6
26.6	20.0	19.6	19.3	18.9	18.5	18.1	17.8	17.4	17.1	16.8	16.4	16.1	15.8
26.8	20.3	19.9	19.5	19.2	18.8	18.4	18.0	17.7	17.3	17.0	16.7	16.3	16.0
27.0	20.6	20.2	19.8	19.4	19.1	18.7	18.3	17.9	17.6	17.2	16.9	16.6	16.2
27.2	20.9	20.5	20.1	19.7	19.3	18.9	18.6	18.2	17.8	17.5	17.1	16.8	16.5
27.4	21.2	20.8	20.4	20.0	19.6	19.2	18.8	18.5	18.1	17.7	17.4	17.1	16.7
27.6	21.5	21.1	20.7	20.3	19.9	19.5	19.1	18.7	18.4	18.0	17.6	17.3	17.0
27.8	21.8	21.4	21.0	20.6	20.2	19.8	19.4	19.0	18.6	18.3	17.9	17.5	17.2
28.0	22.1	21.7	21.3	20.9	20.4	20.0	19.6	19.3	18.9	18.5	18.1	17.8	17.4
28.2	22.4	22.0	21.6	21.1	20.7	20.3	19.9	19.5	19.1	18.8	18.4	18.0	17.7
28.4	22.8	22.3	21.9	21.4	21.0	20.6	20.2	19.8	19.4	19.0	18.6	18.3	17.9
28.6	23.1	22.6	22.2	21.7	21.3	20.9	20.5	20.1	19.7	19.3	18.9	18.5	18.2
28.8	23.4	22.9	22.5	22.0	21.6	21.2	20.7	20.3	19.9	19.5	19.2	18.8	18.4
29.0	23.7	23.2	22.8	22.3	21.9	21.5	21.0	20.6	20.2	19.8	19.4	19.0	18.7
29.2	24.0	23.5	23.1	22.6	22.2	21.7	21.3	20.9	20.5	20.1	19.7	19.3	18.9
29.4	24.3	23.9	23.4	22.9	22.5	22.0	21.6	21.2	20.8	20.3	19.9	19.5	19.2
29.6	24.7	24.2	23.7	23.2	22.8	22.3	21.9	21.4	21.0	20.6	20.2	19.8	19.4
29.8	25.0	24.5	24.0	23.5	23.1	22.6	22.2	21.7	21.3	20.9	20.5	20.1	19.7
30.0	25.3	24.8	24.3	23.8	23.4	22.9	22.5	22.0	21.6	21.2	20.7	20.3	19.9
30.2	25.6	25.1	24.6	24.2	23.7	23.2	22.8	22.3	21.9	21.4	21.0	20.6	20.2
30.4	26.0	25.5	25.0	24.5	24.0	23.5	23.0	22.6	22.1	21.7	21.3	20.9	20.4
30.6	26.3	25.8	25.3	24.8	24.3	23.8	23.3	22.9	22.4	22.0	21.6	21.1	20.7
30.8	26.6	26.1	25.6	25.1	24.6	24.1	23.6	23.2	22.7	22.3	21.8	21.4	21.0
31.0	27.0	26.4	25.9	25.4	24.9	24.4	23.9	23.5	23.0	22.5	22.1	21.7	21.2
31.2	27.3	26.8	26.2	25.7	25.2	24.7	24.2	23.8	23.3	22.8	22.4	21.9	21.5
31.4	27.7	27.1	26.6	26.0	25.5	25.0	24.5	24.1	23.6	23.1	22.7	22.2	21.8
31.6	28.0	27.4	26.9	26.4	25.9	25.3	24.8	24.4	23.9	23.4	22.9	22.5	22.0
31.8	28.3	27.8	27.2	26.7	26.2	25.7	25.1	24.7	24.2	23.7	23.2	22.8	22.3
32.0	28.7	28.1	27.6	27.0	26.5	26.0	25.5	25.0	24.5	24.0	23.5	23.0	22.6

平均回弹值 R_m	测区混凝土强度换算值 $f^c_{cu,i}$/MPa												
	平均碳化深度值 d_m/mm												
	0.0	0.5	1.0	1.5	2.0	2.5	3.0	3.5	4.0	4.5	5.0	5.5	≥6
32.2	29.0	28.5	27.9	27.4	26.8	26.3	25.8	25.3	24.8	24.3	23.8	23.3	22.9
32.4	29.4	28.8	28.2	27.7	27.1	26.6	26.1	25.6	25.1	24.6	24.1	23.6	23.1
32.6	29.7	29.2	28.6	28.0	27.5	26.9	26.4	25.9	25.4	24.9	24.4	23.9	23.4
32.8	30.1	29.5	28.9	28.3	27.8	27.2	26.7	26.2	25.7	25.2	24.7	24.2	23.7
33.0	30.4	29.8	29.3	28.7	28.1	27.6	27.0	26.5	26.0	25.5	25.0	24.5	24.0
33.2	30.8	30.2	29.6	29.0	28.4	27.9	27.3	26.8	26.3	25.8	25.2	24.7	24.3
33.4	31.2	30.6	30.0	29.4	28.8	28.2	27.7	27.1	26.6	26.1	25.5	25.0	24.5
33.6	31.5	30.9	30.3	29.7	29.1	28.5	28.0	27.4	26.9	26.4	25.8	25.3	24.8
33.8	31.9	31.3	30.7	30.0	29.5	28.9	28.3	27.7	27.2	26.7	26.1	25.6	25.1
34.0	32.3	31.6	31.0	30.4	29.8	29.2	28.6	28.1	27.5	27.0	26.4	25.9	25.4
34.2	32.6	32.0	31.4	30.7	30.1	29.5	29.0	28.4	27.8	27.3	26.7	26.2	25.7
34.4	33.0	32.4	31.7	31.1	30.5	29.9	29.3	28.7	28.1	27.6	27.0	26.5	26.0
34.6	33.4	32.7	32.1	31.4	30.8	30.2	29.6	29.0	28.5	27.9	27.4	26.8	26.3
34.8	33.8	33.1	32.4	31.8	31.2	30.6	30.0	29.4	28.8	28.2	27.7	27.1	26.6
35.0	34.1	33.5	32.8	32.2	31.5	30.9	30.3	29.7	29.1	28.5	28.0	27.4	26.9
35.2	34.5	33.8	33.2	32.5	31.9	31.2	30.6	30.0	29.4	28.8	28.3	27.7	27.2
35.4	34.9	34.2	33.5	32.9	32.2	31.6	31.0	30.4	29.8	29.2	28.6	28.0	27.5
35.6	35.3	34.6	33.9	33.2	32.6	31.9	31.3	30.7	30.1	29.5	28.9	28.3	27.8
35.8	35.7	35.0	34.3	33.6	32.9	32.3	31.6	31.0	30.4	29.8	29.2	28.6	28.1
36.0	36.0	35.3	34.6	34.0	33.3	32.6	32.0	31.4	30.7	30.1	29.5	29.0	28.4
36.2	36.4	35.7	35.0	34.3	33.6	33.0	32.3	31.7	31.1	30.5	29.9	29.3	28.7
36.4	36.8	36.1	35.4	34.7	34.0	33.3	32.7	32.0	31.4	30.8	30.2	29.6	29.0
36.6	37.2	36.5	35.8	35.1	34.4	33.7	33.0	32.4	31.7	31.1	30.5	29.9	29.3
36.8	37.6	36.9	36.2	35.4	34.7	34.1	33.4	32.7	32.1	31.4	30.8	30.2	29.6
37.0	38.0	37.3	36.5	35.8	35.1	34.4	33.7	33.1	32.4	31.8	31.2	30.5	29.9
37.2	38.4	37.7	36.9	36.2	35.5	34.8	34.1	33.4	32.8	32.1	31.5	30.9	30.2
37.4	38.8	38.1	37.3	36.6	35.8	35.1	34.4	33.8	33.1	32.4	31.8	31.2	30.6
37.6	39.2	38.4	37.7	36.9	36.2	35.5	34.8	34.1	33.4	32.8	32.1	31.5	30.9
37.8	39.6	38.8	38.1	37.3	36.6	35.9	35.2	34.5	33.8	33.1	32.5	31.8	31.2
38.0	40.0	39.2	38.5	37.7	37.0	36.2	35.5	34.8	34.1	33.5	32.8	32.2	31.5
38.2	40.4	39.6	38.9	38.1	37.3	36.6	35.9	35.2	34.5	33.8	33.1	32.5	31.8
38.4	40.9	40.1	39.3	38.5	37.7	37.0	36.3	35.5	34.8	34.2	33.5	32.8	32.2
38.6	41.3	40.5	39.7	38.9	38.1	37.4	36.6	35.9	35.2	34.5	33.8	33.2	32.5
38.8	41.7	40.9	40.1	39.3	38.5	37.7	37.0	36.3	35.5	34.8	34.2	33.5	32.8

平均回弹值 R_m	测区混凝土强度换算值 $f^c_{cu,i}$/MPa												
	平均碳化深度值 d_m/mm												
	0.0	0.5	1.0	1.5	2.0	2.5	3.0	3.5	4.0	4.5	5.0	5.5	≥6
39.0	42.1	41.3	40.5	39.7	38.9	38.1	37.4	36.6	35.9	35.2	34.5	33.8	33.2
39.2	42.5	41.7	40.9	40.1	39.3	38.5	37.7	37.0	36.3	35.5	34.8	34.2	33.5
39.4	42.9	42.1	41.3	40.5	39.7	38.9	38.1	37.4	36.6	35.9	35.2	34.5	33.8
39.6	43.4	42.5	41.7	40.9	40.0	39.3	38.5	37.7	37.0	36.3	35.5	34.8	34.2
39.8	43.8	42.9	42.1	41.3	40.4	39.6	38.9	38.1	37.3	36.6	35.9	35.2	34.5
40.0	44.2	43.4	42.5	41.7	40.8	40.0	39.2	38.5	37.7	37.0	36.2	35.5	34.8
40.2	44.7	43.8	42.9	42.1	41.2	40.4	39.6	38.8	38.1	37.3	36.6	35.9	35.2
40.4	45.1	44.2	43.3	42.5	41.6	40.8	40.0	39.2	38.4	37.7	36.9	36.2	35.5
40.6	45.5	44.6	43.7	42.9	42.0	41.2	40.4	39.6	38.8	38.1	37.3	36.6	35.8
40.8	46.0	45.1	44.2	43.3	42.4	41.6	40.8	40.0	39.2	38.4	37.7	36.9	36.2
41.0	46.4	45.5	44.6	43.7	42.8	42.0	41.2	40.4	39.6	38.8	38.0	37.3	36.5
41.2	46.8	45.9	45.0	44.1	43.2	42.4	41.6	40.7	39.9	39.1	38.4	37.6	36.9
41.4	47.3	46.3	45.4	44.5	43.7	42.8	42.0	41.1	40.3	39.5	38.7	38.0	37.2
41.6	47.7	46.8	45.9	45.0	44.1	43.2	42.3	41.5	40.7	39.9	39.1	38.3	37.6
41.8	48.2	47.2	46.3	45.4	44.5	43.6	42.7	41.9	41.1	40.3	39.5	38.7	37.9
42.0	48.6	47.7	46.7	45.8	44.9	44.0	43.1	42.3	41.5	40.6	39.8	39.1	38.3
42.2	49.1	48.1	47.1	46.2	45.3	44.4	43.5	42.7	41.8	41.0	40.2	39.4	38.6
42.4	49.5	48.5	47.6	46.6	45.7	44.8	43.9	43.1	42.2	41.4	40.6	39.8	39.0
42.6	50.0	49.0	48.0	47.1	46.1	45.2	43.5	43.5	42.6	41.8	40.9	40.1	39.3
42.8	50.4	49.4	48.5	47.5	46.6	45.6	44.7	43.9	43.0	42.2	41.3	40.5	39.7
43.0	50.9	49.9	48.9	47.9	47.0	46.1	45.2	44.3	43.4	42.5	41.7	40.9	40.1
43.2	51.3	50.3	49.3	48.4	47.4	46.5	45.6	44.7	43.8	42.9	42.1	41.2	40.4
43.4	51.8	50.8	49.8	48.8	47.8	46.9	46.0	45.1	44.2	43.3	42.5	41.6	40.8
43.6	52.3	51.2	50.2	49.2	48.3	47.3	46.4	45.5	44.6	43.7	42.8	42.0	41.2
43.8	52.7	51.7	50.7	49.7	48.7	47.7	46.8	45.9	45.0	44.1	43.2	42.4	41.5
44.0	53.2	52.2	51.1	50.1	49.1	48.2	47.2	46.3	45.4	44.5	43.6	42.7	41.9
44.2	53.7	52.6	51.6	50.6	49.6	48.6	47.6	46.7	45.8	44.9	44.0	43.1	42.3
44.4	54.1	53.1	52.0	51.0	50.0	49.0	48.0	47.1	46.2	45.3	44.4	43.5	42.6
44.6	54.6	53.5	52.5	51.5	50.4	49.4	48.5	47.5	46.6	45.7	44.8	43.9	43.0
44.8	55.1	54.0	52.9	51.9	50.9	49.9	48.9	47.9	47.0	46.1	45.1	44.3	43.4
45.0	55.6	54.5	53.4	52.4	51.3	50.3	49.3	48.3	47.4	46.5	45.5	44.6	43.8
45.2	56.1	55.0	53.9	52.8	51.8	50.7	49.7	48.8	47.8	46.9	45.9	45.0	44.1
45.4	56.5	55.4	54.3	53.3	52.2	51.2	50.2	49.2	48.2	47.3	46.3	45.4	44.5
45.6	57.0	55.9	54.8	53.7	52.7	51.6	50.6	49.6	48.6	47.7	46.7	45.8	44.9

平均回弹值 R_m	测区混凝土强度换算值 $f^c_{cu,i}$/MPa												
	平均碳化深度值 d_m/mm												
	0.0	0.5	1.0	1.5	2.0	2.5	3.0	3.5	4.0	4.5	5.0	5.5	≥6
45.8	57.5	56.4	55.3	54.2	53.1	52.1	51.0	50.0	49.0	48.1	47.1	46.2	45.3
46.0	58.0	56.9	55.7	54.6	53.6	52.5	51.5	50.5	49.5	48.5	47.5	46.6	45.7
46.2	58.5	57.3	56.2	55.1	54.0	52.9	51.9	50.9	49.9	48.9	47.9	47.0	46.1
46.4	59.0	57.8	56.7	55.6	54.5	53.4	52.3	51.3	50.3	49.3	48.3	47.4	46.4
46.6	59.5	58.3	57.2	56.0	54.9	53.8	52.8	51.7	50.7	49.7	48.7	47.8	46.8
46.8	60.0	58.8	57.6	56.5	55.4	54.3	53.2	52.2	51.1	50.1	49.1	48.2	47.2
47.0	—	59.3	58.1	57.0	55.8	54.7	53.7	52.6	51.6	50.5	49.5	48.6	47.6
47.2	—	59.8	58.6	57.4	56.3	55.2	54.1	53.0	52.0	51.0	50.0	49.0	48.0
47.4	—	60.0	59.1	57.9	56.8	55.6	54.5	53.5	52.4	51.4	50.4	49.4	48.4
47.6	—	—	59.6	58.4	57.2	56.1	55.0	53.9	52.8	51.8	50.8	49.8	48.8
47.8	—	—	60.0	58.9	57.7	56.6	55.4	54.4	53.3	52.2	51.2	50.2	49.2
48.0	—	—	—	59.3	58.2	57.0	55.9	54.8	53.7	52.7	51.6	50.6	49.6
48.2	—	—	—	59.8	58.6	57.5	56.3	55.2	54.1	53.1	52.0	51.0	50.0
48.4	—	—	—	60.0	59.1	57.9	56.8	55.7	54.6	53.5	52.5	51.4	50.4
48.6	—	—	—	—	59.6	58.4	57.3	56.1	55.0	53.9	52.9	51.8	50.8
48.8	—	—	—	—	60.0	58.9	57.7	56.6	55.5	54.4	53.3	52.2	51.2
49.0	—	—	—	—	—	59.3	58.2	57.0	55.9	54.8	53.7	52.7	51.6
49.2	—	—	—	—	—	59.8	58.6	57.5	56.3	55.2	54.1	53.1	52.0
49.4	—	—	—	—	—	60.0	59.1	57.9	56.8	55.7	54.6	53.5	52.4
49.6	—	—	—	—	—	—	59.6	58.4	57.2	56.1	55.0	53.9	52.9
49.8	—	—	—	—	—	—	60.0	58.8	57.7	56.6	55.4	54.3	53.3
50.0	—	—	—	—	—	—	—	59.3	58.1	57.0	55.9	54.8	53.7
50.2	—	—	—	—	—	—	—	59.8	58.6	57.4	56.3	55.2	54.1
50.4	—	—	—	—	—	—	—	60.0	59.0	57.9	56.7	55.6	54.5
50.6	—	—	—	—	—	—	—	—	59.5	58.3	57.2	56.0	54.9
50.8	—	—	—	—	—	—	—	—	60.0	58.8	57.6	56.5	55.4
51.0	—	—	—	—	—	—	—	—	—	59.2	58.1	56.9	55.8
51.2	—	—	—	—	—	—	—	—	—	59.7	58.5	57.3	56.2
51.4	—	—	—	—	—	—	—	—	—	60.0	58.9	57.8	56.6
51.6	—	—	—	—	—	—	—	—	—	—	59.4	58.2	57.1
51.8	—	—	—	—	—	—	—	—	—	—	59.8	58.7	57.5
52.0	—	—	—	—	—	—	—	—	—	—	60.0	59.1	57.9

续表

平均回弹值 R_m	测区混凝土强度换算值 $f^c_{\mathrm{cu},i}$/MPa												
	平均碳化深度值 d_m/mm												
	0.0	0.5	1.0	1.5	2.0	2.5	3.0	3.5	4.0	4.5	5.0	5.5	≥6
52.2	—	—	—	—	—	—	—	—	—	—	—	59.5	58.4
52.4	—	—	—	—	—	—	—	—	—	—	—	60.0	58.8
52.6	—	—	—	—	—	—	—	—	—	—	—	—	59.2
52.8	—	—	—	—	—	—	—	—	—	—	—	—	59.7

注：1. 表中未注明的测区混凝土强度换算值为小于 10MPa 或大于 60MPa。

2. 表中数值是根据曲线方程 $f = 0.034488 R^{1.9400} \cdot 10^{(-0.0173 d_\mathrm{m})}$ 计算。

表 5-6-3　非水平方向检测时的回弹值修正值（$R_{a\alpha}$）

$R_{m\alpha}$	检测角度							
	向上				向下			
	90°	60°	45°	30°	−30°	−45°	−60°	−90°
20	−6.0	−5.0	−4.0	−3.0	+2.5	+3.0	+3.5	+4.0
21	−5.9	−4.9	−4.0	−3.0	+2.5	+3.0	+3.5	+4.0
22	−5.8	−4.8	−3.9	−2.9	+2.4	+2.9	+3.4	+3.9
23	−5.7	−4.7	−3.9	−2.9	+2.4	+2.9	+3.4	+3.9
24	−5.6	−4.6	−3.8	−2.8	+2.3	+2.8	+3.3	+3.8
25	−5.5	−4.5	−3.8	−2.8	+2.3	+2.8	+3.3	+3.8
26	−5.4	−4.4	−3.7	−2.7	+2.2	+2.7	+3.2	+3.7
27	−5.3	−4.3	−3.7	−2.7	+2.2	+2.7	+3.2	+3.7
28	−5.2	−4.2	−3.6	−2.6	+2.1	+2.6	+3.1	+3.6
29	−5.1	−4.1	−3.6	−2.6	+2.1	+2.6	+3.1	+3.6
30	−5.0	−4.0	−3.5	−2.5	+2.0	+2.5	+3.0	+3.5
31	−4.9	−4.0	−3.5	−2.5	+2.0	+2.5	+3.0	+3.5
32	−4.8	−3.9	−3.4	−2.4	+1.9	+2.4	+2.9	+3.4
33	−4.7	−3.9	−3.4	−2.4	+1.9	+2.4	+2.9	+3.4
34	−4.6	−3.8	−3.3	−2.3	+1.8	+2.3	+2.8	+3.3
35	−4.5	−3.8	−3.3	−2.3	+1.8	+2.3	+2.8	+3.3
36	−4.4	−3.7	−3.2	−2.2	+1.7	+2.2	+2.7	+3.2
37	−4.3	−3.7	−3.2	−2.2	+1.7	+2.2	+2.7	+3.2
38	−4.2	−3.6	−3.1	−2.1	+1.6	+2.1	+2.6	+3.1
39	−4.1	−3.6	−3.1	−2.1	+1.6	+2.1	+2.6	+3.1
40	−4.0	−3.5	−3.0	−2.0	+1.5	+2.0	+2.5	+3.0
41	−4.0	−3.5	−3.0	−2.0	+1.5	+2.0	+2.5	+3.0
42	−3.9	−3.4	−2.9	−1.9	+1.4	+1.9	+2.4	+2.9
43	−3.9	−3.4	−2.9	−1.9	+1.4	+1.9	+2.4	+2.9

$R_{m\alpha}$	检 测 角 度							
	向 上				向 下			
	90°	60°	45°	30°	-30°	-45°	-60°	-90°
44	-3.8	-3.3	-2.8	-1.8	+1.3	+1.8	+2.3	+2.8
45	-3.8	-3.3	-2.8	-1.8	+1.3	+1.8	+2.3	+2.8
46	-3.7	-3.2	-2.7	-1.7	+1.2	+1.7	+2.2	+2.7
47	-3.7	-3.2	-2.7	-1.7	+1.2	+1.7	+2.2	+2.7
48	-3.6	-3.1	-2.6	-1.6	+1.1	+1.6	+2.1	+2.6
49	-3.6	-3.1	-2.6	-1.6	+1.1	+1.6	+2.1	+2.6
50	-3.5	-3.0	-2.5	-1.5	+1.0	+1.5	+2.0	+2.5

注：1. $R_{m\alpha}$ 小于 20 或大于 50 时，均分别按 20 或 50 查表。

2. 表中未列入的相应于 $R_{m\alpha}$ 的修正值 $R_{m\alpha}$，可用内插法求得，精确至 0.1。

表 5-6-4 不同浇筑面的回弹值修正值

R_m^t 或 R_m^b	表面修正值 (R_a^t)	底面修正值 (R_a^b)	R_m^t 或 R_m^b	表面修正值 (R_a^t)	底面修正值 (R_a^b)
20	+2.5	-3.0	36	+0.9	-1.4
21	+2.4	-2.9	37	+0.8	-1.3
22	+2.3	-2.8	38	+0.7	-1.2
23	+2.2	-2.7	39	+0.6	-1.1
24	+2.1	-2.6	40	+0.5	-1.0
25	+2.0	-2.5	41	+0.4	-0.9
26	+1.9	-2.4	42	+0.3	-0.8
27	+1.8	-2.3	43	+0.2	-0.7
28	+1.7	-2.2	44	+0.1	-0.6
29	+1.6	-2.1	45	0	-0.5
30	+1.5	-2.0	46	0	-0.4
31	+1.4	-1.9	47	0	-0.3
32	+1.3	-1.8	48	0	-0.2
33	+1.2	-1.7	49	0	-0.1
34	+1.1	-1.6	50	0	0
35	+1.0	-1.5			

注：1. R_m^t 或 R_m^b 小于 20 或大于 50 时，均分别按 20 或 50 查表。

2. 表中有关混凝土浇筑表面的修正系数，是指一般原浆抹面的修正值。

3. 表中有关混凝土浇筑底面的修正系数，是指构件底面与侧面采用同一类模板在正常浇筑情况下的修正值。

4. 表中未列入的相应于 R_m^t 或 R_m^b 的 R_a^t 和 R_a^b 值，可用内插法求得，精确至 0.1。

5.6.2 钻芯法检测混凝土抗压强度

5.6.2.1 一般规定

钻芯法是直接从混凝土结构上钻取芯样检测混凝土抗压强度的方法，适用于对试块试验结果有怀疑、发生质量问题时、混凝土遭受火灾等灾害或检测多年使用的混凝土结构强度时，也可用于钻芯修正方法修正间接强度检测方法得到的混凝土抗压强度换算值。

5.6.2.2 仪器设备

（1）钻芯机：应有足够的刚度，操作灵活，固定和移动方便，有水冷却系统；主轴径向跳动不超过 0.1mm，钻头对钢体的同心度偏差不大于 0.3mm，钻头的径向跳动不大于 1.5mm。工作时噪声不应高于 90dB。

（2）钢筋位置测定仪：最大探测深度不小于 60mm，探测位置偏差不大于 ±5mm。

（3）锯切机：具有冷却系统和夹紧芯样的装置，圆锯片应有足够的刚度和平直度。

（4）研磨机：用于芯样端面加工，应具有补平装置。补平装置除应保证芯样的端面平整外，还应保证芯样端面与芯样轴线垂直。

5.6.2.3 检测流程

1）准备工作

检测前宜具备以下资料：工程名称及设计、施工、监理、建设单位名称；混凝土结构或构件种类、外形尺寸及数量；设计混凝土强度等级、成型日期、混凝土所用原材料（水泥品种、粗骨料粒径）及配合比和抗压强度试验报告；环境及外力对混凝土结构的影响、结构遭受灾害或施工质量问题的记录等。

2）确定钻芯数量及部位

按单个构件检测确定混凝土强度推定值时，有效芯样试件数量不应少于 3 个；对于较小构件可取 2 个。

按检测批确定混凝土强度推定值时，芯样试件的数量应根据检测批的容量确定。标准芯样的最小样本量不宜少于 15 个，小直径芯样试件的最小样本量应适当增加。芯样应从检测批的结构构件中随机抽取，每个芯样应取自一个构件或结构的局部部位，且取芯位置宜在结构或构件的下列部位钻取：

①结构或构件受力较小的部位；

②混凝土强度具有代表性的部位；

③便于钻芯机安装与操作的部位；

④避开主筋、预埋件和管线的位置。

抗压强度的芯样试件宜使用标准芯样试件（公称直径 100mm、高径比为 1:1 的圆柱体试件），其公称直径不宜小于骨料最大粒径的 3 倍；也可采用小直径芯样试件，但其公称直径不应小于 70mm 且不得小于骨料最大粒径的 2 倍。

3）芯样的钻取

钻芯机就位并安放平稳后，应将钻芯机固定牢固。安装钻头前，应先通电检查主轴旋转方向（顺时针方向）后，安装钻头并试车。

接通电源和水源后，调好速度，使钻头缓缓接触混凝土表面，慢慢加压钻进；冷却水流量应调整至（3 ~ 5）L/min；进口水温不宜超过 30℃；钻至规定位置后，取下芯样，将其编号并包装。

当所取芯样高度和质量不能满足要求时，则应重新钻取芯样。芯样应采取保护措施，避免在运输和储存中损坏。

在钻芯工作完毕后，应对钻芯机进行维护保养。钻芯后留下的孔洞应及时进行修补。

4）芯样的加工

抗压芯样试件的高度与直径之比（H/d）宜为 1.00。芯样试件内不宜含有钢筋。当不能满足此项要求时，抗压试件应符合下列要求：

（1）标准芯样试件，每个试件内最多只允许有 2 根直径小于 10mm 的钢筋；

（2）公称直径小于 100mm 的芯样试件，每个试件内最多只允许有一根直径小于 10mm 的钢筋；

（3）芯样内的钢筋应与芯样试件的轴线基本垂直并离开端面 10mm 以上。

锯切后的芯样应进行端面处理，宜采取在磨平机上磨平端面的处理方法。承受轴向压力芯样试件的端面，也可以采取下列处理方法：

（1）用环氧胶泥或聚合物水泥砂浆补平；

（2）抗压强度低于 40MPa 的芯样试件，可采用水泥砂浆、水泥净浆或聚合物水泥砂浆补平，补平层厚度不宜大于 5mm；也可采用硫磺胶泥补平，补平层厚度不宜大于 1.5mm。

5）试件测量和试件的技术要求

在试验前应按下列规定测量芯样试件的尺寸：

（1）平均直径用游标卡尺在芯样试件中部相互垂直的两个位置上测量，取测量的算数平均值作为芯样试件的直径，精确至 0.5mm；

（2）芯样试件高度用钢板尺进行测量，精确至 1mm；

（3）垂直度用游标量角器测量芯样试件两个端面与母线的夹角，精确至 0.1°；

（4）平整度用钢板尺或角尺紧靠在芯样试件端面上，一面转动钢板尺，一边用塞尺测量钢板尺与芯样试件端面之间的缝隙；也可采用其他专用设备测量。

芯样试件尺寸偏差及外观质量超过下列数值时，相应的测试数据无效：

（1）芯样试件的实际高径比（H/d）小于要求高径比的 0.95 或大于 1.05；

（2）沿芯样试件高度的任一直径与平均直径相差大于 2mm；

（3）抗压芯样试件端面的不平整度在 100mm 长度内大于 0.1mm；

（4）芯样试件端面与轴线的不垂直度大于 1°；

（5）芯样有裂缝或有其他较大缺陷。

6）芯样试件的抗压试验

芯样试件应在自然干燥状态下进行抗压试验；当结构工作条件比较潮湿，需确定潮湿状态下混凝土的强度时，芯样试件宜在 20℃ ±5℃ 的清水中浸泡 40h ~ 48h，从水中取出后立即进行试验。

芯样试件抗压试验的操作应符合国家标准 GB/T 50081《普通混凝土力学性能试验方法》中对立方体试块抗压试验的规定（见本书第 4 章第 4.9.1 节）。

芯样试件的混凝土抗压强度值按（5-6-5）式计算（精确至 0.1MPa）：

$$f_{cu,cor} = F_e/A \tag{5-6-5}$$

式中 $f_{\mathrm{cu,cor}}$——芯样试件的混凝土抗压强度，MPa；

F_e——芯样试件的抗压试验测得的最大压力，N；

A——芯样试件抗压截面面积，mm^2。

5.6.2.4 钻芯确定混凝土强度推定值

（1）检测批的混凝土强度推定值应按下述方法确定。

检测批的混凝土强度推定值应计算推定区间，其上限值和下限值按下列公式计算：

$$上限值 \quad f_{\mathrm{cu,e1}} = f_{\mathrm{cu,cor,m}} - k_1 s_{\mathrm{cor}} \qquad (5\text{-}6\text{-}6)$$

$$下限值 \quad f_{\mathrm{cu,e2}} = f_{\mathrm{cu,cor,m}} - k_2 s_{\mathrm{cor}} \qquad (5\text{-}6\text{-}7)$$

$$平均值 \quad f_{\mathrm{cu,cor,m}} = \frac{\sum\limits_{i=1}^{n} f_{\mathrm{cu,cor},i}}{n} \qquad (5\text{-}6\text{-}8)$$

$$标准差 \quad s_{\mathrm{cor}} = \sqrt{\frac{\sum\limits_{i=1}^{n} (f_{\mathrm{cu,cor},i} - f_{\mathrm{cu,cor,m}})^2}{n-1}} \qquad (5\text{-}6\text{-}9)$$

式中 $f_{\mathrm{cu,cor,m}}$——芯样试件的混凝土抗压强度平均值，MPa，精确至0.1MPa；

$f_{\mathrm{cu,cor},i}$——单个芯样试件的混凝土抗压强度值，MPa，精确至0.1MPa；

$f_{\mathrm{cu,e1}}$——混凝土抗压强度推定上限值，MPa，精确至0.1MPa；

$f_{\mathrm{cu,e2}}$——混凝土抗压强度推定下限值，MPa，精确至0.1MPa；

k_1，k_2——推定区间上限值系数和下限值系数，按表5-6-5查得；

s_{cor}——芯样试件抗压强度样本的标准差，MPa，精确至0.1MPa。

表5-6-5 在置信度0.85条件下，试件数与上、下限值系数的关系

试件数 n	$k_1(0.10)$	$k_2(0.05)$	试件数 n	$k_1(0.10)$	$k_2(0.05)$	试件数 n	$k_1(0.10)$	$k_2(0.05)$
15	1.222	2.566	30	1.332	2.220	45	1.383	2.092
16	1.234	2.524	31	1.336	2.208	46	1.386	2.086
17	1.244	2.486	32	1.341	2.197	47	1.389	2.081
18	1.254	2.453	33	1.345	2.186	48	1.391	2.075
19	1.263	2.423	34	1.349	2.176	49	1.393	2.070
20	1.271	2.396	35	1.352	2.167	50	1.396	2.065
21	1.279	2.371	36	1.356	2.158	60	1.415	2.022
22	1.286	2.349	37	1.360	2.149	70	1.431	1.990
23	1.293	2.328	38	1.363	2.141	80	1.444	1.964
24	1.300	2.309	39	1.366	2.133	90	1.454	1.944
25	1.306	2.292	40	1.369	2.125	100	1.463	1.927
26	1.311	2.275	41	1.372	2.118	110	1.471	1.912
27	1.317	2.260	42	1.375	2.111	120	1.478	1.899
28	1.322	2.246	43	1.378	2.105	—	—	—
29	1.327	2.232	44	1.381	2.098			

$f_{cu,e1}$ 和 $f_{cu,e2}$ 所构成推定区间的置信度为 0.85，$f_{cu,e1}$ 与 $f_{cu,e2}$ 之间的差值不宜大于 5.0MPa 和 0.10$f_{cu,cor,m}$ 两者的较大者；宜以 $f_{cu,e1}$ 作为检测批混凝土强度的推定值。

钻芯确定检测批混凝土强度推定值时，可剔除芯样试件抗压强度样本中的离群值。当确有试验依据时，可对芯样试件抗压强度样本的标准差 s_{cor} 进行符合实际情况的修正或调整。

（2）单个构件的混凝土强度推定值的确定

单个构件的混凝土强度推定值不再进行数据的舍弃，而应按有效芯样试件混凝土抗压强度值中的最小值确定。

5.6.2.5　钻芯修正方法

1）当采用修正量方法对间接测强方法进行钻芯修正时，芯样试件的数量和取芯位置应符合下列要求：

（1）标准芯样试件的数量不应少于 6 个，小直径芯样试件数量宜适当增加；

（2）芯样应从采用间接检测方法的结构构件中随机抽取，取芯位置应符合本节 5.6.2.3 2）的规定；

（3）当采用间接检测方法为无损检测方法时，钻芯位置应与间接检测方法相应的测区重合；

（4）当采用间接检测方法对结构构件有损伤时，钻芯位置应布置在相应测区的附近。

2）钻芯修正后的换算强度可按下列公式计算：

$$f^c_{cu,i0} = f^c_{cu,i} + \Delta f \tag{5-6-10}$$

$$\Delta f = f_{cu,cor,m} - f^c_{cu,mj} \tag{5-6-11}$$

式中　$f^c_{cu,i0}$——修正后的换算强度；

$f^c_{cu,i}$——修正前的换算强度；

Δf——修正量；

$f^c_{cu,mj}$——所用间接检测方法对应芯样测区的换算强度的算数平均值。

3）由钻芯修正方法确定检测批的混凝土强度推定值时，应采用修正后的样本算术平均值和标准差，并按本节 5.6.2.4（1）规定的方法确定。

5.6.3　超声回弹综合法检测混凝土抗压强度

5.6.3.1　一般规定

本方法适用于以中型回弹仪和低频超声仪检测混凝土抗压强度，不适于遭受冻害、化学侵蚀、火灾的结构，结构表面温度低于 −4℃ 或高于 60℃，构件厚度小于 100mm 的混凝土结构。按本方法测得的抗压强度相当于在同一条件下边长 150mm 立方体试件的抗压强度。

应用本方法时需根据原材料品种和混凝土龄期等条件，建立专用测强曲线。

5.6.3.2　仪器设备

1）回弹仪：中型回弹仪；其技术条件同回弹法检测混凝土强度；

2）超声波检测仪

（1）具有波形清晰、显示稳定的示波装置；声时最小分度值为 0.1μs；

（2）具有良好的稳定性，声时在 20～30μs 范围内时，2h 声时漂移不大于 ±0.2μs；

（3）数字显示稳定，声时在 20～30μs 范围内时，连续静置 1h 数字变化不超过

±0.2μs;

（4）具有最小分度值为 1dB 的信号幅度调整系统；接受放大器频响范围 10～500kHz，总增益不小于 80dB，接受灵敏度（信噪比 3∶1 时）不大于 50μV；

（5）电源电压波动范围在标称值 ±10% 情况下能正常工作；连续正常工作时间不少于 4h。

5.6.3.3　检测流程

（1）准备工作：检测前应具备以下资料：混凝土结构种类、数量、外形尺寸、强度等级、成型日期、混凝土所用原材料及配合比、环境及外力对混凝土结构的影响、结构遭受灾害或施工质量问题的记录等。

（2）测区布置

a　按单个构件检测时，应在构件上均匀布置测区，每个构件的测区数不少于 10 个；

b　按批量检测时，构件抽样数应不少于同批构件的 30%，且不少于 10 个；

c　对某一方向尺寸不大于 4.5m 且另一方向尺寸不大于 0.3m 的构件，测区数可适当减少，但不少于 5 个。

d　测区布置在构件浇灌方向的侧面；相邻两测区的间距不宜大于 2m，测区尺寸为 200mm×200mm；采用平测时宜为 400mm×400mm。

e　测区应避开钢筋和预埋件。

f　测试面应清洁、平整、干燥，不应有接缝、饰面层或油污，避开蜂窝、麻面，必要时用磨石磨平。用有色笔画出测区位置。

（3）检测流程

a　按《回弹法检测混凝土抗压强度技术规程》进行回弹检测（详见本章第 5.6.1 节）；

b　超声测点应布置在回弹测试的同一测区内，并保证换能器与混凝土耦合良好；

c　超声测试在每一测区内的相对测试面上应各布置 3 个测点，且发射和接收换能器的轴线在同一轴线上；测量回弹值应在测区内超声波发射和接受面各弹击 8 点；超声波单面平测时，可在超声波发射和接受测点之间弹击 16 点。

d　测试的声时值应精确至 0.1μs，声速值应精确至 0.01km/s，超声测距应精确至 1.0mm，且偏差不大于 ±1%。回弹时，相邻两测点间距不宜小于 30mm，测点距构件边缘或外露钢筋、铁件的距离不应小于 50mm。

5.6.3.4　结果计算

a　当在混凝土浇筑方向的侧面对测时，测区混凝土中声速代表值应根据该测区中 3 个测点的混凝土中声速值按下式计算：

$$v = \frac{1}{3} \sum_{i=1}^{3} \frac{l_i}{t_i - t_0} \tag{5-6-12}$$

式中　v——测区混凝土中声速代表值，km/s；

l_i——第 i 个测点的声速测距，mm；当用角测时，按测点换能器与构件边缘的距离计算；

t_i——第 i 个测点的声时读数，μs；

t_0——声时初读数，μs。

超声检测时，每测区声速取平均值，当在混凝土浇灌的顶面或底面测试时应按（5-6-13）式修正：

$$V_a = \beta v \tag{5-6-13}$$

式中 V_a——修正后的测区声速（km/s）；

β——修正系数。在混凝土顶面及底面对测或斜测时，$\beta = 1.034$；在顶面平测时，$\beta = 1.05$；在底面平测时，$\beta = 0.95$。

b 根据修正后的测区回弹值和修正后的测区声速值优先采用专用或地区测强曲线推定，当无此曲线时，可按式（5-6-14）式或（5-6-15）式计算：

粗骨料为卵石时：

$$f_{cu,i}^c = 0.0056(V_i)^{1.439}(R_i)^{1.769} \tag{5-6-14}$$

粗骨料为碎石时：

$$f_{cu,i}^c = 0.0162(V_i)^{1.656}(R_i)^{1.410} \tag{5-6-15}$$

式中 $f_{cu,i}^c$——第 i 个测区混凝土强度换算值，精确至 0.1MPa；

V_i——第 i 个测区修正后的超声声速值，精确至 0.01km/s；

R_i——第 i 个测区修正后的回弹值，精确至 0.1。

当结构或构件中的测区数不少于 10 个时，各测区混凝土抗压强度换算值的平均值和标准差按式（5-6-16）及式（5-6-17）计算：

$$m_{f_{cu}^c} = \frac{1}{n}\sum_{i=1}^{n} f_{cu,i}^c \tag{5-6-16}$$

$$s_{f_{cu}^c} = \sqrt{\frac{\sum_{i=1}^{n}(f_{cu,i}^c)^2 - n(m_{f_{cu}^c})^2}{n-1}} \tag{5-6-17}$$

当结构或构件所采用的材料及其龄期与测强曲线有较大差异时，应用同条件立方体试件或钻取的芯样抗压强度进行修正，其修正系数计算方法详见本章式（5-6-4）。

结构或构件混凝土抗压强度推定值 $f_{cu,e}$ 按下列规定确定：

（1）当结构或构件的测区混凝土抗压强度换算值中出现小于 10.0MPa 的值时，其推定值取小于 10.0MPa；

（2）当测区少于 10 个时

$$f_{cu,e} = f_{cu,min}^c \tag{5-6-18}$$

式中 $f_{cu,min}^c$——最小的测区混凝土抗压强度换算值，MPa。

（3）当测区数不少于 10 个或按批量检验时：

$$f_{cu,e} = m_{f_{cu}^c} - 1.645 s_{f_{cu}^c} \tag{5-6-19}$$

按批量检测的构件，当其标准差出现下列情况之一时，该批构件全部按单个构件进行强度推定：

（1）一批构件的抗压强度平均值 $m_{f_{cu}^c} < 25.0$MPa，标准差 $s_{f_{cu}^c} > 4.5$MPa；

（2）一批构件的抗压强度平均值 $m_{f_{cu}^c} = 25.0$MPa ~ 50.0MPa，标准差 $s_{f_{cu}^c} > 5.5$MPa；

（3）一批构件的抗压强度平均值 $m_{f_{cu}^c} > 50.0$MPa，标准差 $s_{f_{cu}^c} > 6.5$MPa。

5.6.4 喷射混凝土抗压强度试验

5.6.4.1 仪器设备

（1）压力试验机：同混凝土立方体抗压强度试验。

（2）试模：采用钢模；其尺寸为 450mm×350mm×120mm（长×宽×高），直角误差不超过 1°；其尺寸较小的一个边为敞开状。

5.6.4.2 试验步骤

（1）试件制作：在喷射作业附近，将试模以与水平 80°的夹角置于墙角，其敞开一侧朝下。

（2）先在试模外的墙上试喷，待操作正常后将喷头移至试模位置，由下而上，逐层向试模内喷满混凝土；并用抹刀刮平混凝土。

（3）在潮湿环境中养护 1d 后，将试件移至试验室，在标准养护条件下养护 7d；用切割机去掉周边和上表面（底面可不切割）后，加工成边长 100mm 的立方体试件，试件允许偏差：边长 ±1mm，直角≤2°。

（4）试件继续养护至 28d，进行抗压强度试验（试验方法同普通混凝土）。

5.6.4.3 结果计算

喷射混凝土的抗压强度计算方法同普通混凝土。

5.6.5 回弹法检测砌筑砂浆强度

砂浆回弹法适用于推定烧结普通砖或烧结多孔砖砌体中砌筑砂浆的强度，不适用于推定高温、长期浸水、遭受火灾、环境侵蚀等砌筑砂浆的强度。检测原理是应用回弹仪测试砂浆表面硬度，并应用浓度为 10～20g/L 的酚酞酒精溶液测试砂浆碳化深度，以回弹值和碳化深度两项指标来换算为砂浆强度。

5.6.5.1 仪器设备

砂浆回弹仪的主要技术指标：冲击标称动能 0.196J，指针摩擦力为（0.5±0.1）N，弹击杆端部球面半径为（25±1.0）mm，钢砧率定值为 74±2。

砂浆回弹仪的检定和保养，应按现行标准 JJG 817《回弹仪检定规程》和 GB/T 9138《回弹仪》的规定执行。

砂浆回弹仪在工程检测前后，均应在钢砧上进行率定测试。

5.6.5.2 基本规定

a 检测单元、测区和测位

a.1 当检测对象为整栋建筑物或建筑物的一部分时，应将其划分为一个或若干个可以独立进行分析的结构单元，每一结构单元应划分为若干个检测单元。

检测单元按每一楼层且总量不大于 250m³ 的材料品种和设计强度等级均相同的砌体进行划分。

a.2 每一检测单元内，不宜少于 6 个测区，应将单个构件（单片墙体、柱）作为一个测区。当一个检测单元不足 6 个构件时，应将每个构件作为一个测区。

a.3 每一测区应随机布置若干测位，砂浆回弹法测位数不应少于 5 个。

a. 4 对既有建筑物或应委托方要求仅对建筑物的部分或个别部位检测时，测区和测位数可以减少，但一个检测单元的测区数不宜少于 3 个。

a. 5 测位布置应能使测试结果全面、合理反映检测单元的施工质量。

b 砂浆回弹法主要用于砂浆强度均质性检查，不适用于砂浆强度低于 2.0MPa 的墙体。在现场检测时，砌筑砂浆的龄期不应低于 28d。

c 测位宜选在承重墙的可测面上，并应避开门窗洞口及预埋件等附近的墙体。墙面上每个测位的面积宜大于 0.3m²。

d 墙体水平灰缝砌筑不饱满或表面粗糙且无法磨平时，不得采用砂浆回弹法检测砂浆强度。

5. 6. 5. 3 试验步骤

a 测位处应按下列要求进行处理：

a. 1 将测位处的粉刷层、勾缝砂浆、污物等清除干净；

a. 2 弹击点处的砂浆表面，应仔细打磨平整，并除去浮灰；

a. 3 磨掉表面砂浆的深度应为 5 ~ 10mm，且不应小于 5mm。

b 在每个测位内均匀布置 12 个弹击点。选定弹击点时应避开砖的边缘、灰缝中的气孔或松动的砂浆。相邻两弹击点的间距不应小于 20mm。

c 在每个弹击点上，应使用回弹仪连续弹击 3 次，第 1、2 次不应读数，应仅记读第 3 次回弹值，回弹值读数应估读至 1。测试过程中，回弹仪应始终处于水平状态，其轴线应垂直于砂浆表面，且不得移位。

d 在每一测位内，选择 3 处灰缝，并采用工具在测区表面打凿出直径约 10mm 的空洞，其深度应大于砌筑砂浆的碳化深度，应清除孔洞中的粉末和碎屑，且不得用水擦洗。然后采用浓度为 10 ~ 20g/L 的酚酞酒精溶液滴在孔洞内壁边缘处，当已碳化与未碳化界限清晰时，采用碳化深度测定仪或游标卡尺测量已碳化与未碳化砂浆交界面到灰缝表面的垂直距离，精确至 0.5mm。

5. 6. 5. 4 数据处理

a 从每个测位的 12 个回弹值中，分别剔除最大值、最小值，对余下的 10 个回弹值计算算术平均值，以 R 表示，并应精确至 0.1。

b 每个测位的平均碳化深度，应取该测位各次测量值的算术平均值，以 d 表示，并精确至 0.5mm。

c 第 i 个测区第 j 个测位的砂浆强度换算值，应根据该测位的平均回弹值和平均碳化深度值，分别按下列公式计算，精确至 0.1MPa：

$d \leqslant 1.0$mm 时：

$$f_{2ij} = 13.97 \times 10^{-5} R^{3.57} \tag{5-6-31}$$

1.0mm $< d < 3.0$mm 时：

$$f_{2ij} = 4.85 \times 10^{-4} R^{3.04} \tag{5-6-32}$$

$d \geqslant 3.0$mm 时：

$$f_{2ij} = 6.34 \times 10^{-5} R^{3.60} \tag{5-6-33}$$

式中 f_{2ij}——第 i 个测区第 j 个测位的砂浆强度值，MPa；

d——第 i 个测区第 j 个测位的平均碳化深度，mm；

R——第 i 个测区第 j 个测位的平均回弹值。

d. 测区的砂浆抗压强度平均值按式（5-6-34）计算，应精确至 0.1MPa：

$$f_{2i} = \frac{1}{n_1}\sum_{j=1}^{n_i} f_{2ij} \tag{5-6-34}$$

式中 f_{2i}——第 i 个测区的砂浆强度平均值，MPa；

n_i——第 i 个测区的测位数。

5.6.5.5 砂浆强度推定

a 检测数据中的歧离值和统计离群值，应按现行国标 GB/T 4883《数据的统计处理和解释 正态样本离群值的判断和处理》中有关格拉布斯检验法或狄克逊检验法检出和剔除。检出水平 α 应取 0.05，剔除水平 α 应取 0.01；不得随意舍去歧离值，从技术或物理上找到产生离群原因时，应予剔除；未找到技术或物理上的原因时，则不应剔除。

b 每一检测单元的砂浆抗压强度平均值（结果应精确至 0.1MPa）、标准差和变异系数按下列公式计算：

$$f_{2,m} = \frac{1}{n_2}\sum_{i=1}^{n_2} f_{2i} \tag{5-6-35}$$

$$s = \sqrt{\frac{\sum_{i=1}^{n_2}(f_{2,m}-f_{2i})^2}{n_2-1}} \tag{5-6-36}$$

$$\delta = \frac{s}{f_{2,m}} \tag{5-6-37}$$

式中 $f_{2,m}$——同一检测单元的砂浆强度平均值，MPa；

n_2——同一检测单元的测区数；

f_{2i}——第 i 个测区的砂浆强度代表值，MPa；

s——同一检测单元按 n_2 个测区计算的强度标准差，MPa；

δ——同一检测单元的强度变异系数。

c 对于在建或新建砌体工程，当需推定砌筑砂浆抗压强度值时，可按下列公式计算：

c.1 当测区数 n_2 不小于 6 时，应取下列公式中的较小值，精确至 0.1MPa：

$$f_2' = 0.91f_{2,m} \tag{5-6-38}$$

$$f_2' = 1.18f_{2,min} \tag{5-6-39}$$

式中 f_2'——砌筑砂浆抗压强度推定值，MPa；

$f_{2,min}$——同一检测单元测区砂浆抗压强度的最小值，MPa。

c.2 当测区数 n_2 小于 6 时，可按下式计算，精确至 0.1MPa：

$$f_2' = f_{2,min} \tag{5-6-40}$$

d 对既有砌体工程，当需推定砌筑砂浆抗压强度值时，符合下列要求：

d.1 按国标 GB 50203—2002《砌体工程施工质量验收规范》及之前实施的砌体工程施工质量验收规范的有关规定修建时，应按下列公式计算：

d.1.1 当测区数 n_2 不小于 6 时，应取下列公式中的较小值，精确至 0.1MPa：

$$f'_2 = f_{2,m} \tag{5-6-41}$$
$$f'_2 = 1.33f_{2,min} \tag{5-6-42}$$

d.1.2　当测区数 n_2 小于6时，可按下式计算，精确至0.1MPa：

$$f'_2 = f_{2,min} \tag{5-6-43}$$

d.2　按国标 GB 50203—2011《砌体结构工程施工质量验收规范》的有关规定修建时，可按本节 5.6.5.5.c 的规定推定砌筑砂浆强度值。

e　当砌筑砂浆强度检测结果低于2.0MPa或高于15MPa时，不宜给出具体检测值，可仅给出检测值范围 $f_2 < 2.0$MPa 或 $f_2 > 15$MPa。

f　砌筑砂浆强度的推定值，宜相当于被测墙体所用块体作底模的同龄期、同条件养护的砂浆试块强度。

5.6.6　筒压法测定砌筑砂浆强度

筒压法适用于推定烧结普通砖或烧结多孔砖砌体中砌筑砂浆的强度，不适用于推定高温、长期浸水、遭受火灾、环境侵蚀等砌筑砂浆的强度。检测原理是将从砖墙中抽取的砂浆试样，在试验室内破碎、烘干并筛分成符合一定级配要求的颗粒，装入承压筒并施加筒压荷载，检测其破损程度（筒压比），根据筒压比推定砌筑砂浆的抗压强度。

5.6.6.1　仪器设备

a　承压筒（图5-6-1）：可用普通碳素钢或合金钢制作，也可用测定轻集料筒压强度的承压筒代替（见国标 GB/T 17431.2《轻集料及其试验方法　第2部分：轻集料试验方法》）。

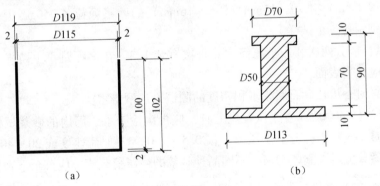

图5-6-1　承压筒构造（mm）

b　水泥跳桌：应符合国标 GB/T 2419《水泥胶砂流动度测定方法》的有关规定。

c　压力试验机：量程为 50～100kN，精度不低于2级的压力试验机或万能试验机。

d　天平：称量为1000g，感量不低于0.1g。

e　其他仪器设备：砂摇筛机；干燥箱；标准砂石筛（包括筛盖和底盘）。

5.6.6.2　基本规定

a　检测单元、测区和测位

a.1　当检测对象为整栋建筑物或建筑物的一部分时，应将其划分为一个或若干个可以独立进行分析的结构单元，每一结构单元应划分为若干个检测单元。

检测单元按每一楼层且总量不大于250m³的材料品种和设计强度等级均相同的砌体进行

划分。

a. 2 每一检测单元内，不宜少于6个测区，应将单个构件（单片墙体、柱）作为一个测区。当一个检测单元不足6个构件时，应将每个构件作为一个测区。

a. 3 每一测区应随机布置测点，筒压法测点数不应少于1个。

a. 4 对既有建筑物或应委托方要求仅对建筑物的部分或个别部位检测时，测区和测点数可以减少，但一个检测单元的测区数不宜少于3个。

a. 5 测位布置应能使测试结果全面、合理地反映检测单元的施工质量。

b 筒压法适用于测试砂浆强度的范围为2.5～20MPa。在现场检测时，砌筑砂浆的龄期不应低于28d。

c 筒压法所测试的砂浆品种应包括中砂、细砂配制的水泥砂浆，特细砂配制的水泥砂浆，中砂、细砂配制的水泥石灰混合砂浆和水泥粉煤灰砂浆，石灰石质石粉砂与中砂、细砂混合配制的水泥石灰混合砂浆和水泥砂浆。

5.6.6.3 试验步骤

a 在每一测区，应从距墙表面20mm以里的水平灰缝中凿取砂浆约4000g，砂浆片（块）的最小厚度不得小于5mm。各个测区的砂浆样品应分别放置并编号，不得混淆。

b 使用手锤击碎样品时，应筛取5～15mm的砂浆颗粒约3000g，放入干燥箱并在（105±5）℃的温度下烘干至恒量，并应待冷却至室温后备用。

c 每次应取烘干样品约1000g，置于孔径5mm、10mm、15mm（或边长4.75mm、9.5mm、16mm）标准筛所组成的套筛中，机械摇筛2min或手工摇筛1.5min；称取粒级5～10mm（4.75～9.5mm）和10～15mm（9.5～16mm）的砂浆颗粒各250g，混合均匀后作为一个试样；分别制备三个试样。

d 每个试样应分两次装入承压筒中。每次宜装1/2，在水泥跳桌上跳振5次。第二次装料跳振后，应整平表面。

无水泥跳桌时，可按砂石紧密堆积密度的测试方法颠击密实。

e 将装好试样的承压筒置于试验机上时，应再次检查承压筒内的砂浆试样表面是否平整，稍有不平时，应整平；盖上承压盖，按0.5～1.0kN/s加荷速度或20～40s内均匀加荷至规定的筒压荷载值后，立即卸荷。不同品种砂浆的筒压荷载值，应符合下列要求：

e. 1 水泥砂浆、石粉砂浆应为20kN。

e. 2 特细砂水泥砂浆应为10kN。

e. 3 水泥石灰混合砂浆、粉煤灰砂浆应为10kN。

f 施加荷载过程中，若出现承压盖倾斜状况，应立即停止测试，并应检查承压盖是否受损（变形），以及承压筒内砂浆试样表面是否平整。出现承压盖受损（变形）情况时，应更换承压盖，并应重新制备试样。

g 将施压后的试样倒入由孔径5mm（4.75mm）和10mm（9.5mm）标准筛组成的套筛中后，装入摇筛机机械摇筛2min或手工摇筛1.5min，并应筛至每隔5s的筛出量基本相符。

h 称量各筛筛余试样的质量，精确至0.1g。各筛的分计筛余量和底盘剩余量的总和与筛分前的试样质量相比，相对差值不得超过试样质量的0.5%；否则，应重新进行测试。

5.6.6.4　数据处理

a　标准试样的筒压比按式（5-6-44）计算：

$$\eta_{ij} = \frac{t_1 + t_2}{t_1 + t_2 + t_3} \tag{5-6-44}$$

式中　η_{ij}——第 i 个测区中第 j 个试样的筒压比，以小数计；

t_1、t_2、t_3——分别为孔径 5mm（4.75mm）、10mm（9.5mm）筛的分计筛余量和底盘中剩余量，g。

b　测区的砂浆筒压比，按式（5-6-45）计算：

$$\eta_i = \frac{1}{3}(\eta_{i1} + \eta_{i2} + \eta_{i3}) \tag{5-6-45}$$

式中　η_i——第 i 个测区的砂浆筒压比平均值，以小数计，精确至 0.01；

η_{i1}、η_{i2}、η_{i3}——分别为第 i 个测区三个标准砂浆试样的筒压比。

c. 测区的砂浆强度平均值按下列公式计算：

水泥砂浆：

$$f_{2i} = 34.58(\eta_i)^{2.06} \tag{5-6-46}$$

特细砂水泥砂浆：

$$f_{2i} = 21.36(\eta_i)^{3.07} \tag{5-6-47}$$

水泥石灰混合砂浆：

$$f_{2i} = 6.10(\eta_i) + 11.0(\eta_i)^{2.0} \tag{5-6-48}$$

粉煤灰砂浆：

$$f_{2i} = 2.52 - 9.40(\eta_i) + 32.80(\eta_i)^{2.0} \tag{5-6-49}$$

石粉砂浆：

$$f_{2i} = 2.70 - 13.90(\eta_i) + 44.90(\eta_i)^{2.0} \tag{5-6-50}$$

5.6.6.5　砂浆强度推定

按照本章节 5.6.5.5 的规定方法进行砌筑砂浆强度的推定。

5.7　陶瓷砖的试验方法

5.7.1　尺寸和表面质量试验

5.7.1.1　长度和宽度的测量

a　仪器

游标卡尺或其他适合测量长度的仪器。

b　试样

每种类型取 10 块整砖进行测量。

c　步骤

在离砖角点 5mm 测量砖的每条边，测量值精确到 0.1mm。

d 结果表示

正方形砖的平均尺寸是四条边测量值的平均值。试样的平均尺寸是 40 次测量值的平均值。

长方形砖尺寸以对边两次测量值的平均值作为相应的平均尺寸。试样长度和宽度的平均尺寸分别为 20 次测量值的平均值。

5.7.1.2 厚度的测量

a 仪器

测头直径为 5～10mm 的螺旋测微器或其他适合的测量仪器。

b 试样

每种类型取 10 块整砖进行测量。

c 步骤

对表面平整的砖，在砖面上面画两条对角线，测量四条线段每段上最厚的点，每块试件测量 4 点，测量值精确到 0.1mm。

对表面不平整的砖，垂直于一边在砖面上画四条直线，四条直线距砖边的距离分别为边长的 0.125、0.375、0.625 和 0.875 倍，在每条直线上的最厚处测量厚度。

d 结果表示

对每块砖以 4 次测量值的平均值作为单块砖的平均厚度。试样的平均厚度是 40 次测量值的平均值。

5.7.1.3 边直度的测量

a 仪器

如图 5-7-1 所示仪器或其他适合的仪器，其中分度表（D_F）用于测量边直度。

标准板，有精确的尺寸和平直的边。

b 试样

每种类型取 10 块整砖进行测量。

c 步骤

将砖放在仪器的支撑销（S_A，S_B，S_C）上时，使定位销（I_A，I_B，I_C）离被测边每一角点的距离为 5mm（图 5-7-1）。

将合适的标准板准确地置于仪器的测量位置上，调整分度表的读数至合适的初始值。

取出标准板，将砖的正面恰当地放在仪器的定位销上，记录边中央处的分度表读数。如果是正方形砖，转动砖的位置得到 4 次测量值，每块砖都重复上述步骤。如是长方形砖，分别使用合适尺寸的仪器来测量其长边和宽边的边直度。测量精确到 0.1mm。

当试样的边长小于 100mm 或大于 600mm 时，其边直度的测量方法是：将砖竖立起来，在被测量边两端各放置一个相同厚度的平块，将钢直尺立于平块上，测量边的中点与钢直尺间的最大间隙，该间隙与平块的厚度差即为偏差实际值。

d 结果表示

边直度：在砖的平面内，边的中央偏离直线的偏差。这种测量只适用于砖的直边（图 5-7-2），结果用百分比表示：

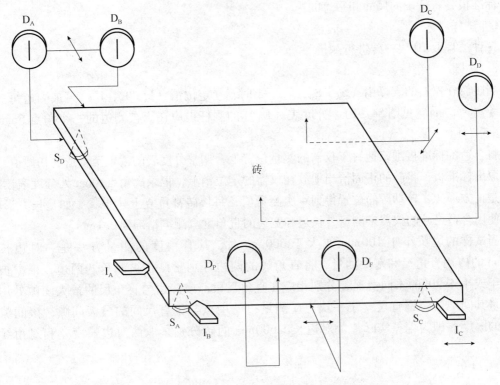

图 5-7-1　测量边直度、直角度和平整度的仪器

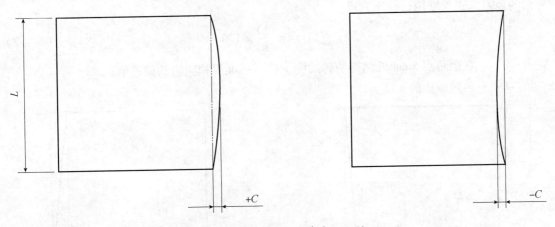

图 5-7-2　边直度（边直度 = C/L）

$$边直度 = \frac{C}{L} \times 100 \tag{5-7-1}$$

式中　C——测量边的中央偏离直线的偏差；

　　　L——测量边的长度。

5.7.1.4　直角度的测量

a　仪器

如图 5-7-1 所示仪器或其他适合的仪器，其中分度表（D_A）用于测量直角度。

标准板，有精确的尺寸和平直的边。

b 试样

每种类型取 10 块整砖进行测量。

c 步骤

当砖放在仪器的支撑销（S_A，S_B，S_C）上时，使定位销（I_A，I_B，I_C）离被测边每一角点的距离为 5mm（见图 5-7-1）。分度表（D_A）的测杆也应在离被测边的一个角点 5mm 处（见图 5-7-1）。

将合适的标准板准确地置于仪器的测量位置上，调整分度表的读数至合适的初始值。

取出标准板，将砖的正面恰当地放在仪器的定位销上，记录离角点 5mm 处分度表读数。如果是正方形砖，转动砖的位置得到 4 次测量值，每块砖都重复上述步骤。如是长方形砖，分别使用合适尺寸的仪器来测量其长边和宽边的直角度。测量精确到 0.1mm。

当试样的边长小于 100mm 或大于 600mm 时，其直角度的测量方法是：对边长 < 100mm 的砖用直角尺和塞尺测量，将直角尺的两边分别紧贴在被测角的两边，根据被测角大于或小于 90°的不同情况，分别相应在直角尺根部或砖边与直角尺的最大间隙处用塞尺测量其间隙；将钢直尺立于平块上，测量边的中点与钢直尺间的最大间隙，该间隙与平块的厚度差即为偏差实际值。对边长 >600mm 的砖分别量取两对边长度差和对角线长度差。

d 结果表示

直角度：将砖的一个角紧靠着放在用标准板校正过的直角上（图 5-7-3），该角与标准直角的偏差。直角度用百分比表示：

$$直角度 = \frac{\delta}{L} \times 100 \tag{5-7-2}$$

式中　δ——在距角点 5mm 处测得的砖的测量边与标准板相应边的偏差值；

　　　L——砖对应边的长度。

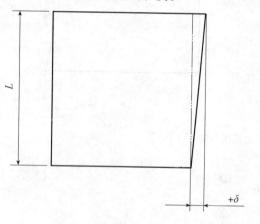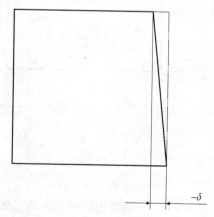

图 5-7-3　直角度（直角度 = δ/L）

5.7.1.5　平整度的测量

a 定义

表面平整度：由砖的表面上 3 点的测量值来定义。有凸纹浮雕的砖，如果表面无法测量，可以在其背面测量。

中心弯曲度：砖面的中心点偏离由四个角点中的三点所确定的平面的距离（图 5-7-4）。

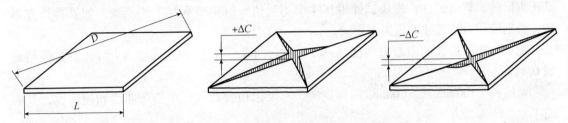

图 5-7-4　中心弯曲度（中心弯曲度 = $\Delta C / D$）

边弯曲度：砖的一条边的中点偏离由四个角点中的三点所确定的平面的距离（图 5-7-5）。

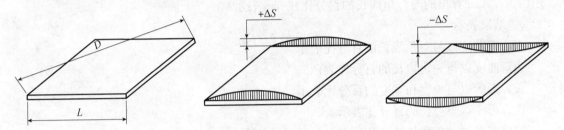

图 5-7-5　边弯曲度（边弯曲度 = $\Delta S / L$）

翘曲度：由砖的三个角点确定一个平面，第四角点偏离该平面的距离（图 5-7-6）。

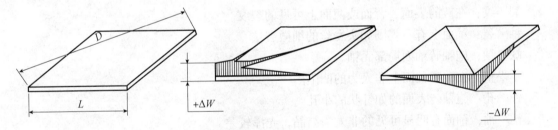

图 5-7-6　翘曲度（翘曲度 = $\Delta W / D$）

b　仪器

b.1　如图 5-7-1 所示仪器或其他适合的仪器。测量表面平滑的砖，采用直径为 5mm 的支撑销（S_A、S_B、S_C）。对其他表面的砖，为得到有意义的结果，应采用其他合适的支撑销。

b.2　使用一块理想平整的金属或玻璃标准板，其厚度至少为 10mm，用于 b.1 中所述的仪器上。

c　试样

每种类型取 10 块整砖进行测量。

d　步骤

将相应的标准板准确地放在仪器的 3 个支撑销（S_A，S_B，S_C）上，使每个支撑销的中心到砖边的距离为 10mm，外部的两个分度表（D_E、D_C）到砖边的距离也为 10mm。

调节 3 个分度表（D_D、D_E、D_C）的读数至合适的初始值（图 5-7-1）。

取出标准板，将砖的釉面或合适的正面朝下置于仪器上，记录 3 个分度表的读数。如果是正方形砖，转动试件，每块试件得到 4 个测量值，每块砖重复上述步骤。如果是长方形砖，分别使用合适尺寸的仪器来测量。

记录每块砖最大的中心弯曲度（D_D）、边弯曲度（D_E）和翘曲度（D_C），测量值精确到 0.1mm。

对边长 <100mm 或 >600mm 的陶瓷砖，不要求边弯曲度、中心弯曲度和翘曲度，其表面平整度的测量方法是：

将砖正面朝上，在砖的对角线两点处各放置一个相同厚度的平块，将钢直尺立于平块上，测量对角线的中点与钢直尺间的最大间隙，该间隙与平块的厚度差即为偏差实际值（用由工作尺寸算出的与对角线长的百分比或 mm 表示）。

e　结果表示

中心弯曲度以与对角线长的百分比表示。

边弯曲度以与一边边长的百分比表示。

长方形砖以与长度和宽度的百分比表示。

正方形砖以与边长的百分比表示。

翘曲度以与对角线长的百分比表示，有间隔凸缘的砖检验时用"mm"表示。

5.7.1.6　表面质量的检验

a　定义

裂　纹：在砖的表面、背面或两面上可见的裂纹。

釉　裂：釉面上有不规则如头发丝的细微裂纹。

缺　釉：施釉砖釉面局部无釉。

不平整：在砖或釉面上非人为的凹陷。

针　孔：施釉砖表面的如针状的小孔。

桔　釉：釉面有明显可见的非人为结晶，光泽较差。

斑　点：在砖的表面有明显可见的非人为异色点。

釉下缺陷：被釉面覆盖的明显缺点。

装饰缺陷：在装饰方面的明显缺点。

磕　碰：砖的边、角或表面崩裂掉细小的碎屑。

釉　泡：表面的小气泡或烧结时释放气体后的破口泡。

毛　边：砖的边缘有非人为的不平整。

釉　缕：沿砖的边缘有明显的釉堆集成的隆起。

b　仪器

b.1　色温为 6000~6500K 的荧光灯（照度约为 300 lx）。

b.2　长度 1m 的直尺或其他合适的测量距离的器具。

b.3　照度计。

c　试样

对于边长小于 600mm 的砖，每种类型至少取 30 块整砖进行检验，且面积不小于 $1m^2$；

对于边长不小于 600mm 的砖，每种类型至少取 10 块整砖进行检验，且面积不小于 $1m^2$。

d　步骤

将砖的正面表面用照度为 300 lx 的灯光均匀照射，检查被检表面的中心部分和每个角上的照度。

在垂直距离为 1m 处用肉眼观察被检砖组表面的可见缺陷。

检验的准备和检验不应是同一个人。

砖表面的人为装饰效果不能算作缺陷。

e　结果表示

表面质量以表面无可见缺陷砖的百分比表示。

5.7.2　吸水率试验

5.7.2.1 仪器设备

（1）电烘箱：能控温（110 ±5）℃；也可使用能获得相同检测结果的微波、红外或其他干燥系统。

（2）天平：称量不低于 200g，称量精度为所测试样质量的 0.01%。

（3）加热装置：能将水煮沸的加热装置，容积应能容纳所要求数量的试样。

（4）真空容器和真空系统：能容纳所要求数量试样的足够大容积的真空容器（≥10L）和抽真空能达到（10 ±1）kPa 并保持 30min 的真空系统。

（5）能将试样放入水中悬挂称其质量所需的吊环或篮子和盛水容器。

5.7.2.2　试件数量

每种类型取 10 块整砖进行测试。

如每块砖的表面积大于 $0.04m^2$，只需用 5 块整砖进行测试；

如每块砖的质量小于 50g，则需足够数量的砖使每个试样质量达到 50 ~100g；

砖的边长大于 200mm 且小于 400mm 时，可切割成小块，但切割下的每一块应计入测量值内。多边形和其他非矩形砖，其长和宽均按外接矩形计算。若砖的边长大于 400mm，至少在 3 块整砖的中间部位切取最小边长为 100mm 的 5 块试样。

5.7.2.3　试验步骤

a　将砖在（110 ±5）℃下烘干至恒量（每隔 24h 的两次连续质量之差小于 0.1%），放在有硅胶或其他干燥剂的干燥器内（不能使用酸性干燥剂），冷却至室温，每块砖按表 5-7-1 的测量精度称其干砖质量（m_1）并记录。

表 5-7-1　砖的质量和测量精度

砖的质量 m/g	测量精度/g
$50 \leqslant m \leqslant 100$	0.02
$100 < m \leqslant 500$	0.05
$500 < m \leqslant 1000$	0.25
$1000 < m \leqslant 3000$	0.50
$m > 3000$	1.00

　　b　水的饱和

　　b.1　煮沸法

将砖竖直地放在盛有去离子水的加热器中，使砖互不接触，砖的上部和下部应保持有 5cm 深度的水。在整个试验中都应保持高于砖 5cm 的水面。将水加热至沸腾并保持煮沸 2h。然后切断热源，使砖完全浸泡在水中冷却至室温，并保持（4 ± 0.25）h。也可用常温下的水或制冷器将样品冷却至室温。将一块浸湿的鹿皮用手拧干，并将鹿皮放在平台上轻轻地依次擦干每块砖的表面，对于凹凸或有浮雕的表面应用鹿皮轻快地擦去表面水分，然后称量，记录每块试样的称量结果（m_{2b}）。保持与干燥状态下的相同精度（见表 5-7-1）。

　　b.2　真空法

将砖竖直放入真空容器中，使砖互不接触，加入足够的水将砖覆盖并高出 5cm，抽真空至（10 ± 1）kPa，并保持 30min 后停止抽真空，让砖浸泡 15min 后取出。将一块浸湿过的鹿皮用手拧干，并将鹿皮放在平台上依次轻轻擦干每块砖的表面，对于凹凸或有浮雕的表面应用鹿皮轻快地擦去表面水分，然后立即称量，记录每块砖的称量结果（m_{2v}）。保持与干燥状态下的相同精度（见表 5-7-1）。

　　c　悬挂称量

试样在真空下吸水后，称量试样悬挂在水中的质量（m_3），精确至 0.01g。称量时，将样品挂在天平一臂的吊环或篮子上。实际称量前，将安装好并浸入水中的吊环或篮子放在天平上，使天平处于平衡位置。吊环或篮子在水中的深度与放试样称量时相同。

　　5.7.2.4　结果计算与表示

在下面的计算中，假设 1cm^3 水的质量为 1g，此假设在室温下的误差在 0.3% 以内。

　　a　吸水率

计算每块砖的吸水率 $E_{(b,v)}$，用干砖的质量分数（%）表示，按式（5-7-3）计算：

$$E_{(b,v)} = \frac{m_{2(b,v)} - m_1}{m_1} \times 100 \tag{5-7-3}$$

式中　E——吸水率，%；

　　m_1——干砖质量，g；

　　m_2——湿砖的质量，g。

E_b 表示用 m_{2b} 测定的吸水率，E_v 表示用 m_{2v} 测定的吸水率。E_b 代表水仅注入容易进入的气孔，而 E_v 代表水最大可能地注入所有气孔。

　　b　显气孔率

用下列公式计算表观体积 $V(cm^3)$：

$$V = m_{2v} - m_3 \tag{5-7-4}$$

用下列公式计算开口气孔体积 V_0 和不透水部分的体积 $V_1(cm^3)$：

$$V_0 = m_{2v} - m_1 \tag{5-7-5}$$

$$V_1 = m_1 - m_3 \tag{5-7-6}$$

显气孔率 P 用试样的开口气孔体积与表观体积的关系式的百分数表示，计算公式如下：

$$P = \frac{V_0}{V} \times 100 = \frac{m_{2v} - m_1}{m_{2v} - m_3} \times 100 \tag{5-7-7}$$

c　表观相对密度

试样不透水部分的表观相对密度 T 按式（5-7-8）计算：

$$T = \frac{m_1}{m_1 - m_3} \tag{5-7-8}$$

d　容重

试样的容重 $B(\mathrm{g/cm^3})$ 用试样的干样质量除以表观体积所得的商表示，按式（5-7-9）计算：

$$B = \frac{m_1}{V} = \frac{m_1}{m_{2v} - m_3} \tag{5-7-9}$$

样品吸水率或其他性能的试验结果取每块砖的测试结果的平均值作为样品的试验结果。

5.7.3　断裂模数和破坏强度试验

5.7.3.1　仪器设备

（1）陶瓷砖抗折试验机：精度不低于 ±2%；

（2）电烘箱：能保持（110±5）℃的箱内温度；也可使用能获得相同检测结果的微波、红外或其他干燥系统。

（3）支撑棒和中心棒：两根圆柱形支撑棒，与试样接触部分用硬度为（50±5）IRHD 橡胶包裹，一根支撑棒和中心棒能稍微摆动，另一支撑棒可稍作旋转。其棒的相应尺寸见表5-7-2。

表 5-7-2　棒的直径、橡胶厚度、砖伸出支撑棒外的长度（mm）

砖的尺寸 K	棒的直径 d	橡胶厚度 t	砖伸出支撑棒外长度 l
$K \geqslant 95$	20	5±1	10
$48 \leqslant K < 95$	10	2.5±0.5	5
$18 \leqslant K < 48$	5	1±0.2	2

5.7.3.2　试样数量

（1）应用整砖检验，对超大的砖（即边长大于300mm 的砖）和一些非矩形的砖，必须进行切割，切割成可能最大尺寸的矩形，以便安放在仪器上检验。其中心应与原来砖的中心一致。在有疑问时，用整砖比切割过的砖测得的结果准确。

（2）每种试样的最少抽样数量按表5-7-3确定。

表 5-7-3　最少试样数量

砖的尺寸 K/mm	最少试样数量
$K \geqslant 48$	7
$18 \leqslant K < 48$	10

5.7.3.3　试验步骤

（1）用硬刷刷去试样背面粘结颗粒，将其放在（110±5）℃烘箱中干燥至恒量，即每隔24 小时的两次连续质量之差不大于0.1%。然后将砖放在有硅胶或其他干燥剂的干燥器内冷却至室温，不能使用酸性干燥剂。需在试样达到室温至少3h后才能进行试验。

（2）将试样置于支撑棒上，使釉面或正面朝上，试样伸出支撑棒外的长度为 l（表5-7-2）。

（3）对于两面相同的砖，以哪面向上都可以；对于挤压成型的砖，应将其背肋垂直于支撑棒放置；对于其他矩形砖应以其长边垂直于支撑棒。对有凸纹浮雕的砖，在与浮雕面接触的中心棒上再垫一层规定厚度的橡胶层（表5-7-2）。

（4）中心棒应与两支撑棒等距。以 $(1 \pm 0.2)N/(mm^2 \cdot s)$ 的速率均匀加荷，记录断裂荷载 F。

5.7.3.4　结果计算

只有在宽度与中心棒直径相等的中间部位断裂的试样，其结果才能用来计算平均破坏强度和平均断裂模数，计算平均值至少需5个有效的结果。

如果有效结果少于5个，应取加倍数量的砖再做第二组试验，此时至少需要10个有效结果来计算平均值。

破坏强度 S 按式（5-7-10）计算：

$$S = \frac{FL}{b} \tag{5-7-10}$$

式中　S——破坏强度，N；

F——破坏荷载，N；

L——两根支撑棒之间的跨距，mm；

b——试样的宽度，mm。

断裂模数 R 按式（5-7-11）计算：

$$R = \frac{3FL}{2bh^2} = \frac{3S}{2h^2} \tag{5-7-11}$$

式中　h——试验后沿断裂边测得的试样断裂面的最小厚度，mm。

记录所有结果，以有效结果计算试样的平均破坏强度和平均断裂模数。

5.7.4　有釉陶瓷砖表面耐磨性试验

5.7.4.1　仪器设备

（1）耐磨试验机：由内装电机驱动水平支撑盘的钢壳组成，支撑盘中心与每个试样中心距离为195mm，支撑盘以300r/min的转速运动，产生22.5mm的偏心距（e），试样作直径为45mm的圆周运动；试验机达到预调转速后自动停机。

（2）目视评价装置：箱内用色温6000～6500K的荧光灯（照度约为300 lx）垂直置于观察砖的表面上，箱体尺寸不小于61mm×61mm，箱内刷有自然灰色，观察时应避免光源直接照射（图5-7-7）。

（3）电烘箱：能保持（110±5）℃的箱内温度。

5.7.4.2　试样数量

试样应具有代表性，对不同颜色或表面有装饰效果的陶瓷砖，取样时应注意能包括所有特色的部分。试样的尺寸一般为100mm×100mm，使用较小尺寸的试样时，要先把它们粘紧固定在适宜的支撑材料上，窄小接缝的边界影响可忽略不计。

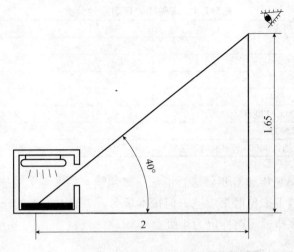

图 5-7-7　目测评价用装置（m）

试验要求用 11 块试样，其中 8 块试样经试验供目视评价用。每个研磨阶段要求取下一块试样，然后用 3 块试样与已磨损的样品对比，观察可见磨损痕迹。试样应清洗干净。

5.7.4.3　试验步骤

将试件釉面朝上夹紧在金属夹具下，在加料孔中加入研磨介质，试件的预调转数为 100、150、600、750、1500、2100、6000 和 12000 转。开动试验机，达到预调转数后，取下试样，在流动水下冲洗，并在（110±5）℃的烘箱内烘干。如果试件被铁锈污染，可用 10% 的盐酸溶液擦洗，然后立即用流动水冲洗、干燥。

将试样放入观察箱中，用一块已磨试件，周围放置三块同型号未磨试件，在 300 lx 照度下，人与箱水平距离 2m，眼高 1.65m，用眼睛观察对比未磨与经过研磨后的砖釉面的差别。注意不同的转数研磨后砖釉面的差别，至少需要三种观察意见。

在观察箱内目视比较（图 5-7-7），当可见磨损在较高一级转数和低一级转数比较靠近时，重复试验检查结果，如果结果不同，取两个级别中较低一级作为结果进行分级。

已通过 12000 转数级的陶瓷砖紧接着根据本章 5.7.7 节的规定做耐污染试验。试验完毕，钢球用流动水冲洗，再用含甲醇的酒精清洗，然后彻底干燥，以防生锈。如果协议要求做釉面磨耗试验，则应在试验前先称 3 块试样的干质量，而后在 6000 转数下研磨。已通过 1500 转、2100 转和 6000 转数级的陶瓷砖，进而根据本章 5.7.7 节的规定做耐污染性试验。

其他有关性能的测试可根据协议在试验过程中实施，例如颜色和光泽的变化。协议中规定的条款不能作为砖的分级依据。

5.7.4.4　结果分级

试样根据表 5-7-4 进行分级，共分 5 级。陶瓷砖也要按照本章 5.7.7 节进行耐污染性试验，但需对此标准进行如下修正：

（1）只用一块磨损砖（大于 12000 转），仔细区别，确保污染的分级准确（如可在做污染试验前，切下部分磨损的砖）。

表 5-7-4 有釉陶瓷砖耐磨性分类

可见磨损的研磨转数	级别
100	0
150	1
600	2
750，1500	3
2100，6000，12000	4
>12000	5
通过 12000 转试验后，必须根据 GB/T 3810.14 做耐污染性试验	

（2）如果没有按 A、B 和 C 步骤进行清洗，必须按本章 5.7.7 节中规定的 D 步骤清洗。如果试样在 12000 转数下未见磨损痕迹，但按本章 5.7.7 节中列出的任何一种方法（A、B、C 或 D）污染都不能擦掉，耐磨性定为 4 级。

5.7.5　无釉陶瓷砖耐磨深度试验

5.7.5.1　仪器设备

（1）耐磨试验机：主要包括一个摩擦钢轮，一个带有磨料装置的贮料斗，一个试样夹具和一个平衡锤。摩擦钢轮是用符合 ISO 630—1 的 E235A（Fe360A 号钢）制造的，直径为（200±0.2）mm，边缘厚度为（10±0.1）mm，转速为 75r/min。

试样受到摩擦钢轮的反向压力作用，并通过刚玉调节试验机。压力调校用 F80 刚玉磨料 150 转后，产生弦长为（24±0.5）mm 的磨坑。当摩擦钢轮损耗至最初直径的 0.5% 时，必须更换磨轮。

（2）量具：测量精度为 0.1mm。

（3）磨料：符合 ISO 8684—1 中规定的粒度为 F80 的刚玉磨料。

5.7.5.2　试验步骤

（1）采用整砖或合适尺寸的试样做试验。如是小试样，试验前应用粘结剂将其粘在一块较大的模板上。使用干净、干燥的试样，至少用 5 块。

（2）将试样夹入夹具，试样与摩擦钢轮成正切，使磨料均匀地进入研磨区。磨料给入速度为（100±10）g/100r；

摩擦钢轮转 150 转后，从夹具上取出试样，测量磨坑的弦长 L，精确到 0.5mm。每块试样应在其正面至少两处成正交的位置进行试验。

如砖面为凹凸浮雕，对耐磨试验结果有影响，可将凸出部分磨平，但所得结果与类似砖的测量结果不同。

磨料不能重复使用。

5.7.5.3　结果表示

耐深度磨损以磨料磨下的体积 $V(\text{mm}^3)$ 表示，可根据磨坑弦长 L 从表 5-7 查得，也可按下式计算：

$$V = \left(\frac{\pi \cdot \alpha}{180} - \sin\alpha \right) \cdot \frac{h \cdot d^2}{8} \tag{5-7-12}$$

$$\sin \frac{\alpha}{2} = \frac{L}{d} \tag{5-7-13}$$

式中 α——弦对摩擦钢轮的中心角，°（图 5-7-8）；

   d——摩擦钢轮直径，mm；

   h——摩擦钢轮厚度，mm；

   L——弦长，mm。

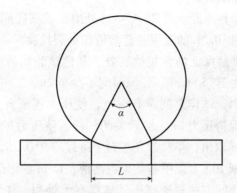

图 5-7-8 弦的定义

5.7.5.4 在表 5-7-5 中给出了弦长 L 和磨坑体积 V 的对应值

表 5-7-5 弦长 L 和磨坑体积 V 的对应值

$L/$mm	$V/$mm³	$L/$mm	$V/$mm³	$L/$mm	$V/$mm³	$L/$mm	$V/$mm³	$L/$mm	$V/$mm³
20	67	30	227	40	540	50	1062	60	1851
20.5	72	30.5	238	40.5	561	50.5	1094	60.5	1899
21	77	31	250	41	582	51	1128	61	1947
21.5	83	31.5	262	41.5	603	51.5	1162	61.5	1996
22	89	32	275	42	626	52	1196	62	2046
22.5	95	32.5	288	42.5	649	52.5	1232	62.5	2097
23	102	33	302	43	672	53	1268	63	2149
23.5	109	33.5	316	43.5	696	53.5	1305	63.5	2202
24	116	34	330	44	720	54	1342	64	2256
24.5	123	34.5	345	44.5	746	54.5	1380	64.5	2310
25	131	35	361	45	771	55	1419	65	2365
25.5	139	35.5	376	45.5	798	55.5	1459	65.5	2422
26	147	36	393	46	824	56	1499	66	2479
26.5	156	36.5	409	46.5	852	56.5	1541	66.5	2537
27	165	37	427	47	880	57	1583	67	2596
27.5	174	37.5	444	47.5	909	57.5	1625	67.5	2656
28	184	38	462	48	938	58	1689	68	2717
28.5	194	38.5	481	48.5	968	58.5	1713	68.5	2779
29	205	39	500	49	999	59	1758	69	2842
29.5	215	39.5	520	49.5	1030	59.5	1804	69.5	2906

5.7.6 有釉陶瓷砖抗釉裂性试验

5.7.6.1 仪器设备

蒸压釜：具有足够大的容积，以便使试验用的 5 块砖之间有充分的间隔；蒸气由外部气源提供，以保持釜内（500±20）kPa 的压力，即蒸汽温度为（159±1）℃，保持 2h。也可使用直接加热式蒸压釜。

5.7.6.2 试验步骤

（1）至少取 5 块整砖进行试验。对于大尺寸的砖，可进行切割，但应将所有切片都进行试验，且切割片应尽可能地大。

（2）在 300 lx 的光照条件下距试样 25~30cm 处肉眼观察砖面的可见缺陷，所有试样在试验前都不应有釉裂，可用 10g/L 的亚甲基蓝溶液作釉裂检验。

除了刚出窑的砖作为质量保证的常规检验外，其他试验用砖应在（500±15）℃的温度下重烧，但升温速率不得大于 150℃/h，保温时间不少于 2h。

（3）将砖放入蒸压釜内，试样之间应有空隙，使压力逐渐升高，在 1h 内达到（500±20）kPa、（159±1）℃，并保持压力 2h，然后关闭气源，使压力尽快降到试验室大气压，在釜中冷却试样 0.5h。将试样取出，单独放在平台上继续冷却 0.5h。

（4）在试样釉面上涂刷 10g/L 亚甲基蓝染色溶液，1min 后用湿布擦去染色液。

（5）按观察蒸压前试样的方法观察蒸压后试样有无釉裂，注意区分釉裂与划痕及可忽略的裂纹，并对釉裂记录和描述（绘图或照片），如图 5-7-9 所示。

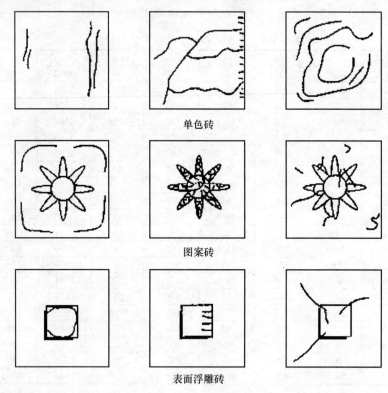

单色砖

图案砖

表面浮雕砖

图 5-7-9 釉裂的图例

5.7.7 耐污染性试验

5.7.7.1 污染剂

a 易产生痕迹的污染物（膏状物）

a.1 轻油中的绿色污染剂：常用轻油为甘油癸酸二辛酸（常用名为甘油癸酸辛酰胺）

或者甘油三丁醇（常用名为甘油丁酸酯和三丁酸甘油酯）。在选用轻油中，加入质量分数为 0.40% 的氧化铬（Cr_2O_3）粉末，试验膏应混合均匀。

a.2　轻油中的红色污染剂（仅对绿色表面的砖）：常用轻油为甘油癸酸二辛酸（常用名为甘油癸酸辛酰胺）或者甘油三丁醇（常用名为甘油丁酸酯和三丁酸甘油酯）。在选用轻油中，加入质量分数为 0.40% 的氧化铁（Fe_2O_3）粉末，试验膏应混合均匀。

b　可发生氧化反应的污染剂：如质量浓度为 13g/L 的碘酒。

c　能生成薄膜的污染剂：如橄榄油。

注：上述仅为污染剂的基本例子。经相关各方的同意，一些其他污染剂也可用于本测定方法的试验。

5.7.7.2　清洗剂（不得含有氢氟酸及其化合物）

a　热水：温度为（55 ±5）℃。

b　弱清洗剂、商业试剂，不含磨料，pH = 6.5 ~ 7.5。

c　强清洗剂、商业试剂，含磨料，pH = 9 ~ 10。

d　化学溶剂

d.1　体积分数为 0.03 的盐酸溶液：由浓盐酸（$\rho = 1.19g/mL$），按照 3 + 97 配制。

d.2　氢氧化钾溶液，浓度为 200g/L。

d.3　丙酮。

注：如果使用其他指定的溶剂，必须在试验报告中详细说明。

5.7.7.3　清洗程序和设备

a　清洗程序 A

用流动热水（55 ±5）℃清洗砖面 5min，然后用湿布擦净砖面。

b　清洗程序 B

用普通的不含磨料的海绵或布在弱清洗剂中人工擦洗砖面，然后用流动水冲洗，用湿布擦净。

c　清洗程序 C

用机械方法在强清洗剂中清洗砖面，例如可用下述装置清洗：

用硬鬃毛制成直径为 8cm 的旋转刷，刷子的旋转速度约为 500r/min。盛清洗剂的罐带有一个合适的喂料器与刷子相连。将砖面与旋转刷子相接触，然后从喂料器加入强清洗剂进行清洗，清洗时间为 2min。清洗结束后用流动水冲洗并用湿布擦净砖面。

d　清洗程序 D

试样在合适的化学溶剂中浸泡 24h，然后使砖面在流动水下冲洗，并用湿布擦净砖面。

若使用任何一种化学溶剂能将污染物除去，则认为完成清洗步骤。

e　辅助设备

干燥箱：工作温度为（110 ±5）℃；也可使用能获得相同结果的微波、红外或其他干燥系统。

5.7.7.4　试样数量及准备

每种污染剂需 5 块试样，应使用完好的整砖或切割后的砖。试验砖的表面应足够大，以确保可进行不同的污染试验。若砖面太小，可以增加砖试样的数量。

彻底地清洗砖面（若砖面经过防污处理，应采用合适方法去除砖表面的防污剂），然后在（110±5）℃的干燥箱中干燥至恒量，即连续两次称量的质量相差小于0.1g，将试样在干燥箱中冷却至室温。

当对磨损后的有釉砖做试验时，样品应按照本章5.7.4节规定进行试验，转数为600转。

5.7.7.5　试验步骤

a　污染剂的使用

在被试验的砖面上按涂3~4滴本节5.7.7.1a.1或5.7.7.1a.2中的膏状污染剂，在砖面上相应的区域各滴3~4滴本节5.7.7.1b和5.7.7.1c中的试剂，并保持24h。为使试验区域接近圆形，放一个直径约为30mm的中凸透明玻璃筒在试验区域的污染剂上。

b　清除污染剂

按上述处理的试样按5.7.7.3（程序A、程序B、程序C和程序D）的清洗程序进行清洗。

试样每次清洗后在（110±5）℃的干燥箱中烘干，然后用肉眼观察砖面的变化，眼睛距离砖面25~30cm，光线约为300 lx的日光或人工光源，但避免阳光直接照射。如使用5.7.7.1中的污染剂，只报告色彩可见的情况。如果砖面未见变化，即污染能去掉，根据图5-7-10记录可清洗级别。如果污染不能去掉，则进行下一个清洗程序。

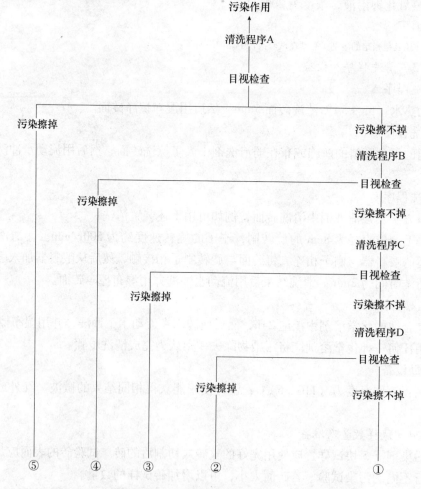

图5-7-10　耐污染性试验结果的分级

5.7.7.6　结果分级

按照 5.7.7.5 节试验处理的结果，陶瓷砖表面耐污染性分为 5 级，如图 5-7-10 所示。

记录每块试样与每种污染剂作用所产生的结果（经双方同意，有釉砖可在无磨损或磨损后进行），第 5 级对应于最易将规定的污染剂从砖面上清除，第 1 级对应于任何一种试验步骤在不破坏砖面的情况下无法清除砖面上的污染剂。

5.8　塑料管材及管件试验方法

建筑给排水系统就是将城镇给水管网的水引入室内，经配水管送至生活、生产和消防用水设备，并将雨水或者使用过的水收集起来，及时排放到室外的系统。塑料管材由于材料轻、耐腐蚀、运输方便、连接方便、价格低等优势，在建筑给排水管道中得到广泛使用。常用塑料管材有：硬聚氯乙烯（PVC-U）管材及管件、聚乙烯（PE）管材及管件、聚丙烯（PP-R）管材及管件等。本节主要介绍建筑给排水用塑料管材及管件的有关试验方法。

5.8.1　尺寸测量试验

5.8.1.1　测量量具

a　一般要求

a.1　测量量具的精确度

测量量具的选用应与测量步骤相结合，以达到尺寸测量所要求的精确度。推荐测量量具和仪器的精度要求详见表 5-8-1。

表 5-8-1　测量方法与测量量具的精度要求

尺寸测量项目	管材规格/mm	量具和仪器的精度/mm
壁厚的测量	壁厚≤30	0.01 或 0.02
	壁厚>30	≤0.02
直径的测量	公称直径≤600	0.02
	600<公称直径≤1600	0.05
	公称直径>1600	≤0.1
不圆度的测量	公称直径≤315	0.02
	315<公称直径≤600	0.05
	公称直径>600	≤0.1
长度的测量	长度≤1000	0.1
	长度>1000	≤1

a.2　校准

使用者应根据质量管理计划定期对量具进行校准，其校准结果应能溯源到国家量值标准。

b　仪器

b.1　接触式仪器

b.1.1　在仪器的使用中，不应有可引起试样表面产生局部变形的作用力。

b.1.2 与试样的一个或多个表面相接触的测量量具，如：管材千分尺、游标卡尺，应符合下列要求：

（1）与部件内表面接触的仪器的接触面，其半径应小于试样表面的半径。

（2）与部件外表面接触的仪器的接触面应为平面或半圆形。

（3）与试样接触的仪器的接触表面的硬度不应低于 500HV。

b.1.3 千分尺应符合 GB/T 1216，游标卡尺应符合 GB/T 21389，角度尺应符合 GB/T 6315。

b.1.4 指示表式测量仪器应符合 GB/T 1219。

b.1.5 卷尺（π 尺）应根据试样的直径确定分度，以 mm 表示。当在卷尺（π 尺）的两端沿长度方向施加 2.5N 的作用力时，其伸长不应超过 0.05mm/m。

b.2 非接触式仪器

非接触式量具或仪器，如光学或超声波测量仪，其测量的精确度应符合尺寸测量的相关要求，或者其使用被限定在寻找到相关的测量位置而采用其他的方法进行测量，如最大或最小尺寸位置。

5.8.1.2 尺寸的测定

a 总则

a.1 测量人员应经过对相关量具和测量步骤的培训。

a.2 除非其他标准另有规定，应保证下列任一条：

（1）测量量具、试样的温度和周围环境的温度均在（23±2）℃；

（2）结果可通过计算和经验与相应的 23℃ 的值关联。

a.3 检查试样表面是否有影响尺寸测量的现象，如标志、合模线、气泡或杂质。如果存在，在测量时记录这些现象和影响。

a.4 选择测量的截面时，应满足以下一条或多条的要求：

（1）按相关标准的要求；

（2）距试样的边缘不小于 25mm 或按照制造商的规定；

（3）当某一尺寸的测量与另外的尺寸有关，如通过计算而得到下一步的尺寸，其截面的选取应适合于进行计算。

a.5 按尺寸测定方法规定的测量结果为修约值，测定平均值时应在计算出算术平均值后再对其进行修约。

b 壁厚

b.1 总则

选择量具或仪器以及测量的相关步骤，使结果的精确度在表 5-8-2 要求的范围内，除非其他标准另有规定。

表 5-8-2 壁厚的测量精度要求

壁厚 e/mm	单个结果要求的精确度	算术平均值修约至
$e \leqslant 10$	0.03mm	0.05mm
$10 < e \leqslant 30$	0.05mm	0.1mm
$e > 30$	0.1mm	0.1mm

b.2　最大和最小壁厚

在选定的被测截面上移动测量量具直至找出最大和最小壁厚，并记录测量值。

b.3　平均壁厚

在每个选定的被测截面上，沿环向均匀间隔至少 6 点进行壁厚测量。

由测量值计算算术平均值，按表 5-8-2 的规定修约并记录结果作为平均壁厚，e_m。

c　直径

c.1　总则

选择量具或仪器以及测量的相关步骤，测量试样在选定截面处的直径（外径或内径），使结果的精确度在表 5-8-3 要求的范围内，除非其他标准另有规定。

表 5-8-3　直径的测量精度要求

公称直径 d/mm	单个结果要求的精确度	算术平均值修约至
$d \leqslant 600$	0.1mm	0.1mm
$600 < d \leqslant 1600$	0.2mm	0.2mm
$d > 1600$	1mm	1mm

c.2　最大和最小直径的测量

在选定的每个被测截面上移动测量量具，直至找出直径的极值并记录测量值。

c.3　平均外径

平均外径 $d_{e,m}$ 可用以下任一方法测定：

（1）用 π 尺直接测量；

（2）按表 5-8-4 的要求对每个选定截面上沿环向均匀间隔测量的一系列单个值计算算术平均值，按表 5-8-3 的规定修约并记录结果作为平均外径 $d_{e,m}$。

表 5-8-4　给定公称尺寸的单个直径测量的数量

管材或管件的公称尺寸/mm	$\leqslant 40$	$40 < d \leqslant 600$	$600 < d \leqslant 1600$	> 1600
给定截面要求单个直径测量的数量（个）	4	6	8	12

c.4　平均内径

平均内径 $d_{i,m}$ 可用以下任一方法测定：

（1）按表 5-8-4 的规定间隔测量一系列的单个值，对单个测量值计算算术平均值，按表 5-8-3 的规定修约并记录结果作为平均内径 $d_{i,m}$；

（2）用内径 π 尺直接测量。

c.5　中部直径

按 c.2 或 c.3 测定的未经修约的值，用下列任一公式计算中部直径 d_m，按表 5-8-3 的规定修约并记录结果：

$$d_m = d_{e,m} - e_m \tag{5-8-1}$$

$$d_m = d_{i,m} + e_m \tag{5-8-2}$$

$$d_m = 0.5(d_{e,m} + d_{i,m}) \tag{5-8-3}$$

式中　$d_{e,m}$——被测截面的平均外径，mm；

　　　e_m——被测截面的平均壁厚，mm；

$d_{i,m}$——被测截面的平均内径，mm。

d 不圆度

根据 c.2 测定选定截面中直径的极值，测量结果的精确度应符合表 5-8-5 的要求，按相关产品标准的规定计算不圆度。一般用管材的最大直径减最小直径之差来表示管材不圆度。

表 5-8-5 不圆度测量的精确度要求

公称直径 D_N/mm	≤315	315 < D_N ≤600	>600
单个结果要求的精确度/mm	0.1	0.5	1

5.8.2 密度试验

5.8.2.1 仪器设备

a 分析天平，或为测密度而专门设计的仪器，精确到 0.1mg。测量设备应配备下述部件：

a.1 浸渍容器：烧杯或其他适用于盛放浸渍溶液的大口径容器。

a.2 固定支架：如容器支架，可将浸渍容器支放在水平面板上。

a.3 温度计：测量范围为 0～30℃，最小分度值为 0.1℃。

a.4 金属丝：具有耐腐蚀性，直径不大于 0.5mm，用于浸渍液中悬挂试样。

a.5 重锤，具有适当的质量。当试样的密度小于浸渍液的密度时，可将重锤悬挂在试样托盘下端，使试样完全浸在浸渍液中。

b 比重瓶：带侧臂式溢流毛细管，当浸渍液不是水时，用来测定浸渍液的密度。比重瓶应配备分度值为 0.1℃、范围为 0～30℃的温度计。

c. 液浴：在测定浸渍液的密度时，可以恒温在 ±0.5℃范围内。

5.8.2.2 浸渍液

用新鲜的蒸馏水或去离子水，或其他适宜的液体（含有浓度不高于 1g/L 的润湿剂以除去浸渍液中的气泡）。在测试过程中，试样与该液体或溶液接触时，对试样应无影响。

如果除蒸馏水以外的其他浸渍液来源可靠且附有检验证书，则不必再对其进行密度测试。

5.8.2.3 试样制备

从管材、管件或塑料制品上切取试样尺寸约为 30mm×10mm，厚度保持试样原厚度，试样质量约在 1～5g。制备的试样表面应光滑、整洁，无凹陷、无裂缝、无气泡等可能存留气泡的缺陷。一般应制备 3 个试样。

5.8.2.4 试验步骤

a 在空气中称量由一直径不大于 0.5mm 的金属丝悬挂的试样的质量。试样质量不大于 10g 时，精确到 0.1mg；试样质量大于 10g 时，精确到 1mg，并记录试样的质量。

b 将用细金属丝悬挂的试样浸入放在固定支架上装满浸渍液的烧杯里，浸渍液的温度应为 (23±2)℃ ［或 (27±2)℃]。用细金属丝除去粘附在试样上的气泡。称量试样在浸渍液中的质量，精确到 0.1mg。

如果在温度控制的环境中测试，整个仪器的温度，包括浸渍液的温度都应控制在 (23±2)℃ ［或 (27±2)℃] 范围内。

c 如果浸渍液不是水，浸渍液的密度需要用下列方法进行测定：称量空比重瓶质量，然后在温度 23℃ ±0.5℃（或 27℃ ±0.5℃）下，充满新鲜蒸馏水或去离子水后再称量。将比重瓶倒空并清洗干燥后，同样在 23℃ ±0.5℃（或 27℃ ±0.5℃）温度下充满浸渍液并称量，用液浴来调节水或浸渍液以达到合适的温度。

按式（5-8-4）计算 23℃ 或 27℃ 时浸渍液的密度：

$$\rho_{IL} = \frac{m_{IL}}{m_W} \times \rho_W \tag{5-8-4}$$

式中　ρ_{IL}——23℃ 或 27℃ 时浸渍液的密度，g/cm^3；

m_{IL}——浸渍液的质量，g；

m_W——水的质量，g；

ρ_W——23℃ 或 27℃ 时水的密度，g/cm^3。

5.8.2.5　结果计算

a　按式（5-8-5）计算 23℃ 或 27℃ 时试样的密度：

$$\rho_S = \frac{m_{S,A} \times \rho_{IL}}{m_{S,A} - m_{S,IL}} \tag{5-8-5}$$

式中　ρ_S——23℃ 或 27℃ 时试样的密度，g/cm^3；

$m_{S,A}$——试样在空气中的质量，g；

$m_{S,IL}$——试样在浸渍液中的表观质量，g；

ρ_{IL}——23℃ 或 27℃ 时浸渍液的密度，g/cm^3，可由供货商提供或由（5-8-4）式计算得出。

b　对于密度小于浸渍液密度的试样，除下述操作外，其他步骤与上述方法完全相同。

在浸渍期间，将重锤挂在细金属丝上，随试样一起沉在液面下。在浸渍时，重锤可以看做是悬挂金属丝的一部分。在这种情况下，浸渍液对重锤产生的向上的浮力是可以忽略的。试样的密度按式（5-8-6）计算：

$$\rho_S = \frac{m_{S,A} \times \rho_{IL}}{m_{S,A} + m_{K,IL} - m_{S+K,IL}} \tag{5-8-6}$$

式中　ρ_S——23℃ 或 27℃ 时试样的密度，g/cm^3；

$m_{K,IL}$——重锤在浸渍液中的表观质量，g；

$m_{S+K,IL}$——试样加重锤在浸渍液中的表观质量，g。

c　对于每个试样的密度，至少进行三次测定，取其平均值作为试验结果，结果保留到小数点后第三位。

5.8.3　拉伸性能试验

本节所述试验方法是通过对热塑性塑料管材沿其纵向裁切或机械加工制取规定形状和尺寸的试样，通过拉力试验机在规定条件下测得管材的拉伸性能。

5.8.3.1　仪器设备

a　拉力试验机

应符合标准 GB/T 17200《橡胶塑料拉力、压力和弯曲试验机（恒速驱动）技术规范》的规定，并同时满足下列要求：

a. 1   夹具

用于夹持试样的夹具连在试验机上，应使试样的长轴与通过夹具中心线的拉力方向重合。试样应夹紧，使它相对于夹具尽可能不发生位移。夹具装置系统不得引起试样在夹具处过早断裂。

a. 2   负载显示计

拉力显示仪应能显示被夹具固定的试样在试验的整个过程中所受拉力，它在一定速率下测定时不受惯性滞后的影响且其测定的精确度应控制在实际值的 ±1% 范围内。

a. 3   引伸计

应配备测定试样在试验过程中任一时刻的长度变化的引伸计。此仪表在一定试验速度时必须不受惯性滞后的影响且能测量误差范围在 1% 内的形变。试验时，此仪表应安置在使试样经受最小的伤害和变形的位置，且它与试样之间不发生相对滑移。

所配夹具应避免滑移，以防影响伸长率测量的精确性。推荐使用自动记录试样的长度变化或任何其他变化的引伸测量装置。

b   测量器具

测量试样厚度和宽度的仪器，精度为 0.01mm。

c   哑铃型裁刀、制样机和铣刀。

5.8.3.2   试样的制备

a   从管材上取样条

先从管材上截取 150mm 长的管段，以一条任意直线为参考线沿管段圆周方向均匀取样条，样条的纵向平行于管材的轴线，取样条时不应加热或压平，如图 5-8-1 所示。除特殊情况下，每个样品应取三条样条，每根样条从中间部位制取试样 1 片，以便获得 3 个试样（表 5-8-6）。

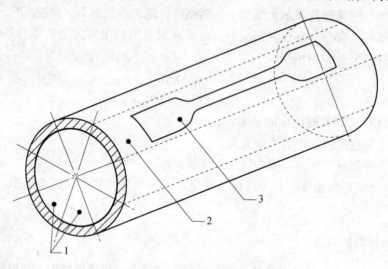

图 5-8-1   试样制备

1—扇形块；2—样条；3—试样

表 5-8-6   取样数量

公称外径 d_n/mm	$15 \leqslant d_n < 75$	$75 \leqslant d_n < 280$	$280 \leqslant d_n < 450$	$d_n \geqslant 450$
样条数	3	5	5	8

b　试样尺寸

试样的形状与尺寸，可依据管材厚度的大小，根据不同材料制品标准的要求，在图 5-8-2 至图 5-8-4 中选择。为避免试样在夹具内滑脱，一般宜保持试样端部的宽度（b_2）与厚度（e_n）成下列线性关系（单位：mm）：$b_2 = e_n + 15$。

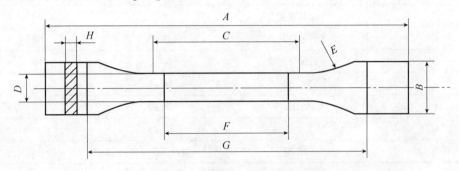

图 5-8-2　类型 1 机械加工试样

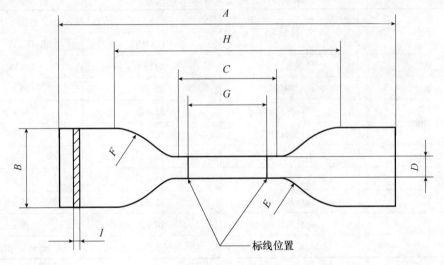

图 5-8-3　类型 2 冲裁试样

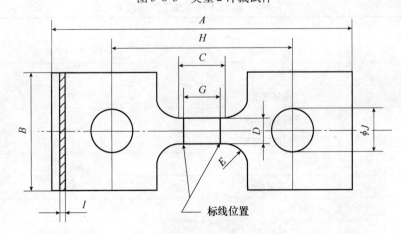

图 5-8-4　类型 3 机械加工试样

表 5-8-7　类型 1 机械加工试样尺寸

符号	说明	尺寸/mm	
		PVC-U 类	PE 类、PP-R 类
A	最小总长度	115	150
B	端部宽度	≥15	20 ± 0.2
C	平行部分长度	33 ± 2	60 ± 0.5
D	平行部分宽度	$6_0^{+0.4}$	10 ± 0.2
E	半　径	14 ± 1	60
F	标线间长度	25 ± 1	50 ± 0.5
G	夹具间距离	80 ± 5	115 ± 0.5
H	厚　度	管材实际厚度	管材实际厚度

表 5-8-8　类型 2 冲裁试样尺寸

符号	说明	尺寸/mm	
		PVC-U 类	PE 类、PP-R 类
A	最小总长度	115	115
B	端部宽度	25 ± 1	25 ± 1
C	平行部分长度	33 ± 2	33 ± 2
D	平行部分宽度	$6_0^{+0.4}$	$6_0^{+0.4}$
E	小 半 径	14 ± 1	14 ± 1
F	大 半 径	25 ± 2	25 ± 2
G	标线间长度	25 ± 1	25 ± 1
H	夹具间距离	80 ± 5	80 ± 5
I	厚　度	管材实际厚度	管材实际厚度

表 5-8-9　类型 3 机械加工试样尺寸

符号	说明	尺寸/mm
		PE 类、PP-R 类
A	最小总长度	250
B	端部宽度	100 ± 3
C	平行部分长度	25 ± 1
D	平行部分宽度	25 ± 1
E	半　径	25 ± 1
G	标线间长度	20 ± 1
H	载荷销间的距离	165 ± 5
I	厚　度	管材实际厚度
J	孔　径	30 ± 5

c　试样制备方法

管材壁厚小于或等于 12mm 规格的管材，可采用哑铃型裁刀冲裁或机械加工的方法制样。管材壁厚大于 12mm 规格的管材，应采用机械加工的方法制样。试验室间比对和仲裁试验采用机械加工方法制样。

c.1　冲裁方法

选择合适的没有刻痕、刀口干净的裁刀，将 PVC-U 管材样条放置于 125～130℃ 的烘箱中加热，加热时间按厚度每毫米加热 1min 计算（必要时可同时加热裁刀）。加热结束取出样条，快速地将裁刀置于样条内表面，均匀地一次施压裁切得试样，然后将试样放置室内冷却至室温。

对于聚烯烃管材，壁厚大于 5mm 但小于或等于 12mm 选用类型 1 裁刀，壁厚小于或等于 5mm 选用类型 2 裁刀。在室温下使用裁刀，在样条的内表面均匀地一次施压裁切试样。

c.2　机械加工方法

公称外径大于 110mm 的管材，直接采用机械加工方法制样。公称外径小于或等于 110mm 的管材，应将截取的样条压平后制样，压平时样条加热温度 125～130℃，加热时间按每毫米加热 1min 计算，施加压力不应使样条的壁厚减小，压平后在空气中冷却至常温，用机械加工方法制样。

机械加工试样采用铣削，铣削时应尽量避免使试样发热，避免出现裂痕、刮伤及其他使试样表面品质降低的可见缺陷。

d　标线

从中心点近似等距离画两条标线，标线间距离应精确到 1%。画标线时不得以任何方式刮伤、冲击或施压于试样，以避免试样受损伤。标线不应对被测试样产生不良影响，标注的线条应尽可能窄。

5.8.3.3　试样状态调节

除生产检验或相关标准另有规定外，试样应在管材产生 15h 之后测试。试验前根据试样厚度，应将试样置于 23±2℃ 的环境中进行状态调节，时间不少于表 5-8-10 的规定。

表 5-8-10　试样的状态调节时间

管材壁厚 e_{min}/mm	$e_{min}<3$	$3\leqslant e_{min}<8$	$8\leqslant e_{min}<16$	$16\leqslant e_{min}<32$	$e_{min}\geqslant32$
状态调节时间	1h±5min	3h±15min	6h±30min	10h±1h	16h±1h

5.8.3.4　试验速度

试验速度和管材的材质及壁厚有关。对于 PVC-U 管材的所有试样，不论壁厚大小，试验速度均取 (5±0.5)mm/min。对于聚烯烃管材，试验速度与管材壁厚有关，见表 5-8-11。

表 5-8-11　试验速度

管材的公称壁厚 e_n/mm	试样制备方法	试样类型	试验速度/(mm/min)
$e_n\leqslant5$	裁刀裁切或机械加工	类型 2	100
$5<e_n\leqslant12$	裁刀裁切或机械加工	类型 1	50
$e_n>12$	机械加工	类型 1	25
$e_n>12$	机械加工	类型 3	10

5.8.3.5　试验步骤

a　试验应在温度（23±2）℃环境下按下列步骤进行。

b　测量试样标距间中部的宽度和最小厚度，精确到 0.01mm，计算最小截面积。

c　将试样安装在拉力试验机上并使其轴线与拉伸应力的方向一致，使夹具松紧适宜以防止试样滑脱。

d　使用引伸计，将其放置或调整在试样的标线上。

e　选定试验速率（见 5.8.3.4 条）进行试验。

f　记录试样的应力/应变曲线直至试样断裂，并在此曲线上标出试样达到屈服点时的应力和断裂时标距间的长度；或直接记录屈服点处的应力值及断裂时标线间的长度。

如试样从夹具处滑脱或在平行部位之外渐宽处发生拉伸变形并断裂，应重新取相同数量的试样进行试验。

5.8.3.6　结果计算

a　拉伸屈服应力

对于每个试样，拉伸屈服应力以试样的初始截面积为基础，按式（5-8-7）计算，所得结果保留三位有效数字：

$$\sigma = F/A \qquad (5\text{-}8\text{-}7)$$

式中　σ——拉伸屈服应力，MPa；

　　　F——屈服点的拉力，N；

　　　A——试样的原始截面积，mm^2。

注：屈服应力实际上应按屈服时的截面积计算，但为了方便，通常取试样的原始截面积计算。

b　断裂伸长率

对于每个试样，断裂伸长率按式（5-8-8）计算，所得结果保留三位有效数字：

$$\varepsilon = \frac{L - L_0}{L_0} \times 100 \qquad (5\text{-}8\text{-}8)$$

式中　ε——断裂伸长率，%；

　　　L——试样断裂时标线间的长度，mm；

　　　L_0——试样标线间的原始长度，mm。

c　补做试验

如果所测的一个或多个试样的试验结果异常，应取双倍试样重做试验，例如五个试样中的两个试样测试结果异常，则应再取四个试样补做试验，如补做的测试结果和原两个异常的测试结果接近，将补做的四个测试结果和原五个试样的测试结果并在一起参与计算；如补做的测试结果和原三个正常的测试结果接近，可以考虑舍去原两个异常的测试结果，将原正常的三个测试结果和补做的四个测试结果并在一起参与计算。

d　结果报告

试验结果以每组试样的算术平均值表示，取三位有效数字，小数点后第 1 位有效数字按四舍五入处理。

5.8.4　维卡软化温度试验

5.8.4.1　仪器设备

a. 采用塑料维卡软化温度测定仪进行试验，试验装置如图 5-8-5 所示。

a.1　试样支架、负载杆

试样支架用于放置试样，并可方便地浸入到保温浴槽中，支架和施加负荷的负载杆都应选用热膨胀系数小的材料组成（如果负载杆与支架部分线性膨胀系数不同，则它们在长度上的不同变形会导致读数偏差）。每台仪器都用一种低热膨胀系数的刚性材料进行校正，校正应包括整个的工作温度范围，并且测定出每一温度的校正值。如果校正值大于或等于 0.02mm，应对其进行标记，并且在其后的每次试验中均应考虑此校正值。

负载杆能自由垂直移动，支架底座用于放置试样，压针固定在负载杆的末端（图 5-8-5）。

a.2　压针

材料最好选用硬质钢，压针长 3mm 且横截面积为 (1 ± 0.015)mm^2，安装在负载杆底部。压针端应是平面并且与负载杆轴向成直角，压针不允许带有毛刺等缺陷。

a.3　千分表（或其他测量仪器）

用来测量压针压入试样的深度，精确度应小于或等于 0.01mm。作用于试样表面的压力应是可知的。

a.4　载荷盘

安装在负载杆上，质量负载应在荷载盘的中心，

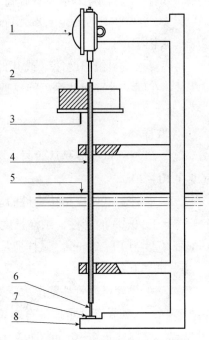

图 5-8-5　维卡软化温度测定原理图

1—千分表；2—砝码；3—荷载盘；
4—负载杆；5—液面；6—压针；
7—试样；8—试样支架

以便使作用于试样上的总压力控制在 50N + 1N。由于向下的压力是由负载杆、压针及荷载盘综合作用的，因此千分表的弹力应不超过 1N。

a.5　砝码

试样承受的静负载 $G = W + R + T = 50$N，则应加砝码的重量由式（5-8-9）计算：

$$W = 50 - R - T \qquad (5-8-9)$$

式中　W——砝码重量，N；

　　　R——负载杆、压针和载荷盘的重量，N；

　　　T——千分表或其他测量仪器附加的压力，N。

b　加热浴槽

放一种合适的液体在浴槽中（见注 1、2），使试验装置浸入液体中，试样至少在介质表面 35mm 以下。浴槽中应具有搅拌器及加热装置，使液体可按每小时 50℃ ±5℃ 等速升温。

试验过程中，每 6min 间隔内温度变化应在 5℃ ±0.5℃ 范围内。

注 1. 液状石蜡、变压器油、甘油和硅油可用作传热介质，也可用其他介质。但无论选用哪种介质，都确定其在测试温度下是稳定的，并且在测试中对试样不产生影响，如软化、膨胀、破裂。如果没有合适的传热介质，也可使

用带有空气环流的加热箱。

注 2. 试验结果与传热介质的热传导率有关。

注 3. 通过手动或自动控制加热都可以达到等速升温，推荐使用后者。给定从最初测试温度开始所要达到的升温速率，通过调节一个电阻器或可调变压器增大或减少加热功率。

注 4. 为减少连续的两次试验间的冷却时间，建议在加热浴槽中装一个冷却盘管。由于冷却剂的存在会影响其升温速率，因此，冷却盘管应在下次试验前拆除或排空。

c. 水银温度计

局部浸入式水银温度计（或其他合适的测温装置），分度值为 0.5℃。温度计浸入深度应与试样在同一水平面并尽可能靠近试样。

5.8.4.2 试样

a 取样

a.1 管材：试样应是从管材上沿轴向裁下的弧形管段。其尺寸如下：长度约为 50mm，宽度在 10~20mm。

a.2 管件：试样应是从管件的承口、插口或柱面上裁下的弧形片段，其长度为：直径小于或等于 90mm 的管件，试样长度和承口长度相等；直径大于 90mm 的管件，试样长度为 50mm，宽度为 10~20mm。试样应从没有合模线或注射点的部位切取。

b 试样制备

b.1 如果管材或管件壁厚大于 6mm，则采用适宜的方法加工管材或管件外表面，使壁厚减至 4mm。如果管件承口带有螺纹，则应车掉螺纹部分，使其表面光滑。

b.2 壁厚在 2.4~6mm（包括 6mm）范围内的试样，可直接进行测试。

b.3 如果管材或管件壁厚小于 2.4mm，则可将两个弧形管段叠加在一起，使其总厚度不小于 2.4mm。作为垫层的下层管段试样应首先压平，为此可将该试样加热到 140℃并保持 15min，再置于两块光滑平板之间压平。上层弧段应保持其原样不变。

c 试样数量

每次试验用两个试样，但在裁制试样时，应多提供几个试样，以备试验结果相差太大时作补充试验用。

d 预处理

将试样在低于预期维卡软化温度（VST）50℃的温度下预处理至少 5min。

5.8.4.3 试验步骤

a 将加热浴槽温度调至约低于试样软化温度 50℃并保持恒温。

b 将试样凹面向上，水平放置在无负载金属杆的压针下面，试样和仪器底座的接触面应是平的。对于壁厚小于 2.4mm 的试样，压针端部应置于未压平试样的凹面上，下面放置压平的试样。压针端部距试样边缘不小于 3mm。

c 将试验装置放在加热浴槽中，温度计的水银球或测温装置的传感器与试样在同一水平面，并尽可能靠近试样。

d 压针定位 5min 后，在荷载盘上加所要求的砝码，以使试样所承受的总轴向压力为（50±1）N，记录千分表（或其他测量仪器）的读数或将其调至零点。

e　以（50±5）℃/h 的速度等速升温，提高浴槽温度，整个试验过程中应开动搅拌器。

f　当压针压入试样内（1±0.01）mm 时，迅速记录下此时的温度，此温度即为该试样的维卡软化温度（VST）。

5.8.4.4　数据处理

两个试样的维卡软化温度的算术平均值，即为所测试管材或管件的维卡软化温度，单位以℃表示。若两个试样结果相差大于 2℃，应重新取不少于两个试样进行试验。

5.8.5　纵向回缩率试验

热塑性塑料管材纵向回缩率有两种试验方法，一种是在液体中（液浴法），一种是在空气中（烘箱法）。由于烘箱试验方法具有操作简便、设备使用广泛的优点，被大多数实验室所采用，因此本节主要介绍烘箱试验方法。

5.8.5.1　仪器设备

a　划线器：应保证两标线间距为 100mm。

b　烘箱：除另有规定外，烘箱应恒温控制在表 5-8-12 中规定的温度 T_R 内，并保证当试样置入后，烘箱内温度应在 15min 内重新回升到试验温度范围。

表 5-8-12　烘箱试验的测定参数

热塑性材料	烘箱温度 T_R	试样在烘箱中放置时间		试样长度/mm
		壁厚 e/mm	放置时间/min	
硬质聚氯乙烯（PVC-U）	150℃±2℃	$e \leqslant 8$	60	200±20
		$8 < e \leqslant 16$	120	
		$e > 16$	240	
氯化聚氯乙烯（PVC-C）	150℃±2℃	$e \leqslant 8$	60	
		$8 < e \leqslant 16$	60	
		$e > 16$	120	
聚乙烯（PE32/40）	100℃±2℃	$e \leqslant 8$	60	
		$8 < e \leqslant 16$	120	
聚乙烯（PE50/63）	110℃±2℃	$e \leqslant 8$	60	
聚乙烯（PE80/100）		$8 < e \leqslant 16$	120	
交联聚乙烯（PE-X）	120℃±2℃	$e \leqslant 8$	60	
		$8 < e \leqslant 16$	120	
		$e > 16$	240	
聚丁烯（PB）	110℃±2℃	$e \leqslant 8$	60	200±20
		$8 < e \leqslant 16$	120	
		$e > 16$	240	
聚丙烯无规共聚物（PP-R）	135℃±2℃	$e \leqslant 8$	60	
		$8 < e \leqslant 16$	120	
		$e > 16$	240	

c 温度计：精度为 0.5℃。

5.8.5.2 试样制备

a 取（200±20）mm 长的管段为试样。

b 使用划线器，在试样上划两条相距 100mm 的圆周标线，并使其一标线距任一端至少 10mm。

c 从一根管材上截取三个试样。对于公称直径大于或等于 400mm 的管材，可沿轴向均匀切成 4 片进行试验。

d 预处理：按照标准 GB/T 2918《塑料试样状态调节和试验的标准环境》规定，试样在（23±2）℃温度下至少放置 2h。

5.8.5.3 试验步骤

a 在环境温度（23±2）℃下，测量标线间距 L_0，精确至 0.25mm。

b 根据管材材质，将烘箱温度调节至表 5-8-12 中的温度规定值 T_R。

c 把试样放入烘箱，使试件不触及烘箱底和壁。若悬挂试样，则悬挂点应在距标线最远的一端。若把试样平放，则应放于垫有一层滑石粉的平板上，切片试样，应使凸面朝下放置。

d 把试样放入烘箱内保持表 5-8-12 所规定的时间，这个时间应从烘箱温度回升到规定温度 T_R 时算起。

e 从烘箱中取出试样，平放于一光滑平面上，待完全冷却至（23±2）℃时，在试样表面沿母线测量标线间最大或最小距离 L_i，精确至 0.25mm。

注：切片试样，每一管段所切的四片应作为一个试样，测得 L_i，且切片在测量时，应避开切口边缘的影响。

5.8.5.4 结果表示

a 按式（5-8-10）计算每一试样的纵向回缩率 R_{Li}，以百分率表示：

$$R_{Li} = \frac{|L_0 - L_i|}{L_0} \times 100 \qquad (5\text{-}8\text{-}10)$$

式中 L_0——放入烘箱前试样两标线间距离，mm；

L_i——试验后沿母线测量的两标线间距离，mm。

b 计算三个试样 R_{Li} 的算术平均值，其结果作为管材的纵向回缩率 R_L。

5.8.6 落锤冲击试验

通过以规定质量和尺寸的落锤从规定高度冲击试样的规定部位，即可测出该批管材产品的真实冲击率（TIR），来反映热塑性塑料管材耐外冲击性能。TIR 最大允许值为 10%。

5.8.6.1 仪器设备

a. 落锤冲击试验机应满足下列要求：

a.1 主机架和导轨：垂直固定，可以调节并垂直、自由释放落锤。校准时，落锤冲击管材的速度不能小于理论速度的 95%。

a.2 落锤：应符合图 5-8-6、表 5-8-13 的规定，采用钢制锤头，最小壁厚为 5mm，锤头的表面不应有凹痕、划伤等影响测试结果的可见缺陷。质量为 0.5kg 和 0.8kg 的落锤应具有 d25 型的锤头，质量大于或等于 1kg 的落锤应具有 d90 型的锤头。

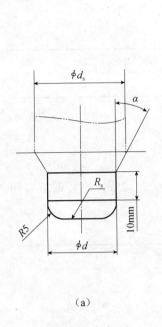
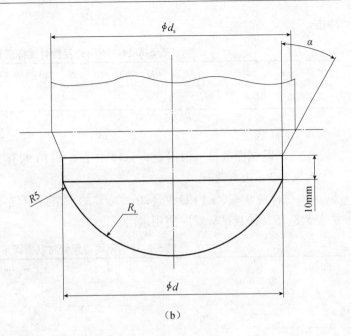

（a）　　　　　　　　　　　　　　　　　　（b）

图 5-8-6　落锤的锤头

（a）d 25 型（质量为 0.5kg 和 0.8kg 的落锤）；（b）d 90 型（质量大于或等于 1kg 的落锤）

表 5-8-13　落锤锤头的尺寸和推荐质量

型号	R_S	$\phi d/mm$	$\phi d_s/mm$	$\alpha/(°)$	推荐落锤质量/kg
d25	50	25 ± 1	任意	任意	0.5、0.8
d90	50	90 ± 1	任意	任意	1.0、1.25、1.6、2.0、2.5、3.2、4.0、5.0、6.3、8.0、10.0、12.5、16.0

注：落锤质量的允许公差为 ±0.5%。

　　a.3　试样支架：包括一个 120°角的 V 型托板，其长度不应小于 200mm，其固定位置应使落锤冲击点的垂直投影在距 V 型托板中心线的 2.5mm 以内。仲裁试验时，采用丝杆上顶式支架。

　　a.4　释放及捕捉装置：可使落锤从至少 2m 高的任意高度落下，此高度指落锤锤头距离试样表面的高度，精确到 ±10mm。应具有防止落锤二次冲击的装置，并使落锤回跳捕捉率达到 100%。

　　b　低温试验箱：控温精度为 ±1℃。

5.8.6.2　试样

a　试样制备

试样应从一批或连续生产的管材中随机抽取切割而成，其切割端面应与管材的轴线垂直，切割端应清洁、勿损伤。

试样长度为（200 ± 10）mm。

b　试样标线

外径大于 40mm 的试样应沿其长度方向画出等距离标线，并顺序编号。不同外径的管材试样划线的数量见表 5-8-14。对于外径小于或等于 40mm 的管材，每个试样只进行一次冲击。

表 5-8-14　不同外径管材试样应划线数

公称外径/mm	≤40	50、63	75、90	110、125	140、160、180	200、225、250	280	≥315
应划线数		3	4	6	8	12	16	16

c　试样数量

试验所需试样数量可根据表 5-8-14 和表 5-8-16 的有关规定确定。

5.8.6.3　状态调节

a　试样应在（0±1）℃或（20±2）℃的水浴或空气浴中进行状态调节，最短调节时间见表 5-8-15，仲裁试验时应使用水浴。

表 5-8-15　不同壁厚管材状态调节时间表

壁厚 δ/mm	调节时间/min	
	水浴	空气浴
δ≤8.6	15	60
8.6<δ≤14.1	30	120
δ>14.1	60	240

b　状态调节后，壁厚小于或等于 8.6mm 的试样，应从空气浴中取出 10s 内或从水浴中取出 20s 内完成试验。壁厚大于 8.6mm 的试样，应从空气浴中取出 20s 内或从水浴中取出 30s 内完成试验。如果超过此时间间隔，应将试样立即放回预处理装置，最少进行 5min 的再处理。若试样状态调节温度为（20±2）℃，试验环境温度为（20±2）℃，则试样从取出至试验完毕的时间可放宽至 60s。

注：对于内外壁光滑的管材，应测量管材各部分壁厚，根据平均壁厚进行状态调节。对于波纹管或有加强筋的管材，根据管材截面最厚处壁厚进行状态调节。

5.8.6.4　试验步骤

a　按照管材产品标准的规定确定落锤质量和冲击高度。

b　外径小于或等于 40mm 的试样，每个试样只承受一次冲击。

c　外径大于 40mm 的试样进行冲击试验时，首先使落锤冲击在 1 号标线上，若试样未破坏，则按样品状态调节的规定对试样进行调节处理后，再对 2 号标线进行冲击，直至试样破坏或全部标线都冲击一次。

注：当波纹管或加筋管的波纹间距或筋间距超过管材外径的 0.25 倍时，要保证被冲击点为波纹或筋顶部。

d　逐个对试样进行冲击，直至取得判定结果。

5.8.6.5　结果判定

若试样冲击破坏数在图 5-8-7（表 5-8-16）的 A 区，则判定该批的 TIR 小于或等于 10%。若试样冲击破坏数在图 5-8-7（表 5-8-16）的 C 区，则判定该批的 TIR 大于 10% 而不予接受。若试样冲击破坏数在图 5-8-7（表 5-8-16）的 B 区，则应进一步取样试验，直至根据全部冲击试样的累计结果能够作出判定。

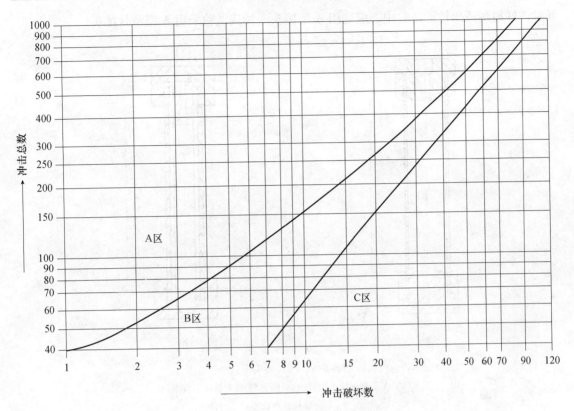

图 5-8-7　TIR 值为 10% 时判定图

表 5-8-16　落锤冲击 TIR 值为 10% 时判定表

冲击总数	冲击破坏数			冲击总数	冲击破坏数		
	A 区	B 区	C 区		A 区	B 区	C 区
25	0	1 ~ 3	4	81 ~ 88	4	5 ~ 11	12
26 ~ 32	0	1 ~ 4	5	89 ~ 91	4	5 ~ 12	13
33 ~ 39	0	1 ~ 5	6	92 ~ 97	5	6 ~ 12	13
40 ~ 48	1	2 ~ 6	7	98 ~ 104	5	6 ~ 13	14
49 ~ 56	1	2 ~ 7	8	105	6	7 ~ 13	14
57 ~ 64	2	3 ~ 8	9	106 ~ 113	6	7 ~ 14	15
65 ~ 72	2	3 ~ 9	10	114 ~ 116	6	7 ~ 15	16
73 ~ 79	3	4 ~ 10	11	117 ~ 122	7	8 ~ 15	16
80	4	5 ~ 10	11	123 ~ 124	7	8 ~ 16	17

5.8.7　液压试验

5.8.7.1　仪器设备

a　密封接头

密封接头有 A 型和 B 型两种（图 5-8-8）。除非在相关标准中有特殊规定，在评价管材或管件材料耐液压性能试验中，应选用 A 型接头。仲裁试验采用 A 型密封接头。

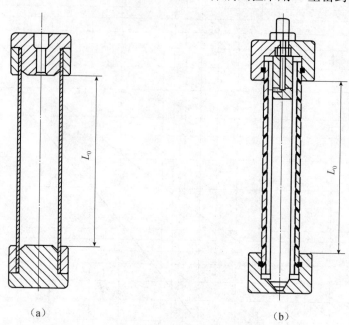

图 5-8-8　密封接头形式

（a）A 型密封接头示意图；（b）B 型密封接头示意图

L_0—试样自由长度

A 型接头是指与试样刚性连接的密封接头，但两个密封接头彼此不相连接，因静液压端部推力可以传递到试样中。对于大口径管材，可根据实际情况在试样与密封接头间连接法兰盘，当法兰、接头、堵头及法兰盘的材料与试样相匹配时可以把它们焊接在一起。

B 型接头指用金属材料制造的承口接头，能确保与试样外表面密封，且密封接头通过连接件与另一密封接头相连，因此静液压端部推力不会作用在试样上。这种封头可由一根或多根金属拉杆组成，且试样两端在纵向能自由移动，以免试样由于受热膨胀而引起弯曲变形。

密封接头除夹紧试样的齿纹外，任何与试样表面接触的锐边都需修整。密封接头的组成材料不能对试样产生不良影响。

注 1：一般来说，由于管材的形变应力的不同，采用 B 型封头的破坏时间比采用 A 型封头的破坏时间短。

注 2：如无一定的预防措施，当试样在低于试验温度的环境下组装，B 型封头易使试样弯曲变形。

b　恒温箱及支架

根据相关标准规定，恒温箱内充满水或其他液体，保持恒定的温度，其平均温差为 $\pm 1^\circ\mathrm{C}$，最大偏差为 $\pm 2^\circ\mathrm{C}$。恒温箱为烘箱时，保持在规定温度，其平均温差为 $^{+3}_{-1}{}^\circ\mathrm{C}$，最大偏差为 $^{+4}_{-2}{}^\circ\mathrm{C}$。由于温度对试验结果影响很大，应使试验温度偏差控制在规定范围内，并尽可能小。对于容积较大的恒温箱应采用流体强制循环系统。

当试验在水以外的介质中进行时，特别是涉及安全及所用液体与试样材料之间的相互作用，都应采取必要的防护措施。水中不得含有对试验结果有影响的杂质。

将试样置于恒温箱中时应采用支架或吊架来保持试样之间及试样与箱壁的任何部分不相

接触。

c　液压试验测控装置应满足下列要求：

c.1　加压装置

应能持续均匀地向试样施加试验所需的压力，由于压力对试验结果影响很大，压力偏差应尽可能控制在规定范围内的最小值。在试验过程中，压力偏差应保持在标准要求值的 $^{+2}_{-1}\%$ 范围内。

注 1：压力最好能单独作用在每个试样上。但在一个试样发生破坏时不会对其他试样产生干扰，允许运用装置将压力同时作用到各个试样上（例如：使用隔离阀或在一个批次中根据第一个破坏而得出结果的测试）。

注 2：当压力较规定值稍有下降时（如由于试样的膨胀），为保证压力维持在规定偏差范围内，加压系统应具有自动补偿压力装置，补充压力到规定值。

c.2　压力测量装置

能检查试验压力与规定压力的一致性，对于压力表或类似的压力测量装置的测量范围是：要求压力的设定值应在所用测量装置的测量范围内。

压力测量装置应不能污染试验液体，并应定期对测量装置进行校准。

c.3　温度计或测温装置

用于检查试验温度与规定温度的一致性，测温装置控温精度不低于 ±1℃。

c.4　计时器

计时器应能记录试样加压后直至试样破坏或渗漏的时间。

注：建议使用对由于渗漏或破坏所引起的压力变化较敏感并能自动停止计时的设备，必要时能关闭与试样有关的压力循环系统。

d　尺寸测量仪器

管材壁厚测量用的测厚仪；外径测量用的卷尺、卡尺等。

5.8.7.2　试样制备

试验至少应准备三个试样，试样长度由密封接头长度和规定的自由长度 L_0 相加决定。当管材公称外径 $d_n \leqslant 315mm$ 时，每个试样在两个密封接头之间的试样自由长度应不小于试样外径的三倍，但最小不得小于 250mm；当管材公称外径 $d_n > 315mm$ 时，其试样最小自由长度 $L_0 \geqslant 1000mm$。

5.8.7.3　试验压力计算

a　按照尺寸测量方法规定，测定试样自由长度部分的平均外径和最小壁厚。

b　根据式（5-8-11）计算试验压力 P，结果取三位有效数字，单位为 MPa：

$$P = \sigma \frac{2e_{min}}{d_{em} - e_{min}} \tag{5-8-11}$$

式中　σ——由试验压力引起的环应力，MPa；

d_{em}——测量得到的试样平均外径，mm；

e_{min}——测量得到的试样自由长度部分壁厚的最小值，mm。

5.8.7.4　试样状态调节

擦除试样表面的污渍、油渍、蜡或其他污染物以使其清洁干燥，然后选择密封接头与其连接起来，并向试样中注满接近试验温度的水，水温不能超过试验温度 5℃。

把注满水的试样放入水箱或烘箱中，在试验温度条件下放置表 5-8-17 所规定的时间，如果状态调节温度超过100℃，应施加一定压力，防止水蒸发。

表5-8-17　试样状态调节时间

壁厚 e_{min}/mm	$e_{min} < 3$	$3 \leqslant e_{min} < 8$	$8 \leqslant e_{min} < 16$	$16 \leqslant e_{min} < 32$	$e_{min} \geqslant 32$
状态调节时间	1h ± 5min	3h ± 15min	6h ± 30min	10h ± 60min	16h ± 60min

5.8.7.5　试验步骤

a　按照管材产品标准要求，选择试验类型如水-水试验、水-空气试验或水-其他液体试验。

将经过状态调节后的试样与加压设备连接起来，排净试样内的空气，然后根据试样的材料、规格尺寸和加压设备情况，在30s至1h之间用尽可能短的时间，均匀平稳地施加试验压力至根据式（5-8-11）计算出的压力值，压力偏差为 $^{+2}_{-1}$%。当达到试验压力时开始计时。

b　把试样悬放在恒温控制的环境中，整个试验过程中试验介质都应保持恒温，具体温度见相关产品标准。恒温环境为液体时，保持其平均温差为±1℃，最大偏差为±2℃；恒温环境为烘箱时，保持其平均温差为 $^{+3}_{-1}$℃，最大偏差为 $^{+4}_{-2}$℃。保持试验恒温环境直至试验结束。

c　当达到规定时间或试样发生破坏、渗漏时，停止试验，记录时间。

如果试样发生破坏，则应记录其破坏类型，是脆性破坏还是韧性破坏。在破坏区域内，不出现塑性变形破坏的为"脆性破坏"；在破坏区域内，出现明显塑性变形的为"韧性破坏"。

如试验已经进行1000h以上，试验过程中设备出现故障，若设备在3d内能恢复，则试验可继续进行；如试验已超过5000h，设备在5d内能恢复，则试验可继续进行。如果设备出现故障，试样通过电磁阀或其他方法保持试验压力，即使设备故障时间超过上述规定，试验还可继续进行；但在这种情况下，由于试样的持续蠕变，试验压力会逐渐下降。设备出现故障的这段时间不应计入试验时间内。

d　如果试样在距离密封接头小于 $0.1L_0$ 处出现破坏（ L_0 为试样的自由长度），则试验结果无效，应另取试样重新进行试验。

5.8.7.6　结果评定

在规定的试验压力、试验温度和时间内，试样不出现渗漏或破裂，判定合格。

5.8.8　烘箱试验

为揭示塑料管件在注射成型过程中所产生的内部应力大小，是否有冷料或未熔融部分以及熔接缝的熔接质量等，根据试样壁厚将试样置于150℃的空气循环烘箱中经受不同时间的加热，取出冷却后，检查试样出现的缺陷，测量所有开裂、气泡、脱层或熔接缝开裂等，并用试样壁厚的百分数形式表示。

5.8.8.1　仪器设备

a　烘箱：带有温控器的温控空气循环烘箱，能使试验过程中工作温度保持在（150±2）℃，并有足够的加热功率，保证当试样置入后，能使温度在15min内重新回升到试验温度范围。

b　温度计：精度为 0.5℃。

5.8.8.2　试样及其制备

试样为注射成型的完整管件。如管件带有弹性密封圈，试验前应去掉；如管件由一种以上注射成型部件组合而成，这些部件应彼此分开进行试验。

试样数量应按产品标准的规定，同批同类产品至少取三个试样。

5.8.8.3　试验步骤

a　将烘箱升温，使其达到（150±2）℃。

b　试验前，应先测量试样壁厚，在管件主体上选取横切面，在圆周面上测量间隔均匀的至少 6 点的壁厚，计算算术平均值作为平均壁厚 e，精确到 0.1mm。

c　将试样放入已达到试验温度的烘箱中，使管件其中一个端口向下直立，并且不得与其他试样和烘箱壁接触。不易放置平稳或受热软压后易倾倒的试样可用支架支撑。

待烘箱温度回升到试验温度时开始计时，根据试样的平均壁厚 e 确定试样在烘箱内的恒温时间（表5-8-18）规定。

表 5-8-18　试样壁厚及恒温时间规定

壁厚 e/mm	恒温时间 t/min	壁厚 e/mm	恒温时间 t/min
$e \leqslant 3.0$	15	$20.0 < e \leqslant 30.0$	140
$3.0 < e \leqslant 10.0$	30	$30.0 < e \leqslant 40.0$	220
$10.0 < e \leqslant 20.0$	60	$e > 40.0$	240

d　当恒温时间达到后，从烘箱内取出试样，注意不要将试样损伤或使其变形。

e　待试样在空气中冷却到室温后，检查每个试样出现的缺陷，如试样的开裂、脱层、壁内有气泡和熔接缝开裂等，并确定这些缺陷的尺寸是否在标准规定的最小范围内。

5.8.8.4　结果评定

a　试样的开裂、脱层、气泡和熔接缝开裂等缺陷，应满足下面要求：

a.1　在注射点周围：在以 15 倍壁厚为半径的范围内，开裂、脱层或气泡的深度应不大于该处壁厚的 50%。

a.2　对于隔膜式浇口注射试样：任一开裂、脱层或气泡应在距隔膜区域 10 倍壁厚的范围内，且深度应不大于该处壁厚的 50%。

a.3　对于环形浇口注射试样：试样壁内任一开裂应在距离浇口 10 倍壁厚的范围内，如果开裂深入环形浇口的整个壁厚，其长度应不大于壁厚的 50%。

a.4　对于有熔接缝的试样：任一熔接处部分开裂深度应不大于壁厚的 50%。

a.5　对于注射试样的所有其他外表面：开裂与脱层深度应不大于壁厚的 30%，试样壁内气泡长度应不大于壁厚的 10 倍。

b　判定时，需将试样缺陷处剖开进行测量，三个试样均通过判定为合格。

5.8.9　管件坠落试验

5.8.9.1　仪器设备

a　秒表：分度值为 0.1s。

b 温度计：分度值为 1℃。

c 低温箱或恒温水浴（内盛冰水混合物）：温度为（0±1）℃。

5.8.9.2 试样制备

试样为注射成型的完整管件。如管件带有弹性密封圈，试验前应去掉；如管件由一种以上注射成型部件组合而成的，这些部件应彼此分开进行试验。

试样数量应按产品标准的规定，同一规格同批产品至少取 5 个试样，试样应无机械损伤。

5.8.9.3 试验条件

a 跌落高度

公称直径小于或等于 75mm 的管件，从距地面 2.00m±0.05m 处跌落；公称直径大于 75mm 而小于 200mm 的管件，从距地面 1.00m±0.05m 处跌落；公称直径大于或等于 200mm 的管件，从距地面 0.50m±0.05m 处跌落。对于异径管件应以最大口径为准。

b 试验场地

为平坦混凝土地面。

5.8.9.4 试验步骤

a 将试样放入（0±1）℃的恒温水浴或低温箱中进行预处理，最短时间见表 5-8-19。异径管件按最大壁厚确定预处理时间。

表 5-8-19 试样最短预处理时间

壁厚 e/mm	最短预处理时间/min	
	恒温水浴	低温箱
$e \leqslant 8.6$	15	60
$8.6 < e \leqslant 14.1$	30	120
$e > 14.1$	60	240

b 恒温时间达到后，从恒温水浴或低温箱中取出试样，迅速从规定高度自由坠落于混凝土地面，坠落时应使 5 个试样在 5 个不同位置接触地面。

c 试样从离开恒温状态到完成坠落，应在 10s 之内进行完毕，检查试验后试样表面状况。

5.8.9.5 结果判定

检查试样破损情况，其中一个或多个试样在任何部位产生裂纹或破裂，则该组试样为不合格。

5.8.10 简支梁冲击试验

5.8.10.1 仪器设备

a 冲击测试仪能够满足下列要求的冲击测试仪器：

a.1 冲击速度为 3.8m/s；

a.2 摆锤应能提供 15J 或 50J 的冲击能量，冲击刀刃夹角（30±1）°，端部圆弧半径（2±0.5）mm；

a.3 对纵向切割的试样的支撑方式如图 5-8-9、图 5-8-10 所示；对环向切割的试样的支撑方式如图 5-8-11 所示。

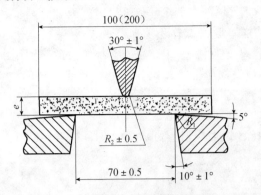

图 5-8-9　标准试样的冲击刀刃和支座

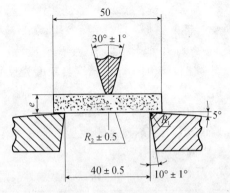

图 5-8-10　小试样的冲击刀刃和支座

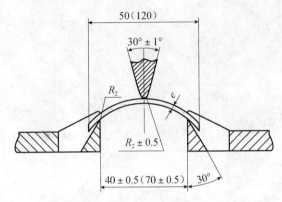

图 5-8-11　弧形试样的冲击刀刃和支座

注：弧形弦高的冲击动能忽略不计

　　b　试样预处理设备：一个恒温控制的空间或浴槽，能够使试样达到规定的测试温度 T_c。

5.8.10.2　试样制备

　　a　试样的切割和尺寸要求如下：

　　a.1　外径小于 25mm 的管材，其试样为（100±2）mm 长的整个管段；

　　a.2　外径大于或等于 25mm 而小于 75mm 的管材，试样沿纵向切割，其尺寸和形状符合表 5-8-20 的要求。

表 5-8-20　简支梁冲击试样尺寸和支座间距

试样类型	试样尺寸/mm			支座间距/mm
	长	宽	厚	
1	100±2	整个管段		70±0.5
2	50±1	6±0.2	e	40±0.5
3	120±2	15±0.5	e	70±0.5

注：e 为管材的加工厚度。

　　a.3　外径大于或等于 75mm 的管材，试样分别沿环向和纵向切割，其尺寸和形状符合

表 5-8-20 的要求。

    b 试样制备：按上述方法规定从管材上切割下试样。对于均聚和共聚聚丙烯管材，如果所切试样的壁厚 e 小于等于 10.5mm，保留试样厚度，试样不必加工；如果壁厚 e 大于 10.5mm，则从外表面起加工至试样成薄片状，其厚度为（10 ± 0.5）mm，加工过的表面用细砂纸（颗粒≥220目）沿长度方向磨光磨平。试样表面应平整、光滑，无毛刺。

    c 试样数量：试样数量应按照产品标准中的规定进行取样。

5.8.10.3 试样的预处理

将试样放在符合规定测试温度 T_c 的水浴或空气浴中对试样进行预处理，时间按表 5-8-21 规定。在仲裁试验时，应使用水浴。

表 5-8-21 预处理时间

试样壁厚 e/mm	最短预处理时间/min	
	恒温水浴	空气浴
$e \leqslant 8.6$	15	60
$8.6 < e \leqslant 14.1$	30	120
$e > 14.1$	60	240

5.8.10.4 试验条件

    a 均聚和共聚聚丙烯管材的试验条件见表 5-8-22。

表 5-8-22 均聚聚丙烯和共聚聚丙烯管材试验条件

管材尺寸/mm		试样类型	试样的支撑方式	冲击能量/J	测试温度 T_e/℃		试样数量
外径 d_e	壁厚 e				均聚物	共聚物	
$d_e < 25$	全部	1	图 5-8-9				
$25 \leqslant d_e < 75$	$e \leqslant 4.2$	2	图 5-8-10				
$25 \leqslant d_e < 75$	$4.2 < e \leqslant 10.5$	3	图 5-8-9	15	23 ± 2	0 ± 2	10 个
$d_e \geqslant 75$	$e \leqslant 4.2$	2	图 5-8-10 或图 5-8-11				
$d_e \geqslant 75$	$4.2 < e \leqslant 10.5$	3	图 5-8-9 或图 5-8-11				

    b. 未增塑聚氯乙烯和高抗冲聚氯乙烯管材试验条件见表 5-8-23。

表 5-8-23 未增塑聚氯乙烯和高抗冲聚氯乙烯管材试验条件

管材尺寸/mm		试样类型	试样的支撑方式	冲击能量/J	测试温度 T_e/℃		试样数量
外径 d_e	壁厚 e				PVC-U	PVC-HI	
$d_e < 25$	全部	1	图 5-8-9				
$25 \leqslant d_e < 75$	全部	2	图 5-8-10	23 ± 2	0 ± 2	10	
$d_e \geqslant 75$	$e \leqslant 9.5$	2	图 5-8-11				
$d_e \geqslant 75$	$e > 9.5$	3	图 5-8-11				

    c 氯化聚氯乙烯管材的试验条件见表 5-8-24。

表 5-8-24　氯化聚氯乙烯管材试验条件

管材尺寸/mm		试样类型	试样的支撑方式	冲击能量/J	测试温度 T_c/℃	试样数量
外径 d_e	壁厚 e					
$d_e < 25$	全部	1	图 5-8-9			
$25 \leqslant d_e < 75$	$e \leqslant 4.2$	2	图 5-8-10			
$25 \leqslant d_e < 75$	$4.2 < e \leqslant 9.5$	3	图 5-8-9	15	23 ± 2	10
$d_e \geqslant 75$	$e \leqslant 9.5$	2	图 5-8-11			
$d_e \geqslant 75$	$e > 9.5$	3	图 5-8-11			

d　丙烯腈-丁二烯-苯乙烯和丙烯腈-苯乙烯-丙烯酸管材试验条件见表 5-8-25。

表 5-8-25　丙烯腈-丁二烯-苯乙烯和丙烯腈-苯乙烯-丙烯酸管材试验条件

管材尺寸/mm		试样类型	试样的支撑方式	冲击能量/J	测试温度 T_c/℃	试样数量
外径 d_e	壁厚 e					
$d_e < 75$	$e < 3$	2	图 5-8-10			
$d_e < 75$	$e \geqslant 3$	3	图 5-8-9	15	23 ± 2	10
$d_e \geqslant 75$	$e < 3$	2	图 5-8-11			
$d_e \geqslant 75$	$e \geqslant 3$	3	图 5-8-11			

5.8.10.5　试验步骤

a　将已测量尺寸的试样从预处理的环境中取出，置于相应的支座上，按规定的方式支撑，在规定时间内（时间取决于测试温度 T_c 和环境温度 T 之间的温差），用规定能量对试样外表面进行冲击。

a.1　若温差小于或等于 5℃，试样从预处理的环境中取出后，应在 60s 内完成冲击；

a.2　若温差大于 5℃，试样从预处理的环境中取出后，应在 10s 内完成冲击。

b　如果没有在规定的时间内完成试验，但超过的时间不大于 60s，则可立即在预处理温度下对试样进行再处理至少 5min，并按上述规定重新测试。否则应放弃该试样或按本节预处理规定对试样重新进行预处理。

c　冲击后检查试样破坏情况，记下断裂或龟裂情况。如有需要可记录相关标准中规定的其他破坏现象。

d　重复以上试验步骤，直到完成规定数目的试样。

5.8.10.6　结果表示

以试样破坏数对被测试样总数的百分比来表示试验结果。

5.8.11　环刚度试验

环刚度是管材的一个主要机械特性，表示管材在外力作用下抵抗环向变形的能力。

5.8.11.1　仪器设备

a　压缩试验机

试验机应能根据管材公称直径（DN）的不同施加规定的压缩速率（见表 5-8-26）。仪器能够通过两个相互平行的压板对试样施加足够的力并使其产生规定的变形，试验机的测量系统能够测量试样在直径方向上产生 1% ~4% 变形时所需的力，精确到力值的 2% 以内。

表 5-8-26　压缩速率

公称直径 DN/mm	$DN \leq 100$	$100 < DN \leq 200$	$200 < DN \leq 400$	$400 < DN \leq 1000$	$DN > 1000$
压缩速率/(mm/min)	2 ± 0.4	5 ± 1	10 ± 2	20 ± 2	50 ± 5

b　压板

两块平整、光滑、洁净的钢板，在试验中不应产生影响试验结果的变形。每块压板的长度至少应等于试样的长度。在承受负荷时，压板的宽度应至少比所接触试样最大表面宽 25mm。

c　量具

所选择的测量器具应能够测量：试样的长度（精确到 1mm）、试样的内径（精确到内径的 0.5%）、在负载方向上试样的内径变化（精度为 0.1mm 或变形的 1%），取较大值。如图 5-8-12 所示为测量波纹管内径的量具。

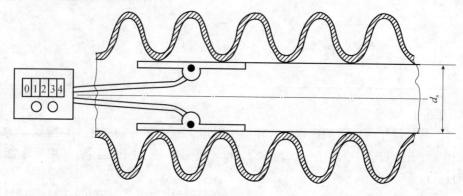

图 5-8-12　测量波纹管内径的典型装置

5.8.11.2　试样

a　标记和样品的数量：

切取足够长的管材，在管材的外表面，以任一点为基准，每隔 120° 沿管材长度划线并分别做好标记（如管材存在最小壁厚，则以此线为基准线）。将管材按规定长度切割为 a、b、c 三个试样，试样截面垂直于管材的轴线。

b　试样的平均长度应满足以下要求：

b.1　每个试样按表 5-8-27 的规定沿圆周方向等分测量 3 ~6 个长度值，计算其算术平均值为试样长度，精确到 1mm。对于每个试样，在所有的测量值中，最小值不应小于最大值的 0.9 倍。

表 5-8-27　试样长度的测量数

公称直径 DN/mm	$DN \leq 200$	$200 < DN < 500$	$DN \geq 500$
长度测量数	3	4	6

b.2　公称直径（DN）小于或等于 1500mm 的管材，每个试样的平均长度应在（300 ± 10）mm。

b. 3　公称直径（*DN*）大于 1500mm 的管材，每个试样的平均长度不小于 0.2*DN*(mm)。

b. 4　有垂直肋、波纹或其他规则结构的结构壁管，切割试样时，在满足试样长度要求的同时，应使其所含的肋、波纹或其他结构最少（图 5-8-13）。切割点应在肋与肋、波纹与波纹或其他结构的中点。

b. 5　对于螺旋管材，切割试样时，应在满足长度要求的同时，使其所含螺旋数量最少（图 5-8-14）。带有加强肋的螺旋管和波纹管，每个试样的长度，在满足要求的同时，应包含所有数量的加强肋，肋数不少于 3 个。

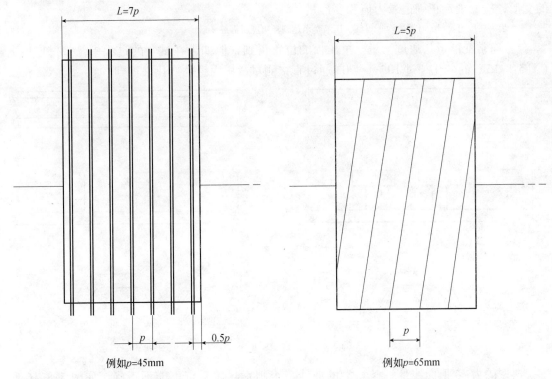

图 5-8-13　从垂直管肋切取的试样　　　　图 5-8-14　从螺旋管切取的试样

c. 试样的内径：分别测量 a、b、c 三个试样的内径 d_{ia}、d_{ib}、d_{ic}。应通过横断面中点处，每隔 45°依次测量 4 处，取算术平均值，每次的测量应精确到内径的 0.5%。

分别记录 a、b、c 每个试样的平均内径 d_{ia}、d_{ib}、d_{ic}。按式（5-8-12）计算三个值的平均值：

$$d_i = (d_{ia} + d_{ib} + d_{ic})/3 \qquad (5\text{-}8\text{-}12)$$

d　取样：试验应在产品生产出至少 24h 后才可以进行取样。对于型式检验或在有争议的情况下，试验应在生产出（21±2）d 进行。

5.8.11.3　状态调节和试验环境

除非另有规定外，试样应按 GB/T 2918 标准的规定，在（23±2）℃环境中进行状态调节和试验，状态调节时间不应少于 24h；对公称尺寸大于 600mm 的管材，状态调节时间不应少于 48h。

5.8.11.4 试验步骤

a 如果能够确定试样在某个位置的环刚度最小，把试样 a 的该位置和压缩机上压板相接触，或放置第一个试样时，把另两个试样 b、c 的放置位置依次相对于第一个试样旋转 120°和 240°放置。

b 对于每一个试样，放置好变形测量仪并检查试样的角度位置。

放置试样时，使其长轴平行于压板，然后放置于试验机的中央位置。使上压板和试样恰好接触且能夹持住试样，根据规定的压缩速率以恒定的速度压缩试样直到至少达到 $0.03d_i$ 的变形，按照规定正确记录力值和变形量。

注：当需要确定管材的环柔度时，可继续压缩直至达到环柔度所需的变形。

c 通常变形量是通过测量一个压板的位置得到，但如果在试验的过程中，管壁厚度 e_c（图 5-8-15）的变化超过 10%，则应通过直接测量试样内径的变化来得到。

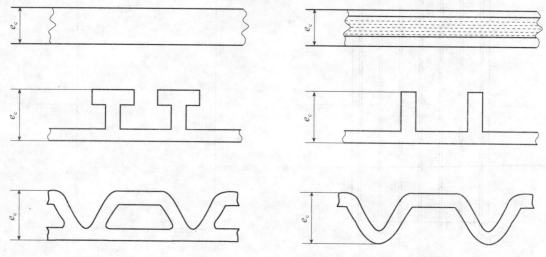

图 5-8-15 管壁厚度 e_c 示例

典型的力-变形曲线是一条光滑的曲线，否则意味着零点可能不正确，如图 5-8-16 所示，用曲线开始的直线部分倒推到和水平轴相交于（0，0）点（原点）并得到 $0.03d_i$ 变形的力值。

5.8.11.5 结果计算

a 按照式（5-8-13）计算 a、b、c 每个试样的环刚度（S_i），精确到小数点后二位：

$$S_i = (0.0186 + 0.025Y_i/d_i) \cdot \frac{F_i}{L_i \cdot Y_i} \qquad (5-8-13)$$

式中 S_i——试样的环刚度，kN/m²；

　　　d_i——管材的内径，m；

　　　F_i——相对于管材 3.0% 变形时的力值，kN；

　　　L_i——试样长度，m；

　　　Y_i——变形量，m。相对应于管材 3.0% 时的变形量，如 $Y_i/d_i = 0.03$。

b 计算管材的环刚度（kN/m²），以 a、b、c 三个试样环刚度的平均值表示，用式（5-8-14）计算：

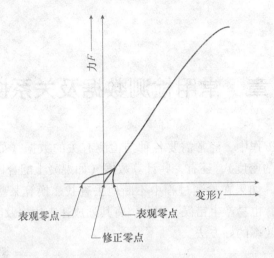

图 5-8-16　校正原点方法

$$S = (S_a + S_b + S_c)/3 \qquad (5-8-14)$$

式中　S_a、S_b、S_c——每个试样实测环刚度的计算值，kN/m^2，精确到小数点后第二位；

　　　　S——环刚度的计算值，保留三位有效数字，kN/m^2。

　　c　数据处理与结果判定：环刚度 S 为三个试样实测环刚度的算术平均值，应不低于相应环刚度级别所对应的要求。

第6章 常用检测数据及关系换算

在建筑材料的检测工作中，经常需要各种与检测有关的数据（如试验机的加荷速度）、参考数据（如各种材料的密度），还有一些计算数据（如混凝土配合比参数）等等，同时也需要进行某些关系换算。如果在检测过程中不断地去查找、换算某些数据则会影响检测速度，有些数据临时计算，也易产生错误，因此，将其列成速查用表及时查用，不失为一种既简便易行又能提高检测效率的好方法。

6.1 常用检测数据

1）常用建筑材料的密度、表观密度、堆积密度：表6-1-1列出了常用建筑材料的密度、表观密度和堆积密度值。

表6-1-1 常用建筑材料的密度、表观密度及堆积密度

常用建筑材料	密度/（g/cm³）	表观密度/（kg/m³）	堆积密度/（kg/m³）
水泥	3.0～3.1	1300～1600	1000～1300
砂子		2500～2600	1300～1600
碎石		2500～2600	1400～1700
粉煤灰		2200～2800	900～1100
硅灰	2.2	2200～2500	200～300
磨细矿渣粉		2800～3100	600～900
石屑			1300～1500
石粉			1200～1400
木材	1.55～1.60	400～800	
减水剂（液体）	1.2～1.3		
黏土	2.5～2.7		1100～1400
砂土		2000	1200～1300
烧结普通砖	2.5～2.6		1600～1800
烧结多孔砖			1300～1500
耐火砖			1900～2100
熟石灰膏			1300～1400
生石灰粉			1100～1300

常用建筑材料	密度/(g/cm³)	表观密度/(kg/m³)	堆积密度/(kg/m³)
钢材	7.85	7850	
普通混凝土		2300~2500	
轻集料混凝土		800~1950	
加气混凝土		550~750	
泡沫混凝土		400~600	
沥青混凝土		1800~2100	
水泥砂浆		1800~2000	
水泥蛭石砂浆		500~800	
膨胀珍珠岩砂浆		700~1000	

2）主要材料的比热容和导热系数：钢材等主要材料的比热容和导热系数见表6-1-2。

表 6-1-2　主要材料的比热容和导热系数

主要建筑材料名称	比热容/[J/(g·K)]	导热系数/[W/(m·K)]
钢材	0.48	58
花岗岩	0.92	3.49
普通混凝土	0.84	1.51
烧结黏土砖	0.88	0.80
木材	2.50	26
水	4.19	0.58
泡沫塑料	1.30	0.035

3）常用材料的弹性模量及泊松比：常用材料的弹性模量及泊松比见表6-1-3。

表 6-1-3　常用材料的弹性模量及泊松比

材料名称	弹性模量 $E/(10^5 \text{MPa})$	泊松比 μ
低碳钢	1.96~2.16	0.24~0.28
中碳钢	2.05	0.24~0.28
低合金钢	1.96~2.16	0.25~0.30
合金钢	1.86~2.16	0.25~0.30
铸铁	0.59~1.62	0.23~0.27
铝合金	0.71	0.32~0.36
混凝土	0.15~0.35	0.16~0.18
木材	0.098~0.12	

4）钢筋截面面积和理论质量：见表 6-1-4。

表 6-1-4　钢筋截面面积和理论质量

钢筋直径/mm	截面面积/mm²	理论质量/(kg/m)	钢筋直径/mm	截面面积/mm²	理论质量/(kg/m)
3	7.069	0.055	18	254.5	1.998
4	12.57	0.099	20	314.2	2.466
5	19.64	0.154	22	380.1	2.984
6	28.27	0.222	25	490.9	3.854
6.5	33.18	0.260	28	615.8	4.834
8	50.27	0.395	30	706.9	5.549
10	78.54	0.617	32	804.2	6.313
12	113.1	0.888	36	1018	7.991
14	153.9	1.208	40	1256	9.860
16	201.1	1.578			

5）材料强度简易计算：由破坏荷载计算混凝土抗压强度、抗折强度，砂浆抗压强度及水泥抗压强度。可采用简易计算方法，其简易计算公式见表 6-1-5。

表 6-1-5　由破坏荷载计算强度的简易计算公式

强度 $R(MPa)$ = 计算系数 × 荷载 $F(kN)$

项　目	试件尺寸/mm	简易计算公式
混凝土抗压强度	$150 \times 150 \times 150$	$R = 0.0444F$（或 $F/22.5$）
混凝土抗折强度	$150 \times 150 \times 550$	$R = 0.133F$（或 $F/7.52$）
砂浆抗压强度	$7.07 \times 7.07 \times 7.07$	$R = 0.20F$（或 $F/5.00$）
水泥抗压强度	$40 \times 40 \times 160$	$R = 0.625F$（或 $F/1.60$）

注：1. 计算结果应按规定的有效数字位数或小数位数修约。

　　2. 砂浆以 3 个试件测定值的算术平均值的 1.35 倍作为该组试件的立方体抗压强度平均值。

6）材料试验加荷速度、数据修约及试验结果取舍方法：钢材的拉伸试验，混凝土、砂浆及水泥抗压或抗折试验，以及砌体材料抗压或抗折试验过程中都需要控制试验机的加荷速度，试验结束后对数据进行修约和取舍。不同试验的加荷速度、数据修约及试验结果取舍方法见表 6-1-6。

表 6-1-6　试验加荷速度、数据修约及取舍方法

项目		加荷速度	修约间隔	取舍方法
钢筋	拉伸	弹性模量 <150000MPa 材料（如铝合金）的应力速率：2~20MPa/s 弹性模量 >150000MPa 材料（如钢、铁）的应力速率：6~60MPa/s 0.00025/s（上屈服强度的应变速率） 0.0067/s（抗拉强度的应变速率）	1 MPa	
	断后伸长率	0.0067/s（应变速率）	0.5%	
	断面收缩率	0.0067/s（应变速率）	1%	

714

续表

	项目	加荷速度	修约间隔	取舍方法
混凝土	抗折	0.02～0.05MPa/s（<C30） 0.05～0.08MPa/s（C30≤R<C60） 0.08～0.10MPa/s（≥C60）	0.01MPa	3 值平均；若有一个折断面位于集中荷载之外，则用其他 2 值平均；若其中 1 值大于较小值的15%则作废；2 个值均断于集中荷载之外也作废
	抗压	0.3～0.5MPa/s（<C30） 0.5～0.8MPa/s（C30≤R<C60） 0.8～1.0MPa/s（≥C60）	0.1MPa	3 值平均；如最大值或最小值与中间值的差值超过中间值的15%，则取中间值；如 2 值超过则试验作废
水泥	抗折	（50±10）N/s	0.1MPa	3 值平均；如个别值超过平均值的10%，则剔除该值再平均
	抗压	（2.4±0.2）kN/s	0.1MPa	6 值平均；如有 1 值超出平均值的10%，则用其他 5 值平均；如 2 值超出，则结果作废
砂浆	抗压	0.25～1.5kN/s（砂浆抗压强度不大于2.5MPa 时宜取下限）	0.1MPa	3 值平均；3 个测值中的最大值与最小值中有一个与中间值相差超过中间值的15%，则将最大值与最小值一并舍除，取中间值作为该组试件的抗压强度值；如有两个测值与中间值的差值均超过15%，则该组试验结果作废
砌墙砖	抗折	50～150N/s	0.1MPa	
	抗压	2～6kN/s	0.1MPa	
混凝土路面砖	抗压	0.4～0.6MPa/s	0.1MPa	以 5 块平均值及单块最小值评定
混凝土小型空心砌块	抗折	250N/s	0.1MPa	以 5 块平均值及单块最小值评定
	抗压	10～30kN/s	0.1MPa	以 5 块平均值及单块最小值评定
加气混凝土砌块	体积密度		1kg/m³	3 块平均值
	抗折	（0.20±0.05）kN/s	0.01MPa	3 块平均值
	抗压	（2.0±0.5）kN/s	0.1MPa	3 块平均值

注：1. GB/T 228.1—2010《金属材料　拉伸试验　第 1 部分：室温试验方法》；

2. GB/T 50081—2002《普通混凝土力学性能试验方法标准》；

3. GB/T 17671—1999《水泥胶砂强度检验方法（ISO 法）》；

4. JGJ 70—2009《建筑砂浆基本性能试验方法》；

5. GB/T 2542—2003《砌墙砖试验方法》；

6. JC/T 446—2000《混凝土路面砖》；

7. GB/T 4111—1997《普通混凝土小型空心砌块》；

8. GB/T 11969—2008《加气混凝土性能试验方法总则》。

7) 检测室、养护室、养护箱温、湿度要求：不同材料检测时，其检测室、养护室及养护箱（或养护池）的温、湿度必须符合表 6-1-7 的规定。

表 6-1-7　检测室、养护室、养护箱（或养护池）的温、湿度要求

检测项目	室别	环境条件	
		温度/℃	相对湿度/%
钢材拉伸试验	检测室	10℃~35℃［对温度有严格要求时如仲裁试验为（23±5）℃］	—
水泥胶砂强度试验	检测室	20±2	50%以上
	养护箱	20±1	90%以上
	养护池	20±1	
混凝土强度试验	检测室	20±5	—
	养护室	20±2	95%以上
砂浆强度试验	检测室	20±5	—
	养护室	20±3	90%以上（水泥砂浆）
	养护室	20±3	60%~80%（水泥混合砂浆）
砂石试验	检测室	15~30	—
管材试验	检测室	23±2	（50±10）%
涂料试验	检测室	23±2	（50±5）%

8) 一般检测项目的限制范围：在众多的建筑材料检测项目中，有些项目囿于材料、检测方法或环境条件的因素，其检测不是用于所有情况，而是有一定限制范围，其常见检测项目的限制范围如表 6-1-8。

表 6-1-8　某些检测项目的限制范围

检测项目	限制范围
水泥胶砂强度试验	适用于硅酸盐水泥、普通硅酸盐水泥、矿渣硅酸盐水泥、石灰石硅酸盐水泥、粉煤灰硅酸盐水泥、复合硅酸盐水泥 6 种。其他水泥采用 ISO 法时必须研究其适用性
水泥强度快速试验	适用于硅酸盐水泥、普通硅酸盐水泥、矿渣硅酸盐水泥、火山灰质硅酸盐水泥、粉煤灰硅酸盐水泥、复合硅酸盐水泥 6 种
石子试验	不适用于最大粒径 80mm 以上的石子
混凝土坍落度试验	不适用于骨料最大粒径大于 40mm，坍落度小于 10mm 的混凝土拌合物
含气量及泌水试验	不适用于骨料最大粒径大于 40mm 的混凝土拌合物
混凝土抗压强度回弹试验	常用回弹曲线不适用于以下情况： 1. 混凝土表面与内部质量有明显差异，或内部存在缺陷的结构（如遭受火灾、冻融或有蜂窝）； 2. 掺有引气型外加剂的混凝土； 3. 特殊成型工艺，或表面曲率半径小于 250mm； 4. 混凝土龄期超过 1000 天； 5. 混凝土抗压强度超过 60MPa； 6. 表面潮湿或浸水； 7. 粗骨料最大粒径大于 60mm

续表

检测项目	限制范围
金属材料拉伸试验	对于小横截面的金属产品，如金属箔、超细丝、毛细管等的拉伸试验需要协议
金属材料弯曲试验	不适用于金属管材的弯曲试验
压实度（灌砂法）	不适于填石路堤等有大孔洞或大孔隙材料的检测
压实度（核子法）	不适宜作为伸裁试验或作为评定验收的依据

注：1. GB/T 17671—1999《水泥胶砂强度检验方法（ISO 法）》；
　　2. JGJ 52—2006《普通混凝土用砂、石质量及检验方法标准》；
　　3. JGJ/T 23—2011《回弹法检测混凝土强度技术规程》；
　　4. GB 228.1—2010《金属材料　拉伸试验　第 1 部分：室温试验方法》；
　　5. GB/T 232—2010《金属材料弯曲试验方法》；
　　6. JTG E60—2008《公路路基路面现场测试规程》等。

9）钢筋冷弯试验的弯芯直径、支辊间距和弯曲角度：钢筋弯曲试验时，首先应确定弯芯直径、弯曲角度、支辊间距，这些数据详见表 6-1-9 及表 6-1-10。

表 6-1-9　热轧带肋钢筋的弯芯直径、弯曲角度和支辊间距（mm）

公称直径	HRB335 HRBF335			HRB400 HRBF400			HRB500 HRBF500		
	弯芯直径	支辊间距	弯曲角度	弯芯直径	支辊间距	弯曲角度	弯芯直径	支辊间距	弯曲角度
8	24	44 ± 4	180°	32	52 ± 4	180°	48	68 ± 4	180°
10	30	55 ± 5	180°	40	65 ± 5	180°	60	85 ± 5	180°
12	36	66 ± 6	180°	48	78 ± 6	180°	72	102 ± 6	180°
14	42	77 ± 7	180°	56	92 ± 7	180°	84	119 ± 7	180°
16	48	88 ± 8	180°	64	104 ± 8	180°	96	136 ± 8	180°
18	54	99 ± 9	180°	72	117 ± 9	180°	108	153 ± 9	180°
20	60	110 ± 10	180°	80	130 ± 10	180°	120	170 ± 10	180°
22	66	121 ± 11	180°	88	143 ± 11	180°	132	187 ± 11	180°
25	75	137 ± 12	180°	100	162 ± 12	180°	150	212 ± 12	180°
28	112	182 ± 14	180°	140	210 ± 14	180°	196	266 ± 14	180°
32	128	208 ± 16	180°	160	240 ± 16	180°	224	304 ± 16	180°
36	144	234 ± 18	180°	180	270 ± 18	180°	252	342 ± 18	180°
40	160	260 ± 20	180°	200	300 ± 20	180°	280	380 ± 20	180°

注：公称直径为 40～50mm 的弯芯直径等数据略。

表 6-1-10　热轧光圆钢筋及低碳钢热轧圆盘条的弯芯直径、弯曲角度和支辊间距（mm）

公称直径	热轧光圆钢筋 Q235			低碳钢热轧圆盘条 Q215			低碳钢热轧圆盘条 Q235		
	弯芯直径	支辊间距	弯曲角度	弯芯直径	支辊间距	弯曲角度	弯芯直径	支辊间距	弯曲角度
5.5	—	—		0	①	180°	3	16 ± 3	180°
6	—	—		0	①	180°	3	16 ± 3	180°
8	8	28 ± 4	180°	0	①	180°	4	24 ± 4	180°

公称直径	热轧光圆钢筋 Q235			低碳钢热轧圆盘条 Q215			低碳钢热轧圆盘条 Q235		
	弯芯直径	支辊间距	弯曲角度	弯芯直径	支辊间距	弯曲角度	弯芯直径	支辊间距	弯曲角度
10	10	35±5	180°	0	①	180°	5	30±5	180°
12	12	42±6	180°	0	①	180°	6	36±6	180°
14	14	49±7	180°	—	—	—	—	—	—
16	16	56±8	180°	—	—	—	—	—	—
18	18	63±9	180°	—	—	—	—	—	—
20	20	70±10	180°	—	—	—	—	—	—
22	22	78±12	180°	—	—	—	—	—	—

① 先用弯芯直径较小的支辊将钢筋弯至相交约60°，然后将钢筋放在上下压板中央压至并拢。

10）公路路面基层或底基层压实混合料的干密度：公路路面基层或底基层不同材料压实后的干密度按表 6-1-11 取值。

表 6-1-11　公路路面基层或底基层压实混合料的干密度

路面名称	水泥稳定土基层							
所用材料	水泥土	水泥砂	水泥砂砾	水泥碎石	水泥石屑	水泥石碴	水泥碎石土	水泥砂砾土
干密度/(g/cm³)	1.75	2.05	2.20	2.10	2.08	2.10	2.15	2.20
路面名称	石灰稳定土基层							
所用材料	石灰土	石灰砂砾	石灰碎石	石灰砂砾土	石灰碎石土	石灰土砂砾	石灰土碎石	
干密度/(g/cm³)	1.68	2.10	2.05	2.15	2.10	2.15	2.10	
路面名称	石灰煤渣稳定土							
所用材料	石灰煤渣	石灰煤渣土	石灰煤渣碎石	石灰煤渣砂砾	石灰煤渣矿渣	石灰煤渣碎石土		
干密度/(g/cm³)	1.28	1.48	1.80	1.80	1.60	1.80		
路面名称	沥青碎石			沥青混凝土				
所用材料	粗粒式	中粒式	细粒式	粗粒式	中粒式	细粒式	砂粒式	
干密度/(g/cm³)	2.28	2.27	2.26	2.37	2.36	2.35	2.35	

11）水泥及矿物掺料的化学成分：水泥及矿物掺料的一般化学成分可参考表 6-1-12。

表 6-1-12　水泥及矿物掺料的化学成分

材料名称	产地	质量分数/%						
		SiO_2	Al_2O_3	Fe_2O_3	CaO	MgO	SO_3	烧失量
水泥	大连小野田 P·O 42.5R	20.41	4.81	2.88	63.86	1.52	2.03	3.77
粉煤灰	汕头华能	64.80	19.5	4.10	3.40	1.82	0.68	4.81
硅灰	贵阳硅铁合金厂	91.27	0.17	0.45	0.45	0.92	—	2.88
沸石粉	湖北鄂州	66.24	12.82	1.42	2.40	1.08	—	—
磨细矿渣	广东番禺	33.26	16.29	2.59	34.77	8.54	0.16	0.55

12）水泥、土工等主要建筑材料的试验误差：水泥、钢材等建筑材料的规范中都规定了试验误差的要求，包括同一试验室内的误差或不同试验室间的误差，这些误差要求可作为考查比对试验结果的依据。

（1）水泥胶砂强度的试验误差：水泥在各种情况下胶砂强度的试验误差应小于表 6-1-13 的规定值。

表 6-1-13　水泥的试验偏差要求

偏差类型	偏差要求	
	指标	说　明
再现性偏差（两试验室间）	≤6%（用变异系数表示）	再现性偏差：同一个水泥样品，在不同试验室的不同操作人员、不同时间，用不同来源的标准砂和不同套设备所获得的试验结果的变异系数
再现性偏差（两试验室间）	<15%（用相对误差表示）	两个不同试验室间所获得的两个相应试验结果的相对偏差
重复性偏差（同试验室内）	1%～3%（用变异系数表示）	重复性偏差：由同一试验室在基本相同的情况下（相同的操作人员、相同的设备、相同的标准砂、在较短的时间间隔内）用同一水泥样品所得结果的变异系数

注：根据 GB/T 17671—1999《水泥胶砂强度检验方法（ISO 法）》。

（2）钢的成品化学成分允许偏差：非合金钢和低合金钢成品化学成分的允许偏差应符合表 6-1-14 的规定；合金钢成品化学成分的允许偏差应符合表 6-1-15 的规定。成品钢材化学分析所得的值，不能超过标准规定化学成分界限值的上限加上偏差，或不能超过标准规定化学成分界限值的下限减下偏差。同一熔炼号的成品分析，同一元素只允许有单向偏差，不能同时出现上偏差和下偏差。

表 6-1-14　非合金钢及低合金钢成品化学成分允许偏差（质量分数）

元　素	规定化学成分上限值/%	允许偏差/%	
		上偏差	下偏差
C	≤0.25	0.02	0.02
	>0.25～0.55	0.03	0.03
	>0.55	0.04	0.04
Mn	≤0.80	0.03	0.03
	>0.80～1.7	0.06	0.06
Si	≤0.37	0.03	0.03
	>0.37	0.05	0.05
S	≤0.050	0.005	—
	>0.05～0.35	0.02	0.01
P	≤0.060	0.005	—
	>0.06～0.15	0.01	0.01
V	≤0.20	0.02	0.01
Ti	≤0.20	0.02	0.01

元　素	规定化学成分上限值/%	允许偏差/%	
		上偏差	下偏差
Nb	0.015 ~ 0.060	0.005	0.005
Cu	≤0.55	0.05	0.05
Cr	≤0.15	0.05	0.05
Ni	≤1.00	0.05	0.05
Pb	0.15 ~ 0.35	0.03	0.03
Al	≥0.015	0.003	0.003
N	0.010 ~ 0.020	0.005	0.005
Ca	0.002 ~ 0.006	0.002	0.0005

注：本节各表根据 GB/T 222—2006《钢的成品化学成分允许偏差》。

表 6-1-15　合金钢成品化学成分允许偏差（质量分数）

元　素	规定化学成分上限值/%	允许偏差/%	
		上偏差	下偏差
C	≤0.30	0.01	0.01
	>0.30 ~ 0.75	0.02	0.02
	>0.75	0.03	0.03
Mn	≤1.00	0.03	0.03
	>1.00 ~ 2.00	0.04	0.04
	>2.00 ~ 3.00	0.05	0.05
	>3.00	0.10	0.10
Si	≤0.37	0.02	0.02
	>0.37 ~ 1.50	0.04	0.04
	>1.50	0.05	0.05
Ni	≤1.00	0.03	0.03
	>1.00 ~ 2.00	0.05	0.05
	>2.00 ~ 5.00	0.07	0.07
	>5.00	0.10	0.10
Cr	≤0.90	0.03	0.03
	>0.90 ~ 2.10	0.05	0.05
	>2.10 ~ 5.00	0.10	0.10
	>5.00	0.15	0.15
Mo	≤0.30	0.01	0.01
	>0.30 ~ 0.60	0.02	0.02
	>0.60 ~ 1.40	0.03	0.03
	>1.40 ~ 6.00	0.05	0.05
	>6.00	0.10	0.10

元 素	规定化学成分上限值/%	允许偏差/%	
		上偏差	下偏差
V	≤0.10	0.01	—
	>0.10~0.90	0.03	0.03
	>0.90	0.05	0.05
W	≤1.00	0.04	0.04
	>1.00~4.00	0.08	0.08
	>4.00~10.00	0.10	0.10
	>10.00	0.20	0.20
Al	≤0.10	0.01	—
	>0.10~0.70	0.03	0.03
	>0.70~1.50	0.05	0.05
	>1.50	0.10	0.10
Cu	≤1.00	0.03	0.03
	>1.00	0.05	0.05
Ti	≤0.20	0.02	
B	0.0005~0.005	0.0005	0.0001
Co	≤4.00	0.10	0.10
	>4.00	0.15	0.15
Pb	0.15~0.35	0.03	0.03
Nb	0.20~0.35	0.02	0.01
S	≤0.050	0.005	—
P	≤0.050	0.005	—

（3）土工化学分析试验的允许偏差：土工化学分析试验的允许偏差要求见表 6-1-16 ~ 表 6-1-22。

表 6-1-16　全盐量（质量法）两次试验的允许偏差

全盐量范围/%	允许相对偏差/%
<0.05	15~20
0.05~0.2	10~15
0.2~0.5	5~10
>0.5	<5

表 6-1-17　易溶盐各离子的允许偏差

各离子含量范围/(mmol/kg)

CO_3^{2-}	HCO_3^-	SO_4^{2-}	Cl^-	Ca^{2+}	Mg^{2+}	Na^+	K^+	相对偏差/%
<2.5	<5.0	<2.5	<5.0	<2.5	<2.5	<5.0	<5.0	10~15
2.5~5.0	5.0~10	2.5~5.0	5.0~10	2.5~5.0	2.5~5.0	5.0~10	5.0~10	5~10
5.0~25	10~50	5.0~25	10~50	5.0~25	5.0~25	10~50	10~50	3~10
>25	>50	>25	>50	>25	>25	>50	>50	<3

表 6-1-18　有机质试验的允许偏差

测定值/%	绝对偏差/%	相对偏差/%
10~5	<0.3	3~4
5~1	<0.2	4~5
1~0.1	<0.05	5~6
0.1~0.05	<0.006	6~7
0.05~0.01	<0.004	7~9
<0.01	<0.001	9~15

表 6-1-19　阳离子交换量试验结果允许偏差

测定值/(mmol/kg)	绝对偏差/(mmol/kg)	相对偏差/%
300~200	<10	3~4
200~100	<8.0	4~5
100~50	<5.0	5~6
50~10	<3.0	6~9
<10	<1.0	9~15

表 6-1-20　碳酸钙试验结果允许偏差

碳酸钙/%	绝对偏差/%	相对偏差/%
20~10	<1	5~7
10~5	<0.8	7~11
5~1	<0.6	11~17
<1	<0.2	17~25

表 6-1-21　矿质全量分析及烧失量试验结果允许偏差

测定值/%	绝对偏差/%	相对偏差/%
>50	<0.9	1.0~1.5
50~30	<0.7	1.5~2.0
30~10	<0.5	2.0~3.0
10~5	<0.3	3.0~4.0
5~1	<0.2	4.0~5.0

测定值/%	绝对偏差/%	相对偏差/%
1 ~ 0.1	< 0.05	5.0 ~ 6.0
0.1 ~ 0.05	< 0.006	6.0 ~ 8.0
0.05 ~ 0.01	< 0.004	8.0 ~ 10.0
0.01 ~ 0.005	< 0.001	10.0 ~ 12.0
0.005 ~ 0.001	< 0.0006	12.0 ~ 15.0
< 0.001	< 0.00015	15.0 ~ 20.0

表 6-1-22　pH 值和石膏（$CaSO_4 \cdot 2H_2O$）测定结果的允许偏差

pH 值测定结果的允许偏差 （两次平行试验）	石膏测定结果的允许绝对偏差	
	容量法	质量法
0.1pH	0.05%	0.2%

13）化学分析常用数据：现将化学分析常用数据，包括主要化学试剂的相对分子质量，常用酸溶液的配制方法及常用碱溶液的配制方法，列于表 6-1-23 ~ 6-1-26。各元素的原子序数及相对原子质量详见附录 J：元素周期表。

表 6-1-23　主要化学试剂的相对分子质量

试剂名称	分子式	相对分子质量	备注
氯	Cl_2	70.91	
氯化钠	NaCl	58.44	
氯化钡	$BaCl_2$	208.2	
	$BaCl_2 \cdot 2H_2O$	244.3	
氯化钙	$CaCl_2$	111.0	
	$CaCl_2 \cdot 6H_2O$	219.1	
氯化钾	KCl	74.55	
氯化铵	NH_4Cl	53.49	
氯化银	AgCl	143.3	
氯化镁	$MgCl_2$	95.21	
	$MgCl_2 \cdot 6H_2O$	203.3	
盐酸	HCl	36.46	
硫化钠	$Na_2S \cdot 9H_2O$	240.2	
硫氰化铁	$Fe(CNS)_3$	230.1	
硫代硫酸钠	$Na_2S_2O_3 \cdot 5H_2O$	248.2	
	$Na_2S_2O_3$	158.1	
硫酸	H_2SO_4	98.07	
硫酸钠	Na_2SO_4	142.0	
	$Na_2SO_4 \cdot 10H_2O$	322.2	

试剂名称	分子式	相对分子质量	备注
硫酸钡	$BaSO_4$	233.4	
硫酸钙	$CaSO_4$	136.1	
	$CaSO_4 \cdot 2H_2O$	172.2	
硫酸钾	K_2SO_4	174.3	
硫酸铵	$(NH_4)_2SO_4$	132.1	
硫酸铁	$Fe_2(SO_4)_3$	399.9	
	$Fe_2(SO_4)_3 \cdot 9H_2O$	562.0	
硫酸亚铁	$FeSO_4$	151.9	
	$FeSO_4 \cdot 7H_2O$	278.0	
硫酸亚铁铵	$Fe(NH_4)_2(SO_4)_2 \cdot 6H_2O$	392.1	
硫酸铁铵	$NH_4Fe(SO_4)_2 \cdot 12H_2O$	482.2	
硫酸铜	$CuSO_4$	159.6	
硫酸铝	$Al_2(SO_4)_3 \cdot 18H_2O$	666.4	
硫酸铝钾（明矾石）	$KAl(SO_4)_2 \cdot 12H_2O$	474.4	
硫酸铝铵	$Al_2(SO_4)_3(NH_4)_2SO_4 \cdot 24H_2O$	906.6	
硫酸锌	$ZnSO_4 \cdot 7H_2O$	287.5	
硫酸银	Ag_2SO_4	311.8	
硫酸镁	$MgSO_4$	120.4	
	$MgSO_4 \cdot 7H_2O$	246.5	
亚硫酸钠	Na_2SO_3	126.0	
硝酸	HNO_3	63.01	
硝酸钙	$Ca(NO_3)_2$	164.1	
	$Ca(NO_3)_2 \cdot 4H_2O$	236.2	
硝酸钾	KNO_3	101.1	
硝酸铅	$Pb(NO_3)_2$	331.2	
硝酸银	$AgNO_3$	169.9	
亚硝酸钠	$NaNO_2$	69.00	
碳酸氢钠	$NaHCO_3$	84.01	
碳酸钠	Na_2CO_3	106.0	
	$Na_2CO_3 \cdot 10H_2O$	286.1	
碳酸氢钙	$Ca(HCO_3)_2$	162.1	
碳酸钾	K_2CO_3	138.2	
碳酸镁	$MgCO_3$	84.31	
碳酸钙	$CaCO_3$	100.1	
碳酸氢铵	NH_4HCO_3	79.00	
磷酸	H_3PO_4	98.00	

续表

试剂名称	分子式	相对分子质量	备注
草酸	$H_2C_2O_4 \cdot 2H_2O$	126.1	
	$H_2C_2O_4$	90.04	
草酸钠	$Na_2C_2O_4$	134.0	
草酸钙	CaC_2O_4	128.1	
重铬酸钾	$K_2Cr_2O_7$	294.1	
铬酸钾	$K_2Cr_2O_4$	194.2	
高锰酸钾	$KMnO_4$	158.0	
硅酸	H_2SiO_3	78.10	
氟化氢	HF	20.01	
醋酸	CH_3COOH	60.05	
醋酸钠	$CH_3COONa \cdot 3H_2O$	136.1	
醋酸铵	CH_3COONH_4	77.08	
硼酸	H_3BO_3	61.83	
酒石酸	$H_2C_4H_4O_6$	150.1	
酒石酸钾钠	$NaKC_4H_2O_6$	210.2	
甲酸	$HCOOH$	46.03	
苯二甲酸氢钾	$KHC_8H_4O_4$	204.2	
苯酚	C_6H_5OH	94.11	
氧	O_2	32.00	
氧化钠	Na_2O	61.98	
氧化钙	CaO	56.08	
氧化铁	Fe_2O_3	159.7	
氧化铝	Al_2O_3	102.0	
氧化镁	MgO	40.30	
过氧化氢	H_2O_2	34.02	
氨	NH_3	17.03	
氨水	$NH_3 \cdot H_2O$	35.05	
氢氧化钙	$Ca(OH)_2$	74.10	
氢氧化钠	$NaOH$	40.00	
氢氧化钾	KOH	56.11	
氢氧化钡	$Ba(OH)_2$	171.3	
	$Ba(OH)_2 \cdot 8H_2O$	315.5	
氢氧化镁	$Mg(OH)_2$	58.32	
乙二胺四乙酸二钠	$C_{10}H_{14}N_2O_8Na_2 \cdot 2H_2O$	372.2	即 EDTA

续表

试剂名称	分子式	相对分子质量	备注
钼酸铵	$(NH_4)_6Mo_7O_{24} \cdot 4H_2O$	1236	
硫酸锰	$MnSO_4 \cdot H_2O$	169.0	
	$MnSO_4 \cdot 4H_2O$	223.1	

表 6-1-24　原子和原子团的式量

原子或原子团	式　量
H^+	1.008
Na^+	22.99
K^+	39.10
Ca^{2+}	40.08
Mg^{2+}	24.31
OH^-	17.01
Cl^-	35.45
HCO_3^-	61.02
SO_4^{2-}	96.05
Fe^{2+}	55.85
Fe^{3+}	55.85
Mn^{2+}	54.94
Cu^{2+}	63.55
Pb^{2+}	207.2
Zn^{2+}	65.37
NH_4^+	18.04
NO_2^-	46.01
NO_3^-	62.01
SiO_2	60.09
Si	28.09
N	14.01
Fe	55.85
O_2	32.00

表 6-1-25　常用酸溶液的配制方法

名称	浓度/(mol/L)	配　制　方　法
硝酸	16	密度 1.42g/cm³ 的 HNO_3 浓度近似为 16mol/L
	6	取 16mol/L 的 $HNO_3$375mL 加水稀释到 1L
	3	取 16mol/L 的 $HNO_3$188mL 加水稀释到 1L
	2	取 16mol/L 的 $HNO_3$125mL 加水稀释到 1L
	1	取 16mol/L 的 $HNO_3$63mL 加水稀释到 1L

名称	浓度/(mol/L)	配 制 方 法
盐酸	12	密度 1.19g/cm³ 的 HCl 浓度近似为 12mol/L
	6	取 12mol/L 的 HCl 与等体积的水混合
	4	取 12mol/L 的 HCl 334mL 加水稀释到 1L
	3	取 12mol/L 的 HCl 250mL 加水稀释到 1L
	2	取 12mol/L 的 HCl 167mL 加水稀释到 1L
	1	取 12mol/L 的 HCl 84mL 加水稀释到 1L
硫酸 $\left(\frac{1}{2}H_2SO_4\right)$	36	密度 1.84g/cm³ 的 H_2SO_4 浓度近似为 36mol/L
	9	取 252mL 36mol/L 的 H_2SO_4 缓慢注入 748mL 蒸馏水中
	6	取 167mL 36mol/L 的 H_2SO_4 缓慢注入 833mL 蒸馏水中
	3	取 84mL 36mol/L 的 H_2SO_4 缓慢注入 916mL 蒸馏水中
	2	取 56mL 36mol/L 的 H_2SO_4 缓慢注入 944mL 蒸馏水中
	1	取 28mL 36mol/L 的 H_2SO_4 缓慢注入 972mL 蒸馏水中
醋酸	17	密度 1.05g/cm³ CH_3COOH 浓度近似为 17mol/L
	6	取 17mol/L 的 CH_3COOH 353mL 加水稀释至 1L
	3	取 17mol/L 的 CH_3COOH 177mL 加水稀释至 1L
	2	取 17mol/L 的 CH_3COOH 118mL 加水稀释至 1L
	1	取 17mol/L 的 CH_3COOH 59mL 加水稀释至 1L
草酸 $\left(\frac{1}{2}H_2C_2O_4\right)$	3	将 189g 草酸二水合物溶于 1L 蒸馏水中
	2	将 126g 草酸二水合物溶于 1L 蒸馏水中
	1	将 63g 草酸二水合物溶于 1L 蒸馏水中
氢氟酸	26.3	质量分数为 46% 的 HF 浓度为 26.3mol/L

表 6-1-26 常用碱溶液的配制方法

名称	浓度/(mol/L)	配 制 方 法
氢氧化钠溶液	6	取 240g 的 NaOH 溶于水中,然后稀释到 1L
	4	取 160g 的 NaOH 溶于水中,然后稀释到 1L
	3	取 120g 的 NaOH 溶于水中,然后稀释到 1L
	2	取 80g 的 NaOH 溶于水中,然后稀释到 1L
	1	取 40g 的 NaOH 溶于水中,然后稀释到 1L
氢氧化钾溶液	6	取 336g 的 KOH 溶于水中,然后稀释到 1L
	3	取 168g 的 KOH 溶于水中,然后稀释到 1L
	2	取 112g 的 KOH 溶于水中,然后稀释到 1L
	1	取 56g 的 KOH 溶于水中,然后稀释到 1L

续表

名称	浓度/(mol/L)	配 制 方 法
	15	密度 0.91g/cm³ 的浓氨水浓度近似为 15mol/L
	6	取浓氨水 400mL 加水稀释至 1L
氨水	4	取浓氨水 268mL 加水稀释至 1L
	3	取浓氨水 200mL 加水稀释至 1L
	2	取浓氨水 134mL 加水稀释至 1L
	1	取浓氨水 67mL 加水稀释至 1L

6.2 常用检测的关系换算

1）荷载与强度的换算

（1）混凝土立方体试件（150mm × 150mm × 150mm）荷载与抗压强度的换算：已知荷载可由表 6-2-1 查得抗压强度。

表 6-2-1 荷载-抗压强度关系换算表

（混凝土立方体试件 150mm × 150mm × 150mm）

荷载/kN	强度/MPa	荷载/kN	强度/MPa	荷载/kN	强度/MPa	荷载/kN	强度/MPa
361	16.0	380	16.9	399	17.7	418	18.6
362	16.1	381	16.9	400	17.8	419	18.6
363	16.1	382	17.0	401	17.8	420	18.7
364	16.2	383	17.0	402	17.9	421	18.7
365	16.2	384	17.1	403	17.9	422	18.8
366	16.3	385	17.1	404	18.0	423	18.8
367	16.3	386	17.2	405	18.0	424	18.8
368	16.4	387	17.2	406	18.0	425	18.9
369	16.4	388	17.2	407	18.1	426	18.9
370	16.4	389	17.3	408	18.1	427	19.0
371	16.5	390	17.3	409	18.2	428	19.0
372	16.5	391	17.4	410	18.2	429	19.1
373	16.6	392	17.4	411	18.3	430	19.1
374	16.6	393	17.5	412	18.3	431	19.2
375	16.7	394	17.5	413	18.4	432	19.2
376	16.7	395	17.6	414	18.4	433	19.2
377	16.8	396	17.6	415	18.4	434	19.3
378	16.8	397	17.6	416	18.5	435	19.3
379	16.8	398	17.7	417	18.5	436	19.4

荷载/kN	强度/MPa	荷载/kN	强度/MPa	荷载/kN	强度/MPa	荷载/kN	强度/MPa
437	19.4	473	21.0	518	23.0	590	26.2
438	19.5	474	21.1	520	23.1	592	26.3
439	19.5	475	21.1	522	23.2	594	26.4
440	19.6	476	21.2	524	23.3	596	26.5
441	19.6	477	21.2	526	23.4	598	26.6
442	19.6	478	21.2	528	23.5	600	26.7
443	19.7	479	21.3	530	23.6	602	26.8
444	19.7	480	21.3	532	23.6	604	26.8
445	19.8	481	21.4	534	23.7	606	26.9
446	19.8	482	21.4	536	23.8	608	27.0
447	19.9	483	21.5	538	23.9	610	27.1
448	19.9	484	21.5	540	24.0	612	27.2
449	20.0	485	21.6	542	24.1	614	27.3
450	20.0	486	21.6	544	24.2	616	27.4
451	20.0	487	21.6	546	24.3	618	27.5
452	20.1	488	21.7	548	24.4	620	27.6
453	20.1	489	21.7	550	24.4	622	27.6
454	20.2	490	21.8	552	24.5	624	27.7
455	20.2	491	21.8	554	24.6	626	27.8
456	20.3	492	21.9	556	24.7	628	27.9
457	20.3	493	21.9	558	24.8	630	28.0
458	20.4	494	22.0	560	24.9	632	28.1
459	20.4	495	22.0	562	25.0	634	28.2
460	20.4	496	22.0	564	25.1	636	28.3
461	20.4	497	22.1	566	25.2	638	28.4
462	20.5	498	22.1	568	25.2	640	28.4
463	20.5	499	22.2	570	25.3	642	28.5
464	20.6	500	22.2	572	25.4	644	28.6
465	20.6	502	22.3	574	25.5	646	28.7
466	20.7	504	22.4	576	25.6	648	28.8
467	20.7	506	22.5	578	25.7	650	28.9
468	20.8	508	22.6	580	25.8	652	29.0
469	20.8	510	22.7	582	25.9	654	29.1
470	20.9	512	22.8	584	26.0	656	29.2
471	20.9	514	22.8	586	26.0	658	29.2
472	21.0	516	22.9	588	26.1	660	29.3

荷载/kN	强度/MPa	荷载/kN	强度/MPa	荷载/kN	强度/MPa	荷载/kN	强度/MPa
662	29.4	734	32.6	806	35.8	878	39.0
664	29.5	736	32.7	808	35.9	880	39.1
666	29.6	738	32.8	810	36.0	882	39.2
668	29.7	740	32.9	812	36.1	884	39.3
670	29.8	742	33.0	814	36.2	886	39.4
672	29.9	744	33.1	816	36.3	888	39.5
674	30.0	746	33.2	818	36.4	890	39.6
676	30.0	748	33.2	820	36.4	892	39.6
678	30.1	750	33.3	822	36.5	894	39.7
680	30.2	752	33.4	824	36.6	896	39.8
682	30.3	754	33.5	826	36.7	898	39.9
684	30.4	756	33.6	828	36.8	900	40.0
686	30.5	758	33.7	830	36.9	902	40.1
688	30.6	760	33.8	832	37.0	904	40.2
690	30.7	762	33.9	834	37.1	906	40.3
692	30.8	764	34.0	836	37.2	908	40.4
694	30.8	766	34.0	838	37.2	910	40.4
696	30.9	768	34.1	840	37.3	912	40.5
698	31.0	770	34.2	842	37.4	914	40.6
700	31.1	772	34.3	844	37.5	916	40.7
702	31.2	774	34.4	846	37.6	918	40.8
704	31.3	776	34.5	848	37.7	920	40.9
706	31.4	778	34.6	850	37.8	922	41.0
708	31.5	780	34.7	852	37.9	924	41.1
710	31.6	782	34.8	854	38.0	926	41.2
712	31.6	784	34.8	856	38.0	928	41.2
714	31.7	786	34.9	858	38.1	930	41.3
716	31.8	788	35.0	860	38.2	932	41.4
718	31.9	790	35.1	862	38.3	934	41.5
720	32.0	792	35.2	864	38.4	936	41.6
722	32.1	794	35.3	866	38.5	938	41.7
724	32.2	796	35.4	868	38.6	940	41.8
726	32.3	798	35.5	870	38.7	942	41.9
728	32.4	800	35.6	872	38.8	944	42.0
730	32.4	802	35.6	874	38.8	946	42.0
732	32.5	804	35.7	876	38.9	948	42.1

荷载/kN	强度/MPa	荷载/kN	强度/MPa	荷载/kN	强度/MPa	荷载/kN	强度/MPa
950	42.2	1022	45.4	1094	48.6	1166	51.8
952	42.3	1024	45.5	1096	48.7	1168	51.9
954	42.4	1026	45.6	1098	48.8	1170	51.9
956	42.5	1028	45.7	1100	48.9	1172	52.0
958	42.6	1030	45.7	1102	48.9	1174	52.1
960	42.7	1032	45.8	1104	49.0	1176	52.2
962	42.8	1034	45.9	1106	49.1	1178	52.3
964	42.8	1036	46.0	1108	49.2	1180	52.4
966	42.9	1038	46.1	1110	49.3	1182	52.5
968	43.0	1040	46.2	1112	49.4	1184	52.6
970	43.1	1042	46.3	1114	49.5	1186	52.7
972	43.2	1044	46.4	1116	49.6	1188	52.8
974	43.3	1046	46.4	1118	49.7	1190	52.8
976	43.4	1048	46.5	1120	49.8	1192	52.9
978	43.5	1050	46.6	1122	49.8	1194	53.0
980	43.6	1052	46.7	1124	49.9	1196	53.1
982	43.6	1054	46.8	1126	50.0	1198	53.2
984	43.7	1056	46.9	1128	50.1	1200	53.3
986	43.8	1058	47.0	1130	50.2	1202	53.4
988	43.9	1060	47.1	1132	50.3	1204	53.5
990	44.0	1062	47.2	1134	50.3	1206	53.5
992	44.1	1064	47.3	1136	50.4	1208	53.6
994	44.2	1066	47.3	1138	50.5	1210	53.7
996	44.3	1068	47.4	1140	50.6	1212	53.8
998	44.4	1070	47.5	1142	50.7	1214	53.9
1000	44.4	1072	47.6	1144	50.8	1216	54.0
1002	44.5	1074	47.7	1146	50.9	1218	54.1
1004	44.6	1076	47.8	1148	51.0	1220	54.2
1006	44.7	1078	47.9	1150	51.1	1222	54.3
1008	44.8	1080	48.0	1152	51.2	1224	54.3
1010	44.8	1082	48.0	1154	51.3	1226	54.4
1012	44.9	1084	48.1	1156	51.3	1228	54.5
1014	45.0	1086	48.2	1158	51.4	1230	54.6
1016	45.1	1088	48.3	1160	51.5	1232	54.7
1018	45.2	1090	48.4	1162	51.6	1234	54.8
1020	45.3	1092	48.5	1164	51.7	1236	54.9

荷载/kN	强度/MPa	荷载/kN	强度/MPa	荷载/kN	强度/MPa	荷载/kN	强度/MPa
1238	55.0	1310	58.2	1382	61.4	1454	64.6
1240	55.1	1312	58.3	1384	61.4	1456	64.6
1242	55.1	1314	58.3	1386	61.5	1458	64.7
1244	55.2	1316	58.4	1388	61.6	1460	64.8
1246	55.3	1318	58.5	1390	61.7	1462	64.9
1248	55.4	1320	58.6	1392	61.8	1464	65.0
1250	55.5	1322	58.7	1394	61.9	1466	65.1
1252	55.6	1324	58.8	1396	62.0	1468	65.2
1254	55.7	1326	58.9	1398	62.1	1470	65.3
1256	55.8	1328	59.0	1400	62.2	1472	65.4
1258	55.9	1330	59.1	1402	62.2	1474	65.4
1260	56.0	1332	59.1	1404	62.3	1476	65.5
1262	56.0	1334	59.2	1406	62.4	1478	65.6
1264	56.1	1336	59.3	1408	62.5	1480	65.7
1266	56.2	1338	59.4	1410	62.6	1482	65.8
1268	56.3	1340	59.5	1412	62.7	1484	65.9
1270	56.4	1342	59.6	1414	62.8	1486	66.0
1272	56.5	1344	59.7	1416	62.9	1488	66.1
1274	56.6	1346	59.8	1418	63.0	1490	66.2
1276	56.7	1348	59.9	1420	63.1	1492	66.2
1278	56.7	1350	59.9	1422	63.1	1494	66.3
1280	56.8	1352	60.0	1424	63.2	1496	66.4
1282	56.9	1354	60.1	1426	63.3	1498	66.5
1284	57.0	1356	60.2	1428	63.4	1500	66.6
1286	57.1	1358	60.3	1430	63.5	1502	66.7
1288	57.2	1360	60.4	1432	63.6	1504	66.8
1290	57.3	1362	60.5	1434	63.7	1506	66.9
1292	57.4	1364	60.6	1436	63.8	1508	67.0
1294	57.5	1366	60.7	1438	63.9	1510	67.0
1296	57.6	1368	60.7	1440	63.9	1512	67.1
1298	57.6	1370	60.8	1442	64.0	1514	67.2
1300	57.7	1372	60.9	1444	64.1	1516	67.3
1302	57.8	1374	61.0	1446	64.2	1518	67.4
1304	57.9	1376	61.1	1448	64.3	1520	67.5
1306	58.0	1378	61.2	1450	64.4	1522	67.6
1308	58.1	1380	61.3	1452	64.5	1524	67.7

续表

荷载/kN	强度/MPa	荷载/kN	强度/MPa	荷载/kN	强度/MPa	荷载/kN	强度/MPa
1526	67.8	1560	69.3	1594	70.8	1628	72.3
1528	67.8	1562	69.4	1596	70.9	1630	72.4
1530	67.9	1564	69.4	1598	71.0	1632	72.5
1532	68.0	1566	69.5	1600	71.0	1634	72.5
1534	68.1	1568	69.6	1602	71.1	1636	72.6
1536	68.2	1570	69.7	1604	71.2	1638	72.7
1538	68.3	1572	69.8	1606	71.3	1640	72.8
1540	68.4	1574	69.9	1608	71.4	1642	72.9
1542	68.5	1576	70.0	1610	71.5	1644	73.0
1544	68.6	1578	70.1	1612	71.6	1646	73.1
1546	68.6	1580	70.2	1614	71.7	1648	73.2
1548	68.7	1582	70.2	1616	71.8	1650	73.3
1550	68.8	1584	70.3	1618	71.8	1652	73.3
1552	68.9	1586	70.4	1620	71.9	1654	73.4
1554	69.0	1588	70.5	1622	72.0	1656	73.5
1556	69.1	1590	70.6	1624	72.1	1658	73.6
1558	69.2	1592	70.7	1626	72.2	1660	73.7

（2）混凝土抗折试件的荷载与抗折强度的换算：已知荷载可由表 6-2-2 查得混凝土抗折强度。

表 6-2-2　荷载-抗折强度换算表

（混凝土抗折试件 150mm×150mm×550mm）

荷载/kN	强度/MPa	荷载/kN	强度/MPa	荷载/kN	强度/MPa	荷载/kN	强度/MPa
20.1	2.67	21.4	2.85	22.7	3.02	24.0	3.19
20.2	2.69	21.5	2.86	22.8	3.03	24.1	3.21
20.3	2.70	21.6	2.87	22.9	3.05	24.2	3.22
20.4	2.71	21.7	2.89	23.0	3.06	24.3	3.23
20.5	2.73	21.8	2.90	23.1	3.07	24.4	3.25
20.6	2.74	21.9	2.91	23.2	3.09	24.5	3.26
20.7	2.75	22.0	2.93	23.3	3.10	24.6	3.27
20.8	2.77	22.1	2.94	23.4	3.11	24.7	3.29
20.9	2.78	22.2	2.95	23.5	3.13	24.8	3.30
21.0	2.79	22.3	2.97	23.6	3.14	24.9	3.31
21.1	2.81	22.4	2.98	23.7	3.15	25.0	3.32
21.2	2.82	22.5	2.99	23.8	3.17	25.1	3.34
21.3	2.83	22.6	3.01	23.9	3.18	25.2	3.35

荷载/kN	强度/MPa	荷载/kN	强度/MPa	荷载/kN	强度/MPa	荷载/kN	强度/MPa
25.3	3.36	28.9	3.84	32.5	4.32	36.1	4.80
25.4	3.38	29.0	3.86	32.6	4.34	36.2	4.81
25.5	3.39	29.1	3.87	32.7	4.35	36.3	4.83
25.6	3.40	29.2	3.88	32.8	4.36	36.4	4.84
25.7	3.42	29.3	3.90	32.9	4.38	36.5	4.85
25.8	3.43	29.4	3.91	33.0	4.39	36.6	4.87
25.9	3.44	29.5	3.92	33.1	4.40	36.7	4.88
26.0	3.46	29.6	3.94	33.2	4.42	36.8	4.89
26.1	3.47	29.7	3.95	33.3	4.43	36.9	4.91
26.2	3.48	29.8	3.96	33.4	4.44	37.0	4.92
26.3	3.50	29.9	3.98	33.5	4.46	37.1	4.93
26.4	3.51	30.0	3.99	33.6	4.47	37.2	4.95
26.5	3.52	30.1	4.00	33.7	4.48	37.3	4.96
26.6	3.54	30.2	4.02	33.8	4.50	37.4	4.97
26.7	3.55	30.3	4.03	33.9	4.51	37.5	4.99
26.8	3.56	30.4	4.04	34.0	4.52	37.6	5.00
26.9	3.58	30.5	4.06	34.1	4.54	37.7	5.01
27.0	3.59	30.6	4.07	34.2	4.55	37.8	5.03
27.1	3.60	30.7	4.08	34.3	4.56	37.9	5.04
27.2	3.62	30.8	4.10	34.4	4.58	38.0	5.05
27.3	3.63	30.9	4.11	34.5	4.59	38.1	5.07
27.4	3.64	31.0	4.12	34.6	4.60	38.2	5.08
27.5	3.66	31.1	4.14	34.7	4.62	38.3	5.09
27.6	3.67	31.2	4.15	34.8	4.63	38.4	5.11
27.7	3.68	31.3	4.16	34.9	4.64	38.5	5.12
27.8	3.70	31.4	4.18	35.0	4.66	38.6	5.13
27.9	3.71	31.5	4.19	35.1	4.67	38.7	5.15
28.0	3.72	31.6	4.20	35.2	4.68	38.8	5.16
28.1	3.74	31.7	4.22	35.3	4.70	38.9	5.17
28.2	3.75	31.8	4.23	35.4	4.71	39.0	5.19
28.3	3.76	31.9	4.24	35.5	4.72	39.1	5.20
28.4	3.78	32.0	4.26	35.6	4.73	39.2	5.21
28.5	3.79	32.1	4.27	35.7	4.75	39.3	5.23
28.6	3.81	32.2	4.28	35.8	4.76	39.4	5.24
28.7	3.82	32.3	4.30	35.9	4.77	39.5	5.25
28.8	3.83	32.4	4.31	36.0	4.79	39.6	5.27

续表

荷载/kN	强度/MPa	荷载/kN	强度/MPa	荷载/kN	强度/MPa	荷载/kN	强度/MPa
39.7	5.28	42.3	5.63	44.9	5.97	47.5	6.32
39.8	5.29	42.4	5.64	45.0	5.98	47.6	6.33
39.9	5.31	42.5	5.64	45.1	6.00	47.7	6.34
40.0	5.32	42.6	5.67	45.2	6.01	47.8	6.36
40.1	5.33	42.7	5.68	45.3	6.02	47.9	6.37
40.2	5.35	42.8	5.69	45.4	6.04	48.0	6.38
40.3	5.36	42.9	5.71	45.5	6.05	48.1	6.40
40.4	5.37	43.0	5.72	45.6	6.06	48.2	6.41
40.5	5.39	43.1	5.73	45.7	6.08	48.3	6.42
40.6	5.40	43.2	5.75	45.8	6.09	48.4	6.44
40.7	5.41	43.3	5.76	45.9	6.10	48.5	6.45
40.8	5.43	43.4	5.77	46.0	6.12	48.6	6.46
40.9	5.44	43.5	5.79	46.1	6.13	48.7	6.48
41.0	5.45	43.6	5.80	46.2	6.14	48.8	6.49
41.1	5.47	43.7	5.81	46.3	6.16	48.9	6.50
41.2	5.48	43.8	5.83	46.4	6.17	49.0	6.52
41.3	5.49	43.9	5.84	46.5	6.18	49.1	6.53
41.4	5.51	44.0	5.85	46.6	6.20	49.2	6.54
41.5	5.52	44.1	5.87	46.7	6.21	49.3	6.56
41.6	5.53	44.2	5.88	46.8	6.22	49.4	6.57
41.7	5.55	44.3	5.89	46.9	6.24	49.5	6.58
41.8	5.56	44.4	5.91	47.0	6.25	49.6	6.60
41.9	5.57	44.5	5.92	47.1	6.26	49.7	6.61
42.0	5.59	44.6	5.93	47.2	6.28	49.8	6.62
42.1	5.60	44.7	5.95	47.3	6.29	49.9	6.64
42.2	5.61	44.8	5.96	47.4	6.30	50.0	6.65

（3）砂浆试件荷载与抗压强度的换算：已知荷载可由表6-2-3查砂浆抗压强度。

表6-2-3　荷载-抗压强度关系换算表

（砂浆试件 70.7mm × 70.7mm × 70.7mm）

荷载/kN	强度/MPa	荷载/kN	强度/MPa	荷载/kN	强度/MPa	荷载/kN	强度/MPa
10.5	2.1	13.0	2.6	15.5	3.1	18.0	3.6
11.0	2.2	13.5	2.7	16.0	3.2	18.5	3.7
11.5	2.3	14.0	2.8	16.5	3.3	19.0	3.8
12.0	2.4	14.5	2.9	17.0	3.4	19.5	3.9
12.5	2.5	15.0	3.0	17.5	3.5	20.0	4.0

续表

荷载/kN	强度/MPa	荷载/kN	强度/MPa	荷载/kN	强度/MPa	荷载/kN	强度/MPa
20.5	4.1	33.0	6.6	45.5	9.1	58.0	11.6
21.0	4.2	33.5	6.7	46.0	9.2	58.5	11.7
21.5	4.3	34.0	6.8	46.5	9.3	59.0	11.8
22.0	4.4	34.5	6.9	47.0	9.4	59.5	11.9
22.5	4.5	35.0	7.0	47.5	9.5	60.0	12.0
23.0	4.6	35.0	7.1	48.0	9.6	60.5	12.1
23.5	4.7	36.0	7.2	48.5	9.7	61.0	12.2
24.0	4.8	36.5	7.3	49.0	9.8	61.5	12.3
24.5	4.9	37.0	7.4	49.5	9.9	62.0	12.4
25.0	5.0	37.5	7.5	50.0	10.0	62.5	12.5
25.5	5.1	38.0	7.6	50.5	10.1	63.0	12.6
26.0	5.2	38.5	7.7	51.0	10.2	63.5	12.7
26.5	5.3	39.0	7.8	51.5	10.3	64.0	12.8
27.0	5.4	39.5	7.9	52.0	10.4	64.5	12.9
27.5	5.5	40.0	8.0	52.5	10.5	65.0	13.0
28.0	5.6	40.5	8.1	53.0	10.6	65.5	13.1
28.5	5.7	41.0	8.2	53.5	10.7	66.0	13.2
29.0	5.8	41.5	8.3	54.0	10.8	66.5	13.3
29.5	5.9	42.0	8.4	54.5	10.9	67.0	13.4
30.0	6.0	42.5	8.5	55.0	11.0	67.5	13.5
30.5	6.1	43.0	8.6	55.5	11.1	68.0	13.6
31.0	6.2	43.5	8.7	56.0	11.2	68.5	13.7
31.5	6.3	44.0	8.8	56.5	11.3	69.0	13.8
32.0	6.4	44.5	8.9	57.0	11.4	69.5	13.9
32.5	6.5	45.0	9.0	57.5	11.5	70.0	14.0

（4）水泥试件与抗压强度的换算：已知水泥试件荷载，可查表6-2-4得到抗压强度。

表6-2-4　水泥胶砂试件荷载-抗压强度关系换算表

（试压面积：40mm×40mm）

荷载/kN	强度/MPa	荷载/kN	强度/MPa	荷载/kN	强度/MPa	荷载/kN	强度/MPa
15.1	9.4	15.6	9.8	16.1	10.1	16.6	10.4
15.2	9.5	15.7	9.8	16.2	10.1	16.7	10.4
15.3	9.6	15.8	9.9	16.3	10.2	16.8	10.5
15.4	9.6	15.9	9.9	16.4	10.2	16.9	10.6
15.5	9.7	16.0	10.0	16.5	10.3	17.0	10.6

续表

荷载/kN	强度/MPa	荷载/kN	强度/MPa	荷载/kN	强度/MPa	荷载/kN	强度/MPa
17.1	10.7	20.7	12.9	24.3	15.2	27.9	17.4
17.2	10.8	20.8	13.0	24.4	15.2	28.0	17.5
17.3	10.8	20.9	13.1	24.5	15.3	28.1	17.6
17.4	10.9	21.0	13.1	24.6	15.4	28.2	17.6
17.5	10.9	21.1	13.2	24.7	15.4	28.3	17.7
17.6	11.0	21.2	13.2	24.8	15.5	28.4	17.8
17.7	11.1	21.3	13.3	24.9	15.6	28.5	17.8
17.8	11.1	21.4	13.4	25.0	15.6	28.6	17.9
17.9	11.2	21.5	13.4	25.1	15.7	28.7	17.9
18.0	11.2	21.6	13.5	25.2	15.8	28.8	18.0
18.1	11.3	21.7	13.6	25.3	15.8	28.9	18.1
18.2	11.4	21.8	13.6	25.4	15.9	29.0	18.1
18.3	11.4	21.9	13.7	25.5	15.9	29.1	18.2
18.4	11.5	22.0	13.8	25.6	16.0	29.2	18.2
18.5	11.6	22.1	13.8	25.7	16.1	29.3	18.3
18.6	11.6	22.2	13.9	25.8	16.1	29.4	18.4
18.7	11.7	22.3	13.9	25.9	16.2	29.5	18.4
18.8	11.8	22.4	14.0	26.0	16.2	29.6	18.5
18.9	11.8	22.5	14.1	26.1	16.3	29.7	18.6
19.0	11.9	22.6	14.1	26.2	16.4	29.8	18.6
19.1	11.9	22.7	14.2	26.3	16.4	29.9	18.7
19.2	12.0	22.8	14.2	26.4	16.5	30.0	18.8
19.3	12.1	22.9	14.3	26.5	16.6	30.1	18.8
19.4	12.1	23.0	14.4	26.6	16.6	30.2	18.9
19.5	12.2	23.1	14.4	26.7	16.7	30.3	18.9
19.6	12.2	23.2	14.5	26.8	16.8	30.4	19.0
19.7	12.3	23.3	14.6	26.9	16.8	30.5	19.1
19.8	12.4	23.4	14.6	27.0	16.9	30.6	19.1
19.9	12.4	23.5	14.7	27.1	16.9	30.7	19.2
20.0	12.5	23.6	14.8	27.2	17.0	30.8	19.2
20.1	12.6	23.7	14.8	27.3	17.1	30.9	19.3
20.2	12.6	23.8	14.9	27.4	17.1	31.0	19.4
20.3	12.7	23.9	14.9	27.5	17.2	31.1	19.4
20.4	12.8	24.0	15.0	27.6	17.2	31.2	19.5
20.5	12.8	24.1	15.1	27.7	17.3	31.3	19.6
20.6	12.9	24.2	15.1	27.8	17.4	31.4	19.6

荷载/kN	强度/MPa	荷载/kN	强度/MPa	荷载/kN	强度/MPa	荷载/kN	强度/MPa
31.5	19.7	35.1	21.9	38.7	24.2	42.3	26.4
31.6	19.8	35.2	22.0	38.8	24.2	42.4	26.5
31.7	19.8	35.3	22.1	38.9	24.3	42.5	26.6
31.8	19.9	35.4	22.1	39.0	24.4	42.6	26.6
31.9	19.9	35.5	22.2	39.1	24.4	42.7	26.7
32.0	20.0	35.6	22.2	39.2	24.5	42.8	26.8
32.1	20.1	35.7	22.3	39.3	24.6	42.9	26.8
32.2	20.1	35.8	22.4	39.4	24.6	43.0	26.9
32.3	20.2	35.9	22.4	39.5	24.7	43.1	26.9
32.4	20.2	36.0	22.5	39.6	24.8	43.2	27.0
32.5	20.3	36.1	22.6	39.7	24.8	43.3	27.1
32.6	20.4	36.2	22.6	39.8	24.9	43.4	27.1
32.7	20.4	36.3	22.7	39.9	24.9	43.5	27.2
32.8	20.5	36.4	22.8	40.0	25.0	43.6	27.2
32.9	20.6	36.5	22.8	40.1	25.1	43.7	27.3
33.0	20.6	36.6	22.9	40.2	25.1	43.8	27.4
33.1	20.7	36.7	22.9	40.3	25.2	43.9	27.4
33.2	20.8	36.8	23.0	40.4	25.2	44.0	27.5
33.3	20.8	36.9	23.1	40.5	25.3	44.1	27.6
33.4	20.9	37.0	23.1	40.6	25.4	44.2	27.6
33.5	20.9	37.1	23.2	40.7	25.4	44.3	27.7
33.6	21.0	37.2	23.2	40.8	25.5	44.4	27.8
33.7	21.1	37.3	23.3	40.9	25.6	44.5	27.8
33.8	21.1	37.4	23.4	41.0	25.6	44.6	27.9
33.9	21.2	37.5	23.4	41.1	25.7	44.7	27.9
34.0	21.2	37.6	23.5	41.2	25.8	44.8	28.0
34.1	21.3	37.7	23.6	41.3	25.8	44.9	28.1
34.2	21.4	37.8	23.6	41.4	25.9	45.0	28.1
34.3	21.4	37.9	23.7	41.5	25.9	45.1	28.2
34.4	21.5	38.0	23.8	41.6	26.0	45.2	28.2
34.5	21.6	38.1	23.8	41.7	26.1	45.3	28.3
34.6	21.6	38.2	23.9	41.8	26.1	45.4	28.4
34.7	21.7	38.3	23.9	41.9	26.2	45.5	28.4
34.8	21.8	38.4	24.0	42.0	26.2	45.6	28.5
34.9	21.8	38.5	24.1	42.1	26.3	45.7	28.6
35.0	21.9	38.6	24.1	42.2	26.4	45.8	28.6

续表

荷载/kN	强度/MPa	荷载/kN	强度/MPa	荷载/kN	强度/MPa	荷载/kN	强度/MPa
45.9	28.7	49.5	30.9	53.1	33.2	56.7	35.4
46.0	28.8	49.6	31.0	53.2	33.2	56.8	35.5
46.1	28.8	49.7	31.1	53.3	33.3	56.9	35.6
46.2	28.9	49.8	31.1	53.4	33.4	57.0	35.6
46.3	28.9	49.9	31.2	53.5	33.4	57.1	35.7
46.4	29.0	50.0	31.2	53.6	33.5	57.2	35.8
46.5	29.1	50.1	31.3	53.7	33.6	57.3	35.8
46.6	29.1	50.2	31.4	53.8	33.6	57.4	35.9
46.7	29.2	50.3	31.4	53.9	33.7	57.5	35.9
46.8	29.2	50.4	31.5	54.0	33.8	57.6	36.0
46.9	29.3	50.5	31.6	54.1	33.8	57.7	36.1
47.0	29.4	50.6	31.6	54.2	33.9	57.8	36.1
47.1	29.4	50.7	31.7	54.3	33.9	57.9	36.2
47.2	29.5	50.8	31.8	54.4	34.0	58.0	36.2
47.3	29.6	50.9	31.8	54.5	34.1	58.1	36.3
47.4	29.6	51.0	31.9	54.6	34.1	58.2	36.4
47.5	29.7	51.1	31.9	54.7	34.2	58.3	36.4
47.6	29.8	51.2	32.0	54.8	34.2	58.4	36.5
47.7	29.8	51.3	32.1	54.9	34.3	58.5	36.6
47.8	29.9	51.4	32.1	55.0	34.4	58.6	36.6
47.9	29.9	51.5	32.2	55.1	34.4	58.7	36.7
48.0	30.0	51.6	32.2	55.2	34.5	58.8	36.8
48.1	30.1	51.7	32.3	55.3	34.6	58.9	36.8
48.2	30.1	51.8	32.4	55.4	34.6	59.0	36.9
48.3	30.2	51.9	32.4	55.5	34.7	59.1	36.9
48.4	30.3	52.0	32.5	55.6	34.8	59.2	37.0
48.5	30.3	52.1	32.6	55.7	34.8	59.3	37.1
48.6	30.4	52.2	32.6	55.8	34.9	59.4	37.1
48.7	30.4	52.3	32.7	55.9	34.9	59.5	37.2
48.8	30.5	52.4	32.8	56.0	35.0	59.6	37.2
48.9	30.6	52.5	32.8	56.1	35.1	59.7	37.3
49.0	30.6	52.6	32.9	56.1	35.1	59.8	37.4
49.1	30.7	52.7	32.9	56.3	35.2	59.9	37.4
49.2	30.8	52.8	33.0	56.4	35.2	60.0	37.5
49.3	30.8	52.9	33.1	56.5	35.3	60.1	37.6
49.4	30.9	53.0	33.1	56.6	35.4	60.2	37.6

荷载/kN	强度/MPa	荷载/kN	强度/MPa	荷载/kN	强度/MPa	荷载/kN	强度/MPa
60.3	37.7	63.9	39.9	67.5	42.2	71.1	44.4
60.4	37.8	64.0	40.0	67.6	42.2	71.2	44.5
60.5	37.8	64.1	40.1	67.7	42.3	71.3	44.6
60.6	37.9	64.2	40.1	67.8	42.4	71.4	44.6
60.7	37.9	64.3	40.2	67.9	42.4	71.5	44.7
60.8	38.0	64.4	40.2	68.0	42.5	71.6	44.8
60.9	38.1	64.5	40.3	68.1	42.6	71.7	44.8
61.0	38.1	64.6	40.4	68.2	42.6	71.8	44.9
61.1	38.2	64.7	40.4	68.3	42.7	71.9	44.9
61.2	38.2	64.8	40.5	68.4	42.8	72.0	45.0
61.3	38.3	64.9	40.6	68.5	42.8	72.1	45.1
61.4	38.4	65.0	40.6	68.6	42.9	72.2	45.1
61.5	38.4	65.1	40.7	68.7	42.9	72.3	45.2
61.6	38.5	65.2	40.8	68.8	43.0	72.4	45.2
61.7	38.6	65.3	40.8	68.9	43.1	72.5	45.3
61.8	38.6	65.4	40.9	69.0	43.1	72.6	45.4
61.9	38.7	65.5	40.9	69.1	43.2	72.7	45.4
62.0	38.8	65.6	41.0	69.2	43.2	72.8	45.5
62.1	38.8	65.7	41.1	69.3	43.3	72.9	45.6
62.2	38.9	65.8	41.1	69.4	43.4	73.0	45.6
62.3	38.9	65.9	41.2	69.5	43.4	73.1	45.7
62.4	39.0	66.0	41.2	69.6	43.5	73.2	45.8
62.5	39.1	66.1	41.3	69.7	43.6	73.3	45.8
62.6	39.1	66.2	41.4	69.8	43.6	73.4	45.9
62.7	39.2	66.3	41.4	69.9	43.7	73.5	45.9
62.8	39.2	66.4	41.5	70.0	43.8	73.6	46.0
62.9	39.3	66.5	41.6	70.1	43.8	73.7	46.1
63.0	39.4	66.6	41.6	70.2	43.9	73.8	46.1
63.1	39.4	66.7	41.7	70.3	43.9	73.9	46.2
63.2	39.5	66.8	41.8	70.4	44.0	74.0	46.2
63.3	39.6	66.9	41.8	70.5	44.1	74.1	46.3
63.4	39.6	67.0	41.9	70.6	44.1	74.2	46.4
63.5	39.7	67.1	41.9	70.7	44.2	74.3	46.4
63.6	39.8	67.2	42.0	70.8	44.2	74.4	46.5
63.7	39.8	67.3	42.1	70.9	44.3	74.5	46.6
63.8	39.9	67.4	42.1	71.0	44.4	74.6	46.6

荷载/kN	强度/MPa	荷载/kN	强度/MPa	荷载/kN	强度/MPa	荷载/kN	强度/MPa
74.7	46.7	78.3	48.9	81.9	51.2	85.5	53.4
74.8	46.8	78.4	49.0	82.0	51.2	85.6	53.5
74.9	46.8	78.5	49.1	82.1	51.3	85.7	53.6
75.0	46.9	78.6	49.1	82.2	51.4	85.8	53.6
75.1	46.9	78.7	49.2	82.3	51.4	85.9	53.7
75.2	47.0	78.8	49.2	82.4	51.5	96.0	53.8
75.3	47.1	78.9	49.3	82.5	51.6	86.1	53.8
75.4	47.1	79.0	49.4	82.6	51.7	86.2	53.9
75.5	47.2	79.1	49.4	82.7	51.7	86.3	53.9
75.6	47.2	79.2	49.5	82.8	51.8	86.4	54.0
75.7	47.3	79.3	49.6	82.9	51.8	86.5	54.1
75.8	47.4	79.4	49.6	83.0	51.9	86.6	54.1
75.9	47.4	79.5	49.7	83.1	51.9	86.7	54.2
76.0	47.5	79.6	49.8	83.2	52.0	86.8	54.2
76.1	47.6	79.7	49.8	83.3	52.1	86.9	54.3
76.2	47.6	79.8	49.9	83.4	52.1	87.0	54.4
76.3	47.7	79.9	49.9	83.5	52.2	87.1	54.4
76.4	47.8	80.0	50.0	83.6	52.2	87.2	54.5
76.5	47.8	80.1	50.1	83.7	52.3	87.3	54.6
76.6	47.9	80.2	50.1	83.8	52.4	87.4	54.6
76.7	47.9	80.3	50.2	83.9	52.4	87.5	54.7
76.8	48.0	80.4	50.2	84.0	52.5	87.6	54.8
76.9	48.1	80.5	50.3	84.1	52.6	87.7	54.8
77.0	48.1	80.6	50.4	84.2	52.6	87.8	54.9
77.1	48.2	80.7	50.4	84.3	52.7	87.9	54.9
77.2	48.2	80.8	50.5	84.4	52.8	88.0	55.0
77.3	48.3	80.9	50.6	84.5	52.8	88.1	55.1
77.4	48.4	81.0	50.6	84.6	52.9	88.2	55.1
77.5	48.4	81.1	50.7	84.7	52.9	88.3	55.2
77.6	48.5	81.2	50.8	84.8	53.0	88.4	55.2
77.7	48.6	81.3	50.8	84.9	53.1	88.5	55.3
77.8	48.6	81.4	50.9	85.0	53.1	88.6	55.4
77.9	48.7	81.5	50.9	85.1	53.2	88.7	55.4
78.0	48.8	81.6	51.0	85.2	53.2	88.8	55.5
78.1	48.8	81.7	51.1	85.3	53.3	88.9	55.6
78.2	48.9	81.8	51.1	85.4	53.4	89.0	55.6

荷载/kN	强度/MPa	荷载/kN	强度/MPa	荷载/kN	强度/MPa	荷载/kN	强度/MPa
89.1	55.7	91.6	57.2	94.1	58.8	96.6	60.4
89.2	55.8	91.7	57.3	94.2	58.9	96.7	60.4
89.3	55.8	91.8	57.4	94.3	58.9	96.8	60.5
89.4	55.9	91.9	57.4	94.4	59.0	96.9	60.6
89.5	55.9	92.0	57.5	94.5	59.1	97.0	60.6
89.6	56.0	92.1	57.6	94.6	59.1	97.1	60.7
89.7	56.1	92.2	57.6	94.7	59.2	97.2	60.8
89.8	56.1	92.3	57.7	94.8	59.2	97.3	60.8
89.9	56.2	92.4	57.8	94.9	59.3	97.4	60.9
90.0	56.2	92.5	57.8	95.0	59.4	97.5	60.9
90.1	56.3	92.6	57.9	95.1	59.4	97.6	61.0
90.2	56.4	92.7	57.9	95.2	59.5	97.7	61.1
90.3	56.4	92.8	58.0	95.3	59.6	97.8	61.1
90.4	56.5	92.9	58.1	95.4	59.6	97.9	61.2
90.5	56.6	93.0	58.1	95.5	59.7	98.0	61.2
90.6	56.6	93.1	58.2	95.6	59.8	98.1	61.3
90.7	56.7	93.2	58.2	95.7	59.8	98.2	61.4
90.8	56.8	93.3	58.3	95.8	59.9	98.3	61.4
90.9	56.8	93.4	58.4	95.9	59.9	98.4	61.5
91.0	56.9	93.5	58.4	96.0	60.0	98.5	61.6
91.1	56.9	93.6	58.5	96.1	60.1	98.6	61.6
91.2	57.0	93.7	58.6	96.2	60.1	98.7	61.7
91.3	57.1	93.8	58.6	96.3	60.2	98.8	61.8
91.4	57.1	93.9	58.7	96.4	60.2	98.9	61.8
91.5	57.2	94.0	58.8	96.5	60.3	99.0	61.9

2）试件尺寸与强度的换算

试件尺寸不同会影响强度的检测结果，如立方体试件的边长，或圆柱体试件高径比均不同程度地影响强度，为此，在不同尺寸的试件之间建立了换算系数，以消除试件尺寸对强度的影响。不同尺寸试件的强度换算系数见表6-2-5；不同高径比圆柱体试件的强度换算系数见表6-2-6。

表6-2-5　不同尺寸试件的强度换算系数

检测项目		试件尺寸及换算系数		
混凝土抗压强度	试件尺寸/mm	$100 \times 100 \times 100$	$150 \times 150 \times 150$	$200 \times 200 \times 200$
	换算系数	0.95	1	1.05
混凝土抗折强度	试件尺寸/mm	$100 \times 100 \times 400$	$150 \times 150 \times 550$	
	换算系数	0.85	1	
混凝土劈裂抗拉强度	试件尺寸/mm	$100 \times 100 \times 100$	$150 \times 150 \times 150$	
	换算系数	0.85	1	

检测项目		试件尺寸及换算系数		
混凝土轴心抗拉强度	试件尺寸/mm	$100 \times 100 \times 300$	$150 \times 150 \times 300$	$200 \times 200 \times 400$
	换算系数	0.95	1	1.05
圆柱体试件 抗压高径比 = 1:2	试件尺寸/mm	$\phi 100 \times 200$	$\phi 150 \times 300$	$\phi 200 \times 400$
	换算系数	0.95	1	1.05

注：1. 各种尺寸的试件强度乘以换算系数等于标准试件的强度。
　　2. 根据 GB/T 50081—2002《普通混凝土力学性能试验方法标准》。

表 6-2-6　不同高径比圆柱体试件的强度换算系数

高径比	1.0	1.1	1.2	1.3	1.4	1.5	1.6	1.7	1.8	1.9	2.0
换算系数 α	1.00	1.04	1.07	1.10	1.13	1.15	1.17	1.19	1.21	1.22	1.24

注：芯样试件按公式：$R = \alpha \dfrac{F}{S}$ 换算成 150mm 立方体试块的抗压强度。

式中　R——由芯样试件换算的 150mm 立方体抗压强度，MPa；
　　　F——芯样试件的最大压力值，N；
　　　S——芯样截面面积，mm^2；
　　　α——高径比换算系数。

3）混凝土早龄期与 28d 龄期抗压强度的换算

根据这一关系，可以由不同温度下早龄期的抗压强度推算 28d 的抗压强度（标准养护），或者由 28d 抗压强度推算早龄期抗压强度。早龄期与 28d 龄期的抗压强度换算见表 6-2-7。

表 6-2-7　混凝土早龄期与 28d 龄期的抗压强度换算

龄期	不同温度下的强度百分率/%　（以 28d 标准养护强度为 100）				
	5℃	10℃	15℃	20℃	25℃
水泥品种：通用硅酸盐水泥					
3d	30	35	40	55	60
7d	45	55	60	75	80
10d	55	65	75	80	85
14d	65	75	85	90	95
28d	85	90	95	100	100
水泥品种：矿渣硅酸盐水泥					
3d	15	20	25	35	40
7d	30	40	45	50	55
10d	40	50	60	65	70
14d	50	60	70	75	80
28d	70	85	95	100	100

注：本表以 32.5 级水泥为准，如为 42.5 级以上水泥或带 R 水泥，该系数应提高 5%（绝对值）；如掺加早强剂，系数应根据早强效果相应提高。

4）混凝土长龄期与 28d 龄期标准养护抗压强度的换算

根据长龄期抗压强度与 28d 标准养护强度的关系，可由 28d 抗压强度推算长龄期抗压强度。这一换算关系见表 6-2-8。

表 6-2-8　混凝土长龄期与 28d 龄期抗压强度换算

龄期	3 个月	6 个月	1 年	2 年	4 ~ 5 年
长龄期强度/28d 强度	1.15 ~ 1.25	1.25 ~ 1.35	1.35 ~ 1.75	1.75 ~ 2.00	2.00 ~ 2.25

注：1. 硅酸盐水泥及普通硅酸盐水泥用下限；矿渣、火山灰质、粉煤灰硅酸盐水泥用上限；混凝土养护较好时，应适当提高系数；

2. 混凝土强度等级降低时，则强度增长系数适当提高；

3. 对于大体积混凝土，或其他高性能混凝土，适宜用 60 d 或 90d 龄期强度作为强度验收标准，以便降低水化热，减少收缩，提高混凝土的技术经济效益。

5）混凝土蒸汽养护强度与 28d 龄期标准养护抗压强度的换算

通过表 6-2-9 可由蒸汽养护强度换算 28d 龄期标准养护抗压强度，或由 28d 龄期抗压强度推算蒸汽养护强度。

表 6-2-9　蒸汽养护与 28d 龄期标准养护抗压强度的换算（%）

蒸养时间/h	普通硅酸盐水泥					矿渣硅酸盐水泥						火山灰质硅酸盐水泥					
	蒸汽养护平均温度/℃																
	40	50	60	70	80	40	50	60	70	80	90	40	50	60	70	80	90
8	—	—	24	28	35	—	—	—	32	35	40	—	—	30	40	53	72
12	20	27	32	39	44	—	26	32	43	50	63	—	22	33	52	67	82
16	25	32	40	45	50	20	30	40	53	62	75	16	28	45	60	75	90
20	29	40	47	51	58	27	39	43	60	70	83	22	35	50	67	83	96
24	34	45	50	56	62	30	46	54	66	77	90	27	40	56	70	88	100
28	39	50	55	61	68	36	50	60	71	83	94	30	43	60	75	90	
32	42	52	60	66	71	40	55	65	75	87	97	35	47	63	80	93	
36	46	58	64	70	75	43	60	68	80	90	100	39	50	67	82	96	
40	50	60	68	73	80	48	63	70	83	93		42	53	70	85	100	
44	54	65	70	75	82	51	66	72	86	96		44	55	73	87		
48	57	66	72	80	85	53	70	80	90	100		46	58	76	89		
52	60	68	74	82	87	57	71	83	91			50	60	78	90		
56	63	70	77	83	88	59	75	84	93			51	62	80	92		
60	66	73	80	84	89	61	77	87	97			52	64	82	93		
64	68	76	81	85	90	63	80	89	98			55	66	83	95		
68	69	77	82	86	90	66	81	90	100			56	68	84	95		
72	70	79	83	87	90	67	82	91				58	69	85	95		

注：表中所列各值为蒸汽养护强度占 28d 龄期标准养护抗压强度的百分率。

6）砂浆早龄期抗压强度与 28d 标准养护强度的换算

不同养护温度下砂浆早龄期抗压强度与 28d 标准养护强度的换算关系可由表 6-2-10 查用。

表 6-2-10　用 32.5 级通用硅酸盐水泥拌制的砂浆早龄期强度与 28d 强度的换算（以在 20℃时养护 28d 的试件强度为 100）（%）

龄期/d	养护温度/℃							
	1	5	10	15	20	25	30	35
1	4	6	8	11	15	19	23	25
2	10	14	18	22	28	32	38	45
3	18	25	30	36	43	48	54	60
5	27	34	41	48	55	60	65	70
7	38	46	54	62	69	73	78	82
10	46	55	64	71	78	84	88	92
14	50	61	71	78	85	90	94	98
21	55	67	76	85	93	96	102	104
28	59	71	81	92	100	104	—	—

注：使用 42.5 级水泥、带 R 水泥，或掺用早强剂，表内系数应相应提高 5%～10%（绝对值）。

7）混凝土抗折强度与抗压强度的换算

同一配合比混凝土的抗折强度与抗压强度换算关系见表 6-2-11。

表 6-2-11　混凝土抗折强度与抗压强度的换算

抗折强度/MPa	4.0	4.5	5.0	5.5
抗压强度/MPa	25.0	30.0	35.0	40.0

注：以上关系仅供两种强度对照时的参考，在确定道路路面混凝土配合比时应以抗折强度计算（详见本书第三章）。

8）氯化钠、氯化钙溶液密度与含量的换算

氯化钠、氯化钙溶液的密度与含量的换算关系可查表 6-2-12。

表 6-2-12　氯化钠、氯化钙溶液的密度与含量的换算

15℃时溶液密度/（g/cm³）	无水氯化钠含量/kg		15℃时溶液密度/（g/cm³）	无水氯化钙含量/kg	
	1L 溶液中	1kg 溶液中		1L 溶液中	1kg 溶液中
1.02	0.029	0.029	1.02	0.025	0.025
1.03	0.044	0.043	1.03	0.037	0.036
1.04	0.058	0.056	1.04	0.050	0.048
1.05	0.073	0.070	1.05	0.062	0.059
1.06	0.088	0.083	1.06	0.075	0.071

15℃时溶液密度/(g/cm³)	无水氯化钠含量/kg		15℃时溶液密度/(g/cm³)	无水氯化钙含量/kg	
	1L 溶液中	1kg 溶液中		1L 溶液中	1kg 溶液中
1.07	0.103	0.096	1.07	0.089	0.084
1.08	0.119	0.110	1.08	0.102	0.094
1.09	0.134	0.122	1.09	0.114	0.105
1.10	0.149	0.136	1.10	0.126	0.115
1.11	0.165	0.149	1.11	0.140	0.126
1.12	0.181	0.162	1.12	0.153	0.137
1.13	0.198	0.175	1.13	0.166	0.147
1.14	0.214	0.188	1.14	0.180	0.158
1.15	0.230	0.200	1.15	0.193	0.168
1.16	0.246	0.212	1.16	0.206	0.178
1.17	0.263	0.224	1.17	0.221	0.189
1.175	0.271	0.231	1.18	0.236	0.199
			1.19	0.249	0.209
			1.20	0.263	0.219
			1.21	0.276	0.228
			1.22	0.290	0.238

9）方孔筛与圆孔筛的对应关系

在粗细骨料的筛分试验中，我国一直沿用圆孔筛，为与国际接轨，试验方法标准已逐渐改为方孔筛，现将两者对应关系列于表 6-2-13，以便于换算。

表 6-2-13　方孔筛与圆孔筛的对应关系（mm）

圆孔筛孔径	对应的方孔筛孔径	圆孔筛孔径	对应的方孔筛孔径
100	75	10	9.5
80	63	5	4.75
63（或60）	53	2.5	2.36
50	37.5	1.25	1.18
40	31.5	0.63	0.6
31.5（或30）	26.5	0.315	0.3
25	19	0.16	0.15
20	16	0.075	0.075
16	13.2		

注：圆孔筛中小于 1.25mm 的筛子本来就是方孔筛。

10）英制筛和公制筛孔径的对应关系

英制筛和公制筛孔径的对应关系见表 6-2-14。

表 6-2-14　英制和公制筛子孔径的对应关系

目数	孔径/mm	孔数/cm²	目数	孔径/mm	孔数/cm²
4	5	2.56	60	0.301	576
5	4	4	65	0.28	676
6	3.22	5.76	70	0.261	784
8	2.5	10.24	75	0.25	900
10	2	16	80	0.180	1024
12		23.04	85	0.18	
14	1.43	31.36	90	0.17	1296
16	1.24	40.96	100	0.15	1600
18	1	51.84	110	0.14	1936
20	0.95	64	120	0.125	2304
22		77.44	130	0.12	2704
24	0.7	92.16	140		3136
26	0.71	108.16	150	0.100	3600
28	0.63	125.44	160	0.088	
30	0.60	144	180	0.077	5184
32	0.55	163.84	190		5776
34	0.525	185	200	0.074	6400
36	0.5	207	230	0.065	8464
38	0.425	231	240		9216
40	0.4	256	250	0.06	10000
42	0.375	282	275	0.052	12100
44		310	280		12544
46	0.345	339	300	0.050	14400
48		369	320	0.044	16384
50	0.335	400	350	0.042	19600
55		484	400	0.038	25600

注：1. 目数系指 1 英寸长度上的孔眼数目，即孔/英寸。

　　2. 孔径系指筛网的名称时，即正方形网孔的边长。

第7章 误差计算和统计法应用

7.1 掌握误差计算和统计法的必要性

作为一名检测人员几乎天天都在测量数据，并进行数据处理和计算，由于试验仪器本身的误差（例如试验机的误差、卡尺的误差等）、测量方法的误差、读数时的人为误差及环境条件误差，使得到的试验结果都不是一个百分之百的准确值（即所谓真值），而是一个带有误差的值，在这些值的运算过程中，其误差又不可避免地带入计算结果中去，随之带来的问题是：测量误差应该多大合适？经计算后试验结果的误差应该怎样决定？这就要求检测人员必须懂得基本的误差理论和基本的误差计算方法，包括有效数字的概念和计算，误差的表示方法和计算，以及数据修约方法等，否则将增大试验结果的误差，从而影响其准确性。

在对有效数字的理解上存在一种误解，即认为读取试验数据时，或计算试验结果时，小数后位数越多，试验结果越准确，其实，小数位数仅与该数据的单位有关，例如，0.146m与14.6cm、146mm，虽然小数位数不同，但其准确度是相同的，而且小数位数与检测仪器本身的精确度有关，它不可能超越仪器的精确度。如卡尺本身准确到0.02mm，读数顶多读到0.01mm，即两位小数，如记到第三位小数，不但是不可能的，而且在以后的运算过程中徒增了计算误差；如仅记到小数后一位，因没有达到卡尺的精确度，试验结果的精确度同样不合要求。由此可以看出，掌握基本的误差理论和计算方法是十分必要的。

此外，在同一试验中我们得到的检测结果往往不是一个，而是很多个，它们有大有小，多呈有规律的分布（例如呈正态分布），在评价某一材料是否合格，确定某一指标的出现概率，或计算误差大小及其发生概率时，绝不是仅仅计算其平均值就可解决的问题，必须应用统计法进行分析或计算；过去只用单值（或平均值）来确定合格与否的方法很多已改为统计法，例如，混凝土强度的评定、土工试验的压实度评定以及无侧限抗压强度、弯沉值的评定等，这些涉及大量数据的合格评定已全部采用统计法，统计法也用于抽样方法及回归计算中。毫无疑问，我们必须掌握统计法的基本原理和计算方法，才能进行统计分析或计算，正确执行相应试验规程。

7.2 有效数字及其运算方法

7.2.1 有效数字的意义

上节提到小数点后的位数会因单位的不同而不同，它不表示准确度的大小，那么，用什么表示一个数的准确度的大小呢？用有效数字；有效数字是用以表示数的大小（不表示小数点位置）的任一数中的任一个数字。上节中的0.146m与14.6cm、146mm，其中的1、4、

6 都是有效数字，因为它们都是表示数的大小，而与小数点位置无关，0.146m 与 14.6cm、146mm 都是 3 位有效数字，故其准确度是相等的。有些数字是表示小数点位置的，如 0.006 中的 3 个"0"只表示"6"位于小数点后第三位，所以它们不是有效数字；0.506 中小数点前面的"0"不是有效数字，而后面的"0"则是有效数字。还有"0"在一个数的末尾的情况，例如 16.320 中的"0"也是有效数字，因为它表示小数后第三位是"0"，而与小数位数无关；但如数字 12000 中的三个"0"则很难判断是否是有效数字，因为它很可能是 10 的方次，故这类数字应写成能表示有效数字位数的形式，如为两位有效数字则写成 1.2×10^4，如为三位有效数字，则写成 1.20×10^4。

一些检测人员往往感到不解的是：既然有效数字表示一个数的准确度，为什么试验规程在确定结果的准确度时都是指明准确到小数第几位，而不是说保留几位有效数字？实际上试验规程在说明准确到小数第几位时，也就指明了几位有效数字，因为对于具体的检测项目的试验结果，其有效数字位数是确定的；例如，《普通混凝土力学性能试验方法标准》要求："混凝土立方体抗压强度计算应精确至 0.1MPa"，由于混凝土立方体抗压强度一般低于 100MPa，也就是说要求精确至 0.1MPa（即小数后一位）实际上是要求三位有效数字，如 43.6MPa。试验标准写明精确至小数第几位也是从有效数字的规定得来的，只不过规定小数点后第几位对于具体的试验结果而言比较直接、易于操作而已；因此，有效数字理论在确定数字的准确度及进行有效数字运算时是极为有用的。

判断有效数字应掌握以下几点：

（1）有效数字表示该数的大小，不表示小数点位置或 10 的倍数，故表示小数点位置或 10 的倍数的"0"不是有效数字，如 0.001 中的"0"；

（2）带有小数的数字，最末位的"0"是有效数字，它表示末位的数字大小为"0"；

（3）带有 10 的倍数的数字无法判断有效数字位数，如 2000，应用 10 的方次表示有效数字的位数，如 2.0×10^3；

（4）如规程未指明试验结果取有效数字的位数或取几位小数，则以测量仪器所能读出的最小估计数字（或称为存疑数字）为末位数字确定有效数字位数。例如，量杯的最小刻度为 0.1mL，则可以读到 0.05mL，如为 24.35，即四位有效数字。

7.2.2　有效数字的位数确定——数据修约

在检测工作中经常遇到试验规范已确定修约间隔（即允许偏差），应按此间隔进行修约，如上节所述混凝土抗压强度的修约间隔是 0.1MPa；或者需确定有效数字的位数，例如，读出的试验结果是四位有效数字，而只需要三位，就需要将该数字修约成三位。修约方法如下：

（1）记录试验结果时，将最后一位作为存疑数字。如上例 24.35 中的末位"5"是存疑数字，是在读数时的估计数字；存疑数字的修约间隔可以是 ±1，如混凝土抗压强度为 46.7MPa，其修约间隔是 ±0.1MPa；也可以是 ±5，如钢筋的屈服强度或抗拉强度，其修约间隔是 ±5MPa（屈服强度或抗拉强度为 200～1000MPa 时）。

（2）拟舍弃数字最左一位数字小于 5 时（即 4 及以下）则舍去，如 15.346，要求一位小数，则为 15.3；拟舍弃数字最左一位数字大于 5（即 6 及以上），或者是 5 但其后跟有非"0"的数字时则进 1，如 16.552，要求一位小数，则修约为 16.6；如拟舍弃数字的最左一位数字等于5，而右面没有数字或皆为"0"时，若保留的末位数为奇数则进1，若为偶数则舍弃，如14.35，若修约为小数后一位则为14.4，如14.45，修约后则为14.4。

（3）修约时应一次完成，而不应从整个数字的末位数连续向左修约。例如，26.34548若要求修约到小数一位，应为26.3，不得连续修约，即26.34548→26.3455→26.346→26.35→26.4。

（4）如材料品质标准或试验规程中列出要求指标及允许偏差，则数字应按该偏差修约，即将允许偏差作为修约间隔；如钢材盘条直径为6mm，其允许偏差为±0.5mm，则所测量的直径应按±0.5mm进行修约。

（5）如一个数左边第一位有效数字等于或大于8，则其有效数字位数可多计一位。例如，8.24是三位有效数字，可计为四位有效数字。

7.2.3 有效数字的运算规则

当检测结果需要计算时就用得着有效数字的运算规则，因为检测数据的有效数字位数各不相同，例如一个有5位有效数字的数与仅有3位有效数字的数相乘得到的乘积应是几位？这就必须按有效数字的运算规则求得结果。有效数字的运算规则如下：

（1）加、减计算时，其和或差的有效数字位数按参加计算的各数中小数点位数最少的数确定。例如，$26.13 + 5.241 + 0.0672 = 31.44$；其小数点位数最小为两位。

（2）乘、除计算时，其积或商的有效数字位数按参加计算的有效数字位数最少的数（或有效数字的相对误差最大的数）确定。例如，$1.35 \times 0.3461 \times 27.542 = 12.9$；其有效数字最多为三位；有效数字的相对误差为：

$$\frac{1}{135} \times 100 = 0.74$$

$$\frac{1}{3461} \times 100 = 0.02$$

$$\frac{1}{27542} \times 100 = 0.0036$$

可见相对误差最大的数是1.35，故乘积的有效数字位数是三位。

（3）常数（如π）的有效数字位数可按任意位数确定。

（4）对于带有10的倍数的数字，应将其化为10的方次后进行计算；如120000按两位有效数字计，则

$$120000 \times 3.8 = 1.2 \times 10^5 \times 3.82 = 4.6 \times 10^5$$

可以用数学运算证明以上有效数字运算规则的正确性；人们往往在运算后保留最多的小数位数或有效数字位数，但由于有效数字位数较少的数已使运算结果的存疑数字增加，故保留过多的存疑数字只能使精确度降低，而不是提高。

7.3 统计误差及测量不确定度

7.3.1 统计误差的表示方法及换算

通常所说的误差可分为两类，一类是少量数值之间的误差，如±0.5（绝对误差）或

1% （相对误差）；另一类是大量数据之间的误差，如具有几十个或几百个数据的误差，它们难以用少量数据的误差表示方法来表达，多用误差的统计值表达，也可称之为统计误差，如标准差、极差或偏差系数等。

标准偏差又称"标准差"或"均方根差"。在描述测量值离散程度的各特征值中，标准偏差是一项最重要的特征值，一般地将平均值和标准偏差二者结合起来即能全面地表明一组测量值的分布情况。

（1）总体的标准偏差 σ 按式（7-3-1）计算：

$$\sigma = \sqrt{\frac{\sum (x_i - \mu)^2}{N}} \tag{7-3-1}$$

式中　x_i——单个变量（测量值）；

　　　μ——总体分布中心；

　　　σ——总体标准偏差；

　　　N——总体变量数，N 应趋向于无穷大（$N \to \infty$），至少要 ≥ 20。

（2）样本的标准偏差 s

一般情况下是难以得到总体标准偏差 σ 的，通常用样本的标准偏差 s 来估计总体的标准偏差 σ。一般用贝塞尔公式计算样本的标准偏差 s：

$$s = \sqrt{\frac{\sum_{i=1}^{n} (x_i - \bar{x})^2}{n-1}} \tag{7-3-2}$$

式中　s——样本标准偏差；

　　　x_i——各测量值；

　　　$\sum$——希腊字母，表示从第 1 个数据加和到第 n 个数据；

　　　$\bar{x}$——样本平均值；

　　$n-1$——样本自由度（常记为 f 或 ν），n 为样本容量。

标准差能较灵敏地反映大量数据的彼此之间的离散程度，当数据离散时，其值迅速增大，而且与各种分布函数有直接关系，是经常使用的统计量。

偏差系数是标准差与平均值的比值，实际上是标准差的相对值，其值按式（7-3-3）计算：

$$C_v = \frac{\sigma}{X} \tag{7-3-3}$$

式中　C_v——偏差系数。

例如标准差 $\sigma = 4.6$，其平均值 $X = 43.6$，则其偏差系数为：

$$C_v = \frac{4.6}{43.6} = 0.11$$

极差是一组数据的最大值与最小值之差，即极差 $r = x_{max} - x_{min}$。极差计算方便，适用于数据较少的情况。当数据较多时，由于极差仅取最大值与最小值，中间各值信息未起作用，极差将随数据的增加而增大，故计算误差较大；为此，当计算极差的数据超过 10 个时，应将该数据分组，如将 10 个数据分为 2 组，每组 5 个数据，求各组的极差，然后再计算各组极差的平均值；由于分组较小，中间各值参加了计算，故得到的极差相对准确。例如将以下 10 个数据分为 2 组，分别求极差：

将数据分为 2 组：22.6，23.7，23.9，25.0，26.9；28.1，30.5，32.4，32.9，33.5

分别求极差：　　　　26.9 - 22.6 = 4.3　　33.5 - 28.1 = 5.4

求极差平均值：

$$r = \frac{4.3 + 5.4}{2} = 4.8$$

标准差 σ 与极差 r 的换算关系为：

$$\sigma = \frac{r}{c} \tag{7-3-4}$$

式中　c——标准差与极差的换算系数，其值由表 7-3-1 选取。

表 7-3-1　标准差与极差的换算系数 c

n	2	3	4	5	6	7	8	9	10
c	1.128	1.693	2.059	2.326	2.534	2.704	2.847	2.970	3.078

注：n 是计算极差时各组的数据数，如上例中 $n = 5$。

上例中得到的平均极差为 4.8，换算为标准差则为：

$$\sigma = \frac{4.8}{2.326} = 2.1$$

7.3.2　测量不确定度

7.3.2.1　基本概念

测量不确定度是与测量结果相联系的参数，表征合理地赋予被测量之值的分散性。测量的目的是为了确定被测量的量值，测量不确定度就是对测量结果的定量表征，因此，测量结果的表述必须包含被测量的值及其测量不确定度，才是完整的。

误差不等于不确定度，测量误差是表明测量结果偏离真值的差值，其真值只是人们赋予它的值，经过修正的测量结果可能非常接近于真值，但由于真值的不可知和误差的局限性（只是一个单值），使误差的表示方法不尽如人意，而测量不确定度表示被测量值的分散性，是经统计得到的分布偏差，因而测量不确定度更为科学。采用不确定度不但能确认其来源，并可以分解或合成，而且能了解不同因素对检测结果的影响程度。

为了表征被测量值的分散性，测量不确定度用标准差表示；也可用标准差的倍数或说明了置信水平的区间的半宽表示。这两种表示方法分别称为标准不确定度和扩展不确定度。

（1）标准不确定度

标准不确定度是以标准差表示的测量不确定度，用符号 u 表示。测量结果的不确定度由许多不确定来源引起，由每一个不确定来源评定的标准差，称为标准不确定度的分量。标准不确定度有两种评定方法：A 类评定和 B 类评定。

A 类不确定度评定是用观测列进行统计分析的方法来评定的标准不确定度，用符号 u_A

表示；B 类不确定度评定是用不同于对观测列进行统计分析的方法来评定的标准不确定度，用符号 u_B 表示。

另外，当测量结果是由若干个分量的值求得时，按分量的方差与协方差算得的标准不确定度，称为合成标准不确定度，用符号 u_C 表示。

（2）扩展不确定度

扩展不确定度是用标准差的倍数或说明了置信水平的区间的半宽表示的测量不确定度，用符号 U 表示。或者说是由合成不确定度的倍数表示的测量不确定度，即 $U = ku_C$，k 称为包含因子；被测量值分布的大部分可望含于此区间。一般 k 取 2（或 3），当置信水平取 95% 时，$k = 2$；当置信水平取 99% 时，$k = 3$。

7.3.2.2　测量不确定度的主要来源

测量中可能导致不确定度的主要来源如下：

（1）被测量的定义不完整；

（2）实现被测量定义的方法不理想；

（3）抽样的代表性不够，即被测样本不能代表所定义的被测量；

（4）对测量过程受环境影响的认识不周全或对环境的测量与控制不完善；

（5）对模拟式仪器的读数存在人为偏差；

（6）测量仪器的计量性能（如灵敏度、分辨力及稳定性等）的局限性；

（7）测量标准或标准物质存在不确定度；

（8）引用的数据或其他参数存在不确定度；

（9）测量方法和测量程序的近似和假设；

（10）在相同条件下被测量在重复观测中的变化。

7.3.2.3　标准不确定度的评定

1）测量模型的建立

在实际测量时，被测量 Y（输出量）不能直接测出，而是由 N 个其他量 X_1，X_2，$\cdots$，X_N（输入量）通过函数关系 f 来确定的：

$$Y = f(X_1, X_2, \cdots, X_N) \tag{7-3-5}$$

式（7-3-5）表示的函数关系，称为测量模型。

采用不同的测量方法和不同的测量程序，就可能有不同的数学模型，故数学模型应根据实际情况确定。数学模型可用已知的物理公式求得，也可用实验的方法确定，或者用数值方程给出。

在输入量 X_1，X_2，$\cdots$，X_N 中，一种是直接测定的量，其值和不确定度取自检测值；另一种是从外部引入的量，如参考物质的量或参考数据等。

设式（7-3-5）中被测量 Y 的估计值为 y，输入量 X_i 的估计值为 x_i，则有：

$$y = f(x_1, x_2, \cdots, x_N) \tag{7-3-6}$$

式（7-3-6）输入值是经过对数学模型中所有主要系统效应的影响量修正的最佳估计值。

2）测量不确定度的评定

采用 "A 类" 或 "B 类" 方法对测量不确定度进行评定。A 类标准不确定度是通过统计分析求得的平均值的实验标准差；B 类标准不确定度是根据其他知识或信息得出的。

（1）标准不确定度的 A 类评定

在相同的测量条件下，对某一输入量进行若干次独立的观测时，可采用标准不确定度的 A 类评定方法。

假定重复测量的输入量 X_i 为量 Q。若在相同的测量条件下进行 $n(n > 1)$ 次独立的观测，量 Q 估计值为各独立观测值 $q_j(j = 1, 2, \cdots, n)$ 的算术平均值 $\bar{q}$：

$$\bar{q} = \sum_{j=1}^{n} q_j/n \tag{7-3-7}$$

与输入估计值 $\bar{q}$ 相关的测量不确定度按以下方法之一评定：

①实验标准差按下式计算：

$$s(q) = \sqrt{\frac{\sum_{j=1}^{n}(q_j - \bar{q})^2}{n - 1}} \tag{7-3-8}$$

平均值的实验标准差按下式计算：

$$s(\bar{q}) = \frac{s(q)}{\sqrt{n}} \tag{7-3-9}$$

与输入估计值 $\bar{q}$ 相关的标准不确定度即平均值的实验标准差：

$$u(\bar{q}) = s(\bar{q}) \tag{7-3-10}$$

②使用所获得的合并样本标准差 $s(p)$ 来描述分散性，比采用通过有限次的观测值获得的标准差更为合适。若输入量 Q 的值由非常有限的 n 次独立观测值的平均值 $\bar{q}$ 求得，则平均值的标准差按下式估计：

$$s(q) = \frac{s(p)}{\sqrt{n}} \tag{7-3-11}$$

（2）标准不确定度的 B 类评定

B 类标准不确定度是根据关于 X_i 可能变异性的信息，作出科学的、经验的判断来评定。

B 类不确定度评定的方法有：

①已知扩展不确定度和包含因子

如输入估计值 x_i 来源于制造部门的说明书或校准证书，其中给出了其扩展不确定度 $U(x_i)$ 及包含因子 k，则其标准不确定度 $u(x_i)$ 为：

$$u(x_i) = \frac{U(x_i)}{k} \tag{7-3-12}$$

②已知扩展不确定度和置信水平的正态分布

若给出 k_{pi} 在一定置信水平 p 下的置信区间的半宽，即扩展不确定度 U_p，按正态分布来评定其标准不确定度 (x_i)，即：

$$u(x_i) = \frac{U_p}{k_p} \tag{7-3-13}$$

式中　k_p——置信水平 p 下的包含因子。

表 7-3-2　正态分布下置信概率 p 与包含因子 k_p 间的关系

$p(\%)$	50	68.27	90	95	95.45	99	99.73
k_p	0.67	1	1.645	1.960	2	2.576	3

③其他几种常见的分布

其他常见的分布有 t 分布、均匀分布、反正弦分布、三角分布、梯形分布、两点分布等。

均匀分布的标准不确定度按下式计算：

$$u(x_i) = \frac{a}{\sqrt{3}} \tag{7-3-14}$$

a 为输入量的估计值 x_i 分散区的范围（如测量仪器的出厂指标、温度范围等）。其他分布可查询有关标准。

④由重复性限或再现性限求不确定度

由规定的测量条件，得出输入量的两次测量值的重复性限 r 或再现性限 R 时（即两次测量结果的极差），则输入估计值的标准不确定度为：

$$u(x_i) = r/2.83 \text{ 或 } u(x_i) = R/2.83 \tag{7-3-15}$$

7.3.2.4　合成不确定度的评定

输入量彼此独立或不相关时，其合成标准不确定度由下式得出：

$$u_c^2(y) = \sum_{i=1}^{n} u_i^2(y) \tag{7-3-16}$$

$u_i(y)$ 由输入估计值 x_i 相关的标准不确定度 $u(x_i)$ 与灵敏系数 c_i 相乘得到，即：

$$u_i(y) = c_i u(x_i) \tag{7-3-17}$$

c_i 是灵敏系数，它等于在输入估计值 x_i 处评定的模型函数 f 关于 X_i 的偏导数，即：

$$c_i = \frac{\partial f}{\partial x_i} = \frac{\partial f}{\partial X_i} \bigg|_{X_1 = x_1, X_2 = x_2, \cdots, X_i = x_i, \cdots, X_n = x_n} \tag{7-3-18}$$

灵敏系数 c_i 表示输出估计值 y 随输入估计值 x_i 的变化而变化的程度。

7.3.2.5　扩展不确定度的评定

扩展不确定度是确定测量结果区间的量，被测量之值分布的大部分含于此区间。其公式为：

$$U = ku(y) \tag{7-3-19}$$

k 称为包含因子。k 值一般取 2，有时也取 3。

与置信水平有关的扩展不确定度用符号 U_p 表示。如：被测量值的分散区间包含全部的测得值，则此区间的置信概率为 $p = 100\%$，扩展不确定度用 U_{100} 表示，它就是置信区间的半宽。

7.3.2.6　测量不确定度报告

测量不确定度的报告有两种方式：

（1）用合成标准不确定度表示；

（2）用扩展不确定度表示。

对测量不确定度的数值进行修约时，应将最末位后面的数进位而不是舍弃。

7.3.2.7　测量不确定度评定流程

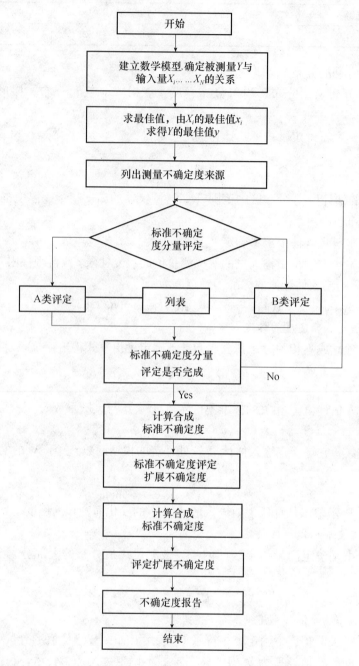

7.3.2.8　测量不确定度应用实例

钢材抗拉强度试验结果的不确定度评定。

1）目的：对钢材抗拉强度试验结果进行不确定度评定，以得到抗拉强度实际不确定度。

2）方法：由同一根钢材上取 $\phi 25$mm 试件（其牌号为 Q235，符合 GB/T 700《碳素结构钢》标准），共 19 根，进行抗拉强度试验，按测量不确定度评定程序对试验结果作不确定度评定。抗拉试验前，在试件上、中、下三个位置的互相垂直方向测量其直径，取其平均值后，再由三个平均值中取最小直径。其数据详见表 7-3-3。

表 7-3-3　钢材抗拉强度试验结果

材料名称：碳素结构　　　　　　钢规格型号：$\phi 25mm$　　　　　　牌号 Q235

序号	上部直径/mm		中部直径/mm		下部直径/mm		最小直径/mm	最大荷载/N
1	25.30	25.12	25.40	25.10	25.20	24.90	25.05	209150
2	25.42	25.30	25.25	25.21	25.40	25.10	25.15	210550
3	25.53	24.90	24.85	25.40	25.43	25.10	25.12	209150
4	25.38	24.95	25.30	24.95	24.95	25.17	25.06	208620
5	25.13	24.93	24.99	25.24	25.20	25.40	25.03	210750
6	25.38	24.96	25.00	25.33	25.28	25.53	25.16	210640
7	25.20	25.30	25.30	25.28	25.05	25.25	25.15	209370
8	25.25	25.48	25.28	24.90	25.10	25.36	25.09	210390
9	25.50	25.30	25.40	25.20	25.20	25.10	25.15	209990
10	25.46	25.36	25.50	25.00	25.00	25.44	25.22	209600
11	25.20	25.40	25.50	24.94	24.94	25.40	25.17	210620
12	25.30	24.90	25.00	25.35	25.35	25.30	25.10	210970
13	24.80	25.42	25.42	25.30	25.30	25.40	25.11	209350
14	25.40	25.00	25.50	25.20	25.20	25.30	25.20	210240
15	25.50	25.20	25.27	25.35	25.35	24.90	25.12	209730
16	25.50	25.20	25.30	25.30	25.30	25.20	25.25	211220
17	25.50	25.30	25.30	25.20	25.30	25.40	25.25	211530
18	25.38	25.20	25.45	25.20	25.50	25.30	25.29	209040
19	24.90	25.30	25.20	25.40	25.40	25.50	25.10	210640
平均							25.15	210081
σ							0.071	824.80

3）建立数学模型：设 R_m 表示抗拉强度，F_m 表示最大拉力，d 表示试件直径，则有：

$$R_m = f(F_m, d) = \frac{4F_m}{\pi d^2}$$

4）求最佳值：由表 7-3-3 所列试件抗拉强度试验结果，求得 19 次抗拉强度重复性试验最佳值：

$$R_m = 422.9(\text{N/mm}^2)，修约后为 R_m = 425(\text{N/mm}^2)$$

5）不确定度的来源：

（1）被测材料：由一根试件上抽样，避免了不同根试件带来的不确定度；试件的不均匀性可由重复性试验反映出来。

（2）检测人员：由同一人对直径进行测量，同一人进行抗拉强度试验，可消除不同人员操作的差异带来的不确定度，其读数误差包含在重复性试验中。

（3）检测设备：万能试验机（编号为 J003）：最大示值 1000kN，示值误差不超过 ±1%，其测量不确定度为 0.8%（$k = 2$）；

游标卡尺（编号为 X024）：最大示值 200mm，最大示值误差为 ±0.02mm，其校准证书上的扩展不确定度为 $U = 0.02\text{mm}(k = 1.96)$。

（4）拉伸速度：拉伸速度对检测结果有一定影响，本次试验万能试验机由电脑控制速度，故其拉伸速度不变。

（5）修约：根据 GB/T 228《金属材料室温拉伸试验方法》的规定，本次试验应修约至 5N/mm^2，由修约可带来不确定度。

（6）环境条件：试验室内温度、湿度对试验结果的影响较小，故忽略不计。

6）不确定度分量的评定

（1）直径不确定度分量：

多次测量 A 类不确定度：$U(d)_1 = \dfrac{s}{\sqrt{n}} = \dfrac{0.071}{\sqrt{19}} = 0.01629$

卡尺带来的 B 类不确定度：$U(d)_2 = \dfrac{U}{k} = \dfrac{0.02}{1.96} = 0.01020$

两者合成不确定度为：$U(d) = \sqrt{0.01629^2 + 0.01020^2} = 0.01922$

灵敏度系数：$c_i = \dfrac{\partial f}{\partial x_i} = \dfrac{-8f_m}{\pi \cdot d^3} = \dfrac{-8 \times 210081}{\pi \times 25.15^3} = -33.6289$

乘以灵敏度系数：$-33.6289 \times 0.01922 = -0.6463$

（2）最大力的不确定度：

多次测量 A 类不确定度：$U(f)_1 = \dfrac{s}{\sqrt{n}} = \dfrac{824.8}{\sqrt{19}} = 189.2$

万能机带来的 B 类不确定度：$U(f)_2 = \dfrac{0.8\%}{2} \times 210081 = 840.3$

两者合成不确定度为：$U(f) = \sqrt{189.2^2 + 840.3^2} = 861.3$

灵敏度系数：$\dfrac{4}{\pi \cdot d^2} = \dfrac{4}{\pi \times 25.15^2} = 0.002013$

乘以灵敏度系数：$0.002013 \times 861.3 = 1.734$

（3）修约不确定度为 5N/mm^2，即 ±2.5，按均匀分布，其不确定度分量为：

$$\frac{2.5}{\sqrt{3}} = 1.443$$

7）合成不确定度：$\sqrt{(-0.6463)^2 + 1.734^2 + 1.443^2} = 2.347$。

8）扩展不确定度：采用 $k = 2$，则扩展不确定度为 $2.347 \times 2 = 4.694$，取为 5。

9）结果表达：试验结果的扩展不确定度为：$(425 \pm 5)\text{N/mm}^2$，其包含因子为：$k = 2$，置信概率为 95%。

7.4 测定值（或结果计算值）的合格判定方法

7.4.1 测定值合格判定的意义

经检测得到测定值或结果计算值以后，需要将此值与标准规定的合格限值相比较，确定合格与否；标准所规定的合格限值（亦称为极限数值），大都以大于或小于某值，大于等于或小于等于某值来表示，检测结果与此合格限值相比较，符合条件即为合格；例如，热轧带肋钢筋 HRB335 的屈服强度标准规定不小于 335MPa，如果检测结果得到 343MPa，经修约后为 345MPa，则其屈服强度检测判定为合格。

7.4.2　测定值合格判定方法

测定值与合格限值相比判定合格与否时，有两种判定方法：修约值比较判定法、全数值比较判定法。

（1）修约值比较判定法：先将测定值按上节规定进行修约，然后将修约后的测定值与合格限值相比较判定合格与否。如上述将 343MPa 修约为 345MPa，然后进行判定。

（2）全数值比较判定法：测定值不经修约处理，而用测定值的全部数字与合格限值比较，只要越出合格限值（不论越出多少），都判定为不合格。

可以看出，全数值比较判定法比修约值比较判定法严格。标准中的各种合格限值，只要未予说明用修约值比较判定法时，均指采用全数值比较判定法；对于涉及安全性能指标、计量器具中有误差传递的指标，或其他重要指标，应优先采用全数值比较判定法。

7.5　测定值中离群值的取舍方法

样本中的一个或几个观测值，它们离开其他观测值较远，暗示它们可能来自不同的总体，称为离群值。离群值可能与其余测定值属于同一母体，只是在同一概率分布中的极大值或极小值（如为正态分布，则与平均值的差超过 3σ）；离群值也可能与其余测定值不属于同一母体，是检测过程中因试验方法、试验条件偏离或人为失误产生的。这些较大的离群值不应随意舍弃处理，只有经统计检验确定属于歧离值或统计离群值后方可处理。

离群值按显著性的程度分为歧离值和统计离群值。歧离值是在检出水平下显著，但在剔除水平下不显著的离群值；统计离群值是在剔除水平下统计检验为显著的离群值。

判定离群值有两种方法：已知标准差情形下的判定方法及未知标准差情形下的判定方法。

7.5.1　已知标准差情形下的判定方法——奈尔（Nair）检验法

此法适用于测定值较多或测定值比较稳定、标准差已知的情况（样本量 $3 \leqslant n \leqslant 100$）。检验步骤如下：

（1）将测定值由小到大排列：$x_{(1)} \leqslant x_{(2)} \leqslant \cdots x_{(n-1)} \leqslant x_{(n)}$；并计算平均值，标准差已知 σ。

（2）计算统计量 R_n。

对于上侧情形（即离群值为高端值）$R_n = \left[x_{(n)} - \bar{x} \right] / \sigma$ 　　　　　　　　（7-5-1）

对于下侧情形（即离群值为低端值）$R'_n = \left[\bar{x} - x_{(1)} \right] / \sigma$ 　　　　　　　　（7-5-2）

对于双侧情形（即可能是高端值或低端值）同时计算式（7-5-1）及式（7-5-2）。

式中　$x_{(n)}$——高端测定值；

　　　$x_{(1)}$——低端测定值；

　　　$\bar{x}$——平均值；

σ——已知标准差（即由大量数据得到的母体标准差）。

（3）确定判定异常值的检出水平 α（一般为5%），在附录A奈尔异常值检验法的临界值表查出对应 n、α 的临界值 $R_{1-\alpha}$。

（4）如 $R_n > R_{1-\alpha}$，则判定高端测定值（或低端测定值）为离群值，否则判未发现 $x_{(n)}$ 或 $x_{(1)}$ 是离群值。

（5）对于检出的离群值，确定判定统计离群值的剔除水平 α'（一般为1%），在附录A查出对应的 n、α 的临界值 $R_{1-\alpha'}$。

（6）如 $R_n > R_{1-\alpha'}$，则判定高端测定值（或低端测定值）为统计离群值，否则判未发现其为统计离群值（即其为歧离值）。

【例】检验如下16个混凝土抗压强度回弹测定值（MPa）中的极小值是否为异常值。将回弹值由小到大排列：

25.4，28.4，33.7，39.9，40.1，42.7，43.9，44.5，46.8，48.1，49.6，49.9，50.0，51.2，52.3，53.0

求其平均值 $\bar{x} = 43.7$　　　　标准差已知为：$\sigma = 8.4$

确定异常值的检出水平为　　$\alpha = 5\%$

计算 R_n　　$R_n = \dfrac{43.7 - 25.4}{8.4} = 2.179$

以 $n = 10$、$\alpha = 5\%$ 查附录A得　$R_{1-\alpha} = 2.644$

因 $R_n < R_{1-\alpha}$，故判定极小值25.4不是离群值。

如判定是离群值，则再用 $R_{1-\alpha'}$ 检验（此例 $\alpha' = 1\%$）是否为统计离群值。如为统计离群值，此值可考虑予以剔除；否则判未发现 $x_{(1)}$ 是统计离群值（即 $x_{(1)}$ 是歧离值）。

7.5.2　未知标准差情形下的判定方法之一——格拉布斯（Grubbs）检验法

该检验方法与奈尔检验法相似，只是奈尔检验法标准差已知（即已给出，或由大量数据得到），本方法则未知，需要通过样本计算。检验步骤如下：

（1）将测定值由小到大排列：$x_{(1)} \leqslant x_{(2)} \leqslant \cdots \leqslant x_{(n-1)} \leqslant x_{(n)}$；并计算平均值和样本标准差 s。

（2）计算统计量 G_n：

对于上侧情形　　　　　　　　　$G_n = [x_{(n)} - \bar{x}]/s$　　　　　　　　　　（7-5-3）

对于下侧情形　　　　　　　　　$G_n' = [\bar{x} - x_{(1)}]/s$　　　　　　　　　　（7-5-4）

对于双侧情形　　　　　　　　　同时计算式（7-5-3）及式（7-5-4）。

式中　$x_{(n)}$——高端测定值；

　　　$x_{(1)}$——低端测定值；

　　　$\bar{x}$——平均值；

　　　s——样本标准差。

（3）确定判定异常值的检出水平 α（一般为5%），在附录B格拉布斯异常值检验法的临界值表查出对应 n、α 的临界值 $G_{1-\alpha}$。

（4）如 $G_n > G_{1-\alpha}$，则判定高端测定值（或低端测定值）为离群值，否则判未发现其为离群值。

（5）对于检出的离群值，确定判定统计离群值的剔除水平 α'（一般为 1%），在附录 B 查出对应的 n、α 的临界值 $G_{1-\alpha'}$。

（6）如 $G_n > G_{1-\alpha'}$，则判定高端测定值（或低端测定值）为统计离群值。否则判未发现其为统计离群值（即其为歧离值）。

7.5.3　未知标准差情形下的判定方法之二——狄克逊（Dixon）检验法

该方法适用于测定值较少或测定值不稳定、标准差未知的情况（样本量 $3 \leqslant n \leqslant 30$）。其检验步骤如下：

（1）将测定值由小到大排列：$x_{(1)} \leqslant x_{(2)} \leqslant \cdots \leqslant x_{(n-1)} \leqslant x_{(n)}$；按样本中 n 的大小计算统计量 D_n 或 D'_n，计算公式见表 7-5-1。

表 7-5-1　统计量 D_n 或 D'_n 的计算公式

样本量 n	D_n（检验高端离群值）	D'_n（检验低端离群值）
3 ～ 7	$D_n = r_{10} = \dfrac{x_{(n)} - x_{(n-1)}}{x_{(n)} - x_{(1)}}$	$D'_n = r'_{10} = \dfrac{x_{(2)} - x_{(1)}}{x_{(n)} - x_{(1)}}$
8 ～ 10	$D_n = r_{11} = \dfrac{x_{(n)} - x_{(n-1)}}{x_{(n)} - x_{(2)}}$	$D'_n = r'_{11} = \dfrac{x_{(2)} - x_{(1)}}{x_{(n-1)} - x_{(1)}}$
11 ～ 13	$D_n = r_{21} = \dfrac{x_{(n)} - x_{(n-2)}}{x_{(n)} - x_{(2)}}$	$D'_n = r'_{21} = \dfrac{x_{(3)} - x_{(1)}}{x_{(n-1)} - x_{(1)}}$
14 ～ 30	$D_n = r_{22} = \dfrac{x_{(n)} - x_{(n-2)}}{x_{(n)} - x_{(3)}}$	$D'_n = r'_{22} = \dfrac{x_{(3)} - x_{(1)}}{x_{(n-2)} - x_{(1)}}$

（2）确定检出水平 α（一般为 5%），在附录 C 狄克逊异常值检验法的临界值表中查出对应 n、α 的临界值 $D_{1-\alpha}(n)$。

（3）检验高端离群值时，当 $D_n > D_{1-\alpha}(n)$，判定 $x_{(n)}$ 为离群值；检验低端离群值时，当 $D'_n > D_{1-\alpha}(n)$，判定 $x_{(1)}$ 为离群值，否则判未发现离群值。

（4）对于检出的离群值，确定统计离群值的剔出水平 α'（一般为 1%），在附录 C 中查到其临界值 $D_{1-\alpha'}$。

（5）检验高端时，如 $D_n > D_{1-\alpha'}$，则判定该值为统计离群值，否则判未发现统计离群值（即其为歧离值）；检验低端时，如 $D'_n > D_{1-\alpha'}$，则判定该值为统计离群值，否则判未发现统计离群值（即其为歧离值）。

【例】在一批柱子上抽芯检测混凝土抗压强度，共抽 6 个芯样，其抗压强度值（MPa）为：30.8，36.0，39.9，45.3，46.1，60.7

检验其中的高端测定值 60.7 是否为离群值。

计算统计量：
$$D_n = \frac{60.7 - 46.1}{60.7 - 30.8} = 0.4883$$

确定检出水平 $\alpha = 5\%$，在附录 C 中查出 $D_{1-\alpha}(n) = 0.560$

由于 $D_n < D_{1-\alpha}(n)$，故判定高端测定值 60.7 不是离群值。

7.5.4　离群值的处理

7.5.4.1　处理方式

（1）保留离群值并用于后续数据处理；

（2）在找到实际原因时修正离群值，否则予以保留；

（3）剔除离群值，不追加观测值；

（4）剔除离群值，并追加新的观测值或用适宜的插补值代替。

7.5.4.2　处理规则

对检出的离群值，应尽可能寻找其技术上和物理上的原因，作为处理离群值的依据。应根据实际问题的性质，权衡寻找和判定产生离群值的原因所需代价、正确判定离群值的得益及错误剔除正常观测值的风险，以确定实施下述三个规则之一：

（1）若在技术上或物理上找到了产生离群值的原因，则应剔除或修正；若未找到产生它的物理上和技术上的原因，则不得剔除或进行修正。

（2）若在技术上或物理上找到了产生离群值的原因，则应剔除或修正；否则，保留歧离值，剔除或修正统计离群值；在重复使用同一检验规则检验多个离群值的情形，每次检出离群值后，都要再检验它是否为统计离群值。若某次检出的离群值为统计离群值，则此离群值及在它前面检出的离群值（含歧离值）都应被剔除或修正。

（3）检出的离群值（含歧离值）都应被剔除或进行修正。

被剔除或修正的观测值及其理由应予记录，以备查询。

7.6　正态分布的应用

7.6.1　正态分布的意义

属于同一母体的大量数据，如果以某一值（或某一数据范围）为横坐标，以该值出现的概率为纵坐标，则得到的分布曲线近似于如图 7-6-1 所示的曲线，此曲线即为正态分布曲线，其函数表达式为：

$$\rho(x) = \frac{1}{\sigma\sqrt{2\pi}}e^{-\frac{(x-\mu)^2}{2\sigma^2}} \tag{7-6-1}$$

式中　π——圆周率；

　　　e——自然常数；

　　　μ——平均值；

　　　σ——标准差。

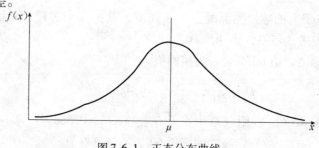

图 7-6-1　正态分布曲线

正态分布有如下特点：

（1）以全部数据的平均值为轴线左右对称。即与平均值之差（绝对值）相等的两值，其概率相等；设 $t = \dfrac{\mu - x}{\sigma}$，则 t 的意义是表示某值 x 与平均值的距离是几倍的标准差；

（2）接近平均值的个别值出现的机会较多，远离平均值的个别值出现的机会较少；

（3）与平均值相差很大（相差 3σ 以上）的个别值几乎不可能出现；

（4）在个别值与平均值之差等于 $\pm\sigma$ 处（即 $t = 1$），是正态分布曲线的拐点，即该点是曲线由向上弯曲变为向下弯曲的分界点。

正态分布曲线的这些特点为我们提供了利用该曲线进行统计分析或计算的方法。学者们在研究数据的误差时发现误差是服从正态分布的，只不过其具体分布有所不同，有的分布比较集中，在图 7-6-1 中曲线表现窄而高；有的分布比较分散，在图 7-6-1 中曲线表现宽而矮。为了计算方便，给出了标准正态分布图及其数据（如附录 D 的标准正态分布表）。在检测过程中，会遇到大量的误差不等的数据（如混凝土的抗压强度值）和不同的正态分布，因此常常假定该大量数据服从正态分布，并按正态分布进行计算。

如果必须确认这些数据是否服从正态分布，可用正态概率纸进行鉴定。

7.6.2　正态分布的实际应用

正态分布曲线随平均值 μ 和 σ 的不同而不同，对于不同的产品质量或测试工作，所能见到的正态分布会有千千万万，甚至无穷多个。面对无穷多个正态分布是难以一一计算的。为了研究方便，需要对正态分布进行标准变换，把千千万万个正态分布转换为一个正态分布——标准正态分布。

若随机变量 X 服从正态分布，其平均值为 μ，标准差为 σ，可记为 $X \sim N(\mu, \sigma)$。

对随机变量 X 的每一个数值 x_i 做如下变换：

$$x_{ti} = \frac{x_i - \mu}{\sigma}$$

则随机变量 X_t 服从正态分布，可记为 $X_t \sim N(0, 1)$。标准正态分布的平均值为 "0"，标准差为 "1"。其分布曲线图形如图 7-6-2 所示。

其分布的密度函数为：

$$\phi(x) = \frac{1}{\sqrt{2\pi}} e^{-\frac{x^2}{2}}$$

在 $[x_1, x_2]$ 区间内的标准正态分布的概率计算公式为：

$$\Phi[x_1, x_2] = \int_{x_1}^{x_2} \phi(x)\,\mathrm{d}x = \int_{x_1}^{x_2} \frac{1}{\sqrt{2\pi}} e^{-\frac{x^2}{2}}\,\mathrm{d}x$$

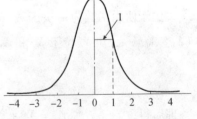

图 7-6-2　标准正态分布曲线

利用正态分布函数可以求出某一个别值出现的概率，如对该函数的某一范围进行积分，还可求出该范围的概率，因此，在确定抽样方案，如确定混凝土抗压强度验收标准，或土工压实度、弯沉值、无侧限抗压强度等验收标准，以及确定能否验收时都是基于正态分布函数的计算，因此，有必要掌握基于正态分布的基本计算方法。现将主要的应用方法分叙如下。

（1）求大于或小于某值的概率。例如，某结构混凝土的平均强度为 34.8MPa，标准差等于 4.3MPa，求小于 30MPa 的各强度值的概率。首先计算 t 值：

$$t = \frac{30 - 34.8}{4.3} = -1.12$$

查附录 D 正态分布表，得 $t = -1.12$ 的概率为 13.14%。

注：附录 D 表中的 μ 即为此处的 t。

（2）用 t 值进行合格检验。预先设定不同抽样数量不同检出水平的临界值（即合格与否的界限值），由测定值计算 t 值，并与临界值相比确定合格与否。如本章第 7.5.1 节所述，计算 R_n 值，即正态分布的 t 值，并与 $R_{1-\alpha}$ 相比较，确定是否合格；这实际上是用 t 值检验合格与否（可参见 GB/T 50344—2004《建筑结构检测技术标准》的 3.3 节"检测方法和抽样方案"）。

（3）用合格界限值（也是统计最小值）进行合格检验。以公路路基路面压实度评定为例，JTG F80/1—2004《公路工程质量检验评定标准》即按此界限值进行合格检验；首先计算样本的鉴定值 K：

$$K = \mu - \frac{ts}{\sqrt{n}} \tag{7-6-2}$$

由检测得到 n 个压实度值，计算其平均值 μ，标准差 s，然后根据式（7-6-2）计算 K 值，将 K 值与压实度标准值 K_0 相比较，如 $K \geq K_0$，则判定为合格。

7.7 内插法的应用

已知某一函数的两组对应值后，可通过内插法求两对应值间的数值。例如，已知两组混凝土水灰比与抗压强度的对应值：当水灰比为 0.56 时抗压强度等于 28.8MPa，当水灰比为 0.45 时抗压强度等于 37.9MPa，求水灰比为 0.51 时抗压强度是多少？此类问题可用内插法求解。应用内插法的前提是该函数必须是一次函数（直线方程），如是二次函数，可通过取对数等函数运算将其变化为一次函数。内插法分为比例内插法和作图内插法两种。

7.7.1 比例内插法

由于使用函数为一次函数，各数值之间呈比例关系，设两组数据分别为 (X_a, Y_a) 和 (X_b, Y_b)，已知 X_c 位于 X_a 和 X_b 之间，求 Y_c。根据相似三角形的定理：

$$\frac{X_b - X_a}{Y_b - Y_a} = \frac{X_c - X_a}{Y_c - Y_a}$$

整理后得：

$$Y_c = Y_a + \frac{(X_c - X_a)(Y_b - Y_a)}{X_b - X_a} \tag{7-7-1}$$

【例】已知混凝土的配制强度为 36.4MPa，对应的水灰比等于 0.48；配制强度为 46.8MPa，对应的水灰比等于 0.39。求配制强度为 39.8MPa 时水灰比是多少？

先将水灰比（W/C）求倒数换算为灰水比（C/W，因灰水比-抗压强度曲线为直线）：

$W/C = 0.48$，　　　　　则 $C/W = 2.08$

$W/C = 0.39$，　　　　　则 $C/W = 2.56$

由式（7-7-1）求配制强度等于 39.8MPa 的灰水比：

$$Y_c = 2.08 + \frac{(39.8 - 36.4)(2.56 - 2.08)}{46.8 - 36.4} = 2.24$$

将灰水比 2.24 换算为水灰比，则配制强度为 39.8MPa 时水灰比等于 0.45。

7.7.2　作图内插法

将已知函数关系在图上绘点，连接各点成一曲线，然后在曲线上内插中间各值，这就是作图内插法。如上例，以灰水比为横坐标，以抗压强度为纵坐标，将已知两组灰水比-抗压强度关系在图上绘两点，并连接两点成一直线（为保持一定的准确度，即使是直线也应不少于三点连线），在纵坐标上找到配制强度为 39.8MPa 的一点，通过直线求得对应的灰水比等于 2.24，如图 7-7-1 所示。

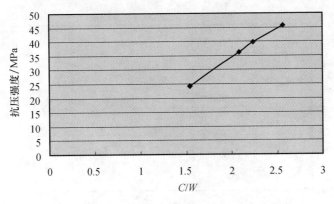

图 7-7-1　灰水比-抗压强度关系图

如为二次函数，也可通过已知数据在图上绘出曲线，然后内插各点以求得中间各值。如经试验得到水灰比与抗压强度关系见表 7-7-1。

表 7-7-1　水灰比-抗压强度数据

水灰比	0.65	0.55	0.48	0.44	0.39	0.35	0.33
抗压强度/MPa	24.1	29.0	34.3	39.5	44.9	49.7	55.4

由表 7-7-1 绘出曲线如图 7-7-2 所示。

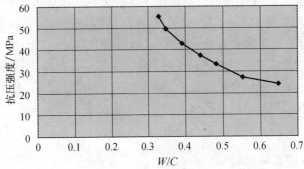

图 7-7-2　水灰比-抗压强度关系图

通过此曲线内插求中间各数值。如当水灰比为0.46时经内插求得抗压强度为37.0MPa。

作图内插法的特点是不限定是一次函数，二次函数曲线也可以通过作图求解；为提高内插结果的准确度，应保持较多的数据，数据越多则曲线位置越准确；同时坐标分隔应尽量缩小，以便使各点相距不致过远。

7.8 回归方程的应用

7.8.1 一次回归方程

这里所说回归方程为一次回归方程，一次函数中自变量 x 和因变量 y 的关系呈正比关系，也就是说它表示一条斜线，如图7-8-1所示。

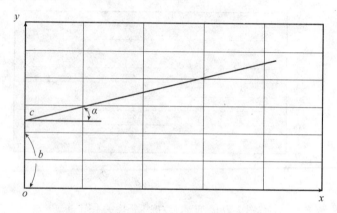

图7-8-1 x 与 y 的直线关系

其一般函数式为：

$$y = ax + b \tag{7-8-1}$$

式中 a、b 为常数，a 表示直线的斜率（即 $\tan\alpha$，α 是斜线与横轴的夹角），b 表示斜线与纵轴的截距，即斜线与纵轴交于 c 点，截距等于 oc。如果经试验得到大量数据，将这些数据绘点并连成直线，然后在直线上测量斜率和截距，即得到 a、b，由此建立了 x 和 y 的关系；在检测工作中，由式（7-8-1）建立函数关系，并由 x 推算 y 的用法很多，例如，水泥快速试验强度与28d强度的关系、混凝土灰水比与抗压强度的关系、核子法检测干密度与用灌砂法检测的关系等等。可以用作图法求 a、b 值，但是作图法容易引入测量误差，最好的办法是用大量数据计算 a、b 值，由此建立 x 和 y 的关系，这就用得着回归方程。

回归方程所依据的原理是，当经试验得到大量的数据后，在图7-8-1上绘点，其中大部分点落在斜线上，还有一部分点落在斜线之外，与斜线有一定误差，可以看出，这个误差越小则试验的精确度越高。在这些具有同一精确度的很多测定值中，最精确的值是使各测定值的误差的平方和为最小值；由此建立回归方程。故利用回归方程求常数的方法也称为最小二乘法。

7.8.2 回归方程的实际应用

根据上述原理建立回归方程，并经整理得到 a、b 常数的计算公式及相关系数 r 计算公式如下：

$$a = \frac{l_{xy}}{l_{xx}} \tag{7-8-2}$$

$$b = Y - aX \tag{7-8-3}$$

$$r = \frac{l_{xy}}{\sqrt{l_{xx}l_{yy}}} \tag{7-8-4}$$

式中 $l_{xy} = \sum xy - \frac{1}{n}(\sum x)(\sum y)$；

$l_{xx} = \sum x^2 - \frac{1}{n}(\sum x)^2$；

$l_{yy} = \sum y^2 - \frac{1}{n}(\sum y)^2$；

x——自变量个别值；

y——因变量个别值；

X、Y——平均值。

同时，用相关系数 r 来检验大量数据与直线相符合的程度，用式（7-8-4）计算；$r = 1$ 时符合性最佳，$r = 0$ 时最差，并规定符合性满意时，r 应不小于0.85。

回归方程可以用来求一次函数的常数 a、b，先将一次函数化成标准方程式，如式（7-8-1），然后经式（7-8-2）和式（7-8-3）求 a、b。如该函数比较复杂，则将该函数式化成式（7-8-1）的形式，使 a、b 值各表示一个关系式，待经回归方程计算得到 a、b 后，再复原成原式。

计算时可将各计算值列成表格，以方便计算，见表7-8-1。也可利用 Excel 进行计算，如有回归方程的程序，用程序计算更为方便。

【例】将核子仪与灌砂法作土壤的含水量对比试验，求出由核子仪推算灌砂法的含水量的常数 a、b 值。设 x 为核子仪试验的含水量，y 为灌砂法试验的含水量，所测各值及其计算表列于表7-8-1。

表7-8-1　核子法与灌砂法含水测量值计算表

n	x	y	x^2	y^2	xy
1	4.8	5.8	23.04	33.64	27.84
2	5.9	5.8	34.81	33.64	34.22
3	9.6	7.3	92.16	53.29	70.08
4	16.1	12.8	259.21	163.84	206.08
5	7.4	7.8	54.76	60.84	57.72
6	8.6	8.3	73.96	68.89	71.38
7	6.6	6.0	43.56	36.00	39.60
8	7.1	6.8	50.41	46.24	48.28
9	5.6	5.6	31.36	31.36	31.36
10	8.5	8.4	72.25	70.56	71.40
11	7.2	8.3	51.84	68.89	59.76
12	8.7	8.4	75.69	70.56	73.08

n	x	y	x^2	y^2	xy
13	4.4	5.1	19.36	26.01	22.44
14	8.3	10.7	68.89	114.49	88.81
15	6.7	8.2	44.89	67.24	54.94
16	6.2	6.4	38.44	40.96	39.68
17	5.8	5.2	33.64	27.04	30.16
18	6.7	8.9	44.89	79.21	59.63
19	8.4	8.4	70.56	70.56	70.56
20	7.3	5.8	53.29	33.64	42.34
21	9.1	8.6	82.81	73.96	78.26
22	8.3	7.1	68.89	50.41	58.93
23	8.1	9.1	65.61	82.81	73.71
24	8.1	8.1	65.61	65.61	65.61
25	9.1	8.0	82.81	64.00	72.80
26	9.9	8.9	98.01	79.21	88.11
27	13.0	13.8	169.00	190.44	179.40
28	12.4	9.2	153.76	84.64	114.08
29	12.0	10.5	144.00	110.25	126.00
30	11.1	9.4	123.21	88.36	104.34
$\sum$	251.0	242.7	2290.72	2086.59	2160.60
平均值	8.37	8.09			

由表 7-8-1 计算：$l_{xy} = \sum xy - \dfrac{1}{n}\left(\sum x\right)\left(\sum y\right) = 2160.60 - \dfrac{251.0 \times 242.7}{30} = 130.01$

$$l_{xx} = \sum x^2 - \dfrac{1}{n}\left(\sum x\right)^2 = 2290.72 - \dfrac{251.0^2}{30} = 190.69$$

$$l_{yy} = \sum y^2 - \dfrac{1}{n}\left(\sum y\right)^2 = 2086.59 - \dfrac{242.7^2}{30} = 123.15$$

由式 (7-8-2)、式 (7-8-3) 及式 (7-8-4) 计算 a、b 值及相关系数 r：

$$a = \dfrac{l_{xy}}{l_{xx}} = \dfrac{130.01}{190.69} = 0.68$$

$$b = Y - aX = 8.09 - 0.68 \times 8.37 = 2.40$$

得关系式为：$y = 0.68x + 2.40$

相关系数为：

$$r = \dfrac{l_{xy}}{\sqrt{l_{xx}l_{yy}}} = \dfrac{130.01}{\sqrt{190.69 \times 123.15}} = 0.85$$

由核子仪检测到含水量后，可由此关系推算灌砂法的含水量，使核子仪的试验结果得到校正。由核子仪的湿密度推算灌砂法的湿密度的回归公式也按上述方法推出。

7.9　正交设计的应用

7.9.1　正交设计的意义

在试验或科研工作中有单因素试验，如试验减水剂的掺量对减水率的影响，其因素只有一个，即减水剂掺量，我们可以设计几种掺量（如 0.5%、1.0%、1.5%，这在正交设计中称为水平）进行试验，这种试验比较简单，只要将其他因素（如水灰比、用水量等）固定，只改变减水剂掺量就可得到相应的减水率。但是，遇到多因素的试验就不那么简单，例如，同时试验减水剂掺量、UEA 膨胀剂的掺量及粉煤灰掺量对混凝土减水率和抗压强度的影响；而减水剂、膨胀剂和粉煤灰各有 3 种掺量，这种试验就比较复杂，如果每次只试验 1 个因素中的 1 个掺量，而固定其他因素和掺量，则对于 3 个因素和 3 个水平来说，就要试验 $3^3 = 27$ 次，显然这是一个庞大的试验设计；如果随意减少其中的某些试验，也是不合适的，因为各个因素对混凝土减水率及抗压强度的作用并不仅是这一个因素的单独作用，其他因素也起作用，而且有时是起交互作用。如何既满足试验要求，又能用较少的试验得到满意的结果呢？这就需采用正交设计的方法。正交设计就是在多因素和多水平的情况下，科学地安排因素和水平的交互搭配，以便用最少的试验次数得到最满意的结果。

7.9.2　正交设计的实际应用

为了使用方便，正交设计预先设计了各种各样的正交表，表示在不同因素和水平的情况下如何搭配试验。各种常用正交表详见本书附录 D。正交表的代号是：

其中共有 3 个水平，4 个因素，共作 9 次试验。还有由不同因素和水平组成的正交表，例如 $L_{12}(3^1 \times 2^4)$ 正交表是由 1 个因素具有 3 个水平，和 4 个因素具有 2 个水平，共试验 12 次的正交表。为使各因素的水平能较好地搭配，在列出水平（即掺量）时不要全部由小到大排列，本例中的膨胀剂和粉煤灰的掺量就没有像减水剂一样由小到大排列。

上面所举例子是 3 个因素（A、B、C）和每因素 3 个水平（1、2、3），现将因素和水平列于表 7-9-1。

表 7-9-1　因素水平表

水平 （掺量）	因素（外加剂种类）		
	减水剂（A）	UEA 膨胀剂（B）	粉煤灰（C）
1	0.010	0.10	0.15
2	0.015	0.12	0
3	0.020	0.08	0.10

注：各掺量以水泥＋粉煤灰为 100 计。

现采用 $L_9(3^4)$ 的正交表，其因素和水平安排见表7-9-2。

表 7-9-2 $L_9(3^4)$ 正交表（表中数字为各因素的水平编号）

试验次序	因素		
	A	B	C
1	1	1	1
2	1	2	2
3	1	3	3
4	2	1	2
5	2	2	3
6	2	3	1
7	3	1	3
8	3	2	1
9	3	3	2

将表7-9-1的因素和水平按表7-9-2的正交表安排进行试验，试验结果见表7-9-3。

表 7-9-3 正交试验结果

试验序号		因素			试验结果	
		A	B	C	减水率/%	抗压强度/MPa
1		1 (0.010)	1 (0.10)	1 (0.15)	15.5	40.7
2		1 (0.010)	2 (0.12)	2 (0)	16.5	34.0
3		1 (0.010)	3 (0.08)	3 (0.10)	15.8	38.5
4		2 (0.015)	1 (0.10)	2 (0)	17.7	40.0
5		2 (0.015)	2 (0.12)	3 (0.10)	16.3	42.8
6		2 (0.015)	3 (0.08)	1 (0.15)	16.5	41.2
7		3 (0.020)	1 (0.10)	3 (0.10)	18.4	40.0
8		3 (0.020)	2 (0.12)	1 (0.15)	19.0	46.3
9		3 (0.020)	3 (0.08)	2 (0)	20.6	39.8
减水率之和	K_1	47.8	51.6	51.0		
	K_2	50.5	51.8	54.8		
	K_3	58.0	52.9	50.5		
	极差 R	10.2	1.3	4.3		
抗压强度之和	K_1'	113.2	120.7	128.2		
	K_2'	124.0	123.1	113.8		
	K_3'	126.1	119.5	121.3		
	极差 R	12.9	3.6	14.4		
Σ					156.3	363.3

表中所列试验结果是按正交表各因素、水平不同的搭配所得的减水率及抗压强度。由表看出，减水率以序号为9的试验为最大，其组合为 A_3、B_3、C_2；抗压强度以序号为8的试验为最高，其组合为 A_3、B_2、C_1。虽然找到了减水率及抗压强度最大时的组合，但不能就

此确定为最佳组合，因为这只是就单项来看，还要综合分析，才能得出最后结果。

现在将减水率试验中水平为 1 的结果相加（K_1），水平为 2 的结果相加（K_2），水平为 3 的结果相加（K_3），并列于表中，然后求出 K_1、K_2 及 K_3 的极差 R。由各 K 值看出，减水率以因素 A 的 K_3 最大，说明减水剂以掺加 2% 的效果最好；从抗压强度之和来看，以因素 C 的 K_1' 为最佳，即粉煤灰掺加 15% 抗压强度最高。从极差来看，减水率以因素 A 极差最大，抗压强度以因素 C 极差最大。极差最大说明该因素的变动能引起试验结果的较大变动，即该因素所起作用较大（但是，试验误差也会引起极差增加，欲区别是因素的作用还是试验误差的问题，可对 K 值作方差分析）。由极差分析，减水剂对混凝土的减水率起关键作用，粉煤灰对其抗压强度起关键作用。这些分析都是最后确定最佳组合的基础。

根据表 7-9-3 的 K 值，可以绘出各因素的 K 值变化图，如图 7-9-1 ~ 图 7-9-6 所示。由图可以直观地看出各因素变化时减水率和抗压强度的影响。各图显示出因素 A 和 C 所起作用为最大，故根据以上综合分析，确定最佳组合为：$A_3B_3C_1$（即减水剂掺 2%，膨胀剂掺 8%，粉煤灰掺 15%）。

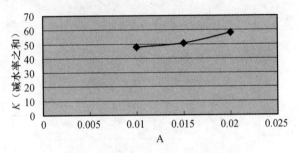

图 7-9-1　A – K（减水率之和）

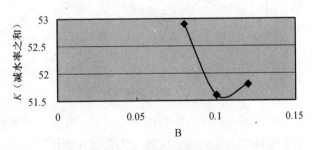

图 7-9-2　B – K（减水率之和）

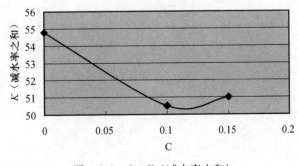

图 7-9-3　C – K（减水率之和）

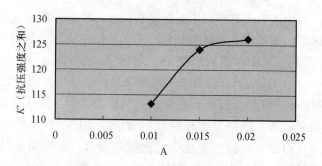

图 7-9-4　A – K'（抗压强度之和）

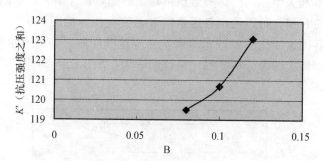

图 7-9-5　B – K'（抗压强度之和）

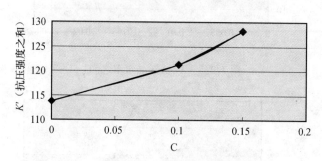

图 7-9-6　C – K'（抗压强度之和）

　　上例说明，只要进行 9 次试验就可确定各因素及其水平在减水率和抗压强度中所起的作用，并确定各因素和水平的最佳组合。综上所述，正交设计能用较少的试验得出各因素和水平的最佳组合，它在检测或科研中是经常使用的统计方法。

第8章 房屋结构检测和鉴定

8.1 房屋结构检测和鉴定的必要性

过去我国没有房屋耐久性的有关标准，也没有房屋鉴定的强制性标准，对在建或已建房屋结构极少进行检测和鉴定，人们很难确定某些建筑的耐久年限，对其结构的使用状况也缺乏了解。随着我国改革开放的深入发展，建设规模的扩大，不同结构类型不同设计级别的房屋越来越多，特别是在地震、火灾、爆炸等天灾人祸中所暴露出来的问题使人们越来越关注已建房屋的耐久性状况。1976年的唐山大地震，80%以上的房屋倒塌，说明我国的房屋抗地震的能力很低，这是过分强调低标准、低材料用量的恶果，也是建筑结构设计只重承载力而不重连接和稳定性的结果。当时的多层建筑几乎都是砖混结构，采用内墙承重，墙顶铺以砂浆，然后吊装空心板，这样的结构遇到稍大一点的地震就会倒塌。七十年代末至八十年代初的全国范围的抗震加固，增设了圈梁、构造柱和拉筋，使这些建筑提高了抗震等级，但问题并没有完全解决。

与世界发达国家相比，我国建筑结构设计荷载取值和安全系数较低，相应抵抗地震等灾害的能力较差，例如一幢按7度烈度设防的建筑竟不能抵抗煤气罐的爆炸；而且有些建筑施工质量较差，使用不到10年就过早地出现裂缝、渗漏、钢筋锈蚀等病害，使其耐久性大打折扣。特别是很多人认为房屋建筑本身是耐久性材料，不必进行检测鉴定，所以到现在为止，我们能看到的有关房屋耐久性的资料很少，介绍正反面房屋建筑耐久性的事例更是凤毛麟角。

世界发达国家不但规定房屋用途改变等原因必须进行结构检测和鉴定，而且要求每隔5年或10年必须进行定期鉴定，这是他们接受房屋倒塌等多次教训后所采取的措施，我们应加以借鉴。

以下四种房屋需进行检测和鉴定：危房、违法建筑、受灾或改变用途的房屋、需定期鉴定的房屋。我国正陆续制订房屋定期鉴定的有关规定，使房屋鉴定逐渐步入正轨。

1999年修订和发布的JGJ 125—99《危险房屋鉴定标准》，1999年首次发布和实施的GB 50292—1999《民用建筑可靠性鉴定标准》，以及2004年首次发布和实施的GB/T 50344—2004《建筑结构检测技术标准》，为房屋结构检测和鉴定提供了依据。

8.2 房屋结构鉴定的分类

房屋结构鉴定按其鉴定目的分为两类：安全性鉴定和正常使用性鉴定；两者合为可靠性鉴定。

8.2.1　安全性鉴定

安全性鉴定是以检查结构是否安全为目的的鉴定，主要用于以下情况：
（1）危房鉴定及各种应急鉴定（如灾后房屋的鉴定）；
（2）房屋改造前的安全检查；
（3）临时性房屋需要延长使用期的检查；
（4）使用性鉴定中发现的安全问题。

8.2.2　正常使用性鉴定

正常使用性鉴定是检查房屋结构是否保持正常使用状态的鉴定，主要用于以下情况：
（1）建筑物日常维护的检查；
（2）建筑物使用功能的鉴定；
（3）建筑物有特殊使用要求的专门鉴定。

8.2.3　可靠性鉴定

可靠性鉴定主要用于以下情况：
（1）建筑物大修前的全面检查；
（2）重要建筑物的定期检查；
（3）建筑物改变用途或使用条件的鉴定；
（4）建筑物超过设计基准期继续使用的鉴定；
（5）为制定建筑群维修改造规划而进行的普查。

8.3　房屋检测和鉴定程序

房屋检测和鉴定程序应按图 8-3-1 进行。

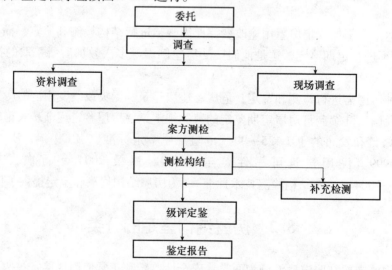

图 8-3-1　房屋检测和鉴定程序

8.3.1　委托

委托方应提供房屋检测和鉴定委托书以及详尽的房屋资料；包括：

（1）提供房屋的基本数据。包括位置、用途、竣工日期；本次鉴定的目的和类别；以及建筑面积、结构类型、层数、层高、基础形式、围护结构形式、装修情况、设防烈度、地下水位等。

（2）提供施工资料。包括施工图（建筑图、结构图及水暖电图）、地质勘察报告、全部竣工资料（包括开竣工报告、材料检测报告、质量验收记录、设计变更、施工记录等）、地基沉降观测记录及改建或扩建施工资料等。

（3）提供房屋的使用情况及历史情况。包括房屋存在的病害（如渗漏、裂缝、变形、沉降）、改变何种用途、房屋所处环境条件（有无影响房屋耐久性的震动、腐蚀性介质等）、已有调查资料或维修加固资料，及设计、施工、监理单位等。

8.3.2　调查

结构检测前应对房屋情况进行调查，主要调查房屋的施工情况、现状及存在问题。分为资料调查及现场调查；仔细查看已有资料，并查看现场，以掌握房屋过去及目前的情况，作为制订检测方案及对结构分析评价的依据。调查是掌握实际情况确定检测方案及分析结构状况的重要一环，不应走马观花草草了事，必要时可进行多次调查。

1）资料调查：仔细查阅委托方所提供的资料（即 8.3.1 节所列资料），并做好记录。

2）现场调查：现场调查应着重以下内容：

（1）查看结构基本情况、形式及其连接，以及荷载变更情况。

（2）查看委托方提供的房屋主要问题，如变形、裂缝、渗漏等病害或缺陷（必要时绘制变形或裂缝分布图）；查看改扩建部位或维修加固部位的结构状况；如图 8-3-2 所示为地下室外墙渗漏缺陷，并已导致钢筋锈蚀。

图 8-3-2　地下室外墙渗漏缺陷

（3）查看地基基础、柱、梁、板等主要建筑结构的工作状态。基础沉降程度（沉降观测记录）及其周围环境（必要时挖开检查）；查看柱、梁、板有无裂缝、钢筋锈蚀等现象。图 8-3-3 为柱子裂缝。

图 8-3-3　柱子裂缝

（4）查看房屋的施工质量，如有改、扩建或加固维修，应查看其施工质量，及建后或维修后对整个建筑的影响。

（5）查看房屋的环境条件，周围有无空气污染或水污染，及对房屋建筑的影响。

（6）作好现场检查记录。

8.3.3　制订检测方案

根据委托方的委托目的和调查结果制订检测方案，检测方案包括以下内容：

（1）工程概况：包括工程位置、建筑面积、结构类型、层数、装修情况、竣工日期、房屋用途、使用状况、设防烈度、环境状况，以及设计、施工、监理单位等（即由委托单位提供，由现场调查落实的概况）；

（2）检测目的，或委托方检测要求；

（3）检测依据：包括依据的检测方法、质量标准和鉴定规程；

（4）检测项目和抽样数量：根据委托方要求及鉴定需要确定检测项目及抽样数量，首先统计各种构件的数量，确定其批量，然后确定抽样数量，抽样数量不少于表 8-3-1 的规定，按批量检测的项目应随机抽样；

表 8-3-1　抽样检测的最少抽样数量

检测批的容量	不同检测类别的最少抽样数量			检测批的容量	不同检测类别的最少抽样数量		
	A	B	C		A	B	C
2～8	2	2	3	501～1200	32	80	125
9～15	2	3	5	1201～3200	50	125	200
16～25	3	5	8	3201～10000	80	200	315
26～50	5	8	13	10001～35000	125	315	500

检测批的容量	不同检测类别的最少抽样数量			检测批的容量	不同检测类别的最少抽样数量		
	A	B	C		A	B	C
51～90	5	13	20	35001～150000	200	500	800
91～150	8	20	32	150001～500000	315	800	1250
151～280	13	32	50	>500000	500	1250	2000
281～500	20	50	80				

注：1. 检测类别 A 适用于一般施工质量的检测，检测类别 B 适用于结构质量或性能的检测，检测类别 C 适用于结构质量和性能的严格检测或复检。

2. 根据 GB/T 50344—2004《建筑结构检测技术标准》。

（5）检测人员安排和仪器配备：视工作量多少安排检测人员，仪器设备应保持正常使用状态，并经计量鉴定；

（6）检测工作进度计划：必要时绘制进度计划图；

（7）检测中需委托方配合的工作：如凿开装饰层、接水电、提供脚手架或安全护栏、负责抽样后所留孔洞的修补等；

（8）安全措施及环保措施。

8.3.4　结构检测

结构检测时应注意以下事项：

1）抽样：每一检测项目的抽样位置应掌握随机抽样与重点抽样相结合的原则，即一般应按构件数目随机抽样，同时对一些部位应重点抽样，重点抽样的部位有：

（1）出现渗水漏水的构件；

（2）受到较大反复荷载或动力荷载作用的构件；

（3）暴露在室外的构件；

（4）受到腐蚀性介质侵蚀的构件；

（5）受到污染影响的构件；

（6）与侵蚀性土壤直接接触的构件；

（7）受到冻融影响的构件；

（8）委托方年检怀疑有安全隐患的构件；

（9）容易受到磨损、冲击损伤的构件。

2）检测方法：优先采用国家标准或行业标准规定的检测方法，在没有国家标准或行业标准的情况下，也可采用地方标准或企业标准，如没有地方标准或企业标准，可采用检测单位的检测细则；采用地方、企业、检测单位标准或其他非标准应经确认，并经委托方同意；

优先选用无损检测方法，当用局部破损的检测方法时，宜选择构件受力较小的部位抽样，并且不得损害结构的安全性。对于古建筑或有纪念意义的建筑结构检测，应避免对建筑结构造成损伤。

3）当用回弹法检测已建房屋混凝土抗压强度时，应遵守混凝土龄期不超过 1000d，及混凝土强度等级不大于 C60 的回弹法限制范围，否则应用钻芯法进行修正。

如检测结果不能满足结构评级的要求时，应进行补充检测。

8.3.5　鉴定评级

房屋建筑是按构件、子单元和鉴定单元三个层次进行鉴定评级的。构件是基本鉴定单位，如钢筋混凝土结构的柱、梁、板；子单元分为地基基础、上部承重结构及围护结构三个单元，鉴定单元是一个建筑划分成的鉴定区段。在安全性鉴定中，构件、子单元和鉴定单元各划分为 4 个等级，在正常使用性鉴定中构件、子单元和鉴定单元各划分为 3 个等级，在可靠性鉴定中，也是各划分为 4 个鉴定等级。危房鉴定同样分为 4 个鉴定等级。

8.3.6　鉴定报告

鉴定报告应包括以下内容：
（1）结构概况和历史资料；
（2）目的和任务；
（3）现场考查情况；
（4）检测鉴定依据的标准；
（5）检测结果；
（6）鉴定评级或鉴定结论；
（7）加固处理建议；
（8）附件（检测报告、承载力验算等）。

8.4　检测项目及检测方法

检测项目按五种结构类型划分：钢筋混凝土结构、砌体结构、钢结构、钢管混凝土结构和木结构。

8.4.1　钢筋混凝土结构

检测项目及检测方法见表 8-4-1。

表 8-4-1　钢筋混凝土结构的检测项目和检测方法

序号	检测类型	检测项目	检测方法
1	原材料性能	1. 如工程存有与结构同批同等级的原材料时，则检测这些原材； 2. 从结构中抽样检测。同一规格的钢筋抽检数量不少于 1 根	1. 按常规方法检测原材料； 2. 采用表面硬度等无损检测方法检测钢筋强度
2	混凝土强度	1. 采用无损检测方法检测混凝土抗压强度，如回弹法、超声回弹法、后装拔出法； 2. 采用钻芯法检测混凝土抗压强度； 3. 采用劈裂法检测混凝土抗拉强度	1. 回弹法； 2. 超声回弹综合法； 3. 后装拔出法； 4. 钻芯法； 5. 劈裂法
3	混凝土构件外观质量与缺陷	1. 检测蜂窝、麻面、孔洞、夹渣、露筋、疏松等缺陷； 2. 检测混凝土裂缝，记录裂缝的位置、长度、宽度、深度、形态、数量，必要时绘裂缝分布图	1. 外观缺陷用目测、尺量检测，并按《混凝土结构工程施工质量验收规范》评定； 2. 裂缝按《建筑变形测量规程》进行观测； 3. 混凝土内部缺陷用超声法等无损检测法检测

续表

序号	检测类型	检测项目	检测方法
4	尺寸与偏差	1. 构件截面尺寸； 2. 标高； 3. 轴线尺寸； 4. 预埋件位置； 5. 构件垂直度； 6. 表面平整度	测量构件尺寸，按《混凝土结构工程施工质量验收规范》规定的尺寸允许偏差和设计图纸规定的尺寸确定尺寸偏差
5	变形与损伤	1. 构件挠度； 2. 结构垂直度； 3. 基础不均匀沉降； 4. 结构损伤（环境侵蚀损伤、灾害损伤、人为损伤、混凝土有害元素造成的损伤、预应力锚夹具损伤）； 5. 碱骨料反应隐患、碳化及氯离子含量	1. 用水准仪、激光测距仪或拉线检测构件挠度； 2. 用经纬仪、激光定位仪或吊锤方法检测构件垂直度； 3. 用水准仪检测不均匀沉降； 4. 结构损伤检测应确定损伤源、损伤面积和深度
6	钢筋配置与锈蚀	1. 钢筋配置检测：钢筋位置、直径、数量、保护层厚度； 2. 钢筋锈蚀情况检测。	1. 用电磁感应法或雷达法检测钢筋配置情况； 2. 用电池电位法检测钢筋锈蚀情况，必要时凿开检查
7	结构实荷检验	如需确定构件的承载力、刚度或抗裂性能时，可进行构件的实荷检测	按《混凝土结构试验方法标准》的要求进行

注：1. 各项目具体检测方法详见本书第四章及第五章。
　　2. 采用回弹法或超声回弹综合法时应注意，混凝土强度等级 C60 以上及养护时间 1000d 以上时，应用抽芯法修正。
　　3. 本节各表根据 GB/T 50344—2004《建筑结构检测技术标准》。

8.4.2　砌体结构

检测项目及检测方法见表 8-4-2。

表 8-4-2　砌体结构的检测项目和检测方法

序号	检测类型	检测项目	检测方法
1	砌筑块材	1. 块材强度； 2. 尺寸偏差和外观质量（缺棱掉角、弯曲、裂纹）	1. 采用在结构上取样、回弹法、或钻芯法检测砌体块材的强度；石材强度可采用钻芯法或切割立方体试件的方法检测； 2. 采用取样检测或现场检测
2	砌筑砂浆	1. 抗压强度及其匀质性； 2. 抗冻性能； 3. 氯离子含量； 4. 如砂浆表面受到侵蚀、风化、剥凿、冻害及火灾影响时，应检查受影响层的深度	1. 按《砌体工程现场检测技术标准》检测砂浆抗压强度，如推出法、筒压法、点荷法、砂浆片剪切法； 2. 采用非破损方法方法检测砂浆抗压强度，如回弹法、射钉法、贯入法、超声法、超声回弹综合法； 3. 按《建筑砂浆基本性能试验方法》检测砂浆抗冻性能； 4. 既有建筑按《建筑结构检测技术标准》检测砂浆的抗冻性和氯离子含量

序号	检测类型	检测项目	检测方法
3	砌体强度	1. 砌体抗压强度; 2. 砌体抗剪强度	1. 采用现场切割试件的方法检测砌体抗压强度; 2. 采用现场原位法检测砌体抗压强度; 3. 采用双剪法或原位单剪法检测砌体的抗剪强度
4	砌筑质量与构造	1. 砌筑方法:检测上下错缝及内外搭砌是否符合要求; 2. 灰缝质量:检测灰缝厚度、灰缝饱满程度和平直程度; 3. 砌体偏差:检测砌筑偏差和放线偏差; 4. 砌体结构构造:检测砌筑构件的高厚比;梁垫、壁柱、预制构件的支承长度和大型构件端部的锚固措施;圈梁、构造柱或柱芯、砌体局部尺寸及钢筋网片和拉结筋的设置; 5. 砌体中钢筋	1. 砌筑方法剔除抹灰面后目视检查; 2. 灰缝质量和砌体偏差按《砌体工程施工质量验收规范》检测; 3. 砌体结构构造在剔除抹灰面后测量检测; 4. 圈梁、构造柱或芯柱、砌体局部尺寸及钢筋网片和拉结筋通过测定钢筋状况判定; 5. 砌体中钢筋:按混凝土结构的检测方法
5	变形与损伤	1. 裂缝:测定裂缝位置、长度、宽度、数量;必要时绘裂缝分布图; 2. 结构的垂直度; 3. 基础的不均匀沉降; 4. 结构损伤(环境侵蚀损伤、灾害损伤、人为损伤)	1. 按混凝土结构的检测方法检测裂缝、结构垂直度和基础不均匀沉降;同时检查砌筑方法、留槎、洞口、线管及预制构件对裂缝的影响; 2. 垂直度及不均匀沉降按混凝土结构提供的方法检测; 3. 环境侵蚀损伤应确定侵蚀源、侵蚀程度和侵蚀速度;冻融损伤应测定损伤深度、面积;火灾损伤应确定影响区域和影响程度;人为损伤应确定损伤程度

8.4.3 钢结构

检测项目及检测方法见表8-4-3。

表8-4-3 钢结构的检测项目和检测方法

序号	检测类型	检测项目	检测方法
1	材料	1. 钢材的屈服强度、抗拉强度、伸长率、冷弯检测; 2. 钢材化学成分及冲击功	1. 当工程尚有同批钢材时,可将其加工成试件进行检测; 2. 在构件上截取试件检测,但应保证结构安全; 3. 采用表面硬度法检测钢材的抗拉强度
2	连接	1. 焊接连接; 2. 焊钉(栓钉)连接; 3. 螺栓连接; 4. 高强螺栓连接	1. 对设计要求全焊透的一、二级焊缝和设计上没有要求的钢材等强对焊拼接焊缝,可采用超声波探伤的方法检测; 2. 焊接接头的力学性能可采取截取试样的方法检测,但应保证结构的安全; 3. 焊钉连接应进行焊钉焊接后的弯曲检测; 4. 高强度六角头螺栓连接应检测其材料性能和扭矩系数;同时检查外露丝扣(外露应为2~3扣)

序号	检测类型	检测项目	检测方法
3	尺寸与偏差	1. 构件尺寸偏差检测； 2. 安装偏差的检测	1. 检测所抽样构件的全部尺寸；每一尺寸在构件的 3 个部位测量，取平均值；以设计图纸规定的尺寸为准，偏差允许值按《钢结构工程施工质量验收规范》确定； 2. 特殊部位或特殊情况，应选择对构件安全性影响较大的部位或损伤有代表性的部位检测
4	缺陷、损伤、变形	1. 钢材外观缺陷的检测； 2. 钢结构损伤的检测：裂纹、局部变形、锈蚀； 3. 钢结构变形检测：弯曲变形、板件凹凸变形；钢结构构件的挠度、倾斜、位移变形和基础沉降	1. 钢材外观质量的检测分为均匀性、有无夹层、非金属夹杂、明显的偏析等项目； 2. 用观察法或渗透法检测裂纹； 3. 用观察或尺量法检测变形程度；对于挠度、倾斜、位移、沉降等变形按混凝土结构的相应方法检测； 4. 用观察或锤击方法检测螺栓和铆钉的松动或断裂； 5. 构件的锈蚀按《涂装前钢材表面锈蚀等级和除锈等级》确定锈蚀等级，对 D 级锈蚀还应测量钢板厚度的削弱程度； 6. 挠度、倾斜、位移变形和基础沉降按混凝土结构提供的方法检测
5	构造	1. 核算钢结构的长细比、宽厚比； 2. 核实支撑体系的连接	1. 测定杆件尺寸和构件截面尺寸，以核算长细比、宽厚比； 2. 按本表"尺寸与偏差"测定尺寸，并进行核算
6	涂装	1. 涂料的检测； 2. 涂层厚度的检测； 3. 涂装的外观质量	1. 按涂料试验方法及产品标准检测涂料； 2. 用漆膜厚度仪检测涂层厚度；对厚层防火涂料的涂层厚度用测针和钢尺检测； 3. 外观质量按《钢结构工程施工质量验收规范》检测
7	钢网架	1. 节点承载力； 2. 焊缝质量； 3. 尺寸与偏差； 4. 杆件的不平直度； 5. 网架挠度	1. 承载力按《网架结构工程质量检验评定标准》检测； 2. 焊缝质量按《焊接球接点钢网架焊缝超声波探伤及质量分级法》和《螺栓球接点钢网架焊缝超声波探伤及质量分级法》检测； 3. 尺寸与偏差按《网架结构工程质量检验评定标准》检测； 4. 不平直度用拉线的方法检测； 5. 挠度用激光测距仪或水准仪检测
8	实荷检测	对于大型复杂钢结构体系可进行原位非破坏性实荷检验	按《建筑结构检测技术标准》进行

8.4.4　钢管混凝土结构

检测项目及检测方法见表8-4-4。

表8-4-4　钢管混凝土结构的检测项目和检测方法

序号	检测类型	检测项目	检测方法
1	原材料	1. 钢材力学性能和化学成分； 2. 混凝土原材料质量与性能	1. 钢材力学性能及化学成分检测按钢结构的材料检测方法进行； 2. 混凝土原材料质量与性能按混凝土结构的材料性能检测进行
2	钢管焊接质量与构件连接	1. 钢管焊缝外观缺陷检测； 2. 钢管焊接质量与性能检测	1. 钢管外观缺陷按《钢结构工程施工质量验收规范》确定； 2. 钢管焊接质量和性能按钢结构的检测方法检测； 3. 钢管混凝土构件之间的连接按钢结构和混凝土结构的有关规定进行
3	钢管中混凝土强度与缺陷	1. 钢管中混凝土抗压强度检测； 2. 钢管中混凝土的缺陷检测	1. 用超声法或钻芯法检测钢管中混凝土抗压强度； 2. 钢管中混凝土的缺陷用超声法检测
4	尺寸与偏差	1. 尺寸检测：钢管（外径、壁厚、长度）、缀条（长度、宽度、厚度及缀条与柱肢轴线偏心）、加强环、牛腿和连接腹板尺寸； 2. 偏差检测：钢管柱的安装偏差（纵向弯曲、椭圆度、管端不平整度、管肢和缀件组合误差）、拼接组装偏差	1. 钢管外径用专用卡尺测量，壁厚用超声测厚仪测定，长度用尺量或用激光测距仪测定；缀条尺寸用尺量；加强环和牛腿用钢尺检测； 2. 钢管安装偏差按《钢管混凝土结构设计与施工规程》确定

8.4.5　木结构

检测项目及检测方法见表8-4-5。

表8-4-5　木结构的检测项目和检测方法

序号	检测类型	检测项目	检测方法
1	木材性能	1. 力学性能：抗弯强度、抗弯弹性模量、顺纹抗剪强度、顺纹抗压强度； 2. 含水率； 3. 密度和干缩率	1. 检测木材抗弯强度，并以抗弯强度检测结果评定强度等级； 2. 用称量法或电测法检测含水率
2	木材缺陷	1. 对于圆木或方木结构缺陷检测：木节、斜纹、扭纹、裂缝、髓心； 2. 对于胶合木结构缺陷：除圆木或方木的检测项目外，还要检测翘曲、顺弯、扭曲、脱胶； 3. 对于轻型木结构缺陷：除圆木或方木的检测项目外还要检测扭曲、横弯和顺弯	1. 木节用精度1mm的卷尺测量；斜纹和扭纹用尺量方法检测；胶合木及轻型木结构的翘曲、扭曲、横弯、顺弯用拉线或尺量方法检测； 2. 裂纹和脱胶检测，用探针检测裂缝深度，用塞尺检测裂缝宽度，用钢尺测量裂缝长度
3	尺寸与偏差	1. 构件（桁架、梁、檩条、柱）制作尺寸偏差； 2. 构件安装偏差	1. 尺寸偏差及安装偏差按《木结构工程施工质量验收规范》检测； 2. 以设计图纸要求为准

序号	检测类型	检测项目	检测方法
4	连接	1. 胶合； 2. 齿连接：检测压杆端面与齿槽承压面平整度、压杆轴线与齿槽承压面垂直度、齿槽深度、支座节点受剪面长度和裂缝、抵承面缝隙、保险螺栓的设置、压杆轴线与承压构件轴线的偏差； 3. 螺栓和钉连接：螺栓和钉的数量与直径，被连接构件的厚度，螺栓和钉的间距，螺栓孔处有无裂缝、虫蛀和腐朽，螺栓和钉的变形、松动、锈蚀情况	1. 用检测木材胶缝顺纹抗剪强度来检测胶合质量； 2. 齿连接用尺量检测； 3. 螺栓和钉连接用游标卡尺、塞尺及直尺检测； 4. 螺栓孔处木材的裂缝、虫蛀和腐朽情况用塞尺、裂缝探针和尺测量
5	变形损伤与防护措施	1. 结构变形：检测节点位移、连接松弛变形、构件挠度、侧向弯曲矢高、屋架出平面变形、屋架支撑系统稳定状态及木楼面系统的振动；基础沉降； 2. 构件损伤：检测木材腐朽、虫蛀、裂缝、灾害影响和金属件的锈蚀	1. 结构变形用混凝土结构变形测量方法检测； 2. 用观察有无木屑确定虫蛀范围，然后电钻打孔用内窥镜或探针测定被蛀深度；同时检查防虫措施；火灾及侵蚀性物质影响的检测也采用此方法； 3. 木材腐朽的范围和深度用尺量或除去木屑层测量；如有腐朽现象，还应检查木材含水率、通风设施、排水构造及防腐措施； 4. 如需确定受腐朽或灾害的影响程度时，可通过与未受害木材的强度对比确定； 5. 木楼面的震动检测采用《建筑结构检测技术标准所提出的方法》

8.5 构件检测的评定

8.5.1 强度评定

房屋结构检测用计量抽检方法评定构件的结构强度。此处的强度评定指检测批的结构强度评定。

8.5.1.1 混凝土结构抗压强度的评定

以平均值和标准值评定成批混凝土结构的抗压强度，当标准差未知时，其平均值推定区间的上限值和下限值按式（8-5-1）及式（8-5-2）计算：

$$\mu_1 = m + ks \tag{8-5-1}$$

$$\mu_2 = m - ks \tag{8-5-2}$$

式中 μ_1——强度均值 μ 推定区间的上限值；

μ_2——强度均值 μ 推定区间的下限值；

m——样本均值；

s——样本标准差；

k——推定系数。

当标准差未知时，具有95%保证率的标准值 x_k 推定区间的上限值和下限值按式（8-5-3）

及式（8-5-4）计算：

$$x_{k,1} = m - k_1 s \tag{8-5-3}$$
$$x_{k,2} = m - k_2 s \tag{8-5-4}$$

式中 $x_{k,1}$——强度标准值推定区间的上限值；

$x_{k,2}$——强度标准值推定区间的下限值；

m——样本均值；

s——样本标准差；

k_1、k_2——推定系数，取值见表8-5-1。

当平均值和标准值的上限值（即 μ_1 和 $x_{k,1}$）大于或等于相应的设计值时，判定抗压强度符合设计要求。但推定区间的上限值与下限值之差不宜大于混凝土相邻强度等级的差值和推定区间上限值和下限值算术平均值的10%两者中的较大值。

表 8-5-1 上限值与下限值的推定系数

样本容量	标准差未知时推定区间上限值与下限值的推定系数					
	计算平均值		计算标准值			
	$k(0.05)$	$k(0.1)$	$k_1(0.05)$	$k_2(0.05)$	$k_1(0.1)$	$k_2(0.1)$
6	0.823	0.603	0.875	3.71	1.03	3.09
7	0.734	0.544	0.920	3.40	1.07	2.89
8	0.670	0.500	0.958	3.19	1.10	2.75
9	0.620	0.466	0.990	3.03	1.12	2.65
10	0.580	0.437	1.02	2.91	1.14	2.57
11	0.546	0.414	1.04	2.81	1.16	2.50
12	0.518	0.394	1.06	2.73	1.18	2.45
13	0.494	0.376	1.08	2.67	1.20	2.40
14	0.473	0.361	1.10	2.61	1.21	2.36
15	0.455	0.347	1.11	2.57	1.22	2.33
16	0.438	0.335	1.13	2.52	1.23	2.30
17	0.423	0.324	1.14	2.49	1.24	2.27
18	0.410	0.314	1.15	2.45	1.25	2.25
19	0.398	0.305	1.16	2.42	1.26	2.23
20	0.387	0.297	1.17	2.40	1.27	2.21
21	0.376	0.289	1.18	2.37	1.28	2.19
22	0.367	0.282	1.19	2.35	1.29	2.17
23	0.358	0.276	1.20	2.33	1.29	2.16
24	0.350	0.269	1.21	2.31	1.30	2.15
25	0.342	0.264	1.22	2.29	1.31	2.13
26	0.335	0.258	1.22	2.28	1.31	2.12
27	0.328	0.253	1.23	2.26	1.32	2.11

样本容量	标准差未知时推定区间上限值与下限值的推定系数					
	计算平均值		计算标准值			
	$k(0.05)$	$k(0.1)$	$k_1(0.05)$	$k_2(0.05)$	$k_1(0.1)$	$k_2(0.1)$
28	0.322	0.248	1.24	2.25	1.32	2.10
29	0.316	0.244	1.24	2.23	1.33	2.09
30	0.310	0.239	1.25	2.22	1.33	2.08
31	0.305	0.235	1.26	2.21	1.34	2.07
32	0.300	0.231	1.26	2.20	1.34	2.06
33	0.295	0.228	1.27	2.19	1.34	2.06
34	0.290	0.224	1.27	2.18	1.35	2.05
35	0.286	0.221	1.28	2.17	1.35	2.04
36	0.282	0.218	1.28	2.16	1.36	2.03
37	0.278	0.215	1.28	2.15	1.36	2.02
38	0.274	0.212	1.29	2.14	1.36	2.02
39	0.270	0.209	1.29	2.13	1.37	2.02
40	0.266	0.206	1.30	2.13	1.37	2.01
41	0.263	0.204	1.30	2.12	1.37	2.00
42	0.260	0.201	1.30	2.11	1.38	2.00
43	0.256	0.199	1.31	2.10	1.38	1.99
44	0.253	0.196	1.31	2.10	1.38	1.99
45	0.250	0.194	1.31	2.09	1.38	1.99
46	0.248	0.192	1.32	2.09	1.39	1.98
47	0.245	0.190	1.32	2.08	1.39	1.98
48	0.242	0.188	1.32	2.07	1.39	1.97
49	0.240	0.186	1.33	2.07	1.39	1.97
50	0.237	0.184	1.33	2.06	1.40	1.97
60	0.216	0.167	1.35	2.02	1.42	1.93
70	0.199	0.155	1.37	1.99	1.43	1.91
80	0.186	0.145	1.39	1.96	1.44	1.89
90	0.175	0.136	1.40	1.94	1.45	1.87
100	0.166	0.129	1.41	1.93	1.46	1.86
110	0.158	0.123	1.42	1.91	1.47	1.85
120	0.151	0.118	1.43	1.90	1.48	1.84

8.5.1.2　砌体结构强度的评定

按式（8-5-1）、式（8-5-2）、式（8-5-3）及式（8-5-4）评定砌体强度。

8.5.1.3　钢结构强度的评定

如工程没有与结构同批的钢材时，在钢结构上截取试样作屈服强度、抗拉强度、伸长率、冷弯及冲击功试验；其中，屈服强度、抗拉强度和伸长率每批取 1 根试件，冷弯取 1 根试件，冲击功取 3 根试件。并按《碳素结构钢》或《低合金高强度结构钢》评定其强度。

8.5.1.4　木结构强度的评定

抽取 3 根木材，在每根木材上截取 3 根试样，按《木材抗弯强度试验方法》作抗弯强度试验，并将测试结果换算成水率为 12% 的抗弯强度；以同一构件 3 个试样换算抗弯强度的平均值作为代表值，取 3 个代表值中的最小代表值按表 8-5-2 评定木材的强度等级。当评定的强度等级高于 GB 50005《木结构设计规范》所规定的同种木材的强度等级时，取该规范所规定的同种木材的强度等级为最终评定等级。

表 8-5-2　木材强度评定标准

木材种类	针叶材				阔叶材				
强度等级	TC11	TC13	TC15	TC17	TB11	TB13	TB15	TB17	TB20
检验结果的最低强度值（N/mm²）不得低于	44	51	58	72	58	68	78	88	98

8.5.2　尺寸偏差及外观缺陷的评定

采用一次或二次计数抽检方法评定尺寸偏差及外观缺陷（计数抽检的基本概念见本书第 1 章），其主控项目按表 8-5-3 评定，一般项目按表 8-5-4 评定。

表 8-5-3　主控项目正常一次或二次计数抽检评定

一次计数抽检					
样本容量	合格判定数	不合格判定数	样本容量	合格判定数	不合格判定数
2~5	0	1	80	7	8
8~13	1	2	125	10	11
20	2	3	200	14	15
32	3	4	>315	21	22
50	5	6			
二次计数抽检					
(1) 2~6	0	1	(1) 50 (2) 100	3 9	6 10
(1) 5 (2) 10	0 1	2 2	(1) 80 (2) 160	5 12	9 13
(1) 8 (2) 16	0 1	2 2	(1) 125 (2) 250	7 18	11 19
(1) 13 (2) 26	0 3	3 4	(1) 200 (2) 400	11 26	16 27
(1) 20 (2) 40	1 4	3 4	(1) 315 (2) 630	11 26	16 27
(1) 32 (2) 64	2 6	5 7	—	—	—

注：1. 二次抽检括弧中数字表示抽样批次数。
　　2. 对应第二次抽样检验的样本容量及合格或不合格判定数为两次抽样的累计数量。

表 8-5-4　一般项目一次或二次计数抽检评定

一次计数抽检（接收质量限 AQL = 10）

样本容量	合格判定数	不合格判定数	样本容量	合格判定数	不合格判定数
2 ~ 5	1	2	32	7	8
8	2	3	50	10	11
13	3	4	80	14	15
20	5	6	≥125	21	22

二次计数抽检

样本容量	合格判定数	不合格判定数	样本容量	合格判定数	不合格判定数
(1) 2 (2) 4	0 1	2 2	(1) 80 (2) 160	9 23	14 24
(1) 3 (2) 6	0 1	2 2	(1) 125 (2) 250	9 23	14 24
(1) 5 (2) 10	0 1	2 2	(1) 200 (2) 400	9 23	14 24
(1) 8 (2) 16	0 3	3 4	(1) 315 (2) 630	9 23	14 24
(1) 13 (2) 26	1 4	3 5	(1) 500 (2) 1000	9 23	14 24
(1) 20 (2) 40	2 6	5 7	(1) 800 (2) 1600	9 23	14 24
(1) 32 (2) 64	4 10	7 11	(1) 1250 (2) 2500	9 23	14 24
(1) 50 (2) 100	6 15	10 16	(1) 2000 (2) 4000	9 23	14 24

注：1. 二次抽检括弧中数字表示抽样批次数。
　　2. 对应第二次抽样检验的样本容量及合格或不合格判定数为两次抽样的累计数量。

8.5.3　构件的安全性评定

构件的安全性评定按《民用建筑可靠性鉴定标准》共分为 4 级，这里列出构件不适于继续承载的评定（即该标准所规定的 C 级和 D 级），并将构件分为混凝土结构构件、钢结构构件、砌体结构构件和木结构构件。

8.5.3.1　混凝土结构构件

（1）承载力：混凝土结构构件承载力不适于继续承载的标准为 $R/(\gamma_0 S) < 0.90$（主要

构件），一般构件为 $R/(\gamma_0 S)<0.85$。式中，R 为结构构件的抗力，S 为作用效应，γ_0 为结构重要性系数。

（2）连接构造：对于连接方式不当，构造有严重缺陷，已导致焊缝或螺栓等发生明显变形、滑移、局部拉脱、剪坏或裂缝，或已导致预埋件发生明显变形、滑移、松动或其他损坏的混凝土结构构件为不适于继续承载的构件。

（3）位移和变形：混凝土受弯构件不适于继续承载的变形按表 8-5-5 评定。

表 8-5-5　混凝土受弯构件不适于继续承载的变形的评定

检查项目	构件类别		指标
挠度	桁架（屋架、托架）的挠度 $>l_0/400$ 时		应验算其承载能力
	主要受弯构件—主梁、托梁等		$>l_0/150$
	一般受弯构件	$l_0 \leqslant 9\text{mm}$	$>l_0/250$ 或 $>45\text{mm}$
		$l_0 > 9\text{mm}$	$>l_0/200$
侧向弯曲的矢高	预制屋面梁、桁架或深梁		$>l_0/500$

注：1. l_0 是计算跨度。
2. 本节各表根据 GB 50292—1999《民用建筑可靠性鉴定标准》。

各类构件不适于继续承载的侧向位移按表 8-5-6 评定。

表 8-5-6　各类结构不适于继续承载的侧向位移评定

检查项目	结构类别			顶点位移/mm	层间位移/mm
结构平面内的侧向位移/mm	混凝土结构或钢结构砌体结构	单层建筑		$>H/400$	—
		多层建筑		$>H/450$	$>H_i/350$
		高层建筑	框架	$>H/550$	$>H_i/450$
			框架剪力墙	$>H/700$	$>H_i/600$
	砌体结构	单层建筑	墙 $H\leqslant 7\text{m}$	>25	—
			墙 $H>7\text{m}$	$>H/280$ 或 >50	—
			柱 $H\leqslant 7\text{m}$	>20	—
			柱 $H>7\text{m}$	$>H/350$ 或 >40	—
		多层建筑	墙 $H\leqslant 10\text{m}$	>40	$>H_i/100$ 或 >20
			墙 $H>10\text{m}$	$>H/250$ 或 >90	
			柱 $H\leqslant 10\text{m}$	>30	$>H_i/150$ 或 >15
			柱 $H>10\text{m}$	$>H/330$ 或 >70	
	单层排架平面外侧倾			$>H/750$ 或 >30	—

注：1. 表中 H 为结构顶点高度，H_i 为第 i 层层间高度。
2. 墙包括带壁柱墙。
3. 木结构房屋的侧向位移及平面外侧移可根据当地经验进行评定。

（4）裂缝：混凝土结构构件不适于继续承载的裂缝宽度按表 8-5-7 进行评定。

表8-5-7　混凝土构件不适于继续承载的裂缝宽度评定

检查项目	环境	构件类别		指标
受力主筋处的弯曲（含一般弯剪）裂缝和轴拉裂缝宽度/mm	正常湿度环境	钢筋混凝土	主要构件	>0.50
			一般构件	>0.70
		预应力混凝土	主要构件	>0.20（0.30）
			一般构件	>0.30·(0.50)
	高湿度环境	钢筋混凝土	任何构件	>0.40
		预应力混凝土		>0.10（0.20）
剪切裂缝/mm	任何湿度环境	钢筋混凝土或预应力混凝土		出现裂缝

注：1. 表中的剪切裂缝系指斜拉裂缝，以及集中荷载靠近支座处出现的或深梁中出现的斜压裂缝。
　　2. 高湿度环境指露天环境，开敞式房屋易遭飘雨部位，经常受蒸汽或冷凝水作用的场所（如厨房、浴室、寒冷地区不保暖屋盖等）以及与土壤直接接触的部件等。
　　3. 表中括号内的限值适于冷拉Ⅱ、Ⅲ、Ⅳ级钢筋的预应力混凝土构件。
　　4. 板的裂缝宽度以表面测量值为准。

8.5.3.2　钢结构构件

（1）承载力：钢结构构件承载力不适于继续承载的标准为 $R/(\gamma_0 S) < 0.90$（主要构件），一般构件为 $R/(\gamma_0 S) < 0.85$。式中，R 为结构构件的抗力，S 为作用效应，γ_0 为结构重要性系数。

（2）连接构造：对于连接方式不当，构造有严重缺陷（包括施工遗留缺陷），构造或连接有裂缝或锐角切口，焊缝、铆钉、螺栓有变形、滑移或其他损坏的钢结构构件为不适于继续承载的构件。

（3）位移和变形：钢构件不适于继续承载的变形按表8-5-8评定。不适于继续承载的侧向位移见表8-5-6。

表8-5-8　钢结构受弯构件不适于继续承载的变形的评定

检查项目	构件类别			指标
挠度	桁架（屋架、托架）的挠度 $> l_0/400$ 时			
	主要构件	网架	屋盖（短向）	$> l_s/200$ 且可能发展
			楼盖（短向）	$> l_s/250$ 且可能发展
		主梁、托梁		$> l_0/300$
	一般构件	其他梁		$> l_0/180$
		条等		$> l_0/120$
侧向弯曲矢高	深梁			$> l_0/660$
	一般实腹梁			$> l_0/500$

注：l_0 为构件计算跨度，l_s 为网架短向计算跨度。

（4）锈蚀：钢结构构件不适于继续承载的锈蚀评定标准是：在结构的主要受力部位，构件截面平均锈蚀深度 Δt 大于 $0.05t$，但不大于 $0.1t$（t 为锈蚀部位构件原截面的壁厚，或钢板的板厚）。

8.5.3.3　砌体结构构件

（1）承载力：砌体结构构件承载力不适于继续承载的标准为 $R/(\gamma_0 S) < 0.90$（主要构件），一般构件为 $R/(\gamma_0 S) < 0.85$。式中，R 为结构构件的抗力，S 为作用效应，γ_0 为结

重要性系数。

（2）连接构造：砌体结构构件的连接构造不适于继续承载的标准为：墙、柱的高厚比不符合设计规范要求，且已超过限值的 10%；连接方式不当，构造有严重缺陷（包括施工遗留缺陷），已导致构件或连接部位开裂、变形、位移或松动，或已造成其他损坏。

（3）位移：砌体结构构件不适于继续承载的侧向位移见表 8-5-6。若位移尚在发展，或当拱或壳体结构构件出现边梁的水平位移，或拱轴线、筒拱、扁壳的曲面发生变形时应确定为不适于继续隙承载。

（4）裂缝：砌体结构构件出现如表 8-5-9 的裂缝时应定为不适于继续承载的裂缝。

表 8-5-9　砌体结构构件不适于继续承载的裂缝

裂缝类型	裂缝状态
砌体承重构件的受力裂缝	桁架、主梁支座下的墙、柱端部或中部出现沿块材断裂（贯通）的竖向裂缝
	空旷房屋承重外墙的变截面处出现水平裂缝或斜向裂缝
	砌体过梁的跨中或支座出现裂缝，或虽未出现肉眼可见的裂缝，但发现其跨度范围内有集中荷载
	筒拱、双曲筒拱、扁壳等的拱面、壳面，出现沿拱顶母线或对角线的裂缝
	拱、壳支座附近或支承的墙体上出现沿块材断裂的斜裂缝
	其他明显的受压、受弯或受剪裂缝
砌体非受力裂缝	纵横墙连接处出现通长的竖向裂缝
	墙身裂缝严重，且最大裂缝宽度已大于 5mm
	柱已出现宽度大于 1.5mm 的裂缝，或有断裂、错位迹象
	其他显著影响结构整体性的裂缝

注：非受力裂缝指由温度、收缩、变形或地基不均匀沉降等引起的裂缝。

8.5.3.4　木结构构件

（1）承载力：木结构构件不适于继续承载的标准为 $R/(\gamma_0 S) < 0.90$（主要构件），一般构件为 $R/(\gamma_0 S) < 0.85$。式中，R 为结构构件的抗力，S 为作用效应，γ_0 为结构重要性系数。

（2）连接构造：不适于继续承载的木结构构件的标准为：连接方式不当，构造有严重缺陷，已导致连接松弛变形、滑移、沿剪面开裂，或其他损坏的；或屋架起拱值严重不符合规范规定，且由其引起的推力，已使墙、柱等发生裂缝或侧倾。

（3）位移和变形：木结构受弯构件不适于继续承载的变形按表 8-5-10 评定。

表 8-5-10　木结构受弯构件不适于继续承载的变形的评定

检查项目		指标
最大挠度	桁架（屋架、托架）	$> l_0/200$
	主梁	$> l_0^2/3000h$，或 $> l_0/150$
	搁栅、檩条	$> l_0^2/2400h$，或 $> l_0/120$
	椽条	$> l_0/100$，或已劈裂
侧向弯曲矢高	柱或其他受压构件	$> l_c/200$
	矩形截面梁	$> l_0/150$

注：l_0 为计算跨度，l_c 为柱的无支长度，h 为截面高度。

（4）裂缝：当木结构构件的斜纹理或斜裂缝的斜率大于 10%（受拉构件或弯拉构件）、大于 15%（受弯构件或偏压构件）、大于 20%（受压构件）时为不适于继续承载的木结构构件。

（5）腐朽、虫蛀：木结构构件不适于继续承载的腐朽和虫蛀按表 8-5-11 评定。

表 8-5-11　木结构构件不适于继续承载的腐朽和虫蛀的评定

检查项目		指标
表层腐朽	上部承重结构构件	截面上的腐朽面积大于原截面面积的 5%，或按剩余截面验算不合格
	木桩	截面上的腐朽面积大于原截面面积的 10%
芯腐	任何构件	有芯腐
虫蛀		有新蛀孔；或未见蛀孔，但敲击有空鼓音，或用仪器探测内有蛀洞

8.5.4　危险构件的评定

危险构件是指承载能力、裂缝和变形不能满足正常使用要求的结构构件。危险构件按地基基础、混凝土结构构件、砌体结构构件、钢结构构件和木结构构件分类。

8.5.4.1　地基基础

当地基出现以下现象者，评定为危险地基。

（1）地基沉降速度连续 2 个月大于 2mm/月，且短期内无终止趋向；

（2）地基产生不均匀沉降，其沉降量大于现行国家标准 GBJ 7《建筑地基基础设计规范》规定的允许值，上部墙体产生沉降裂缝宽度大于 10mm，且房屋局部倾斜率大于 1%；

（3）地基不稳定，产生滑移，水平位移量大于 10mm，并对上部结构有显著影响，且仍有继续滑动迹象。

当基础部分出现以下现象者，评为危险基础构件：

（1）基础承载能力小于基础作用效应的 85%［即 $R/(\gamma_0 S) < 0.85$］；

（2）基础老化、腐蚀、酥碎、折断，导致结构明显倾斜、位移、裂缝、扭曲等；

（3）基础已有滑动，水平位移速度连续 2 个月大于 2mm/月，并在短期内无终止趋向。

8.5.4.2　混凝土结构构件

如混凝土结构构件出现以下现象时，应评为危险混凝土构件。

（1）承载力：混凝土构件承载力小于作用效应的 85% 时［即 $R/(\gamma_0 S) < 0.85$］。

（2）变形：梁板产生超过 $l_0/150$ 的挠度，且受拉区的裂缝宽度大于 1mm；

柱、墙产生倾斜、位移，其倾斜率超过高度的 1%，其侧向位移大于 $h/500$；

柱、墙侧向变形，其极限值大于 $h/250$，或大于 30mm；

屋架产生大于 $l_0/200$ 的挠度，且下弦产生横断裂缝，缝宽大于 1mm。

（3）裂缝：简支梁、连续梁跨中部位受拉区产生竖向裂缝，其一侧向上延伸达梁高的 2/3 以上，且缝宽大于 0.5mm，或在支座附近出现剪切斜裂缝，缝宽大于 0.4mm；

梁、板受力主筋处产生横向水平裂缝和斜裂缝，缝宽大于 1mm，板产生宽度大于 0.4mm 的受拉裂缝；

梁、板因主筋锈蚀，产生沿主筋方向的裂缝，缝宽大于 1mm，或构件混凝土严重缺损，或混凝土保护层严重脱落、露筋；

现浇板面周围产生裂缝，或板底产生交叉裂缝；

预应力梁、板产生竖向通长裂缝，或端部混凝土松散露筋，其长度达主筋直径的 100 倍以上；

受压柱产生竖向裂缝，保护层剥落，主筋外露锈蚀，或一侧产生水平裂缝，缝宽大于 1mm，另一侧混凝土被压碎，主筋外露锈蚀；

混凝土墙中间部位产生交叉裂缝，缝宽大于 0.4mm。

柱、墙混凝土酥裂、碳化、起鼓，其破坏面大于全截面的 1/3，且主筋外露，锈蚀严重，截面减小。

（4）构造与连接：屋架的支撑系统失效导致倾斜，其倾斜率大于屋架高度的 2%；压弯构件保护层剥落，主筋多处外露锈蚀；端节点连接松动，且伴有明显的变形裂缝；梁、板有效搁置长度小于规定值的 70%。

8.5.4.3　砌体结构构件

当砌体结构构件产生下列现象时应评为危险砌体构件。

（1）承载力：砌体受压承载力小于其作用效应的 85% 时 ［即 $R/(\gamma_0 S) < 0.85$］。

（2）变形：砌体墙、柱产生倾斜，其倾斜率大于 0.7%，或相邻墙体连接处断裂成通缝；砌体墙柱刚度不足，出现挠曲鼓闪，且在挠曲部位出现水平或交叉裂缝；

砖筒拱、扁壳、波形筒拱、拱顶沿母线裂缝，或拱曲面明显变形，或拱脚明显位移，或拱体拉杆锈蚀严重，且拉杆体系失效。

（3）裂缝：受压砌体墙、柱沿受力方向产生缝宽大于 2mm、缝长超过层高 1/2 的竖向裂缝，或产生缝长超过层高 1/3 的多条竖向裂缝；

支撑梁或屋架端部的墙体或柱截面因局部受压产生多条竖向裂缝，或裂缝宽度已超过 1mm；

砌体墙、柱因偏心受压产生水平裂缝，缝宽大于 0.5mm；

砖过梁中部产生明显的竖向裂缝，或端部产生明显的斜裂缝，或支撑过梁的墙体产生水平裂缝，或产生明显的弯曲、下沉、变形；

（4）构造与连接：石砌墙（或土墙）高厚比：单层大于 14，二层大于 12，且墙体自由长度大于 6m；墙体的偏心距达墙厚的 1/6。受压墙、柱表面风化、剥落，砂浆粉化，有效截面削落达 1/4 以上。

8.5.4.4　钢结构构件

当钢结构构件产生下列现象时应评为危险钢结构构件。

（1）承载力：钢结构承载力小于其作用效应的 90% 时 ［即 $R/(\gamma_0 S) < 0.90$］。

（2）变形：梁、板等构件挠度大于 $l_0/250$；且大于 45mm；实腹梁侧弯矢高大于 $l_0/600$，且有发展迹象；钢柱顶位移，平面内大于 $h/150$，平面外大于 $h/500$，或大于 40mm。

屋架产生大于 $l_0/250$ 或大于 40mm 的挠度；屋架支撑系统松动失稳，导致屋架倾斜，倾斜量超过 $h/150$。

（3）裂缝：构件或连接件有裂缝或锐角切口；焊缝、螺栓或铆接有拉开、变形、滑移、松动、剪坏等严重损坏；

（4）构造与连接：连接方式不当，构造有严重缺陷；受压构件的长细比大于现行国家标准 GBJ 17《钢结构设计规范》中规定值的 1.2 倍；

（5）锈蚀：受拉构件因锈蚀，截面减少大于原截面的 10%。

8.5.4.5　木结构构件

当木结构构件产生下列现象时应评为危险木结构构件。

（1）承载力：木结构构件承载力小于其作用效应的 90% 时 ［即 $R/(\gamma_0 S) < 0.90$］。

（2）变形：主梁产生大于 $l_0/150$ 的挠度，或受拉区伴有较严重的材质缺陷；屋架产生大于 $l_0/120$ 的挠度，且顶部或端部节点产生腐朽或劈裂，或出平面倾斜量超过屋架高度的 $h/120$；

檩条、搁栅产生大于 $l_0/120$ 的挠度，入墙木质部位腐朽、虫蛀或空鼓；

木柱侧弯变形，其矢高大于 $h/150$，或柱顶劈裂，柱身断裂。柱脚腐朽，其腐朽面积大于原截面 1/5 以上。

（3）裂缝：对受拉、受弯、偏心受压和轴心受压构件，其斜纹理或斜裂缝的斜率分别大于 7%、10%、15% 和 20%。

存在任何心腐缺陷的木质构件。

（4）构造与连接：连接方式不当，构造有严重缺陷，已导致节点松动变形、滑移、沿剪切面开裂、剪坏或铁件严重锈蚀、松动致使连接失效等损坏。

8.6　混凝土结构变形和裂缝分析

有些钢筋混凝土结构不需评定安全性或正常使用性等级，而是通过结构检测和鉴定，分析结构存在的问题予以加固，这就需要分析结构变形和产生裂缝的主要原因，以便提出加固方案。

8.6.1　混凝土结构裂缝的成因

混凝土结构产生裂缝的原因很多，也很复杂，为便于分析一般将裂缝分为荷载裂缝和变形裂缝两类。荷载裂缝是结构加载以后由于荷载的作用产生的裂缝，应力集中荷载产生的裂缝和沉降裂缝都属荷载裂缝；变形裂缝则是因热胀冷缩、湿胀干缩或炭化等引起的结构变形形成的裂缝，主要分为：塑性收缩裂缝、自收缩裂缝、干燥收缩裂缝及温差裂缝。

（1）荷载裂缝：荷载裂缝的特点是结构加荷以后才出现裂缝，而且多发生在结构断面变化处、结构凸出部分或应力集中的地方。沉降裂缝是经常发生的荷载裂缝，故建筑主体施工结束后应及时进行沉降观测，以掌握沉降裂缝的发生和发展。

（2）塑性收缩裂缝：塑性收缩裂缝是混凝土尚处于塑性状态时产生的收缩裂缝。其特点是混凝土还未硬化或刚开始硬化（浇筑后 4h～15h）便产生裂缝，多发生在板式结构上，例如底板、顶板或墙板结构。产生塑性收缩裂缝的条件是，混凝土用水量较大，泌水较多，混凝土成型后未能及时覆盖和养护，气候干燥，风速较大。竖向板式结构如垂直方向较高，也会因砂石的沉降同时受到钢筋和模板的约束而产生横向收缩裂缝。

（3）自收缩裂缝：由于水泥的水化，使混凝土毛细孔中的水分不断减少，引起体积收缩所产生的裂缝；自收缩裂缝与塑性收缩裂缝同属于早期收缩裂缝，当胶凝材料用量很大时，应防止自收缩裂缝的产生，胶凝材料用量较小时可不考虑混凝土的自收缩。

自收缩引起的变形为 $(0.4 \sim 1.0) \times 10^{-4}$，在水胶比不大的情况下，自收缩较小，但自收缩随着水胶比的降低而增加，据资料介绍，当水胶比为 0.4 时，自收缩占总收缩的 40%，

总收缩为 $(2 \sim 6) \times 10^{-4}$；当水胶比为 0.3 时，自收缩占总收缩的 50%，所以，水胶比较小时混凝土的自收缩是不能忽略的。

（4）干燥收缩裂缝：因内部水分不断蒸发，混凝土因干缩湿胀效应而产生体积收缩；当收缩应力大于混凝土本身的极限拉应力时，便产生干燥收缩裂缝。干燥收缩裂缝是混凝土硬化过程中产生的，故它属于后期裂缝；混凝土硬化初期裂缝开展较快，随着时间推移，收缩逐渐减小，裂缝逐渐趋于稳定。但是干燥收缩可以延续数年时间。

（5）温差裂缝：温差裂缝是混凝土内部温度和表面温度差引起的热胀冷缩不一致而产生的裂缝。其特点是主要发生在厚大体积的混凝土，有些混凝土虽不是厚大体积，但也会产生温度差，所以温差裂缝并不是只有大体积混凝土才会产生。

混凝土浇灌后，由于水泥的水化热使混凝土逐渐升温，这时内部因膨胀产生压应力，当升温到最高值后开始降温，内部因收缩产生拉应力，这时混凝土表面易产生裂缝，故应尽量降低混凝土入模温度、内外温差及表面降温速度，以控制温差裂缝的产生。

8.6.2 有害裂缝

鉴于裂缝的不可避免，不可能将所有裂缝都划归质量事故或修补加固之列，一些资料将裂缝分为有害裂缝和无害裂缝。因为发生裂缝的原因比较复杂，裂缝形式也各不相同，给有害裂缝下一个准确的定义实属不易，但一般认为有害裂缝是宽度超过规定要求，能使钢筋锈蚀、严重降低混凝土的耐久性，影响其使用性，必须予以治理的裂缝。混凝土裂缝设计计算宽度限值不应超过表 8-5-12 的规定；建筑结构上的裂缝宽度限值不应超过表 8-5-14 的规定。

表 8-5-12　混凝土表面裂缝计算宽度限值（mm）

环境作用等级	钢筋混凝土构件	有粘结预应力混凝土构件
A	0.40	0.20
B	0.30	0.20（0.15）
C	0.20	0.10
D	0.20	按二级裂缝控制或按部分预应力 A 类构件控制
E，F	0.15	按一级裂缝控制或按全预应力构件控制

注：1. 括号中的宽度适用于采用钢丝或钢绞线的先张预应力构件。
　　2. 裂缝宽度等级为二级或一级时，按现行国家标准 GB 50010《混凝土结构设计规范》计算裂缝宽度；部分预应力 A 类构件或全预应力构件按现行行业标准 JTG D62《公路钢筋混凝土及预应力混凝土桥涵设计规范》计算裂缝宽度。
　　3. 有自防水要求的混凝土构件，其横向弯曲的表面裂缝计算宽度不应超过 0.20mm。
　　4. 本节内容根据 GB/T 50476—2008《混凝土结构耐久性设计规范》。

环境作用等级见表 8-5-13。建筑结构裂缝宽度限值见表 8-5-14。

表 8-5-13　环境作用等级

环境作用等级 环境类别	A 轻微	B 轻度	C 中度	D 严重	E 非常严重	F 极端严重
一般环境	Ⅰ－A	Ⅰ－B	Ⅰ－C	—	—	—
冻融环境	—	—	Ⅱ－C	Ⅱ－D	Ⅱ－E	—
海洋氯化物环境	—	—	Ⅲ－C	Ⅲ－D	Ⅲ－E	Ⅲ－F
除冰盐等其他氯化物环境	—	—	Ⅳ－C	Ⅳ－D	Ⅳ－E	—
化学腐蚀环境	—	—	Ⅴ－C	Ⅴ－D	Ⅴ－E	—

表 8-5-14　建筑结构裂缝宽度限值

使用环境	最大裂缝宽度限值/mm
屋架及托架的受拉构件	
烟囱及用以贮存松散体的筒仓	0.2
处于液体压力下面无保护的构件	
处于正常条件下的构件	0.3

判定是否为有害裂缝应考虑以下几点：

（1）根据裂缝条数、分布、位置、走向、最大裂缝宽度及其开裂趋势，综合评定结构裂缝，不可只根据少数几条裂缝或少数信息就下结论；

（2）综合分析裂缝对钢筋锈蚀的影响，对使用性能的影响及对耐久性的影响；

（3）充分了解结构所处环境状况，如周围有腐蚀介质，或有外力作用、干湿交替、冻融循环等恶劣环境，即使结构裂缝宽度不大，也有可能是有害裂缝；

（4）根据开裂缝形态、结构施工情况因素，掌握裂缝产生的原因，作为判定有害裂缝的依据之一；

（5）根据有关结构施工记录和裂缝记录预测裂缝的开展趋势，对处于开展期的裂缝要等其基本稳定后方可判定。

第9章 实验室管理

9.1 实验室的基本概念和配置

9.1.1 基本概念

1）实验室

在计量认证和实验室认可中，实验室是指在一个固定的地点从事检测或校准工作的机构。在建筑工程中，建材实验室或建筑工程检测公司就是检测实验室。检测的对象涉及面很广，在工业部门主要是材料和产品。检测和计量校准不同，计量校准的目的是为了保证测量设备准确可靠，而检测是为了确定材料或产品的性能或特性而进行的测量或试验。

2）实验室的基本要求

（1）有能履行其职责的管理人员和技术人员；

（2）有不受内、外部的压力而对工作质量产生不良影响的措施；

（3）有保护客户机密信息的程序；

（4）有避免卷入会降低其公正性和可信度活动的措施；

（5）有明确其地位的管理机构和人员的岗位责任制；

（6）有持续有效的质量监督；

（7）有技术管理层和质量主管。

实验室应通过计量认证主管部门组织的评审，并满足计量认证资质认定标准的各项要求，取得计量认证资质认定证书，并经省工程建设主管部门的核查，取得由建设主管部门颁发的建设工程检测机构资质证书，方可开展检测业务。

3）实验室的基本任务

实验室的基本任务是：

（1）及时准确地完成各项质量检测工作；

（2）负责对客户委托的原材料或成品、半成品进行验收检测；

（3）对所发现的产品质量问题进行研究试验，并予以改进；

（4）负责新产品研发工作。

4）实验室的工作准则：

实验室是产品质量的检测组织，它所提供的检测报告是指导生产改进质量的重要依据，它必须具有较高的工作质量，因此，实验室基本工作准则是公正、科学、准确、客户满意：

（1）公正：独立诚实地开展检测工作，不受外界的干扰和影响，不为非正当利益所驱动，并保护客户的正当权益；

（2）科学：具有较高水平的检测人员和设备，严格按国家标准和规范检测；

（3）准确：对检测的全过程进行质量控制，保证检测方法、设备、环境和操作符合要求，并使检测误差完全控制在规定范围之内；

（4）客户满意：为客户着想，及时准确地发出报告，满足客户要求。

9.1.2　实验室的机构设置

实验室应是独立的法人单位，其组织机构分为内部和外部机构。外部机构的设置主要是实验室的上级主管部门：行业主管部门（如各级住房和建设局）、计量认证部门（如省质量技术监督局）及实验室认可部门（如中国实验室国家认可委员会）。内部组织机构根据实验室的规模大小和试验项目而定，内部组织机构也可分为中心试验室和现场检测试验室；管理层设经理、技术负责人、质量负责人、检测室主任及综合办公室主任等岗位。建筑工程施工现场检测试验室的技术管理可按《建筑工程检测试验技术管理规范》JGJ 190—2010 的有关规定执行。

政府部门对各级实验室的规模、项目、设备、人员都有明确的规定，实验室应根据这些规定及市场需要规划和设立实验室。

根据建设主管部门的规定，建筑工程检测实验室的专业检测能力按如下划分：工程材料、建筑结构、地基基础、幕墙门窗、建筑节能、室内空气环境、通风与空调、建筑智能、特种设备、市政工程等。建筑实验室应具备的基本检测项目见表 9-1-1。

表 9-1-1　实验室基本检测项目

材料名称	基本检测项目
水泥	胶砂强度、密度、细度、比表面积、胶砂流动度、凝结时间、安定性、碱含量
骨料	筛分析、表观密度、堆积密度、紧密密度、含水率、含泥量、泥块含量、针片状颗粒含量、有机物含量、压碎指标、SO_3 含量、石粉含量、贝壳含量；轻集料检测项目
矿物掺料	细度、比表面积、烧失量、含水率、需水量比、SO_3 含量、活性指数
外加剂	减水率、泌水率比、含气量、凝结时间差、抗压强度比、收缩率比、含固量、pH 值、氯离子含量、限制膨胀率
钢材	屈服强度、抗拉强度、断后伸长率、冷弯、钢筋接头
混凝土	抗压强度、抗折强度、抗渗、劈裂抗拉强度、混凝土配合比、氯离子含量
砂浆	抗压强度、稠度、保水性、砂浆配合比
砌体材料	尺寸及外观、抗压强度、抗折强度、吸水率、体积密度
沥青材料	针入度、软化点、延度、密度、沥青含量、马氏稳定度
结构材料	回弹、钻芯、钢筋位置及保护层厚度、裂缝检测、变形观测
防水材料	不透水性、拉伸强度、低温柔性等（卷材）；拉伸性能、断裂延伸率等（涂料）
市政材料	厚度、压实度、平整度、含水率、密度、颗粒分析、界限含水率、相对密度、击实、弯沉、CBR、无侧限抗压强度、回弹模量

除了以上基本项目外，还有管材、陶瓷、钢材化学分析、装饰材料、建筑门窗及幕墙、室内环境、电气材料及上述专业检测能力所属各检测项目，可根据企业和市场的需要设置。

实验室机构设置与试验项目的检测分类方法有关。为统一检测分类方法，使检测分类更加合理化、规范化，提高检测的质量与水平，使检测结果科学、合理、适用、可比，可按JGJ/T 181—2009《房屋建筑与市政基础设施工程检测分类标准》进行分类，并按分类设置机构和项目。

该标准按检测领域、检测类别、检测代码及项目分类。整个检测分为三大检测领域：工程材料、工程实体、工程环境，见表9-1-2。在各个领域中设置多个检测类别和代码，见表9-1-3、表9-1-4及表9-1-5。

表9-1-2　房屋建筑和市政基础设施工程检测领域

序号	代码	领域
1	Q	工程材料
2	P	工程实体
3	Z	工程环境

表9-1-3　工程材料领域检测类别及代码

序号	代码	类别
1	Q 03	混凝土结构材料
2	Q 04	墙体材料
3	Q 05	金属结构材料
4	Q 06	木结构材料
5	Q 07	膜结构材料
6	Q 08	预制混凝土构配件
7	Q 09	砂浆材料
8	Q10	装饰装修材料
9	Q11	门窗幕墙
10	Q12	防水材料
11	Q13	嵌缝密封材料
12	Q14	胶粘剂
13	Q15	管道材料及配件
14	Q16	电气材料
15	Q17	保温吸声材料
16	Q18	道桥材料
17	Q19	道桥构配件
18	Q20	防腐绝缘材料

表9-1-4　工程实体领域检测类别及代码

序号	代码	类别
1	P21	地基与基础工程
2	P22	主体结构工程
3	P23	装饰装修工程
4	P24	防水工程

序号	代码	类别
5	P25	建筑给水、排水及采暖工程
6	P26	通风与空调工程
7	P27	建筑电气工程
8	P28	智能建筑工程
9	P29	建筑节能工程
10	P30	道路工程
11	P31	桥梁工程
12	P32	隧道工程与城市地下工程
13	P33	市政给水排水、热力与燃气工程
14	P34	工程监测
15	P35	施工机具
16	P36	安全防护用品

表 9-1-5 工程环境领域检测类别

序号	代码	类别
1	Z37	热环境
2	Z38	光环境
3	Z39	声环境
4	Z40	空气质量

在各检测类别中又设置多个检测项目及代码，其具体检测项目详见 JGJ/T 181—2009 《房屋建筑与市政基础设施工程检测分类标准》。

9.1.3 检测室的划分

根据建筑工程实验室所设置的基本检测项目的要求，其基本的检测室有：水泥室、力学室、混凝土和砂浆室、骨料室、土工室、化学分析室、天平室、抗渗室、管材室、沥青室、防水材料室、养护室、恒温恒湿室、结构检测室、混凝土耐久室、制样室，按照检测项目的需要还可设门窗室、电气材料室等其他检测室。

此外还应设置办公室、收发室、资料档案室、仓库等。

9.1.4 关键人员设置

人员设置主要根据试验项目和任务量而定，但关键岗位人员（如技术负责人、质量负责人、内审员、质量监督员等）一定要配备；其他人员（如室主任、试验员、设备管理员、资料员、安全员等）按实验室规模和检测量大小配置。

检测人员应具有建设主管机关发放的上岗证，并使不同职称的人员相结合，或老中青相结合。实验室人员应配备具有质量检测、施工、监理或设计经历，并接受了相关技术培训的专业技术人员；针对不同级别的实验室，其技术人员及高级职称人员最少人数都有要求。

建设主管部门设置的上岗证是检测人员有能力对该试验项目进行检测的证件，由主管部门对检测人员进行培训并经考核及格后发放；无上岗证的检测人员不得对该项目进行检测。建设主管部门设置的检测上岗证有以下项目：建筑材料检测、回弹法检测混凝土强度、超声波检测混凝土缺陷、室内环境检测、结构试验混凝土实体检测、砌体结构检测、建筑变形测量、建筑门窗检测、建筑节能材料检测、建筑低压电器检测、静载试验、岩土工程原位测试、岩土工程室内试验、低压变形测桩、钻芯法测桩、声波透射法测桩、路基路面检测、桥梁隧道检测。公路工程主管部门设置的检测上岗证有以下项目：公路工程材料检测、公路检测、隧道检测。

9.1.5 试验设备的配备

一个中等规模的实验室至少应配备表 9-1-6 所示仪器设备。根据检测项目的多少可增减仪器设备。

表 9-1-6　主要仪器设备

试验项目	主要仪器设备
水泥	电子天平、水泥净浆搅拌机、标准稠度凝结时间仪、雷氏仪、沸煮箱、水泥净浆搅拌机、水泥胶砂搅拌机、水泥胶砂振实台、标准养护箱、抗折试验机、压力试验机、负压筛析仪、胶砂流动度测定仪、比表面积测定仪、快速养护箱
骨料	标准筛、摇筛机、压碎值测定仪、压力试验机、碎石压碎指标仪、针片状规准仪、游标卡尺、电子秤、电热鼓风干燥箱
矿物掺料	细度筛、比表面积测定仪、高温炉、电子天平
外加剂	贯入阻力仪、pH 值测定仪、收缩测定仪、蒸馏水器、滴定台、火焰光度针
钢材	万能试验机、弯曲试验机、游标卡尺
混凝土	混凝土搅拌机、标准振动台、压力试验机、抗折试验机、坍落度筒、容量筒、含气量测定仪、混凝土渗透仪、贯入阻力仪、电子秤
砂浆	砂浆稠度仪、砂浆保水测定仪、流动度测定仪、砂浆搅拌机
砌体材料	万能试验机、压力试验机
沥青材料	针入度仪、延度仪、软化点仪、闪点仪、含蜡量测定仪、电炉、动力黏度仪、运动黏度仪、沥青混合料搅拌机、马歇尔击实仪、浸水天平、烘箱、马歇尔稳定度仪、恒温水槽、沥青抽提仪
结构检测	回弹仪、钻芯机、压力试验机、碳化深度测量装置、钢筋位置及保护层测定仪、非金属超声波检测仪、刻度放大镜
防水材料	不透水仪、低温试验箱、柔韧性测定仪、拉力试验机
市政道桥	环刀、灌砂筒、标准筛、比重计、电子天平、电热鼓风干燥箱、液塑限测定仪、自动击实仪、路面材料强度试验仪、CBR 仪、弯沉仪、核子仪、回弹模量测定仪、平整度仪、取芯机、全站仪、水平仪

此外，建设主管部门要求所有实验室设置数据采集系统，对材料质量检测中的力学量值实行自动采集和记录，采集终端为仪器设备的试验器具（主要是力学量值），并通过服务器与建设主管部门连接，将数据上传到监督平台，以便于监管，保证数据不被修改或滥用。

9.1.6　实验室平面与设施规划

实验室的场地平面安排及设备规划，应依据具体试验项目、设备大小和数量、合理的试验操作空间而定，同时必须考虑各个检测室的试验项目及相互关系，使实验室的布局合理，流程顺畅。

在进行实验室的平面布置时，需考虑以下原则：

（1）充分考虑各检测室功能是否互相影响，避免不必要的因素干扰；如力学室、混凝土室和砂浆室有较大的振动和噪声，应考虑将其设置在首层并离精密仪器设备（如分析天平等）和办公室较远的区域。各室内的不同检测项目应有单独的检测区域。收发室应安排在客户进入检测室之前的位置，便于与客户进行业务往来。

（2）各个检测室要有足够的设备安置及人员操作空间，避免过分拥挤。

（3）办公场地和检测区域应该分开，以便于管理。

（4）水泥室、养护室或恒温恒湿室应安排在地下或背阴处，以利于保持其湿度环境。

（5）要考虑到试样从收样、留样、检测至弃样有合理的流程；资料从委托单、原始记录、签发报告到存档有合理的流程。

（6）设备要有必要的安全设施（如安装漏电保护器），并预留安全空间和安全通道；有废弃试件的存放及处理设施，有水泥浆的沉淀池，避免环境污染。

实验室的水电要有一定的控制措施，以避免停电或电压不稳，有条件的实验室最好设有配电室，并安装稳压装置；同时，应采取必要的停水、停电措施，如准备蓄水池和发电机。

各检测区域及办公场地的环境应保持清洁、整齐。有温、湿度要求的检测室应配置温湿度控制仪器，尤其是对温度和湿度有严格要求的检测区域（如恒温恒湿室、水泥室等），采用配置冷暖空调、保温门等方法控制温湿度变化。

设备规划布局应考虑仪器设备的稳定性，大型设备最好放置在首层，小型仪器设备可安排在二层以上，并使试验流程合理。精密仪器要避免阳光直射，保证处于水平状态。大型仪器设备按照图纸及规划布局做好基础，设备就位后，需检查其水平，并联系计量检定单位进行校准，确认符合要求后方可使用。

9.2　计量认证和实验室认可

9.2.1　计量认证的意义及目的

计量认证是指省级以上人民政府计量行政部门根据《计量法》的规定，对产品质量检验机构（包括自愿申请的，为社会出具公正数据的各类实验室）的计量检定、测试能力和可靠性、公正性进行的考核。这种考核统一依据《计量认证/审查认可（验收）评审准则》，并通过评审员和技术专家所进行的第三方评审。经计量认证合格的检验机构所出具的数据，可作为贸易出证、产品质量评价、成果鉴定的公正数据。

申请计量认证的目的，一方面是要建立实验室出具公正数据的合法地位，真正做到把公正、准确、可靠的检测数据作为产品质量评价、科学成果鉴定等工作的基础和依据；另一方面，通过计量认证可以帮助实验室进一步完善质量管理体系，持续质量改进，提高其工作质量和信誉。

质量检测机构申请计量认证分三种情况：

（1）对已列入国家质量监督检验检疫总局发展规划的产品质量检验机构，应向国家质量监督检验检疫总局具体负责计量认证/审查认可（验收）的部门申请计量认证/审查认可（验收）评审。

（2）对已列入省级质量技术监督部门发展规划的产品质量检验机构，应向省、自治区、直辖市质量技术监督局负责计量认证/审查认可（验收）的部门申请计量认证/审查认可（验收）评审。

（3）对于未列入质量技术监督部门发展规划的产品质量检验机构或其他为社会出具公正数据的各类科研、检测实验室，可向省、自治区、直辖市质量技术监督局负责计量认证/审查认可评审的部门申请计量认证评审。

9.2.2　实验室认可的意义及目的

按照 ISO/IEC 导则 2 的定义，"认可是权威机构对某一机构或某个人有能力执行特定任务的正式承认"。如引申到实验室认可，其定义是"权威机构对实验室有能力进行规定类型的检测所给予的一种正式承认"。

1）进行实验室认可主要有三个目的：

（1）实验室自身发展的需要。实验室存在的目的就是为社会提供准确可靠的检测数据和检测结果，实验室在技术经济活动中和社会发展过程中占有重要的地位。社会上要求的是准确可靠的检测数据，因此对提供检测数据的实验室提出高标准的要求。检测报告是实验室最终成果的体现，能否向社会出具高质量（准确、可靠、及时）的报告，并得到社会各界的依赖和认可，已成为实验室能否适应市场经济需要的核心问题，而实验室认可为人们对检测数据的可靠性提供了信心。

（2）实验室认可是客观需要的产物。包括四个方面：发展贸易的需要、质量认证发展的需要、公证活动的需要、政府的需要。

所以，为市场服务的各类实验室，其出具的检测结果若不能在市场内通行，或是其有效性只能局限在某个部门或某个地区，那么这些实验室对社会的贡献也受到限制。因此，需要对各类实验室的公正性和技术能力按照一个统一的标准认可。

（3）同世界上与我国有协议的国家彼此互认，即互相承认对方具有认可的检测能力。

2）实验室认可的作用和意义归纳为以下几个方面：

（1）表明实验室具备了按有关国际认可准则开展检测的技术能力，获得与 CNAL 签署互认协议的国家与地区实验室认可机构的承认。

（2）增强了实验室的市场竞争能力，赢得政府部门、社会各界的信任。

（3）参与国际间实验室认可双边、多边合作，促进工业、技术、商贸的发展；可在认可的业务范围内使用"中国实验室国家认可"标志。

（4）列入《国家认可实验室名录》，提高实验室的知名度。

9.2.3　计量认证和实验室认可的异同及发展

我国目前存在三种对实验室认可的方式，实验室认可、计量认证和质检中心审查认可。

国家质检中心的审查认可是由国家技术监督局质检司进行的，不仅要对该中心进行能力考核，同时还要给予授权。所以，国家质检中心（包括部委、省级质检所、站）代表政府对某个行业或领域实施质量监督，被授权承担一定的任务，如行业评比、产品抽查等。

对质检机构的计量认证由各省、自治区和直辖市技术监督局负责。计量认证只考核能力，无所谓授权问题，但其有强制性，凡是质检机构必须通过计量认证，否则不能向社会出具检测报告。

由中国实验室国家认可委员会（CNAL）进行的实验室认可，也是对检测能力的考核，承认实验室具有开展某个领域的检测的技术能力，其检测报告将得到国家承认，也得到与我国有互认协议的国家的承认。

三者的具体异同见表 9-2-1。

表 9-2-1　实验室认可、计量认证和审查认可的比较表

实验室认可	计量认证	审查认可	
目的	提高实验室管理水平和技术能力	提高质检机构管理水平和技术能力	提高质检中心（所、站）管理水平和技术能力
依据	CNAL/AC01—2005 等同采用 ISO/IEC17025：2005	《计量法》第二十二条，《产品质量检验机构计量认证/审查认可（验收）评审准则（试行）》等效采用 ISO/IEC 17025：2005	《标准化法》第十九条，《质量法》第十一条，《国家质检中心审查认可细则》，等效采用 ISO/IEC 17025：2005
性质	实验室认可是自愿的，中国的认可原则中第一项就是自愿原则	计量认证是强制性的，未经计量认证的质检机构不得向社会出具公证数据	审查认可是强制性的，是代表政府行使产品监督，给予授权，可以在某个行业进行抽查、评比
对象	第一、二、三方的检测实验室	属于第三方的各类质检机构（检测实验室）	属于第三方的国家质检中心及部委、省级质检所、站
类型	一级国家认可	两级认证（国务院和省）	两级审查（国家和部委、省）
实施	中国实验室国家认可委员会（CNAL）	各级政府的质量技术监督部门（省级以上）	两级审查（国家和部委、省）
考核内容	公正性和技术能力	公正性和技术能力	公正性和技术能力
结果	发证书，可使用认可标志（CNAL）	发证书，可使用认可标志（CMA）	发证书，可使用认可标志（CAL）
国际接轨	国际通行做法，CNAL 已与亚太实验室认可合作组织签订互认协议	仅对国内适用，不能与国际接轨	仅对国内适用，不能与国际接轨

9.3　实验室质量管理的主要原则

实验室质量管理原则是在总结质量管理经验的基础上，用高度概括的语言表达的最基本的准则。它可指导实验室提高管理水平，以改进其总体业绩。

9.3.1　八项质量管理原则的内容

原则一：以顾客为关注焦点；
原则二：领导作用；
原则三：全员参与；
原则四：过程方法；
原则五：管理的系统方法；
原则六：持续改进；
原则七：基于事实的决策方法；
原则八：与供方互利的关系。

其中两个是基本原则，即以顾客为关注焦点和持续改进；关键原则是领导作用和全员参与；还有三个方法原则，即过程方法、系统方法和决策方法。

9.3.2　八项质量管理原则的理解

1）以顾客为关注焦点

"组织依存于顾客。因此，组织应理解顾客当前和未来的需求，满足顾客要求并争取超越顾客期望。"

顾客是每个实验室存在的基础，实验室应把满足顾客的需求和期望放在第一位。所以，实验室需调查顾客的需求是什么，研究如何满足顾客的需求。在市场经济环境下，实验室应适应检测市场的变化，并不断调整策略，采取必要的措施，满足顾客不断发展的需求和期望，建立一切为顾客提供优质服务的经营方针。

针对本原则，实验室应采取的主要措施是：全面了解顾客的需求和期望，如对报告格式、交付日期、收费标准、准确性、可靠性等方面的要求；确保顾客的需求和期望在实验室中得到沟通，使全体员工都能了解顾客需求的内容、细节和变化，并采取相应措施；有计划地了解顾客满意程度，并采取有效措施加以改进；处理好与顾客的关系，力求使顾客满意。

2）领导作用

"领导者确立组织统一的宗旨及方向。他们应当创造并使员工能充分参与实现组织目标的内部环境。"

领导具有决策、组织等关键作用。为了全体员工实现目标，必须做好确定方向、策划未来、激励员工、协调活动和创造良好的内部环境等工作，并建立质量方针和质量目标。

针对本原则，实验室应采取的主要措施是：全面考虑所有相关方的需求，包括顾客、员工、供应方、社会等；做好中长期发展规划；对实验室及各个部门设定工作目标；树立职业道德榜样，形成实验室自身的文化；使全体员工能够在一个宽松、和谐的环境中工作，建立信任，消除顾虑；为员工提供所需的资源、培训及在职权范围内的自主权；提倡公开和诚恳的交流和沟通。

3）全员参与

"各级人员是组织之本。只有他们的充分参与，才能使他们的才干为组织带来收益。"

全体员工是实验室的基础。因此，要对员工进行质量意识、职业道德、敬业精神的教育，激发他们的积极性和责任感。此外，员工还应具有足够的知识、技能和经验，才能胜任本职工作，实现充分参与。

针对本原则，实验室应采取的主要措施是：对员工进行职业道德教育，使员工知道他们的贡献和在实验室中的地位；要让员工识别影响他们工作的制约条件，使他们能在一定的制约条件下取得好的成绩；在本职工作中，要让员工有一定的自主权，并承担解决问题的责任；把实验室的总体目标分解，让员工了解自己的目标，激励员工为实现目标而努力；客观地评价员工的业绩，开发员工积极寻找机会来提高自己的能力。

4）过程方法

"将活动和相关的资源作为过程进行管理，可以更高效地得到期望的结果"。

过程是利用资源将输入转化为输出的活动。系统地管理实验室所有的过程，就是"过程方法"。过程方法的目的是获得持续改进的动态循环，使实验室的总体业绩得到显著的提高。过程方法是通过识别实验室内的关键过程加以实施和管理，并不断进行持续改进。

针对本原则，实验室应采取的主要措施是：识别质量管理体系所需的过程，包括管理活动、资源管理、检测的实现；确定过程的关键活动，分析改进有关过程，并明确管理好关键过程的职责和义务；确定对过程的运行实施有效控制的准则和方法，包括采用适当的统计技术；对过程的监视和测量的结果进行数据分析，发现改进的途径，并采取措施，实现持续改进。

5）管理的系统方法

"将相互关联的过程作为系统加以识别、理解和管理，有助于组织提高实现目标的有效性和效率。"

一个组织的体系是由互相关联的过程组成的。系统就是要通过各个分系统的协同作用，互相促进，使总体的作用大于各分系统作用之和。系统方法以系统地分析有关数据、资料或客观事实开始，确定要达到的优化目标，然后通过系统工程，设计或策划各项措施和步骤，配置相应的资源，形成一个完整的方案，最后在实施中通过系统管理而取得高效率。

针对本原则，实验室应采取的主要措施是：建立一个以过程方法为主体的质量管理体系；明确质量管理过程的顺序和相互作用，使这些过程相互协调运行。

6）持续改进

"持续改进总体业绩应是组织的一个永恒目标。"

持续改进是一项极其重要的管理原则，各个检测活动要经过计划、执行、检查和改进四个过程（即 PDCA 循环），达到新的更高的要求，这就是一个循环，然后再进行下一个循环，由此不断地持续改进，使实验室的管理水平不断地提高。

针对本原则，实验室应采取的主要措施是：在实验室中采取有效的方法来推进改进，要形成程序制度；对员工提供关于持续改进的方法和工具；全体员工要积极参与持续改进的活动，使结果、过程和体系改进成为实验室内每一个员工的目标；最高管理者要对持续改进作出承诺，积极推动，并对持续改进作出贡献的员工给予表扬和奖励。

7）基于事实的决策方法

"有效决策是建立在数据和信息分析的基础上。"

有大量的数据及其分析才能有正确的决策。质量管理中特别强调用数据说话，分析是有效决策的基础，应对数据和信息进行认真的整理、分析，在对数据和信息进行科学分析时，统计技术是最重要的工具之一。

针对本原则，实验室应采取的主要措施是：通过收集、积累与目标有关的数据和信息，并明确规定收集的种类、渠道和职责；通过鉴别，确保数据和信息的准确和可靠；采取各种有效方法，对数据和信息进行分析；根据对信息的分析，作出相应的决策，并采取有效的行动。

8）与供方互利的关系

"组织与供方是相互依存的，互利的关系可增强双方创造价值的能力。"

实验室应从成本控制的角度上，选择好供应商，要求其提供物美价廉的产品，从质量控制的角度上，要求其通过 ISO 9000 体系认证，以上两个方面要综合考虑。

9.4　实验室的管理要求

详见《检测和校准实验室认可准则》ISO/IEC 17025。

9.4.1　组织

1）实验室或其所在组织应是一个能够承担法律责任的实体。

2）实验室所从事的检测工作应符合本准则的要求，并能满足客户、法定管理机构或对其提供承认的组织的需求。

3）管理体系应覆盖实验室固定设施、离开固定设施的场所或相关的临时或移动设施中进行的工作。

4）如果实验室所在的组织还从事检测以外的活动，为了鉴别潜在的利益冲突，应界定该组织中涉及检测和或对检测有影响的关键人员的职责。

注：1. 如果实验室是某个较大组织的一部分，该组织应使其有利益冲突的部分，如生产、商贸营销或财务部门，不对实验室满足本准则的要求产生不良影响。

2. 如果实验室希望作为第三方实验室得到认可，应能证明其公正性，并且实验室及其员工能够抵御任何可能影响其技术判断的、不正当的商业、财务或其他方面的压力。第三方检测实验室不应参与任何损害其判断独立性和检测诚信度的活动。

5）实验室应做到：

（1）有管理人员和技术人员，不考虑他们的其他职责，他们应具有所需的权利和资源来履行包括实施、保持和改进管理体系的职责、识别对管理体系或检测程序的偏离，以及采取预防或减少这些偏离的措施（见 9.5.2）。

（2）有措施保证其管理层和员工不受任何对工作质量有不良影响的、来自内外部的不正当的商业、财务和其他方面的压力和影响。

（3）有保护客户的机密信息和所有权的政策和程序，包括保护电子存储和传输结果的程序。

（4）有政策和程序以避免卷入任何可能会降低其能力、公正性、判断或运作诚实性的可信度的活动。

（5）确定实验室的组织和管理机构、其在母体组织中的地位，以及质量管理、技术运作和支持服务之间的关系。

（6）规定对检测质量有影响的所有管理、操作和核查人员的职责、权利和相互关系。

（7）由熟悉各项检测的方法、程序、目的和结果评价的人员对检测人员包括在培员工进行足够的监督。

（8）有技术管理层，全面负责技术运作和确保实验室运作质量所需的资源。

（9）指定一名人员作为质量主管（不论如何称谓），不管现有的其他职责，应赋予其在任何时候都能保证与质量相关的管理体系得到实施和遵循的责任和权利。质量主管应有直接渠道接触决定实验室政策和资源的最高管理者。

（10）指定关键管理人员的代理人。

（11）确保实验室人员理解他们活动的相互关系和重要性，以及如何为管理体系质量目标的实现做出贡献。

注：个别人可能有多项职能，对每项职责都指定代理人可能是不现实的。

6）最高管理者应确保在实验室内部建立适宜的沟通机制，并就与管理体系有效性的事宜进行沟通。

9.4.2 管理体系

1）实验室应建立、实施和维持与其活动范围相适应的管理体系。应将其政策、制度、计划、程序和指导书制定成文件，并达到确保实验室检测结果质量所需的程度。体系文件应传达至有关人员，并被其理解、获取和执行。

2）实验室管理体系中与质量有关的政策，包括质量方针声明，应在质量手册（不论如何称谓）中阐明。应制定总体目标并在管理评审时加以评审。质量方针声明应在最高管理者的授权下发布，至少包括下列内容：

（1）实验室管理层对良好职业行为和为客户提供检测服务质量的承诺。

（2）管理层关于实验室服务标准的声明。

（3）与质量有关的管理体系的目的。

（4）要求实验室所有与检测活动有关的人员熟悉与之相关的质量文件，并在工作中执行这些政策和程序。

（5）实验室管理层对遵循本准则及持续改进管理体系有效性的承诺。

注：质量方针声明宜简明，可包括应始终按照规定的方法和客户的需求来进行检测的要求。当检测实验室是某个较大组织的一部分时，某些质量方针要素可以列于其他文件之中。

3）最高管理者应提供建立和实施管理体系以及持续改进其有效性承诺的证据。

4）最高管理者应将满足客户要求和法定要求的重要性传达到组织。

5）质量手册应包括或指明含技术程序在内的支持性程序，并概述管理体系中所有文件的架构。

6）质量手册中应确定技术管理层和质量主管的作用和责任，包括确保遵循本准则的责任。

7）当策划和实施管理体系的变更时，最高管理者应确保维持管理体系的完整性。

9.4.3 文件控制

9.4.3.1 总则

实验室应建立和维持程序来控制构成其管理体系的所有文件（内部制订或来自外部的），诸如规章、标准、其他规范化文件、检测方法，以及图纸、软件、规范、指导书和手册。

注：本文中的"文件"可以是方针声明、程序、规范、校准表格、图表、教科书、张贴品、通知、备忘录、软件、图纸、计划等。这些文件可能承载在各种载体上，无论是硬拷贝或是电子媒体，并且可以是数字的、模拟的、摄影的或书面的形式。

9.4.3.2 文件的批准和发布

1）凡作为管理体系组成部分发给实验室人员的所有文件，在发布之前应由授权人员审查并批准使用。应建立识别管理体系中文件当前的修订状态和分发的控制清单或等同的文件控制程序并易于查阅，以防止使用无效和/或作废的文件。

2）所用程序应确保：

（1）在对实验室有效运作起重要作用的所有作业场所，都能得到相应文件的授权版本。

（2）定期审查文件，必要时进行修订，以保证持续适用和满足使用的要求。

（3）及时地从所有使用和发布处撤销无效或作废的文件，或用其他方法确保防止误用。

（4）出于法律或知识保存目的而保留的作废文件，应有适当的标记。

实验室制订的管理体系文件应有唯一性标识。该标识应包括发布日期和/或修订标识、页码、总页数或表示文件结束的标记和发布机构。

9.4.3.3 文件变更

（1）除非另有特别指定，文件的变更应由原审查责任人进行审查和批准。被指定的人员应获得进行审查和批准所依据的有关背景资料。

（2）若可行，更改的或新的内容应在文件或适当的附件中标明。

（3）如果实验室的文件控制制度允许在文件再版之前对文件进行手写修改，则应确定修改的程序和权限。修改之处应有清晰的标注、签名缩写并注明日期。修订的文件应尽可以地正式发布。

（4）应制订程序来描述如何更改和控制保存在计算机系统中的文件。

9.4.4 要求、标书和合同的评审

1）实验室应建立和维持评审客户要求、标书和合同的程序。这些为签订检测合同而进行评审的政策和程序应确保：

（1）对包括所有方法在内的要求应予以适当规定，形成文件，并易于理解；

（2）实验室有能力和资源满足这些要求；

（3）选择适当的、能满足客户要求的检测方法；

客户的要求或标书与合同之间的任何差异，应在工作开始之前得到解决。每项合同应得到实验室和客户双方的接受。

注：1. 对要求、标书和合同的评审需以可行和有效的方式进行，并考虑财务、法律和时间安排方面的影响。对内部客户的要求、标书和合同的审查可能简化方式进行。

2. 对实验室能力的评审，应证实实验室具备了必要的物力、人力和信息资源，且实验室人员对所从事的检测具有必要的技能和专业技术。该评审也可包括以前参加的实验室间比对或能力验证的结果和/或为确定不确定度、检出限、置信限等而使用的已知值样品或物品所做的试验性检测计划的结果。

3. 合同可以是为客户提供检测服务的任何书面的或口头的协议。

2）应保存包括任何重大变化在内的评审的记录。在执行合同期间，就客户的要求或工作结果与客户进行讨论的有关记录，也应予以保存。

注：对例行和其他简单任务的评审，由实验室中负责合同工作的人员注明日期并加以标识（如签名缩写）即可。对重复性的例行工作，如果客户要求不变，仅需在初期调查阶段，或在与客户的总协议下对持续进行的例行工作合同批准时进行评审。对于新的、复杂的或先进的检测任务，则需保存较全面的记录。

3）评审的内容应包括被实验室分包出去的所有工作。

4）对合同的任何偏离均应通知客户。

5）工作开始后如果需要修改合同，应重复进行同样的合同评审过程，并将所有修改内容通知所有受到影响的人员。

9.4.5 检测的分包

1）实验室由于未预料的原因（如工作量、需要更多专业技术或暂时不具备能力）或持续性的原因（如通过长期分包、代理或特殊协议）需将工作分包时，应分包给合格的分包方，例如能够遵照本准则要求进行工作的分包方。

2）实验室应将分包安排以书面形式通知客户，适当时应得到客户的准许，最好是书面的同意。

3）实验室应就其分包方的工作对客户负责，由客户或法定管理机构指定的分包方除外。

4）实验室应保存检测中使用的所有分包方的注册资料，并保存其工作符合本准则的证明记录。

9.4.6 服务和供应品的采购

1）实验室应有选择和购买对检测质量有影响的服务和供应品的政策和程序。还应有与检测有关的试剂和消耗材料的购买、验收和存储的程序。

2）实验室应确保所购买的、影响检测质量的供应品、试剂和消耗材料，只有在经检查或证实符合有关检测方法中规定的标准规范或要求之后才投入使用。所使用的服务和供应品应符合规定的要求。应保存所采取的符合性检查活动的记录。

3）影响实验室输出质量的物品采购文件中，应包含描述所购服务和供应品的资料。这些采购文件在发出之前，其技术内容应经过审查和批准。

注：该描述可包括型式、类别、等级、精确的标识、规格、图纸、检查说明、包括检测结果批准在内的其他技术资料、质量要求和进行这些工作所依据的管理体系标准。

4）实验室应对影响检测质量的重要消耗品、供应品和服务的供应商进行评价，并保存这些评价的记录和获批准的供应商名单。

9.4.7　服务客户

1）实验室应与客户或其代表合作，以明确客户的要求，并在确保其他客户机密的前提下，允许客户到实验室监视与其工作有关的操作。

注：1. 这种合作可包括：
（1）允许客户或其代表合理进入实验室的相关区域直接观察为其进行的检测。
（2）客户为验证目的所需的检测物品的准备、包装和发送。
2. 客户非常重视与实验室保持技术方面的良好沟通并获得建议和指导，以及根据结果得出的意见和解释。实验室在整个工作过程中，宜与客户尤其是大宗业务的客户保持联系。实验室应将检测过程中的任何延误和主要偏离通知客户。

2）实验室应向客户征求反馈意见，无论是正面的还是负面的。应使用和分析这些意见并应用于改进管理体系、检测活动及客户的服务。

注：反馈意见的类型例如：客户满意度调查、与客户一起评价检测报告。

9.4.8　投诉

实验室应有政策和程序处理来自客户或其他方面的投诉。应保存所有投诉的记录，以及实验室针对投诉所开展的调查和纠正措施的记录。

9.4.9　不符合检测工作的控制

1）当检测工作的任何方面，或该工作的结果不符合其程序或客户同意的要求时，实验室应实施既定的政策和程序。该政策和程序应保证：
（1）确定对不符合工作进行管理的责任和权利，规定当不符合工作被确定时所采取的措施（包括必要时暂停工作，扣发检测报告和校准证书）；
（2）对不符合工作的严重性进行评价；
（3）立即进行纠正，同时对不符合工作的可接受性作出决定；
（4）必要时，通知客户并取消工作；
（5）确定批准恢复工作的职责。

注：对管理体系或检测活动的不符合工作或问题的鉴别，可能在管理体系和技术运作的各个环节进行，例如客户投诉、质量控制、仪器校准、消耗材料的核查、对员工的考察或监督、检测报告的核查、管理评审和内部或外部审核。

2）当评价表明不符合工作可能再度发生，或对实验室的运作对其政策和程序的符合性产生怀疑时，应立即执行纠正措施程序。

9.4.10　改进

实验室应通过实施质量方针和目标、应用审核结果、数据分析、纠正措施和预防措施以及管理评审来持续改进管理体系的有效性。

9.4.11　纠正措施

9.4.11.1　总则

实验室应制定政策和程序并规定相应的权力，以便在确认了不符合工作、偏离管理体系或技术运作中的政策和程序时实施纠正措施。

注：实验室管理体系或技术运作中的问题可以通过各种活动来进行识别，例如不符合工作的控制、内部或外部审核、管理评审、客户的反馈或员工的观察。

9.4.11.2　原因分析

纠正措施程序应从确定问题根本原因的调查开始。

注：原因分析是纠正措施程序中最关键有时也是最困难的部分。根本原因通常并不明显，因此需要仔细分析产生问题的所有潜在原因。潜在原因可包括：客户的要求、样品、样品规格、方法和程序、员工的技能和培训、消耗品、设备及其校准。

9.4.11.3　纠正措施的选择和实施

需要采取纠正措施时，实验室应确定将要采取的纠正活动，并选择和实施最能消除问题和防止问题再次发生的措施。纠正措施应与问题的严重程度和风险大小相适应。实验室应将纠正活动调查所要求的任何变更制定成文件并加以实施。

9.4.11.4　纠正措施的监控

实验室应对纠正措施的结果进行监控，以确保所采取的纠正措施是有效的。

9.4.11.5　附加审核

当对不符合或偏离的鉴别导致对实验室符合其政策和程序，或符合认可准则产生怀疑时，实验室应尽快对相关活动区域进行内部审核。

注：附加审核常在纠正措施实施后进行，以确定纠正措施的有效性。仅在证实了问题严重或对业务有危害时，才有必要进行附加审核。

9.4.12　预防措施

1）应确定所需的改进事项和不符合的潜在原因，无论是技术方面的还是相关管理体系方面的。在识别出改进机会或者需要采取预防措施时，应制定、执行和监控这些措施计划，以减少类似不符合情况发生的可能性并借机改进。

2）预防措施程序应包括措施的启动和控制，以确保其有效性。

注：1. 预防措施是事先主动确定改进机会的过程，而不是对已发现问题或投诉的反应。

2. 除对运作程序进行评审之外，预防措施还涉及包括趋势和风险分析以及能力验证结果在内的资料分析。

9.4.13　记录的控制

9.4.13.1　总则

（1）实验室应建立和维持识别、收集、索引、存取、存档、存放、维护和清理质量记录和技术记录的程序。质量记录应包括来自内部审核和管理评审的报告及纠正和预防措施的记录。

（2）所有记录应清晰明了，并以便于存取的方式存放和保存在具有防止损坏、变质、丢失等适宜环境的设施中，应规定记录的保存期。

注：记录可存在于任何形式的载体上，例如硬拷贝或电子媒体。

（3）所有记录应予安全保护和保密。

（4）实验室应有程序来保护和备份以电子形式存储的记录，并防止未经授权的侵入或修改。

9.4.13.2 技术记录

（1）实验室应将原始观察记录、导出数据、开展跟踪审核的足够信息、校准记录、员工记录以及发出的每份检测报告或校准证书的副本按规定的时间保存。如可能，每项检测的记录应包含足够的信息，以便识别不确定度的影响因素，并保证该检测在尽可能接近原条件的情况下能够复现。记录应包括负责抽样的人员、从事各项检测的人员和结果校核人员的标识。

> 注：1. 在某些领域，保留所有的原始观察记录也许是不可能或不实际的。
>
> 2. 技术记录是进行检验所得数据和信息的积累，它们表明检测是否达到了规定的质量或规定的过程参数。技术记录可包括表格、合同、工作单、工作手册、核查表、工作笔记、控制图、外部和内部的检测报告、客户信函、文件和反馈。

（2）观察结果、数据和计算应在工作时予以记录，并能按照特定任务分类识别。

（3）当记录中出现错误时，每一错误应划改，不可擦涂掉，以免字迹模糊或消失，并将正确值填写在其旁边。对记录的所有改动应有改动人的签名或签名缩写。对电子存储的记录也应采取同等措施，以避免原始数据的丢失或改动。

9.4.14 内部审核

1）实验室应根据预定的日程表和程序，定期地对其活动进行内部审核，以验证其运作持续符合管理体系和认可准则的要求。内部审核计划应涉及管理体系的全部要素，包括检测活动。质量主管负责按照日程表的要求和管理层的需要策划和组织内部审核。审核应由经过培训和具备资格的人员来执行，只要资源允许，审核人员应独立于被审核的活动。

> 注：内部审核的周期通常为一年。

2）当审核中发现的问题导致对运作的有效性，或对实验室检测结果的正确性或有效性产生怀疑时，实验室应及时采取纠正措施。如果调查表明实验室的结果可能已受影响，应书面通知客户。

3）审核活动的领域、审核发现的情况和因此采取的纠正措施，应予以记录。

4）跟踪审核活动应验证和记录纠正措施的实施情况及有效性。

9.4.15 管理评审

1）实验室的最高管理者应根据预定的日程表和程序，定期地对实验室的管理体系和检测活动进行评审，以确保其持续适用和有效，并进行必要的改动或改进。评审应考虑到：

——政策和程序的适用性；

——管理和监督人员的报告；

——近期内部审核的结果；

——纠正和预防措施；

——由外部机构进行的评审；

——实验室间比对或能力验证的结果；

——工作量和工作类型的变化；

——客户的反馈；

——投诉；

——改进的建议；

——其他相关因素，如质量控制活动、资源以及员工培训。

注：1. 管理评审的典型周期为 12 个月。

2. 评审的结果需输入实验室计划系统，并包括下年度的目标、目的和活动计划。

3. 管理评审包括对日常管理会议中有关议题的研究。

2）应记录管理评审中发现的问题和由此采取的措施。管理层应确保这些措施在适当和约定的日程内得到实施。

9.5　实验室的技术要求

详见 ISO/IEC 17025《检测和校准实验室认可准则》。

9.5.1　总则

1）决定实验室检测的正确性和可靠性的因素有很多，包括：

——人员（9.5.2）；

——设施和环境条件（9.5.3）；

——检测方法及方法的确认（9.5.4）；

——设备（9.5.5）；

——测量的溯源性（9.5.6）；

——抽样（9.5.7）；

——检测物品的处置（9.5.8）。

2）上述因素对总的测量不确定度的影响，在（各类）检测之间明显不同。实验室在制定检测的方法和程序、培训和考核人员、选择和校准所用设备时，应考虑到这些因素。

9.5.2　人员

1）实验室管理层应确保所有操作专门设备、从事检测以及评价结果和签署检测报告和校准证书的人员的能力。当使用在培员工时，应对其安排适当的监督。对从事特定工作的人员，应按要求根据相应的教育、培训、经验和/或可证明的技能进行资格确认。

注：1. 某些技术领域（如无损检测）可能要求从事某些工作的人员持有个人资格证书，实验室有责任满足这些专门人员持证上岗的要求，人员资格证书的要求可能是法定的、特殊技术领域标准包含的，或是客户要求的。

2. 对检测报告所含意见和解释负责的人员，除了具备相应的资格、培训、经验以及所进行的检测方面的足够知识外，还需具有：

——制造被检测物品、材料、产品等所用的相应技术知识、以使用或拟使用方法的知识，以及在使用过程中可能出现的缺陷或降级等方面的知识；

——法规和标准中阐明的通用要求的知识；

——所发现的对有关物品、材料和产品等正常使用的偏离程度的了解。

2）实验室管理层应制定实验室人员的教育、培训和技能目标。应有确定培训需求和提供人员培训的政策和程序。培训计划应与实验室当前和预期的任务相适应。应评价这些培训活动的有效性。

3）实验室应使用长期雇佣人员或签约人员。在使用签约人员和额外技术人员及关键的支持人员时，实验室应确保这些人员是胜任的且受到监督，并依据实验室的管理体系要求工作。

4）对与检测有关的管理人员、技术人员和关键支持人员，实验室应保留其当前工作的描述。

注：工作描述可用多种方式表达，但至少需规定以下内容：

——从事检测工作方面的职责

——检测计划和结果评价方面的职责

——提交意见和解释的职责

——方法改进、新方法制定和确认方面的职责

——所需的专业知识和经验

——资格和培训计划

——管理职责

5）管理层应授权专门人员进行特殊类型的抽样、检测、发布检测报告、提出意见和解释以及操作特殊类型的设备。实验室应保留所有技术人员（包括签约人员）的相关授权、能力、教育和专业资格、培训、技能和经验的记录，并包含授权和/或能力确认的日期。这些信息应易于获取。

9.5.3 设施和环境条件

1）用于检测的实验室设备，包括但不限于能源、照明和环境条件，应有助于检测的正确实施。

实验室应确保其环境条件不会使结果无效，或对所要求的测量质量产生不良影响。在实验室固定设施以外的场所进行抽样、检测时，应予特别注意。对影响检测结果的设施和环境条件的技术要求应制定成文件。

2）相关的规范、方法和程序有要求，或对结果的质量有影响时，实验室应监测、控制和记录环境条件。对诸如生物消毒、灰尘、电磁干扰、辐射、湿度、供电、温度、声级和振级等应予重视，使其适用于相关的技术活动。当环境条件危及到检测的结果时，应停止检测。

3）应将不相容活动的相邻区域进行有效隔离。应采取措施以防止交叉污染。

4）对影响检测质量的区域的进入和使用，应加以控制。实验室应根据其特定情况确定控制的范围。

5）应采取措施确保实验室的良好内务，必要时应制定专门的程序。

9.5.4 检测方法及方法的确认

9.5.4.1 总则

实验室应使用适合的方法和程序进行所有检测，包括被检测物品的抽样、处理、运输、存储和准备，适当时，还应包括测量不确定度的评定和分析检测数据的统计技术。

如果缺少指导书可能影响检测结果，实验室应具有所有相关设备的使用和操作说明书以及处置、准备检测物品的指导书，或者二者兼有。所有与实验室工作有关的指导书、标准、

手册和参考资料应保持现行有效并易于员工取阅。对检测方法的偏离，仅应在该偏离已被文件规定、经技术判断、授权和客户同意的情况下才允许发生。

> 注：如果国际的、区域的或国家的标准，或其他公认的规范已包含了如何进行检测的简明和足够信息，并且这些标准是以可被实验室操作人员作为公开文件使用的方式书写时，则不需要再进行补充或改写为内部程序，对方法中的可选择步骤，可能有必要制定附加细则或补充文件。

9.5.4.2 方法的选择

实验室应采用满足客户需要并适用于所进行的检测的方法，包括抽样的方法。应优先使用以国际、区域或国家标准发布的方法。实验室应确保使用标准的最新有效版本，除非该版本不适宜或不可能使用。必要时，应采用附加细则对标准加以补充，以确保应用的一致性。

当客户未指定所用方法时，实验室应选择以国际、区域或国家标准发布的，或由知名的技术组织或有关科学书籍和期刊公布的，或由设备制造商指定的方法。实验室制定的或采用的方法如能满足实验室的预期用途并经过验证，也可使用。所选用的方法应通知客户。在开始检测之前，实验室应确认能够正确地运用标准方法。如果标准方法发生了变化，应重新进行确认。

当认为客户提出的方法不适合或已过期时，实验室应通知客户。

9.5.4.3 实验室制定的方法

实验室为其应用而制定检测方法的过程应是有计划的活动，并应指定具有足够资源的有资格的人员进行。

计划应随方法制定的进度加以更新，并确保所有有关人员之间的有效沟通。

9.5.4.4 非标准方法

当必须使用标准方法中未包含的方法时，应征得客户的同意，包括对客户要求的明确说明以及检测的目的。所制定的方法在使用前应经适当的确认。

> 注：对新的检测方法，在进行检测之前需制成程序。程序中至少需包含下列信息：
> （1）适当的识别。
> （2）范围。
> （3）被检测物品类型的描述。
> （4）被测定的参数或量和范围。
> （5）装置和设备，包括技术性能要求。
> （6）所需的参考标准和标准物质（参考物质）。
> （7）要求的环境条件和所需的稳定周期。
> （8）程序的描述，包括：
> ——物品的附加识别标志、处置、运输、存储和准备。
> ——工作开始前所进行的校核。
> ——检查设备工作是否正常，需要时，在每次使用之前对设备进行校准和调整。
> ——观察和结果的记录方法。
> ——需遵循的安全措施。
> （9）接受（或拒绝）的准则和（或）要求。
> （10）需记录的数据以及分析和表达的方法。
> （11）不确定度或评定不确定度的程序。

9.5.4.5 方法的确认

（1）确认是通过核查并提供客观证据，以证实某一特定预期用途的特殊要求得到满足。

（2）实验室应对非标准方法、实验室设计（制定）的方法、超出其预定范围使用的标准方法、扩充和修改过的标准方法进行确认，以证实该方法适用于预期的用途。确认应尽可能全面，以满足预定用途或应用领域的需要。实验室应记录所获得的结果、使用的确认程序以及该方法是否适合预期用途的声明。

> 注：1. 可包含对抽样、处置和运输程序的确认。
>
> 2. 用于确定某方法性能的技术宜是下列情况之一，或是其组合：
> ——使用参考标准或标准物质（参考物质）进行校准；
> ——与其他方法所得的结果进行比较；
> ——实验室间比对；
> ——对影响结果的因素作系统性评审；
> ——根据对方法的理论原理和实践经验的科学理解，对所得结果不确定度进行的评定。
>
> 3. 当对已确定的非标准方法作某些改动时，需将这些改动的影响制定成文件，适当时需重新进行确认。

（3）按预期用途进行评价所确认的方法得到的值的范围和准确度，应适应客户的需求。这些值诸如：结果的不确定度、检出限、方法的选择性、线性、重复性限和/或再现性限、抵御外来影响的稳健度和/或抵御来自样品（或检测物）母体干扰的交互灵敏度。

> 注：1. 确认包括对要求的详细说明、方法特性量的测定、利用该方法能满足要求的核实以及有关确认的有效性的声明。
>
> 2. 在方法制定过程中，需进行定期的评审，以证实客户的需求仍能得到满足。对修订编制计划所需的要求中的任何变更，均需得到批准和授权。
>
> 3. 确认通常是成本、风险和技术可行性之间的一种平衡。许多情况下，由于缺乏信息，数值（如：准确度、检出限、方法的选择性、线性、重复性、再现性、稳健度和交互灵敏度）的范围和不确定度只能以简化的方式给出。

9.5.4.6 测量不确定度的评定

（1）校准实验室或进行自校验的实验室，对所有的校准和各种校准类型都应具有并应用评定测量不确定度的程序。

（2）检测实验室应具有并应用评定测量不确定度的程序。某些情况下，检测方法的性质会妨碍对测量不确定度进行严密的计量学和统计学上的有效计算。这种情况下，实验室至少应努力找出不确定度的所有分量且作出合理评定，并确保结果的表达方式不会对不确定度造成错觉。合理的评定应依据对方法性能的理解和测量范围，并利用诸如过去的经验和确认的数据。

> 注：1. 测量不确定度评定所需的严密程序取决于某些因素，诸如：
> ——检测方法的需求；
> ——客户的要求；
> ——据以作出满足某规范决定的窄限。
>
> 2. 某些情况下，公认的检测方法规定了测量不确定度主要来源的值的极限，并规定了计算结果的表达方式，这时，实验室只要遵守该检测方法和报告的说明，即被认为符合本款的要求。

（3）在评定测量不确定度时，对给定条件下的所有重要不确定度分量，均应采用适当的分析方法加以考虑。

> 注：1. 构成不确定度的来源包括（但不限于）所用的参考标准和标准物质（参考物质）、方法和设备、环境条件、被检测或校准物品的性能和状态以及操作人员。
>
> 2. 在评定测量不确定度时，通常不考虑被检测物品预计的长期性能。

9.5.4.7 数据控制

1）应对计算和数据传送进行系统和适当的检查。

2）当利用计算机或自动设备对检测数据进行采集、处理、记录、报告、存储或检索时，实验室应确保：

（1）由使用者开发的计算机软件应被制定成足够详细的文件，并对其适用性进行适当验证；

（2）建立并实施数据保护的程序。这些程序应包括（但不限于）：数据输入或采集、数据存储、数据传输和数据处理的完整性和保密性；

（3）维护计算机和自动设备以确保其功能正常，并提供保护检测数据完整性所必需的环境和运行条件。

注：通用的商业现成软件（如文字处理、数据库和统计程序），在其设计的应用范围内可认为是充分有效的，但实验室对软件的配置（或调整）需按 9.5.4.7 2）（1）进行确认。

9.5.5　设备

1）实验室应配备正确进行检测（包括抽样、物品制备、数据处理与分析）所要求的所有抽样、测量和检测设备。当实验室需要使用固定控制之外的设备时，应确保满足认可准则的要求。

2）用于检测和抽样的设备及其软件应达到要求的准确度，并符合检测相应的规范要求。对结果有重要影响的仪器的关键量或值，应制定校准计划。设备（包括用于抽样的设备）在投入工作前应进行校准或核查，以证实其能够满足实验室的规范要求和相应的标准规范。设备在使用前应进行核查和/或校准。

3）设备应由经过授权的人员操作。设备使用和维护的最新版说明书（包括设备制造商提供的有关手册）应便于有关人员取用。

4）用于检测并对结果有影响的每一设备及其软件，如可能，均应加以唯一性标识。

5）应保存对检测具有重要影响的每一设备及其软件的记录。该记录至少应包括：

（1）设备及其软件的识别；

（2）制造商名称、型式标识、系列号或其他唯一性标识；

（3）对设备是否符合规范的核查（见 9.5.5.2）；

（4）当前的处所（如果适用）；

（5）制造商的说明书（如果有），或其存放地点；

（6）校准报告和证书的日期、结果及复印件，设备调整、验收准则和下次校准的预定日期；

（7）设备维护计划，以及已进行的维护（适当时）；

（8）设备的任何损坏、故障、改装或修理。

6）实验室应具有安全处置、运输、存放、使用和有计划维护测量设备的程序，以确保其功能正常并防止污染或性能退化。

注：在实验室固定场所外使用测量设备进行检测或抽样时，可能需要附加的程序。

7）曾经过载或处置不当、给出可疑结果，或已显示出缺陷、超出规定限度的设备，均应停止使用。这些设备应予隔离以防误用，或加贴标签、标记以清晰表明该设备已停用，直至修复并通过校准或检测表明能正常工作为止。实验室应核查这些缺陷或偏离规定极限对先前的检测的影响，并执行"不符合工作控制"程序。

8）实验室控制下的需校准的所有设备，只要可行，应使用标签、编码或其他标识表明其校准状态，包括上次校准的日期、再校准或失效日期。

9）无论什么原因，若设备脱离了实验室的直接控制，实验室应确保该设备返回后，在使用前对其功能和校准状态进行核查并能显示满意结果。

10）当需要利用期间核查以维持设备校准状态的可信度时，应按照规定的程序进行。

11）当校准产生了一组修正因子时，实验室应有程序确保其所有备份（例如计算机软件中的备份）得到正确更新。

12）检测设备包括硬件和软件应得到保护，以避免发生致使检测结果失效的调整。

9.5.6 测量溯源性

9.5.6.1 总则

用于检测的所有设备，包括对检测和抽样结果的准确性或有效性有显著影响的辅助测量设备（例如用于测量环境条件的设备），在投入使用前应进行校准。实验室应制定设备校准的计划和程序。

注：该计划应当包含一个对测量标准、用作测量标准的标准物质（参考物质）以及用于检测和校准的测量与检测设备进行选择、使用、校准、核查、控制和维护的系统。

9.5.6.2 特定要求

（1）校准

对于校准实验室，设备校准计划的制订和实施应确保实验室所进行的校准和测量可溯源到国际单位制（SI）。

校准实验室通过不间断的校准链或比较链与相应测量的 SI 单位基准相连接，以建立测量标准和测量仪器对 SI 的溯源性。对 SI 的链接可以通过参比国家测量标准来达到。国家测量标准可以是基准，它们是 SI 单位的原级实现或是以基本物理常量为根据的 SI 单位约定的表达式，或是由其他国家计量院所校准的次级标准。当使用外部校准服务时，应使用能够证明资格、测量能力和溯源性的实验室的校准服务，以保证测量的溯源性。由这些实验室发布的校准证书应有包括测量不确定度和/或符合确定的计量规范声明的测量结果。

某些校准目前尚不能严格按照 SI 单位来进行，这种情况下，校准应通过建立对适当测量标准的溯源来提供测量的可信度，例如：

——使用有资格的供应者提供的有证标准物质（参考物质）来给出材料可靠的物理或化学特性；

——使用规定的方法和/或被有关各方接受并且描述清晰的协议标准。

可能时，要求参加适当的实验室间比对计划。

（2）检测

对检测实验室，9.5.6.2（1）中给出的要求适用于测量设备和具有测量功能的检测设备，除非已经证实校准带来的贡献对检测结果总的不确定度几乎没有影响。这种情况下，实验室应保证所用设备能够提供所需的测量不确定度。

注：对本条的遵循程度取决于校准的不确定度对总的不确定度的相对贡献，如果校准是主导因素，则需严格遵循该要求。

测量无法溯源到 SI 单位或与之无关时，与对校准实验室的要求一样，要求测量能够溯源到诸如有证标准物质（参考物质）、约定的方法和/或协议标准。

9.5.6.3　参考标准和标准物质（参考物质）

（1）参考标准

实验室应有校准其参考标准的计划和程序。参考标准应由 9.5.6.2.（1）中所述的能够提供溯源的机构进行校准。实验室持有的测量参考标准应仅用于校准而不用于其他目的，除非能证明作为参考标准的性能不会失效。参考标准在任何调整之前和之后均应校准。

（2）标准物质（参考物质）

可能时，标准物质（参考物质）应溯源到 SI 测量单位或有证标准物质（参考物质）。只要技术和经济条件允许，应对内部标准物质（参考物质）进行核查。

（3）期间核查

应根据规定的程序和日程对参考标准、基准、传递标准或工作标准以及标准物质（参考物质）进行核查，以保持其校准状态的置信度。

（4）运输和储存

实验室应有程序来安全处置、运输、存储和使用参考标准和标准物质（参考物质），以防止污染或损坏，确保其完整性。

注：当参考标准和标准物质（参考物质）用于实验室固定场所以外的检测或抽样时，也许有必要制定附加的程序。

9.5.7　抽样

1）实验室为后续检测而对物质、材料或产品进行抽样时，应有用于抽样的抽样计划和程序。抽样计划和程序在抽样的地点应能够得到。只要合理，抽样计划应根据适当的统计方法制定。抽样过程应注意需要控制的因素，以确保检测结果的有效性。

注：1. 抽样是取出物质、材料或产品的一部分作为其整体的代表性样品进行检测的一种规定程序。抽样也可能是由检测该物质、材料或产品的相关规范要求的。某些情况下（如法医分析），样品可能不具备代表性，而是由其可获性所决定。

　　2. 抽样程序宜对取自某个物质、材料或产品的一个或多个样品的选择、抽样计划、提取和制备进行描述，以提供所需的信息。

2）当客户对文件规定的抽样程序有偏离、添加或删节的要求时，应详细记录这些要求和相关的抽样资料，并记入包含检测结果的所有文件中，同时告知相关人员。

3）当抽样作为检测工作的一部分时，实验室应有程序记录与抽样有关的资料和操作。这些记录应包括所用的抽样程序、抽样人的识别、环境条件（如果相关）、必要时有抽样地点的图示或其他等效方法，如果合适，还应包括抽样程序所依据的统计方法。

9.5.8　检测物品（样品）的处置

1）实验室应有用于检测物品的运输、接收、处置、保护、存储、保留和/或清理的程序，包括为保护检测物品的完整性以及实验室与客户利益所需的全部条款。

2）实验室应具有检测物品的标识系统。物品在实验室的整个期间应保留该标识。标识系统的设计和使用应确保物品不会在实物上或在涉及的记录和其他文件中混淆。如果合适，标识系统应包含物品群组的细分和物品在实验室内外部的传递。

3）在接收检测物品时，应记录异常情况或对检测方法中所述正常（或规定）条件的偏离。当对物品是否适合于检测存有疑问，或当物品不符合所提供的描述，或对所要求的检测规定得不够详尽时，实验室应在开始工作之前问询客户，以得到进一步的说明，并记录下讨论的内容。

4）实验室应有程序和适当的设施避免检测物品在存储、处置和准备过程中发生退化、丢失或损坏。应遵守随物品提供的处理说明。当物品需要被存放或在规定的环境条件下养护时，应维持、监控和记录这些条件。当一个检测物品或其一部分需要安全保护时，实验室应对存放和安全作出安排，以保护该物品或其有关部分的状态和完整性。

注：1. 在检测之后要重新投入使用的检测物品，需特别注意确保物品的处置、检测或存储（或待检）过程中不被破坏或损伤。

2. 需向负责抽样和运输样品的人员提供有关样品存储和运输的信息。包括影响检测结果的抽样要求的信息。

3. 维护检测样品安全的缘由可能出自记录、安全或价值的原因，或是为了日后进行补充的检测。

9.5.9 检测结果质量的保证

1）实验室应有质量控制程序以监督检测的有效性。所得数据的记录方式应便于可发现其发展趋势，只要可行，应采用统计技术对结果进行审查。这种监控应有计划并加以评审，可包括（但不限于）下列内容：

（1）定期使用有证标准物质（参考物质）和/或次级标准物质（参考物质）进行内部质量控制；

（2）参加实验室间的比对或能力验证计划；

（3）利用相同或不同方法进行重复检测或校准；

（4）对存留物品进行再检测或再校准；

（5）分析一个物品不同特性结果的相关性。

注：选用的方法需与所进行工作的类型和工作量相适应。

2）应分析质量控制的数据，在发现质量控制数据超出预定的判据时，应采取有计划的措施来纠正出现的问题，并防止报告错误的结果。

9.5.10 结果报告

9.5.10.1 总则

实验室应准确、清晰、明确和客观地报告每一项检测或一系列的检测的结果，并符合检测方法中规定的要求。

结果通常应以检测报告的形式出具，并且应包括客户要求的、说明检测结果所必须的和所用方法要求的全部信息。这些信息通常是 9.5.10.2 和 9.5.10.3 或 9.5.10.4 中要求的内容。

在为内部客户进行检测或与客户有书面协议的情况下，可用简化的方式报告结果。对于 9.5.10.2 至 9.5.10.4 中所列却未向客户报告的信息，应能方便地从进行检测的实验室中获得。

注：1. 检测报告有时称为检测证书。

2. 只要满足认可准则的要求，检测报告可用硬拷贝或电子数据传输的方式发布。

9.5.10.2　检测报告的主要信息

除非实验室有充分的理由，否则每份检测报告应至少包括下列信息：

（1）标题（例如"检测报告"）；

（2）实验室的名称和地址，进行检测的地点（如果与实验室的地址不同）；

（3）检测报告的唯一性标识（如系列号）和每一页上的标识，以确保能够识别该页是属于检测报告的一部分，以及表明检测报告结束的清晰标识；

（4）客户的名称和地址；

（5）所用方法的识别；

（6）检测或校准物品的描述、状态和明确的标识；

（7）对结果的有效性和应用至关重要的检测物品的接收日期和进行检测的日期；

（8）如与结果的有效性和应用相关时，实验室或其他机构所用的抽样计划和程序的说明；

（9）检测的结果，适用时，带有测量单位；

（10）检测报告批准人的姓名、职务、签字或等效的标识；

（11）相关之处，结果仅与被检测物品有关的说明。

注：1. 检测报告的硬拷贝也需有页码和总页数。

2. 建议实验室作出未经实验室书面批准，不得复制（全文复制除外）检测报告或校准证书的声明。

9.5.10.3　检测报告的其他信息

当需对检测结果作出解释时，除 9.5.10.2 中所列的要求之外，检测报告中还应包括下列内容：

（1）对检测方法的偏离、增添或删节，以及特殊检测条件的信息，如环境条件；

（2）需要时，符合（或不符合）要求和/或规范的声明；

（3）适用时，评定测量不确定度的声明。当不确定度与检测结果的有效性或应用有关，或客户的指令中有要求，或当不确定度影响到对规范限度的符合性时，检测报告中还需要包括有关不确定度的信息；

（4）适用且需要时，提出意见和解释；

（5）特定方法、客户或客户群体要求的附加信息。

当需对检测结果作解释时，对含抽样结果在内的检测报告，除了 9.5.10.2 和上面所列的内容之外，还应包括下列内容：

（1）抽样日期；

（2）抽取的物质、材料或产品的清晰标识（适当时，包括制造者的名称、标示的型号或类型和相应的系列号）；

（3）抽样地点，包括任何简图、草图或照片；

（4）列出所用的抽样计划和程序；

（5）抽样过程中可能影响检测结果解释的环境条件的详细信息；

（6）与抽样方法或程序有关的标准或规范，以及对这些规范的偏离、增添或删节。

9.5.10.4　意见和解释

当含有意见和解释时，实验室应把作出意见和解释的依据制定成文件。意见和解释应象在检测报告中的一样被清晰标注。

注：1. 意见和解释不应与 ISO/IEC 17020 和 ISO/IEC 指南 65 中所指的检查和产品认证相混淆。

2. 检测报告中包含的意见和解释可以包括（但不限于）下列内容：

——关于结果符合（或不符合）要求声明的意见；

——合同要求的履行；

——如何使用结果的建议；

—— 用于改进的指导。

3. 许多情况下，通过与客户直接对话来传达意见和解释或许更为恰当，但这些对话需有文字记录。

9.5.10.5 从分包方获得的检测结果

当检测报告包含了由分包方所出具的检测结果时，这些结果应予清晰标明，分包方应以书面或电子方式报告结果。

9.5.10.6 结果的电子传送

当用电话、电传、传真或其他电子或电磁方式传送检测结果时，应满足认可准则的要求。

9.5.10.7 报告和证书的格式

报告和证书的格式应设计为适用于所进行的各种检测类型，并尽量减小产生误解或误用的可能性。

注：1. 需注意检测报告的编排尤其是检测数据的表达方式，并易于读者理解。

2. 表头需尽可能的标准化。

9.5.10.8 检测报告的修改

对已发布的检测报告的实质性修改，应仅以追加文件或资料调换的形式，并包括如下声明：

"对检测报告的补充，系列号……（或其他标识)"，或其他等同的文字形式。

这种修改应满足认可准则的所有要求。

当有必要发布全新的检测报告时，应注以唯一性标识，并注明所替代的原件。

9.6 计量认证和国家实验室认可评审程序

9.6.1 准备工作

计量认证和国家实验室认可评审前，一定要做好充分的准备工作，主要是依据评审准则对机构的软件和硬件方面进行准备：

（1）根据实验室的规模和申报的检测项目，确定管理机构，配置足够的各类人员和检测设备，以满足评审准则的要求。

（2）参加技术上岗培训（如取得上岗证）和有关质量管理体系方面的培训（如取得内审员证等），使管理和试验人员的水平符合要求。

（3）针对试验检测项目，做好试验场地的规划、改造工作。

（4）安装设备，对设备进行计量鉴定，或自检验鉴定。

（5）组织有一定水平的班子编写体系文件。

9.6.2 编写体系文件

管理体系文件是实验室检验工作的依据，是实验室内部的法规性文件。体系文件一般包括：质量手册、程序文件、作业指导书、质量计划、质量记录。针对体系文件的层次和实验室自身工作需要可划分为二个或三个层次。

编写管理体系文件的主要原则：

（1）系统协调原则：体系文件应从检测机构的整体出发进行设计和编制，并符合《检测和校准实验室认可准则》ISO/IEC 17025：2005。

（2）科学合理原则：编写体系文件应对照认可准则，结合本单位检测工作的特点和管理的现状，做到内容科学合理，用词简捷流畅，使文件能有效的指导检测工作。

（3）可操作性原则：体系文件的编写的目的是在于贯彻实施，指导实验室的检测工作，因此，在编写过程中要始终考虑可操作性，便于实施、检查、记录和追溯。

管理手册主要是根据评审准则的要素进行编写，而程序文件则是根据管理手册编写具体的工作程序，共有二十九个主要程序，具体有：质量监督管理程序、保密管理程序、文件控制程序、新项目评审程序、检测分包控制程序、采购程序、服务客户程序、投诉处理程序、不符合检测工作控制程序、纠正措施控制程序、预防措施与持续改进程序、记录管理程序、内部质量审核程序、管理评审控制程序、人员控制程序、设施和环境控制程序、检测工作控制程序、检测方法控制程序、允许偏离控制程序、检测数据控制程序、仪器设备管理程序、仪器设备校核和检验程序、抽样控制程序、样品管理程序、检测结果质量控制程序、检测报告管理程序等。有些程序可以根据认可准则和实际情况予以调整。

有些内容可以作为第三层文件编入作业指导书，主要有：试验操作规程、设备操作规程、设备自校验规程及程序文件未涉及的管理制度等。

编写体系文件可分为以下几个阶段：

（1）培训学习阶段：学习国家有关法律法规知识、认可准则和其他单位编写文件的先进经验。

（2）调查策划阶段：了解组织机构的现状及各部门职能权限，提出各部门为满足准则要求需解决的问题，掌握现有的管理制度及执行情况，掌握现有各项标准、仪器设备配置等情况。搜集所有调查内容的书面资料，作为编写体系文件的依据。

（3）体系文件编写阶段：制定编写体系文件的格式，按照评审准则和本单位检测工作实际情况进行编写，对体系文件的初稿或二稿进行研讨、修改，定稿后予以批准和发布。

9.6.3　管理体系的运行

实验室管理体系建立后，体系的有效运行是极其重要的工作。体系运行包括：执行体系文件、贯彻质量方针、保持管理体系持续有效和不断完善，以实现质量目标。管理体系的有效性主要体现在：各项质量活动都处于受控状态，依靠管理体系的组织机构进行组织协调和质量监控；通过质量体系的内部审核和管理评审使不符合项得到持续改进；并具备减少、预防和纠正质量缺陷的能力，使整个体系的运作处于良性循环状态。

为此，实验室在质量体系运行中要做到：

（1）实验室的最高管理者要重视管理体系的运行，做好内部审核、管理评审和持续改进。

（2）发动全室员工，做到全员参与，不断增强执行准则和体系文件的信心和自觉性。

（3）建立监督机制，充分发挥质量监督员的作用，不断发现不符合项，并加以改进。

（4）认真做好质量记录和技术记录，使记录齐全、规范、符合要求。

（5）做好技术校核计划（能力验证、比对试验），并组织实施；进行某些项目不确定度的检测和计算；

（6）落实纠正和预防措施，改善质量体系的运行水平。

（7）采用各种方式征求顾客意见，并予以及时改进。

9.6.4　评审申请

实际质量体系运行三个月或半年后，可以进行现场评审的申请工作。按照评审机构的要求，填写申请表格，整理所申报的各类文件报送评审机构，独立法人申请计量认证应提交以下文件：

（1）《实验室资质认定申请书》原件一份，及附件：申请资质认定检测能力表、授权签字人申请表、组织机构框图、实验室人员一览表、仪器设备（标准物质）配置一览表。（附规定格式电子文本）；

（2）有效的营业执照（或事业单位法人证书及其他法人证明文件）复印件（各一份，需提交原件核对）

（3）有效的组织机构代码证复印件（各一份，需提交原件核对）

（4）专业技术人员（包括技术管理者与授权签字人）、管理人员劳动关系证明（社保部门盖章确认的社保证明）复印件（一份，需提交原件核对）

（5）法定代表人的身份证件复印件（一份）

（6）委托他人办理的，提交加盖申请人印章的书面委托书和被委托人的身份证件复印件（一份；需提交被委托人身份证件原件核对）

评审机构在收到申请后对所提交的申请资料进行初审，初审通过后发出通知，组建评审组，安排现场评审时间。

9.6.5　评审前的准备工作

实验室收到现场评审的通知后，应即作好评审前的准备工作，其中应着重作好以下几点：

1）实验室最高管理者召开全体员工大会，进行评审前的动员，部署整个准备工作，各项工作都要有明确的分工、岗位责任和时间要求。最高管理者还应采取不同形式督促检查不符合项目的改进。

2）进行全面的自检；首先按岗位责任制由负责该项工作的人员自检，分硬件和软件两部分进行检查，硬件主要检查设备、环境、安全及试验操作等，软件主要检查质量记录和技术记录；然后全室组织质量监督员进行重点抽检。

3）邀请评审组长进行预访问（或邀请具有相应水平的人员来室按照评审要求进行检查）。预访问的目的是：使评审组长了解本次评审任务的特点，搜集评审准备工作的全部信息；并使被评审实验室了解此次评审的目的和范围，以及应采取的步骤，以使评审工作顺利进行。对预访问检查出的不符合项应统一列出整改计划，限期予以整改。

4）全体员工应学习体系文件，知道本室的质量方针和质量目标，清楚自己的岗位责任，熟练掌握检测规程和操作方法；技术负责人、质量负责人应掌握认证的基本知识、岗位责任和授权范围的检测方法；质量监督员应掌握各项检测方法、目的和结果；为推动员工的学习，必要时可进行考试。

5）确定申请认证的检测项目，提供实验室所具备的检测能力，包括：人员技术能力及培训取证情况、设备的配备及校准情况、设施及环境条件的保障能力、现行技术标准的有效及受控情况。

6）授权签字人对报告的结果应有足够的技术资格和经验，并对其承担技术或法律责任，故多由实验室的高级人员担任。其技术能力应满足如下要求：

（1）有相应授权领域的资格和经验；

（2）能参与监督日常报告产生的关键过程；

（3）熟悉检测标准与程序（包括理论基础知识和实际技术能力）；

（4）能对检测结果进行科学的分析和评价；

（5）熟悉质量体系的知识；熟悉评审机构的方针政策，及对实验室有关要求；

（6）有足够的时间参与实验室工作，熟悉实验室质量体系的运行和业务工作的开展。

授权签字人应按上述要求作好考核准备。

7）组织检测人员作好评审前的检测操练，对于不熟练项目或扩项项目应着重练习，其中要注意操作细节、结果计算和评定。

8）采用各种方式征求客户的意见，对客户的意见或建议应予重视，并传达到有关人员，及时改进。

9）作好现场评审的接待工作，制订接待工作计划，包括每天工作进程、作息时间、食宿安排、车辆安排及人员分工（陪同人员、现场操作评审陪同人员、后勤负责人等），做到计划周密有条不紊。

9.6.6　现场评审

现场评审的步骤如下：

（1）召开首次会议；评审员及被评审单位的主要人员参加，双方介绍人员后，由评审组长宣布评审开始，说明目的、评审依据、范围、时间安排及评审计划；同时介绍评审组分工情况及评审要求；

（2）检查实验室的设备、环境、标识、安全等硬件情况；

（3）对技术负责人、质量负责人和授权签字人进行考核；召开座谈会，对内审员、质量监督员等进行考核（也可采用笔试）；

（4）对所申请的检测项目进行操作考核（评审组也可带有盲样进行验证试验）；

（5）抽查质量记录和技术记录；并提供典型记录和报告；

（6）评审组与实验室领导沟通；

（7）召开末次会议；由评审组长宣布评审结果，包括对该实验室的技术能力的评审结果、质量体系运行的有效性、检测范围的确认、对授权签字人等人员的考核结果、验证试验结果，批准认可与否的建议及整改意见。

现场评审如不被通过，则认证工作到此为止，被评审单位只有重新申请；如获通过，则往往检出一些不符合项，需要进行整改。

不符合项分为三类：严重不符合项、一般不符合项及观察项。严重不符合项是指质量管理体系出现严重遗漏，或体系文件执行中出现系统性的失控、失效；一般不符合项是指个别的、偶发的对检测工作不会产生严重后果的不符合项；观察项是指存在问题但证据不足，或尚未构成不合格，需提醒注意的事项。

被评审单位在现场评审中应作好以下工作：

（1）做好人员分工，设有陪同人员、项目检测陪同人员、负责查找记录和报告人员、后勤管理人员等；

（2）做好项目检测评审的计划安排，即每天评审哪些项目，哪位评审员负责，操作者是谁，由谁陪同；委托、检测、记录和报告应严格按程序文件的规定办理；

（3）实验室全体员工应穿好工作服，佩戴工作证，仪表端正整洁；

（4）项目陪同人员应及时记录评审中发现的问题，并及时通报其他人员，以引起注意，避免发生同样错误；

（5）实验室负责人应抽时间召开工作会议，以及时沟通情况提出要求；

（6）对评审组列出的不符合项，应作好整改计划，责任到人，时间限定，待整改完成后，将所有整改资料（包括记录、报告、文件修改及照片等）报评审组长。被评审单位应在三个月内尽快予以整改，并将整改的有关记录报评审组长，经评审组长认定整改完成后，报技术监督局审查通过，然后发证。

为进一步加强对获证实验室的动态管理，提高实验室资质认定管理工作的有效性，实验室在资质认定计量认证证书有效期内出现下列变更情况的，应向当地主管部门申请办理变更或备案手续：

（1）机构性质变更，如事业单位改制为企业单位；

（2）名称变更；

（3）地址变更；

（4）人员变更，如变更技术负责人；

（5）体系变更，如质量体系有重大调整；

（6）标准变更。

计量认证主管部门认为有必要时，可对某些重大变更派员进行检查认定（如对技术负责人及授权签字人考核），对于一般变更，则由现场评审员认定。

9.7 计量基本知识

9.7.1 计量的定义、分类和要求

（1）计量是实现单位统一、量值准确可靠的活动。从广义上说，计量是对"量"的定性分析和定量确认的过程。

（2）计量涉及社会各个领域。根据计量的作用和地位，可分为科学计量、工程计量和法制计量三类。

科学计量通常采用最新的科技成果来精确地定义计量单位，它是基础性的计量科学研究；

工程计量是指各种工程、工业企业中的应用计量；

法制计量是根据法制、技术和行政管理的需要，由政府或其授权机构进行强制管理的公益性计量。

（3）计量的要求：准确性、溯源性及法制性。

准确性是要求测量结果与被测量真值尽量符合，并给出不确定度或误差范围。

溯源性是要求所有测量结果都能通过量值传递溯源到测量基准，以实现量值的统一。

法制性要求有相应的法律、法规和行政保障计量的准确可靠。

9.7.2　计量的法规和法律

（1）《中华人民共和国计量法》

1985 年 9 月 6 日第六届全国人民代表大会常务委员会第十二次会议通过了《中华人民共和国计量法》，简称《计量法》，自 1986 年 7 月 1 日起实施。计量法是国家管理计量工作的基本法律，是实施计量监督管理的最高准则。

《计量法》共 6 章 35 条，基本内容包括：计量立法宗旨；调整范围；计量单位制；计量器具管理；计量监督；计量授权；计量认证；计量纠纷的处理；计量法律责任等。

《计量法》是保障单位制的统一和量值的准确可靠，从而促进国民经济和科技发展的根本法律，《计量法》保护人民群众的健康、财产的安全，维护消费者利益，为保护社会主义建设和国家的利益提供计量保证。

（2）计量法规

《计量法》是国家管理计量工作的基本法。由于其只对计量工作中的重大原则问题作出了规定，因此，实施计量法还必须制定具体的计量法规，以便将计量法的各项规定具体化，形成一个以计量法为基本法的计量法规体系。计量法规包括计量管理法规和计量技术法规两大部分。

计量管理法规是指国务院以及省、自治区、直辖市的人民代表大会及其常务委员会为实施计量法颁布的各种条例、规定和实施细则。

计量技术法规包括计量检定系统表、计量检定规程和计量技术规范。计量检定系统表也称计量检定系统，是国家法定技术文件，它用图表结合文字的形式，规定了国家基准、各级标准和工作计量器具的检定主从关系。检定规程是检定计量器具时必须遵守的法定技术文件。计量技术规范是进行有关鉴定、检验、测试时，在样机资料、计量性能、检查方法、技术条件、结果处理等方面必须遵守的规范性文件。

9.7.3　量值溯源、校准和检定

（1）量值溯源

通过具有不确定度的不间断的比较链，使测量结果或测量标准的值能够与国家计量基准联系起来。

实现量值溯源的主要技术手段是校准和检定。

（2）校准

为确定测量仪器设备所指示的量值，与对应的由其测量标准所复现的量值之间关系的一组操作，称为校准。校准的目的是确定示值误差，得出标称值偏差，并调整测量仪器或对其

示值加以修正。

（3）检定

测量仪器的检定是确认其是否符合法定要求的程序，包括检查、加标记和出具检定证书。检定分为强制检定和非强制检定两类。

强制检定是由法定计量检定机构（或授权的计量检定机构），对某些测量仪器实行的一种定期的检定。我国规定凡列入《中华人民共和国强制检定的工作计量器具明细目录》的工作计量器具，均属于国家强制检定的范围。

非强制检定是由使用单位委托具有社会计量标准或授权的计量检定机构，对强制检定以外的测量仪器进行的一种定期检定。使用单位可自主管理，自行确定检定周期。

9.7.4　法定计量单位

计量单位是指为定量表示同种量的大小而约定地定义和采用的特定量。为给定量值按给定规则确定的一组基本单位和导出单位，称为计量单位制。《计量法》规定："国家采用国际单位制。国际单位制计量单位和国家选定的其他计量单位，为国家法定计量单位。"

1）法定计量单位的构成

国际单位制是在米制的基础上发展起来的一种一贯单位制，其国际通用符号为"SI"。SI 单位由 SI 基本单位、SI 导出单位及 SI 单位的倍数单位组成。

我国法定计量单位的构成为：

（1）SI 基本单位（7 个），见表9-7-1；

（2）包括 SI 辅助单位在内的具有专门名称的 SI 导出单位（21 个），见表9-7-2；

（3）由 SI 基本单位和具有专门名称的 SI 导出单位构成的组合形式的 SI 导出单位；

（4）SI 单位的倍数单位，包括 SI 单位的十进倍数单位和十进分数单位，构成倍数单位的 SI 词头（共20 个），见表9-7-3；

（5）国家选定的作为法定计量单位的非 SI 单位（共16 个），见表9-7-4；

（6）由以上单位构成的组合形式的单位。

2）SI 基本单位

表 9-7-1　SI 基本单位

量的名称	单位名称	单位符号
长度	米	m
质量	千克（公斤）	kg
时间	秒	s
电流	安［培］	A
热力学温度	开［尔文］	K
物质的量	摩［尔］	mol
发光强度	坎［德拉］	cd

注：1. 7 个 SI 基本单位的名称中，除千克、秒是意译外，其余 5 个都按音译。在 5 个音译中安培、开尔文是以人名命名的计量单位，其符号为正体大写，其余 3 个均不是来源于人名，其符号均用正体小写。

2. 方括号内的字加其前面的字为全称；去掉方括号中的字即为其名称的简称。

3）SI 导出单位

SI 导出单位是用 SI 基本单位以代数形式表示的单位。其单位符号中的乘和除采用数学符号。它由两部分构成：一部分是包括 SI 辅助单位在内的具有专门名称的 SI 导出单位；另一部分是组合形式的 SI 导出单位，即用 SI 基本单位和具有专门名称的 SI 导出单位（含辅助单位）以代数形式表示的单位。

表 9-7-2　包括 SI 辅助单位在内的具有专门名称的 SI 导出单位

量的名称	SI 导出单位		
	名称	符号	用 SI 基本单位和 SI 导出单位表示
［平面］角	弧度	rad	$1\,rad = 1m/m = 1$
立体角	球面度	sr	$1\,sr = 1m^2/m^2 = 1$
频率	赫［兹］	Hz	$1\,Hz = 1s^{-1}$
力	牛［顿］	N	$1\,N = 1kg \cdot m/s^2$
压力，压强，应力	帕［斯卡］	Pa	$1\,Pa = 1N/m^2$
能［量］，功，热量	焦［耳］	J	$1\,J = 1N \cdot m$
功率，辐［射能］通量	瓦［特］	W	$1\,W = 1J/s$
电荷［量］	库［仑］	C	$1\,C = 1A \cdot s$
电压，电动势，电位，（电势）	伏［特］	V	$1\,V = 1W/A$
电容	法［拉］	F	$1\,F = 1C/V$
电阻	欧［姆］	Ω	$1\,\Omega = 1V/A$
电导	西［门子］	S	$1\,S = 1\Omega^{-1}$
磁［通量］	韦［伯］	Wb	$1\,Wb = 1V \cdot s$
磁通［量］密度，磁感应强度	特［斯拉］	T	$1\,T = 1Wb/m^2$
电感	亨［利］	H	$1\,H = 1Wb/A$
摄氏温度	摄氏度	℃	
光通量	流［明］	lm	$1\,lm = 1cd \cdot sr$
［光］照度	勒［克斯］	lx	$1\,lx = 1lm/m^2$
［放射性］活度	贝可［勒尔］	Bq	$1\,Bq = 1s^{-1}$
吸收剂量、比授［予］能、比释动能	戈［瑞］	Gy	$1\,Gy = 1J/kg$
剂量当量	希［沃特］	Sv	$1\,Sv = 1J/kg$

4）SI 单位的倍数单位

用以表示倍数单位的词头称为 SI 词头，用于附加在 SI 单位之前构成倍数单位（十进倍数单位和分数单位），不能单独使用。

质量的 SI 基本单位"千克"中包含 SI 词头，所以，"千克"的十进倍数单位由词头加在"克"之前构成。如：应使用毫克（mg），而不得使用微千克（μkg）。

表 9-7-3　SI 词头

因数	词头名称		词头符号
	英文	中文	
10^{24}	yotta	尧［它］	Y
10^{21}	zetta	泽［它］	Z
10^{18}	exa	艾［可萨］	E
10^{15}	peta	拍［它］	P
10^{12}	tera	太［拉］	T
10^{9}	giga	吉［咖］	G
10^{6}	mega	兆	M
10^{3}	kilo	千	k
10^{2}	hecto	百	h
10^{1}	deca	十	da
10^{-1}	deci	分	d
10^{-2}	centi	厘	c
10^{-3}	milli	毫	m
10^{-6}	micro	微	μ
10^{-9}	nano	纳［诺］	n
10^{-12}	pico	皮［可］	p
10^{-15}	femto	飞［母托］	f
10^{-18}	atto	阿［托］	a
10^{-21}	zepto	仄［普托］	z
10^{-24}	yocto	幺［科托］	y

注：1. 表中所列 SI 词头共有 20 个，其中有 8 个词头的中文名称（即兆、千、百、十、分、厘、毫、微）用的是我国古数词，其余 12 个采用音译名词。除百、十、分、厘的词头的因数为 10 进外，其余词头是千进位的。

2. SI 词头不能单独使用，也不能重叠使用。

3. "千克"中已包含 SI 词头"千"，"千克"前面不得再加其他词头，如不能将毫克（mg）写成微千克（μkg）。

4. 词头符号与其紧接的单位符号应作为一个整体对待，它们共同组成一个新单位，并具有相同的幂次，而且还可以和其他单位构成组合单位。如

$$1\,cm^3 = 1 \times (1 \times 10^{-2}\,m)^3 = 1 \times 10^{-6}\,m^3$$

5. 因数在 10^6 以上的词头符号为正体大写，其余均为正体小写。

6. 10^4 称万，10^8 称亿，10^{12} 称万亿，这类中国习惯数词使用不受词头名称影响，但不应与词头混淆。

7. 词头不能与非十进的单位构成倍数单位。

5）可与 SI 单位并用的我国法定计量单位

在我国法定计量单位中，为 11 个物理量选定了 16 个与 SI 单位并用的非 SI 单位。其中 10 个是国际计量大会同意并用的非 SI 单位，见表 9-7-4。

表 9-7-4　我国选定的可与国际单位制单位并用的非 SI 单位

量的单位	单位名称	单位符号	与 SI 单位的关系
时间	分	min	$1\min = 60s$
	［小］时	h	$1h = 60\min = 3600s$
	日，（天）	d	$1d = 24h = 86400s$
［平面］角	度	°	$1° = (\pi/180)\,\text{rad}$
	［角］分	′	$1′ = (1/60)° = (\pi/10800)\,\text{rad}$
	［角］秒	″	$1″ = (1/60)′ = (\pi/648000)\,\text{rad}$
体积	升	L，（l）	$1L = 1dm^3 = 10^{-3}m^3$
质量	吨	t	$1t = 10^3 kg$
	原子质量单位	u	$1u \approx 1.660540 \times 10^{-27} kg$
旋转速度	转每分	r/min	$1r/\min = (1/60)\ s^{-1}$
长度	海里	n mile	$1\text{n mile} = 1852m$（只用于航行）
速度	节	kn	$1kn = 1\text{n mile}/h = (1852/3600)m/s$（只用于航行）
能	电子伏	eV	$1eV \approx 1.602177 \times 10^{-19} J$
级差	分贝	dB	—
线密度	特［克斯］	tex	$1\text{ tex} = 10^{-6} kg/m$（用于纺织行业）
面积	公顷	hm^2	$1hm^2 = 10^4 m^2$

注：1. ［平面］角度单位度、分、秒的符号，在组合单位中和不处在数字后应采用（°）、（′）、（″）括号的形式。例如：不用°/s 而用（°）/s

2. 非十进单位，如平面角单位及时间单位不得用 SI 词头构成倍数单位。

3. 血压计量单位中的 mmHg 与 kPa 可以并用。

4. 时间 30 分 16 秒应写成 30min16s，不得写成 30′16″。

9.7.5　法定计量单位的使用方法

我国标准《国际单位制及其应用》GB 3100—93 和《有关量、单位和符号的一般原则》GB 3101—93，对 SI 单位的使用方法作出了规定，并与国际标准 ISO 1000：1992 和 ISO 31—0：1992 的规定一致。

（1）法定计量单位的名称

法定计量单位的名称，除特别说明外，一般指法定计量单位的中文名称，用于叙述文字和口述中。名称中去掉方括号中的部分是单位的简称，否则是全称。

组合单位的中文名称，原则上与其符号表示一致。单位符号中的乘号没有对应的名称，只要将单位名称接连读出即可。例如：N·m 的名称为"牛顿·米"，简称为"牛·米"。而表示相除的斜线（/），对应名称为"每"，且无论分母中有几个单位，"每"只在分母的前面出现一次。例如：单位 J/（kg·K）的中文名称为"焦耳每千克开尔文"，简称为"焦每千克开"。

如果单位中带有幂，则幂的名称应在单位之前，如二次方或三次方。如果长度的二次和三次幂分别表示面积和体积，则相应的指数名称分别称为平方和立方。

国际符号与中文符号不得混用，如速度单位 km/h 不得写成 km/小时。

（2）法定计量单位和词头的符号

法定计量单位和词头的符号，是代表单位和词头名称的字母或特殊符号，它们应采取国际通用符号。法定计量单位和词头的符号，不论拉丁字母或希腊字母，一律用正体。单位符号一般为小写字母，只有单位名称来源于人名时，其符号的第一个字母为大写（如 V）；只有"升"（L）的符号例外（规定大写）。

词头符号的字母，当其所表示的因数小于 10^6 时，一律用小写体；而当大于或等于 10^6 时，则用大写体。

除正常语句结尾的标点符号外，词头或单位符号后都不加标点。

由两个以上单位相乘构成的组合单位，相乘单位间可用乘点也可不用，但单位中文符号相乘时必须用乘点。词头的符号与单位符号之间不得有间隙，也不加相乘的符号。口述单位符号时应使用单位名称而非字母名称。

（3）法定计量单位和词头的使用规则

单位的名称与符号必须作为一个整体使用，不得拆开，或中间留有空隙。

用词头构成倍数单位时，不得使用重叠词头。例如：不得使用毫微米等。非十进制的单位，不得使用词头构成倍数单位。

由相除或乘、除构成的组合单位，词头应加在分子中的第一单位之前，分母中不用词头。例如：摩尔内能单位 kJ/mol，不宜写成 J/mmol。但质量的 SI 单位 kg 不作为有词头的单位对待。

（4）计量单位的换算

建筑材料常用计量单位的换算见本书附录 H。

附 录

附录 A 奈尔检验的临界值表

表 A 奈尔检验的临界值表

n	检出水平 α				
	0.90	0.95	0.975	0.99	0.995
3	1.497	1.738	1.955	2.215	2.396
4	1.696	1.941	2.163	2.431	2.618
5	1.835	2.080	2.304	2.574	2.764
6	1.939	2.184	2.408	2.679	2.870
7	2.022	2.267	2.490	2.761	2.952
8	2.091	2.334	2.557	2.828	3.019
9	2.150	2.392	2.613	2.884	3.074
10	2.200	2.441	2.662	2.931	3.122
11	2.245	2.484	2.704	2.973	3.163
12	2.284	2.523	2.742	3.010	3.199
13	2.320	2.557	2.776	3.043	3.232
14	2.352	2.589	2.806	3.072	3.261
15	2.382	2.617	2.834	3.099	3.287
16	2.409	2.644	2.860	3.124	3.312
17	2.434	2.668	2.883	3.147	3.334
18	2.458	2.691	2.905	3.168	3.355
19	2.480	2.712	2.926	3.188	3.374
20	2.500	2.732	2.945	3.207	3.392
21	2.519	2.750	2.963	3.224	3.409
22	2.538	2.768	2.980	3.240	3.425
23	2.555	2.784	2.996	3.256	3.440
24	2.571	2.800	3.011	3.270	3.455
25	2.587	2.815	3.026	3.284	3.468
26	2.602	2.829	3.039	3.298	3.481
27	2.616	2.843	3.053	3.310	3.493

n	检出水平 α				
	0.90	0.95	0.975	0.99	0.995
28	2.630	2.856	3.065	3.322	3.505
29	2.643	2.869	3.077	3.334	3.516
30	2.656	2.881	3.089	3.345	3.527
31	2.668	2.892	3.100	3.356	3.538
32	2.679	2.903	3.111	3.366	3.548
33	2.690	2.914	3.121	3.376	3.557
34	2.701	2.924	3.131	3.385	3.566
35	2.712	2.934	3.140	3.394	3.575
36	2.722	2.944	3.150	3.403	3.584
37	2.732	2.953	3.159	3.412	3.592
38	2.741	2.962	3.167	3.420	3.600
39	2.750	2.971	3.176	3.428	3.608
40	2.759	2.980	3.184	3.436	3.616
41	2.768	2.988	3.192	3.444	3.623
42	2.776	2.996	3.200	3.451	3.630
43	2.784	3.004	3.207	3.458	3.637
44	2.792	3.011	3.215	3.465	3.644
45	2.800	3.019	3.222	3.472	3.651
46	2.808	3.026	3.229	3.479	3.657
47	2.815	3.033	3.235	3.485	3.663
48	2.822	3.040	3.242	3.491	3.669
49	2.829	3.047	3.249	3.498	3.675
50	2.836	3.053	3.255	3.504	3.681
51	2.843	3.060	3.261	3.509	3.687
52	2.849	3.066	3.267	3.515	3.692
53	2.856	3.072	3.273	3.521	3.698
54	2.862	3.078	3.279	3.526	3.703
55	2.868	3.084	3.284	3.532	3.708
56	2.874	3.090	3.290	3.537	3.713
57	2.880	3.095	3.295	3.542	3.718
58	2.886	3.101	3.300	3.547	3.723
59	2.892	3.106	3.306	3.552	3.728
60	2.897	3.112	3.311	3.557	3.733
61	2.903	3.117	3.316	3.562	3.737
62	2.908	3.122	3.321	3.566	3.742

续表

n	检出水平 α				
	0.90	0.95	0.975	0.99	0.995
63	2.913	3.127	3.326	3.571	3.746
64	2.919	3.132	3.330	3.575	3.751
65	2.924	3.137	3.335	3.580	3.755
66	2.929	3.142	3.339	3.584	3.759
67	2.934	3.146	3.344	3.588	3.763
68	2.938	3.151	3.348	3.593	3.767
69	2.943	3.155	3.353	3.597	3.771
70	2.948	3.160	3.357	3.601	3.775
71	2.952	3.164	3.361	3.605	3.779
72	2.957	3.169	3.365	3.609	3.783
73	2.961	3.173	3.369	3.613	3.787
74	2.966	3.177	3.373	3.617	3.791
75	2.970	3.181	3.377	3.620	3.794
76	2.974	3.185	3.381	3.624	3.798
77	2.978	3.189	3.385	3.628	3.801
78	2.983	3.193	3.389	3.631	3.805
79	2.987	3.197	3.393	3.635	3.808
80	2.991	3.201	3.396	3.638	3.812
81	2.995	3.205	3.400	3.642	3.815
82	2.999	3.208	3.403	3.645	3.818
83	3.002	3.212	3.407	3.648	3.821
84	3.006	3.216	3.410	3.652	3.825
85	3.010	3.219	3.414	3.655	3.828
86	3.014	3.223	3.417	3.658	3.831
87	3.017	3.226	3.421	3.661	3.834
88	3.021	3.230	3.424	3.665	3.837
89	3.024	3.233	3.427	3.668	3.840
90	3.028	3.236	3.430	3.671	3.843
91	3.031	3.240	3.433	3.674	3.846
92	3.035	3.243	3.437	3.677	3.849
93	3.038	3.246	3.440	3.680	3.852
94	3.042	3.249	3.443	3.683	3.854
95	3.045	3.253	3.446	3.685	3.857
96	3.048	3.256	3.449	3.688	3.860
97	3.052	3.259	3.452	3.691	3.863
98	3.055	3.262	3.455	3.694	3.865
99	3.058	3.265	3.458	3.697	3.868
100	3.061	3.268	3.460	3.699	3.871

注：附录 A～附录 C 各表根据 GB/T 4883—2008《数据的统计处理和解释　正态样本离群值的判断和处理》。

附录 B　格拉布斯检验的临界值表

表 B　格拉布斯检验的临界值表

n	检出水平 α				
	0.90	0.95	0.975	0.99	0.995
3	1.148	1.153	1.155	1.155	1.155
4	1.425	1.463	1.481	1.492	1.496
5	1.602	1.672	1.715	1.749	1.764
6	1.729	1.822	1.887	1.944	1.973
7	1.828	1.938	2.020	2.097	2.139
8	1.909	2.032	2.126	2.221	2.274
9	1.977	2.110	2.215	2.323	2.387
10	2.036	2.176	2.290	2.410	2.482
11	2.088	2.234	2.355	2.485	2.564
12	2.134	2.285	2.412	3.550	2.636
13	2.175	2.331	2.462	3.607	2.699
14	2.213	2.371	2.507	3.659	2.755
15	2.247	2.409	2.549	3.705	2.806
16	2.279	2.443	2.585	2.747	2.852
17	2.309	2.475	2.620	2.785	2.894
18	2.335	2.504	2.651	2.821	2.932
19	2.361	2.532	2.681	2.854	2.968
20	2.385	2.557	2.709	2.884	3.001
21	2.408	2.580	2.733	2.912	3.031
22	2.429	2.603	2.758	2.939	3.060
23	2.448	2.624	2.781	2.963	3.087
24	2.467	2.644	3.802	2.987	3.112
25	2.486	2.663	3.822	3.009	3.135
26	2.502	2.681	2.841	3.029	3.157
27	2.519	2.698	2.859	3.049	3.178
28	2.534	2.714	2.876	3.068	3.199
29	2.549	2.730	2.893	3.085	3.218
30	2.563	2.745	2.908	3.103	3.236
31	2.577	2.759	2.924	3.119	3.253

n	检出水平 α				
	0.90	0.95	0.975	0.99	0.995
32	2.591	2.773	2.938	3.135	3.270
33	2.604	2.786	2.952	3.150	3.286
34	2.616	2.799	2.965	3.164	3.301
35	2.628	2.811	2.979	3.178	3.316
36	2.639	2.823	2.991	3.191	3.330
37	2.650	2.835	3.003	3.204	3.343
38	2.661	2.846	3.014	3.216	3.356
39	2.671	2.857	3.025	3.228	3.369
40	2.682	2.866	3.036	3.240	3.381
41	2.692	2.877	3.046	3.251	3.393
42	2.700	2.887	3.057	3.261	3.404
43	2.710	2.896	3.067	3.271	3.415
44	2.719	2.905	3.075	3.282	3.425
45	2.727	2.914	3.085	3.292	3.435
46	2.736	2.923	3.094	3.302	3.445
47	2.744	2.931	3.103	3.310	3.455
48	2.753	2.940	3.111	3.319	3.464
49	2.760	2.948	3.120	3.329	3.474
50	2.768	2.956	3.128	3.336	3.483
51	2.775	2.964	3.136	3.345	3.491
52	2.783	2.971	3.143	3.353	3.500
53	2.790	2.978	3.151	3.361	3.507
54	2.798	2.986	3.158	3.368	3.516
55	2.804	2.992	3.166	3.376	3.524
56	2.811	3.000	3.172	3.383	3.531
57	2.818	3.006	3.180	3.391	3.539
58	2.824	3.013	3.186	3.397	3.546
59	2.831	3.019	3.193	3.405	3.553
60	2.837	3.025	3.199	3.411	3.560
61	2.842	3.032	3.205	3.418	3.566
62	2.849	3.037	3.212	3.424	3.573
63	2.854	3.044	3.218	3.430	3.579
64	2.860	3.049	3.224	3.437	3.586
65	2.866	3.055	3.230	3.442	3.592
66	2.871	3.061	3.235	3.449	3.598
67	2.877	3.066	3.241	3.454	3.605
68	2.883	3.071	3.246	3.460	3.610
69	2.888	3.076	3.252	3.466	3.617
70	2.893	3.082	3.257	3.471	3.622

n	检出水平 α				
	0.90	0.95	0.975	0.99	0.995
71	2.897	3.087	3.262	3.476	3.627
72	2.903	3.092	3.267	3.482	3.633
73	2.908	3.098	3.272	3.487	3.638
74	2.912	3.102	3.278	3.492	3.643
75	2.917	3.107	3.282	3.496	3.648
76	2.922	3.111	3.287	3.502	3.654
77	2.927	3.117	3.291	3.507	3.658
78	2.931	3.121	3.297	3.511	3.663
79	2.935	3.125	3.301	3.516	3.669
80	2.940	3.130	3.305	3.521	3.673
81	2.945	3.134	3.309	3.525	3.677
82	2.949	3.139	3.315	3.529	3.682
83	2.953	3.143	3.319	3.534	3.687
84	2.957	3.147	3.323	3.539	3.691
85	2.961	3.151	3.327	3.543	3.695
86	2.966	3.155	3.331	3.547	3.699
87	2.970	3.160	3.335	3.551	3.704
88	2.973	3.163	3.339	3.555	3.708
89	2.977	3.167	3.343	3.559	3.712
90	2.981	3.171	3.347	3.563	3.716
91	2.984	3.174	3.350	3.567	3.720
92	2.989	3.179	3.355	3.570	3.725
93	2.993	3.182	3.358	3.575	3.728
94	2.996	3.186	3.362	3.579	3.732
95	3.000	3.189	3.365	3.582	3.736
96	3.003	3.193	3.369	3.586	3.739
97	3.006	3.196	3.372	3.589	3.744
98	3.011	3.201	3.377	3.593	3.747
99	3.014	3.204	3.380	3.597	3.750
100	3.017	3.207	3.383	3.600	3.754

附录 C　单侧狄克逊检验的临界值表

表 C　单侧狄克逊检验的临界值表

n	检出水平 α			
	0.90	0.95	0.99	0.995
3	0.885	0.941	0.988	0.994
4	0.679	0.765	0.889	0.920
5	0.557	0.642	0.782	0.823
6	0.484	0.562	0.698	0.744
7	0.434	0.507	0.637	0.680
8	0.479	0.554	0.681	0.723
9	0.441	0.512	0.635	0.676
10	0.410	0.477	0.597	0.638
11	0.517	0.575	0.674	0.707
12	0.490	0.546	0.642	0.675
13	0.467	0.521	0.617	0.649
14	0.491	0.546	0.640	0.672
15	0.470	0.524	0.618	0.649
16	0.453	0.505	0.597	0.629
17	0.437	0.489	0.580	0.611
18	0.424	0.475	0.564	0.595
19	0.412	0.462	0.550	0.580
20	0.401	0.450	0.538	0.568
21	0.391	0.440	0.526	0.556
22	0.382	0.431	0.516	0.545
23	0.374	0.422	0.507	0.536
24	0.367	0.413	0.497	0.526
25	0.360	0.406	0.489	0.519
26	0.353	0.399	0.482	0.510
27	0.347	0.393	0.474	0.503
28	0.341	0.387	0.468	0.496
29	0.337	0.381	0.462	0.489
30	0.332	0.376	0.456	0.484

附录 D 标准正态分布表

$$\Phi(u) = \frac{1}{\sqrt{2\pi}} \int_{-\infty}^{u} e^{-\frac{x^2}{2}} dx \quad (u \leqslant 0)$$

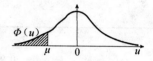

表 D 正态分布表

u	0.00	0.01	0.02	0.03	0.04	0.05	0.06	0.07	0.08	0.09	u
-0.0	0.5000	0.4960	0.4920	0.4880	0.4840	0.4801	0.4761	0.4721	0.4681	0.4641	-0.0
-0.1	0.4602	0.4562	0.4522	0.4483	0.4443	0.4404	0.4364	0.4325	0.4286	0.4247	-0.1
-0.2	0.4207	0.4168	0.4129	0.4090	0.4052	0.4013	0.3974	0.3936	0.3897	0.3859	-0.2
-0.3	0.3821	0.3783	0.3745	0.3707	0.3669	0.3632	0.3594	0.3557	0.3520	0.3483	-0.3
-0.4	0.3446	0.3409	0.3372	0.3336	0.3300	0.3264	0.3228	0.3192	0.3156	0.3121	-0.4
-0.5	0.3085	0.3050	0.3015	0.2981	0.2946	0.2912	0.2877	0.2843	0.2810	0.2776	-0.5
-0.6	0.2743	0.2709	0.2676	0.2643	0.2611	0.2578	0.2546	0.2514	0.2483	0.2451	-0.6
-0.7	0.2420	0.2389	0.2358	0.2327	0.2297	0.2266	0.2236	0.2206	0.2177	0.2148	-0.7
-0.8	0.2119	0.2090	0.2061	0.2033	0.2005	0.1977	0.1949	0.1922	0.1894	0.1867	-0.8
-0.9	0.1841	0.1814	0.1788	0.1762	0.1736	0.1711	0.1685	0.1660	0.1635	0.1611	-0.9
-1.0	0.1587	0.1562	0.1539	0.1515	0.1492	0.1469	0.1446	0.1423	0.1401	0.1379	-1.0
-1.1	0.1357	0.1335	0.1314	0.1292	0.1271	0.1251	0.1230	0.1210	0.1190	0.1170	-1.1
-1.2	0.1151	0.1131	0.1112	0.1093	0.1075	0.1056	0.1038	0.1020	0.1003	0.09853	-1.2
-1.3	0.09680	0.09510	0.09342	0.09176	0.09012	0.08851	0.08691	0.08534	0.08379	0.08226	-1.3
-1.4	0.08076	0.07927	0.07780	0.07636	0.07493	0.07353	0.07215	0.07078	0.06944	0.06811	-1.4
-1.5	0.06681	0.06552	0.06426	0.06301	0.06178	0.06057	0.05938	0.05821	0.05705	0.05592	-1.5
-1.6	0.05480	0.05370	0.05262	0.05155	0.05050	0.04947	0.04846	0.04746	0.04648	0.04551	-1.6
-1.7	0.04457	0.04363	0.04272	0.04182	0.04093	0.04006	0.03920	0.03836	0.03754	0.03673	-1.7
-1.8	0.03593	0.03515	0.03438	0.03362	0.03288	0.03216	0.03144	0.03074	0.03005	0.02938	-1.8
-1.9	0.02872	0.02807	0.02743	0.02680	0.02619	0.02559	0.02500	0.02442	0.02335	0.02330	-1.9
-2.0	0.02275	0.02222	0.02169	0.02113	0.02068	0.02018	0.01970	0.01923	0.01876	0.01831	-2.0
-2.1	0.01786	0.01743	0.01700	0.01659	0.01618	0.01578	0.01539	0.01500	0.01463	0.01426	-2.1
-2.2	0.01390	0.01355	0.01321	0.01287	0.01255	0.01222	0.01191	0.01160	0.01130	0.01101	-2.2
-2.3	0.01072	0.01044	0.01017	$0.0^2 9903$	$0.0^2 9642$	$0.0^2 9387$	$0.0^2 9137$	$0.0^2 8894$	$0.0^2 8656$	$0.0^2 8424$	-2.3
-2.4	$0.0^2 8198$	$0.0^2 7976$	$0.0^2 7760$	$0.0^2 7549$	$0.0^2 7344$	$0.0^2 7143$	$0.0^2 6947$	$0.0^2 6756$	$0.0^2 6569$	$0.0^2 6387$	-2.4
-2.5	$0.0^2 6210$	$0.0^2 6037$	$0.0^2 5868$	$0.0^2 5703$	$0.0^2 5543$	$0.0^2 5386$	$0.0^2 5234$	$0.0^2 5085$	$0.0^2 4940$	$0.0^2 4799$	-2.5
-2.6	$0.0^2 4661$	$0.0^2 4527$	$0.0^2 4396$	$0.0^2 4269$	$0.0^2 4145$	$0.0^2 4025$	$0.0^2 3907$	$0.0^2 3793$	$0.0^2 3681$	$0.0^2 3573$	-2.6

续表

u	0.00	0.01	0.0^2	0.03	0.04	0.05	0.06	0.07	0.08	0.09	u
-2.7	0.0^{2}3467	0.0^{2}3364	0.0^{2}3264	0.0^{2}3167	0.0^{2}3072	0.0^{2}2980	0.0^{2}2890	0.0^{2}2803	0.0^{2}2718	0.0^{2}2635	-2.7
-2.8	0.0^{2}2555	0.0^{2}2477	0.0^{2}2401	0.0^{2}2327	0.0^{2}2256	0.0^{2}2186	0.0^{2}2118	0.0^{2}2052	0.0^{2}1988	0.0^{2}1926	-2.8
-2.9	0.0^{2}1866	0.0^{2}1807	0.0^{2}1750	0.0^{2}1695	0.0^{2}1641	0.0^{2}1589	0.0^{2}1538	0.0^{2}1489	0.0^{2}1441	0.0^{2}1395	-2.9
-3.0	0.0^{2}1350	0.0^{2}1306	0.0^{2}1264	0.0^{2}1223	0.0^{2}1183	0.0^{2}1144	0.0^{2}1107	0.0^{2}1070	0.0^{2}1035	0.0^{2}1001	-3.0
-3.1	0.0^{3}9676	0.0^{3}9354	0.0^{3}9043	0.0^{3}8740	0.0^{3}8447	0.0^{3}8164	0.0^{3}7888	0.0^{3}7622	0.0^{3}7364	0.0^{3}7114	-3.1
-3.2	0.0^{3}6871	0.0^{3}6637	0.0^{3}6410	0.0^{3}6190	0.0^{3}5976	0.0^{3}5770	0.0^{3}5571	0.0^{3}5377	0.0^{3}5190	0.0^{3}5009	-3.2
-3.3	0.0^{3}4834	0.0^{3}4665	0.0^{3}4501	0.0^{3}4342	0.0^{3}4189	0.0^{3}4041	0.0^{3}3897	0.0^{3}3758	0.0^{3}3624	0.0^{3}3495	-3.3
-3.4	0.0^{3}3369	0.0^{3}3248	0.0^{3}3131	0.0^{3}3018	0.0^{3}2909	0.0^{3}2803	0.0^{3}2701	0.0^{3}2602	0.0^{3}2507	0.0^{3}2415	-3.4
-3.5	0.0^{3}2326	0.0^{3}2241	0.0^{3}2158	0.0^{3}2078	0.0^{3}2001	0.0^{3}1926	0.0^{3}1854	0.0^{3}1785	0.0^{3}1718	0.0^{3}1653	-3.5
-3.6	0.0^{3}1591	0.0^{3}1531	0.0^{3}1473	0.0^{3}1417	0.0^{3}1363	0.0^{3}1311	0.0^{3}1261	0.0^{3}1213	0.0^{3}1166	0.0^{3}1121	-3.6
-3.7	0.0^{3}1078	0.0^{3}1036	0.0^{4}9961	0.0^{4}9574	0.0^{4}9201	0.0^{4}8842	0.0^{4}8496	0.0^{4}8162	0.0^{4}7841	0.0^{4}7532	-3.7
-3.8	0.0^{4}7235	0.0^{4}6948	0.0^{4}6673	0.0^{4}6407	0.0^{4}6152	0.0^{4}5906	0.0^{4}5669	0.0^{4}5442	0.0^{4}5223	0.0^{4}5012	-3.8
-3.9	0.0^{4}4810	0.0^{4}4615	0.0^{4}4427	0.094247	0.0^{4}4074	0.0^{4}3908	0.0^{4}3747	0.0^{4}3594	0.0^{4}3446	0.0^{4}3304	-3.9
-4.0	0.0^{4}3167	0.0^{4}3036	0.0^{4}2910	0.0^{4}2789	0.0^{4}2673	0.0^{4}2561	0.0^{4}2454	0.0^{4}2351	0.0^{4}2252	0.0^{4}2157	-4.0
-4.1	0.0^{4}2066	0.0^{4}1978	0.0^{4}1894	0.0^{4}1814	0.0^{4}1737	0.0^{4}1662	0.0^{4}1591	0.0^{4}1523	0.0^{4}1458	0.0^{4}1395	-4.1
-4.2	0.0^{4}1335	0.0^{4}1277	0.0^{4}1222	0.0^{4}1168	0.0^{4}1118	0.0^{4}1069	0.0^{4}1022	0.059774	0.059345	0.058934	-4.2
-4.3	0.0^{5}8540	0.0^{5}8163	0.0^{5}7801	0.0^{5}7455	0.0^{5}7124	0.0^{5}6807	0.0^{5}6503	0.0^{5}6212	0.0^{5}5934	0.0^{5}5668	-4.3
-4.4	0.0^{5}5413	0.0^{5}5169	0.0^{5}4935	0.0^{5}4712	0.0^{5}4498	0.0^{5}4294	0.0^{5}4098	0.0^{5}3911	0.0^{5}3732	0.0^{5}3561	-4.4
-4.5	0.0^{5}3398	0.0^{5}3241	0.0^{5}3092	0.0^{5}2949	0.0^{5}2813	0.0^{5}2682	0.0^{5}2558	0.0^{5}2439	0.0^{5}2325	0.0^{5}2216	-4.5
-4.6	0.0^{5}2112	0.0^{5}2013	0.0^{5}1919	0.0^{5}1828	0.0^{5}1742	0.0^{5}1660	0.0^{5}1581	0.0^{5}1506	0.0^{5}1434	0.0^{5}1366	-4.6
-4.7	0.0^{5}1301	0.0^{5}1239	0.0^{5}1179	0.0^{5}1123	0.0^{5}1069	0.0^{5}1017	0.0^{6}9680	0.0^{6}9211	0.0^{6}8765	0.0^{6}8339	-4.7
-4.8	0.0^{6}7933	0.0^{6}7547	0.0^{6}7178	0.0^{6}6827	0.0^{6}6492	0.0^{6}6173	0.0^{6}5869	0.0^{6}5580	0.0^{6}5304	0.0^{6}5042	-4.8
-4.9	0.0^{6}4792	0.0^{6}4554	0.0^{6}4327	0.0^{6}4111	0.0^{6}3906	0.0^{6}3711	0.0^{6}3525	0.0^{6}3348	0.0^{6}3179	0.0^{6}3019	-4.9

$$\Phi(u) = \frac{1}{\sqrt{2\pi}}\int_{-\infty}^{u} e^{-\frac{x^2}{2}}\,dx \quad (u \geqslant 0)$$

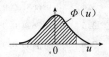

u	0.00	0.01	0.0^2	0.03	0.04	0.05	0.06	0.07	0.08	0.09	u
0.0	0.5000	0.5040	0.5080	0.5120	0.5160	0.5199	0.5239	0.5279	0.5319	0.5359	0.0
0.1	0.5398	0.5438	0.5478	0.5517	0.5557	0.5596	0.5636	0.5675	0.5714	0.5753	0.1
0.2	0.5793	0.5832	0.5871	0.5910	0.5948	0.5987	0.6026	0.6064	0.6103	0.6141	0.2
0.3	0.6179	0.6217	0.6255	0.6293	0.6331	0.6368	0.6406	0.6443	0.6480	0.6517	0.3
0.4	0.6554	0.6591	0.6628	0.6664	0.6700	0.6736	0.6772	0.6808	0.6844	0.6879	0.4
0.5	0.6915	0.6950	0.6985	0.7019	0.7054	0.7088	0.7123	0.7157	0.7190	0.7224	0.5
0.6	0.7257	0.7291	0.7324	0.7357	0.7389	0.7422	0.7454	0.7486	0.7517	0.7549	0.6
0.7	0.7580	0.7611	0.7642	0.7673	0.7703	0.7734	0.7764	0.7794	0.7823	0.7852	0.7
0.8	0.7881	0.7910	0.7939	0.7967	0.7995	0.8023	0.8051	0.8078	0.8106	0.8133	0.8
0.9	0.8159	0.8186	0.8212	0.8238	0.8264	0.8289	0.8315	0.8340	0.8365	0.8389	0.9

续表

u	0.00	0.01	0.02	0.03	0.04	0.05	0.06	0.07	0.08	0.09	u
1.0	0.8413	0.8438	0.8461	0.8485	0.8508	0.8531	0.8554	0.8577	0.8599	0.8621	1.0
1.1	0.8643	0.8665	0.8686	0.8708	0.8729	0.8749	0.8770	0.8790	0.8810	0.8830	1.1
1.2	0.8849	0.8869	0.8888	0.8907	0.8925	0.8944	0.8962	0.8930	0.8997	0.90147	1.2
1.3	0.90320	0.90490	0.90658	0.90824	0.90988	0.91149	0.91309	0.91466	0.91621	0.91774	1.3
1.4	0.91924	0.92073	0.92220	0.92364	0.92507	0.92647	0.92785	0.92922	0.93056	0.93189	1.4
1.5	0.93319	0.93448	0.93574	0.93699	0.93822	0.93943	0.94062	0.94179	0.94295	0.94408	1.5
1.6	0.94520	0.94680	0.94738	0.94845	0.94950	0.95053	0.95154	0.95254	0.95352	0.95449	1.6
1.7	0.95543	0.95637	0.95728	0.95818	0.95907	0.95994	0.96080	0.96164	0.96246	0.96327	1.7
1.8	0.96407	0.96485	0.96562	0.96638	0.96712	0.96784	0.96856	0.96926	0.96995	0.97062	1.8
1.9	0.97128	0.97193	0.97257	0.97320	0.97381	0.97441	0.97500	0.97558	0.97615	0.97670	1.9
2.0	0.97725	0.97778	0.97831	0.97882	0.97932	0.97982	0.98030	0.98077	0.98124	0.98169	2.0
2.1	0.98214	0.98257	0.98300	0.98341	0.98382	0.98422	0.98461	0.98500	0.98537	0.98574	2.1
2.2	0.98610	0.98645	0.98679	0.98713	0.98745	0.98778	0.98809	0.98840	0.98870	0.98899	2.2
2.3	0.98928	0.98956	0.98983	0.9^20097	0.9^20358	0.9^20613	0.9^20863	0.9^21106	0.9^21344	0.9^21576	2.3
2.4	0.9^21802	0.9^22024	0.9^22240	0.9^22451	0.9^22656	0.9^22857	0.9^23053	0.9^23244	0.9^23431	0.9^23613	2.4
2.5	0.9^23790	0.9^23963	0.9^24132	0.9^24297	0.9^24457	0.9^24614	0.9^24766	0.9^24915	0.9^25060	0.9^25201	2.5
2.6	0.9^25339	0.9^25473	0.9^25604	0.9^25731	0.9^25855	0.9^25975	0.9^26093	0.9^26207	0.9^26319	0.9^26427	2.6
2.7	0.9^26533	0.9^26636	0.9^26736	0.9^26833	0.9^26928	0.9^27020	0.9^27110	0.9^27197	0.9^27282	0.9^27365	2.7
2.8	0.9^27445	0.9^27523	0.9^27599	0.9^27673	0.9^27744	0.9^27814	0.9^27882	0.9^27948	0.9^28012	0.9^28074	2.8
2.9	0.9^28134	0.9^28193	0.9^28250	0.9^28305	0.9^28359	0.9^28411	0.9^28462	0.9^28511	0.9^28559	0.9^28605	2.9
3.0	0.9^28650	0.9^28694	0.9^28736	0.9^28777	0.9^28817	0.9^28856	0.9^28893	0.9^28930	0.9^28965	0.9^28999	3.0
3.1	0.9^30324	0.9^30646	0.9^30957	0.9^31260	0.9^31553	0.9^31836	0.9^32112	0.9^32378	0.9^32636	0.9^32886	3.1
3.2	0.9^33129	0.9^33363	0.9^33590	0.9^33810	0.9^34024	0.9^34230	0.9^34429	0.9^34623	0.9^34810	0.9^34991	3.2
3.3	0.9^35166	0.9^35335	0.9^35499	0.9^35658	0.9^35811	0.9^35959	0.9^36103	0.9^36242	0.9^36376	0.9^36505	3.3
3.4	0.9^36631	0.9^36752	0.9^36869	0.9^36982	0.9^37091	0.9^37197	0.9^37299	0.9^37398	0.9^37493	0.9^37585	3.4
3.5	0.9^37674	0.9^37759	0.9^37842	0.9^37922	0.9^37999	0.9^38074	0.9^38146	0.9^38215	0.9^38282	0.9^38347	3.5
3.6	0.9^38409	0.9^38469	0.9^38527	0.9^38583	0.9^38637	0.9^38689	0.9^38739	0.9^38787	0.9^38834	0.9^38879	3.6
3.7	0.9^38922	0.9^38964	0.9^40039	0.9^40426	0.9^40799	0.9^41158	0.9^41504	0.9^41838	0.9^42159	0.9^42468	3.7
3.8	0.9^42765	0.9^43052	0.9^43327	0.9^43593	0.9^43848	0.9^44094	0.9^44331	0.9^44558	0.9^44777	0.9^44983	3.8
3.9	0.9^45190	0.9^45385	0.9^45573	0.9^45753	0.9^45926	0.9^46092	0.9^46253	0.9^46406	0.9^46554	0.9^46696	3.9
4.0	0.9^46833	0.9^46964	0.9^47090	0.9^47211	0.9^47327	0.9^47439	0.9^47546	0.9^47649	0.9^47748	0.9^47843	4.0
4.1	0.9^47934	0.9^48022	0.9^48106	0.9^48186	0.9^48263	0.9^48338	0.9^48409	0.9^48477	0.9^48542	0.9^48605	4.1
4.2	0.9^48665	0.9^48723	0.9^48778	0.9^48832	0.9^48882	0.9^48931	0.9^48978	0.9^50226	0.9^50655	0.9^51066	4.2
4.3	0.9^51460	0.9^51837	0.9^52199	0.9^52545	0.9^52876	0.9^53193	0.9^53497	0.9^53788	0.9^54066	0.9^54332	4.3
4.4	0.9^54587	0.9^54831	0.9^55065	0.9^55288	0.9^55502	0.9^55706	0.9^55902	0.9^56089	0.9^56268	0.9^56439	4.4
4.5	0.9^56602	0.9^56759	0.9^56908	0.9^57051	0.9^57187	0.9^57318	0.9^57442	0.9^57561	0.9^57675	0.9^57784	4.5
4.6	0.9^57888	0.9^57987	0.9^58081	0.9^58172	0.9^58258	0.9^58340	0.9^58419	0.9^58494	0.9^58566	0.9^58634	4.6
4.7	0.9^58699	0.9^58761	0.9^58821	0.9^58877	0.9^58931	0.9^58983	0.9^60320	0.9^60789	0.9^61235	0.9^61661	4.7
4.8	0.9^62067	0.9^62453	0.9^62822	0.9^63173	0.9^63508	0.9^63827	0.9^64131	0.9^64420	0.9^64696	0.9^64958	4.8
4.9	0.9^65208	0.9^65446	0.9^65673	0.9^65889	0.9^66094	0.9^66289	0.9^66475	0.9^66652	0.9^66821	0.9^66981	4.9

附录 E　常用正交表

表 E-1　L_4 (2^3) 正交表

试验序号	因素		
	1	2	3
1	1	1	1
2	1	2	2
3	2	1	2
4	2	2	1

表 E-2　L_8 (2^7) 正交表

试验序号	因素						
	1	2	3	4	5	6	7
1	1	1	1	1	1	1	1
2	1	1	1	2	2	2	2
3	1	2	2	1	1	2	2
4	1	2	2	2	2	1	1
5	2	1	2	1	2	1	2
6	2	1	2	2	1	2	1
7	2	2	1	1	2	2	1
8	2	2	1	2	1	1	2

表 E-3　L_9 (3^4) 正交表

试验序号	因素			
	1	2	3	4
1	1	1	1	1
2	1	2	2	2
3	1	3	3	3
4	2	1	2	3
5	2	2	3	1
6	2	3	1	2
7	3	1	3	2
8	3	2	1	3
9	3	3	2	1

表 E-4 L_{16} (4^5) 正交表

试验序号	因素				
	1	2	3	4	5
1	1	1	1	1	1
2	1	2	2	2	2
3	1	3	3	3	3
4	1	4	4	4	4
5	2	1	2	3	4
6	2	2	1	4	3
7	2	3	4	1	2
8	2	4	3	2	1
9	3	1	3	4	2
10	3	2	4	3	1
11	3	3	1	2	4
12	3	4	2	1	3
13	4	1	4	2	3
14	4	2	3	1	4
15	4	3	2	4	1
16	4	4	1	3	2

表 E-5 L_{25} (5^6) 正交表

试验序号	因素					
	1	2	3	4	5	6
1	1	1	1	1	1	1
2	1	2	2	2	2	2
3	1	3	3	3	3	3
4	1	4	4	4	4	4
5	1	5	5	5	5	5
6	2	1	2	3	4	5
7	2	2	3	4	5	1
8	2	3	4	5	1	2
9	2	4	5	1	2	3
10	2	5	1	2	3	4
11	3	1	3	5	2	4
12	3	2	4	1	3	5
13	3	3	5	2	4	1
14	3	4	1	3	5	2
15	3	5	2	4	1	3

试验序号	因素					
	1	2	3	4	5	6
16	4	1	4	2	5	3
17	4	2	5	3	1	4
18	4	3	1	4	2	5
19	4	4	2	5	3	1
20	4	5	3	1	4	2
21	5	1	5	4	3	2
22	5	2	1	5	4	3
23	5	3	2	1	5	4
24	5	4	3	2	1	5
25	5	5	4	3	2	1

表 E-6　L_8（$4^1 \times 2^4$）正交表

试验序号	因素				
	1	2	3	4	5
1	1	1	1	1	1
2	1	2	2	2	2
3	2	1	1	2	2
4	2	2	2	1	1
5	3	1	2	1	2
6	3	2	1	2	1
7	4	1	2	2	1
8	4	2	1	1	2

表 E-7　L_{12}（$3^1 \times 2^4$）正交表

试验序号	因素				
	1	2	3	4	5
1	1	1	1	1	1
2	1	1	1	2	2
3	1	2	2	1	2
4	1	2	2	2	1
5	2	1	2	1	1
6	2	1	2	2	2
7	2	2	1	1	1
8	2	2	1	2	2
9	3	1	2	1	2
10	3	1	1	2	1
11	3	2	1	1	2
12	3	2	2	2	1

表 E-8 L_{12} ($6^1 \times 2^2$) 正交表

试验序号	因素			试验序号	因素		
	1	2	3		1	2	3
1	2	1	1	7	1	2	1
2	5	1	2	8	4	2	2
3	5	2	1	9	3	1	1
4	2	2	2	10	6	1	2
5	4	1	1	11	6	2	1
6	1	1	2	12	3	2	2

表 E-9 L_{16} ($4^4 \times 2^3$) 正交表

试验序号	因素						
	1	2	3	4	5	6	7
1	1	1	1	1	1	1	1
2	1	2	2	2	1	2	2
3	1	3	3	3	2	1	2
4	1	4	4	4	2	2	1
5	2	1	2	3	2	2	1
6	2	2	1	4	2	1	2
7	2	3	4	1	1	2	2
8	2	4	3	2	1	1	1
9	3	1	3	4	1	2	2
10	3	2	4	3	1	1	1
11	3	3	1	2	2	2	1
12	3	4	2	1	2	1	2
13	4	1	4	2	2	1	2
14	4	2	3	1	2	2	1
15	4	3	2	4	1	1	1
16	4	4	1	3	1	2	2

表 E-10 L_{16} ($4^3 \times 2^6$) 正交表

试验序号	因素								
	1	2	3	4	5	6	7	8	9
1	1	1	1	1	1	1	1	1	1
2	1	2	2	1	1	2	2	2	2
3	1	3	3	2	2	1	1	2	2
4	1	4	4	2	2	2	2	1	1
5	2	1	2	2	2	1	2	1	2

试验序号	因素								
	1	2	3	4	5	6	7	8	9
6	2	2	1	2	2	2	1	2	1
7	2	3	4	1	1	1	2	2	1
8	2	4	3	1	1	2	1	1	2
9	3	1	3	1	2	2	2	2	1
10	3	2	4	1	2	1	1	1	2
11	3	3	1	2	1	2	2	1	2
12	3	4	2	2	1	1	1	2	1
13	4	1	4	2	1	2	1	2	2
14	4	2	3	2	1	1	2	1	1
15	4	3	2	1	2	2	1	1	1

表 E-11　L_{16}（$4^2 \times 2^9$）正交表

试验序号	因素										
	1	2	3	4	5	6	7	8	9	10	11
1	1	1	1	1	1	1	1	1	1	1	1
2	1	2	1	1	1	2	2	2	2	2	2
3	1	3	2	2	2	1	1	1	2	2	2
4	1	4	2	2	2	2	2	2	1	1	1
5	2	1	1	2	2	1	2	2	1	2	2
6	2	2	1	2	2	2	1	1	2	1	1
7	2	3	2	1	1	1	2	2	2	1	1
8	2	4	2	1	1	2	1	1	1	2	2
9	3	1	2	1	2	2	1	2	2	1	2
10	3	2	2	1	2	1	2	1	1	2	1
11	3	3	1	2	1	2	1	2	1	2	1
12	3	4	1	2	1	1	2	1	2	1	2
13	4	1	2	2	1	1	1	2	2	1	2
14	4	2	2	2	1	1	1	2	1	1	2
15	4	3	1	1	2	2	2	1	1	1	2
16	4	4	1	1	2	1	1	2	2	2	1

表 E-12 L_{16}（$4^1 \times 2^{12}$）正交表

试验序号	因素												
	1	2	3	4	5	6	7	8	9	10	11	12	13
1	1	1	1	1	1	1	1	1	1	1	1	1	1
2	1	1	1	1	1	2	2	2	2	2	2	2	2
3	1	2	2	2	2	1	1	1	1	2	2	2	2
4	1	2	2	2	2	2	2	2	2	1	1	1	1
5	2	1	1	2	2	1	1	2	2	1	1	2	2
6	2	1	1	2	2	2	2	1	1	2	2	1	1
7	2	2	2	1	1	1	1	2	2	2	2	1	1
8	2	2	2	1	1	2	2	1	1	1	1	2	2
9	3	1	2	1	2	1	2	1	2	1	2	1	2
10	3	1	2	1	2	2	1	2	1	2	1	2	1
11	3	2	1	2	1	1	2	1	2	2	1	2	1
12	3	2	1	2	1	2	1	2	1	1	2	1	2
13	4	1	2	2	1	1	2	2	1	1	2	2	1
14	4	1	2	2	1	2	1	1	2	2	1	1	2
15	4	2	1	1	2	1	2	2	1	2	1	1	2
16	4	2	1	1	2	2	1	1	2	1	2	2	1

表 E-13 L_{18}（$2^1 \times 3^7$）正交表

试验序号	因素							
	1	2	3	4	5	6	7	8
1	1	1	1	1	1	1	1	1
2	1	1	2	2	2	2	2	2
3	1	1	3	3	3	3	3	3
4	1	2	1	1	2	2	3	3
5	1	2	2	2	3	3	1	1
6	1	2	3	3	1	1	2	2
7	1	3	1	2	1	3	2	3
8	1	3	2	3	2	1	3	1
9	1	3	3	1	3	2	1	2
10	2	1	1	3	3	2	2	1
11	2	1	2	1	1	3	3	2
12	2	1	3	2	2	1	1	3
13	2	2	1	2	3	1	3	2
14	2	2	2	3	1	2	1	3
15	2	2	3	1	2	3	2	1
16	2	3	1	3	2	3	1	2
17	2	3	2	1	3	1	2	3
18	2	3	3	2	1	2	3	1

表 E-14　L_{18}（$6^1 \times 3^6$）正交表

试验序号	因素						
	1	2	3	4	5	6	7
1	1	1	1	1	1	1	1
2	1	2	2	2	2	2	2
3	1	3	3	3	3	3	3
4	2	1	1	2	2	3	3
5	2	2	2	3	3	1	1
6	2	3	3	1	1	2	2
7	3	1	2	1	3	2	3
8	3	2	3	2	1	3	1
9	3	3	1	3	2	1	2
10	4	1	3	3	2	2	1
11	4	2	1	1	3	3	2
12	4	3	2	2	1	1	3
13	5	1	2	3	1	3	2
14	5	2	3	1	2	1	3
15	5	3	1	2	3	2	1
16	6	1	3	2	3	1	2
17	6	2	1	3	1	2	3
18	6	3	2	1	2	3	1

附录 F　建筑材料常用技术标准一览表

表 F　建筑材料常用技术标准一览表

序号	材料名称	标准名称	标准号
1	水泥	通用硅酸盐水泥	GB 175—2007
2		白色硅酸盐水泥	GB/T 2015—2005
3		水泥标准稠度用水量、凝结时间、安定性检验方法	GB/T 1346—2011
4		水泥胶砂强度检验方法（ISO 法）	GB/T 17671—1999
5		水泥强度快速检验方法	JC/T 738—2004
6		水泥细度检验方法（筛析法）	GB/T 1345—2005
7		水泥胶砂流动度测定方法	GB/T 2419—2005
8		水泥比表面积测定方法（勃氏法）	GB 8074—2008
9		水泥取样方法	GB/T 12573—2008
10		水泥化学分析方法	GB/T 176—2008
11		水泥水化热测定方法	GB/T 12959—2008
1	骨料	普通混凝土用砂、石质量及检验方法标准	JCJ 52—2006
2		建设用砂	GB/T 14684—2011
3		建设用卵石、碎石	GB/T 14685—2011
4		公路工程集料试验规程	JTGE 42—2005
5		轻集料及其试验方法　第 1 部分　轻集料	GB/T 17431.1—2010
6		轻集料及其试验方法　第 2 部分　轻集料试验方法	GB/T 17431.2—2010
1	矿物掺料	用于水泥和混凝土中的粉煤灰	GB/T 1596—2005
2		高强高性能混凝土用矿物外加剂	GB/T 18736—2002
3		用于水泥和混凝土中的粒化高炉矿渣粉	GB/T 18046—2008
4		混凝土和砂浆用天然沸石粉	JG/T 3048—1998
5		砂浆和混凝土用硅灰	GB/T 27690—2011
1	外加剂	混凝土外加剂	GB 8076—2008
2		混凝土外加剂应用技术规范	GB 50119—2003
3		混凝土泵送剂	JC 473—2001（2009）
4		砂浆、混凝土防水剂	JC 474—2008
5		混凝土膨胀剂	GB 23439—2009
6		混凝土防冻剂	JC 475—2004
7		喷射混凝土用速凝剂	JC 477—2005
8		混凝土外加剂匀质性试验方法	GB/T 8077—2000
9		水泥混凝土养护剂	JC 901—2002
10		混凝土外加剂定义、分类、命名与术语	GB/T 8075—2005
11		砌筑砂浆增塑剂	JG/T 164—2004
12		水泥混凝土和砂浆用合成纤维	GB/T 21120—2007
13		聚羧酸系高性能减水剂	JG/T 223—2007

序号	材料名称	标准名称	标准号
1	水	混凝土用水标准	JGJ 63—2006
2		生活饮用水卫生标准	GB/T 5749—2006
3		分析试验室用水规格和试验方法	GB/T 6682—2008
1	混凝土	普通混凝土拌合物试验方法	GB/T 50080—2002
2		普通混凝土力学性能试验方法	GB/T 50081—2002
3		普通混凝土长期性能和耐久性能试验方法	GB 50082—2009
4		普通混凝土配合比设计规程	JGJ/T 55—2011
5		轻集料混凝土技术规程	JGJ 51—2002
6		粉煤灰混凝土应用技术规范	GBJ 146—90
7		港口工程粉煤灰混凝土技术规程	JGJ/T 273—97
8		高性能混凝土应用技术规程	CECS 207：2006
9		混凝土结构试验方法标准	GB 50152—1992
10		混凝土泵送施工技术规程	JGJ/T 10—1995
11		混凝土结构工程施工质量验收规范	GB 50204—2002（2011 年版）
12		混凝土及预制混凝土构件质量控制规程	CECS 40—1992
13		纤维混凝土试验方法标准	CECS 13：2009
14		纤维混凝土结构技术规程	CECS 38：2004
15		高强混凝土结构技术规程	CECS 104—1999
16		预拌混凝土	GB 14902—2003
17		早期推定混凝土强度试验方法	JGJ 15—2008
18		混凝土强度检验评定标准	GB/T 50107—2010
19		混凝土抗氯离子渗透性试验方法	ASTMC 1202—2010
20		水工混凝土试验规程	DL/T 5150—2001
21		混凝土质量控制标准	GB 50164—2011
22		公路工程水泥及水泥混凝土试验规程	JTGE 30—2005
23		混凝土结构耐久性设计规范	GB/T 50476—2008
24		混凝土耐久性检验评定标准	JGJ/T 193—2009
25		海港工程混凝土结构防腐蚀技术规范	JTJ 275—2000
26		港口工程混凝土非破损检测技术规程	JTJ/T 272—99
27		钢纤维混凝土	JG/T 3064—1999
28		混凝土结构耐久性设计与施工指南	CCES 01—2004
29		公路工程混凝土结构防腐蚀技术规范	JTG/TB 07—01—2006
1	砂浆	建筑砂浆基本性能试验方法	JGJ 70—2009
2		砌筑砂浆配合比设计规程	JGJ/T 98—2010
3		贯入法检测砌筑砂浆抗压强度技术规程	JGJ/T 136—2001
4		蒸压加气混凝土用砌筑砂浆与抹面砂浆	JC 890—2001
5		预拌砂浆	JG/T 230—2007
6		建筑保温砂浆	GB/T 20473—2006

序号	材料名称	标准名称	标准号
1		钢筋混凝土用钢　第1部分：热轧光圆钢筋	GB 1499.1—2008
2		钢筋混凝土用钢　第2部分：热轧带肋钢筋	GB 1499.2—2007
3		低碳钢热轧圆盘条	GB/T 701—2008
4		碳素结构钢	GB 700—2006
5		优质碳素结构钢	GB/T 699—1999
6		钢筋混凝土用余热处理钢筋	GB 13014—91
7		预应力混凝土用钢棒	GB/T 5223.3—2005
8		预应力混凝土用钢绞线	GB/T 5224—2003/XG1—2008
9		预应力混凝土用钢丝	GB/T 5223—2002/XG2—2008
10		结构用无缝钢管	GB/T 8162—2008
11		输送流体用无缝钢管	GB/T 8163—2008
12		冷轧带肋钢筋	GBJ 13788—2008
13		金属材料拉伸试验　第1部分：室温试验方法	GB 228.1—2010
14		金属材料弯曲试验方法	GB/T 232—2010
15		钢筋焊接接头试验方法标准	JGJ/T 27—2001
16		钢筋机械连接技术规程	JGJ 107—2010
17	钢材	钢筋焊接及验收规程	JGJ 18—2012
18		焊缝及熔敷金属拉伸试验方法	GB/T 2652—2008
19		金属管压扁试验方法	GB/T 246—2007
20		低压流体输送用焊接钢管	GB/T 3091—2008
21		金属线材反复弯曲试验方法	GB/T 238—2002
22		钢铁产品镀锌层质量试验方法	GB/T 1839—2008
23		钢铁及合金化学分析方法（气体容量法定 C）	GB/T 223.69—2008
24		钢铁及合金化学分析方法（滴定法定 S）	GB/T 223.68—2008
25		钢铁及合金化学分析方法（光度法定 P）	GB/T 223.59—2008
26		钢铁及合金化学分析方法（光度法定 Si）	GB/T 223.5—2008
27		钢铁及合金化学分析方法（光度法定 Mn）	GB/T 223.63—2008
28		混凝土制品用冷拔低碳钢丝	JC/T 540—2006
29		镦粗直缧纹钢筋接头	JG 171—2005
30		预应力混凝土用螺纹钢筋	GB/T 20065—2006
31		预应力混凝土用低合金钢丝	YB/T 038—93
32		中强度预应力混凝土用钢丝	YB/T 156—1999
33		预应力筋用锚具、夹具和连接器应用技术规程	JGJ 85—2010

附　录

序号	材料名称	标准名称	标准号
1	墙体材料	烧结普通砖	GB/T 5101—2003
2		蒸压灰砂砖	GB 11945—1999
3		烧结多孔砖	GB 13544—2000
4		烧结空心砖和空心砌块	JG13545—2003
5		普通混凝土小型空心砌块	GB 8239—1997
6		非烧结垃圾尾矿砖	JC 422—2007
7		粉煤灰砖	JC 239—2001
8		粉煤灰砌块	JC 238—1991
9		轻骨料混凝土小型空心砌块	GB/T 15229—2011
10		砌墙砖试验方法	GB/T 2542—2003
11		蒸压加气混凝土性能试验方法	GB/T 11969—2008
12		混凝土实心砖	GB/T 21144—2007
13		混凝土小型空心砌块检验方法	GB 4111—1997
14		蒸压加气混凝土砌块	GB 11968—2006
15		混凝土路面砖	JC/T 446—2000
16		建筑生石灰	JC/T 479—92
17		建筑生石灰粉	JC/T 480—92
1	土工	城镇道路工程施工与质量验收规范	CJJ 1—2008
2		土的工程分类标准	GBJ/T 50145—2007
3		公路土工试验规程	JTGE 40—2007
4		土工试验标准	GB/T 50123—1999
5		公路工程无机结合料稳定材料试验规程	JTGE 51—2009
6		公路路基路面现场测试规程	JTGE 60—2008
7		公路工程水泥混凝土试验规程	JTGE 30—2005
8		公路工程质量检验评定标准	JTGF 80/1—2004
9		中国土壤分类与代码	GB/T 17296—2000
10		公路工程土工合成材料试验规程	JTGE 50—2006
11		公路工程集料试验规程	JTGE 42—2005
1	沥青	建筑石油沥青	GB/T 494—2010
2		重交通道路石油沥青	GB/T 15180—2010
3		公路工程沥青及沥青混合料试验规程	JTGE 20—2011
4		沥青延度测定法	GB/T 4508—2010
5		沥青针入度测定法	GB/T 4509—2010
6		沥青软化点测定法	GB/T 4507—1999
7		塑性体改性沥青	JC/T 904—2002
8		弹性体改性沥青	JC/T 905—2002
9		道路石油沥青	NB/SH/T 0522—2010

序号	材料名称	标准名称	标准号
1	管材	建筑排水用硬聚氯乙烯（PVC—U）管材	GB/T 5836.1—2006
2		建筑排水用硬聚氯乙烯（PVC—U）管件	GB/T 5836.2—2006
3		给水用硬聚氯乙烯（PVC—U）管材	GB/T 10002.1—2006
4		给水用硬聚氯乙烯（PVC—U）管件	GB/T 10002.2—2003
5		排水用芯层发泡硬聚氯乙烯管材	GB/T 16800—2008
6		给水用聚乙烯（PE）管材	GB/T 13663—2000
7		冷热水用聚丙烯管道系统：总则	GB/T 18742.1—2002
8		冷热水用聚丙烯管道系统：管材	GB/T 18742.2—2002
9		冷热水用聚丙烯管道系统：管件	GB/T 18742.3—2002
10		铝塑复合压力管（搭接焊）	CJ/T 108—2006
11		铝塑复合压力管（对接焊）	CJ/T 159—2006
12		给水衬塑复合钢管	CJ/T 136—2007
13		流体输送用热塑性塑料管材耐内压试验方法	GB/T 6111—2003
14		热塑性塑料管材纵向回缩率的测定	GB/T 6671—2001
15		热塑性塑料管材、管件维卡软化温度的测定	GB/T 8802—2001
16		热塑性塑料管材耐外冲击性能试验方法	GB/T 14152—2001
17		硬聚氯乙烯（PVC—U）管材二氯甲烷浸渍试验方法	GB/T 13526—2007
18		硬聚氯乙烯（PVC—U）管件坠落试验方法	GB/T 8801—2007
19		注射成型硬质聚氯乙烯（PVC—U）、氯化聚氯乙烯（PVC—C）、丙烯腈—丁二烯—苯乙烯三元共聚物（ABS）和丙烯腈—苯乙烯—丙烯酸盐三元共聚物（ASA）管件热烘箱试验方法	GB /T 8803—2001
20		塑料试样状态调节和试验的标准环境	GB/T 2918—1998
21		低压流体输送用焊接钢管	GB/T 3091—2008
22		输送流体用无缝钢管	GB/T 8163—2008
23		流体输送用不锈钢焊接钢管	GB/T 12771—2008
24		结构用无缝钢管	GB/T 8162—2008
1	无损检测	回弹法检测混凝土强度技术规程	JGJ/T 23—2011
2		超声回弹综合法检测混凝土强度技术规程	CECS 02：2005
3		钻芯法检测混凝土强度技术规程	CECS 03：2007
4		超声法检测混凝土缺陷技术规程	CECS 21：2000
5		建筑边坡工程技术规范	GB 50330—2002
6		后装拔出法检测混凝土强度技术规程	CECS 69：2011
7		港口工程混凝土非破损检测技术规程	JTJ/T 272—1999
8		钢筋保护层厚度检测	GB 50204—2002 附录 E
9		建筑工程饰面砖粘结强度检验标准	JGJ 110—2008
10		公路路基路面现场测试规程	JTJE 60—2008
11		混凝土中钢筋检测技术规程	JTJ/T 152—2008

序号	材料名称	标准名称	标准号
1	房屋检测	危险房屋检定标准	JGJ 125—1999
2		民用建筑可靠性鉴定标准	GB 50292—1999
3		工业厂房可靠性鉴定标准	GB 50144—2008
4		建筑抗震鉴定标准	GB 50023—2009
5		既有建筑地基基础加固技术规范	JGJ 123—2000
6		碳纤维片材加固混凝土结构技术规程	CECS 146：2003（2007 年版）
7		钢结构加固技术规范	CECS 77：96
8		砖混结构房屋加层技术规范	CECS 78：96
9		建筑结构检测技术标准	GB/T 50344—2004
10		砌体工程现场检测技术标准	GB 50315—2011
11		混凝土结构后锚固技术规程	JGJ 145—2004
12		混凝土后锚固件抗拔和抗剪性能检测技术规程	DBJ/T 15—35—2004
13		建筑锚栓抗拉拔、抗剪性能试验方法	DG/T J08—003—2000
14		钢结构检测评定及加固技术规程	YB 9257—96
15		建筑变形测量规范	JGJ 8—2007
1	建筑涂料	合成树脂乳液内墙涂料	GB/T 9756—2009
2		合成树脂乳液外墙涂料	GB/T 9755—2001
3		溶剂型外墙涂料	GB/T 9757—2001
4		外墙无机建筑涂料	JG/T 26—2002
1	玻璃	浮法玻璃	GB 11614—1999
2		中空玻璃	GB/T 11944—2002
3		建筑用安全玻璃第 3 部分：夹层玻璃	GB 15763.3—2009
4		半钢化玻璃	GB 17841—2008
		普通平板玻璃	GB 11614—2009
1	室内环境检测	民用建筑工程室内环境污染控制规范	GB 50325—2010
2		环境空气中氡的标准测量方法	GB/T 14582—93
3		公共场所空气中甲醛测定方法	GB/T 18204.26—2000
4		公共场所空气中氨的测定方法	GB/T 18204.25—2000
5		居住区大气中苯、甲苯和二甲苯卫生检验标准方法	GB 11737—89
6		环境空气中总烃的测定——气相色谱法	GB/T 15263—1994
1	防水材料	聚氯乙烯弹性防水涂料	JC/T 674—1997
2		聚氨酯防水涂料	GB/T 19250—2003
3		聚合物乳液建筑防水涂料	JC/T 864—2008
4		聚合物水泥防水涂料	GB/T 23445—2009
5		建筑防水涂料试验方法	GB/T 16777—2008
6		石油沥青纸胎油毡	GB 326—2007
7		塑性体改性沥青防水卷材	GB 18243—2008
8		弹性体改性沥青防水卷材	GB 18242—2008

序号	材料名称	标准名称	标准号
9		改性沥青聚乙烯胎防水卷材	GB 18967—2009
10		聚氯乙烯防水卷材	GB 12952—2011
11		建筑防水卷材试验方法	GB 328.1~27—2007
12	防水材料	高分子防水材料 第1部分 片材	GB 18173.1—2006
13		高分子防水材料 第2部分 止水带	GB 18173.2—2000
14		高分子防水材料 第3部分 遇水膨胀橡胶	GB 18173.3—2002
15		高分子防水材料 第4部分 盾构法隧道管片用橡胶密封垫	GB 18173.4—2010
1	装饰用陶瓷砖	陶瓷砖	GB/T 4100—2006
2		陶瓷砖试验方法	GB/T 3810—2006

附录 G　土的工程分类

表 G-1　巨粒土的分类

土类	粒组含量		土类代号	土类名称
巨粒土	巨粒含量 >75%	漂石含量大于卵石含量	B	漂石（块石）
		漂石含量不大于卵石含量	Cb	卵石（碎石）
混合巨粒土	50% <巨粒含量≤75%	漂石含量大于卵石含量	BSl	混合土漂石（块石）
		漂石含量不大于卵石含量	CbSl	混合土卵石（块石）
巨粒混合土	15% <巨粒含量≤50%	漂石含量大于卵石含量	SlB	漂石（块石）混合土
		漂石含量不大于卵石含量	SlCb	卵石（碎石）混合土

注：1. 试样中巨粒组含量不大于15%时，可扣除巨粒，按粗粒类土或细粒类土的相应规定分类；当巨粒对土的总体性状有影响时，可将巨粒计入砾粒类组进行分类。
　　2. 本附录各表根据 GB/T 50145—2007《土的工程分类标准》。

表 G-2　砾类土的分类

土类	粒组含量		土类代号	土类名称
砾	细粒含量 <5%	级配 C_u≥5，$1≤C_u≤3$	GW	级配良好砾
		级配：不同时满足上述要求	GP	级配不良砾
含细粒土砾	5%≤细粒含量 <15%		GF	含细粒土砾
细粒土质砾	15%≤细粒含量 <50%	细粒组中的粉粒含量不大于50%	GC	黏土质砾
		细粒组中的粉粒含量大于50%	GM	粉土质砾

注：试样中粗粒组含量大于50%的土称粗粒类，其分类应符合下列规定：
　　a. 砾粒组含量大于砂粒组含量的土称砾类土；
　　b. 砾粒组含量不大于砂粒组含量的土称砂类土。

表 G-3　砂类土的分类

土类	粒组含量		土类代号	土类名称
砂	细粒含量 <5%	级配 C_u≥5　$1≤C_u≤3$	SW	级配良好砂
		级配：不同时满足上述要求	SP	级配不良砂
含细粒土砂	5%≤细粒含量 <15%		SF	含细粒土砂
细粒土质砂	15%≤细粒含量 <50%	细粒组中的粉粒含量不大于50%	SC	黏土质砂
		细粒组中的粉粒含量大于50%	SM	粉土质砂

表 G-4　细粒土的分类

土的塑性指标在塑性图中的位置		土类代号	土类名称
$I_p \geqslant 0.73(W_L - 20)$ 和 $I_p \geqslant 7$	$W_L \geqslant 50\%$	CH	高液限黏土
	$W_L < 50\%$	CL	低液限黏土
$I_p < 0.73(W_L - 20)$ 或 $I_p < 4$	$W_L \geqslant 50\%$	MH	高液限粉土
	$W_L < 50\%$	ML	低液限粉土

黏土~粉土过渡区（CL~ML）的土可按相邻土层的类别细分

注：1. 试样中细粒组含量不小于50%的土为细粒类土。细粒类土应按下列规定划分：
　　　a. 粗粒组含量不大于25%的土称细粒土；
　　　b. 粗粒组含量大于25%且不大于50%的土称含粗粒的细粒土；
　　　c. 有机质含量小于10%且不小于5%的土称有机质土。
　　2. 含粗粒的细粒土应根据所含细粒土的塑性指标在塑性图中的位置及所含粗粒类别，按下列规定划分：
　　　a. 粗粒中砾粒含量大于砂粒含量，称含砾细粒土，应在细粒土代号后加代号G；
　　　b. 粗粒中砾粒含量不大于砂粒含量，称含砂细粒土，应在细粒土代号后加代号S。
　　3. 有机质土应按本表划分，在各相应土类代号之后应加代号O；
　　4. 土的含量或指标等于界限值时，可根据使用目的按偏于安全的原则分类。

附　录

附录 H　主要计量单位的换算

表 H-1　长度单位换算

微米（μm）与毫米换算	埃（Å）与毫米换算	英尺（ft）与毫米换算	英寸（in）与毫米换算	码（yd）与米换算
$1\mu m = 0.001mm$	$1\text{Å} = 10^{-7}mm$	$1\ ft = 304.8\ mm$	$1\ in = 25.4\ mm$	$1\ yd = 914.4\ mm$
$1mm = 10^3 \mu m$	$1mm = 10^7 \text{Å}$	$1m = 3.28\ ft$	$1m = 39.37\ in$	$1m = 1.094\ yd$

表 H-2　面积单位换算

英尺^2 与 m^2	英寸^2 与 m^2	英里^2 与 km^2	码^2 与 m^2	市亩与 m^2
$1\ ft^2 = 0.0929\ m^2$	$1\ in^2 = 6.45 \times 10^{-4} m^2$	$1\ mile^2 = 2.59km^2$	$1\ yd^2 = 0.836\ m^2$	1 市亩 $= 666.7\ m^2$
$1\ m^2 = 10.764\ ft^2$	$1\ m^2 = 1550\ in^2$	$1km^2 = 0.3861\ mile^2$	$1\ m^2 = 1.196\ yd^2$	$1\ m^2 = 0.0015$ 市亩

表 H-3　体积或容积单位换算

英尺^3 与 m^3	英寸^3 与 m^3	升与 m^3	码^3 与 m^3	英加仑（gal）与 m^3
$1\ ft^3 = 0.0283\ m^3$	$1\ in^3 = 1.639 \times 10^{-5}\ m^3$	$1\ L = 0.001\ m^3$	$1\ yd^3 = 0.7646\ m^3$	$1gal = 4.546 \times 10^{-3}\ m^3$
$1\ m^3 = 35.315\ ft^3$	$1\ m^3 = 6.102 \times 10^4 in^3$	$1\ m^3 = 1000\ L$	$1\ m^3 = 1.308\ yd^3$	$1\ m^3 = 219.97\ gal$

表 H-4　质量单位换算

千克（kg）与磅（b）	克（g）与克拉（carat）	克（g）与盎司（oz）	千克与吨	千克与市斤
$1kg = 2.2046\ b$	$1g = 5\ carat$	$1\ g = 0.035274\ oz$	$1kg = 0.001\ t$	$1kg = 2$ 市斤
$1\ b = 0.4536kg$	$1\ carat = 0.2\ g$	$1\ oz = 28.3495\ g$	$1\ t = 1000kg$	1 市斤 $= 0.5kg$

表 H-5　力或重力单位换算

千牛与牛	千克力与牛	达因与牛	吨力与千牛
$1\ kN = 1000N$	$1kgf = 9.80665\ N$	$1dyn = 10^{-5}\ N$	$1tf = 9.80665\ kN$
$1\ N = 10^{-3}kN$	$1N = 0.101972kgf$	$1N = 10^5\ dyn$	$1kN = 0.101972\ tf$

表 H-6　压力、压强、应力单位换算

工程大气压（kgf/cm^2）与兆帕（MPa）	N/mm^2 与 MPa	标准大气压（atm）与千帕（kPa）	毫米汞柱（mmHg）与帕（Pa）	毫米水柱（mmH$_2$O）与帕（Pa）
$1\ kgf/cm^2 = 0.098066MPa$	$1\ N/mm^2 = 1MPa$	$1atm = 101.325kPa$	$1mmHg = 133.322Pa$	$1\ mmH_2O = 9.8064Pa$
$1MPa = 10.1972\ kgf/cm^2$	$1MPa = 1\ N/mm^2$	$1kPa = 0.009869atm$	$1Pa = 0.007501mmHg$	$1Pa = 0.10197\ mmH_2O$

表 H-7　英寸与毫米换算

英寸	习惯叫法	毫米	英寸	习惯叫法	毫米
1/16	半分	1.5875	9/16	四分半	14.2875
1/8	一分	3.1750	5/8	五分	15.8750
3/16	一分半	4.7625	11/16	五分半	17.4625
1/4	二分	6.3500	3/4	六分	19.0500
5/16	二分半	7.9375	13/16	六分半	20.6375
3/8	三分	9.5250	7/8	七分	22.2250
7/16	三分半	11.1125	15/16	七分半	23.8125
1/2	四分	12.7000	1	1 英寸	25.4000

注：英尺可用符号（′）代替，英寸可用符号（″）代替，加在数字右上角。

表 H-8　功率换算

千瓦（kW）与马力

1kW = 1.3596 马力
1 马力 = 0.7355 kW

表 H-9　温度换算

摄氏（℃）	华氏（°F）	开尔文（K）
$℃ = (5/9)(F-32)$	$F = (9/5)℃ + 32$	$K = ℃ + 273.15$

表 H-10　水高与水压换算

压力单位	水高/m									
	1	2	3	4	5	6	7	8	9	10
Kgf/cm²	0.1	0.2	0.3	0.4	0.5	0.6	0.7	0.8	0.9	1.0
MPa	0.0098	0.020	0.029	0.039	0.049	0.059	0.069	0.078	0.088	0.098

附录 I　国内外主要标准代号

表 I-1　我国常用国家标准、行业标准及地方标准的代号

标准类型	标准代号	标准管理单位	标准类型	标准代号	标准管理单位
国家标准	GB	国家有关部门		SJ	电子行业
	JG	建筑行业		CJ	城乡建设行业
	JT	交通行业		CJJ	建设行业
	JC	建材行业		HJ	环保行业
	YB	黑色冶金行业	行业标准	JB	机械行业
	YS	有色金属行业		JJ	城乡建设环保行业
	SD	水利电力行业		JGJ	建筑工程行业
	SL	水利行业		CECS	工程建设标准化协会
行业标准	DL	电力行业		JJF，JJG	计量鉴定行业
	HG	化工行业		KY	中国科学院
	SY	石油行业		NY	农业行业
	SH	石油化工行业	地方标准	DB	地方标准
	TB	铁路运输行业	企业标准	Q/	企业标准
	QB	轻工业行业	样品标准	GSB	标准样品标准
	SB	商业行业			

表 I-2　国外主要工业标准代号

标准类型	标准代号	标准管理单位	标准类型	标准代号	标准管理单位
美国	ACI	美国混凝土学会		DIN	德国工业标准
	ANSI	美国国家标准协会	法国	CPC	法国标准化委员会
	ASTM	美国材料和试验协会		NF	法国国家标准
	AISI	美国钢铁学会		AFNOR	法国标准协会
	ASA	美国标准协会	俄罗斯	GOST	俄罗斯国家标准
	ASM	美国金属学会	原苏联	ГOCT	原苏联国家标准
	ASME	美国机械工程师学会	欧洲	EN	欧洲标准
	JIC	美国工业联合会	国际	ISO	国际标准化组织
	NBS	美国国家标准局	印度	BIS	印度国家标准
英国	BS	英国国家标准	新加坡	PSB	新加坡标准
	BSI	英国标准协会			
日本	JIS	日本工业标准			
	JSA	日本标准协会			

附录 J　国际相对原子质量表（2001 年）

附录 J　元素周期表

元素	符号	相对原子质量	元素	符号	相对原子质量	元素	符号	相对原子质量
银	Ag	107.8682	铪	Hf	178.49	铷	Rb	85.4678
铝	Al	26.98154	汞	Hg	200.59	铼	Re	186.207
氩	Ar	39.948	钬	Ho	164.9304	铑	Rh	102.9055
砷	As	74.9216	碘	I	126.9045	钌	Ru	101.07
金	Au	196.9665	铟	In	114.82	硫	S	32.066
硼	B	10.81	铱	Ir	192.22	锑	Sb	121.75
钡	Ba	137.33	钾	K	39.0983	钪	Sc	44.9559
铍	Be	9.01218	氪	Kr	83.80	硒	Se	78.96
铋	Bi	208.9804	镧	La	138.9055	硅	Si	28.0855
溴	Br	79.904	锂	Li	6.941	钐	Sm	150.36
碳	C	12.011	镥	Lu	174.967	锡	Sn	118.70
钙	Ca	40.078	镁	Mg	24.305	锶	Sr	87.62
镉	Cd	112.41	锰	Mn	54.9380	钽	Ta	180.9479
铈	Ce	140.12	钼	Mo	95.94	铽	Tb	158.9254
氯	Cl	35.453	氮	N	14.0067	碲	Te	127.60
钴	Co	58.9332	钠	Na	22.98977	钍	Th	232.0381
铬	Cr	51.996	铌	Nb	92.9064	钛	Ti	47.88
铯	Cs	132.9054	钕	Nd	144.24	铊	Tl	204.383
铜	Cu	63.546	氖	Ne	20.179	铥	Tm	168.9342
镝	Dy	162.50	镍	Ni	58.69	铀	U	238.0289
铒	Er	167.26	镎	Np	237.0482	钒	V	50.9415
铕	Eu	151.96	氧	O	15.9994	钨	W	183.85
氟	F	18.998403	锇	Os	190.2	氙	Xe	131.29
铁	Fe	55.847	磷	P	30.97376	钇	Y	88.9059
镓	Ca	69.72	铅	Pb	207.2	镱	Yb	173.04
钆	Gd	157.25	钯	Pd	106.42	锌	Zn	65.39
锗	Ge	72.61	镨	Pr	140.9077	锆	Zr	91.22
氢	H	1.00794	铂	Pt	195.08			
氦	He	4.00260	镭	Ra	226.0254			

参考文献

[1] 袁建国. 抽样检验原理与应用 [M]. 北京：中国计量出版社，2002.

[2] 杨文渊，钱绍武. 道路施工工程师手册 [M]. 北京：人民交通出版社，1999.

[3] 交通部第一公路工程总公司. 道路建筑工程材料手册 [M]. 北京：人民交通出版社，1997.

[4] 中国工程院土木水利与建筑学部. 混凝土结构耐久性与施工指南 [M]. 北京：中国建筑工业出版社，2004.

[5] 冯乃谦. 实用混凝土大全 [M]. 北京：科学出版社，2001.

[6] 吴中伟，廉慧珍. 高性能混凝土 [M]. 北京：中国铁道出版社，1999.

[7] 陈雅福. 土木工程材料 [M]. 广州：华南理工大学出版社，2001.

[8] 国家建筑工程监督检验中心. 混凝土无损检测技术 [M]. 北京：中国建材工业出版社，1996.

[9] 徐定华，冯文元. 混凝土材料实用指南 [M]. 中国建材工业出版社，2005.

[10] 西德尼·明德斯，等. 吴科如，等译. 混凝土 [M]. 北京：化学工业出版社，2005.

[11] 秦惠民. 材料力学（土建类）[M]. 武汉：武汉大学出版社，1991.

[12] 中国建筑学会混凝土外加剂应用技术专业委员会，中国土木工程学会混凝土外加剂专业委员会. 混凝土外加剂及其应用技术 [M]. 北京：机械工业出版社，2004.

[13] 国家质量技术监督局. 计量认证/审查认可（验收）评审准则宣贯指南 [M]. 北京：中国计量出版社，2001.

[14] 中国实验室国家认可委员会. ISO/IEC 17025：2005. 检测和校准实验室认可准则 [S]. 2005.

[15] 富文权，韩素芳. 混凝土工程裂缝分析与控制 [M]. 北京：中国铁道出版社，2003.

[16] 林景星，陈丹英. 计量基础知识 [M]. 北京：中国计量出版社，2001.

[17] 习应祥. 公路工程质量控制原理与方法 [M]. 湖南：湖南科学技术出版社，1993.

[18] 刘长俊，金达应，唐明. 混凝土配合比设计计算手册 [M]. 沈阳：辽宁科学技术出版社，1994。

[19] 冯文元，冯志华. 建筑结构检测与鉴定手册 [M]，北京：中国建材工业出版社，2007.